Nr. 27
S. 9589—9964

1962
4. Juli

Chemisches Zentralblatt

Vollständiges Repertorium für alle Zweige der reinen und angewandten Chemie

1830 gegründet. 1897—1945 von der Deutschen Chemischen Gesellschaft fortgeführt. Im Auftrage der Deutschen Akademie der Wissenschaften zu Berlin, der Chemischen Gesellschaft in der DDR, der Akademie der Wissenschaften zu Göttingen und der Gesellschaft Deutscher Chemiker (in der BRD)

herausgegeben von Prof. Dr. Heinrich Bertsch und Prof. Dr. Dr. h. c. Wilhelm Klemm

133. Jahrgang
1962

Chefredakteure: Dr. Eugen Klever und Dr. Willi Barz

Akademie-Verlag GmbH., Berlin — Verlag Chemie, GmbH., Weinheim/Bergstr.

Inhalt

Sprachenbezeichnung in den Referaten des Chemischen Zentralblattes

(Abkürzungen laut DIN-Normblatt 1502 Beiblatt 1)

Albanisch	= Alb.
Bulgarisch	= Bulg.
Chinesisch	= Chin.
Dänisch	= Dän.
Deutsch	= Dt.
Englisch	= Engl.
Estnisch	= Estn.
Finnisch	= Finn.
Flämisch	= Fläm.
Französisch	= Franz.
Griechisch	= Griech.
Holländisch	= Holl.
Irisch	= Ir.
Italienisch	= Ital.
Japanisch	= Jap.
Lateinisch	= Lat.
Litauisch	= Litau.
Norwegisch	= Norw.
Persisch	= Pers.
Polnisch	= Pol.
Portugiesisch	= Port.
Rumänisch	= Rum.
Russisch	= Russ.
Schwedisch	= Schwed.
Serbokroatisch	= Serbokroat.
Slowakisch	= Slowak.
Slowenisch	= Slowen.
Spanisch	= Span.
Tschechisch	= Tschech.
Türkisch	= Türk.
Ukrainisch	= Ukrain.
Ungarisch	= Ung.

Chemisches Zentralblatt

1962 **Bibliographien** Nr. 27

Neue Bücher

G. Analyse. Laboratorium

James Eric Garside and **Paul Arthur Claret,** Experimental chemistry. Part 3: Qualitative organic analysis, von **Paul A. Claret.** London: Pitman. 1961. (IX + 131 S. m. 2 Taf., Tab. u. Diagr.) 16 s.

H I. Allgemeine chemische Technologie

Robert Joseph Hengstebeck, Distillation: principles and design procedures. New York: Reinhold; London: Chapman & Hall. 1962. (XIV + 365 S. m. Abb., Tab. u. Diagr.) 92 s.
Howard F. Rase, The philosophy and logic of chemical engineering. Houston: Gulf Pub. Co. 1961. (164 S. m. Abb.) $ 4.50.
J. Spangler und **W. Matz,** Hrsg., Verfahrenstechnik in Einzeldarstellungen. 12. Bd.: Wärmediagramme für großtechnische Kontaktprozesse. Von Johannes Algermissen. Berlin, Göttingen, Heidelberg: Springer-Verl. 1962. (VIII + 110 S. m. 55 Abb.) 8⁰. DM 25,50.
Theodore J. Williams, Systems engineering for the process industries. New York, London: McGraw-Hill. 1961. (92 S. m. Abb., Tab. u. Diagr.) 38 s. 6 d.

III. Elektrotechnik

—, Fragen der Physik und Chemie der Ferrite. Kolloquium am 1. u. 2. März 1960, Berlin. Berlin: Akademie-Verl. 1961. (88 S. m. 63 Abb. u. 8 Tab.) 4⁰ = Abhandlungen der Deutschen Akademie der Wissenschaften zu Berlin. Klasse für Chemie, Geologie und Biologie. Jahrgang 1961, Nr. 3. DM 14,—.
A. G. Amelin, L. G. Plisskin und **N. N. Schumilowski,** Grundlagen der Automatisation bei der Herstellung von Schwefelsäure nach dem Kontaktverfahren. Moskau: Gosschimisdat. 1961. (314 S. m. Zeichng.; 2 Bl. Skizzen.) 1 Rbl. 14 Kop. [Russ.]

VI. Silicatchemie. Baustoffe

H. Liesche und **K.-H. Paschke,** Beton in aggressiven Wässern. Berlin: Verl. für Bauwesen. 1962. (184 S. m. 10 Abb. u. 15 Taf.) DM 9,50.

VII. Agrikulturchemie. Schädlingsbekämpfung

W. I. Waschkow und **Je. W. Schaider,** Chlorophos. (Insekticide Eigenschaften und Anwendung.) Moskau: Medgis. 1962. (183 S. m. Abb.; 2 Bl. Abb.) 83 Kop. [Russ.]
—, Specifications for pesticides: insecticides, rodenticides, molluscicides, herbicides, auxiliary chemicals, spraying and dusting apparatus. 2nd edit. Geneva: W. H. O.; London: H. M. S. O. 1961. (523 S. m. Abb., Tab. u. Diagr.) 50 s.

XI. b) Plaste (Kunstharze. Plastische Massen)

R. J. Ceresa, Block and graft copolymers. London: Butterworths. 1962. (XVI + 196 S. m. 4 Taf., Tab. u. Diagr.) 42 s.
John Delmonte, Metal-filled plastics. New York: Reinhold; London: Chapman & Hall. 1962. (IX + 240 S. m. Abb., Tab. u. Diagr.) 46 s
C. R. Martens, Alkyd resins. New York: Reinhold; London: Chapman & Hall. 1962. (IX + 156 S. m. Abb., Tab. u. Diagr.) 48 s.

Ausgewertete Bibliographie-Fachzeitschriften

Belgien	Bibliographie de Belgique — Belgische Bibliographie
ČSSR	Bulletin — Die Neuesten Forschungsergebnisse der Tschechoslowakischen Wissenschaft
	Nové knihy (Neue Bücher)
	Novinky (Neuheiten)
Dänemark	Danske Bogmarked
Deutschland	Börsenblatt für den Deutschen Buchhandel — Frankfurter Ausgabe
	Börsenblatt für den Deutschen Buchhandel — Leipziger Ausgabe
	Deutsche Bibliographie. Wöchentliches Verzeichnis. Ausgabe II. [Frankfurt/Main]
	Deutsche Nationalbibliographie. Reihe A: Neuerscheinungen des Buchhandels [Leipzig]
England	British Books (Incorporating the Publishers Circular & Booksellers Record)
	British National Bibliography
Frankreich	Bibliographie de la France
Holland	Nieuwsblad voor de Boekhandel
Italien	Bibliografia Nazionale Italiana
Japan	Nōhon Shūhō (Current Publications)
Österreich	Österreichische Bibliographie
Schweiz	Schweizer Buch. Serie A und Serie B
UdSSR	Bücherverzeichnis des Jahres (Книжная летопись)
	Neue Bücher (Новые книги)
USA	Publishers' Weekly

Namenregister

Patentregister

Chemisches Zentralblatt

1962 Nr. 27 4. Juli

Geschichte. Unterricht

J. H. Andrew. Anonym. (J. Iron Steel Inst. **198.** 418. Aug. 1961.) (Engl.)
Nachruf für den am 5/5. 1961 verstorbenen Professor für Metallurgie ANDREW. H. HOCHSTEIN. 1□

Kaj Ulrik Linderstrøm-Lang in Memoriam. M. Ottesen. (Kem. Maanedsbl. nord. Handelsbl. kem. Ind. **40.** 41—43. 1959.) (Dän.)
Nachruf. Lebensweg des Proteinforschers (CARLSBERG-Labor.) K. U. LINDERSTRØM-LANG (1896 bis 25/5. 1959). u. Würdigung seiner Arbeiten. R. K. MÜLLER. 1□

Eine neue Methode zum Datieren von antikem Glas. Robert H. Brill und Harrison P. Hood. (Nature [London] **189.** 12—14. 7/1. 1961. Corning, N.Y., Corning Mus. of Glass.) (Engl.)
Es wurde beobachtet, daß sich infolge von Verwitterungs-Einfl. auf Glas Krusten bilden. Diese Krusten bestehen aus vielen einzelnen Schichten u. man nimmt an, daß sich eine Schicht immer bildet, wenn die Temp. über einen längeren Zeitraum schwankt u. somit eine Schicht wegen des jährlichen Cyclus einem Jahr entspricht. Es lassen sich so Alter von mehreren hundert Jahren bestimmen, allerdings nicht das Gesamtalter des Glases, sondern nur der Zeittaum, während dessen das Glas verwittern konnte. H. LAUE. 2□

Über röntgenographisch nachweisbare Bestandteile in Patinaschichten. Helmut Otto. (Naturwissenschaften **48.** 661—64. 1. Nov.-H. 1961. Stuttgart, Röm.-German. Zentralmuseum, Arbeitsgemeinschaft für Metallurg. des Altertums; Halle, Landesmuseum für Vorgeschichte.) (Dt.)
Überblick über die bisher an altertümlichen Gegenständen röntgenograph. nachgewiesenen Patinaschichten. — 25 Literaturhinweise. CH. WEISKE. 2□

Zur Geschichte der komplexen Verarbeitung von Nephelin in der UdSSR. W. A. Ssegal. (Химия в Школе [Chem. in d. Schule] **15.** Nr. 2. 7—12. März/April 1960.) (Russ.)
Allg. Ausführungen. — 13 Literaturangaben. O. LEBTAG. 2□

Älteste Papierbereitungsverfahren in Mittelamerika. Zusammenhänge zwischen Tapa, Maya- und Otomipapier. W. Fr. Tschudin. (Textil-Rdsch. [St. Gallen] **16.** 877—87. Dez. 1961. Schweizer. Papiermuseum in Basel.) (Dt.) P. ECKERT. 2□

Theorie und Anwendung in der Geschichte der Pulvermetallurgie. W. Leszynski. (Planseeber. Pulvermetallurgie **9.** 14—20. April 1961. Dobbs Ferry, N.Y., Schwarzkopf Dev. Corp.) (Engl.)
Obwohl man von den Anfängen der Pulvermetallurgie schon vor 5000—8000 Jahren u. zwar bei den Inkas auf Ecuador oder ihren Vorgängern sprechen kann, dürften als die ersten theoret. Anfänge die Arbeiten von SPRING um 1880 zu werten sein. Die intensivsten Unterss. fallen aber erst in das 20. Jahrhundert u. sind mit Namen wie MASING, TAMMANN, LÖWENDAHL, AXELROD, OSANN, EDISON, AUER VON WELSBACH, COOLIDGE, SAUERWALD, SCHWARZKOPF, HÜTTIG, SCHRÖTER u. SKAUPY verbunden. — 17 Literaturangaben. H. FAHLENBRACH. 2□

Umwandlung von Eisen in Kupfer. H. R. Schubert. (J. Iron Steel Inst. **199.** 51. Sept. 1961.) (Engl.)
Die mittelalterlichen alchemist. Anschauungen über die Umwandlung von Fe in Cu werden kurz besprochen. H. HOCHSTEIN. 2□

Die Technik der Herstellung eisener Gegenstände in Polen zu Beginn des Mittelalters (XI.—XIII. Jahrhundert). Jerzy Piaskowski. (Métaux **1960.** 206—16.) (Franz.) M. GEHLEN-KELLER. 2□

Messung der Halbwertszeit von UX_2(^{234}Pa) mit einem Eintauchzählrohr. Jerry Braunstein und Raymond H. Young. (J. chem. Educat. **38.** 31—32. Jan. 1961. Orono, Maine, Univ.) (Engl.)
Vff. beschreiben einen Vorlesungs-Vers. zur Best. der Halbwertszeit ($T_{1/2}$) von UX_2·(^{234}Pa), der sich in 10 Min. durchführen läßt. Die App. besteht aus einer Ionenaustauscher-

säule (Amberlite IR-120, 80 mesh, 15 cm hoch), die mit einem Gefäß verbunden ist, in das ein GEIGER-Zähler eintaucht. 100 ml einer Lsg., die 10 g $UO_2(NO_3)_2$ enthält, läßt man langsam auf die Säule laufen (2—3 Tropfen/Sek.), anschließend wird mit 100 ml H_2O, 200 ml 0,3nH_2SO_4 u. 100 ml H_2O gewaschen (je 5 Tropfen/Sek.). Dann läßt man 5%ig. HCl solange durch die Säule fließen, bis der Zähler größere Aktivität anzeigt. In Abständen von 10 oder 15 Sek. wird abgelesen, bis die Zähl-Geschw. wieder auf 5 bis 10 Min. absinkt. ^{234}Pa wird hierbei von der HCl ausgewaschen, während ^{234}Th auf der Säule zurückbleibt. $T_{1/2}$ ergab sich bei derartig durchgeführten Verss. zu 1,21 ± 0,03 Min. (Standardwert 1,18 Min.). Durch Elution mit Oxalsäure läßt sich in analoger Weise $T_{1/2}$ von UX_1(^{234}Th) bestimmen (24,1 Tage). D. HOENE. 6□

Organische eutektische Gemische. Arcot Viswanathan. (School Sci. Rev. **42.** 300. März 1961. Madras, New Coll.) (Engl.)

Es werden einige organ. Verbb. angegeben, die bei Raum-Temp. fest sind, deren eutekt. Mischungen aber bereits zwischen 14 u. 16° schmelzen. Für eine Demonstration im Unterricht bringt man die feingepulverten Substanzen in ein großes Reagensglas u. rührt das Gemisch mit einem Thermometer um. Innerhalb von 10 Min. wird die niedrige eutekt. Temp. erreicht u. die Masse flüssig. Beispiele: 8,6 g *Benzophenon* (F. 47,7°) u. 11,4 g *Phenylsalicylat* (Salol, F. 42°) ergeben ein eutekt. Gemisch mit F. 13,9°, 10,56 g *o-Nitrophenol* (F. 44,5°) u. 9,454 g *α-Naphthylamin* (F. 48°) ergeben F. 14°, 11,1 g *o-Nitrophenol* (F. 44,5°) u. 8,9 g *p-Toluidin* (F. 37,5°) ergeben F. 15°, 10,05 g *α-Nitronaphthalin* (F. 57°) u. 9,968 g *α-Naphthylamin* (F. 48°) ergeben F. 16,1°, 13,01 g *p-Nitrotoluol* (F. 52°) u. 6,99 g *Naphthalin* (F. 80,1°) ergeben F. 29°. MAX STRASCHILL. 6□

A. Allgemeine, physikalische und anorganische Chemie

Über die Strahlungskorrekturen niederer Ordnung in der skalaren Quantenelektrodynamik. W. A. Schachbasjan. (Известия Академии Наук Армянской ССР, Серия Физико-Математических Наук [Nachr. Akad. Wiss. ArmenSSR, Ser. physik.-math. Wiss.] **14.** Nr. 2. 79—89. 1961. Math. Inst. der Akad. der Wiss. der UdSSR.) (Russ.; Auszug: Armen.)

Die Strahlungskorrekturen niederer Ordnung an der Meson- u. Photon-GREEN-Funktion werden ermittelt. Das Verh. im UV sowie im IR wird behandelt. Eine Verallgemeinerung der WARD-Identität in der skalaren Elektrodynamik wird gegeben. M. WIEDEMANN. 10□

A_1. Kernphysik und Kernchemie

Mittlere freie Absorptionsweglänge der nucleonischen Komponente der Höhenstrahlung. A. Cicchini und J. Chagal. (Physic. Rev. [2] **124.** 1201—03. 15/11. 1961. Buenos Aires, Univ., Fac. de Cienc. Exact. y Natural., Dep. of Meteorolog. and Phys.) (Engl.)

Messungen der mittleren freien Absorptionsweglänge L der sternerzeugenden Strahlung mit einem Neutronenmonitor auf geomagnet. Breiten 23,3°S u. 15°S zeigen eine Zunahme der Weglänge L bei einer Höhenzunahme von 6000 m von 20 bzw. 40%. Der totale L-Wert ist 163 bzw. 175 g cm^{-2}. GERHARD SCHMIDT. 85□

Beobachtung von kernaktiven Teilchen und Elektron–Photon-Schauern mit Energien von $>10^{12}$ eV auf 3860 m Seehöhe. Je. W. Denissow, W. I. Satzepin, Ss. I. Nikolski, A. A. Pomanski, B. W. Ssubbotin, Je. I. Tukisch und W. I. Jakowlew. (Журнал Экспериментальной и Теоретической Физики [J. exp. theoret. Physik] **40.** 419—25. Febr. 1961. Physik. Lebedew-Inst. der Akad. der Wiss. der UdSSR.) (Russ.; Auszug: Engl.)

Die Wechselwrkg. der kernakt. Teilchen mit mehr als 10^{12} eV mit den Kernen von *C* u. der Luft wurde auf 3860 m mittels einer Anordnung aus 4 Reihen von Ionisationskammern, Pb- u. C-Absorbern (210 g/cm^2) u. Hodoskopen durch Koinzidenz- u. Antikoinzidenzmessungen untersucht. Das Energiespektrum zeigt einen negativen Exponenten, der mit steigender Energie von 1,5 bis 2,5—3 zunimmt. M. WIEDEMANN. 85□

Berechnung einiger Charakteristika der ausgedehnten atmosphärischen Schauer unter Berücksichtigung der Fluktuationen. L. G. Dedenko. (Журнал Экспериментальной и Теоретической Физики [J. exp. theoret. Physik] **40.** 630—36. Febr. 1961. Moskau, Univ., Inst. für Kernphys.) (Russ.; Auszug: Engl.)

Unter Berücksichtigung der Schwankungen in der Zahl u. im Ort der prim. Protonenstöße wird für eine Höhe von 640 g/cm^2 (Pamir) die Verteilungsfunktion der durch

Protonen von 10^{13}, 10^{14} u. 10^{15} eV erzeugten Teilchen ermittelt, außerdem werden das Energiespektrum der schauererzeugenden Protonen u. die Verteilungsfunktion der durch Protonen, α-Teilchen u. O-Kerne erzeugten Schauer bestimmt.

M. WIEDEMANN. 85□

Ein großer Höhenstrahlmesser und Fluktuationen der Höhenstrahlung über kurze Perioden. Kazuo Torizuka und Masami Wada. (Sci. Pap. Inst. physic. chem. Res. [Tokyo] **54.** 162—69. Juni 1960. Cosmic-Ray Labor.) (Engl.)

In Tokyo wurde ein großer Höhenstrahlmesser aufgestellt, der die minütliche Zählrate auf 0,3% genau bestimmt. Er besteht aus Plastescintillatoren, die auch als Detektor für die Teilchendichte der Luftschauer dienen. Im April u. Mai 1959 wurden hiermit Schwankungen der Höhenstrahlung von ca. 10 Min. Dauer untersucht. Die Amplitude dieser Schwankungen variiert im Laufe des Tages, gegen Mittag ist sie am größten.

M. WIEDEMANN. 85□

Der Beginn der Höhenstrahlstürme. Kazuaki Murakami und Shoko Kudo. (Sci. Pap. Inst. physic. chem. Res. [Tokyo] **54.** 155—61. Juni 1960. Cosmic Ray Labor.) (Engl.)

Für den Zeitraum 1957—1958 werden die Zeiten, zu denen ein Höhenstrahlsturm an verschiedenen Orten begann, miteinander verglichen. Ferner wird gezeigt, daß der Abfall der Intensität bei den energiearmen Teilchen vor dem der energiereichen einsetzte. Dieses Verh. sowie die Abhängigkeit des Beginns vom Ort sprechen für ein Diffusionsmodell.

M. WIEDEMANN. 85□

Die Wechselwirkungsraten von in verschiedenen Elementen abgebremsten negativen Myonen. W. B. Gilboy und R. M. Tennent. (Philos. Mag. [8] **45.** 1055 bis 1062. Sept. 1959. Leeds, Univ., Phys. Dep.) (Engl.)

Negative Myonen der Höhenstrahlung wurden in verschiedenen Elementen abgebremst, mittels einer Anordnung aus Scintillatoren u. GEIGER-Zählern wurden durch Koinzidenzmessungen die folgenden Lebensdauern erhalten: in Cr 268 $\pm$ 16 ns, Mn 251 $\pm$ 14 ns, Fe 205 $\pm$ 14 ns, Co 196 $\pm$ 11 ns, Ni 160 $\pm$ 10 ns, Cu 168 $\pm$ 7 ns u. in Zn 151 $\pm$ 13 ns. Hieraus wurden die Wechselwrkg.-Raten berechnet u. mit den theoret. Werten verglichen.

M. WIEDEMANN. 90□

Photoerzeugung von Pionen an Pionen. L. D. Ssolowjew. (Журнал Экспериментальной и Теоретической Физики [J. exp. theoret. Physik] **40.** 597—604. Febr. 1961. Verein. Inst. für Kernforsch.) (Russ.; Auszug: Engl.)

Die Rk. $\gamma + \pi \rightarrow \pi + \pi$ wird mittels Dispersionsbeziehungen behandelt. Die Lösung wird durch die Singularität der Amplitude bei hohen Energien bestimmt. Sie hat Resonanzcharakter, falls die Streuung von Pionen an Pionen im Zustand J = I = 1 einen solchen hat.

M. WIEDEMANN. 90□

Über eine vollständige Versuchsreihe zur Bestimmung der Beziehungen zwischen den Amplituden der π-Mesonenbildung durch Nucleonen mit verschiedenen Isospins. K. Ss. Marisch und L. M. Ssoroko. (Журнал Экспериментальной и Теоретической Физики [J. exp. theoret. Physik] **40.** 605—12. Febr. 1961. Verein. Inst. für Kernforsch.) (Russ.; Auszug: Engl.)

Die Zahl der Verss., die bisher mit Nucleonen von ca. 600 MeV ausgeführt wurden, reicht nicht aus, die Beziehungen zwischen den Amplituden der π-Erzeugung durch Nucleonen mit verschiedenen Isospins zu bestimmen. Um die Resonanztheorie zu verifizieren, müßten die mit der Asymmetrie der Emission von Proton u. Neutron verbundenen Wrkg.-Querschnitte ermittelt werden.

M. WIEDEMANN. 90□

Bildung geladener Mesonen durch 290-MeV-π^--Mesonen an Wasserstoff. Ju. A. Batussow, Ss. A. Bunjatow, W. M. Ssidorow und W. A. Jarba. (Журнал Экспериментальной и Теоретической Физики [J. exp. theoret. Physik] **40.** 460 bis 463. Febr. 1961. Verein. Inst. für Kernforsch.) (Russ.; Auszug: Engl.) — Vgl. C. **1962.** 2614.

250 Fälle der Rk. $\pi^- + p \rightarrow \pi^+ + \pi^- + n$ mit einer Energie des prim. Pions von 290 MeV werden analysiert. Die Spektren u. die Winkelverteilung zwischen den Sekundär-Prodd. werden mit der statist. Theorie u. dem Isobarenmodell verglichen, eine quant. Übereinstimmung konnte nicht festgestellt werden.

M. WIEDEMANN. 90□

Erzeugung von Λ^0 (Σ^0)-Hyperonen und K^0-Mesonen bei π^--p-Wechselwirkungen bei π^--Mesonen von 6,8 $\pm$ 0,6 GeV/c. Gan-Tschan Wan, Zu-Zsen Wan, W. I. Weksler, I. Wrana, Da-Zao Din, W. G. Iwanow, Je. N. Kladnitzakaja, A. A. Kusnetzow, Nguen Din Ty, A. W. Nikitin, M. I. Ssolowjew und Lin-Jan Tschen. (Журнал Экспериментальной и Теоретической Физики [J. exp. theoret. Physik] **40.** 464—74. Febr. 1961. Verein. Inst für Kernforsch.) (Russ.; Auszug: Engl.)

Die Wechselwrkg. negativer Pionen von 6,8 $\pm$ 0,6 GeV/c mit Protonen, die zur Erzeugung von Hyperonen u. K^0-Mesonen führt, wurde mittels einer Propanblasenkammer im Magnetfeld von 13700 Oe untersucht. Es wurden 14000 Aufnahmen analysiert. Der Wrkg.-Querschnitt für die Erzeugung von $K^0\bar{K}$-Paaren war größer als der von Y^0K^0-Paaren, was der statist. Theorie widerspricht. Die mittlere Multiplizität der geladenen Teilchen beträgt bei der Erzeugung der Λ^0- u. Σ^0-Teilchen ca. 2,5. Die Winkel- u. Impulsverteilung wurden bestimmt. M. Wiedemann. 90□

Über die Transversalpolarisation der Λ-Hyperonen, die durch π-Mesonen mit Impulsen von 2,8 GeV/c an Xenonkernen erzeugt wurden. I. A. Iwanowskaja, Je. W. Kusnetzow, A. Prokesch und I. W. Tschuwilo. (Журнал Экспериментальной и Теоретической Физики [J. exp. theoret. Physik] **40.** 708—09. Febr. 1961. Verein. Inst. für Kernforsch., Inst. für theoret. u. exp. Physik der Akad. der Wiss. der UdSSR.) (Russ.)

Mittels 2,8-GeV/c-Pionen wurde die Rk. $\pi^- + Xe \rightarrow \Lambda + K + Xe' + n\pi$ durchgeführt, wo die Multiplizität n im Mittel 1,2 beträgt. Die Aufwärts (75)–Abwärts (73)-Asymmetrie in der Verteilung der Zerfallspionen des Λ wurde bestimmt, sie war jedoch prakt. Null. M. Wiedemann. 90□

Bestimmung der Parität seltsamer Teilchen mit Hilfe der Dispersionsbeziehungen. Ja. I. Granowski und W. N. Starikow. (Журнал Экспериментальной и Теоретической Физики [J. exp. theoret. Physik] **40.** 537—45. Febr. 1961. Inst. für Kernphys. der Akad. der Wiss. der KasachSSR.) (Russ.; Auszug: Engl.)

Aus den Dispersionsbeziehungen für die Streuung von K-Mesonen an Protonen lassen sich Paritäten u. Kopplungs-Konst. zwischen einem Proton u. einem K–Y-Paar ermitteln. Es ist wahrscheinlich, daß Λ u. Σ entgegengesetzte Paritäten haben. Im K^--p-Syst. dürften Anziehungskräfte vorliegen. M. Wiedemann. 90□

Angeregter Zustand im Λ-π-System und K^--p-Stoß. Shigeo Minami. (Progr. theoret. Physics [Kyoto] **25.** 292—94. Febr. 1961. Osaka, Osaka City Univ., Dep. of Phys.) (Engl.)

Es wird gezeigt, daß die Größe des K^--p-Wrkg.-Querschnitts bei niedrigen Energien gegenüber dem K^+-p-Querschnitt nicht auf den angeregten Zustand Λ^* mit 1370 bis 1380 MeV im Λ-π-Syst. zurückgeführt werden kann. Weiterhin werden die Existenz eines angeregten Σ^* mit 1440 MeV Masse u. die Bedeutung für die globale Symmetrie diskutiert. M. Wiedemann. 90□

Partialwellen-Dispersionsbeziehungen in der $\bar{K}$-Nucleon-Absorption. 1. Mitt. R. G. Moorhouse. (Nuovo Cimento [10] **20.** 123—39. 1/4. 1961. Glasgow, Univ., Dep. of Natural Philos.) (Engl.)

Behandelt werden die Prozesse $\bar{K} + N \rightarrow K + N, \bar{K} + N \rightarrow \pi + Y$ u. $\pi + Y \rightarrow \pi + Y$. Die Singularitäten in den Partialwellenamplituden werden diskutiert u. die Unitaritätsbedingung aufgestellt. Hieraus wird ein Formalismus für die Lösung der Dispersionsbeziehungen entwickelt. M. Wiedemann. 90□

Anwendung des Chew und Low-Extrapolationsverfahrens auf die Absorptionsreaktionen $K^- + d \rightarrow Y + N + \pi$. J. S. Dowker. (Nuovo Cimento [10] **20.** 182—84. 1/4. 1961. Birmingham, Univ., Dep. of Math. Phys.) (Engl.)

Eine Unters. der Rkk. $K^- + d \rightarrow Y + N + \pi$ mittels der Extrapolationstechnik gibt Aufschluß über die Dalitz-Tuan-Lösungen der Streulängenparameter der K^--p-Streudaten bei niedriger Energie. M. Wiedemann. 90□

Dynamisches Modell von Elementarteilchen auf der Basis einer Analogie mit der Supraleitfähigkeit. 2. Mitt. Y. Nambu und G. Jona-Lasinio. (Physic. Rev. [2] **124.** 246—54. 1/10. 1961. Chicago, Ill., Univ. of Chicago, Enrico Fermi Inst. for Nucl. Studies and Dep. of Phys.) (Engl.) — 1. vgl. C. **1961.** 16720.

In Fortsetzung der l. c. durchgeführten Unterss. wird aus einem nichtlinearen Spinorfeld-Lagrange-Operator eine „Supraleitungs"-Lösung erhalten, die das Proton-Neutron-Dublett beschreibt. Durch Einführung einer kleinen bloßen Masse in den Lagrange-Operator, der sonst einen bestimmten Typ einer γ_5-Invarianz besitzt, werden die Pionen als gebundene Nucleon–Antinucleon-Zustände gefunden. Weitere Betrachtungen bzgl. einer vollständigen Beschreibung von Baryonen u. Leptonen werden durchgeführt. Herbert Weber. 90□

Eine mögliche Methode zur Untersuchung der Kernwechselwirkung großer Energie. W. A. Tumanjan. (Известия Академии Наук Армянской ССР, Серия Физико-Математических Наук [Nachr. Akad. Wiss. ArmenSSR, Ser. physik.-math. Wiss.] **14.** Nr. 3. 149—60. 1961.) (Russ.)

Die Unters. der Ausbeute an seltsamen Teilchen bei sek. Kern-Rkk. u. ein Vgl. mit denen tsprechenden Ausbeuten bei Rkk. von Protonen u. Pionen gibt Aufschluß über die Erzeugung seltsamer Teilchen in den prim. Wechselwrkg. hoher Energie. Die Unters.

des Strangenessüberschusses gibt eine Information über die Häufigkeit der Entstehung seltsamer Teilchen, ihre Energie u. Winkelverteilung u. auch über die Erzeugung von K^--Mesonen u. Hyperonen. Durch die Unterss. der Sekundär-Rkk. kann man Aufschluß über die Energien von 100—500 GeV erhalten. Die notwendige experimentelle Statistik ist erheblich. M. Wiedemann. 90□

Identitäten zwischen starken und schwachen Wechselwirkungen. H. Shimodaira und Y. Takahashi. (Nuovo Cimento [10] **19.** 537—45. 1/2. 1961. Dublin, Inst. for Advanced Studies.) (Engl.)

Unters. der von Gell-Mann u. Lévy (Nuovo Cimento [10] **16.** [1960.] 560) vorgeschlagenen Modelle der Axialvektor-Wechselwirkung. Herbert Weber. 90□

Über die longitudinale Polarisation von Teilchen bei schwacher Vierfermionenwechselwirkung. B. K. Kerimow. (Известия Академии Наук СССР, Серия Физическая [Nachr. Akad. Wiss. UdSSR, physik. Ser.] **25.** 157—62. Jan. 1961. Moskau, Lomonossow-Univ., Physik. Fak.) (Russ.)

Die Winkelverteilung u. die longitudinale Polarisation der Teilchen beim Zerfall eines vollständig polarisierten freien Fermions b im Flug nach $b \rightarrow a + c + d$ u. entsprechend für die Rk. $b + d \rightarrow a + c$ werden berechnet. Die differentielle Wahrscheinlichkeit des Zerfallsprozesses wird ermittelt. Als Beispiel werden der Fall $n \rightarrow p + e^- + \bar{\nu}$ sowie der entsprechende des Antineutrons behandelt. Der Myonenzerfall wird ebenfalls diskutiert. M. Wiedemann. 90□

Elektron–Positron-Korrelation bei der Paarbildung durch polarisierte γ-Quanten. B. K. Kerimow und I. M. Nadshafow. (Известия Академии Наук СССР, Серия Физическая [Nachr. Akad. Wiss. UdSSR, physik. Ser.] **25.** 163—65. Jan. 1961.) (Russ.)

Die über sämtliche Winkel integrierten Wrkg.-Querschnitte für die Bldg. von Elektron–Positron-Paaren durch Photonen u. Bremsstrahlung im Feld eines Kerns werden bei festgelegter longitudinaler Polarisation sämtlicher beteiligten Teilchen erhalten. Für die Energieverteilung des längspolarisierten e^+–e^--Paares wird für relativist. Energien eine Formel abgeleitet. Die Wahrscheinlichkeit der Paar-Bldg. bei entgegengesetzter Richtung der Polarisation von Positron u. Elektron ist größer als bei paralleler Richtung. M. Wiedemann. 90□

Elektron–Positron-Polarisationskorrelation bei der Paarbildung unter Berücksichtigung des endlichen Durchmessers des Kerns. B. K. Kerimow und F. Ss. Ssadychow. (Известия Академии Наук СССР, Серия Физическая [Nachr. Akad. Wiss. UdSSR, physik. Ser.] **25.** 166—68. Jan. 1961.) (Russ.)

Unter Berücksichtigung der endlichen Dimension des Kerns wird die Abhängigkeit des Wirkungsquerschnitts der Bldg. eines längspolarisierten Elektron–Positron-Paares vom Flugwinkel des Positrons ermittelt. Der Einfl. des nichtsphär. Kerns auf die Winkel- u. Spinkorrelation beim Paarbildungsprozeß kann so abgeschätzt werden. M. Wiedemann. 90□

Direkte Erzeugung von Elektronenpaaren durch Elektronen großer Energie. R. Weill. (Helv. physica Acta **31.** 641—60. 30/12. 1958. Lausanne, E.P.U.L., Labor. de Rech. Nucl.) (Franz.) — Vgl. C. **1959.** 4029.

Die Verff. zur Energiemessung von Elektronenpaaren werden verbessert, indem die Anwendbarkeitsgrenzen der direkten Winkelmessung neu berechnet werden u. das dreidimensionale Modell der Spur-Bldg., welches die Variation der Ionisierung auf dem Anfangsteil der Bahnen von Elektronenpaaren beschreibt, vervollkommnet wird. Hierdurch werden die Energiemessungen der Vff. bei der Best. der mittleren freien Weglänge λ für direkte Paarerzeugung bestätigt. Es zeigt sich, daß die f_1-Faktoren, die zur Berechnung der Zahl von Pseudo-Tridentereignissen verwendet werden, zu groß sind. Die Übereinstimmung der gemessenen freien Weglängen mit den nach der Theorie von Bhabba u. Racah zu erwartenden wird mit zunehmender Energie immer schlechter; dagegen ist die Übereinstimmung mit der Theorie von Stueckelberg befriedigend. Ferner wird der Einfl. der anomalen Tridenterzeugung auf die Schauer-Entw. berechnet. F. Lenz. 90□

Impuls- und Winkelverteilung von Rückstoßelektronen bei Triplett-Erzeugung. R. C. Mohanty, E. H. Webb, H. S. Sandhu und R. R. Roy. (Physic. Rev. [2] **124.** 202—05. 1/10. 1961. University Park, Pa., Pennsylvania State Univ., Dep. of Phys., Nucl. Phys. Labor.) (Engl.)

Ilford-G-5-Emulsionen wurden durch ein gehärtetes Bremsstrahlungsspektrum mit maximaler Energie von 90 MeV bestrahlt. Von 1872 beobachteten Tripletts wurden die Rückstoßimpulsverteilungen der energiearmen Partner der Tripletts mit der Theorie von Suh u. Bethe (C. **1960.** 6723) verglichen. Herbert Weber. 90□

Eine einfache Methode zur Energieabschätzung der Elektronenpaare. P. K. Aditya. (Indian J. Physics Proc. Indian Assoc. Cultivat. Sci. **33 (42).** 357—62. Aug. 1959. Chadigarh, Panjab Univ. Phys. Honours School.) (Engl.)

Es werden Beziehungen abgeleitet, mit denen aus der Divergenz eines Elektronenpaares u. der multiplen Streuung der Elektronen die Energie des prim. Photons ermittelt werden kann. Das Verf. wurde auf eine Reihe von Paaren aus elektromagnet. Kaskaden angewandt u. erwies sich als zufriedenstellend. M. Wiedemann. 90□

Positroniumbildung in Helium. H. S. W. Massey und A. H. Moussa. (Proc. physic. Soc. **77.** 811—16. 1/3. 1961. London, Univ. Coll.) (Engl.)

Der Wrkg.-Querschnitt für die Bldg. des Positronium beim Stoß eines Positrons mit einem normalen He-Atom wurde mit der Bornschen Näherungsformel für Positronenenergien bis zu 125 eV berechnet. Es wurde gefunden, daß der maximale Wrkg.-Querschnitt bei einer Positronenenergie von 27 eV liegt. Es wird vermutet, daß die Bldg. des Positroniums ein wichtiger Teil der elast. Streuung langsamer Positronen an He-Atomen ist. Die Gleichungen für diesen Effekt wurden abgeleitet. H. Schroeder. 90□

Gewinnung und Verwendung von polarisierten Resonanzneutronen. A. D. Gulko und Ju. W. Taran. (Атомная Энергия [Atomenergie] **10.** 506—08. Mai 1961.) (Russ.)

Die Absorption polarisierter Neutronen durch polarisierte Kerne gestattet die Best. des Spins des Compoundkerns. Das Neutronenbündel wurde durch Bragg-Reflexion an einem Co–Fe-Kristall monochromatisiert u. polarisiert, die Kerne durch Einw. eines starken Magnetfelds bei sehr tiefen Temperaturen. Zum Nachw. der Neutronen diente ein $^{10}BF_3$-Proportionalzähler. Für die 3 Niveaus von ^{115}In mit den Energien 1,46; 3,86 u. 9,10 eV wurden die Spins 5, 4 u. 3 ermittelt. M. Wiedemann. 90□

Über die unelastische magnetische Streuung von thermischen Neutronen an metallischem Ce. B. M. Chabibullin. (Физика Металлов и Металловедение [Physik Metalle Metallkunde] **10.** 825—28. Dez. 1960. Physik.-techn. Inst. der Kasaner Zweigstelle der Akad. der Wiss. der UdSSR.) (Russ.)

In der Bornschen Näherung wird der differentielle Wrkg.-Querschnitt der magnet. unelast. Streuung therm. Neutronen an metall. Ce in kub. dichtester Packung mit Übergängen der Metallatome zwischen den durch das innere Kristallfeld eszeugten Stark-Niveaus berechnet. Er ist um eine Größenordnung höher als der der elast. magnet. Streuung. Ferner wird die Winkelabhängigkeit ermittelt, sie entspricht der Symmetrie des Kristallfeldes. M. Wiedemann. 90□

Doppler-Effekt in Neutronenabsorptionsresonanzen. A. W. Solbrig jun. (Amer. J. Physics **29.** 257—61. April 1961. Idaho Falls, Idaho, Argonne Nat. Labor.) (Engl.)

Vf. gibt eine Übersicht über die Theorie der Doppler-Verbreiterung der Neutronenabsorptionsresonanzen. Die techn. Bedeutung des nuclearen Doppler-Effekts, z. B. in Reaktoren, wird behandelt. M. Wiedemann. 90□

Resonanzabsorption in homogenen Mischungen. K. T. Spinney. (J. nuclear Energy **6.** 53—65. 1957. Upton, N.Y., Brookhaven Nat. Labor.) (Engl.)

Vf. diskutiert das Problem der Berechnung von Resonanzabsorptionswahrscheinlichkeiten in homogenen Mischungen von U u. H_2. Es wird eine modifizierte schmale Resonanzapproximation abgeleitet, die eine beträchtlich größere Genauigkeit als bisher über nahezu den gesamten Energiebereich ergibt. Die Ergebnisse schließen auch nicht durch Doppler-Verschiebung verbreiterte Wrkg.-Querschnitte ein.

Gerhard Schmidt. 90□

Resonanzabsorption von Neutronen durch Uranzylinder. Monte V. Davis. (J. appl. Physics **28.** 250—54. Febr. 1957. Richland, Wash., Gen. Electr. Comp.) (Engl.)

Vf. untersucht den integrierten effektiven Resonanz–Neutronen-Absorptionsquerschnitt von ^{238}U-Zylindern im Reaktor. Die Ergebnisse der Reaktivitätsmessungen liefern das effektive Resonanzintegral als eine Funktion des Oberflächen- zu Massenverhältnisses der U-Zylinder. Die Experimente werden erweitert, um die Doppler-Koeff. zu bestimmen, die sich aus der Erwärmung von U in einem Spektrum konst. Neutronenenergie ergeben. Gerhard Schmidt. 90□

Elastische und unelastische Streuung von Protonen am Kohlenstoffkern von 6,5—16 MeV. Yukio Nagahara. (J. physic. Soc. Japan **16.** 133—47. Febr. 1961. Yokohama, Nat. Univ., Phys. Dep.) (Engl.)

Protonen des Cyclotrons mit 6,5—16 MeV wurden elast. u. unelast. ($Q = -4{,}43$ MeV) an C (CH_2-Folien bzw. CH_4-Gas) gestreut u. mittels NaJ(Tl)-Scintillatoren nachgewiesen. Die Winkelverteilungen wurden in Abhängigkeit von der Energie bestimmt u. die differentiellen Wrkg.-Querschnitte berechnet. Zwischen elast. u. unelast. Streuung besteht starke Korrelation. Die Anomalien, z. B. bei 9,1 u. 10,5 MeV werden zu den Niveaus des Compoundkerns ^{13}N in Beziehung gesetzt. M. Wiedemann. 90□

Über die elastische Streuung von ^{3}He an C, Mg, Al und Cu. G. Parry, H. D. Scott und S. Swierszczewski. (Proc. physic. Soc. **77.** 230—33. 1/2. 1961. Liverpool, Univ., Phys. Dep.) (Engl.)

5,5-MeV-^{3}He-Teilchen des Cyclotrons wurden an C- u. Mg-Targets natürlicher Zus. an ^{27}Al u. ^{65}Cu unter 20—132,5° elast. gestreut. Das Verhältnis des beobachteten Wrkg.-Querschnitts zum geometr. zeigte Maxima u. Minima, bei C, Mg u. Cl nahm es mit zunehmendem Winkel ab, bei Cu dagegen zu. M. Wiedemann. 90□

Klassisches Self-consistent-Kernmodell. R. G. Seyler und C. H. Blanchard. (Physic. Rev. [2] **124.** 227—32. 1/10. 1961. University Park, Pa., Pennsylvania State Univ.) (Engl.)

Die Thomas-Fermi-Meth. in einfachster Form wird angewendet, um die radiale Verteilung von Nucleonen in einem sphär. Kern bei Abwesenheit von Coulomb-Kräften abzuleiten. Sättigung wird durch die Hypothese einer Zweikörperkraft, die quadrat vom relativen Impuls abhängt, erreicht. Die erhaltene Lösung zeigt Oberflächen- u. gesätt. innere Bereiche. Herbert Weber. 95□

Kernwechselwirkungen im Schalenmodell. S. P. Pandya und S. K. Shah. (Nuclear Physics [Amsterdam] **24.** 326—33. April 1961. Ahmedabad, Phys. Res. Labor.) (Engl.)

Vff. leiten eine zentrale Zweikörper-Wechselwrkg. ab, die den Energieniveaus der $(d_{3/2})(d_{3/2})$- u. $(d_{3/2})(d_{3/2})^{-1}$-Konfigurationen genügt, die in ^{38}K u. ^{30}Cl beobachtet worden sind. Diese Wechselwrkg. erklärt nicht die sehr kleinen Aufspaltungen des $s_{1/2}$-Teilchendubletts in ^{30}P, ^{32}P usw. Gerhard Schmidt. 95□

Über die Bestimmung des imaginären Potentials im optischen Modell. J. Olkowsky und J. Raynal. (Nuclear Physics [Amsterdam] **24.** 269—73. April 1961. Saclay, C.E.N., Gif-sur-Yvette.) (Franz.)

Vff. wenden das opt. Modell von Bjorklund-Fernbach (C. **1958.** 12006) auf die Best. des imaginären Potentials W an, das dem Rk.-Querschnitt von $^{141}Pr + p$ bei einer Energie $< 11{,}1$ MeV genügt. Der σ-Wert ist empfindlicher bzgl. des Verlaufs des imaginären Potentials als deren Tiefe. Gerhard Schmidt. 95□

Berechenbares Modell für Interferenz zwischen Compoundkernbildung und direkter Wechselwirkung. Leonard S. Rodberg. (Physic. Rev. [2] **124.** 210—12. 1/10. 1961. College Park, Md., Univ. of Maryland.) (Engl.)

Die Bldg. des Compoundkerns wird behandelt. Die Bedeutung von Zweiteilchenanregungszuständen wird betont; die Möglichkeit einer experimentellen Beobachtung der Interferenz zwischen assoziierten „Zweiteilchenresonanzen" u. Prozessen direkter Wechselwrkg. wird diskutiert. Formeln zur Berechnung werden wiedergegeben. Herbert Weber. 95□

Zwei Darstellungen der Methode der starken Kopplung. Helmut Jahn. (Physic. Rev. [2] **124.** 280—86. 1/10. 1961. Princeton, N. J., Inst. for Advanced Study.) (Engl.)

Die sog. Rotations- u. Splittings-Darst. in der Meth. der starken Kopplung der Mesonentheorie werden miteinander verglichen, u. a. bzgl. der Approximationen für die Meson–Nucleon-Streuung. Herbert Weber. 95□

Halbphänomenologisches Kernmodell auf der Grundlage der Nucleon–Pion-Wechselwirkung. J.-P. Amiet. (Suppl. del Nuovo Cimento Nr. 1 (zu [10] **18**). 89—133. 1960. Genève et Neuchatel, Univ., Inst. de Phys.) (Franz.)

Es wird versucht, aus der Pion–Nucleon-Wechselwrkg. ein Kernmodell abzuleiten, das für sphär. mittlere u. schwere Kerne dasselbe leistet wie das Schalenmodell. Es soll demnach für das mittlere Potential u. die Spin–Bahn-Kopplung ein meson. Ursprung gefunden werden. M. Wiedemann. 95□

Über die mittleren Resonanzniveaus in Kernreaktionen. Sin-iti Igarasi, Ko Izumo und Takeshi Udagawa. (Progr. theoret. Physics [Kyoto] **21.** 468—71. März 1959. Tokyo, Univ. of Educat., Dep. of Phys.) (Engl.)

Für Kern-Rkk. im mittleren Energiebereich wird ein Modell entwickelt, wonach ein innerer Teil der Nucleonen inert ist, während das einfallende Teilchen mit N reagiert. Aus einem Vgl. mit Lage u. Abstand der Resonanzniveaus bei den Rkk. Si(p, α)Al u. Ni(p, p')Ni ergibt sich N zu 7—11 Nucleonen. M. Wiedemann. 103□

Kernreaktionen sehr hoher Energie und das α-Teilchenmodell. Hiroichi Hasegawa und Kensai Ito. (Progr. theoret. Physics [Kyoto] **25.** 300—01. Febr. 1961. Tokyo, Gakushuin Univ., Dep. of Phys. and Chem.; Rikkyo Univ., Dep. of Phys.) (Engl.)

Bei hohen Energien (2—3 GeV/Nucleon) verhalten sich leichte Kerne so, als ob sie eine Substruktur besäßen. Das α-Teilchenmodell von C u. O kann diese Phänomene erklären. Die Wahrscheinlichkeiten für Stripping von n α-Teilchen aus einem einfallenden Kern werden in Übereinstimmung mit experimentellen Daten (bei Photoemulsionen mit schweren Kernen) erhalten. M. WIEDEMANN. 103□

Dispersionstheorie des direkten Photoeffektes. G. E. Brown und J. S. Levinger. (Proc. physic. Soc. **71.** 733—41. 1/5. 1958. Birmingham, Univ., Dep. of Math. Phys.) (Engl.) — Vgl. C. **1959.** 12748.

Der Prozeß der direkten Wechselwrkg. mit Photonen wird in der Dispersionstheorie des Kerns formuliert. Der Querschnitt kann für Energien berechnet werden, die weit von den Einzelteilchenresonanzen entfernt sind. Die Dipol-Quadrupol-Interferenz scheint eine merkliche Vorwärts-Asymmetrie für Photoprotonen zu ergeben. J. M. SPAETH. 103□

(d, p)-Polarisationsmessungen der Reaktionen angeregter Zustände. W. P. Johnson und D. W. Miller. (Physic. Rev. [2] **124.** 1190—98. 15/11. 1961. Bloomington, Ind., Indiana Univ., Dep. of Phys.) (Engl.)

Mit einem H-Gas-Polarimeter in Verbindung mit einem Magnetspektrometer für schwere Teilchen werden die folgenden (d, p)-Polarisationen bei einer Deuteronenenergie von 10,8 MeV u. einem Streuwinkel von 12,5° (Labor.-Syst.), aufgeführt nach dem Restzustand des Kerns u. unter Verw. der Quantisierungsachse $n = k_d \cdot k_p$, gemessen: ^{13}C-Grundzustand $-0{,}32 \pm 0{,}05$, 3,09-MeV-Zustand $+0{,}03 \pm 0{,}04$; ^{25}Mg 3,40-MeV-Zustand $-0{,}05 \pm 0{,}05$; ^{41}Ca 1,95-MeV-Zustand $+0{,}014 \pm 0{,}043$ u. 3,95-MeV-Zustand $-0{,}21 \pm 0{,}05$. Im Falle der beiden untersuchten Ca-Zustände handelt es sich um p-Neutronenzustände mit $j = 3/2$ bzw. $1/2$. GERHARD SCHMIDT. 103□

Die Reaktion T (d, n)⁴He als eine Quelle polarisierter Neutronen. R. B. Perkins und J. E. Simmons. (Physic. Rev. [2] **124.** 1153—54. 15/11. 1961. Los Alamos, N. Mex., Univ. of California, Los Alamos Scient. Labor.) (Engl.)

Vff. bestimmen die Polarisation der Neutronen aus der Quellen-Rk. T(d, n)^{4}He bei Labor.-Winkeln von 30 u. 90° über den Bereich der Deuteronenenergien von 0,1 bis 7,7 MeV. Zusätzlich wird bei $E_d = 5$ MeV eine Winkelverteilung der Polarisation gemessen. Die Polarisation, die bei niedrigen Energien klein ist, erreicht bei $E_d = 7{,}7$ MeV Werte von $+0{,}64$ u. $-0{,}52$ bei 30 bzw. 90°. Die Polarisation wird mittels eines fl. He-Scintillators analysiert, der in Koinzidenz mit einem Plaste-Scintillator arbeitet. GERHARD SCHMIDT. 103□

Partielle Breiten des 16,11-MeV-Zustandes in ¹²C. R. E. Segel und M. J. Bina. (Physic. Rev. [2] **124.** 814—17. 1/11. 1961. Dayton, Ohio, Aeronaut. Res. Labor.) (Engl.)

Vff. bestimmen nach der Scintillationstechnik das α-Spektrum, γ-Spektrum u. das Verhältnis von γ-/α-Ausbeute für die ^{11}B + p-Resonanz bei 163 keV, die den 16,11 MeV-Zustand in ^{12}C bildet. Die Ergebnisse werden mit bekannter totaler Breite u. γ-Ausbeute kombiniert, um neue Werte für die γ-Breiten, die partielle α-Breite für den Zerfall zum Grundzustand von ^8Be u. für die Protonenbreite zu erhalten. Die neuen Werte für die partiellen Breiten sind in Übereinstimmung mit den Vorhersagen des Modells des unabhängigen Teilchens. GERHARD SCHMIDT. 103□

Paritätserhaltung bei Kernreaktionen. Suche nach dem α-Zerfall des 8,88-MeV-Zustandes in ¹⁶O. R. E. Segel, J. W. Olness und E. L. Sprenkel. (Physic. Rev. [2] **123.** 1382—85. 15/8. 1961. Dayton, Ohio, Aeronaut. Res. Labor.) (Engl.)

Durch Unters. des α-Spektrums, das dem β-Zerfall von ^{16}N folgt, wird nach einem α-Zerfall mit Paritätsnichterhaltung des 8,88-MeV-Zustandes (2^-) in ^{16}O gesucht. Es wird eine obere Grenze von $(\Gamma\alpha/\Gamma\gamma)_2 < 2 \cdot 10^{-6}$ bestimmt, was zu einem F^2-Wert $\lesssim 2 \cdot 10^{-12}$ führt. Die α-Gruppe, die dem Zerfall des breiten 9,58-MeV-Zustandes (1^-) entspricht, wird beobachtet, der log ft-Wert für den β-Zerfall zu diesem Zustand ergibt sich zu $6{,}8 \pm 0{,}1$. Die niedrige Übergangsrate ist mit einer Schalenmodellvorhersage im Einklang, wonach der 9,58-MeV-Zustand von einer Dreinucleonenanregung herrührt. Der Verlauf des α-Spektrums deckt sich mit einer BREIT-WIGNER-Analyse. GERHARD SCHMIDT. 103□

T=3/2-Niveau in ¹⁹F bei 9,07 MeV. G. Amsel und G. R. Bishop. (Physic. Rev. [2] **123.** 957. 1/8. 1961. Paris, École Norm. Super.) (Engl.)

Vff. untersuchen die Rk. ^{18}O(p, α)^{15}N mit dem 2-MeV-VAN DE GRAAFF. Die Targets sind 20 μg/cm² dicke selbsttragende Al_2O_3-Folien, die durch anod. Oxydation von Al in einem Elektrolyten hergestellt worden sind, der 90% ^{18}O enthält. Entgegen früheren Mitt. weisen Vff. nach, daß α-Teilchen aus dem 9,07-MeV-Zustand von ^{19}F emittiert werden. ^{19}F wird bei der Rk. ^{18}O(p, α)^{15}N erhalten. Die red. Breite des α-Teilchens zeigt an, daß der Isospin dieses Zustandes $T = 3/2$ mit einer Beimischung von angenähert 15% $T = 1/2$ ist. Der Spin des Zustandes wird aus der α-Winkelverteilung zu 7/2 bestimmt, ungerade Parität scheint bevorzugt zu sein. GERHARD SCHMIDT. 103□

Kernenergieniveaus von ^{19}F, ^{21}F, ^{22}Ne und ^{24}Ne. M. G. Silbert und Nelson Jarmie. (Physic. Rev. [2] **123.** 221—28. 1/7. 1961. Los Alamos, N. Mex., Univ. of California, Los Alamos Scient. Labor.) (Engl.)

Mit einem doppelfokussierenden 180°-Magnetspektrometer mit einem 16-in.-Radius untersuchen Vff. die Kernenergieniveaus von ^{19}F, ^{21}F, ^{22}Ne u. ^{24}Ne durch Analyse der Protonen u. α-Teilchen, die durch (t, p)- u. (t, α)-Rkk. mit Targets aus natürlichem Ne u. ^{22}Ne erzeugt worden sind. Zwischen Anregungsenergien von 2,8 u. 6,5 MeV werden neue Niveaus in ^{19}F bei 5,102; 5,539; 5,628; 5,937 u. 6,169 MeV erhalten. Früher mitgeteilte Niveaus bei 3,29; 4,48 u. 4,95 MeV werden nicht beobachtet. Bis zu einer Anregungsenergie von 4,3 MeV in ^{21}F werden neue Niveaus bei 3,451; 3,509; 3,635; 3,977; 4,056 u. 4,158 MeV beobachtet, während die 4 bekannten tieferen Zustände bei 0,285; 1,104; 1,743 u. 2,047 MeV bestätigt werden. Die Masse von ^{21}F wird zu 21,006624 ± 0,000011 Masseneinheiten mit ^{16}O als Standard bestimmt; (M—A) = 6,168 ± 0,010 MeV. In ^{22}Ne werden 38 angeregte Zustände bis zu einer Anregung von 4,9 MeV beobachtet. Die Niveaus bei 1,277, 3,343 u. 4,473 MeV werden bestätigt, während ein früher mitgeteiltes Niveau bei 4,9 MeV nicht beobachtet wird. Energieniveaus in ^{24}Ne bis zu einer Anregungsenergie von 6,4 MeV werden bei 1,986; 3,873; 3,962; 4,764; 4,886; 5,576; (5,641) u. 6,030 MeV beobachtet. Die Masse von ^{24}Ne wird zu 24,001238 ± 0,000011 Masseneinheiten bestimmt; (M—A) = 1,153 ± 0,010 MeV. Die Standardabweichungen in den Werten für die Anregungsenergien variieren von 0,015—0,025 MeV.

Gerhard Schmidt. 103□

Der Zerfall von Kalium-44. Kazusuke Sugiyama, Tsutomu ToHei, Masumi Sugawara, Tsunekichi Dazai und Yukinori Kanda. (J. physic. Soc. Japan **15.** 1909—12. Nov. 1960. Sendai, Tohoku Univ., Fac. of Sci., Dep. of Phys.; Tokyo, Tokyo Inst. of Technol.) (Engl.)

Unter Verw. von Anthracen- u. NaJ(Tl)-Kristallscintillationszählern u. Koinzidenzschaltungen wurde der Zerfall von ^{44}K untersucht u. ein Zerfallsschema vorgeschlagen. γ-Quanten der folgenden Energien, die von den angeregten Zuständen des ^{44}Ca stammen, wurden gemessen: 0,48, 0,63, 0,74, 0,90, 1,06, 1,16, 1,5, 1,74, 2,08, 2,17, 3,4, 4,4, 4,6 u. 5,0 MeV.

H. Schroeder. 103□

Breite und Intensität der Mössbauer-Linie in ^{57}Fe. M. Cordey-Hayes, N. A. Dyson und P. B. Moon. (Proc. physic. Soc. **75.** 810—11. 1/5. 1960. Birmingham, Univ., Dep. of Phys.) (Engl.)

Vff. untersuchten die Breite u. Intensität der 14,4-keV-γ-Linie von ^{57}Fe. Die Quellen wurden durch Fällung von ^{57}Co- u. ^{56}Fe-Hydroxyden, anschließender Red. zum Metall u. Auswalzen auf 25 mg/cm² hergestellt. Die Umlauffrequenz betrug 33,3 s^{-1}. Es wurde eine Vergrößerung der natürlichen Linienbreite in Abhängigkeit von der Frequenz beobachtet, ebenso eine teilweise Niveauaufspaltung.

H. Schroeder. 103□

Wechselwirkungen von 7,5-MeV-Protonen mit Kupfer und Vanadium. Bruce W. Shore, Nathan S. Wall und John W. Irvine jun. (Physic. Rev. [2] **123.** 276—83. 1/7. 1961. Cambridge, Mass., MIT, Dep. of Chem., Dep. of Phys. and Labor. for Nucl. Sci.) (Engl.)

Die für die elast. Streuverss. verwendeten Targets bestehen aus $0{,}25 \cdot 10^{-3}$ in. dicken Cu- u. $0{,}10 \cdot 10^{-3}$ in. dicken V-Folien. Die gestreuten Protonen werden in einem beweglichen NaJ(Tl)-Scintillationsdetektor innerhalb einer Streukammer nachgewiesen. Die beobachtete unelast. Streuung stellt die Summe von (p, p′)- u. (p, α)-Prozessen dar, da der Detektor nicht zwischen α-Teilchen u. Protonen unterscheiden kann. Gemessen werden die separaten Querschnitte für die Wechselwrkg. von 7,5-MeV-Protonen für natürliches Cu u. natürliches V. Die Winkelverteilungen für elast. Streuung an V u. Cu werden graph. dargestellt. Die Querschnitte für unelast. Streuung plus α-Emission sind für Cu 266 mbarn u. für V 134 mbarn. Die Querschnitte der (p, n)-Rk. sind für ^{65}Cu 537 mbarn u. für ^{51}V 555 mbarn. Diese Daten im Zusammenhang mit Messungen der Polarisation an Cu werden mit den Berechnungen nach dem opt. Potential verglichen. Die Ergebnisse zeigen mehr ein Volumen- als ein Oberflächen-Absorptionspotential an.

Gerhard Schmidt. 103□

Absoluter Wirkungsquerschnitt der Reaktion $^{63}Cu(\gamma, n)^{62}Cu$ für Li-γ-Strahlen. Shinjiro Yasumi, Minoru Yata, Kunio Takamatsu, Akira Masaike und Yoshiko Masuda. (J. physic. Soc. Japan **15.** 1913—19. Nov. 1960. Kyoto, Kyoto Univ., Fac. of Sci., Dep. of Phys.) (Engl.)

Vff. bestimmten den Querschnitt der Rk. $^{63}Cu(\gamma, n)^{62}Cu$ für γ-Strahlen aus der Rk. $^{7}Li(p, \gamma)^{8}Be$. Der gefundene Wert von 62 ± 4 mbarn wurde mit dem bei Verw. von 17,6-MeV-γ-Quanten erhaltenen Querschnitt (76 ± 5 mbarn) verglichen.

H. Schroeder. 103□

Das Gammaspektrum von ^{81}Se. I. Y. Krause, W.-D. Schmidt-Ott, K.-W. Hoffmann und A. Flammersfeld. (Z. Physik **157.** 106—11. 1959. Göttingen, Univ., II. Physik. Inst.) (Dt.)

Vff. untersuchten mit Scintillationsspektrometern den Zerfall von ^{81}Se (18 Min.), das durch Beschuß von natürlichem Se u. von zu 98% angereichertem ^{80}Se mit therm. Neutronen erhalten wurde. Auf Grund der Messung der γ-Strahlung wurden die 3 angeregten Zustände bei (282 $\pm$ 3) keV, (565 $\pm$ 6) keV u. (820 $\pm$ 10) keV dem ^{81}*Br* zugeordnet. 98,7% aller Zerfälle gehen direkt zum Grundzustand von ^{81}Br über (β^-, 1,38 MeV), (0,06 $\pm$ 0,03) %, (0,85 $\pm$ 0,20) % u. (0,40 $\pm$ 0,10) % der Zerfälle führen zu den angegebenen Niveaus. Der angeregte Zustand bei 565 keV geht direkt oder über eine Kaskade mit nahezu gleichen Energien in den Grundzustand über, der Zustand bei 890 keV nur direkt. H. Schroeder. 103□

Beobachtung der Resonanzabsorption von γ-Strahlen von ^{119}Sn bei 23,8 keV durch die Konversionselektronen. K. P. Mitrofanow und W. Ss. Schpinel. (Журнал Экспериментальной и Теоретической Физики [J. exp. theoret. Physik] **40.** 983—85. März 1961. Moskau, Univ., Inst. für Kernphys.) (Russ.)

Die Umkehr des Resonanzniveaus u. die Beobachtung der Resonanzabsorption durch die Konversionselektronenlinien wurde zur Unters. der Temp.-Abhängigkeit der Resonanzabsorption der γ-Strahlung mit 23,8 keV angewandt, die beim Zerfall des isomeren Zustandes (89 keV) von ^{119}Sn mit einer Halbwertszeit von 250 Tagen entsteht. Die Konversionselektronen wurden mittels eines Doppellinsenspektrometers untersucht, die Quelle durch Neutronenbestrahlung von ^{118}Sn (auf 94% angereichert) erhalten. Die Messungen wurden im Bereich 83—273° K durchgeführt. Der Absorptionsquerschnitt ist proportional f^2, wo der Faktor f von der Temp. u. der Debye-Temp. abhängt, letztere wurde bestimmt. M. Wiedemann. 103□

Bestimmung von α_K des 143-keV-Übergangs in ^{141}Pr mit Hilfe des 4-π-Scintillationsspektrometers. L. Nemet. (Известия Академии Наук СССР, Серия Физическая [Nachr. Akad. Wiss. UdSSR, physik. Ser.] **25.** 68—69. Jan. 1961.) (Russ.)

Der Koeff. der inneren Konversion des γ-Übergangs mit 143 keV beim Zerfall ^{141}Ce $\rightarrow$ ^{141}Pr wurde mittels eines 4-π-Scintillationsspektrometers mit 120-Kanalanalysator untersucht. Das γ- sowie das K-Röntgenspektrum sind wiedergegeben. Gefunden wurde $\alpha_K = 0{,}379 \pm 0{,}005$. M. Wiedemann. 103□

Untersuchungsschema des Zerfalls von ^{146}Gd, ^{147}Gd und ^{149}Gd mit Hilfe von β–γ-Koinzidenzspektrometer. E. Je. Berlowitsch, O. W. Larionow, E. N. Tunimanowa und D. M. Chai. (Известия Академии Наук СССР, Серия Физическая [Nachr. Akad. Wiss. UdSSR, physik. Ser.] **25.** 90—97. Jan. 1961. Physik.-techn. Ioffe-Inst. der Akad. der Wiss. der UdSSR.) (Russ.)

Mittels eines Koinzidenzspektrometers werden die Zerfälle von ^{146}Gd, ^{147}Gd u. ^{149}Gd untersucht u. danach die Termschemata von ^{147}*Eu*, ^{149}*Eu* u. ^{146}*Eu* ergänzt. Die Koinzidenzen der K-Elektronen der Übergänge (114,8 $\pm$ 115,5) keV u. 155 keV mit den γ-Strahlen von ^{146}Gd, der K-Elektronen der Übergänge 229 u. 396 keV mit der γ-Strahlung von ^{147}Gd sowie der K-Elektronen der Übergänge 149,8, 346 u. 298 keV mit der γ-Strahlung von ^{149}Gd wurden registriert. M. Wiedemann. 103□

β–γ-Richtungskorrelation beim Zerfall von ^{154}Eu. L. D. Wyly, E. T. Patronis, Harry Dulaney und C. H. Braden. (Physic. Rev. [2] **124.** 841—45. 1/11. 1961. Atlanta, Ga., Georgia Inst. of Technol., School of Phys.) (Engl.)

Vff. bestimmen die Richtungskorrelation für die 1855 keV (β)–123 keV (γ)-Kaskade beim Zerfall von ^{154}Eu mit einem Koinzidenzkreis vom fast-slow-Typ mit einer Auflösungszeit von ca. 10^{-7} s. ^{154}Eu wird durch Bestrahlung von isotop. angereichertem ^{153}Eu hergestellt. Der Richtungskorrelations-Koeff. A_2 ändert sich von $-0{,}15$ bei einer β-Energie von 1100 keV bis $-0{,}18$ bei einer β-Energie von 1600 keV. Die Ergebnisse lassen vermuten, daß die Schwächung der gewöhnlich erstverbotenen Matrixelemente relativ zu B_{ij} weniger in ^{154}Eu als bei dem vergleichbaren Übergang von ^{152}Eu ausgeprägt ist. Gerhard Schmidt. 103□

Die Zerfallskette ^{164}Yb $\rightarrow$ ^{164}Tm $\rightarrow$ ^{164}Er. A. Abdurazakov, K. Gromov, B. Dalkhsuren, B. Dzelepov, I. Levenberg, A. Murin, Yu. Norseyev, V. Pokrovsky, V. Chumin und I. Yutlandov. (Nuclear Physics [Amsterdam] **21.** 164—69. Nov. (4) 1960. Dubna, Joint Inst. for Nucl. Res., Labor. of Nucl. Problems.) (Engl.)

Bei der Spallation von *Ta* wurde ^{164}Yb (75 Min.) erfaßt, dieses zerfällt in ^{164}Tm (2 $\pm$ 0,5 Min.). Mittels β-Spektrometer, β-Spektrograph u. Scintillationsspektrometer wurde dieses Nuklid näher untersucht. Das Maximum des Positronenspektrums ergab sich zu 2940 $\pm$ 20 keV, der Anteil einer 1300-keV-Strahlung liegt bei 4%. Ferner wurden γ-Übergänge von 91,5 u. 211 keV gefunden. Das erzeugte ^{164}Er ist stabil.
M. Wiedemann. 103□

Über das Zerfallsschema von ^{171}Lu. K. Ja. Gromow, B. Ss. Dshelepow, A. G. Dmitrijew und B. K. Preobrashenski. (Известия Академии Наук СССР, Серия Физическая [Nachr. Akad. Wiss. UdSSR, physik. Ser.] **21.** 1573—75. Dez. 1957. Chlopin-Strahlungsinst. der Akad. der Wiss. der UdSSR.) (Russ.)

Durch Spalation von *Ta* wurde Hf erhalten u. aus einem langlebigen Isotop ^{171}Lu, dessen Spektrum der Konversionselektronen aufgenommen wurde. Gefunden wurden Linien mit Energien von 56,6; 57,9; 62,3; 66,0; 73,1 u. 81,6 keV, die zugeordnet wurden u. deren Übergangstyp bestimmt wurde. Ein Zerfalls- u. Termschema von ^{171}*Yb* ist ebenfalls wiedergegeben. M. Wiedemann. 103□

Isotopenidentifizierung der Neutronenresonanzen von Cd, Sb, Os und Pt aus den Einfang-γ-Spektren. H. E. Jackson und L. M. Bollinger. (Physic. Rev. [2] **124.** 1142—52. 15/11. 1961. Argonne, Ill., Argonne Nat. Labor.) (Engl.)

Vff. zeigen mit Schnellchopper u. magnet. Aufzeichnung den hohen Wrkg.-Grad u. die hohe Empfindlichkeit der Isotopenidentifizierung von Neutronenresonanzen durch Beobachtung von Einfang-γ-Strahlen. Die durchgeführte experimentelle Unters. weist prim. auf die Beobachtung koinzidierender γ-Strahlen als ein Mittel zur Messung von Bindungsenergien u. charakterist. niederenerget. Linien von Nucliden hin, die Resonanzeinfang ergeben. Die isotop. Zuordnungen schließen 23 Resonanzen in Cd zwischen 18 u. 235 eV ein; 20 Resonanzen in Sb zwischen 5 u. 200 eV; 23 Resonanzen in Os zwischen 6 u. 61 eV u. 2 bisher unaufgelöste Resonanzen bei 67 eV, die dem Nuclid ^{195}Pt zugeordnet werden. Die Daten führen zu beobachteten Niveauabständen von 33 eV in ^{111}Cd, 80 eV in ^{112}Cd, 27 eV in ^{113}Cd, 27 eV in ^{121}Sb, 12 eV in ^{123}Sb u. von 51 eV in ^{189}Os. Die Stärkefunktionen von ^{111}Cd u. ^{113}Cd, die sich auf die Identifizierungen stützen, stimmen mit früheren Werten überein. Gerhard Schmidt. 103□

Erstverbotenes β-Spektrum von ^{206}Tl. D. A. Howe und L. M. Langer. (Physic. Rev. [2] **124.** 519—24. 15/10. 1961. Bloomington, Ind., Indiana Univ., Phys. Dep.) (Engl.)

Mit einem 4-π-Scintillationsspektrometer untersuchen Vff. das β-Spektrum des 4,2-min-^{206}Tl. Die Strahlenquelle ist im Gleichgewicht mit dem $2{,}6 \cdot 10^6$-a-^{210}*Bi*-Munternuclid. Die Elektronenverteilung besitzt eine nichtstatist. Form u. kann mit einem erstverbotenen Pseudovektor-Formfaktor in Einklang gebracht werden. Mit der gemessenen Energiefreisetzung von 1,571 $\pm$ 0,010 MeV ermöglicht sich eine bessere Best. des erstangeregten Zustandes von ^{210}Bi. Gerhard Schmidt. 103□

Spins von Wismutisotopen mit den Massen 203, 204, 205 und 206. C. M. Johansson und I. P. K. Lindgren. (Nuclear Physics [Amsterdam] **9.** 44—48. Nov. 1958. Uppsala, Univ., Inst. of Phys.) (Engl.)

Die beiden kurzlebigen Nuclide ^{203}*Bi* u. ^{204}Bi wurden nach der Rk. Pb(p, kn)Bi im Synchrocyclotron mit 35 MeV-Protonen, ^{205}Bi u. ^{206}Bi im Cyclotron mit 25-MeV-Deuteronen nach (d, kn) gewonnen. Die Targets wurden in HNO_3 gelöst u. Bi samt inakt. Träger elektrolyt. auf Ni niedergeschlagen. Im fokussierenden 6poligen Atomstrahl-App. wurde bei 600—700° der Strahl gewonnen. Die Isotope zerfallen durch K-Einfang, sie wurden mittels Scintillationskristall bestimmt. Für die 4 Neutronendefizitisotope wurden folgende Spins des Grundzustands erhalten: ^{203}Bi(12 h) 9/2, ^{204}Bi(13 h) 6, ^{205}Bi(14,5 d) 9/2, ^{206}Bi(6,3 d) 6. M. Wiedemann. 103□

Das Verzweigungsverhältnis der α- und β-Emissionen aus ^{212}Bi (ThC). S. Barkan. (Nuovo Cimento [10] **20.** 450—53. 1/5. 1961. Argonne, Ill., Argonne Nat. Labor.) (Engl.)

Vf. vergleicht die Intensität der niederenerget. α-Teilchen ($<$7 MeV), die direkt dem Zerfall von ^{212}Bi entstammen, mit der Intensität der hochenerget. α-Teilchen ($>$7 MeV), die von dem durch den β-Zerfall von ^{212}Bi entstandenen ^{212}Po herrühren. Verwendet wurde ein Halbleiterzähler u. ein 20-Kanalanalysator. Die App. wurde mit einem ^{239}Pu-Präp. geeicht. Das Verhältnis $\alpha/(\alpha + \beta)$ wurde zu 0,358 $\pm$ 0,001 bestimm□
G. Ewald. 103t.

Der Grundzustandsspin von ^{212}Po. F. Demichelis. (Nuovo Cimento [10] **19.** 642—52. 16/2. 1961. Torino, Politecnico, Ist. di Fis. Sper.) (Engl.)

Die Winkelkorrelationen zwischen den β-Übergängen vom Grundzustand von ^{212}*Bi* zum Grundzustand von ^{212}Po u. den α-Teilchen vom Grundzustand von ^{212}Po zum Grundzustand von ^{208}*Pb* wurden gemessen, ebenso die Winkelkorrelationen zwischen den γ-Quanten des 1. angeregten Zustandes zum Grundzustand von ^{212}Po u. den α-Teilchen von ^{212}Po. Im Gegensatz zu experimentellen Ergebnissen anderer Autoren werden isotrope Korrelationen gefunden. Die Ergebnisse stimmen mit der Zuordnung von $J = 0^+$ für den Grundzustand des gg-Kerns ^{212}Po überein. H. Schroeder. 103□

Über den γ- und α-Zerfall der angeregten Zustände von ^{214}Po (RaC′). Ulrich Hauser. (Z. Physik **150.** 599—613. 8/4. 1958. Heidelberg, Univ., II. Physik. Inst.) (Dt.)

Mit Hilfe der Theorie des α-Zerfalls u. der Theorie der Multipolübergänge wird für mehrere angeregte Zustände von ^{214}Po die abs. bzw. normierte Übergangswahrscheinlichkeit für γ-Emission berechnet u. daraus Spin u. Parität bestimmt. Es ergibt sich ein Termschema, daß die vollständige Einordnung der 13 von Rutherford gefundenen α-Gruppen in das Zerfallsschema ^{214}Po(RaC′) → ^{210}Pb(RaD) gestattet. Die berechneten normierten γ-Übergangswahrscheinlichkeiten stimmen untereinander u. mit den zu erwartenden gut überein. Die α-emittierenden Niveaus lassen sich in äquidistante Gruppen einteilen, die einem Gesetz der Form $E = E_0 + nD$ gehorchen.
W. Betcke. 103□

Der Strahlungseinfangquerschnitt von ^{232}Th für Neutronen im Energiebereich von 300—1200 keV. J. F. Barry, L. P. O'Connor und J. L. Perkin. (Proc. physic. Soc. **74.** 685—88. 1/12. 1959. Aldermaston, Berks., Atomic Weapons Res. Establish.) (Engl.)

^{232}Th wurde von seinen Tochterelementen gereinigt u. als ThO_2 mit Neutronen der Rk. T(p, n)^{3}He bestrahlt. Nach der Aktivierungs-Meth. wurde für Neutronenenergien von 300—1200 keV der (n, γ)-Querschnitt bestimmt, wobei ^{238}U zur Eichung diente. Der Querschnitt fiel von 206 auf 118 mbarn mit einem Plateau zwischen 250 u. 900 keV. Diese Daten sind mit den Messungen der unelast. Streuung u. der daraus abgeleiteten Niveaustruktur von ^{232}Th im Einklang. M. Wiedemann. 103□

Verzögerte Neutronen aus spaltbaren Isotopen von Uran, Plutonium und Thorium. G. R. Keepin, T. F. Wimett und R. K. Zeigler. (J. nuclear Energy **6.** 1—21. 1957. Los Alamos, N. Mex., Univ. of California, Los Alamos Scient. Labor.) (Engl.) — Vgl. C. **1958.** 4982. Gerhard Schmidt. 103□

Spaltquerschnitte als eine Funktion der Neutronenenergie. 3. Mitt. **Uran-233.** J. E. Sanders, B. T. Price und R. Richmond. (J. nuclear Energy **6.** 114—15. 1957. Harwell, Berks., A.E.R.E.) (Engl.) — 2. vgl. Richmond u. Price, J. nuclear Energy **2.** [1956.] 177.

Mit der gleichen Technik wie l. c. wird der normalisierte Spaltquerschnitt von ^{233}U aufgenommen. Die ersten drei Resonanzen bei 1,77, 2,28 u. 3,60 eV werden analysiert. Die Gründe für den Widerspruch zwischen den beobachteten u. theoret. Werten werden diskutiert. Gerhard Schmidt. 103□

Spaltquerschnitte von ^{241}Pu und ^{243}Am bei schnellen Neutronen. Daniel K. Butler und Ruth K. Sjoblom. (Physic. Rev. [2] **124.** 1129—31. 15/11. 1961. Argonne, Ill., Argonne Nat. Labor.) (Engl.) — Vgl. C. **1960.** 16325.

Vff. bestimmen die Querschnitte der Spaltung von ^{241}Pu mit Neutronen von 0,02 bis 1,80 MeV u. der Spaltung von ^{243}Am mit Neutronen von 0,3—1,7 MeV. Die experimentelle Anordnung gleicht der für die Messung des Spaltquerschnittes von ^{242}Pu (l. c.). Die Best. der Querschnitte erfolgt durch Messung des Verhältnisses eines jeden Querschnittes zu dem von ^{235}U. Die Ergebnisse der Spaltquerschnittsmessungen werden graph. u. tabellar. wiedergegeben. Für ^{241}Pu erstrecken sich die Querschnitte von ca. 1,60—4,8 barn, für ^{243}Am von 0,01—1,39 barn. Gerhard Schmidt. 103□

Impulsreaktor für schnelle Neutronen. G. Je. Blochin, D. I. Blochinzew, Ju. A. Bljumkina, I. I. Bondarenko, B. N. Derjagin, A. Ss. Saimowski, W. P. Sinowjew, O. D. Kasatschkowski, Kim Chen Bon, N. W. Krassnojarow, A. I. Leipunski, W. A. Malych, P. M. Nasarow, Ss. K. Nikolajew, W. Ja. Stawisski, F. I. Ukrainzew, I. M. Frank, F. L. Schapiro und Ju. Ss. Jaswitzki. (Атомная Энергия [Atomenergie] **10.** 437—46. Mai 1961.) (Russ.)

Ein Impulsreaktor für schnelle Neutronen wurde für das Vereinigte Inst. für Kernforschung gebaut. Die mittlere Leistung beträgt 1 kW, die mittlere Multiplizität der prompten Neutronen in dem Augenblick, in dem sich der Reaktor im überkrit. Zustand befindet, wird auf Kosten der Impulsleistung gesteigert. Die Halbbreite der Impulse beträgt 36 μs. Bewegliche (^{235}U in sich drehenden Scheiben) wie feste Teile (Pu-Stäbe in Stahlhüllen) der akt. Zone u. das Blockdiagramm der Elektronik werden behandelt.
M. Wiedemann. 110□

Brennelemente vom Dispersionstyp. C. E. Weber und H. H. Hirsch. (Proc. int. Conf. peaceful Uses Atomic Energy **9.** 196—202. 1956. Schenectady, N.Y., Gen. Electr. Co., Knolls Atom. Power Labor.) (Engl.)

Konferenzbericht über das Verh. der Brennelemente vom Dispersionstyp in Reaktoren hoher spezif. Leistung. Gerhard Schmidt. 110□

Methoden des teilweisen Brennstoffwechsels in Kernreaktoren. Je. I. Grischanin, B. G. Iwanow und W. N. Scharapow. (Атомная Энергия [Atomenergie] **10.** 565—71. Juni 1961.) (Russ.)

Der optimale Anteil des Brennstoffwechsels zwecks Leistungs- u. Ausbrandserhöhung wird für ein unendliches Reaktorgitter ermittelt. M. Wiedemann. 110□

Die Darstellung von Wismut zur Verwendung in einem flüssiges Metall enthaltenden Reaktor. G. W. Horsley. (J. nuclear Energy **6.** 41—52. 1957. Harwell, Berks., A.E.R.E.) (Engl.)

Unterss. des Bi–O_2–Cl-Syst. lassen vermuten, daß die Konz. des als Verunreinigung am meisten störenden Cl auf ca. 13 ppm durch Oxydation u. Filtration herabgesetzt werden kann. Das restliche Cl bleibt als BiOCl in Lösung. Die Cl-Konz. läßt sich durch Wärmebehandlung des Metalls mit H_2 (550—600°) noch weiter — bis auf < 1 ppm — reduzieren. Gerhard Schmidt. 110□

Neue Erkenntnisse auf dem Gebiet der gesteuerten thermonuclearen Reaktionen. Jaromír Tobiáš. (Pokroky Mat., Fysiky Astronom. **4.** 554—62. 1959. Praha, Katedra fys. elektrotechn. fakulty Čes. vys. učení techn.) (Tschech.)

Zusammenfassung der Kenntnisse auf Grund der auf der Genfer Konferenz 1958 gemachten Bekanntmachungen (Klassifizierung der heutigen Kenntnisse, Prinzipe u. Bewertung der Apparaturen). J. Tůmová. 112□

Ein großer Gas-Čerenkov-Zähler. R. J. Swanson und G. E. Masek. (Rev. sci. Instruments **32.** 212. Febr. 1961. Seattle, Wash., Univ. of Washington, Dep. of Phys.) (Engl.)

Es wird ein großer Čerenkov-Zähler mit CO_2-Gas beschrieben, mit dem es gelingt, π-Mesonen u. μ-Mesonen von 2 GeV/c zu unterscheiden. Diese Teilchen besitzen ein $\beta_\pi = 0{,}9976$ u. $\beta_\mu = 0{,}9986$. Der Zählwrkg.-Grad für π-Mesonen, dividiert durch denjenigen für μ-Mesonen, beträgt ca. 0,004, wenn der Druck einem Zählwrkg.-Grad für π-Mesonen von 95% entspricht. H. Schibilla. 112□

Radiometrie β-aktiver Gase mit Hilfe der sphärischen Ionisationskammer. A. D. Turkin. (Атомная Энергия [Atomenergie] **11.** 60—61. Juli 1961.) (Russ.)

Zur Best. der Konz. β-akt. Gase wurden sphär. Ionisationskammern ohne Selbstabsorption konstruiert. Als Quelle dienten ^{14}C, ^{60}Co, ^{204}Tl, ^{89}Sr u. ^{90}Y auf 15—20 μg/cm² organ. Film. Die Kammern hatten Radien von 5, 10, 15, 20 u. 25 cm u. Wände aus Pb, Cu, Al u. Plexiglas. Die Größe des Ionisationsstroms wurde in Abhängigkeit von einer Verschiebung der Quelle aus dem Zentrum bestimmt. Zur Messung diente eine Kompensationsmethode. M. Wiedemann. 112□

Anordnung für dynamische Druckmessungen. P. Bassi, R. Cano, S. Focardi, C. Rubbia, A. Michelini und F. Saporetti. (Nuovo Cimento [10] **11.** 589—92. 16/2. 1959. Padova, Trieste, Pisa, Roma, Bologna, Univ., Ist. di Fis., Ist. Naz. di Fis. Nucl.) (Engl.)

Um schnelle Druckänderungen in einer Blasenkammer mit fl. H_2, die sich auch im Magnetfeld befinden kann, innerhalb kurzer Zeit (10^{-4} s) zu messen, wurde eine Transformation des Drucks in ein elektr. Signal durch Variationen der Kapazität eines Kondensors benutzt. Das Signal am Oscilloskop variierte nahezu linear mit dem Druck (bis 8 at). M. Wiedemann. 112□

Teilchenselektion mittels CsJ(Tl)-Kristallen. J. C. Robertson und A. Ward. (Proc. physic. Soc. **73.** 523—25. 1/3. 1959. Glasgow, Univ., Dep. of Natur. Phil.) (Engl.)

Die Abhängigkeit der Abklingzeit der Scintillationsfluorescenz in CsJ(Tl)-Kristallen von der Ionisierungsdichte der erregenden Teilchen wird dazu benutzt, um bei der Messung der Energiespektren stark ionisierender Teilchen den durch Elektronen verursachten Untergrund zu eliminieren. Es wird eine Anordnung beschrieben, die die Impulshöhenverteilung für α-Teilchen von Po (2,5 MeV) bei gleichzeitigem Vorhandensein von γ-Strahlen (ThC''; 2,6 u. 0,5 MeV) aufzunehmen gestattet. J. Rudolph. 112□

Anwendung des $CaSO_4$–Sm-Phosphors für die Dosimetrie. A. R. Krassnaja, B. M. Nossenko, L. Ss. Rewsin und W. Ja. Jasskolko. (Атомная Энергия [Atomenergie] **10.** 630—31. Juni 1961.) (Russ.)

$CaSO_4$ mit 0,1 Mol-% Sm eignet sich für die Dosimetrie von Strahlung. Die Lichtsumme ist der Dosis bis 10^4 r proportional, die noch nachweisbare Mindestdosis liegt günstiger als bei $CaSO_4$-Mn. Die Empfindlichkeit ist geringer als bei dem letztgenannten Phosphor. Die Thermoluminescenz u. das therm. Ausleuchten wurden untersucht. M. Wiedemann. 112□

Die Anwendung von Luminescenzänderungen in organischen Festkörpern für die Dosimetrie. James H. Schulman, Howard W. Etzel und James G. Allard. (J. appl. Physics **28.** 792—95. Juli 1957. Washington, D.C., U. S. Naval Res. Labor.) (Engl.)

Die Änderung der Luminescenz-Eigg. von *Anthracen* u. *Naphthalin* unter γ- u. Elektronenbestrahlung wurden untersucht. ^{60}Co-γ-Strahlung verursacht einen Abfall der Luminescenzintensität (4440 Å Anthracen, 3400 Å Naphthalin) nach der Gleichung $I/I_0 = (1 + A\,D)^{-1}$ (D = Dosis in rep, $A_{\text{Anthracen}} = 8{,}5 \cdot 10^{-7}$, $A_{\text{Naphthalin}} = 14 \cdot 10^{-7}$).

Gleichzeitig entstehen bei längeren λ neue Luminescenzbanden. Die nach Bestrahlung vorhandenen Luminescenz-Eigg. sind bei Zimmer-Temp. über Monate stabil. Die Luminescenzänderungen ermöglichen eine Strahlendosimetrie im Bereich $3 \cdot 10^5$ bis $2 \cdot 10^8$ rep. J. Blanck. 112□

Einfluß des Gewichtes der Uranerze und der Schichtdicke des Eisenabsorbers auf das Scintillationsspektrum ihrer γ-Strahlung. A. G. Grammakow, A. K. Owtschinnikow, Ju. P. Ljubawin, W. M. Owtschinnikow und A. M. Ssasonow. (Атомная Энергия [Atomenergie] **11.** 69—71. Juli 1961.) (Russ.)

Aus Eisen, gefüllt mit wechselnden Mengen von Uranerz, wurden Modelle hergestellt u. das differentielle sowie integrale γ-Spektrum bestimmt. Danach ist das Gew. (25—2500 kg) von geringem Einfl. auf das Spektrum. Ferner wurde die Absorption der γ-Strahlung in Abhängigkeit von der Eisenschicht bestimmt. Außerdem wurde die Absorptionskurve ohne Eisenhülle bei verschiedenen Diskriminationsniveaus der Scintillatoren aufgenommen. M. Wiedemann. 112□

Gesamtabsorptions-γ-Spektrometer mit Antikoinzidenzabschirmung. R. W. Perkins, J. M. Nielsen und R. N. Diebel. (Rev. sci. Instruments **31.** 1344—49. Dez. 1960. Richland, Wash., Gen. Electr. Co., Hanford Labor. Operat.) (Engl.)

Es werden 2 Anordnungen mit Antikoinzidenzabschirmung beschrieben. Einmal ist der mit einer Bohrung zur Aufnahme der Probe versehene NaJ(Tl)-Kristall mit einem Mantel (Ø 26 in., Höhe 30 in.) aus einem Plastephosphor umgeben. Bei der 2. Anordnung ist ein NaJ(Tl)-Kristall, auf dem sich die Probe befindet, in der Bohrung eines NaJ(Tl)-Kristalls (Ø $9^3/_8$ in., Höhe $8^1/_2$ in.) angebracht. Mit der 1. Anordnung konnte der Anteil der Compton-Strahlung bei ^{65}Zn um den Faktor 5, bei ^{60}Co (unter 1 MeV) um den Faktor 20—25 gesenkt werden; in der 2. Anordnung betragen die entsprechenden Faktoren 4 bzw. 14. Außerdem konnte mit diesen Anordnungen der Background um den Faktor 2—5 im Energiegebiet <3 MeV red. werden. H. Schirrwitz. 112□

Ein dekadisches Impulszählsystem mit Umlaufspeicherung in einer Verzögerungsleitung. D. Maeder. (Helv. physica Acta **29.** 459—62. 15/12. 1956. Zürich, ETH.) (Dt.)

Es wird ein Stellen-Syst. entwickelt, welches Dezimalzahlen oscillograph. leicht ablesbar darzustellen gestattet u. auch das Zählen direkt im Zehner-Syst. durchzuführen erlaubt. Gerhard Schmidt. 112□

Übersicht des Status der Digitalrechnung für Physiker. Anonym. (Nucleonics **18.** Nr. 8. 84—85. Aug. 1960.) (Engl.)

Übersicht über neue Digitalrechenmaschinen, die verwendeten Kodes u. Nomenklaturen. Herbert Müller. 112□

Eine radiochemische Methode zur Bestimmung der Kontamination von fertigen Reaktorbrennelementen mit spaltbarem Material. D. G. Miller und M. B. Leboeuf. (Talanta [London] **6.** 230—36. 1960. Schenectady, N.Y., Gen. Electric Co., Knolls Atomic Power Labor.) (Engl.)

Vff. beschreiben eine zerstörungsfrei arbeitende Meth. zur Best. der Kontamination von Reaktorbrennelementverkleidungen mit ^{235}U. Die Brennelemente werden in einem Testreaktor extrem geringer Energie mit langsamen Neutronen bestrahlt. Das Spaltprod. ^{138}Cs wird mit Tetraphenylborat extrahiert. Die Konz. von ^{138}Cs wird als Maß für die Kontamination benutzt. R. Krämer. 112□

Spaltproduktnachweissystem im Kühlwasser des Reaktors. R. L. Heath. (Nucleonics **15.** Nr. 12. 54—59. Dez. 1957. Idaho Falls, Idaho, Philips Petroleum Co.) (Engl.)

Beim MTR erfolgt die Feststellung geborstenen Brennstoffes am Spaltprod. *J.* Der mit Scintillationszählern durchgeführte Test nach Filterung durch Kationenaustauscher u. γ-Diskriminierung erweist sich als für J-Isotope spezifisch. Gerhard Schmidt. 112□

Schutz von Bauteilen in radioaktiven Räumen. A. N. Komarowski. (Атомная Энергия [Atomenergie] **10.** 597—605. Juni 1961.) (Russ.)

Die Frage des Schutzbelags von Wänden u. Böden in radioakt. verseuchten Räumen wird behandelt, Erfahrungen werden mitgeteilt. Näher eingegangen wird auf die Stahlsorten: 1 X 18 H 9 T, X 18 H 12 M 2 T u. X 18 H 12 M 3 T, auf den Kunststoff (Isolator, bis 60° verwendbar) Plastikat 57-40 sowie auf verschiedene Lacke. M. Wiedemann. 112□

Radiostrontium im Boden, Gras, in der Milch und in Knochen in Großbritannien: Ergebnisse aus 1956. F. J. Bryant, A. C. Chamberlain, A. Morgan und G. S. Spicer. (J. nuclear Energy **6.** 22—40. 1957. Harwell, Berks., AERE, Chem. and Health Phys. Div.) (Engl.)

Wiedergabe der ^{90}Sr-Daten u. teilweiser Vgl. mit früheren Werten. Gerhard Schmidt. 112□

A$_2$. Optisches Verhalten der Materie

Beobachtung der gesamten und der reinen atmosphärischen Strahlung. J. A. Businger und P. M. Kuhn. (J. Meteorol. **17.** 400—05. Aug. 1960. Washington, D.C., Univ.; U. S. Weather Bur.) (Engl.)

Vff. untersuchten mit Hilfe von Ballonaufstiegen die langwellige atmosphär. Strahlung durch gleichzeitige Nachtbeobachtungen mit 4 verschiedenen Strahlungssensoren. Verwendet wurden eine von Suomi u. Mitarbeitern (Quart. J. Roy. meteorol. Soc. **84.** [1958.] 134) entwickelte Radiometersonde, ein scheibenförmiger Strahlungsmesser, der die Summe der aufwärts u. abwärts fließenden Strahlung mißt, eine von Gergen (Rev. sci. Instruments **27.** [1956.] 453) beschriebene „schwarze Kugel" u. schließlich eine geschwärzte Ag-Kugel mit Konvektionsabschirmung. Die mit den beiden ersten Sonden gemessenen gesamten Strahlungen stimmten ziemlich gut miteinander überein. Die mit den beiden Kugeln gemessenen gesamten Strahlungen zeigten einen Unterschied, der z. T. durch Konvektion u. Leitung im Inneren der „schwarzen Kugel" verursacht ist. Der Temp.-Unterschied zwischen der Luft-Temp. u. der Temp. des Strahlungsgleichgewichts scheint mehr oder weniger mit der Divergenz der reinen Strahlung in Zusammenhang zu stehen. C. Gottfried. 113

Das ultraviolette Spektrum des Sauerstoff-Nachleuchtens und des nächtlichen Luftleuchtens. Charles A. Barth und Joseph Kaplan. (J. molecular Spectroscopy **3.** 583—87. Dez. 1959. Los Angeles, Calif., Univ. of California, Inst. of Geophys.) (Engl.)

Das Spektrum des O_2-Nachleuchtens wurde zwischen 3350 u. 4500 Å mit genügender Auflösung erhalten, um auf die Rotationsstruktur der Herzberg-O_2-Banden schließen zu können. Sechs unbekannte Banden wurden gefunden, die nicht mit den postulierten Broida-Gaydon-O_2-Banden identifiziert werden konnten. Die Schwingungsintensitätsverteilung der Herzberg-Banden des O_2-Nachleuchtens wird mit ihrer Verteilung im nächtlichen Luftleuchten verglichen. Mehrere der unbekannten Nachleuchtbanden scheinen mit unbekannten Banden des Nachtluftleuchtens identifiziert werden zu können. Diese unbekannten Banden müssen von anderen Moll. als O_2 herrühren. P. Kurzmann. 113□

Vertikale Verteilung des atmosphärischen Ozons in verschiedenen Breiten. A. Vassy und I. Rasool. (Ann. Géophysique **16.** 262—63. April/Juni 1960. Paris, Fac. des Sci., Labor. de Phys. de l'Atmosphère.) (Franz.)

Vff. geben einen kurzen Überblick über von Vassy durchgeführte oder angeregte Messungen (vgl. J. sci. Météorol. **10.** [1958.] 63) der Verteilung des atmosphär. O_3 in verschiedenen Breiten. Es werden kurz Meßergebnisse von den Breiten 66° 40′ S, 22° 48′ N u. 31° 37′ N diskutiert. C. Gottfried. 113

Eine Methode der Interpretation der effektiven Quantenzahlen. Sergije Beljajev. (Гласник Хемиског Друштва Београд [Ber. chem. Ges. Belgrad] **23/24.** 109—21. 1958/59. Sarajewo, Pädagog. Hochsch., Inst. für Pedol.) (Serbokroat.; Auszug: Dt.)

Wenn man die effektiven Quantenzahlen $n_{eff.}$ der Alkalimetalle mit den n für H multipliziert, erhält man für $\sqrt{n_{eff.} \cdot n + (n-1)^2}$ (H = 1) bei *Li* 2,04, *Na* 2,98, *K* 4,01, *Rb* 5,00, *Cs* 6,02, also um ganze Zahlen verschiedene Werte, die sich durch $-[n^2 - (n-1)^2]/n - 2 - (1/n)$ ausdrücken u. graph. als Kreisringflächen vom Radius $\sqrt{n_{eff.} \cdot n + (n-1)^2}$ darstellen lassen. Auch bei anderen Elementen mit ähnlicher Elektronenstruktur werden ganzzahlige Differenzen gefunden. Bei H ist $n_{eff.} = 1$, $n = 1$, $n - 1 = 0$ der Sonderfall. Die Regel gilt auch für angeregte p- u. f-Zustände der Elektronen, nur teilweise für den d-Zustand. Beim f-Zustand gilt $[(n+1)^2 - (n-1)^2]/n = 4$, graph. darstellbar durch Kreise vom Radius $(n + 1)$. R. K. Müller. 114□

Einige Untersuchungen in der Theorie der Ionen mit offenen Schalen. 4. Mitt. Die Grundlage der Intensitätstheorie. J. S. Griffith. (Molecular Physics **3.** 477—83. Sept. 1960. Cambridge, Univ., Chem. Labor., Dep. of Theoret. Chem.) (Engl.) — 3. vgl. C. **1962.** 8508.

Die Grundlage der Theorie elektr. Dipolintensitäten in zentralsymm. Ionen wird krit. untersucht. Es wird gezeigt, daß die physikal. Annahmen der Einstromversion dieser Theorie mathemat. widerspruchsvoll sind; die nötige Revision der Theorie wird gegeben. Ebenfalls wird gezeigt, daß Anregungen von mit ungerader Parität gefüllten Schalen zur d-Schale einen merklichen, im allg. negativen Beitrag zu den Intensitäten liefern sollten. J.-M. Spaeth. 114□

Neue Anregungszustände des Argons oberhalb der Ionisationsgrenze $^2P_{3/2}$. F. J. Comes und W. Lessmann. (Z. Naturforsch. **16a.** 1396—97. Dez. 1961. Bonn, Univ., Inst. für physikal. Chem.) (Dt.)

Mit Hilfe einer massenspektroskop. Analyse der Photoionisation von Ar konnten Vff. nachweisen, daß auch oberhalb der Ionisationsgrenze $^2P_{1/2}$ noch Absorptionslinien existieren. Die Ionisation setzt scharf bei 788 Å (15,74 eV) ein, die Ionisationsgrenze $^2P_{1/2}$ liegt zwischen den Linien 779 u. 776 Å (15,92 bzw. 15,98 eV). Zwischen den Ionisationszuständen $^2P_{3/2}$ u. $^2P_{1/2}$ sind gut 2 RYDBERG-Serien, die gegen die Ionisationsgrenze konvergieren, zu erkennen. Zur Erklärung dieser Anregungen kann noch nichts Abschließendes gesagt werden. Der Kurvenverlauf zeigt jedoch, daß es sich um hochangeregte Zustände des neutralen Ar handelt, die in ein Ion im $^2P_{1/2}$-Zustand u. ein Elektron strahlungslos zerfallen. G. M. NEUMANN. 118□

Die Lichtabsorption durch Calciumdampf (2100 bis 1080 Å). R. W. Ditchburn und R. D. Hudson. (Proc. Roy. Soc. [London], Ser. A **256.** 53—61. 31/5. 1960. Reading, Univ., Phys. Labor.) (Engl.)

Für den Übergang 4s 4s $^1S_0$ → 4s n p $^1P_1$ mit den Seriengrenzen 2028—1080 Å messen Vff. die kontinuierliche Absorption u. die Linienabsorption in Ca-Dampf. Zwei gestörte Serien von Selbstionisationslinien (4s 4s $^1S_0$ → 3 d n p $^1P_1$ u. → 3 d n p $^3P_1$) werden festgestellt u. analysiert. Eine 2. Seriengrenze wird bei 1589 Å beobachtet; bei kürzeren Wellenlängen treten keine Absorptionslinien auf. Die f-Werte der Linien schwanken zwischen $2{,}4 \cdot 10^{-2}$ u. $6 \cdot 10^{-5}$, die Halbwertszeiten (berechnet aus den Halbwertsbreiten) entsprechend zwischen 30 u. $260 \cdot 10^{-15}$ s. Der f-Wert für das Kontinuum 4s 4s $^1S_0$ → 4s n p $^1P_1$ wird zu 0,012 geschätzt (einschließlich eines erlaubten Anteils unterhalb 1589 Å), die f-Werte für die Kontinua von 1589—1080 Å, die den beiden Linienserien der Selbstionisation entsprechen, ergeben sich zu 0,003. Der gemessene Wert für die Absorption nahe 2028 Å ist ca. $^1/_{50}$ des theoret. Wertes, der bei astrophysikal. Berechnungen bisher verwendet wurde. G. RUBAN. 118□

Isotopieverschiebungen in Palladium. R. H. Hughes und F. A. Sharpton. (Physic. Rev. [2] **121.** 1702—03. 15/3. 1961. Fayetteville, Ark., Univ. of Arkansas, Phys. Dep.) (Engl.)

Die Isotopieverschiebungen im 4 d^9 5 s $^1D_2$–4 d^9 5 p $^3F_3{}^0$-Übergang bei 4212 Å im 1. Spektrum von Pd wurden gemessen. Die korr. Verschiebungen betragen 110—108 ($-14{,}4 \pm 1{,}6$), 108—106 ($-16{,}2 \pm 1{,}6$), 106—104 ($-16{,}2 \pm 1{,}2$) u. 104—102 ($-13{,}0 \pm 3{,}0$); das negative Vorzeichen bedeutet Verschiebung in Richtung des Feldeffekts. Auffallend ist das Maximum in der Verschiebung bei dem Neutronenzahlenpaar 60–58 (vgl. auch KUHN u. WARNER, C. **1960.** 11548). H. LIEPACK. 118□

Der Einfluß einiger flüchtiger Elemente auf die Intensität der Spektrallinien von Sm, Eu, Gd und Dy im Gleichstrombogen. Sima Held. (Bull. Res. Council Israel, Sect. A **9A.** 173—76. Nov. 1960. Israel Atom. Energy Comm.) (Engl.)

Es wurde eine extrem starke Temp.-Abhängigkeit des Intensitätsverhältnisses der Atom- u. Ionenlinien von Eu beobachtet. Die Intensität der Linien von Sm, Eu, Gd, Dy ändert sich in Anwesenheit anderer Elemente mit verschiedenen Ionisationspotentialen. So treten die Linien von Eu I in Ggw. von Elementen mit niedrigem Ionisationspotential verstärkt auf u. sind fast unsichtbar in Ggw. von Elementen mit hohem Ionisationspotential. Es wurde beobachtet, daß die Linien der Ionen von Sm, Eu, Gd u. Dy in Ggw. von Li_2CO_3 oder Ga_2O_3 am intensivsten sind. Wahrscheinlich ist die Temp. des Bogens in Ggw. von Li oder Ga für die Anregung dieser Linien optimal. Li_2CO_3 wurde als „Träger“ für die Best. von Sm, Eu, Gd u. Dy in Graphitpulver verwendet.
P. KURZMANN. 118□

Linienbreite im Rotations-Schwingungs-Spektrum von HCl und CH_4. Änderung mit dem Druck. Mireille Cameo. (J. Physique Radium **19.** 688—93. Aug./Sept. 1958. Paris, Sorbonne, Labor. des Rech. Phys.) (Franz.)

Nach einer indirekten Meth. wurden die Linienbreiten im Rotations–Schwingungs-Spektrum von HCl u. CH_4 mit einem PERKIN-ELMER-12 C-Spektrographen u. LiF-Prisma gemessen. Bei HCl wurde die Linienbreite in Abhängigkeit von der Rotationsquantenzahl für die Hauptbande untersucht u. Übereinstimmung mit der Theorie gefunden. Weiterhin wurden die Linienbreiten +9 u. +10 der ν_3-Bande des CH_4 zu $\Delta_{+9} = 0{,}040$ u. $\Delta_{+10} = 0{,}038$ cm^{-1} bei Atmosphärendruck bestimmt. D. PAPENFUSS. 118□

Über Ionenrefraktion. 3. Mitt. I. G. Murgulescu und V. Sahini. (Studii Cercetări Chim. [București] **7.** 15—19. 1959. București, Univ. C. I. Parhon, Labor. de chim.-fiz.) (Rum.) — 2. vgl. Bul. ştiinţ. Acad. R. P. R. **4.** [1952.] 409.

Messungen der Mol.-Refr. von $K_4[Fe(CN)_6]$ (I) u. $K_3[Fe(CN)_6]$ (II) ergeben bei Extrapolation $R_I = 66{,}22$ (cm^3/Mol) u. $R_{II} = 61{,}05$. Da die Berechnung für das Anion von II zu $R_{3-} = 53{,}95$ führt, folgt für K^+ der Wert $R_{K+} = 2{,}37$. Die Gleichungen berücksichtigen den gemischten Charakter der kovalenten Bindungen zwischen Metall u. Addend u. nur den Beitrag der äußeren Elektronen. Der erhaltene Wert für K^+ stimmt mit den auf anderen Wegen erhaltenen gut überein. R. K. MÜLLER. 119□

Die optische F-Absorptionsbande. Harold A. Papazian. (Nature [London] **192.** 1286—87. 30/12. 1961. London, Imp. Coll. of Sci. and Technol., Dep. of Chem.) (Engl.)

Vf. schlägt bei den Aziden einen neuen Mechanismus für die Bldg. eines „Ladungs-Übergangs"-Komplexes u. der daraus resultierenden F-Absorptionsbande vor. Unter UV-Bestrahlung wird ein Zwischengittermetallatom ionisiert. Das entstandene Metallion bewegt sich zu einem Ort geringerer potentieller Energie, einer Kationenleerstelle, wodurch das Kristallfeldgleichgewicht so gestört wird, als ob sich ein „Ladungs-Übergangs"-Komplex zwischen Kation u. benachbartem Anion ausbildet. Die F-Absorptionsbande hängt also eher von dem Vorhandensein von Kationen- als von Anionenleerstellen ab. Vf. nimmt an, daß bei den Halogeniden ähnliche Verhältnisse vorliegen. Die Bedeutung des Anions für die F-Bande bei den Halogeniden läßt sich nicht so leicht zeigen wie bei den Aziden, weil keine mit dem Anion verbundene IR-Schwingung außer der Gitterschwingung auftritt. Die Energiedifferenzen zwischen dem ersten UV-Absorptionsmaximum der ungefärbten Kristalle u. der F-Bande sind für ein bestimmtes Anion konstant. Da das erste UV-Maximum bei den Halogenen durch die Verdrängung eines Elektrons von einem Cl^- zu einem benachbarten Metallion u. nach der vom Vf. entwickelten Vorstellung die F-Bande durch teilweise Verdrängung eines Elektrons zu einem benachbarten Metallion hervorgerufen wird, läßt sich die Abhängigkeit dieser beiden Banden voneinander verstehen. Natürlich vorkommendes NaCl enthält ca. 10^{17} Na auf Zwischengitterplätzen/cm^3; somit liefert das vorgeschlagene Modell einen überzeugenden Mechanismus für die Bldg. von F-Zentren durch Strahlung niedriger Energie. Sehr schwierig läßt sich nach dem Modell die beobachtete Elektronenspinresonanz deuten. Vf. nimmt an, daß ein Elektron von einem Metallatom auf einem Zwischengitterplatz von einem anderen Zentrum eingefangen wird, das dann die Elektronenspinresonanz hervorruft. Die opt. F-Absorptionsbande u. die Elektronenspinresonanz treten gleichzeitig auf, rühren aber von 2 verschiedenen Punkten im Kristall her. F. SARFERT. 119□

Durch Reaktor- und Gammastrahlung induzierte Verfärbung von geschmolzener Corning-Kieselsäure. P. W. Levy. (Physics Chem. Solids **13.** 287—95. Juni 1960. Upton, N.Y., Brookhaven Nat. Labor.) (Engl.)

Vf. berichtet über Messungen der opt. Absorption von geschmolzener CORNING-Kieselsäure, die einer Reaktor- oder γ-Bestrahlung unterworfen wurde. Es zeigt sich, daß das CORNING-Material weniger verfärbt wird u. daß das Spektrum durch Variation der Bestrahlungsbedingungen in die einzelnen Komponenten aufgelöst werden kann. Das Temp.-Verh. der Absorptionsbanden bei 5,75 u. 5,05 eV wird eingehend diskutiert. Wird eine bereits im Reaktor bestrahlte Probe anschließend einer γ-Strahlung ausgesetzt, so werden neue Absorptionsbanden bei 5,5, 4,5, 2,0 u. 6,1 eV beobachtet, d. h. bei der Reaktorbestrahlung werden Zentren gebildet, die durch anschließende ionisierende Bestrahlung verfärbt werden. G. M. NEUMANN. 119□

Optische und mikrowellenoptische Experimente in Rubin. T. H. Maiman. (Phys. Rev. Letters **4.** 564—66. Juni 1960. Malibu, Calif., Hughes Res. Labor.) (Engl.) — Vgl. C. **1962.** 5184.

Bericht einiger neuer Experimente bzgl. der Fluorescenz-Relaxations-Prozesse in Rubinkristallen u. über die ersten Beobachtungen der Besetzungsveränderungen des Grundzustandes als Folge von opt. Anregung. Aus den Experimenten wird auf eine opt. Absorption zwischen zwei angeregten Zuständen dieses Kristalls geschlossen. J.-M. SPAETH. 119□

Eisenaufdampfschichten mit reproduzierbaren optischen Konstanten. Gundolf Meyer. (Naturwissenschaften **48.** 665. 1. Nov.-H. 1961. Darmstadt, TH, Physikal. Inst.) (Dt.)

Vf. berichtet über Unterss. über die Beeinflussung der opt. Konst. von Fe-Aufdampfschichten durch Störungen im kristallinen Aufbau dieser Schichten. Das Aufdampf-Verf. erfolgt über eine Aufheizung durch Elektronenbeschuß der aufzudampfenden Metalle u. liefert Schichten, die in ihrer Dicke um weniger als 2% streuen. Die opt. Konst. wurden an opaken Schichten nach DRUDE durch die ellipt. Analyse des reflektierten Lichtes gemessen. Bei Schichten von 1000 Å u. einer Aufdampfgeschw. von 1000 Å/min erhält man als Brechungsindex $n = 2{,}56$ u. als Absorptions-Koeff. $k = 3{,}02$ für Licht der Wellenlänge $\lambda = 589$ mμ. Die Konst. ändern sich nicht, solange die Fe-Schichten nicht mit Luft in Berührung kommen. G. M. NEUMANN. 119□

Über den Einfluß dünner Filme auf die Totalreflexion. P. G. Kard. (Оптика и Спектроскопия [Optik u. Spektroskopie] **6.** 533—36. April 1959.) (Russ.)

Die Möglichkeit einer Änderung des Amplituden-Koeff. der totalen (inneren) Reflexion mittels mehrschichtiger Filme wird in Gleichungen behandelt. Als Beispiel der durch einen Film zwischen 2 Medien bewirkten Phasenverschiebung (PhV) wird eine Berechnung eines Ein- u. Zweischichtfilms gegeben, der in einem breiten Spektralbereich zu einem Minimum der Differenz der PhV der Komponenten führt, die parallel u. senkrecht zur Einfallebene polarisiert sind. R. K. Müller. 119□

l-Typ-Verdopplung bei NH_3. John S. Garing und Harald H. Nielsen. (Proc. nat. Acad. Sci. USA **44**. 467—72. Mai 1958. Columbus, Ohio, Ohio State Univ., Dep. of Phys. and Astron.) (Engl.)

Vff. berichten über Unterss. der Coriolis-Resonanz-Wechselwrkg. an NH_3, PH_3, AsH_3 u. SbH_3. Eine *l*-Typ-Verdopplung ließ sich bei PH_3, AsH_3 u. SbH_3 nicht beobachten, da bei diesen Moll. die Überlappung der K-Substruktur in den Grundbanden zu groß ist. Das ν_4-IR-Spektrum des NH_3 dagegen zeigt sehr gut die *l*-Typ-Verdopplung. Die Größe der Verschiebungen der einzelnen Niveaus ober- u. unterhalb der ungestörten Lage u. die entsprechende Verschiebung der Linien sind dabei durch die experimentell gefundene Beziehung mit 0,169 J (J + 1) cm^{-1} gegeben. Bemerkenswerterweise werden die P- u. R-Linien zu höheren, die Q-Linien zu niedrigeren Frequenzen verschoben. Die Theorie gibt keinen Aufschluß über den Einfl. einer Inversionsverdopplung, daher wird angenommen, daß die *l*-Typ-Verdopplung in beiden antisymm. u. symm. Niveaus gleich ist. Wie beim PH_3, AsH_3 u. SbH_3 ist auch beim NH_3 der Coriolis-Kopplungsfaktor eine Funktion der Quantenzahl k. G. M. Neumann. 120□

Bewegung des Ammonium-Ions in Kristallgittern vom NaCl-Typ. W. Vedder und D. F. Hornig. (J. chem. Physics **35**. 1560—68. Nov. 1961. Princeton, N.J., Princeton Univ., Frick Chem. Labor.) (Engl.)

Vff. berichten über Unterss. des IR-Spektrums von NH_4J in der NaCl-Phase bis zu Temp. des fl. He. Ferner wurden die Spektren verd. fester Lsgg. von NH_4^+-Ionen in KCl, KBr u. KJ untersucht. Die beobachtete Feinstruktur ist danach mit einer Rotationsbewegung des NH_4^+-Ions verbunden, die beiden bekannten Modelle einer freien Rotation bzw. einer Rotation des Ions um eine N—H···X-Achse weichen jedoch in wesentlichen Zügen von den experimentellen Ergebnissen ab. G. M. Neumann. 120□

Infrarotuntersuchungen an mehratomigen, in Alkalihalogenidgittern isolierten Ionen. W. C. Price, W. F. Sherman und G. R. Wilkinson. (Spectrochim. Acta [London] **16**. 663—76. Juli 1960. London, King's Coll., Wheatstone Phys. Labor.) (Engl.)

Vff. untersuchten im Temp.-Bereich von 5—500° K die Schwingungsspektren kleiner mehratomiger Ionen in den verschiedenen Alkalihalogenidgittern, in denen sie entweder ein Anion oder ein Kation ersetzen können. Nachst. „Verunreinigungen" wurden mit der von Ford u. Wilkinson (C. **1956**. 2263) beschriebenen Meth. in die Alkalihalogenidgitter eingeführt: OH^-, $^{12}C^{14}N^-$, $^{12}C^{15}N^-$, $^{13}C^{14}N^-$, $^{14}NCO^-$, $^{15}NCO^-$, $^{14}N^{14}N^{14}N^-$, $^{14}N^{15}N^{14}N^-$, FHF^-, $^{14}NO_2^-$, $^{15}NO_2^-$, $^{15}NO_3^-$, $^{14}NO_3^-$, $N^{16}O_2{}^{18}O^-$, BH_4^-, BD_3H^-, NH_4^+, NH_3D^+, $NH_2D_2^+$ u. ND_3H^+. Der Einfl. der Umgebung auf die Schwingungsenergieniveaus der polyatomaren Ionen wird diskutiert. Es gilt die Beziehung $\Delta\,(l\,\nu_i + m\,\nu_j + n\,\nu_k) = l\cdot\Delta\,\nu_i + m\cdot\Delta\,\nu_j + n\cdot\Delta\,\nu_k$, wo *l*, m u. n die Schwingungsquantenzahlen bedeuten, die mit den in einer Kombinationsbande vorkommenden Schwingungen ν_i, ν_j u. ν_k im Zusammenhang stehen; $\Delta\,\nu_i$ ist die in den Grundschwingungen ν_i durch die Umgebung erzeugte Verschiebung. C. Gottfried. 120

Gitterartige Schwingungen in assoziierten Flüssigkeiten und der Ursprung der anomalen Rayleigh-Streuung. J. K. Wilmshurst. (Nature [London] **192**. 1061—62. 16/12. 1961. Parma, Ohio, Union Carbide Corp., Parma Res. Labor.) (Engl.)

Es werden verschiedene Möglichkeiten für die Herkunft der anomalen Rayleigh-Streuung bei assoziierten Fll. diskutiert. Danach kommt diese Streuung durch eine Anregung der Schwingungen der quasi-Gitterstruktur assoziierter Fll. zustande. Messungen der Absorptionsspektren von H_2O, $LiNO_3$ in H_2O sowie der Schmelzen von $LiNO_3$, $LiClO_3$, *LiOH*, $NaNO_3$ u. *NaOH* im Bereich von 200—1000 cm^{-1} zeigen, daß das Raman-Spektrum bei geschmolzenen Salzen bis zu 400—900 cm^{-1} u. bei wss. Lsgg. bis 1000 cm^{-1} in Übereinstimmung mit der bekannten anomalen Rayleigh-Streuung in Erscheinung tritt. G. M. Neumann. 120□

Untersuchungen über Dimethylglyoximatokobalt(III)-Komplexe. 3. Mitt. **Direkter Beweis für die ebene Koordination von 2 Dimethylglyoximationen in Bis-[dimethylglyoximato]-kobalt(III)-Komplexen.** Akitsugu Nakahara. (Bull. chem. Soc. Japan **28**. 473—75. Sept. 1955. Osaka, Osaka Univ., Fac. of Sci., Dep. of Chem.) (Engl.) — 2. vgl. C. **1962**. 8188; 4. vgl. C. **1958**. 7696.

IR-Spektren von *Dichloro-bis-[dimethylglyoximato]-kobalt(III)-säure* (**I**) u. *Tris-[dimethylglyoximato]-kobalt(III)* (**II**) werden untersucht u. diskutiert. Ein Vgl. mit dem bereits bekannten Spektrum von *Bis-[dimethylglyoximato]-nickel(II)* (**III**) zeigt die

Ähnlichkeit der Absorptionskurven von I u. III, während II beträchtlich abweicht. Aus der OH-Valenzfrequenz von I bei 1725 cm^{-1} schließt Vf. auf ebene Konfiguration dieser Verb. in Analogie zu den Ergebnissen der Unterss. an III. W. Kästner. 120□

Diffusionseffekte in durch Elektronenbeschuß induzierten Prozessen. 1. Mitt. **Kathodoluminescenz.** Gy. Gergely. (Acta physica Acad. Sci. hung. **12.** 221—40. 1960. Budapest, Res. Inst. for Telecommunicat.) (Engl.)

Die Kurve der Helligkeit L der Kathodoluminescenz in Abhängigkeit von der beschleunigenden Spannung V wurde in Fortsetzung früherer Unterss. (vgl. C. **1962.** 8147) unter Berücksichtigung der Oberflächenrekombination u. Diffusion von sek. Elektronen u. Löchern geringer Energie untersucht. Die Berechnungs-Meth. ist ähnlich der von De Vore (C. **1958.** 21) angewandten u. wurde kombiniert mit den Formeln von Koller-Alden, Young u. Feldman. Die Analyse wurde unter Zugrundelegen des Schön-Klasen-Modells (vgl. C. **1955.** 11156) durchgeführt. Die Luminescenzvorgänge können für 1—15 kV·1 $\mu A/cm^2$ Anregungsdichte nach der Code-Nr. 122122 von Klasen für ZnS-Phosphore charakterisiert werden. Zwischen den theoret. Berechnungen u. durchgeführten Messungen besteht gute Übereinstimmung. Durch Analyse der L–V-Kurven ergaben sich die Diffusionslänge zu 0,05—0,2 μ u. die Geschw. der Oberflächenrekombination zu $6 \cdot 10^3$—10^6 $cm \cdot s^{-1}$ für verschiedene Sulfid- u. Oxidphosphore (hexagonales u. kub. ZnS–Ag–Cl, hexagonales u. kub. ZnS–Cu–Cl, hexagonales ZnS–Cl, 50 ZnS–50 CdS–Ag–Cl, Zn_2SiO_4–Mn, $[ZnBe]_2SiO_4$–Mn, $[CaMg][SiO_3]_2$–Ti, Mg_2WO_5, $CaWO_4$, 3 $Ca_3[PO_4]_2CaFCl$–Mn–Sb, ZnO). Die Lebensdauer von Löchern in ZnS wurde zu $4{,}4 \cdot 10^{-10}$ s u. die Beweglichkeit der Löcher zu 11 $cm^2/V \cdot s$ abgeschätzt. Vgl. mit den Ergebnissen anderer Autoren werden durchgeführt. G. Winkhaus. 125□

Kathodoluminescenz-Charakteristika von Mn-aktiviertem $KMgF_3$. R. J. Kurtz. (J. electrochem. Soc. **109.** 18—24. Jan. 1962. Bloomfield, N.J., Westinghouse Electric Corp., Res. Dep.) (Engl.)

Vf. untersucht die Abhängigkeit der durch Kathodenstrahlen angeregten Luminescenz von $KMgF_3$:Mn-Phosphoren von der Mn-Konz., dem Verhältnis K:Mg, dem ZnF_2-Zusatz u. den Glühbedingungen. Das Emissionsspektrum sowie das Helligkeits–Spannungs- u. das Helligkeits–Stromstärke-Diagramm werden diskutiert. Ferner werden für Phosphore des Typs $KMeF_3$:Mn mit Me = Ca, Zn, Sr u. Cd sowie $MeMgF_3$:Mn u. $MeZnF_3$:Mn mit Me = Li, Na, Rb u. Cs die Luminescenzcharakteristika tabellar. mitgeteilt. G. M. Neumann. 125□

Zinn-aktivierte Magnesium-Bariumpyrophosphat-Phosphore. R. C. Ropp. (J. electrochem. Soc. **109.** 15—18. Jan. 1962. Towanda, Pa., Sylvania Electric Prod., Inc., Chem. and Metallurg. Div.) (Engl.)

Vf. beschreibt ein Verf. zur Herst. von Sn-aktivierten $Mg_2P_2O_7/Ba_2P_2O_7$-Verbb. sowie ihre spektralen Eigenschaften. Reines $Mg_2P_2O_7$ läßt sich nicht mit Sn aktivieren, in Verb. mit $Ba_2P_2O_7$ entstehen aber sehr wirksame Phosphore. Eine Mischung von $(Mg,Ba)_2 \cdot P_2O_7$:Sn mit δ-$Ba_2P_2O_7$ bildet Mischkristalle begrenzter Stabilität, die bei Anregung mit Licht der Wellenlänge 2537 Å eine Emissionsbande bei 5120 Å besitzen. Ferner läßt sich eine tern. Phase $(Mg_{1,5}Ba_{0,5-x}Br_x)P_2O_7$:Sn herstellen, deren UV-Emission sich mit der Zus. verschiebt. G. M. Neumann. 125□

A$_3$. Elektrizität. Magnetismus. Elektrochemie

Ionenbeweglichkeit in einem System sich beeinflussender Bose-Teilchen. Ryuzo Abe und Ko Aizu. (Physic. Rev. [2] **123.** 10—18. 1/7. 1961. Evanston, Ill., Dep. of Phys., Northwestern Univ.) (Engl.)

Die Transport-Eigg. eines einem äußeren elektr. Feld ausgesetzten Ions in einem verd. Bose-Einstein-Gas werden mittels der Boltzmann-Gleichung behandelt. Die Hamilton-Beziehung, die den Ion-Phonon-Streuvorgang beschreibt, wird mittels der Bogoliubow-Transformation u. des Querschnitts der Streuung des Ions durch Phononen berechnet. Die Lösung der Boltzmann-Gleichung wird nach Anwendung eines Variationsprinzips erreicht. Die Temp.-Abhängigkeit der Ionenbeweglichkeit ist bei sehr tiefen Temp. T^{-4}. Ein Vgl. der Resultate mit den Versuchsdaten in fl. He, sowie mit der Khalatnikow- u. Zarkow-Theorie wird durchgeführt, die Ionenbeweglichkeit in einem Fermi-Syst. wird diskutiert. H. Newesely. 130

Formeln der freien Weglänge für den Diffusionskoeffizienten D und die Driftgeschwindigkeit W von Ionen und Elektronen in Gasen. L. G. H. Huxley. (Austral. J. Physics **13.** 578—83. Sept. 1960. Melbourne, C. S. I. R. O.) (Engl.) — Vgl. C. **1961.** 1810; C. **1962.** 1503.

Eine Nachprüfung der l. c. abgeleiteten Formeln für D u. W ergibt, daß sie nicht nur auf Elektronen, sondern auch auf die Bewegung von Ionen in Gasen angewendet werden können. Die Formeln werden hierzu in verallgemeinerter Form wiedergegeben. G. Ruban. 131 □

Ionenbeweglichkeiten nach dem Blanc-Gesetz in Helium–Neon-Gemischen. Manfred A. Biondi und Lorne M. Chanin. (Physic. Rev. [2] **122.** 843—47. 1/5. 1961. Pittsburgh, Pa., Westinghouse Res. Labor.) (Engl.)

Das Blanc-Gesetz $1/\mu = F_1/\mu_1 + F_2/\mu_2$, das die Beweglichkeit μ von Teilchen in einem bin. Gasgemisch zu den Beweglichkeiten der Gaskomponenten μ_1, μ_2 u. den Partial-Konzz. F_1, F_2 in Beziehung setzt, wird in seinem Gültigkeitsbereich durch Best. der Ionenbeweglichkeiten in He–Ne-Gemischen, also etwa von He^+ in He, unter solchen Bedingungen untersucht, bei denen die Wechselwirkungen beim Ladungsübergang gegen die Polarisationsattraktion u. die Nahordnungsabstoßkräfte zwischen Ion u. Atom vernachlässigt werden können. Die Beweglichkeiten von He^+-, He_2^+- u. Ne_2^+-Ionen gehorchen genau dem Blanc-Gesetz, Ne^+-Ionen zeigen einige Abweichungen, die nach theoret. Abhandlungen von Holstein auf einige % beschränkt sind u. durch die Bldg. einigermaßen stabiler $(He, Ne)^+$-Ionen nach: $Ne^+ + He + X \rightleftharpoons (He, Ne)^+ + X$ erklärt werden. Die Existenz der $(He, Ne)^+$-Ionen konnte massenspektrometr. nachgewiesen werden. Die gefundenen Beweglichkeiten von He_2^+ in Ne u. Ne_2^+ in He stimmen mit den Werten der Polarisationstheorie gut überein. W. Sobieski. 131 □

Der Einfluß äußerer Beleuchtung auf die beweglichen Schichten in einer Neon-Entladung. Luděk Pekárek. (Czechoslov. J. Physics **8.** 742—44. 1958. Prag, Tschechoslovak. Akad. der Wiss., Inst. für Phys.) (Engl.)

Experimentelle Unters. des Einfl. der Beleuchtung mit einer Ne-Lampe auf die Parameter (Ausbreitungs-Geschw., Bewegungs-Geschw. der Streifen, Streifenlänge, Relaxationszeit) der langsamen u. schnellen Schichtbildungswellen in der positiven Säule einer Ne-Gasentladung. Die Beleuchtung führte zu einer Erhöhung des mit Sonden gemessenen elektr. Feldgradienten in der positiven Säule. Die meßbare Änderung auch der übrigen Parameter unter Beleuchtung wird auf die durch die Beleuchtung bewirkte Abnahme der Konz. metastabiler Atome zurückgeführt. F. Lenz. 131 □

Der Einfluß verschiedener Beimischungen auf die Entstehung der Leinen und Baumstruktur in der Glimmentladung in der Atmosphäre Luft-Quecksilberdampf. J. Kracík und P. Kocian. (Czechoslov. J. Physics B **10.** 772—74. 1960. Poděbrady, Phys. Inst. der elektrotechn. Fak.) (Dt.)

Vff. untersuchen in Niederdruckentladungen, die in einem Luft–Hg-Gemisch brennen, die Entstehung von „Leinen“ durch Zugabe verschiedener organ. Lösungsmittel. Dabei entstehen die „Leinen“ bei Anwesenheit von Nitrozellulose, die in Amylacetat u. Aceton gelöst wurde. Im Stromintervall von 1,2—35 mA (Wechselstrom) u. im Druckbereich von 10^{-2}—10 Torr rotieren die entstehenden Leinen unregelmäßig; bei ca. 3,7 mA u. 12 Torr tritt eine regelmäßige Rotation mit einer Frequenz von 1,7 s^{-1} auf. Wird nur Aceton zugemischt, so bildet sich bei 6,6 Torr eine „Baumstruktur“ der stehenden Schichten aus. H. Schirrwitz. 131 □

Elektrische Leitfähigkeit von mit Stoßwellen ionisierter Luft. Pierre Valentin. (C. R. hebd. Séances Acad. Sci. **253.** 215—17. 10/7. 1961.) (Franz.)

Vf. mißt die elektr. Leitfähigkeit σ von Luft (1 Torr) unter der Einw. von Stoßwellen mit Geschw. zwischen 4500 u. 8500 m/s. Bei niedrigen u. hohen Wellen-Geschw. werden für σ hinter der Stoßwelle 2 verschiedene Profile erhalten. Die Meßwerte werden mit theoret. Werten verglichen, die bei Verw. verschiedener Ionisierungsmechanismen u. Stoßquerschnitte abgeleitet werden. Herbert Müller. 131 □

Blasenkammeruntersuchung des elektrischen Durchschlages einer Flüssigkeit. Shigeo Nagao. (J. physic. Soc. Japan **11.** 1205. Nov. 1956. Sendai, Tohoku Univ., Engng. Fac.) (Engl.)

Vf. verwendet eine Blasenkammer, gefüllt mit Ae., zur Registrierung des Weges ionisierender Teilchen. Einige ms nach Expansion der Kammer wurde eine Rechteckimpulsspannung (1 ms) angelegt, Belichtung erfolgte mit einer Xe-Blitzlampe (0,6 ms). Die Ergebnisse werden für ein Expansionsverhältnis von ca. 1,06 bei 130° u. 18 kV (negative Nadel) bzw. 21 kV (positive Nadel) graph. wiedergegeben.
G. Ruban. 132 □

Dielektrische Relaxation und Kopplung zwischen Dipolen; ferro- oder antiferroelektrischer Übergang. Joseph Lajzerowicz. (C. R. hebd. Séances Acad. Sci. **253.** 234—36. 10/7. 1961. Grenoble, Labor. d'Électrostat. et de Phys. du Métal.) (Franz.)

Bei Berücksichtigung der Wechselwrkg. eines Dipols mit den nächsten Nachbarn in der Berechnung der Übergangswahrscheinlichkeit des Dipols wird ein nichtlineares

Gesetz für die dielektr. Relaxation abgeleitet; dabei können bei Abwesenheit eines Feldes ferro- oder antiferroelektr. Zustände auftreten. Der Logarithmus der Relaxationszeit hängt dann nicht mehr linear von 1/T ab. HERBERT MÜLLER. 132□

Ferroelektrizität in Kaliumhexacyanoferrat(II) und isomorphen Substanzen. Shigeru Waku, Kunio Masuno, Toshisuke Tanaka und Hiroshi Iwasaki. (J. physic. Soc. Japan **15.** 1185—89. Juli 1960. Nippon Telegraph and Telephone Publ. Corp., Electric Communicat. Labor.) (Engl.)

Vff. untersuchen das ferroelektr. Verh. der Trihydrate von $K_4[Fe(CN)_6]$, $K_4[Ru(CN)_6]$, $K_4[Os(CN)_6]$ u. $K_4[Mn(CN)_6]$, die zur Kristallklasse C_{2h} gehören. Die 3 letztgenannten zeigen ferroelektr. Verh. unterhalb —14°, —2,4° u. —40°, u. zwar ähnlich dem an $K_4[Fe(CN)_6] \cdot 3\,H_2O$ bekannten. In allen Fällen ist die ferroelektr. Achse parallel $[10\bar{1}]$, der ferroelektr. Übergang ist wahrscheinlich 2. Ordnung. G. RUBAN. 133□

Nachweis und Messung eines Temperatureinflusses auf das Austrittspotential von Kalium. Roger Garron und Daniel Testard. (C. R. hebd. Séances Acad. Sci. **253.** 1770—71. 23/10. 1961. Marseille, M.P.C., Labor. de Phys.) (Franz.)

Vff. messen die spektrale Empfindlichkeit einer Photozelle mit K-Kathode bei 206 bzw. 300° K. Aus den Meßwerten folgt für das Austrittspotential Φ bei 206° K 2,177 ± 0,004 (V), bei 300° K 2,217 ± 0,004; der Temp.-Koeff. in diesem Temp.-Bereich ist demnach a = (0,426 ± 0,058)$\cdot 10^{-3}$ V/Grad. HERBERT MÜLLER. 134□

Über die Theorie des thermischen Elektroneneinfangs in Halbleitern. G. Rickayzen. (Proc. Roy. Soc. [London], Ser. A **241.** 480—94. 10/9. 1957. Baldock, Herts., Service Electron. Res. Labor.) (Engl.)

Vf. untersucht theoret. den Einfl. akust. Gitterschwingungen auf den Einfang freier Träger durch Verunreinigungen u. betrachtet dabei diejenigen Zustände als gebunden, deren Energien nahe der Mitte des verbotenen Bandes sind. Unter der Annahme, daß die Elektronen-Gitter-Wechselwrkg. dieser Zustände in der adiabat. Näherung beschreibbar ist u. daß das gebundene Elektron die Gleichgewichtslagen der Gitteratome verschiebt, ohne jedoch die Schall-Geschw. im Festkörper zu verändern, ergibt sich ein Verhältnis exp $(-E_I/kT)$ für die Wahrscheinlichkeit, daß die Verunreinigung ionisiert wird (E_I = Ionisierungsenergie), zur Wahrscheinlichkeit, daß der freie Träger eingefangen wird. Hauptergebnis ist eine Formel für die Einfangrate, die für sehr viel größere E_I/k-Werte als die DEBYE-Temp. gültig ist. Die Theorie wird auf das Modell einer Verunreinigung in einem Kontinuum angewandt. D. JÖRCHEL. 135□

Rekombinationseigenschaften von Beschußfehlstellen in Halbleitern. G. K. Wertheim. (J. appl. Physics **30.** 1166—74. Aug. 1959. Murray Hill, N.J., Bell Telephone Labors., Inc.) (Engl.)

Überblick über die Theorie der Rekombination auf Grund von Fehlstellen, die Energieniveaus in der verbotenen Zone aufweisen, mit bes. Berücksichtigung der Aspekte, die eine Deutung der Lebensdauerdaten erschweren, wie z. B. Unterschiede zwischen Gleichgewichts- u. Übergangsmessungen, Verh. großer Kristalle, konkurrierender Rekombinationsmechanismus, Einfang, das mögliche Auftreten von stark temperaturabhängigen Querschnitten sowie die Eigg. von Fehlstellen mit mehreren Niveaus. Es wird eine Zusammenfassung der bekannten Rekombinations-Eigg. von durch Beschuß hervorgerufenen Fehlstellen gegeben. G. RUBAN. 135□

Optische Absorption und Rekombinationsstrahlung in Halbleitern auf Grund von Übergängen zwischen wasserstoffähnlichen Acceptorverunreinigungsniveaus und dem Leitungsband. D. M. Eagles. (Physics Chem. Solids **16.** 76—83. Nov. 1960. Baldock, Herts., Serv. Electron. Res. Labor.) (Engl.)

Vf. entwickelt eine vereinfachte Theorie der erwarteten Form des Spektrums der opt. Absorption u. der Rekombinationsstrahlung bei Übergängen zwischen H-ähnlichen Acceptorniveaus u. dem Leitungsband in einem Halbleiter mit einfachen Bändern. Notwendige Abänderungen der einfachen Theorie werden diskutiert, wobei gezeigt wird, daß Übergänge von Acceptorniveaus als Ursache für eine beobachtete Verschiebung der Absorptionskanten zu längeren Wellenlängen hin beim Übergang vom *n*- zum *p-GaAs* anzusehen sind. Bei der Rekombinationsstrahlung sind einige experimentelle Kurven von III–V-Verbb., die wahrscheinlich Übergänge zu Verunreinigungsniveaus einschließen, gegenüber den nach der einfachen Theorie vorausgesagten Kurven etwas verbreitert. G. RUBAN. 135□

Die Oberflächenrekombination von Silicium in Kontakt mit einem Elektrolyten. H. U. Harten. (Physics Chem. Solids **14.** 220—25. Juli 1960. Hamburg, Philips Labor.) (Engl.) — Vgl. C. **1961.** 18594.

Vf. berichtet über Rekombinationsmessungen an Oberflächen von Si-Proben, die mit einer Na_2SO_4-Lsg. in Berührung stehen. Es zeigt sich, daß die Rekombination der

Überschußladungsträger an der Si-Elektrolyt-Grenzfläche nicht viel anders verläuft als an trockenen Oberflächen. Die Rekombinations-Geschw. hängt von dem Oberflächenpotential nach einer Glockenkurve ähnlich der Stevenson–Keyes-Kurve ab. Das Oberflächenpotential kann dabei in einem großen Bereich variiert werden, wenn man die Spannung zwischen der Si-Elektrode u. dem Elektrolyt nur um einige Zehntel V ändert. Ein Teil dieser Spannung fällt bereits in der Oxidschicht an der Si-Elektrodenoberfläche ab, je nach dem Verhältnis der Oxidschicht zur Raumladungsschicht im Si.
G. M. Neumann. 135□

Oberflächenrelaxationseffekte in Germanium bei reduzierten Temperaturen. D. H. Lindley und P. C. Banbury. (Physics Chem. Solids **14.** 200—07. Juli 1960. Reading, England, Univ., Phys. Dep.) (Engl.)

Messungen der Felddispersion u. der Relaxationseffekte wurden an Ge als Funktion des elektr. Feldes u. der Frequenz bis zu Temp. von 100° K hinab durchgeführt. Je nach Temp. u. Höhe der Potentialschwelle wurden Relaxationszeiten von $1-10^{-6}$ s beobachtet. Bei Inversionsschichten lassen sich die Relaxationsprozesse durch eine einzige Zeit-Konst. beschreiben. Die beobachteten Effekte erweisen sich alle als lichtempfindlich. Die Ergebnisse werden im Rahmen von Oberflächenhaft- u. Rekombinationsprozessen diskutiert u. mit den Voraussagen von Garrett verglichen. G. M. Neumann. 135□

Oberflächenbeweglichkeitsmessungen an Germanium. A. Many, N. B. Grover, Y. Goldstein und E. Harnik. (Physics Chem. Solids **14.** 186—92. Juli 1960. Jerusalem, The Hebrew Univ., Dep. of Phys.) (Engl.)

Es wird über Messungen der Oberflächenbeweglichkeit in Anreicherungsschichten von Ge bei Temp. von 100—300° K berichtet. Durch Verw. einer Pulsfeldtechnik gelingt es, innerhalb des Raumladungsbereiches einen schnellen Abfall der Konz. der Überschußladungsträger hervorzurufen. Die am Impulsbeginn gemessene Oberflächenleitfähigkeit ist dann ein direktes Maß für die Oberflächenbeweglichkeit der Überschußladungsträger. Die Ergebnisse werden mit theoret. Berechnungen von Schrieffer verglichen u. zeigen, daß die Schriefferschen Korrekturen für Elektronen für n–Ge überschätzt wurden. Nimmt man an, daß die theoret. Daten für Anreicherungsschichten ebenfalls gültig sind, zeigt sich, daß die Oberflächen nicht völlig diffus streuend sind, sondern auch teilweise spiegelndes Verh. zeigen. G. M. Neumann. 135□

Beobachtungen von magnetischen Widerstandseffekten an Oberflächen vom n-Typ-Germanium. W. A. Albers jun. und J. E. Thomas jun. (Physics Chem. Solids **14.** 181—85. Juli 1960. Detroit, Mich., Wayne State Univ.) (Engl.)

Vff. berichten über Messungen des diagonalen magnet. Widerstandseffektes an Oberflächen von niederohmigen Ge-Proben vom n-Typ. Die Messungen wurden für verschiedene kristallograph. Orientierungen der Proben als Funktion des Oberflächenpotentials bei konst. magnet. Feldstärke bzw. umgekehrt durchgeführt. Für eine genaue Analyse der Ergebnisse wird zunächst eine allg. Lsg. der Poissonschen Gleichung für verschiedene spezielle Fälle der Dicke u. des Widerstandes der Proben angegeben. Schließlich werden die Ergebnisse in Hinblick auf das theoret. Oberflächenmodell diskutiert u. die Bedeutung von Streuprozessen für Oberflächentransportphänomene bestätigt.
G. M. Neumann. 135□

Longitudinale magnetische Widerstandsänderung in Germanium vom n-Typ: Theorie. S. C. Miller und M. A. Omar. (Physic. Rev. [2] **123.** 74—80. 1/7. 1961. Boulder, Colorado, Univ.) (Engl.)

Die longitudinale magnet. Widerstandsänderung von Germanium vom n-Typ wird für so starke Magnetfelder, daß Landau-Niveaus zu berücksichtigen sind, über Wellenfunktionen berechnet. Der angenommene Mechanismus für die Elektronenstreuung berücksichtigt nur akust. Einfl. u. solche von ionisierten Verunreinigungen. Vgl. mit experimentellen Ergebnissen bei akust. Streuung ergeben bei genügend hohen Feldstärken gute Übereinstimmung mit der behandelten Theorie. W. Sobieski. 135□

Longitudinale magnetische Widerstandsänderung in Germanium vom n-Typ: Versuche. W. F. Love und W. F. Wei. (Physic. Rev. [2] **123.** 67—73. 1/7. 1961.) (Engl.) — Vgl. vorst. Referat.

Die longitudinale magnet. Widerstandsänderung wurde an Einkristallen von reinem u. dotiertem Ge (vom n-Typ), die in $\langle 100 \rangle$-, $\langle 110 \rangle$- u. $\langle 111 \rangle$-Richtung orientiert waren, bei Temp. von 20° K bis 300° K u. Feldstärken bis zu 300 k Gauss gemessen. Das Verhältnis $\varrho(H)/\varrho(O)$ ändert sich linear mit der Feldstärke u. erreicht bei höheren Temp. ($\sim 160°$ K) u. hohen Feldstärken einen Sättigungswert, der dem der klass. Transporttheorie entspricht u. von der kristallograph. Orientierung u. dem Anisotropieparameter K abhängig ist. $\varrho(H)/\varrho(O) < 1$ wurde festgestellt u. durch eine Vielbänderstruktur des Leitfähigkeitsbandes erklärt. W. Sobieski. 135□

Über die gesetzmäßige Änderung der elektrischen Leitfähigkeit von Kupfer(I)-oxid als Funktion des Sauerstoffgleichgewichtsdruckes bei hoher Temperatur. Alain Duquesnoy und Fernand Marion. (C. R. hebd. Séances Acad. Sci. **252.** 3589—91. 5/6. 1961. Lille, Fac. des Sci., Labor. de Métallurg.) (Franz.)

Vff. untersuchen die elektr. Leitfähigkeit σ eines durch Oxydation von Cu hergestellten Cu_2O-Drahtes als Funktion der Temp. u. des O_2-Partialdruckes. Zwischen 900 u. 1100° können die Meßwerte mit $\log \sigma = \log \sigma_0 + 0{,}16 \cdot \log p_{O_2}$ beschrieben werden; die Gleichung gilt im gesamten Bereich der Gleichgewichts-Partialdrücke von O_2 über Cu_2O (vgl. C. **1962.** 3918). Unterhalb 900° ist die Rk.-Geschw. so klein, daß die Gleichgewichts-Einstellung in brauchbaren Zeiten nicht erreicht wird. Die σ-Werte gelten für polykrist. Cu_2O u. hängen vom jeweiligen Verteilungsgrad der Kristallite ab; die Abhängigkeit vom O_2-Druck ist jedoch für verschiedene Proben erfüllt.

HERBERT MÜLLER. 135☐

Hohe elektrische Felder in Cadmiumsulfid: Einschnürung des Stromflusses und dielektrischer Durchschlag unter Feldeinfluß. Richard Williams. (Physic. Rev. [2] **123.** 1645—51. 1/9. 1961. Princeton, N.J., RCA Labor.) (Engl.)

An sehr dünnen Einkristallen von leitendem *CdS* wurden Unterss. über Einschnürung des Stromflusses durchgeführt. Völlige Unterdrückung des Stromflusses durch den Kristall bei angelegter Spannung wurde mit einer Elektrolytfeldelektrode an Kristallen mit ca. 1 Ω-cm Widerstand erreicht. Dielektr. Durchschlag erfolgt, wenn eine genügend hohe Spannung (gefunden: $1{,}8 \cdot 10^6$ V/cm bei 25°) an die Feldelektrode angelegt wird.

H. NEWESELY. 135☐

Bildungs-Rekombinationsrauschen in InSb vom p-Typ. F. M. Klaassen, J. Blok und F. J. De Hoog. (Physica [Utrecht] **27.** 185—96. Febr. 1961. Amsterdam, Vrije Univ., Nat. Labor.) (Engl.)

Es wird über Unterss. der Rausch-Spektren an InSb-Einkristallen des p-Typs im Temp.-Bereich von 175—275° K berichtet. Die Relaxationszeit ergibt sich zu $c = 1{,}3 \cdot 10^{-8}$ s für eine Acceptor-Konz. von $p_a = 5 \cdot 10^{15}$. Die Temp.-Abhängigkeit der Spektren u. der Relaxationszeit läßt sich gut unter der Annahme eines SHOCKLEY–READ-Rekombinationsmechanismus deuten. Die Beteiligung einer Oberflächenrekombination scheint ausgeschlossen, da die gemessenen Daten um 10% höher liegen als die theoret. ermittelten, im Fall eines Oberflächenrekombinationsmechanismus aber um 30% niedriger als diese liegen sollten. Ferner lassen sich die experimentell ermittelten Relaxationszeiten durch die Formel: $\tau = \tau_{p0}\, n_0/(n_0 + p_0)$, die aus dem SHOCKLEY–READ-Modell abgeleitet ist, gut wiedergeben. Schließlich wird gezeigt, daß die Rauschäquivalenzkraft, die durch das Verhältnis der spektralen Stromrauschdichte zum entsprechenden sinusförmig modulierten Licht definiert ist, in dem Temp.-Bereich, in dem die HALL-Konst. ein Maximum aufweist, ein Minimum durchläuft. In diesem Fall liegt der Minimumswert bei $1{,}8 \cdot 10^{-10}$ W für eine Temp. von 220° K u. einer Frequenz $f > 10^4$ Hz. Bei niedrigeren Frequenzen überwiegt das 1/f-Rauschen, so daß der Minimumswert bei einer Frequenz von $f = 10^2$ Hz um eine Größenordnung höher ist.

G. M. NEUMANN. 135☐

Über die Ultrarotabsorption freier Ladungsträger bei nichtparabolischer Bandstruktur am Beispiel InSb. F. R. Kessler und E. Sutter. (Z. Naturforsch. **16a.** 1173—79. Nov. 1961. Saarbrücken, Univ. des Saarlandes, Inst. für Exper. Phys.) (Dt.)

Meßergebnisse an normal leitenden InSb-Proben wachsender Ladungsträgerdichte [$N = 2 \cdot 10^{16}$ (Eigenleitungsdichte bei 20°) bis $1{,}24 \cdot 10^{18}$ cm^{-3}] zeigen, daß bei nichtparabol. Bandverlauf wegen der Energieabhängigkeit der effektiven Masse der Absorptions-Koeff. der „Leitungsabsorption" freier Ladungsträger nicht mehr proportional zur Ladungsträgerdichte verläuft. Die Theorie des Absorptions-Koeff. bei nichtparabol. Band wird diskutiert, um umgekehrt aus der gemessenen Funktion des Absorptions-Koeff. in Abhängigkeit von der Ladungsträgerdichte den Bandverlauf des Leitungsbandes E(k) zu ermitteln. Zur expliziten Auswertung der quantentheoret. Gleichung wird dabei als Näherung die DRUDEsche Theorie herangezogen. Der Verlauf des Leitungsbandes von InSb wird auf diese Weise von $k = 0$ bis $k = 4 \cdot 10^8$ m^{-1}, d. h. vom Bandrand bis 0,2 eV Abstand vom Bandrand, quant. angegeben, womit auch die effektive Masse (m^*) eines einzelnen Elektrons als Funktion von k bzw. E in diesem Bereich bekannt ist. Am Bandrand beträgt $m^* = 0{,}016\, m_0$ u. wird mit wachsendem Abstand größer. Die Messungen bestätigen auch die theoret. Berechnungen des Leitungsbandverlaufes von KANE (vgl. C. **1959.** 11144).

G. M. NEUMANN. 135☐

Löschungseffekte und negative Photoleitfähigkeit in amorphem Selen. J. Dresner. (J. chem. Physics **35.** 1628—35. Nov. 1961. Princeton, N.J., RCA Labor.) (Engl.)

Vf. berichtet über das Auftreten von negativer Photoleitfähigkeit sowie von Löschungseffekten bei längeren Wellenlängen an aufgedampften Schichten von amorphem Se. Das

Maximum dieser Effekte wurde bei Lichtenergien von 1,9—2,1 eV beobachtet. Aus der Lage des Fermi-Niveaus geht hervor, daß diese Effekte durch Übergänge aus einer Reihe von lichtempfindlichen Zentren im Bereich 0,58—0,65 eV oberhalb des Valenzbandes zustande kommen. Durch therm. angeregte Ströme u. Analyse raumladungsbegrenzter Ströme wurden Haftzustände bei 0,55 eV untersucht, die wahrscheinlich derselben Reihe von Störstellenniveaus entsprechen wie die lichtempfindlichen Zentren. Schließlich werden verschiedene Modellvorstellungen für die opt. Absorption, die Löschungserscheinungen sowie die exponentielle Temp.-Abhängigkeit der Ladungsträgerbeweglichkeiten diskutiert. G. M. Neumann. 135□

Heiße Löcher in Tellur. Yasuo Kanai. (J. physic. Soc. Japan **14**. 1118. Aug. 1959. Musashinoshi, Tokyo, Electr. Communicat. Labor.) (Engl.)

Im pulsierenden Hochspannungsfeld wurden bei 77° K an Te-Einkristallen die Strom-Spannungscharakteristik u. der Hall-Koeff. bestimmt. Die Stromdichte war zwischen 30 u. 120 V/cm etwa der Quadratwurzel aus der Feldstärke proportional, der Hall-Koeff. konst. $R = +412\ cm^3/Coulomb$. Die Löcherdichte ergab sich zu $1{,}78 \cdot 10^{16}\ cm^3$ u. die Löcherbeweglichkeit zu $3{,}37 \cdot 10^3\ cm^2/Vs$. Die krit. Feldstärke, bei der das Ohmsche Gesetz nicht mehr gilt, ergab sich zu $1{,}2 \cdot 10^2$ V/cm. Der Energieverlust der Löcher dürfte im wesentlichen auf akust. Phonon-Streuung beruhen.

M. Wiedemann. 135□

Über die Energiebänder der Schichtengitter vom Wismut-Typ. Ernst Behrens. (Z. Physik **161**. 279—95. 1961. Göttingen, Univ., Inst. für Theoret. Phys.) (Dt.)

Die Struktur der Energiebänder beim Schichtengitter vom Bi-Typ u. bei einem zweidimensionalen Modell wurde im ganzen Bereich zwischen dem extremen Schichtengitter u. dem kub. Gitter in Blochscher Näherung untersucht. Daraus ergab sich eine Kritik des Valenzstrichschemas u. der Begriffe des bindenden u. lockernden Bandes. Die schmale Bandüberlappung, die für Stoffe dieser Struktur charakterist. ist, konnte durch gegenseitige Wechselwkrg. der p-Funktionen erklärt werden. G. M. Neumann. 135□

Cyclotronresonanz in Antimon. W. R. Datars und R. N. Dexter. (Physic. Rev. [2] **124**. 75—80. 1/10. 1961. Madison, Wis., Univ. of Wisconsin.) (Engl.)

Es wurden Cyclotronmessungen mit der trigonalen Ebene in einem Sb-Einkristall mittels linear- u. zirkular-polarisierter Strahlung (23,5 kMHz) in magnet. Feldern bis zu 8500 Oe u. bei der Temp. des fl. He gemacht. Oscillationen der Komponente des magnet. Feldes parallel zur Kristallfläche wurden beobachtet u. als Azbel–Kaner-Resonanzen identifiziert. Das Fermi-Oberflächen-Modell von Shoenberg konnte erfolgreich für die Deutung der Ergebnisse benutzt werden. Die Massenparameter in diesem Modell wurden aus einer Kombination der vorliegenden Daten mit Shoenbergs de-Haas-van-Alphen-Daten bestimmt zu $m_1/m_2 = 0{,}050$; $m_2/m_0 = 1{,}03$; $m_3/m_0 = 0{,}53$ u. $|m_4|/m_0 = 0{,}67$. Die Analyse der Ergebnisse mit zirkular-polarisierter Strahlung läßt vermuten, daß Elektronen für diese Azbel-Kaner-Resonanzen in Sb verantwortlich sind.

H. Laue. 135□

Spezifischer elektrischer Widerstand von Bor–Phosphor-Legierungen. E. S. Greiner und J. A. Gutowski. (J. appl. Physics **30**. 1842—43. Nov. 1959. Murray Hill, N.J., Bell Telephone Labor., Inc.) (Engl.)

Vff. messen den spezif. elektr. Widerstand ϱ der polykristallinen B–P-Legg. B, C u. D mit 0,0007, 0,080 u. 14,7 Atom-% P im Temp.-Bereich von —160 bis 700°. Leg. D hat die angenäherte Zus. $B_{5,8}$ *P*. Die Legg. werden durch gleichzeitige Red. von BCl_3 u. PCl_3 mit H_2 an auf ca. 1300° erhitzten Ta-Drähten hergestellt, wobei die Zus. der Prodd. über den Dampfdruck des PCl_3 in der Red.-Kammer gesteuert wird. Mit steigendem Geh. an P fällt ϱ bei niedrigen Temp., bei denen Störstellenleitung vorherrscht. Die ϱ-Werte von B u. C sind bei höheren Temp., bei denen die Eigenleitung überwiegt, angenähert gleich den Werten für nichtdotiertes B. D weist gegenüber den anderen Legg. eine unterschiedliche, nicht identifizierte Struktur auf u. zeigt höhere ϱ-Werte als die Legg. mit niedrigerem P-Geh. im Bereich der Eigenleitung u. niedrigere im Bereich der Störstellenleitung. Ein Si-Geh. der Legg. von ca. 0,1—0,2 Gew.-% beeinflußt nicht merklich die Werte von ϱ. Die Legg. sind bei Raum-Temp. p-leitend. P. Frenzel. 135□

Ein experimenteller Beitrag zur Theorie des elektrischen Widerstandes der Metalle. R. Nossek. (Z. Naturforsch. **16a**. 1162—72. Nov. 1961. Clausthal, Bergakad., Phys. Inst.) (Dt.)

Vff. beschreiben eine Meßzelle zur Best. des elektr. Widerstands dünner, auf einem Glasträger aufgedampfter Alkalimetallschichten (bei einem Druck $\leq 5 \cdot 10^{-9}$ Torr u. bei 90 u. 60° K) in Abhängigkeit von der Schichtdicke d. Weiterhin messen Vff. an denselben Schichten die differentielle Thermospannung (gegen Pt als Bezugsmetall) in Abhängigkeit von d. Aus dem Verlauf des spezif. elektr. Widerstands von *K*, *Rb* u. *Cs* als Funktion von d wird die mittlere freie Weglänge l_∞ der Leitungselektronen bestimmt u. das Verhältnis der Leitungselektronen zur Zahl der Atome berechnet. An Schichten mit $d > l_\infty$ wird für die therm. Widerstandsänderung $d\varrho/dT$ der Wert des kompakten Metalls gefunden, d. h., daß in dünnen Schichten der Idealwiderstand genau so groß ist wie im unendlich ausgedehnten Kristall. Der höhere spezif. Widerstand dünner Aufdampfschichten wird nur durch die höhere Konz. der Gitterfehler u. durch die nicht mehr zu vernachlässigende Wechselwrkg. der Elektronen mit den Grenzflächen verursacht. l_∞ kann daher in die beiden Anteile l_i, der den Gitterschwingungen, u. l_r, der den Gitterfehlern zuzuordnen ist, aufgespalten werden. Durch Messung des elektr. Widerstands R bei zwei bekannten Temp. kann man über die Beziehung $d = c(\Delta\varrho/\Delta T)/(\Delta R/\Delta T)$ mit c = Verhältnis von Schichtlänge zur -breite unmittelbar d erhalten, womit eine neue Meth. zur Best. von d gegeben ist. Während der Messung darf keine Strukturänderung in der Schicht erfolgen u. die Schicht muß ausreichend dick sein ($d > l_\infty$). Aus dem Verlauf der Thermospannung als Funktion von d wird die Abhängigkeit von l_∞ von der Energie der Leitungselektronen ermittelt. Die Voraussage der BLOCHschen Theorie $l_i = aE^2$ wird experimentell für K u. Rb bestätigt, für Cs ergibt sich ein Exponent zwischen 6 u. 9. P. FRENZEL. 136□

Elektrischer Widerstand dünner Galliumschichten mit Dicken über 30 mμ. Santo Martinuzzi. (C. R. hebd. Séances Acad. Sci. **252.** 3244—46. 24/5. 1961.) (Franz.)

Durch Aufdampfen auf Glas- bzw. Glimmerträger bei 100 u. 293° K im Vakuum (10^{-6} Torr) werden 40—750 mμ dicke Ga-Schichten hergestellt. Die bei 293° K abgeschiedenen Schichten zeigen für Dicken x = 300 mμ ein Minimum des elektr. Widerstandes ϱ, jedoch ist der Anstieg für größeres x gering; oberhalb 300 mμ weisen die Schichten eine pulverförmige, grau gefärbte Bedeckung auf. Erfolgt die Abscheidung bei 100° K, so fällt ϱ bis x = 300 mμ u. bleibt für größere x konst., unabhängig davon, ob ϱ bei 100 oder 293° K gemessen wird; die Schichten weisen stets Metallglanz auf. Die Zeitabhängigkeit von ϱ wird mit $\delta = (1/\varrho)(\partial \varrho/\partial t)$ beschrieben. Es liegt demnach lediglich eine Umorientierung der Ga-Kristallite vor. Bei wiederholtem Abkühlen (100° K) u. Erwärmen (293° K) wird für ϱ = f (Temp.) eine Hysterese beobachtet. HERBERT MÜLLER. 136□

Der Unterkühlungseffekt in Supraleitern nahe der Übergangstemperatur. T. E. Faber. (Proc. Roy. Soc. [London], Ser. A **241.** 531—46. 10/9. 1957. Cambridge, Roy. Soc. Mond Labor.) (Engl.)

Das Maß, bis zu welchem ein supraleitendes Material unterkühlt werden kann, wird gewöhnlich durch die Ggw. von Defekten begrenzt, die als Keim-Bldg.-Zentren wirken. Nahe der Übergangs-Temp. jedoch sind die Defekte zu klein, als daß sie wirksam werden könnten, u. die dann beobachtete Unterkühlung dürfte für das ideale Metall charakterist. sein. Vf. bestimmte experimentell diese ideale Unterkühlung für *Al*, *In* bzw. *Sn* u. fand folgende Verhältnisse (H_l/H_c), wobei H_c das krit. Gleichgewichtsfeld u. H_l der Grenzwert sind, an dem bei Unterkühlung plötzlich Keim-Bldg. einsetzt: 0,0363, 0,158 bzw. 0,232. Ein Vgl. mit den verschiedenen phänomenolog. Theorien der Supraleitung zeigt, daß keine der Theorien in vollem Umfange gültig ist. D. JÖRCHEL. 136□

Existenzbedingungen für einen geringen Ferromagnetismus in antiferromagnetischen Stoffen. Eugeni Tourov. (C. R. hebd. Séances Acad. Sci. **252.** 3420—22. 29/5. 1961. Grenoble, Labor. d'Electrostat. et de Phys. du Métal; Sverdlovsk, Acad. des Sci. USSR, Inst. de Phys. du Métal.) (Franz.)

Vf. untersucht theoret. die relativist. Bedingungen für das Auftreten eines schwachen transversalen u. longitudinalen Ferromagnetismus in antiferromagnet. Strukturen. Für die Strukturen werden Vektoren des Antiferromagnetismus u. des Ferromagnetismus eingeführt, die proportional der Summe der Atomspins sind u. für die bei verschiedenen Symmetrieelementen u. Paritäten der antiferromagnet. Strukturen die Invarianten der Spin-HAMILTON-Funktion angegeben werden. HERBERT MÜLLER. 137□

Einfluß der Fehlstellenstruktur auf die Geschwindigkeit der Bildung von Spinellen. F. Solymosi und Z. G. Szabó. (J. chem. Soc. [London] **1961.** 2745. Juli. Szeged, Univ. of Szeged, Inst. for Inorg. and Anal. Chem.) (Engl.)

Vff. untersuchen durch Messung der magnet. Susceptibilität u. Röntgenbeugungsaufnahmen den Einfl. der Struktur der elektron. u. ion. Leerstellen auf die Geschw. v der Bldg. von *Nickelferritspinell* (I) aus NiO u. Fe_2O_3 sowie die Änderung des elektr. Widerstandes der gemischten Oxide während der Bldg. von I in Abhängigkeit von der Sintertemperatur. NiO wurde außerdem mit geringen Mengen Li_2O u. Cr_2O_3, Fe_2O_3 mit TiO_2 dotiert. Die I-Bldg. beginnt bei 650—700°. Als Rk.-Geschw. wird die Gew.-Zunahme der Oxidmischungen angesehen. Trägt man diese logarithm. gegen 1/T auf so erhält man im Temp.-Bereich von 700—800° Geraden, mit denen folgende wahrscheinliche Aktivierungsenergien berechnet werden: *NiO–Fe₂O₃* 95,9 (kcal/Mol); *NiO + 1% Li₂O–Fe₂O₃* 80,0; *NiO + 1% Cr₂O₃–Fe₂O₃* 59,4; *NiO–Fe₂O₃ + 1% TiO₂* 132,3. Das Sinken von v bei Dotierung des Fe_2O_3 mit TiO_2 führen Vff. auf die Bldg. von Fe^{2+}-Ionen zurück. Bei Dotierung von NiO mit Cr_2O_3 sinkt die Anzahl der Defektelektronen, wodurch Diffusion u. v ansteigen. Dotierung mit Li_2O bewirkt die Bldg. von Ni^{3+}-Ionen im NiO-Gitter, die hierdurch erreichte größere Beweglichkeit erhöht v. P. FRENZEL. 137□

Magnetische und kristallographische Untersuchung an mit Neodym substituierten Yttrium- und Gadolinium-Eisen-Granaten. S. Geller, H. J. Williams und R. C. Sherwood. (Physic. Rev. [2] **123**. 1692—99. 1/9. 1961. Murray Hill, N.J., Bell Telephone Labor., Inc.) (Engl.)

Im Granat-Syst. $(R_{3-x}Nd_x)Fe_2Fe_3O_{12}$ (R = *Y* oder *Gd*) liegt das durch Nd^{3+} verursachte magnet. Moment zusätzlich zu dem vom Untergitter des Eisens resultierenden vor. Es wurde gefunden, daß die durch die Einführung von Nd^{3+} verursachte Anisotropie die Sättigung bei einem angelegten Feld von 14000 kOe verhindert; dabei wurde erstmals eine Null-Meth. mit dem $(Gd_{2-x}Y_xNd)Fe_2Fe_3O_{12}$ angewandt, um das bei 0° K beitragende Moment des Nd^{3+} festzustellen: der gefundene Wert ist 1,2 μ_B. Messungen in Feldern von 80 kOe bei 4,2° K an den Granaten $(Y_2Nd)Fe_2Fe_3O_{12}$ u. $(Gd_2Nd)Fe_2Fe_3O_{12}$ zeigten, daß die Extrapolation von n_B gegen $1/H_\alpha$ für $1/H_\alpha \rightarrow \Theta$ bei geringen Feldstärken nicht die reinen Momente für diese Verb. ergibt. Die Proben schienen bei Feldern oberhalb 70 kOe bzw. 60 kOe gesätt. zu sein u. ergaben Momente von 6,2 μ_B bzw. 7,7 μ_B pro Formeleinheit. Diese Werte weisen auf Momente für das Nd^{3+} von 1,2 μ_B bzw. 1,3 μ_B u. bestätigen obige Angabe. Dieser im Vgl. mit dem Grundzustand $gJ = 3,27\ \mu_B$ niedrige Wert weist auf einen beachtlichen Kristallfeldeffekt des Nd^{3+} in Granaten hin, Maxima wurden für anteilige Nd-Substitution in Y, Gd u. Sm-Eisengranaten gefunden; diese erlaubten Voraussagen auf andere Granat-Syst. sowie auf eine maximale Gitter-Konst. nahe bei 12,538 Å für Eisengranaten. Ein Pm-Eisengranat kann demnach nicht existieren. Der Granat $Gd_{1,5}Nd_{1,5}Ga_2Ga_3O_{12}$ muß antiferromagnet. sein (NÉEL-Temp. unterhalb 1,4° K). Magnet. u. kristallograph. Angaben werden ebenso für $(Gd_{1,5}Er_{1,5})Fe_2Fe_3O_{12}$ u. $(Y_{1,5}Er_{1,5})Fe_2Fe_3O_{12}$ (für beide 5,4 μ_B als Er^{3+}-Beitrag bei 0° K) in guter Übereinstimmung gemacht. H. NEWESELY. 137□

Paramagnetische Stickstoffoxide in bestrahlten Kaliumhalogeniden. Claude Jaccard. (Physic. Rev. [2] **124**. 60—66. 1/10. 1961. Argonne, Ill., Nat. Labor.) (Engl.)

An K-Halogenideinkristallen, die 0,01—1% $NaNO_3$ oder KNO_2 enthielten u. teilweise längere Zeit bei 700° mit NO_2 behandelt wurden, konnten nach Bestrahlung mit Röntgen- u. γ-Strahlen mittels paramagnet. Elektronenresonanz (EPR) zwischen —190 u. 0° 5 paramagnet. Zentren entdeckt u. bestimmten Moll. zugeordnet werden. Diese Zentren liegen in Konzz. von 10^{-15} bis 10^{-18} cm^{-3} vor. Für *KCl* fanden sich bei (Temp.) Zentren von NO (—15°, —50°) (I), NO (+) (0°) (II), NO_3^{2-} (—190°, 0°) (III) u. NO_2^{2-} (—190°) (IV) als EPR-Tripletts sowie O_2^+ (—190°) (V) als Singulett. I ist anisotrop u. unterhalb Raum-Temp. stabil. Bei 20° verschwindet es irreversibel in 30 Minuten. I bildet sich bevorzugt beim Erhitzen von KCl in NO_2. II ist isotrop u. in der Stärke temperaturunabhängig. Es verschwindet bei 20° in 3 Std. u. findet sich stets gemeinsam mit I. Im Gitter liegt es in Fehlstellen positiver Ionen vor. Eingelagert werden I u. II als NOCl, u. zwar I in einer Anionenfehlstelle NOCl (—), II als NOCl (+)(—) in einer Ionenpaarfehlstelle. Beim Bestrahlen geht NOCl (—) durch Elektroneneinfang in $NOCl^-$ über, das in NO + Cl^- dissoziiert, wobei Cl^- die Anionenfehlstelle besetzt, NO in (1 0 0) fixiert wird. I u. II weisen gleiche Elektronenanordnung auf. Ihr freies Elektron liegt im Gegensatz zu freiem NO in einem pσ-Zustand vor. III ist unterhalb —145° anisotrop, oberhalb —140° isotrop. Es entsteht aus NO_3^- durch Elektroneneinfang bei der Bestrahlung. Das freie Elektron ist in eine Dreielektronenbindung (p π) in Resonanz zwischen N u. den 3 O einbezogen. Vf. nimmt an, daß III nicht planar gebaut ist. IV bildet sich nur bei Zusatz von KNO_2 zu KCl. Es entsteht aus NO_2^- durch Elektroneneinfang in einer Anionenfehlstelle. Sein EPR-Spektrum erhält man nur unterhalb —125°, oberhalb verschwindet es reversibel. V, nur unterhalb —100° feststellbar, bildet sich bei NO_3^- u. NO_2^--Zusatz zur Schmelze. Es fehlt in Kristallen, die in NO oder NO_2 erhitzt oder weniger als 1 Std. bestrahlt wurden; nach langer Bestrahlung tritt V besonders stark auf. Vf. nimmt an, daß sich V aus durch Zers. von NO_3^- u. NO_2^- entstehendem O_2 durch Elektronenverlust bildet. In KBr u. KJ lassen sich, wenn auch in anderen Konzz., die gleichen Zentren feststellen. IV u. V fehlen in KJ. H. BÜRGER. 137□

Elektronenparamagnetische Resonanz von Europium(II) in Cadmiumsulfid-Einkristallen. Paul B. Dorain. (Physic. Rev. [2] **120**. 1190—92. 15/11. 1960. Waltham, Mass., Brandeis Univ.) (Engl.)

Vf. berichtet über Messungen der paramagnet. Resonanzabsorption an mit Eu^{2+} dotierten CdS-Einkristallen. Die Ergebnisse lassen sich gut mit der üblichen HAMILTON-Gleichung für einen ^8S-Zustand beschreiben. Die Null-Feldaufspaltung beträgt ca. 0,4 cm^{-1}, es wurde jedoch keine Superhyperfeinstruktur beobachtet. Schließlich werden die Ergebnisse mit denen von HUTCHISON u. Mitarbeiter (C. **1958** 4996) für Gd^{3+} verglichen. G. M. NEUMANN. 137☐

Paramagnetische Resonanz des Cr^{3+}-Ions in einem $AlCl_3 \cdot 6\,H_2O$-Einkristall. G. Emch und R. Lacroix. (Helv. physica Acta **33.** 1021—31. 31/12. 1960. Genève, Univ., Inst. de Physique.) (Franz.)

Vff. erweitern ihre C. **1962.** 1896 referierte Arbeit auf die Unters. der Bindungsverhältnisse u. den Einfl. des Kristallfeldes auf die Aufspaltung des $^4\Gamma_5$-Niveaus. D. HOENE. 137☐

Chemische Verschiebungen der magnetischen Kernresonanz bei Aluminium: Experimentelle Ergebnisse und Variationsrechnung. D. E. O'Reilly. (J. chem. Physics **32.** 1007—12. April 1960. Pittsburgh, Pa., Gulf Res. and Dev. Co.) (Engl.)

Chem. Verschiebungen von ^{27}Al für Al–Alkylhalogenide, -Halogenide, -Alkyle, -Alkyloxide, AlH_4^- u. $Al(OH)_4^-$ werden angegeben. Die Breite der Resonanzlinie von fl. oder gelösten Al-Verbb. zeigt an, ob kub. oder nichtkub. Mol.-Symmetrie um den ^{27}Al-Kern besteht. Die chem. Verschiebung von ^{27}Al in AlH_4^- wird nach einer Variations-Meth. berechnet, bei der Valenzbindung- u. Mol.-Bahnwellenfunktionen gebraucht werden. Es werden Beschränkungen der zur Variation zugelassenen Funktionen angegeben, wie sie sich aus Zeit- u. Raumumkehr ergeben. Verschiebungen bei anderen Al-Verbb. werden diskutiert. HANS LAUE. 137☐

Magnetische Kernresonanz in $(NH_4)_2(BeF_4)_x(SO_4)_{1-x}$ und anderen ferroelektrischen Systemen. Gerald Burns. (Physic. Rev. [2] **123.** 64—66. 1/7. 1961. Yorktown Heights, N.Y., IBM, Res. Labor.) (Engl.)

Die Temp.-Abhängigkeit der magnet. Kernresonanz (NMR) von F u. Protonen wurde in polykrist. Proben des festen Lsg.-Syst. $(NH_4)_2(BeF_4)_x(SO_4)_{1-x}$ für verschiedene x bei 15800 MHz gemessen. Bei $x > 0{,}8$ u. $x < 0{,}2$ ist die feste Lsg. ferroelektr., bei $0{,}8 > x > 0{,}2$ paraelektr. Bei Abnahme x von 1,0 auf 0,8 sinkt die CURIE-Temp. von —96 auf ca. —130°; die Raumgruppen der Verbb. mit x der drei Bereiche (Phasen) sind verschieden. Im Gegensatz zu den ferroelektr. Eigg. wurde ein scharfer Übergang im zweiten Moment der ^{19}F-Resonanz x-unabhängig gefunden. Die NMR von Protonen zeigt keine Äquivalenz der NH_4-Gruppen (eine NH_4-Gruppe hat viel kürzere H-Bindungen als die anderen), die Temp.-Abhängigkeit konnte, wie auch das ferroelektr. Verh. des ganzen Syst., nicht mit der Theorie des Einfrierens schwingender NH_4- u. BeF_4-Gruppen in Einklang gebracht werden. Auch in den (ferroelektr.) Verbb. $(NH_4)_2 \cdot Cd_2(SO_4)_3$ u. NH_4HSO_4 wurde die Temp.-Abhängigkeit der Protonen-NMR (mit analogen Folgerungen) gemessen. In einigen Alaunen wird der kristallograph. Phasenübergang nicht von einer Änderung der Protonenresonanzlinie begleitet; *NH_4Ga-Alaun* hat einen paralektr. Phasenübergang bei —163°, *NH_3CH_3Al-Alaun* bei —96°, *N_2H_5Al-Alaun* u. *NH_3OHAl-Alaun* zeigen jedoch einen sehr plötzlichen Wechsel in der NMR-Linie bei der Temp. des Phasenübergangs, wo die Kristalle zerbrechen. W. SOBIESKI. 137☐

Über die Wechselwirkungsparameter Polyelektrolyt — einfacher Elektrolyt. Norio Ise. (J. chem. Physics **35.** 1145. Sept. 1961. New Brunswick, N.J., State Univ., School of Chem.) (Engl.)

Aus einer früher (C. **1960.** 9573) veröffentlichten Theorie der interion. Wechselwrkg. wird ein Ausdruck für β_{23}, den Wechselwrkg.-Parameter zwischen Polyelektrolyten u. einfachen Elektrolyten, unter vereinfachenden Annahmen abgeleitet. Dieser kommt den wirklichen Verhältnissen nahe, denn mit ihm aus bekannten Daten für β_{23} Na-Polyphosphat (I)—NaBr berechnete Radien von I (Annahme kugelförmiger Gestalt) für verschiedene Salz-Konzz. stimmen etwa mit aus bekannten Viscositätsdaten berechneten Äquivalentradien überein. R. JUNGE. 138☐

Über den Einfluß von Halogenidionen auf die Aktivität von $FeBr_2$ in geschmolzenem NaBr. H. Kühnl. (Z. anorg. allg. Chem. **313.** 48—56. 1961. Gießen, Univ., Chem. Inst., Anorg. Abt.) (Dt.)

In geschmolzenem NaBr gelöstes $FeBr_2$ wird durch Zusatz von NaF, NaCl, KCl u. NaJ bei 816° titriert u. seine Aktivität (A) durch Messung der EMK einer galvan. Zelle bestimmt. Die Vers.-Anordnung einer Meßzelle mit Zugabe-Vorr. für die EMK-Best. in Salzschmelzen ist angegeben. Das Ausbleiben von Wendepunkten in den EMK-Kurven läßt erkennen, daß während der Titration keine stufenweise Bldg. definierter Komplexionen stattfindet. Wird der A-Koeff. des Fe^{2+} im reinen Syst. $NaBr/FeBr_2$ gleich 1 gesetzt, so ergeben sich bei gleicher Konz. des Fe^{2+} folgende Änderungen der A bei Ggw. anderer Halogenidionen: Die Zugabe von NaF erniedrigt die A auf 0,06, von NaCl läßt die A stetig von 1 auf 0,75 sinken u. von NaJ erhöht die A auf 1,4. Dies zeigt, daß eine um so stärkere Herabsetzung der A der in der Schmelze gelösten Fe^{2+}-Ionen verursacht wird, je kleiner der Ionenradius der umgesetzten Halogenidionen ist. Der Vgl. der bei Zugabe von NaCl u. KCl erhaltenen Kurven zeigt, daß auch Kationen einen wesentlichen Einfl. auf die Fe^{2+}-A ausüben. Die gemessenen Fe^{2+}-A ergeben weitgehende Übereinstimmung mit den auf Grund eines Quasi-Gittermodells für Ionenschmelzen aus thermochem. Tabellenwerten berechneten Aktivitäten. A. NEBELUNG. 138□

Die Elektrodenpotentiale von Germanium: Einige Bemerkungen zur Deutung von Lovreček und Bockris. J. I. Carasso, M. M. Faktor und H. Holloway. (J. physic. Chem. **65.** 2260—61. Dez. 1961. London, Dollis Hill, Post Office Res. Stat.) (Engl.)

Vff. sind im Gegensatz zu LOVREČEK u. BOCKRIS (C. **1960.** 9117) der Ansicht, daß das Potential der Ge-Elektrode in O_2-freien Lsgg. nicht durch die vorgeschlagene Korrosions-Rk. $Ge + H_2O \rightarrow GeO + 2\,H^+ + 2\,e^-$, sondern möglicherweise eher durch $Ge + 2\,H_2O \rightarrow GeO_2 + 4\,H^+ + 4\,e^-$ oder $Ge + 3\,H_2O \rightarrow H_2GeO_3 + 4\,H^+ + 4\,e^-$ bestimmt wird. Korrosionsstrom u. Austauschstromdichte der anod. Rk. dürften nicht von vergleichbarer Größenordnung sein. P. FRENZEL. 140□

Anorganische Membranelektroden. Robert B. Fischer und Marvin L. Yates. (Proc. Indiana Acad. Sci. **69.** 136—39. 1959, herausgeg. 1960. Indiana Univ., Chem. Dep.) (Engl.)

Vff. untersuchen die „elektr. Gleichrichter"-Eigg. der von ihnen hergestellten (C. **1960.** 2289) Membranen u. verfolgen den Ionentransport durch Radiotracer-Versuche. Diese Membranen bestehen aus anorgan. Teilchen [$BaSO_4$, Apatit, $Ni(HC_4H_6N_2O_2)_2$, $Fe_2O_3 \cdot xH_2O$ u. Fe_2O_3], die auf Grund ihrer elektr. Ladung u. der des Elektrolyten über die Eig. verfügen, entgegengesetzt geladene Ionen durch die Membran hindurchzulassen; als Binder dieser Teilchen fungiert Paraffin. Das bevorzugte Hindurchlassen von Anionen oder Kationen wird mit Leitfähigkeitsmessungen verfolgt. Bei diesen sog. Gleichrichter-Eigg. der Membranen spielt der Zeitfaktor eine wesentliche Rolle, so daß diese Meth. für Titrationen nicht geeignet ist. U. SKURNIA. 140□

Rechteckwellen-Elektrolyse. 1. Mitt. **Die cyclische Potentialstufen-Methode.** W. M. Smit und M. D. Wijnen. (Recueil Trav. chim. Pays-Bas **79.** 5—21. Jan. 1960. Utrecht, State Univ., Labor. of Analyt. Chem.) (Engl.)

Nach der bekannten „einfachen" Potentialstufenelektrolyse wird eine cycl. Potentialstufen-Meth. (CPS) entwickelt, die als eine Reihe von alternierenden potentiostat. Elektrodenprozessen betrachtet werden kann, wenn an einer polarisierbaren Elektrode (u. Vgl.-Elektrode) eine Rechteckwellenspannung anliegt. Wie auf mathemat. Wege gezeigt wird, erreicht der mit einem Kathodenstrahloscillographen sichtbar gemachte Polarisationsstrom fast momentan einen konst. Wert u. Verlauf. Auftretende Abweichungen haben keinen wesentlichen Einfl. auf die Reversibilität des Redox-Syst. der Elektrolysezelle oder auf die Amplitudenhöhe der Rechteckwellen. Der durch die period. Wiederaufladung der Doppelschichtkapazität induzierte Polarisationsstrom kann bei genügend kleiner Dämpfung des Kreises u. bei genügend schneller Aufladung vernachlässigt werden. Die CPS-Meth. ermöglicht eine schnelle u. sichere Best. der Überführungszahlen, der Austauschstromdichten u. anderer physikochem. Effekte, die mit diesen kinet. Parametern zusammenhängen (z. B. Adsorption). W. SOBIESKI. 141□

Rechteckwellen-Elektrolyse. 2. Mitt. **Die cyclische Stromstufen-Methode.** M. D. Wijnen und W. M. Smit. (Recueil Trav. chim. Pays-Bas **79.** 22—40. Jan. 1960.) (Engl.) — 1. vgl. vorst. Referat.

Wie l. c. beschrieben, leiten Vff. analog aus der bekannten einfachen eine cycl. Stromstufen-Meth. (CCS) für Rechteckwellen her, die zur Abschätzung kinet. Parameter bei elektrochem. Prozessen (bes. des Austauschstroms j_0) dienen kann. Sie beruht darauf, daß ein Rechteckwellenstrom durch eine Elektrolysezelle mit einer polarisierbaren u. einer Vgl.-Elektrode geleitet wird, wobei eine meßbare Polarisationsspannung auftritt. Durch mathemat. Abhandlung zeigt sich, daß die Polarisationsspannung einen konst. Verlauf annimmt, wenn „COULOMB-Symmetrie" gegeben ist, bei Abweichungen davon aber einen langsam abweichenden Verlauf hat. Die Abschätzung von j_0 wird jedoch auch bei (durch COULOMB-Symmetrie) kontinuierlich sich ändernden Spannungswerten nicht gestört. Die CCS-Meth. ermöglicht weiter, den OHMschen Teil der Polarisationsspannung der Elektrolysezelle zu eliminieren u. festzustellen, ob der Einfl. der Doppelschichtkapazität zu vernachlässigen ist oder nicht. W. SOBIESKI. 141□

Rechteckwellen-Elektrolyse. 3. Mitt. Apparatur für die cyclische Potentialstufen- und die cyclische Stromstufen-Methode. M. D. Wijnen und W. M. Smit. (Recueil Trav. chim. Pays-Bas **79.** 203—15. März 1960.) (Dt.) — 2. vgl. vorst. Referat.

Vff. geben eine ausführliche Beschreibung der App. für die in l. c. eingeführten neuen Meth. zur Rechteckwellenelektrolyse unter besonderer Berücksichtigung der Bedingungen für Lineardiffusion, Bezugselektrode, Zeitsymmetrie der Rechteckwellen u. Abweichungen von der COULOMB-Symmetrie. W. SOBIESKI. 141□

Rechteckwellen-Elektrolyse. 4. Mitt. Ergebnisse und Diskussion. M. D. Wijnen und W. M. Smit. (Recueil Trav. chim. Pays-Bas **79.** 289—312. April 1960.) (Engl.) — 3. vgl. vorst. Referat.

Die in l. c. beschriebenen Meth. zur Rechteckwellenelektrolyse werden auf 2 Redox-Syst., Fe^{2+}/Fe^{3+} in 1m H_2SO_4 u. $[Fe(CN)_6]^{4-}/[Fe(CN)_6]^{3-}$ in 1m KCl, angewandt; es werden relativ gut übereinstimmende Ergebnisse ($\pm$10%) erzielt. Abweichungen der so bestimmten elektrokinet. Parameter von in der Literatur angegebenen (nach anderen Meth. bestimmten) Werten werden diskutiert. W. SOBIESKI. 141□

Über die Wasserstoffüberspannung an der Cadmiumkathode in Kaliumhydroxidlösungen. S. A. Iofa und S. P. Braun. (Научные Доклады Высшей Школы, Химия и Химическая Технология [Wiss. Hochschulber. (Moskau), Chem. u. chem. Technol.] **1959.** 273—76. Moskau, Lomonossow Univ., Lehrstuhl für Elektrochem.) (Russ.) — Vgl. C. **1958.** 11150.

Die H_2-Überspannung η an spektralreinem Cd nimmt in 0,2—15,4n KOH bis zu 9,3n Konz. (c) ab, bei höherem c wieder zu. Die Kurve der Abhängigkeit von log a (a = Aktivität der KOH-Lsg.) zeigt ein η-Minimum bei c = 9,0n. Wenn die Stromdichte i (A/cm^2) ist, gilt η = const. + (RT/αF) ln i — (2 RT/F) ln a_{OH^-} — $[(1-\alpha)/\alpha]\cdot$ (RT/F) ln a_{H_2O} u. $\partial\eta/\partial \log a_{KOH} = -0{,}116$ V. Dieser Wert wird für c = 0,2—2n bestätigt (—0,100), bei höherem c (2—6n) berechnet —0,058 V, gefunden —0,050. Beim Übergang von c = 9,3n zu c = 15,4n ist die Zunahme von η = 160—180 mV. Diese der Gleichung widersprechende Zunahme wird damit erklärt, daß auf die an der elektrochem. Rk. teilnehmenden Wasser-Moll. nur ein Teil der Kraftlinien des Doppelschichtfeldes einwirkt u. die K^+ in konz. Lsgg. infolge geringerer Hydratation weniger Wasser-Moll. in die Doppelschicht einbringen. R. K. MÜLLER. 142□

Elektrochemisches Verhalten von Wasserstoffperoxid und Sauerstoff an Graphitelektroden. G. Bianchi, G. Caprioglio, G. Davolio, F. Gasperini und F. Mazza. (Chim. e Ind. [Milano] **40.** 822—26. Okt. 1958. Modena, Univ., Ist. di Chim. fis.) (Ital.)

Die Messungen wurden mit einer reinen Graphitelektrode bei pH 0,5, 4,5 7 u. 13 bei 25 $\pm$0,1° bis zu einer Spannung von $\pm$1,5 V ausgeführt u. die Polarisationskurven von 0—0,1m H_2O_2-Lsgg. im Kreislauf von O_2 oder CO_2 registriert. Die Kathodenkurve zeigt 2 der Red. von CO zu C entsprechende Stufen u. die Anodenkurve eine Stufe entsprechend der Oxydation CO → CO_2. Die anod. Hysteresis ist einer geringen Bldg. von Per-Verbb. oder höheren Oxiden zuzuschreiben, während die Kathodenkurven keinerlei Anzeichen für das Auftreten von CO u. CO_2 geben. G. PLATZER. 142□

Indium als Anodenmaterial. T. L. Boswell. (J. electrochem. Soc. **105.** 239—41. Mai 1958. Elgin, Ill., Elgin Nat. Watch Co., Res. and Dev. Div.) (Engl.)

Vf. berichtet über die Verw. von In u. seinen Legg. mit Bi (3 u. 5%) u. Pb (2 u. 2,5%) als energieerzeugende Elektroden in kleinen geschlossenen Elektrolytzellen. Bi-haltige In-Legg. sowie tern. Pb–Bi–In-Legg. lassen sich bei hohen Stromdichten (SD) einsetzen. Gegenüber reinem In tritt Polarisation erst in höheren SD-Bereichen (>31 mA/cm^2 gegenüber 2,3) auf. Außerdem verhindert Bi die Vergiftung des In durch häufig vorkommende Metalle u. erhöht seine Härte. Pb-Zusatz bewirkt ebenfalls größere Härte, jedoch tritt Polarisation wahrscheinlich infolge anod. Bldg. von PbO_2 bereits bei sehr niedrigen SD auf. Entladungskapazität u. Spannungsstabilität bei Lagerung werden an alkal. Zellen (KOH) mit HgO-Kathoden untersucht. Wird mit höheren SD entladen, erfolgt Vergrößerung der Kapazität. Beim Übergang zu höheren SD wird während der Entladung eine geringe Erhöhung der Spannung festgestellt. Die Spannung ist sonst bei Entladung u. Lagerung konstant. Der Temp.-Koeff. der Spannung ändert sich im Temp.-Bereich von 12,8—37,8° zwischen 0,00080 u. 0,00232 V/Grad in Abhängigkeit von der Stromdichte. P. FRENZEL. 142□

Elektrochemisches Verhalten von Eisen. Tor Hurlen. (Acta chem. scand. **14.** 1533—54. 1960. Blindern, Oslo, Central Inst. for Ind. Res.) (Engl.)

Vf. untersucht mit Hilfe eines amperostat. Verf. die anod. Auflösung u. die kathod. Abscheidung von Fe in bzw. aus HCl-Lsgg. bei 20°. Die Rkk. folgen der TAFELschen Gleichung (ausgenommen bei hohen Stromdichten) u. haben zueinander symm. TAFEL-Geraden mit einer Neigung von 0,029 V (2,303 RT/2 F). Die Geschw. der Auflösung ist proportional der Aktivität der OH^--Ionen, die der Abscheidung proportional dem Quadrat der Fe^{2+}-Ionenaktivität. Vf. schlägt einen Mechanismus gemäß $2\,Fe + OH^- \rightleftharpoons 2\,Fe^{2+} + OH^- + 4\,e^-$ vor. Die Austauschstromdichte i_0 folgt der Beziehung $\log i_0$ (A/cm^2) = 3,58 — pOH — pFe; das Normalpotential der Fe/Fe^{2+} (aq.)-Elektrode beträgt $E_0 = -0{,}467$ V. In diesen Wert geht ein wahrscheinlich geringes Übergangspotential ein. Beide Beziehungen sind etwas abhängig von der Gültigkeit der verwendeten Aktivitätswerte. Die H_2-Entw. ergibt eine TAFEL-Gerade der Neigung $-0{,}116$ V ($-2{,}303 \cdot 2\,RT/F$); i_0 folgt der Beziehung $\log i_0$ (A/cm^2) = $-5{,}36-0{,}5$ pH. Die Auflösungs-Rk. begünstigt die H_2-Entw., während letztere durch die Abscheidungs-Rk. unterdrückt wird. In der Nähe des Neutralpunktes geht der pH-abhängige Mechanismus in einen vom pH-Wert unabhängigen über, ohne daß eine Änderung der Neigung der TAFEL-Geraden eintritt. Der Einfl. der räumlichen Verhältnisse an der Grenzfläche Fe/H_2O wird erörtert.

P. FRENZEL. 142□

Korrosion von Eisen. Einfluß des pH-Wertes und der Aktivität der Fe(II)-Ionen. Tor Hurlen. (Acta chem. scand. **14.** 1555—63. 1960.) (Engl.) — Vgl. vorst. Referat.

Vf. untersucht unter Berücksichtigung der früher mitgeteilten Werte über die Kinetik der Fe/Fe^{2+} (aq.)- u. $H_2(Fe)/H^+$ (aq.)-Elektrode den Einfl. des pH-Wertes u. der Aktivität der Fe^{2+}-Ionen $a_{Fe^{2+}}$ auf das Korrosionspotential E_c u. die Korrosions-Geschw. i_c in HCl–KCl- bzw. alkal. Lsgg. mit verschiedenem Geh. an $FeCl_2$. In Lsgg. mit zu vernachlässigendem Fe^{2+}-Geh. ist $d\,E_c/d\,pH = -$ (4/5) (2,303 RT/F) in saurer Lsg. u. $-$(2/5) (2,303 RT/F) in alkal. Lsg., bis E_c in Abhängigkeit vom H_2-Druck oberhalb eines bestimmten pH-Wertes angenähert gleich dem reversiblen H-Potential wird. Weiterhin wird gezeigt, daß $d \log i_c/dpH$ in den drei pH-Bereichen $-3/5$, $+1/5$ bzw. -1 ist. In Lsgg. mit höherem Fe^{2+}-Geh. ist E_c in einem bestimmten pH-Bereich in Abhängigkeit von $a_{Fe^{2+}}$ angenähert gleich dem reversiblen Fe-Potential, wodurch ein entsprechender Einfl. auf i_c gegeben ist. Der Einfl. von gelöstem O_2 u. der Ausfällung von $Fe(OH)_2$ wird erörtert. P. FRENZEL. 143□

A_4. Thermodynamik. Thermochemie

Die thermodynamische Beschreibung heterogener dissipativer Systeme durch Variationsmethoden. 1. Mitt. **Eine Formulierung des Prinzips von der minimalen Geschwindigkeit der Entropiezunahme mit Anwendung auf verschiedene stationäre, heterogene Konvektionssysteme.** J. S. Kirkaldy. (Canad. J. Physics **38.** 1343—55. Okt. 1960. Hamilton, Ont., McMaster Univ., Dep. of Metallurg. and Metallurgic. Engng.) (Engl.)

Vf. zeigt, daß das Problem der mathemat. Beschreibung eines unter einem äußeren Zwang stehenden konvektiven, heterogenen Dissipations-Syst. im Prinzip mit demjenigen für ein nichtkonvektives, homogenes Syst. ident. ist. Die Einheits-Lsgg. fordern das Verschwinde irgendeines Freiheitsgrades im S yst. durch Festlegung der Bedingungen des stationänen Zustandes. Diese kann man über das LE CHATELIERsche Prinzip erhalten. Am Beispielrverschiedener heterogener Konvektions-Syst. (Zell- oder Dentritenwachstum aus Leg.-Sc hmelzen) wird dargelegt, wie aus dem Satz von der minimalen Geschw. der Entropiezunahme über die EULER-LAGRANGE-Gleichungen das LE CHATELIER-Prinzip abgeleitet werden kann. Eine numer. Beschreibung der Konfiguration ist jedoch mit der Meth. nicht möglich. Diese läßt sich nur über Verff. aus der Variationstechnik gewinnen. WOLFGANG WAGNER. 146□

Die thermodynamische Beschreibung heterogener dissipativer Systeme durch Variationsmethoden. 2. Mitt. **Ein auf nichtstationäre (nicht unter Zwang stehende) heterogene dissipative Systeme anwendbares Variationsprinzip.** J. S. Kirkaldy. (Canad. J. Physics **38.** 1356—65. Okt. 1960.) (Engl.) — 1. vgl. vorst. Referat.

Für die Wachstumscharakteristiken verschiedener heterogener dissipativer Syst. existiert eine einheitliche phänomenolog. Beschreibung. Da nämlich die morpholog. Grundzüge im wesentlichen thermodynam. Natur sind, können sie einheitlich beschrieben werden, wenn detaillierte thermodynam. Daten vorliegen. Hauptschwierigkeit einer solchen Beschreibung ist die Tatsache, daß die Oberflächenvorgänge mit dem Diffusionsbereich in einer Weise gekoppelt sind, die eine konventionelle phänomenolog. Beschreibung nicht ohne weiters zuläßt. Vf. zeigt, daß in derartigen Syst. der Zwang zur Koppelung durch einen mathemat. Zwang ersetzt werden kann, auf den dann der übliche konventionelle phänomenolog. Formalismus angewandt werden kann. Dadurch ist es möglich, eine einheitliche Definition des Syst. in Ausdrücken des Variationsprinzips zu geben. Diese können schließlich dazu benutzt werden, die Konfiguration des Syst. zu definieren.

WOLFGANG WAGNER. 146□

Dampfdruckdaten einiger gewöhnlicher Gase. R. E. Honig und H. O. Hook. (RCA Review **21.** 360—68. Sept. 1960. Princeton, N.J., RCA Labor.) (Engl.)

Für 26, vor allem bei Arbeiten unter Ultrahochvakuum u. bei tiefen Temp. wichtige Gase wurden die bis zum 1/4. 1960 in der Literatur angegebenen Daten, wie Dampfdrücke, Übergangspunkte, FF., Kpp. sowie die zugehörigen Phasenumwandlungswärmen gesichtet bzw. errechnet u. in Form von Tabellen u. Kurven (log p_{Torr} — log T-Kurven) zusammengestellt. Folgende Gase wurden in die Zusammenstellung einbezogen: *Ar*, Br_2, CH_4, *CO*, CO_2, *COS*, CS_2, Cl_2, F_2, H_2, *HBr*, *HCl*, *HF*, H_2O, H_2S, *He*, J_2, *Kr*, N_2, N_2O, *NO*, NH_3, *Ne*, O_2, SO_2, *Xe*. — 33 Literaturangaben. WOLFGANG WAGNER. 149□

Selbstdiffusion in flüssigem ^{3}He. H. R. Hart jun. und J. C. Wheatley. (Phys. Rev. Letters **4.** 3—5. 1/1. 1960. Urbana, Ill., Univ. of Illinois, Dep. of Phys.) (Engl.)

Nach der Spin-Echo-Meth. wurde der Diffusions-Koeff. D zwischen 2,97 u. 0,067° K gemessen. Bei 0,55° K ergibt sich ein Minimum, u. unterhalb 0,2° K steigt D stark an. Wahrscheinlich wird in diesem Temp.-Bereich die Zunahme von D durch die abnehmende Wahrscheinlichkeit der Streuung der Atome oder Atomgruppen, die sich durch die Fl. bewegen, verursacht. G. KIRSCHSTEIN. 149□

Feste Lösungen der Edelgase. R. Heastie. (Pure appl. Chem. **2.** 325—27. 1961. London, U.K., Queen Mary Coll., Dep. of Phys.) (Engl.)

Dampfdruckmessungen fester u. fl. Lsgg. des Syst. *Ar–Kr* ergaben im Gegensatz zur Theorie von PRIGOGINE, die für die molare Freie Überschußenergie (G_E) die Gleichung $G_E = \sigma \cdot \gamma_1 \cdot \gamma_2$ (γ = Molenbruch der Komponenten, σ = Funktion der Temp., nicht jedoch der Zus.) liefert, eine Abhängigkeit des σ von der Zusammensetzung. Das Syst. *Kr–Xe* wurde im Bereich $0 < \gamma_{Xe} < 0{,}44$ untersucht; von $0{,}04 < \gamma < 0{,}27$ wurde ein irreguläres Verh. der p–T-Kurven beobachtet, das keine exakten Angaben der Phasengrenzen zuließ. Vf. vermutet als Ursache dieses Verh. das Vorliegen eines Eutektikums bei $p \simeq 40$ cm Hg u. $T \simeq 114°$ K, da beim Erhitzen der Lsg. ein plötzlicher Abfall des Dampfdruckes, verbunden mit einer Wärmeabsorption, eintritt, was auf die Umwandlung einer festen Zweiphasenmischung in einen festen Einphasenzustand hindeutet. Das beobachtete Maximum der Wärmeabsorption beträgt ungefähr 90 J/Mol. WOLFGANG KRÜGER. 149□

Aktivitäten von Manganoxid in Silicatschmelzen. H. B. Bell. (J. Iron Steel Inst. **197.** 245—46. März 1961. Glasgow, Roy. Coll. of Technol.) (Engl.)

Diskussionsbeitrag zu der C. **1961.** 5702 referierten Arbeit von ABRAHAM u. Mitarbeitern. M. GEHLEN-KELLER. 150□

Kennzeichen für peritektische und eutektische Reaktionen. Mats Hillert. (J. Iron Steel Inst. **189.** 224—26. Juli 1958. Diskussion. **195.** 201—04. Juni 1960. Stockholm, Swedish Inst. for Metal Res.) (Engl.)

Die allg. Meth. zur Unterscheidung von Dreiphasen-Rkk. (peritekt. oder eutekt.) aus der Form eines tern. Zustandsdiagramms wird krit. erörtert u. eine neue Meth. abgeleitet. Die relativen Anteile der drei Phasen sind in einigen Fällen entscheidend, haben jedoch in anderen Fällen keinen Einfluß. Die neue Meth. wird an einem Beispiel erläutert, bei dem die mittlere Zus. der Probe entscheidend ist. Hierbei zeigt sich, daß die Rk. nur dann eutekt. ist, wenn die mittlere Zus. innerhalb des zentralen Bereiches eines isotherm. Schnittes liegt. H. HOCHSTEIN. 150□

Gefrierpunktsmessungen in nichtwässerigen Lösungen. 1. Mitt. Die Trichloride der Elemente der 5. Gruppe des Periodensystems (PCl_3, $AsCl_3$ und $SbCl_3$) in Benzollösung. Victor Parausanu und Ortansa Landauer. (Bul. Inst. politehn. Bucureşti **20.** Nr. 2. 97—102. April/Juni 1958. Bucarest, Polytechn. Inst., phys.-chem. Labor.) (Dt.)

Durch kryoskop. Messungen wurde der Mol.-Zustand von PCl_3, $AsCl_3$ u. $SbCl_3$ in Bzl. (<0,5 Mol/1000 g Lsgm.) untersucht. Die Verbb. zeigten alle ein fast normales Molgew., d. h. sie liegen monomer vor. Geringe Abweichungen vom idealen Verh. wurden einer Dipol-Wechselwrkg. zugeschrieben. Die früher ohne experimentelle Grundlage aufgestellte Hypothese, daß $SbCl_3$ ebenso wie $AlCl_3$ in Bzl. dimerisiert vorliegen müsse, konnte nicht bestätigt werden. H. FRIES. 150□

Differentialthermoanalyse zur Untersuchung von Phasenumwandlungen bei der Entwässerung von Dinatriumhydrogenphosphathydraten. W. K. Behl und Harish C. Gaur. (Z. physik. Chem. [Frankfurt/M.] [N. F.] **29.** 289—92. Sept. 1961. Delhi, Univ., Dep. of Chem.) (Engl.)

Die Phasenumwandlungen bei der Entwässerung von $Na_2HPO_4 \cdot 12\,H_2O$ (I), $Na_2 \cdot HPO_4 \cdot 7\,H_2O$ (II) u. $Na_2HPO_4 \cdot 2\,H_2O$ (III) wurden mit DTA bis zu 300° untersucht. I, II u. III wurden mit Al_2O_3 im Verhältnis 1 : 1 gemischt, als Vgl.-Substanz diente Al_2O_3; Aufheiz-Geschw. 5—7 Grad/min. Die Umwandlung von I in II beginnt bei 36°.

Bei dieser Temp. löst sich II im Kristallwasser; der Kp. der Lsg. beträgt 98°. DTA-Unterss. von II u. III ergaben, daß die Entwässerung II → III bei 53° erfolgt. Die Zers. III → *$Na_2HPO_4 \cdot H_2O$* (IV) bzw. IV → *Na_2HPO_4* finden bei 98 bzw. 108° statt.
G. GATTOW. 150□

Schwingungsspektrum von Gold. S. K. Joshi und M. P. Hemkar. (Physic. Rev. [2] **122.** 13—14. 1/4. 1961. Allahabad, India, Univ., Phys. Dep.) (Engl.)

Ein theoret. Gitterschwingungsspektrum wurde für Au auf der Grundlage eines Drei-Kraft-Konst.-Modells nach BHATIA u. HORTON (vgl. C. **1957.** 26) berechnet. Die spezif. Gitterwärmen wurden zwischen 0 u. 200° K, die charakterist. Temp. (CT) zwischen 0 u. 160° K berechnet u. die erhaltenen Werte mit den experimentellen Daten verglichen. Im Gegensatz zur spezif. Gitterwärme konnte jedoch bei den CT keine Übereinstimmung festgestellt werden. Dies ist vermutlich auf die Vernachlässigung unharmon. Effekte u. die Näherungs-Meth. zur Berechnung des Schwingungsspektrums zurückzuführen.
WOLFGANG KRÜGER. 151□

Charakteristische Temperatur orthorhombischer Kristalle bei 0° K. S. K. Joshi. (Physic. Rev. [2] **121.** 40—41. 1/1. 1961. Allahabad, U.P., India, Univ., Phys. Dep.) (Engl.)

Für die charakterist. Temp. orthorhomb. Kristalle wurden durch Erweiterung der HOUSTONschen Integrations-Meth. Berechnungsformeln erhalten. Für die 12 krist. Stoffe *Aragonit, Baryt, Coelestin, Bittersalz,* *HJO_3*, *$NaK(C_4H_4O_6) \cdot 4\,H_2O$*, *$Na_2(C_4H_4O_6) \cdot 2\,H_2O$*, *Sr-Formiat*, *$S_8$*, *Topas* *$Al_2(F,OH)_2SiO_4$*, *α-U* u. *$ZnSO_4 \cdot 7\,H_2O$* wurden aus diesen Formeln mittels der elast. Konst. nach drei etwas abweichenden Näherungs-Verff. die charakterist. Temp. ermittelt u. die Ergebnisse diskutiert. WOLFGANG KRÜGER. 151□

Effektiver, durch röntgenanalytische und calorimetrische Messungen ermittelter Wert der charakteristischen Temperatur des Kupfers. P. A. Flinn, G. M. McManus und J. A. Rayne. (Physic. Rev. [2] **123.** 809—12. 1/8. 1961. Pittsburgh, Pa., Westinghouse Res. Labor.) (Engl.)

Der DEBYE-WALLER-Faktor für Cu wurde aus Röntgenintensitätsmessungen an Einkristallen im Temp.-Bereich 4,2—500° K gemessen. Aus einer Berechnung des Schwingungsspektrums des Cu wurden die spezif. Wärme u. der DEBYE-WALLER-Faktor erhalten u. mit den experimentellen Ergebnissen verglichen. Die Übereinstimmung zeigt, daß das zentrale Kraftmodell mit Wechselwrkg. zwischen nächsten u. übernächsten Nachbarn anwendbar ist.
WOLFGANG KRÜGER. 151□

Beziehungen zwischen der Schmelzwärme und der Kristallstruktur (Alkalichromate, -molybdate und -wolframate). Georges Petit und Christiane Bourlange. (C. R. hebd. Séances Acad. Sci. **246.** 2865—66. 19/5. 1958.) (Franz.)

Die Schmelzwärmen der Chromate, Molybdate u. Wolframate von *Li, Na, K* u. *Cs* werden mit deren Kristallstruktur in Beziehung gesetzt, wobei die beim Schmelzen auftretenden Änderungen der Wechselwrkg. der Ionen untereinander, der Schwingungsenergien usw. berücksichtigt werden.
E. ROEDER. 155□

Die relativen Enthalpien von konzentrierten Kaliumhydroxid-Lösungen. Wendell J. Biermann. (Canad. J. Chem. **38.** 57—60. Jan. 1960. Winnipeg, Canada, Univ. of Manitoba, Dep. of Chem.) (Engl.)

Aus calorimetr. Messungen der Neutralisationswärmen konz. Lsgg. von *KOH* mit HCl (Meßfehler $< 0{,}1\,\%$) wurden die relativen Enthalpiedaten von KOH-Lsgg. im Konz.-Bereich von 3—16 m berechnet (Tabelle).
WOLFGANG WAGNER. 156□

Messungen in der Reaktionszone von Wasserstoff-Sauerstoff- und Methan-Sauerstoff-Flammen. U. Bonne, Th. Grewer und H. G. Wagner. (Z. physik. Chem. [Frankfurt/M.] [N. F.] **26.** 93—110. Okt. 1960. Göttingen, Univ., Inst. für Phys. Chem.) (Dt.)

Durch Messungen der OH-Absorptionsspektren von *H_2-O_2*- u. *CH_4-O_2*-Flammen wurden die OH-Konz.-Profile u. Temp.-Profile der Flammen bei 1—20 Torr bestimmt. Zusammen mit der OH-Konz. wurde die relative OH-Emission der Flammen gemessen. Es wird der Mechanismus der Bldg. von angeregten OH-Radikalen diskutiert u. die Vers.-App. genau beschrieben.
G. TALSKY. 157□

Thermische Leitfähigkeit von CaF_2-, MnF_2-, CoF_2- und ZnF_2-Kristallen. Glen A. Slack. (Physic. Rev. [2] **122.** 1451—64. 1/6. 1961. Schenectady, N.Y., Gen. Electric. Res. Labor.) (Engl.)

Die therm. Leitfähigkeit von Einkristallen des CaF_2, MnF_2, CoF_2 u. ZnF_2 wurde im Temp.-Bereich von 3—300° K gemessen. CaF_2 u. ZnF_2 sind diamagnet., während MnF_2 u. CoF_2 antiferromagnet. sind. Alle vier Kristalle besitzen bei Raum-Temp. nahezu die gleiche therm. Leitfähigkeit, zeigen aber bei niederen Temp. Unterschiede. Das nahezu isotopenreine CaF_2 zeigt ein exponentielles Ansteigen der Leitfähigkeit mit abnehmender Temp. u. damit die Charakteristik eines Umklapp-Prozesses. ZnF_2 zeigt dieses Umklapp-Verh. nur andeutungsweise, da der Transport der therm. Energie durch Phononen, der im allg. durch Streuung der Phononen an anderen Phononen, Isotopen, chem. Verunreinigungen u. Kristallgrenzen beschränkt wird, im Fall des ZnF_2 nur durch Streuung an Isotopen u. Verunreinigungen eingeschränkt wird. Das Maximum der Leitfähigkeit des CaF_2 liegt bei 14°K u. beträgt 30 Ws/cm·Grad. Die therm. Leitfähigkeit der antiferromagnet. MnF_2- u. CoF_2-Kristalle wird durch eine Phonon–Magneton-Streuung unter die der diamagnet. Kristalle reduziert. Diese Red. ist teilweise in der Nähe der NÉEL-Temp. des MnF_2 (67°K) u. CoF_2 (38°K) bemerkbar, wo die mittlere freie Weglänge der Phononen bei der Phonon–Magneton-Streuung 4000 bzw. 2200 Å beträgt. Die therm. Leitfähigkeit des MnF_2 ist anisotrop mit einem Maximum der Anisotropie von 1,55 bei 100 (°K), die auf 1,0 bei 15 abfällt. Außerdem wurde das thermoelektr. Verh. von Au–Co-Thermoelementen im Temp.-Bereich von 3—300°K untersucht. Die abs. thermoelektr. Kraft dieser Legg. wurde als Funktion der Co-Konz. dargestellt. Eine Leg. mit 6—8% Co wurde als bes. brauchbares Thermoelement beschrieben. WOLFGANG KRÜGER. 158□

Kritische Geschwindigkeit in einem Gas. A. P. Buthod und Chi Tien. (Canad. J. Technol. **38**. 74—79. 1960. Tulsa, Okla., Univ.) (Engl.)

Ableitung einer Beziehung zur Berechnung von krit. Schall-Geschw. eines realen Gases. Grundlage ist die Anwendung der auf dem Gesetz der korrespondierenden Zustände beruhenden generalisierten thermodynam. Eigenschaften. WOLFGANG WAGNER. 159□

Über das Phasengitter in Suspensionen, die von Ultraschall durchquert wurden. F. Porreca. (Nuovo Cimento [10] **6**. 917—24. 1/10. 1957. Napoli, Univ., Ist. di Fis. Sper.) (Engl.)

Die Lichtintensität von Diffraktionslinien, die in gewissen Substanzen unmittelbar nach dem Durchgang von Ultraschallwellen auftreten, wurde zur Ermittelung des Phasengittertyps, das diesen Effekt hervorruft, untersucht. Die aus dem Berechnungsindex errechnete Intensitätsverteilung der Diffraktionslinien stimmt unter der Annahme einer weiteren Gültigkeit des Verteilungsgesetzes des Berechnungsindex nach der Ultraschall-Einw. gut mit den Vers.-Ergebnissen überein. W. BETCKE. 159□

A_5. Kolloidchemie. Grenzschichtforschung

Bestimmung des Löslichkeitsproduktes von CuS in einem Gel mit Hilfe des Liesegangschen Phänomens. Frank R. Meeks und Hans Kosenkranius. (J. Colloid Sci. **17**. 1—9. Jan. 1962. Cincinnati, Ohio, Univ. of Cincinnati, Dep. of Chem.) (Engl.)

Vff. bestimmen mit Hilfe eines Diffusions-Verf. über die Bldg. LIESEGANGscher Ringe das Löslichkeits-Prod. L von CuS in einem 3%ig. Agar-Gel bei Raumtemperatur. Cu^{2+} u. S^{2-} diffundieren aus wss. Lsgg. von $Cu(NO_3)_2$ bzw. Na_2S gegeneinander von den entgegengesetzten Enden eines das Gel enthaltenden Diffusionsrohres. Die Wachstums-Geschw. des ersten u. einzigen Ringes wird chem.-analyt. verfolgt, die der CuS-Konz. Null entsprechende Zeit nach Einsetzen der Diffusion durch ein einfaches Extrapolations-Verf. bestimmt. Dieser Wert wird zusammen mit der Lage des Ringes in eine geeignete Lsg. des 2. FICKschen Gesetzes für jede diffundierende Teilchenart eingesetzt u. das Konz.-Prod. gebildet. Der erhaltene Wert liegt in der Größenordnung der L-Werte für CuS in H_2O. Die Diffusions-Konst. betragen für Cu (0,3 m Cu^{2+} gegen dest. W.) $1 \cdot 10^{-6}$ (cm^2/s), für S^{2-} $1{,}6 \cdot 10^{-6}$ (berechnet). Beide Werte liegen etwas unter den Werten für Elektrolyte in H_2O. Vff. erörtern den Einfl. eines $NaNO_3$-Zusatzes (0,05—0,3 m) u. den geringen Einfl. der OSTWALDschen Übersättigung sowie Grenzbedingungen u. allg. Gültigkeit der Methode. P. FRENZEL. 164□

Schaumbildung und Oberflächenadsorption. R. Ruyssen, A. Lauwers und P. Joos. (Meded. Kon. vlaamse Acad. Wetensch., Letteren schone Kunsten België, Kl. Wetensch. **22**. Nr. 8. 3—17. 1960. Gent, Rijksuniv., Labor. voor pharmaceut. en med. Chem.) (Fläm.)

Die Grenschichtadsorption in monodispersen Schäumen, die aus Na-Dodecylsulfat u. -Dodecylat mit durchperlendem N_2 gebildet werden, werden untersucht. Vff. bestimmen die Grenzfläche Gas–Fl. durch Messen der Kantenlänge der pentagon-dodekaedr. Schaumblasen oder des Durchmessers der kugelförmigen Blasen. Die Konz. nach dem Schäumen wird durch Rest-Best. oder radiometr. festgestellt. Die Oberflächenadsorption in Mol/cm^2 ist oberhalb der krit. Konz. der Micellen-Bldg. für das pseudostabile Syst. prakt. konst. u. entspricht der zur Bldg. einer doppelten, gesätt. monomol. Schicht nötigen Menge, wobei die mol. Oberflächen mit denen eines kondensierten, dichtgepackten Fettsäurefilms übereinstimmen. In dem auf einem Glasfilter-Diaphragma gebildeten Schaum nimmt die anfangs geringe Adsorption in dem Maße, wie die Fl. abfließt, allmählich zu, bis sie die Besetzung einer monomol. Schicht erreicht. W. WESLY. 166☐

Lichtelektrische Untersuchungen über den Chemisorptionszustand von Sauerstoff an im Hochvakuum aufgedampften Wismut-Filmen. R. Suhrmann, G. Wedler und E.-A. Dierk. (Z. physik. Chem., Frankf. Ausg. [N. F.] **18.** 255—64. Nov. 1958. Hannover, TH, Inst. für Phys. Chem. u. Elektrochem.) (Dt.) — Vgl. C. **1957.** 2402.

Bei der Chemisorption von O_2 an Bi wird einerseits nach O_2^+ polarisierter mol. O_2 adsorbiert, andererseits O-Atome, die als Elektronenacceptoren wirken. Diese auf Grund von Messungen der Änderung des elektr. Widerstandes dünner im Hochvakuum aufgedampfter Bi-Filme bereits l. c. ermittelten Folgerungen werden hier durch lichtelektr. Messungen mit spektral zerlegtem Licht bestätigt. Austrittspotentiale u. Mengen-Konst. der Filme werden ermittelt. G. RUBAN. 176☐

Wasserstoffabsorption durch Zircaloy-2 und einige andere Legierungen während der Korrosion in Wasserdampf. A. Cox. (J. electrochem. Soc. **109.** 6—12. Jan. 1962. Harwell, Didcot, Berks., UKAEA, AERE, Chem. Div.) (Engl.)

Vf. untersucht die H-Aufnahme von Zircaloy-2 (**I**), Zircaloy-3 (**II**) u. einer Sn-Leg. mit 2% Zr u. 0,5% Nb (**III**) bei der Korrosion in W. u. Wasserdampf von 1 atm im Temp.-Bereich von 300—600°. Weiterhin werden Verss. unter Zusatz von O_2, Luft, N_2, H_2 u. HNO_3-Dampf bei 500°, von O_3-haltigem O_2 bei 350 u. 500° sowie Verss. in Wasserdampf (10 mm Druck) durchgeführt u. der H_2-Geh. der Proben ermittelt. Im Verlauf der Oxydation ändert sich der Absorptionsmechanismus. Die Kurve der H-Aufnahme von I weist drei Bereiche auf: A) anfängliche Oxydation bis zu einer Gew.-Zunahme von 8—10 mg O_2/dm^2 unter Bldg. eines dünnen Oxidfilms, der Interferenzfarben zeigt; logarithm. Geschw.-Gesetz, das durch den Transport von OH^--Ionen entlang des Potentialgradienten im Film bestimmt wird; H-Absorption bis zu 50% der theoret. Menge; B) Bereich vom Verschwinden der Interferenzfarben bis Eintritt der Änderung der Oxydationskinetik; diffusionsbestimmt; Bldg. eines schwarzen Oxidfilms; Freisetzung von H an akt. Bereichen der Oberfläche; durch schnelle Rekombination zu H_2 geringe H-Aufnahme; C) Beginn in der Nähe dieses Umwandlungspunktes; stark erhöhte Geschw. der H-Aufnahme zunächst bis fast 100%, abfallend bis auf 50% bei größeren Gew.-Zunahmen; Aufreißen des Oxidfilms; Freisetzung von H in den Poren, dadurch Unterdrückung der Rekombination. Die Ergebnisse der Verss. unter Gaszusatz bestätigen obige Beobachtungen. Zusatz von O_2 hemmt, Zusatz von H_2 beschleunigt die Aufnahme-Geschw. im Bereich C. In A u. B wird keine Beschleunigung durch H_2 festgestellt. Die Kurven der H-Aufnahme für **II** u. **III** zeigen die gleiche Form wie die für I, die wahrscheinlich allg. gültig für alle Zr-Legg. mit ähnlichem Oxydations-Verh. ist. Die Geschw. der H-Aufnahme im Bereich C ist stark abhängig von den Leg.-Bestandteilen. P. FRENZEL. 176☐

Chromatographische Trennungen. G. Dijkstra. (Chem. Weekbl. **57.** 189—93. 22/4. 1961. Vlaardingen, Unilever Res. Labor.) (Holl.)

Übersicht über die verschiedenen Formen der Fl.–Fl.- u. Fest–Fl.-Chromatographie, die Einfl. verschiedener Formen der Isothermen auf die Trennungen u. die Arten der Beeinflussung der Isothermen. Der Nachw. von Verbb. durch Differentialrefraktometrie, Nephelometrie u. Wärmeadsorption erscheint vielversprechend. Für laufende chromatograph. Labor.-Unterss. wird ein ringförmiger Zwischenraum zwischen 2 koaxialen, mit der unbeweglichen Phase gefüllten Zylindern vorgeschlagen. — 13 Literaturhinweise. Diskussion. W. WESLY. 177☐

Grobvernetzte Ionenaustauscherharze. Robert Kunin, Erich Meitzner und Newman Bortnick. (J. Amer. chem. Soc. **84.** 305—06. 20/1. 1962. Cincinnati, Ohio, U. S. Ind. Chem. Co., Div. of Nat. Distillers and Chem. Co.) (Engl.)

Eine neue Polymerisations-Meth. liefert vernetzte Ionenaustauscher, die, abweichend von den gewöhnlichen homogenen Gelen, eine großporige Struktur ähnlich der von Al_2O_3 u. Tierkohle aufweisen. Es sind Suspensionspolymerisate aus Styrol u. Divinylbenzol in Ggw. einer Substanz, die ein gutes Lsgm. für das Monomere ist u. nur geringes Quellvermögen für das Polymere besitzt. Die Polymeren wurden wie üblich in Kationenaustauscher mit Sulfosäuregruppen (Amberlyst 15) u. Anionenaustauscher mit quatern. Ammoniumgruppen (Amberlyst XN-1001) übergeführt. Die Poren-Eigg. des trockenen Austauschers wurden durch N_2-Adsorption bei —195° u. durch Messung der wahren u. der scheinbaren Dichte bestimmt. Die Daten für Amberlyst 15 u. Amberlyst XN-120 lauten: Oberfläche 42,5 u. 62,9 m^2/g; scheinbare Dichte 1,012 u. 0,559 g/ml; wahre Dichte 1,513 u. 1,136 g/ml; Porosität 0,319 u. 0,508 ml/ml; durchschnittlicher Porendurchmesser 288 u. 645 Å. Die elektronenmkr. Unters. ergibt eine definierte Porenstruktur für die neuen Harze. Die Austausch-Eigg. von Amberlyst 15 wurden mit denen von Amberlite IR-120 verglichen u. die Adsorption von Triäthylamin aus n-Heptan, n-Butanol u. W. an trockenem Austauscher der H^+-Form bestimmt. Die Adsorption aus n-Heptan u. n-Butanol ist an Amberlyst 15 stärker. Ferner wurden die katalyt. Wirksamkeit der H^+-Form der beiden Austauscher auf die säurekatalysierte Zers. des tert.-Butylacetats in Isobutanol u. CH_3COOH bei 25° untersucht. Nach 1 Std. waren mit Amberlyst 15 80% des Gleichgewichtszustandes, mit Amberlite IR-120 nur 1% erreicht. Ebenso ist bei der Rk. von Isobutanol mit Methacrylsäure zu Methacrylsäure-tert.-butylester bei 0° mit Amberlyst 15 nach 4 Std. 50% der Umsetzung, bei Amberlite IR-120 nur 1% erreicht. R. Krämer. 177 □

Elektrische Leitfähigkeit von Ionenaustauscherharzteilchen. J. R. Parrish. (J. chem. Soc. [London] **1962.** 612—17. Febr. Pretoria, Council for Sci. and Ind. Res., Nat. Chem. Res. Labor.) (Engl.)

Es wird die Beziehung zwischen den Leitfähigkeiten von Ionenaustauscherharzen, von mit Harzen u. Lsgg. gefüllten Säulen u. von Lsgg. für verschiedene HCl- u. NaCl-Konzz. u. verschiedene Packungsschichten experimentell ermittelt. Die Messungen erfolgten in einer bes. für diese Zwecke entwickelten Leitfähigkeitszelle, deren Aufbau beschrieben wird. Damit kein Ionenaustausch während der Best. auftritt, werden bei Anionenaustauschern in der Cl^--Form u. bei Kationenaustauschern in der H^+- oder Na^+-Form 0,01, 0,1 bzw. 1n HCl- oder NaCl-Lsgg. verwendet. Zur genaueren Auswertung der experimentellen Ergebnisse wird eine theoret., nur teilweise Übereinstimmung liefernde Gleichung empir. modifiziert. W. Hein. 177 □

Anionenaustausch von Uran in nitrathaltigen Lösungen. John M. Googin, Lawrence R. Phillips und Charles R. Schmitt. (J. chem. Engng. Data **6.** 217—19. April 1961. Oak Ridge, Tenn., Union Carbide Nucl. Co., Div. of Union Carbide Corp.) (Engl.)

Zur Unters. des Anionenaustausches von U in NO_3-haltigen Lsgg. wurde die Cl^--Form der Anionenaustauscher Dowex 21-K u. Dowex-1 mit einer Lsg. [0,1 m an HNO_3 u. 0,9 m an $(NH_4)NO_3$] in die NO_3^--Form übergeführt. 500 ml der nitrathaltigen U-Lsg. wurden mit 10 g lufttrockenem Harz gerührt, filtriert u. mit NO_3^--Lsg. gewaschen. Die Elution des adsorbierten U erfolgte mit dest. W., das mit HNO_3 auf pH 1—2 angesäuert wird. Die kinet. Unterss. wurden in 2 m $Al(NO_3)_3$-Lsg. durchgeführt. 1 Liter Lsg. wurde mit 10 g lufttrockenem Harz gerührt, nach bestimmten Zeiten Proben entnommen u. analysiert. Die Adsorption des U steigt mit steigender NO_3^-- u. U-Konzentration. Sie wird bei gleicher molarer NO_3^--Konz. besser, wenn Al^{3+} statt NH_4^+ vorhanden ist. Die Beladung des Harzes mit U aus 6m NO_3^--Lsg. ist am größten bei Anwesenheit von Al^{3+} u. Fe^{3+}, geringer bei Ca^{2+} u. am geringsten bei H^+ u. NH_4^+. Erhöht man in der $Al(NO_3)_3/HNO_3$-Lsg. die Säure-Konz. bei gleichbleibender NO_3^--Gesamtkonz., so nimmt die Menge des adsorbierten U ab. Die Zugabe von SO_4^{2-}- u. Cl^--Ionen zu der $Al(NO_3)_3$-Lsg. ergibt keinen bedeutenden Effekt. Aus 2m $Al(NO_3)_3$-Lsg. kann man U u. Zr, nicht jedoch U u. Th, trennen. Bei Verw. von Dowex 21-K (16—20mesh) dauert die 90%ig. Gleichgewichtseinstellung bei Zimmer-Temp. 170 Std., bei 55° 30 bis 48 Std. u. bei 60° 5 Std. für Dowex 21-K (20—50 mesh). Das Gleichgewicht stellt sich bei Harzen geringer Vernetzung schneller ein. R. Krämer. 177 □

Aktivitäten der an Kaolinit austauschfähig gebundenen Ca-, Ba-, La-Ionen. Ulrich Hofmann und W. Burck. (Angew. Chem. **73.** 342. 21/5. 1961. Heidelberg, Univ., Anorg.-Chem. Inst.) (Dt.)

Die Gleichgewichte der Verflüssigungs-Rkk. Ca-Kaolinit + $Na_2C_2O_4$ bzw. Na_2CO_3, Ba-Kaolinit + Na_2SO_4 u. La-Kaolinit + $Na_2C_2O_4$ wurden in wss. Suspension durch Zugabe des Na-Salzes zum Kaolinit sowie durch Schütteln von Na-Kaolinit mit den schwerlösl. Salzen CaC_2O_4, $CaCO_3$, $BaSO_4$ u. $La_2(C_2O_4)_3$ gemessen. Die wirksamen Aktivitäten der austauschfähigen Kationen werden mitgeteilt. Die Reihenfolge der Aktivitäten entspricht der Hofmeisterschen Reihe (Ca > Ba > La). Sie sind aber um Zehnerpotenzen niedriger als im Löslichkeits-Prod. der schwerlösl. Salze in dest. H_2O. Die Bindung der Ca-, Ba- u. La-Ionen an den Kaolinit ist also stärker als an die Anionen der schwerlösl. Salze. Mit $Na_2C_2O_4$ oder Na_2CO_3 kann man zwar einen Ca-Kaolinit verflüssigen, beim salzfreien Auswaschen des verflüssigten Kaolinits erfolgt jedoch aus dem beigemengten schwerlösl. Ca-Salz der Rückumtausch, u. man erhält schließlich den ursprünglichen Ca-Kaolinit. Ein elektrolytfrei gewaschener Na-Kaolinit läßt sich aus einem Ca-, Ba- oder La-Kaolinit nur mit Na-Salzen herstellen, deren Anionen leichtlösl. Ca-, Ba- oder La-Salze bilden, die mit überschüssiger Na-Salz-Lsg.

ausgewaschen werden können. Wegen der ungünstigen Gleichgewichtslage sind dabei hohe Angebote u. hohe Konzz. des Na-Salzes erforderlich.

GERHARD SCHULZE. 177□

Ausfällung von Submikronenstaub in ruhiger Luft durch Wassertröpfchen von Wolkengröße. M. M. Bhadani und N. G. T. Ludlow. (Nature [London] **190.** 974 bis 976. 10/6. 1961. Birmingham, Univ., Dep. of Min. and Minerals Engng.) (Engl.)

Übersicht. C. GOTTFRIED. 180

Heterogene Keimbildung durch Teilchenaggregate. R. B. Head und K. L. Sutherland. (Austral. J. Physics **13.** 584—98. Sept. 1960. Melbourne, C.S.I.R.O., Chem. Res. Labor., Div. of Phys. Chem.) (Engl.)

Theoret. Unters. der Koagulationserscheinungen von Aerosolen. Die Induktion einer neuen Phase durch feinste Teilchen eines keimbildenden Stoffes wird nicht nur durch die Veränderung in den Teilchengrößen, sondern auch durch die Aggregation selbst beeinflußt. Der durch die Zusammenballung hervorgerufene grundsätzliche Effekt besteht in einer Verminderung der Gesamtzahl der Teilchen, wobei jedoch die für das Wachstum der neuen Phase notwendige Unterkühlung bzw. Übersättigung verringert wird. Punktförmige Kontakte sind wirksamer als Kontakte an Grenzlinien, aber auch die letzteren verleihen einer Substanz noch eine beträchtlich größere Aktivität als eine große glatte Oberfläche des Substrats. Wenn der Kontakt zwischen den Teilchen nicht in einer für die Keim-Bldg. bes. günstigen Weise erfolgt, enthält das Aerosol als Ganzes infolge der Beständigkeit der von Anfang an stark akt. Teilchen u. der raschen Abnahme der weniger akt. scheinbar einen höheren Anteil an akt. Teilchen.

WOLFGANG WAGNER. 180□

A6. Strukturforschung

Bestimmung von Kristallstrukturen mit Röntgenstrahlen. P. B. Braun und A. J. van Bommel. (Philips' techn. Rdsch. **22.** 189—202. 1960/61.) (Dt.)

Überblick über den Gang einer Strukturanalyse mit Beispielen. B. KOEHLER. 181□

Gruppentheorie der Streuprozesse in Kristallen. R. J. Elliott und R. Loudon. (Physics Chem. Solids **15.** 146—51. Aug. 1960. Oxford, Clarendon Labor.) (Engl.)

Vff. entwickeln eine allg. Meth. zur Best. der Auswahlregeln für die Streuung in Kristallen unter Verw. der Eigg. der Raumgruppen. Die Meth. ist bes. nützlich für Gitter mit Schraubenachsen oder Gleitspiegelebenen. Ausführlich wird *Diamant* behandelt, ferner als Beispiele für bes. Arten von Auswahlregeln *Si* u. *Ge*. G. RUBAN. 181□

Mikrobeugung im Elektronenmikroskop an einer ausgewählten Stelle. A. W. Agar. (Brit. J. appl. Physics **9.** 419. Okt. 1958. Englefield Green, Beech Hill, Surrey, Aeon Labor.) (Engl.) — Vgl. C. **1961.** 11242.

Beschreibung des Verfahrens. C. GOTTFRIED. 181

Oberflächenuntersuchung mit dem Abdruckverfahren bei 3 D-Kondensor- und Phasenkontrast-Beleuchtung. B. Lovas. (Mikroskopie [Wien] **15.** 327—42. 1960, herausgeg. Febr. 1961. Budapest, Akad. der Wiss., Forsch.-Inst. für Techn. Phys., Abt. für Mikromorphologie.) (Dt.)

Vf. beschreibt Verw. des Abdruck-Verf. zur Unters. der Oberflächenstrukturen verschiedener Objekte unter Benutzung von schiefer Beleuchtung (3 D-Kondensor), zuweilen kombiniert mit dem Phasenkontrastverfahren. C. GOTTFRIED. 181

Eine Methode zur Bestimmung der Self-consistent-Molekülorbitale. Roland Lefebvre. (Cahiers de Physique **13.** 369—428. Okt. 1959.) (Franz.)

1. Ableitung der Gleichungen für das self-consistent-field sowie der self-consistent-Bedingungen für bestimmte Mehrelektronen-Wellenfunktionen auf der Grundlage der Orbitale. 2. Berechnung der self-consistent-Orbitale auf Grund der self-consistent-Bedingungen mit Hilfe einer Störungsmethode. 3. Zusammenhang zwischen der Meth. des self consistent-field u. der Theorie der Konfigurations-Wechselwirkung. 4. Einige Anwendungen (Konvergenz-Eigg. der Störungs- u. der Iterations-Meth., Elektronenzustände von ungesätt. KW-Stoffradikalen u. von *trans-Butadienen*, red. Form der self-consistence für angeregte Zustände, Störungs-Meth. in der Theorie der Mol.-Orbitale).

D. JÖRCHEL. 182□

Die Elektronenstrukturen einiger gemischter Verbindungen von Cyclopentadienyl und Kohlenstoffmonoxid oder Stickstoffoxid mit Übergangsmetallen. L. E. Orgel. (J. inorg. Nuclear Chem. **2.** 315—22. Juli 1956. Cambridge, Univ., Chem. Labor., Dep. of Theoretical Chem.) (Engl.)

Vf. zeigt vermittels der M.O.-Meth., daß in den Verbb. $(C_5H_5)V(CO)_4$, $(C_5H_5)Mn(CO)_3$, $(C_5H_5)Co(CO)_2$ u. $(C_5H_5)Ni(NO)$ das Cyclopentadienylradikal dem Metall 5 Elektronen zur Verfügung stellt, so daß das Metallatom mit 18 Elektronen den Edelgaszustand erreicht. Die fundamentale Elektronenkonfiguration wird angegeben als: $(a_1')^2 (a_1'')^2 \cdot (a_1''')^2 (e_1')^4 (e_1'')^4 (e_2')^4$. A. DE MONTIGNY. 182□

Die optische Hydratisierungsisomerie. S. Dongorozi. (Rev. Chim. [Bucureşti] **6.** 30—32. Jan. 1955.) (Rum.)

In konz. wss. Lsgg. von H_3PO_4, H_3AsO_4 u. H_3BO_3 bilden sich Hydrate, z. B. $H_3[PO_4(H_2O)_2]$. Durch die Koordinierung von Wasser-Moll. um den O-haltigen Säurerest bilden sich Chelatringe, die die Bindung zwischen dem Säurerest u. H abschwächen (Zunahme der Dissoziations-Konst. dieser Säuren bei steigender Konz.). Bei der analogen Hydratisierung des CO_3^{2-}-Anions zu $[CO_3(H_2O)_3]^{2-}$ ist die Verteilung der Wasser-Moll. in stereochem. verschiedener Weise möglich, wodurch 2 opt. Antipoden entstehen können. Für diese allg. durch $[X^nO_3(H_2O)_3]^{(6-n)-}$ wiedergegebene Art von Isomeren wird die Bezeichnung „Hydratisierungsisomerie" vorgeschlagen. R. K. MÜLLER. 182□

Energetische Berechnungen an homöopolaren Gittern unter Verwendung von PBC-Vektoren. R. Lacmann. (Acta crystallogr. [Copenhagen] **13.** 606—08. 10/8. 1960. Berlin-Dahlem, Fritz-Haber-Inst.) (Dt.)

Vf. beschreibt eine Meth. zur Berechnung der Oberflächenenergien von Kristallen mit homöopolarer Bindung u. eine weitere Meth. zur Best. der Gleichgewichtsformflächen, wobei die „Periodic-bond-chain"- (PBC-) Vektoren (vgl. HARTMAN u. PERDOK, C. **1958.** 5593) nur als mathemat. Hilfsmittel verwendet werden. Den Verff. liegen Vorstellungen von STRANSKI über die Gleichgewichts- u. Wachstumsformen zugrunde; die Ergebnisse decken sich mit den von STRANSKI u. Mitarbeitern erhaltenen. C. GOTTFRIED. 190

Eine theoretische Untersuchung der durch Einführung von K^+ in NaCl erzeugten Fehlstellen in der Steinsalzstruktur. J. R. Hardy. (Physics Chem. Solids **15.** 39—49. Aug. 1960. Bristol, Univ., H. H. Wills Phys. Labor.) (Engl.)

Vf. entwickelt eine auf der Gitterstatik basierende Meth. zur Unters. der Ionenverschiebungen um ein Substitutionsion (K^+) in NaCl. Die Berechnung erstreckt sich auf verschiedene Ionen, die dicht bei der Fehlstelle liegen, u. auf verschiedene spezif. Richtungen bei großen Abständen von der Fehlstelle. Die hieraus ermittelten Resultate dienen zur weiteren Berechnung der Wechselwrkg.-Energie zwischen einem weit getrennten Paar von Fehlstellen. Vf. zeigt den Zusammenhang mit den Voraussagen der Kontinuumstheorie der Elastizität u. entwickelt eine Meth. zur Berechnung der durch die Fehlstellen hervorgerufenen makroskop. Vol.-Änderungen. G. RUBAN. 190□

Polymorphie der Sesquioxide von Seltenen Erden. I. Warshaw und Rustum Roy. (J. physic. Chem. **65.** 2048—51. Nov. 1961. University Park, Pa., Pennsylvania State Univ., Coll. of Miner. Ind.) (Engl.)

Für 99,8%ig. Proben von Nd_2O_3, Sm_2O_3, Eu_2O_3, Gd_2O_3, Tb_2O_3 u. Dy_2O_3 werden zwischen 600 u. 2200° die Stabilitätsbereiche der Modifikationen A, B u. C (nach GOLDSCHMIDT [1925]) ermittelt; die Best. erfolgt röntgenograph. mit Hilfe von Pulveraufnahmen. Bei der Temp.-Behandlung wird stets eine reversible Strukturumwandlung erreicht. Aus der Abhängigkeit der Umwandlungs-Temp. vom Ionenradius der Seltenen Erden folgt ein linearer Zusammenhang zwischen B u. C, während die Grenze zwischen A u. B nahezu vertikal verläuft, so daß Nd_2O_3 keine B-Struktur u. Sm_2O_3 keine A-Struktur annehmen kann. Die Ergebnisse werden im Hinblick auf Literaturangaben diskutiert. HERBERT MÜLLER. 190□

Über den Phasenübergang von Wolframtrioxid unterhalb Zimmertemperatur. Sigetosi Tanisaki. (J. physic. Soc. Japan **15.** 566—73. April 1960. Yamaguchi Univ., Fac. of Lit. and Sci.) (Engl.)

Vf. untersucht mkr., röntgenograph., durch therm. Analyse u. Messung des elektr. Widerstandes WO_3 zwischen Zimmer-Temp. u. —70°. Bei Zimmer-Temp. ist WO_3 monoklin (a = 7,30; b = 7,53; c = 7,68 Å; β = 90° 54), bei ca. 17° erfolgt Umwandlung in eine trikline Modifikation (a = 7,30; b = 7,52; c = 7,69 Å; α = 88°50′; β = 90°55′; γ = 90°56′) u. bei weiterem Abkühlen nahe —40° in eine monokline Form (a = 5,27; b = 5,16; c = 7,67 Å; β = 91°43′). Diese beiden Umwandlungen können deutlich beobachtet werden an einem Einkristall der Zimmer-Temp.-Phase; Phasenübergänge komplizierterer Natur werden dagegen in Domänenkristallen festgestellt, wohl auf Grund der kleinen Differenz zwischen den Freien Energien der bei Zimmer-Temp. stabilen u. der triklinen Phase. Sowohl die Kurve des elektr. Widerstandes in Abhängigkeit von der Temp. als auch die DTA-Kurve zeigen eine geringe Anomalie bei der 17°-Umwandlung u. eine starke Anomalie bei dem Übergang bei —40°. G. RUBAN. 190□

Bestrahlungsschäden in Graphit. G. E. Bacon. (J. Chim. physique Physico-Chim. biol. **57.** 829—36. Okt. 1960. Harwell, AERE.) (Engl.)

Vf. verfolgte röntgenograph. das Verhalten von Graphit bei Neutronenbestrahlung im Reaktor. Hierbei werden ganz allg. die C-Atome aus ihren normalen Lagen in der dreidimensionalen Struktur verdrängt, wobei Gitterleerstellen gebildet u. Zwischengitterplätze besetzt werden. Gleichzeitig entfernen sich die C-Schichten voneinander, u. diese Zunahme des Abstandes zwischen den Schichten, die sich röntgenograph. bestimmen läßt, gibt ein Bild von der durch die Bestrahlung hervorgerufenen Schädigung. Bei einer Bestrahlungs-Temp. von 30° kann dieser Abstand um ca. 16% zunehmen, ehe die Sättigung beginnt. Erhöht man aber die Bestrahlungs-Temp., dann ist das Ansteigen von c viel geringer, u. die Sättigung beginnt sehr viel früher, u. zwar unter 1% bei 500°. Hand in Hand mit diesem Ansteigen des C-Parameters geht eine Veränderung der Vol.-Dichte, der aufgespeicherten Energie u. der Wärmeleitfähigkeit. Die genaue Natur der durch die Bestrahlung erzeugten Gitterfehler ist nicht bekannt; es scheint aber, daß bei zunehmender Schädigung Fehlertypen auftreten, die mehr u. mehr komplex werden. Schwierig ist auch eine genauere Erklärung der Beziehung zwischen der Änderung der kristallograph. Elementarzelle u. den Änderungen der Dimensionen der makroskop. Graphitblöcke. Bei tieferen Temp. tritt mit der Bestrahlung eine globale Zunahme des Vol. der Blöcke ein, bei höheren Temp. tritt jedoch eine Red. dieses Vol. ein. Dies läßt sich dadurch erklären, daß die Bestrahlungen eine Diffusion an den Rändern der Kristallite hervorrufen, die eine Red. der Vol.-Dichte erlauben. C. GOTTFRIED. 190

Mikrobeugungsuntersuchungen der Struktur von Rußteilchen. V. I. Kasatotchkine, V. M. Loukianovitch, N. M. Popov und K. V. Tchmoutov. (J. Chim. physique Physico-Chim. biol. **57.** 822—28. Okt. 1960.) (Franz.)

Mit Hilfe der Meth. der „Mikrobeugung" kann man an demselben kleinen Teil der Probe elektronenmkr. Mikrographie- u. Elektronenbeugungsaufnahmen herstellen. Vff. untersuchten mit dieser Meth. bei einer Beschleunigungsspannung von 400 KV die Struktur therm. Rußteilchen vor u. nach der Graphitisierung. Durch Elektronenbeugung ließen sich Teilchen mit einem ∅ von 600 Å nachweisen. In dem Ausgangsruß sind die C-Atome in Graphit-Ebenen parallel zur Oberfläche der Teilchen angeordnet. Die graphitisierten Rußteilchen bestehen aus Graphitblöcken, deren Ebenen parallel zur Oberfläche orientiert sind u. zwischen die Schichten von amorphem C eingelagert sind. Mit einem Elektronenmikroskop (Beschleunigungsspannung von 100 KV) wurden die Desaggregierungs-Prodd. von graphitisierten Rußteilchen im Laufe einer Oxydation u. nachträglicher Erhitzung untersucht. Zur Oxydation wurde der Ruß mit konz. H_2SO_4 (D. 1,40) übergossen, 15—20 Min. stehengelassen u. hierauf mit fein gepulvertem u. trocknem $KClO_3$ behandelt. Durch schnelles Erhitzen kleiner Teile des oxydierten Rußes auf 180—200° zerplatzten die Teilchen explosionsartig. Hierbei wird ein Teil des oxydierten Teilchens in ein langes Band umgewandelt, das aus desaggregierten u. verformten Graphit-Ebenen gebildet ist, wobei die Ebenen noch miteinander verknüpft sind. Die Breite des Bandes ist angenähert dem ∅ des Ausgangsteilchens gleich.

C. GOTTFRIED. 190

Boride und Silicide von Übergangsmetallen. Bertil Aronsson. (Ark. Kemi **16.** 379—423. 1961. Uppsala, Univ. of Uppsala, Inst. of Chem.) (Engl.)

Übersicht über die Syst. *Me–B*, *Me–Si* u. *Me–Si–B* u. ihre kristallograph. Konst. (Me = Übergangselement), feste Lsgg. von B u. Si in Metallen. — 197 Literaturangaben (bis 1960). CH. WEISKE. 195□

Kristalldaten für wasserfreies Lithiumacetat. Carol Saunderson und R. B. Ferguson. (Acta crystallogr. [Copenhagen] **14.** 321. 10/3. 1961. Winnipeg, Canada, Univ.) (Engl.)

Präzessionsaufnahmen von Kristallen käuflichen wasserfreien Li-Acetats, die durch Nagellack- bzw. Crylon-Überzüge gegen Verwitterung geschützt waren, ergaben trikline Symmetrie mit $a = 9{,}29$ (Å); $b = 12{,}13$; $c = 6{,}76$; $\alpha = 101^0\ 0'$, $\beta = 100^0\ 19'$, $\gamma = 105^0\ 5'$. Vermutliche Raumgruppe $P\bar{1}$. Z = 8. $D_{exp.}$ 1,227 (g/cm³); $D_{ber.}$ 1,221.

H. MOENKE. 195□

Die Verbindung $BaTiGe_3O_9$. C. R. Robbins. (J. Amer. ceram. Soc. **43.** **610.** Nov. 1960.) (Engl.)

$BaTiGe_3O_9$ (I) wurde durch Erhitzen eines stöchiometr. Gemisches aus $BaCO_3$, TiO_2 u. GeO_2 dargestellt. Es wurde gefunden, daß die Verb. zwischen 1132 ± 10^0 u. 1235 ± 10^0 stabil ist. Ober- u. unterhalb dieses Temp.-Intervalls findet langsam Zers. zu $BaGe_{4-x}Ti_xO_9$ ($x < 1$) (II) u. einer nicht näher bekannten Phase mit hohem Brechungsindex statt. II gibt ein Röntgendiagramm, das mit dem früher von GOLDSCHMIDT erhaltenen u. I zugeschriebenen Diagramm ident. ist, sofern man einige schwache Interferenzen vernachlässigt (hexagonale Benitoit-Zelle; $a = 6{,}72$; $b = 9{,}70$ Å). Durch Abschrecken läßt sich I leicht bei Raum-Temp. erhalten. Es bildet plattenförmige, positiv einachsige Kristalle mit mäßiger Doppelbrechung (n_ε 1,886; n_ω 1,838). Bei Raum-Temp. ergibt das Röntgendiagramm eine hexagonale Elementarzelle mit a = 11,73 u. c = 10,02 Å; Z = 6. Vernachlässigt man einige schwache Interferenzen, so läßt sich dem Röntgendiagramm auch eine Benitoit-Zelle mit a = 6,77 u. c = 10,02 Å zugrunde legen. Die Struktur von I ist also bei Raum-Temp. benitoit-ähnlich. Bei Hochtemp.-Aufnahmen (1160 ± 20^0) treten diese Interferenzen nicht auf; I hat dann exakt Benitoit-Struktur mit a = 6,8 u. c = 10,04 Å. H. HESS. 195□

Die Struktur von Li_3MnP_2. R. Juza und Th. Bohmann. (Angew. Chem. **71.** 161. 21/2. 1959. Kiel, Univ., Inst. für Anorg. Chem.) (Dt.)

Li_3MnP_2 krist. tetragonal (D_{7d}^1) mit a = 5,88₈ u. c = 5,98₃ Å, c/a = 1,016, Z = 2. Das Gitter wird von einer schwach tetragonal deformierten kub.-dichtesten Anordnung von P-Ionen gebildet, 4 P in 4(n) x, x, z usw. mit x = 0,25 u. z = 0,26. In den Tetraederlücken befinden sich die Metallionen: Die Lücken mit z = 0 werden durch Li-Ionen besetzt, 4 Li in 1 (a) 0, 0, 0; 1 (d) 1/2, 1/2, 0; 2 (e) 1/2, 0, 0; 0, 1/2, 0. Die Lücken mit z = 1/2 sind in statist. Verteilung je zur Hälfte durch Li- u. Mn-Ionen besetzt, 4/2 Li + 4/2 Mn in 1 (b) 1/2, 1/2, 1/2; 1 (c) 0, 0, 1/2; 2 (f) 1/2, 0, 1/2; 0, 1/2, 1/2. Diese in der Mitte der Zelle horizontal liegende Schicht ist oben u. unten von je einer P-Ionenschicht eingeschlossen. In z = 0 bzw. 1 ist eine Li-Ionenschicht. Die P-Ionen befinden sich etwas näher an der Li–Mn-Schicht als an der Li-Schicht. Bemerkenswerterweise befinden sich die Mn-Ionen nicht in den größtmöglichen Abständen ($a \cdot \sqrt{3}/2$), sondern in $a \cdot \sqrt{2}/2$ oder a/2; wahrscheinlich sind die Abstände in Richtung der beiden a-Achsen durch Wechselwrkg. der Mn(III)-Ionen verkürzt. In Richtung der c-Achse ist jedoch jeder durch 1/2 Mn + 1/2 Li besetzte Punkt von dem nächsten gleich besetzten Punkt durch ein Li-Iion getrennt. Die genannten Wechselwrkg. sind somit in Richtung der c-Achse nicht möglich, u. die Abstände sind demzufolge größer. G. RUBAN. 195□

Die Struktur von Li_7VN_4 und Li_7MnN_4. 38. Mitt. (im Orig. 36. Mitt.) über Metallnitride und -amide. R. Juza, E. Anschütz und H. Puff. (Angew. Chem. **71.** 161. 21/2. 1959. Kiel, Univ., Inst. für Anorg. Chem.) (Dt.) — 37. vgl. C. **1960.** 5754; vgl. auch vorst. Referat.

Die röntgenograph. Unters. von *Li_7VN_4* (I) u. *Li_7MnN_4* (II) zeigt, daß beide Verbb. isotyp sind; Raumgruppe T_d^4; Z = 8. Röntgendaten für I (II): a = 9,60₄ Å (9,57₁); D. 2,33 $g \cdot cm^{-3}$ (2,42). Atomlagen für I (II): V(Mn) in 2 (a) u. 6 (c); N in 8 (e) mit x = 0,115 u. 24 (i) mit x = y = 3/8, z = 1/8; Li in 6 (b), 6 (d), 8 (e) mit x = 1/4, 12 (f) mit x = 1/4, 24 (i) mit x = y = 1/4, z = 0. I (II) krist. in einer Überstruktur des Flußspatgitters mit verdoppelter Gitter-Konst. bei der Aufstellung mit F in 0, 0, 0, wobei die Metallionen die Punktlagen des F besetzen. G. RUBAN. 195□

Die Kristallstruktur des Zirkoniumnitridjodids. 39. Mitt. (im Orig. 37. Mitt.) über Metallnitride und -amide. R. Juza und W. Klose. (Angew. Chem. **71.** 161. 21/2. 1959.) (Dt.) — 38. vgl. vorst. Referat.

ZrNJ bildet langgestreckte, orangefarbene Blättchen u. ist unter Ausschluß von Feuchtigkeit haltbar. Pulveraufnahmen nach DEBYE–SCHERRER u. dem GUINIER-Verf. (Intensitäten z. T. mit dem Zählrohr gemessen) ergaben eine rhomb. Zelle (FeOCl-Typ) mit a_0 = 4,114 (±0,003 Å), b_0 = 3,724, c_0 = 9,431; Z = 2, röntgenograph. D. 5,31; Raumgruppe D_{2h}^{13}. Punktlagen: 2 Zr in 2 (b) 0, 1/2, z usw. mit z = 0,092; 2 N in 2 (a) 0, 0, z usw. mit z = 0,977; 2 J in 2 (a) mit z = 0,335. Die Struktur ist eine ausgesprochene Schichtenstruktur mit der Schichtenfolge in Richtung der z-Achse: NZrJ/JZrNNZr/JJ·ZrN. Der Abstand der beiden J-Schichten ist verhältnismäßig groß (3,12 Å), der der beiden N-Schichten klein (0,43 Å). Vff. vermuten, daß N eine Zwischenstellung einnimmt zwischen einerseits einem die Schichtenstruktur aufbauenden Anion u. andererseits dem Bestandteil der Baugruppe $[ZrNNZr]^{2+}_{\infty}$. G. RUBAN. 195□

Herstellung und Eigenschaften der ternären Nitride von Chrom, Molybdän und Wolfram der Zusammensetzung Li_9MoN_5. 42. Mitt. (im Orig. 41. Mitt.) über Metallnitride und -amide. Robert Juza und Jürgen Haug. (Z. anorg. allg. Chem. **309.** 276—82. 1961. Kiel, Christian-Albrechts-Univ., Inst. für Anorg. Chem.) (Dt.) — 41. vgl. C. **1961.** 2888; 40. vgl. C. **1961.** 2916; vgl. auch vorst. Referate.

Aus äquivalenten Mengen Li_3N u. CrN bildet sich unter N-Aufnahme bei 770^0 in ca. 5 Min. *Li_9CrN_5*; bei Verw. von Li_3N u. Cr dauert die Rk. ca. 80 Minuten. Bei Li_3N-Unterschuß bildet sich ebenfalls Li_9CrN_5, überschüssiges Cr wird zu CrN azotiert, überschüssiges CrN bleibt unverändert. Die Präpp. sind dunkelbraun, werden an der Luft unter Chromat-Bldg. allmählich gelb u. riechen infolge Hydrolyse nach NH_3. Li_9CrN_5 hat vorwiegend salzartigen Charakter. Auf Grund röntgenograph. Unterss. vermuten Vff., daß zwei Modifikationen des tern. Nitrids vorliegen. Mit Li_2O ist Li_9CrN_5 im festen

Zustand vollständig mischbar, was darauf schließen läßt, daß Li_9CrN_5 in einer Überstruktur des Flußspatgitters kristallisiert. Eine Verb. des Cr(III) der Formel Li_3CrN_2 konnte nicht erhalten werden. Die Azotierung des Gemisches aus Li_3N u. $MoM_{0,75}$ (Mischung aus der kub.-flächenzentrierten γ-Phase Mo_2N u. der hexagonalen δ-Phase MoN) erfolgt bereits bei 660° mit hinreichender Geschw. unter Bldg. von Li_9MoN_5. Bei Verw. von Mo-Pulver im Überschuß wurde es nur z. T. azotiert, wobei das überschüssige Mo je nach Rk.-Zeit entweder metall. oder als Mo_2N u. MoN vorlag. Verss. mit W ergaben Li_9WN_5; im Überschuß vorhandenes W blieb auch nach langen Vers.-Zeiten überwiegend metallisch. Li_9MoN_5 ist etwas heller braun als die Cr-Verb., Li_9WN_5 ist noch heller braun bis grau. Beide Präpp. entwickeln beim Verreiben an der Luft NH_3. In verd. Säuren lösen sie sich, die Mo-Verb. mit blauer Farbe; aus der W-Verb. wird durch Mineralsäuren WO_3 abgeschieden. Letztere besitzt von allen drei Verbb. die größte therm. Stabilität. Die Röntgendiagramme von Li_9MoN_5 u. Li_9WN_5 sind einander sehr ähnlich u. weichen von dem der Cr-Verb. stärker ab. Vff. vermuten, daß die Mo -u. W-Verbb. isotyp sind u. anders als die Cr-Verb. kristallisieren. Mit Li_9MoN_5 ist Li_2O nur teilweise, bis 44,5 Mol-% Li_2O mischbar, woraus auf eine geringere strukturelle Verwandtschaft der tern. Mo-Verb. mit Li_2O zu schließen ist. GERHARD SCHULZE. 195□

Kristallographische Untersuchung der festen Lösung x Co_2SnO_4–(1 – x) Mg_2SnO_4. Paul Poix und André Michel. (Bull. Soc. chim. France **1961**. 1891—93. Okt. Orsay, Fac. des Sci., Labor. de Chim. Minér.) (Franz.)

Vff. untersuchten röntgenograph. an Gemischen von Mg_2SnO_4 (I) (vollständig inverser) u. Co_2SnO_4 (II) (unvollständig inverser Spinell, Sn auf Oktaederplätzen) die Substitution des Co durch Mg. Die Gitter-Konst. betragen für I 8,639 = 0,001 (Å); für II 8,644 ± 0,001; für Mischkristalle von I u. II, die sowohl durch Glühen von I u. II als auch von CoO, MgO u. SnO_2 hergestellt wurden, sind sie dem Molenbruch proportional. Durch Auswertung der Intensitäten der Röntgenreflexe konnte festgestellt werden, daß Co in Mischkristallen x II–(1 – x) I bei der Substitution zwischen x = 0 u. 0,5 leicht bevorzugt auf Tetraederplätzen, für x = 0,5 bis 1 bevorzugt auf Oktaederplätzen eingebaut wird. H. BÜRGER. 195□

Röntgenographische Untersuchungen an Metallkomplexen mit den Glyoximen. 4. Mitt. **Struktur von Bis-[methyläthylglyoximato]-nickel(II).** Edoardo Frasson und Carlo Panattoni. (Acta crystallogr. [Copenhagen] **13**. 893—904. 10/11. 1960. Padova, Univ., Ist. di Chim. org. u. Centro di Strutturistica Chim. del C.N.R.) (Engl.) — 3. vgl. C. **1961**. 8572; 2. vgl. C. **1961**. 11248.

WEISSENBERG- u. Präzessionsaufnahmen an Bis-[methyläthylglyoximato]-nickel(II) ergaben monokline Symmetrie u. die Gitterdimensionen a = 4,75 ± 0,01 (Å). b = 11,75 ± 0,03; c = 11,97 ± 0,03; β = 92°00′ ± 40′, Raumgruppe ist C_{2h}^5—P 2_1/c; Z = 2. Die Struktur wurde mit Hilfe zweidimensionaler Elektronendichteprojektionen u. anschließender Verfeinerung durch Differenz-Synth. bestimmt. Die folgenden Parameter werden angegeben. Ni(x =) 0; (y =) 0; (z =) 0; $C_{(1)}$: 0,136; 0,185; 0,120; $C_{(2)}$: 0,330; 0,092; 0,165; $C_{(3)}$: 0,136; 0,311; 0,164; $C_{(4)}$: 0,500; 0,106; 0,256; $C_{(5)}$: 0,342; 0,090; 0,371; $N_{(1)}$: – 0,030; 0,152; 0,045; $N_{(2)}$: 0,222; – 0,001; 0,112; $O_{(1)}$: – 0,231; 0,228; – 0,008; $O_{(2)}$: 0,422; – 0,097; 0,126. Das Ni hat wie in anderen Strukturen dieses Typs oktaedr. Koordination. Das Mol. selbst ist, mit Ausnahme der C_2H_5-Gruppe, planar. Die Gleichung durch den ebenen Teil des Mol. lautet – 1,048x – 0,379y + z = 0. Die Packung der Moll. im Gitter ist vollkommen verschieden von der, wie sie GODYETTI u. RUNDLE (vgl. C. **1956**. 5212) in Bis-[dimethylglyoximato]-nickel(II) gefunden hatten. Der Abstand der Moll. in aufeinanderfolgenden Schichten beträgt 3,32 Å. Die intra- u. intermol. Abstände sind tabellar. angegeben. C. GOTTFRIED. 195

Berechnung der Verteilung der Menge an kugelförmigen Teilchen oder Körnern in Legierungen. I. Likesch und I. Tschadek. (Заводская Лаборатория [Betriebs-Lab.] **27**. 565—68. 1961. Wiss. Forsch.-Inst. für Eisenmetallurg. der Tschechoslowakei.) (Russ.)

Vff. ermitteln die Verteilung der Menge an kugelförmigen Teilchen durch mathemat. Auswertung von Messungen der Kreisschnitte der Teilchen an der Oberfläche von Schliffen. D. HOENE. 196□

Entstehungsmechanismus schwarzer Metallaufdampfschichten. Yoshihiko Mizushima. (Z. Naturforsch. **16a**. 1260—61. Nov. 1961. Musashinosshi, Tokio, Electr. Commun. Labor.) (Dt.)

Vf. erörtert den Mechanismus der Entstehung schwarzer Metallschichten, die unter Restgasdruck aufgedampft werden, auf der Basis der Bldg. n-facher Stoßkomplexe. Die freie Weglänge der Gas-Moll. beträgt ca. 10^{-3} cm, d. h. einmalige Stöße sind für den Bldg.-Mechanismus nicht ausreichend; der „krit." Gasdruck liegt zwischen 0,1 u. 1 Torr.

Die krit. Temp. T_K für die Bldg. der schwarzen Schichten wird abgeschätzt. Für *Au* u. *Bi* ist T_K etwa gleich der Temp. der Aufdampfquelle T_a (1900° bzw. 1400 u. 1200° K), d. h. der Stoßkomplex entsteht dicht neben der Verdampfungsquelle. Bei *Pb* u. *Zn* ist $T_K < T_a$ (500 u. 1200 bzw. 250 u. 800° K), d. h. der Stoßkomplex ist in der Nähe der Verdampfungsquelle instabil u. entsteht etwas entfernt davon. Eine weitere Bedingung für die Bldg. der schwarzen Schichten ist eine ausreichende Nachlieferung von Metallatomen, so daß der Verlust durch Dissoziation der Komplexe ausgeglichen wird.

P. FRENZEL. 196□

Messung der Dicke und Porosität von Oxidfilmen auf Eisen und Aluminium. K. F. Lorking. (J. appl. Chem. **11.** 449—56. Nov. 1960. Melbourne, Austral. Dep. of Supply, Aeronaut. Res. Labor.) (Engl.)

Kapazitätsmessungen mit einer Wechselstrom-Brückenschaltung werden zur Best. der Dicke von nichtporösen Oxidfilmen auf Fe- u. Al-Oberflächen herangezogen. Analog wird der Einfl. der Lösungsm.-Wrkg. (wss. Lsgg.) u. der elektrochem. Prozesse auf die Dicke dieser Filme nachgewiesen. In Ggw. von Cl^- in Lsg. konnte das Anwachsen der Permeabilität von Oxidfilmen auf Al jedoch nicht nach dieser Meth. bestimmt werden; hier wurden Elektrodenpotentialmessungen herangezogen. Aus der Zeitabhängigkeit der Kapazitäts- u. Potentialmessungen ließ sich die Bldg. von Poren in den Oxidfilmen ermitteln.

G. RUBAN. 196□

Über die Beziehung zwischen den bei der Segregation von 99,99%igem Aluminium auftretenden Feinstrukturen und den während der Erstarrung gebildeten Störstellenbereiche. Heraldo Biloni. (Bol. Assoc. brasil. Metais **17.** 391—402. Mai 1961. São Paulo.) (Port.)

Vf. untersucht die Bldg. der zellenartigen Feinstruktur u. der Störstellen im Kristallgefüge an der Trennungsschicht zwischen fester u. fl. Phase nach Unterbrechung der Erstarrung einer Schmelze aus 99,99% ig. Al. Zur Sichtbarmachung der Metallstrukturen werden die Proben geätzt. (Zus. der Lsg.: 49% HNO_3 [D: 1,39], 10% HCl [D. 1,18$_5$], 40% Butyl-Cellosolve, 1% HF, 10 ppm AuCl] u. mit einem epitakt. Überzug (elektrolyt. Polierung u. anschließende anod. Oxydation in 5% ig. H_2SO_4, 30 V, ½—1 Min.) versehen. Die Ätzfiguren u. Interferenzfarben werden im Dunkelfeld u. die Dünnschichten im auffallenden Schräglicht mkr. ausgewertet. Es zeigt sich, daß an der Grenzfläche fest/fl. während der Segregation eine zellenartige Feinstruktur auftritt, die in Richtung zum Inneren der abgeschiedenen Polykristalle fortschreitet, u. von einem Feinstruktur-Maschenwerk nach SMIALOWSKI überdeckt erscheint. Infolge allmählicher Orientierung der Kristallkörner verschwinden die Ränder der 6eckigen Zellen. Ferner läßt sich eine Feinstruktur bei der Makrosegregation feststellen, die, eng an die Korngrenzen gebunden, ein dichtes Netzwerk bildet. Während der Erstarrung der Metallschmelze sind außerdem von anwesenden Verunreinigungen herrührende Störstellenbereiche nachzuweisen, die sich bes. an der Phasengrenzfläche u. an den Seiten der hexagonalen Feinstruktur anreichern u. sich nach Homogenisierung der erstarrten Schmelze in die Kristallorientierung einfügen. Aus den Ergebnissen geht hervor, daß durch vorst. Unters.-Meth. die Feststellung von Verunreinigungen u. Fehlstellen im Kristallgitter von erstarrten Metallschmelzen möglich erscheint.

P. FAHRNLAENDER. 197□

Versetzungen und Verunreinigungsgrenzen in aus der Schmelze gewachsenen Zinkkristallen. V. V. Damiano und G. S. Tint. (Acta metallurg. [New York] **9.** 177—83. März 1961. Philadelphia, Pa., Franklin Inst., Labor. for Res. and Dev.) (Engl.)

Die Verteilung von Ätzgruben an Mikrosegregationen, die durch konstit. Unterkühlung entstanden waren, wurde durch Polieren u. Ätzen untersucht. Kristalle, die eine Segregationsstruktur in Form verlängerter Zellen aufweisen, zeigen in Verbindung damit Reihen von Ätzgruben. Die Dichte der Ätzgruben, ihre Anordnung zu Wänden u. ihre Umbldg. in Netzwerke hinter der Trennfläche weisen darauf hin, daß die Ätzgruben die Enden dekorierter Versetzungen sichtbar machen, die an den Segregationsgrenzen entstehen u. die Gitterverzerrungen aufnehmen. Netzwerke entstehen, wenn die Versetzungen infolge der Homogenisierung hinter der Grenzfläche fest/fl. frei werden. Diese sek. Substruktur nimmt an Größe zu, wenn der Kristall wächst. Die Versetzungen klettern u. gleiten in Übereinstimmung mit Voraussagen von TILLER.

G. M. NEUMANN. 197□

Beobachtung von Umwandlungen in verschiedenen Metallen und Legierungen mit dem Emissions-Elektronenmikroskop. 1. Mitt. **Titan.** Kenji Ikeda und Shirô Ogawa. (Sci. Rep. Res. Inst. Tôhoku Univ., Ser. A **8.** 391—98. Okt. 1956. Res. Inst. for Iron, Steel and Other Metals.) (Engl.)

Die $\alpha \longleftrightarrow \beta$-Umwandlung von Ti wurde mit dem Emissions-Elektronenmikroskop untersucht. Die Präpp. waren aktiviert mit (Ba, Sr)O u. hatten die Form von Streifen. Sie wurden durch direkten Stromdurchgang geheizt. Es wurde beobachtet, daß sich bei

langsamer Abkühlung vom β-Zustand aus auf der Oberfläche Streifen bilden, sobald man Temp. erreicht hat, bei denen die α-Phase stabil ist. Die Bereiche, die von parallelen Streifen bedeckt sind, entsprechen genau je einem β-Kristallit. Bei langsamer Erwärmung erhielt man wieder die alten β-Kristallite, wobei die Streifen erst nach mehreren Std. verschwanden. Bei sehr schnellen Temp.-Änderungen konnte die $\alpha \longleftrightarrow \beta$-Umwandlung nicht verifiziert werden. Es zeigte sich, daß hierbei mehrere α-Kristallite einen β-Kristallit bilden können. Das Verh. der Streifen bei langsamer Temp.-Änderung steht nicht im Widerspruch zu der Deutung der $\alpha \longleftrightarrow \beta$-Umwandlung von Williams u. anderen.
P. Brumm. 197☐

Einige metallographische Beobachtungen an Ge-Einkristallen mit geringer Dichte der Kantenversetzungen. A. Hrubý. (Czechoslov. J. Physics B **10.** 767—68. 1960. Prague, Czech. Acad. Sci., Inst. of Techn. Phys.) (Engl.)

Vf. untersucht Ge-Einkristalle nach Ätzung mit Hilfe der Dash-Technik. Die Ergebnisse werden mit denen von Tweet (J. appl. Physics **30.** [1959.] 2002) verglichen, wobei abweichende Beobachtungen gemacht bzw. andere Effekte gefunden wurden, z. B. treten kleine Ätzvertiefungen sowohl bei einer geringen Zahl von Kantenversetzungen als auch bei störungsfreien Kristallen auf, desgleichen bei einer Dichte von einigen Tausend Kantenversetzungen pro cm^2.
H. Schirrwitz. 197☐

Die Plättchenstruktur im Zinn. T. S. Plaskett und W. C. Winegard. (J. Inst. Metals **88.** 480. Juli 1960. Toronto, Univ., Dep. of Metallurgic. Engng.) (Engl.)

Beobachtung einer Plättchenstruktur an der Oberfläche von reinstem, in einem Graphittiegel erstarrenden Sn. 13 Kristalle mit Plättchenstruktur wurden röntgenograph. auf ihre Orientierung hin untersucht. In 8 Kristallen waren die Plättchen parallel {100}, in 5 parallel {101} angeordnet.
F. Vier. 197☐

Verfestigungsbeginn (easy glide) von Bleieinkristallen. R. L. Fleischer. (Acta metallurg. [New York] **9.** 184—90. März 1961. Cambridge, Mass., MIT, Dep. of Metallurgy, Metals Processing Labor.) (Engl.)

Wie bei anderen kub.-flächenzentrierten Metallen wurde bei Pb-Einkristallen ein „easy-glide"-Bereich beobachtet, dessen Ausdehnung mit der Menge an gelösten Verunreinigungen (Sn) zunimmt u. mit dem Geh. an schwerlösl. Verunreinigungen (Cu, Al) abnimmt. Ein linearer Verfestigungsbereich II wurde wie beim Al beim Pb nicht beobachtet; im Gegensatz zum Al trat beim Pb bei 42° K kein meßbares Kriechen auf. Die Einfl. der Verunreinigungen lassen sich gut mit dem Diehlschen Modell verstehen.
G. M. Neumann. 197☐

Die Diffusion von Zink in Nickel. Stevo Trajkov. (Hutnické Listy **14.** 139—41. Febr. 1959. Praha, Hutnický ústav Českoslov. akad. věd.) (Tschech.)

Der Diffusions-Koeff. von Zn in Ni wurde zwischen 300—970° mit Hilfe von zylindr. Ni-Proben (99,82% Ni, 10 mm ⌀ u. Höhe) in Zn-Staub mit Zusatz von 5% Holzkohle sowie im Zn-Bad bestimmt. Die Tiefe der Diffusionsschicht wurde metallograph. u. analyt. verfolgt. — Das Wachstum der Schicht entspricht dem parabol. Gesetz; die Temp.-Abhängigkeit ist eine Exponentialfunktion. D_T beträgt für die γ-Phase ($NiZn_3$) $1{,}42 \cdot 10^{-1} \cdot \exp(-25000/RT)$ (300—800°); für die β-Phase (NiZn) $2{,}4 \cdot 10^{-2} \cdot \exp(-36000/RT)$ (740—900°) u. für die ε-Phase (Ni_2Zn_{15}) $7{,}7 \cdot 10^{-9}$ cm^2/sec (400°).
J. Tůmová. 197☐

Wachstumsspiralen auf elektrolytisch niedergeschlagenem Silber. V. G. Bhide und W. G. Nafde. (Current Sci. **27.** 167. Mai 1958. Nagpur, Coll. of Sci., Dep. of Phys.) (Engl.)

Bei der Elektrolyse wss. $AgNO_3$-Lsgg. bildeten sich in der Hauptsache Ag-Oktaederwürfel. Während ein Teil der (111)-Flächen vollkommen glatt u. eben waren, waren auf anderen (111)-Flächen dreieckige, hexagonale oder auch kreisförmige Wachstumsspiralen mkr. zu erkennen.
C. Gottfried. 197

Druckeinfluß auf die Leerstellenwanderungsgeschwindigkeit in Gold. Roy M. Emrick. (Physic. Rev. [2] **122.** 1720—33. 15/6. 1961. Urbana, Ill., Univ., Dep. of Phys.) (Engl.)

Der Einfl. hydrostat. Drücke bis zu 10000 kg/cm^2 auf die Ausheil-Geschw. von Leerstellen in reinstem Au-Draht, der von 700° abgeschreckt war, wurde untersucht u. gefunden, daß die Leerstellen bei Zimmer-Temp. u. bei verschiedenen Drücken ausgetempert werden u. der durch die Abscheidung hervorgerufene Anstieg des Restwiderstandes nachläßt. Eine einfache Beziehung für die Temp.-Abhängigkeit von der Temper-Geschw. unter Berücksichtigung einer regellosen Verteilung der Leerstellen wird aufgestellt u. durch thermodynam. Beziehungen ein Bewegungs-Vol. von $1{,}50 \pm 0{,}14$ cm^3/Mol für Au gefunden, das mit dem Atom-Vol. von 10,2 cm^3/Mol verglichen wird. Der Sprung eines Atoms in eine benachbarte Leerstelle bewirkt eine Vol.-Vergrößerung des Gitters für die Sattelpunkt-Konfiguration, was auch bei der Bldg. einer Leerstelle

geschieht. Theoret. Berechnungen der Gitterverzerrung um eine Leerstelle u. indirekte Messungen der Vol.-Veränderung zeigen eine beträchtliche Relaxation der eine Leerstelle umgebenden Atome an, wodurch der geringe Wert des Bewegungs-Vol. gedeutet wird.
W. Sobieski. 197 □

Bestimmung der bevorzugten Orientierung in polykristallinen Metallfolien unter Verwendung einer Zerstäubungstechnik. R. S. Nelson. (Brit. J. appl. Physics **11.** 475—77. Okt. 1960. Harwell, A. E. R. E., Metallurgy Div.) (Engl.)

Vf. nimmt Bezug auf Beobachtungen von Wehner (vgl. C. **1957.** 5763), nach denen die in einer Gasentladung von Einkristallen zerstäubten Atome auf einer Kollektorplatte symm. Ndd. bilden u. berichtet über eigene Verss., bei denen dieses bevorzugte Herausschleudern verwendet wurde, um die bevorzugte Orientierung in polykristallinen *Ag-*, *Au-*, *Cu-*, *Pd-* u. *Rh*-Folien zu untersuchen. Obwohl die Meth. nur einen qual. Charakter gegenüber der Röntgen- u. Elektronenbeugungstechnik hat, hat sie den Vorteil, daß sie einfach u. schnell ist. C. Gottfried. 197

Der aluminiumreiche Bereich des Aluminium-Hafnium-Zustandsdiagramms. Bhakta B. Rath, Ganesh P. Mohanty und L. F. Mondolfo. (J. Inst. Metals **89.** 248—49. März 1961. Chicago, Ill., Illinois Inst. of Technol.) (Engl.)

Untersucht wird der Al-reiche Bereich des Al–Hf-Zustandsdiagramms u. dabei gefunden, daß er sehr ähnlich dem von Al–Ti- u. Al–Zr-Syst. ist. Die Verb. $HfAl_3$ mit einer tetragonalzentrierten Struktur (a = 3,986 u. c = 17,05 Å) reagiert peritekt. mit Al unter Bldg. von Al-reichen Mischkristallen. Die peritekt. Temp. ist 662,2 ± 0,5°, die Löslichkeit beträgt in der Schmelze bei der peritekt. Temp. 0,49 Gew.-% u. nimmt auf 1,94% bei 880° zu. Die Löslichkeit in den Mischkristallen beträgt bei der peritekt. Temp. 1,22% u. 0,86% bei 430°. Eine Meth. zur Best. der Löslichkeit im festen Zustand durch Messung des Widerstands direkt bei der Temp. wurde überprüft u. als zufriedenstellend erwiesen. H. Hochstein. 197 □

Die in aluminiumreichen Legierungen des Systems Aluminium–Molybdän vorhandenen Verbindungen. J. W. H. Clare. (J. Inst. Metals **89.** 232—34. März 1961. Banbury, Aluminium Labor. Ltd.) (Engl.)

Die beiden Al-reichsten Verbb. das Al–Mo-Syst. wurden aus langsam abgekühlten Legg. extrahiert u. als $MoAl_{12}$ u. $MoAl_7$ bestimmt. Eine peritekt. Rk. tritt bei 706 ± 3° auf; $MoAl_7$ reagiert mit der Schmelze unter Bldg. von $MoAl_{12}$. Eine Röntgenanalyse zeigt, daß $MoAl_{12}$ kub.-raumzentriert krist. mit a = 7,575 ± 0,005 Å u. $MoAl_7$ monoklin mit a = 5,12; b = 13,0 u. c = 13,5 Å, β = 95°. H. Hochstein. 197 □

Untersuchungen der aluminiumreichen Legierungen mit den Übergangsmetallen Mangan und Wolfram. 1. Mitt. **Die Kristallstruktur von ε(W–Al)–WAl_4.** J. A. Bland und D. Clark. (Acta crystallogr. [Copenhagen] **11.** 231—36. 10/4. 1958. Cambridge, Cavendish Labor., Crystallograph. Labor.; Farnborough, Royal Aircraft Establ., Dep. of Metallurgy.) (Engl.)

Vff. bestimmen die Kristallstruktur von WAl_4: monoklin, a = 5,272, b = 17,771 u. c = 5,218 Å; β = 100° 12'; D. (gem.) = 6,6 ($g \cdot cm^{-3}$), D. (ber.) = 6,7. Die Anordnung der Atome ist nicht zentrosymm.; die in der Elementarzelle enthaltenden 30 Atome sind in 8 gut definierten Schichten senkrecht zur b-Achse angeordnet. Die Einheitszellen u. Strukturen von WAl_4, $MnAl_6$ u. δ(Mn–Al)—Mn_4Al_{11} sind sehr ähnlich. U. Skurnia. 197 □

Untersuchungen der aluminiumreichen Legierungen mit den Übergangsmetallen Mangan und Wolfram. 2. Mitt. **Die Kristallstruktur von δ(Mn–Al)–Mn_4Al_{11}.** J. A. Bland. (Acta crystallogr. [Copenhagen] **11.** 236—44. 10/4. 1958.) (Engl.) — 1. vgl. vorst. Referat.

Vf. untersucht röntgenograph. die aus einer tern. zinkhaltigen Schmelze isolierbaren Kristalle der triklinen Leg.-Phase δ (Mn–Al), der die ideale Formel Mn_4Al_{11} zukommt. Die Gitter-Konst. werden ermittelt: a = 5,092 ± 0,003, b = 8,862 ± 0,005 u. c = 5,047 ± 0,003 Å; α = 85° 19' ± 5', β = 100° 24' ± 5', γ = 105° 20' ± 5'; Raumgruppe $P\bar{1}$. Eine Verfeinerung der Struktur-Best. durch Differenz-Synth. wird durchgeführt. Die Ähnlichkeit der Elementarzelle von δ (Mn–Al) u. $MnAl_6$ ist durch die ähnlich gebauten Koordinationsgruppen u. durch das Auftreten der Schichten bedingt, die bei δ (Mn–Al) mit einem Abstand von 2,1 Å u. bei $MnAl_6$ von 2,2 Å parallel (0 1 0) verlaufen. Verwandte Strukturen des Fe–Al- u. Co–Al-Syst. werden diskutiert. U. Skurnia. 197 □

Der Einfluß von Versetzungen auf die Mikrostruktur einiger Titan-Legierungen. T. H. Schofield. (J. Inst. Metals **89.** 235—37. März 1961. Teddington, Middlesex, Nat. Phys. Labor.) (Engl.)

Durch mkr. Aufnahmen an verschiedenen Ti-Legg. (mit 10% Mo oder 5% Mn oder 6% Fe) wird nachgewiesen, daß die Mikrostruktur durch die Anzahl u. Anordnung von vorhandenen Versetzungen infolge Keim-Bldg. u. Wachstum einer Sekundärphase auf den Versetzungslagen beeinflußt werden kann. H. Hochstein. 197 □

Titan–Gadolinium-Phasendiagramm. J. G. Croeni, S. C. Rhoads, C. E. Armantrout und H. Kato. (U. S. Dep. Interior, Bur. Mines, Rep. Invest **1961.** Nr. 5796. 1—14. Albany, Oreg., Bur. Mines, Metallurg., Res. Center.) (Engl.)

Um evtl. Legg. für Kontrollstäbe zu entwickeln, die die guten mechan. u. Korrosions-Eigg. des Ti u. den hohen Wrkg.-Querschnitt gegenüber therm. Neutronen des Gd haben, wurde das Syst. Ti–Gd untersucht. Bei 1240 ± 10^0 erstreckt sich von 1—99% Gd eine eutekt. Isotherme. Im Eutektikum wurden 95% Gd bestimmt. Die peritekt. Rk. ($\alpha \rightarrow \beta$-Ti-Umwandlung) läuft bei 885^0 ab, u. zwar über den ganzen Bereich. Unterhalb dieser Temp. beträgt die Löslichkeit von Gd im α-Ti ca. 4%, die des Ti im Gd unter 1%. Durch Gd-Zugabe steigt die Härte der Leg., aber die Korrosionsbeständigkeit fällt stark ab. Legg. mit $<10\%$ Gd können gut kalt verformt werden, Warmformung ist für alle Zus. bei 750^0 möglich. Alle Legg. lassen sich spanend verarbeiten.

H.-G. Moslé. 197□

Das System Thorium–Silicium. A. Brown und J. J. Norreys. (J. Inst. Metals **89.** 238—40. März 1961. Wembley, Gen. Electr. Co. Ltd., Res. Labor.) (Engl.)

Die Entdeckung der Tieftemp.-Form von $ThSi_2$ bei der Erwärmung von Th_3Si_2 in fl. Bi hat zu einer eingehenden Prüfung des Th–Si-Syst. geführt. Drei neue Phasen, darunter die β-$ThSi_2$-Phase als die hexagonale Tieftemp.-Form von $ThSi_2$, wurden isoliert. Die beiden anderen Phasen, nämlich α-Th_6Si_{11} u. β-Th_6Si_{11}, sind die tetragonale Hochtemp.-Form bzw. die hexagonale Tieftemp.-Form von Th_6Si_{11}. Die strukturellen Beziehungen zwischen einigen der Phasen im Th–Si-Syst. werden erörtert, u. es wird ein Phasendiagramm versuchsweise aufgestellt. H. Hochstein. 197□

Gitterkonstanten der Mischkristalle der Legierungen Bi_2Te_3–Bi_2Se_3. J. R. Wiese und L. Muldawer. (Physics Chem. Solids **15.** 13—16. Aug. 1960. Philadelphia, Pa., Franklin Inst. Labor.) (Engl.)

Das quasibin. Syst. Bi_2Te_3–Bi_2Se_3 ist bei allen Zus. rhomboedr.; die Gitter-Konst. a u. c (bezogen auf das hexagonale Gitter) werden im gesamten Bereich mittels Pulveraufnahmen bestimmt. Bei allen Zus. folgt a der Vegardschen Regel, während c eine Abweichung nach oben für 40—100% Bi_2Se_3 aufweist. Bi_2Te_3 hat eine Schichtstruktur, bei der die Schichten einer Atomsorte parallel zur Basisfläche angeordnet sind. Die Schichtabstände für Bi_2Te_3 u. Bi_2Te_2S werden angegeben u. diskutiert.

G. Ruban. 197□

Die Stabilität einer tetragonalen Gamma-Primärphase in Uran-Niob-Legierungen. J. D. Browne und G. K. Williamson. (J. Inst. Metals **89.** 246—47. März 1961. Harwell, AERE.) (Engl.)

Bei der röntgenograph. Unters. der tetragonalen γ-Phase in U–Nb-Legg. wird festgestellt, daß eine stabile Phase nicht vorliegt. H. Hochstein. 197□

Kobalt-Kohlenstoff-Legierungen. Jozef Dilewijns. (Kobalt **1961.** Nr. 11. 25—31. Juni. Gent, Univ.) (Dt.)

Die Herst. von Co-Legg. wird beschrieben, u. es werden Gefüge-Unterss. von Co–C-, Co–Si-, Co–C–Si-, Co–C–Al-, Co–C–Al–Si-, Co–Cu-, Co–C–Cu-, Co–C–Cu–Si-, Co–C–Ni-, Co–C–Ni–Cu-, Co–C–Ni–Si-, Co–C–Ni–Cu–Si-, Co–C–Mn- u. Co–C–Mn–Si-Legg. durchgeführt, wobei bes. das Auftreten der X-Phase bestimmt wird. Von den mechan. Eigg. werden Härte u. Zugfestigkeit sowie der Youngsche Elastizitätsmodul u. das Dämpfungsvermögen ermittelt. Hierbei zeigt sich, daß es leicht ist, Co–C-Legg. mit Kugelgraphit herzustellen. Diese Form des Graphits führt zu mechan. Eigg., die gegenüber denen von Legg. mit lamellarem Graphit eine starke Verbesserung bedeuten. Außerdem wurde die noch nicht beschriebene X-Phase gefunden, die nur dann auftritt, wenn Kugelgraphit vorhanden ist. Es wird angenommen, daß diese Phase eine mit C übersättigte feste Co–C-Lsg. darstellt. Unter den nichtcarbidbildenden Elementen erhöhen Cu u. Ni, die beide die Temp. der allotropen Umwandlung des Co erniedrigen, die Duktilität der Legg., während Si, das die genannte Temp. heraufsetzt, die Verarbeitbarkeit verringert.

H. Hochstein. 197□

Tempern von Martensit in Kupfer–Aluminium-Legierungen. R. G. Cope. (J. Inst. Metals **89.** 221—23. Febr. 1961.) (Engl.)

Diskussion zu der C. **1960.** 2115 referierten Arbeit. M. Gehlen-Keller. 197□

Die Gitterabstände der festen Lösungen von Silber–Magnesium in Ordnungs- und Unordnungszuständen. R. A. Buckley, H. J. Axon und J. Conacher. (J. Inst. Metals **89.** 190. Febr. 1961.) (Engl.)

Diskussion zu der C. **1961.** 46 referierten Arbeit. M. Gehlen-Keller. 197□

Die Θ-Phase in Magnesium–Lithium–Silber-Legierungen in bezug auf ihre Instabilität nach dem Altern. G. V. Raynor und J. R. Kench. (J. Inst. Metals **89.** 223—24. Febr. 1961.) (Engl.)

Diskussion zu der C. **1961.** 46 referierten Arbeit. M. Gehlen-Keller. 197□

Über die Bildung einer metastabilen δ-Phase in überperitektischen Eisenlegierungen. André Kohn. (C. R. hebd. Séances Acad. Sci. **253.** 659—61. 24/7. 1961. Saint-Germain-en-Laye, Inst. de Rech. de la Sidér.) (Franz.)

Von Fe–C-Legg. mit 0,33 (%) bzw. 0,67 C, halbhartem Martin-Stahl mit 0,37 C, eutektoidem Stahl, Lagerstahl mit 1,26 Cr u. 1 C bzw. rostfreiem Stahl mit 19 Cr u. 12 Ni werden die peritekt. Umwandlungen der δ-Phase in der Nähe des F. untersucht. In den Temp.–Zeit-Kurven wird die peritekt. Rk. teilweise als Temp.-Effekt beobachtet. Die Entscheidung, ob aus der fl. Phase zunächst entweder die stabile γ-Phase oder die metastabile δ-Phase ausgeschieden wird, kann an Hand der Vers.-Ergebnisse nicht gefällt werden. Die Faktoren, die die Keim-Bldg. beider Phasen beeinflussen, sind bisher unbekannt. Herbert Müller. 197□

Die Kristallographie der Martensitumwandlungen. B. A. Bilby und J. W. Christian. (Iron and Steel **33.** 648—51. Diskussion: 688—92. 19/12. 1960.) (Engl.)

Die Vorgänge bei der Umwandlung von *Austenit* zu *Martensit* werden in bezug auf die Gitterverformung, den Orientierungszusammenhang sowie die Lage der Habitusebene erörtert. — Diskussion. H. Hochstein. 197□

Metallographische Untersuchung der Legierung Alfenol. N. G. Lachman und B. G. Liwschitz. (Известия Высших Учебных Заведений [Москва], Черная Металлургия [Hochschulnachr. (Moskau), Eisenmetallurgie] **1960.** Nr. 9. 148—56. Moskau, Stahl-Inst.) (Russ.)

Metallograph. wird die aus Fe mit 16% Al bestehende Leg. *Alfenol* (I) untersucht u. hierbei über die Ausbldg. von Seigerungen im Stahlblockkopf u. -fuß berichtet. Der Einfl. der Abkühlungs-Geschw. bei der Kristallisation sowie der Homogenisierung auf die Blockstruktur wird bestimmt. Es wird gezeigt, daß die Makroschliffe des gegossenen, homogenisierten u. geschmiedeten I durch ein Netzwerk paralleler, sich gegenseitig durchkreuzender Linienscharen charakterisiert werden. Auch die Mikrostruktur von I wird metallograph. bestimmt, woraus sich ergibt, daß die Natur der beobachteten Phasen noch einer weiteren Aufklärung bedarf. Das Auftreten eines Fe–Al-Carbids u. eines Al-Nitrids weist darauf hin, daß das durch offene Schmelzung erhaltene I als eine tern. Fe–Al–C- oder quatern. Fe–Al–C–N-Leg. betrachtet werden muß. Die Ggw. grober Carbide u. Nitride an den Korngrenzen u. im Korninnern kann eine technolog. Sprödigkeit hervorrufen u. möglicherweise ein anomales Kornwachstum bei hohen Temp. bedingen. H. Hochstein. 197□

Kristallisation der technischen Legierungen Fe–Al–C im Gebiet der festen α-Lösung. Miloslav Vyklický und Hanuš Tůma. (Hutnické Listy **14.** 118—27. Febr. 1959. Praha, Stát. výzk. ústav materiálu a technol.) (Tschech.)

Erläuterung der Literaturangaben über die Kristallisation der Fe–Al–C-Legg. im Gebiet der α-Mischkristalle mit 10—30% Al; dabei wird eine nähere Best. des Existenzgebietes der ε-Phase (Fe_3AlC_n, kub.-flächenzentriert) versucht. Mit Hilfe der DTA wurde ermittelt, daß bei den Legg. Fe–Al im ganzen Temp.-Gebiet nur die α-Phase existiert; bei Anwesenheit von C entstehen jedoch noch die ε-Phase, Graphit u. das Al-Carbid Al_4C_3 in Abhängigkeit vom C-Gehalt. Nach dem Vgl. der Ergebnisse mit den Angaben von Vogel u. Mäder werden bin. Schnitte der techn. Fe–Al–C-Legg. mit 15, 20, 25 u. 30% Al u. steigendem Al-Geh. aufgestellt. J. Tůmová. 197□

Versetzungen und Eigenspannungen. Heribert Stroppe. (Wiss. Z. Hochschule Schwermaschinenbau Magdeburg **4.** 105—08. 1960. Magdeburg, Fak. für Technol. des Maschinenbaues, Inst. für Werkstoffk. u. Werkstoffprüf.) (Dt.)

Auf der Grundlage einer von Nye u. Kröner entwickelten linearen Kontinuumstheorie des Festkörpers zeigt Vf., daß sämtliche Eigenspannungen auf Versetzungen zurückgeführt werden können. Eigenspannungen treten dann u. nur dann auf, wenn die Kompatibilitätsbedingungen zumindest an einzelnen Stellen des Körpers nicht erfüllt sind. G. Ruban. 200□

Struktur und Zugfestigkeit von Eisen-Whiskern. H. Weik. (Metall **13.** 114—19. Febr. 1959.) (Dt.) — Vgl. C. **1961.** 8575.

Aus Unterss. des Vf. ergibt sich: Form u. mechan. Eigg. der Fe-Whisker hängen sehr stark von den Herst.-Bedingungen ab. Unterschiedliches Dehnungs-Verh. der Oberflächenschichten gegenüber dem Whiskerkern zeigt das Vorhandensein von Schichten u. Schalen an. Eine Vernickelung der Whisker mit 100 Atomlagen Schichtdicke erhöht die Zugfestigkeit merklich. M. Gehlen-Keller. 200□

Untersuchung des Kriechens von Eisen bei hohen Temperaturen durch die Methode der Verdrehung. L. N. Bysstrow, L. I. Iwanow und D. A. Prokoschkin. (Известия Академии Наук СССР, Отделение Технических Наук, Металлургия и Топливо [Nachr. Akad. Wiss. UdSSR, Abt. techn. Wiss., Metallurg. Brennstoffe] **1959.** Nr. 6. 37—42. Nov./Dez.) (Russ.)

Die Aktivierungsenergie des Kriechvorganges bei der Verdrehung von Fe mit 0,04 oder 0,25% C im Temp.-Bereich von 850—1300° ändert sich nicht u. beträgt 95,2 kcal/g·Atom. Der abs. Wert der Aktivierungsenergie des Kriechens entspricht der Verdampfungswärme des Fe, jedoch wird gemäß ihrer Art diese Größe wahrscheinlich durch zwei Prozesse bestimmt: Selbstdiffusion u. Regenerierung der überschüssigen Leerstellen während der Verformung. Dies wird durch die Bldg. von Rissen u. Poren im Probenkörper bestätigt. Die Analyse des Zerstörungsprozesses bei einer Zugbeanspruchung einiger Metalle zeigt ferner, daß die Aktivierungsenergie der Zerstörung bei geringen Spannungen durch die Gleichung: $Q_{Kriech} = Q_{Selbstdiff.} + Q_{Leerstellenbldg.}$ bestimmt wird. Dies weist darauf hin, daß im Proben-Vol. bei plast. Verdrehung Erscheinungen auftreten, die analog der Zerstörung durch geringe Zugspannungen sind.
H. HOCHSTEIN. 200□

Der Einfluß eines Abschreckprozesses und von Neutronenbestrahlung auf die innere Reibung einer Aluminiumlegierung mit 5% Magnesium. W. G. Nilson. (Canad. J. Physics **39.** 119—32. Jan. 1961. Bayonne, N.J., International Ni Co., Inc.) (Engl.)

Niederfrequenz-Dämpfungswerte wurden an einer reinen Al-Leg. mit 5% Mg ermittelt, um die Einfl. eines Abschreckprozesses u. einer Neutronenbestrahlung auf die Bewegung des gelösten Stoffes zu bestimmen. Eine Dämpfungsspitze nahe bei 150°, die der spannungsinduzierten Rückorientierung der gelösten Atome zugeschrieben wird, wurde durch Abschreckung u. Bestrahlung zu niederen Temp. hin verschoben. Dieses Verf. entspricht einer Verringerung der Relaxationszeit für den Dämpfungsprozeß u. ist mit der Vorstellung, daß die gelösten Atome als Leerstellen wirken, vereinbar.
H. HOCHSTEIN. 200□

Untersuchung über die Röntgenlinienverbreiterung, die durch plastische Deformation in flächenzentrierten kubischen Metallen bewirkt wird. T. R. Anantharaman. (Indian Inst. Sci., golden Jubilee Res. Vol. **1909—1959.** 280—91. Juli/Aug. 1959. Dep. of Metallurgy.) (Engl.)

Vf. behandelt eine Meth. zur Berechnung des Beitrages von Packungsfehlern auf die Röntgenlinienverbreiterung bei der Unters. flächenzentrierter kub. Metalle u. Legierungen. Dieser Beitrag ist so groß, daß er bei der Entw. einer Theorie über den Einfl. der plast. Deformation auf die Röntgenbeugung von Metallpulvern nicht vernachlässigt werden kann. Es wird eine systemat. Meth. zur Messung der Röntgenlinienbreiten von DEBYE-SCHERRER-Diagrammen flächenzentrierter kub. Metalle u. Legg. im angelassenen u. kaltbearbeiteten Zustand angegeben u. somit Kenntnis über den Einfl. von Teilchengröße, Mikrospannung u. Packungsfehlern auf die Röntgenbeugungsphänomene gewonnen, die bei unter plast. Spannung stehenden Metallaggregaten auftreten. Die Linienverbreiterung bei der Unters. von kalt bearbeitetem Ni-Pulver u. Cu-Spänen wird analysiert, u. es wird festgestellt, daß nur die Mikrospannung u. die Packungsfehler zur Linienverbreiterung in diesen beiden Fällen beitragen. U. SKURNIA. 200□

Ein neuer Modus der Deformation in Indiumantimonid. J. W. Allen. (Philos. Mag. [8] **45.** 1046—54. Sept. 1959. Baldock, Herts., Serv. Electron. Res. Labor.) (Engl.)

Kristalle aus InSb wurden durch Fallenlassen einer Stahlkugel lokalen Stößen ausgesetzt; der Schaden wurde in Abhängigkeit vom Durchmesser der Kugeln u. ihrer Fallhöhe bestimmt. Die Konfiguration der auf diese Weise erzeugten Versetzungen entsprach einem Riß, wie er auch sonst erzeugt werden kann. Zur Erzeugung eines „Versetzungsrisses" (VR) ist dieselbe Belastung nötig wie für einen Bruch. Ähnliche Erscheinungen wurden bei *InAs*, *GaAs*, *GaP* u. *Ge* beobachtet. Der Mechanismus der Entstehung dieser VR wird diskutiert. M. WIEDEMANN. 200□

Einige Eigenschaften der Gläser des Systems $PbO–Al_2O_3–SiO_2$. M. A. Besborodow und M. T. Melnik. (Доклады Академии Наук БССР [Ber. Akad. Wiss. BelorussSSR] **3.** 338—40. Aug. 1959.) (Russ.)

Vff. untersuchen die Schmelzbarkeit, Verarbeitungsfähigkeit u. therm. Ausdehnung von Gläsern des Syst. $PbO–Al_2O_3–SiO_2$. Als Ausgangsmaterialien dienen Mennige, Al_2O_3 u. Sand (mit 98,12% SiO_2, 0,48% Al_2O_3 u. Verunreinigungen an FeO, CaO, MgO u. anderen), die bei 1250—1300° (1 Std.) zusammengeschmolzen werden. Es werden Gläser mit 30—70% PbO, 1—20% Al_2O_3 u. 5—65% SiO_2 untersucht. Die therm. Ausdehnung der Gläser wächst mit steigendem PbO-Geh. systemat. an; der lineare Ausdehnungs-Koeff. steigt von $65 \cdot 10^{-7}$ auf $95 \cdot 10^{-7}$. Sämtliche Gläser sind gegen kochendes W. hinreichend stabil: Die Gew.-Verluste übersteigen nicht 0,07% (im Pulverzustand). Als ungünstig für die beabsichtigte Verw. als Glasemail erweisen sich die Schwerschmelzbarkeit u. die hohe, die Verarbeitung erschwerende Viscosität der Gläser. Vff. nehmen an, daß durch Zusatz einer vierten Komponente (z. B. Na_2O) diese Eigg. in der gewünschten Richtung verbessert werden können. H.-J. OSTMANN. 200□

Stabilität geschliffener Oberflächen. Ivan Šolc. (Czechoslov. J. Physics **7.** 628—30. 1957. Turnow, Forsch.-Inst. für Minerale.) (Dt.)

Vff. untersucht das Verh. der Oberflächen von *Quarz, Quarzgut, Porzellan, Steingut* u. einer Reihe *Gläser* nach dem Schleifen, ferner von doppelbrechendem *Kalkspat, NaCl, KCl, KBr, ADP* u. einige *Metalle.* In den erstgenannten Fällen konnte mkr. beobachtet werden, daß von den plangeschliffenen Oberflächen von Zeit zu Zeit kleine Teilchen abflogen. Diese Teilchenabschleuderung wird durch einen intensiven Lichtstrom (mittels Heliostat konz. Sonnenlicht) verstärkt u. kann durch ein empfindliches medizin. Phonendoskop bzw. durch ein empfindliches, speziell adaptiertes Kristallmikrophon hörbar gemacht werden. Durch Ätzen der geschliffenen Fläche wird die Häufigkeit der entweichenden Teilchen stark reduziert. G. RUBAN. 200☐

A₇. Gleichgewichte. Kinetik

Einflüsse der Quantelung und Anharmonizität auf die Geschwindigkeiten der Dissoziation und Assoziation komplexer Moleküle. O. K. Rice. (J. physic. Chem. **65.** 1588—96. Sept. 1961. Chapel Hill, N.C., Univ. of North Carolina, Dep. of Chem.) (Engl.)

Bei einer unimol. Zers. sind die Energieniveaus des sich zersetzenden Mol. verbreitert, u. zwar nach der RICE-RAMSPERGER-KASSEL-Theorie so, daß sie sich überlappen. Die Umkehr-Rk., die Assoziation, kann deshalb nicht eintreten. Für eine gegebene Rk.-Geschw. scheint die Verbreiterung des Energieniveaus 4mal größer zu sein als die der Prädissoziation oder des Tunnel-Effektes. Vf. diskutiert den Grund dafür sowie einige Effekte, die bei niedrigen Drücken auftreten. Die Quantelung übt eine quant. Wrkg. auf die Aktivierungs-Geschw. komplexer Moll. aus. Bei genügend niedriger Frequenz kann man sowohl das Durchschnitts-Mol. als auch das aktivierte Mol. klass. behandeln; dagegen ist bei hohen Frequenzen in beiden Fällen Quantelung nötig. Die Anharmonizität der Schwingung ist verantwortlich für die Energieüberführung von einer quasinormalen Schwingungsart zur anderen. Dieses Phänomen scheint wichtiger zu sein, als bisher angenommen, da ein Mol. in seinem Konfigurationsstamm im Durchschnitt sehr oft den Ort großer Anharmonizität berührt, bevor es reagiert. Die Anharmonizität bewirkt eine Vermehrung der Anzahl aktivierter Moll. u. Energieniveaus. Es werden die Eigg. eines „lose" aktivierten Komplexes besprochen u. auf die Wichtigkeit der Nullpunktenergie eines „starren" Komplexes hingewiesen. G. TALSKY. 223☐

Perchlorat-Koordination in Metallkomplexen. N. T. Barker, C. M. Harris und E. D. McKenzie. (Proc. chem. Soc. [London] **1961.** 335—36. Sept. Sydney, Univ. of New South Wales, Dep. of Inorg. Chem.) (Engl.)

Auf Grund konduktometr. Messungen finden Vff., daß *Bis-[2.2'-bipyridyl]-kupfer(II)-perchlorat* (**I**) sich in Nitrobenzol als schwacher Elektrolyt verhält, während das entsprechende Hexafluorophosphat u. *Tris-[2.2'-bipyridyl]-kupfer(II)-perchlorat* starke Elektrolyte darstellen. Das Verh. von **I** erklären Vff. durch das Gleichgewicht: $[Cu(bipy)_2 \cdot (ClO_4)]^+ + C_6H_5NO_2 \rightleftarrows [Cu(bipy)_2(C_6H_5NO_2)]^{2+} + ClO_4^-$ u. berechnen mit Hilfe der konduktometr. Meßergebnisse die Stabilitäts-Konst. des Ions von **I** bei 25° zu 10^3. Der analoge Komplex mit 1.10-Phenanthren (phen) zeigt ähnliches Verhalten. $[Cu(chel)_2 \cdot (ClO_4)]^+$ (chel = phen oder bipy) konnte als Hexafluorophosphat isoliert werden. Auf Grund von Absorptionsspektren stellen Vff. fest, daß das ClO_4^--Ion koordinativ durch elektrostat. Kräfte gebunden wird. Es werden vom festen $[Cu(bipy)_2(ClO_4)]ClO_4$, festem $[Cu(bipy)_2(ClO_4)]PF_6$ u. vom $[Cu(bipy)_2](PF_6)_2$ die Absorptionsspektren aufgenommen u. die Abweichung dieser Spektren von denen der Verbb. in Lsg. auf Solvatationseffekte zurückgeführt. A. NEBELUNG. 223☐

Metall-Amin-Komplexe im Ionenaustausch. 2. Mitt. **2-Aminoäthanol- und Äthylendiamin-Komplexe.** Leone Cockerell und Harold F. Walton. (J. physic. Chem. **66.** 75—78. Jan. 1962. Boulder, Colo., Univ. of Colorado, Dep. of Chem.) (Engl.) — 1. vgl. C. **1955.** 301.

Vff. bestimmen die Beständigkeit der Komplexe von *2-Aminoäthanol* (**I**) mit Ag^+, Ni^{2+} u. Cu^{2+} sowie von *Äthylendiamin* (**II**) mit Ni^{2+}, Cu^{2+} u. Zn^{2+} in einem Kationenaustauscherharz (Permutit Q, Vernetzungsgrad 10%, 30—50 mesh) u. vergleichen diese mit deren Beständigkeit in wss. Lösungen. Die **II**-Komplexe sind im Harz wesentlich beständiger als in Lösung. Die Komplex-Bldg.-Konst. für Ni^{2+}-**I**-Komplexe in wss. Lsg. liegen bei $K_1 = 950 \pm 50$, $K_2 \cong 125$, $K_3 \cong 100$ ($\beta_3 = 1{,}15 \cdot 10^7$) W. HEIN. 223☐

Metall-Amin-Komplexe im Ionenaustausch. 3. Mitt. **Diamin-Komplexe von Silber(I) und Nickel(II).** M. G. Suryaraman und Harold F. Walton. (J. physic. Chem. **66.** 78—81. Jan. 1962. Boulder, Colo., Univ. of Colorado, Dep. of Chem.) (Engl.) — 2. vgl. vorst. Referat.

Vff. bestimmen die Beständigkeit der Komplexe von Ag^+ mit *Äthylendiamin* (I) u. *1.3-Propandiamin* in sulfonierten Polystyrolkationenaustauscherharzen (Dowex-50 W, 100—200 mesh, u. 2 Spezialharztypen) verschiedenen Vernetzungsgrades (2, 4 u. 8%) u. verschiedenen Geh. an Ankergruppen (5,245, 5,176, 5,153, 2,322 u. 1,629 mVal/g Trockenharz in der H^+-Form). Daneben wurden vorbereitende Messungen mit Ni^{2+} u. *Hydrazin* durchgeführt. In allen Fällen waren die Komplexe in der Harzphase wesentlich beständiger als in Lösung. Der Ag^+–I-Komplex ist am beständigsten, jedoch war seine Maximalkoordinationszahl im Harz geringer. Die Komplex-Beständigkeits-Konst. sind vom Vernetzungsgrad u. von der Ag^+-Konz. unabhängig. Eine innere Polymerisation der Metall–Amin-Komplexe wird hierfür zur teilweisen Erklärung herangezogen.
W. HEIN. 223 □

Über den Mechanismus der Plutoniumnitratextraktion durch Mono- und Dibutylphosphate. W. B. Schewtschenko und W. Ss. Smelow. (Атомная Энергия [Atomenergie] **6.** 140—44. Febr. 1959.) (Russ.)

Die Extraktion von Pu-Nitrat mittels Mono- (I) u. Dibutylphosphat (II) in Bzl. wurde bei einer Ionenstärke von 6, eingestellt durch Zusatz von $LiNO_3$, u. 20—22° untersucht. Pu wurde durch seine α-Strahlung nachgewiesen. Bestimmt wurde die Verteilung von I u. II zwischen wss. u. organ. Phase, der Einfl. der Konz. von I u. II auf die Verteilung des Pu, die Abhängigkeit des Verteilungs-Koeff. des Pu von der H^+-Konz. (HNO_3 u. $HClO_4$) sowie von der NO_3^--Konzentration. Pu wird als PuK_4 extrahiert mit $K = (C_4H_9)_2PO_4^-$ oder $C_4H_9HPO_4^-$. Die Gleichgewichts-Konst. für die Rk. von Pu-Nitrat mit I u. II sind $(1,5 \pm 0,25) \cdot 10^3$ u. $(6,15 \pm 0,85) \cdot 10^3$. M. WIEDEMANN. 224 □

Oscillatormodelle für monomolekulare Reaktionen. M. L. Vestal und H. M. Rosenstock. (J. chem. Physics **35.** 2008—16. Dez. 1961. Washington, D.C., Wm. H. Johnston Labor., Inc., and Nat. Bur. of Stand.) (Engl.)

Die Theorie der abs. Rk.-Geschw. für die monomol. Zers. isolierter angeregter Moll. wird auf zwei Modelle angewendet. Im ersten wird das Mol. als Reihe harmon. Oscillatoren betrachtet, in denen nur eine begrenzte Energiemenge von einem einzelnen Freiheitsgrad aufgenommen werden kann. Beim zweiten werden die Effekte der Anharmonizität in das Oszillatormodell eingeführt, wobei angenommen wird, daß der Abstand zwischen zwei benachbarten Energieniveaus exponentiell abnimmt. Die erste Betrachtungsweise führt zu einem weiteren Absinken der Lebensdauer der angeregten Moll. als für das übliche Modell des harmon. Oszillators für Moll. mit kurzer Lebensdauer berechnet wurde. Im zweiten Fall ergibt sich eine Zunahme, die direkt von der Geschw. der Änderung der Niveauabstände abhängt. GERHARD SCHULZE. 225 □

Änderung des Ausbeuteverhältnisses zweier homogener Parallelreaktionen unterschiedlicher Ordnung infolge des Diffusionswiderstandes im Reaktionsraum. J. Pawlowski. (Chem.-Ing.-Techn. **33.** 492—93. Juli 1961. Leverkusen, Farbenfabriken Bayer AG.) (Dt.)

Wenn ein Reaktant, der aus einer benachbarten Phase eindringt, an zwei homogenen Parallel-Rkk. unterschiedlicher Ordnung teilnimmt, so tritt bei stationärem Rk.-Ablauf infolge des homogenen Diffusionswiderstandes in der Rk.-Phase eine Verschiebung des Ausbeuteverhältnisses beider Umsetzungen zugunsten der mit der niedrigeren Ordnung ein. Vf. diskutiert diesen qual. bekannten Selektivvorgang für Rkk. 1. u. n-ter Ordnung mathemat. u. stellt ein Selektivitätsmaß auf. Die Selektivität der Ausbeute ist nur durch reaktionskinet. Gegebenheiten bedingt; sie hängt nicht von dem effektiven Wert des Diffusions-Koeff. ab. Sofern die Umsetzung n-ter Ordnung ($n > 1$) nur eine schwach ausgeprägte Neben-Rk. darstellt, wird ihre effektive Ausbeute auf 1/n des reaktionskinet. zu erwartenden Wertes reduziert. Die Ergebnisse können auch auf heterogene Rkk. in porösen Festkörpern übertragen werden. GERHARD SCHULZE. 225 □

Wechselwirkung von Cyanwasserstoff und Schwefelsäure. Gyula Kincses. (Veszprémi Vegyipari Egyetem Közleményei [Mitt. Univ. chem. Ind., Veszprém] **4.** 51—60. 1961. Veszprém, Lehrst. für chem. Technol.) (Ung.)

Vf. untersuchte die Zers. von HCN durch H_2SO_4 verschiedener Konz. u. Temperatur. Die Zers. von HCN durch 60% ig. H_2SO_4 beginnt oberhalb 60°. 83,5% ig. H_2SO_4 zersetzt HCN unabhängig von der Temperatur. Die Absorption von NH_3 neben HCN ist mit einer 5—20% ig. H_2SO_4 auch bei 80° ohne HCN-Verlust ausführbar.
J. PLANK. 225

Die Rekombination von Atomen. 3. Mitt. Temperaturkoeffizienten der Jodatomrekombination. G. Porter und J. A. Smith. (Proc. Roy. Soc. London, Ser. A. **261.** 28—37. 11/4. 1961. Univ. of Sheffield, Dep. of Chem.) (Engl.) — 2. vgl. C. **1956.** 13351.

Bei Temp. zwischen 20 u. 250° wurden Blitzphotolyse-Messungen der Rekombinations-Geschw. von J-Atomen in den Gasen *He, Ar,* O_2, CO_2, *Bzl., Toluol, Äthyljodid*

u. *Mesitylen* durchgeführt u. nach $k = A_1 e^{-E_1/RT}$ wie $k = TA_2 e^{-E_2/RT}$ analysiert. Die Aktivierungsenergien sind negativ, sie hängen von der Wirksamkeit des Gases ab, das als dritter Körper an der Rk. beteiligt ist. Statist. Berechnungen unter der Annahme einer intermediären Komplex-Bldg. werden durchgeführt. Die Rekombination wird als Bldg. eines Ladungstransfer-Komplexes zwischen dem dritten Körper u. dem J-Atom gedeutet. M. WIEDEMANN. 225□

Kinetik der Hydrolyse des Hydridoborats. W. H. Stockmayer, Roy R. Miller und Robert J. Zeto. (J. physic. Chem. **65.** 1076—77. Juni 1961. Cambridge, Mass., MIT, Dep. of Chem.) (Engl.)

Vff. untersuchten die Kinetik der Hydrolyse von BH_4^- nach $BH_4^- + 3\,H_2O = H_2 \cdot BO_3^- + 4\,H_2$, die der allg. Säurekatalyse unterliegt, in der Nähe von pH 9 unter Verw. von H_3BO_3–NaOH u. NH_4Cl–NaOH als Puffersubstanzen in verschiedenen Konzentrationen. Bei einer Ionenstärke von 0,16m (Zusatz von NaCl) wurden folgende Geschw.-Konst. erhalten: $k_{H_3O^+}$ bei 0° $(2{,}0 \pm 0{,}2) \cdot 10^5$ $(Mol^{-1}\,s^{-1})$, bei 25° $(8 \pm 1) \cdot 10^5$, $k_{H_3BO_3}$ bei 0° $(2{,}3 \pm 0{,}2) \cdot 10^{-4}$, bei 25° $(2{,}0 \pm 0{,}3) \cdot 10^{-3}$, $k_{NH_4^+}$ bei 25° $(1{,}5 \pm 0{,}4) \cdot 10^{-3}$. Die Aktivierungsenergie für die Rk. mit H_3O^+ ergab sich zu 9 ± 1 kcal/Mol, für die mit H_3BO_3 zu 14 ± 2 kcal/Mol. Für die Rk. mit NH_4^+ wurde sie zu ca. 20 kcal/Mol abgeschätzt. Für die Geschw.-Konst. der Rk. 2. Ordnung zwischen Aceton u. BH_4^- in H_2O bei einem so hohen pH-Wert, daß die Hydrolyse vollständig zu vernachlässigen ist, werden folgende Werte mitgeteilt: $1{,}45 \cdot 10^{-2}$ $(Mol^{-1} \cdot s^{-1})$ bei 15°, $1{,}83 \cdot 10^{-2}$ bei 20°, $2{,}27 \cdot 10^{-2}$ u. $2{,}33 \cdot 10^{-2}$ bei 25° u. $2{,}73 \cdot 10^{-2}$ bei 30°. Die Aktivierungsenergie dieser Rk. wurde zu $7{,}6 \pm 0{,}5$ kcal/Mol ermittelt. GERHARD SCHULZE. 225□

Bildungsgeschwindigkeit des Nickelkomplexes von Pheophytin a. B. L. Baker und G. W. Hodgson. (J. physic. Chem. **65.** 1078—79. Juni 1961. Edmonton, Canada, Res. Council of Alberta.) (Engl.)

Zur Aufklärung des allg. Rk.-Mechanismus für die Bldg. von Metall–Porphyrin-Komplexen untersuchen Vff. die Kinetik der Komplex-Bldg. zwischen Ni u. Pheophytin a in Methanol im Temp.-Bereich von 74—115°. Die Konz. des Komplexes wurde aus der Höhe des Absorptionsmaximums bei 635 nm bestimmt, für das ein molarer Extinktions-Koeff. von $7{,}0 \cdot 10^4$ Liter/Mol·cm für eine äther. Lsg. des Komplexes erhalten wurde. Die Exponenten des allg. Geschw.-Gesetzes $dx/dt = k(a - x)^\alpha \cdot (b - x)^\beta$ (a = Konz. an Ni-Acetat, b = Konz. an Pheophytin a, x = Konz. des Komplexes) wurden ermittelt; α liegt im untersuchten Temp.-Bereich zwischen 0,62 u. 0,86 mit Standardabweichungen zwischen 0,03 u. 0,13, β zwischen 0,46 u. 0,66 mit Standardabweichungen zwischen 0,04 u. 0,12. Die empir. Geschw.-Konst. für die Komplex-Bldg. werden für 3 verschiedene Konzz. der Reaktanten bei 74, 90, 103 u. 115° tabellar. mitgeteilt. GERHARD SCHULZE. 225□

Die Zersetzung der Oxalate des Plutoniums unter der Einwirkung ihrer eigenen α-Strahlung. V. V. Fomin, R. E. Kartushova und T. I. Rudenko. (J. nuclear Energy **4.** 247—52. Febr. 1957.) (Engl.)

Die Zers. von $Pu_2(C_2O_4)_3 \cdot 9\,H_2O$ (I), $Pu(C_2O_4)_2 \cdot 6\,H_2O$ (II) u. $PuO_2C_2O_4 \cdot 2\,H_2O$ bei Raum-Temp. u. bei −80° im Licht u. im Dunkeln wurde über einen Zeitraum von 17 Monaten verfolgt. Die Zers.-Prodd. wurden analyt. u. spektrograph. untersucht. Es zeigte sich, daß die Zers.-Geschw. von den äußeren Bedingungen nicht beeinflußt wird. Die Zers. ist auf die Einw. der α-Strahlung des Pu zurückzuführen u. führt zu CO, Oxiden u. Carbonaten. Das CO red. unter Bldg. von CO_2 Pu(VI) zu Pu(IV) u. Pu(IV) zu Pu(III). Bei der Zers. von II im Vakuum bei −80° war keine Gas-Entw. zu beobachten, doch setzte diese sofort nach Erhöhung der Temp. auf Raum-Temp. ein. Der Grund ist in der Adsorption des CO bzw. CO_2 im Kristallgefüge wegen der bei −80° nur geringen Diffusions-Temp. zu suchen. Eine gleichartige Zers. von $Na_2C_2O_4$, dem PuO_2 beigemischt ist, führt zu Na_2CO_3. Die Zers. von I u. II im Vakuum bei Raum-Temp. wurde über 480 Tage verfolgt. Während bei der Zers. von II der Gasdruck linear mit der Zeit anstieg, verlief die Zers. von I mit anfänglich großer, aber mit der Zeit abnehmender Geschwindigkeit. Die analyt. Zus. der Zers.-Prodd. wurde ermittelt. W. BETCKE. 226□

A_8. Präparative anorganische Chemie. Komplexverbindungen. Metallorganische Verbindungen

Einige Reaktionen der Dimethylborsäure. J. Goubeau und J. W. Ewers. (Z. anorg. allg. Chem. **304.** 230—37. 1960. Stuttgart, TH, Labor. für anorg. Chem.) (Dt.) — Vgl. C. **1961.** 9341.

Dimethylborsäure (I) bildet mit wss. KOH im hydrolyt. Gleichgew. $K[(CH_3)_2B(OH)_2]$, das nach Absaugen des W. im Vakuum als sehr hygroskop. Substanz erhalten wird.

CO_2 zerlegt diese in I u. K_2CO_3. Mit NH_3 ergibt I eine mäßig stabile 1:1-Additions-Verb.; $(CH_3)_2BOH \cdot NH_3$. Verss., das Salz $K[(CH_3)_2BO]$ durch Umsetzung von I mit K in fl. NH_3 darzustellen, ergaben nur eine Umsetzung von 1 K mit 2 I unter Entw. von H_2. Zugleich entstand durch Disproportionierung von 25 Mol.-% des eingesetzten I $B(CH_3)_3$. Aus der Analyse u. der Rk.-Bilanz folgt für das weiße Rk.-Prod. die Formel $K_2[B_3(CH_3)_5 \cdot O_2(OH)_2]$. Die Verb. wird als Addukt von 2 Mol I an das Dikaliumsalz der bei der Disproportionierung von I entstehenden Monomethylborsäure angesehen.

H.-J. BECHER. 258□

Die „künstlichen Diamanten" von W. Prandtl und die Verwandtschaft zwischen den aluminothermischen Verfahren und dem Moissan-Verfahren der Diamantsynthese. H. J. Rodewald. (Chimia [Zürich] **14.** 83—85. 15/3. 1960. Neuhausen, Forsch.-Labor. der AIAG.) (Dt.)

In einem 1913 von PRANDTL hergestellten Präp. konnten röntgenograph. zwar keine Diamanten, dafür aber Quarz, Korund u. Hercynit ($FeO \cdot Al_2O_3$) nachgewiesen werden. Der Hercynit kann bei oberflächlicher, mkr. Prüfung leicht mit Diamant verwechselt werden. Zur Kontrolle wurden die Kristalle erschöpfend mit einem $HF-H_2SO_4-HNO_3$-Gemisch, darauf mit geschmolzenem $NaHSO_4$ behandelt (Temp. der Schmelze $<450^0$); es blieben keinerlei säureunlösl. Rückstände zurück. Die „künstlichen Diamanten" von PRANDTL verdankten also ihre Existenz der unvollständigen Aufbereitung der aluminotherm. hergestellten Schmelzen. Auf Grund neuerer Unterss. über die Entstehung des Diamanten in der Natur u. bei anderen Synth.-Verf. wird festgestellt, daß bei allen aluminotherm. Verff. die wichtigsten Voraussetzungen für eine Diamantabscheidung fehlen u. daß das MOISSAN-Verf. sich von diesen Verff. wesentlich in physikal. u. chem. Hinsicht unterscheidet.

U. SKURNIA. 260□

Eine Untersuchung des Systems Si–O–C einschließlich der Koexistenzbeziehung, der Reaktionskinetik und der Gleichgewichtsbedingung. Alan Theodore Chapman jun., Wilfrid R. Foster und Thomas S. Shevlin. (Ohio State Univ., Coll. Engng., Engng. Exp. Stat. Bull. Nr. **185.** 1—74. Jan. 1961.) (Engl.)

Das Syst. wird im fl. u. gasförmigem Zustand bei 1316^0 bis 1704^0 untersucht. SiO ist in fester Phase nicht stabil, sondern nur in gasförmiger gemeinsam mit CO. Die Ergebnisse der dynam. u. Gleichgew.-Unterss. stimmen überein. Die 4 Hauptphasen sind C–Si·C-Gas, SiC-Gas, SiC–Si-Gas u. SiO_2-Gas. Anzeichen für Si–O–C sind nicht vorhanden. SiO_2–SiC- u. SiO_2–C-Mischungen sind mit gasförmigem SiO u. CO im Gleichgew. nach $SiO_2 + 3\,C \rightarrow SiO_{gas} + CO_{gas} + 2\,C$ u. $2\,C + SiO_{gas} \rightarrow SiC + CO_{gas}$. — Bei ca. 1082^0 kondensiert SiO, das sich am günstigsten aus Si u. SiO_2 bei 10^{-5} Torr bildet. SiC im Kondensat ist auf Rk. zwischen Si u. CO zurückzuführen. Spuren O_2 führen zur Oxydation von SiO zu SiO_2. Die Dampfdrücke der verschiedenen Mischungen werden im log p gegen 1/T-Diagramm mitgeteilt. Unter Vakuum ist der Gew.-Verlust der Rkk. SiO_2–C- u. SiO_2–SiC-Mischungen exponentiell, d. h. die Rk. ist konzentrationsabhängig.

H.-G. MOSLÉ. 261□

Zur Chemie der kondensierten Phosphate und Arsenate. 30. Mitt. Über die thermische Spaltung der Natriumäthylphosphate. Erich Thilo und Dietrich Schultze. (Chem. Ber. **93.** 2430—39. 12/10. 1960. Berlin-Adlershof, Dt. Akad. der Wiss., Inst. für Anorg. Chem.) (Dt.) — 29. vgl. WINKLER, C. **1961.** 17503.

Die bei der therm. Zers. von Di-Na-Äthyl- (**I**), Na-Hydrogenäthyl- (**II**) u. Na-Diäthylphosphat (**III**) auftretenden flüchtigen Prodd. wurden qual. bzw. halbquant. bestimmt, die festen Prodd. papierchromatograph. u. röntgenograph. identifiziert u. gravimetr. analysiert. Aus **I** entsteht neben Äthylen, A. u. W. bei 322^0 reines $Na_4P_2O_7$. Aus **II** erhält man die gleichen flüchtigen Prodd.; als festes Prod. der Rk. tritt bei $\sim 225^0$ nach 24 Std. ein bei so niedriger Entstehungs-Temp. noch nicht beobachtetes, amorphes hochmol. Polyphosphat der Zus. $Na_nH_2P_nO_{3n+1}$ einer mittleren Kettenlänge von $n = 89$ mit kleinen Anteilen von Trimetaphosphat (**IV**) auf, das bei ~ 330 in MADDRELLsches Salz (Tieftemp.-Form) übergeht u. sich bei ~ 520 in **IV** umwandelt. **III** reagiert zunächst unter Disproportionierung zu Triäthylphosphat (**V**) u. **I**; da aber durch die Verflüchtigung von **V** das Na/P-Verhältnis vom Werte 1:1 in **III** bis auf den Wert 1,3:1 ansteigt, kann das Endprod. weder aus reinem **IV** oder hochmol. Polyphosphat, noch aus reinem Diphosphat bestehen. Als Rückstand wird vielmehr ein Gemisch aus MADDRELLschem Salz u. **IV** mit einem Na/P-Verhältnis 1:1 u. dem gut krist. Triphosphat $Na_5P_3O_{10}$ mit dem Atomverhältnis Na:P = 5:3 gebildet. Ae. als flüchtiges Prod. u. Red.-Prodd. des Phosphates wurden nicht beobachtet.

Versuche: *Ba-Monoäthylphosphat-1-Wasser* (**VI**), $Ba(C_2H_5)PO_4 \cdot H_2O$, a) durch Neutralisieren von 0,25 Mol $(C_2H_5)OPOCl_2$ in 1 Liter W. mit $Ba(OH)_2 \cdot 8\,H_2O$, Zugabe des gleichen Vol. A., Umfällen aus W./A. u. Trocknen bei 60°; 42 g (Ausbeute); b) durch allmähliches Eintragen von 65 g P_4O_{10} in 175 ml A. unter Rühren, ½ std. Kochen, Eingießen in 1 Liter W., 1 std. Kochen, Neutralisieren mit $Ba(OH)_2$, Filtration des ausgefallenen $BaHPO_4$ u. Ausfällen mit A.; 63 g; daneben *Ba-Diäthyldiphosphat*, durch Eindampfen der Mutterlauge u. Extraktion des Rückstands mit 80% ig. A. u. Umfällen aus W./Äthanol. — *Di-Na-Äthylphosphat* (I), $Na_2(C_2H_5)PO_4$, man läßt die Lsg. von 27 g **VI** in 1,2 Liter W. eine mit Na^+ beladene Wofatit F-Säule passieren, dampft im Vakuum ein u. bringt durch Zusatz von Aceton zur Kristallisation; 55%. — *Na-Hydrogenäthylphosphat* (II), $NaH(C_2H_5)PO_4$ durch Versetzen der Aufschlämmung von 37 g **VI** in 400 ml W. mit 66 ml 4n H_2SO_4, Neutralisation bis pH 4,1, Einengen im Vakuum u. Eindunsten über P_4O_{10}; 51%. — *Na-Diäthylphosphat* (III), $Na(C_2H_5)_2PO_4$ durch Umsetzung von PCl_3 mit A. unter Bldg. von Chlorphosphorigsäurediäthylester (vgl. Inorg. Syntheses **IV**. 58 u. 78), Rk. mit Cl_2 zu Chlorphosphorsäurediäthylester, dessen Hydrolyse mit wss.-alkohol. NaOH, Entfernung des nicht umgesetzten Säurechlorids mit Ae. u. Eindampfen des Hydrolysats im Vakuum; farblose Nadeln; 66,7%. L. LAMZA. 264□

Monofluornitrit. Asim Bikash Ray und Amiyakanti Ghosh. (J. Indian chem. Soc. **36**. 599—600. Aug. 1959. Calcutta, City Coll. and Vidyasagar Coll.) (Engl.)

Das *Monofluornitrition* ist ein negativ zweiwertiges Komplexion mit neutralem 3-bindigem N; das K-Salz krist. mit 1 Mol. HF unter Ausbldg. einer Wasserstoffbindung zwischen N u. F. $K_2NO_2F \cdot HF$ wird durch Sättigen einer konz. KF-Lsg. bei Raum-Temp. mit N_2O_3 u. mehrtägiges Stehen über H_2SO_4 in langen nicht hygroskop. Nadeln erhalten, die unter Abgabe von HF, jedoch ohne Entw. nitroser Gase schmelzen. Die gesätt. Lsg. zeigt pH 4. Die Darst. aus einem äquimolaren Gemisch aus KNO_2 u. KF oder KHF_2 gelingt nicht. W. LIEBSCHER. 275□

Eine Untersuchung über Magnesiumhydroxidsulfate. Thaisa Demediuk und W. F. Cole. (Austral. J. Chem. **10**. 287—94. Aug. 1957. Melbourne, C.S.I.R.O., Div. of Building Res.) (Engl.)

Vff. untersuchten im einzelnen die Rkk., die im Syst. $MgO—MgSO_4—H_2O$ bei $MgSO_4$-Konzz. bis zur Sättigung u. bei Temp. von 30—120° stattfinden. Mit chem. u. Röntgen-Meth. wurde die Existenz von 4 Hydroxidsulfaten sichergestellt. Dabei handelt es sich um die beiden bereits bekannten Verbb. $5\,Mg(OH)_2 \cdot MgSO_4 \cdot 3(2)\,H_2O$ (I) u. $3\,Mg(OH)_2 \cdot MgSO_4 \cdot 8\,H_2O$ (II) sowie um zwei neue Verbb., $Mg(OH)_2 \cdot MgSO_4 \cdot 5\,H_2O$ (III) u. $Mg(OH)_2 \cdot 2\,MgSO_4 \cdot 3\,H_2O$ (IV). Die Ergebnisse von Pulveraufnahmen der 4 Verbb. werden mitgeteilt, ihre Stabilität wird kurz diskutiert. Weiterhin stellten Vff. ein Gleichgew.-Diagramm auf, aus dem die Existenzbereiche der Verbb. im Temp.-Bereich von 30—120° ersichtlich sind. Danach tritt **II** bei niedrigen Temp., **I** sowohl bei niedrigen als auch bei hohen Temp., **III** bei mittleren Temp. u. hohen $MgSO_4$-Konzz. u. **IV** bei hohen Temp. u. hohen $MgSO_4$-Konzz. auf. GERHARD SCHULZE. 282□

Reaktionen und Schmelzbeziehungen im System Muskovit–Quarz bei hohen Drücken. Ralph E. Segnit und George C. Kennedy. (Amer. J. Sci. **259**. 280—87. April 1961. Los Angeles, Calif., Univ., Inst. of Geophys.) (Engl.)

Die Rk., die zu Sanidin u. Mullit führt, wurde als Funktion der Temp. u. des Wasserdruckes (bis 6 kbar) untersucht. Bei niedrigen Drücken stimmen die Ergebnisse mit den von YODER [1957] gefundenen Daten überein. Die Rk. Muskovit + Quarz = Muskovit + Schmelze wurde bis zu 20 kbar bestimmt. Der Druck-Koeff. des Schmelzprozesses eines synthet. quatern. Granits, bei dem Muskovit als erste Phase auskrist., ist angenähert 6,5 Grad/kbar. H. MOENKE. 294□

Über einen Elementkomplex des Yttriums: $YDipy_3 \cdot 3\,THF$. S. Herzog und K. Gustav. (Z. Naturforsch. **17b**. 62. Jan. 1962. Greifswald, Ernst-Moritz-Arndt-Univ., Inst. für Anorg. Chem.) (Dt.)

Vff. lösten wasserfreies YCl_3 in Tetrahydrofuran (THF), fügten 3 Mol 2.2'-Dipyridyl hinzu, versetzten die Suspension des entstehenden Adduktes mit Dilithiumdipyridyl in THF u. erhielten (nach Zugabe von 3 Red.-Äquivalenten) eine weinrote Lsg., aus der sich schwarze Kristalle abschieden. Die Kristalle wurden aus THF umkrist. u. Cl^-- u. Li-frei erhalten. Sie sind in THF, Dioxan, Bzl. u. Pyridin sowie spurenweise in Ae. mit roter Farbe lösl. u. zersetzen sich mit W. u. A. sowie an der Luft unter THF- u. Dipyridylabspaltung. Durch milde therm. Behandlung lassen sich 2,8 Mol THF abspalten. Die anaerobe Jodierung erfordert 2,92 Grammatome J/Mol Komplex bis zum Erreichen der Oxydationsstufe +3 des Y, so daß die Verb. formal als Komplex des Y(0) anzusehen ist. Sie zeigt in THF prakt. keine Leitfähigkeit u. zersetzt sich im Hochvakuum (10^{-5} Torr, ca. 300° Bad-Temp.). Der Komplex scheint stärker paramagnet. als $[ScDipy_3]$ zu sein; eine orientierende Messung des magnet. Momentes ergab $\mu_B = 3{,}59$ B.M. bei Zimmertemperatur. GERHARD SCHULZE. 300□

Die Natriumsulfatbehandlung von Monazit. Toshio Ishino und Hideo Tamura. (Technol. Rep. Osaka Univ. **8.** 427—35. Okt. 1958.) (Engl.)

Vff. erhitzten Monazit mit wasserfreiem Na_2SO_4 u. *Kohle* (1:2:0,4) 1 Std. auf 900 bis 1000°. Durch fraktionierte Behandlung der Schmelze mit W. u. verd. Säuren konnten *Th* u. die *Seltenenerdmetalle* weitgehend getrennt werden. Eine hinreichende Konzentrierung des *U* in einer der durch Lsg. oder Fällung, erzeugten Fraktionen konnte noch nicht erreicht werden. Der eingesetzte Monazit enthielt neben 54.35 (%) *Seltenen Erden* u. 8,84 ThO_2 nur 0,21 U_3O_8. GERHARD GÜNTHER. 303□

Komplexe der Lanthanidenelemente mit α-Hydroxycarboxylatliganden. G. R. Choppin und J. A. Chopoorian. (J. inorg. Nuclear Chem. **22.** 97—113. Febr. 1962. Tallahassee, Fla., Florida State Univ., Dep. of Chem.) (Engl.)

Vff. bestimmen durch potentiometr. Titration die Bldg.-Konst. der Komplexe von 9 Lanthanidenelementen u. Y mit α-Hydroxyisobuttersäure, Milchsäure u. Glykolsäure u. erhalten folgende Werte (bei 25°): α-Hydroxyisobutyrat (I) als Ligand: Ce(K_1 =) 270, (K_2 =) 77, (K_3 =) 10, Nd, 420, 111, 25, Sm 560, 141, 38, Eu 503, 174, 38, Gd 660, 213, 42, Tb 673, 261, 60, Y 730, 380, 72, Ho 1127, 392, 106, Er 1168, 453, 117, Yb 1400, 715, 132; Lactat (II) als Ligand: Ce 214, 59, 13, Nd 292, 80, 17, Sm 366, 105, 21, Eu 337, 117, 19, Gd 337, 125, 19, Tb 403, 131, 19, Y 341, 149, 26, Ho 511, 183, 38, Er 590, 218, 39, Yb 706, 265, 49; Glykolat (III) als Ligand: Ce 186, 55, 13, Sm 291, 88, 29, Eu 285, 92, 23, Gd 287, 74, 36, Ho 308, 109, 24, Yb 420, 158, 25, Y 239, 94, 18. Die Bldg.-Konst. nehmen in jedem der drei Liganden-Syst. als Funktion der Ordnungszahl zu, wobei im Gebiet Sm–Eu–Gd einige Unregelmäßigkeiten zu beobachten sind. Für ein gegebenes Metallion ist die Reihenfolge der Komplexstabilität I > II > III. Die ΔH- u. ΔS-Werte für die Bldg. der Monokomplexe MeL (Me = Lanthanidenelement, L = Ligand) von Ce(III) u. Gd(III) wurden wie folgt bestimmt: Ce–I (ΔH_1 =) −0,83 ± 0,41 (kcal/Mol), (ΔS_1 =) 8,4 ± 1,2 (Entropieeinheiten/Mol); Ce–II −0,83 ± 0,41, 7,9 ± 1,1; Ce–III −0,44 ± 0,22, 8,9 ± 1,3; Gd–I −0,89 ± 0,45, 9,9 ± 1,4; Gd–II −0,54 ± 0,27, 9,8 ± 1,4; Gd–III −0,40 ± 0,20, 9,9 ± 1,4. Die Reihenfolge der Komplexstabilität u. die ΔH- u. ΔS-Werte zeigen, daß die relative Größe der Komplexstabilität durch einen induktiven Effekt des Liganden bestimmt wird. Für alle Metallionen einschließlich Y(III) überschreitet die mittlere Ligandenzahl den Wert 3, was auf die Bldg. eines komplexen MeL_4^- deutet. GERHARD SCHULZE. 303□

Eine Untersuchung der Jodid-Methode zur Reinigung von Zirkonium. 2. Mitt. **Niedere Zirkoniumjodide und der Einfluß des Tetrajodid-Druckes auf die Geschwindigkeit der Metallabscheidung.** V. S. Emelyanov, P. D. Bystrov und A. I. Evstyukhin. (J. nuclear Energy **4.** 253—61. 1 Tafel. Febr. 1957.) (Engl.) — 1. vgl. J. nuclear Energy **3.** [1956.] 121.

An der Oberfläche eines glühenden Zr-Stabes in einer Atmosphäre von ZrJ_4 bilden sich niedere Jodide. Bei einer bestimmten, vom ZrJ_4-Druck abhängigen Temp., die mit dem Druck ansteigt u. für Drücke zwischen einigen u. 700 mm Hg bei 950—1550° liegt, wird der Rk.-Raum vom dunklen ZrJ_3-Dampf angefüllt. Bei langsamer Rk. bildet sich auf dem Zr-Stab ein Überzug von krist. niederem Jodid. — Eine Theorie der Vorgänge an der Oberfläche des Zr-Stabes wird entwickelt, nach der die entstehenden niederen Jodide nur einen indirekten Einfl. auf den Prozeß der Zr-Abscheidung haben. Bei langsam verlaufender Raffinierung verschwindet infolge Bldg. eines niederen Jodids das feste ZrJ_4 vollständig, was eine Änderung des ZrJ_4-Dampfdruckes u. weiter der Geschw. der Metallabscheidung zur Folge hat. Die Hauptgründe für ein Nachlassen der Geschw. der Zr-Abscheidung bei ZrJ_4-Drücken > ca. 0,3 mm Hg sind die Verminderung der Diffusions-Geschw. mit zunehmendem Druck u. die Bldg. niederer Jodide an der glühenden Zr-Oberfläche. W. BETCKE. 322□

Carbonitride des Niobs. Georg Brauer und Richard Lesser. (Z. Metallkunde **50.** 487—92. Aug. 1959. Freiburg/Br., Univ., Anorg. Abt. des Chem. Labor.) (Dt.)— Vgl. C. **1961.** 12017.

Im tern. Syst. Nb–NbC–NbN werden durch chem.-präparative, chem.-analyt. u. röntgenograph. Unterss. die Art der existierenden Phasen u. der Verlauf ihrer Grenzen ermittelt. Bei 1250—1450° werden die vier Phasen α, β, γ u. δ festgestellt. Die rein metall. α-Phase mit der kub. raumzentrierten Kristallstruktur des Nb (A 2) vermag C u. N bis zu ca. 3 Atom-% zu lösen. Dabei wird eine maximale Gitter-Konst. von 3,3058 Å beobachtet. Die β-Phase krist. mit einer hexagonal dichtesten Kugelpackung der Metallatome (L′ 3). Sie erstreckt sich mit beträchtlicher Homogenitätsbreite durch den ganzen tern. Bereich hindurch u. verbindet die beiden bin. Verbb. gleicher Struktur, einschließlich der Grenz-Verbb. Nb_2C($NbC_{0,50}$) u. Nb_2N($NbN_{0,50}$). Die δ-Phase krist. im Steinsalztyp (B 1) u. bildet ein besonders breites Homogenitätsgebiet zwischen den entsprechenden bin. Phasen. Eine Formel-Zus. $NbC_{1,00}NbN_{1,00}$ oder $Nb(C,N)_{1,00}$ wird jedoch in keinem Punkte des Gebietes erreicht. Die γ-Phase besitzt tetragonal deformierte Steinsalzstruktur u. einen eigenen, eng begrenzten Existenzbereich nahe der Zus. $NbN_{0,75}$. Im Bereich der tern. δ-Phase werden die Kurven gleicher Gitter-Konst. festgelegt. Der N-Zersetzungsdruck der δ-Phase kann angenähert angegeben werden. H. HOCHSTEIN. 331□

Über einen Elementkomplex des Niobs: Tris-[2.2'-dipyridyl]-niob(0), [NbDipy$_3$]. S. Herzog und R. Schuster. (Z. Naturforsch. **17 b.** 62. Jan. 1962.) (Dt.) — Vgl. C. **1962.** 9639.

Vff. lösten solvatfreies $NbCl_5$ unter Kühlung in Tetrahydrofuran (THF), versetzten die kristalline Additions-Verb. mit 3 Mol 2.2'-Dipyridyl, reduzierten anschließend mit Dilithiumdipyridyl in THF u. erhielten (nach Zugabe von 5 Red.-Äquivalenten) violette Kristalle, die aus Bzl. umkrist. wurden u. sich als halogen- u. Li-frei erwiesen. Die Kristalle zersetzen sich an der Luft sofort unter Selbsterwärmung u. Dipyridylabspaltung; sie lösen sich in Bzl., THF, Pyridin u. Dioxan, spurenweise auch in A., mit blauer Farbe. In Ae. u. W. sind sie unlöslich. Bei der anaeroben Jodierung waren 4,92 Grammatome J zur Erreichung der Oxydationsstufe +5 des Nb erforderlich, was auf eine Oxydationsstufe 0 des Nb in der Verb. schließen läßt. Damit im Einklang steht die magnet. Susceptibilität von $\chi = (1{,}92 \pm 0{,}2) \cdot 10^{-6}\ cm^3/g$ bei Raum-Temp. (entsprechend $\mu_{eff.} = 1{,}75 \pm 0{,}07$ B.M.), was für $4d^2 5s 5p^3$-Hybridisierung spricht. GERHARD SCHULZE. 331□

Hochschmelzende Systeme mit Hafniumcarbid und -nitrid. H. Nowotny, F. Benesovsky und E. Rudy. (Mh. Chem. **91.** 348—56. 1960. Wien, Univ., Anorg. u. Phys. chem. Inst.; Reutte/Tirol, Metallwerk Plansee A.G.) (Dt.)

Vff. untersuchten röntgenograph. die Syst. *HfN–TiN*, *HfN–ZrN*, *HfN–TiC*, *HfN–ZrC*, *HfN–HfC*, *HfN–NbC*, *HfN–TaC*, *HfC–TiN*, *HfC–ZrN*, *HfC–NbN*, *HfN–VN*, *HfN–TaN u. HfC–TaN*. Als Ausgangsmaterialien für die Mischung dienten Metallcarbide bzw. -nitride, die durch Carburierung der entsprechenden Metalloxide (IVa-Gruppe) oder der Metalle (Va-Gruppe) bzw. durch Nitrieren entsprechender Metall- oder Hydridpulver hergestellt wurden. Aus den erhaltenen Hartstoffen wurden durch Drucksintern Mischungen mit 20; 40; 60 u. 80 Mol.-% unter Zusatz von 1% Co hergestellt. Die anschließende Homogenisierung erfolgte durch Glühen in einem W-Rohr-Kurzschlußofen unter reinem N_2 bzw. Ar. Die Homogenisierungs-Temp. u. die Glühzeiten sind tabellar. angegeben. Die Pulveraufnahmen ergeben, daß alle Syst. bis auf die letzten 3 lückenlose Mischkristallreihen bilden. Bei der Unters. der 3 letzten Syst. wurde festgestellt, daß sich VN u. TaN in großen Mengen in HfN auflösen u. daß ferner HfC sehr viel TaN in fester Lsg. aufnimmt. Es wurden nochmals die Syst. *Zr–C* u. *Hf–C* untersucht. In beiden Fällen besteht für die Monocarbidphase ein weites Homogenitätsgebiet. Es reicht für ZrC_{1-x} (1400°) von 35 bis rund 50 Atm.-% C u. für HfC_{1-x} (1550°) von 37 bis 49 Atom-% C. Obwohl eine merkliche Temp.-Abhängigkeit des homogenen Bereiches bestehen dürfte, ist eine Regelmäßigkeit in der Weise zu erkennen, daß der homogene Bereich, d. h. die Defektgitter-Bldg., von TiC nach HfC abnimmt. Die Monocarbide der Va-Gruppe verhalten sich diesbzgl. etwas verschieden. C. GOTTFRIED. 332

Ein Carbonatokomplex des Molybdäns, $K_6Mo(CO_3)_5 \cdot 2H_2O$. M. C. Steele. (Austral. J. Chem. **10.** 367—68. Aug. 1957. Sydney, N.S.W., Univ. of Technol., School of Appl. Chem.) (Engl.)

Vf. beschreibt die Darst. eines Carbonatokomplexes des Mo(IV), dem auf Grund der chem. Analyse die Formel $K_6Mo(CO_3)_5 \cdot 2\ H_2O$ oder $K_4Mo(CO_3)_4 \cdot K_2CO_3 \cdot 2\ H_2O$ zukommt. Die Leitfähigkeit einer wss. 1/1016m Lsg. der Verb. beträgt bei 25° 680 Ω^{-1}; sie steigt mit der Zeit leicht an, was auf teilweise Hydrolyse zurückzuführen ist. Messungen der magnet. Susceptibilität zeigten, daß die Verb. diamagnet. ist ($\chi \cdot 10^6 = -0{,}052$), was auf Mo(IV) schließen läßt.

Versuche: *Hexakaliumpentacarbonatomolybdat(IV)-2-Wasser*, $K_6Mo(CO_3)_5 \cdot 2\ H_2O$, durch Ansäuern einer Lsg. von K-Molybdat mit HJ, Zufügen von ca. 2 g KJ, Elektrolysieren der Lsg. unter Verw. einer Hg-Kathode u. einer C-Anode, Abfiltrieren des entstehenden C-Nd., Ersetzen der durch das frei gewordene J_2 korrodierten C-Anode durch eine Pt-Anode u. weitere Elektrolyse, Eindampfen der rotbraunen Lsg. bei 70° unter vermindertem Druck auf 50 ml, Zugabe von A., Einleiten von CO_2, Abfiltrieren des in der wss. Phase ausfallenden Nd., Waschen mit A. u. Trocknen bei 100°.

GERHARD SCHULZE. 336□

Ein Oxalatokomplex des Molybdäns, $(NH_4)_4Mo(C_2O_4)_4 \cdot 8\,H_2O$. M. C. Steele. (Austral. J. Chem. **10.** 368—69. Aug. 1957.) (Engl.) — Vgl. vorst. Referat.

Durch elektrolyt. Red. des Mo(VI) in Ggw. von Oxalsäure gelingt Vf. die Darst. des diamagnet. Mo(IV)-Komplexes $(NH_4)_4Mo(C_2O_4)_4 \cdot 8\ H_2O$, dem wahrscheinlich wie den Oktacyanokomplexen die Konfiguration $4d^4 5s 5p^3$ zukommt. Die Leitfähigkeit einer

10^{-3}m Lsg. beträgt bei 25° 730 Ω^{-1}. Der Komplex verkohlt bei 60°; er ist sehr leicht lösl. in W., aber unlösl. in den üblichen organ. Lösungsmitteln.

Versuche: *Tetraammoniumtetraoxalatomolybdat(IV)-8-Wasser*, $(NH_4)_4Mo(C_2O_4)_4 \cdot 8\,H_2O$, aus 10 g NH_4-Molybdat u. 20 g Oxalsäure in 250 ml W. durch 12—14std. Elektrolyse unter Verw. einer Hg-Kathode u. einer Pt-Anode bei 24 V u. 2—3 A, wobei die Farbe der Lsg. nacheinander hellbraun, goldgelb, gelblichbraun, rötlichbraun, rot ist u. die Temp. auf 75° steigt, Filtrieren, Stehenlassen im Kühlschrank, nochmaliges Filtrieren, Zusatz von A., Waschen des abfiltrierten Nd. mit A. u. Trocknen bei 40°, hellbraune Substanz. GERHARD SCHULZE. 336□

Die Reaktionen von di- und tritertiären Phosphinen mit den Hexacarbonylen der Metalle der 6. Gruppe. J. Chatt und H. R. Watson. (J. chem. Soc. [London] **1961**. 4980—88. Nov. Welwyn, Herts., Frythe Imp. Chem. Ind. Ltd., Heavy Org. Chem. Div., Akers Res. Labor.) (Engl.)

Tert. Diphosphine, wie $CH_2[P(C_6H_5)_2]_2$, $(CH_2PR_2)_2$ u. o-$C_6H_4[P(C_2H_5)_2]_2$, wobei R C_2H_5 oder C_6H_5 ist, reagieren mit den Hexacarbonylen von *Cr*, *Mo* u. *W*., indem entweder zwei oder vier CO-Moll. ersetzt werden. Tert. Triphosphine, wie $C_6H_5P[o\text{-}C_6H_4P(C_2H_5)_2]_2$, $C_6H_5P[C_2H_4P(C_6H_5)_2]_2$ u. $CH_3C[CH_2P(C_6H_5)_2]_3$ ersetzen drei. Die substituierten Cr-Derivv. zeigen cis–trans-Isomerie, aber nicht die von Mo u. W. Tabellar. werden die IR-Absorptionsfrequenzen der CO-Gruppe im Bereich von 1700—2100 cm^{-1} in 1.2-Dichloräthan u. die Dipolmomente der untersuchten neuen Verbb. gegeben. Die Tetracarbonyle lösen sich gut in Chlf. u. Bzl., die Di- u. Tricarbonyle sind weniger gut löslich. Alle leiten in Nitrobenzol nicht den elektr. Strom. In Abwesenheit von Licht werden sie sogar in Lsg. nicht durch Luft oxydiert, unter N_2 erfolgt auch bei Bestrahlung mit UV-Licht keine Veränderung der Lösungen. Die FF. mußten in evakuierten Gefäßen gemacht werden, da sonst Oxydation eintrat; sie sind korrigiert.

Versuche: Die Carbonyl-Derivv. werden dargestellt, indem ein geringer Überschuß des Metallhexacarbonyls mit dem tert. Phosphin in einer abgeschlossenen, evakuierten App. von solchen Dimensionen erhitzt wird, daß bei der angewendeten Temp. der Enddruck des entwickelten CO nicht 10 atm übersteigt. *Tetracarbonyl-1.2-bis-[diäthylphosphino]-äthanchrom*, $C_{14}H_{24}CrO_4P_2$; F. 116—116,5°, aus $Cr(CO)_6$ u. dem entsprechenden Phosphin bei 150—160° in 4½ Std.; krist. aus A.; weiße Kristalle; dest. unzersetzt bei 140° (Bad)/0,02 mm; 85% (Ausbeute). — *Tetracarbonyl-1.2-bis-[diäthylphosphino]-äthanmolybdän*, $C_{14}H_{24}MoO_4P_2$; F. 106,5—107°; in 6 Std.; krist. aus Leichtbenzin (Kp. 80 bis 100°) (I); rein weiße Kristalle aus Methanol; 68%. — *Tetracarbonyl-1.2-bis-[diäthylphosphino]-äthanwolfram*, $C_{14}H_{24}O_4P_2W$; F. 121,5—122°; in 12 Std.; krist. aus A.; durch Eluieren in Ae. (Al_2O_3) schwach gelbe Kristalle; 97%. — *Tetracarbonyl-o-phenylen-bis-[diäthylphosphin]-chrom*, $C_{18}H_{24}CrO_4P_2$; F. 162—164,5°; in 5 Std.; krist. aus A.; weiße Kristalle durch wiederholte Kristallisation aus I; 62%. — *Tetracarbonyl-o-phenylen-bis-[diäthylphosphin]-molybdän* (II), $C_{18}H_{24}MoO_4P_2$, F. 181,5—182°; in 3 Std.; ein Überschuß an $Mo(CO)_6$ wurde wegsublimiert; weiße Kristalle aus I; 70%. — *Tetracarbonyl-o-phenylen-bis-[diäthylphosphin]-wolfram* (III), $C_{18}H_{24}O_4P_2W$, F. 190,5—191°; in 7 Std.; wiederholte Umkristallisation aus Methanol gab weiße Kristalle; 77%. — *Tetracarbonyl-bis-[diphenylphosphino]-methanchrom*, $C_{29}H_{22}CrO_4P_2$; F. 170,5—171,5°; in 12 Std.; gelbe Kristalle durch wiederholte Kristallisation aus I; 77%. — *Tetracarbonyl-bis-[diphenylphosphino]-methanmolybdän*, $C_{29}H_{22}MoO_4P_2$; F. 195,5—196°; in 8 Std.; aus Aceton; schwach gelbe Kristalle durch wiederholte Kristallisation aus I; 97%. — *Tetracarbonyl-bis-[diphenylphosphino]-methanwolfram*, $C_{29}H_{22}O_4P_2W$; F. 200,5—201,5°; in 8 Std.; schwach gelbe Kristalle aus Aceton; 93%. — *Tetracarbonyl-1.2-bis-[diphenylphosphino]-äthanchrom*, $C_{30}H_{24}CrO_4P_2$; F. 211—212°; in 12 Std.; aus Aceton schwach gelbe Kristalle; 71%. — *Tetracarbonyl-1.2-bis-[diphenylphosphino]-äthanmolybdän* (IV), $C_{30}H_{24}MoO_4P_2$; F. 193—194°; 5 Std. bei 150°, dann 4 Std. bei 170°; weiße Prismen aus Aceton; 67%. — *Tetracarbonyl-1.2-bis-[diphenylphosphino]-äthanwolfram* (V), $C_{30}H_{24}O_4P_2W$; F. 208—209°; in 17 Std.; krist. aus Aceton/Methanol; schwach gelbe Kristalle durch weiteres Umkristallisieren; 67%. — *cis-Tetracarbonyl-bis-[diäthylphenylphosphin]-chrom*, $C_{24}H_{30}CrO_4P_2$; F. 95—95,5°; in 8 Std.; krist. aus A./Methanol; citronengelbe Kristalle durch weiteres Umkristallisieren; 63%. — *cis-Tetracarbonyl-bis-[diäthylphenylphosphin]-molybdän*, $C_{24}H_{30}MoO_4P_2$; F. 98,5—99°; in 8 Std., schwach braungelbe Kristalle aus Leichtbenzin (Kp. 60—80°) (**VI**); 81%. — *cis-Tetracarbonyl-bis-[diäthylphenylphosphin]-wolfram*, $C_{24}H_{30}O_4P_2W$; F. 104°; in 8 Std.; blaßgelbe Kristalle aus **VI**; 58%. — *cis-Dicarbonyl-bis-{o-phenylen-bis-[diäthylphosphin]}-chrom*, $C_{30}H_{48}CrO_2P_4$; F. 263,5—266,5°; aus Tricarbonylmesitylenchrom u. dem entsprechenden tert. Diphosphin (2 Val) durch Erhitzen im N_2-Strom bei 195° in 5 Std.; orangefarbene Kristalle aus A. in niedriger Ausbeute. — *cis-Dicarbonyl-bis-{o-phenylen-bis-[diäthylphosphin]}-molybdän*, $C_{30}H_{48}MoO_2P_4$; F. 257 bis 258°; aus **II** u. dem tert. Diphosphin (1 Val) durch Erhitzen unter N_2 u. im UV-Licht bei 220° in 16 Std.; leuchtend gelbe Kristalle aus A.; 51%. — *cis-Dicarbonyl-bis-{o-phenylen-bis-[diäthylphosphin]}-wolfram*, $C_{30}H_{48}O_2P_4W$; F. 270—272°, aus III u. dem tert. Diphosphin (1 Val) durch Erhitzen bei 230° in 60 Std.; krist. aus A.; leuchtend gelbe Kristalle nach weiterem Umkristallisieren; 36%. — *trans-Dicarbonyl-bis-{1.2-bis-[diphenylphosphino]-äthan}-chrom*, $C_{54}H_{48}CrO_2P_4$; F. 279—280°, aus Tricarbonylmesitylenchrom u. dem tert. Diphosphin (2 Val) unter N_2 durch Erhitzen auf 190—195° in 5 Std.; die Kristallisation aus Toluol/I gab ein Gemisch aus gelben u. roten Kristallen; nach dem Waschen mit kaltem Äthylmethylketon u. etwas kaltem Toluol blieben nur rote Kristalle der trans-Verb. mit einem Solvat-Mol. Toluol; 30%. Wiederholtes Waschen mit kaltem Leichtbenzin (Kp. 40—60°) gab die zinnoberrote trans-Dicarbonyl-Verb.; lösl. in heißem Chlf., Bzl. oder Toluol unter Bldg. kirschroter Lsgg., aus denen sie in der Kälte wieder auskrist.; mit anderen Lsgm. entsteht die cis-Verb., u. es erfolgt teilweise Zersetzung. — *cis-Dicarbonyl-bis-{1.2-bis-[diphenylphosphino]-äthan}-chrom*; F. 280—280,5°; aus einer Lsg. der trans-Verb. (0,25 g) in warmem Chlf. (2,5 ml) durch Zugabe von Methanol; schwach gelbe Kristalle; 66%. — *cis-Dicarbonyl-bis-{1.2-bis-[diphenylphosphino]-äthan}-molybdän*, $C_{54}H_{48}MoO_2P_4$; F. 324—325°, aus IV u. dem tert. Diphosphin (1 Val) bei 210—220° in 60 Std.; Umkristallisation aus Bzl./Methanol gab gelbe Kristalle; 72,5%. — *cis-Dicarbonyl-bis-{1.2-bis-[diphenylphosphino]-äthan}-wolfram*, $C_{54}H_{48}O_2P_4W$; F. 320—323°, aus V u. dem tert. Phosphin in 1.2-Dimethoxyäthan unter Rückfluß in einer N_2-Atmosphäre u. UV-Licht in 35 Std., Umkristallisation aus demselben Lsgm.; glänzend gelbe Kristalle; 47%. — *cis-Dicarbonyl-bis-{bis-[diphenylphosphino]-methan}-chrom*, $C_{52}H_{44}CrO_2P_4$; F. 289°; aus Tricarbonylmesitylenchrom u. dem tert. Diphosphin (2 Val); Kristallisation aus Toluol/I; Umkristallisation aus Bzl. unter N_2 u. Waschen mit Leichtbenzin (Kp. 40—60°); 26%. — *Tricarbonyl-bis-[o-diäthylphosphinophenyl]-phenylphosphinmolybdän*, $C_{29}H_{33}\cdot MoO_3P_3$; F. 268,5—269°; aus $Mo(CO)_6$ u. dem Triphosphin (2 Val) bei 150° in 10 Std., dann bei 210° in 56 Std.; das Prod. wurde in Bzl. über Al_2O_3 chromatographiert; schwach gelbe Kristalle aus Bzl./Methanol; 68%. — *Tricarbonyl-bis-[2-diphenylphosphinoäthan]-phenylphosphinmolybdän*, $C_{37}H_{33}MoO_3P_3$; F. 261,5—263°, aus dem Carbonyl u. Triphosphin (1 Val) bei 150° in 15 Std.; Kristallisation aus Toluol gibt das Monosolvat mit einem Mol. Toluol; 64%; aus Chlf. farblose Kristalle des freien Tricarbonyls. — *Tricarbonyl-tris-[diphenylphosphinomethyl]-äthanchrom*, $C_{44}H_{39}CrO_3P_3$, F. 362° (Zers.); aus äquimolaren Mengen der Ausgangsstoffe bei 150° in 50 Std.; aus Chlf./I schwach gelbe Kristalle; 62%. — *Tricarbonyl-tris-[diphenylphosphinomethyl]-äthanmolybdän*, $C_{44}H_{39}Mo\cdot O_3P_3$; F. 378—380° (Zers.); dargestellt analog vorst. Verb. bei 150° in 15 Std.; Kristallisation aus Chlf. gab das weiße Tricarbonyl; 49%. — *Tricarbonyl-tris-[diphenylphosphinomethyl]-äthanwolfram*, $C_{44}H_{39}O_3P_3W$; F. >400° (Zers.); dargestellt analog vorst. Verb. bei 150° in 50 Std.; farblose Kristalle; 49%. G. HELLER. 337□

Die Verbindungen $NaF\cdot BeF_2\cdot 3\,ThF_4$ und $NaF\cdot BeF_2\cdot 3\,UF_4$. R. E. Thoma, C. F. Weaver, H. A. Friedman und L. A. Harris. (J. Amer. ceram. Soc. **43**. 608—09. Nov. 1960.) (Engl.)

In einer Unters. der Syst. $NaF–BeF_2–ThF_4$ u. $NaF–BeF_2–UF_4$ wurde die Existenz der Verbb. $NaF\cdot BeF_2\cdot 3\,ThF_4$ (I) u. $NaF\cdot BeF_2\cdot 3\,UF_4$ (II) nachgewiesen. Beide Verbb. schmelzen semikongruent, I bei 745°, II bei 548°. Sehr wahrscheinlich ist die anderweitig beschriebene Verb. „$NaF\cdot 4\,UF_4$", deren Existenz von den Vff. nicht bestätigt werden konnte, mit II identisch. I u. II wurden durch ihre Röntgendiagramme charakterisiert. Beide haben eine tetragonale Elementarzelle; die Gitter-Konst. sind bei I: a = 11,82; c = 10,29 Å; bei II: a = 11,61, c = 10,12 Å. Die Ähnlichkeit der Diagramme läßt darauf schließen, daß I u. II isostrukturell sind. H. HESS. 339□

Beiträge zur Kenntnis organischer Metallkomplexsalze aus Formazylverbindungen. 3. Mitt. Bodo Hirsch. (Wiss. Z. Techn. Hochschule Dresden **9**. 605—22. 1959/1960. Inst. für Farbenchem.) (Dt.) — Vgl. C. **1960**. 11935 u. C. **1961**. 6798.

Es werden Formazane, die am mittelständigen C-Atom eine $—COCH_3$- bzw. eine $—COOC_2H_5$-Gruppe tragen u. in denen ein einem Azostickstoffatom benachbarter Arylkern in o-Stellung eine Alkoxy- bzw. eine Nitrogruppe trägt, mit *Ni(II)*-, *Co(II)*- u. *Cu(II)*-Salzen umgesetzt. Es vereinigen sich stets 2 Formazan-Moll. mit einem Metallatom unter Bldg. von Chelaten. An Hand der Absorptionsmaxima (200—800 mμ) sowohl der Ausgangsformazyl-Verbb. wie der Metallkomplex-Verbb. wird versucht festzustellen, ob von dem O-Atom der Alkoxy- bzw. der Nitrogruppe Nebenvalenzkräfte ausgehen, die sich an der Bindung des Metallions beteiligen. Dies konnte bei den Co(II)-Salzen sehr deutlich festgestellt werden. Weiterhin werden Formazane, die ebenfalls am mittelständigen C-Atom die oben erwähnten Gruppen u. an Stelle einer Alkoxy- bzw. Nitrogruppe eine —OH- bzw. —COOH-Gruppe tragen, mit Ni(II), Co(II) oder Cu(II) umgesetzt. Die gebildeten Komplex-Verbb. bestehen aus einem o-kondensierten Fünf- bzw. Sechsring; das 2wertige Metallatom ersetzt 2 Val H in einem Mol. der Formazylverbindung. Bes. die Cu- u. Ni-Komplexe lagern, da sie koordinativ ungesätt. sind, Substanzen mit einsamen Elektronenpaaren an; die Ni-Salze z. B. lassen sich aus A. gut umkrist. u. geben ein gebundenes NH_3-Mol. auch beim Trocknen im Vakuum bei erhöhter Temp. nicht ab. Die Cu-Salze enthalten ebenfalls ein Mol. NH_3 oder CH_3COOH sehr fest gebunden. Sämtliche dargestellten Verbb. sind in A., Aceton, Bzl. u. Chlf. lösl. u. in Ae. z. T. löslich; in Eisessig erfolgt Aufspaltung.

Versuche: Die Darst. der Ni-Salze erfolgte durch Lösen der Formazyl-Verb. in der entsprechenden Menge A., Zugabe eines in A. gelösten Ni-Salzes (Ni-Nitrat, Ni-Chlorid), Versetzen mit alkohol. NH_3-Lsg., kurzes Kochen auf dem Wasserbad, Absaugen, Waschen mit stark verd. CH_3COOH u. Umkristallisation aus Äthylalkohol. In ähnlicher Weise erfolgte die Darst. der Co- u. Cu-Salze; statt der alkohol. NH_3-Lsg. wurde $NaCH_3COO$ zugegeben. Folgende Formazyl-Verbb. u. Metallkomplexsalze wurden dargestellt: *N-Phenyl-N'-(2-methoxyphenyl)-C-acetylformazan* (I), $C_{16}H_{16}N_4O_2$, F. 160°, durch Lösen von 9 g Acetonyliden-2-methoxyphenylhydrazin (II) in 600 ml A., Abkühlen auf 0°, Vermischen mit einer Diazo-Lsg. aus 4,5 g Anilin, Eingießen dieses Gemisches in eine eiskalte Lsg. von 70 g Na_2CO_3 in 300 ml W., Waschen des abfiltrierten Farbstoffs mit W. u. Umkristallisation aus 300 ml A.; rote Nadeln; in Ae., A., Aceton, Bzl., Chlf. u. Eisessig leicht löslich. — $(C_{16}H_{15}N_4O_2)_2Ni$, F. 275°; bräunlichgrüne Blättchen mit dunklem Oberflächenglanz. — $(C_{16}H_{15}N_4O_2)_2Co$, F. 220°, lange grüne Nadeln mit blauem Oberflächenglanz. — $(C_{16}H_{15}N_4O_2)_2Cu$, F. 211°; rotbraune Blättchen. — *N-Phenyl-N'-(2-methoxy-5-chlorphenyl)-C-acetylformazan*, $C_{16}H_{15}ClN_4O_2$, F. 193°, analog **I** aus 11 g Acetonyliden-2-methoxy-5-chlorphenylhydrazin u. 4,7 g Anilin analog **I**; rote, verfilzte Nadeln. — $(C_{16}H_{14}ClN_4O_2)_2Ni$, F. 273°; dunkelgrüne, verfilzte Nadeln. — $(C_{16}H_{14}ClN_4O_2)_2 \cdot Co$, F. 223—224°; dunkelgrüne Kristalle. — $(C_{16}H_{14}ClN_4O_2)_2Cu$, F. 209°; rötlichbraune, langgestreckte Stäbchen. — *N-(2-Chlorphenyl)-N'-(2-methoxyphenyl)-C-acetylformazan*, $C_{16}H_{15}ClN_4O_2$, F. 115°, analog I aus 6,4 g **II** u. 4,3 g 2-Chloranilin; dunkelrote Kristalle. — $(C_{16}H_{14}ClN_4O_2)_2Ni$, F. 224°; dunkle Kristalle mit grünlichem Oberflächenglanz. — $(C_{16}H_{14}ClN_4O_2)_2Co$, F. 213°; dunkelgrüne, balkenförmige Kristalle. — $(C_{16}H_{14}ClN_4O_2)_2Cu$, F. 201°; dunkelbraune, glänzende Blättchen. — *N-(2.5-Dichlorphenyl)-N'-(2-methoxyphenyl)-C-acetylformazan*, $C_{16}H_{14}Cl_2N_4O_2$, F. 126°, aus 6,4 g **II** u. 5,5 g 2.5-Dichloranilin; rote verfilzte Nädelchen; 5,5 g (Ausbeute). — $(C_{16}H_{13}Cl_2N_4O_2)_2Cu$, F. 159°; dunkles, mikrokristallines Pulver. — *N-(3-Chlorphenyl)-N'-(2-methoxyphenyl)-C-acetylformazan*, $C_{16}H_{15}ClN_4O_2$, F. 149°, aus 6,5 g Acetonyliden-3-chlorphenylhydrazin (**III**) u. 4,3 g o-Anisidin; rote, verfilzte Nädelchen; 7,0 g. — $(C_{16}H_{14}ClN_4O_2)_2Ni$, F. 257—259°; blaugrüne Nadeln mit blauem, metall. Oberflächenglanz. — $(C_{16}H_{14}ClN_4O_2)_2Co$, F. 216°; grüne Würfel mit blauem Oberflächenglanz. — $(C_{16}H_{14}ClN_4O_2)_2Cu(CH_3COOH)_2$, F. 166°; braunrote, langgestreckte Nädelchen. — *N-Phenyl-N'-(2-äthoxyphenyl)-C-acetylformazan*, $C_{17}H_{18}N_4O_2$, F. 120°, aus 14 g o-Phenetidin u. 16 g Acetonylidenphenylhydrazin (**IV**); rote, langgestreckte Kristalle; 24,5 g. — $(C_{17}H_{17}N_4O_2)_2Ni$, F. 268°; dunkelgrüne Nadeln. — $(C_{17}H_{17}N_4O_2)_2Co$, F. 236°; olivgrüne, lange Nadeln. — $(C_{17}H_{17}N_4O_2)_2Cu$, F. 178°; dunkelbraune, glänzende Kristalle. — *N-(2-Chlorphenyl)-N'-(2-äthoxyphenyl)-C-acetylformazan*, $C_{17}H_{17}ClN_4O_2$, F. 83°, aus 7 g o-Phenetidin u. 10 g Acetonyliden-2-chlorphenylhydrazin (**V**) dunkelrote Kristalle; 15 g. — $(C_{17}H_{16}ClN_4O_2)_2Ni$, F. 217°; dunkelgrüne Nadeln. — $(C_{17}H_{16}ClN_4O_2)_2Co$, F. 207°; dunkelgrüne, langgestreckte Nadeln. — $(C_{17}H_{16}ClN_4O_2)_2Cu \cdot (CH_3COOH)$, F. 144°; braune, unregelmäßig ausgebildete Kristalle mit bronzenem Oberflächenglanz. — *N-(3-Chlorphenyl)-N'-(2-äthoxyphenyl)-C-acetylformazan*, $C_{17}H_{17}ClN_4O_2$, F. 116°, aus 7 g o-Phenetidin u. 10 g **III**; lange, rote Nadeln; 11,5 g. — $(C_{17}H_{16}ClN_4O_2)_2Ni$, F. 255°; dunkelgrüne, lange Nadeln. — $(C_{17}H_{16}ClN_4O_2)_2Co$, F. 226°; dunkelgrüne, langgestreckte Nadeln. — $(C_{17}H_{16}ClN_4O_2)_2Cu(CH_3COOH)_2$, F. 180° (Zers.); rotbraune Kristalle. — *N-Phenyl-N'-(2-nitrophenyl)-C-acetylformazan*, $C_{15}H_{13}N_5O_3$, F. 170°, a) aus 8,1 g Methylglyoxalphenylhydrazon u. 6,9 g o-Nitroanilin; b) aus 10 g Acetonyliden-o-nitrophenylhydrazin u. 5 g Anilin; dunkelrote Stäbchen; 7 g. — $(C_{15}H_{12}N_5O_3)_2Ni$, F. >300°, dunkelgrüne Stäbchen. — $(C_{15}H_{12}N_5O_3)_2Co$, F. >300°; dunkles, mikrokristallines Pulver. — $(C_{15}H_{12}N_5O_3)_2Cu$, F. 177°; dunkelbraune, glänzende Blättchen. — *N-(2-Chlorphenyl)-N'-(2-nitrophenyl)-C-acetylformazan*, $C_{15}H_{12}ClN_5O_3$, F. 131°, aus 10 g Acetonyliden-o-nitrophenylhydrazin u. 7 g o-Chloranilin; dunkelrote Stäbchen; 7,5 g. — $(C_{15}H_{11}ClN_5O_3)_2Ni$, F. >300°; dunkles mikrokristallines Pulver. — $(C_{15}H_{11}ClN_5O_3)_2Co$, F. >300°; dunkle Kristalle. — *N-Phenyl-N'-(2-nitro-4-methoxyphenyl)-C-acetylformazan*, $C_{16}H_{15}N_5O_4$, F. 166°, aus 8 g **IV** u. 8,4 g 2-Nitro-4-methoxyanilin; dunkelrote Stäbchen mit bronzefarbenem Oberflächenglanz; 11,0 g. — $(C_{16}H_{14}N_5O_4)_2Ni$, F. >300°; dunkle, olivgrüne Stäbchen mit metall. Oberflächenglanz. — $(C_{16}H_{14}N_5O_4)_2Cu$, F. 202°; rotbraune Blättchen. — *N-Phenyl-N'-(2-methoxyphenyl)-formazylameisensäureäthylester*, $C_{17}H_{18} \cdot N_4O_3$, F. 93°, aus 23,4 g Benzolazoacetessigester (**VI**) u. 13 g o-Anisidin; dunkelrote Stäbchen. — $(C_{17}H_{17}N_4O_3)_2Ni$, F. 249°; grüne, verfilzte Nädelchen. — $(C_{17}H_{17}N_4O_3)_2Cu$,

F. 222°; dunkle, metall. glänzende Stäbchen. — *N-Phenyl-N'-(2-methoxy-5-chlorphenyl)-formazylameisensäureäthylester*, $C_{17}H_{17}ClN_4O_3$, F. 153°, aus 12 g **VI** u. 9,5 g salzsaurem 2-Methoxy-5-chloranilin; schlanke, rote Nädelchen; 16,5 g. — $(C_{17}H_{16}ClN_4O_3)_2Ni$, F. 245°; dunkle, olivgrüne Nädelchen. — $(C_{17}H_{16}ClN_4O_3)_2Co$, F. 228°; dunkelgrüne, glänzende Stäbchen. — *N-Phenyl-N'-(2-äthoxyphenyl)-formazylameisensäureäthylester*, $C_{18}H_{20}N_4O_3$, F. 101°, aus 12 g **VI** u. 7 g o-Phenetidin; dunkelrote Stäbchen. — $(C_{18}H_{19}N_4O_3)_2Ni$, F. 267°; dunkelgrüne, im durchscheinenden Licht olivgrüne Blättchen. — $(C_{18}H_{19}N_4O_3)_2Co$, F. 196°; dunkelgrüne, metall. glänzende Nadeln. — $(C_{18}H_{19}N_4O_3)_2Cu$, F. 187°; braune, glänzende Blättchen. — *N-(4-Chlorphenyl)-N'-(2-äthoxyphenyl)-formazylameisensäureäthylester*, $C_{18}H_{19}ClN_4O_3$, F. 125°, aus 13,3 g p-Chlorbenzolazoacetessigester u. 7 g o-Phenetidin; rote Kristalle; 6,8 g. — $(C_{18}H_{18}ClN_4O_3)_2Ni$, F. 278°; dunkelgrüne Stäbchen. — $(C_{18}H_{18}ClN_4O_3)_2Co$, F. 254°; dunkelgrüne, glänzende Stäbchen. — $(C_{18}H_{18}ClN_4O_3)_2Cu$, F. 212°; rotbraune, glänzende Nädelchen. — *N-Phenyl-N'-(2-methoxyphenyl)-C-phenylformazan*, $C_{20}H_{18}N_4O$, F. 129°, nach WEDEKING [1896]; dunkelrote Nadeln. — $(C_{20}H_{17}\cdot N_4O)_2Ni$, F. 273°; dunkle, metall. glänzende Würfel. — $(C_{20}H_{17}N_4O)_2Co$, F. 234°; dunkle, verfilzte Nädelchen. — $(C_{20}H_{17}N_4O)_2Cu$, F. 187°; dunkle Stäbchen. — *N-Phenyl-N'-(2-methoxy-5-chlorphenyl)-C-2-chlorphenylformazan*, $C_{20}H_{16}Cl_2N_4O$, F. 135°, aus 23 g o-Chlorbenzaldehydphenylhydrazin u. 19,4 g 4-Chlor-2-aminoanisol; dunkelrote, bräunliche Nadeln; 12,0 g. — $(C_{20}H_{15}Cl_2N_4O)_2Ni$, F. 258°; dunkle, metall. glänzende Nadeln. — $(C_{20}H_{15}Cl_2N_4O)_2Co$, F. 253°; dunkle, metall. glänzende Blättchen. — $(C_{20}H_{15}Cl_2N_4O)_2Cu$, F. 186°; dunkle Kristalle. — *N-Phenyl-N'-(2-hydroxyphenyl)-C-acetylformazan*, $C_{15}H_{14}\cdot N_4O_2$, F 168°, aus 7,5 g o-Aminophenol u. 12,0 g **IV**; weinrote Würfel. — $(C_{15}H_{12}N_4O_2)Ni\cdot NH_3$, F. >300°; schwarzbraune Nadeln. — $(C_{15}H_{12}N_4O_2)Cu\cdot NH_3$, F. 236°; dunkelbraune Blättchen. — $(C_{15}H_{12}N_4O_2)Cu(CH_3COOH)$, F. >280° (Zers.); dunkelbraune Blättchen. — *N-(3-Chlorphenyl)-N'-(2-hydroxyphenyl)-C-acetylformazan*, $C_{15}H_{13}ClN_4O_2$, F. 162°, aus 5,0 g o-Aminophenol u. 10,0 g **III**; rote Nädelchen. — $(C_{15}H_{11}ClN_4O_2)Ni(NH_3)$, F. >240° (Zers.); dunkelbraune, glänzende Blättchen. — $(C_{15}H_{11}ClN_4O_2)Cu(NH_3)$, F. 225°; dunkelbraune, langgestreckte Kristalle. — *N-Phenyl-N'-(2-carboxyphenyl)-C-acetylformazan*, $C_{16}H_{14}N_4O_3$, F. 181°, aus 12,5 g Anthranilsäure u. 19,0 g **IV**; rote Stäbchen. — $(C_{16}H_{12}N_4O_3)Ni$, F. 188° (Zers.); dunkles, metall. glänzendes, kristallines Pulver. — $(C_{16}H_{12}N_4O_3)Co$, F. 300°; dunkelgrüne, metall. glänzende Stäbchen. — $(C_{16}H_{12}N_4O_3)Cu$, F. 277°; rote Kristalle. — *N-(3-Chlorphenyl)-N'-(2-carboxyphenyl)-C-acetylformazan*, $C_{16}H_{13}ClN_4O_3$, F. 215°, aus 10,0 g **III** u. 7,0 g Anthranilsäure; rote Nadeln; 9,5 g. — $(C_{16}H_{11}ClN_4O_3)Cu$, F. 278°; dunkle Stäbchen. — *N-(2-Chlorphenyl)-N'-(2-carboxyphenyl)-C-acetylformazan*, $C_{16}H_{13}ClN_4O_3$, F. 159°, aus 10,0 g **V** u. 7,0 g Anthranilsäure; dunkelrote Kristalle mit metall. Oberflächenglanz; 9,0 g. — $(C_{16}H_{11}ClN_4O_3)Ni$, F. >300°; dunkle Kristalle. — $(C_{16}H_{11}ClN_4O_3)Cu$, F. 262—263°; violettrote, glänzende Blättchen. — *N.N'-Bis-[4-äthoxyphenyl]-formazylameisensäureäthylester*, F. 131°, nach PECHMANN u. WEDEKIND [1895]. — $(C_{20}H_{23}N_4O_4)_2Ni$, F. 193°; dunkle, metall. glänzende Kristalle. — $(C_{20}H_{23}N_4O_4)_2Co$, F. 183°; dunkle, metall. glänzende Kristalle. U. SKURNIA. 358□

Die Bildung des Hexabromopalladat(II)-Ions. C. M. Harris, S. E. Livingstone und I. H. Reece. (Austral. J. Chem. 10. 282—86. Aug. 1957. Sidney, N.S.W., Univ. of Technol., School of Appl. Chem.) (Engl.)

Spektrophotometr. Unterss. mit Hilfe der Meth. der kontinuierlichen Variation an Lsgg. von Tetraäthylammoniumtetrabromopalladat(II) u. Tetraäthylammoniumbromid in Nitrobenzol deuten auf die Bldg. eines instabilen Hexabromopalladat(II)-ions, $[PdBr_6]^{4-}$. Das Tetraäthylammoniumsalz dieses Anions ließ sich nicht isolieren. Hinweise auf die Existenz eines $[PdBr_5]^{3-}$-Ions wurden nicht erhalten. Die mögliche Struktur des Komplexes wird diskutiert.

Versuche: *Tetraäthylammoniumtetrabromo-μ.μ'-dibromodipalladat(II)*, $C_{16}H_{40}Br_6\cdot N_2Pd_2$, aus 3,0 g K_2PdBr_4 in 50 ml W. u. einer wss. Lsg. von 1,6 g $[N(C_2H_5)_4]Br$, Umkristallisieren aus 100 ml Aceton/A. (1:1); glänzende, braune Tafeln; 1,8 g (Ausbeute). — *Tetraäthylammoniumtetrabromopalladat(II)*, $C_{16}H_{40}Br_4N_2Pd$, aus 0,70 g vorst. Verb. in 100 ml sd. Aceton u. 2,5 g $[N(C_2H_5)_4]Br$ in 150 ml sd. Aceton mit 5 ml W. durch einige Min. langes Erhitzen zum Sieden u. 10 Min. langes Stehen auf dem Dampfbad; rosafarbenbraune Kristalle, unlösl. in kaltem W. u. Aceton, mäßig lösl. in Nitrobenzol; 0,82 g. GERHARD SCHULZE. 365□

A₉. Mineralogische und geologische Chemie

Knoop-Härtezahlen für 127 opake Mineralien. Forbes Robertson. (Bull. geol. Soc. America 72. 621—38. 1 Tafel. April 1961. Elsah, Ill., Principia Coll.) (Engl.)

Angabe von mittleren Werten für 127 Mineralien u. für Quarz. Die Meth. gestattet noch die Prüfung von polierten Mineralkörnern mit einem Durchmesser von 10 μm Die Werte liegen zwischen 0,7 (Bi) u. 1140 (Berthierit). H. MOENKE. 372□

Kalium-Argon-Messungen an dem Palisadensill, New Jersey. G. P. Erickson und J. L. Kulp. (Bull. geol. Soc. America **72.** 649—52. April 1961. Palisades, N.Y., Lamont Geol. Observat., Geochem. Labor.) (Engl.)

Angabe von Messungen für Diabase, Basalte u. isolierte Biotite. Die Werte liegen zwischen 79 u. 202 Millionen Jahren. H. MOENKE. 378□

Rubidium-Strontium-Alter einiger Basisgesteine aus Arizona und Nordwestmexiko. Bruno J. Giletti und Paul E. Damon. (Bull. geol. Soc. America **72.** 639—44. April 1961. Providence, R.I., Brown Univ., Dep. of Geol.; Tucson, Ariz., Univ.) (Engl.) — Vgl. C. **1961.** 3944.

Die untersuchten Gesteine in Arizona (Chloride- u. Oraclegranite) haben ein Alter zwischen 1200 u. 1500 Millionen Jahren. Kreide- u. Tertiärgesteine wurden in Nordsonora (Mex.) u. Südarizona gefunden. H. MOENKE. 378□

Alter der Orogenesen und der Granite in Südwest-England. N. E. Butcher. (Nature [London] **190.** 253. 15/4. 1961. Reading, Univ., Geol. Dep.) (Engl.)

Vf. ordnet das Alter der Dartmoor-Granite mehr dem Perm als dem Carbon zu. Die Granite brechen in eine gefaltete stratigraph. Nachfolge ein, in der die jüngsten Sedimente (durch Fossilien bestimmt) der oberen Gastrioceraszone des unteren Westphal zugeordnet werden. Jüngere Westphalsedimente können in der deformierten Masse gewesen sein, in die die Granite eingebrochen sind. B. CONTAG. 378□

Bestimmung des Radium-, Thorium- und Kaliumgehaltes in Gesteinen vom Flugzeug aus. N. D. Baljassny, L. I. Boltnewa, A. W. Dmitrijew, W. A. Ionow und I. M. Nasarow. (Атомная Энергия [Atomenergie] **10.** 626—29. Juni 1961.) (Russ.)

Über einen Bereich von 5,5× 10 km wurde vom Flugzeug aus mittels Plaste- bzw. NaJ(Tl)-Scintillator das γ-Spektrum der Gesteine im Bereich 0,5, 1,6—1,9 u. 1,9 bis 2,7 MeV aufgenommen u. hieraus der Geh. an Ra, Th u. K bestimmt. Ein Vgl. der so erhaltenen Daten mit radiochem. ergab für Ra im Mittel 28% zuviel u. für Th 21% zu wenig, was durch entsprechende Korrekturfaktoren in den Eichkurven ausgeglichen werden kann. M. WIEDEMANN. 380□

Über die möglichen exhalativen und exhalativ-sedimentären Kiesvorkommen in der Sowjetunion. W. I. Smirnow. (Freiberger Forsch.-H., Reihe C, Heft **79.** 62—66. 1960. Moskau.) (Dt.)

Es sind 2 größere Provinzen mit Schwefelkies u. Kupferkies-Vork. am Ostabhang des Ural u. im Kaukasus bekannt. Im Ural treten in den vulkanogenen-sedimentären Gesteinen des Silur-Devon eine zentrale Andesitzone u. 2 Randzonen auf. Die Kiese sind an letztere gebunden u. an der Grenze zur Andesitzone konzentriert. Im Kaukasus sind 3 Cyclen mit Kies-Vork. bekannt: der hercyn., der alpine u. der Kimmeridgecyclus mit seinen spilit., keratophyren Gesteinen. Ihre Entstehung ist wahrscheinlich durch Exhalationsvorgänge mit anschließender Metamorphase zu erklären.
F. ENSSLIN. 380□

Magmatismus und Erzbildung im Erzgebiet von Panagjuriste. C. Dimitrov. (Freiberger Forsch.-H., Reihe C, Heft **79.** 67—81. 1960. Sofia.) (Dt.)

Beschreibung der Geologie der Sredna Gora. Die Vererzung, die zur Bldg. von vorwiegend Cu-Erzen führte, erfolgte in mehreren Stufen u. ist vorwiegend hydrothermal. Daneben treten kleinere metallarme Manganlagerstätten auf. Der Vulkanismus lieferte Granodiorite. Hochthermale Vorgänge lieferten Molybdänerze. Die wichtigen hydrothermalen Pyritkupferkieslager entstanden in 6 Abfolgen. 1. Pyrit + Quarz. 2. Quarz u. Kupferkies, 3. ± Arsenkies, Enargit, Luzonit(?), Kupferkies, Quarz u. Carbonat. 4. Kupferkies, Quarz u. Carbonat. 5. Zinkblende, Kupferkies, Fahlerz, Tennantit, Bornit, Bleiglanz, Quarz u. Laumontit u. 6. Quarz, Baryt, Anhydrit, Pyrit, Zinkblende, Kupferkies, Bleiglanz, Bornit u. Covellin(?). Außerdem treten noch eine Reihe sek. Mineralien auf. F. ENSSLIN. 380□

Zur Frage der Bildung der Eisenerze vom Lahn-Dill-Typ. Hans Hentschel. (Freiberger Forsch.-H., Reihe C, Heft **79.** 82—105. 1960. Wiesbaden.) (Dt.)

Zur Entstehung der Roteisensteine wird festgestellt, daß der Erzabsatz ziemlich eng lokal an die Vork. der Tuffe des Diabasvulkanismus gebunden ist. Die Erze zeigen, daß SiO_2 u. $CaCO_3$ neben Fe als Haematit, Magnetit, Siderit, Eisensulfid oder vielleicht auch Fe-Oxidhydrat bei der Erz-Bldg. gleichzeitig vorhanden waren. Es wird angenommen, daß durch hydrothermale Lsgg. aus dem Diabastuff, Fe-Oxide, CaO u. SiO_2 mobilisiert wurden u. am Meeresboden ausgetreten sind. F. ENSSLIN. 380□

Einige Daten bezüglich der Entstehung von Jamaika-Bauxit. William C. Kelly. (Amer. J. Sci. **259.** 288—94. April 1961. Ann Arbor, Mich., Univ. of Michigan, Dep. of Geol.) (Engl.)

Es wurden SiO_2, Al_2O_3 u. Fe_2O_3 in 29 Proben aus der White-Limestone-Formation quant. bestimmt. Diese „Verunreinigungen" waren aber nicht wesentlich für die Bldg. der Bauxitvorkommen. Im Kalkstein ist ein merklicher Al-Überschuß nachgewiesen worden. Die Al_2O_3/Fe_2O_3-Verhältnisse stimmen im Bauxit u. im Sedimentgestein überein. Al_2O_3- u. Fe_2O_3-Anteile der Bauxite u. ihrer Muttergesteine stammen aus älteren, im höheren Niveau des Inselzentrums gelegenen Al-reichen Gesteinen. H. Moenke. 380□

Hydrouraninit und Urgit — neue hydratisierte Uranoxide. R. V. Getseva. (J. nuclear Energy **4.** 266—67. Febr. 1957.) (Engl.)

Hydrouraninit ($UO_2 \cdot k\text{-}UO_3 \cdot n\text{-}H_2O$; $k = 2{,}3-5$; $n = 3{,}9-9$) u. Urgit ($UO_3 \cdot n\text{-}H_2O$; $n = 2{,}3-3{,}1$), zwei Mineralien, die 1947 in der UdSSR in der oxid. Zone einer hydrothermalen Ablagerung von U-Erzen gefunden wurden, werden beschrieben. Beide sind aus Uraninit durch abwechselnde Oxydation u. Hydratation entstanden. W. Betcke. 380□

Nenadkevit — ein neues Uransilicat. V. A. Polikarpova. (J. nuclear Energy **4.** 262—65. Febr. 1957.) (Engl.)

Kristallograph. u. physikal.-chem. Charakteristika des 1952 in der UdSSR entdeckten Minerals Nenadkevit, $(U^{4+}Y, Ce, Th)U^{6+}(Ca, Mg, Pb)[SiO_4]_2[OH]_4 \cdot n\text{-}H_2O$, das als das U-reiche Endglied der Thoritgruppe anzusehen ist. Es werden schwarze, braune, orangefarbene u. gelbe Varietäten beobachtet. Das Mineral ist stets transparent u. im allg. isotrop. D. 3,56—4,81 g/cm³. Isotopen-Zus. des Pb: ^{204}Pb 0,082; ^{206}Pb 87,7; ^{207}Pb 10,1; ^{208}Pb 2,1. Tabelle der Analysenergebnisse verschiedener Proben u. der Intensitäten sowie der d-Werte der Röntgenreflexe. W. Betcke. 380□

Tanganyika-Turmalin. Robert Webster. (Gemmologist **30.** 41—45. März 1961.) (Engl.)

Grüne bis braune Turmaline aus Tanganyika, Gerevi Hills, zeigten ähnliche Absorptionsspektren wie chromgefärbte Minerale. Chem. Unterss. ergaben keinen Cr-Geh., sondern einen V-Geh. von 1,50%. H.-J. Bautsch. 380□

Karroo-Eruptionsaktivität und Tektonik im südöstlichen Südrhodesien. D. N. Wood. (Nature [London] **190.** 802—03. 27/5. 1961. Leeds, Univ., Res. Inst. of Afric. Geol.) (Engl.)

Geolog. Übersicht. C. Gottfried. 382

Sedimentäre Xenolithe und Dolerit-Pegmatite von einer Analcimbasalt-Intrusion. H. G. Wilshire. (Amer. J. Sci. **259.** 260—79. April 1961. Canberra, Univ. Australian Nat., Dep. of Geophys.) (Engl.)

Petrograph. Beschreibung der Rk.-Prodd. (Trachyte, Dolerite u. Doleritpegmatite) am Kontakt zwischen Sandsteinen u. Schiefern mit einem Alkalibasalt. H. Moenke. 385□

Die Verteilung von ³He und ⁴He kosmischen Ursprungs im Meteoriten Carbo. J. H. Hoffman und A. O. Nier. (Geochim. cosmochim. Acta [London] **17.** 32—36. Aug. 1959. Minneapolis, Minn., Univ. of Minnesota, School of Phys.) (Engl.) — Vgl. C. **1961.** 4642.

Mit einem Massenspektrometer wurde die $^3He/^4He$-Verteilung in einem Querschnitt des Meteoriten Carbo zu 0,239 bestimmt. Dagegen differieren die Geh. an ^3He. Betrachtet man die Orte gleichen Geh., so ergeben sich konzentr. Ringe, die darauf schließen lassen, daß der Meteorit ein Teilstück ist. Gerhard Wolff. 388□

Carbonatgleichgewichte im offenen Ozean und ihr Einfluß auf die Erklärung älterer Carbonatgesteine. E-an Zen. (Geochim. cosmochim. Acta [London] **18.** 57—71. Jan. 1960. Chapel Hill, N.C., Univ., Dep. of Geol. and Geogr.) (Engl.)

Auf Grund des Phasengleichgewichts kann angenommen werden, daß im offenen Ozean zwischen den Sedimenten u. dem W. ein Materialaustausch stattfindet je nach der Temp., Druckbedingungen u. dem CO_2-Partialdruck. Im allg. entstehen nur Sedimente mit einem Carbonat (Calcit oder Dolomit), wobei beide Sedimente, wenn sie zusammen vorkommen, scharf gegeneinander abgegrenzt sind. Druckerhöhungen begünstigen die Bldg. von Dolomit, der mit den verschiedensten Seewasser-Zus. im Gleichgewicht stehen kann. Jüngere Carbonate bestehen häufig aus Calcit bzw. Aragonit u. in der Tiefe aus Dolomit. Kommen beide Carbonate gemischt vor, so ist die Lagerstätte durch eine gestörte Rk. entstanden. Meist bildeten sie sich nicht in der offenen See. F. Ensslin. 393□

Limnologie und Aminosäuregehalt einiger Seeablagerungen in Minnesota, Montana, Nevada und Louisiana. Frederick M. Swain. (Bull. geol. Soc. America **72.** 519—46. April 1961. Univ. of Minnesota.) (Engl.)

Chem. u. petrograph. Charakteristik zahlreicher Binnenseen. Freie Aminosäuren (I) sind sehr selten in den Seesedimenten (II), aber es gelang, in den sauren Hydrolysaten der Sedimente $< 2-4000$ g/t nachzuweisen. Die I sind als Glutelin- u. Skleroproteinarten u. als Peptide u. Huminsäuren in den II vertreten. Neutrale Torfablagerungen u.

gut zersetzte organogene Seesedimente enthalten neutrale u. saure Aminosäuren etwa im Verhältnis 6:1, in alkal. Mooren u. gut zersetzten Mergeln beträgt dieser Wert 3:1. Saure Torfe enthalten zusätzlich noch bas. Aminosäuren. Nur teilweise zersetzte II enthalten unterschiedliche Geh. aller drei Typen von I. II, welche nur einen geringen Anteil an organ. Substanz enthalten, sind charakterisiert durch geringe Anteile neutraler Aminosäuren; sie enthalten jedoch weder saure noch bas. I. H. MOENKE. 393□

^{90}Sr- und ^{137}Cs-Fallout bei Ispra. A. Benco, P. Gaglione, A. Malvicini und L. Vido. (Minerva nucleare [Torino] **4.** 229—34. Sept. 1960. Ispra, Centro di Studi Nucl.) (Ital.)

Das ^{90}Sr- u. ^{137}Cs-Fallout war im Frühjahr 1959 sehr viel größer als in der zweiten Hälfte des Jahres 1959; verantwortlich dafür werden die Kernexplosionen im Oktober bis November 1958 gemacht. Die Verweilzeit für ^{90}Sr in der Stratosphäre ist sehr viel kürzer, als bisher angenommen wurde. Spektrometr. Analysenergebnisse von Milchaschen werden mitgeteilt. P. GREGORZEWSKI. 396□

B. Allgemeine und theoretische organische Chemie

Röntgenbeugung von Flüssigkeiten bei verschiedenen Temperaturen. K. Venkateswarlu und S. Padmanabha Pillai. (Z. Naturforsch. **16 b.** 223—25. März 1961. Annamalainagar, S.India, Annamalai Univ., Phys. Dep.) (Engl.)

Vff. untersuchten den Temp.-Einfl. auf die Röntgenbeugung von *Eucalyptus-*, *Cajeput-*, *Anis-*, *Corianderöl*, *Cineol*, *Anethol*, *Geraniol* u. *Citronellol* sowie von *Benzaldehyd*, *Acetophenon*, *o-*, *m-* u. *p-Kresol*. Die Gitter-Konst. wurden mit Hilfe des BRAGGschen Gesetzes berechnet u. sind tabellar. angegeben. Temp.-Erhöhung führt 1. zu einer Zunahme der Streuung bei kleinen Winkeln, 2. zu einem Anwachsen der Unschärfe des Hofes, 3. zur Radiusverminderung des Halo-Hofes. Dieses Ergebnis wird durch die Theorie der Röntgenbeugung in Fll. von RAMAN u. RAMATHAN [1923] erklärt. J. BLANCK. B 116□

Beitrag zur Untersuchung der Absorption im mittleren Ultraviolett und im Sichtbaren von N-Aroylarylaminen. 1. Mitt. Panos Grammaticakis. (Bull. Soc. chim. France **1960.** 1956—68. Nov./Dez. Paris, Fac. des Sci., Labor. de Chim. Organ. I.) (Franz.) — Vgl. C. **1961.** 5377 u. früher.

Vf. nahm die UV-Absorptionsspektren zwischen ca. 2100 u. 3800 Å folgender Verbb. in 95%ig. A. auf: *N-[m-Nitrobenzoyl]-anilin* (**I**), *-N-methylanilin* u. *-diphenylamin*, *N-[m-Nitrobenzoyl]-o-*, *-m-* u. *-p-toluidin*, *N-[m-Nitrobenzoyl]-2.6-dimethylanilin*, *-mesidin* u. *-o-xenylamin*, *N-[m-Nitrobenzoyl]-o-*, *-m-* u. *-p-chloranilin* sowie *-2.4.6-trichloranilin*, *N-[m-Nitrobenzoyl]-o-*, *-m-* u. *-p-bromanilin* sowie *-2.4.6-tribromanilin*, *N-[m-Nitrobenzoyl]-o-* (**II**), *-m-* (**III**) u. *-p-anisidin* (**IV**), *N-[o-Nitrobenzoyl]-anilin* (**VIII**), *-N-methylanilin* u. *-N-phenylanilin*, *N-[o-Nitrobenzoyl]-o-*, *-m-* u. *-p-toluidin* *N-[o-Nitrobenzoyl]-2.6-dimethylanilin*, *-mesidin* u. *-o-xenylamin*, *N-[o-Nitrobenzoyl]-o-*, *-m-* u. *-p-chloranilin* sowie *-2.4.6-trichloranilin*, *N-[o-Nitrobenzoyl]-o-*, *-m-* u. *-p-bromanilin* sowie *-2.4.6-tribromanilin*, *N-[o-Nitrobenzoyl]-o-*, *-m-* u. *-p-anisidin*, *N-[p-Nitrobenzoyl]-methylamin*, *N.N-Diacetyl-p-nitranilin*, *N-[p-Nitrobenzoyl]-anilin* (**V**), *-N-methylanilin* (**VI**) u. *-diphenylamin* (**VII**), *N-[p-Nitrobenzoyl]-o-*, *-m-* u. *-p-toluidin*, *N-[p-Nitrobenzoyl]-2.6-dimethylanilin*, *-mesidin* u. *-o-xenylamin*, *N-[p-Nitrobenzoyl]-o-*, *-m-* u. *-p-chloranilin* sowie *-2.4.6-trichloranilin*, *N-[p-Nitrobenzoyl]-o-*, *-m-* u. *-p-bromanilin* sowie *-2.4.6-tribromanilin*, *N-[p-Nitrobenzoyl]-o-* (**IX**), *-m-* (**X**) u. *-p-anisidin* (**XI**), *N-[m-Nitrobenzoyl]-o-*, *-m-* u. *-p-nitranilin*, *N-[m-Nitrobenzoyl]-o-*, *-m-* u. *-p-carboxyanilin*, *N-[o-Nitrobenzoyl]-o-*, *-m-* u. *-p-nitranilin*, *N-[o-Nitrobenzoyl]-o-*, *-m-* u. *-p-carboxyanilin*, *N-[p-Nitrobenzoyl]-o-*, *-m-* u. *-p-nitranilin*, *N-[p-Nitrobenzoyl]-o-*, *-m-* u. *-p-carboxyanilin*. Die durch Substitution des H-Atoms der C_6H_5—NH-Gruppe von I verursachten spektralen Veränderungen entsprechen denen, die auch bei anderen N-Acylanilinen (wie Diphenylharnstoff) beobachtet wurden. Die N-Alkylierung aller bisher untersuchter N-Acylarylamine führt zu einer Absorptionsverminderung der Bande B („ster. Effekt"), ohne daß die A-Bande („Nitrobande") erheblich verändert wird. Die N-Phenylierung bewirkt dagegen außer einer starken Schwächung der B-Bande eine leichte Verstärkung der Intensität der A-Bande. Die Methylierung, Chlorierung u. Bromierung des Anilinrestes von I u. dessen N-substituierten Derivv. haben ähnliche Effekte zur Folge: Substitution in m-Stellung modifiziert die Absorption nur wenig, Substitution in p-Stellung hat einen leichten batho- u. hyperchromen Effekt, u. in o-Stellung ist ein starker hypso- u. hypochromer Effekt (anomaler spektraler Orthoeffekt) zu verzeichnen. Die Absorptionskurve von o'-substituierten m-Nitrobenzaniliden ähnelt in gewissem Maße der von m-Nitrobenzamid. Die Einführung einer o'-Phenylgruppe in I hat einen ähnlichen anomalen Orthoeffekt zur Folge wie eine o'-CH_3-Gruppe.

II—IV besitzen ähnliche Spektren; es tritt kein anomaler Orthoeffekt auf. Beim Übergang von den m- zu den o-Nitrobenzoylarylaminen ergibt sich eine bathochrome Verschiebung der A-Bande u. ein mehr oder weniger bedeutender hypsochromer Effekt auf die Bande B. Dieser hängt von der Stellung der Substituenten der C_6H_5NR-Gruppe gemäß der Folge $o < p \leq m$ ab. Die o-Nitrierung der N-Benzoylarylamine verändert jedoch qual. nicht die hauptsächlichen spektralen Beziehungen. Beim Ersatz der N-Methylgruppe von **VI** durch C_6H_5 (**VII**) ist eine anomale Intensitätszunahme der A-Bande im Vgl. zu jener der B-Bande zu verzeichnen. Das Maximum der B-Bande wird zu höheren Frequenzen verschoben. Die Form der Absorptionskurve von **V** ähnelt etwas der einiger p-Nitrobenzoylhydrazone. Die p-Nitrierung von Benzanilid verursacht eine Verdopplung der A-Bande [1125($\cdot 10^{12}$ Hz), starke Inflexion bei 950—1050] u. eine B-Bande (1230) wechselnder Intensität. Die N-Methylierung von **V** führt zu einer stärkeren Verminderung der Intensität der A- als der B-Bande. Ähnlich wirkt eine N-Phenylierung, doch wird hier der aufsteigende Zweig der A-Bande nicht verändert u. die B-Bande zu höheren Frequenzen verschoben. Durch Methylierung, Chlorierung u. Bromierung in o-, m- oder p-Stellung der Gruppe C_6H_5NH von **V** werden wie bei den Derivv. von **I** oder **VIII** ziemlich ident. spektrale Effekte erzielt. Die Substitution in m- u. p-Stellung ergibt nur geringe Änderungen des Spektrums von **V**, in o-Stellung dagegen eine Verschmelzung der beiden Banden zu einem Maximum bei 1140—1150. o'-Phenylierung wirkt nahezu wie o'-Methylierung. Die Einführung der CH_3O-Gruppe in o'-, m'- u. p'-Stellung führt zu einer mehr oder weniger schwachen Verschiebung der Banden A u. B zum sichtbaren Gebiet, ohne daß sich die Form der Absorptionskurven ändert. Die Frequenz des Maximums A wächst in der Folge **XI** < **X** < **IX**, die des B-Maximums dagegen gemäß **IX** < **X** < **XI**. Bei den isomeren Verbb. der Formel o-, m- bzw. p-$NO_2C_6H_4CONHAr$ wächst die Frequenz der A-Bande je nach Stellung der NO_2-Gruppe gemäß der Folge $p < o < m$, die der Bande B aber gemäß $m < o < p$. Durch eine m-Nitrierung der C_6H_5CO-Gruppe der N-Benzoylnitro- u. -carboxyaniline tritt keine wesentliche Änderung der Absorptionskurven u. der spektralen Beziehungen auf. Beim Übergang von den m- zu den o-Nitrobenzoyl-Derivv. der o'-, m'- u. p'-Nitro- bzw. -Carboxyaniline beobachtet man eine mehr oder weniger starke Verschiebung der Bande B nach höheren Frequenzen. Die p-Nitrierung führt bei diesen Verbb. zu bedeutenden Änderungen, die analog denen bei der p-Nitrierung der N-Benzoylarylamine sind.

Versuche: N-[m-Nitrobenzoyl]-arylamine [durch Einw. von 1 Mol Säurechlorid auf 1 Mol Base ohne oder in Lsgm. (wss. A., wss. Aceton oder wasserfreie Lsgm.)]: *-anilin* (**I**), F. 154° (A.). *-N-methylanilin*, $C_{14}H_{12}N_2O_3$, F. 115° (Ae.). *-diphenylamin*, $C_{19}H_{14}N_2O_3$, F. 118° (Ae.). *-o-toluidin*, F. 154° (A.). *-m-toluidin*, F. 114° (A.). *-p-toluidin*, F. 164° (A.). *-2.6-dimethylanilin*, $C_{15}H_{14}N_2O_3$, F. 196° (A.). *-mesidin*, $C_{16}H_{16}N_2O_3$, F. 211° (A.). *-o-xenylamin*, $C_{19}H_{14}N_2O_3$, F. 141° (A.). *-o-chloranilin*, $C_{13}H_9ClN_2O_3$, F. 151° (A.). *-m-chloranilin*, $C_{13}H_9ClN_2O_3$, F. 158° (A.). *-p-chloranilin*, $C_{13}H_9ClN_2O_3$, F. 177° (A.). *-2.4.6-trichloranilin*, $C_{13}H_7Cl_3N_2O_3$, F. 213° (A.). *-o-bromanilin*, $C_{13}H_9BrN_2O_3$, F. 132° (A.). *-m-bromanilin*, $C_{13}H_9BrN_2O_3$, F. 161—162° (A.). *-p-bromanilin*, $C_{13}H_9BrN_2O_3$, F. 185° (A.). *-2.4.6-tribromanilin*, $C_{13}H_7Br_3N_2O_3$, F. 242—243° (A.). *-o-anisidin* (**II**), $C_{14}H_{12}N_2O_4$, F. 147—148° (grünliche Prismen aus A.). *-m-anisidin* (**III**), $C_{14}H_{12}N_2O_4$, F. 124—125° (A.). *-p-anisidin* (**IV**), F. 177° (kleine grünliche Nadeln aus A.). — N-[o-Nitrobenzoyl]-arylamine: *-anilin* (**VIII**), F. 156° (A.). *-N-methylanilin*, F. 95° (A.). *-diphenylamin*, $C_{19}H_{14}N_2O_3$, F. 160° (Aceton–Cyclohexan), wird durch Wärme- u. Licht-Einfl. rötlich. *-o-toluidin*, F. 175—176° (A.). *-m-toluidin*, $C_{14}H_{12}N_2O_3$, F. 170—171° (A.). *-p-toluidin*, F. 149° (A.). *-2.6-dimethylanilin*, $C_{15}H_{14}N_2O_3$, F. 212° (A.). *-mesidin*, $C_{16}H_{16}N_2O_3$, F. 213° (A.). *-o-xenylamin*, $C_{19}H_{14}N_2O_3$, F. 123° (wss. A. oder Ae.). *-o-chloranilin*, $C_{13}H_9ClN_2O_3$, F. 190—191° (A.), lichtempfindlich. *-m-chloranilin*, $C_{13}H_9ClN_2O_3$, F. 173° (A.). *-p-chloranilin*, $C_{13}H_9ClN_2O_3$, F. 186° (A.). *-2.4.6-trichloranilin*, $C_{13}H_7Cl_3N_2O_3$, F. 240° (A.). *-o-bromanilin*, $C_{13}H_9BrN_2O_3$, F. 186° (A.), wird durch Licht- u. Wärme-Einfl. orangegelb. *-m-bromanilin*, $C_{13}H_9BrN_2O_3$, F. 171—172° (A.). *-p-bromanilin*, F. 204° (A.). *-2.4.6-tribromanilin*, F. 265° (A.). *-o-anisidin*, $C_{14}H_{12}N_2O_4$, F. 149° (A.). *-m-anisidin*, $C_{14}H_{12}N_2O_4$, F. 158° (A.). *-p-anisidin*, $C_{14}H_{12}N_2O_4$, F. 164° (A.). — N-[p-Nitrobenzoyl]-arylamine: *-methylamin*, F. 219° (Ae.). *-anilin* (**V**), F. 216° (A.). *-N-methylanilin* (**VI**), $C_{14}H_{12}N_2O_3$, F. 113° (fast farblose Prismen aus Ae. oder feine Nadeln aus Bzl.–Cyclohexan). *-diphenylamin* (**VII**), $C_{19}H_{14}N_2O_3$, F. 159° (gelbgrüne Prismen aus A. oder fast farblose aus Ae.). *-o-toluidin*, F. 164—165° (A.). *-m-toluidin*, F. 155° (A.). *-p-toluidin*, F. 203° (A.). *-2.6-dimethylanilin*, $C_{15}H_{14}N_2O_3$, F. 197° (A.). *-mesidin*, $C_{16}H_{16}N_2O_3$, F. 221° (A.). *-o-xenylamin*, $C_{19}H_{14}N_2O_3$, F. 160° (A.). *-o-chloranilin*, $C_{13}H_9ClN_2O_3$, F. 165° (A.). *-m-chloranilin*, $C_{13}H_9ClN_2O_3$, F. 168° (A.). *-p-chloranilin*, $C_{13}H_9ClN_2O_3$, F. 237° (kleine gelbgrüne Prismen aus A.). *-2.4.6-trichloranilin*, $C_{13}H_7Cl_3N_2O_3$, F. 204° (A.). *-o-bromanilin*,

$C_{13}H_9BrN_2O_3$, F. 160° (A.). *-m-bromanilin*, $C_{13}H_9BrN_2O_3$, F. 172—173° (A.). *-p-bromanilin*, F. 245° (A.). *-2.4.6-tribromanilin*, $C_{13}H_7Br_3N_2O_3$, F. 249—250° (A.). *-o-anisidin* (IX), $C_{14}H_{12}N_2O_4$, F. 148° (grüngelbe Prismen aus A.). *-m-anisidin* (X), $C_{14}H_{12}N_2O_4$, F. 189° (A.). *-p-anisidin* (XI), F. 198° (gelbgrüne seidige Nadeln aus A.). — N-Acylnitraniline (Durch Erhitzen der Nitraniline mit Säurechloriden in wasserfreiem Medium): *N-[m-Nitrobenzoyl]-o-*, F. 140—141° (hellgelbe verfilzte Nadeln aus A.). *-m-*, $C_{13}H_9N_3O_5$, F. 191° (A.). *-p-nitranilin*, F. 255—256° (A.). *N-[o-Nitrobenzoyl]-o-*, F. 167—168° (A.).*-m-*, $C_{13}H_9N_3O_5$, thermochromotrop, F. 194—195° (gelbgrüne Prismen aus A., wird durch Erhitzen in feine farblose Nadeln, F. 140—160° aus A., umgewandelt). *-p-nitranilin*, $C_{13}H_9N_3O_5$, F. 212° (grünliche Prismen aus A.). *N-[p-Nitrobenzoyl]-o-*, F. 222—223° (stark leuchtend gelbgrüne Blättchen aus A.). *-m-*, F. 227° (A.). *-p-nitranilin*, $C_{13}H_9N_3O_5$, F. 274° (A.). — N-Acylcarboxyaniline (Aus den Nitrobenzoesäurechloriden in Ae. oder Bzl. u. den Aminobenzoesäuren in wss.-alkal. alkohol. oder Aceton-Lsg.): *N-[m-Nitrobenzoyl]-o-*, $C_{14}H_{10}N_2O_5$, F. 235° (A.). *-m-*, $C_{14}H_{10}N_2O_5$, F. 314° (Zers., A.). *-p-carboxyanilin*, $C_{14}H_{10}N_2O_5$, F. 305° (Zers., A.). *N-[o-Nitrobenzoyl]-o-*, $C_{14}H_{10}N_2O_5$, F. 243° (Zers., A.), ist lichtempfindlich. *-m-*, $C_{14}H_{10}N_2O_5$, F. 270° (Zers., A.). *-p-carboxyanilin*, $C_{14}H_{10}\cdot N_2O_5$, F. 307° (Zers., A.). *N-[p-Nitrobenzoyl]-o-*, F. 243° (Zers., A.), Na-Salz ist thermochromotrop. *-m-*, $C_{14}H_{10}N_2O_5$, F. 281° (Zers., A.). *-p-carboxyanilin*, $C_{14}H_{10}N_2O_5$, F. 355° (gelbliche kleine Nadeln aus A.). — *N.N-Diacetyl-p-nitranilin*, $C_{10}H_{10}N_2O_4$, F. 135° (A.), durch Erhitzen von Acetanhydrid mit p-Nitranilin in Bzl. bis zum Ende der HCl-Entwicklung. — Das Rk.-Vermögen von Anilin, der Toluidine, von Mesidin, 2.6-Dimethylanilin, der Chlor- u. Bromaniline mit den Acylierungsagentien ist ziemlich gleich, das der nachst. Verbb. ist jedoch geringer, wobei diese Folge gilt: 2.4.6-Tribrom- < 2.4.6-Trichloranilin < Diphenylamin. B. GNAUCK. B 118□

Konjugationsphänomene in der Reihe der 2-Arylcyclopropancarbonsäureamide. G. W. Perold. (J. South African chem. Inst. **8.** 1—11. März 1955. Pretoria, ISCOR, Sci. and Res. Dep., Res. Labor.) (Engl.)

trans-1-Methyl-2-phenyl- u. *trans-2-Phenyl-3.3-dimethylcyclopropancarbonsäureamid* (I, ?) vom F. 128 u. 131° wurden dargestellt u. die UV-Spektren dieser Verbb. in A. sowie die von *trans-2-[o-Methylphenyl]-* (II), *trans-2-Methyl-2-phenyl-* (III) u. *trans-2-Phenyl-3-methylcyclopropancarbonsäureamid* untersucht. Die der konjugierten Amidgruppe zugeschriebene kurzwellige Bande bei 220 mμ (vgl. C. **1950/54.** 1528 S) fehlt bei I, II u. III; sie ist also nur dann voll entwickelt, wenn infolge Fehlens einer ster. Hinderung die Einstellung des Benzol-, Cyclopropanringes u. der $CONH_2$-Gruppe in einer Ebene möglich ist.

Versuche (FF. korr.): *trans-1-Methyl-2-phenylcyclopropancarbonsäureamid*, $C_{11}H_{13}\cdot NO$, F. 200,5°, durch Zugabe von 1,01 g α-Diazopropionsäureäthylester (durch Diazotieren von 6,0 g α-Aminopropionsäureäthylester; 1,01 g) zu 1,7 g Styrol u. Glaspulver u. allmähliches Erwärmen auf 150° (→ entsprechenden Cyclopropancarbonsäureester, gelbe Fl.; 2,67 g), 4std. Kochen mit wss.-alkohol. KOH, 2std. Kochen der Säure mit $SOCl_2$, Zugabe des Chlorids zu eiskalter NH_4OH-Lsg. u. Chromatographie an Al_2O_3; glitzernde Täfelchen aus A. + PAe.; 260 mg (Ausbeute). *Freie Säure*, F. 79—80°, durch 9std. Kochen von 105 mg des Amids mit KOH; 104 mg. — *trans-1-Methylcyclopropan-1.2-dicarbonsäure*, $C_6H_8O_4$, F. 170,5° (Methyläthylketon–Bzl. u. W.), durch Ozonisieren von 104 mg vorst. Säure in Essigsäure, 4 Std. lang bei 20° u. 2malige Zugabe von H_2O_2; 32 mg. — *Benzyldimethylcarbinol*, $Kp._3$ 68—71°, aus Benzyl-MgCl mit Aceton; n_D^{14} 1,519; 80%. —*ω.ω-Dimethylstyrol*, $C_{10}H_{12}$, $Kp._{15}$ 68—71°, durch 1½std. Kochen von vorst. Verb. über $KHSO_4$ u. Hydrochinon bei 150—200 mm u. 175° (Bad-Temp.); n_D^{32} 1,5135; ca. 45%. — *trans-2-Phenyl-3.3-dimethylcyclopropancarbonsäureamid* (I, ?), $C_{12}H_{15}NO$, *Verb. vom F. 131°*, glitzernde Täfelchen aus Bzl. + PAe. oder A. + PAe.; 70 mg; *Verb. vom F. 128°*, glitzernde, flache Nadeln aus wss. A.; 290 mg; durch langsames Erwärmen von 14,05 g vorst. Verb. mit 17,2 ml Diazoäthylacetat u. Glaspulver auf 126°, Dest., Kochen des Destillats mit wss.-alkohol. KOH, Rk. der Säure mit $SOCl_2$ u. des gebildeten Chlorids mit wss. NH_4OH u. Chromatographie an Al_2O_3.
G. PÖTZSCHER. B 118□

Ultraviolettspektren von Benzocyclenen mit konjugierter Carbonylgruppe. Robert Granger, Henri Orzalesi, Jean-Claude Favier und Alain Muratelle. (C. R. hebd. Séances Acad. Sci. **252.** 3271—73. 24/5. 1961. Montpellier, Fac. de Pharm., Labor. de Chim. Organ.) (Franz.)

Zur Unters. des Einfl. einer aus 3, 4 oder 5 C-Atomen bestehenden Polymethylenkette auf den Benzolkern von Benzocyclen u. zum Vgl. dieses Effekts mit dem zweier vic. Methylgruppen wurden die UV-Spektren folgender Verbb. aufgenommen: *2.3-Di-*

methylbenzoesäure, F. 144°; *Amid*, F. 156°; *Äthylester*, Kp.$_6$ 112—114°. — *2.3-Dimethylacetophenon*, Kp.$_{16}$ 120—122°. — *3.4-Dimethylbenzoesäure*, F. 165°; *Amid*, F. 109°; *Äthylester*, Kp.$_{13}$ 127°. — *3.4-Dimethylacetophenon*, Kp.$_{13}$ 131°. — *Indan-4-carbonsäure*, F. 153°; *Amid*, F. 173°; *Äthylester*. — *Indan-5-carbonsäure*, F. 183°; *Amid*, F. 143°; *Äthylester*, Kp.$_6$ 130—132°. — *Indanyl-(5)-methylketon*, Kp.$_{11}$ 135—136°. — *Tetralin-5-carbonsäure*, F. 151°; *Amid*, F. 183°; *Äthylester*, Kp.$_6$ 136—137°. — *Tetralyl-(5)-methylketon*, Kp.$_3$ 120—121°. — *Tetralin-6-carbonsäure*, F. 154°; *Amid*, F. 138°; *Äthylester*, Kp.$_4$ 145—146°. — *Tetralyl-(6)-methylketon*, Kp.$_4$ 134—136°. — *Benzosuberen-1-*, F. 107°, u. *-2-carbonsäure* (I), F. 178°. — *4.5-*, F. 81°; *5.6-*, F. 122°, u. *6.7-Dimethyl-3-phenylindanon*, F. 102°. — *4.5-*, F. 86°; *5.6-*, F. 120 u. *6.7-Trimethylen-3-phenylindanon*, F. 130°. — *4.5-*, F. 102; *5.6-*, F. 103° u. *6.7-Tetramethylen-3-phenylindanon*, F. 109°. — *4.5-*, F. 101°; *5.6-*, F. 140° u. *6.7-Pentamethylen-3-phenylindanon*, F. 85°. — Die Absorptions-Koeff. der K-Bande stimmen bei den 3.4-substituierten Benzol-Derivv. mit gleicher funktioneller Gruppe gut überein, lediglich **I** zeigt einen deutlich höheren Wert. Bei den 2.3-Derivv. dagegen zeigt sich der ster. Einfl. der benachbarten Substitution in der Reihenfolge Indan, Tetralin, o-Xylol, Benzosuberan. Bei Verbb. gleicher Struktur vermindert sich der Absorptions-Koeff. der K-Bande in der Reihe Keton, Ester, Säure, Amid u. wird bei den letzteren z. T. bis auf eine Schulter reduziert. Bei den 6.7-substituierten Indanonen liegt das Maximum der K-Bande stets bei kleinster, bei den 4.5-Derivv. stets bei größter Wellenlänge. Die Spektren der 6.7-Derivv. zeigen keinen wesentlichen Effekt der ster. Hinderung der Resonanz. Die höchsten Absorptions-Koeff. der B-Bande finden sich bei den Indan-Derivv., wogegen die o-Xylol-Derivv. die niedrigsten zeigen. H. G. HENKEL. B 118□

Die Lichtabsorption einiger Cyaninfarbstoffe, die an Cellophan adsorbiert sind. G. L. Szepesy. (Acta Univ. Szegediensis, Acta physica chem. **2.** 140—48. 1956. Szeged, Univ., Inst. of Gen. and Phys. Chem.) (Engl.)

Die UV-Absorptionsspektren von *5-[3-Äthylbenzoxazolinylidenäthyliden]-3-methylrhodanin* (**I**), *3-Methyl-5-[3-äthylbenzoxazolinylidenäthyliden]-2-thiooxazolidindion-(2.4)* (**II**), *3.3'-Diäthyl-bis-[β-naphthoxazol]-carbocyaninjodid* (**III**), *3.3'-Diäthyl-bis-[benzoxazol]-carbocyaninjodid* (**IV**), *4-[3-Äthylbenzthiazolinylidenäthyliden]-3-methyl-1-phenylpyrazolon-(5)* (**V**), *3-Methyl-[3-äthylbenzthiazolinylidenäthyliden]-2-thiooxazolidindion-(2.4)* (**VI**) in alkohol. Lsg. besitzen eine starke Bande im sichtbaren Bereich sowie Banden geringerer Intensität im UV. Bei Adsorption der Farbstoffe an Cellophanlamellen erfolgt eine charakterist. Rotverschiebung der Bande im sichtbaren Bereich; zusätzlich tritt bei **III**, **V**, **VI** auf der langwelligen Seite dieser Bande eine scharfe Nebenbande auf. Die Rotverschiebung erfolgt in der Reihenfolge **VI** $>$ **I** $\approx$ **III** $>$ **II** $>$ **IV** $>$ **V**. Sie wird mit Verringerung der Anregungsenergie durch die Adsorption erklärt. Die Nebenbanden werden auf Polymerisation der Farbstoff-Moll. zurückgeführt. J. BLANK. B 118□

Untersuchung auf dem Gebiet der cis-trans-Isomerie von Thioindigoiden. G. M. Okssengendler und E. P. Gendrikow. (Журнал Физической Химии [J. physik. Chem.] **33.** 2791—94. Dez. 1959.) (Russ.; Auszug: Engl.)

Aus den Daten von WYMAN u. Mitarbeitern (vgl. C. **1959.** 7065 u. C. **1954.** 6687) über die UV-Maxima von *cis-* u. *trans-4.4-Dimethyl-6.6'-dichlor-*, *-6.6'-Diäthoxy-*, *-5.5'-Dibrom-*, *-5.5'-Dichlor-4.4'.7.7'-tetramethyl-*, *-5.5'-Dichlor-7.7'-dimethyl-*, *-4.4'.5.5'.7.7'-Hexachlor-*, *-5.5'.7.7'-Tetramethyldithioindigo* u. *Bis-[4.5-benzo]-dithioindigo* leiten Vff. folgende Gesetzmäßigkeiten ab: Mit den Carbonylgruppen in Konjugation stehende Elektronendonatorsubstituenten (ES) in Dithioindigoiden (**A**) vermindern den Unterschied zwischen dem Absorptionsmaximum der trans- u. der cis-Form der **A**, bei Konjugation zu den S-Atomen vergrößern sie den Unterschied. In der Regel verschiebt jede Einführung eines ES das Maximum der trans-Form stärker als das der cis-Form, was mit der Änderung der nichtebenen Natur der cis-Form erklärt wird. Bei Bestrahlung von Lsgg. von *Perinaphthoindigo* (**I**; *Bis-[3-keto-1.3-dihydronaphtho-[1'.9'.8':4.5.6]-thiopyranyliden-(2)]*) geht die trans-Form quant. in die cis-Form über u. umgekehrt; **I** wird nach FRIEDLÄNDER u. WOROSHZOW [1912] dargestellt, die cis-Form erstmals in krist. Zustand u. in Lösung. R. K. MÜLLER. B 118□

Bemerkungen zur Darstellung und Absorption im mittleren Ultraviolett einiger 3-substituierter 2-Methylchinazolone-(4). Panos Grammaticakis. (C. R. hebd. Séances Acad. Sci. **252.** 4011—13. 19/6. 1961. Paris, Labor. de Chim. Organ. I.) (Franz.)

Es wurden folgende Verbb. dargestellt u. ihre Absorption im mittleren UV (Abb.) untersucht: *2-Methylchinazolon-(4)* (**I**), F. 235°, u. folgende 3-substituierte Derivv.: *Hydroxy-*, F. 214°; *Amino-*, F. 148°; *Phenyl-* (**II**), F. 147, 149°; *Anilino-*, F. 212°; *o-*, F. 118, 119°; *m-*, F. 126, 132°; *p-Tolyl-*, F. 149, 151°; *2.6-Dimethylphenyl-*, F. 136, 138°; *o-*, F. 186, 168°; *m-*, F. 136°; *p-Chlorphenyl-*, F. 153, 158°; *o-*, F. 133, 135°; *m-*, F. 114, 117°; *p-Methoxyphenyl-*, F. 167, 171°. Ferner *o-Acetamidobenzoesäure* (**III**) u. *o-Acet-*

amidobenzoesäureanilid, F. 167 u. 183°. *-p-toluidid*, F. 197, 198°. *-m-*, F. 187, 189° u. *-p-chloranilid*, F. 202, 204° (der 1. F. wurde bei langsamem Erhitzen, der 2. F., sofern vorhanden, auf dem Maquenne-Block erhalten). **I** u. seine Derivv. zeigen Banden im sichtbaren Bereich. Die Unterschiede durch die einzelnen Substituenten gehen nicht über die beim Anilintyp hinaus. Der spektrale Effekt der o-Substitution der Phenylgruppe in **II** ist sehr schwach oder Null. Die Absorptionskurven von **III** u. den o-Acetamidobenzoylarylaminen sind sehr verschieden von denen des **I** u. seinen Derivaten. Die Darst. der Chinazolone erfolgte nach zwei Meth.: 1. Dehydratation [Wärme, $SOCl_2$, H_2SO_4, $(CH_3CO)_2O$ u. dgl.] der Derivv. von **III**, die man durch Hydrierung der entsprechenden o-Nitrobenzoylarylamine (RANEY-Ni) u. Acetylierung der erhaltenen o-Aminobenzoylarylamine gewinnt. 2. Behandlung von **III**-Anhydrid mit den entsprechenden Basen. Nach dieser Meth. erhält man jedoch unter gewissen Bedingungen (längeres Erhitzen auf dem Wasserbad in Toluol oder im geschlossenen Rohr) sehr geringe Ausbeuten, bes. im Falle einiger o-substituierter Aniline, **III** u. den o-Acetaminobenzoylarylaminen. H. G. HENKEL. B 118□

Reflexionsvermögen von Fettsäure-Monoschichten auf Wasser. D. T. F. Marple und T. A. Vanderslice. (J. physic. Chem. **64**. 1231—34. Sept. 1960. Schenectady, N.Y., General Electric Res. Labor.) (Engl.)

Monoschichten von *Myristin-*, *Palmitin-* (I), *Stearin-* (II), *Arachin-*, *Behen-* u. *Cerotinsäure* auf W., mit Hilfe von Ölsäure auf ca. 30 dyn/cm komprimiert, wurden auf ihr Reflexionsvermögen (R) im Vgl. zu W. gegenüber fast senkrecht einfallendem Licht von 4000 Å, bei **I** u. **II** auch von 2537 Å, u. gegenüber polarisiertem Licht von hohem Einfallswinkel untersucht. Die Änderung ΔR des Reflexionsvermögens wird durch Interferenz zwischen dem an den Grenzflächen Luft–Film u. Film–W. reflektierten Licht verursacht. Für **I** u. **II** stimmen die berechneten ΔR-Werte mit den bei 4000 Å gemessenen überein, wenn man als Brechungsindex der Monoschicht den der festen Verbb. einsetzt u. mit einer Filmdicke d rechnet, die 3 Å weniger beträgt als die Kettenlänge der festen Verbindung. Diese Verminderung von d kann auf Eintauchen der hydrophilen Enden in W. oder auf Schräglage der C-Ketten zurückzuführen sein. In der homologen Reihe wächst bei 4000 Å $\Delta R/R$ mit N^2 (N = Zahl der C-Atome) u. damit, wie theoret. zu erwarten, etwa mit wachsendem d^2. Die Einfl. von Wellenlängenänderung u. Einfallwinkel stehen mit der Interferenztheorie im Einklang. ΔR ist für **I** u. **II** bei Verw. von Leitungswasser größer als bei dest. W., wahrscheinlich weil Verunreinigungen im W. d vergrößern oder/u. den Brechungsindex des Films ändern.

R. JUNGE. B 119□

Quasi-racemische Verbindungen zwischen Enanthiomorphen in den homologen Reihen von 3-methylsubstituierten langkettigen Säuren. Bo Hallgren. (Ark. Kemi **10**. Nr. 24. 353—61. 1957. Uppsala, Univ., Inst. of Med. Chem., Dep. of Med. Biochem.) (Engl.) — Vgl. C. **1959**. 15005.

Die Syst. (—)-*L-3-Methyltetrakosansäure* [(—)-**I**]–(+)-*D-3-Methyltrikosansäure*, (+)-**I**–(—)-*L-3-Methyldokosansäure* [(—)-**II**], (+)-*D-3-Methyloctadecansäure*–(—)-**I**, (—)-**II**–(+)-*D-3-Methyldodecansäure*, (+)-**I**-(—)-**II** bilden nach dem F.- u. Röntgenbeugungsdiagramm stabile Quasirac.-Verbb., während in den F.-Diagrammen der bin. Mischungen von Säuren mit gleicher Konfiguration am $C_{(3)}$ nur eutekt. Punkte zu beobachten sind. Für das Syst. (—)-*L-3-Methyleikosansäure*–(+)-*D-3-Methylheptakosansäure* mit 2 Eutektika läßt sich ebenfalls die Bldg. einer Quasirac.-Verb. wahrscheinlich machen.

G. PÖTZSCHER. B 119□

Der Einfluß der Bromgruppe auf das optische Rotationsvermögen von Derivaten der Reychler-Säure. O. N. Perti und R. C. Rastogi. (Agra Univ. J. Res. **5**. 339—42. Juli 1956. Naini Tal, Government Coll.) (Engl.)

Die spezif. Drehwerte der Salze der *Reychlersäure* (*D-Campher-β-sulfonsäure*) mit *Anilin, o-, m-, p-Brom-* u. *2.4.6-Tribromanilin* (**I**, F. 121°, aus 2,32 g Säure mit 3,3 g Amin in A.–Äthylacetat; 2.9 g Ausbeute) in A., Chlf. u. Pyridin bei der Hg 5461 Å-Linie wurden bestimmt. Die Werte fallen mit steigender Br-Substitution. Der Temp.-Einfl. zwischen 15 u. 30° ist prakt. vernachlässigbar. Die Rotationsdispersion der **I**- u. Bromanilinsalze in den 3 Lsgm. kann durch die einfache DRUDEsche Beziehung beschrieben werden. G. PÖTZSCHER. B 119□

Die Messung der Intensität der Absorption bei der Infrarotspektrophotometrie. Paul Arnaud. (Bull. Soc. chim. France **1961**. 1037—52. Mai. Grenoble, Fac. des Sci., Labor. de Chim. Organ.) (Franz.)

Unter Verw. von Literaturdaten bespricht Vf. die Meth. zur Best. des Extinktions-Koeff. (ε_{max}) u. der Halbwertsbandenbreite ($\Delta\nu_{1/2}$) sowie den Einfl. des Auflösungsvermögens u. die Korrektur von ε_{max} u. $\Delta\nu_{1/2}$, ferner die Best.der wahren integralen

Intensitäten aus experimentellen Daten, auch für gasförmige Stoffe. Die Meth. werden krit. diskutiert. — 76 Literaturhinweise. B. GNAUCK. B 120□

Infrarotspektren der Fettsäuren im festen Zustand im Bereich 700 bis 900 cm^{-1}. Roger Perron und Jeanne Périchon. (C. R. hebd. Séances Acad. Sci. **252.** 3224—26. 24/5. 1961. Bellevue, C.N.R.S., Labor. de Lipochim.) (Franz.)

Es wurden die IR-Spektren der Fettsäuren mit geradkettiger C-Kette von C_8—C_{22} in festem Zustand im Bereich 700—900 cm^{-1} aufgenommen u. die in diesem Bereich liegenden Banden untersucht. Von den 3 wesentlichen Banden verändert die Hauptbande bei 720 cm^{-1} nur wenig ihre Lage mit wachsender C-Kette, während die beiden anderen Banden ihren gegenseitigen Abstand verringern. Der Abstand ($\Delta\ \lambda$ oder $\Delta\ \nu$) als Funktion der C-Kette gibt 2 Geraden, deren Schnittpunkt zwischen C_{14} u. C_{16} liegt. Die Abhängigkeit der Bandenlage von der Anzahl der C-Atome ist sehr verschieden von der der KW-Stoffe, wie sie von SNYDER (J. molecular Spectroscopy **4.** [1960.] 411) festgestellt wurde. Es scheint, daß bei den Fettsäuren einige Serien dieser Schwingungen in entgegengesetzter Richtung zu denen, wie sie den KW-Stoffen eigen sind, vorkommen. Die anderen Serien sind durch die Anwesenheit der Carboxylgruppe grundlegend verändert. H. G. HENKEL. B 120□

Die Carbonylvalenzbanden in den Infrarotspektren von ungesättigten Lactonen. R. N. Jones, C. L. Angell, T. Ito und R. J. D. Smith. (Canad. J. Chem. **37.** 2007—22. Dez. 1959. Ottawa, Canada, Nat. Res. Council of Canada, Div. of Pure Chem.) (Engl.)

Von folgenden gesätt. u. ungesätt. Lactonen (in CCl_4, CS_2 oder Chlf.) wurde das Verh. der CO-Valenzbande untersucht: *$\Delta^{\alpha,\beta}$-Butenolid* (Kp.$_{12}$ 86—87°, auch RAMAN-Spektrum). $\Delta^{\alpha,\beta}$-γ-Butenolide (**A**): *β-n-Butyl-* (Kp.$_1$ 101—101,5, n_{20}^{D} 1,4715; auch RAMAN-Spektrum), *β-n-Hexyl-* (**I**, Kp.$_2$ 120—121°), *β-Cyclopentyl-* (Kp.$_2$ 120—121°), *β-Cyclohexyl-* (Kp.$_5$ 143—144°; λ_{max} 2215 Å, log ε = 3,34 in n-Heptan), *β-Phenyl-* (F. 94°, wss. A.; auch RAMAN-Spektrum; λ_{max} 2020, 2070 u. 2530 Å, log ε = 4,34, 4,24 u. 4,37 in n-Heptan) u. *γ.γ-Dimethyl-* (Kp.$_{19}$ 80°). — α- (α-**II**, Kp.$_{10}$ 52°, F. 18°) u. *β-Angelicalacton* [β-**II**, Kp.$_{10}$ 83°, aus der α-Verb. mit $N(C_2H_5)_3$; 90—93% rein]. — γ-Butanolide, aus den **A** durch Hydrierung an Pd-Kohle in Methanol bei 1 at: *β-n-Hexyl-*, *γ-Methyl-* (Kp.$_{10}$ 83°, aus β-**II**) u. *γ.γ-Dimethyl-* (Kp.$_{10}$ 80°). — *[2-Hydroxycyclohexyliden-(1)]-* (Kp.$_5$ 130°, F. 30°; λ_{max} 2215 Å, log ε = 3,26 in n-Heptan), *[2-Hydroxy-Δ^1-cyclohexenyl]-* (Kp.$_5$ 110°), *[2-Hydroxycyclohexyl]-essigsäurelacton*. — *α-Pyron* (F. 5°), *5-Methyl-α-pyron* (F. 15—19°), *5.6-Dihydro-α-pyron* (**III**, Kp.$_7$ 105°; λ_{max} 2195 Å, log ε = 2,87 in n-Heptan), *δ-Valerolacton* (Kp.$_7$ 107°, aus vorst. Verb. durch Hydrierung), *γ-Pyron* (F. 32°), *Cumarin* (F. 70°), *Phthalid* (F. 72°) u. *5.6-Dimethoxyphthalid* (F. 156 bis 157°, W.). Alle ungesätt. 5- u. 6-Ringlactone, in denen die C=O- mit der C=C-Gruppe konjugiert ist, mit Ausnahme von **III**, zeigen eine Aufspaltung der IR-CO-Bande (u. der RAMAN-Bande) in ein Dublett. Die Bande mit höherer Frequenz (A-Bande) ist intensiver in CCl_4-Lsg., die andere (B-Bande) dagegen intensiver in Chlf.-Lösung. Bei **I** nimmt die relative Intensität der B-Bande mit der Polarität zu, jedoch besteht keine einfache Beziehung zwischen beiden Größen. Temp.-Erhöhung verursacht eine ausgeprägte Intensitätserhöhung der A-Bande; der Effekt ist reversibel. Die Änderung der **I**-Konz. ist ohne Einfl. auf die CO-Banden. — Die Aufspaltung der CO-Bande wird deshalb den gleichen Ursachen wie bei Δ^2-Cyclopentenonen (vgl. YATES u. Mitarbeiter, C. **1959.** 3803; 11842), nämlich der Kopplung anderer innermol. Schwingungen mit der CO-Schwingung zugeschrieben. Die mögliche Abhängigkeit dieser Aufspaltung von der FERMI-Resonanz mit dem Oberton einer niedriger liegenden Grundfrequenz wird diskutiert. Die Aufspaltung wird hier nicht durch die Einstellung eines Gleichgewichts zwischen Konformationsisomeren verursacht, was bei anderen Verbb. jedoch sehr wohl möglich sein kann. G. PÖTZSCHER. B 120□

Mikrowellenspektrum von Äthyljodid. 2. Mitt. Takahiro Kasuya. (J. physic. Soc. Japan **15.** 1273—77. Juli 1960. Tokyo, Univ., Fac. of Sci., Dep. of Phys.) (Engl.) — 1. vgl. C. **1962.** 6716.

Die die Rotation um die C—C-Bindung in *Äthyljodid* hemmende Potentialschwelle wurde aus den Q^b-Typ-Übergängen im ersten angeregten Torsionszustand unter Berücksichtigung der Effekte der inneren Rotation auf die Quadrupol-Wechselwrkg. durch fortschreitende Näherung berechnet. Bei Annahme eines sinusförmigen Potentialverlaufs wurde das Hinderungspotential H = 3,22 ± 0,5 kcal/Mol, entsprechend einer Torsionsfrequenz von 230 cm^{-1}, erhalten. Die beobachteten Frequenzen der R^a-Übergänge wurden ebenfalls analysiert. Tabellen der Frequenzen sind wiedergegeben. G. WINKHAUS. B 121□

Chemie des Diimids. 2. Mitt. **Stereochemie der Wasserstoffübertragung auf Kohlenstoff-Kohlenstoff-Mehrfachbindungen.** E. J. Corey, D. J. Pasto und W. L.

Mock. (J. Amer. chem. Soc. **83.** 2957—58. 5/7. 1961. Cambridge, Mass., Harvard Univ., Dep. of Chem.) (Engl.) — 1. vgl. Tetrahedron Letters [London] **11.** [1961.] 353.

Das in Ggw. von oxydierenden Substanzen, wie O_2–Cu-Ion oder H_2O_2–Cu-Ion, aus Hydrazin entstehende *Diimid* N_2H_2 hydriert C—C-Doppelbindungen unter Freiwerden von N_2. Meist erfolgt cis-Addition. Red. von *Malein-* u. *Fumarsäure* mit Deuterohydrazin u. einer oxydierenden Substanz oder mit Di-K-Azodiformiat–D_2O liefert meso- bzw. dl-$D_{2(2.3)}$-Bernsteinsäure, deren Absorption im Gebiet von 8—9 μ sich deutlich von der der Bernsteinsäure unterscheidet. Es wurde nur das Prod. der cis-Addition gefunden, u. Vff. halten die Rk. für wenigstens 97% stereospezifisch. Auch *cis-* u. *trans-Buten-(2)-diol-(1.4)* [→ meso- bzw. dl-$D_{2(2.3)}$-Butandiol-(1.4), mit Permanganat zu Bernsteinsäuren (B) oxydiert], *cis-* u. *trans-Stilben* [*cis-* u. *trans-***I** → meso- bzw. dl-$D_{2(1.2)}$-1.2-Diphenyläthan (D_2-**II**), anschließend Ozonisierung u. Oxydation zu B], *Dimethylmaleinsäure* [Rk. mit N_2H_4–H_2O_2 → meso-2.3-Dimethylbernsteinsäure] sowie Dreifachbindungen ergaben immer das Rk.-Prod. einer cis-Addition. Entsprechend lieferte teilweise Hydrierung von *Diphenylacetylen* neben dem Ausgangs-Prod. nur cis-**I** u. **II**. Vff. nehmen ein cycl. Zwischenprod. an. G. MEINHARDT. B 123□

Einfluß der Stereoisomerie auf die chemische Reaktivität. Pierre Chabrier und Raymonde Eche Fialaire. (C. R. hebd. Séances Acad. Sci. **252.** 3069—71. 15/5. 1961. Paris, Fac. de Méd., Inst. de Pharmacol.) (Franz.)

An *meso-* (**Ia**, F. 146°) u. *rac.-3.4-Bis-[4-methoxy-3-(β-chlorpropionyl)-phenyl]-hexan* (**Ib**) wird der Einfl. der Stereoisomerie auf die Reaktivität untersucht. **Ia** u. **Ib** werden durch Einw. von β-Chlorpropionylchlorid in Ggw. von $AlCl_3$ in Nitrobenzol auf meso- (F. 144°) bzw. rac.-3.4-Bis-[4-methoxyphenyl]-hexan (F. 56°) erhalten. Während **Ia** beim Kochen in wasserfreiem alkohol. Medium 3.4-Bis-[4-methoxy-3-(β-alkoxypropionyl)-phenyl]-hexan gibt (C. R. hebd. Séances Acad. Sci. **247.** [1958.] 547), führt **Ib**, unabhängig von der Rk.-Zeit u. der Art des Alkohols zu 3-[4-Methoxy-3-(β-chlorpropionyl)-phenyl]-4-[4-methoxy-3-(β-alkoxypropionyl)-phenyl]-hexan, das sich durch sek. Amine leicht in 3-[4-Methoxy-3-(β-dialkylaminopropionyl)-phenyl]-4-[4-methoxy-3-(β-alkoxypropionyl)-phenyl]-hexan umsetzen läßt. Durch Kochen von **Ia** mit β-Chloräthylalkohol in Bzl. erhält man 3.4-Bis-{4-methoxy-3-[β-(2-chloräthoxy)-propionyl]-phenyl}-hexan (**II**), wogegen **Ib** 3-[4-Methoxy-3-(β-chlorpropionyl)-phenyl]-4-{4-methoxy-3-[β-(2-chloräthoxy)-propionyl]-phenyl}-hexan (**III**) gibt. Mit sek. Aminen in Chlf. gibt **II** 3.4-Bis-{4-methoxy-3-[β-(2-dialkylaminoäthoxy)-propionyl]-phenyl}-hexan u. **III** 3-[4-Methoxy-3-(β-dialkylaminopropionyl)-phenyl]-4-{4-methoxy-3-[β-(2-dialkylaminoäthoxy)-propionyl]-phenyl}-hexan. Die Umsetzung mit sek. Aminen in Chlf. führt bei **Ia** u. **Ib** zu 3.4-Bis-[4-methoxy-3-(β-dialkylaminopropionyl)-phenyl]-hexan. Durch Kochen mit Thioglykolsäure in Bzl. gibt **Ia** 3.4-Bis-[4-methoxy-3-(β-carboxymethylmercaptopropionyl)-phenyl]-hexan u. **Ib** 3-[4-Methoxy-3-(β-chlorpropionyl)-phenyl]-4-[4-methoxy-3-(β-carboxymethylmercaptopropionyl)-phenyl]-hexan.
H. G. HENKEL. B 123□

Fluorescenz der Äthylendiaminderivate von Epinephrin und Norepinephrin. H. Weil-Malherbe und A. D. Bone. (Science [Washington] **127.** 1188. 16/5. 1958. Wickford, Essex, Runwell Hosp.) (Engl.) — Vgl. C. **1958.** 2533.

Die Beobachtung von DE T. VALK u. PRICE (C. **1958.** 10697) u. von MANGAN JUN. u. MASON (C. **1959.** 8269), daß die in Ggw. von Al_2O_3 in Essigsäure hergestellten Kondens.-Prodd. von *Äthylendiamin* mit *Epinephrin* u. *Norepinephrin* eine erhöhte Fluorescenz aufweisen als die ohne Al-Ionen kondensierten Prodd., konnte nicht bestätigt werden.
G. PÖTZSCHER. B 125□

Wirksamkeit der Energieübertragung in einer Lösung von PPO in Xylol. Isadore B. Berlman. (J. chem. Physics **33.** 1124—27. Okt. 1960. Argonne, Ill., Argonne Nat. Labor.) (Engl.)

An einer Lsg. von *2.5-Diphenyloxazol* (PPO; **I**) in *p-Xylol* (**II**) wird der strahlungslose Energieübergang einer organ. scintillierenden Lsg. als Funktion der Konz. des Gelösten mit Hilfe von 3 unabhängigen Meth. bestimmt: Durch direkte Messung der Fluorescenzlebensdauer, der Lichtausbeute des Lsgm. u. des Gelösten. Der Wrkg.-Grad des Energieübergangs liegt zwischen 12% bei 0,02 g/Liter u. 92% bei 2 g **I**/Liter **II**. Die Ergebnisse der 3 Meth. stimmen auf wenige % überein. Der Energieübergang konkurriert mit der Emission von **II** u. der Löschung des 1. Anregungszustandes von **II**, wie aus der Abnahme der Lichtausbeute von **II** u. Verkürzung der mittleren Lebensdauer mit steigender **I**-Konz. hervorgeht. Die Erscheinungen sind in Übereinstimmung mit der Annahme des nichtstrahlenden Übergangs. Die enge Übereinstimmung der durch Elektronenanregung mit den durch UV erhaltenen Energieübergangs-Wrkg.-Graden läßt vermuten, daß diese unabhängig von der Art der Anregung sind. Die grundsätzliche Übereinstimmung der Werte aus der Lichtausbeute des Lsgm. u. des gelösten Stoffes erlauben den Schluß, daß die die Emission bedingenden Anregungszustände des Lsgm. diejenigen sind, die am Energieübergang beteiligt sind. H. G. Henkel. B 125□

Weitreichende Protonenspin–Spin-Wechselwirkungen: Die $^{13}CH_3$-Satelliten von Aceton. John R. Holmes und Daniel Kivelson. (J. Amer. chem. Soc. **83.** 2959—60. 5/7. 1961. Los Angeles, Calif., Univ. of California, Dep. of Chem.) (Engl.)

Bei höherer Auflösung des protonenmagnet. Resonanzspektrums von *^{13}C-Aceton* (**I**) spalten die $^{13}CH_3$-Linien in ein 1 : 3 : 3 : 1-Quadruplett mit einem Abstand von 0,54 Hz auf als Folge der weitreichenden Spin–Spin-Kopplung zwischen den $^{13}CH_3$- u. den nichtäquivalenten $^{12}CH_3$-Protonen. Eine ähnliche Kopplung ist bei *^{13}C-Acetonoxim*, nicht dagegen beim *^{13}C-Isopropanol* zu beobachten. Die nach einer einfachen VB-Meth. berechnete Kopplungs-Konst. A_{HH} läßt auf einen π-Beitrag (mit negativem Vorzeichen) zur Kopplung schließen. Danach sind im **I** u. seinem Oxim beide Gruppen von Protonen direkt an das ungepaarte Elektron (der polaren CO-Gruppe) gekoppelt. G. Pötzscher. B 137□

Kernmagnetische Resonanzuntersuchung der Selbstassoziation und des intermolekularen π-Effekts einiger Amine. Claude Giessner-Prettre. (C. R. hebd. Séances Acad. Sci. **252.** 3238—40. 24/5. 1961. Paris, Sorbonne, Labor. de Spectroscopie hertzienne.) (Franz.)

Zur Unters. der Selbstassoziation durch H-Brückenbindung der NH_2-Gruppe u. des intermol. π-Effekts, hervorgerufen durch die Zirkulation der π-Elektronen im Falle von Bzl., Pyrrol usw. (vgl. Pajak u. Pellan, C. **1961.** 5023), wurden die NMR-Spektren folgender Amine in CCl_4, Bzl. u. Pyrrol aufgenommen: *Allylamin* (**I**), *Äthanolamin, N-Methylanilin* (**II**); *o-* (**III**), *m-* u. *p-Toluidin*; *Anilin* (**IV**); *o-*, *m-* u. *p-Chloranilin*; *Phenylhydrazin*. **IV** wurde auch in o-Xylol u. Mesitylen untersucht. In Übereinstimmung mit IR-Unterss. von Fuson u. Mitarbeitern (C. **1953.** 27) zeigt sich, daß die Anilin-Derivv. prakt. nicht assoziiert sind. Die Verschiebung $\delta_p - \delta_\infty$ ist bei Verdünnung in CCl_4 Null oder sehr schwach. **I** zeigt dagegen eine nicht vernachlässigbare Verschiebung zu stärkerem Feld. Es kann jedoch auf Grund fehlender weiterer Messung an aliphat. Aminen nicht der Schluß gezogen werden, daß das Fehlen der Assoziation eine Eig. aromat. Amine ist. In aromat. Lsgm. u. in Pyrrol zeigen die untersuchten Amine den intermol. π-Effekt der NH-Linie; doch erhält man eine nach oben konkave Kurve. Die Größe des π-Effekts ist etwas von der Natur u. der Stellung des Substituenten am Anilinkern abhängig. Ebenso zeigt sich eine geringe Veränderung mit Natur des verwendeten aromat. Lsgm., doch liegt diese Veränderung nicht immer in derselben Richtung wie für CCl_4. **II** u. **III** zeigen bei starker Verdünnung in CCl_4 eine Verschiebung der NH- bzw. NH_2-Linie zu schwachem Feld. Die Form der Kurve erlaubt es, auf die Existenz eines „π-Autoeffekts" zu schließen. Hiermit wird ein Effekt bezeichnet, der zwischen den Moll. einer reinen Substanz herrscht u. sich mit der Verdünnung in CCl_4 vermindert. H. G. Henkel. B 137□

Die Beobachtung des Overhauser-Effekts an Kernresonanzsignalen von ^{13}C. D. J. Parker, G. A. McLaren und J. J. Conradi. (J. chem. Physics **33.** 629—30. Aug. 1960. Wood River, Ill., Shell Oil Co.) (Engl.)

Vff. untersuchen die auf Grund des Overhauser-Effekts verstärkten ^{13}C-Kernresonanzsignale von Lsgg. des *4-[3.5-Di-tert.-butyl-4-oxocyclohexadien-(2.5)-ylidenmethyl]-2.6-di-tert.-butylphenoxyl-Radikals* (**I**) in Toluol, das zu 60% an $^{13}C_{(\alpha)}$ Toluol angereichert ist, im Vgl. zu Lsgg. von **I** in normalem Toluol. Ebenso wird in Bzl. eine ca. 150fache Verstärkung der Protonensignale in Lsgg. von **I** gefunden. Die relative Amplitude des durch den Overhauser-Effekt verstärkten Protonensignals in deuteriertem Bzl. (99,5% isotopenrein) zeigt an, daß die verstärkten Signale hauptsächlich von den Protonen des Lsgm. herrühren. F. Mader. B 137□

Magnetochemische Untersuchung von Dianthrachinon und seine Thermochromie im festen Zustand. Yoshio Matsunaga. (Bull. chem. Soc. Japan **29.** 582—86. Juli 1956. Hongo, Tokyo, Univ. of Tokyo, Fac. of Sci., Dep. of Chem.) (Engl.)

Nach der Gouy-Meth. werden von folgenden Verbb. die mol. magnet. Susceptibilitäten χ_M bestimmt: *Anthracen* $-\chi_M = 130$, *Dianthryl-(9.9')* 250, *Anthron* 118, *Dianthron* 229, *Anthrachinon* 114, *Dehydrodianthron* (**I**, *Dianthrachinon*) 220, *Dianthrol* (**II**) 262, **II** + 2 *Pyridin* 361. Der für **I** nach Pascal berechnete $-\chi_M$-Wert beträgt 226; diese Abweichung vom beobachteten Wert wird der durch eine Verzerrung des Mol. verursachten Lokalisierung der π-Elektronen in der zentralen C=C-Bindung zugeschrieben. Der beim Erhitzen von 194 auf 297° beobachteten Farbänderung von **I** von Gelb auf Dunkelgrün geht eine allmähliche Abnahme von $-\chi$ u. ein Verschwinden der Feinstruktur im Röntgenbeugungsdiagramm parallel. Vf. nimmt an, daß diese Erscheinung keine Thermochromie im eigentlichen Sinne ist, sondern durch eine irreversible Veränderung durch eine chem. Rk. hervorgerufen wird. G. Pötzscher. B 137□

Die Säure–Base-Reaktionen in einem gering ionisierenden Lösungsmittel: Wasserfreie Essigsäure. 1. Mitt. **Grundlagen und allgemeine Ergebnisse.** Bernard Trémillon. (Bull. Soc. chim. France **1960**. 1940—48. Nov./Dez. Paris, École de Phys. et de Chim., Labor. de Chim. analyt.) (Franz.)

Nach BRUCKENSTEIN u. KOLTHOFF (C. **1957**. 1864 u. früher) tritt eine Ionisation in einem Lsgm. mit geringer DK, wie z. B. *Essigsäure* (I), allg. nur in vernachlässigbarem Umfang ein. Vf. zeigt, daß alle Säure-Base-Rkk. (Protonenaustausch-Rkk.) in solchen Medien durch eine Aciditäts–Basizitäts-Skala charakterisiert werden können. So lassen sich sämtliche Basen klassifizieren, indem man ihr Verh. gegenüber ein u. derselben Säure betrachtet (z. B. $HClO_4$, d. h. die Bldg. von prakt. nicht dissoziierten Perchloraten). Auf diese Weise erhält Vf. eine solche Skala, die im Hinblick auf die pH-Skala in W. für das Beispiel der $HClO_4$ „$pHClO_4$" bezeichnet wird. Bei der Unters. des Verh. von HCl gegenüber den gleichen Basen in I wird die Skala „pHCl" erhalten. Umgekehrt lassen sich auch die Basizitätsskalen ermitteln, indem das Verh. einer Reihe von Säuren gegenüber einer Base in I untersucht wird. Die erhaltenen Skalen lassen sich zur Vorhersage von Protonenaustausch-Rkk. verwenden. Anionenbasen treten in schwach ionisierenden Lsgm. nur als Assoziate mit einem Kation auf. Mit Metallkationen oder organ. Kationen (quaternäre Ammonium-, Arsonium-, Oxoniumionen) können sie Komplexe bilden, deren Säure–Base-Rkk. auf analoge Weise vorausberechnet werden können. Vf. stellt auf Grund von Literaturdaten die Basizitätsskalen $pHClO_4$, pH_2SO_4, pHCl, pH_3PO_4, p(p-Toluolsulfonsäure) bzw. die Aciditätsskalen p(N.N-Diäthylanilin), p(Na-Acetat), p(Methylgelb), p(p-Naphtholbenzein), p(o-Nitranilin) sowie pH_2O in wasserfreier I mittels einer Reihe von Basen bzw. Säuren auf. Für Rkk., an denen nur H^+ beteiligt ist, ergibt sich, daß in erster Annäherung sämtliche Skalen soweit in Übereinstimmung sind, daß eine einzige Aciditätskala resultiert. Dies gilt nicht für Rkk., bei denen neben H^+-Austausch auch Komplex-Bldg. erfolgt u. in I-Lsg. Komplexe mit Alkalimetall- oder anderen Metallkationen (nicht aber mit quatern. Ammoniumkationen) auftreten. B. GNAUCK. B 139□

Die Säure–Base-Reaktionen in einem gering ionisierenden Lösungsmittel: Wasserfreie Essigsäure. 2. Mitt. **Experimentelle Bestimmung einiger Aciditäts- und Basizitätsskalen.** Michel Lapidus, Michel Lucas und Bernard Trémillon. (Bull. Soc. chim. France **1960**. 1949—55. Nov./Dez.) (Franz.) — 1. vgl. vorst. Referat.

Auf spektroskop. Wege wurde mittels Farbindicatoren [I] [*Methylgelb* (**I**), *Thymolblau* (**II**), *Bromthymolblau* (**III**), *Bromkresolpurpur* (**IV**)] die Rkk. zwischen einer Reihe von Säuren mit Basen in wasserfreier Essigsäure (**VI**) untersucht. Bestimmt wurden daher zunächst die pK_I-Werte ($[I][HA]/[IHA] = K_I$) für die Rkk. von *N.N-Diäthylanilin* (**V**) mit **II** (pK_I 3,2), **IV** (3,95) u. *2.4-Dinitrophenol* (**XIII**; —0,2). Mit Hilfe von **II** wurden die pK-Werte ($[IHA][B]/[BHA][I] = K/K_I$) für das Gleichgewicht zwischen folgenden Säuren u. **V** in **VI** bestimmt: *Trichlor-* (**VII**) pK 2,95, *Dichlor-* (**VIII**) 1,55 u. *Monochloressigsäure* (**IX**) 0,6, *Salicylsäure* (**X**) 0,45 sowie *Oxalsäure* (**XI**) —0,05. *Benzoesäure* besitzt in **VI** prakt. keine Acidität u. reagiert demzufolge nicht mit **V** in **VI**. Der pK_I-Wert für die Rk. von **III** mit **V** betrug 4,6. Mittels **III** konnten für die Rkk. mit **V** nachst. pK-Werte bestimmt werden: für H_3PO_4 5,0, für *HSCN* 5,7. Mittels **II** wurden die pK-Werte für die Rkk. folgender Säuren mit *Na-Acetat* (**XII**) in **VI** bestimmt: **VII** pK 2,5, **VIII** 1,4, **IX** 0,4, **X** 0,2 u. **XI** —0,4; mit **III** für H_3PO_4 4,2, HSCN 5,0 u. *p-Toluolsulfonsäure* 6,3. Die pK_I-Werte für die Rkk. mit **XII** betrugen für **XIII** —0,4, **II** 2,55 u. **III** 3,7. Ferner wurde **I** zur Best. der bas. Eigg. von *Ag-Acetat* (**XIV**) u. *Tetraäthylammoniumacetat* (**XV**) gegenüber $HClO_4$ herangezogen. Der pK_I-Wert für **I** beträgt 8,6 (für die $HClO_4$-Skala); ferner wurden folgende pK-Werte erhalten: für **XIV** 7,7, **XV** 9,6. Für *K-Acetat* konnten keine Daten bestimmt werden, da im Verlauf der Rk. sich das unlösl. $KClO_4$ niederschlägt. Für **XII** wurde der pK'-Wert von 8,4 berechnet ($K' = [XII][HClO_4]/[NaClO_4]$). Schließlich wurde die Acidität von **I** untersucht, wobei pK_I-Werte von 1,6 gegenüber **VII** u. 6,2 gegenüber HCl erhalten wurden. Bemerkenswert ist, daß die Alkaliacetate in **VI** nicht wie in ionisierenden Lsgm. die stärksten Basen sind, denn infolge der geringen DK des Mediums sind die Komplexe mit den Alkaliionen stabil genug, um in die Säure–Base-Rkk. eingreifen zu können. Dieser Einfl. ist aber nicht erheblich, so daß eine gute Übereinstimmung zwischen der Klassifizierung der Säuren nach der **XII**- u. der **V**-Skale besteht. Bei der Rk. von **XV** konnte eine Komplex-Bldg. nicht nachgewiesen werden, die Salze des Tetraäthylammoniumions liegen als Ionenpaare vor. Die erhaltenen Daten wurden zur Aufstellung von Aciditäts–Basizitäts-Skalen (vgl. vorst. Ref.) herangezogen. B. GNAUCK. B 139□

Molrefraktion als Index der Protonenübertragung: Eine Schätzung der Säurestärke der p-Toluolsulfonsäure. Benjamin J. Berkowitz und Ernest Grunwald.

(J. Amer. chem. Soc. **83.** 2956. 5/7. 1961. Tallahassee, Fla., Florida State Univ., Chem. Dep.) (Engl.)

Die scheinbare Molrefraktion von Na-p-Toluolsulfonat in wechselnden Mischungen von H_2SO_4-W. wurde gemessen. Der Abfall von R mit steigendem H_2SO_4-Geh. wird der Protonenübertragung zugeschrieben. Der pK_A-Wert der *p-Toluolsulfonsäure* wurde zu —1,3 bei 25° berechnet. G. MEINHARDT. B 139□

Anwendung der Polarovoltrie auf die Diazotierung aromatischer Amine. W. Büchler. (Z. analyt. Chem. **186.** 154—60. 1962. Basel, CIBA AG., Analyt. Abt.) (Dt.)

Die Diazotierung aromat. Amine läßt sich polarovoltr. verfolgen. Die Potentiale stellen sich schnell ein, am Endpunkt tritt ein scharf ausgeprägter Knick auf. Die Rk. läßt sich bei 20° ohne Verluste an HNO_2 ausführen. Die aromat. Amine lassen sich dabei in drei Gruppen einteilen: 1. Amine ohne Nitro- u. Phenolgruppen; bei ihnen ist die Stärke des Polarisationsstromes unkritisch. 2. Nitroaniline; hier soll der Polarisationsstrom 1 μA nicht übersteigen, da sonst die Anzeige zu spät eintritt. 3. Aminophenole; in diesem Falle dürfen die Elektroden nur mit maximal 0,5 μA belastet werden, sonst fällt die Anzeige aus. 2-Amino-4-methylphenol kann mit sich selbst kuppeln. Durch Zugabe von Zn^{2+} läßt sich jedoch diese Neben-Rk. unterbinden. GERHARD SCHULZE. B 142□

Polarographische Reduktion von Dipyridylen. γ.γ'-Dipyridyl. Maria Teresa Falqui und Mario Secci. (Ann. Chimica **48.** 1168—77. Nov. 1958. Cagliari, Univ., Ist. di chim. generale.) (Ital.)

Vff. fanden, daß bei den polarograph. Unterss. an *γ.γ'-Dipyridyl* in verschiedenen Puffer-Lsgg. bei pH-Werten zwischen 1 u. 13 infolge der auftretenden Adsorptionserscheinungen ein Red.-Schema nicht mit Sicherheit aufgestellt werden kann. In 0,1n NaOH kann man die Verb. quant. bis zu einer Konz. von ca. 10^{-6}m bestimmen. Das Halbstufenpotential in den Lsgg. in bezug auf die gesätt. Kalomelelektrode bei 25° beträgt —1,56 V. C. GOTTFRIED. B 142

Molekülgeometrie und der Dampfdruck von isotopensubstituierten Molekülen. Die äquivalenten Isomeren cis-, gem.- und trans-Dideuteroäthylene. Jacob Bigeleisen, Slobodan V. Ribnikar und W. Alexander Van Hook. (J. Amer. chem. Soc. **83.** 2956—57. 5/7. 1961. Upton, L.I., N.Y., Brookhaven Nat. Labor., Chem. Dep.) (Engl.)

trans-$D_{2(1.2)}$-Äthylen (I) hat einen um 0,1% bei 130° K u. 0,05% bei 180° K höheren Dampfdruck als das *cis-* u. das *gem.-Isomere*, deren Dampfdrücke unter sich innerhalb weniger hundertstel % gleich sind. Der Dampfdruck von I ist bei 130° K 1,2% u. bei 180° K 1,6% höher als der von Äthylen. Vff. führen das auf ein Versteifen der ebenen u. aus der Ebene gerichteten Bewegungen der H-Atome durch intermol. Effekte zurück. G. MEINHARDT. B 150□

Dampfraumanalyse mehrkomponentiger Systeme. 8. Mitt. **Bestimmung der Alkoholtension von Äthanol-Wasser-Zinkchlorid-Lösungen.** E. Schulek, E. Pungor, J. Trompler und Lányi I. Konkoly Thege. (Mikrochim. Acta [Wien] **1960.** 405—08. 1960. Budapest, Eötvös Univ., Inst. für anorgan. u. analyt. Chem.) (Dt.) — 7. vgl. C. **1960.** 12971.

Mit Hilfe des Dampfraumanalysen-Verf. (vgl. 6. Mitt., C. **1960.** 4143) wurde die A.-Tension über A.—H_2O—$ZnCl_2$-Lsgg. bestimmt u. die Viscosität der fl. Phase gemessen. Die Meßergebnisse werden mit denen beim $CaCl_2$ erhaltenen verglichen. W. LUCHSINGER. B 150□

Dampfraumanalyse zweikomponentiger Systeme. J. Trompler, E. Schulek und E. Pungor. (Ann. Univ. Sci. Budapestinensis Rolando Eötvös nominatae, Sect. Chim. **2.** 53—59. 1960. Budapest, Eötvös Univ., Inst. für anorg. u. analyt. Chem.) (Dt.)

Mittels der Dampfraumanalyse werden die Zweistoff-Syst. *Methanol—W.*, *A.—W.* u. *Phenol—W.* untersucht u. die Ergebnisse mit den Literaturangaben verglichen. W. LUCHSINGER. B 150□

Beitrag zur Untersuchung der Dampfdrucke und Verdampfungswärmen der Fettsäuren, Methylester und Fettalkohole bei Drücken unter 1 mm Quecksilber. Claudia Spizzichino. (J. Rech. Centre nat. Rech. sci. **1956.** Nr. 34. 1—24. März. Labor. des Corps Gras.) (Franz.)

Es wurden die Kpp. der *Octansäure* (**I**), *Decansäure* (**II**), *Dodecansäure* (**III**), *Tetradecansäure* (**IV**), *Hexadecansäure* (**V**), *Octadecansäure* (**VI**), *Eikosansäure* (*Arachinsäure*; **VII**), *Dokosansäure* (*Behensäure*; **VIII**; F. 79,7° aus Aceton), der *Methylester* von **III** (**IX**), **IV** (**X**), **V** (**XI**) u. **VI** (**XII**) sowie von *Decanol* (**XIII**), *Dodecanol* (**XIV**), *Tetradecanol* (**XV**), *Hexadecanol* (**XVI**) u. *Octadecanol* (**XVII**) im Druckbereich von 10^{-4} bis 10^{-1} mm Hg nach der durch VERHOEK u. MARSHALL [1939] modifizierten Meth. von HICKMANN, HECKER u. EMBREE [1937] gemessen. Aus den Meßwerten wurden die Konst. der Dampfdruckgleichung von DUPRÉ-RANKINE $\log p = -(A/T) + B - C \cdot \log T$ u. daraus durch entsprechende Ableitung vorst. Gleichung nach $\Delta H = 4{,}60\,A - 20\,T$ die Verdampfungswärmen berechnet. Durch Extrapolation wurden die Dampfdrucke p_T [mm Hg] am Tripelpunkt t_T [^{0} C], der prakt. mit dem F. zusammenfällt, berechnet. Werte für die oben angeführten Verbb.: **I**, $t_T = 16{,}1$; $p_T = 1{,}6 \cdot 10^{-3}$; **II**, [A] 10249,4; [B] 119,472; [C] 35,80; [t_T] 30,8; [p_T] $7{,}3 \cdot 10^{-4}$; **III**, 10931,3; 121,465; 36,16; 43,4; $2{,}9 \cdot 10^{-4}$; **IV**, 11315,6; 122,625; 36,50; 53,9; $1{,}6 \cdot 10^{-4}$; **V**, 11928,6; 125,221; 37,11; 61,9; $6{,}2 \cdot 10^{-5}$; **VI**, 12310,6; 125,838; 37,07; 68,7; $3{,}2 \cdot 10^{-5}$; **VII**, 12843,0; 127,227; 37,40; 74,1; $1{,}5 \cdot 10^{-5}$; **VIII**; 13496,1; 129,521; 37,85; 79,7; $6{,}7 \cdot 10^{-6}$; **IX**, 6230,1; 57,323; 15,71; 4,9; $2{,}5 \cdot 10^{-4}$; **X**, 6811,1; 60,472; 16,59; 17.9; $1 \cdot 10^{-4}$; **XI**, 7304,8; 62,152; 17,00; 28,7; $3 \cdot 10^{-5}$; **XII**, 7879,4; 64,411; 17,52; 37,4; $4 \cdot 10^{-6}$; **XIII**, 7888,7; 90,067; 26,52; 6,5; $9 \cdot 10^{-4}$; **XIV**, 8680,1; 94,514; 27,69; 23,8; $7{,}2 \cdot 10^{-4}$; **XV**, 9133,1; 96,548; 28,25; 38,2; $4{,}8 \cdot 10^{-4}$; **XVI**, 9819,6; 101,296; 29,61; 49,5; $3{,}3 \cdot 10^{-4}$; **XVII**, 10264,1; 103,111; 30,07; 57,8; $2{,}2 \cdot 10^{-4}$. Die relativen Fehler betragen maximal für A 5,7%, B 9,5% u. C 3,3%. Die Dezimalen der Werte für A, B u. C sind jedoch notwendig, um richtige Werte für die Dampfdrucke zu erhalten. Mit den durch diese Konst. gegebenen Dampfdruckgleichungen lassen sich die Kpp. im Druckbereich von 10^{-4} bis 100 mm Hg mit einem maximalen Fehler von $\pm 2^0$ berechnen. Der maximale Fehler der sich ergebenden Verdampfungswärmen beträgt $\pm 9\%$. Die ΔH-Geraden sind innerhalb der untersuchten homologen Reihen nahezu parallel. Die gefundenen Meßwerte werden mit bekannten Daten verglichen. Weiterhin wurden die Dampfdruckkurven dreier C_{20}-Ester, nämlich von *Äthyloctadecanat* (**XVIII**), *Decyldecanat* u. *Octadecylacetat*, welche innerhalb der Fehlergrenze zusammenfallen, sowie von *Äthyldodecanat* (**XIX**) bestimmt. Die Kurven von **XIX** u. **XVIII** konvergieren mit denen von **IX** bzw. **XII** bei kleinen Drücken (ca. 10^{-4} mm Hg), so daß dort eine Trennung durch fraktionierte Dest. immer schwieriger wird. **VIII** wurde dargestellt durch Hydrierung von Erucasäure in Ggw. von Ni-Formiat bei 180° unter 80 at.

W. PENN. B 155□

Die Ultraschallabsorption in einigen homologen Reihen von organischen Flüssigkeiten. S. Parthasarathy, M. Pancholy und A. F. Chhapgar. (Nuovo Cimento [10] **10**. 111–31. Okt. 1958. New Delhi, India, Nat. Phys. Labor.) (Engl.) — Vgl. C. **1961**. 11276.

Die Ultraschall-Geschw. u. die Frequenzabhängigkeit der Ultraschallabsorption im Bereich 1–100 MHz wurden bei *Ameisen-*, *Essig-*, *Propion-*, *n-Butter-*, *n-Capron-*, *n-Caprylsäure* sowie *Methyl-*, *Äthyl-*, *Propyl-*, *Butyl-* u. *Amylacetat* bei Temp. von 20 bis 50° gemessen. Es zeigte sich, daß die Überschußabsorption in Fettsäuren frequenzabhängig u. durch die Relaxation bedingt ist. Die Schall-Geschw. geht durch ein Minimum bei C_3. Die Absorption nimmt mit wachsendem Molgew. ab, die Relaxationsfrequenz zu. Bei den Estern scheint die Relaxationsfrequenz nicht von den Alkyl-, sondern von den Carboxyl-Gruppen abzuhängen. — Bei *n-Hexan*, *n-Octan*, *n-Decan* (**I**), *n-Dodecan*, *n-Tetradecan*, *n-Hexadecan*, *Hexen-(1)*, *Octen-(1)* (**II**), *Decen-(1)*, *Dodecen-(1)*, *Tetradecen-(1)*, *Bzl.*, *Toluol*, *o-*, *m-* u. *p-Xylol* wurden die Ultraschall-Geschw. u. Absorptionen im Temp.-Bereich 20–60° gemessen. Bei den aliphat. KW-Stoffen u. Olefinen nimmt die Ultraschall-Geschw. mit wachsendem Molgew. zu, mit steigender Temp. linear ab. Der Temp.-Koeff. der Geschw. wird mit wachsendem Molgew. weniger negativ; der Temp.-Koeff. der Absorption ist bei niedrigem Molgew. positiv, wechselt bei **I** bzw. **II**, bei denen keine Temp.-Abhängigkeit der Absorption besteht, das Vorzeichen u. wird mit wachsendem Molgew. zunehmend negativer. — Das Absorptions-Verh. in den drei Reihen von Verbb. wird im Zusammenhang mit der Viscosität u. der therm. Relaxation diskutiert.

W. BETCKE. B 159□

Änderungen von Capillarkräften bei abnormer Löslichkeit. Josef Tamchyna. (Chem. Zvesti **10**. 553–60. Nov. 1956. Bratislava, Slov. akad. ved, Chem. ústav., Odd. pre farm. chém.) (Slowak.)

Bei der hydrotropen Lsg. von *Amylalkohol* (**I**), *Benzylalkohol* u. *Anilin* (**II**) in wss. Lsgg. der Li-, Na-, K-, Triäthanolamin-, Diäthanolamin- u. Monoäthanolaminsalze von Benzoesäure (**III**) u. Salicylsäure (**IV**) nimmt die Grenzflächenspannung η mit der Konz. x der Salze ab. Bei den hydrotropen Paaren **I–III**- u. **I–IV**-Salze führt die Hydratation der Kationen zu einem raschen Sinken von η; das Paar **II–IV**-Salze verhält sich umgekehrt. Die Erscheinungen folgen der Gleichung $\eta = a \cdot b^x$ (a u. b = Konst.). Beim Paar **II–IV**-Salze ist deutlich ein 2stufiger Verlauf der Kurve zu erkennen. Vf. nimmt an, daß die abnorme Löslichkeit auf der Ggw. von Solvatations-Verbb. der hydrotrop wirksamen Salze beruht.

R. K. MÜLLER. B 166□

Oberflächenpotential und -spannung wässeriger Papaverin-Lösungen. B. Kamieński und J. Kruk. (Bull. Acad. polon. Sci., Sér. Sci. chim., géol. géogr. **7**. 403–04. 1959. Cracow, Jagellonian Univ., Dep. of Phys. Chem. and Electrochem.) (Engl.)

Die Oberflächenspannung (nach der Tropf-Meth.) u. die Änderungen des elektr. Potentials wss. Lsgg. von *Papaverin* (I, Konzz. von 0,02—0,0003125) in 0,1n KCl wurden bestimmt u. sind graph. dargestellt. Beide Werte werden durch I erniedrigt; jedoch besteht keine Beziehung zwischen ihnen. G. Pötzscher. B 166□

Der Einfluß organischer Dämpfe auf die Stabilität von Aerosolen. Yoshiyasu Fujitani. (Bull. chem. Soc. Japan **30.** 683—89. Okt. 1957. Chikusa, Nagoya, Nagoya Univ., Fac. of Sci., Dep. of Chem.) (Engl.)

Mit Hilfe einer früher (vgl. C. **1950/54.** 3742 S) beschriebenen App. wurden Nebel aus wss. *NH_4Cl*-Lsg. (I) u. mit einem modifizierten LaMer-Sinclair-Aerosol-Generator nahezu monodisperse Aerosole aus *Glycerin* (II) bzw. *Dioctylphthalat* (III) hergestellt. Diese Aerosole (Teilchenzahl ca. $2 \cdot 10^5$ bis $5 \cdot 10^5/cm^3$) wurden bei 16—19° in einem 700-Liter-Gefäß unter Rühren mit verschiedenen Mengen (0,02—0,5 mMol/Liter) von Dämpfen von Äthylacetat, Aceton, CH_3OH, A., Isopropyl-, Butyl- oder Isoamylalkohol vermischt u. die Teilchenzahl durch ultramkr. Zähltechnik zeitlich verfolgt. In I sinkt die Koagulations-Konst. K der Smoluchowskischen Gleichung mit wachsender Konz. an organ. Dämpfen u. mit wachsender Kettenlänge der Alkohole, entsprechend der Traubeschen Regel für Oberflächenaktivität in Wasser. In II u. III wird K durch die Zusätze prakt. nicht beeinflußt. Aus ultramkr. Elektrophorese geht hervor, daß sich die Ladungsverteilung der Teilchen durch Zusatz organ. Dämpfe kaum verändert. Größenwachstum durch Kondens. organ. Dämpfe wurde nicht beobachtet. Aus den Ergebnissen folgt, daß für den Stabilisierungsvorgang Kapillaraktivität eine große Rolle spielt. R. Junge. B 180□

Ein stabiles, zweifach positives Carbonium-Ion. Harold Hart und Richard W. Fish. (J. Amer. chem. Soc. **82.** 5419—25. 20/10. 1960. East Lansing, Mich., Univ., Kedzie Chem. Labor.) (Engl.)

Größtenteils ident. mit der C. **1959.** 11514 referierten vorläufigen Veröffentlichung. Darüber hinaus werden die UV- u. NMR-Spektren von *Trichlormethylpentamethylbenzol*, dem daraus gebildeten *Carboniumion* sowie von *Pentamethylbenzoesäure* u. dem *Pentamethylbenzoyl-Kation* abgebildet. Weiterhin geben Vff. an, daß zwar weder *Benzotrichlorid* noch *Pentamethylbenzol* in kalter 100% ig. H_2SO_4 lösl. sind, daß jedoch, wenn ihre farblosen Suspensionen zusammengegeben werden, unter intensiver Rotfärbung Lsg. eintritt. J. Winkler. B 182□

Beweis für die Größe der 1.6-Überlappungsenergie in einem substituierten Tropiliden. Kenneth Conrow. (J. Amer. chem. Soc. **83.** 2958—59. 5/7. 1961. Los Angeles, Calif., Univ., Dep. of Chem.) (Engl.)

Bei der Darst. von *2.3.7.7-Tetramethylcycloheptatrien-(1.3.5)* (I, $Kp._{13}$ ca. 74°, n_D^{25} 1,5010) nach der bekannten Meth. entsteht ein Olefingemisch, das Vf. gaschromatograph. in I u. *2-Methylen-3.7.7-trimethylcycloheptadien-(3.5)* (II, $Kp._{14}$ ca. 76°, n_D^{25} 1,5185) trennte, deren IR- u. NMR-Spektren ziemlich ähnlich sind. Beide Substanzen lagern sich zu 4-Isopropyl-o-xylol (identifiziert als 3.4-Xylylsäure, F. 164—165°) um u. bilden während der Umlagerung ein Gleichgewicht aus, das etwa 9 Teile I auf 1 Teil II enthält. Daraus ergibt sich ΔF zu —1,3 kcal/Mol, u. da die 1.6-Überlappung bei II unmöglich ist, folgt daraus, daß die Stabilisierung von I gegenüber II in Abwesenheit von anderen Effekten allein auf die Überlappung zurückzuführen ist. Völlige Abwesenheit anderer Effekte ist allerdings nach Ansicht des Vf. nicht ganz gesichert. G. Meinhardt. B 182□

Über die Elektronenstrukturen von Thiophen und seinen verwandten Verbindungen. Kôgorô Kikuchi. (Sci. Rep. Tôhoku Univ., Ser. I **41.** 35—41. Sept. 1957. Sendai, Tôhoku Univ., Fac. of Sci.) (Engl.) — Vgl. C. **1959.** 15943.

Nach einer Störungs-Meth. werden bei geeigneter Wahl des Coulomb- u. Austauschintegrals (unter Einschluß der Hybridisierung) die Elektronendichten, Bindungsordnungen, Resonanzenergien für *Thiophen, Benzo-* u. *Dibenzothiophen* berechnet u. mit denen beobachteter Eigg. verglichen. Die Übereinstimmung zwischen Theorie u. Experiment ist besser als früher. G. Pötzscher. B 182□

Kristallstruktur der monoklinen Form von Naphthazarin. Hideo Watase, Kenji Osaki und Isamu Nitta. (Bull. chem. Soc. Japan **30.** 532—36. Juli 1957. Osaka, Univ., Fac. of Sci., Dep. of Chem.) (Engl.)

Oscillograph., Sauter u. Weissenberg-Aufnahmen der monoklin. Form von *Naphthazarin* (rote Nadeln aus Essigsäure) ergeben C_2^2–P 2_1-Symmetrie u. die Zellendimensionen a = 3,74; b = 7,63; c = 14,53 Å; β = 97,1°. Die Analyse der Struktur durch Fourier-Transformationen erfolgte unter der Annahme der C_{2h}^5–P 2_1-Symmetrie u. ergab die x- u. y-Atomparameter aus den Elektronendichteprojektionen. Die Mol.-Ebene ist 28° gegen die (100)-Ebene geneigt. Die ebenen Mol. überlappen sich entlang der a-(Nadel-)Achse; der senkrechte Abstand zwischen zwei Mol.-Ebenen beträgt 3,4 Å. Es treten keine intermol., sondern nur intramol. H-Bindungen unter Ausbldg. von 6-Ringen auf mit einem O–O-Abstand von 2,5 Å. G. Pötzscher. B 195□

Die Wechselwirkung von Friedel-Crafts-Katalysatoren mit organischen Molekülen. 1. Mitt. **Das System $CH_3COCl : AlCl_3$.** Denys Cook. (Canad. J. Chem. **37.** 48—53. Jan. 1959. Midland, Mich., Dow Chem. Comp., Spectroscopy Labor.) (Engl.)

Das IR-Spektrum von *$CH_3COCl \cdot AlCl_3$* in fl. Zustand u. in Lsgg. von Nitrobenzol, Chlf. u. CS_2 wird aufgenommen, u die Linien werden zugeordnet. Danach liegt in fl. Zustand u. in Lsgm. mit hoher DK (wie Nitrobenzol) ein Gemisch des Donator-Acceptor-Komplexes $CH_3C(Cl)O \cdots AlCl_3$ u. der Ionen CH_3CO^+ u. $AlCl_4^-$ vor. In Lsgm. niediger DK (wie Chlf.) existiert nur der Komplex, dessen C–Cl-Bindung beträchtlich geschwächt ist. Die Auswrkg. dieser Ergebnisse auf den Mechanismus der Friedel-Crafts-Keton-Synth. wird kurz diskutiert. G. Pötzscher. B 223□

Thermodynamische Untersuchung des Systems p-tert.-Butylphenol–Tetrachlorkohlenstoff nach der statischen Methode. Paulette Delvalle. (C. R. hebd. Séances Acad. Sci. **252.** 2545—47. 24/4. 1961. Paris, École Centrale des Arts et Manuf., Labor. de Chim. minér.) (Franz.)

Das Syst. *p-tert.-Butylphenol* (I)–*CCl_4* wurde tonometr. bei 30, 35 u. 45° untersucht u. die relativen Konst. K_1 des Gleichgewichts Monomere ⇌ Dimere von I sowie die relativen Konst. K_2 höherer Gleichgewichte bestimmt. Sie betragen bei 30°: K_1 1,7; K_2 26,4. 35°: 1,7; 22. 45°: 1,3; 13,6. K_1 ist prakt. unabhängig von der Temp., K_2 wie auch der Assoziations-Koeff. α zeigen die Zunahme der Dissoziation von I mit steigender Temperatur. Es zeigt sich, daß im Bereich der untersuchten Konzz. I eine deutlich geringere Assoziation aufweist als Phenol (II) selbst. — I, F. 99°, durch Umsetzung von II mit Isobutylen (durch Wasserabspaltung aus Isobutyl- oder besser tert.-Butylalkohol an aktiviertem Al_2O_3 bei 300°) in Ggw. von Oleum bei ca. 70°. H. G. Henkel. B 223□

Die Struktur der 3.5.7-Triphenyl-3-hydroxyheptansäuren in kristallisiertem Zustand und in CCl_4-Lösung. Odette Julg. (C. R. hebd. Séances Acad. Sci. **252.** 3235—37. 24/5. 1961. Marseille, Fac. des Sci., Labor. de Chim. théor.) (Franz.) — Vgl. C. **1960.** 9884.

Durch IR-spektroskop. Unterss. in festem Zustand u. in CCl_4-Lsg. wurden die Strukturen der *3.5.7-Triphenyl-3-hydroxyheptansäuren* (vgl. l. c.), α-Form, dimorph, F. 108° (I) u. F. 130° (II), β-Form, F. 129° (III), bestimmt. In CCl_4-Lsg. liegen die drei Säuren als Gleichgewicht zwischen monomerer u. dimerer Form, gebunden durch H-Brücken über die Carboxylgruppe, vor. Die Spektren der festen Verbb. zeigen, daß I als Dimeres vorliegt, gebunden über die Carboxylgruppen, aber mit freier OH-Funktion. II liegt in dimerer, durch die COOH-Funktionen gebundener Form vor, wobei die Moll. zusätzlich durch H-Brückenbindungen über die OH-Funktionen gebunden sind. III liegt als Monomeres, mit intramol. H-Brückenbindung zwischen OH- u. COOH-Funktion vor.

H. G. Henkel. B 223□

Reaktionskinetik und Mechanismus der Gasphasenreaktionen. David Garvin. (Annu. Rev. physic. Chem. **9.** 201—20. 1958. Princetown, N.J., Princetown Univ., Frick Chem. Labor.) (Engl.)

Übersicht über Dissoziations- u. Rekombinations-Rkk., unimol. Rk., intermol. Energieaustausch, Primärprozesse in organ. Rkk., bimol. Rkk. u. freie organ. Radikale. — 91 Literaturangaben. P. Golinske. B 225□

Beitrag zur kinetischen Untersuchung einiger Reaktionsschemata auf dem Gebiet der Allylumlagerung. Constantin Georgoulis. (Ann. Chimie [13] **6.** 5—50. Jan./Febr. 1961. Paris, Univ., Fac. des Sci., Labor. de Chim. organ.) (Franz.) — Vgl. Prévost u. Georgoulis, C. **1961.** 3285 u. früher.

Vf. verfolgte titrimetr. die Kinetik der Einw. von alkohol. NaOH auf *trans-Crotylchlorid* (I) zwischen 40 u. 80° bzw. die Rk. von I mit Na-Äthylat (IV) in Äthanol. Die Rk.-Ordnung ist allg. nicht genau 2, bei den niedrigsten u. höchsten Temp. liegt sie zwischen 2 u. 3. Bei 80° u. starker Verdünnung (n/36 I) beträgt die Rk.-Ordnung genau 2, u. die k_2-Werte der Rk. mit NaOH sind so groß wie die der Rk. von I mit IV (ca. 141—147 · 10^{-4} Liter/Mol · s). Der Einfl. von Wasserzusätzen auf die Kinetik der Rkk. wurde bei 80° untersucht. Durch geringe Wasserzugaben nehmen im Verlauf der Rk. die k-Werte mit der Zeit ab u. die Rk.-Geschw. wird geringfügig vermindert. Bei weiterer Wasserzugabe nimmt dagegen die Rk.-Geschw. mit steigendem W.-Geh. des Mediums zu. Die Rk.-Ordnung erfährt durch die Wasserzugaben eine Störung u. erreicht erst oberhalb einer Konz. von 3 n W. den Wert 2, der dann auch bei weiterer Erhöhung der W.-Konz. erhalten bleibt. Die Bldg. eines NaCl-Nd. hat keinen Einfl. auf die Rk.-Geschwindigkeit. Zur Deutung wird das Gleichgewicht $C_2H_5O^- + H_2O \rightleftarrows C_2H_5OH + OH$ herangezogen u. die

Geschw.-Gleichung $v = (C-x)(\alpha[C_2H_5O^-] + \beta[OH^-])$ abgeleitet; $C = [C_2H_5O^-] + [OH^-]$. Vf. untersuchte das vorst. Gleichgewicht (das bei hohen Temp. u. geringen Konzz. stark nach links verschoben ist), wobei an Stelle von **IV** das Verh. von Na-Acetat gegenüber steigenden W.-Geh. im Medium beobachtet wurde. Beim Auftragen der k-Werte gegen den W.-Geh. ergab sich eine gleichschenklige Hyperbel, deren Auswertung zu folgenden Schlüssen führte: $C_2H_5O^-$ reagiert zwölfmal schneller mit I als OH^- ($\alpha/\beta = 12$), das Verhältnis der Dissoziations-Konst. K_a von W. u. A. beträgt 4. Diese Best.-Meth. von relativen K_a-Werten kann auch auf andere Fälle angewendet werden. Für *Methanol* (**V**) gilt das Verhältnis K_a (W.)/K_a (**V**) = 4,2 (α/β = 2,6) bzw. für *Allylalkohol* 3,0 (α/β = 8) bei 80°. Die Unters. der Kinetik der Einw. von alkohol. NaOH oder **IV** auf *cis-Crotylchlorid* (**II**) bzw. *Methylvinylmethylchlorid* [**III**, *Buten-(1)-ol-(3)-chlorid*] bei 80° in A. ergab ebenfalls ident. k_2-Werte (189 bzw. $7{,}6 \cdot 10^{-4}$ Liter/Mol·s). Ferner untersuchte Vf. die Kinetik der Einw. von $AgNO_3$ auf **I**—**III** in wss. Aceton (**VI**) bei 40 u. 50°. Bei geringen W.-Geh. (2,78—11,1%) beträgt die Rk.-Ordnung nahezu 2. Störungen, die von anderen Autoren der Bldg. eines AgCl-Nd. zugeschrieben wurden, traten entweder nicht auf oder waren sehr geringfügig, eine katalyt. Wrkg. war also nicht zu verzeichnen. Folgende Besonderheiten wurden jedoch beobachtet: Für ein bestimmtes Konz.-Verhältnis zwischen Halogenid u. $AgNO_3$ wurden verschiedene k_2-Werte erhalten, die mit steigender $AgNO_3$-Konz. zunahmen. Im Gegensatz zu anderen bimol. Rkk. steigen die Anfangs-Geschw. mit der Konz. an. Zusätze von HNO_3 oder KNO_3 hatten keinen Einfl. auf die k_2-Werte. Für die beiden Rk.-Partner (Chlorid u. Ag^+) beträgt die Rk. Ordnung 1. Bei einem Geh. von 43% W. reagierten $AgNO_3$, $AgClO_4$, AgF u. $AgClO_3$ mit gleicher Geschwindigkeit. In Ggw. von 10% W. reagierte dagegen $AgClO_4$ um 25% langsamer als $AgNO_3$ oder $AgClO_3$. Im Falle der Rk. von $AgClO_4$ lag die Rk.-Ordnung unter diesen Bedingungen zwischen 2 u. 3. Vf. schließt, daß am langsamsten Rk.-Schritt in Ggw. von $AgClO_4$ auch ClO_4^- beteiligt ist. Bei W.-Geh. von ca. 10% wurde ferner ein Minimum der k_2-Werte beobachtet, was mit Solvatationseffekten erklärt wird. Bei 40° u. in wasserarmen Medien ist **I** stärker reaktiv als **III**, dieser Unterschied verschwindet bei höheren Temp. oder in Medien mit höherem Wassergehalt. Bei Erhöhung des W.-Geh. von **VI** in bestimmten Grenzen erleiden die Rk.-Geschw. für **I**—**III** eine etwa gleiche Verminderung um ca. 30%. Bei **III** steigt mit weiterer Erhöhung des W.-Geh. die Rk.-Geschw. dann wieder schneller an als bei **I** oder **II**. Bei geringem W.-Geh. ist der Temp.-Koeff. der Rk. bei **III** am größten, bei **I** am kleinsten; auch diese Unterschiede gleichen sich bei höherem W.-Geh. aus. Folgende Aktivierungsgrößen wurden in **VI** ermittelt: in Ggw. von 2,78% W. für **I** [E] 15,8 [kcal/Mol], [A] $1{,}68 \cdot 10^9$, [$\Delta H^{\neq}$] 15,2 [kcal/Mol], [$\Delta S^{\neq}$] —18,4 [cal/Grad·Mol], [$\Delta F^{\neq}$] 21,6 [kcal/Mol], für **III** 19,4, $4{,}81 \cdot 10^{11}$, 18,8, —7,1, 21,7, für **II** 16,8, $2{,}39 \cdot 10^9$, 16,2, —17,7, 22,3, in Ggw. von 8,33% W. für **I** 18,9, $1{,}61 \cdot 10^{11}$, 18,3, —9,3, 21,8, für **III** 19,0, $1{,}99 \cdot 10^{11}$, 18,5, —8,9, 21,9, für **II** 17,4, $4{,}6 \cdot 10^9$, 16,8, —16,4, 22,6; in Ggw. von 11,1% W. für **I** 19,7, $5{,}91 \cdot 10^{11}$, 19,1, —6,8, 21,8, für **III** 18,9, $1{,}53 \cdot 10^{11}$, 18,3, —9,4, 21,9, für **II** 17,4, $4{,}6 \cdot 10^9$, 16,8, —16,4, 22,6. Da die $\Delta S^{\neq}$-Werte für **II** ziemlich konst. sind, wird angenommen, daß **II** infolge Wechselwrkg. zwischen den H-Atomen der γ-CH_3-Gruppe u. dem Cl eine starre Struktur besitzt. Zum Ablauf der Rk. wird ein „Mesomechanismus" (vgl. PRÉVOST, C. **1958**. 11186) angenommen, nach dem die nucleophile Substitution von einem elektrophilen Prozeß (Angriff von Ag^+ am Cl-Atom) begleitet ist, die Rk. also einen gewissen „concerted"-Charakter besitzt. Schließlich wurde die Kinetik der Äthanolyse von **I**—**III** bei 80° verfolgt. Die Rk. verläuft ziemlich langsam u. nach der 1. Ordnung, die k_1-Werte nehmen jedoch nach 10%ig. Umsatz ab, wie schon VERNON (C. **1950/54**. 2367 S) beobachtet hatte. Da dies auf eine Verätherungs-Wrkg. der freigesetzten HCl auf *A.* zurückzuführen ist, wurde auch diese Rk. untersucht. Die Geschw. dieser Rk. zeigt ein Maximum bei ca. 5%ig. Umsatz. Es zeigt sich, daß die Verätherungs-Geschw. von A. gleich groß oder sogar etwas höher ist als die scheinbare Solvolyse-Geschw. von **I**—**III**. Zur Ausschaltung der Verätherungs-Rk. wurden die Solvolysen in Ggw. von 2.6-Dimethylpyron-(4) (**VII**), das als HCl-Fänger dient, durchgeführt. Die $10^6 k_1$ Werte (in s^{-1}) betrugen für **I** u. **II** 23,18, für **III** 8,32; sie sind in guter Übereinstimmung mit den Werten, die bei der Rk. ohne Anwendung von **VII** mittels graph. Meth. erhalten wurden. Für die Verätherung von A. in Ggw. von HCl bei 80° wurde $10^6 k_2$ zu 23,7 s^{-1} ermittelt. Die Anwendung von überschüssigem **VII** führte zu einem mehr oder weniger starken Salzeffekt. Vf. zeigt, daß für die Geschw. der Solvolysen, deren langsamster Schritt im elektrophilen Angriff am Cl-Atom besteht, die Folge der Rk. Fähigkeit **I** $\simeq$ **III** > **II** ist (Rk. mit $AgNO_3$ in wss. **VI**). Wenn dagegen der geschwindigkeitsbestimmende Schritt der nucleophile Angriff am funktionellen C-Atom ist, lautet die Folge **II** > **I** > **III** (Einw. von **IV** oder alkohol. NaOH). Bei der Äthanolyse gilt dagegen **I** $\simeq$ **II** > **III**. Vf. nimmt an, daß bei der Äthanolyse die Solvatation des Cl durch A.-Moll. u. die nucleophilen Eigg. von A. durch synerget. Wrkg. verstärkt werden, womit die vorst. Folge der Reaktivitäten erklärt werden. Auch für diese Rk. wird also ein Mesomechanismus angenommen.

Versuche: *trans-Crotylalkohol* (**VIII**), $Kp._{767}$ 120,6°, $Kp._{16}$ 37,5—38°, a) durch Red. von Crotonal mit Al-Isopropylat; 50—55% (Ausbeute), b) analog durch Red. mit $LiAlH_4$ in Ae.; 84%. $D._4^{20}$ 0,8493; n_D^{20} 1,4280. *3.5-Dinitrobenzoat*, $C_{11}H_{10}N_2O_6$, F. 70°. *m-Nitrophenylurethan*, $C_{11}H_{12}N_2O_4$, F. 90°. — *Methylvinylcarbinol* (**X**), $Kp._{770}$ 97°, durch Kondens. von Acrolein mit CH_3MgBr in Ae. bei —15°; $D._4^{20}$ 0,8332; n_D^{20} 1,4135; 80%. *3.5-Dinitrobenzoat*, $C_{11}H_{10}N_2O_6$, F. 56. *m-Nitrophenylurethan*, $C_{11}H_{12}N_2O_4$, F. 65°. — *Butin-(2)-ol-(1)*, $Kp._{13}$ 48,5—49°, durch Umwandlung von 1.3-Dichlorbuten-(2) in 3-Chlorbuten-(2)-ylacetat nach BOUIS (1928), Abspaltung von HCl u. gleichzeitige Verseifung mit alkohol. KOH; n_D^{20} 1,4530; 65%. Die Meth. von HATCH u. CHIOLA (C. **1952.** 1628) liefert ein mit Allylalkohol verunreinigtes Produkt. — *cis-Crotylalkohol* (**IX**), $Jp._{767}$ 123,6, $Kp._{15}$ 41°, durch Hydrieren vorst. Verb. mit LINDLAR Katalysator (vgl. C. **1953.** 1312) in Methanol (20 Std.); $D._4^{20}$ 0,8654; n_D^{20} 1,4340; 78%. *3.5 Dinitrobenzoat*, $C_{11}H_{10}N_2O_6$, F. 55°. *m-Nitrophenylurethan*, $C_{11}H_{12}N_2O_4$, F. 79°. — *Methylvinylcarbinylchlorid* (**III**), C_4H_7Cl, $Kp._{770}$ 64,6°, durch 3std. Schütteln von **X** mit konz. HCl (D. 1,19) u. 15std. Stehen; n_D^{20} 1,4150; $D._4^{20}$ 0,9024; ca. 32%, daneben ca. 68% **I** + **II**. — *trans-Crotylchlorid* (I), C_4H_7Cl, $Kp._{770}$ 84,6°, $Kp._{200}$ 46,5—47°, durch Zutropfen von $SOCl_2$ zu **VIII** u. Tributylamin in abs. Ae. unter Eiskühlung; n_D^{20} 1,4350; $D._4^{20}$ 0,9292; 90% (98,5% rein). — *cis-Crotylchlorid* (II), C_4H_7Cl, $Kp._{770}$ 85,1°, $Kp._{200}$ 47°, analog **I** aus **IX**; n_D^{20} 1,4390; $D._4^{20}$ 0,9426. B. GNAUCK. B 225□

Kinetik der Gleichgewichtseinstellung zwischen drei Verbindungen. 5. Mitt. **Konkurrierende Alkylierung und Isomerisierung.** Robert H. Allen und Larry D. Yats. (J. Amer. chem. Soc. **83.** 2799—2805. 5/7. 1961. Midland, Mich., Dow Chem. Co., Polymer Res. Labor.) (Engl.) — 4. vgl. C. **1961.** 10890.

Vff. untersuchten auf IR-spektrograph. Wege (Aufnahme von Differenzspektren) u. mittels Gasphasenchromatographie die FRIEDEL-CRAFTS-Alkylierung von *Toluol* (**I**) u. die dabei auftretende konkurrierende Isomerisierung der Produkte. **I** wurde mit CH_3Br ([in Ggw. von] $AlBr_3$ bei 15°), $CH_3Cl(AlCl_3$, 15°), $CH_3OH(BF_3 \cdot P_2O_5$, 60°) bzw. CH_3J ($AlBr_3$, 15—20°) methyliert; die Äthylierung von **I** erfolgte mit $C_2H_5Br(GaBr_3$, 25°; $AlBr_3$, 0—30°), $C_2H_5Cl(AlCl_3$, 15—20°), $C_2H_5J(AlBr_3$, 0—15°), A. ($BF_3 \cdot P_2O_5$, 90°) bzw. $C_2H_4(AlCl_3$, —78 bis +15°; $AlBr_3$, 15°; HF, 0°) u. die Isopropylierung von **I** mit Isopropylalkohol ($TiCl_4$, 90°), Isopropyljodid ($AlBr_3$, 25°), Isopropyl-p-toluolsulfonat (116°) bzw. C_3H_6 ($AlCl_3$, 0—100°; $AlCl_3 \cdot 2H_2O$, 55°; 90%ig. H_2SO_4, 0°; $AlCl_3 \cdot 4\,CH_3NO_2$, 40°; $FeCl_3$, 35°; $AlBr_3$, 40°; $TiCl_4$, 80°; $AlCl_3$ mit 2, 3, 4 bzw. 5 H_2O, 40°). Die Substitution mit der tert.-Butylgruppe konnte nach der verwendeten Meth. nicht untersucht werden, da sich nur p- u. m-substituierte Prodd. bilden. Sämtliche nach verschiedenen Rk.-Zeiten erhaltenen Isopropyltoluol-Gemische könnten nach den Berechnungen der Vff. durch Isomerisierung eines prim. entstandenen Gemisches aus 42% *o*-, 21,5% *m*- u. 36,5% *p-Isopropyltoluol* gebildet worden sein. Analog ergibt sich für die Äthylierung von **I** (mit Ausnahme der Alkylierung mit C_2H_4), daß sich zunächst ein Gemisch aus 48% *o*-, 18% *m*- u. 34% *p-Äthyltoluol* (**II**) bildet, das dann der Isomerisierung unterliegt. Bei der Äthylierung von **I** mit C_2H_4 bildet sich anscheinend zunächst ein Gemisch mit einem etwas geringeren **II**-Gehalt. Die Methylierung von **I** mit CH_3Cl, CH_3Br bzw. CH_3OH führt zunächst zu einem aus 60% *o*-, 14% *m*- u. 26% *p*-Xylol bestehenden Gemisch. Hieraus ergibt sich, daß bei diesen Alkylierungen von **I** die Art des Katalysators u. des Alkylierungsagens nur das Ausmaß der Isomerisierung, nicht aber den Verlauf der Alkylierung selbst beeinflußt. Wegen der konst. Verhältnisses von p- u. m-Substitution besitzen die Methylierung, Äthylierung u. Isopropylierung offenbar die gleiche Stellungs-Selektivität. Der enorme Anstieg der abs. Rk.-Geschw. in dieser Reihe (relative Geschw. bei Methylierung 1,0, Äthylierung 13,7, Isopropylierung 20000 für die durch $GaBr_3$ katalysierte Alkylierung mit Alkylbromid) wird daher vermutlich von der Anzahl aktivierter Alkyl-Derivv. nicht aber von ihrer Reaktivität verursacht. Die mathemat. Behandlung der Berechnung des Verlaufs der Isomerisierung ist angegeben. B. GNAUCK. B 225□

Epimerisierung einiger Cyclohexanole unter dem Einfluß von Natrium. Raymond Cornubert und Wladimir Kondrachoff. (C.R. hebd. Séances Acad. Sci. **245.** 1362—66. 21/10. 1957.) (Franz.)

In Fortsetzung früherer Arbeiten (vgl. C. **1958.** 10317) untersuchten Vff. am Beispiel von *2e-Methylcyclohexanol-(1a)* (**I**) den Einfl. von Benzophenon (**II**) u. Benzhydrol (**III**) bei der Epimerisierung von Cyclohexanolen in Ggw. von Na u. Luft bzw. O_2. Es zeigt sich, daß bei der Rk. *α-Methylcyclohexanon* im Gemisch mit cis- u. trans-**I** entsteht. **II** u. **III** können auch getrennt eingesetzt werden, da sich **III** intermediär unter dem Einfl. von Na u. Luft in Ae. in **II** umwandelt. 1 Mol **II** reagiert mit 2 Atomen Na zur katalyt. wirksamen Verb., während **I** weder durch Na allein, noch durch mit 1 Atom Na behandeltes **III** epimerisiert wird. Die Na-Verb. von I kann daher nur mittels des an C gebundenen Na-Atoms aus $C_6H_5 \cdot C$ $Na(ONa) \cdot C_6H_5$ gebildet werden. H. GIEHRING. B 225□

Ein neuer Faktor der Selbstbeschleunigung bei der langsamen Oxydation von Methan. Roger Mari, Maurice Letort, Michel Niclause und Marjan Dzierzynski. (C.R. hebd. Séances Acad. Sci. **252.** 3241—43. 24/5. 1961.) (Franz.)

Bei der langsamen Oxydation von *Methan* in Gefäßen aus Pyrexglas oder Quarz ist nicht nur der sich intermediär bildende Formaldehyd für den autokatalyt. Verlauf der Rk. verantwortlich. Einen anderen Faktor stellen die durch den bei der Rk. entstandenen Wasserdampf veränderten Innenwände des Gefäßes dar, die so ihre kettenabbrechende Wrkg. verlieren. Mit Wasserdampf vorbehandelte Gefäße zeigen eine wesentlich schnellere Rk., wobei der Einfl. auf die Induktionsperiode größer ist als der auf die maximale Geschwindigkeit. H. G. HENKEL. B 225

Kinetik der säurekatalysierten Peroxidoxydation von 4-Hydroxybenzaldehyd in Essigsäure. Yoshiro Ogata und Iwao Tabushi. (Bull. chem. Soc. Japan **32.** 108—13. Febr. 1959. Kyoto, Kyoto Univ., Fac. of Engng., Dep. of Ind. Chem.) (Engl.)

Vff. untersuchten durch jodometr. Titration die säurekatalysierte (H_2SO_4) Oxydation von *4-Hydroxybenzaldehyd* (I; F. 116°, W.) mit H_2O_2 bei 15 u. 20°. Bei Zugabe von H_2O_2 zu einer Gleichgewichtsmischung von wss. Essigsäure, H_2SO_4 u. I wird im Anfangsstadium der Rk. eine Induktionsperiode beobachtet, die scheinbaren Geschw.-Konst. 2. Ordnung steigen zuerst schnell, dann langsam an. Wird dagegen I erst dann zugegeben, wenn das Gleichgewicht zwischen H_2O_2, CH_3CO_2H u. H_2SO_4 eingestellt ist, so bleibt die Geschw.-Konst. bis kurz vor Rk.-Ende konstant. Die Geschw. des Peroxidverbrauches ist proportional dem Prod. der Konz. von I u. H_2O_2, die Geschw.-Konst. ist eine lineare Funktion von h_0. H_2O_2 selbst reagiert langsam mit I, aber viel leichter über die Bldg. von Peressigsäure. Ein Mechanismus, der als geschwindigkeitsbestimmenden Schritt den Angriff protonierter u. freier Peressigsäure enthält, wird aufgestellt u. diskutiert. W. SCHRAMM. B 225

Eine Untersuchung der alkalischen Hydrolyse von Chloroform in Äthylalkohol-Lösung. Sameer Bose. (J. Indian chem. Soc. **36.** 554—38. Aug. 1959. Jabalpur, M. P., Mahakoshal Mahavidyalaya, Dep. of Chem.) (Engl.) — Vgl. C. **1961.** 18651.

Bei der Rk. von *Chlf.* mit KOH bei 25—90° in A. unter verschiedenen Konzz. entstehen als Prodd. CO, HCO_2K u. C_2H_4. Die Mengen an CO u. HCO_2K entsprechen denen an verbrauchtem Chlf., woraus hervorgeht, daß C_2H_4 aus A. entstehen muß. Ein Mechanismus wird vorgeschlagen, in dem $:CCl_2$ als Zwischenprod. gebildet wird, das entweder zu CO u. HCO_2^- hydrolysiert oder mit A. zu C_2H_5Cl solvolysiert. C_2H_4 entsteht dann aus C_2H_5Cl durch Rk. mit KOH. G. PÖTZSCHER. B 225□

Mechanismus der elektrophilen Substitution an einem gesättigten Kohlenstoffatom. 6. Mitt. **Die Auswirkung sterischer Effekte zwischen Alkylgruppen und Mechanismen des Ein-Alkyl-Quecksilber-Austausches.** E. D. Hughes und H. C. Volger. (J. chem. Soc. [London] **1961.** 2359—65. Juni. London, Univ. Coll., William Ramsay and Ralph Forster Labor.) (Engl.) — 5. vgl. C. **1962.** 7102.

Untersucht wird die Kinetik der Austausch-Rk. zwischen *Neopentyl-HgBr* (I) u. $^{203}HgBr_2$ in Ggw. des katalyt. wirkenden LiBr bei 100,3° in A. sowie die gleiche Rk. von *Äthyl-HgBr* (II) bei 72,0—100,3° ohne LiBr. Für die Rk. von I betragen $k_2^{(1)}$ 4,2·10^{-5} [Liter/Mol·s], die k-Werte des Hg-Austausches $\varkappa_1$ 26,4·10^{-5} („Ein-Anionkatalyse") bzw. $\varkappa_2$ 122·10^{-5} („Zwei-Anionkatalyse", in Liter²/Mol²·s), für die Rk. von II wurden die $10^5 \cdot k_2^{(1)}$-Werte angenähert zu ca. 0,76 (72,9°) u. 4,9—5,8 (100,2—100,3°) bestimmt. Für die Wrkg. der Alkylgruppe R bei den Ein-Alkyl-Hg-Austausch-Rkk. $RHgX + HgX_2 \rightleftharpoons RHgX + HgX_2$ (mit X = Br oder CH_3COO) in A. ergeben sich folgende relativen Geschw.: [R=]CH_3 100, C_2H_5 42, Neopentyl 33, sek.-Butyl 6. Die Neopentylgruppe bewirkt also nur eine geringe ster. Hinderung, die der der C_2H_5-Gruppe ähnlich ist. Die ster. Wrkg. der Neopentylgruppe ist bei den verschiedenen Substitutionsmechanismen unterschiedlich, u. zwar beim S_E2-Ablauf (unkatalysierte Rk.) < S_Ei-Ein-Anionkatalyse < S_Ei-Zwei-Anionkatalyse. Diese Befunde werden durch die geometr. Verhältnisse (ster. Kompression) der jeweiligen Übergangszustände erklärt. Polare Effekte scheinen bei den untersuchten Rkk. sehr gering zu sein. — II, F. 188 bis 190° (A.), aus C_2H_5MgBr u. $HgBr_2$. — I, $C_5H_{11}BrHg$, F. 95—96° (A.), analog II aus Neopentyl-MgCl. B. GNAUCK. B 225□

Über den Mechanismus der Dehydratisierung von Alkoholen in Äther. François Eschard und Joseph C. Jungers. (Bull. Soc. chim. France **1961.** 1147—57. Juni. Louvain, Belgique, Univ., Labor. de Cinét. Chim.) (Franz.)

Durch gasvolumetr. Best. des gebildeten Dimethyläthers (III) wurde die Kinetik der Methanolyse von *Dimethylsulfat* (I) u. *p-Toluolsulfonsäuremethylester* (II) zwischen

68 u. 77 bzw. 67,5 u. 79° verfolgt. **III** wird dabei auf 2 Wegen gebildet: 1. CH_3OH + **I** $\xrightarrow{k_1}$ CH_3SO_4H(**IV**) + **III**, 2. 2CH_3OH $\xrightarrow{k_2}$ **III** + H_2O. Die Rk. 2 wird durch die gebildete **IV** katalysiert u. verläuft nach der 1. Ordnung bzgl. **IV**; k_2 $4{,}7 \cdot 10^{-4}$ min^{-1} bei 68°. Die Rk. 1 ist 1. Ordnung bzgl. **I**; k_1 $6{,}9 \cdot 10^{-2}$ min^{-1} bei 68°. Die Aktivierungsenergie E der Rk. von **I** beträgt 20 [kcal/Mol]. Der gleiche E-Wert wurde auch für die Rk. von **II** ermittelt, das langsamer als **I** reagiert; k_1 $7{,}1 \cdot 10^{-3}$ bei 77°, k_2 $5{,}7 \cdot 10^{-4}$ (bei 77°). Vff. verfolgten ferner die Kinetik der Hydrolyse von **II** in wss. Dioxan auf titrimetr. Wege. Die Rk. von **II** verläuft nach der 1. Ordnung bzgl. **II**, die gebildete p-Toluolsulfonsäure (**V**) wie auch ein Zusatz von **V** haben keinen Einfl. auf die Rk.-Geschw.; die Hydrolyse wird durch Erhöhung des Wasser-Geh. beschleunigt, doch kann keine Rk.-Ordnung bzgl. W. angegeben werden. In Ggw. von 18,5 Mol/Liter W. beträgt der E-Wert für die zwischen 62,3 u. 92,5° untersuchte Hydrolyse von **II** 20,5; k $6{,}9-7{,}1 \cdot 10^{-3}$ bei 77°. Schließlich wurden die in wss. CH_3OH gleichzeitig auftretenden Hydrolysen- (k_H) u. Methanolysen-Rkk. (k_M) von **I** u. **II** bei 77° untersucht. Die Wrkg. des Wasser-Geh. auf die Bldg. von **III** ist komplex. W. beschleunigt die Methanolyse zwar, doch wird durch die gleichzeitig ablaufende Hydrolyse durch Verbrauch von **I** die Bldg. von **III** vermindert. Außerdem tritt eine Säurekatalyse der Äther-Bldg. auf. In 57% ig. wss. CH_3OH betragen k_M u. k_H für **II** bei 77° $1{,}59 \cdot 10^{-2}$ bzw. $0{,}61 \cdot 10^{-2}$. Während die k_H-, k_M- u. ($k_M + k_H$)-Werte für **I** um etwa das 10fache höher sind als für **II**, sind die k_M/k_H-Werte für beide Ester gleich. Untersucht wurde ferner die durch H_2SO_4 bzw. **V** katalysierte Bldg. von **III** aus CH_3OH in Ggw. verschiedener Wasser- u. Säuremengen bei 77°. Die Ergebnisse waren nicht vollständig reproduzierbar, doch zeigt sich, daß die Rk.-Geschw. etwa proportional der **V**-Konz. ist, u. W. eine erhebliche Inhibierung bewirkt. In abs. CH_3OH beläuft sich der E-Wert auf 26,0 in Ggw. von **V**. Der Wert für $K = [CH_3SO_4H] \cdot [H_2O]/[H_2SO_4] \cdot [CH_3OH]$ beträgt bei 77° ca. 1,2. Je nach vorhandener Wasser-Konz. liegen danach 70—97% der H_2SO_4 in Form von CH_3SO_4H im Gemisch vor. In abs. CH_3OH entspricht die katalyt. Wrkg. von H_2SO_4 nur unterhalb einer Konz. von 0,235 Mol/Liter der 1. Ordnung. In Ggw. geringer Säure-Konzz. besitzt H_2SO_4 etwa eine doppelt so starke katalyt. Wrkg. wie **V**. Aus den Daten der Best. von **V** nach Ende der Methanolyse von **II** u. nach Kochen von **V** in abs. CH_3OH schließen Vff., daß die Bldg. von **III** nicht über **I** bzw. **II** verläuft; bei der Solvolyse der Ester erfolgt erst eine vollständige Spaltung u. dann durch die katalyt. Wrkg. der gebildeten Säure die Bldg. von **III**. B. GNAUCK. B 225□

Die Darstellung und saure Hydrolyse von β-alkoxysubstituierten tertiären Alkylestern. Vorl. Mitt. Torsti Yrjänä. (Suomen Kemistilehti B **32**. 24. 1959.) (Engl.)

Essigsäure- (**I**; $Kp._{751}$ 144—145°) u. *Methoxyessigsäuredimethylmethoxymethylcarbinylester* (**II**; $Kp._{15}$ 66°) wurden aus den Säurechloriden u. dem Carbinol bzw. dessen Na-Salz dargestellt. Ihre saure Hydrolyse (wss. HCl) verläuft nach einem bimol. $A_{AC}2$-Mechanismus unter Acyl-O-Spaltung; folgende Aktivierungsenergien E_a (kcal/Mol) u. log A-Werte wurden zwischen 15 u. 45° bestimmt: **I**, [HCl] = 0,196 : E_a 18,20; log A 7,80; [HCl] = 0,397 : 18,28; 8,18; [HCl] = 0,783 : 18,37; 8,57; **II**, [HCl] = 0,197 : 17,74; 7,30; [HCl] = 0,395 : 17,94; 7,77; [HCl] = 0,783 : 18,47; 8,45. G. PÖTZSCHER. B 225

Theorie der Reaktionsmechanismen. 2. Mitt. **Praktische Berechnung der Geschwindigkeit einiger Substitutionsreaktionen in der aromatischen Chemie: Vergleich mit dem Versuch.** Raymond Daudel und Odilon Chalvet. (J. Chim. physique Physico-Chim. biol. **53**. 943—50. Nov./Dez. 1956. Paris, Centre de Chim. Théor. de France, Inst. de Mécan. Ondulat. Appl.) (Franz.) — 1. vgl. C. **1957**. 13936.

Auf quantenchem. Grundlage entwickelten Vff. verschiedene Meth. zur theoret. Berechnung der Geschw.-Konst. chem. Reaktionen. Die Meth. wurden zur Berechnung der Rk.-Geschw. von Substitutions-Rkk. aromat. Verbb. angewandt. Ein Vgl. der theoret. erhaltenen Konst. mit experimentellen Ergebnissen aus der Literatur zeigt eine sehr gute Übereinstimmung. C. GOTTFRIED. B 225

Radikalfängereigenschaften einiger Phenole. Peter Venker und Hermann Herzmann. (Naturwissenschaften **47**. 133—34. 2. März-H. 1960. Berlin-Buch, Dt. Akad. der Wiss. zu Berlin, Inst. für Med. u. Biol.) (Dt.)

Bei Zusatz von Phenolen mit mindestens zwei OH-Gruppen, die sich in o- oder p-Stellung zueinander befinden, zu einer Aceton-Lsg. von Diphenylpikrylhydrazyl (**I**) im mol. Verhältnis 1:1 tritt eine Farbänderung ein. An Stelle der violetten Farbe von **I** tritt eine Gelbfärbung auf (Absorptionskurven). m-Hydroxy-Verbb. u. solche mit nur einer OH-Gruppe wie *Phloroglucin*, *Resorcin*, *p-Hydroxybenzoesäure*, *Salicylsäure* u. *Phenol* zeigten nach einer Std. noch keine meßbare Entfärbung. Trägt man im halblogarithm. Maßstab die Extinktion gegen die Zeit auf, so zeigen die Kurven einen linearen Verlauf.

Nachst. Entfärbungszeiten sind angegeben: *Gallussäurepropylester*: augenblickliche Entfärbung, *Gallussäuredodecylester* 10 Sek., *Gallussäure* 15 Sek.; für *Pyrogallol* beträgt die Zeit, in der die Extinktion auf die Hälfte ihres anfänglichen Wertes sinkt ($t_{1/2}$), 1,3 Min., für *Hydrochinon* 65,5 Min. u. für *Brenzcatechin* 81,5 Minuten. J. GANTE. B 225

Beziehung zwischen der elektrophilen Substitution von Benzolderivaten und mehrkernigen aromatischen Kohlenwasserstoffen. F. R. Jensen. (Chem. and Ind. **1957.** 820. 22/6. Berkeley, Calif., Univ. of California, Dep. of Chem.) (Engl.)

Vf. leitet eine lineare Beziehung zwischen DEWARschen β'_r-Werten (vgl. C. **1957.** 8460 u. früher) für die Reaktivität mehrkerniger aromat. KW-Stoffe u. den BROWNschen p_f-Faktoren (vgl. C. **1955.** 10231) für die Reaktivität von Bzl.-Derivv. bei elektrophilen Substitutions-Rkk. (Nitrierung, Benzoylierung, Chlorierung) ab. G. PÖTZSCHER. B 225□

Bildungsmechanismen und Mesomerie des Phenoxazins. Jacques De Antoni. (C. R. hebd. Séances Acad. Sci. **252.** 3274—76. 24/5. 1961. Paris, Fac. de Méd., Inst. de Pharm.) (Franz.)

Es wird die Bldg.-Rk. von *Phenoxazin* (**I**) durch Erhitzen äquimol. Mengen von o-Aminophenol (**II**) mit Brenzcatechin (**III**) (A) oder I-Hydrochlorid (**IV**) (B) oder NH_4Cl (**V**) (C) auf 200° untersucht. Der Rk.-Verlauf wird papierchromatograph. verfolgt. Der Einfl. von **III** ist sehr gering. Bei allen drei Rkk. — A, B u. C — auftretendes 2.2'-Dihydroxydiphenylamin (**VI**) wurde isoliert u. identifiziert. Es wurde der Einfl. der pK_a-Werte der Komponenten **III, IV** u. **V** auf die Kinetik der Rk. untersucht. Die Rk.-Zeiten u. pK_a-Werte betragen: A, 16—20 Std., pK_a (**III**) ca. 9,9. B, 1,5—2 Std., (**IV**) ca. 4,6. C, 8—10 Std., (**V**) ca. 9,2. Die Rk.-Geschw. steigt mit fallendem pK_a-Wert. Der Bldg.-Mechanismus wird wie folgt angenommen: Die als Ammoniumgruppe oder durch einen Protonendonator, wie **III** u. **V**, direkt labilisierte Aminogruppe eines **II**-Mol wird durch die eines 2. **II**-Mol. abgespalten u. so **VI** gebildet. Hier bildet sich nun durch Abspaltung der einen OH-Gruppe durch die andere **I**. Der Ammoniumcharakter der NH_2-Funktion von **II** u. der Hydroxoniumcharakter der OH-Funktion von **VI** u. damit die Rk.-Geschw. wachsen mit der Acidität des Protonendonators. Dieser Mechanismus wird dadurch bestätigt, daß alkyliertes o-Aminophenol zu symm. alkylierten Phenoxazinen führt. Es wird ferner ein Mesomerieschema für **I** vorgeschlagen, welches die Orientierung bei elektrophilen Angriffen aufzeigt. H. G. HENKEL. B 225□

Beitrag zur Kenntnis des Mechanismus einer neuen Synthese von 2-Chloranthrachinon. G. Eigenmann, H. R. Rickenbacher und Hch. Zollinger. (Helv. chim. Acta **44.** 1211—21. 1/8. 1961. Basel, CIBA AG, Farbendep., Wiss. Labor.; Zürich, ETH, Techn.-chem. Labor.) (Dt.)

Durch Anlagerung von Butadien-(1.3) an Naphthochinon-(1.4) konnte *1.4.4a.9a-Tetrahydroanthrachinon* (**I**) erhalten werden, das durch Kochen mit wss. $FeCl_3$-Lsg. im *1.4-Dihydroanthrachinon* (**II**) umgewandelt wird. Die Anlagerung von Cl_2 an **I** führt ohne Belichtung zu *2.3-Dichlor-1.2.3.4-tetrahydroanthrachinon* (**III**), unter UV-Bestrahlung (oder in Ggw. von Dibenzoylperoxid) aber zu *2.3.4a.9a-Tetrachlor-1.2.3.4.4a.9a-hexahydroanthrachinon* (**IV**). **IV** konnte durch seine Unlöslichkeit in konz. H_2SO_4 isoliert werden. Diese unerwartete Eig. ist vermutlich auf den induktiven Effekt der Cl-Atome auf die C=O-Gruppe zurückzuführen. Analog konnte aus **II** das *2.3.4a.9a-Tetrabromid* (**V**) sowie durch stufenweise Halogenierung *2.3-Dichlor-4a.9a-dibrom-* (**VI**) bzw. *2.3-Dibrom-4a.9a-dichlor-1.2.3.4.4a.9a-hexahydroanthrachinon* (**VII**) erhalten werden. Dabei werden die Halogenatome in 2- u. 3-Stellung ohne Belichtung, die in 4a.9a-Stellung unter UV-Bestrahlung eingeführt. Untersucht wurde die therm. Zers. von **IV**—**VII** bei 200 bis 300°, wobei *2-Chlor-* [**VIII**, F. 191—196° (Bzn.-Toluol)] bzw. *2-Bromanthrachinon* (**IX**) sowie *Anthrachinon* (**X**) gebildet werden: aus **IV** 72% **VIII** + 10% **X**, aus **V** 0% **IX** + 88% **X**, aus **VII** 48% **IX** + 44% **X** u. aus **VI** 40% **VIII** + 37% **X**. Beim Abstoppen der Rk. von **VI** vor Rk.-Ende konnten als Zwischenprodd. **III** u. *1.4-Dibrom-2.3-dichlor-1.2.3.4-tetrahydroanthrachinon* [**XI**, $C_{14}H_8Br_2Cl_2O_2$, Zers. bei 235° (gelbe quadrat. Plättchen u. kleine Würfelchen aus Chlf.-CCl_4)] mittels UV-, IR- u. Kernresonanzspektren erkannt werden. Während sich **III** bei 175—180° nicht zersetzt, geht **VI** unter diesen Bedingungen in ein Gemisch aus **VIII** u. **X** über. Die therm. Zers. von **XI** bei 200—220° lieferte ein Gemisch aus 20% **X** u. 55% **VIII**. Ferner wurde beobachtet, daß **IV** beim Kochen mit wss. oder wss.-alkohol. NaOH nur **X** u. kein **VIII** bildet. Anscheinend begünstigen die OH-Ionen nicht nur die Abspaltung von H^+, sondern auch von Cl^+. Folgender Rk.-Mechanismus wird für die therm. Zers. von **VI** u. **VII** vorgeschlagen: **III** + Br_2 ⇌ **VI** → 2.3-Dichlor-4a-brom-2.3.4.4a-tetrahydroanthrachinon (**XII**) + HBr, **XII** → 2.3-Dichlor-2.3-dihydroanthrachinon (**XIII**) → **VIII** + HCl, **XIII** + Br_2 ⇌ **XI**, **XIII** → **X** + Cl_2, **III** → 3-Chlor-3.4-dihydroanthrachinon (**XIV**) + HCl, **XII** → **XIV** + BrCl, **XIV** → **X** + HCl.

Versuche: *1.4-Dihydroanthrachinon* (II), F. 210—220°, durch $^1/_2$std. Erwärmen von 212 g I in einer wss. Lsg. von $FeCl_3$ (Ggw. von anionakt. Netzmittel) auf 95°; 212 g (Ausbeute). — *2.3.4a.9a-Tetrachlor-1.2.3.4.4a.9a-hexahydroanthrachinon* (IV), $C_{14}H_{10}$·Cl_4O_2, F. 249—251°, durch 10std. Chlorierung von 84,1 g II in O_2-freiem Chlf. mit Cl_2 bei 20—30° unter UV-Bestrahlung, Aufnehmen u. Waschen mit konz. H_2SO_4; 67,1 g. — *2.3-Dichlor-1.2.3.4-tetrahydroanthrachinon* (III), $C_{14}H_{10}Cl_2O_2$, F. 177,5—182,5° (gelbe Nädelchen aus Bzn.–Dioxan), durch $^1/_2$std. Schütteln von 40 g II in Chlf. mit Cl_2 in Chlf. bei 0°; 30 g. — *2.3-Dibrom-1.2.3.4-tetrahydroanthrachinon* (XV), $C_{14}H_{10}Br_2O_2$, F. 205,5—206,5° (Zers.; gelbe Kristalle aus Bzl.), analog III mit Br_2 in Chlf.; 90%. — *2.3-Dichlor-4a.9a-dibrom-1.2.3.4.4a.9a-hexahydroanthrachinon* (VI), $C_{14}H_{10}Br_2Cl_2O_2$, F. ca. 220° (Zers. oberhalb 160°; o-Chlortoluol), durch 4std. Zutropfen von Br_2 in Chlf. zu III in Chlf. (luftfrei) unter UV-Bestrahlung, 4std. Einw., Eindampfen u. Aufnehmen in konz. H_2SO_4; 71%. — *2.3-Dibrom-4a.9a-dichlor-1.2.3.4.4a.9a-hexahydroanthrachinon* (VII), $C_{14}H_{10}Br_2Cl_2O_2$, F. 253—255° (Zers. oberhalb 240°; o-Dichlorbenzol), durch 8std. Chlorierung von XV in luftfreiem Chlf. bei 30—40° unter UV-Bestrahlung; 35%. — *2.3.4a.9a-Tetrabrom-1.2.3.4.4a.9a-hexahydroanthrachinon* (V), $C_{14}H_{10}Br_4O_2$, Zers. oberhalb 120° (Toluol), analog IV; 63%. B. GNAUCK. B 225□

Neue zu Azacycloheptenderivaten führende Eliminierungsreaktionen. Julius Diamond, William F. Bruce und Floyd T. Tyson. (J. org. Chemistry **26.** 2058—61. 13/6. 1961. Philadelphia, Pa., Temple Univ., Dep. of Chem.; Wyeth Labor., Inc., Res. Div.) (Engl.)

Durch Alkylierung des Na-Deriv. von Benzyläthylsulfon (I) mit 2-Dimethylaminoäthylchlorid (II) erhält man *[1-Phenyl-3-dimethylaminopropyl-(1)]-äthylsulfon*, dessen Na-Deriv. mit Trimethylenchloridbromid (III) in *[1-Phenyl-1-(2-dimethylaminoäthyl)-4-chlorbutyl-(1)]-äthylsulfon* (IV) umgewandelt wird. **IV** liefert durch Cyclisierung bei 100° *4-Phenyl-4-äthylsulfonyl-1-methylazacycloheptanmethochlorid* (V). Durch Erhitzen von **V** auf 225° in Trimethylnonanol (VII) wurde *1-Methyl-4-phenylazacyclohepten-(3* oder *4)* (**VI a**) erhalten, das durch katalyt. Hydrierung *1-Methyl-4-phenylazacycloheptan* (VIII) ergab. Während 1-Methyl-4-phenyl-4-benzoylazacycloheptan (IX) mit C_6H_5MgBr *α-[1-Methyl-4-phenylazacycloheptyl-(4)]-diphenylcarbinol* liefert, führt die Einw. von C_6H_5Li auf **IX** zu einem *tert. Amin* (**VI b**), das ein Stellungsisomeres von **VI a** ist. **VI b** liefert entsprechend durch katalyt. Hydrierung ebenfalls **VIII**. Für den Ablauf der therm. Zers. von V wird angenommen, daß ein β-H-Atom durch das nucleophile Sulfon-O-Atom abgezogen wird, u. unter Verschiebung eines Elektronenpaares die C—S-Bindung aufgespalten wird. Die Bldg. von **VI b** aus **IX** u. C_6H_5Li verläuft vermutlich als eine Hydridverdrängungs-Rk. über das O-Li-Salz einer Diphenylcarbinylzwischenstufe unter Abspaltung von Benzophenon. Vff. nehmen an, daß die verschiedene Wrkg. von C_6H_5Li u. C_6H_5MgBr auf **IX** auf den unterschiedlichen ion. Charakter des Li- bzw. BrMg-Salzes der Zwischenstufe zurückzuführen ist.

Versuche: *[1-Phenyl-3-dimethylaminopropyl-(1)]-äthylsulfon*, $C_{13}H_{21}NO_2S$, Kp.$_{0,3}$ 155 bis 158° (gelber Sirup), durch Zugabe von $NaNH_2$ zu I in Toluol (To) bei 35—40°, 2std. Einw., Zugabe von II in To bei 30—35° u. Abkühlen nach 2 Std.; n_D^{27} 1,5250; 52,2% (Ausbeute). *Methojodid*, $C_{14}H_{24}JNO_2S$, F. 245—247°. — *4-Phenyl-4-äthylsulfonyl-1-methylazacycloheptanmethochlorid* (V), $C_{16}H_{26}ClNO_2S$, F. 248—250° (Zers.), durch Zugabe von $NaNH_2$ zu vorst. Verb. in To bei 35—40°, 2std. Einw., Abkühlen auf —30°, Zutropfen von III in To bei —30° bis —20°, Stehen (1 Nacht) bei Raum-Temp., Isolieren von IV aus dem HCl-Extrakt, Verdünnen von IV mit o-Nitrotoluol u. 2std. Erhitzen auf 100°; 49,3%. — *1-Methyl-4-phenylazacyclohepten-(3* oder *4), Isomeres A* (**VI a**) $C_{13}H_{17}N$, Kp.$_{0,3}$ 100—105° (hellgelb) durch 1std. Kochen von V in einer VII-Suspension, (bei ca. 225°); n_D^{26} 1,5565; 66%. *Hydrochlorid*, $C_{13}H_{18}ClN$, F. 50—152°. *Methochlorid*, $C_{14}H_{20}ClN$, F. 245—247°. *Methojodid*, $C_{14}H_{20}JN$, F. 183—185°. — *α-[1-Methyl-4-phenylazacycloheptyl-(4)]-diphenylcarbinol*, $C_{26}H_{29}NO$, F. 144—145°, durch Zugabe von **IX** in To zu C_6H_5MgBr in Ae. bei 30°, Abdest. des Ae. unter Steigerung der Temp. auf 90° u. $2^1/_2$std. Erwärmen auf 90°; 29,1%. *Hydrochlorid*, $C_{26}H_{30}ClNO$, F. 223—224°. — *1-Methyl-4-phenylazacyclohepten-(4* oder *3), Isomeres B* (**VI b**), $C_{13}H_{17}N$, Kp.$_{0,25}$ 95—105°, durch Zugabe von **IX** in To zu C_6H_5Li in Ae. analog vorst. Verb. u. 3std. Erwärmen auf 90°; n_D^{25} 1,5605; 73,8%. *Hydrochlorid*, $C_{13}H_{18}ClN$, F. 189—190° (Aceton–Methanol). — *1-Methyl-4-phenylazacycloheptan* (VIII), *Methojodid*, F. 147—149°, durch Hydrieren von **VI a** oder **VI b** in Ggw. von PtO_2 in Methanol bei 25° u. Normaldruck u. Umsetzung mit CH_3J. B. GNAUCK. B 225□

Die Zersetzung organischer Verbindungen. E. W. R. Steacie. (J. Indian chem. Soc. **36.** 361—69. Mai 1959. Ottawa, Canada, Nat. Res. Council.) (Engl.)

Vortrag. Überblick über Rkk. freier Radikale, Kettenstart-, Kettenwachstums- u. Abbruch-Rkk., erläutert an der Zers. von C_2H_6 u. der Photolyse von Aceton.

G. PÖTZSCHER. B 225□

Über den Mechanismus des Hochtemperaturcrackens von Äthan. A. M. Brodski, R. A. Kalinenko, K. P. Lawrowski und W. B. Titow. (Журнал Физической Химии [J. physik. Chem.] 33. 2457—66. Nov.1959. Akad. der Wiss. der UdSSR, Inst. für erdölchem. Synth.) (Russ.; Auszug: Engl.) — Vgl. C. **1959.** 7420.

Äthan mit Zusatz von 2 bzw. 3% $^{14}CH_4$ wird bei 770—890° in einem Quarzreaktor (Abb. der App.) gecrackt, dessen unterer mit Quarzstückchen gefüllter Teil auf einer um 300—350° niedrigeren Temp. gehalten wird. Die Unters. der Kinetik ergibt, daß unter den angewandten Bedingungen der Anteil der Umwandlung von C_2H_6 in C_2H_4 5% nicht übersteigt, daß die bei 500—650° beobachtete Selbsthemmung fehlt u. der Einfl. der Wand durch die geringere Ketten-Rk. herabgesetzt ist. Die Rk. verläuft nach 1. Ordnung mit einer Aktivierungsenergie (AE) von 82 $\pm$ 2 (kcal/Mol). Die Geschw.-Konst. der Rk. $CH_3 + C_2H_6 \rightarrow CH_4 + C_2H_5$ läßt auf einen ster. Faktor der Größenordnung 10^{-3} u. eine AE von 12 $\pm$ 2 schließen. Die Rekombinations-Konst. ist 500mal kleiner als bei niedrigeren Temp., die Geschw.-Konst. des Zerfalls von C_2H_5 1000mal kleiner als nach der kinet. Theorie der Gase zu erwarten. R. K. MÜLLER. B 225□

Die Einwirkung von Distickstofftetroxid und seinen thermischen Dissoziationsprodukten auf die Natriumsalze von Essig-, Benzoe-, Bernstein- und Phthalsäure. Vasantrai Trambaklal Oza. (J. Indian chem. Soc. **36.** 539—44. Aug. 1959. Visnagar, M.N. Coll., Dep. of Chem.) (Engl.)

Bei 30° reagiert N_2O_4 mit den Na-Salzen der einbasigen Säuren, *Essig-* u. *Benzoesäure*, selbst bei sehr langer Einw. nur unvollständig, mit denen der zweibasigen Säuren, *Bernstein-* u. *Phthalsäure*, bereits innerhalb einer Stunde. Mit steigender Temp. (bis 100°) verläuft die Rk. infolge der Bldg. von NO_2 wesentlich schneller nach $2\,RCO_2Na + 2\,N_2O_4 \rightarrow (R_2CO)_2O + N_2O_3 + 2\,NaNO_3$. Die gebildeten Anhydride setzen sich mit den N-Oxiden nicht weiter um. G. PÖTZSCHER. B 225□

Kinetik und Mechanismus von Reaktionen in Medien konzentrierter starker Säuren. 2. Mitt. Kinetik der Decarbonylierung von Benzoylameisensäure bei katalytischer Einwirkung von Schwefelsäure. M. I. Winnik, R. Ss. Rjabowa und N. M. Tschirkow. (Журнал Физической Химии [J. physik. Chem.] **33.** 2677—86. Dez. **1959.** Akad. der Wiss. der UdSSR, Inst. für chem. Physik.) (Russ.; Auszug: Engl.) — 1. vgl. C. **1962.** 2696.

Die Decarbonylierung von *Benzoylameisensäure* (I, F. 65,5°) in konz. H_2SO_4 (85,46 bis 99,9%) kann auf Grund der Abnahme der opt. Dichte der Lsg. bei 400 mμ spektrophotometr. verfolgt werden. Die Rk. ist bzgl. I monomolekular. Bis zur völligen Zers. von I ändert sich die Geschw.-Konst. nicht. Für ihre Abhängigkeit von der H_2SO_4-Konz. wird eine Gleichung gegeben. Die prim. Rk. ist die Anlagerung eines Protons an I. Für die Basizitäts-Konst. gilt bei 25° u. 90—97%ig. H_2SO_4 $pK_1 = -9{,}5 \pm 0{,}1$. Die die Geschw. bestimmende Rk. ist die monomol. Umwandlung des bei der 2. Protonierung von I gebildeten Ions $C_6H_5COC^+O$; bei 25° ist $pK_2 = -10{,}9 \pm 0{,}1$. Bei geringem Ionisationsgrad ist die scheinbare Aktivierungsenergie 25,3 kcal/Mol. R. K. MÜLLER. B 225□

Photooxydationen von polyphenylierten, monoheterocyclischen, pentagonalen Dienen der Furan-, Thiophen- und Pyrrolreihe. Jacques Martel. (C. R. hebd. Séances Acad. Sci. **244.** 626—29. 28/1. 1957.) (Franz.)

Bei der Bestrahlung von *Tetraphenylthiophen* u. von *Pentaphenylpyrrol* in CS_2 findet keine Photooxydation statt (Konz. 1 g/1 Liter). *Thiophen-S.S-dioxyd* u. *Tetraphenylpyrrol* liefern harzige Produkte. Vf. bestrahlte ferner verd. Lsgg. (0,25 g/Liter) von *2.5-Diphenylfuran* (I) u. *2.3.4.5-Tetraphenylfuran* (II) in CS_2 mit einer starken Glühlichtlampe u. ermittelte die Menge an akt. O mit KJ in CH_3COOH. Das bei der Bestrahlung gebildete Photooxid ist sehr unbeständig u. wird bei überschüssiger Bestrahlung wieder zerstört. Bei vorsichtigem Eindampfen im Vakuum verbleiben ca. 10% der ursprünglichen Peroxidaktivität. Acetanilid stabilisiert die bestrahlte Lsg. von II; nach dem Einengen verbleiben ca. $^2/_3$ des ursprünglichen akt. O. Es gelang jedoch nicht, das Peroxid zur Kristallisation zu bringen. Bei der Red. mit KJ–Essigsäure liefert das Photooxid von II *cis-Dibenzylstilben* u. das noch unbeständigere Photooxid von I *cis-Dibenzoyläthylen*. Vf. nimmt an, daß bei der Photooxydation pro Mol I bzw. II 1 Mol O_2 aufgenommen wird. B. GÖRLICH. B 226□

Über den Einfluß von Natriumhydroxid sowie Mangan- und Kobaltsalzen auf die Oxydation von Isopropylbenzol zum Hydroperoxid. B. L. Moldawski und I. L. Belosstotzkaja. (Журнал Прикладной Химии [J. angew. Chem.] **31.** 1885—90.

Dez. 1958. Leningrad, Forschungsinst. für die Erdöl-Verarbeitung. u. die Gewinnung synthet. flüssiger Brennstoffe.) (Russ.)

Es wird der Einfl. von NaOH, Mn-Resinat u. Co-Stearat auf die Oxydation von *Isopropylbenzol* (I) zum Isopropylbenzolhydroperoxid (II) durch Luft bei 110° in Ggw. von 2,5% II zu Vers.-Beginn untersucht. Die Umwandlung von I in II nach 6 Std. in Abhängigkeit von den Zusätzen (0,003—0,01% Salze, 0,1% NaOH) wird tabellar. angegeben. — Es zeigt sich, daß NaOH den hemmenden Einfl. von Phenol u. Thiophenol bei der Oxydation von I vermindert. Die Oxydations-Geschw. hängt von der Reihenfolge der Zusätze ab; sie ist am größten, wenn nach Erhitzen auf die Rk.-Temp. zu I zuerst NaOH u. dann die Metallsalze gegeben werden.

HELMUT SCHÄFER. B 227

Einfluß der Molekülstruktur von Alkoholen auf die Kinetik ihrer Dehydrierung. A. A. Balandin, O. K. Bogdanowa und A. P. Schtscheglowa. (Журнал Физической Химии [J. physik. Chem.] **33.** 2476—79. Nov. 1959. Akad. der Wiss. der UdSSR, Zelinsky-Inst. für org. Chem.) (Russ.; Auszug: Engl.) — Vgl. C. **1959.** 10525.

Aus den Geschw.-Konst. bei um ca. 40° verschiedenen Temp. zwischen 300 u. 400° werden die Aktivierungsenergien (E) u. Wrkg.-Konst. k_0 der katalyt. Dehydrierung einiger Alkohole an einem Oxidkatalysator berechnet; sie betragen für *A.* E 17,7 (in kcal/Mol); log k_0 6,85; *n-Propanol* 15,6; 6,43; *Allylalkohol* 17,5; 6,53; *Isopropanol* 12,8; 5,87; *n-Butanol* 16,3; 6,68; *Isoamylalkohol* 12,9; 8,57; *β-Phenyläthylalkohol* 18,0; 6,99; *Benzylalkohol* 14,6; 6,24. Aus den Adsorptions-Koeff. der entstehenden Aldehyde u. des Acetons werden die freien Energien ΔF u. ΔH bei 345° (Tabelle) berechnet. Zwischen E u. k_0 besteht eine logarithm. Beziehung. Die Änderung von ΔS (Entropie) u. ΔH bei der Adsorptionsverdrängung der Alkohol-Moll. durch die Aldehyde bzw. Ketone an den akt. Zentren verläuft parallel.

R. K. MÜLLER. B 227 □

Kinetik der selektiven katalytischen Hydrierung von bifunktionellen Peroxiden und Hydroperoxiden an Nickel. Reaktionen, die auf Grund der Multiplett-Theorie vorausgesagt werden. A. A. Balandin, L. Ch. Freidlin und N. W. Nikiforowa. (Журнал Физической Химии [J. physik. Chem.] **33.** 2485—89. Nov. 1959. Akad. der Wiss. der UdSSR, Zelinsky-Inst. für org. Chem.) (Russ.; Auszug: Engl.) — Vgl. C. **1957.** 13278; C. **1958.** 8292 u. vorst. Referat.

Die Reihenfolge der Rkk. bifunktioneller organ. Peroxide u. Hydroperoxide bei ihrer Hydrierung an Ni kann auf Grund der Bindungsenergien mit Hilfe der Multiplett-theorie vorausgesagt werden. Die Aktivierungsenergie (E, kcal/Mol) der Red. bzw. Hydrierung beträgt für die N—O-Bindung (der NO_2-Gruppe) —18,4 (kcal), O—O —14,2, C≡C —6,4 bzw. —2,0, C=C 2,9, C=O 10, C—O 17, C—C 48. Eine Bestätigung der Voraussagen der Multiplett-Theorie ergibt sich bei der Unters. der Kinetik (unter Best. von E) der Hydrierung von folgenden Peroxiden zu den Hydroxy-Verbb.: *Cumolhydroperoxid* (E = 5; Geschw.-Konst. nullter Ordnung $k_0 = 25{,}3\ \text{min}^{-1}$ bei 25°), *Cumoläthylperoxid* (5,4; k_0 23,0), *Tetralin-1-hydroperoxid* (—; k_0 5,2), *Dibenzoylperoxid* (6,5; Geschw.-Konst. 1. Ordnung $k_1 = 0{,}35\ \text{ml}\cdot\text{min}^{-1}$), *Benzoyl-tert.-butylperoxid* (9,4; k_1 0,32), *Di-tert.-butylperoxid* (keine Rk.), *Cyclohexen-(2)-ylhydroperoxid* (5,0; k_0 6,4), *3-Methyl-3-hydroperoxybutin-(1)* (5,5; —) u. *Bis-[p-nitrobenzoyl]-peroxid* (reagiert mit 7 Mol H_2 zur p-Aminobenzoesäure).

R. K. MÜLLER. B 227 □

Kinetik der katalytischen Reduktion organischer Peroxide und Hydroperoxide. 1. Mitt. **Hydrierung von Isopropylbenzolhydroperoxid, Äthylphenylisopropylperoxid und Tetralinhydroperoxid.** A. A. Balandin, L. Ch. Freidlin und N. W. Nikiforowa. (Известия Академии Наук СССР, Отделение Химических Наук [Nachr. Akad. Wiss. UdSSR, Abt. chem. Wiss.] **1957.** **443**—50. April. Zelinsky-Inst. für organ. Chem. der Akad. der Wiss. der UdSSR.) (Russ.) — 3. vgl. C. **1961.** 2940; vgl. auch C. **1957.** 12422 u. vorst. Referat.

Bei der Hydrierung von Peroxiden wird die Rk.-Ordnung (RO), die Geschw.-Konst. k (ml/30 s) u. die scheinbare Aktivierungsenergie (AE, kcal/Mol) ermittelt. Als Katalysator wird meist RANEY-Ni verwendet, bei einigen Verss. auch Pd-Schwarz. Es ergibt sich bei 2-Phenylisopropylhydroperoxid, in A. bei 20°: RO = 0, k = 19, AE (5—30°) 5,0; Äthyl-[2-phenylisopropyl]-peroxid (I) in A. bei 15°: RO 0, k 5,75, AE (8 bis 25° 5,4; Tetralinhydroperoxid in Methanol bei 20°: RO 1, k 0,86, in Bzl bei 20°: RO 0, k 1,3. Bei I wird die Rk. durch die entstehenden Prodd. gehemmt, in Cyclohexan ist k $^1/_8$, in Dekalin u. Hexylalkohol $^1/_{12}$ des in A. bestimmten Wertes. Di-tert.-butylperoxid wird bei 5—50° nicht hydriert.

R. K. MÜLLER. B 227

Inhibierung der katalytischen Reduktion mit Rhodium durch zu starken Stickstoffbasen führende Verbindungen. 1. Mitt. Hydrierung der C=N-Bindung und der Beschleunigungseffekt einiger organischer Säuren. Morris Freifelder. (J. org.

Chemistry 26. 1835–37. 13/6. 1961. North Chicago, Ill., Abbott Labor., Res. Div., Organ. Chem. Dep.) (Engl.) — Vgl. C. **1962.** 1950.

Bei der Hydrierung von *N-Benzylidenbutylamin* in Ggw. von 5% ig. Rh–Al (oder 5% ig. Rh–Kohle) in 5% CH_3OH-haltigem A. tritt eine Inhibierung auf, die auf eine Chemisorption des gebildeten N-Benzylbutylamins zurückgeführt wird. In Ggw. von Säuren [Wein- (**I**), Salicyl-, Phthal-, Mandel-, Ameisen-, Bernstein- (**II**), Essigsäure (**III**)] vom pK_a-Wert zwischen 2,88 u. 4,64 ist dagegen eine erhebliche Beschleunigung der Hydrierung zu verzeichnen. Propionsäure u. bes. Trimethylessigsäure sind weniger wirksam als **III**. Stärkere Säuren (HCl, Oxal-, Cyclohexylsulfamin-, Dichloressig-, Isophthalsäure) als **I** besitzen keine oder nur eine geringe Beschleunigungs-Wrkg., auch Cinchomeron-, p-Toluolsulfonylessig- u. Malonsäure, deren pK_a-Werte nahe dem von **I** liegen, beeinflussen die Geschw. der Hydrierung nicht. Vf. nimmt an, daß die Säuren eine Chemisorption des stark bas. Prod. verhindern. Es zeigte sich, daß die meisten starken Basen die Hydrierung anderer N-Basen in Ggw. von Rh inhibieren. Diese Rk. verliert nach Aufnahme von 50% H_2 erheblich an Geschw., was auch bei Anwendung eines halben Mol **I** oder **II** beobachtet wurde. Die Hydrierung von *Toluol* oder *Benzoesäure* unter obigen Bedingungen wird durch die Ggw. starker Säuren nicht beeinflußt, nur HCl verzögert die Rk. sehr stark. B. GNAUCK. B 227□

Stereochemische Untersuchung des Katalysenmechanismus. A. A. Balandin und Je. I. Klabunowski. (Журнал Физической Химии [J. physik. Chem.] **33.** 2480 bis 2484. Nov. 1959. Akad. der Wiss. der UdSSR, Zelinsky-Inst. für org. Chem.) (Russ.; Auszug: Engl.) — Vgl C. **1958.** 1570; C. **1962.** 6367.

Die Hydrierung verschiedener Triptycen-Derivv. an RANEY-Ni wird untersucht. 4a.9a-Dihydrotriptycenchinon-(1.4) gibt mit 3 Mol H_2 *1.2.3.4.4a.9a-Hexahydrotriptycenhydrochinon-(1.4)* (F. 224–227°, Zers.), mit 1 Mol H_2 *2.3.4a.9a-Tetrahydrotriptycenchinon-(1.4)* (F. 182–183°, Zers., gelbliche Kristalle). Durch Kondens. von Triptycenchinon mit Anthracen in Äthylbenzol wird *2.3-[Anthrylen-(9.10)]-4a.9a-dihydrotriptycenchinon-(1.4)*, F. 268°, Zers., gelbe Kristalle) erhalten, dessen Hydrierung zum *2.3;5.6-Bis-[9.10-dihydroanthrylen-(9.10)]-cyclohexandion-(1.4)* führt. Die akt. Zwischenkomplexe dieser Hydrierungen können mit Hilfe der Stereochemie u. der Multipletttheorie im Modell konstruiert werden. Trotz ihrer komplizierten Struktur gelingt die Hydrierung schon bei 45° u. 1 at, offenbar an Erhebungen des Katalysators, für die sich eine Höhe > 3,17 Å u. eine Breite < 4,8 Å ergibt. R. K. MÜLLER. B 227□

Untersuchung des Einflusses der spezifischen Oberfläche von platiniertem Alumosilicat auf das Ausmaß der Umwandlung von n-Nonan. 1. Mitt. Änderung der katalytischen Aktivität von platiniertem Alumosilicat durch Behandlung des Trägers mit Wasserstoff. Ch. M. Minatschew, N. I. Schuikin und M. A. Markow. (Известия Академии Наук СССР, Отделение Химических Наук [Nachr. Akad. Wiss. UdSSR, Abt. chem. Wiss.] **1960.** 907–12. Mai. Zelinsky-Inst. für org. Chem. der Akad. der Wiss. der UdSSR.) (Russ.)

Es wird die Umwandlung von n-Nonan (**I**) bei 360–440° an 1% ig. Pt/Alumosilicat bei 20 at H_2-Druck untersucht. Die spezif. Oberfläche des Katalysators wird durch therm. Behandlung mit H_2 von 260–30 m^2/g variiert. Mit zunehmender Katalysatoroberfläche steigt der Umwandlungsgrad von **I** zuerst sehr stark an; gleichzeitig erhöht sich die Ausbeute an Alkanen mit einer Kettenlänge bis C_9. Auch mit zunehmender Temp. steigt der Umwandlungsgrad von **I** stark an. Durch Verminderung der spezif. Oberfläche des Katalysators u. Erhöhung der Rk.-Temp. wird die Ausbeute an Aromaten u. an isomeren C_9-KW-Stoffen begünstigt. Bei der spezif. Oberfläche von 30 m^2/g u. 440° werden ca. 10% Aromaten u. 31% isomere C_9-Alkane erhalten. Unter den C_9-Alkanen werden beobachtet: *2-Methyl-*, *3-Methyloctan*, *2.4-Dimethyl-* u. *2.5-Dimethylheptan*. Die bis 40° sd. Verbb. bestehen aus *Propan*, *Butanen*, *Iso-* u. *n-Pentan*. In der Fraktion von 67–81° werden *n-Hexan* u. *Cyclohexan* gefunden. Die Ergebnisse sind graph. u. tabellar. angegeben. HELMUT SCHÄFER. B 227□

Die Isomerisierung von Butenen an einigen ZnO-, NiO- und Cr_2O_3-Katalysatoren und der Einfluß von Zusätzen bekannter Verunreinigungen und von Kaliumhydroxid. R. J. Cvetanović und N. F. Foster. (Discuss. Faraday Soc. **1959.** Nr. 28. 201–06. Ottawa, Ontario, Canada, Nat. Res. Council, Div. of Appl. Chem.) (Engl.)

Die katalyt. Isomerisierung von *Buten-(1)* (**I**), *cis-Buten-(2)* (**II**) u. *trans-Buten-(2)* (**III**) an ZnO- u. NiO/Cr_2O_3-Katalysatoren wurde untersucht. Die KW-Stoffe wurden mit dem Katalysator in einer Umlauf-App. einige Std. unter vermindertem Druck in Berührung gebracht. Die Isomerisierung von **I** an ZnO bei 450–600° verläuft nicht spezif., sondern führt zu einem Gleichgewichtsgemisch. Als Nebenrkk. treten Dehydrierung u. Crackung (unter Bldg. von Propylen als Hauptprod.) auf. Zusatz von 1% Ga^{3+} zum ZnO hat keinen nennenswerten Einfl., während Li^+ eine starke Inhibitor-Wrkg. ausübt. Ein red. NiO-Katalysator zeigt in Ggw. von H_2 schon bei 100° katalyt. Aktivität; bei 350° beginnt jedoch eine heftige Zers. des Butens unter Bldg. von H_2, CH_4, CO_2 u. C. An einem reinen oder einem mit 1% Li^+ versetzten NiO-Katalysator wurde unterhalb 400° eine Isomerisierung nicht beobachtet. NiO/Cr_2O_3-Katalysatoren weisen schon bei einem Geh. von 0,05% Cr_2O_3 eine spezif. katalyt. Wirksamkeit auf, die am größten bei der Zus. $NiCr_2O_4$ (Spinellphase) ist. Die Gesamtaktivität wächst dagegen mit zunehmendem Cr_2O_3-Gehalt. Die Isomerisierung von I unter Bldg. von II + III verläuft schnell gegenüber der II—III-Umwandlung. Das direkt aus der Isomerisierung von I hervorgehende II : III-Verhältnis läßt sich durch Extrapolation erhalten u. liegt je nach der Zus. des Katalysators u. in Abhängigkeit von der Temp. zwischen ca. 0,6 u. 1,6, abweichend von der Gleichgewichtszusammensetzung. Ein Zusatz von 1% Li^+ zu dem 0,05%-Cr_2O_3-Katalysator ist ohne Einfluß. Das Imprägnieren mit KOH erhöht die Spezifität der Isomerisierung. W. Betcke. B 227□

Anwendung von Ionenaustauschharzen als Katalysatoren in der organischen Synthese. N. Ss. Rabowskaja. (Журнал Физической Химии [J. physik. Chem.] **33.** 2467—70. Nov. 1959. Dsershinsk, Zentr.-Labor. der Fabrik „Sawodstroi".) (Russ.; Auszug: Engl.)

Die Veresterung von *Äthylenglykol* mit *Essigsäure* verläuft in Ggw. des Kationenaustauschharzes KU-2 3—4mal schneller als ohne Katalysator u. etwa ebenso rasch wie in Ggw. von H_2SO_4. Bei der Hydratation u. Veresterung von *Äthylenoxid* verlaufen in Ggw. von KU-1 u. KU-2 die Hauptrkk. erheblich schneller als die Nebenrkk., während in Ggw. von H_2SO_4 Haupt- u. Nebenrkk. etwa gleich rasch verlaufen. Allerdings hält die katalyt. Wrkg. von KU-1 u. KU-2 nicht lange an, sie fällt in 5—6 Std. um 70—80% bei einer gleichzeitigen Abnahme des S-Geh. um 30—40%. R. K. Müller. B 227□

Über zwei Wege zur stufenweisen Dehydratisierung von Butandiol-(1.4) zu Divinyl am Tricalciumphosphatkatalysator. L. Ch. Freidlin und W. S. Scharf. (Известия Академии Наук СССР, Отделение Химических Наук [Nachr. Akad. Wiss. UdSSR, Abt. chem. Wiss.] **1960.** 1700—02. Sept. Zelinsky-Inst. für org. Chem. der Akad. der Wiss. der UdSSR.) (Russ.)

Die Dehydratisierung von Butandiol-(1.4) (**I**) zu *Butadien-(1.3)* (**II**) kann entweder über Tetrahydrofuran (**III**) oder über Buten-(1)-ol-(4) (**IV**) führen. An einem $Ca_3(PO_4)_2$-Katalysator (**V**) wird **I** bei 260—320° selektiv zu **III** dehydratisiert, erst bei > 320° bilden sich neben **III** auch **IV**, *Buten-(2)-ol-(4)*, *Butyraldehyd*, **II** u. andere gasförmige Produkte. **III** wird an **V** bei 340° nicht zu **IV** isomerisiert u. wird erst bei einer um fast 100° höheren Temp. als **I** zu **II** dehydratisiert. Demnach ist in Ggw. von **V** als Zwischenprod. der Bldg. von **II** nur **IV** anzunehmen. R. K. Müller. B 227□

Desalkylierung von alkylaromatischen Kohlenwasserstoffen und ihren Derivaten in Gegenwart von Alumosilicat-Katalysatoren. 3. Mitt. Kinetik der Desalkylierung von o- und p-Chlorcumol. Ch. D. Georgijew und B. A. Kasanski. (Известия Академии Наук СССР, Отделение Химических Наук [Nachr. Akad. Wiss. UdSSR, Abt. chem. Wiss.] **1959.** 699—703. April. Moskau, Lomonossow-Univ.) (Russ.) — 2. vgl. C. **1962.** **3414.**

Die katalyt. Crackung von *o-* (**I**) u. *p-Chlorcumol* (**II**) an Al-Silicat wird bei 370, 410, 450 u. 490° bei verschiedener Vol.-Geschw. untersucht. Die gasförmigen Rk.-Prodd. (bei **I** 7,4—15,3% des gesamten Katalysats, bei **II** 4,2—9,4%) bestehen bei **I** aus 95—99%, bei **II** aus 93—98% *Propylen* u. geringen Mengen C_1—C_4-Verbb.; bei höherer Temp. u. geringer Geschw. nimmt die Ausbeute an CH_4 zu. Außerdem werden aus **I** 21,7—43% (des gesamten Katalysats) *o-Chlorbenzol* u. aus **II** 7,7—23,6% *p-Chlorbenzol* erhalten. Den negativen Einfl. des Cl-Substituenten, bes. in m-Stellung, auf die Desalkylierung zeigt die Erhöhung der Aktivierungsenergie zur Abtrennung der Isopropylgruppe von 17,5 kcal/Mol bei Cumol auf 21,5 kcal/Mol bei **I** u. 24,2 kcal/Mol bei **II**.
Ilse Hartmann. B 227□

C. Präparative organische Chemie. Naturstoffe

Eine interpolierte Molekular-Formel. Alfred Feldman. (Science [Washington] **133.** 576. 24/2. 1961. Washington, D.C., Walter Reed Army Inst. of Res., Dep. of Radiobiol.) (Engl.)

Vf. schlägt vor, in den Bruttoformeln kovalenter Verbb. die H-Atome wegzulassen u. statt dessen die Zahl der Ringe u. den Grad der Ungesättigtheit anzugeben. Es wird unter Bezug auf eine Arbeit von Soffer (C. **1960.** 1464) eine Rechenformel angegeben u. am Beispiel von Ergosterin u. Riboflavinphosphat erläutert, die eine Umformung von „interpolierten" in normale Bruttoformeln erlaubt. Ch. Zechel. 450□

Über Autoxydation in Gegenwart von Alkoholen und Protonen. 2. Mitt. **Zur Autoxydation von Cyclanonen.** Rolf Schöllner und Wilhelm Treibs. (Chem. Ber. **94.** 2978—82. 16/11. 1961. Leipzig, Univ., Inst. für Organ. Chem.) (Dt.) — 1. vgl. C. **1961.** 11675.

Durch Autoxydation von Cyclopentanon (I) in Ggw. von CH_3OH u. katalyt. Mengen H_2SO_4 werden unter Sprengung der zur Ketogruppe benachbarten C—C-Bindung ca. 45% *Glutaraldehydsäuremethylesterdimethylacetal* (II), ca. 15% *Glutarsäuredimethylester*, ca. 10% *δ-Hydroxyvaleriansäuremethylester* u. ca. 25% nicht destillierbarer Rückstand gebildet. Analog verhält sich Cyclohexanon (III), während aus Menthon in 80%ig. Ausbeute *β-Methyl-δ-isobutyryl-n-valeriansäuremethylester* entsteht. Bei der Autoxydation von III in Acetanhydrid werden 20% *Δ¹-Cyclohexenylacetat*, 30—35% *2-Oxocyclohexylacetat* (IV), 10—12% *Δ¹-Cyclohexendiol-(2.3)-diacetat* (V) u. ca. 40% nicht destillierbarer Rückstand erhalten. Es wird angenommen, daß **V** durch Autoxydation aus **IV** entsteht, da **IV** durch Acetanhydrid nicht in **V** übergeführt wird. Bei der gleichen Rk. mit I werden *2-Oxocyclopentylacetat* u. *Bernsteinsäureanhydrid* isoliert. Der Rk.-Mechanismus wird besprochen.

Versuche: *Adipinaldehydsäuremethylester, Dimethylacetal* (VI), Kp.$_{12}$ 107—117°, Kp.$_{0,2}$ 60—69°, aus III in der 10fachen Menge abs. CH_3OH u. wenig konz. H_2SO_4 durch Begasen mit O_2 bei 60° im UV-Licht (250 Std.), Neutralisieren mit $NaHCO_3$, Einengen im Vakuum u. Fraktionieren des Rückstands (30%ig. Umsatz); n_D^{20} 1,434; 45% (Ausbeute). *2.4-Dinitrophenylhydrazon*, F. 101—102°. — *Adipinsäure, Dimethylester*, neben VI; ca. 20%. *Dihydrazid*, F. 177—178°. — *ε-Hydroxycapronsäure, Methylester*, neben **VI** durch Chromatographie der Fraktion vom Kp.$_{12}$ 118—124° (Kp.$_{0,2}$ 70—76°; n_D^{20} 1,446) in Bzl. an Al_2O_3; ca. 15%. *Hydrazid*, F. 117—118°. — *Glutaraldehydsäuremethylester, Dimethylacetal* (II), als Gemisch (Kp.$_{0,5}$ 58—66°; n_D^{20} 1,431) mit nachst. Ester aus I wie **VI** (350 Std.). *2.4-Dinitrophenylhydrazon*, $C_{12}H_{14}N_4O_6$, F. 108,5—109°. — *Glutarsäure, Dimethylester*, neben **II**. *Dihydrazid*, F. 176°. — *δ-Hydroxyvaleriansäure, Methylester*, als Gemisch mit vorst. Ester (Kp.$_{0,8}$ 69—73°) neben **II**. *Hydrazid*, $C_5H_{12}N_2O_2$, F. 106—106,5°. — *β-Methyl-δ-isobutyrylvaleriansäure*, Kp.$_{15}$ 171—175°, durch Verseifen des Esters mit n-NaOH. *Semicarbazon*, F. 151—152°. *Methylester*, $C_{11}H_{20}O_3$, Kp.$_{0,2}$ 86—91°, wie **V** aus 150 g Menthon; n_D^{20} 1,4395; 25 g. — *Δ¹-Cyclohexenylacetat*, Kp.$_{1,5}$ 52°, aus 150 g **III** in Acetanhydrid durch Begasen mit O_2 bei 70° im UV-Licht (12 Tage) u. Fraktionieren; n_D^{20} 1,446; 10 g; gibt mit 2.4-Dinitrophenylhydrazin-Lsg. *Cyclohexanon-2.4-dinitrophenylhydrazon*, F. 162°. — *2-Hydroxycyclohexanon*, F. 113°, durch Verseifen von **IV** mit n-NaOH. *Acetyl-Deriv.* (**IV**), Kp.$_{12}$ 112—114°, Kp.$_{0,7}$ 75—80°, neben vorst. Verb.; n_D^{20} 1,455; 28 g. *2.4-Dinitrophenylhydrazon*, F. 151—156°. — *Δ¹-Cyclohexendiol-(2.3)-diacetat* (**V**), Kp.$_{12}$ 132—136°, neben **IV**; n_D^{20} 1,466; 10 g. — *Cyclohexandion-(1.3)-bis-[2.4-dinitrophenylhydrazon]*, F. 231°, aus **IV** oder **V**. — *Δ¹-Cyclopentenylacetat*, Kp. 157 bis 160°, aus 150 g I wie vorst. Verbb. (350 Std.); n_D^{20} 1,430; 7 g; gibt *Cyclopentanon-2.4-dinitrophenylhydrazon*, F. 146—147°. — *2-Oxocyclopentylacetat*, Kp.$_{2,0}$ 85—88°, neben vorst. Verb. u. *Bernsteinsäureanhydrid* (F. 117°); n_D^{20} 1,456; 15 g. — *Cyclopentandion-(1.3)-bis-[2.4-dinitrophenylhydrazon]*, F. 247—249°, aus vorst. Verbindung.

F. HELLER. 460□

Über Autoxydation in Gegenwart von Alkoholen und Protonen. 3. Mitt. **Zur Autoxydation von Cyclenen, Hydroaromaten und -heterocyclen.** Wilhelm Treibs und Rolf Schöllner. (Chem. Ber. **94.** 2983—89. 16/11. 1961.) (Dt.) — 2. vgl. vorst. Referat.

Cyclohexen gibt bei der Autoxydation in Ggw. von abs. CH_3OH u. katalyt. Mengen konz. H_2SO_4 *Adipindialdehyd-bis-dimethylacetal* (I), *2.7-Dimethoxy-1-oxacycloheptan*, *2-Methoxycyclohexanol*, *Δ²-Cyclohexenon*, *3-Methoxycyclohexen* (II), *Adipinaldehydsäuremethylesterdimethylacetal* u. *2-Methoxycyclohexandiol-(1.3)*. Analog werden aus Tetralin *α-Tetralon*, *γ-[o-Hydroxyphenyl]-butyraldehyddimethylacetal* u. *γ-[o-Hydroxyphenyl]-buttersäuremethylester* gebildet. Bei der Autoxydation von 1.2.3.4.11.12-Hexahydrodiphenylenoxid (**IV**) werden *10-Methoxy-1.2.3.4.11.12-hexahydrodiphenylenoxid* (**V**), *12-Methoxy-1.2.3.4.11.12-hexahydrodibenzdioxan* sowie eine nicht identifizierte *Verb.* $C_{13}H_{16}O_3$ erhalten. Cumol liefert bei der Autoxydation infolge der Inhibitor-Wrkg. des bei der Zers. des intermediären Cumolhydroperoxids (**VI**) gebildeten Phenols nur wenig *Acetophenon*, das bei der Zers. von **VI** mit H_2SO_4 in sd. CH_3OH in höherer Ausbeute als bei der Zers. von **VI** nach HOCK entsteht. Der Rk.-Mechanismus wird besprochen.

Versuche: *3-Methoxycyclohexen* (II), Kp. 135—136°, durch Begasen von 200 g Cyclohexen, 3 cm³ konz. H_2SO_4 u. 1500 cm³ abs. CH_3OH bei 60° im UV-Licht mit O_2 (120 Std.), Neutralisieren mit $NaHCO_3$ u. Fraktionieren; n_D^{12} 1,463; 7—8 g (Ausbeute); mit H_2SO_4 in A. blaurot. — *Δ²-Cyclohexenon*, im Gemisch (Kp.$_{16}$ 67—69°; n_D^{10} 1,4700;

14 g) mit nachst. Verb. neben **II**; nach Trennung durch Chromatographie in Bzl. an Al_2O_3 n_D^{20} 1,4798. *2.4-Dinitrophenylhydrazon*, F. 164—166°. — *2-Methoxycyclohexanol*; n_D^{20} 1,4612. — *2.7-Dimethoxy-1-oxacycloheptan*, $C_8H_{16}O_3$, durch Chromatographie der neben **II** erhaltenen Fraktion vom Kp.$_{15}$ 82—84° (3—4 g) an Al_2O_3; n_D^{20} 1,432. — *Adipindialdehyd, Bis-[dimethylacetal]* (**I**), Kp.$_{12}$ 103—108°, durch Chromatographie der neben **II** erhaltenen Fraktion vom Kp.$_{15}$ 98—118° (29 g) an Al_2O_3; n_D^{16} 1,4318. *Bis-[2.4-dinitrophenylhydrazon]*, F. 216—217°, aus vorst. Verb. oder aus **I**. — *Adipinaldehydsäuremethylester, Dimethylacetal*, neben **I**; n_D^{20} 1,429. *2.4-Dinitrophenylhydrazon*, F. 101°. — *2-Methoxycyclohexandiol-(1.3)*, $C_7H_{14}O_3$, neben **I**; n_D^{20} 1,486. — *α-Tetralon*, Kp.$_{12}$ 130°, wie **II** aus 200 g Tetralin; 11 g. *2.4-Dinitrophenylhydrazon*, F. 257—258°. — *γ-[o-Hydroxyphenyl]-butyraldehyd, Dimethylacetal*, neben vorst. Verbindung. *2.4-Dinitrophenylhydrazon*, F. 148°; daneben ca. 2 g *γ-[o-Hydroxyphenyl]-buttersäuremethylester*. — *1.2.3.4.10.11-Hexahydrodiphenylenoxid* (**IV**), Kp.$_{0,3}$ 75—77°, Kp.$_{0,04}$ 51—52°, durch Hydrieren von Diphenylenoxid in abs. A. mit 3 Mol H_2 bei 120° u. 110 at; n_D^{20} 1,545; 45—50%; daneben *Perhydrodiphenylenoxid* (Kp.$_{20}$ 134—137°) u. *2-Phenylcyclohexanol* (Kp.$_{20}$ 149—153°). — *10-Hydroxy-1.2.3.4.10.11-hexahydrodiphenylenoxid*, $C_{12}H_{14}O_2$, F. 102°, durch 6std. Kochen von **V** u. 2n HCl in CH_3OH. *Methyläther* (**V**), $C_{13}H_{16}O_2$, aus **IV** wie **II** (96 Std.) u. Trennung der Fraktion vom Kp.$_{0,3}$ 93—96° (n_D^{20} 1,541) durch Chromatographie in Bzl. an Al_2O_3; n_D^{20} 1,5533; zähes Öl. — *12-Methoxy-1.2.3.4.11.12-hexahydrodibenzdioxan*, $C_{13}H_{16}O_3$, F. 64—68°, neben **V**; n_D^{20} 1,542. — *Acetophenon*, a) aus 150 g Cumol wie **II**; ca. 1,5 g; b) durch Zutropfen von 60% ig. **VI** zu sd. methanol. H_2SO_4; ca. 15%. *2.4-Dinitrophenylhydrazon*, F. 247°. F. Heller. 460□

Modifizierung der Reaktionsfähigkeit von Organomagnesiumverbindungen. Orientierung ihrer Reaktion mit α-Aminonitrilen zur Bildung von α-Aminoketonen. Zoltan Welvart. (C. R. hebd. Séances Acad. Sci. **250**. 1870—72. 7/3. 1960. Paris, Fac. de Méd., Labor. du C.N.R.S.) (Franz.)

Diäthylaminoacetonitril reagiert mit C_6H_5MgBr zu *α-Diäthylaminoacetophenon* [**I**; Kp.$_3$ 115°; 43% (Ausbeute). *Hydrochlorid*, $C_{12}H_{17}NO \cdot HCl$, F. 128°] u. *Diäthylbenzylamin* (23%); mit $(C_6H_5)_2Mg$ wird allein **I** (84%) erhalten. α-Piperidinovaleronitril gibt mit C_6H_5MgBr nur *1-Phenyl-1-piperidinobutan* (**II**; Kp.$_7$ 135°; 74%. *Hydrochlorid*, $C_{15}H_{23}N \cdot HCl$, F. 236°), mit $(C_6H_5)_2Mg$ dagegen neben 26% **II** auch 16% *1-Phenyl-2-piperidinopentanon-(1)* (Kp.$_{1,4}$ 134°. *Hydrochlorid*, $C_{16}H_{23}NO \cdot HCl$, F. 192°). Aus α-Diäthylaminobenzylcyanid werden mit $(C_6H_5)_2Mg$ *α-Diäthylaminobenzylphenylketon* (Kp.$_2$ 158—161°; 19%) u. *N.N-Diäthylbenzhydrylamin* (F. 60°; 39%), mit C_6H_5MgBr nur letzteres (83%) erhalten. 1-Cyan-1-piperidinocyclohexan gibt mit $(C_6H_5)_2Mg$ ausschließlich *1-Phenyl-1-piperidinocyclohexan* (Kp.$_{1,5}$ 132—137°; 63%. *Hydrochlorid*, $C_{17}H_{25}N \cdot HCl$, F. 243°), u. α-Piperidino-α.α-dimethylacetonitril gibt sowohl mit $(C_6H_5)_2Mg$ als auch mit C_6H_5MgBr allein *N-[α.α-Dimethylbenzyl]-piperidin* (Kp.$_{19}$ 138°; 41 bzw. 57%. *Pikrat*, F. 195°). $(C_6H_5)_2Mg$ ist allg. weniger reaktionsfähig als C_6H_5MgBr, was die niedrigeren Ausbeuten z. T. erklärt. Nach den Ergebnissen liefert $(C_6H_5)_2Mg$ jedoch auch dann häufig α-Aminoketone, wenn C_6H_5MgBr allein zur Abspaltung der Nitrilgruppe unter Ersatz durch den Phenylrest führt. H.-E. Toussaint. 470□

Darstellung von mit ^{35}S markierten organischen Verbindungen. Ein bequemes Verfahren zur Gewinnung von markierten Isothiocyanaten. Antonio Iliceto und Ferruccio D'Angeli. (Gazz. chim. ital. **89**. 1950—55. Sept. 1959. Padova, Univ., Ist. di Chim. organ., Centro di Studio per la Chim. nucl.) (Ital.)

Beim Umsetzen von $Na^{35}SH$ mit überschüssigem Methylisothiocyanat (**I**) tritt innerhalb kurzer Zeit eine gleichmäßige Verteilung der Radioaktivität auf das gebildete Na-Methyldithiocarbaminat (**II**) u. das überschüssige **I** ein. Dies beruht nicht auf einem Isotopenaustausch von **I** mit dem SH^--Ion (der nach gesonderten Messungen sehr langsam verläuft), sondern mit dem gebildeten **II**-Anion. Die Umsetzung stellt demnach ein elegantes Verf. zur Darst. von mit radioakt. S markierten Isothiocyanaten dar; diese können im weiteren mit Aminen zu markierten *Thioharnstoffen* umgesetzt werden, die durch direkten Isotopenaustausch prakt. nicht zugänglich sind. Im Gegensatz zu Thioharnstoffen gehen Thioamide u. Thionsäureester mit $Na^{35}SH$ einen Isotopenaustausch mit meßbarer Geschw. ein. Diese Unterschiede werden mit der größeren Resonanzstabilisierung der Thioharnstoffe selbst in Zusammenhang gebracht, da die angenommenen Zwischenstufen eines Austausches (durch Addition gebildete Anionen) in gleichem Maße stabilisiert sein dürften.

Versuche: *Na-Methyldithiocarbaminat* (**II**), durch Umsetzen von **I** mit wss.-alkohol. NaSH u. Einengen; 55% (Ausbeute). — *N.N'-Dimethylthiuramdisulfid*, F. 100 bis 101°, durch Oxydation der **II**-Lsg. mit 0,1n J_2; 68%. — *^{35}S-Methylisothiocyanat* (^{35}S-**I**), Kp. 115—117°, F. 34—35°, durch $^1/_2$std. Stehen von überschüssigem **I** mit wss.-alkohol. $Na^{35}SH$. — *^{35}S-N-Methylthioharnstoff*, F. 119—120°, durch Behandeln der eingeengten ^{35}S-I-Lsg. mit wss. NH_4OH. — *^{35}S-N.N'-Dimethylthiuramdisulfid*, F. 100 bis 101°, durch Behandeln der Rk.-Lsg. von I u. $Na^{35}SH$ mit 0,1n J_2. — *^{35}S-Äthylisothiocyanat*, F. 129—131°, aus Äthylisothiocyanat u. wss.-alkohol. $Na^{35}SH$. — *^{35}S-N.N'-Diäthylthiuramdisulfid*, F. 69—71°, durch Oxydation der vorst. Rk.-Lsg. mit 0,1n J_2. H.-E. TOUSSAINT. 480□

Synthese des mit ^{131}J markierten 2.4-Dichlor-5-jodphenoxyäthanols. Gy. Matolcsy. (Acta chim. Acad. Sci. hung. **20.** 335—38. 1959. Budapest, Forschungsinst. für Pflanzenschutz.) (Engl.)

Durch alkal. Hydrolyse von 2.4-Dichlor-5-nitrophenyl-o-nitro-p-toluolsulfonat (I) zu *2.4-Dichlor-5-nitrophenol*, Umsetzen mit Äthylenchlorhydrin (II) in Ggw. von Alkali zu *β-[2.4-Dichlor-5-nitrophenoxy]-äthanol*, dessen Red., Diazotierung u. Behandlung mit $K^{131}J$ wird *^{131}J-β-[2.4-Dichlor-5-jodphenoxy]-äthanol* dargestellt.

Versuche: *2.4-Dichlor-5-nitrophenol*, F. 106° (W.), durch 3std. Kochen von I mit wss. NaOH, Filtrieren u. Ansäuern des Filtrats mit 10%ig. H_2SO_4; 68,7% (Ausbeute). — *β-[2.4-Dichlor-5-nitrophenoxy]-äthanol*, $C_8H_7Cl_2NO_4$, F. 106,5—107,5°, durch 10 Min. langes Kochen vorst. Verb. mit wss. NaOH, Zugabe von II u. 3std. Kochen; aus 50%ig. A. hellgelbe Nadeln; 63%. — *β-[2.4-Dichlor-5-aminophenoxy]-äthanol*, $C_8H_9Cl_2NO_2$, F. 109,5°, durch Zugabe vorst. Verb. zu Sn/15%ig. HCl unter Rühren bei 70—80°, 1std. Rühren bei 90—100°, Kühlen, Alkalisieren mit 10%ig. NaOH, Absaugen des Nd., Trocknen bei 90° u. Extrahieren mit sd. A.; durch Fällen aus 10%ig. HCl mit NH_4OH braune glänzende Kristalle; 43%. — *^{131}J-β-[2.4-Dichlor-5-jodphenoxy]-äthanol*, $C_8H_7Cl_2JO_2$, F. 102 bis 103,5° (50%ig. A.), durch Diazotieren vorst. Verb. in 10%ig. HCl mit $NaNO_2$ in W. bei 0—5°, Zugabe von frisch dargestelltem $K^{131}J$ in der Kälte, $^1/_2$std. Rk. bei 60—70°, Kühlen u. Filtrieren; 62%. D. PALM. 480□

Synthese von ^{14}C-Cyclopentadien. Gastone Pajaro und Luciano Baldi. (Ann. Chimica **49.** 1830—33. Okt./Nov. 1959. Milano, Politecnico, Ist. di Chim. ind.) (Ital.)

$K^{14}CN$ wird über *$^{14}C_{(1.6)}$-Adipinsäuredinitril*, *$^{14}C_{(1.6)}$-Adipinsäure*, *$^{14}C_{(1)}$-Cyclopentanon*, *$^{14}C_{(1)}$-Cyclopentanol*, *$^{14}C_{(1)}$-Cyclopenten*, *$^{14}C_{(1)}$-1.2-Dibrom-* u. *$^{14}C_{(1)}$-1.2-Diacetoxycyclopentan* in *$^{14}C_{(2)}$-Cyclopentadien-(1.3)* umgewandelt, daß für die Unters. von Polymerisations-Rkk. von Interesse ist. Die Gesamtausbeute der 8stufigen Synth. beträgt bis zu 28%.

Versuche: *$^{14}C_{(1.6)}$-Adipinsäure*, durch 44std. Kochen von 6,6 g $K^{14}CN$ mit 10,8 g 1.4-Dibrombutan in wss. Methanol, Zugeben von 7,5 g KOH in W. u. erneutes 8std. Kochen; 7,3 g (Ausbeute). — *$^{14}C_{(1)}$-Cyclopentanon*, Kp. 128—131°, durch Erhitzen vorst. Verb. mit $Ba(OH)_2$ auf 293—295° unter Abdestillieren; 91%. — *$^{14}C_{(1)}$-Cyclopentanol*, Kp. 138—141°, aus vorst. Verb. mit $LiAlH_4$; 86%. — *1.2-Dibrom-$^{14}C_{(1)}$-cyclopentan*, $Kp._{45}$ 104—106,5°, durch Zutropfen vorst. Verb. zu $KHSO_4$ bei 210° unter Abdestillieren u. Umsetzen des bei —70° aufgefangenen Kondensats mit Br_2 in CCl_4 bei —40°; 81%. — *1.2-Diacetoxy-$^{14}C_{(1)}$-cyclopentan*, $Kp._{10}$ 103—106°, durch 2—3std. Erhitzen von Ag-Acetat in Eisessig/Essigsäureanhydrid auf 100—110°, Zugeben vorst. Verb. u. weiteres 20std. Erhitzen; 78%. — *$^{14}C_{(2)}$-Cyclopentadien-(1.3)*, durch Pyrolyse vorst. Verb. im N_2-Strom über Bimsstein bei 500—520°; 52%; liefert mit $TiCl_3$ in Tetrahydrofuran *Dicyclopentadienyltitanchlorid*, F. 278—281° (Bzl.). H.-E. TOUSSAINT. 480□

Einwirkung von Grignard-Derivaten auf Ketone. Einfluß der Versuchsbedingungen. Raymond Hamelin. (C. R. hebd. Séances Acad. Sci. **249.** 1766—68. 2/11. 1959. Paris, École Normale Sup., Labor.) (Franz.)

Das Ergebnis der Rk. von C_2H_5MgBr mit Diisopropylketon wird durch die angewendeten Vers.-Bedingungen wesentlich beeinflußt. In einer breit angelegten Unters.-Reihe wird die Auswirkung verschiedener Faktoren (Lsgm.; Temp.; Konz.; direkte bzw. inverse Addition) auf die Zus. des Rk.-Prod. verfolgt. Es ergibt sich, daß die Additions-Rk. der GRIGNARD-Verb. (unter Bldg. von *Diisopropyläthylcarbinol* bzw. seinen Dehydratisierungs-Prodd.) durch tiefe Temp. (bei —45° in Ae. 96% Ausbeute), hohe Konz. der GRIGNARD-Lsg., direkte Addition u. Lsgm. ähnlicher Basizität wie Ae., begünstigt wird. Offenbar besitzt Ae. für die untersuchte Rk. die optimale Basizität, da sowohl Tetrahydrofuran (stärker bas.) als auch Anisol (schwächer bas.) in verstärktem Maße zur „anomalen" Rk. (Red. zu *Diisopropylcarbinol*) führen. H.-E. TOUSSAINT. 560□

Synthese von β-Chloräthern aus ungesättigten Kohlenwasserstoffen in der Dampfphase. A. K. Sselesnew. (Журнал Прикладной Химии [J. angew. Chem.] **31.** 1880—85. Dez. 1958. Grosny, Erdöl-Inst., Labor. für org. Chem.) (Russ.)

Durch Rk. von Äthylen u. einer Propylen–Propan-Fraktion des Crackverf. mit Alkoholen u. Cl_2 werden *β-Chloralkylalkyläther* neben *Dichloralkanen* erhalten.

Versuche: Das Alken, der entsprechende Alkohol u. Cl_2 werden durch ein Glasrohr geleitet, das auf die Siedetemp. des Alkohols vorgeheizt u. zur Absorption der HCl mit Marmor gefüllt ist: *Methyl-β-chloräthyläther*, C_3H_7ClO, Kp. 91—92°, aus 41,7 (Liter) Äthylen (7 Liter/Std.), 60 Cl_2 u. 300 (200) ml Methanol in 6 Std.; 26,7 bzw. 22,2% (Ausbeute, berechnet auf eingesetztes Alken) neben 15 bzw. 34,7% *1.2-Dichloräthan.* — *n-Propyl-β-chloräthyläther*, $C_5H_{11}ClO$, Kp. 130—131°, aus 74 Äthylen (7,4 Liter/Std.), 300 ml n-Propanol u. 98 Cl_2 in 10 Std.; $D._4^{20}$ 0,965; n_D^{20} 1,4164; 18,6%. — *Isobutyl-β-chloräthyläther*, $C_6H_{13}ClO$, Kp. 140,5—141,5°, aus Äthylen, Isobutanol u. Cl_2; $D._4^{20}$ 0,9383; n_D^{20} 1,4170. — *n-Butyl-β-chloräthyläther*, $C_6H_{13}ClO$, Kp. 151,2—151,5°, aus Äthylen, n-Butanol u. Cl_2 in 6 Std.; $D._4^{20}$ 0,952; n_D^{20} 1,4218. — *Isopropyl-β-chlorisopropyläther*, $C_6H_{13}ClO$, Kp. 124—125°, aus 200 ml Isopropanol, 141 Propan–Propylen-Gemisch (29% Propylen) u. 43 Cl_2 in 6 Std.; $D._4^{20}$ 0,9372; n_D^{20} 1,4120; 17,5%. — *n-Butyl-β-chlorisopropyläther*, $C_7H_{15}ClO$, Kp. 161—162°, aus 300 ml Isobutanol, 40 Cl_2 u. 111 Propan–Propylen-Gemisch (31,2% Propylen) in 6 Std.; $D._4^{20}$ 0,933; n_D^{20} 1,4225; 12 g. HELMUT SCHÄFER. 560□

Verallgemeinerung der Allylumlagerung. Philippe Miginiac. (C. R. hebd. Séances Acad. Sci. **250.** 349—50. 11/1. 1960.) (Franz.)

1-Chlorpentadien-(2.4) (I) reagiert mit $NaOCH_3$ nur unter direkter Substitution ohne Umlagerung. 1-Chlorhexadien-(2.4) (II) gibt 98% *1-Methoxyhexadien-(2.4)* u. 2% *5-Methoxyhexadien-(1.3)*, während 5-Chlorhexadien-(1.3) (III) die gleichen Verbb. im Verhältnis 25 : 75 liefert. Mit Malonsäurediäthylester u. mit K-Acetat in Eisessig bzw. abs. Aceton reagieren **I** u. **II** nur normal. Ag-Acetat in äther. Suspension führt **I** zu 82% in *1-Acetoxyhexadien-(2.4)* u. zu 18% in *5-Acetoxyhexadien-(1.3)* über; **II** u. **III** geben übereinstimmend ein Gemisch derselben Verbb. im Verhältnis 35 : 65. Die Ergebnisse bestätigen, daß Allylumlagerungen bei nucleophilen Substitutionen nur an den äußersten C-Atomen ($C_{(1)}$ u. $C_{(5)}$) des Syst. in Erscheinung treten. H.-E. TOUSSAINT. 560□

Reaktion der cyclischen Sulfite von 1.3-Glykolen mit Natriumjodid. Stanley Wawzonek und J. T. Loft. (J. org. Chemistry **25.** 2068—69. Nov. 1960. Iowa City, Iowa, State Univ. of Iowa, Dep. of Chem.) (Engl.)

Durch Kochen der cycl. Sulfite von Trimethylenglykol, 3.3-Bis-[hydroxymethyl]-oxetan u. Pentaerythrit (I) mit NaJ in Methyläthylketon erfolgt in normaler Rk. Bldg. von *3-Jodpropanol-(1)*, *3-Hydroxymethyl-3-jodmethyloxetan* (**II**) bzw. *2.2-Bis-[jodmethyl]-propandiol-(1.3)*. In Ggw. von W. nimmt die Bldg. von $NaHSO_3$ zu; bei I-Disulfit überwiegt die Hydrolyse. Die Struktur von **II** wird durch Analyse u. IR-Spektrum gesichert. Aus 2-Methyl-2-hydroxymethylpropandiol-(1.3) entsteht in Methylisopropylketon ein *2-Methyl-2-hydroxymethyl-3-jodpropanol-(1)–2-Methyl-2-hydroxymethylpropandiol-(1.3)-1:1-Komplex*, der bei mehrmaliger Kristallisation aus Aceton dissoziiert. 2.2-Dimethyl-propandiol-(1.3) gibt infolge der durch die geminalen Methylgruppen erschwerten Alkylierung nur wenig *2.2-Dimethyl-3-jodpropanol-(1)*.

Versuche: *3-Jodpropanol-(1)*, C_3H_7JO, $Kp._{31}$ 112°, durch 24std. Kochen von 24,4 g 1.3.2-Dioxathian-S-oxid mit 30 g NaJ u. 3,6 g W. in Methyläthylketon, Trocknen über Na_2SO_4 u. Fraktionieren; n_D^{20} 1,5515; $D._4^{25}$ 2,014; 24,5 g (Ausbeute). — *3-Hydroxymethyl-3-jodmethyloxetan* (**II**), $C_5H_9JO_2$, $Kp._2$ 128°, durch 20std. Kochen von 10 g 2.6.8-Trioxa-7-thiaspiro-[3.5]-nonan-S-oxid u. 14,2 g NaJ in Methyläthylketon, Ansäuern mit verd. HCl u. Dest. der organ. Phase; n_D^{24} 1,5603; 2,6 g. — *2.2-Bis-[jodmethyl]-propandiol-(1.3)*, $C_5H_{10}J_2O_2$, F. 129—130° (W.), durch 36std. Kochen von 22,8 g 2.4.8.10-Tetraoxa-3.9-dithiaspiro-[5.5]-undecan-3.9-dioxid u. 30 g NaJ in abs. Methyläthylketon, Eindampfen, Extrahieren des erhaltenen Öls mit CH_2Cl_2, Eindampfen, Anreiben mit A. u. Eindampfen der alkohol. Phase; 11 g. — *2-Methyl-2-hydroxymethylpropandiol-(1.3)–2-Methyl-2-hydroxymethyl-3-jodpropanol-(1)-1:1-Komplex*, $C_{10}H_{23}JO_5$, F. 70—71° (Chlf.), $Kp._7$ 160°, durch 48std. Kochen von 64 g 5-Methyl-5-hydroxymethyl-1.3.2-dioxathian-S-oxid mit 60 g NaJ in Methylisopropylketon; 13,4 g; gibt durch 5malige Kristallisation aus Aceton bei —70° *2-Methyl-2-hydroxymethylpropandiol-(1.3)* (F. 199—200°). — *2.2-Dimethyl-3-jodpropanol-(1)*, $Kp._{35}$ 106—110°, durch 48std. Kochen von 30 g 5.5-Dimethyl-1.3.2-dioxathian-S-oxid mit 30 g NaJ in Methylisopropylketon im Dunkeln u. Fraktionieren; 2,0 g. W. LIEBSCHER. 570□

Oxydation trisubstituierter Phosphite durch Distickstofftetroxid. James R. Cox jun. und F. H. Westheimer. (J. Amer. chem. Soc. **80.** 5441—43. 20/10. 1958. Cambridge, Mass., Harvard Univ., Mallinckrodt Labor.) (Engl.)

Durch N_2O_4 lassen sich *Trialkyl-* u. *Triarylphosphite* (**A**) in CH_2Cl_2- oder CCl_4-Lsg. bei —78 bzw. 0° zu entsprechenden *Trialkyl-* u. *Triarylphosphaten* (**B**) oxydieren, ohne daß Hydrolyse beobachtet wird. Als Red.-Prodd. von N_2O_4 werden nur N_2O u. N_2 gefunden. Die Struktur der **B** wird IR-spektroskop. gesichert.

Versuche: Die Oxydation von **A** zu **B** erfolgt entweder durch Lösen von ca. 10 g **A** in 50 ml CH_2Cl_2 (CCl_4), Abkühlen der Lsg. auf —78° (0°) u. Zugabe von durch Dest. über P_2O_5 gereinigtem N_2O_4 in CH_2Cl_2 (CCl_4) bis zur bleibenden Grünfärbung (Meth. A) oder durch Einleiten von N_2O_4-N_2-Gemisch in **A** bei 0° (Meth. B): *Triäthylphosphat*, $Kp._{3,5}$ 69—71°; 75% (Ausbeute). — *Triisopropylphosphat*, $Kp._{0,5}$ 49—51°; 87%. — *Tri-n-butylphosphat*, $Kp._{0,45}$ 47°; 70%. — *Tri-tert.-butylphosphit* (I), $Kp._4$ 60—62°, aus PCl_3, tert.-Butanol u. Triäthylamin in Ligroin bei 5°; daneben *Di-tert.-butylphosphit* (II). — *Tri-tert.-butylphosphat*, $C_{12}H_{27}O_4P$, F. 71—75° (Sublimation bei 20°/10^{-4}mm), aus 2,82 g I-II-Gemisch nach Meth. A, Abdestillieren des Lsgm. u. Abpressen der halbfesten Masse; 0,63 g. — *Äthylenphosphorsäurechlorid* (III), $C_2H_4ClO_3P$, $Kp._{0,8}$ 89—91°, aus Äthylenchlorphosphit (**IV**; vgl. Lucas u. Mitarbeiter, C. **1951**. II. 1884) nach Meth. B; 30%. — *β-Hydroxyäthylphosphat, Ba-Salz*, aus **III** durch $^1/_2$std. Erhitzen der wss. Lsg. auf dem Wasserbad, Neutralisation mit $Ba(OH)_2$ u. Zusatz von A.; 94%. — *Benzyläthylenphosphit*, $C_9H_{11}O_3P$, $Kp._{1,5}$ 106—108°, aus **IV** u. Benzylalkohol; 53%. — *Benzyläthylenphosphat*, $C_9H_{11}O_4P$, F. 49—51°, $Kp._{10^{-5}}$ 65° (Bad-Temp.), aus vorst. Verb. nach Meth. B; 61%. — *Triphenylphosphat*, F. 49—51°, aus Triphenylphosphit nach Meth. A; 84%. — *Triphenylphosphinoxid*, F. 155—156°, aus Triphenylphosphin nach Meth. A; 99%. W. Burghardt. 590□

Eine neue Methode zur Darstellung von gemischten Estern der Orthophosphorsäure. Jean Cheymol, Pierre Chabrier, Mohamed Selim und Pierre Leduc. (C. R. hebd. Séances Acad. Sci. **249**. 2573—75. 9/12. 1959. Paris, Fac. de Méd., Labor. de Pharmacol.) (Franz.)

Methyldialkylphosphate reagieren mit Trimethylamin (I) zu *Tetramethylammonium-O.O-dialkylphosphaten*, die mit Alkylhalogeniden zu *gemischten Trialkylphosphaten* umgesetzt werden können. Liegen in diesen weitere Methylreste vor, so läßt sich der Cyclus wiederholen. Als Beispiel wird die Synth. von *Äthyl-n-propyl-n-butylphosphat* aus Trimethylphosphat (II) beschrieben.

Versuche: *Tetramethylammonium-O.O-dimethylphosphat*, F. 215°, aus I u. II in Aceton; 95% (Ausbeute). — *Dimethyl-n-propylphosphat*, $Kp._{14}$ 98°, aus vorst. Salz u. n-Propylbromid in sd. A.; 70%. — *Tetramethylammonium-O-methyl-O-n-propylphosphat*, F. 157°, aus vorst. Ester u. I; 95%. — *Methyläthyl-n-propylphosphat*, $Kp._{14}$ 102°, aus vorst. Salz u. Äthylbromid in sd. A.; 50%. — *Tetramethylammonium-O-äthyl-O-n-propylphosphat*, F. 168°, aus vorst. Ester u. I; 70%. — *Äthyl-n-propyl-n-butylphosphat*, $Kp._{0,05}$ 70°, aus vorst. Salz u. n-Butylbromid in sd. A.; 50%. — Weitere Phosphate: *Dimethyläthyl-*, $Kp._{15}$ 87°. — *Dimethyl-n-butyl-*, $Kp._{15}$ 107°. — *Methyläthyl-n-butyl-*, $Kp._{0,1}$ 71°. — *Methyläthylbenzyl-*, $Kp._{0,05}$ 107°. — *Methyl-n-propyl-n-butyl-*, $Kp._{0,08}$ 73°. — *Methyl-n-propylbenzyl-*, $Kp._{0,08}$ 126°. — *Methyl-n-butylbenzyl-*, $Kp._{0,05}$ 122°.
H.-E. Toussaint. 590□

Prototropie des 3-Chlorbuten-(3)-säureäthylesters im basischen Gebiet. Roger Vessière. (C. R. hebd. Séances Acad. Sci. **243**. 811—12. 10/9. 1956.) (Franz.)

Im alkal. Gebiet lagert sich *3-Chlorbuten-(3)-säureäthylester* (I) durch Prototropie in *Äthyl-β-chlorcrotonat* um, so daß I ggf. wie letzterer reagiert. In wss. Soda-Lsg. entsteht *Tetrolsäure*, $C_4H_4O_2$, F. 76—77° (CS_2). Mit C_2H_5ONa entsteht in alkohol. Lsg. *β-Äthoxycrotonsäureäthylester*, $C_8H_{14}O_3$, F. 31—31,5° (A.), $Kp._{11}$ 82—84°. Als Zwischenprod. tritt hierbei *Tetrolsäureäthylester* ($C_6H_8O_2$, $Kp._{13}$ 43—44°) auf. Mit Diäthylamin bildet sich *β-Diäthylaminocrotonsäureäthylester*, $C_{10}H_{19}NO_2$, $Kp._3$ 122—123°; $D._4^{19}$ 0,9732; n_D^{19} 1,5143. Mit Piperidin entsteht *β-Piperidinocrotonsäureäthylester*, $C_{11}H_{19}NO_2$, $Kp._{2,5}$ 136—137°; $D._4^{22}$ 1,026; n_D^{22} 1,5285. W. Penn. 810□

Thiuramverbindungen: N.N'-Dimethyl- und N.N.N'-Trimethylthiurammonosulfid. Ferruccio D'Angeli und Antonio Iliceto. (Gazz. chim. ital. **89**. 2095 bis 2101. Sept. 1959. Padova, Univ., Ist. di Chim. organ.) (Ital.)

Die Rk. von Na-Methyldithiocarbaminat (I) mit Methylisothiocyanat (II) führt zum bisher nicht beschriebenen *N.N'-Dimethylthiurammonosulfid* (III), das in der Schmelze S unter Bldg. von *N.N'-Dimethylthiuramdisulfid* (IV) anlagert. **III** ist relativ instabil u. zersetzt sich beim Aufbewahren zu **II**, H_2S u. wenig **IV**, in Lsg. (Chlf., Bzl.) zu *S*, *Methylammonium-N-methyldithiocarbaminat* u. weiteren Substanzen. *N.N.N'-Trimethylthiurammonosulfid* konnte außer aus Na-Dimethyldithiocarbaminat (VI) u. **II** auch aus **I** u. N.N-Dimethylthiocarbamoylchlorid (V) dargestellt werden. **VI** ließ sich nicht mit S zum Thiuramdisulfid umsetzen.

Versuche: *N.N'-Dimethylthiurammonosulfid* (III), $C_4H_8N_2S_3$, F. 78—80° (wss. A.; Nadeln), durch Rk. von **II** mit **I** in wss. A. u. Zutropfen von wenig Essigsäure; 50—75% (Ausbeute); zersetzt sich in Chlf. zu *Methylammonium-N-methyldithiocarbaminat* (C_3H_{10}·N_2S_2, F. 110°) u. reagiert mit wss.-alkohol. NaOH zu *Na-Methyldithiocarbaminat* (I),

$C_2H_4NNaS_2 \cdot 2{,}5\,H_2O$; 74%. — *N.N'-Dimethylthiuramdisulfid* (**IV**), F. 103—104°, durch langsames Erhitzen von **III** mit S auf 85—90°; 66%. — *N.N.N'-Trimethylthiurammonosulfid*, $C_5H_{10}N_2S_3$, F. 70—71°, a) analog **III** aus **VI** u. **II**; 23%; b) aus **I** u. **V** in gesätt. alkohol. Lsg. bei 0°; 30%; zersetzt sich in Lsg. rasch zu *Dimethylammonium-N.N-dimethyldithiocarbaminat*, F. 127—128° (PAe.; Blättchen). H.-E. Toussaint. 880□

Synthese von Succinylcholin(dichlorid). Spiridon D. Gheorghe und Horst D. Schell. (Studii Cercetări Biochim. **1.** 167—70. 1958. Acad. R.P.R., Inst. de Biochim.) (Rum.)

Die von Contardi u. Ercoli [1934] zur Synth. von Oxalylcholin angewandte Meth. wird auf die Synth. von *Succinylcholin* angewandt. Man erhitzt Bernsteinsäure mit Äthylenchlorhydrin (Überschuß), wasserfreiem Bzl. u. konz. H_2SO_4 15 Std. auf 100°, kühlt ab, verd. mit Ae. u. W., wäscht die organ. Schicht 2—3mal mit W., dann mit 5%ig. Na_2CO_3-Lsg. u. wieder mit W. bis zum Verschwinden der alkal. Rk., trocknet über $CaCl_2$, dest. Ae. u. Bzl. ab, dann W. im Vakuum u. erhält *Bernsteinsäure-bis-[2-chloräthyl]-ester* ($C_8H_{12}Cl_2O_4$, $Kp._{12-14}$ 182—185°, $Kp._3$ 164—167°; n_D^{20} 1,4675). Nach Erhitzen des Esters mit 13%ig. benzol. Trimethylamin-Lsg. (12 Std. auf 90—95°, 25 Std. auf 125—130° im geschlossenen Rohr) erhält man als viscose, an den Wänden haftende, zur Kristallisation neigende Substanz *Succinylcholindichlorid* (*Dihydrat*, $C_{14}H_{30}\cdot C_2lN_2O_4 \cdot 2\,H_2O$, F. 163—164°), das nach Waschen mit Bzl. u. W., Lösen in warmem abs. A., Entfärben mit Kohle u. Fällen mit Aceton ein mikrokrist., schwach hygroskop. Pulver darstellt, das leicht lösl. in W., lösl. in A., unlösl. in Ae., Aceton, Bzl. u. Toluol ist u. in wss. Lsg. leicht hydrolysiert. R. K. Müller. 920□

Untersuchungen über Lokalanästhetica. 20. Mitt. **Synthese einiger α-Monoalkylamino-2-methylpropionanilide. Ein neues brauchbares Lokalanästheticum.** Nils Löfgren und Claës Tegnér. (Acta chem. scand. **14.** 486—90. 1960. Stockholm, Univ. of Stockholm, Inst. of organ. Chem. and Biochem. and Södertälje, AB Astra, Res. Labor.) (Engl.) — 19. vgl. C. **1962.** 9066.

Durch Erhitzen von *α-Brompropion-o-toluidid* (**III**), dargestellt aus α-Brompropionylbromid (**I**) u. o-Toluidin (**II**), mit Monoalkylaminen werden die entsprechenden *α-Monoalkylaminopropion-o-toluidide* erhalten u. ihre lokalanästhet. Aktivität (bestimmt an der Kaninchen Cornea) u. DL_{50} (bestimmt durch subkutane Injektion an weißen Mäusen) mit den Eigg. von Xylocain (**IV**) verglichen. *α-n-Butylaminopropion-o-toluidid* besitzt den höchsten anästhet. Index. *α-n-Propylaminopropion-o-toluidid* („L 67"; „Astra 1512") neben einer geringeren Toxizität ähnliche Eigg. wie **IV** u. ist prakt. in allen Injektionsformen anwendbar.

Versuche (FF. korr.): *α-Brompropion-o-toluidid* (**III**), F. 132—133°, aus **I** u. **II** in wss. Acetatpuffer-Lsg. nach Löfgren (Dissertation, Stockholm [1948]); aus Bzl. Nadeln; 81% (Ausbeute). — Propion-o-toluidide: *α-Äthylamino-*, $C_{12}H_{18}N_2O$, F. 36—37° (PAe.), $Kp._{0,9}$ 145—147°, durch 8std. Erhitzen von **III** mit Äthylamin im Autoklaven auf 80°, Verdünnen mit abs. Ae., Abfiltrieren von Äthylaminhydrobromid u. Fraktionieren im Vakuum; 80%. — *α-n-Propylamino-*, $C_{13}H_{20}N_2O$, F. 37—38°, $Kp._1$ 159—162°, durch 8std. Kochen von **III** mit n-Propylamin in Bzl.; n_D^{20} 1,5298 (unterkühlte Probe); Nadeln; 87%. *Hydrochlorid*, $C_{13}H_{21}ClN_2O$, F. 167—168° (A./Diisopropyläther). *Hydrogensulfat*, $C_{13}H_{22}N_2O_5S$, F. 175—176° (A./Diisopropyläther). *Monohydrogencitrat*, $C_{32}H_{48}\cdot N_4O_9$, F. 140—142° (Zers.; A./Diisopropyläther), aus 1 Mol Base u. 1 Mol Citronensäure. *Lactat*, $C_{16}H_{26}N_2O_4$, F. 133—134° (A./Diisopropyläther). *Methansulfonat*, $C_{14}H_{24}N_2O_4S$, F. 169—171°. *Sulfamat*, $C_{13}H_{23}N_3O_4S$, F. 130—131° (abs. A./Diisopropyläther), durch Kochen der Base u. Sulfaminsäure in abs. A. u. Zugabe von abs. Aceton u. abs. A.; 75%. — *α-Isopropylamino-*, *Hydrochlorid*, $C_{13}H_{21}ClN_2O$, F. 236—237° (Zers.; W.), durch 8std. Erhitzen von **III** u. Isopropylamin in Bzl. im Autoklaven auf 80°, Verdünnen mit abs. Ae., Abfiltrieren von Isopropylaminhydrobromid u. Zugabe von äther. HCl zur abs. äther. Lsg.; 64%. — *α-n-Butylamino-*, *Hydrochlorid*, $C_{14}H_{23}ClN_2O$, F. 175—177° (abs. A.), durch 8std. Kochen von **III** mit n-Butylamin in Bzl., Verdünnen mit Ae., Abfiltrieren von n-Butylaminhydrobromid, Eindampfen der Lsg., Lösen in Ae. u. Versetzen mit äther. HCl; 71%. — *α-Isobutylamino-*, *Hydrochlorid*, $C_{14}H_{23}ClN_2O$, F. 221—223° (Zers.; W.), durch 8std. Kochen von **III** mit Isobutylamin in Bzl., Verdünnen mit abs. Ae., Abfiltrieren von Isobutylaminhydrobromid u. Zugabe von äther. HCl zur abs. äther. Lsg.; 63%. W. Liebscher. 950□

Beitrag zur Trennung des dl-Lysins in seine optischen Antipoden. Giacomo Lemetre, Nicola Rainaldi und Alberto Vercellone. (Ann. Chimica **49.** 1177—91. Juli/Aug. 1959. Colleferro (Roma), Centro Studi Chim. della Soc. Bombrini Parodi-Delfino.) (Ital.)

Löst man das aus dem Hydrochlorid von dl-Lysin (dl-I) u. d-(—)-Dibenzoylweinsäure (II in mit Na_2CO_3 neutralisierter alkohol. Lsg. erhaltene krist. Prod. (*dl-I—II-Salz. Sesquihydrat*, F. 153—154°) im Verhältnis 1:6 in einem Gemisch aus W. u. Isopropanol (1:2) u. läßt 24 Std. in Ruhe stehen, so krist. *d*-(—)-I—II-*Salz* gut aus, während das II-*Salz* von *l*-(+)-I in Lsg. bleibt u. sich auch durch Eindunsten im Vakuum wegen eintretender chem. Änderungen nicht isolieren läßt. In Ggw. von NaCl krist. umgekehrt allein ein an *l*-(+)-I—II-*Salz* angereichertes Material, unter langsamem Rühren (60 U/min) dagegen das *rac. Salz* aus. Starkes Verdünnen der Lsg. u. langsames Rühren führt zum Auskristallisieren der beiden Antipoden nebeneinander in unterschiedlicher Kristallform (Nadeln bzw. Prismen). Rührt man die Lsg. stark (1500 U/min) u. filtriert nach einiger Zeit bei 40°, so ist der Filterkuchen an *d*-(—)-I—II-*Salz*, das aus dem Filtrat auskrist. Material an *l*-(+)-I—II-*Salz* angereichert. Da das *l*-(+)-I—II-Salz in W.–Isopropanol-Gemischen deutlich langsamer lösl. ist als die d-(—)-Form, läßt sich eine Trennung der Antipoden auch durch fraktioniertes Lösen bzw. fraktionierte Extraktion des dl-I-Salzes durchführen. So behandelt man z. B. 1 Teil dl-I—II-Salz bei 70—75° unter Rühren während 5—15 Min. mit 6 Teilen des 1:2-Gemisches aus W. u. Isopropanol u. gewinnt nach raschem Filtrieren aus dem Filtrat durch Kühlen ein zu 96% opt. reines *l*-(+)-I—II-*Salz* [*Monohydrat*, F. 170°; $[\alpha]_D^{25}$ —78° (c = 4; W.)] in 90%ig. Ausbeute, während auf dem Filter *d*-(—)-I—II-*Salz* [*Dihydrat*, F. 136—140°; $[\alpha]_D^{25}$ —86° (c = 4; W.)] mit 80—90% opt. Reinheit zurückbleibt. Ein weiteres elegantes Verf. zur Darst. eines reinen Antipoden besteht darin, dl-I-Hydrochlorid mit der halben stöchiometr. Menge II-Mono-Na-Salz in warmer wss. Lsg. umzusetzen, wonach unter Kühlung *d*-(—)-I—II-*Salz* mit 95% opt. Reinheit auskristallisiert. H.-E. TOUSSAINT. 950□

Synthese von α-Hydroxymethylaminosäuren durch selektive Reduktion mit Lithiumborhydrid. John Morrow Stewart. (J. org. Chemistry **26**. 3360—61. Sept. 1961. New York, N.Y., Rockefeller Inst.) (Engl.)

α-Alkylierte Serine werden durch selektive Red. entsprechend alkylierter Acetamidocyanessigsäureäthylester mit $LiBH_4$ erhalten.

Versuche: *2-Acetamido-2-cyan-3-phenylpropionsäureäthylester* (I), F. 130—132° (A.), aus Acetamidocyanessigsäureäthylester (II) u. Benzylchlorid; 50% (Ausbeute). — *Serin*, durch 2 std. Kochen von II mit $LiBH_4$ in abs. Tetrahydrofuran, Zugeben von Methanol/HCl, Einengen, 8 std. Kochen mit 6n HCl u. Entsalzen mit Dowex-2. — *α-Methylserin*, $C_4H_9NO_3$, F. 253° (Zers.; W./A.), aus Methylacetamidocyanessigsäuremethylester; 84%. — *α-n-Propylserin*, $C_6H_{13}NO_3$, F. 290° (Zers.; W./A.), aus n-Propylacetamidocyanessigsäureäthylester; 62%. — *α-Benzylserin*, $C_{10}H_{13}NO_3$, F. 263° (W./A.), aus I; Nadeln; 67%. E. SCHRÖDER. 950□

Synthese von β-Cyan-L-alanin und γ-Cyan-α-L-aminobuttersäure, Dehydratationsprodukte von L-Asparagin und L-Glutamin; eine neue Synthese für Aminosäurenitrile. Charlotte Ressler und Harriet Ratzkin. (J. org. Chemistry **26**. 3356—60. Sept. 1961. New York, N.Y., Inst. for Muscle Disease, Inc., Div. of Protein Chem.) (Engl.)

Carbobenzoxy (Cbo)-L-asparagin (I) bzw. -L-glutamin (II) werden durch N.N'-Dicyclohexylcarbodiimid (III) zu *Cbo-β-cyan-L-alanin* (IV) bzw. *Cbo-γ-cyan-α-L-aminobuttersäure* (V) dehydratisiert. Eine selektive Entfernung der Cbo-Gruppe ohne Red. der Nitrilgruppe gelingt durch Na/fl. NH_3. In Ggw. von Methanol wird jedoch auch diese unter Bldg. von α.γ-Diaminobuttersäure (aus IV) reduziert. Die UV-Spektren der Rk.-Prodd. von γ-Cyan-α-L-aminobuttersäure, β-Cyan-L-alanin, β-Aminopropionitril u. Leucin mit Ninhydrin sind graph. angegeben.

Versuche (FF. korr.): *Cbo-L-asparagin* (I), F. 164—165° (Methanol); $[\alpha]_D^{22}$ —6,5° (c = 1; 1n $NaHCO_3$-Lsg.); 81% (Ausbeute). — *Cbo-L-glutamin* (II), F. 137—138° (W.); $[\alpha]_D^{23}$ —8,9° (c = 1; 1n $NaHCO_3$-Lsg.); $[\alpha]_D^{24}$ —6,8° (c = 2; abs. A.); 63%. — *Cbo-β-cyan-L-alanin* (IV), $C_{12}H_{12}N_2O_4$, F. 133—134° (abs. Äthylendichlorid), a) durch 3 std. Rk. von I mit III in Pyridin bei 16—20°, Einengen, Zugeben von W. u. Ansäuern mit 6n HCl; $[\alpha]_D^{22}$ —45,2° [c = 0,96; Dimethylformamid (DMF)]; 78%; b) aus I mit Toluolsulfochlorid; $[\alpha]_D^{25}$ —44,2° (c = 0,93; DMF). — *β-Cyan-L-alanin*, $C_4H_6N_2O_2$, F. 218 bis 218,5° (Zers.; W./Dioxan), durch Rk. von IV mit Na/fl. NH_3, Zugeben von Dowex-50, Einengen, Extrahieren mit W., Zugeben von 6n HCl (pH 5) u. Zugeben von Dioxan; $[\alpha]_D^{26}$ —2,9° (c = 1,4; 1n Essigsäure); 51%. — *γ-Cyan-α-L-aminobuttersäure*, $C_5H_8N_2O_2$, F. 227,5—229° (Zers.; wss. Dioxan), durch Rk. von II mit III in Pyridin, Einengen, Ansäuern, Extrahieren mit Essigester, Einengen u. Rk. mit Na/fl. NH_3; $[\alpha]_D^{23}$ +4,5° (c = 1,3; W.); 26%. E. SCHRÖDER. 950□

Peptidsynthesen über N-Phosphorylaminosäurephosphorsäureanhydride. Alexandros Cosmatos, Iphigenia Photaki und Leonidas Zervas. (Chem. Ber. **94**. 2644—55. 18/10. 1961. Athen, Univ., Labor. für organ. Chem.) (Dt.)

Durch Einw. von Bis-[p-nitrobenzyl]- (I), Bis-[p-brombenzyl]- oder Bis-[p-jodbenzyl]-phosphorylchlorid auf Aminosäureester entstehen *N-[Dibenzylphosphoryl]* (DBP)-*aminosäureester*, die bei der alkal. Verseifung in N-DBP-aminosäuren übergehen. Durch katalyt. Hydrierung in alkal. Medium lassen sich die letzteren in *N-Phosphorylaminosäuresalze* umwandeln. Bei diesen Verbb. wird die P—N-Bindung schon bei pH 4 u. Raum-Temp. in wenigen Min. quant. hydrolyt. gespalten. Aus den N-DBP-aminosäuren u. Aminosäureestern konnten, abgesehen vom Glycin-Deriv., mit Chlorameisensäureestern keine Peptide erhalten werden. Dagegen gelang die Bldg. der Peptidbindung in Ggw. von Diphenylphosphorylchlorid (III) u. Triäthylamin oder von N.N'-Dicyclohexylcarbodiimid (V). N-DBP-aminosäureester lassen sich, abgesehen vom Glycin-Deriv., nicht in die entsprechenden Hydrazide umwandeln. Durch katalyt. Hydrierung von N-DBP-peptidbenzylestern in saurem Medium entstehen unmittelbar die freien *Peptide*, die sich durch Verw. geeigneter Ionenaustauscher leicht isolieren lassen. Die Abspaltung der Schutzgruppen gelingt auch mit HBr in $CHCl_3$. Eine Racemisierung wurde bisher nicht beobachtet. N-DBP-peptidester bilden leicht *Hydrazide*, so daß die Möglichkeit einer Kettenverlängerung besteht. Diphenylphosphoryl(DPP)-aminosäuren können nicht durch alkal. Verseifung der entsprechenden Ester erhalten werden, da neben der Verseifung gleichzeitig Abspaltung einer Phenylgruppe u. Bldg. von *N-Monophenylphosphorylaminosäuresalzen* stattfindet. Bei der katalyt. Hydrierung von DPP-aminosäurebenzylestern zeigte sich, daß die intermediär entstehenden DPP-aminosäuren in wasserfreien, indifferenten Lsgm. instabil sind u. unter Abspaltung von Phenol in intramol. *gemischte Anhydride* übergehen.

Versuche: *Bis-[p-brombenzyl]-phosphorylchlorid*, $C_{14}H_{12}Br_2ClO_3P$, F. 57° (Chlf./PAe.), durch Schütteln von Bis-[p-brombenzyl]-phosphorsäure mit PCl_5 in Chlf. u. Zugeben von PAe.; 95% (Ausbeute). — N-[Bis-(p-nitrobenzyl)-phosphoryl]-aminosäureester: *-L-alaninmethylester* (II), $C_{18}H_{20}N_3O_9P$, F. 88—89° (A.), durch 12std. Stehen von L-Alaninmethylesterhydrochlorid mit I in Chlf./Triäthylamin bei Raum-Temp.; 90%. — *-L-phenylalaninmethylester*, $C_{24}H_{24}N_3O_9P$, F. 111° (A.); 80%. — *-L-leucinmethylester*, $C_{21}H_{26}N_3O_9P$, F. 75—76° (Ae./PAe.); 80%. — *-L-asparaginsäuredibenzylester*, $C_{32}H_{30}N_3O_{11}P$, F. 101° (Methanol); 90%. — *-L-glutaminsäuredibenzylester*, $C_{33}H_{32}N_3O_{11}P$, F. 84° (A.); 88%. — *-L-glutaminsäurediäthylester*, $C_{23}H_{28}N_3O_{11}P$, F. 94° (A.); 72%. — *N-[Bis-(p-brombenzyl)-phosphoryl]-L-leucinäthylester*, $C_{21}H_{26}Br_2NO_5P$, Sirup; 89%. — *N-[Bis-(p-jodbenzyl)-phosphoryl]-L-leucinmethylester*, $C_{21}H_{26}J_2NO_5P$, F. 48° (Cyclohexan/PAe.); 80%. — N-[Bis-(p-nitrobenzyl)-phosphoryl]-aminosäuren: *-L-alanin*, $C_{17}H_{18}N_3O_9P$, F. 60—62°, durch 1std. Stehen von II mit 1n methanol. KOH in Dioxan, Zugeben von W., Extrahieren mit Ae., Ansäuern u. Extrahieren mit Ae.; Nadeln; 70%. — *-L-phenylalanin* (IV), $C_{23}H_{22}N_3O_9P$, F. 127—128° (A.); 87%. — *-L-leucin*, $C_{20}H_{24}N_3O_9P$, Sirup; 90%. — *N-[Bis-(p-brombenzyl)-phosphoryl]-L-leucin*, $C_{20}H_{24}Br_2NO_5P$, F. 81° (A./W.); 90%. — *Carbobenzoxy* (Cbo)-*glycinanilid*, F. 145—147° (Methanol/W.), a) durch 10 Min. langes Stehen von Cbo-glycin mit III u. Triäthylamin in Tetrahydrofuran (THF) bei 0° u. 3std. Stehen mit Anilin; 75%; b) mit Diäthylphosphorylchlorid; 52%; c) mit Diisopropylphosphorylchlorid; 62%. — N-[Bis-(p-nitrobenzyl)-phosphoryl]-peptidester: *-L-phenylalanylglycinbenzylester* (VII), $C_{32}H_{31}N_4O_{10}P$, F. 135° (A.), a) durch 6std. Stehen von IV in Chlf. mit Glycinbenzylesterhydrochlorid in Chlf./Triäthylamin u. V bei Raum-Temp.; $[\alpha]_D^{20}$ —8° (c = 1,5; Chlf.); 83%; b) durch 10 Min. lange Rk. von IV mit III u. Triäthylamin in THF bei 0° u. mehrstd. Stehen mit Glycinbenzylestertoluolsulfonat in THF/Triäthylamin; $[\alpha]_D^{20}$ —8,2° (c = 1,5; Chlf.); 70%. — *-L-phenylalanyl-L-leucinbenzylester* (VI), $C_{36}H_{39}N_4O_{10}P$, F. 108° (A.), a) in Ggw. von V; 80%; b) in Ggw. von III; 75%. — *-glycyl-L-leucinbenzylester*, $C_{29}H_{33}N_4O_{10}P$, F. 87—88° (A./Isopropyl-Ae.), in Ggw. von V; 80%. — *-L-leucylglycinbenzylester* (IX), $C_{20}H_{33}N_4O_{10}P$, F. 134—136° (A.), in Ggw. von V; 50%. — *-L-alanyl-L-leucin, Methylester*, $C_{24}H_{31}N_4O_{10}P$, F. 134°, in Ggw. von V; 77%. *Hydrazid*, $C_{23}H_{31}\cdot N_6O_9P$, F. 202°, durch 2 Min. langes Erwärmen des Methylesters mit Hydrazinhydrat in Methanol auf 40° u. mehrstd. Stehen bei Raum-Temp.; 97%. — *-L-alanyl-L-leucinanilid*, $C_{29}H_{34}N_5O_9P$, F. 185° (Methanol), aus vorst. Hydrazid durch Umwandlung in das Azid u. Rk. mit Anilin; 71%. — *-L-alanyl-L-phenylalaninmethylester*, $C_{27}H_{29}N_4O_{10}P$, F. 152° (Methanol), in Ggw. von V; 73%. — *-L-leucyl-L-phenylalanin, Methylester*, $C_{30}H_{35}\cdot N_4O_{10}P$, F. 118°, a) in Ggw. von V; 90%; b) in Ggw. von III; 80%. *Hydrazid*, $C_{29}H_{35}\cdot N_6O_9P$, F. 196° (Methanol); 85%. — *N-Trityl-L-phenylalanylglycinäthylester* (VIII), $C_{32}H_{32}N_2O_3$, F. 137—138° (A.), durch Rk. von Trityl-L-phenylalanin mit III u. Triäthylamin in THF bei 0°, Zugeben von Glycinäthylester u. mehrstd. Stehen bei Raum-Temp.; $[\alpha]_D^{30}$ 0,7° (c = 2; A.); 60%. — *Cbo-L-phenylalanylglycinbenzylester*, $C_{26}H_{26}N_2O_5$, F. 130° (A.), aus Cbo-L-phenylalanin u. Glycinbenzylester in Ggw. von V; 80%. — *N-Trityl-L-methionyl-L-methioninmethylester* (X), $C_{30}H_{32}N_2O_3S_2$, F. 112—113°, durch Rk. von

N-Trityl-L-methionindiäthylammoniumsalz mit L-Methioninmethylester in Ggw. von **III** in THF/Chlf. u. Reinigen über das Hydrochlorid; Prismen; $[\alpha]_D^{30}$ +12,8° (c = 3; A.). — *L-Phenylalanyl-L-leucin*, F. 258—260°, a) durch katalyt. Hydrierung von **VI** in 80% ig. A. in Ggw. von Pd, Zugeben von konz. HCl, Einengen, Lösen in W. u. Zugeben von 2n NaOH (pH 6,2); $[\alpha]_D^{22}$ +4,8° (c = 9,3; $^1/_3$n HCl); 65%; b) durch ½ std. Einleiten von HBr in eine Lsg. von **VI** in Chlf., Extrahieren mit W. u. Zugeben von NaOH (pH 6,2); $[\alpha]_D^{22}$ +4,7°; 75%. — *L-Phenylalanylglycin*, $C_{11}H_{14}N_2O_3$, F. 257—259° (Zers.), a) durch Rk. von **VII** mit HBr/Chlf., Einengen u. Behandeln mit Amberlite IR-4 B; $[\alpha]_D^{20}$ +95,2° (c = 2; W.); 90%; b) durch katalyt. Hydrierung von **VII**; $[\alpha]_D^{20}$ +95,3° (c = 2; W.); 85%; c) durch 1 std. Stehen von **VIII** mit 1n NaOH in A., Ansäuern mit Essigsäure, Extrahieren mit Essigester, Einengen, 2 Min. langes Erwärmen mit 50% ig. Essigsäure, Zugeben von W. u. Einengen; $[\alpha]_D^{20}$ +98,1° (c = 2; W.); 90%. — *L-Leucylglycin*, F. 236° (W./Aceton), aus **IX** mit HBr/Chlf.; $[\alpha]_D^{20}$ +85,7° (c = 2,5; W.); 81%. — *Glycyl-L-leucin*, F. 225°; $[\alpha]_D^{20}$ —35,8° (c = 4; W.); 84%. — *L-Phenylalanyl-L-leucinbenzylesterhydrochlorid*, F. 160°, durch 2 Min. langes Kochen der Trityl-Verb. mit HCl/Methanol; 42%. — *L-Methionyl-L-methionin*, F. 227° (90% ig. A.), aus **X** durch Verseifung u. Detritylierung; $[\alpha]_D^{20}$ +26,4° (c = 2; W.); 70%. — *Cbo-L-valyl-L-tyrosinmethylester*, F. 148—149° (Methanol/W.), aus Cbo-L-valin u. L-Tyrosinmethylester in Ggw. von **III** in THF; $[\alpha]_D^{22}$ +57,2° (c = 1; Chlf.); 80%. — *Cbo-glycyl-L-phenylalanylglycinäthylester*, F. 110° (A.), durch Rk. von Cbo-glycyl-L-phenylalanin u. Glycinäthylester in Ggw. von **III**; $[\alpha]_D^{20}$ —12,0° (A.); 32%; daneben *DL-Verb.*, F. 130—131°; 25%, u. *N-Diphenylphosphorylglycinäthylester*, $C_{16}H_{18}NO_5P$, F. 77—78°. — *N-Diphenylphosphoryl-L-phenylalaninbenzylester*, $C_{28}H_{26}NO_5P$, F. 90° (Ae./PAe.), aus L-Phenylalaninbenzylestertoluolsulfonat u. **III**; 84%. — *N-Diphenylphosphorylglycinbenzylester*, $C_{21}H_{20}NO_5P$, Sirup; 90%. — *N-Monophenylphosphorylglycinbariumdihydrat*, $C_8H_8 \cdot BaNO_5P$, durch katalyt. Hydrierung vorst. Verb. in Essigester in Ggw. von Pd, Einengen, Extrahieren von PAe. u. Behandeln mit $Ba(OH)_2 \cdot 8\,H_2O$ in 50% ig. Methanol; 75%. E. Schröder. 950□

Über die Reaktion von Titantetrachlorid mit Hexamethyldisiloxan. K. A. Andrianow und N. A. Kuraschewa. (Доклады Академии Наук СССР [Ber. Akad. Wiss. UdSSR] **131.** 825—26. 1/4. 1960. Inst. für metallorgan. Verb. der Akad. der Wiss. der UdSSR.) (Russ.)

Vff. untersuchen die Aufspaltung der Siloxanbindung im Hexamethyldisiloxan (I) durch $TiCl_4$. Bei 120—200° entstehen *Trimethylchlorsilan* u. *Trimethylsiloxytrichlortitan* (II), bei 280—350° entsteht dagegen *Bis-[trimethylsiloxy]-dichlortitan*, das sich auch beim Erhitzen von **I** u. **II** auf 280—320° bildet. Der Rk.-Mechanismus wird diskutiert.

Versuche: *Trimethylsiloxytrichlortitan* (II), $C_3H_9Cl_3OSiTi$, Kp.$_8$ 62—63°, man erhitzt 58,6 g $TiCl_4$ u. 50 g **I** 1 Std. auf 120° u. dest. *Trimethylchlorsilan* (29,6 g) bei 58—60° ab; 69,8% (Ausbeute). — *Bis-[trimethylsiloxy]-dichlortitan*, $C_6H_{18}Cl_2O_2Si_2Ti$, Kp.$_3$ 63°, Kp.$_8$ 87—88°, a) aus $TiCl_4$ u. **I** bei 350°; 34,7%; b) aus 25,9 g **I** u. 39,1 g **II**; 43%. Renate Richter. 980□

Umwandlung von zwei Isopropyl-m-kresolen in das gleiche o-Cymol. Léonce Bert. (C. R. hebd. Séances Acad. Sci. **249.** 2788—89. 21/12. 1959.) (Franz.)

2-Isopropyl-3-methylphenol (Kp.$_{769}$ 228,5°, F. 69°) u. 4-Isopropyl-3-methylphenol (Kp.$_{769}$ 246°, F. 114°) gehen bei der Umsetzung mit PBr_5, anschließendem Überführen ins MgBr-Deriv. u. dessen Zers. mit W. in das gleiche *o-Cymol* (Kp.$_{750}$ 175,1°; n_D^{15} 1,503; $D._4^{15}$ 0,880) über. H.-E. Toussaint. 1060□

Die Reaktion von Arylthionylhydrazinen mit Natrium. G. Leandri und D. Spinelli. (Experientia [Basel] **15.** 9. 15/1. 1959. Bari, Univ. of Bari, Inst. of organ. Chem.) (Engl.)

Durch Erwärmen von 1 Mol Arylthionylhydrazinen (**A**) mit 2 g-Atom Na in abs. Toluol werden unter Abspaltung von N_2 die entsprechenden *Thiophenole* (**B**) erhalten. Phenylthionylhydrazin gibt 70% *Thiophenol*, Diphenyl-, o-, m- u. p-Methyl- bzw. -Methoxyphenylthionylhydrazine geben die entsprechenden **B** in 40—60% ig. Ausbeute. Durch Nitro-, Benzoyl-, Methansulfonyl- oder Benzolsulfonylgruppen substituierte **A** reagieren nicht. Die Rk. besteht in einer Red. der **A** zum N-Thionitrosoarylamin, Umlagerung zum S-Analogon der Diazoniumbase u. Abspaltung von N_2.
W. Liebscher. 1090□

Dichlorphenylalkylsulfide und -sulfone. S. M. Dandin, H. B. Bhat, G. H. Kulkarni, H. S. S. Iyengar, P. B. Sattur und K. S. Nargund. (J. Karnatak Univ., Sci. [Dharwar, India] **1.** 64—73. Nov. 1956. Dharwar, Karnatak Univ., Dep. of Chem.) (Engl.)

Durch Kondens. von 2.4-, 3.4-, 2.5- u. 3.5-Dichlorthiophenol mit Alkylhalogeniden, Benzylchlorid u. Äthylenchlorhydrin entstehen die entsprechenden *Sulfide*, die mit

H_2O_2 zu den entsprechenden *Sulfonen* oxydiert werden. Die Sulfide u. Sulfone werden hinsichtlich ihrer antibakteriellen Aktivität getestet.

Versuche: Alkyl-2.5-dichlorphenylsulfide, durch Zugabe von 2.5-Dichlorthiophenol zu Na in abs. A., Versetzen mit dem Alkyljodid, 3 std. Kochen, Verdünnen mit W. u. Ausäthern: *Äthyl-*, Kp.$_{18}$ 143°; gelbe Fl.; D.$_4^{24}$ 1,272; n_D^{24} 1,5981. — *n-Propyl-*, Kp.$_{15}$ 160°; D.$_4^{24}$ 1,1898; n_D^{24} 1,5834. — *Isopropyl-*, Kp.$_{39}$ 150°; D.$_4^{24}$ 1,410; n_D^{24} 1,5819. — *n-Butyl-*, Kp.$_{39}$ 165°; D.$_4^{24}$ 1,199; n_D^{24} 1,5776. — *Isobutyl-*, Kp.$_{16}$ 168°; D.$_4^{24}$ 1,182; n_D^{24} 1,5730. — *n-Amyl-*, Kp.$_{30}$ 186°; D.$_4^{24}$ 1,169; n_D^{24} 1,5692. — *n-Hexyl-*, Kp.$_{39}$ 195°; D.$_4^{24}$ 1,150; n_D^{24} 1,5625. — *Allyl-*, Kp.$_{15}$ 163°; blaßgelbe Fl.; D.$_4^{24}$ 1,1934; n_D^{24} 1,6093. — *Cyclohexyl-*, Kp.$_{35}$ 203°; blaßgelbe Fl.; D.$_4^{24}$ 1,241; n_D^{24} 1,585. — *Benzyl-*, F. 67°, aus Essigsäure Nadeln. — Alkyl-2.4-dichlorphenylsulfide: *Methyl-*, Kp.$_{20}$ 150°; D.$_4^{24}$ 1,372; n_D^{24} 1,6160. — *Äthyl-*, Kp.$_{22}$ 155°; blaßgelbe Fl.; D.$_4^{24}$ 1,296; n_D^{24} 1,5970. — *n-Propyl-*, Kp.$_{15}$ 170°; blaßgelbe Fl.; D.$_4^{24}$ 1,224; n_D^{24} 1,5768. — *Isopropyl-*, Kp.$_{21}$ 145°; D.$_4^{24}$ 1,240; n_D^{24} 1,5761. — *n-Butyl-*, Kp.$_{25}$ 162°; blaßgelbe Fl.; D.$_4^{24}$ 1,218; n_D^{24} 1,5761. — *n-Amyl-*, Kp.$_{35}$ 172°; D.$_4^{24}$ 1,184; n_D^{24} 1,5662. — *n-Hexyl-*, Kp.$_{25}$ 175°; D.$_4^{24}$ 1,160; n_D^{24} 1,5620. — *Benzyl-*, Kp.$_{35}$ 210°; D.$_4^{24}$ 1,303; n_D^{24} 1,6374. — *β-Hydroxyäthyl-*, Kp.$_{25}$ 179°; D.$_4^{24}$ 1,378; n_D^{24} 1,6008. — *Allyl-*, Kp.$_{20}$ 168°; blaßgelbe Fl.; D.$_4^{24}$ 1,316; n_D^{24} 1,6090. — Alkyl-3.5-dichlorphenylsulfide: *Methyl-*, Kp.$_{20}$ 145°; D.$_4^{24}$ 1,295; n_D^{24} 1,6035. — *Äthyl-*, Kp.$_{25}$ 150°; D.$_4^{24}$ 1,244; n_D^{24} 1,5928. — *Isopropyl-*, Kp.$_{29}$ 150°; D.$_4^{24}$ 1,182; n_D^{24} 1,5764. — *n-Butyl-*, Kp.$_{29}$ 170°; blaßrote Fl.; D.$_4^{24}$ 1,771; n_D^{24} 1,5698. — *n-Amyl-*, Kp.$_{29}$ 180°; rote Fl.; D.$_4^{24}$ 1,140; n_D^{24} 1,5574. — *n-Hexyl-*, Kp.$_{20}$ 200°; rote Fl.; D.$_4^{24}$ 1,176; n_D^{24} 1,5612. — *Benzyl-*, Kp.$_{35}$ 215°; D.$_4^{24}$ 1,267; n_D^{24} 1,6275. — *β-Hydroxyäthyl-*, Kp.$_{20}$ 160°; D.$_4^{24}$ 1,3410; n_D^{24} 1,5984. — *Allyl-*, Kp.$_{20}$ 160°; blaßrote Fl.; D.$_4^{24}$ 1,321; n_D^{24} 1,5976. — Alkyl-3.4-dichlorphenylsulfide: *Methyl-*, Kp.$_{29}$ 148°; D.$_4^{24}$ 1,340; n_D^{24} 1,6150. — *Äthyl-*, Kp.$_{25}$ 160°; D.$_4^{24}$ 1,227; n_D^{24} 1,5962. — *Isopropyl-*, Kp.$_{20}$ 150°; D.$_4^{24}$ 1,124; n_D^{24} 1,5780. — *n-Butyl-*, Kp.$_{25}$ 175°; blaßgelbe Fl.; D.$_4^{24}$ 1,124; n_D^{24} 1,5754. — *n-Amyl-*, Kp.$_{25}$ 195°; D.$_4^{24}$ 1,166; n_D^{24} 1,5754. — *n-Hexyl-*, Kp.$_{25}$ 205°; D.$_4^{24}$ 1,124; n_D^{24} 1,5535. — *Benzyl-*, Kp.$_{25}$ 225°; D.$_4^{24}$ 1,234; n_D^{24} 1,6270. — *β-Hydroxyäthyl-*, Kp.$_{20}$ 210°; D.$_4^{24}$ 1,323; n_D^{24} 1,6128. — *Cyclohexyl-*, Kp.$_{35}$ 205°; blaßgelbe Fl.; D.$_4^{24}$ 1,218; n_D^{24} 1,5820. — Alkyl-2.5-dichlorphenylsulfone, durch 2 std. Erhitzen des entsprechenden Alkyldichlorphenylsulfids in Eisessig mit der berechneten Menge H_2O_2 auf 100° u. Gießen in W.: *Äthyl-*, F. 114°; aus Eisessig Nadeln. — *n-Propyl-*, F. 70—71°; aus verd. A. Nadeln. — *Isopropyl-*, F. 127°; aus Essigsäure Rhomben. — *n-Butyl-*, F. 64°; aus verd. Essigsäure Nadeln. — *Isobutyl-*, Kp.$_8$ 194°; D.$_4^{24}$ 1,2012; n_D^{24} 1,5510. — *n-Amyl-*, Kp.$_{25}$ 221°; D.$_4^{24}$ 1,329; n_D^{24} 1,5485. — *n-Hexyl-*, Kp.$_{35}$ 242°; D.$_4^{24}$ 1,265; n_D^{24} 1,5625. — *Benzyl-*, F. 127°; aus Essigsäure Nadeln. — *Cyclohexyl-*, F. 89°; aus Essigsäure Nadeln. — *Allyl-*, F. 66°; aus Essigsäure Nadeln. — Alkyl-2.4-dichlorphenylsulfone: *Methyl-*, F. 65°; aus verd. A. Platten. — *Äthyl-*, Kp.$_{49}$ 195°; blaßgelbe Fl.; D.$_4^{24}$ 1,449; n_D^{24} 1,5702. — *n-Propyl-*, Kp.$_{40}$ 220°; D.$_4^{24}$ 1,343; n_D^{24} 1,5478. — *Isopropyl-*, F. 118°; aus A. Nadeln. — *n-Butyl-*, Kp.$_{20}$ 203°; D.$_4^{24}$ 1,334; n_D^{24} 1,5548. — *n-Amyl-*, Kp.$_{20}$ 200°; D.$_4^{24}$ 1,300; n_D^{24} 1,5198. — *n-Hexyl-*, Kp.$_{40}$ 215°; bräunliche Fl.; D.$_4^{24}$ 1,265; n_D^{24} 1,5410. — *Benzyl-*, F. 98°; aus verd. A. Nadeln. — Alkyl-3.5-dichlorphenylsulfone: *Methyl-*, F. 116°; aus A. Nadeln. — *Äthyl-*, F. 155°; aus Essigsäure Nadeln. — *Isopropyl-*, Kp.$_{25}$ 205°; bräunliche, sirupartige Flüssigkeit. — *n-Butyl-*, Kp.$_{35}$ 230°; braune, sirupartige Flüssigkeit. — *n-Amyl-*, Kp.$_{25}$ 235°; blaßrote, sirupartige Flüssigkeit. — *n-Hexyl-*, Kp.$_{25}$ 225°; blaßbraune Fl.; D.$_4^{24}$ 1,234; n_D^{24} 1,5342. — *Benzyl-*, F. 120°; aus A. Nadeln. — *β-Hydroxyäthyl-*, Kp.$_{30}$ 210°; sirupartige Flüssigkeit. — *Allyl-*, Kp.$_{30}$ 205°; sirupartige Flüssigkeit. — Alkyl-3.4-dichlorphenylsulfone: *Methyl-*, F. 109°; aus Essigsäure Nadeln. — *Äthyl-*, F. 89°; aus A. Nadeln. — *Isopropyl-*, Kp.$_{35}$ 230°; sirupartige Flüssigkeit. — *n-Butyl-*, F. 58°. — *n-Amyl-*, Kp.$_{20}$ 242°; sirupartige Flüssigkeit. — *n-Hexyl-*, Kp.$_{35}$ 270°; D.$_4^{24}$ 1,221; n_D^{24} 1,5375. — *Benzyl-*, F. 143°; aus A. Nadeln. — *β-Hydroxyäthyl-*, Kp.$_{29}$ 230°; zähe Flüssigkeit. — *Cyclohexyl-*, Kp.$_{20}$ 210°. P. GOLINSKE. 1090□

Dibromacetophenone. R. B. Kanti und K. S. Nargund. (J. Karnatak Univ., Sci. [Dharwar, India] **1.** 36—38. Nov. 1956. Dharwar, Karnatak Univ., Dep. of Chem.) (Engl.)

Durch FRIEDEL-CRAFTS-Rk. von Acetylchlorid u. Acetanhydrid mit Dibrombenzolen entstehen in guten Ausbeuten *Dibromacetophenone*. Die Konstit. der entstandenen Verbb. wird durch Oxydation zu den entsprechenden Dibrombenzoesäuren bestimmt.

Versuche: Acetophenone: *3.4-Dibrom-*, F. 64°, durch 5 std. Kochen des Dibrombenzols mit Acetylchlorid u. $AlCl_3$, Zers. mit Eis/HCl u. Dampf-Dest.; aus PAe. Nadeln; 51% (Ausbeute); liefert bei der Oxydation mit alkal. $KMnO_4$-Lsg. *3.4-Dibrombenzoesäure*, F. 228°. *Semicarbazon*, F. 202°; Nadeln. *Oxim*, F. 155°; Nadeln. — *2.4-Dibrom-*, F. 68°, analog vorst. Verb.; aus PAe. Platten; 52%; liefert *2.4-Dibrombenzoesäure*, F. 174°. *Semicarbazon*, F. 206°; Nadeln. *Oxim*, F. 165°. — *2.5-Dibrom-*, F. 60°, analog vorst. Verb. mit Acetylchlorid oder mit Acetanhydrid; aus PAe. Platten; 25 bzw. 59%; liefert *2.5-Dibrombenzoesäure*, F. 153°. *Semicarbazon*, F. 203°; Nadeln. *Oxim*, F. 155°; Nadeln. P. GOLINSKE. 1160□

Über die Michael-Reaktion mit Chinolacetaten. 2. Mitt. F. Langer, F. Wessely, W. Specht und P. Klezl. (Mh. Chem. **89**. 239—53. 31/5. 1958. Wien, Univ., II. Chem. Inst.) (Dt.) — 1. vgl. C. **1959**. 1418.

Die MICHAEL-Addition von 2.4-Dimethyl- (**I**), 2-Phenyl- (**IV**), 2.4.6-Trimethyl- (**VIII**), 2.5-Dimethyl- (**IX**) u. 2.3-Dimethyl-o-chinolacetat (**X**) mit Malonsäurediäthylester (**VII**), Acetessigsäureäthylester (**II**), Acetylaceton (**III**), Cyanessigsäureäthylester (**V**) u. Benzoylessigsäureäthylester (**VI**) wurde untersucht. Bei **IV**, **VIII** u. **X** erfolgt unter 1.4-Addition u. Essigsäureabspaltung Bldg. *m-substituierter Phenole.* **I** reagiert ebenso; mit **V** bildet sich jedoch neben dem m-substituierten ein *o-substituiertes Phenol* als Ergebnis einer formalen 1.3-Addition. **IX** reagiert mit **VII** in 1.6-Stellung.

Versuche: *[5-Hydroxy-2.4-dimethylphenyl]-malonsäurediäthylester*, $C_{15}H_{20}O_5$, F. 79 bis 80° (Bzl./PAe.), $Kp._{0,08}$ 125—150° (Bad), aus **I** u. Na-**VII** in Toluol durch 5std. Kochen u. mehrstd. Stehen bei Raum-Temp.; 31% (Ausbeute). — *[5-Hydroxy-2.4-dimethylphenyl]-essigsäure* (**XI**), $C_{10}H_{12}O_3$, F. 144—145°, durch 2std. Kochen vorst. Verb. mit n-NaOH u. Sublimation der entstandenen *[5-Hydroxy-2.4-dimethylphenyl]-malonsäure* [F. 155—157° (Zers.)] bei 160—180° (Bad)/0,05 Torr; aus Bzl. Nadeln. — *1-[5-Hydroxy-2.4-dimethylphenyl]-2-ketopropan-1-carbonsäureäthylester*, $C_{14}H_{18}O_4$, $Kp._{0,2}$ 160 bis 180° (Bad), aus **I**, **II** u. Piperidin durch 24std. Rk. bei Zimmer-Temp.; 67,7%. — *1-[5-Hydroxy-2.4-dimethylphenyl]-propanon-(2)*, $Kp._{0,2}$ 140—150° (Bad), durch 2std. Erhitzen vorst. Verb. mit n-NaOH auf 100°, Sättigen mit CO_2 u. Ausäthern; 37,6%; daneben aus der wss. Phase durch Ansäuern u. Sublimation 30% **XI**. *Semicarbazon*, $C_{12}H_{17}N_3O_2$, F. 192—193° (A.-W.). — *3-[5-Hydroxy-2.4-dimethylphenyl]-pentandion-(2.4)*, $C_{13}H_{16}O_3$, F. 68—70° (Ae./PAe.), $Kp._{0,2}$ 135—165° (Bad), aus **I** u. **III** mit Piperidin; 66%; gibt durch 2std. Kochen mit 10%ig. NaOH vorst. Keton. — *[2-Hydroxy-3.5-dimethylphenyl]-cyanessigsäureäthylester* (**XII**), $C_{13}H_{15}NO_3$, FF. 114° u. 121° (CCl_4/PAe.), durch Lösen von **I** in **V**, 2½std. Erhitzen mit Triäthylamin auf 100°, Ausäthern u. Waschen mit NaOH; 26,5%; daneben 20% *5-Hydroxy-2.4-dimethylbenzylcyanid* [$C_{10}H_{11}NO$, F. 142° (Bzl./PAe.), aus der alkal. Lsg. durch Ausäthern u. Sublimieren bei 120—140° (Bad)]. — *[2-Hydroxy-3.5-dimethylphenyl]-malonsäure*, $C_{11}H_{12}O_5$, F. 136 bis 141° (Zers.; Bzl./A.), durch 3std. Kochen von **XII** mit 25%ig. NaOH u. A.; 83%. — *2-Hydroxy-3.5-dimethylbenzylcyanid*, $C_{10}H_{11}NO$, F. 136°, aus 0,87 g **XII** in A. u. 15%ig. NaOH u. 5½std. Rk. bei Zimmer-Temp.; aus Bzl.-PAe. schwachgelbliche Kristalle; 40%; daneben 0,014 g *[2-Hydroxy-3.5-dimethylphenyl]-cyanessigsäure* [F. 119—121° (Zers.); gibt durch Veresterung mit Diazoäthan **XII**]. — *[2-Hydroxy-3.5-dimethylphenyl]-essigsäurelacton*, $C_{10}H_{10}O_2$, F. 122° (Bzl./PAe.), aus **XII**, A. u. 25%ig. NaOH durch 4std. Erhitzen auf 100°, Abdampfen des A., Ansäuern mit verd. H_2SO_4, Ausäthern, Eindampfen u. Sublimation bei 110°/0,09 Torr; 80%. — *α-[3-Hydroxy-4-phenylphenyl]-benzoylessigsäureäthylester* (**XIII**), aus **IV** u. **VI** mit Piperidin. — *[3-Hydroxy-4-phenylphenyl]-essigsäure* (**XIV**), $C_{14}H_{12}O_3$, F. 134—135° (Bzl./PAe.), $Kp._{0,1}$ 180—200° (Bad), aus 0,252 g **XIII** u. 10%ig. NaOH durch 3std. Kochen; 0,107 g. — *[3-Hydroxy-4-phenylbenzyl]-phenylketon*, $C_{20}H_{16}O_2$, F. 151—153° (Bzl./PAe.), aus 2,35 g **XIII** u. 85%ig. H_3PO_4 durch 3std. Rk. bei 185°, Extrahieren mit Chlf. u. Sublimation bei 150° (Bad)/0,01 Torr; 1,6 g. — *[3-Methoxy-4-phenylbenzyl]-phenylketon*, $C_{21}H_{18}O_2$, F. 104—105° (Aceton/PAe.), aus vorst. Verb. u. Dimethylsulfat. — *3-Methoxy-4-phenylbenzil*, $C_{21}H_{16}O_3$, F. 133—134°, aus vorst. Verb. u. SeO_2 in Acetanhydrid durch 3std. Rk. bei 150°; aus A. schwachgelbe Kristalle; 44%. — *3-Methoxy-4-phenylbenzoesäure*, $C_{14}H_{12}O_3$, F. 183 bis 184° (Bzl.), aus vorst. Verb. in Pyridin durch Erhitzen mit 35%ig. H_2O_2 u. NaOH auf 100° u. Sublimation bei 160—180° (Bad)/0,05 Torr. — *1-[3-Hydroxy-4-phenylphenyl]-2-ketopropan-1-carbonsäureäthylester*, $C_{18}H_{18}O_4$, F. 88—90° (Bzl./PAe.), aus **IV** u. **II** mit Piperidin durch 4std. Rk. bei Zimmer-Temp. u. 1std. Erhitzen auf 100°; 50%; gibt durch 2std. Erhitzen mit n-NaOH 11,4% zweitnachst. Verb. u. 52,5% **XIV**. — *3-[3-Hydroxy-4-phenylphenyl]-pentandion-(2.4)*, $C_{17}H_{16}O_3$, F. 104—105° (A. W.), $Kp._{0,02}$ 170 bis 180° (Bad), aus **IV** u. **III** mit Piperidin; 94%. — *[3-Hydroxy-4-phenylphenyl]-propanon-(2)*, $C_{15}H_{14}O_2$, F. 121—122° (Bzl./PAe.), $Kp._{0,15}$ 180—205° (Bad), aus vorst. Verb. u. 2n NaOH durch 2std. Erhitzen auf 100°, Sättigen mit CO_2 u. Ausäthern; 62%. — *[3-Hydroxy-2.5-dimethylphenyl]-malonsäurediäthylester*, $Kp._{0,1}$ 130—160° (Bad), aus Na-**VII** u. 1,8 g **IX** in abs. Toluol durch 4std. Rk. u. 1std. Erhitzen auf 100°; grüngelbes Öl; 0,75 g. — *[3-Hydroxy-2.5-dimethylphenyl]-essigsäure*, $C_{10}H_{12}O_3$, F. 153—155° (Bzl./PAe.), $Kp._{0,07}$ 150—180° (Bad), durch 3std. Erhitzen von 0,75 g vorst. Verb. mit n-NaOH auf 100°, Ansäuern, Ausäthern, Eindampfen u. Decarboxylieren bei 140°/12 Torr; 0,16 g. — [*4-Methoxy-2.5-dimethylphenyl*]-*essigsäurenitril*, $C_{11}H_{13}NO$, F. 54—55° (Ae./PAe.), Kp.$_{0,02}$ 135—140° (Bad), aus 4-Methoxy-2.5-dimethylbenzylchlorid in Aceton mit NaCN u. NaJ durch 2½ std. Kochen; 58%. — [*4-Methoxy-2.5-dimethylphenyl*]-*essigsäure*, $C_{11}H_{14}O_3$, F. 125° [Sublimation bei 140—150° (Bad)/0,01 Torr], durch 3 std. Kochen vorst. Verb. in A. mit 25% ig. NaOH; 68,3%. — [*4-Hydroxy-2.5-dimethylphenyl*]-*essigsäure*, $C_{10}H_{12}O_3$, F. 155° (Bzl.–Ae.), sublimiert bei 130—150° (Bad)/0,005 Torr, durch 5 std. Kochen vorst. Verb. mit HBr (D. 1,38); 52%. — [*3-Hydroxy-2.4.6-trimethylphenyl*]-*malonsäurediäthylester*, $C_{16}H_{22}O_5$, F. 81,5—82,5° (CCl_4/PAe.), aus Na-**VII** u. **VIII** in abs. Ae. durch 4 std. Rühren u. ¼ std. Kochen; 34%. — [*3-Hydroxy-2.4.6-trimethylphenyl*]-*essigsäure*, $C_{11}H_{14}O_3$, F. 179—180° (Bzl./PAe.), durch 3 std. Kochen vorst. Verb. mit n-NaOH; 15,5%. — [*3-Hydroxy-2.4.6-trimethylphenyl*]-*essigsäurenitril*, $C_{11}H_{13}NO$, F. 126—127° (A. W.), sublimiert bei 130—150° (Bad)/0,005 Torr, durch 3 std. Kochen von 3-Hydroxy-2.4.6-trimethylbenzylchlorid mit NaCN u. NaJ in Aceton; 18,5%; gibt durch Sättigen in abs. A.–Ae. mit HCl, 15 std. Stehen, Eindampfen im Vakuum u. 5 std. Kochen mit n-NaOH 54% vorst. Verbindung. — [*3-Hydroxy-4.5-dimethylphenyl*]-*malonsäurediäthylester*, Kp.$_{0,08}$ 140—165° (Bad), aus **X** u. Na-**VII**; gelbes Öl; 53,5%. — [*3-Hydroxy-4.5-dimethylphenyl*]-*essigsäure*, $C_{10}H_{12}O_3$, F. 145,5—146,5° (Chlf.–PAe.), durch 15 std. Rk. vorst. Verb. mit 10% ig. NaOH bei Zimmer-Temp. u. Decarboxylieren bei 140°/12 Torr; 77,3%. M. MEISEL. 1250□

Beziehungen zwischen chemischer Konstitution und süßem Geschmack: Über die Reaktionen zwischen p-Äthoxyphenylsemicarbazid und β-Dicarbonylverbindungen. 11. Mitt. Carlo Runti und Livia Sindellari. (Ann. Chimica **49**. 877—93. Mai/Juni 1959. Trieste, Univ., Ist. di Chim.) (Ital.) — 10. vgl. Univ. studi Trieste, fac. sci., Ist. chim. **15**. [1957.] 11; vgl auch C. **1958**. 8609. 14026.

N^3-[p-Äthoxyphenyl]-semicarbazid (I) reagiert in der „wasserfreien" oder in der „Hydrat"-Form (die als N^1-quart. Ammoniumhydroxyd angesehen wird u. im Gegensatz zur wasserfreien Form intensiv süß schmeckt) mit β-Diketonen zu geschmacksfreien *Monosemicarbazonen*, die sich nicht zu den entsprechenden 1-[p-Äthoxybenzoyl]-pyrazolen cyclisieren ließen, sondern beim Erhitzen über den F. in *N.N'-Bis-*[*p-äthoxyphenyl*]-*harnstoff* u. die entsprechenden 3.5-disubstituierten *Pyrazole* übergehen. Der Vers. der Kondens. der β-Diketone mit I in alkohol. HCl führte allein zu *N¹.N⁴-Bis-*[*p-äthoxyphenyl*]-*hydrazodicarbonsäurediamid* (II), das sich ebenfalls als geschmacksfrei erwies; Pyrazol-Derivv. konnten bei dieser Rk. nicht gefaßt werden. **II** wird aus **I** auch durch therm. Zers. sowie durch Oxydation mit J_2 erhalten. Aus Acetessigsäureäthylester (**III**) u. **I** wird in neutraler alkohol. Lsg. allein das **III**-*N³*-[*p-Äthoxyphenyl*]-*semicarbazon*, in heißer neutraler wss.-alkohol. Lsg. dagegen außerdem **II**, *N*-[*p-Äthoxyphenyl*]-*harnstoff* (**IV**, *Dulcin*) sowie *1-*[*p-Äthoxybenzoyl*]-*3-methylpyrazolon-*(*5*) (**V**) gebildet. **V** läßt sich auch durch Cyclisierung von **III**-N^3-[p-Äthoxyphenyl]-semicarbazon mit Na_2CO_3 in wss. A. darstellen. Bei der Kondens. von Benzoylessigsäureäthylester (**VI**) mit **I** wird die Bldg. von **II** u. **IV** nicht beobachtet, u. es fallen nur **VI**-*N³*-[*p-Äthoxyphenyl*]-*semicarbazon* u. dessen Cyclisierungs-Prod. *1-*[*p-Äthoxybenzoyl*]-*3-phenylpyrazolon-*(*5*) (**VII**) an. **VI**-N^3-p-Äthoxyphenylsemicarbazon läßt sich zum Unterschied vom **III**-Deriv. nur mit alkohol. HCl zum Pyrazolon **VII** cyclisieren. Der Mechanismus der durchgeführten Rkk. wird erörtert. Das aus **I** dargestellte *Mono-* u. *Triacetyl-Deriv.* schmecken nicht süß, was erneut die Wichtigkeit der unsubstituierten Hydrazidgruppe für das Vorhandensein einer organolept. Wirksamkeit unterstreicht.

Versuche: N^3-[p-Äthoxyphenyl]-semicarbazone: *Acetylaceton-*, $C_{14}H_{19}N_3O_3$, F. 243—244° (Essigsäure), durch 20 Min. langes Kochen von **I** in A. mit Acetylaceton. — *Propionylaceton-*, $C_{15}H_{21}N_3O_3$, F. 240—241° (Zers.). — *Benzoylaceton-* (**IX**), $C_{19}H_{21}N_3O_3$, F. 150—151° (Zers.; A.). — *Acetessigsäureäthylester* (**III**)-, $C_{15}H_{21}N_3O_4$, F. 135° (Zers.; A.), durch 48 std. Stehen von **III** mit **I** in wss. Alkohol. — *Benzoylessigsäureäthylester* (**VI**)-, $C_{20}H_{23}N_3O_4$, F. 159—160° (Zers.; A.). — *3(5)-Methyl-5(3)-phenylpyrazol*, $C_{10}H_{10}N_2$, F. 125—126° (Bzl.–PAe.), durch Erhitzen von **IX** auf 180—200°; daneben *N.N'-Bis-*[*p-äthoxyphenyl*]-*harnstoff*, $C_{17}H_{20}N_2O_3$, F. 235—236° (A.). — *N¹.N⁴-Bis-*[*p-äthoxyphenyl*]-*hydrazodicarbonsäurediamid* (II), $C_{18}H_{22}N_4O_4$, F. 239—240° (wss. Dimethylformamid), a) beim Vers. der Umsetzung von β-Diketonen mit **I** in sd. wss.-alkohol. HCl; b) durch 1 std. Erhitzen von **I** auf 170—200°; c) durch Zutropfen von alkohol. J_2-Lsg. zu **I** in warmem Alkohol. — *1-*[*p-Äthoxybenzoylamino*]-*3-methylpyrazolon-*(*5*) (**V**), $C_{13}H_{15}N_3O_3$, F. 217—218° (A.), a) durch 20 Min. langes Kochen von **III** mit **I** in A.; daneben **II**, **III**-N^3-[p-Äthoxyphenyl]-semicarbazon u. *N*-[*p-Äthoxyphenyl*]-*harnstoff* (**IV**; *Dulcin*), $C_9H_{12}N_2O_2$, F. 172—173° (W.); b) durch 1 std. Erhitzen des **III**-N^3-[p-Äthoxyphenyl]-semicarbazons in wss. Alkohol. — *3-Methylpyrazolon-*(*5*), $C_4H_6N_2O$, F. 215°, durch Erhitzen von **V** in alkohol. HCl; daneben *N-p-Äthoxyphenylurethan* (**VIII**), $C_{11}H_{15}NO_3$, F. 94° (A.).

— *1-[p-Äthoxybenzoylamino]-3-phenylpyrazolon-(5)* (VII), $C_{18}H_{17}N_3O_3$, F. 195—197° (wss. Dimethylformamid), a) durch ½ std. Erhitzen des VI-N³-[p-Äthoxyphenyl]-semicarbazons auf 170—200°; b) durch 20 Min. langes Erhitzen von VI mit I in wss.-alkohol. HCl. — *3-Phenylpyrazolon-(5)*, $C_9H_8N_2O$, F. 236° (A.), a) durch 1 std. Kochen von VII oder von I mit VI in alkohol. HCl; daneben VIII; b) durch 1 std. Kochen des VI-N³-[p-Äthoxyphenyl]-semicarbazons mit p-Phenetidin; daneben IV. — *N³-[p-Äthoxyphenyl]-semicarbazid* (I), *Monoacetyl-Deriv.*, $C_{11}H_{15}N_3O_3$, F. 185—187° (W.), a) durch mehrstd. Stehen von I in Essigsäureanhydrid; b) aus I u. Acetylchlorid in Pyridin. *Triacetyl-Deriv.*, $C_{15}H_{19}N_3O_5$, F. 225—226° (Essigester), mit überschüssigem Acetylchlorid in Pyridin. H.-E. TOUSSAINT. 1280□

Reaktionen von Amidhomologen. 2. Mitt. Die Reaktion zwischen Azomethinen, aromatischen Aldehyden und Formamid. Minoru Sekiya und Toshio Oishi. (Chem. pharmac. Bull. [Tokyo] **7.** 855—57. Dez. 1959. Shizuoka, Oshika, Shizuoka Coll. of Pharm.) (Engl.) — 1. vgl. C. **1962.** 8587.

Untersucht wird die Bldg. von *N-Arylmethylen-α-formamidoarylmethylaminen* aus aromat. Aldehyden, N-Arylmethylenalkylaminen u. Formamid (I) bei der Umsetzung im Mol-Verhältnis 1 : 1 : 6. Aus Benzaldehyd (II), N-Benzylidenmethylamin (III) u. I wird *N-Benzyliden-α-formamidobenzylamin* (IV) erhalten. Analog entsteht aus N-Benzylidenäthylamin (V) IV, aus p-Chlorbenzaldehyd (VI), N-[p-Chlorbenzyliden]-methylamin (VII) u. I *N-[p-Chlorbenzyliden]-α-formamido-p-chlorbenzylamin.* Die Ausbeute-Best. zeigt, daß II u. VI Rk.-Teilnehmer sind, während Anisaldehyd (VIII) nicht reagiert. Aus II, I u. N-[p-Anisyliden]-methylamin (IX) wird *N-Benzyliden-α-formamido-p-methoxybenzylamin* (X) dargestellt, dessen Struktur durch Hydrieren u. anschließende Hydrolyse zu I, II u. *p-Methoxybenzylamin* bewiesen wird. Aus III, VIII u. I entsteht X neben *N-[p-Anisyliden]-α-formamido-p-methoxybenzylamin* u. *N.N'-Bis-[p-anisyliden]-diformamid* (XI).

Versuche: *N-Benzyliden-α-formamidobenzylamin* (IV), F. 123—124°, a) durch 3 std. Erhitzen von 0,05 Mol III, 0,05 Mol II u. 0,3 Mol I auf 100° u. Einengen im Vakuum; aus A. Prismen; 88% (Ausbeute); b) aus 0,05 Mol V, 0,05 Mol II u. 0,3 Mol I analog a); 48%; daneben 3,8 g V. — *N-[p-Chlorbenzyliden]-α-formamido-p-chlorbenzylamin,* F. 150°, durch 3 std. Erhitzen von 0,033 Mol VII, 0,033 Mol VI u. 0,2 Mol I auf 100°; aus A. Nadeln; 72%. — *N-[p-Anisyliden]-α-formamido-p-methoxybenzylamin,* F. 151—154°, durch 3 std. Erhitzen von 0,05 Mol IX, 0,05 Mol VIII u. 0,3 Mol I auf 100°, Einengen im Vakuum u. Chromatographie in Bzl. an Al_2O_3; Platten; 27%; daneben *N.N'-Bis-[p-anisyliden]-diformamid* (XI, F. 169—170°; aus A. Nadeln). — *N-Benzyliden-α-formamido-p-methoxybenzylamin* (X), $C_{16}H_{16}N_2O_2$, F. 110—111°, a) durch 3 std. Erhitzen von 0,05 Mol IX, 0,05 Mol II u. 0,3 Mol I auf 100°, Einengen im Vakuum u. Chromatographie in Bzl. an Al_2O_3; aus Bzl./Bzn. Platten; 40%; daneben 0,43 g XI; b) durch 3 std. Erhitzen von 0,05 Mol III, 0,05 Mol VIII u. 0,3 Mol I auf 100°, Einengen im Vakuum, Chromatographie an Al_2O_3, Eluieren mit Ae./Bzl. (3 : 7); 11%; daneben 16% vorst. Amins u. 0,16 g XI. — *p-Methoxybenzylaminhydrochlorid,* F. 240—241° (A.), durch 13 Min. langes Hydrieren vorst. Verb. in A. über Pd/Kohle bei Raum-Temp. u. normalem Druck, Eindampfen, Zugabe von W., Extrahieren mit Bzl., Eindampfen, Kochen des Rückstandes mit 10%ig. HCl u. Abtreiben von II (*Phenylhydrazon*; 74%) mit Wasserdampf; 83%; daneben I. W. LIEBSCHER. 1310□

Synthese und Halogenmethylierung von 3.4.3'.4'-Tetramethoxydiphenyläther. Reaktion der Halogenmethylderivate mit sekundären Aminen und Pyridinbasen. Élisabeth Matarasso-Tchiroukhine. (C. R. hebd. Séances Acad. Sci. **250.** 1867 bis 1869. 7/3. 1960. Paris, Sorbonne, Labor. de Chim. organ. II.) (Franz.)

Die Kondens. von 4-Jodverartrol mit dem K-Salz von 3.4-Dimethoxyphenol (I) liefert *3.4.3'.4'-Tetramethoxydiphenyläther* (II), der zu einem *2.2'-Bis-[chlormethyl]-Deriv.* (III) chlormethyliert wird; in Ggw. von HJ liefert die Chlormethylierung das *2.2'-Bis-[jodmethyl]-Derivat* (IV). In III u. IV lassen sich die Halogenatome erwartungsgemäß gegen sek. Aminoreste austauschen. Mit Pyridin u. Isochinolin entstehen die entsprechenden diquart. Salze. Bei der Darst. von I durch Diazotieren u. Verkochen von 4-Aminoveratrol fällt auch etwas *2-Hydroxy-4.5.4'.5'-tetramethoxydiphenyl* an.

Versuche: *2-Hydroxy-4.5.4'.5'-tetramethoxydiphenyl,* $C_{16}H_{18}O_5$, $Kp._{21}$ 265—289°, F. 160—161°, durch Diazotieren von 4-Aminoveratrol u. Verkochen mit wss. $CuSO_4$; aus Methanol prismat. Nadeln; 15% (Ausbeute) neben I. *Acetyl-Deriv.*, $C_{18}H_{20}O_6$, F. 138 bis 139°, aus Methanol prismat. Nadeln. — 3.4.3'.4'-Tetramethoxydiphenyläther: II, $C_{16}H_{18}O_5$, $Kp._{0,6}$ 195—196°, F. 94,5—95°, durch 18 std. Kochen des I-K-Salzes mit 4-Jodveratrol in Dimethylformamid in Ggw. von Cu-Pulver; aus Methanol prismat. Nadeln; 30%. — *2.2'-Bis-[chlormethyl]-* (III), $C_{18}H_{20}Cl_2O_5$, F. 121—122°, durch 12 std. Stehen von II mit Bis-[chlormethyl]-äther in Eisessig; aus Cyclohexan prismat. Nadeln;

28%. — *2.2'-Bis-[jodmethyl]-* (**IV**), $C_{18}H_{20}J_2O_5$, F. 152°, wie **III** in Ggw. von HJ; aus CCl_4 gelbe Nadeln; 60%. — *2.2'-Bis-[morpholinomethyl]-*, aus **III** u. Morpholin. *Dipikrat, Monohydrat*, $C_{26}H_{36}N_2O_7 \cdot C_{12}H_6N_6O_{14} \cdot H_2O$, F. 141—142° (A.). — *2.2'-Bis-[diäthylaminomethyl]-*, *Dipikrat*, $C_{26}H_{40}N_2O_5 \cdot C_{12}H_6N_6O_{14}$, F. 216—217° (A.). — *2.2'-Bis-[pyridiniomethyl]-*, *Dichlorid*, $C_{28}H_{30}Cl_2N_2O_5$, durch kurzes Erwärmen von **III** mit Pyridin auf dem Wasserbad; aus Methanol hellgelbe Nadeln; 30%. *Dijodid*, $C_{28}H_{30}J_2N_2O_5$, F. 172—173° (Zers.), analog aus **IV**; aus Methanol blaßgelbe prismat. Nadeln. 70%. — *2.2'-Bis-[isochinoliniomethyl]-*, *Dichlorid*, $C_{36}H_{34}Cl_2N_2O_5$, F. 188—189° (Zers.), aus Methanol–Tetrahydrofuran gelbe Prismen; 50%. *Dijodid, Monohydrat*, $C_{36}H_{34}J_2N_2O_5 \cdot H_2O$, F. 203—205° (Zers.), aus Methanol gelbe Prismen; 50%. H.-E. TOUSSAINT. 1320□

Darstellung von α-Aminoaldehyden: Der Reaktionsmechanismus. Albert Kirrmann und Jean-Jacques Riehl. (C. R. hebd. Séances Acad. Sci. **243.** 808—10. 10/9. 1956.) (Franz.)

Bei der Darst. von α-Aminoaldehyden aus α-Halogenaldehyden werden vermutlich folgende Zwischenstufen durchlaufen: $R-CHX-CHO + R'_2NH \rightarrow R-CHX-CH(OH)-NR'_2 \rightarrow R-\underbrace{CH-CH}_{-O-}-NR'_2 \rightarrow R-\underbrace{CH-CH}_{\overset{+}{N}R'_2}-O^- \rightarrow R-CH(NR_2')-CHO$. Im Rahmen der Beweisführung wurden folgende Verbb. neu hergestellt: *α-Chlorphenylacetaldehyd* (**I**), C_8H_7ClO, Kp.$_{13}$ 98—100°, nach ASH [1948]; D.^{18} 1,2070, n_D^{18} 1,5529; 60% (Ausbeute). *2.4-Dinitrophenylhydrazon* (DNP), F. 147°. — *α-Piperidinophenylacetaldehyd* (**II**), $C_{13}H_{17}NO$, Kp.$_{13}$ 167°, aus **I** u. Piperidin, krist. als *Trimeres* [F. 49° (Äther)] nach einigen Std.; 40%. *DNP*, F. 222—223°. *Hydrochlorid*, F. 193—194°. — *α-Diäthylaminophenylacetaldehyd*, $C_{12}H_{17}NO$, Kp.$_{12}$ 133—135°, aus **I** u. $HN(C_2H_5)_2$; D.^{20} 0,992, n_D^{20} 1,5265; 40%. — *1-Methoxy-2-phenylepoxyäthan* (**III**), $C_9H_{10}O_2$, Kp.$_1$ 65 bis 67°, aus **I** u. CH_3ONa nach STEVENS u. Mitarbeiter (C. **1954.** 9977); D.^{19} 1,081, n^{19} 1,5190; 40%. Kocht man **III** mit einem leichten Piperidinüberschuß in Diisopropyläther, so bildet sich **II** mit 60% Ausbeute. — Bei der Rk. von 1-Piperidino-2-phenyläthylen mit Perbenzoesäure bei 0° in $CHCl_3$ bildet sich **II** an Stelle des erwarteten Epoxids. Diese Rk. beweist die Wanderung der Aminogruppe vom $C_{(1)}$ nach $C_{(2)}$, u. auch die Bldg. von **II** aus **III** deutet auf Spaltung der Epoxidbindung an $C_{(2)}$, was für die Annahme eines intermediären Epoxids spricht, obgleich dieses nicht isoliert werden konnte. W. PENN. 1330□

Synthese und Pharmakologie von Alkylestern N-substituierter Aminoacylaminobenzoesäuren. 2. Mitt. Elias Epstein und Daniel Kaminsky. (J. Amer. pharmac. Assoc., sci. Edit. **48.** 150—54. März 1959. Brooklyn, N.Y., Novocol Chem. Mfg. Co., Inc., Res. Labors.) (Engl.) — 1. vgl. C. **1958.** 2699.

Es werden *Alkylester* von *o-*, *m-* u. *p-Aminoacylaminobenzoesäurehydrochloriden* durch Rk. der Nitrobenzoylchloride mit Alkoholen, Red. der *Nitrobenzoate* mit H_2 bzw. H, Umsetzung der *Aminobenzoate* mit Chloracylchloriden u. Rk. der *Chloracylaminobenzoate* mit prim. oder sek. Aminen synthetisiert. Die lokalanästhet. Wirksamkeit zeigt ein Maximum bei einer C_5-Esteralkylkette. Die Toxizität sinkt in der Reihe o- > m- > p-Derivv. u. bei geradkettigem Acylrest.

Versuche: *m-Nitrobenzoesäure, Äthylester*, F. 43—44°. *Isopropylester*, Kp.$_{20\mu}$ 77 bis 78°, n_D^{20} 1,5210. *n-Butylester*, Kp.$_{25\mu}$ 90—92°, n_D^{20} 1,5215. *Isobutylester*, Kp.$_{30\mu}$ 86 bis 87°, n_D^{20} 1,5179. *n-Amylester*, Kp.$_{30\mu}$ 101—102°, n_D^{20} 1,5171. *sek.-Amylester*, Kp.$_{20\mu}$ 93—95°, n_D^{20} 5162. — *p-Nitrobenzoesäure, tert.-Amylester*, F. 54—56° (Isopropylalkohol), Kp.$_{25\mu}$ 90—92°, durch 1std. Zutropfen von p-Nitrobenzoylchlorid in abs. Bzl. zu tert.-Amylalkohol in Dimethylanilin, 1std. Rühren u. 2std. Kochen; hellgelbe Kristalle; 79% (Ausbeute). *n-Hexylester*, Kp.$_{20\mu}$ 108—110°, n_D^{20} 1,5156. — *γ-Chlorbutyrylchlorid* (**I**), Kp.$_{15}$ 73—74°, durch 2std. Erwärmen von γ-Butyrolacton mit $ZnCl_2$ u. $SOCl_2$ auf 50 bis 60° u. 12std. Stehen bei Raum-Temp.; 55%. — m-Aminobenzoate: *Äthyl-*, $C_9H_{11}NO_2$, Kp.$_{20\mu}$ 84—85°, D.$_{20}^{20}$ 1,173, n_D^{20} 1,5499. — *Isopropyl-*, $C_{10}H_{13}NO_2$; Kp.$_{20\mu}$ 97—99°, D.$_{20}^{20}$ 1,090, n_D^{20} 1,5436. — *n-Butyl-*, $C_{11}H_{15}NO_2$, Kp.$_{20\mu}$ 95—96°, D.$_{20}^{20}$ 1,074, n_D^{20} 1,5424. — *Isobutyl-*, Kp.$_{25\mu}$ 93—94°, D.$_{20}^{20}$ 1,065, n_D^{20} 1,5399. — *n-Amyl-*, $C_{12}H_{17}NO_2$, Kp.$_{25\mu}$ 106—107°, D.$_{20}^{20}$ 1,054, n_D^{20} 1,5361. — *sek.-Amyl-*, Kp.$_{30\mu}$ 97—98°, D.$_{20}^{20}$ 1,042, n_D^{20} 1,5322. — *tert.-Amyl-p-aminobenzoat*, $C_{12}H_{17}NO_2$, F. 89—91°. — *n-Hexyl-p-aminobenzoat*, $C_{13}H_{19}NO_2$, F. 62—64°. — *m-Chloracetylaminobenzoesäure, Äthylester*, $C_{11}H_{12} \cdot ClNO_3$, F. 81—82°. *Isopropylester*, $C_{12}H_{14}ClNO_3$, F. 98—100°. *n-Butylester*, $C_{13}H_{16}ClNO_3$, F. 68—70°. *Isobutylester*, F. 96—97°. *n-Amylester*, $C_{14}H_{18}ClNO_3$, F. 65—67°, Kp.$_{60\mu}$ 166 bis 168°. *sek.-Amylester*, Kp.$_{25\mu}$ 165—167°, n_D^{20} 1,5429. — *p-[γ-Chlorbutyrylamino]-benzoesäure, Äthylester*, $C_{13}H_{16}ClNO_3$, F. 98—99°. *n-Butylester*, $C_{15}H_{20}ClNO_3$, F. 91—92° (Bzl.), durch 1std. Rühren von p-Aminobenzoesäure-n-butylester mit **I** in Ae., Zutropfen von Dimethylanilin <38° in ½ Std., 1std. Rühren u. Extrahieren mit 10%ig. HCl; 79%. *Isobutylester*, F. 135—136°. — *p-[δ-Chlorvaleroylamino]-benzoesäure-n-butylester*,

$C_{16}H_{22}ClNO_3$, F. 63—64°. — *p-[β-Chlorpropionylamino]-benzoesäure-n-amylester*, $C_{15}H_{20}$·$ClNO_3$, F. 87—88°. — *p-Chloracetylaminobenzoesäure, tert.-Amylester*, $C_{14}H_{18}ClNO_3$, F. 114—116°. *n-Hexylester*, $C_{15}H_{20}ClNO_3$, F. 81—83°. — *o-[α-Chlorpropionylamino]-benzoesäureäthylester*, $C_{12}H_{14}ClNO_3$, F. 44—45°, Kp.$_{60\mu}$ 115—116°. — *p-[α-Chlorpropionylamino]-benzoesäure-n-butylester*, $C_{14}H_{18}ClNO_3$, F. 75—77°. — Benzoesäureäthylesterhydrochloride: *o-[Äthylaminoacetylamino]-*, $C_{13}H_{19}ClN_2O_3$, F. 205—207°. — *o-[β-Äthylaminopropionylamino]-*, $C_{14}H_{21}ClN_2O_3$, F. 167—168°. — *o-[n-Propylaminoacetylamino]-*, $C_{14}H_{21}ClN_2O_3$, F. 174—176°. — *o-[β-n-Propylaminopropionylamino]-*, $C_{15}H_{23}ClN_2O_3$, F. 169—171°. — *o-[Isopropylaminoacetylamino]-*, $C_{14}H_{21}ClN_2O_3$, F. 172 bis 175°. — *o-[β-Isopropylaminopropionylamino]-*, $C_{15}H_{23}ClN_2O_3$, F. 185—186°. — *m-[Isobutylaminoacetylamino]-*, $C_{15}H_{23}ClN_2O_3$, F. 211—213°. — *p-[γ-Isobutylaminobutyrylamino]-*, $C_{17}H_{27}ClN_2O_3$, F. 174—176°. — *m-[Diäthylaminoacetylamino]-*, $C_{15}H_{23}ClN_2O_3$, F. 122—124°. — *p-[γ-Diäthylaminobutyrylamino]-*, $C_{17}H_{27}ClN_2O_3$, F. 152—154°. — *m-[Morpholinoacetylamino]-*, $C_{15}H_{21}ClN_2O_4$, F. 199—201°. — *o-[α-Isobutylaminopropionylamino]-*, $C_{16}H_{25}ClN_2O_3$, F. 114—117°. — *o-[α-Morpholinopropionylamino]-*, $C_{16}H_{23}$·ClN_2O_4, F. 190—193°. — Benzoesäureisopropylesterhydrochloride: *m-[Äthylaminoacetylamino]-*, $C_{14}H_{21}ClN_2O_3$, F. 208—209°. — *m-[n-Butylaminoacetylamino]-*, $C_{16}H_{25}ClN_2O_3$, F. 198—200°. — *m-[Isobutylaminoacetylamino]-*, F. 218—220°. — *m-[tert.-Butylaminoacetylamino]-*, F. 250—252°. — *m-[Diäthylaminoacetylamino]-*, $C_{16}H_{25}ClN_2O_3$, F. 147—149°. — *m-[Morpholinoacetylamino]-*, $C_{16}H_{23}ClN_2O_4$, F. 200—201°. — Benzoesäure-n-butylesterhydrochloride: *m-[Isobutylaminoacetylamino]-*, $C_{17}H_{27}ClN_2O_3$, F. 168—169°. — *p-[γ-Isobutylaminobutyrylamino]-*, $C_{19}H_{31}ClN_2O_3$, F. 184—185°. — *p-[δ-Isobutylaminovalerylamino]-*, $C_{20}H_{33}ClN_2O_3$, F. 198—199°. — *m-[Diäthylaminoacetylamino]-*, $C_{17}H_{27}ClN_2O_3$, F. 99—102°. — *p-[γ-Diäthylaminobutyrylamino]-*, $C_{19}H_{31}Cl$·N_2O_3, F. 155—156°. — *p-[δ-Diäthylaminovalerylamino]-*, $C_{20}H_{33}ClN_2O_3$, F. 122—126°. — *m-[Morpholinoacetylamino]-*, $C_{17}H_{25}ClN_2O_4$, F. 191—194°. — *p-[α-n-Propylaminopropionylamino]-*, $C_{17}H_{27}ClN_2O_3$, F. 175—177°. — *p-[α-Isobutylaminopropionylamino]-*, $C_{18}H_{29}ClN_2O_3$, F. 160—162°. — *p-[α-Diäthylaminopropionylamino]-*, $C_{18}H_{29}ClN_2O_3$, F. 147—149°. — *p-[α-Morpholinopropionylamino]-*, $C_{18}H_{27}ClN_2O_4$, F. 172—174°. — Benzoesäureisobutylesterhydrochloride: *m-[Äthylaminoacetylamino]-*, $C_{15}H_{23}$·ClN_2O_3, F. 129—134°. — *p-[β-Äthylaminopropionylamino]-*, $C_{16}H_{25}ClN_2O_3$, F. 175—176°. — *m-[n-Propylaminoacetylamino]-*, $C_{16}H_{25}ClN_2O_3$, F. 196—198°. — *m-[Isobutylaminoacetylamino]-*, $C_{17}H_{27}ClN_2O_3$, F. 201—203°. — *p-[γ-Isobutylaminobutyrylamino]-*, $C_{19}H_{31}$·ClN_2O_3, F. 187—188°. — *m-[Diäthylaminoacetylamino]-*, $C_{17}H_{27}ClN_2O_3$, F. 134—136°. — *m-[Piperidinoacetylamino]-*, $C_{18}H_{27}ClN_2O_3$, F. 152—154°. — Benzoesäure-n-amylesterhydrochloride: *p-[Methylaminoacetylamino]-*, $C_{15}H_{23}ClN_2O_3$, F. 171—173°. — *m-[Äthylaminoacetylamino]-*, $C_{16}H_{25}ClN_2O_3$, F. 166—168°. — *p-[β-Äthylaminopropionylamino]-*, $C_{17}H_{27}ClN_2O_3$, F. 194—196°. — *m-[n-Propylaminoacetylamino]-*, $C_{17}H_{27}ClN_2O_3$, F. 169—170°. — *p-[n-Propylaminoacetylamino]-*, F. 212—214°. — *m-[n-Butylaminoacetylamino]-*, $C_{18}H_{29}ClN_2O_3$, F. 169—172°. — *m-[Isobutylaminoacetylamino]-*, $C_{18}H_{29}$·ClN_2O_3, F. 162—164°. — *p-[β-Isobutylaminopropionylamino]-*, $C_{19}H_{31}ClN_2O_3$, F. 181 bis 183°. — *p-[tert.-Butylaminoacetylamino]-*, $C_{18}H_{29}ClN_2O_3$, F. 245—247°. — *p-[n-Amylaminoacetylamino]-*, $C_{19}H_{31}ClN_2O_3$, F. 260—263°. — *m-[Diäthylaminoacetylamino]-*, $C_{18}H_{29}ClN_2O_3$, F. 107—109°. — *p-[β-Diäthylaminopropionylamino]-*, $C_{19}H_{31}ClN_2O_3$, F. 124—127°. — *m-[Morpholinoacetylamino]-*, $C_{18}H_{27}ClN_2O_4$, F. 185—189°. — Benzoesäure-sek.-amylesterhydrochloride: *m-[n-Propylaminoacetylamino]-*, $C_{17}H_{27}$·ClN_2O_3, F. 172—174°. — *m-[Isobutylaminoacetylamino]-*, $C_{18}H_{29}ClN_2O_3$, F. 170—172°. — *m-[Morpholinoacetylamino]-*, $C_{18}H_{27}ClN_2O_4$, F. 171—174°. — Benzoesäure-tert.-amylesterhydrochloride: *p-[n-Propylaminoacetylamino]-*, $C_{17}H_{27}ClN_2O_3$, F. 225 bis 228°. — *p-[Diäthylaminoacetylamino]-*, $C_{18}H_{29}ClN_2O_3$, F. 227—229°. — *p-[Morpholinoacetylamino]-*, $C_{18}H_{27}ClN_2O_4$, F. 182—184°. — Benzoesäure-n-hexylesterhydrochloride: *p-[n-Propylaminoacetylamino]-*, $C_{18}H_{29}ClN_2O_3$, F. 284—286°. — *p-[Isopropylaminoacetylamino]-*, F. 242—244°. — *p-[Isobutylaminoacetylamino]-*, $C_{19}H_{31}ClN_2O_3$, F. 213—215°. — *p-[Diäthylaminoacetylamino]-*, $C_{19}H_{31}ClN_2O_3$, F. 178—182°.

R. Pasedag. 1350□

Die Meerwein-Reaktion bei Aminosäuresynthesen. 1. Mitt. α-Brom-o-, -m- und -p-chlorhydrozimtsäure und die entsprechenden Chlorphenylalanine; α-Brom- und α-Chlorhydrozimtsäureamid. George H. Cleland. (J. org. Chemistry **26.** 3362—64. Sept. 1961. Los Angeles, Calif., Occidental Coll., Dep. of Chem.) (Engl.)

Aus Acrylsäure (I) u. o- (m-, p-)Chlorbenzoldiazoniumbromiden entstehen durch Meerwein-Rk. *α-Brom-o-* (**II**), *-m-* u. *-p-chlorhydrozimtsäure*, aus denen durch Ammonolyse die entsprechenden *Chlorphenylalanine* erhalten werden. Aus Acrylsäureamid (**III**) u. Benzoldiazoniumbromid bzw. -chlorid werden analog *α-Brom-* bzw. *α-Chlorhydrozimtsäureamid* erhalten.

Versuche (FF. korr.): *α-Brom-o-chlorhydrozimtsäure* (II), $C_9H_8BrClO_2$, F. 117,5 bis 118,5° (Bzl. oder Bzl./PAe.), durch Diazotieren von o-Chloranilin in 48% ig. HBr u. Aceton mit $NaNO_2$ bei 15°, Zugeben von I u. CuBr unter N_2 bei 20—25° u. Gießen in W.; 67% (Ausbeute); Kochen mit methanol. KOH-Lsg. → *o-Chlorzimtsäure*, F. 210,5 bis 211,5° (A.); 93%. — *α-Brom-m-chlorhydrozimtsäure*, F. 46,5—47,5° (Bzl. oder PAe.), aus m-Chloranilin u. I analog II; 57%; *m-Chlorzimtsäure*, F. 161—162°; 81%. — *α-Brom-p-chlorhydrozimtsäure*, F. 102,5—103,5° (A. oder Bzl.); 72%; *p-Chlorzimtsäure*, F. 244,5 bis 245,5°; 91%. — *α-Bromhydrozimtsäureamid*, $C_9H_{10}BrNO$, F. 129—130° (Bzl.), aus Anilin u. III analog II; 37%. — *α-Chlorhydrozimtsäureamid*, $C_9H_{10}ClNO$, F. 90—91° (Bzl. oder W.), durch Diazotieren von Anilin in konz. HCl/Aceton mit $NaNO_2$, Zugeben von III u. weiter analog II; 55%. — *o-Chlorphenylalanin*, $C_9H_{10}ClNO_2$, F. 234—236° (Zers.; wss. Methanol), durch 96std. Stehen von II in $(NH_4)_2CO_3$–NH_4OH-Lsg. bei 25—30°; 58%. *Benzoyl-Deriv.*, F. 186,5—187,5°. — *m-Chlorphenylalanin*, $C_9H_{10}ClNO_2$, F. 239 bis 241° (Zers.; wss. Methanol); 53%. *Benzoyl-Deriv.*, F. 178—179°. — *p-Chlorphenylalanin*, $C_9H_{10}ClNO_2$, F. 238—240° (Zers.); 60%. *Benzoyl-Verb.*, F. 175,5—176,5°.

E. SCHRÖDER. 1350□

Untersuchungen an Cyclopropan-Derivaten. M. Hanack und H. Eggensperger. (Angew. Chem. **74**. 116—17. 7/2. 1962. Tübingen, Univ., Pharmaz.-Chem. Inst.) (Dt.)

1-Cyclopropyl-4-chlorbuten-1 (I, $Kp._{12}$ 60—61°) wird durch Red. von Dicyclopropylketon (II) zu *Dicyclopropylcarbinol* (III) u. Umsetzung mit PCl_5 u. PCl_3 bei —15° in 85% ig. Ausbeute erhalten. I wird durch 3std. Hydrolyse mit 10% ig. K_2CO_3-Lsg. bei 80° infolge Homoallylresonanz wieder in III (35%) umgewandelt. Umsetzung von III mit 3% ig. HCl bei 80° liefert 69% I, 11% *Cyclopropylbutadien* (IV, Kp. 96—97°) u. 30% unverändetes III. *Acetyl-Deriv. von* III, a) durch 1std. Rk. von III mit Acetylchlorid in Ae.; 10%; daneben 22% I; b) durch Rk. von III mit Acetanhydrid. — *1-Cyclopropyl-4-brombuten-(1)*, durch Rk. von III mit PBr_3 in Ae. bzw. mit 60% ig. HBr bei 0°; 80%. — IV entsteht durch Abspaltung von HCl aus I mit Na-Amylat; *Dienaddukt mit Maleinsäureanhydrid*, F. 84—85°. — *Dicyclopropylmethylcarbinol*, $Kp._{15}$ 58°, durch Rk. von II mit CH_3MgJ; 70%. — *Dicyclopropylmethylamin*, durch Red. des Oxims von II in A. mit Na. — *5-Chlorpenten-(2)*, durch Rk. von Methylcyclopropylcarbinol (V) mit konz. HCl u. $ZnCl_2$ bei 0°. Hydrolyse mit 10% ig. K_2CO_3-Lsg. analog I ergibt wieder 10% V. Dagegen liefert 4-Brombuten-(1) bei der Hydrolyse nur *Butadien* neben nicht umgesetztem Bromid.

J. SICKFELD. 1800□

Über einige 1-Aryloxy-2.2-dimethylcyclopropan-Derivate. Marc Julia und Michèle Baillargé. (C. R. hebd. Séances Acad. Sci. **249**. 2793—95. 21/12. 1959. Paris, Inst. Pasteur, Serv. de Chim. Thérapeut.) (Franz.)

Allylphenyläther geht beim Erhitzen mit K-tert.-Butylat in 80% ig. Ausbeute in *Propenylphenyläther*, Phenyl-β-methallyläther analog zu 85% in *Phenyl-β.β-dimethylvinyläther* über. Letzterer wird durch Rk. mit Diazoessigester zu *2-Phenoxy-3.3-dimethylcyclopropan-1-carbonsäure* (I) umgesetzt, deren Äthylester mit CH_3MgBr *1-[α-Hydroxyisopropyl]-2-phenoxy-3.3-dimethylcyclopropan* (II) liefert. Beim Behandeln mit HCl in Aceton bei Raum-Temp. wird II zu *2.2.4-Trimethylpenten-(3)-al* umgelagert. Die analoge Umwandlung des aus dem I-Äthylester durch Red. mit $LiAlH_4$ erhaltenen *1-Hydroxymethyl-2-phenoxy-3.3-dimethylcyclopropans* (IV) in *2.2-Dimethylbuten-(3)-al* erfordert wesentlich schärfere Rk.-Bedingungen. Einige ähnliche Rkk. weiterer Verbb. werden beschrieben.

Versuche: 2-Aryloxy-3.3-dimethylcyclopropan-1-carbonsäuren, aus dem entsprechenden Aryl-β.β-dimethylvinyläther u. Diazoessigester: *2-Phenoxy-* (I), F. 102° (vermutlich die *trans-Form*; daneben beim Verseifen des Äthylesters in geringer Menge das *cis-Isomere*, F. 137°). — *2-[o-Chlorphenoxy]-*, F. 144°. — *2-[m-Chlorphenoxy]-*, F. 122°. — *2-[p-Chlorphenoxy]-*, F. 131°. — *2-[2.4-Dichlorphenoxy]-*, F. 126°. — *2-Pentachlorphenoxy-*, F. 134°. — *2-[p-Bromphenoxy]-*, F. 135°. — *2-[p-Tolyloxy]-*, F. 123°. — *2-[p-Methoxyphenoxy]-*, F. 84°. — *2-[p-Nitrophenoxy]-*, F. 168°. — *2-[p-Aminophenoxy]-* F. 186—188°. — 2-Phenoxy-3.3-dimethylcyclopropane: *1-[α-Hydroxyisopropyl]-* (II), $Kp._{0,2}$ 119—122°, F. 51°, aus dem I-Äthylester u. CH_3MgBr; 90% (Ausbeute). — *1-[α-Hydroxydiphenylmethyl]-* (III), F. 101°, aus dem I-Äthylester u. C_6H_5MgBr; 70%. — *1-Hydroxymethyl-* (IV), $Kp._{0,02}$ 96°, durch Red. des I-Äthylesters mit $LiAlH_4$; n_D^{24} 1,5225; 75%. *3.5-Dinitrobenzoat*, F. 98°. — *1-Acetyl-* (V), $Kp._{0,05}$ 81°, aus I u. CH_3Li; n_D^{24} 1,5095; 88% [*Semicarbazon*, F. 124°]; liefert mit 2.4-Dinitrophenylhydrazin *α.α-Dimethyllävulinaldehyd-bis-[2.4-dinitrophenylhydrazon]*, F. 204°. — *1-[α-Hydroxyäthyl]-* (VI), $Kp._{0,2}$ 113—114°, durch Red. von V mit KBH_4; n_D^{24} 1,5100; 92%. — *1-[α-Hydroxy-*

α-phenyläthyl]-(VII), Kp.$_{0,05}$ 156°, aus V u. C_6H_5MgBr; 60%. — *2.2.4-Trimethylpenten-(3)-al*, durch Behandeln von II mit aceton. HCl bei Raum-Temp.; 80%; liefert durch Oxydation *2.2.4-Trimethylpenten-(3)-säure* [*S-Benzylthiuroniumsalz*, F. 140—141°] sowie durch Red. *2.2.4-Trimethylpenten-(3)-ol-(1)* [*3.5-Dinitrobenzoat*, F. 64—65°]. — *2.2-Dimethyl-4.4-diphenylbuten-(3)-al*, Kp.$_{0,02}$ 110—111°, analog Vorst. aus III; n_D^{24} 1,5820; 90%. *Semicarbazon*, F. 145°. *2.4-Dinitrophenylhydrazon*, F. 186°. — *2.2-Dimethylbuten-(3)-al*, durch ½ std. Kochen von IV mit $2nH_2SO_4$; 45%. *Semicarbazon*, F. 158 bis 160°. *2.4-Dinitrophenylhydrazon*, F. 136°. — *2.2-Dimethylpenten-(3)-al*, Kp.$_{760}$ 127—128°, aus VI; $n_D^{24,5}$ 1,4295; 48%. *Semicarbazon*, F. 151°. *2.4-Dinitrophenylhydrazon*, F. 128°. — *2.2-Dimethyl-4-phenylpenten-(3)-al*, Kp.$_{0,05}$ 86°, aus VII; $n_D^{24,5}$ 1,5345; 75%. *Semicarbazon*, F. 165°. *2.4-Dinitrophenylhydrazon*, F. 167°. H.-E. TOUSSAINT. 1800□

Die absolute Konfiguration von Myoinosit-1-phosphaten und eine Bestätigung der Bornesitkonfigurationen. Clinton E. Ballou und Lewis I. Pizer. (J. Amer. chem. Soc. **82.** 3333—35. 5/7. 1960. Berkeley, Calif., Univ. of California, Dep. of Biochem.) (Engl.) — Vgl. C. **1960.** 7496.

Aus Galaktin (I) wird durch vollständige Benzylierung zu *Nona-O-benzylgalaktin*, dessen Methanolyse zu einem Gemisch aus *2.3.4.5.6-Penta-O-benzylmyoinosit* (II) u. *Methyl-2.3.4.6-tetra-O-benzyl-D-galaktosid* (III) sowie Phosphorylierung u. Hydrogenolyse des II/III-Gemisches *D-Myoinosit-1-phosphat* (IV) dargestellt. IV ist das Enantiomorphe von aus Sojabohnenphosphoinositid (V) gewonnenem Myoinosit-1-phosphat, das somit L-Myoinosit-1-phosphat darstellt. Durch Methylierung des II/III-Gemisches u. Debenzylierung wird (+)-*Bornesit* (*D-Myoinosit-1-O-methyläther*) erhalten. Die Feststellung von ANGYAL u. Mitarbeitern (C. **1958.** 1562), daß in der Natur nur Methyläther von Myoinosit vorkommen, bei denen die Methylgruppe an einer äquatorialen Hydroxylgruppe sitzt, kann auf I u. V ausgedehnt werden.

Versuche: *Nona-O-benzylgalaktin*, $C_{75}H_{76}O_{11}$, durch 20 std. Rühren von 4,6 g I in abs. Dimethylformamid bei Raum-Temp. mit Benzylbromid/Ag_2O, Filtrieren, Einengen im Hochvakuum bei 100°, Auskochen des Rückstandes mit Bzl., Eindampfen der benzol. Lsg. im Hochvakuum bei 150°, Lösen des erhaltenen *Heptabenzyläthers* in Benzylchlorid, 3 std. Rk. mit KOH bei 140°, Kühlen, Zugabe von Bzl. u. W., Eindampfen der benzol. Schicht im Hochvakuum bei 150°, Lösen des Sirups in wenig sd. abs. A. u. Kühlen auf −10°; $[\alpha]_{589}^{25}$ +40° (c = 1; Bzl.); 12 g (Ausbeute); 3 g geben durch 24 std. Kochen in 1%ig. methanol. HCl, Einengen im Vakuum, Lösen in Bzl. u. W. u. Eindampfen der organ. Phase 3 g eines Gemisches aus *2.3.4.5.6-Penta-O-benzylmyoinosit* (II) u. *Methyl-2.3.4.6-tetra-O-benzyl-D-galaktosid* (III) ($C_{76}H_{80}O_{12}$). — *D-Myoinosit-1-phosphat* (IV), *Dicyclohexylammoniumsalz*, $C_{18}H_{39}N_2O_9P$, durch 18 std. Rk. von 0,90 g vorst. II/III-Gemisches in abs. Pyridin mit Phosphorsäurediphenylesterchlorid bei 25°, Zugabe von wenig W., Lösen in Bzl., Eindampfen der benzol. Lsg., 1 std. Hydrieren von 1,5 g der erhaltenen *phosphorylierten Verb.* $C_{90}H_{93}O_{15}P$ (1,1 g) in abs. A. in Ggw. von Pd/Kohle, 6 std. Rühren mit Amberlite IR-45 (OH-Form), Abfiltrieren, Eluieren mit W./Cyclohexylamin, Eindampfen im Vakuum, Lösen in W. u. Versetzen mit Aceton; $[\alpha]_D^{25}$ −3,2° (pH 9; W.); $[\alpha]^{25}$ +9,3° (pH 2; W.); 100 mg. — *D-Myoinosit-1-O-methyläther* [(+)-*Bornesit*], $C_7H_{14}O_6$, F. 199—200° (W./A.), durch 2 std. Kochen von 1,5 g II/III-Gemisch in abs. Ae. mit Na, 5 std. Kochen mit Methyljodid, Eindampfen, 18 std. Hydrieren von 1,4 g der erhaltenen *Verb.* $C_{77}H_{82}O_{12}$ in abs. A. über Pd/Kohle, Eindampfen, Chromatographie des erhaltenen Sirups (300 mg) an Cellulose, Eluieren mit Aceton/W. (90:10) u. Eindampfen der erhaltenen Fraktionen; $[\alpha]_D^{25}$ +34,0 (c = 0,6; W.); R_F 0,39 [in Aceton/W. (80:20) an WHATMAN-Papier Nr. 1]; daneben wenig *Myoinosit* (R_F 0,22) u. *Methylgalaktosid* R_F 0,61). W. LIEBSCHER. 1860□

Synthese von Cycloalken-(1)-yläthylaminen. Roberto Trave und Giuseppe Bianchetti. (Atti Accad. naz. Lincei, Rend., Cl. Sci. fisiche, mat. natur. [8] **28.** 814—23. Juni 1960. Milano, Univ., Ist. per la Laurea in Chim. ind., Labor. di Chim. ind. organ.) (Ital.)

Vff. beschreiben die Darst. von *Cyclohexen-(1)-yläthylamin* (I) u. *Cyclopenten-(1)-yläthylamin* (II). I entsteht durch Kondens. von 2-[N.N-Dimethylaminomethyl]-cyclohexanon (III) mit Nitromethan, Red. des *2-[β-Nitroäthyl]-cyclohexanons* mit $NaBH_4$ zu *2-[β-Nitroäthyl]-cyclohexanol* (IV), katalyt. Hydrierung zu *2-[β-Aminoäthyl]-cyclohexanol* (V), Umwandlung in *1-Chlor-2-[β-aminoäthyl]-cyclohexan* u. HCl-Abspaltung. V ist auch durch Red. von *2-Cyanmethylcyclohexanol* (VI) zugänglich, das man einerseits durch Red. von 2-Cyanmethylcyclohexanon gewinnt. Zur Darst. von II wird 2-[β-Bromäthyl]-2-äthoxycarbonylcyclopentanon (VII) durch HBr in *2-[β-Bromäthyl]-cyclopentanon* umgewandelt, das man zu *2-[β-Bromäthyl]-cyclopentanol* red., dieses in *2-[β-Aminoäthyl]-cyclopentanol* überführt, welches mit $SOCl_2$ das nicht isolierte *1-Chlor-2-[β-aminoäthyl]-cyclopentan* liefert, aus dem durch HCl-Abspaltung II entsteht.

Versuche: *2-[β-Nitroäthyl]-cyclohexanon*, $Kp._{15}$ 130—132°, durch 3std. Kochen von III mit überschüssigem CH_3NO_2 in Ggw. von Trilon B unter Einleiten von N_2, Abdest. von CH_3NO_2 bei 80—100 Torr u. fraktionierte Dest. des Rückstandes; 65% (Ausbeute). — *2-[β-Nitroäthyl]-cyclohexanol* (IV), $C_8H_{15}NO_3$, $Kp._{0,6}$ 110—111°, durch Einrühren von 33% ig. KOH in die methanol. Lsg. vorst. Verb. in der Kälte, Eintropfen von $NaBH_4$ in W. unterhalb von 30°, Ansäuern mit Essigsäure nach 3std. Stehen, Abdest. von CH_3OH u. Ae.-Extraktion; 94%. — *2-Cyanmethylcyclohexanon*, $Kp._2$ 114—116°, a) durch Lösen von 31 g III in Bzl., Eintropfen von 25,2 g $(CH_3)_2SO_4$ bei 35—45°, Lösen des abfiltrierten *Methomethylsulfates* in Dimethylformamid (DMF), Zugabe von überschüssigem NaCN, 2std. Erwärmen auf 75—80°, Einengen, Aufnehmen in W. u. Ae.-Extraktion; 20 g; b) durch Lösen von 77,5 g III in DMF, Zugabe von 63 g $(CH_3)_2SO_4$ u. 35 g NaCN zu der mit W. gekühlten Lsg., Erwärmen auf 40 bzw. 60—70°, Stehen über Nacht. u. Dest.; 56 g. — *2-Cyanmethylcyclohexanol* (VI), $C_8H_{13}NO$, $Kp._{1,5}$ 106—108°, a) durch katalyt. Hydrierung von 13,7 g vorst. Verb. an Pd-Kohle bei 50 at u. 70—80° in CH_3OH; 5 g; b) durch Red. vorst. Verb. mit $NaBH_4$ in wss.-methanol. Lsg. bei 25°, Ansäuern mit Essigsäure, Einengen u. Ae.-Extraktion; 80%. — *2-[β-Aminoäthyl]-cyclohexanol* (V), $Kp._{1,5}$ 104—106°, a) durch 2std. Hydrierung von IV an Pd-Kohle in A., Abfiltrieren, Einengen u. Dest.; 88%; b) durch Red. von VI in A. mit RANEY-Ni bei 50 at u. 70—80°; 90%. — *1-Chlor-2-[β-aminoäthyl]-cyclohexan*, $Kp._{1,5}$ 91—93°, durch Sättigen der Lsg. von 20 g V in Chlf. mit HCl, Eintropfen von $SOCl_2$ im Überschuß, 1std. Erwärmen auf 50° u. Gießen auf Eis; 19 g. *Pikrat*, $C_{14}H_{19}ClN_4O_7$, F. 163—165°. — *Cyclohexen-(1)-yläthylamin* (I), a) durch 3std. Kochen von 18 g vorst. Verb. in A. mit konz. KOH, Abfiltrieren von KCl, Ansäuern, Einengen, Alkalisieren mit KOH, Ae.-Extraktion u. Dest.; 11 g; b) durch 5std. Erwärmen von V mit 85% ig. H_3PO_4 auf 150°, Verdünnen mit W., Alkalisieren u. Ae.-Extraktion; Ausbeute gering. *Pikrat*, F. 171°. *Oxalat*, F. 178°. — *2-[β-Bromäthyl]-cyclopentanon*, $Kp._4$ 99—100°, durch Eintropfen von VII (vgl. MAYER u. ALDER, C. **1958.** 4768) in 35% ig. HBr in der Wärme u. Dest.; n_D^{20} 1,5000; 86%. — *2-[β-Bromäthyl]-cyclopentanol*, $C_7H_{13}BrO$, $Kp._{0,5}$ 84°, aus vorst. Verb. in A. durch Red. mit wss. $NaBH_4$ unterhalb von 20°, Ansäuern mit Essigsäure, Verdünnen mit W. u. Ae.-Extraktion; n_D^{20} 1,5112; 95%. — *2-[β-Aminoäthyl]-cyclopentanol*, C_7H_{15}·NO, $Kp._{1,5}$ 104—106°, durch 3—4std. Erhitzen von vorst. Verb. mit wss.-äthanol. NH_4OH auf 100° im geschlossenen Gefäß, Zugabe von 1 Val NaOH, Eindampfen, Aufnehmen in Dioxan, Filtrieren, Einengen, Aufnehmen in Dioxan u. Einengen der filtrierten Lsg.; 52%. — *Cyclopenten-(1)-yläthylamin* (II), $Kp._{14}$ 68°, durch Sättigen der Lsg. vorst. Verb. in Chlf. mit HCl, Zugabe von $SOCl_2$ unterhalb von 30°, Erwärmen auf 50—55°, Gießen auf Eis, Alkalisieren der wss. Phase, Ae.-Extraktion des intermediären *Chlor-Deriv.*, 4std. Kochen mit äthanol. KOH, Abfiltrieren von KCl, Ansäuern des Filtrates, Einengen, Alkalisieren u. Ae.-Extraktion; 60%. *Pikrat*, F. 145°. G. PLATZER. 2110 □

Einwirkung von Thionylchlorid auf aromatische Hydroxyketone und ihre Derivate in Gegenwart von feinverteiltem Kupfer. 10. Mitt. Darstellung von 3.3'-Dibenzoyl-2.6.2'.6'- und -4.6.4'.6'-tetrahydroxydiphenylthioäthern und ihren Derivaten. V. J. Dalvi und G. V. Jadhav. (J. Indian chem. Soc. **33.** 807—11. Nov. 1956. Bombay, Inst. of Sci., Organ. Chem. Labor.) (Engl.) — 9. vgl. J. Indian chem. Soc. **33.** [1956.] 519; 8. vgl. C. **1960.** 11274; vgl. auch C. **1961.** 1180.

Es wird die Darst. von *3.3'-Dibenzoyl-2.6.2'.6'-tetrahydroxydiphenylthioäther* (I) u. *3.3'-Dibenzoyl-4.6.4'.6'-tetrahydroxydiphenylthioäther* (III) beschrieben. Rk. von I u. III mit Br_2 in Eisessig führt zu den entsprechenden *5.5'-Dibromdiphenylthioäthern*. Beide Dibrom-Verbb. liefern beim Behandeln mit HNO_3 das gleiche *2.4-Dihydroxy-3-brom-5-nitrobenzophenon*. Ferner werden von I u. III die *Tetraacetyl-*, *Dimethyl-* u. *Tetramethyl-Derivv.* sowie die *2.4-Dinitrophenylhydrazone* beschrieben.

Versuche: *3.3'-Dibenzoyl-2.6.2'.6'-tetrahydroxydiphenylthioäther* (I), $C_{26}H_{18}O_6S$, F. 246—247° (hellgelbe Nadeln; Eisessig), a) durch Zugabe von 9 ml $SOCl_2$ zu der gekühlten Suspension von 13 g 2.4-Dihydroxybenzophenon (II) u. 6 g Cu in 100 ml abs. Chlf., 36std. Aufbewahren bei Raum-Temp., Einengen der filtrierten Lsg. u. Behandeln des Rückstandes mit PAe., Bzl. u. A.; 1 g (Ausbeute); b) durch Einw. von 2 ml S_2Cl_2 auf 2 g II in Ae. unter Kühlung; 1 g. *2.4-Dinitrophenylhydrazon*, $C_{38}H_{26}N_8O_{12}S$, F. 210 bis 211° (Zers.; dunkelrote Nadeln; Eisessig). — *3.3'-Dibenzoyl-4.6.4'.6'-tetrahydroxydiphenylthioäther* (III), $C_{26}H_{18}O_6S$, F. 236—237° (gelbe Nadeln; Eisessig), a) aus dem in Chlf. unlösl. Rückstand von I durch Kochen mit verd. HCl zur Entfernung anorgan. Beimengungen; 5 g; b) durch Einw. von 1 ml SCl_2 auf die gekühlte Lsg. von 2 g II in Ae.; 0,5 g. *2.4-Dinitrophenylhydrazon*, $C_{38}H_{26}N_8O_{12}S$, F. 284—285° (Zers.; dunkelrote Nadeln). — *3.3'-Dibenzoyl-2.6.2'.6'-tetraacetoxydiphenylthioäther* (IV), $C_{34}H_{26}O_{10}S$, F. 121 bis 122° (Nadeln; verd. A.), durch Erhitzen von I u. Acetanhydrid in Ggw. von Pyridin auf dem Wasserbad. — *3.3'-Dibenzoyl-2.2'-dihydroxy-6.6'-dimethoxydiphenylthioäther* (V),

$C_{28}H_{22}O_6S$, F. 181—182° (Nadeln; A.), aus I u. $(CH_3)_2SO_4$ in Ggw. von wasserfreiem K_2CO_3 in Aceton durch 10std. Erhitzen auf dem Wasserbad. — *3.3'-Dibenzoyl-2.2'.6.6'-tetramethoxydiphenylthioäther* (**VI**), $C_{30}H_{26}O_6S$, F. 159—160° (Nadeln; A.), durch Erhitzen von I mit überschüssigem $(CH_3)_2SO_4$ u. folgende Behandlung mit 5%ig. NaOH. — *3.3'-Dibenzoyl-2.2'.6.6'-tetrahydroxy-5.5'-dibromdiphenylthioäther* (**VII**), $C_{26}H_{16}Br_2O_6S$, F. 220 bis 221° (Nadeln; Eisessig), a) durch Zugabe von Br_2 in Eisessig zu I in heißer CH_3COOH; b) aus **VIII** u. SCl_2 in Äther. — *2.4-Dihydroxy-5-brombenzophenon* (**VIII**), $C_{13}H_9BrO_3$, F. 148—149° (Nadeln; verd. A.), aus **II** in CH_3COOH durch Zugabe einer Lsg. von Br_2 in CH_3COOH. — *2.4-Dihydroxy-3.5-dibrombenzophenon*, $C_{13}H_8Br_2O_3$, F. 150—151° (Nadeln; verd. Alkohol), a) durch 4std. Erwärmen von I in CH_3COOH mit Br_2 in $CH_3 \cdot COOH$ auf dem Wasserbad u. Verdünnen mit W.; b) aus **II** in CH_3COOH u. Br_2 in CH_3COOH; c) analog aus **III**. — *3.3'-Dibenzoyl-4.6.4'.6'-tetraacetoxydiphenylthioäther*, $C_{34}H_{26}O_{10}S$, F. 146—147°, aus **III** analog **IV**. — *3.3'-Dibenzoyl-4.4'-dihydroxy-6.6'-dimethoxydiphenylthioäther*, $C_{28}H_{22}O_6S$, F. 182—183° (gelbe Platten; A.), a) aus **III** analog **V**; b) aus 4,5 g 2-Hydroxy-4-methoxybenzophenon (**IX**) analog **I**; 2 g; c) analog b) aus 4 g **IX** u. SCl_2; 1 g. — *3.3'-Dibenzoyl-4.6.4'.6'-tetramethoxydiphenylthioäther*, $C_{30}H_{26} \cdot O_6S$, F. 148—149° (Würfeln; Eisessig), aus **III** analog **VI**. — *2.4-Dihydroxy-3-brom-5-nitrobenzophenon*, $C_{13}H_8BrNO_5$, F. 208—209° (gelbe Platten; CH_3COOH); a) aus **VII** in CH_3COOH u. HNO_3 (D. 1,4) bei 0°; b) analog a) aus **XI**; c) aus **X** u. Br_2 in Eisessig. — *2.4-Dihydroxy-5-nitrobenzophenon* (**X**), $C_{13}H_9NO_5$, F. 144—145° (hellgelbe glänzende Nadeln; Alkohol), a) aus **III** u. HNO_3 in Essigsäure; b) aus **II** in CH_3COOH u. HNO_3 bei 0°. — *3.3'-Dibenzoyl-4.6.4'.6'-tetrahydroxy-5.5'-dibromdiphenylthioäther* (**XI**), $C_{26}H_{16}Br_2O_6S$, F. 198—199°; aus **III** analog **VII**. G. TALSKY. 2290□

Einwirkung von Thionylchlorid auf aromatische Hydroxyketone in Gegenwart von feinverteiltem Kupfer. 11. Mitt. **Darstellung von 2.2'-Dihydroxy-3.3'-diacetyl- und -3.3'-dipropionyl-5.5'-dimethyldiphenylsulfiden und 2.2'-Dihydroxy-3.3'-dimethyl-5.5'-diacetyldiphenylsulfid.** V. G. Kulkarni und G. V. Jadhav. (J. Indian chem. Soc. **33**. 818—20. Nov. 1956.) (Engl.) — 10. vgl. vorst. Ref.; 12. vgl. C. **1960**. **9873**.

2.2'-Dihydroxy-3.3'-diacetyl-5.5'-dimethyldiphenylsulfid (**I**) erhält man aus 2-Hydroxy-5-methylacetophenon (**II**) durch Einw. von $SOCl_2$ in Ggw. von feinverteiltem Cu bzw. durch Einw. von S_2Cl_2 oder SCl_2. Entsprechend entstehen aus 2-Hydroxy-5-methylpropiophenon (**III**) *2.2'-Dihydroxy-3.3'-dipropionyl-5.5'-dimethyldiphenylsulfid* (**IV**) u. aus 3-Methyl-4-hydroxyacetophenon (**V**) *2.2'-Dihydroxy-3.3'-dimethyl-5.5'-diacetyldiphenylsulfid* (**VI**). — Rk. von **I** mit HNO_3 führt zu *2-Hydroxy-3-nitro-5-methylacetophenon*. **IV** gibt bei Einw. von HNO_3 in Ggw. von H_2SO_4 *2.6-Dinitro-p-kresol* (**VII**); aus **VI** erhielt man unter gleichen Rk.-Bedingungen *4.6-Dinitro-o-kresol*. Ferner werden die *Diacetyl-Derivv.* u. *2.4-Dinitrophenylhydrazone* der Disulfide beschrieben.

Versuche: *2.2'-Dihydroxy-3.3'-diacetyl-5.5'-dimethyldiphenylsulfid* (**I**), $C_{18}H_{18}O_4S$, F. 100° (Zers.; Bzl.), aus 2 g **II** u. 3 ml $SOCl_2$ in Ggw. von 2 g Cu durch 24std. Stehen bei Raum-Temp., Verdünnen mit Bzl., filtrieren u. ½std. Einblasen von Wasserdampf in die zurückbleibende halbfeste Masse; 0,5 g (Ausbeute); b) aus 2 g **II** u. 2 ml S_2Cl_2 oder SCl_2 durch 24std. Stehenlassen bei Raum-Temp.; Filtrieren, Waschen mit abs. Ae. u. Aufarbeitung analog a); 1 g. *Diacetyl-Deriv.*, $C_{22}H_{22}O_6S$, F. 77—78° (A.), durch 2std. Kochen von **I** mit Acetanhydrid u. Pyridin. *2.4-Dinitrophenylhydrazon*, $C_{30}H_{26}N_8 \cdot O_{10}S$, F. 175—176° (Essigsäure). — *2-Hydroxy-3-nitro-5-methylacetophenon*, F. 130 bis 131° (A.), durch 1 std. Erhitzen von **I** mit konz. HNO_3 auf dem Wasserbad u. Wasserdampfdestillation. — *2.2'-Dihydroxy-3.3'-dipropionyl-5.5'-dimethyldiphenylsulfid* (**IV**), $C_{20}H_{22} \cdot O_4S$, F. 110° (Bzl.), a) durch 3std. Kochen von 3 ml **III** u. 5 ml $SOCl_2$ in Ggw. von 2 g Cu, Chlf.-Extraktion, Eindampfen u. Behandeln des Chlf.-Rückstandes mit A.; 2 g; b) durch 3std. Erhitzen von 3 ml **III**, 2 ml S_2Cl_2 oder SCl_2 mit 0,5 g Cu auf dem Wasserbad u. Aufarbeitung analog a); 0,5 g. *Diacetyl-Deriv.*, $C_{24}H_{26}O_6S$, F. 101—102° (Bzl.). — *2.4-Dinitrophenylhydrazon*, $C_{32}H_{30}O_{10}N_8S$, F. 200—201° (Chlf.). — *2.6-Dinitro-p-kresol* (**VII**), $C_7H_6N_2O_5$, F. 80—81° (A.), durch 24std. Aufbewahren von **I** mit konz. H_2SO_4 u. konz. HNO_3 bei Raum-Temp., Verdünnen mit W. u. Ae.-Extraktion. — *2.2'-Dihydroxy-3.3'-dimethyl-5.5'-diacetyldiphenylsulfid* (**VI**), $C_{18}H_{18}O_4S$, F. 98—99° (Zers.; A.), a) aus 2 g **V** u. 3 ml $SOCl_2$ in Ggw. von 1 g Cu analog **I** nach a); 0,8 g; b) aus **V** u. S_2Cl_2 bzw. SCl_2 analog **I** nach b). *Diacetyl-Deriv.*, $C_{22}H_{22}O_6S$, F. 112° (A.). *2.4-Dinitrophenylhydrazon*, $C_{30}H_{26}N_8O_{10}S$, F. 158—159° (Essigsäure). — *4.6-Dinitro-o-kresol*, $C_7H_6N_2O_5$, F. 86—87° (A.), analog **VII** aus **VI**, konz. H_2SO_4 u. konz. HNO_3 durch ½std. Erhitzen auf dem Wasserbad. G. TALSKY. 2290□

3.3-Diphenyl-3-cyanpropylisocyanat-(1), 3.3-Diphenyl-3-cyan-1-methylpropylisocyanat-(1) und deren Umwandlungsprodukte. 1. Mitt. **Über basisch substituierte**

Diphenylmethanderivate. H. Bretschneider, H. Deutscher, W. Klötzer und M. Sander. (Mh. Chem. **89.** 288—300. 31/5. 1958. Innsbruck, Univ., Inst. für Organ. u. Pharmazeut. Chem.) (Dt.) — 2. vgl. C. **1962. 9699.**

Aus Diphenylacetonitril (**I**) wurde durch Michael-Kondens. mit Methacrylsäuremethylester (**VI**) *3.3-Diphenyl-3-cyan-1-methylpropan-1-carbonsäuremethylester* (**II**) erhalten. **II** wurde über die *freie Säure* (**III**) u. das *Säurechlorid* (**VIII**) in das *Säureazid* (**IV**) übergeführt. Curtius-Abbau von **IV** liefert das entsprechende *Isocyanat* (**V**). Analog wurde *3.3-Diphenyl-3-cyanpropylisocyanat* erhalten. **V** wurde mit Ameisensäureessigsäureanhydrid (**X**) in das *Formylamino-Deriv.* übergeführt. Durch Methylierung mit HCHO/HCOOH wurde *N.N-Dimethyl-3.3-diphenyl-3-cyan-1-methylpropylamin* (**VII**) dargestellt. Analog wurde aus (—)-**III** (—)-*N.N-Dimethyl-3.3-diphenyl-3-cyan-1-methylpropylamin* neben (—)-*3.3-Diphenyl-1.5-dimethyl-2-formyliminopyrrolidin* (?) erhalten. Weiter werden aus **II** bzw. **III** über die entsprechenden *Amide* *α.α-Diphenyl-α'-methyl-* (**XII**) bzw. *α.α-Diphenylglutarimid* u. aus **I** mit Methacrylsäureamid (**XI**) *5.5-Diphenyl-3-methyl-6-iminopiperidon-(2)* dargestellt.

Versuche: *3.3-Diphenyl-3-cyan-1-methylpropan-1-carbonsäure* (**III**), *Methylester* (**II**), $C_{19}H_{19}NO_2$, F. 104—105° (Methanol), durch Michael-Kondens. von **I** u. **VI** mit Na in abs. CH_3OH u. 5std. Kochen; 93,5% (Ausbeute). *Freie Säure* (**III**), F. 139—141° (Methanol), durch Verseifung von **II** mit wss. NaOH bei 100°, Versetzen mit HCl bis zur Trübung, Animpfen u. Ansäuern mit HCl; 98%. *Azid* (**IV**), durch Kochen von **III** mit $SOCl_2$ u. Zugabe von NaN_3 in W. zum erhaltenen *Säurechlorid* (**VIII**; F. 68 bis 70°; 93%) in Aceton $<5°$. — *3.3-Diphenyl-3-cyan-1-methylpropylisocyanat* (**V**), $C_{18}H_{16}$·N_2O, F. 111—114° (PAe./Ae.), durch Lösen des feuchten **IV** in Bzl., Trocknen u. Kochen; 73,2% (bezogen auf **VIII**). — *3.3-Diphenyl-3-cyanpropan-1-carbonsäuremethylester*, $C_{18}H_{17}NO_2$, F. 32—33°, Kp.$_{0,03}$ 177°, durch Kochen von **I** u. Acrylsäuremethylester mit Na in abs. Methanol; n_D^{22} 1,5619. *Freie Säure* (**XIII**), F. 160—161° (Methanol), durch Verseifung des Esters in wss. NaOH; 82% (bezogen auf **I**). — *3.3-Diphenyl-3-cyanpropylisocyanat*, $C_{17}H_{14}N_2O$, Kp.$_{0,1}$ 180—190° (Luftbad-Temp.), aus **XIII** über das *Säurechlorid* (F. 70°; 95%) u. *Azid*; ca. 20% neben nicht destillierbarem *Polymeren*. — *N-Formyl-3.3-diphenyl-3-cyan-1-methylpropylamin*, $C_{18}H_{18}N_2O$, F. 139—141° (Methanol) aus **V** in abs. Ae. u. **X** durch 5std. Kochen; 93%. — *N.N-Dimethyl-3.3-diphenyl-3-cyan-1-methylpropylamin* (**VII**), F. 86—91° (Methanol), Kp.$_{0,2}$ 166—167°, a) aus vorst. Verb., Paraformaldehyd (**XIV**) u. 95%ig. HCOOH durch 18std. Kochen; 58%; b) durch Zugabe von **IV** in Dichlormethan bei 0° zu **X**, Erhitzen bis zum Kp. 90—94°, Zugabe von **XIV** u. 36std. Kochen; 65%. — (—)-*N.N-Dimethyl-3.3-diphenyl-3-cyan-1-methylpropylamin* [(—)-**VII**], F. 98—100°, aus 14 g (—)-**III** [F. 83—86°, $[\alpha]_D^{20}$ —55° (Pyridin); vgl. Klötzer, C. **1957.** 4949] u. $SOCl_2$ in Bzl. durch 5std. Rk. bei 20° unter Durchleiten von N_2, Umsetzen des erhaltenen Säurechlorids zum Säureazid, 2std. Kochen in CCl_4 mit **X**, 20 std. Kochen des erhaltenen (+)-*N-Formylamino-Deriv.* [F. 164—167° (Toluol); $[\alpha]_D^{20}$ +25° (Chlf.); 12,6 g] mit **XIV** u. wasserfreier HCOOH, 24std. Stehen der Rohbase (11,3 g) in Aceton mit Weinsäure u. Zerlegung des erhaltenen *Tartrats*(F. 105°); $[\alpha]_D^{20}$ —45° (A.); 57%; daneben aus der Acetonmutterlauge durch Zugabe von Ae. 2,5 g *3.3-Diphenyl-1.5-dimethyl-2-formyliminopyrrolidintartrat* [F. 175°. *Freie Base*, $C_{19}H_{20}$·N_2O, F. 106—108° (Methanol); $[\alpha]_D^{20}$ —68° (Methanol)]. — *N-Carbomethoxy-3.3-diphenyl-3-cyan-1-methylpropylamin* (**IX**), $C_{19}H_{20}N_2O_2$, F. 147,5—150° (Methanol), durch 2std. Kochen von **V** in abs. Methanol; 71%. — *N.N'-Bis-[3.3-diphenyl-3-cyan-1-methylpropylharnstoff]*, $C_{35}H_{34}N_4O$, F. 179,5—181° (Aceton), aus **IV** (dargestellt aus 119,5 g **VIII**) unter Selbstzers.; 65 g. — *N.N-Diacetyl-3.3-diphenyl-3-cyan-1-methylpropylamin*, $C_{21}H_{22}$·N_2O_2, F. 78,5—79,5° (Methanol, Kp.$_{0,1}$ 115—135°, durch 2std. Kochen von **V** u. Essigsäureanhydrid im N_2-Strom; 70%. — *α.α-Diphenyl-α'-methylglutarimid* (**XII**), $C_{18}H_{17}NO_2$, F. 183—186° (A.), durch 3std. Kochen von **III** mit konz. HCl; 75%. — *α.α-Diphenyl-α'-methyl-N-[β-dimethylaminoäthyl]-glutarimid*, F. 111—113°, aus **XII** in Toluol durch 1std. Kochen mit $NaNH_2$, Zugabe von β-Dimethylaminoäthylchlorid (**XV**) u. 7std. Kochen; 66,8%. *Hydrochlorid*, $C_{22}H_{27}ClN_2O_2$, F. 238—241°. *Brommethylat*, $C_{23}H_{29}BrN_2O_2$, F. 186—189°, durch 3½std. Erwärmen der Base in abs. Aceton mit Methylbromid; 86,8%. — *α.α-Diphenylglutarimid*, $C_{17}H_{15}NO_2$, F. 158—160° (Methanol), aus **XIII** u. Eisessig in Ggw. von konz. H_2SO_4 durch 3std. Kochen; 84%. *N-[β-Dimethylaminoäthyl]-Deriv.*, F. 146 bis 147° (A.), aus dem Imid mit $NaNH_2$ u. **XV** in abs. Toluol durch 7std. Kochen. *Hydrochlorid*, $C_{21}H_{25}ClN_2O_2$, F. 250—255°. *Brommethylat*, $C_{22}H_{27}BrN_2O_2$, F. 276—279°; 91%. — *5.5-Diphenyl-3-methyl-6-iminopiperidon-(2)*, $C_{18}H_{18}N_2O$, F. 225—227° (A.), aus **I** u. **XI** mit Na-Methylat durch 4std. Kochen; gibt bei 10 Min. langem Kochen mit verd. HCl **XII**. — *3.3-Diphenyl-3-cyan-1-methylpropancarbonsäureamid*, $C_{18}H_{18}N_2O$, F. 158—160° (A.), aus **VIII** u. NH_3; 75%; gibt durch Hofmannschen Abbau **IX**. M. Meisel. 2410

Michael-Reaktionen an ungesättigten Ketosäuren in wässerigem Milieu. Sylvestre Julia und Daniel Varech. (Bull. Soc. chim. France **1959.** 1463—68. Okt. Paris, Ecole Nat. Supér. de Chim.) (Franz.)

Durch Rk. von β-Aroylacrylsäuren (**AAc**) mit N.N-Diäthylacetylacetamid (**I**) bzw. Acetylacetanilid (**V**) in wss. Na_2CO_3-Lsg. nach MICHAEL werden *6-Diäthylcarbamoyl-* bzw. *6-Phenylcarbamoyl-5-carboxy-3-arylcyclohexen-(2)-one-(1)* erhalten. Die *6-Diäthylcarbamoyl-3-phenyl-Verb.* kann mit KBH_4 zu *6-Diäthylcarbamoyl-5-carboxy-3-phenylcyclohexen-(2)-ol-(1)* (wahrscheinlich das *trans-trans-Isomere*) red. werden. Mit Propionylessigsäureäthylester (**VI**) liefern die **AAc** in wss. KOH *2-Methyl-3-aryl-5-carboxycyclohexen-(2)-one-(1)*, deren UV-Spektren eine ster. Behinderung der Moll. anzeigen. Die Rk. von Acetylaceton (**VII**) mit β-Benzoyl- (**IV**) bzw. β-Tetraloylacrylsäure führt zu *α-Acetonyl-γ-phenyl-* bzw. *-γ-tetralyl-γ-carboxymethylbutyrolacton.* Die Kondens. der **AAc** mit Nitromethan gibt *3-Aroyl-2-nitromethylpropionsäuren,* die sich mit Zn/Essigsäure bzw. katalyt. zu den *2-Aryl-4-carboxypyrrolinen* red. lassen. Die Reinigung erfolgt über die *Äthylesterpikrate.* Mit Methyl- bzw. Äthylamin werden aus den **AAc** *3-Aroyl-2-methylamino-* bzw. *-2-äthylaminopropionsäuren* erhalten, die als *Acetate* bzw. durch Red. mit KBH_4 zu den *4-Hydroxy-4-aryl-2-alkylaminobuttersäuren* charakterisiert wurden. Die Kondens. verschiedener Benzylidenbrenztraubensäuren als K-Salze mit Acetessigsäureäthylester (**IX**) bzw. **I** führt zu *3-Carboxy-5-arylcyclohexen-(2)-onen-(1)* bzw. *3-Carboxy-5-aryl-6-diäthylcarbamoylcyclohexen-(2)-onen-(1). 3-Carboxy-5-phenylcyclohexen-(2)-on-(1)* (**II**) läßt sich katalyt. zu *3-Carboxy-5-phenylcyclohexanol* hydrieren, das ebenso aus 3-Phenyl-5-carboxycyclohexen-(2)-on-(1) zugänglich ist. **II** läßt sich mit KBH_4 zum *Alkohol* reduzieren; **II**-*Äthylester* wird mit Pd–Kohle zu *3-Phenyl-5-hydroxybenzoesäure* aromatisiert. Die Kondens. von Benzylidenlävulinsäuren mit Malonsäurediäthylester (**XI**) in Ggw. von $NaOC_2H_5$/A. führt zu den *2-Carboxymethyl-4-äthoxycarbonyl-5-arylcyclohexandionen-(1.3),* die sich durch wss. Na_2CO_3 zu den *2-Carboxymethyl-5-arylcyclohexandionen-(1.3)* abbauen lassen. Bei der Kondens. von p-Methoxybenzylidenlävulinsäure (**X**) mit **IX** wird nach 5std. Rk.-Zeit *2-Carboxymethyl-3-methyl-5-[p-methoxyphenyl]-cyclohexen-(2)-on-(1)* (**III**) erhalten. Als Nebenprod. entsteht eine *Verb. vom F. 105—107°* mit unbekannter Struktur. Die Red. von **III** mit KBH_4 führt zum entsprechenden *Lacton.*

Versuche: 5-Carboxycyclohexen-(2)-one-(1): *6-Diäthylcarbamoyl-3-[p-chlorphenyl]-*, $C_{18}H_{20}ClNO_4$, F. 162° (Bzl.–CH_3OH), durch 2std. Erwärmen von 1,5 g **I** u. 2,1 g β-[p-Chlorbenzoyl]-acrylsäure in 1n KOH auf dem Wasserbad; 1,6 g (Ausbeute). — *6-Diäthylcarbamoyl-3-[p-methylphenyl]-*, $C_{19}H_{23}NO_4$, F. 145° (Bzl.–Ligroin), mit β-[p-Methylbenzoyl]-acrylsäure; 56%. — *6-Diäthylcarbamoyl-3-[β-tetralyl]-*, $C_{22}H_{27}NO_4$, F. 135° (Bzl.–Ligroin); 55%. — *6-Phenylcarbamoyl-3-phenyl-, Monohydrat,* $C_{20}H_{17}NO_4 \cdot H_2O$, F. 130° (wss. CH_3OH), durch Stehen von **IV** u. **V** in 1n KOH bei Raum-Temp. über Nacht; 73%. — *6-Phenylcarbamoyl-3-[p-methylphenyl]-*, $C_{21}H_{19}NO_4$, F. 190° (wss. A.); 75%. — *6-Phenylcarbamoyl-3-[p-chlorphenyl]-*, $C_{20}H_{16}ClNO_4$, F. 178° (wss. A.); 74%. — *6-Phenylcarbamoyl-3-[p-methoxyphenyl]-*, $C_{21}H_{19}NO_5$, F. 169° (wss. A.); 75%. — *6-Phenylcarbamoyl-3-[3.4-dichlorphenyl]-*, $C_{20}H_{15}Cl_2NO_4$, F. 156° (wss. A.); 50%. — *6-Phenylcarbamoyl-3-[p-bromphenyl]-*, $C_{20}H_{16}BrNO_4$, F. 179° (wss. A.); 70%. — *2-Methyl-3-phenyl-*, $C_{14}H_{14}O_3$, F. 107° (Bzl.–Ligroin), durch 1std. Rühren von **IV** u. **VI** in 1n KOH, Stehen über Nacht bei Raum-Temp. u. 1½std. Kochen; 80%. — *2-Methyl-3-[p-bromphenyl]-*, $C_{14}H_{13}BrO_3$, F. 153° (Bzl.–Ligroin); 40%. — *2-Methyl-3-[p-chlorphenyl]-*, $C_{14}H_{13}ClO_3$, F. 159° (Bzl.–Ligroin); 80%. — *2-Methyl-3-[3.4-dichlorphenyl]-*, $C_{14}H_{12}Cl_2O_3$, F. 118° (Bzl.–Ligroin); 77%. — *6-Diäthylcarbamoyl-5-carboxy-3-phenylcyclohexen-(2)-ol-(1)*, $C_{18}H_{23}NO_4$, F. 162° (CH_3OH–Bzl.), durch Stehen von 1,5 g des Ketons mit KBH_4 in W. über Nacht bei Raum-Temp.; 600 mg. — *α-Acetonyl-γ-phenyl-γ-carboxymethylbutyrolacton,* $C_{15}H_{16}O_5$, F. 135—137° (Bzl.–Ligroin), durch Stehen von **VII** u. **IV** in wss. 1n Na_2CO_3 über Nacht. — *α-Acetonyl-γ-tetralyl-γ-carboxymethylbutyrolacton,* $C_{19}H_{22}O_5$, F. 145—147° (Bzl.–Ligroin). — 2-Nitromethylpropionsäuren: *3-Benzoyl-* (**VIII**), $C_{11}H_{11}NO_5$, F. 122° (CH_3OH–Bzl.), durch 6std. Rühren von 17,6 g **IV** u. CH_3NO_2 in 1n KOH; 10,5 g. — *3-[p-Chlorbenzoyl]-*, $C_{11}H_{10}ClNO_5$, F. 155° (CH_3OH–Bzl.). — *3-[p-Brombenzoyl]-*, $C_{11}H_{10}BrNO_5$, F. 169° (CH_3OH–Bzl.). — *3-[β-Tetraloyl]-*, $C_{15}H_{17}NO_5$, F. 116° (CH_3OH–Bzl.). — *2-Phenyl-4-äthoxycarbonylpyrrolin,* $Kp._{0,8}$ 145—155° (Bad-Temp.), a) durch Behandeln von 1 g **VIII** in Essigsäure mit Zn-Pulver bei 50—60°, 30 Min. Erwärmen auf 60°, Filtrieren u. 6std. Kochen mit abs. A./Bzl./HCl; 400 mg; b) durch Hydrieren von 4 g **VIII** in A. über RANEY-Ni; 2,9 g. *Pikrat,* $C_{19}H_{18}N_4O_9$, F. 151° (A.–W.). — *3-Benzoyl-2-äthylaminopropionsäure,* $C_{12}H_{15}NO_3$, F. 173—178° (Zers.; W.–A.), durch Stehen von 1,8 g **IV** mit 33%ig. $C_2H_5NH_2$ über Nacht; 1,62 g. *Hydrochlorid,* F. 158—159° (CH_3OH–abs. Ae.). — *3-Benzoyl-2-methylaminopropionsäure,*

$C_{11}H_{13}NO_3$, F. 173—178° (Zers.; W.-A.), glänzende Nadeln; 77%. *Hydrochlorid*, F. 187 bis 191°. *Acetat*, $C_{13}H_{15}NO_4$, F. 178—181° (A.). — *3-[β-Tetraloyl]-2-äthylaminopropionsäure*, $C_{16}H_{21}NO_3$, F. 147—150° (W.-CH_3OH); 60%. — *4-Hydroxy-4-phenyl-2-methylaminobuttersäure*, $C_{11}H_{15}NO_3$, F. 170° (W.-A.), durch Stehen von 500 mg vorvorst. Verb. mit KBH_4 in 1n KOH über Nacht; 400 mg. — 3-Carboxycyclohexen-(2)-one-(1): *5-Phenyl-* (II), $C_{13}H_{12}O_3$, F. 144° (Bzl.-PAe.), durch Stehen des K-Salzes der Benzylidenbrenztraubensäure mit **IX** in 1n KOH über Nacht; 80%. *Äthylestersemicarbazon*, $C_{16}H_{19}\cdot N_3O_3$, F. 195° (A.). — *5-[p-Chlorphenyl]-*, $C_{13}H_{11}ClO_3$, F. 167—169° (Bzl.), 1std. Kochen zusätzlich. *Äthylester*, $C_{15}H_{15}ClO_3$, F. 42° (PAe.). *Äthylestersemicarbazon*, $C_{16}H_{18}ClN_3O_3$, F. 207° (A.-W.). — *5-[p-Methoxyphenyl]-*, *Äthylestersemicarbazon*, $C_{17}H_{21}N_3O_4$, F. 169° (A.). — *5-Phenyl-6-diäthylcarbamoyl-*, $C_{18}H_{21}NO_4$, F. 170° (wss. CH_3OH u. Bzl.-Ligroin), 20 Std. bei Raum-Temp. mit **I**; 60%. — *5-[p-Methoxyphenyl]-6-diäthylcarbamoyl-*, *Monohydrat*, $C_{19}H_{23}NO_5\cdot H_2O$, F. 100° ($CH_3OH$); 57%. — *3-Phenyl-5-hydroxybenzoesäure*, F. u. Misch-F. 223°, durch 1½ std. Erhitzen von 1 g **II**-Äthylester mit Pd-Kohle auf 250°; 600 mg. — *3-Carboxy-5-phenylcyclohexen-(2)-ol-(1)*, $C_{13}H_{14}O_3$, F. 151° (Bzl.), durch Red. von **II** mit KBH_4 in wss. KOH. — *3-Carboxy-5-phenylcyclohexanol*, F. u. Misch-F. 148° (Bzl.), durch Hydrieren von **II** in CH_3OH über Pd-Kohle. — *2-Carboxymethyl-4-äthoxycarbonyl-5-[p-methoxyphenyl]-cyclohexandion-(1.3)*, $C_{18}H_{20}O_7$, F. 161 bis 162° (A.-Bzl.), aus **X** u. **XI** in Ggw. von $NaOC_2H_5$ in A.; 75%. — *2-Carboxymethyl-5-phenylcyclohexandion-(1.3)*, $C_{14}H_{14}O_4$, F. 204—207° (A.-Bzl.), durch Kochen von 7 g 2-Carboxymethyl-4-äthoxycarbonyl-5-phenylcyclohexandion-(1.3) mit wss. Na_2CO_3 über Nacht, Ansäuern mit H_2SO_4 u. einige Min. langes Kochen; 4 g. — *2-Carboxymethyl-5-[p-methoxyphenyl]-cyclohexandion-(1.3)*, F. 189—190° (A.-Bzl.). — *2-Carboxymethyl-3-methyl-5-[p-methoxyphenyl]-cyclohexen-(2)-on-(1)* (**III**), $C_{16}H_{18}O_4$, F. 135° (Bzl.-Ligroin), durch 5std. Kochen von 4,8 g **X** mit 2,6 g **IX** in 1n KOH; glänzende Blättchen; 2 g. *Methylestersemicarbazon*, $C_{18}H_{23}N_3O_4$, F. 126—142°. *Methylester-2.4-dinitrophenylhydrazon*, $C_{23}H_{24}N_4O_7$, F. 140—143° (Chlf.-CH_3OH). — *2-Carboxymethyl-3-methyl-5-[p-methoxyphenyl]-cyclohexen-(2)-ol-(1)-lacton*, $C_{16}H_{18}O_3$, F. 100° (Ae.-PAe. u. Bzl.-Ligroin), durch 6std. Stehen von **III** in 1n KOH mit KBH_4 bei Raum-Temp., Ansäuern mit verd. H_2SO_4 u. ¼std. Kochen auf dem Wasserbad. R. Pasedag. 2470□

Analgetica. 3. Mitt. **Homologe Methadone.** Arthur A. Patchett und Fred F. Giarrusso. (J. med. pharmac. Chem. **4.** 403—09. 8/9. 1961. Rahway, N. J., Merck, Sharp and Dohme Res. Labor.) (Engl.) — 2. vgl. zweitnachst. Referat.

Einige Homologe des Methadons werden dargestellt, so *7-Dimethylamino-5.5-diphenyl-7* (oder *6*)*-methylheptanon-(3)* (**I**) aus 1.1-Diphenylpentanon-(3) (**II**) durch Rk. von dessen *Dioxolan-Deriv.* mit β-Dimethylaminoisopropylchlorid (**V**).

Versuche: *5-Dimethylamino-3.3-diphenylpentansäureäthylesterhydrochlorid*, $C_{21}H_{28}\cdot ClNO_2$, F. 182—183° (Aceton/Äthylacetat), durch Rk. von 7,6 g β.β-Diphenylacrylsäureäthylester mit K in fl. NH_3, Zusatz von Dimethylaminoäthylchlorid (**III**) u. Tetrahydrofuran bei 0° u. 1std. Kochen; 3,4 g. — *6-Dimethylamino-4.4-diphenylhexanon-(2)* (**IV**), *Hydrochlorid*, $C_{20}H_{26}ClNO$, F. 244—246° (Methanol/Äthylacetat), durch Überführung von 4.4-Diphenylbutanon-(2) in 6 g *Dioxolan-Deriv.* ($Kp._1$ 143—150°) u. dessen Rk. mit KNH_2 u. **III** analog vorst. Verb.; 4,4 g. — *6-Dimethylamino-4.4-diphenyl-6* (oder *5*)*-methylhexanon-(2)*, $C_{21}H_{27}NO$, F. 98—100° (PAe.), $Kp._{1,2}$ 145—149°, analog vorst. Verb. mit **V**. *Hydrochlorid*, F. 202—205° (Aceton/Ae. u. Butanon). — *1.1-Diphenylpentanon-(3)* (**II**), $C_{17}H_{18}O$, F. 37—38°, $Kp._{0,5}$ 140—144°, durch Rk. von 1-Phenylpenten-(1)-on-(3) mit Bzl. in Ggw. von $AlCl_3$. *Oxim*, F. 119—122° (A.). — *7-Dimethylamino-5.5-diphenylheptanon-(3)-hydrochlorid*, $C_{21}H_{28}ClNO$, F. 186—187,5° (Methanol/Äthylacetat), aus **II** u. **III** analog **IV**. — *7-Dimethylamino-5.5-diphenyl-7* (oder *6*)*-methylheptanon-(3)* (**I**), $C_{22}H_{29}NO$, $Kp._{0,5}$ ca. 200° (Bad-Temp.), aus **II** u. **V** analog **IV**. *Perchlorat*, $C_{22}H_{30}ClNO_5$, F. 175—177° (Isopropanol). W. Holland. 2540□

Verfahren zur Synthese der Ester von symmetrischen Bis-[alkoxyaryl]-essigsäuren; Darstellung von Bis-[4-methoxynaphthyl-(1)]-essigsäure und einigen Derivaten. Colette Broquet-Borgel und Raymond Quelet. (C. R. hebd. Séances Acad. Sci. **249.** 1761—63. 2/11. 1959. Paris, Fac. des Sci., Labor. de Chim. org. II.) (Franz.)

Die Kondens. von Diäthoxyessigsäureäthylester (**I**, Glyoxylsäureäthylesterdiäthylacetal) mit 1-Methoxynaphthalin (**II**) führt in hoher Ausbeute zum *Äthylester* der *Bis-[4-methoxynaphthyl-(1)]-essigsäure* (**III**), deren Struktur durch Oxydation zu *Bis-[4-methoxynaphthyl-(1)]-keton* bestätigt wird. Verschiedene Derivv. von **III** werden beschrieben. Das durch Dehydratisieren des Amids erhaltene *Bis-[4-methoxynaphthyl-(1)]-acetonitril* erwies sich, vermutlich aus ster. Gründen, als äußerst reaktionsträge; auch unter schärfsten Bedingungen gelang es nicht, Iminoester u. das Amidin darzustellen.

Versuche: *Bis-[4-methoxynaphthyl-(1)]-essigsäure* (III), $C_{24}H_{20}O_4$, F. 208° (Essigsäure; nach Erstarren F. 230°), durch Verseifen des Äthylesters mit alkohol. NaOH. *Äthylester*, $C_{26}H_{24}O_4$, F. 156—157° (A.), durch langsames Zugeben von Essigsäure/H_2SO_4 zu I u. II in Eisessig bei 0°, 2std. Rühren unter Kühlung u. Stehen über Nacht; 80% (Ausbeute). *Chlorid*, F. 200°, mit $SOCl_2$. *Amid*, F. 262° (A.). *Hydrazid*, $C_{24}H_{22}N_2O_3$, F. 212°, aus Methanol Schuppen; 90%. — *Bis-[4-methoxynaphthyl-(1)]-acetonitril*, $C_{24}H_{19}NO_2$, F. 211°, aus dem III-Amid u. $POCl_3$ in Ggw. von Pyridin; 70%. — *N-{Bis-[4-methoxynaphthyl-(1)]-methyl}-urethan*, $C_{26}H_{25}NO_4$, F. 194° (A.), durch 4std. Erhitzen des aus dem III-Hydrazid mit HNO_2 erhaltenen Azids mit abs. Alkohol. — *Bis-[4-methoxynaphthyl-(1)]-keton*, F. 144°, durch Oxydation von III mit CrO_3.
H.-E. TOUSSAINT. 2700□

Analgetica. 2. Mitt. **Mit 1-Acyloxy-1-benzyl-2-dimethylaminomethyl-1.2.3.4-tetrahydronaphthalin verwandte Verbindungen.** Arthur A. Patchett und Fred F. Giarrusso. (J. med. pharmac. Chem. **4.** 393—402. 8/9. 1961.) (Engl.) — 1. vgl. C. **1962.** 9709; 3. vgl. vorvorst. Referat.

Im Vgl. mit Propoxyphen (I, *2-Propoxy-3-dimethylaminomethyl-1.2-diphenylbutan*) werden *1-Propoxy-1-benzyl-2-dimethylaminomethylindan* (II), *-tetralin* (III) u. *-benzocyclohepten* (IV) sowie *4-Propoxy-3-dimethylaminomethyl-4-benzylchroman* (V) u. *1-Propoxy-2-dimethylaminomethyl-1-phenyltetralin* (VI) auf analget. Wrkg. getestet. Die relative Wrkg. beträgt (I = 1): II u. IV < 0,3; III = 1; V = 0,3—0,4. 128 mg/kg **VI** bzw. 32 mg/kg **III** zeigen die Wrkg. von 1—2 mg Morphin (**VII**). Daraufhin wurden Analoge von **III** u. **V** aus den entsprechenden Ketonen nach GRIGNARD synthetisiert. Die wirksamste Substanz ist *1-Acetoxy-2-dimethylaminomethyl-1-benzyltetralin*, das bereits in subcutaner Anwendung **VII** nahekommt.

Versuche: Tetralone-(1): *2-Morpholinomethyl-, Hydrochlorid* (*HC*), $C_{15}H_{20}ClNO_2$, F. 156—159° (A.), aus 37,6 g Morpholinhydrochlorid, 46,6 g Tetralon-(1) u. 19,5 g Paraformaldehyd durch 3std. Kochen in A. in Ggw. von HCl; 54 g (Ausbeute). — *2-[N-Methyl-N-allylaminomethyl]-*, *HC*, $C_{15}H_{20}ClNO$, F. 141—143° (Methanol/Äthylacetat), analog vorst. Verb.; 10%. — *2-[N-Methyl-N-phenäthylaminomethyl]-*, *Saures Maleinat*, $C_{24}H_{27}NO_5$, F. 103—105° (Isopropanol), analog vorst. Verbindung. — *3-Dimethylaminomethyl-4-benzyl-4-hydroxychroman, Propionyl-Deriv.* (**V**)-*HC*, $C_{22}H_{28}ClNO_3$, F. 165—166° (Aceton), durch 4std. Rk. von 18 g 2-Dimethylaminomethylchromanon-(4) mit Benzyl-MgCl in Tetrahydrofuran u. Zutropfen von Propionsäureanhydrid; 12,6 g. *Acetyl-Deriv.-HC*, $C_{21}H_{26}ClNO_3$, F. 167—169°. — Analog: *3-Dimethylaminomethyl-4-benzyl-4-propoxy-6-methoxychroman-HC*, $C_{23}H_{30}ClNO_4$, F. 169—170°. — *3-Dimethylaminomethyl-4-benzyl-4-propoxy-6-methylchroman-HC*, $C_{23}H_{30}ClNO_3$, F. 176—177°. — *3-Dimethylaminomethyl-4-p-methoxybenzyl-4-propoxychroman, Saures Oxalat*, $C_{25}H_{31}NO_8$, F. 122—124°. — *5-Benzyl-5-hydroxy-6-dimethylaminomethylbenzocyclohepten-HC*, $C_{21}H_{28}ClNO$, F. 232—234° (A.), aus 21 g Dimethylaminomethylbenzosuberon u. Benzyl-MgCl; 15,2 g. *Propionyl-Deriv.* (**IV**), $C_{24}H_{31}NO_2$, F. 97° (PAe.), aus der freien Base mit Propionylchlorid. *Propionyl-Deriv.-HC*, $C_{24}H_{32}ClNO_2$, F. 195—196°. — *1-Benzyl-1-propoxy-2-dimethylaminomethylindan* (II), *Saures Oxalat*, $C_{24}H_{29}NO_6$, F. 155—156°, aus 2-Dimethylaminomethylindanon-(1). — *2-Dimethylaminomethyl-1-phenyl-1-propoxy-1.2.3.4-tetrahydronaphthalin* (**VI**), *HC*, $C_{22}H_{28}ClNO_2$, F. 170—171° (A./Ae.), durch Rk. von Butyl-Li mit 2,86 g 2-Dimethylaminomethyl-1-hydroxy-1-phenyl-1.2.3.4-tetrahydronaphthalin in Ae., Zusatz von Propionsäureanhydrid, 12std. Kochen, Waschen der Lsg. mit Na_2CO_3 u. Einleiten von HCl; 1,7 g. — Analog: 1.2-Disubstituierte 1-Benzyl-1.2.3.4-tetrahydronaphthaline: *1-Acetoxy-2-dimethylaminomethyl-*, *HC*, $C_{22}H_{28}ClNO_2$, F. 178—180°. — *1-Propoxy-2-dimethylaminomethyl-* (III), *HC*, $C_{23}H_{30}ClNO_2$, F. 183—184°. — *1-Propoxy-2-[N-methyl-N-allylaminomethyl]-*, *HC*, $C_{25}H_{32}ClNO_2$, F. 114—116°. — *1-Propoxy-2-morpholinomethyl-*, *HC*, $C_{25}H_{32}ClNO_3$, F. 194°. — *1-Propoxy-2-[N-methyl-N-phenäthylaminomethyl]-*, $C_{30}H_{35}NO_2$.
W. HOLLAND. 2700□

Cyclisierungen am 2-Cyclohexylidencyclohexanon. 1. Mitt. Herbert Jäger. (Chem. Ber. **95.** 242—45. 25/1. 1962. Bonn, Univ., Pharmazeut. Inst.) (Dt.)

2-Cyclohexylidencyclohexanon (I) wird mit Malonsäuredinitril zu *[2-Cyclohexylidencyclohexyliden]-malonsäuredinitril* (II) kondensiert. Beim Behandeln mit eiskalter H_2SO_4 wird *9-Amino-10-cyan-1.2.3.4.5.6.7.8-oktahydrophenanthren* (III) erhalten, das diazotiert u. zum *9-Hydroxy-Deriv.* (IV) verkocht wird. Die Cyangruppe läßt sich infolge ster. Hinderung nicht verseifen. Der Kondens.-Mechanismus zu II wird diskutiert. I kondensiert sich mit Cyanessigsäureäthylester zu *[2-Cyclohexylidencyclohexyliden]-cyanessigsäureäthylester*, der aber nicht rein erhältlich ist. Beim Erhitzen wird A. abgespalten unter Bldg. von **IV**. Es werden Benzoat u. Alkyläther von **IV** hergestellt. Der **IV**-Äthyläther (**V**) wird mit S zu *9-Äthoxy-10-cyanphenanthren* dehydriert.

Versuche: *[2-Cyclohexylidencyclohexyliden]-malonsäuredinitril* (II), $C_{15}H_{18}N_2$, F. 71° (PAe.), durch Kochen von I, Malodinitril, $NH_4OOC \cdot CH_3$, Eisessig u. Bzl. bis zur beendeten Wasserauskreisung; Kristalle; 74% (Ausbeute). — *9-Amino-10-cyan-1.2.3.4.-5.6.7.8-oktahydrophenanthren* (III), $C_{15}H_{18}N_2$, F. 157° (A.), a) durch Lösen von II in eiskalter H_2SO_4, Gießen auf Eis nach 12 Std. u. Einstellen auf pH 6; Nadeln; fast 100%; b) aus II durch 3std. Kochen mit konz. HCl. *Monoacetyl-Deriv.*, $C_{17}H_{20}N_2O$, F. 249° (A.), mit Acetylchlorid in Pyridin; Nadeln. *Diacetyl-Deriv.*, $C_{19}H_{22}N_2O_2$, F. 113° (70%ig. A.), durch 2std. Kochen mit Na-Acetat u. Acetanhydrid u. Gießen in W.; Nadeln. — *9 Hydroxy-10-cyan-1.2.3.4.5.6.7.8-oktahydrophenanthren* (IV), $C_{15}H_{17}NO$, F. 229—230° (Toluol), a) durch Verrühren von III mit eiskalter H_2SO_4, Vermischen mit Eis, Versetzen mit $NaNO_2$-Lsg. unterhalb 5° u. Erwärmen auf 100° nach 1 Std.; Kristalle; b) durch Kochen von I, Cyanessigsäureäthylester, NH_4OOCCH_3, Eisessig u. Bzl. bis zur vollständigen Wasserauskreisung, Waschen des Rk.-Prod. mit W. u. Bzl., Dest. des Öls bei 180°/12 Torr, Lösen des Rückstandes in Essigsäureäthylester u. Kühlen; 30%. *Methyläther*, $C_{16}H_{19}NO$, F. 106° (A.), durch 5 Min. langes Kochen mit 0,5 n äthanol. KOH, Zugabe von CH_3J u. 3std. Kochen; Nadeln. *Äthyläther* (V), $C_{17}H_{21}NO$, F. 96° (A.), analog mit C_2H_5J; Kristalle. *Isopropyläther*, $C_{18}H_{23}NO$, F. 89° (A.), analog mit Isopropyljodid; Nadeln. *Benzoat*, $C_{22}H_{21}NO_2$, F. 167° (A.), durch 24std. Stehen mit Benzoylchlorid u. Pyridin u. Gießen in W.; lange Nadeln. — *9-Äthoxy-10-cyanphenanthren*, $C_{17}H_{13}NO$, F. 105—106° (PAe.), durch Verreiben von V mit S, 10std. Erhitzen auf 210—230° u. Dest. bei 230 bis 235°; blaßgelbe Kristalle; 30%. E. Kossmehl. 2850 □

Oxydation von 9-Ketodehydroabietinsäuremethylester. Raymond Dulou und Geneviève Defaye-Duchateau. (C. R. hebd. Séances Acad. Sci. **250.** 1288—89. 15/2. 1960. Paris, École Normale Sup., Labor. de Chim.) (Franz.)

Der durch Oxydation von 9-Hydroxydehydroabietinsäuremethylester mit MnO_2 in Chlf. bei Raum-Temp. dargestellte *9-Ketodehydroabietinsäuremethylester* (λ_{max} 300 mμ; *2.4-Dinitrophenylhydrazon*, F. 185°) wird durch SeO_2 in sd. Essigsäure nicht zum freien 9.10-Diketon oxydiert, sondern liefert das entsprechende *10-Enollacton* ($C_{20}H_{22}O_3$, F. 191°, λ_{max} 290 u. 263 mμ; 40% Ausbeute). H.-E. Toussaint. 2850 □

2.3-Benzotropon. G. L. Buchanan und D. R. Lockhart. (Chem. and Ind. **1958.** 391. 29/3. Glasgow, Univ., Chem. Dep.) (Engl.)

2.3-Benzotropon (I) (Kp.$_{0,005}$ 105°; gelbes Öl. *Pikrat*, F. 117°. *2.4-Dinitrophenylhydrazon*, F. 230°) läßt sich folgendermaßen leicht darstellen: 2.3-Benzocycloheptenon (II) wird mit N-Bromsuccinimid bromiert; anschließende Dehydrobromierung mit Kollidin liefert *2.3-Benzo-6.7-dihydrotropon* (III), das auch aus 4-Hydroxy-2.3-benzocycloheptenon durch Dehydratisierung mit H_3BO_3 entsteht. III liefert bei der Oxydation mit SeO_2 I. Ein anderer Weg geht von II aus, das mit Br_2 in CCl_4 zu *7-Brom-2.3-benzocycloheptenon* bromiert wird, das bei weiterer Bromierung mit N-Bromsuccinimid ein Öl liefert, welches durch Dehydrobromierung in 65%ig. Ausbeute in I übergeht.

P. Golinske. 2950 □

α-Ketooxide. 9. Mitt. **Oxide von Alkylidenacetonen und einigen anderen α,β-ungesättigten Ketonen.** I. G. Tischtschenko, A. A. Achrem und I. N. Nasarow. (Журнал Общей Химии [J. allg. Chem.] **29** (**91**). 809—20. März 1959. Inst. für org. Chem. der Akad. der Wiss. der UdSSR u. Beloruss. Univ.) (Russ.) — 8. vgl. C. **1958.** 9778.

Die Oxydation von Penten-(2)-on-(4) (I, Äthylidenaceton) mit alkal. H_2O_2 führt glatt zu *3.4-Epoxypentanon-(2)* (II), das durch längeres Kochen mit W. zu *Pentandiol-(3.4)-on-(2)* hydrolysiert wird. Das durch Oxydation von trans-Hepten-(3)-on-(2) (III) dargestellte *3.4-Epoxyheptanon-(2)* wird durch sd. verd. H_2SO_4 in *Heptandion-(2.3)* u. *Heptandiol-(3.4)-on-(2)* im Verhältnis 2 : 1 umgewandelt. α-Ketoalkene mit Alkylsubstituenten an der Doppelbindung wie 3-Methylhepten-(3)-on-(2) (IV) lassen sich mit alkal. H_2O_2 etwas schwieriger oxydieren. Bei der Hydrolyse des aus IV erhaltenen *3-Methyl-3.4-epoxyheptanons-(2)* mit verd. H_2SO_4 tritt auch Wanderung der Methylgruppe unter Bldg. von *4-Methylheptandion-(2.3)* ein. Die Oxydation zahlreicher weiterer α-Ketoalkene wird beschrieben. Die UV-Spektren der Verbb. sind wiedergegeben; die α-Epoxyketone zeigen allg. ein Absorptionsmaximum bei 285—290 mμ.

Versuche: *3.4-Epoxypentanon-(2)* (II), $C_5H_8O_2$, Kp.$_{11}$ 44—45°, durch gleichzeitiges Zutropfen von 18%ig. H_2O_2 u. 4n NaOH zu I in Methanol bei —5°, 3std. Rühren unter Kühlung, Neutralisieren mit 10%ig. H_2SO_4, Zers. des überschüssigen H_2O_2 mit MnO_2, Sättigen mit NaCl u. Ausäthern; n_D^{20} 1,4162; D.$_4^{20}$ 0,9818; 56,5% (Ausbeute). *2.4-Dinitrophenylhydrazon*, $C_{11}H_{12}N_4O_5$, F. 241—242° (A.–Essigester). — *Pentandiol-(3.4)-on-(2)*, $C_5H_{10}O_3$, Kp.$_{14}$ 108—109°, durch 25std. Kochen von 12,5 g II mit W.; n_D^{20} 1,4542; D.$_4^{20}$ 1,1085; 2,7 g. *2.4-Dinitrophenylhydrazon*, $C_{11}H_{14}N_4O_6$, F. 245—247° (A.–Essigester). — *3.4-Epoxyhexanon-(2)*, $C_6H_{10}O_2$, Kp.$_{14}$ 60—61°, analog II aus Hexen-(3)-on-(2); n_D^{20} 1,4252; D.$_4^{20}$ 0,9723; 57,2%. *2.4-Dinitrophenylhydrazon*, $C_{12}H_{14}N_4O_5$, F. 223—224° (A.-Essigester). *Hexandion-(2.3)*, Kp. 128—129°, durch 3½ std. Kochen von 4,2 g vorst. Verb. mit 1%ig. H_2SO_4; D.$_4^{18}$ 0,9353; 2 g. *Dioxim*, $C_6H_{12}N_2O_2$, F. 168—169° (A.). — *3.4-Epoxyheptanon-(2)*, $C_7H_{12}O_2$, Kp.$_5$ 54,5—55°, anlog II aus III; n_D^{20} 1,4292; D.$_4^{20}$ 0,9518; 71,3%. *2.4-Dinitrophenylhydrazon*, $C_{13}H_{16}N_4O_5$, F. 141—142° (A.). — *Heptandion-(2.3)*, $C_7H_{12}O_2$, Kp.$_6$ 35—35,5°, Kp.$_{743}$ 143—145°, durch 5½ std. Kochen von 17 g vorst. Verb. mit 0,5%ig. H_2SO_4; n_D^{20} 1,4138; D.$_4^{20}$ 0,9241; 8,7 g [*Bis-2.4-dinitrophenylhydrazon*, $C_{19}H_{20}N_8O_8$, F. 210—211° (A.-Essigester)] (liefert durch 2std. Rühren mit 27%ig. H_2O_2 in wss. NaOH u. 25 Min. langes Erwärmen auf 55—60° *n-Valeriansäure*, $C_5H_{10}O_2$, Kp. 183—185°, n_D^{19} 1,4080, u. *Essigsäure*); daneben 6,5 g *Heptandiol-(3.4)-on-(2)*, $C_7H_{14}O_3$, Kp.$_1$ 90°, n_D^{20} 1,4550; D.$_4^{20}$ 1,0613 [*2.4-Dinitrophenylhydrazon*, $C_{13}H_{18}N_4O_6$, F. 214—216° (A.-Essigester). *Diacetat*, $C_{11}H_{18}O_5$, Kp.$_1$ 106—108°, durch 10½ std. Kochen mit Essigsäureanhydrid; n_D^{20} 1,4360, D.$_4^{20}$ 1,033]. — *2-Methyl-3.4-epoxyhexanon-(5)*, $C_7H_{12}O_2$, Kp.$_9$ 54—55°, analog II aus trans-5-Methylhexen-(3)-on-(2); n_D^{20} 1,4275; D.$_4^{20}$ 0,9589; 47%. *2.4-Dinitrophenylhydrazon*, $C_{13}H_{16}N_4O_5$, F. 141° (A.). — *2-Methylhexandion-(4.5)*, $C_7H_{12}O_2$, Kp. 137—138°, durch 16std. Kochen von 23 g vorst. Verb. mit 0,5%ig. H_2SO_4; n_D^{20} 1,4148; D.$_4^{20}$ 0,9098; 7 g [*Dioxim*, F. 168° (wss. A.). *Bis-2.4-dinitrophenylhydrazon*, $C_{19}H_{20}N_8O_8$, F. 222° (A.)]; daneben 4 g *2-Methylhexandiol-(3.4)-on-(5)*, $C_7H_{14}O_3$, Kp.$_{2,5}$ 84—85°, n_D^{20} 1,4552; D.$_4^{20}$ 1,0332 [*2.4-Dinitrophenylhydrazon*, $C_{13}H_{18}N_4O_6$, F. 210° (A.)]. — *6-Methylhepten-(3)-on-(2)*, Kp.$_{10}$ 64,5—65°, durch alkal. Kondens. von Isovaleraldehyd mit Aceton u. Vakuum-Dest. des erhaltenen Ketoalkohols in Ggw. von H_2SO_4; n_D^{19} 1,4430; 89%. — *6-Methyl-3.4-epoxyheptanon-(2)*, $C_8H_{14}O_2$, Kp.$_1$ 57°, Kp.$_{15}$ 84°, analog II aus vorst. Verb.; n_D^{20} 1,4303; D.$_4^{20}$ 0,9317; 75,7%. *2.4-Dinitrophenylhydrazon*, $C_{14}H_{18}N_4O_5$, F. 135—136° (A.). — *2-Methylheptandion-(5.6)*, Kp.$_1$ 39°, Kp.$_{752}$ 162—164°, durch 32std. Kochen von 32 g vorst. Verb. mit 0,25%ig. H_2SO_4; n_D^{20} 1,4240; D.$_4^{20}$ 0,9212; 7 g [*Dioxim*, F. 172—173° (A.). *Bis-2.4-dinitrophenylhydrazon*, $C_{20}H_{22}N_8O_8$, F. 224—226°]; daneben 2,5 g *2-Methylheptandiol-(4.5)-on-(6)*, $C_8H_{16}O_3$, Kp.$_1$ 85—86°, F. 65—67° (PAe.) [*2.4-Dinitrophenylhydrazon*, $C_{14}H_{20}N_4O_6$, F. 216—218°]. — *3-Methyl-3.4-epoxyheptanon-(2)*, $C_8H_{14}O_2$, Kp.$_4$ 51—52°, analog II aus IV unter erneutem Zugeben von H_2O_2 u. NaOH nach 12std. Rühren; n_D^{20} 1,4325; D.$_4^{20}$ 0,9298; 51,4%. *2.4-Dinitrophenylhydrazon*, $C_{14}H_{18}N_4O_5$, F. 110° (A.). — *4-Methylheptandion-(2.3)*, $C_8H_{14}O_2$, Kp.$_5$ 46—48°, durch 20std. Kochen von 16 g vorst. Verb. mit 2%ig. H_2SO_4; n_D^{20} 1,4298; D.$_4^{20}$ 0,9159; 3 g. *Bis-2.4-dinitrophenylhydrazon*, $C_{20}H_{22}N_8O_8$, F. 224—226° (A.-Essigester). — *1-Methoxy-5-methyl-4.5-epoxyoctanon-(3)*, $C_{10}H_{18}O_3$, Kp.$_1$ 93—94°, analog II aus 1-Methoxy-5-methylocten-(4)-on-(3); n_D^{20} 1,4420; D.$_4^{20}$ 0,9754; 60%. *2.4-Dinitrophenylhydrazon*, $C_{16}H_{22}N_4O_6$, F. 215° (A.). — *5-Methyl-1.2;4.5-diepoxyoctanon-(3)*, $C_9H_{14}O_3$, Kp.$_1$ 84,5—85,5°, analog II aus 5-Methyloctandien-(1.4)-on-(3) in Dioxan; n_D^{20} 1,4570; D.$_4^{20}$ 1,0074; 62%. *2.4-Dinitrophenylhydrazon*, $C_{15}H_{18}N_4O_6$, F. 193—195° (A.). H.-E. TOUSSAINT. 3030 □

Untersuchungen auf dem Gebiet cyclischer Acetale von Hydroxycarbonylverbindungen. 10. Mitt. Methyllactolide von Dimethyl-p-anisoyl- und Dimethyl-p-chlorbenzoylcarbinol und ihre Umwandlungen. T. I. Temnikowa, R. Gissel und B. A. Gontarew. (Журнал Общей Химии [J. allg. Chem.] 30 (92). 776 81. März 1960. Leningrad, Univ.) (Russ.) — 9. vgl. C. **1961.** 5072.

Es werden *Dimethyl-p-methoxybenzoyl-* (I) u. *Dimethyl-p-chlorbenzoylcarbinol-*(II)-*methyllactolid* [**Ia** bzw. **IIa**; *1-p-Methoxyphenyl (Chlorphenyl)-1-methoxy-2-methylpropylenoxid*] synthetisiert u. durch Hydrolyse oder durch Rk. mit Benzoesäure in **I** u. **II** sowie deren *Benzoate* übergeführt. **Ia** u. **IIa** werden durch $ZnCl_2$ zu *Methyl-p-methoxyphenylacetyl-* bzw. *Methyl-p-chlorphenylacetylcarbinolmethyläther* isomerisiert. **II** geht leicht in sein *Anhydrodimeres* über, für das die Struktur des *2.2.5.5-Tetramethyl-3.6-oxido-3.6-bis-[p-chlorphenyl]-1.4-dioxans* angenommen wird.

Versuche: *Dimethyl-p-methoxybenzoylcarbinol* (**I**), $C_{11}H_{14}O_3$, F. 54—55° (Bzn.), durch 3std. Kochen von α-Bromisopropyl-p-methoxyphenylketon (**III**) mit wss. NaOH oder aus **Ia** durch Erhitzen mit 5%ig. H_2SO_4. *Methyllactolid* (**Ia**), $C_{12}H_{16}O_3$, Kp.$_2$ 84°, Kp.$_3$ 97°, Kp.$_6$ 108,5°, F. 38,5—39°, man gibt **III** zu dem 4—5fachen Überschuß Na-Methylat in abs. Ae. u. läßt 6—8 Std. stehen; n_D^{20} 1,5035 (daneben verunreinigtes **I**, Kp.$_{3,5}$ 133—137°). *2.4-Dinitrophenylhydrazon*, $C_{17}H_{18}N_4O_6$, F. 110—121° u. 139—143° (A.) (2 isomere Formen), durch Einw. von 2.4-Dinitrophenylhydrazin auf **Ia** in verd. Alkohol. *Benzoat*, $C_{18}H_{18}O_4$, F. 73,5—74,5° (Bzn.), aus **Ia** u. Benzoesäure in Benzol. — *Methyl-p-methoxyphenylacetylcarbinol, Methyläther*, $C_{12}H_{16}O_3$, Kp.$_{2,5}$ 102—103°, Kp.$_3$ 107—108°, F. 41—42°, durch Isomerisierung von **Ia** an $ZnCl_2$; ca. 70% (Ausbeute). — *Isopropyl-p-chlorphenylketon* (**IV**), Kp.$_4$ 97—99°, man gibt unter Kühlen zu 220 g $AlCl_3$

u. 700 ml CS_2 180 g Isobutyrylchlorid u. 250 g Chlorbenzol u. rührt 8 Std. bei 50—60°; n_D^{20} 1,5349; n_D^{25} 1,5325 [*Semicarbazon*, F. 185—186°]; liefert bei der $KMnO_4$-Oxydation *p-Chlorbenzoesäure*, F. 242—243°. — *α-Bromisopropyl-p-chlorphenylketon* (**V**), $C_{10}H_{10}Br$·ClO, Kp.$_4$ 123—124°, durch Bromierung von **IV** in CCl_4; n_D^{20} 1,5689; ca. 85%. — *Dimethyl-p-chlorbenzoylcarbinol* (**II**), $C_{10}H_{11}ClO_2$, Kp.$_5$ 115—117°, durch Rk. von **V** mit NaOH in wss. A. unter Kühlen; 65—70%. Geht leicht, bes. bei Einw. von Säuren, in das *Anhydrodimere* ($C_{20}H_{20}Cl_2O_3$, F. 177—178°, aus verd. A. glänzende Kristalle) über. *2.4-Dinitrophenylhydrazon*, $C_{16}H_{15}ClN_4O_5$, F. 180—181°, aus **II** oder **IIa**. *Methyllactolid* (**IIa**), $C_{11}H_{13}ClO_2$, Kp.$_5$ 94—95°, aus 28 g **V** u. 20 g Na-Methylat; n_D^{20} 1,5080; 74%. *Benzoat*, $C_{17}H_{15}ClO_3$, F. 110—111° (wss. A.), aus **IIa** u. Benzoesäure in Benzol. — *Methyl-p-chlorphenylacetylcarbinol, Methyläther*, $C_{11}H_{13}ClO_2$, Kp.$_9$ 118—119°, durch Isomerisierung von **IIa** an $ZnCl_2$; n_D^{20} 1,5245; 76%. *2.4-Dinitrophenylhydrazon*, $C_{17}H_{17}ClN_4O_5$, F. 93—94° (A.-Äthylacetat). Helmut Schäfer. 3030□

Chemie des Äthylenimins. 9. Mitt. **Ringöffnungsreaktionen des 1-[p-Brombenzolsulfonyl]-2.2-dimethylaziridins.** D. V. Kashelikar und Paul E. Fanta. (J. org. Chemistry **26**. 1841—42. 13/6. 1961. Chicago, Ill., Inst. of Technol., Dep. of Chem.) (Engl.) — 8. vgl. C. **1962**. 3078.

1-[p-Brombenzolsulfonyl]-2.2-dimethylaziridin (**I**) wird durch Umsetzung von 2.2-Dimethyläthylenimin mit p-Brombenzolsulfonylchlorid (**IV**) u. Triäthylamin in Bzl. dargestellt. **I** bildet mit Piperidin in Bzl. *N-[1.1-Dimethyl-2-piperidinoäthyl]-p-brombenzolsulfonamid*, mit Anilin *N-[1.1-Dimethyl-2-anilinoäthyl]-p-brombenzolsulfonamid* u. mit Pyridinhydrochlorid *N-[2-Methyl-2-chlorpropyl]-p-brombenzolsulfonamid*. Pyrolyse von **I** in Toluol bei 150° liefert ein Gemisch aus *p-Brombenzolsulfonamid* (**II**) (52%) u. *N-[β-Methallyl]-p-brombenzolsulfonamid* (**III**) (15%). Die Pyrolyse von **I** nach **II** scheint über **III** zu verlaufen, denn **III** selbst liefert unter denselben Bedingungen ebenfalls **II**. *N-Phenyl-p-brombenzolsulfonamid* wird durch Pyrolyse bei 150° nicht verändert. **I** u. **III** geben durch 4std. Rühren mit konz. H_2SO_4 bei 0—5° u. nachfolgende Neutralisation mit wss. NaOH **II** in 88—98%ig. Ausbeute. Für die Pyrolyse von **I** ist ein Mechanismus angegeben.

Versuche: *1-[p-Brombenzolsulfonyl]-2.2-dimethylaziridin* (**I**), $C_{10}H_{12}BrNO_2S$, F. 81,5 bis 82,5° (Würfel; PAe.), durch Eintropfen von **IV** in Bzl. zu dem Gemisch äquimol. Mengen $N(C_2H_5)_3$ u. 2.2-Dimethyläthylenimin in Bzl. bei 0—5°, 1½ std. Rühren, Filtrieren u. Einengen im Vakuum; 76% (Ausbeute). — *N-[1.1-Dimethyl-2-piperidinoäthyl]-p-brombenzolsulfonamid*, $C_{15}H_{23}BrN_2O_2S$, F. 106—107,5° (A.), aus 2,9 g **I** u. 0,86 g Piperidin in Bzl., durch 1½ std. Kochen u. Dest. im Vakuum; 2,6 g. — *N-[1.1-Dimethyl-2-anilinoäthyl]-p-brombenzolsulfonamid*, $C_{16}H_{19}BrN_2O_2S$, F. 143,5—144,5° (A), durch 24std. Kochen äquimol. Mengen **I** u. Anilin in Bzl. u. Dest.; 73%. — *N-[2-Methyl-2-chlorpropyl]-p-brombenzolsulfonamid*, $C_{10}H_{13}BrClNO_2S$, F. 127,5—130° (Nadeln; A.), aus **I** u. Pyridinhydrochlorid in Chlf. durch 2std. Kochen. — *p-Brombenzolsulfonamid* (**II**), F. 166,5—167,5°, a) durch 16std. Erhitzen von **I** in Toluol auf 150° im geschlossenen Gefäß; 52% [daneben *N-[β-Methallyl]-p-brombenzolsulfonamid* (**III**), F. 74—75° (PAe.), aus dem Toluolfiltrat von **II** durch Einengen; 15%; b) durch 16std. Erhitzen von **III** analog a); 74%; c) durch 4std. Rühren von **I** oder **III** mit konz. H_2SO_4 bei 0—5°, Gießen auf Eis u. Neutralisation mit konz. NaOH; 88—98%. L. Johannsen. 3030□

Einige Derivate der Tetrinsäure. Francesca Pelizzoni und Giancarlo Jommi. (Gazz. chim. ital. **89**. 1894—99. Sept. 1959. Milano, Univ., Ist. per la laurea in Chim. ind., Labor. di Chim. org. et analit.) (Ital.)

Die Umsetzung von Tetrinsäure (**I**) mit CH_2N_2 oder des **I**-Ag-Salzes mit CH_3J führt stets zu einem Gemisch aus dem sog. *1-* u. *3-Methyläther* [*2-Methoxy-3-methyl-4.5-dihydrofuranon-(4)* u. *4-Methoxy-3-methyl-2.5-dihydrofuranon-(2)*]; 2.4-Dinitrofluorbenzol (**II**) gibt einen einheitlichen *2.4-Dinitrophenyläther*. Das Enol-OH von **I** ließ sich jedoch nicht mit Acetyl- oder Benzoylchlorid acylieren. Phenylhydrazin liefert ein normales *Phenylhydrazon*, 2.4-Dinitrophenylhydrazin (**III**) dagegen ein *1:1-Addukt* bisher ungeklärter Struktur.

Versuche: *4-Methoxy-3-methyl-2.5-dihydrofuranon-(2)*, $C_6H_8O_3$, Kp.$_{0,6}$ 90°, a) durch 2std. Stehen von 10 g **I** mit überschüssigem CH_2N_2; 3 g (Ausbeute); daneben 1 g *2-Methoxy-3-methyl-4.5-dihydrofuranon-(4)*, $C_6H_8O_3$, Kp.$_{0,6}$ 40°, F. 84—85° (Bzn.); b) aus dem **I**-Ag-Salz u. CH_3J. — Tetrinsäure (**I**), *2.4-Dinitrophenyläther*, $C_{11}H_8N_2O_7$, F. 92° (A.), durch mehrtägiges Stehen von **I** mit **II** in wss.-alkohol. $NaHCO_3$. *Phenylhydrazon*, $C_{11}H_{12}N_2O_2$, F. 190° (A.). *2.4-Dinitrophenylhydrazin-Addukt*, $C_{11}H_{12}N_4O_7$, F. 220° (Methanol), durch 2std. Kochen von **I** mit **III** in wss.-alkohol. HCl u. Einengen.

H.-E. Toussaint. 3061□

Thelephorsäure. G. Read und L. C. Vining. (Canad. J. Chem. **37.** 1442—45. Sept. 1959. Saskatoon, Saskatchewan, Nat. Res. Council of Canada, Prairie Reg. Labor.) (Engl.)

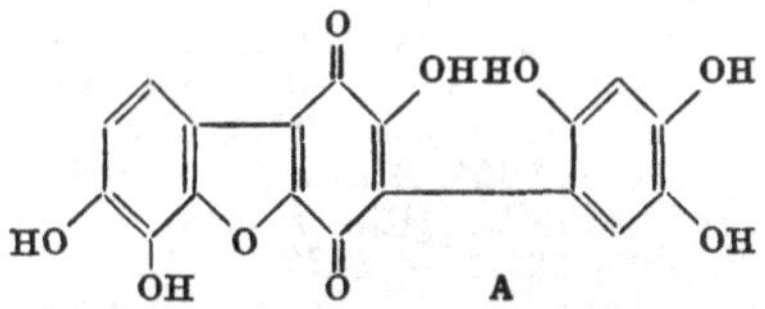

A

Die von KÖGL u. Mitarbeitern (C. **1930.** II. 3573) für die Thelephorsäure (**I**) vorgeschlagene Formel ist mit den IR- u. UV-spektroskop. Unterss. der Vff. an **I** u. ihrem „Leukopentaacetat" nicht vereinbar. Auf Grund ihrer Spektren postulieren sie ein hydroxyliertes Terphenyl (**A**) mit intramol. Chinhydron- u. Benzofuransystem. — *2.11-Diacetoxybenzo-bis-[1.2 : b; 4.3 : b']-benzofuran*, $C_{22}H_{14}O_6$, F. 236—238°. N. SEILER. 3061 □

Synthesen von β-substituierten Thiophenen. Shoji Nishimura, Ryozo Motoyama und Eiji Imoto. (Bull. Univ. Osaka Prefect., Ser. A **6.** 127—34. 1958. Coll. of Engng., Dep. of Appl. Chem.) (Engl.)

Einige in *β-Stellung substituierte Derivv.* des *Thiophens* (**I**) werden durch Dehalogenierung entsprechender Halogen-Derivv. von **I** mit Hilfe von Cu u. Chinolin (**III**) gewonnen. Weiterhin wird die Darst. einer Anzahl von *Bromnitrothiophenen* sowie die Synth. von *dl-Isoleucin* ausgehend von *3-Bromthiophen* (**II**) beschrieben.

Versuche: *3-Bromthiophen* (**II**), $Kp._{31}$ 66—68,5°, a) durch 1std. gelindes Kochen von 4.5-Dibromthiophencarbonsäure-(2), Cu-Pulver u. **III** unter Einleiten von N_2, Dest., Behandeln des Destillats mit Säure, Ae.-Extraktion u. Eindampfen; n_D^{20} 1,5863; 80% (Ausbeute); b) analog a) aus 2.3.4.5-Tetrabromthiophen; 50%. — *3-Brom-2-chlormercurithiophen*, F. 121—123°. — *3-Brom-2-nitrothiophen*, F. 81—83°. — *2-Acetylthiophen*, $Kp._6$ 80—82°, a) analog **II** aus 5-Jod-2-acetylthiophen; n_D^{20} 1,5666; 57%; b) aus 5-Brom-2-acetylthiophen; 44%; c) aus 5-Chlor-2-acetylthiophen; 24%. *Oxim*, F. 111—113°. — *2-Nitrothiophen*, F. 42—44°, a) analog **II** aus 5-Jod-2-nitrothiophen; 32%; b) aus 5-Brom-2-nitrothiophen; 14%. — *2-Bromthiophen*, Kp. 145—151°, analog **II** aus 2.5-Dibromthiophen; n_D^{20} 1,5860; 40% (*2-Brom-5-acetoxymercurithiophen*, F. 134 bis 135°); daneben **I**, Kp. 75—80°; n_D^{20} 1,5283; 10%. *2-Chlormercurithiophen*, F. 183°. — *5-Bromthiophencarbonsäure-(2)-methylester*, F. 60—62°, aus 5-Bromthiophencarbonsäure-(2), Methanol u. HCl; 86%. — *2-Brom-3-nitrothiophencarbonsäure-(5)-methylester*, F. 98,5—102° (CH_3OH), durch Nitrierung vorst. Verb. mit HNO_3–H_2SO_4-Gemisch bei —5 bis —10°; 72,3%. — *2-Brom-3-nitrothiophencarbonsäure-(5)* (**IV**), $C_5H_2BrNO_4S$, F. 172—173° (W.), durch Verseifen vorst. Esters mit verd. H_2SO_4; 100%. — *2-Brom-3-nitrothiophen* (**VIII**), $C_4H_2BrNO_2S$, F. 77—78° (Ligroin), durch 12std. Kochen von **IV** u. HgO in Eisessig, Eindampfen auf die Hälfte des Vol., Vermischen der durch Zusatz von W. ausgeschiedenen u. abgesaugten *Acetoxymercuri-Verb.* mit NaCl u. HCl u. Wasserdampf-Dest.; 85%. — *3-Nitrothiophen*, F. 76—78°, a) analog **II** aus **VIII**; 58%; b) aus **IV**; 36%; c) aus **IV**-Methylester; 6%; d) aus 2-Brom-4-nitrothiophen; 40%. — *2.5-Dibrom-3-nitrothiophen*, $C_4HBr_2NO_2S$, F. 59—60° (Ligroin), aus **IV** durch HUNSDIECKER-Rk.; 88%. — *4.5-Dibrom-2-nitrothiophen*, F. 72—74° (gelbe Nadeln; PAe.), durch Nitrierung von 4.5-Dibromthiophencarbonsäure-(2) mit rauchender HNO_3 in konz. H_2SO_4; 80%. — *4-Brom-2-nitrothiophen*, $C_4H_2BrNO_2S$, F. 46—47°, analog **II** aus vorst. Verb.; 34%. — *4-Nitrothiophencarbonsäure-(2)* (**V**), F. 154—155° (Bzl.), durch Nitrierung von Thiophenaldehyd-(2) (vgl. FOYE u. Mitarbeiter, C. **1955** 9328), Oxydation des erhaltenen Gemisches von *4-* u. *5-Nitrothiophenaldehyd-(2)* (79%) mit $Na_2Cr_2O_7$ in 35%ig. H_2SO_4 zum Gemisch von *4-* u. *5-Nitrothiophencarbonsäure-(2)* (87%), 8std. Kochen mit CH_3OH–HCl zum Gemisch der *Methylester*, Abtrennen von **V**-*Methylester* (F. 100—101°; 38%), durch wiederholte Umkristallisation aus Ligroin u. Verseifung mit verd. K_2SO_4; 65%. — *2-Brom-4-nitrothiophen*, $C_4H_2BrNO_2S$, F. 38—40° (PAe.), aus **V** durch HUNSDIECKER-Rk.; 52%. — *3-Bromthiophenaldehyd-(2)* (**VI**), $Kp._3$ 91—92°, aus **II**, Dimethylformamid u. $POBr_3$ durch 4½ std. Kochen; 69%. — *3-Bromthiophencarbonsäure-(2)*, F. 188—190° (W.), aus 1 g **VI** durch Einw. von NaOH u. Ag_2O in W. bei 50° unter Rühren; 0,9 g. — *4-Brom-2-acetylthiophen*, $Kp._1$ 90—100°, aus 4.5-Dibrom-2-acetylthiophen analog **II**; n_D^{20} 1,5982; 40%. *Semicarbazon*, $C_7H_8BrN_3OS$, F. 210—212°. — *4-Bromthiophencarbonsäure-(2)*, $C_5H_3BrO_2S$, F. 113—114°, aus vorst. Verb. durch Oxydation mit Cl_2 in NaOH; 93%. — *3-Brom-4-nitrothiophenaldehyd-(2)*, $C_5H_2BrNO_3S$, F. 108—110° (Ligroin), aus **VI** u. rauchender HNO_3 in konz. H_2SO_4 bei —10° innerhalb 2 Std. u. Gießen in W.; 43%. — *3-Brom-4-nitrothiophencarbonsäure-(2)* (**VII**), F. 214—215° (Bzl.), durch Oxydation vorst. Verb. mit $Na_2Cr_2O_7$ in H_2SO_4; 44%. — *2.3-Dibrom-4-nitrothiophen*, $C_4Br_2 \cdot NO_2S$, F. 99° (PAe. + Ligroin), durch 2std. Kochen von **VII**-Ag-Salz mit Br_2 in CCl_4 u. Einengen der filtrierten Lösung. — *3-Brom-4-nitrothiophen*, $C_4H_2BrNO_2S$, F. 79—80° (Ligroin), aus **VII**, HgO u. Eisessig analog **VIII**; 93%. — *3-Cyanthiophen*, $Kp._{30}$ 100 bis 102°, durch 3std. Kochen von **II**, CuCN u. **III**; 75%. — *Thiophencarbonsäure-(3)*, F. 136

bis 137° (W.), durch 3½ std. Kochen vorst. Verb. mit konz. HCl; 84%. *Chlorid*, F. 50 bis 52°, durch 2 std. Kochen vorst. Verb. mit $SOCl_2$; 92%. *Anilid*, $C_{11}H_9NOS$, F. 141 bis 142° (CH_3OH), aus vorst. Verb. u. Anilin in Pyridin bei Raum-Temp.; 90%. — *Thiophenaldehyd-(3)* (**IX**), Kp.$_{18}$ 89—89,5°, durch ¼ std. Erhitzen vorst. Verb. mit PCl_5 in Bzl. auf 70°, Abdest. von $POCl_3$ u. Bzl. im Vakuum u. Rk. des Rückstandes in Ae. mit $SnCl_2$ u. HCl, Hydrolyse u. Ae.-Extraktion; 80%. *2.4-Dinitrophenylhydrazon*, F. 236—237°. — *β-Thienylglycin* (**X**), $C_6H_7NO_2S$, F. 238—241°, aus 8,2 g **IX** durch Strecker-Synth.; 9,7 g. *N-Benzoyl-Deriv.*, $C_{13}H_{11}NO_3S$, F. 161—162,5°. — *dl-Isoleucin*, F. 274° (Zers.; W.), aus 1,57 g **X** u. Raney-Nickel in heißem W., Stehen über Nacht, Ansäuern mit HCl, Einengen, Zugabe von NH_4OH, Filtrieren, Einengen auf ein kleines Vol. u. Zugabe von A.; 0,3 g. *Phenylharnstoff-Deriv.*, F. 123°.

H. Frischkorn. 3071 □

Chemie des Selenophens. 25. Mitt. **4-Nitro-2-acetylselenophen und 4-Nitroselenophen-2-carbonsäure.** Ju. K. Jurjew und Je. L. Saitzewa. (Журнал Общей Химии [J. allg. Chem.] **30 (92)**. 859—64. März 1960. Moskau, Univ.) (Russ.) — 24. vgl. C. **1962**. 7134.

Die Nitrierung von 2-Acetylselenophen (I) mit Nitriergemisch liefert 50% *4-Nitro-2-acetyl-* (**II**), 8,5% *5-Nitro-2-acetyl-* (**III**) u. 41,5% *2.4-Dinitroselenophen*. Durch Oxydation von **II** mit verd. HNO_3 wird *4-Nitroselenophen-2-carbonsäure* (**IV**) u. durch deren Decarboxylierung *3-Nitroselenophen* erhalten. Von **II** u. **III** u. ihren Semicarbazonen werden die IR-Spektren angegeben.

Versuche: *4-Nitro-2-acetylselenophen* (**II**), $C_6H_5NO_3Se$, F. 123—123,5° (A.), man tropft zu 6,92 g **I** in 12 ml konz. H_2SO_4 bei —2 bis —5° das Gemisch aus 4,5 g HNO_3 u. 4,8 ml H_2SO_4 zu, rührt 1 Std., gießt auf Eis, extrahiert aus dem erhaltenen **II–III**-Gemisch **III** durch Erhitzen mit Ae. u. krist. den Rückstand aus A. um; 27% (Ausbeute). *Semicarbazon*, $C_7H_8N_4O_3Se$, F. 243—244° (Zers.; A.). — *2.4-Dinitroselenophen*, F. 78,5 bis 79° (PAe.), a) neben **II**; 19%; b) man löst 1,09 g **II** in 6 ml konz. H_2SO_4, gibt in 10 Min. bei —5° das Gemisch aus 2,27 g HNO_3 u. 2,4 ml H_2SO_4 zu u. rührt 1½ Std.; 8%. — *4-Nitroselenophen-2-carbonsäure* (**IV**), $C_5H_3NO_4Se$, F. 170—171° (W.), man kocht 2,18 g **II**, 24 ml W. u. 20 ml HNO_3 (D. 1,16) 8 Std., extrahiert mit Ae., zieht die äther. Phase mit $NaHCO_3$-Lsg. aus, säuert die wss. Lsg. an, extrahiert mit Ae., dampft ein u. kocht den Rückstand mit 2 ml W. u. 1 ml Perhydrol; 36%. *Methylester*, $C_6H_5NO_4Se$, F. 103,5 bis 104° (PAe.), man sättigt 0,44 g **IV** in 8 ml Methanol mit HCl u. läßt 18 Std. lang stehen: 78%. — *3-Nitroselenophen*, F. 77,5—78° (PAe.), durch Erhitzen von 0,55 g **IV**, 3 ml Chinolin u. 0,2 g Cu-Pulver auf 215°; 50%.

Helmut Schäfer. 3071 □

Chemie des Selenophens. 26. Mitt. **2-Cyclopropylselenophene und 2-Propenylselenophen.** Ju. K. Jurjew, N. N. Mesenzowa und W. Je. Wasskowski. (Журнал Общей Химии [J. allg. Chem.] **30 (92)**. 1628—31. Mai 1960. Moskau, Univ.) (Russ.) — 25. vgl. vorst. Referat.

Es wird *β-[Selenienyl-(2)]-acrolein* (**I**) dargestellt. Dessen Phenylhydrazon gibt beim Erhitzen mit Eisessig *1-Phenyl-5-[selenienyl-(2)]-Δ²-pyrazolin*. Aus Selenienal-(2)-aceton (**II**) wird mit Hydrazinhydrat (**III**) *3-Methyl-5-[selenienyl-(2)]-Δ²-pyrazolin* erhalten u. nach Kishner in *2-[2-Methylcyclopropyl-(1)]-selenophen* übergeführt. **I** u. **III** werden in *2-Cyclopropylselenophen* übergeführt, das auch aus 2-Acetylselenophen (**IV**) durch Mannich-Rk. u. Behandeln des Rk.-Prod. mit **III** erhalten wird. Die Dehydratisierung von Äthyl-[selenienyl-(2)]-carbinol (**V**) liefert *2-Propenylselenophen*.

Versuche: *β-[Selenienyl-(2)]-acrolein* (**I**), C_7H_6OSe, Kp.$_2$ 128—129°, man tropft zu 400 ml 5%ig. NaOH 30 g Selenophen-2-aldehyd (**VI**) u. unter Kühlung mit Eis in 5 Std. 20 g Acetaldehyd in 20 ml W. zu; D_4^{20} 1,5487; n_D^{20} 1,6995; 71,5% (Ausbeute). *Oxim*, C_7H_7NOSe, F. 152—153° (50%ig. A.); 95%. *Phenylhydrazon*, $C_{13}H_{12}N_2Se$, F. 151—152° (Zers.; Methanol); 96%. — *1-Phenyl-5-[selenienyl-(2)]-Δ²-pyrazolin*, $C_{13}H_{12}N_2Se$, F. 92 bis 93° (wss. Methanol), durch 1 std. Erhitzen von 2 g **I**-Phenylhydrazon u. 10 ml Eisessig auf dem Wasserbad; hellbraune Nadeln; 70%. — *3-Methyl-5-[selenienyl-(2)]-Δ²-pyrazolin*, $C_8H_{10}N_2Se$, Kp.$_2$ 129—130°, man gibt zu 15 ml **III** 12,5 g **II** in 30 ml A., erhitzt 1 Std. auf dem Wasserbad, dampft bis 140° ein u. dest.; D_4^{20} 1,4607; n_D^{20} 1,6010; 89%. — *2-[2-Methylcyclopropyl-(1)]-selenophen*, $C_8H_{10}Se$, Kp.$_8$ 74—75°, man erhitzt vorst. Verb. (aus 20 g **II**), 1 g KOH u. etwas Pt-Kohle 40 Min. auf 200—210°, dest. bis 82°/11 mm, dest. diese Fraktion mit Wasserdampf, extrahiert das Destillat mit Ae. u. dest. fraktioniert; D_4^{20} 1,3358; n_D^{20} 1,5614; 6,7 g. — *2-Cyclopropylselenophen*, C_7H_8Se, Kp.$_{13}$ 71—72°, Kp.$_{15}$ 76—77°, a) aus 14 g **I** u. 18 ml **III** in 30 ml A. u. anschließende Zers. des erhaltenen 5-[Selenienyl-(2)]-*Δ²-pyrazolins*; 44%; b) man erhitzt 25 g **IV**, 15,5 g Dimethylaminhydrochlorid, 5,5 g Paraformaldehyd u. 25 ml A. 2 Std. auf dem sd. Wasserbad, verd.

mit 40 ml Methanol u. 15 ml W. u. läßt die Lsg. bei 40—50° in 12 ml 40% ig. NaOH u. 25 ml III eintropfen; dann erhitzt man $^1/_4$ Std. auf dem Wasserbad, dampft im Vakuum ein, nimmt mit Ae. auf u. dest.; $D._4^{20}$ 1,4046; n_D^{20} 1,5751; 4,6 g. — *2-Propenylselenophen*, C_7H_8Se, $Kp._{18}$ 82—82,5°, durch Erhitzen von V mit $KHSO_4$; $D._4^{20}$ 1,3894; n_D^{20} 1,6075; 70%. — *Äthyl-[selenienyl-(2)]-carbinol* (V), $Kp._8$ 110°, aus 20 g VI u. 16 g Äthylbromid in Ggw. von 3,4 g Mg; $D._4^{20}$ 1,4507; n_D^{20} 1,5669. HELMUT SCHÄFER. 3071□

Synthese und spektroskopische Eigenschaften im nahen Ultraviolett von α'-substituierten α-Chlorselenophen-Derivaten. Luigi Chierici und Giovanni Pappalardo. (Gazz. chim. ital. **89.** 1900—09. Sept. 1959. Parma, Univ., Ist. di Chim. farmac. e tossicol.) (Ital.)

5-Chlorselenophen-2-carbonsäure (I) wird durch Oxydation von 5-Chlorselenophen-2-aldehyd (II) oder 2-Chlor-5-acetylselenophen (III) sowie durch Chlorieren von Selenophen-2-carbonsäure (IV) dargestellt. Die Unters. des Einfl. des Cl-Substituenten auf das UV-Spektrum bei zahlreichen Derivv. der I erbrachte den Nachw. einer starken Intensivierung der Absorption im Vgl. zu den nicht-halogenierten Verbb., deren beide Absorptionsbanden in Ggw. von α-Cl zu einer Bande verschmolzen auftreten. Die durch das Cl hervorgerufenen Verschiebungen im Spektrum entsprechen weitgehend dem früher untersuchten Einfl. eines α–Br-Substituenten. Aus dem Vgl. mit analogen Thiophen-Derivv. ergibt sich für das Selenophen-Syst. eine mindest gleich stark ausgeprägte Aromatizität. Die Spektren der Verbb. sind wiedergegeben.

Versuche: *5-Chlorselenophen-2-aldehyd* (II), C_5H_3ClOSe, $Kp._{15}$ 109°, durch ½ std. Erwärmen von 2-Chlorselenophen (V) mit $POCl_3$ u. N-Methylformanilid in Chlorbenzol auf 50° u. 18 std. Stehen. *Phenylhydrazon*, $C_{11}H_9ClN_2Se$, F. 131° (A.; gelbe Blättchen). *Semicarbazon*, $C_6H_6ClN_3OSe$, F. 209° (A.; Plättchen). — *2-Chlor-5-acetylselenophen* (III), C_6H_5ClOSe, F. 57—58° (wss. A.; blaßgelbe Nadeln), durch 3 std. Erhitzen von V mit Essigsäureanhydrid u. 83% ig. H_3PO_4 auf 130° u. 12 std. Stehen. *Phenylhydrazon*, $C_{12}H_{11}ClN_2Se$, F. 128° (A.; gelbe Schuppen). *Semicarbazon*, $C_7H_8ClN_3OSe$, F. 228° (wss. A.; Plättchen). — *5-Chlorselenophen-2-carbonsäure* (I), $C_5H_3ClO_2Se$, F. 172° (wss. A.; Nadeln), a) durch langsames Zugeben von III zu wss. NaOCl bei 70°, 40 Min. langes Erwärmen, Zugeben von $NaHSO_3$ bei 0° u. Ansäuern mit HCl; 90% (Ausbeute); b) durch Zutropfen von II zu feuchtem Ag_2O (aus $AgNO_3$ u. wss. NaOH) unter Eiskühlung u. ½ std. Rühren; 60%; c) aus IV u. Cl_2 in Essigsäure; 19%. *Methylester*, $C_6H_5ClO_2Se$, F. 27—28° (wss. A.; Nadeln). *Äthylester*, $C_7H_7ClO_2Se$, $Kp._{14}$ 120°. *Amid*, $C_5H_4ClNOSe$, F. 117° (abs. A.; Nadeln). *Methylamid*, $C_6H_6ClNOSe$, F. 163° (abs. A.; Nadeln). *Dimethylamid*, $C_7H_8ClNOSe$, $Kp._{14}$ 110°. H.-E. TOUSSAINT. 3071□

3.3-Diphenyl-3-cyanpropylisocyanat-(1), 3.3-Diphenyl-3-cyan-1-methylpropylisocyanat-(1) und deren Umwandlungsprodukte. 2. Mitt. **3.3-Diphenyl-2-iminopyrrolidine und 3.3-Diphenylpyrrolidone-(2).** H. Bretschneider, H. Deutscher, W. Klötzer und M. Sander. (Mh. Chem. **89.** 303—11. 31/5. 1958.) (Dt.) — 1. vgl. C. **1962.** 9689; 4. vgl. C. **1961.** 10536.

3.3-Diphenyl-3-cyan-1-methylpropan-1-carbonsäure (I) u. 3.3-Diphenyl-3-cyanpropan-1-carbonsäure können durch CURTIUS-Abbau der entsprechenden Azide in *3.3-Diphenyl-3-cyan-1-methylpropylisocyanat* (II) bzw. *3.3-Diphenyl-3-cyanpropylisocyanat* (III) übergeführt werden. Aus II bzw. III wurden direkt oder über das entsprechende Methylurethan bzw. Formylaminoderiv. *3.3-Diphenyl-5-methyl-2-imino-* (IV) bzw. *3.3-Diphenyl-2-iminopyrrolidin* (V) dargestellt. Die Konstit. von IV wurde durch aufeinanderfolgende N-Methylierung, N-Acetylierung u. Hydrolyse zu *3.3-Diphenyl-1.5-dimethylpyrrolidon-(2)* gesichert. Die direkt nicht verseifbaren Iminopyrrolidine wurden durch saure Hydrolyse ihrer nicht definierten Acetylierungs-Prodd. in die entsprechenden *Pyrrolidone* umgewandelt, von denen verschiedene *N-Dialkylaminoalkyl-Derivv.* u. deren *Hydrochloride* u. *Methobromide* dargestellt wurden.

Versuche: *3.3-Diphenyl-5-methyl-2-iminopyrrolidin* (IV), F. 153—154°, a) aus II u. 50% ig. HBr in Eisessig durch 10 Min. lange Rk. bei 60—70°; 78%; b) durch ½ std. Kochen von II mit 20% ig. methanol. KOH; 78%; c) durch Zugabe des I-Azids zu mit HCl gesätt. Eisessig bei 0° u. 2 std. Erhitzen auf 100°; 77%; d) aus N-Formyl-3.3-diphenyl-3-cyan-1-methylpropylamin, A., W. u. 30% ig. methanol. KOH durch 2 std. Kochen; 97%; e) durch HOFMANNschen Abbau von 5,25 g des I-Amids; 1,7 g (roh); f) durch 1½ std. Kochen von N-Carbomethoxy-3.3-diphenyl-3-cyan-1-methylpropylamin mit konz. HCl; 73%. *Hydrochloridmonohydrat*, $C_{17}H_{18}N_2 \cdot HCl \cdot H_2O$, F. 207—208° (Aceton; Umwandlung bei 150°). — *3.3-Diphenyl-2-iminopyrrolidin* (V), $C_{16}H_{16}N_2$, F. 211° (Methanol), durch 40 Min. langes Kochen von III mit 20% ig. methanol. KOH; 70%. — *3.3-Diphenyl-1.5-dimethyl-2-acetyliminopyrrolidin*, F. 127—128,5° (PAe.), $Kp._1$ 120—130°, durch 1 std. Kochen von 0,5 g **IV** in abs. Bzl. mit CH_3J u. 1 std. Erhitzen der erhaltenen *Base* (gelbes Öl; 0,5 g) in Pyridin mit Essigsäureanhydrid (**VI**); 0,50 g. *Hydrochlorid*, F. 165°; die salzsaure Lsg. gibt beim Erhitzen *3.3-Diphenyl-1.5-dimethylpyrrolidon-(2)* (F. 122°). — *3.3-Diphenyl-5-methylpyrrolidon-(2)* (**VII**), $C_{17}H_{17}NO$, F. 164° (A.), aus **IV** u. **VI** durch 2 std. Kochen, Eindampfen u. 16 std. Kochen mit konz. HCl; 17,2%. — *3.3-Diphenylpyrrolidon-(2)*, $C_{16}H_{15}NO$, F. 215—215,5° (A.), aus **V** wie **VII**; 31%. — N-[β-Dialkylaminoäthyl]-3.3-diphenylpyrrolidon-(2)-hydrochloride: *N'.N'-Dimethyl-5-methyl-*, $C_{21}H_{27}ClN_2O$, F. 202—205°, durch 5—7 std. Kochen von **VII** in Toluol mit $NaNH_2$ u. anschließend mit β-Dimethylaminoäthylchlorid; 72%. — *N'.N'-Diäthyl-5-methyl-*, $C_{23}H_{31}ClN_2O$, F. 144—146°; 80%. — *N.'N'-Pentamethylen-5-methyl-*, $C_{24}H_{31}ClN_2O$, F. 217—222°; 71%. — *N.'N'-Dimethyl-*, $C_{20}H_{25}ClN_2O$, F. 245—247°; 73%. — *N'.N'-Diäthyl-*, $C_{22}H_{29}ClN_2O$, F. 173—175°; 75%. — *N'.N'-Pentamethylen-*, $C_{23}H_{29}ClN_2O$, F. 222—225°; 71%. — N-[β-Dialkylaminoäthyl]-3.3-diphenylpyrrolidon-(2)-methobromide: *N'.N'-Dimethyl-5-methyl-*, $C_{22}H_{29}BrN_2O$, F. 131 bis 136°, durch 3½ std. Erhitzen der freien Base in Aceton mit CH_3Br im Autoklaven auf 80°; 86%. — *N'.N'-Pentamethylen-5-methyl-*, $C_{25}H_{33}BrN_2O$, F. 175—177°; 86%. — *N'.N'-Dimethyl-*, $C_{21}H_{27}BrN_2O$, F. 198—199°; 98%. M. MEISEL. 3081

Eine neue Synthese des Methoxymaleinsäureimids. Rodolfo Alessandro Nicolaus und Rosario Nicoletti. (Rend. Accad. Sci. fisiche mat., Napoli [4] **26**. 149—53. 1959. Sep. Napoli, Roma, Univ., Ist. di Chim. organ.) (Ital.)

Maleinsäureimid (**I**) wird mit Br_2 in heißem Eisessig zu Brommaleinsäureimid bromiert, das man mit $NaOCH_3$ zu *α.α-Dimethoxysuccinimid* (*α-Ketosuccinimiddimethylacetal*) umsetzt. Aus letzterem läßt sich Methanol unter Bldg. von *Methoxymaleinsäureimid* (**II**) abspalten. **II** ist als Prod. des oxydativen Abbaus von Prodigiosin von Interesse. In sehr geringer Menge fällt **II** auch bei der CrO_3-Oxydation von 4-Methoxypyrrol-2-carbonsäure (**III**) an, deren Synth. beschrieben wird.

Versuche: *Brommaleinsäureimid*, F. 152—153° (W.), durch Zutropfen von Br_2 in Eisessig zu 4,5 g **I** in Eisessig bei 90°; 3,9 g. — *α.α-Dimethoxysuccinimid*, $C_6H_9NO_4$, F. 83 bis 85° (PAe.–Essigester), durch 8 std. Stehen von 2,15 g vorst. Verb. mit $NaOCH_3$ in Methanol; 1,1 g; liefert mit 2.4-Dinitrophenylhydrazin *α-Ketosuccinimid-2.4-dinitrophenylhydrazon*, $C_{10}H_7N_5O_6$, F. 230° (Zers.; A.). — *Methoxymaleinsäureimid* (**II**), $C_5H_5 \cdot NO_3$, F. 168°, aus Bzl. Nadeln, a) durch kurzes Erhitzen von 0,1 g vorst. Verb. mit 0,2 g $KHSO_4$ auf 175° u. Sublimieren bei 155—160°/0,4 mm; 0,02 g; b) in sehr geringer Menge bei der CrO_3-Oxydation von **III**. — *4-Methoxy-Δ^4-pyrrolin-1.2-dicarbonsäurediäthylester*, Kp.$_{0,6}$ 132—135°, durch Kochen von 17,7 g Pyrrolidon-(4)-dicarbonsäure-(1.2)-diäthylester mit Dimethylsulfat in methanol. HCl bis zum Aufhören der SO_2-Entw. u. Eindampfen bis 200°; 12,9 g. — *4-Methoxypyrrol-1.2-dicarbonsäurediäthylester*, Kp.$_{0,6}$ 139—144°, durch Zugeben von 9,5 g N-Bromsucchinimid zu 12,9 g vorst. Verb., langsames Erwärmen bis zum Beginn der spontanen Rk., 1 std. Stehen, Zugeben von 6 g Triäthylamin in CCl_4 u. 2 std. Kochen; 7,1 g. — *4-Methoxypyrrol-2-carbonsäure* (**III**), $C_6H_7NO_3$, F. 157—158° (Zers.), durch 3 std. Kochen vorst. Verb. mit wss.-methanol. NaOH; aus Xylol Nadeln. H.-E. TOUSSAINT. 3081□

Synthese des dl-N$^\alpha$-Dimethyltryptophans und des 5-Hydroxy-dl-N$^\alpha$-dimethyltryptophans. Stefano Corsano und Emilio Perrotti. (Ann. Chimica **48**. 1037—41. Nov. 1958. Roma, Univ., Ist. di Chim. Organ.) (Ital.)

Durch Kondens. von Gramin (**III**) oder von **III**-Jodmethylat mit N.N-Dimethylaminomalonsäurediäthylester (**II**) in Ggw. von NaOH oder Na wird in guter Ausbeute *β-[Indolyl-(3)]-α-carbäthoxy-α-[N.N-dimethylamino]-propionsäureäthylester* erhalten, welcher bei vorsichtiger Verseifung mit methanol. $Ba(OH)_2$ die entsprechende *Säure* gibt. Diese wird nicht isoliert, sondern durch längeres Kochen in schwach saurer Lsg. direkt zu *dl-N$^\alpha$-Dimethyltryptophan* (**I**) decarboxyliert. Durch Rk. von 5-Benzyloxygramin (**IV**) mit **II** wird *β-[5-Benzyloxyindolyl-(3)]-α-carbäthoxy-α-[N.N-dimethylamino]-propionsäureäthylester* erhalten, welcher mit methanol. $Ba(OH)_2$ in die entsprechende *Säure* übergeht, aus der man analog **I** *dl-5-Benzyloxy-N$^\alpha$-dimethyltryptophan* erhält, welches in Ggw. von Pd-Kohle zu *dl-5-Hydroxy-N$^\alpha$-dimethyltryptophan* reduziert wird.

Versuche: *β-[Indolyl-(3)]-α-carbäthoxy-α-[N.N-dimethylamino]-propionsäureäthylester*, F. 102—103° (PAe.), a) durch Zugabe von 30 mg Na zu 250 mg **II** bei 80°, Zugabe von abs. Ae. u. Rühren bis zur vollständigen Lsg. des Na, Zugabe von abs. Bzl. u. 400 mg **III**-Jodmethylat, 6 std. Kochen, Gießen auf Eis, Ae.-Extraktion, Ausschütteln der Ae.–Bzl.-Phase mit 2 n HCl, Filtrieren, Alkalisieren mit 2 n Na_2CO_3, Ae.-Extraktion, Vereinigen der Ae.-Phasen u. Eindampfen; 400 mg, (Ausbeute); b) durch 24 std. Kochen von 200 mg **II** u. 170 mg **III** mit pulverisiertem, geschmolzenem NaOH in abs. Bzl., Waschen mit W., Extrahieren mit 2 n HCl, Alkalisieren mit 2 n Na_2CO_3 u. Ae.-Extraktion; 200 mg. — *dl-N^α-Dimethyltryptophan* (I), $C_{13}H_{16}N_2O_2$, F. 239—240° (Zers.; Essigester + abs. A.), durch 8std. Kochen von 0,5 g vorst. Verb. mit 3,5%ig. methanol. $Ba(OH)_2$-Lsg. in H_2-Strom, Filtrieren u. Waschen mit CH_3OH, Suspendieren von 0,4 g des erhaltenen Ba-Salzes (0,5 g) in heißem W., Zugabe von Na_2SO_4, mehrstd. Rühren bei 50—60°, mehrstd. Stehen bei Raum-Temp., Filtrieren, Waschen mit heißem W., Einstellen mit 1 n HCl auf pH 6,3—6,7, 4std. Kochen, Einengen, Abkühlen, Waschen mit wenig Ae., Extrahieren mit Butanol, Eindampfen u. mehrmaliges Eindampfen mit abs. A.; 0,2 g. — *β-[5-Benzyloxyindolyl-(3)]-α-carbäthoxy-α-[N.N-dimethylamino]-propionsäureäthylester*, $C_{25}H_{30}N_2O_5$, F. 119—120° (wss. A.; Prismen), durch 5tägiges Kochen von 1,65 g **IV** u. 1,93 g **II** in abs. Bzl. mit geschmolzenem u. pulverisiertem NaOH im N_2-Strom, Waschen mit W. u. mit 2 n HCl, Essigesterextraktion, Waschen mit 2 n NaOH u. W., Trocknen u. Eindampfen; 1,7 g. — *dl-5-Benzyloxy-N^α-dimethyltryptophan*, $C_{20}H_{22}N_2O_3$, F. 208—210° (Essigester + abs. A.; Prismen), aus 1,7 g vorst. Verb. analog I; 600 mg. — *dl-5-Hydroxy-N^α-dimethyltryptophan*, $C_{13}H_{16}N_2O_3$, F. 250—255° (Zers.; Prismen); durch Red. von 500 mg vorst. Verb. mit H_2 in A.-Wasser (1:1) an Pd-Kohle, Filtrieren nach 20 Std., Waschen mit wss. A. u. Eindampfen; 200 mg.

H. KNIESZ. 3081□

Benzazole. 16. Mitt. Alkylierung, Acylierung und Hydroxymethylierung von dl-trans-Hexahydrobenzoxazolthion. Helmut Zinner und Wolfgang Schritt. (J. prakt. Chem. [4] 15 (**287**). 72—81. Dez. 1961. Rostock, Univ., Inst. für Organ. Chem. u. Kinderklinik.) (Dt.) — 15. vgl. J. prakt. Chem. [4] **14** (**286**). [1961.] 150; 10. vgl. C. **1960.** 2514.

dl-trans-Hexahydrobenzoxazolthion (I) wird aus dl-trans-2-Aminocyclohexanol (II) u. Thiophosgen in Dioxan in Ggw. von NaOH hergestellt u. hat entgegen der Angabe von MOUSSERON u. Mitarbeitern (C. **1953.** 2439) einen F. 140—141° statt 129—130°. I liegt in Kristallform u. in Lsg. als Thion vor, wie aus dem IR-Spektrum hervorgeht. I reagiert nicht direkt mit Diazomethan, wohl aber nach Zugabe von Al-Isopropylat als Alkoxosäure unter Bldg. des *S-Methyl-Deriv.* (III), das mit alkohol. KOH zu CH_3SH u. II abgebaut wird. III wird auch bei der Methylierung von I mit Dimethylsulfat in NaOH u. mit CH_3J in alkohol. KOH erhalten. Mit Dibromalkanen gibt I *Bis-[hexahydrobenzoxazolyl-(2)-mercapto]-alkane*. Mit Acetanhydrid bildet I *N-Acetyl*-I, mit Benzoylchlorid *N-Benzoyl*-I, mit Phosgen *N.N'-Carbonyl-bis*-I u. mit Oxalylchlorid *N.N'-Oxalyl-bis*-I. N-Benzoyl-I wird in methylalkohol. KOH zu *dl-trans-2-Benzamidocyclohexanol* verseift. Mit Methan-, Benzol- u. p-Toluolsulfonsäurechlorid reagiert I nicht. Mit Formaldehyd entsteht *N-Hydroxymethyl*-I (IV), das in *N-Acetoxymethyl*-I, *N-Benzoyloxymethyl*-I u. *N-Carbanilinooxymethyl*-I übergeführt wird. Mit $SOCl_2$ entsteht in Ae. *N-Chlormethyl*-I, das bei der Red. mit $LiAlH_4$ in Ae. *dl-trans-2-Dimethylaminocyclohexanol* liefert, das zu *dl-trans-2-Dimethylaminocyclohexanolbenzoat-Hydrochlorid* benzoyliert wird. I wird durch $LiAlH_4$ zu *dl-trans-2-Methylaminocyclohexanol* aufgespalten, das zu *dl-trans-2-[Benzoylmethylamino]-cyclohexanol* benzoyliert wird. Mit Piperidin, Morpholin, Dimethylamin u. Diäthylamin kristallisieren in alkohol. Lsgg. von I im Kühlschrank 1:1-Salze aus.

Versuche: *dl-trans-2-Aminocyclohexanol* (II), F. 67—68°, Kp.$_{20}$ 105—108°, durch 15std. Rühren von dl-trans-2-Chlorcyclohexanol mit konz. NH_4OH bei 50°, Eindampfen der wss. Schicht auf die Hälfte u. Versetzen mit NaOH; 61% (Ausbeute). — *dl-trans-Hexahydrobenzoxazolthion* (I), $C_7H_{11}NOS$, F. 140—141° (W.), a) durch 2std. Kochen von II mit CS_2 u. NaOH, Abdest. des CS_2, Zugabe von Pb-Acetat-Lsg. u. Abfiltrieren des PbS; 64%; b) durch gleichzeitiges Eintropfen von wss. NaOH u. einer Lsg. von Thiophosgen in Dioxan zu einer Lsg. von II in Dioxan bei 0°, Rühren (1 Std. bei 0° u. 3 Std. bei 20°). Eingießen in Eiswasser; 30%. *K-Salz*, $C_7H_{10}KNOS$, durch Auflösen von K u. I in abs. A. u. Zugabe von Ae.; Blättchen; 92%. *Na-Salz*, $C_7H_{10}NNaOS$, wie das K-Salz; Blättchen; 95%. — *dl-trans-2-Methylmercaptohexahydrobenzoxazol* (III), C_8H_{13}·NOS, Kp.$_{15}$ 158—160°, a) durch Versetzen von I in Ae. mit Al-Isopropylat, Zugabe von Diazomethan in Ae. u. 3tägiges Stehen bei 20°; Öl, n_D^{26} 1,5311; 76%; b) durch Rk. von I mit Dimethylsulfat bei pH 13 u. 15 Min. langes Rühren; 70%; c) durch 8std. Stehen von I u. CH_3J in alkohol. KOH bei 20°; 90%. — *Bis-[dl-trans-hexahydrobenzoxazolyl-(2)-mercapto]-methan*, $C_{15}H_{22}N_2O_2S_2$, F. 110—111° (PAe. oder Methanol–Wasser), durch 16std. Rühren von I, CH_2J_2 u. KOH in A.; Nädelchen; 73%. — *Bis-[dl-trans-hexahydrobenzoxazolyl-(2)-mercapto]-äthan*, $C_{16}H_{24}N_2O_2S_2$, F. 140—141° (PAe.), wie vorst. mit 1.2-Dibromäthan; Nädelchen; 70%. — *Bis-[dl-trans-hexahydrobenzoxazolyl-(2)-mercapto]-butan*, $C_{18}H_{28}N_2O_2S_2$, F. 94—95° (PAe.), analog mit 1.4-Dibrombutan; Nadeln; 76%. — N-Acyl-dl-trans-hexahydrobenzoxazolthione: *N-Acetyl-*, $C_9H_{13}NO_2S$, F. 84 bis 85° (Methanol), durch 30 Min. langes Kochen von I mit Acetanhydrid u. Gießen in W.; Blättchen; 55%. — *N-Benzoyl-*, $C_{14}H_{15}NO_2S$, F. 124—125° (Methanol), durch Zutropfen von Benzoylchlorid in Pyridin zu I in Pyridin bei 0°, 2std. Rühren bei 0°, 16std. Stehen bei 20° u. Gießen in W.; Blättchen; 76%. — *N.N'-Carbonyl-bis-*, $C_{15}H_{20}N_2O_3S_2$, F. 205 bis 206° (Methanol), wie vorst. mit Phosgen; Kristallpulver; 73%. — *N.N'-Oxalyl-bis-*, $C_{16}H_{20}N_2O_4S_2$, F. 283° (Dioxan–Wasser), wie vorst. mit Oxalylchlorid; Kristallpulver; 64%. — *N-Hydroxymethyl-dl-trans-hexahydrobenzoxazolthion* (**IV**), $C_8H_{13}NO_2S$, F. 98 bis 100° (A.), durch 30 Min. langes Kochen von **I** mit 35% ig. Formaldehyd in Methanol, Einengen, Versetzen mit W. u. Auskristallisieren bei 0°; Prismen; 75%. *Acetylderiv.*, $C_{10}H_{15}NO_3S$, F. 116,5—117,5° (Methanol), durch langsame Zugabe von Acetylchlorid in Pyridin zu **IV** in Pyridin bei 0°, 2std. Stehen bei 0°, 16std. Stehen bei 20° u. Gießen in W.; Blättchen; 65%. *Benzoylderiv.*, $C_{15}H_{17}NO_3S$, F. 101—103° (Methanol), durch Rk. von **IV** mit Benzoylchlorid; Nadeln; 55%. *Carbanilsäurederiv.*, $C_{15}H_{18}N_2O_3S$, F. 160,5 bis 161,5° (Methanol), durch 30 Min. langes Erhitzen von **IV**, Phenylisocyanat u. Pyridin auf 100°, Abdest. des Pyridins u. Verreiben des Öls mit Methanol; Nadeln; 65%. — *N-Chlormethyl-dl-trans-hexahydrobenzoxazolthion*, $C_8H_{12}ClNOS$, F. 72—75° (Ae.), durch 30 Min. lange Rk. von **IV** mit $SOCl_2$ in Ae. bei 20—25°; Nädelchen; 53%. — *dl-trans-2-Dimethylaminocyclohexanol*, Kp. 198°, durch Zutropfen von $LiAlH_4$ in Ae. zu vorst. Verb. in Ae. innerhalb von 30 Min., 2std. Kochen u. Zers. mit W.; 72%. *Benzoat-Hydrochlorid*, F. 189—190° (A.), durch 1,5std. Kochen mit Benzoylchlorid in Bzl.; Nädelchen; 76%. — *dl-trans-2-Methylaminocyclohexanol*, F. 24—25° (PAe.), durch Red. von **I** wie vorst.; Kristalle; 66%. *Benzoylderiv.*, $C_{14}H_{19}NO_2$, F. 138—139° (Essigsäureäthylester–PAe., 1:1), durch 15 Min. langes Schütteln mit Benzoylchlorid in Bzl. u. NaOH; Nädelchen; 43%. — **I**-Amin-Salze: *-piperidin-*, $C_{12}H_{22}N_2OS$, F. 176—178° (A.), durch 16std. Stehen von **I** u. Piperidin in Methanol bei 0°; Blättchen; 78%. — *-morpholin-*, $C_{11}H_{20}N_2O_2S$, F. 174—176° (A.), wie vorst. mit Morpholin; Prismen; 84%. — *-dimethylamin-*, $C_9H_{18}N_2OS$, F. 142,5—143,5° (Essigsäureäthylester–PAe., 2:1), analog mit 40% ig. wss. Dimethylamin-Lsg.; Nadeln; 64%. — *-diäthylamin-*, $C_{11}H_{22}N_2OS$, F. 113 bis 114° (A.), analog mit Diäthylamin; Nadeln; 55%. E. Kossmehl. 3132□

Benzazole. 17. Mitt. Mannich-Basen des dl-trans-Hexahydrobenzoxazolthions. Helmut Zinner und Wolfgang Schritt. (J. prakt. Chem. [4] **15** (**287**). 82—85. Dez. 1961.) (Dt.) — 16. vgl. vorst. Referat.

Durch exotherme Rk. von dl-trans-Hexahydrobenzoxazolthion (**I**) mit Formalin u. einem sek. aliphat. Amin in Methanol entstehen Mannich-Basen. Mit Piperidin entsteht *dl-trans-N-Piperidinomethylhexahydrobenzoxalthion*, das auch aus **I** u. Hydroxymethylpiperidin oder Methylen-bis-piperidin erhalten wird. Mit prim. aromat. Aminen werden *Arylaminomethyl*-**I** gebildet, die auch aus **I** u. Methylen-bis-aminen oder 1.3.5-Triaryltrimethylentriaminen (trimerisierte Schiffsche Basen) oder aus N-Hydroxymethyl-**I** u. Aminen entstehen. Mit Acetylchlorid–Pyridin werden diese acetyliert. Zum Beweis ihrer Struktur werden sie aus N-Chlormethyl-**I** u. Aminen synthetisiert. N-Chlormethyl-**I** reagiert leicht mit Piperidin, Morpholin u. Diäthylamin, aber schlecht mit aromat. Aminen.

Versuche: *N-Piperidinomethyl-dl-trans-hexahydrobenzoxazolthion*, $C_{13}H_{22}N_2OS$, F. 113—114° (PAe.), a) durch Mischen von **I** in Methanol mit Piperidin u. Formalin, Stehen bei 20° bis zur Kristallabscheidung u. 16std. Stehen im Kühlschrank (Meth. **A**); Nadeln; 82% (Ausbeute); b) wie a) mit Na-Methylat u. Fällen mit Wasser (Meth. **B**); 66%; c) wie a) mit **I** u. Methylen-bis-piperidin (Meth. **C**); 73%; d) wie a) aus N-Hydroxymethyl-**I** u. Piperidin (Meth. **D**); 86%; e) durch Rk. von Piperidin in Methanol mit N-Chlormethyl-**I** u. Zugabe von W.; (Meth. **E**); 43%. — *N-Morpholinomethyl-dl-trans-hexahydrobenzoxazolthion*, $C_{12}H_{20}N_2O_2S$, F. 134—135° (Essigsäureäthylester–PAe., 1:4), mit Morpholin; Nadeln; a) nach **A**; 86%; b) nach **B**; 58%; c) nach **E**; 52%. — *N-Diäthylaminomethyl-dl-trans-hexahydrobenzoxazolthion*, $C_{12}H_{22}N_2OS$, F. 68—69° (PAe.), mit Diäthylamin; Prismen; a) nach **A**; 66%; b) nach **B**; 45%; c) nach **E**; 41%. — N-Arylaminomethyl-dl-trans-hexahydrobenzoxazolthione: *N-Anilino-*, $C_{14}H_{18}N_2OS$, F. 140—142° (Essigsäureäthylester–PAe.), mit Anilin; Nädelchen; a) nach **A**; 76%; b) nach **B**; 54%; c) nach **C**; 61%; d) nach **D**; 64%. *Acetat*, $C_{16}H_{20}N_2O_2S$, F. 160—162° (Essigsäureäthylester –PAe.), durch Zutropfen von Acetylchlorid zu der Mannich-Base in Pyridin bei —5°, 2std. Stehen bei 20° u. Gießen in Eiswasser (Meth. **F**); Nädelchen; 82%. — *N-o-Toluidino-*, $C_{15}H_{20}N_2OS$, F. 133—135° (Essigsäureäthylester–PAe.), mit o-Toluidin; Nädelchen; a) nach **A**; 83%; b) nach **B**; 54%; c) nach **C**; 67%; d) nach **D**; 72%. — *N-p-Toluidino-*, F. 125—127° (Essigsäureäthylester–PAe.), mit p-Toluidin; Prismen; a) nach **A**; 72%; b) nach **B**; 54%; c) nach **C**; 65%; d) nach **D**; 68%. *Acetat*, $C_{17}H_{22}N_2O_2S$, F. 182—183°, nach **F**; Nadeln; 78%. — *N-2.3-Dimethylanilino-*, $C_{16}H_{22}N_2OS$, F. 167—168° (Essigsäureäthylester), mit 2.3-Dimethylanilin; Nadeln; a) nach **A**; 76%; b) nach **D**; 61%. — *N-o-Anisidino-*, $C_{15}H_{20}N_2O_2S$, F. 104—106° (Essigsäureäthylester–PAe.), mit o-Anisidin; Nädelchen; a) nach **A**; 75%; b) nach **B**; 51%; c) nach **C**; 61%; d) nach **D**; 64%. — *N-p-Anisidino-*, $C_{15}H_{20}N_2O_2S$, F. 112—114° (Essigsäureäthylester–PAe.), mit p-Anisidin; Prismen; a) nach **A**; 78%; b) nach **B**; 56%; c) nach **C**; 73%; d) nach **D**; 68%. *Acetat*, $C_{17}H_{22}N_2O_3S$, F. 149—150°; nach **F**; Nadeln; 87%. — *N-p-Phenetidino-*, $C_{16}H_{22}N_2O_2S$, F. 93—95° (Essigsäureäthylester–PAe.), mit p-Phenetidin; Prismen; a) nach **A**; 75%; b) nach **B**; 52%; c) nach **D**; 65%. *Acetat*, $C_{18}H_{24}N_2O_3S$, F. 144—145°; nach **F**; Blättchen; 86%. — *N-p-Chloranilino-*, $C_{14}H_{17}ClN_2OS$, F. 158 bis 159° (Essigsäureäthylester–PAe.), mit p-Chloranilin; Nädelchen; a) nach **A**; 81%; b) nach **D**; 67%. — *N-p-Bromanilino-*, $C_{14}H_{17}BrN_2OS$, F. 144—145° (Essigsäureäthylester–PAe.), mit p-Bromanilin; Nädelchen; a) nach **A**; 73%; b) nach **D**; 61%. — *N-m-Nitranilino-*, $C_{14}H_{17}N_3O_3S$, F. 173—175° (Essigsäureäthylester), durch Lösen von **I**, m-Nitranilin u. Formaldehyd in Methanol u. 1 Monat langes Stehen bei 20° oder 60std. Stehen bei 50°; orangegelbe Nadeln; 81%. E. KOSSMEHL. 3132□

Reaktion von aromatischen Aldehyden mit 5-Methylthiazolidonen-(4). A. S. Mittra und M. K. Rout. (J. Indian chem. Soc. **36**. 723—25. Okt. 1959. Chattack, Ravenshaw Coll., Mayurbhanj Chem. Labor.) (Engl.)

Verschiedene *5-Methyl-2-aryliminothiazolidone-(4)* wurden aus α-Chlorpropionsäure (**I**) u. monosubstituiertem Thioharnstoff dargestellt u. mit aromat. Aldehyden umgesetzt. Es entstanden *aldolartige Verbindungen.*

Versuche: 5-Methyl-2-aryliminothiazolidone-(4): *Phenyl-* (**II**), $C_{10}H_{10}N_2OS$, F. 136°, aus **I** u. Phenylthioharnstoff mit Na-Acetat in abs. A. durch 6std. Kochen; hellgelbe körnige Kristalle aus A.; 65% (Ausbeute). — Analog: *p-Tolyl-*, F. 141°, hellgelbe Kristalle; 65%. — *m-Chlorphenyl-*, F. 152°; 60%. — *p-Nitrophenyl-*, F. 190°, gelbrote Kristalle; 60%. — *α-Naphthyl-*, F. 150°, bläuliche Kristalle, 60%. — 5-[α-Hydroxybenzyl]-5-methyl-2-phenyliminothiazolidone-(4): *Unsubstituiert* (**IV**), $C_{17}H_{16}N_2O_2S$, F. 181°, a) aus 5 g **II**, 3 g Benzaldehyd (**III**) u. 3 g Na-Acetat in Eisessig durch 2std. Kochen (Meth. **A**). 2,5 g; b) aus 1 g **II**, 0,5 g **III** u. einer Spur Piperidin durch 6std. Kochen in A.; (Meth. **B**); 0,1 g. *Acetylderiv.*, $C_{19}H_{18}N_2O_3S$, F. 172° (Methanol), aus 0,5 g **IV** u. 2 cm³ Essigsäureanhydrid in Pyridin durch 24std. Stehen; 0,3 g. — *5-[α-Hydroxy-o-chlorbenzyl]-*, F. 165°, aus **II** u. o-Chlorbenzaldehyd nach **A**. — *5-[α-Hydroxy-p-nitrobenzyl]-*, F. 187°, aus **II** u. p-Nitrobenzaldehyd nach **A**; gelbrote Kristalle. — *5-[α-Hydroxy-p-dimethylaminobenzyl]-*, F. 161°, aus **II** u. p-Dimethylaminobenzaldehyd nach **B**; gelbrote Kristalle. H. FRISCHKORN. 3142□

Synthesen von 2.3-substituierten Thiazolidonen. 3. Mitt. Einfluß der Substituenten auf die Reaktionsfähigkeit einiger Semicarbazone mit Thioglykolsäure. Antibakterielle Wirkung in vitro der 2-Aryl-3-phenylamino- und 2-Aryl-3-ureidothiazolidone-(4). Giovanna Fenech und Pietro Monforte. (Ann. Chimica **48**. 975—84. Nov. 1958. Messina, Univ., Ist. di Chim. farm. e tossicol.) (Ital.) — 2. vgl. C. **1960**. 15043: vgl. auch C. **1961**. 9777.

Rk. von Thioglykolsäure (**I**) mit Verbb., die eine Azomethingruppe enthalten wie z. B. Semicarbazone (**A**) aromat. Aldehyde, führt zu *Thiazolidonen*, für deren pharmakolog. Wrkg. eine Tabelle angegeben ist. Die **A** reagieren mit **I** mit unterschiedlicher Ausbeute je nach Art u. Position des Substituenten am aromat. Ring. Dinitrophenylhydrazone u. Thiosemicarbazone setzen sich mit **I** nicht um. Ein Rk.-Mechanismus wird diskutiert.

Versuche: Die Darst. der *2-Aryl-3-ureidothiazolidone-(4)* erfolgt durch 18—20std. Kochen der entsprechenden **A** mit portionsweise zugesetztem überschüssigem **I** in abs. Bzl., Abdest. des Bzl. u. Behandeln des Rückstandes mit Eis. — 3-Ureidothiazolidone-(4): *2-Phenyl-*, $C_{10}H_{11}N_3O_2S$, F. 198—199° (A.; Prismen), aus **I** u. Benzaldehydsemicarbazon; 45% (Ausbeute). — *2-[o-Nitrophenyl]-*, $C_{10}H_{10}N_4O_4S$, F. 203—204° (A.), aus **I** u. o-Nitrobenzaldehydsemicarbazon, 20,7%. — *2-[m-Nitrophenyl]-*, F. 212—213° (A./Benzol; gelbe Kristalle), aus **I** u. m-Nitrobenzaldehydsemicarbazon; 55,55%. — *2-[p-Nitrophenyl]-*, F. 188—189° (A.; gelbe Kristalle), aus **I** u. p-Nitrobenzaldehydsemicarbazon; 34,1%. — *2-[o-Chlorphenyl]-*, $C_{10}H_{10}ClN_3O_2S$, F. 134—134,5° (wss. A.; Prismen), aus **I** u. o-Chlorbenzaldehydsemicarbazon; 60%. — *2-[m-Chlorphenyl]-*, F. 200 bis 201° (CH_3OH), aus **I** u. m-Chlorbenzaldehydsemicarbazon; 36,5%. — *2-[p-Chlorphenyl]-*, F. 201—202° (A.; Prismen), aus **I** u. p-Chlorbenzaldehydsemicarbazon; 41,6%. — *2-[m-Hydroxyphenyl]-*, $C_{10}H_{11}N_3O_3S$, F. 230—231° (A.), aus **I** u. m-Hydroxybenzaldehydsemicarbazon; 21%. — *2-[p-Hydroxyphenyl]-*, F. 236—238° (A.), aus **I** u. p-Hydroxybenzaldehydsemicarbazon; 28,4%. KARL-FRIEDRICH SCHNEIDER. 3142□

1.2.4-Oxadiazole. 4. Mitt. Synthese und pharmakologische Eigenschaften einer Reihe von substituierten Aminoalkyl-1.2.4-oxadiazolen. G. Palazzo, M. Tavella, G. Strani und B. Silvestrini. (J. med. pharmac. Chem. **4**. 351—67. 8/9. 1961. Rom, Labor. Ric. Angelini Francesco.) (Engl.) — 3. vgl. Ann. Chimica **51**. [1961.] 361.

100 substituierte *3-Aryl-5-aminoalkyl-1.2.4-oxadiazole* werden synthetisiert. Benzamidoxime (**B**) lassen sich mit ω-Chloracylchloriden (**C**) zu *O-[ω-Halogenacyl]-benzamid-*

oximen acylieren, die beim Erhitzen leicht Ringschluß zu *5-[ω-Halogenalkyl]-1.2.4-oxadiazolen* eingehen. Durch Rk. mit einer Reihe von sek. Aminen wird anschließend das Cl gegen eine substituierte Aminogruppe ausgetauscht. Pharmakolog. am wirksamsten sind Verbb., deren Amin-N an Gruppen mit insgesamt 4 C-Atomen gebunden ist (Diäthyl-, Butyl-, Pyrrolidino- u. Methylpropyl-). Untersucht werden der spasmolyt., antitussive, analget., entzündungshemmende u. lokalanästhet. Effekt.

Versuche: Substituierte Benzamidoxime (**B**), durch Kochen des entsprechenden Nitrils mit Na_2CO_3 u. Hydroxylaminhydrochlorid in A.: *3-Chlor-*, $C_7H_7ClN_2O$, F. 115—116°. — *2-Äthoxy-*, $C_9H_{12}N_2O_2$, F. 136°. — *4-Äthoxy-*, F. 106—108°. — *4-Butoxy-*, $C_{11}H_{16}N_2O_2$, F. 112—113°. — *4-Phenyl-*, $C_{13}H_{12}N_2O$, F. 174—175°. — *3.4-Dimethoxy-*, $C_9H_{12}N_2O_3$, F. 162°. — *3.4.5-Trimethoxy-*, $C_{10}H_{14}N_2O_4$, F. 157°. — O-[ω-Halogenacyl]-benzamidoxime, durch Zutropfen des **C** zu **B** in Aceton unter Rühren u. Kühlen, 2 std. Rühren bei Zimmer-Temp., Einengen, Waschen u. Umkristallisieren aus A.: *O-[ω-Chlorpropionyl]-*, $C_{10}H_{11}ClN_2O_2$, F. 96—98°. — *O-[ω-Chlorbutyryl]-*, $C_{11}H_{13}ClN_2O_2$, F. 105—106°. — *O-[ω-Bromvaleryl]-* (I), $C_{12}H_{15}BrN_2O_2$, F. 106—108°. — Analog substituierte O-[ω-Chloracyl]-benzamidoxime: *m-Chlor-O-[chloracetyl]-*, $C_9H_8Cl_2N_2O_2$, F. 124—125°. — *m-Chlor-O-[ω-chlorpropionyl]-*, $C_{10}H_{10}Cl_2N_2O_2$, F. 107—108°. — *p-Chlor-O-[chloracetyl]-*, $C_9H_8Cl_2N_2O_2$, F. 134—135°. — *p-Chlor-O-[ω-chlorpropionyl]-*, $C_{10}H_{10}Cl_2N_2O_2$, F. 141°. — *p-Chlor-O-[ω-chlorbutyryl]-*, $C_{11}H_{12}Cl_2N_2O_2$, F. 136—137. — *p-Methyl-O-[chloracetyl]-*, $C_{10}H_{11}ClN_2O_2$, F. 124—125°. — *p-Methyl-O-[ω-chlorpropionyl]-*, $C_{11}H_{13}ClN_2O_2$, F. 117—118. — *p-Methoxy-O-[ω-chlorpropionyl]-*, $C_{11}H_{13}ClN_2O_3$, F. 123—124°. — *p-Methoxy-O-[ω-chlorbutyryl]-*, $C_{12}H_{15}ClN_2O_3$, F. 110—111°. — *p-Äthoxy-O-[ω-chlorpropionyl]-*, $C_{12}H_{15}ClN_2O_3$, F. 125—126°. — *3.4-Dimethoxy-O-[chloracetyl]-*, $C_{11}H_{13}ClN_2O_4$, F. 121°. — *3.4-Dimethoxy-O-[ω-chlorpropionyl]-*, $C_{12}H_{15}ClN_2O_4$, F. 122°. — *3.4.5-Trimethoxy-O-[chloracetyl]-*, $C_{12}H_{15}ClN_2O_5$, F. 131°. — *p-Phenyl-O-[chloracetyl]-*, $C_{15}H_{13}ClN_2O_2$, F. 117—118°. — *p-Phenyl-O-[ω-chlorpropionyl]-*, $C_{16}H_{15}ClN_2O_2$, F. 166 bis 168°. — *O-[ω-Chlorbutyryl]-α-naphthoesäureamidoxim*, $C_{15}H_{15}ClN_2O_2$, F. 116—118°. — *O-[ω-Chlorpropionyl]-β-naphthoesäureamidoxim*, $C_{14}H_{13}ClN_2O_2$, F. 121—122°. — 3-Aryl-5-[ω-chloralkyl]-1.2.4-oxadiazole, aus der entsprechenden vorst. Verb. a) durch Erhitzen im Vakuum über ihren F.; b) durch Erhitzen in W. u. anschließender Dampf-Dest.; c) durch Erhitzen in Toluol oder Xylol u. azeotrope Entfernung des gebildeten W., in jeweils 1—2 Std.: *3-Phenyl-5-chlormethyl-* (**II**), $C_9H_7ClN_2O$, F. 38°. — *3-Phenyl-5-[β-chloräthyl]-*, $C_{10}H_9ClN_2O$, Kp.$_{0,1}$ 128°. — *3-Phenyl-5-[γ-chlorpropyl]-*, $C_{11}H_{11}ClN_2O$, Kp.$_{0,2}$ 135°. — *3-o-Chlorphenyl-5-[γ-chlorpropyl]-*, $C_{11}H_{10}Cl_2N_2O$, Kp.$_{0,3}$ 147°. — *3-m-Chlorphenyl-5-chlormethyl-*, $C_9H_6Cl_2N_2O$, F. 41—42°, Kp.$_{0,1}$ 117°. — *3-p-Chlorphenyl-5-chlormethyl-*, F. 60—61°, — *3-p-Chlorphenyl-5-[γ-chlorpropyl]-*, $C_{11}H_{10}Cl_2N_2O$, F. 33 bis 35°. — *3-o-Bromphenyl-5-chlormethyl-*, $C_9H_6BrClN_2O$, F. 56—57°. — *3-o-Hydroxyphenyl-5-chlormethyl-*, $C_9H_7ClN_2O_2$, F. 182—183°. — *3-p-Methoxyphenyl-5-chlormethyl-*, $C_{10}H_9ClN_2O_2$, Kp.$_{0,3}$ 137°. — *3-p-Methoxyphenyl-5-[γ-chlorpropyl]-*, $C_{12}H_{13}ClN_2O_2$, F. 54—55°. — *3-[3.4-Dimethoxyphenyl]-5-chlormethyl-*, $C_{11}H_{11}ClN_2O_3$, F. 103—104°. — *3-[3.4.5-Trimethoxyphenyl]-5-chlormethyl-*, $C_{12}H_{13}ClN_2O_4$, F. 94—95°. — *3-[3.4.5-Trimethoxyphenyl]-5-[γ-chlorpropyl]-*, $C_{14}H_{17}ClN_2O_4$, F. 79°. — *3-Benzyl-5-chlormethyl-*, $C_{10}H_9ClN_2O$, Kp.$_{0,7}$ 117°. — *3-[α-Phenylpropyl]-5-chlormethyl-*, $C_{12}H_{13}ClN_2O$, Kp.$_{0,7}$ 127°. — *3-[α-Naphthyl]-5-[γ-chlorpropyl]-*, $C_{15}H_{13}ClN_2O$, F. 40°. — *3-[α-Tetralyl]-5-chlormethyl-*, $C_{13}H_{13}ClN_2O$ Kp.$_{0,1}$ 142°. — *3-p-Biphenylyl-5-chlormethyl-*, $C_{15}H_{11}ClN_2O$, F. 115—116°. — *3-α-Pyridyl-5-chlormethyl-*, $C_8H_6ClN_3O$, F. 107—108°. — *3-Phenyl-5-aminomethyl-1.2.4-oxadiazol*, F. 49°, Kp.$_{0,1}$ 125°, durch 5 std. Kochen von 4,8 g **II** in Chlf. mit 3,5 g Hexamethylentetramin, mehrstd. Rühren des getrockneten Nd. mit alkohol. HCl bei Zimmer-Temp., Stehen über Nacht, Einengen, Aufnehmen in W., Alkalisieren, Ausäthern u. Destillation. *Hydrochlorid* (*HC*), F. 198—199°. — 3-Aryl-5-[ω-mono- bzw. dialkylaminoalkyl]-1.2.4-oxadiazole, durch Kochen der entsprechenden Cl-Verb. mit dem entsprechenden prim. oder sek. Amin (Meth. **A**) bzw., bei N-Methyl-Verbb., durch 16 std. Kochen der entsprechenden 5-[ω-N-Alkylaminoalkyl]-Verb. mit Formaldehyd u. Ameisensäure: 5-Alkyl- bzw. dialkylaminomethyl-3-phenyl-1.2.4-oxadiazole: *5-Methylaminomethyl-*, Kp.$_{0,6}$ 120°. *HC*, F. 221—222°. — *5-Äthylaminomethyl-*, Kp.$_3$ 149°. *HC*, F. 200—202°. — *5-Propylaminomethyl-*, Kp.$_{0,6}$ 126°. *HC*, F. 181°. — *5-Isopropylaminomethyl-*, Kp.$_{1,5}$ 138°. *HC*, F. 021—202°. — *5-Butylaminomethyl-*, Kp.$_1$ 142—143°. *HC*, F. 195—196°. — *5-Isobutylaminomethyl-*, Kp.$_{0,1}$ 122°. *HC*, F. 193°. — *5-tert.-Butylaminomethyl-*, F. 48—50°. *HC*, F. 236—238°. — *5-[N.N-Dimethylaminomethyl]-*, Kp.$_{0,2}$ 121°. *HC*, F. 228—230°. — *5-[N-Methyl-N-äthylaminomethyl]-*, Kp.$_{0,6}$ 114°. *HC*, F. 173—174°. — *5-[N.N-Diäthylaminomethyl]-*, Kp.$_{0,05}$ 115°. *HC*, F. 166 bis 168°. — *5-[N-Methyl-N-propylaminomethyl]-*, Kp.$_{0,5}$ 127°. *HC*, F. 128°. — *5-[N-Methyl-N-isopropylaminomethyl]-*, Kp.$_{0,3}$ 114°. *HC*, F. 192—193°. — *5-[N-Methyl-N-butylaminomethyl]-*, Kp.$_{0,2}$ 121°. *HC*, F. 139—140°. — *5-[N-Methyl-N-isobutylaminomethyl]-*, Kp.$_{0,2}$

117°. *HC*, F. 165°. — *5-[N.N-Dipropylaminomethyl]-*, Kp.$_{0,2}$ 126°. *HC*, F. 171—172°. — *5-[N-Methyl-N-benzylaminomethyl]-*, Kp.$_{0,3}$ 173°. *HC*, F. 165°. — *5-Pyrrolidinomethyl-*, Kp.$_{0,1}$ 128°. *HC*, F. 201—203°. — *5-Piperidinomethyl-*, Kp.$_{0,7}$ 153°. *HC*, F. 248—249°. — *5-Morpholinomethyl-*, Kp.$_{0,1}$ 160°. *HC*, F. 213—215°. — *5-[4-Methylpiperazinomethyl]-*, Kp.$_{0,3}$ 155°. *HC*, F. 238—240°. — *5-[4-(2-Hydroxyäthyl)-piperazinomethyl]-*, *HC*, F. 244—245°. — 3-Aryl-5-aminomethyl-1.2.4-oxadiazole: *3-[o-Chlorphenyl]-5-[N.N-diäthylaminomethyl]-*, Kp.$_{0,8}$ 144°. *HC*, F. 152°. — *3-[o-Chlorphenyl]-5-[4-(2-hydroxyäthyl)-piperazinomethyl]-*, *HC*, F. 209—210°. — *3-m-Chlorphenyl-5-[N.N-diäthylaminomethyl]-*, Kp.$_{0,4}$ 132°. *HC*, F. 213—214°. — *3-p-Chlorphenyl-5-[N.N-diäthylaminomethyl]-*, Kp.$_{0,8}$ 137°. *HC*, F. 180°. — *3-p-Chlorphenyl-5-pyrrolidinomethyl-*, Kp.$_{0,3}$ 141°. *HC*, F. 235—236°. — *3-o-Bromphenyl-5-[N.N-diäthylaminomethyl]-*, Kp.$_{0,3}$ 142°. *HC*, F. 171°. — *3-o-Bromphenyl-5-piperidinomethyl-*, Kp.$_{0,4}$ 173°. *HC*, F. 200—201°. — *3-p-Methylphenyl-5-[N.N-diäthylaminomethyl]-*, Kp.$_{1}$ 135°. *HC*, F. 161°. — *3-p-Methoxyphenyl-5-[N.N-diäthylaminomethyl]-*, Kp.$_{0,3}$ 140°. *HC*, F. 173°. — *3-p-Methoxyphenyl-5-[N-methyl-N-isopropylaminomethyl]-*, Kp.$_{2}$ 170°. *HC*, F. 188—189°. — *3-p-Methoxyphenyl-5-isobutylaminomethyl-*, Kp.$_{0,3}$ 157°. *HC*, F. 168—169°. — *3-p-Methoxyphenyl-5-[N-methyl-N-butylaminomethyl]-*, Kp.$_{0,5}$ 157°. *HC*, F. 143—144°. — *3-p-Methoxyphenyl-5-morpholinomethyl-*, F. 80—81°, *HC*, F. 224—226°. — *3-p-Methoxyphenyl-5-[4-(2-hydroxyäthyl)-piperazinomethyl]-*, *HC*, F. 225—227°. — *3-p-Nitrophenyl-5-[N.N-diäthylaminomethyl]-*, F. 68—69°. *HC*, F. 212°. — *3-p-Nitrophenyl-5-morpholinomethyl-*, F. 143°. — *3-o-Hydroxyphenyl-5-[N.N-diäthylaminomethyl]-*, *HC*, F. 184°. — *3-[3.4-Dimethoxyphenyl]-5-pyrrolidinomethyl-*, Kp.$_{1,5}$ 192°. *HC*, F. 235—236°. — *3-[3.4-Dimethoxyphenyl]-5-[N.N-diäthylaminomethyl]-*, Kp.$_{1,5}$ 187°. *HC*, F. 202—203°. — *3-[3.4.5-Trimethoxyphenyl]-5-[N.N-diäthylaminomethyl]-*, *HC*, F. 175°. — *3-[3.4.5-Trimethoxyphenyl]-5-pyrrolidinomethyl-*, *HC*, F. 178—179°. — *3-p-Sulfamoylphenyl-5-[N.N-diäthylaminomethyl]-*, *HC*, F. 216—217°. — *3-p-Sulfamoylphenyl-5-butylaminomethyl-*, *HC*, F. 245°. — *3-Benzyl-5-[N.N-dimethylaminomethyl]-*, Kp.$_{0,2}$ 110°. *HC*, F. 150°. — *3-Benzyl-5-[N.N-diäthylaminomethyl]-*, Kp.$_{1}$ 132°. *HC*, F. 115—116°. — *3-[α-Phenylpropyl]-5-[N.N-diäthylaminomethyl]-*, Kp.$_{0,7}$ 132°. *HC*, F. 101—103°. — *3-[α-Phenylpropyl]-5-morpholinomethyl-*, Kp.$_{0,6}$ 162°. *HC*, F. 179—180°. — *3-[α-Phenylpropyl]-5-[4-(2-hydroxyäthyl)-piperazinomethyl]-*, *HC*, F. 183—185°. — *3-[Tetralyl-(1)]-5-[N.N-diäthylaminomethyl]-*, Kp.$_{0,1}$ 155°. *HC*, F. 144°. — *3-[Tetralyl-(1)]-5-piperidinomethyl-*, Kp.$_{0,1}$ 169°. *HC*, F. 186°. — *3-p-Biphenylyl-5-[N.N-diäthylaminomethyl]-*, *HC*, F. 196—197°. — *3-p-Biphenylyl-5-butylaminomethyl-*, *HC*, F. 226°. — *3-[Pyridil-(2)]-5-[N.N-diäthylaminomethyl]-*, *HC*, F. 190°. — 3-Aryl-5-aminoäthyl-1.2.4-oxadiazole, durch 2—4std. Kochen der entsprechenden O-[ω-Chlorpropionyl]-benzamidoxime mit dem Amin in Bzl. oder Toluol: *3-Phenyl-5-[N.N-dimethylaminoäthyl]-*, *HC*, F. 160—172°. — *3-Phenyl-5-[N.N-diäthylaminoäthyl]-*, Kp.$_{0,5}$ 130°. *HC*, F. 153—154°. — *3-Phenyl-5-pyrrolidinoäthyl-*, *HC* F. 173 bis 174°. — *3-Phenyl-5-morpholinoäthyl-*, *HC*, F. 190—192°. — *3-Phenyl-5-[4-methylpiperazinoäthyl]-*, *HC*, F. 194—196°. — *3-Phenyl-5-[4-(2-hydroxyäthyl)-piperazinoäthyl]-*, *HC*, F. 192—194°. — *3-m-Chlorphenyl-5-[N.N-diäthylaminoäthyl]-*, *HC*, F. 131—132°. — *3-p-Chlorphenyl-5-[N.N-diäthylaminoäthyl]-*, *HC*, F. 159—161°. — *3-p-Chlorphenyl-5-morpholinoäthyl-*, *HC*, F. 158—159°. — *3-p-Methylphenyl-5-[N.N-diäthylaminoäthyl]-*, *HC*, F. 167—168°. — *3-p-Methylphenyl-5-morpholinoäthyl-*, *HC*, F. 200°. — *3-p-Methoxyphenyl-5-[N.N-dimethylaminoäthyl]-*, *HC*, F. 183—184°. — *3-p-Methoxyphenyl-5-[N-methyl-N-isopropylaminoäthyl]-*, *HC*, F. 162°. — *3-p-Methoxyphenyl-5-[N.N-diäthylaminoäthyl]-*, Kp.$_{0,1}$ 148°. *HC*, F. 161—162°. — *3-p-Methoxyphenyl-5-morpholinoäthyl-*, *HC*, F. 213—214°. — 3-Aryl-5-[N.N-diäthylaminoäthyl]-1.2.4-oxadiazole: *3-p-Äthoxyphenyl-*, *HC*, F. 178—179°. — *3-p-Butoxyphenyl-*, *HC*, F. 163—164°. — *3-[3.4-Dimethoxyphenyl]-*, *HC*, F. 179—180°. — *3-[3.4.5-Trimethoxyphenyl]-*, *HC*, F. 165—166°. — *3-p-Sulfamoylphenyl-*, *HC*, F. 162—163°. — *3-[Naphthyl-(2)]-*, *HC*, F. 196—198°. — *3-p-Biphenylyl-*, *HC*, F. 206—207°. — *3-[α-Phenylpropyl]-*, Kp.$_{0,2}$ 132°. — 3-Aryl-5-aminopropyl-1.2.4-oxadiazole, nach **A**: *3-Phenyl-5-[N-isobutylaminopropyl]-*, *HC*, F. 162°. — *3-Phenyl-5-[N.N-diäthylaminopropyl]-*, Kp.$_{0,1}$ 136°. *HC*, F. 130°. — *3-Phenyl-5-pyrrolidinopropyl-*, Kp.$_{0,6}$ 152°. *HC*, F. 140—141°. — *3-Phenyl-5-piperidinopropyl-*, Kp.$_{0,1}$ 152°. *HC*, F. 162°. — *3-Phenyl-5-morpholinopropyl-*, Kp.$_{0,1}$ 163°. *HC*, F. 194°. — *3-Phenyl-5-[4-(2-hydroxyäthyl)-piperazinopropyl]-*, *HC*, F. 224—225°. — *3-Phenyl-5-[4-carbamoylpiperidinopropyl]-*, F. 130°. *HC*, F. 180—181°. — *3-o-Chlorphenyl-5-[N.N-diäthylaminopropyl]-*, Kp.$_{0,3}$ 149°. *HC*, F. 120°. — *3-o-Chlorphenyl-5-pyrrolidonopropyl-*, Kp.$_{0,8}$ 164°. *HC*, F. 126—127°. — *3-o-Chlorphenyl-5-[4-(2-hydroxyäthyl)-piperazinopropyl]-*, *HC*, F. 205—206°. — *3-p-Chlorphenyl-5-[N.N-diäthylaminopropyl]-*, Kp.$_{0,2}$ 142°. *HC*, F. 192°. — *3-p-Chlorphenyl-5-pyrrolidinopropyl-*, Kp.$_{0,3}$ 160°. *HC*, F. 188—189°. — *3-p-Chlorphenyl-5-morpholinopropyl-*, Kp.$_{0,3}$ 170°. *HC*, F. 202—204°. — *3-p-Chlorphenyl-5-[4-methylpiperazinopropyl]-*, F. 37—39°, Kp.$_{0,4}$ 180°,

HC, 252—254°. — *3-p-Methoxyphenyl-5-[4-carbamoylpiperidinopropyl]-*, F. 160°. *HC*, F. 178—179°. — *3-p-Methoxyphenyl-5-[N.N-dimethylaminopropyl]-*, $Kp._{0,4}$ 160°. *HC*, F. 217°. — *3-p-Methoxyphenyl-5-pyrrolidinopropyl-*, $Kp._{0,7}$ 188°. *HC*, F. 169°. — *3-[3.4.5-Trimethoxyphenyl]-5-morpholinopropyl-*, $Kp._{0,3}$ 218°. *HC*, F. 186—187°. — *3-Naphthyl-(2)-5-pyrrolidinopropyl-*, *HC*, F. 116—117°. — *3-p-Biphenylyl-5-[N.N-dimethylaminopropyl]-*, *HC*, F. 209—210°. — *3-p-Biphenylyl-5-[4-(2-hydroxyäthyl)-piperazinopropyl]-*, *HC*, F. 258°. — *3-Phenyl-5-[N.N-diäthylaminobutyl]-1.2.4-oxadiazol*, $Kp._{0,4}$ 145°, durch 2std. Erhitzen von **I** mit 2 Mol Diäthylamin in Xylol u. Extraktion mit HCl. *HC*, F. 117—118°.
W. HOLLAND. 3163 □

Einige Reaktionen der 2.6-disubstituierten Pyrone-(4) und Thiopyrone-(4). Mohamed A. Elkaschef und Michael H. Nosseir. (Egypt. J. Chem. **2.** 355—58. 1959. Cairo, Dokki, Nat. Res. Centre.) (Engl.) — Vgl. C. **1961.** 10933.

Durch Einw. von reinem P_2S_5 in abs. sd. Bzl. auf die entsprechenden Pyrone ließen sich folgende Thiopyrone-(4) darstellen: *2-Phenyl-6-[p-methoxyphenyl]-* (I), $C_{18}H_{14}O_2S$, F. 180° (A.). — *2-Phenyl-6-[p-bromphenyl]-*, $C_{17}H_{11}BrOS$, F. 173° (PAe.). — Durch Umsetzung von N-Alkylaminen mit den entsprechenden Pyronen-(4) u. Thiopyronen-(4) wurden folgende Pyridone-(4) erhalten: *1.2.6-Trimethyl-*, $C_8H_{11}NO$, F. 110° (A.). *Pikrat*, $C_{14}H_{14}N_4O_8$, F. 196° (A.). — *N-Äthyl-2.6-dimethyl-*, $C_9H_{13}NO$, F. 72° (Bzl.). *Pikrat*, $C_{15}H_{16}N_4O_8$, F. 191° (A.). — *N-Methyl-2.6-diphenyl-*, $C_{18}H_{15}NO$, F. 187° (PAe.). *Pikrat*, $C_{24}H_{18}N_4O_8$, F. 220° (A.). — *N-Äthyl-2.6-diphenyl-*, *Pikrat*, $C_{25}H_{20}N_4O_8$, F. 200° (A.). — *N-Methyl-2-phenyl-6-[p-methoxyphenyl]-*, *Pikrat*, $C_{25}H_{20}N_4O_9$, F. 164° (A.). — *N-Äthyl-2-phenyl-6-[p-methoxyphenyl]-*, *Pikrat*, $C_{26}H_{22}N_4O_9$, F. 200° (A.). — Thiopyridone-(4): *N.2.6-Trimethyl-*, $C_8H_{11}NS$, F. 268° (A.). — *N-Äthyl-2.6-dimethyl-*, $C_9H_{13}NS$, F. 248° (A.). — *N-Methyl-2.6-diphenyl-*, $C_{18}H_{15}NS$, F. 248° (A.). — *N-Äthyl-2.6-diphenyl-*, $C_{19}H_{17}NS$, F. 210° (A.). — *N-Methyl-2-phenyl-6-[p-methoxyphenyl]-*, $C_{19}H_{17}NOS$, F. 200° (A.). — *N-Äthyl-2-phenyl-6-[p-methoxyphenyl]-*, $C_{20}H_{19}NOS$, F. 162° (A.). — *N-Methyl-2.6-bis-[p-methoxyphenyl]-*, $C_{20}H_{19}NO_2S$, F. 225° (A.). — *N-Äthyl-2.6-bis-[p-methoxyphenyl]-*, $C_{21}H_{21}NO_2S$, F. 220° (A.). — Bromierung der Pyridone-(4) in Eisessig ergab die zugehörigen 3.5-Dibrompyridone-(4) (Monobrom-Derivv. konnten nicht erhalten werden): *1.2.6-Trimethyl-*, $C_8H_9Br_2NO$, F. 308°. — *N-Äthyl-2.6-dimethyl-*, $C_9H_{11}Br_2NO$, F. 248°. — *N-Methyl-2.6-diphenyl-*, $C_{18}H_{13}Br_2NO$, F. 315°. — *N-Äthyl-2.6-diphenyl-*, $C_{19}H_{15}Br_2NO$, F. 285°. — Mit Hydroxylamin (**II**) reagierten Pyrone-(4) zu N-Hydroxypyridonen-(4): *2.6-Diphenyl-*, F. 181°. — *2-Phenyl-6-[p-methoxyphenyl]-*, F. 185°. — Die Thiopyrone-(4) ergaben mit **II** Pyron-(4)-oxime: *2.6-Diphenyl-*, F. 196°. — *2-Phenyl-6-[p-methoxyphenyl]-*, $C_{18}H_{15}NO_3$, F. 178° (A.). — Aus **II** u. 2.6-Bis-[p-methoxyphenyl]-thiopyron-(4) (**III**) wurde nur *2.6-Bis-[p-methoxyphenyl]-pyron-(4)* (**V**) erhalten. — *2.2'6.6'-Tetrakis-[p-methoxyphenyl]-4.4'-dipyrylen* (**VI**), $C_{38}H_{32}O_6$, F. 271° (Bzl.), a) aus **III** u. Diazomethan; b) aus **III** u. Cu-Bronze in sd. Xylol. — *2.2'-Diphenyl-6.6'-bis-[p-methoxyphenyl]-4.4'-dipyrylen*, F. 270°, aus **I** u. Cu-Bronze in sd. Xylol. — *4-Benzhydryliden-2.6-bis-[p-methoxyphenyl]-4H-pyran*, $C_{32}H_{26}O_3$, F. 210° (A.), aus **III** u. Diphenyldiazomethan. — *4-Fluorenyliden-2.6-bis-[p-methoxyphenyl]-4H-pyran*, $C_{32}H_{24}O_3$, F. 224° (PAe.), aus **III** u. 9-Diazofluoren. — *4-Benzhydryliden-2-phenyl-6-[p-methoxyphenyl]-4H-pyran*, $C_{31}H_{24}O_2$, F. 153° (A.), aus **I** u. Diphenyldiazomethan. — *1.3-Dibenzoyl-2-phenylpropylen*, $C_{23}H_{18}O_2$, F. 124° (PAe.), aus 2.6-Diphenylpyron-(4) u. Phenyl-MgBr (**IV**). *Dioxim*, $C_{23}H_{20}N_2O_2$, F. 145° (PAe.). — 2.6-Diphenyl-4-thiopyron u. **IV** ergab *2.2'.6.6'-Tetraphenyl-4.4'-dipyrylen* (F. 313°), das mit $SOCl_2$ gekocht nach Verdünnen mit W. in *2.6-Diphenylpyron-(4)* überging. — **III** u. **IV** reagieren sofort zum *Pyron*. — Die Thiopyrone-(4) ergaben in Eisessig mit H_2O_2 die entsprechenden *Pyrone-(4)*, analog wurden aus Thiopyridonen *1-Alkylpyridin-4-sulfonsäurebetaine* erhalten. Beim Vers., **VI** durch Pyrolyse von **III** darzustellen, wurde **V** erhalten.
H. FRISCHKORN. 3201 □

Die Struktur des Phloropyrons. Aneri Penttilä und Jacobus Sundman. (Acta chem. scand. **15.** 839—48. 1961. Helsinki, Medica Ltd., Res. Labor.) (Engl.)

Aus den Rhizomen von *Dryopteris austriaca* (Jacq.) Woynar (**A**) wird eine *Verb. $C_{21}H_{26}O_7$* (**I**), *Phloropyron*, isoliert, die wahrscheinlich mit dem von BOEHM [1897] isolierten Aspidinin u. dem Polystichinin von POULSSON [1898] ident. ist. Die Konstit. von **I**

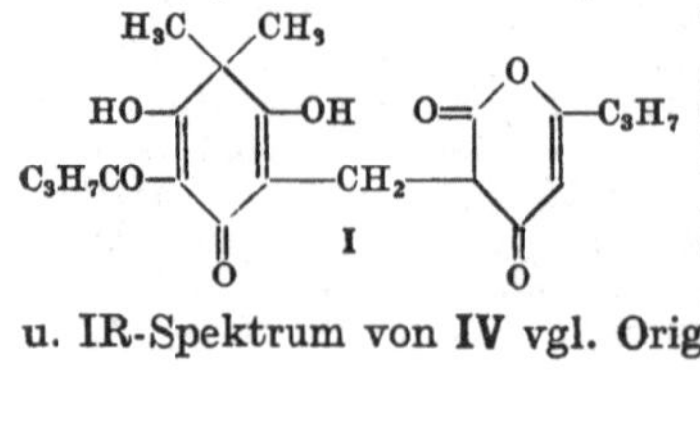

I

wird durch die Bldg. von *Filicinsäure*, *Buttersäure* (**II**), *Propionsäure* u. *Essigsäure* bei der alkal. Hydrolyse, die Bldg. von *Butyrylfilicinsäure* (**III**) unter milden Bedingungen, die Spaltung mit Na_2CO_3-Lsg. in *2.4-Dioxo-6-propyl-2.3-dihydropyran* (**IV**) sowie die Identität mit einem aus **III**, **IV** u. CH_2O-Lsg. in verd. Alkali hergestelltem Präp. bewiesen. UV-Spektren u. IR-Spektrum von **IV** vgl. Original.

Versuche: *Phloropyron* (I), $C_{21}H_{26}O_7$, F. 111—112° (A.), a) durch Extrahieren von lufttrockenen Rhizomen von **A** mit Ae., Entfernen der Fette mit MgO, Extrahieren mit Na_2CO_3-Lsg., Ansäuern u. Abtrennen von geringen Mengen *Flavaspidsäure* u. *Desaspidin* durch fraktionierte Kristallisation aus CH_3OH; 0,2% (Ausbeute); b) aus dem Anilin-Deriv. u. verd. Alkali; c) durch Zugeben von 4%ig. CH_2O-Lsg. zu **III** u. **IV** in 1%ig. KOH, $^1/_4$std. Stehen bei Raum-Temp. u. Ansäuern mit verd. HCl. *Anilin-Deriv.*, $C_{27}H_{31}NO_6$, F. 111—112° (A.), aus **I** u. Anilin auf dem Wasserbad, Zugeben von abs. A. u. mehrtägiges Stehen im Kühlschrank. — *Desbutyrophloropyron*, $C_{17}H_{20}O_6$, F. 161—162° (verd. A.), a) neben **II** durch Erhitzen von **I** u. konz. H_2SO_4 auf dem Wasserbad (10 Min.) u. Verdünnen mit W.; b) wie **I** nach c) aus Filicinsäure u. **IV**. — *6-Propyl-2.4-dioxo-2.3-dihydropyran* (**IV**), $C_8H_{10}O_3$, F. 93—94°, a) durch kurzes Kochen von **I** in 2%ig. Na_2CO_3-Lsg., Ansäuern mit HCl, mehrstd. Stehen bei Raum-Temp., Extrahieren mit Chlf. u. Chromatographie des Extraktrückstands in W. an Perlonpulver; b) nach KÖGL und SALEMINK (Recueil Trav. chim. Pays-Bas **71.** [1952.] 779). *Phenylazo-Deriv.*, $C_{14}H_{14}N_2O_3$, F. 134—135°, aus **IV** u. Diazoaminobenzol in sd. A. u. mehrstd. Stehen bei Raum-Temp.; aus A. gelbe Nadeln. *Methyläther*, $C_9H_{12}O_3$, aus **IV** u. äther. CH_2N_2. — *Aceton-2.4-dinitrophenylhydrazon*, F. 125—127° u. *Methylpropylketon-2.4-dinitrophenylhydrazon*, F. 145—146°, neben **II** u. wenig *Essigsäure* durch 2std. Kochen von **IV** mit 5%ig. NaOH, Dest. u. Rk. des Destillats mit 2.4-Dinitrophenylhydrazin in verd. HCl. — *Heptandion-(2.4)*, a) aus Aceton, **II**-Äthylester u. $NaNH_2$; b) aus **IV** u. sd. verd. H_2SO_4 neben 1 Mol CO_2. *Cu-Komplex*, $C_{14}H_{22}CuO_4$, F. 168—169°. — *3.3-Methylen-bis-[6-propyl-2.4-dioxo-2.3-dihydropyran]*, $C_{17}H_{20}O_6$, F. 67—69° (Bzn.), wie **I** nach c) aus 2 Mol **IV**. — *Methylenbistriacetlacton*, $C_{13}H_{12}O_6$, F. 250—251° (A.), aus 2 Mol Triacetlacton (F. 188—189°), 40%ig. CH_2O-Lsg. u. 1%ig. KOH wie **I** nach c). *Dehydracetsäure* (F. 110—112°) reagiert unter gleichen Bedingungen nicht. F. HELLER. 3211□

Die Struktur des Psoralidins. H. N. Khastgir, P. C. Duttagupta und P. Sengupta. (Tetrahedron [London] **14.** 275—83. Okt. 1961. Calcutta, East India Pharmaceut. Works Ltd., Res. Div.) (Engl.) — Vgl. C. **1961.** 12829.

Die Konstit. des *Psoralidins* (**I**) als *6-[3-Methyl-Δ^2-butenyl]-cumöstrol* wird durch die Bldg. eines *Diacetats* u. eines *Dimethyläthers* (**Ia**), die Alkalispaltung in *Resorcin* u. *β-Resorcylsäure*, die Bldg. von *Aceton* bei der CrO_3-Oxydation von **Ia**, die Hydrierung von **I** zu *Dihydropsoralidin* (**II**), die analyt. Daten sowie die Untersuchungen der UV- u. IR-Spektren (vgl. Original) festgestellt. Die Struktur der Seitenkette wird durch die Bldg. von *Isocapronsäure* bei der Oxydation von **II** mit HNO_3, die o-Stellung zu einer Hydroxylgruppe durch Cyclisieren von **I** mit methanol. HCl zu *3-Hydroxy-10.10-dimethyl-11.12-dihydro-10H-pyrano-[5.6 : g]-benzofurano-[3.2 : c]-cumarin* (*Isopsoralidin*) gesichert. Der α-Pyronring wird durch die Ringöffnung von **Ia** mit methanol. Alkali u. Dimethylsulfat zu *2-[2.4-Dimethoxy-5-isopenten-(2)-ylphenyl]-6-methoxybenzofuran-3-carbonsäuremethylester* (**III**; *Psoralidinsäuretrimethyläthermethylester*) nachgewiesen. Analog **III** wird aus dem **II**-Dimethyläther die entsprechende *Dihydro-Verb.* erhalten, die nach Verseifen, Decarboxylieren u. Öffnung des Furanringes mit OsO_4 in ein *Benzoin-Deriv.* übergeführt wird. Letzteres wird durch $NaJO_4$ in *2-Hydroxy-4-methoxybenzaldehyd* (**IV**) u. *2.4-Dimethoxy-5-[3-methylbutyl]-benzoesäure* gespalten, deren Identität durch direkten Vgl. mit authent. Präpp. festgestellt wird.

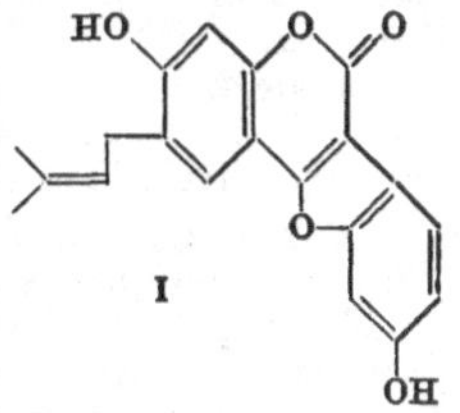

I

Versuche: *Psoralidin* (I), $C_{20}H_{16}O_5$, F. 290—292° (Zers.; Aceton), durch Extrahieren gepulverter u. entfetteter Samenkerne von *Psoralea corylifolia* mit sd. A., Lösen des Extraktrückstandes in Ae., Ausschütteln mit 5%ig. NaOH u. Ansäuern der alkal. Lsg.; 0,16% (Ausbeute); R_F 0,78 (A./W.; 3 : 1). *Dimethyläther* (**Ia**), $C_{22}H_{20}O_5$, F. 190 bis 191° (Aceton), aus 0,5 g **I**, Dimethylsulfat u. K_2CO_3 in sd. Aceton (5 Std.); 0,4 g; R_F 0,63. *Diacetyl-Deriv.*, $C_{24}H_{20}O_7$, F. 221—223° (Äthylacetat), aus **I** u. Acetanhydrid/Pyridin. — *Isopsoralidin*, $C_{20}H_{16}O_5$, F. 284—287° (CH_3OH), durch 2std. Kochen von 1 g **I** u. konz. HCl in CH_3OH u. mehrstd. Stehen bei Raum-Temp.; 0,49 g. *Methyläther*, $C_{21}H_{18}O_5$, F. 172—174° u. 197—200° (Aceton/CH_3OH), wie **Ia**. — *Dihydropsoralidin* (**II**), $C_{20}H_{18}O_5$, F. 274—276° (Äthylacetat), aus 1,2 g **I** u. H_2 an Pd-Kohle in Äthylacetat; 0,85 g. *Dimethyläther*, $C_{22}H_{22}O_5$, F. 193—195° (Aceton), a) wie **II** aus 0,8 g **Ia**; 0,65 g; b) wie **Ia** aus 0,25 g **II**; 0,2 g. — *Resorcin*, $C_6H_6O_2$, F. 100—104°, Kp.$_2$ 130—140°, aus 1 g **I** u. KOH bei 300° (Bad-Temp.); 0,4 g. — *β-Resorcylsäure*, neben vorst. Verb.; 0,29 g. *Methylester*, $C_8H_8O_4$, F. 115—117° (nach Sublimation bei 110—115°/0,3 mm), aus der Säure u. CH_2N_2. — *Aceton-2.4-dinitrophenylhydrazon*, $C_9H_{10}N_4O_4$, F. 126° (CH_3OH), durch 70std. Stehen von **Ia** u. CrO_3 in verd. Essigsäure bei Raum-Temp., Verdünnen mit W., Dest. u. Rk. des Destillats mit 2.4-Dinitrophenylhydrazin. — *Isocapronsäure*, durch

Zugeben von HNO_3 (D. 1,42) zu 0,87 g **II**, 66std. Stehen bei Raum-Temp., Verdünnen mit W., 48std. Stehen u. Dampf-Dest.; Öl; 56 mg; R_F 0,58 (A./NH_4OH/W.; 80 : 5 : 15). — *Psoralidinsäuretrimethyläthermethylester* (**III**), $C_{24}H_{26}O_6$, F. 114—115° (CH_3OH), durch abwechselndes Zugeben von 10%ig. KOH u. Dimethylsulfat zu 100 mg **Ia** in warmer 10%ig. methanol. KOH; 60 mg. — *Dihydropsoralidinsäuretrimethyläther*, $C_{23}H_{26}O_6$, F. 197 bis 198° (Zers.; CH_3OH), aus dem Ester u. sd. 10%ig. NaOH; 0,42 g. *Methylester*, wie **III** aus 0,9 g **II**-Dimethyläther; Öl; 0,5 g. — *2-[2.4-Dimethoxy-5-(3-methylbutyl)-phenyl]-6-methoxybenzofuran*, $C_{22}H_{26}O_4$, F. 84—86° (CH_3OH), aus 1,2 g vorst. Verb. bei 210° (2 Std.) u. Sublimation bei 190°/0,2 Torr; 0,97 g. — *2'-Hydroxy-2.4.4'-trimethoxy-5-isoamylbenzoin*, $C_{22}H_{28}O_6$, F. 113—115° (CH_3OH), durch 5tägiges Stehen von 1,03 g vorst. Verb. mit OsO_4 in Bzl./Pyridin bei Raum-Temp. u. Zers. mit A. u. Na_2SO_3-Lsg.; 0,38 g; $FeCl_3$-Rk. in A. blauviolett. — *2-Hydroxy-4-methoxybenzaldehyd* (**IV**), F. 40—41°, a) durch 24std. Stehen von 0,79 g vorst. Verb. mit $NaJO_4$ in CH_3OH/W. bei Raum-Temp.; b) nach OFFE u. JATZKEWITZ (Chem. Ber. **80**. [1947.] 469). *2.4-Dinitrophenylhydrazon*, $C_{14}H_{12}N_4O_6$, F. 264° (Bzl.), a) aus **IV** nach a) u. 2.4-Dinitrophenylhydrazin; R_F 0,62 (A./Formamid/W.; 8 : 1 : 1); b) aus **IV** nach OFFE u. JATZKEWITZ (l. c.). — *2.4-Dihydroxy-5-isovalerylbenzoesäuremethylester*, F. 70—72° (CH_3OH/W.), durch Zugeben von Isovalerylchlorid zu 3,8 g β-Resorcylsäuremethylester u. $AlCl_3$ in Nitrobenzol bei 40—45°, 10std. Rühren u. Zers. mit Eis/HCl; 4,6 g. *2.4-Dinitrophenylhydrazon*, $C_{19}H_{20}N_4O_8$, F. 202—203° (CH_3OH). — *2.4-Dimethoxy-5-isovalerylbenzoesäuremethylester*, $C_{15}H_{20}O_5$, F. 129—130° (CH_3OH), aus 0,6 g vorst. Esters wie **Ia**; 0,51 g. — *2.4-Dimethoxy-5-[3-methylbutyl]-benzoesäure*, $C_{14}H_{20}O_4$, F. 90—91° (Cyclohexan), a) aus 0,36 g vorst. Verb. u. H_2 an Pd-Kohle in Eisessig u. wenig $HClO_4$ u. Verseifen des Rk.-Prod.; 0,28 g; b) aus den neben **IV** erhaltenen in Na_2CO_3 lösl. Anteilen; 60 mg. F. HELLER. 3211 □

2-Nitro-4-aminobenzaldehyd und Derivate des Thiacumarins. 1. Mitt. Adolfo Ricci. (Ann. Chimica **48**. 985—96. Nov. 1958. Perugia, Univ., Fac. di Farm., Ist. di Chim. gen. e inorgan.) (Ital.)

Die Darst. des *2-Nitro-4-aminobenzaldehyds* (**I**) u. einer Anzahl von **I**-Derivv. wird beschrieben. Von **I** ausgehend gelangt man zu *2-Nitro-4-aminozimtsäure* (**IV**), die man in *2-Mercapto-4-acetamidozimtsäure* umwandelt, welche durch Cyclisierung *7-Aminothiacumarin* (**II**) ergibt. Mit Hilfe von **II** werden weitere in 7-Stellung substituierte Thiacumarine gewonnen. Aus *2-Amino-4-acetamidozimtsäure* (**V**) läßt sich durch Ringschluß *7-Aminocarbostyril* darstellen. Die *Thiacumarine* u. *7-Aminocarbostyril* zeigen in Lsg. intensive Fluorescenz.

Versuche: *2-Nitro-4-acetamidobenzaldehyddiacetat*, $C_{13}H_{14}N_2O_7$, F. 146—147° (CH_3OH; Schuppen), durch Zugabe von konz. H_2SO_4 u. CrO_3 in Essigsäureanhydrid bei 0—10° zu 2-Nitro-4-acetamidotoluol oder zu einem Gemisch aus 2-Nitro-4-aminotoluol, Essigsäureanhydrid u. Eisessig, Aufgießen des grünen Prod. auf Eis, Neutralisation mit Na_2CO_3-Lsg. u. Filtration; 50% (Ausbeute). — *2-Nitro-4-aminobenzaldehyd* (**I**), $C_7H_6 \cdot N_2O_3$, F. 140—141° (W.; gelbe Nadeln), durch Erwärmen vorst. Verb. mit wss.-äthanol. HCl auf 60—70° u. Neutralisation mit NH_4OH; 85%; daneben *Polymeres* **I** (?), F. ca. 360°. *Thiosemicarbazon* (**III**), F. 255—256° (Zers.; A.; rote Prismen), durch 5std. Kochen von **I** mit Thiosemicarbazid in A. in Ggw. von HCl. — *4-Acetamido-2.β-dinitrostyrol*, $C_{10}H_9N_3O_5$, F. 187—188° (Zers.; CH_3OH; gelbe Nadeln), durch Zugabe von **I** in A. zu Nitromethan in der Kälte, Zutropfen von wss.-äthanol. KOH bei —5°, 1/4std. Aufbewahren bei —5°, Auflösen des abfiltrierten Nd. in W., Ansäuern, Abfiltrieren des intermediären α-[2-*Nitro-4-aminophenyl*]-β-*nitroäthanols* (F. 138—140°), kurzes Kochen mit Na-Acetat u. Acetanhydrid u. Eingießen in Wasser. — *5-[2-Nitro-4-aminobenzal]-barbitursäure*, F. > 360° (gelbe Kristalle), aus Barbitursäure u. **I** in wss. Lsg. u. Extraktion des abfiltrierten Nd. mit Dioxan. — *2-Nitro-4-succinylaminobenzaldehydthiosemicarbazon*, $C_{12}H_{13}N_5O_5S$, F. 228° (Zers.; A.; gelbe Kristalle), durch Kochen von **III** mit Bernsteinsäureanhydrid in Xylol. — *2-Nitro-4-carboxymethylaminobenzaldehydthiosemicarbazon*, $C_{10}H_{11}N_5O_4S$, F. 279° (Zers.; A.; orangefarbene Nadeln), durch 12std. Kochen von **III** mit Monochloressigsäure in Ggw. von $NaHCO_3$, Einengen, Aufnehmen des Rückstandes in W. u. Ansäuern. — *2-Nitro-4-thiocyanatobenzaldehyd* (**VI**), $C_8H_4N_2O_3S$, F. 108° (Nadeln), durch Diazotierung von **I** in Ameisensäure u. konz. HCl, Eingießen in CuSCN-KSCN-Lsg. u. Verdünnen mit W. nach Beendigung der Gasentwicklung. — *2.4-Diaminobenzaldehyd*, $C_7H_8N_2O$, F. 152° (Bzl.; Nadeln), durch Red. von **I** mit $FeSO_4$ u. NH_4OH in wss. A. unter Rühren u. Erwärmen auf 60—70°, Einengen u. Bzl.-Extraktion. *Thiosemicarbazon*, F. 225—226° (A.; Nadeln). — *2-Nitro-4-aminozimtsäure* (**IV**), $C_9H_8N_2O_4$, F. 255—256° (Zers.; A.; rote Nadeln), durch Einrühren von Pyridin in die Lsg. von **I** u. Malonsäure in A. u. 4std. Kochen. *Acetylderiv.*, F. 280—281° (Zers.; A.; gelbe Kristalle), aus vorst. Verb. durch Erwärmen mit Acetanhydrid auf

60—70°. — *2-Amino-4-acetamidozimtsäure* (V), $C_{11}H_{12}N_2O_3$, F. 228° (Zers.; A.; gelbe Prismen), durch Red. vorst. Acetyl-Deriv. mit $FeSO_4$ u. verd. NH_4OH bei 60—70° unter Rühren. — *7-Aminocarbostyril*, F. 290—291° (W.; Nadeln), a) durch saure Hydrolyse von V; b) durch Red. von IV in konz. HCl mit Sn bei 60—70° u. Behandeln des Hydrochlorids mit $NaHCO_3$-Lösung. — *2-Thiocyanato-4-acetamidozimtsäure*, $C_{12}H_{10}N_2O_3S$, F. 207—208° (CH_3OH; braune Kristalle), durch Diazotierung von V u. Behandeln der Diazoniumsalz-Lsg. mit CuSCN analog VI. — *2-Mercapto-4-acetamidozimtsäure*, F. 210 bis 212° (Zers.; gelbe Kristalle), aus dem Na-Salz vorst. Verb. durch 1std. Erhitzen mit Na_2S auf 50—60°, Filtrieren u. Ansäuern. — Thiacumarine: *7-Amino-* (II), C_9H_7NOS, F. 176—177° (CH_3OH; gelbe Nadeln), durch 1std. Kochen vorst. Verb. mit Na-Acetat u. Acetanhydrid, Verdünnen mit W., Aufkochen des abfiltrierten Nd. mit HCl, Einengen der sauren Lsg., Behandeln des Hydrochlorids mit $NaHCO_3$ u. Abfiltrieren. — *7-Chlor-*, C_9H_5ClOS, F. 136—136,5° (wss. CH_3OH; Nadeln), durch Diazotierung von II, Behandeln der Diazoniumsalz-Lsg. mit CuCl, kurzes Erwärmen, Zugabe von Na_2CO_3, Wasserdampf-Dest. u. Filtration des Destillats. — *7-Brom-*, C_9H_5BrOS, F. 105—106° (wss. CH_3OH; Nadeln), wie vorst. mit CuBr. — *7-Jod-*, C_9H_5JOS, F. 141—142° (verd. Essigsäure; gelbe Blättchen), wie vorst. mit KJ-Lösung. — *7-Thiocyanato-*, $C_{10}H_5NOS_2$, F. 154 bis 155° (wss. CH_3OH; gelbe Nadeln), wie vorst. mit CuSCN u. KSCN. — *7-Cyan-*, $C_{10}H_5NOS$, F. 231—232° (A.; gelbe Nadeln), wie vorst. mit CuCN u. KCN. — *7-Hydroxy-*, $C_9H_6O_2S$, F. 231—232° (CH_3OH), durch Diazotierung von II in verd. H_2SO_4, Erwärmen der Lsg. auf 70—80° u. Kochen bis zur Beendigung der Zersetzung. — *7-Methoxy-*, $C_{10}H_8O_2S$, F. 108°, aus vorst. Verb. in 2n KOH u. CH_3J durch Rühren u. 24std. Aufbewahren im geschlossenen Gefäß. — *2'-Aminothiazolo-[5'.4':6.7]-*, $C_{10}H_6N_2OS_2$, F. 293 bis 294° (Zers.; CH_3OH; gelbe Kristalle), durch Zugabe von KSCN in Eisessig u. Br_2 in Essigsäure zu II in Eisessig, Eingießen des Rk.-Gemisches in W., Kochen des Nd. mit 2n HCl, Filtrieren der Lsg. über A.-Kohle, Einengen u. Alkalisieren mit Na_2CO_3.

K.-F. SCHNEIDER. 3221 □

Analgetica. 1. Mitt. **4-Acyloxy-3.4-diphenyl-1-methylpiperidine.** Arthur A. Patchett und Fred F. Giarrusso. (J. med. pharmac. Chem. 4. 385—92. 8/9. 1961. Rahway, N.J., Merck Sharp & Dohme Res. Labor.) (Engl.)

4-Acetoxy- u. *4-Propoxy-1-methyl-3.4-diphenylpiperidin* werden aus 1-Methyl-3-phenylpiperidon-(4) u. Phenyl-Li u. nachfolgende Acylierung u. chromatograph. Auftrennung in ihren *cis-* u. *trans-Formen* erhalten. Alle Verbb. sind analget. unwirksam.

Versuche: *Methyl-[β-carbäthoxyäthyl]-[β-carbäthoxy-β-phenäthyl]-amin*, $C_{17}H_{25}$·NO_4, $Kp._{0,05}$ 120—123°, durch Rühren von 164 g Phenylacrylsäureäthylester u. 134 g β-Methylaminopropionsäureäthylester bei Zimmer-Temp. über Nacht u. Aufarbeitung; 102 g. — *1-Methyl-3-phenylpiperidon-(4)*, $C_{12}H_{15}NO$, $Kp._{0,05}$ 98—99,5°, durch 7std. Kochen von 129 g vorst. Verb. mit NaH in Bzl., Extrahieren mit 6n HCl, 2½std. Kochen des Extrakts, Alkalisieren u. Ausäthern; 40 g. — *1-Methyl-3.4-diphenyl-4-propoxypiperidin*, $C_{21}H_{25}NO_2$, *β-Isomeres*, F. 75—76° (Bzl.), durch 2std. Kochen von vorst. Verb. u. Phenyl-Li in Ae., Kühlen, Versetzen mit Propionsäureanhydrid u. Chromatographie an schwach bas. Al_2O_3 mit Bzl./Ae. (2:1). *Hydrochlorid*, F. 118—122° (W.). *α-Isomeres*, F. 72,5—73,5°, durch Eluieren mit Bzl./Ae. (1:1). *Hydrochlorid*, F. 208—209° (Methyläthylketon). — *1-Methyl-3.4-diphenyl-4-acetoxypiperidin*, $C_{20}H_{23}NO_2$, analog vorst. Verb. als *β-Isomeres* [durch Eluieren mit Bzl./Ae. (2:1); *Hydrochlorid*, $C_{20}H_{24}$·$ClNO_2$·½ H_2O, F. 143—144° (Methyläthylketon)] u. *α-Isomeres* [F. 119—119,5° (Bzl.), durch Eluieren mit Bzl.-Ae. (1:2)]. W. HOLLAND. 3231 □

Äthinyl- und Styrylverbindungen vom Prodin-Typ. N. J. Harper und S. E. Fullerton. (J. med. pharmac. Chem. 4. 297—316. 8/9. 1961. London, School of Pharm., Chelsea Coll. of Sci. and Technol.) (Engl.)

Eine Reihe N-substituierter *4-Äthinyl-4-hydroxypiperidine* wird durch Addition von Acetylen an das entsprechende Piperidon-Deriv. in fl. NH_3 dargestellt u. auf analget. Wrkg. getestet. Auf ähnliche Weise werden entsprechende *4-Alkyl-* u. *4-Phenyläthinyl-Verbb.*, auch solche mit 3-Methylgruppen u. in 4-Stellung verestert, synthetisiert u. untersucht. Nur *N-Phenäthyl-4-phenäthinyl-4-hydroxypiperidin* (I) zeigt mit ED_{50} 18,2 mg/kg einen deutlichen Effekt. Mydriat. Wrkg. hat keine der geprüften Verbindungen. Nach Hydrierung von I zur *4-Styryl-Verb.* verschwindet die analget. Wrkg., um bei weiterer Hydrierung zur *4-Phenäthyl-Verb.* in gleichem Maße wiederzukehren. Die entsprechende *4-Cyan-Verb.* ist unwirksam. Alkylierung in 3-Stellung bleibt wirkungslos.

Versuche (UV-Spektren der Styryl-Verbb. sind angegeben): 4-Substituierte N-Phenäthyl-4-hydroxypiperidine: *4-Äthinyl-*, $C_{15}H_{19}NO$, F. 96,5—97,5° (Bzl./PAe.), durch Einleiten von Acetylen in eine Suspension von $NaNH_2$ in Ae. bei —25°,

Zutropfen von N-Phenäthylpiperidon-(4) (II) in Ae., weiteres 6std. Einleiten von Acetylen u. Zers. mit wss. NH_4Cl. — *4-Äthinyl-O-acetyl-, Hydrochlorid,* $C_{17}H_{22}ClNO_2$, F. 255° (A./Ae.), durch 3std. Kochen vorst. Verb. mit Acetanhydrid (AA) in Pyridin, Einengen u. Überführen des Rückstandes in das Hydrochlorid (Meth. **A**). — *4-Äthinyl-O-propionyl-, Hydrochlorid,* $C_{18}H_{24}ClNO_2$, F. 238,5° (A.), analog **A** mit Propionsäureanhydrid. — Analog: *4-[Propin-(1)-yl]-*, $C_{16}H_{21}NO$, F. 99° (PAe.). *Hydrochlorid,* $C_{16}H_{22}ClNO$, F. 197° (A./Ae.). — *4-[Propin-(1)-yl]-O-acetyl-, Hydrochlorid,* $C_{18}H_{24}ClNO_2$, F. 241° (A./Ae.). — *4-[Propin-(1)-yl]-O-propionyl-, Hydrochlorid,* $C_{19}H_{26}ClNO_2$, F. 239° (A.). — *4-[Hexin-(1)-yl]-*, $C_{19}H_{27}NO$, F. 80° (PAe.). — *4-[Hexin-(1)-yl]-O-acetyl-, Hydrochlorid,* $C_{21}H_{30}ClNO_2$, F. 204—205° (Isopropanol/Ae.). — *4-[Hexin-(1)-yl]-O-propionyl-, Hydrobromid,* $C_{22}H_{32}\cdot BrNO_2$, F. 205° (Isopropanol/Ae.). — *4-Phenäthinyl-* (I), $C_{21}H_{23}NO$, F. 151,5° (Bzl.). *Hydrochlorid,* $C_{21}H_{24}ClNO$, F. 180° (A.–Ae.). — *4-Phenäthinyl-O-acetyl-, Hydrochlorid,* $C_{23}H_{26}ClNO_2$, F. 239° (A.). — *4-Phenäthinyl-O-propionyl-, Hydrochlorid,* $C_{24}H_{28}ClNO_2$, F. 215° (A.). — *N-Benzyl-4-phenäthinyl-4-hydroxypiperidin, Hydrochlorid,* $C_{20}H_{22}ClNO$, F. 187° (A./Ae.). *O-Acetyl-Deriv., Hydrochlorid,* $C_{22}H_{24}ClNO_2$, F. 234° (A.). — 3-Methyl-4-phenäthinyl-4-hydroxypiperidine: *N-Phenäthyl-* (III), $C_{22}H_{25}NO$, F. 144,5° (Bzl./PAe.), a) durch Rk. von 24 g Phenylacetylen (IV) u. 22 g N-Phenäthyl-3-methylpiperidon-(4) (V) mit Na in fl. NH_3 u. Chromatographie des grünen, halbfesten Prod. an Al_2O_3 mit Bzl.–PAe.; 28% (daneben 20,66 g eines öligen *Isomeren*); b) durch Zutropfen der äther. Lsg. von 30,6 g **IV** zu Äthyl-MgBr in Ae., 12std. Rühren, Zutropfen von 33 g **V**, 24std. Rühren u. Zers. mit HCl/Eis; 25,6 g. — *N-Phenäthyl-O-acetyl-, Hydrochlorid,* $C_{24}H_{28}ClNO_2$, F. 236° (A./Ae.). — *N-Phenäthyl-O-propionyl-, Hydrochlorid,* $C_{25}H_{30}ClNO_2$, F. 201° (Isopropanol/Ae.). — *N-Methyl-* (VI), $C_{15}H_{19}NO$, analog **III** nach a) in 2 *Isomeren*: **VIa** [F. 133° (Bzl./PAe.); *Acetyl-Deriv., Hydrojodid,* $C_{17}H_{22}JNO_2$, F. 213° (Zers.; A./Ae.)] u. **VIb** [F. 96—97° (Bzl./PAe.); *Acetyl-Deriv., Hydrojodid,* F. 186,5—187,5° (Bzl./PAe.)]. — *N-Phenäthyl-3-methyl-4-chlor-4-phenäthinylpiperidin, Hydrochlorid,* $C_{22}H_{25}Cl_2N$, F. 199°, aus **III** durch Zutropfen von $SOCl_2$ in Chlf. bei —15° u. 3std. Kochen. — *N-Phenäthyl-4-styryl-4-hydroxypiperidin* (VII), *trans-Form* (trans-**VII**), $C_{21}H_{25}NO$, F. 127,5° (Bzl.), durch Red. von 3,5 g **I** mit $LiAlH_4$ in Tetrahydrofuran; 3,35 g. *O-Acetyl-Deriv., Hydrochlorid,* $C_{23}H_{28}ClNO_2$, F. 247,5—249,5° (A./Ae.), durch Zugabe von 3 g trans-**VII** zu Phenyl-Li in Ae., 15 Min. langes Kochen, Abkühlen u. Zugabe von AA (Meth. **B**); 3,2 g. *cis-Form* (cis-**VII**), F. 60—62° (Bzl./PAe.), a) aus 8,66 g **I** durch Red. an $Pd/CaCO_3$ in Ae.; 1,85 g; b) aus 5 g **I** am LINDLAR-Katalysator in A.; 4,9 g. *Hydrochlorid,* $C_{21}H_{26}ClNO$, F. 156,4° (A./Ae.). *O-Acetyl-Deriv., Hydrochlorid,* F. 190,5—191,5° (Bzl./PAe.), nach **B**. — *N-Phenäthyl-4-phenäthyl-4-hydroxypiperidin,* F. 95,5°, a) aus 8,66 g **I** neben cis-**VII** nach a); 3,2 g; b) durch Hydrieren von 4,3 g **I** an $Pd/CaCO_3$ in A.; 4,2 g. *Hydrochlorid,* $C_{21}H_{28}ClNO$, F. 183° (A.–Ae.). *O-Acetyl-Deriv., Hydrochlorid,* $C_{23}H_{30}ClNO_2$, F. 241° (A.), nach **A**. — *N-Phenäthyl-4-styryl-1.2.5.6-tetrahydropyridin, Hydrochlorid,* $C_{21}H_{24}ClN$, F. 252—254° (Zers.; A./Ae.), aus cis- oder trans-**VII** nach **A**. — *N-Phenäthyl-3-methyl-4-phenäthyl-4-hydroxypiperidin,* $C_{22}H_{29}NO$, F. 111—112° (Bzl./PAe.), a) aus **III** durch Hydrierung an Pd/Kohle in A.; b) aus 10 g **V** u. Phenäthyl-MgBr; 1,38 g. — *N-Methyl-3-methyl-4-phenäthyl-4-hydroxypiperidin, Hydrojodid,* $C_{15}H_{24}JNO$, *Isomeres A*, F. 159,5° (A./Ae.), durch Hydrieren von **VIa** an Pd/Kohle in A. u. Zugabe von HJ. *Isomeres B*, F. 130,5°, analog aus **VIb**. — N-Phenäthyl-4-hydroxypiperidine: *4-Bromäthinyl-, Hydrochlorid,* $C_{15}H_{19}BrClNO$, F. 192,5 bis 195,5° (Zers.; A./Ae.), aus 10 g N-Phenäthyl-4-äthinyl-4-hydroxypiperidin durch Rk. mit NaBrO, Extraktion mit Chlf. u. Behandeln mit äthanol. HCl; 13,82 g. — *4-Cyan-* (VIII), $C_{14}H_{18}N_2O$, F. 93° (Bzl./PAe.), durch Rk. von 13,5 g **II** mit HCN; 12,3 g. *O-Acetyl-Deriv., Hydrochlorid,* $C_{16}H_{21}ClN_2O_2$, F. 258,5°, aus 2 g **VIII** nach **A**; 1,82 g. *O-Propionyl-Deriv., Hydrochlorid,* $C_{17}H_{23}ClN_2O_2$, F. 245°, aus 2 g **VIII** nach **A**; 1,78 g. — *4-Carboxy-, Hydrochlorid,* $C_{14}H_{20}ClNO_3$, F. 176,5° (A./Ae.), durch 20std. Kochen von 10 g **VIII** mit konz. HCl; 2,8 g. W. HOLLAND. 3231 □

Parasympathetisch blockierende Substanzen. 3. Mitt. **N-Alkylpiperidincarbonsäureester.** Nathan Sperber, Margaret Sherlock, Domenick Papa und Dorothy Kender. (J. Amer. chem. Soc. **81.** 704—09. 5/2. 1959. Bloomfield, N.J., Schering Corp., Med. Chem. Res. Dep.) (Engl.) — 2. vgl. C. **1956.** 101.

Eine Reihe von Pyridincarbonsäureestern wird dargestellt u. mit p-Toluolsulfonsäurealkylester bzw. Alkylhalogenid quaternisiert. Die Hydrierung der rohen quart. Salze an PtO_2 oder RANEY-Ni (RNi) führt zu N-Alkylpiperidincarbonsäureestern, die als Zwischenprodd. für die Synth. von Verbb. mit potentiellem pharmakolog. Interesse dienen.

Versuche (FF. korr.): Pyridine: *6-Methyl-3-äthoxycarbonyl-* (I), $Kp._5$ 102—104°, durch 4std. Kochen von 6-Methylnicotinsäure u. konz. H_2SO_4 in abs. A.; n_D^{32} 1,4980;

78% (Ausbeute). — *2-Chlor-6-methyl-4-methoxycarbonyl-*, F. 61—63°, durch 2std. Kochen von 25 g 6-Methyl-4-carbomethoxypyridon-(2) u. PCl_5 in $POCl_3$; aus CH_3OH/W. Nadeln; 21 g. — *2-Chlor-6-methyl-4-carboxy-*, F. 214—216°, durch Verseifen vorst. Verb. mit alkohol. KOH. — *2-Methyl-4-methoxycarbonyl-*, $C_8H_9NO_2$, Kp.$_{15}$ 109—112°, durch Hydrieren vorvorst. Verb. in abs. A. in Ggw. von konz. HCl an 5% ig. Pd/Kohle bei 4 at; n_D^{25} 1,5060; 74%. — *2-Methyl-4-äthoxycarbonyl-*, $C_9H_{11}NO_2$, Kp.$_{14}$ 120—122°, analog I; n_D^{30} 1,4938; 67%. — *3-Methyl-4-äthoxycarbonyl-*, $C_9H_{11}NO_2$, Kp.$_6$ 98—100°, analog I; n_D^{25} 1,5010; 84%. — *2-Äthyl-6-chlor-4-methoxycarbonyl-*, $C_9H_{10}ClNO_2$, Kp.$_{2,5}$ 104—105°, analog I; n_D^{25} 1,5198; 75%. — *2-Äthyl-4-methoxycarbonyl-*, $C_9H_{11}NO_2$, Kp.$_9$ 107—108°, durch katalyt. Dehalogenieren vorst. Verb.; n_D^{27} 1,5030; 69%. — *2.6-Dimethyl-4-äthoxycarbonyl-* (**II**), $C_{10}H_{13}NO_2$, F. 38—39°, Kp.$_{11}$ 115—118°, analog **I**; 82%. — *4-[2-Äthoxycarbonyläthyl]-*, $C_{10}H_{13}NO_2$, Kp.$_4$ 118—125°, analog **I**; n_D^{25} 1,4936; 64%. — *2-Methyl-3-äthoxycarbonyl-*, Kp.$_{15}$ 115—117°, analog **I**; n_D^{25} 1,5008; 73%. — *2.6-Dimethyl-3-äthoxycarbonyl-*, Kp.$_7$ 111—120°, durch katalyt. Dehalogenieren von 2.6-Dimethyl-4-chlornicotinsäureäthylester (**III**); n_D^{28} 1,5009; 91%. — *2.4-Dimethyl-3-äthoxycarbonyl-*, $C_{10}H_{13}NO_2$, Kp.$_6$ 110—114°, nach MICHAEL [1885]; n_D^{24} 1,4960; 6,5%. — *2.6-Diäthyl-4-chlor-3-äthoxycarbonyl-*, $C_{12}H_{16}ClNO_2$, Kp.$_2$ 109—112°, durch Cyclisieren von 3-Amino-penten-(2)-säureäthylester mit $POCl_3$ analog der Darst. von **II** nach BACHMAN u. BARKER (J. org. Chemistry **14**. [1949.] 97); n_D^{27} 1,4980; 75%. — *2.6-Diäthyl-3-äthoxycarbonyl-*, $C_{12}H_{17}NO_2$, Kp.$_7$ 121—124°, durch katalyt. Dehalogenieren vorst. Verb.; n_D^{27} 1,4948; 75%. — *2.6-Dimethyl-4-äthoxy-3-äthoxycarbonyl-*, $C_{12}H_{17}NO_3$, Kp.$_1$ 122—127°, durch Zutropfen von **III** zu C_2H_5ONa in abs. A. u. 6std. Kochen; n_D^{30} 1,4942; 89%. — *6-Isopropyl-2-chlor-3-äthoxycarbonyl-*, $C_{11}H_{14}ClNO_2$, Kp.$_1$ 109—114°, durch Kondens. von Na-[β-Isobutyryl]-vinylat mit $NCCH_2CONH_2$ analog der entsprechenden Isobutyl-Verb. nach MARIELLA (J. Amer. chem. Soc. **69**. [1947.] 2670), 1½ std. Kochen von 63,5 g des entstehenden *3-Cyan-6-isopropylpyridons-(2)* [$C_9H_{10}N_2O$, F. 207—208° (A.); 84%] mit PCl_5, 6std. Kochen des gebildeten *6-Isopropyl-2-chlornicotinonitrils* (Kp.$_1$ 105 bis 115°; 48 g) in 75% ig. H_2SO_4 u. 10std. Kochen der entstehenden *6-Isopropyl-2-chlornicotinsäure* u. konz. H_2SO_4 in abs. A.; n_D^{29} 1,5102; 24%. — *4.6-Dimethyl-3-cyan-*, F. 58—59° (PAe.), durch Hydrieren von 25 g 4.6-Dimethyl-2-chlornicotinonitril in wss. A. in Ggw. von MgO an 5% ig Pd/Kohle bei 4 at; 16 g. — *4.6-Dimethyl-3-äthoxycarbonyl-*, $C_{10}H_{13}NO_2$, Kp.$_5$ 111—113°, durch 7std. Verseifen vorst. Verb. mit 75% ig. H_2SO_4, Isolieren der freien Säure u. Verestern analog vorst. Verb.; n_D^{24} 1,5058; 57% (bezogen auf vorst. Verb.). — *6-Isobutyl-2-chlor-3-äthoxycarbonyl-*, $C_{12}H_{16}ClNO_2$, Kp.$_{0,5}$ 120—126°, durch ³/₄std. Erhitzen von 3-Carboxy-6-isobutylpyridon-(2) u. PCl_5 in $POCl_3$ auf 110°, Ansäuern mit konz. HCl u. Verestern mit abs. A. in Ggw. von konz. H_2SO_4; n_D^{27} 1,5107; 45%. — *6-Isobutyl-3-äthoxycarbonyl-*, $C_{12}H_{17}NO_2$, Kp.$_3$ 103—105°, durch Dehalogenieren vorst. Verb. in äthanol. HCl an 5% ig. Pd/Kohle; n_D^{24} 1,4882; 79%. — *2.4.6-Trimethyl-3-äthoxycarbonyl-*, $C_{11}H_{15}NO_2$, Kp.$_7$ 121—123°, durch Hydrolyse von 3.5-Dicarbäthoxy-collidin nach MICHAEL [1884]; n_D^{27} 1,4930; 40%. — *3-Acetyl-6-methyl-*, C_8H_9NO, Kp.$_{11}$ 107—108°, durch CLAISEN-Ester-Kondens. von I u. Essigsäureäthylester; 37%. — *6-Methyl-3-morpholinothiocarbonylmethyl-*, F. 78—85°, durch 6std. Kochen von 99,3 g vorst. Verb. u. S in Morpholin; aus PAe. gelber Nd.; 130 g. — *6-Methyl-3-carboxymethyl-*, *Hydrochlorid*, $C_8H_{10}ClNO_2$, F. 170—172° (A./Ae.), durch 16std. Kochen vorst. Verb. in wss.-alkohol. NaOH-Lsg. u. Ansäuern mit konz. HCl. — *6-Methyl-3-äthoxycarbonylmethyl-*, $C_{10}H_{13}NO_2$, Kp.$_4$ 101—107°, durch 12std. Kochen vorst. Verb. mit konz. H_2SO_4 in abs. A.; n_D^{26} 1,4969; 45% (bezogen auf vorvorst. Verb.). — *N-Methyl-4-methoxycarbonyl-*, *Methylsulfat* (**IV**), F. 76—82°, durch 1std. Kochen von Isonicotinsäuremethylester (**XII**) u. $(CH_3O)_2SO_2$ in Bzl. u. Zugabe von PAe.; hygroskop.; 91%. — *N-Äthyl-2.6-dimethyl-4-äthoxycarbonyl-*, *p-Toluolsulfonat*, durch 1std. Erhitzen von **II** u. p-Toluolsulfonsäureäthylester (**V**) auf 160°; dunkelbraunes, viscoses Öl. — Piperidine: *1-Äthyl-2.6-dimethyl-4-äthoxycarbonyl-* (**VI**), $C_{12}H_{23}NO_2$, Kp.$_{16}$ 130—134°, durch 12std. Hydrieren vorst. Verb. in A. an PtO_2 bei 60 lbs./sq.in.; n_D^{30} 1,4601; 82% (bezogen auf **II**). — *1-Methyl-4-äthoxycarbonyl-*, Kp.$_{18}$ 103—105°, analog **VI** durch 1½ std. Alkylieren mit p-Toluolsulfonsäuremethylester (**VII**) bei 95°; n_D^{34} 1,4460; 84%. — *1-Methyl-4-methoxycarbonyl-* (**VIII**), Kp.$_{10}$ 82—86°, a) durch 2std. Hydrieren von **IV** in A. an RNi bei 110 at u. 50—60°; n_D^{24} 1,4539; 92%; b) analog **VI** durch 1std. Alkylieren mit **VII** in sd. Bzl.; 82%. — *1-Äthyl-4-äthoxycarbonyl-*, $C_{10}H_{19}NO_2$, Kp.$_{20}$ 120—124°, analog **VI** durch a) 5std. Rk. mit **V** bei 95°; n_D^{24} 1,4515; 82%; b) 8std. Rk. mit C_2H_5J in sd. Bzl.; 98%. — *1-Äthyl-4-methoxycarbonyl-*, $C_9H_{17}NO_2$, Kp.$_{18}$ 103—106°, a) analog **VI** durch 1½ std. Rk. mit C_2H_5J in sd. Bzl.; n_D^{24} 1,4510; 30%; b) analog **VIII** durch 1½ std. Rk. mit **V** in sd. Xylol; 83%. — *1-n-Propyl-4-methoxycarbonyl-*, $C_{10}H_{19}NO_2$, Kp.$_{21}$ 118—125°, analog **VI** durch 3std. Rk. mit p-Toluolsulfonsäure-n-propylester (**IX**) bei 95°; n_D^{31} 1,4496; 90%. — *1-n-Propyl-4-äthoxycarbonyl-*, $C_{11}H_{21}NO_2$, Kp.$_{16}$ 123—127°, analog **VI** durch 2½std. Rk. mit **IX** bei 95°; n_D^{25} 1,4498; 83%. — *1-Isopropyl-4-methoxycarbonyl-*, $C_{10}H_{19}NO_2$, Kp.$_{30}$ 127—130°, analog **VI** durch 3std. Rk. mit p-Toluolsulfonsäureisopropylester (aus Isopropylalkohol u. p-Toluolsulfonylchlorid nach Gilman u. Beaber [1925]) bei 95°; n_D^{26} 1,4550; 76%. — *1-n-Butyl-4-methoxycarbonyl-*, $C_{11}H_{21}NO_2$, Kp.$_{24}$ 128—135°, analog **VI** durch 3½std. Rk. mit p-Toluolsulfonsäure-n-butylester bei 95°; n_D^{28} 1,4513; 81%. — *1-[2-Hydroxyäthyl]-4-methoxycarbonyl-*, $C_9H_{17}NO_3$, Kp.$_3$ 124 bis 126°, analog **VI** durch 2std. Rk. mit $HOCH_2CH_2Br$ bei 85°; n_D^{32} 1,4696; 67%. — *1-Äthyl-2-methyl-3-äthoxycarbonyl-* (**X**), $C_{11}H_{21}NO_2$, Kp.$_{15}$ 121—122°, a) analog **VI** durch 18std. Rk. mit **V** bei 95°; n_D^{26} 1,4565; 70%; b) durch Zutropfen von C_2H_5J zu 2-Methylnipecotinsäureäthylester u. Na_2CO_3 in abs. Bzl. u. 16std. Kochen; 83%. — *1-[2-Dimethylaminoäthyl]-4-methoxycarbonyl-*, $C_{11}H_{22}N_2O_2$, Kp.$_1$ 98—100°, analog **X** nach b) durch 16std. Kochen mit $(CH_3)_2NCH_2CH_2Cl$ in Bzl.; n_D^{25} 1,4648; 32%. — *1-Benzyl-4-methoxycarbonyl-*, $C_{14}H_{19}NO_2$, Kp.$_{21}$ 190—192°, analog **VI** durch 2std. Rk. mit Benzylchlorid bei 95°; n_D^{24} 1,5177; 28%. — *1-[m-Methylbenzyl]-4-methoxycarbonyl-*, $C_{15}H_{21}$·NO_2, Kp.$_2$ 141—142°, a) analog **VI** durch 6std. Kochen mit m-Xylylbromid in Bzl.; n_D^{25} 1,5172; 94%; b) analog **X** durch 2std. Kochen in Bzl.; 28%. — *1-Methyl-4-äthoxycarbonylmethyl-*, $C_{10}H_{19}NO_2$, Kp.$_{11}$ 106—108°, analog **VI** durch 1std. Rk. mit **VII** bei 95°; n_D^{24} 1,4509; 86%. — *1-Methyl-4-[2-äthoxycarbonyläthyl]-*, $C_{11}H_{21}NO_2$, Kp.$_4$ 101 bis 105°, analog **VI** durch 1std. Rk. mit **VII** bei 95°; 85%. — *1.2-Dimethyl-4-methoxycarbonyl-*, $C_9H_{17}NO_2$, Kp.$_{7,5}$ 93—95°, analog **VI** durch 1std. Rk. mit **VII** bei 95°; n_D^{29} 1,4522; 87%. — *1-Äthyl-2-methyl-4-äthoxycarbonyl-*, $C_{11}H_{21}NO_2$, Kp.$_{3,5}$ 91—93°, analog **VI** durch 4std. Rk. mit **V** bei 130—140°; n_D^{25} 1,4532; 54%. — *1.3-Dimethyl-4-äthoxycarbonyl-*, $C_{10}H_{19}NO_2$, Kp.$_6$ 89—94°, analog **VI** durch 1std. Rk. mit **VII** bei 95°; n_D^{26} 1,4492; 84%. — *1-Äthyl-3-methyl-4-äthoxycarbonyl-*, $C_{11}H_{21}NO_2$, Kp.$_2$ 82—84°, analog **VI** durch 3std. Rk. mit **V** bei 150°; n_D^{28} 1,5085; 75%. — *1.2.6-Trimethyl-4-äthoxycarbonyl-*, $C_{11}H_{21}NO_2$, Kp.$_4$ 98—100°, analog **VI** durch 4std. Rk. mit **VII** bei 95°; n_D^{26} 1,4551; 88%. — *1-Methyl-3-äthoxycarbonyl-*, Kp.$_{12}$ 94—96°, analog **VI** durch ½std. Rk. mit **VII** bei 95°; n_D^{30} 1,4460; 96%. — *1-Methyl-3-methoxycarbonyl-*, Kp.$_{12}$ 83—84°, durch katalyt. N-Methylierung; n_D^{25} 1,4520; 85%. — *1-Äthyl-3-äthoxycarbonyl-*, $C_{10}H_{19}NO_2$, Kp.$_{15}$ 109—112°, a) analog **VI** durch 1½std. Rk. mit **V** bei 95°; n_D^{25} 1,4510; 87%; b) analog **X** nach b) durch 10std. Kochen mit C_2H_5J in Bzl.; 81%. — *1-n-Propyl-3-äthoxycarbonyl-*, $C_{11}H_{21}NO_2$, Kp.$_{15}$ 118—121°, analog **X** nach b) durch 16std. Kochen mit n-Propylbromid in Bzl.; n_D^{29} 1,4480; 88%. — *1-Isopropyl-3-äthoxycarbonyl-*, $C_{11}H_{21}NO_2$, Kp.$_9$ 111—113°, analog **X** nach b) durch 22std. Kochen mit Isopropyljodid (**XI**) in Bzl.; n_D^{25} 1,4519; 89%. — *1-Allyl-3-äthoxycarbonyl-*, $C_{11}H_{19}$·NO_2, Kp.$_{4,5}$ 103—105°, analog **X** nach b) durch 18std. Kochen mit Allylbromid in Bzl.; n_D^{25} 1,4621; 74%. — *1.6-Dimethyl-3-äthoxycarbonyl-*, $C_{10}H_{19}NO_2$, Kp.$_9$ 94—96°, analog **VI** durch ½std. Rk. mit **VII** bei 95°; n_D^{26} 1,4506; 87%. — *1-Äthyl-3-äthoxycarbonyl-6-methyl-*, $C_{11}H_{21}NO_2$, Kp.$_5$ 93—95°, analog **VI** durch 6std. Rk. mit **V** bei 95°; n_D^{26} 1,4512; 85%. — *1-Methyl-3-äthoxycarbonyl-6-isobutyl-*, $C_{13}H_{25}NO_2$, Kp.$_7$ 129—133°, analog **VI** durch 3std. Rk. mit **VII** bei 95°; n_D^{33} 1,4500; 79%. — *1.2.6-Trimethyl-3-äthoxycarbonyl-*, $C_{11}H_{21}NO_2$, Kp.$_7$ 100—102°, analog **VI** durch 6std. Rk. mit **VII** bei 95°; n_D^{27} 1,4510; 94%. — *1-Äthyl-2.6-dimethyl-3-äthoxycarbonyl-*, $C_{12}H_{23}NO_2$, Kp.$_7$ 104 bis 110°, analog **VI** durch 2std. Rk. mit **V** bei 180—190°; n_D^{20} 1,4590; 72%. — *1.2.6-Trimethyl-3-äthoxycarbonyl-4-äthoxy-*, $C_{13}H_{25}NO_3$, Kp.$_1$ 97—103°, analog **VI** durch 1std. Rk. mit **VII** bei 95°; n_D^{28} 1,4522; 75%. — *1.2.4-Trimethyl-3-äthoxycarbonyl-*, $C_{11}H_{21}$·NO_2, Kp.$_4$ 91—95°, analog **VI** durch ½std. Rk. mit **VII** bei 95°; n_D^{26} 1,4531; 88%. — *1.4.6-Trimethyl-3-äthoxycarbonyl-*, $C_{11}H_{21}NO_2$, Kp.$_8$ 95—102°, analog **VI** durch ½std. Rk. mit **VII** bei 95°; n_D^{25} 1,4470; 88%. — *1-Methyl-2.6-diäthyl-3-äthoxycarbonyl-*, $C_{13}H_{25}NO_2$, Kp.$_3$ 108—111°, analog **VI** durch ½std. Rk. mit **VII** bei 160—180°; n_D^{26} 1,4472; 90%. — *1.2.4.6-Tetramethyl-3-äthoxycarbonyl-*, $C_{12}H_{23}NO_2$, Kp.$_5$ 99—105°, analog **VI** durch 2std. Rk. bei 95°; n_D^{25} 1,4573; 76%. — *1.6-Dimethyl-3-äthoxycarbonylmethyl-*, $C_{11}H_{21}NO_2$, Kp.$_3$ 103—107°, analog **VI** durch 1std. Rk. bei 95°; n_D^{21} 1,4535; 87%. — *1-Methyl-2-äthoxycarbonyl-*, Kp.$_{36}$ 114—115°, analog **VI** durch 3std. Kochen mit **VII** in Bzl.; n_D^{28} 1,4471; 67%. — *1-Methyl-2-methoxycarbonyl-*, Kp.$_{16}$ 90—95°, a) analog **VI** durch ½std. Rk. mit **VII**; n_D^{22} 1,4500; 57%; b) durch katalyt. N-Methylierung; 83%. — *1-Äthyl-2-äthoxycarbonyl-*, $C_{10}H_{19}NO_2$, Kp.$_{20}$ 110—113°, a) analog **VI** durch 24std. Rk. mit **V** bei 95°; n_D^{21} 1,4512; 79%; b) analog **X** nach b) durch 12std. Kochen mit C_2H_5J in Bzl.; 89%. — *1-Methyl-2-methoxycarbonylmethyl-*, Kp.$_{29}$ 119—121°, analog **VI** durch 4std. Rk. mit **VII** bei 95°; n_D^{26} 1,4590; 45%. — *1-Methyl-2-äthoxycarbonylmethyl-*, $C_{10}H_{19}NO_2$, Kp.$_{35}$ 136—138°, analog **VI** durch 2std. Rk. mit **VII** bei 95°; n_D^{26} 1,4557; 72%. — *1-Methyl-2-[2-methoxycarbonyläthyl]-*, $C_{10}H_{19}NO_2$, Kp.$_2$ 83—87°, analog **VI** durch ½std. Rk. mit **VII** bei 95°; n_D^{24} 1,4598; 81%. — *1-Äthyl-2-[2-äthoxycarbonyläthyl]-*, $C_{12}H_{23}NO_2$, Kp.$_3$ 108—110°, analog **VI** durch 2std. Rk. mit **V** bei 160°; n_D^{30} 1,4578; 78%. — *1-Methyl-4-[α-hydroxybenzhydryl]-*, F. 132—133° (Bzl./PAe.), durch a) 2std. Erhitzen von 70 g **XI** u. 35 g **XII** auf 100° (Bad-Temp.), Hydrieren des entstehenden Nd. in abs. A. an PtO_2, Zugabe von Phenyl-MgBr (**XIII**, aus 17 g Mg u. 110 g Brombenzol in Ae.) zu 25 g des entstehenden *Esters* ($C_{10}H_{19}NO_2$, Kp.$_{15}$ 103°; n_D^{24} 1,4503; 27,5 g) u. 10std. Kochen; 13,5 g; b) 20std. Kochen von 20 g **XII** u. 40 ml Isobutylbromid, Hydrieren in abs. A. an PtO_2 u. Behandeln von 25 g des erhaltenen *Esters* ($C_{11}H_{21}NO_2$, Kp.$_{18}$ 129—135°; Öl; n_D^{31} 1,4452; 10 g) mit **XIII** analog a). — *1-Methyl-4-benzhydryliden-*, $C_{19}H_{21}N$, Kp.$_{0,5}$ 149—157°, durch 8std. Erhitzen vorst. nach b) dargestellter Verb. in 60%ig. H_2SO_4; 13 g. *Methojodid*, F. 256—258° (CH_3OH).

G. REISNER. 3231 □

Triphenylsilyllithium als selektives nucleophiles Reagens gegenüber Pyridin. D. Wittenberg und H. Gilman. (Chem. and Ind. **1958**. 390—91. 29/3. Ames, Iowa, Iowa State Coll., Chem. Labor.) (Engl.)

Durch 1std. Kochen von Hexaphenyldisilan mit Li in Pyridin, anschließende Hydrolyse u. Rekristallisation des wasserunlösl. Anteils aus Bzl. entsteht *4-[Triphenylsilyl]-1.4-dihydropyridin* [I; $C_{23}H_{21}NSi$, F. 215—225° (Zers., langsames Erhitzen, F. 226 bis 227° (schnelles Erhitzen)]. Die Oxydation von I mit Nitrobenzol in sd. alkohol. KOH oder alkohol. HCl an der Luft liefert *4-[Triphenylsilyl]-pyridin* (II; $C_{23}H_{19}NSi$, F. 232,5 bis 233,5°, verdampft bei 430—435°, zeigt keine F.-Depression mit Tetraphenylsilan, lösl. in kalter konz. H_2SO_4. *Pikrat*, F. 197—198°). II entsteht auch durch 1std. Kochen von Triphenylsilyl-Li u. Pyridin in Tetrahydrofuran, anschließende Oxydation mit Nitrobenzol u. Umkristallisieren aus Essigester in 53%ig. Ausbeute. Um die Struktur von II zu bestimmen, wurde das andere mögliche Isomere, *2-[Triphenylsilyl]-pyridin* ($C_{23}H_{19}NSi$, F. 192—193°. *Pikrat*, F. 200—201°; gibt eine Depression mit dem Pikrat von II), aus Pyridyl-(2)-Li u. Chlortriphenylsilan in 39%ig. Ausbeute synthetisiert.

P. GOLINSKE. 3231 □

Verwendung von Acetondicarbonsäurediäthylester in der Conrad- und Limpach-Reaktion. Darstellung von substituierten 4-Hydroxychinolyl-(2)-essigsäureäthylestern. S. N. Munavalli, S. N. Kulkarni und K. S. Nargund. (J. Karnatak Univ., Sci. [Dharwar, India] **1**. 23—28. Nov. 1956. Dharwar, Karnatak Univ., Dep. of Chem.) (Engl.)

o-, m- u. p-Chloranilin, o-, m- u. p-Bromanilin u. o-, m- u. p-Toluidin werden mit Acetondicarbonsäurediäthylester in sd. Chlf., sd. Bzl. oder ohne Lsgm. kondensiert. Die entstandenen *γ-Carbäthoxycrotonsäureester* werden mit heißem fl. Paraffin zu den entsprechenden *4-Hydroxychinolyl-(2)-essigsäureäthylestern* cyclisiert. Letztere werden in ihrer Konstit. durch Hydrolyse u. anschließende Decarboxylierung zu den bekannten *4-Hydroxy-2-methylchinolinen* bestätigt.

Versuche: β-Anilino-γ-carbäthoxycrotonsäureäthylester, a) durch Kochen von Acetondicarbonsäurediäthylester mit dem entsprechenden Anilin in Chlf. oder Bzl. in Ggw. von etwas konz. HCl oder Essigsäure bis kein W. mehr übergeht; b) durch 20—30 Min. langes Erhitzen von Acetondicarbonsäurediäthylester mit dem entsprechenden Anilin in Ggw. von etwas konz. HCl auf 100°: *β-[p-Toluidino]-*, F. 50°. — *β-[o-Toluidino]-*, F. 69—70°; aus A. Nadeln. — 4-Hydroxychinolyl-(2)-essigsäureäthylester, durch Zugabe des entsprechenden β-Anilino-γ-carbäthoxycrotonsäureäthylesters zu Paraffin bei 270—275°, 10—15 Sek. langes Schütteln, Gießen in eine wassergekühlte Cu-Schale, Verdünnen mit Ligroin, Filtrieren u. Umkristallisieren aus verd. A.: *8-Methyl-*, F. 216—218°; Nadeln; 56% (Ausbeute). — *7-Methyl-*, F. 172—173°; Platten; 42%. — *6-Methyl-*, F. 212—214°; Platten; 63%. — *8-Chlor-*, F. 202—203°; Nadeln; 58%. — *7-Chlor-*, F. 235—237°; Nadeln; 51%. — *6-Chlor-*, F. 230—231°; Nadeln; 57%. — *8-Brom-*, F. 215—216°; Platten; 59%. — *7-Brom-*, F. 228—230°; Platten; 50%. — *6-Brom-*, F. 226—228°; Platten; 53%. — 2-Methyl-4-hydroxychinoline, durch 2std. Kochen des entsprechenden 4-Hydroxychinolyl-(2)-essigsäureäthylesters mit 5%ig. wss. NaOH, Filtrieren, Ansäuern mit verd. HCl, Filtrieren, Trocknen u. Erhitzen bis zur Beendigung der CO_2-Entw.: *8-Methyl-*, F. 258—260°. — *7-Methyl-*, F. 261 bis 262°. — *6-Methyl-*, F. 272—274°. — *8-Chlor-*, F. 228—230°. — *7-Chlor-*, F. 313—315°. — *6-Chlor-*, F. 318—320°. — *8-Brom-*, F. 204—206°, a) analog den vorst. Verbb.; b) durch Kondens. von o-Bromanilin mit Acetessigester in Bzl. u. Cyclisieren in der üblichen Weise; 56%. — *7-Brom-*, F. 308—309°, a) analog den vorst. Verbb.; b) analog vorst. Verb. nach b) aus m-Bromanilin; 51%. — *6-Brom-*, F. 335—336°.

P. GOLINSKE. 3231 □

Verwendung von Acetondicarbonsäurediäthylester in der Knorrschen Synthese von Chinolinderivaten. Substituierte 2-Hydroxychinolyl-(4)-essigsäuren. N. L. Tikotikar, I. M. Navalgund, S. N. Munavalli, S. N. Kulkarni und K. S. Nargund.

(J. Karnatak Univ., Sci. [Dharwar, India] 1. 43—50. Nov. 1956. Dharwar, Karnatak Univ., Dep. of Chem.) (Engl.)

Durch Kondens. von o-, m- u. p-Chloranilin, o-, m- u. p-Bromanilin u. o-, m- u. p-Toluidin mit Acetondicarbonsäurediäthylester bei hohen Temp. entstehen die entsprechenden *Mono-* oder *Dianilide*, die mit 80% ig. H_2SO_4 cyclisiert werden. Die Konstit. der entstandenen *2-Hydroxychinolyl-(4)-essigsäuren* wird durch therm. Decarboxylierung zu den entsprechenden *2-Hydroxy-4-methylchinolinen* bewiesen.

Versuche: *Acetondicarbonsäure, Di-o-chloranilid*, F. 159° (Essigsäure), durch 1 std. Erhitzen von Acetondicarbonsäurediäthylester u. dem entsprechenden Anilin auf 150° u. Gießen in HCl (1:1); 66% (Ausbeute). *Di-m-chloranilid*, F. 136° (verd. A.), analog vorst. Verb. bei 170°; 90%. *Di-p-chloranilid*, F. 149—150° (verd. A.), bei 170°; 83%. *Di-o-bromanilid*, F. 194—196° (verd. A.), bei 160°; 73%. *Äthylester-m-bromanilid*, F. 128 bis 129° (verd. A.), bei 160°; 89%. *Äthylester-p-bromanilid*, F. 185° (verd. A.), bei 150°; 83%. *Äthylester-o-toluidid*, F. 122—123° (verd. A.), bei 160°; 49%. *Äthylester-m-toluidid*, F. 135° (verd. A.), bei 160°; 55%. *Di-p-toluidid*, F. 168—169°, bei 160°; 74%. — 2-Hydroxychinolyl-(4)-essigsäuren, durch 4 std. Erhitzen des entsprechenden Mono- oder Dianilids mit 80% ig. H_2SO_4 auf 100° u. Gießen auf Eis: *6-Chlor-*, F. 222—223° (Essigsäure); 54%. *Äthylester*, F. 198—199° (A.). *Methylester*, F. 177—178° (A.). — *7-Chlor-*, F. 248—249° (verd. Essigsäure); 58%. *Äthylester*, F. 176—177° (A.). *Methylester*, F. 194—195° (A.). — *8-Chlor-*, F. 233—234° (Essigsäure); 50%. *Äthylester*, F. 205 bis 206° (A.). *Methylester*, F. 195—196° (A.). — *6-Brom-*, F. 225—226° (Essigsäure); 59%. *Äthylester*, F. 154—155° (A.). *Methylester*, F. 214—215° (verd. A.). — *7-Brom-*, F. 205—206° (Essigsäure); 69%. *Äthylester*, F. 188—189° (A.). *Methylester*, F. 214—215° (Methanol). — *8-Brom-*, F. 183—184° (Essigsäure); 62%. *Äthylester*, F. 139—140° (verd. A.). *Methylester*, F. 175—176° (Methanol). — *6-Methyl-*, F. 239—240° (Essigsäure); 58%. *Äthylester*, F. 179—180° (A.). *Methylester*, F. 208—210° (Methanol). — *7-Methyl-*, F. 207—208° (Essigsäure); 50%. *Methylester*, F. 187—188° (Methanol). *Äthylester*, F. 169 bis 170° (A.). — *8-Methyl-*, F. 200—201° (Essigsäure); 48%. *Methylester*, F. 188—190° (Methanol). *Äthylester*, F. 160° (A.). — 2-Hydroxy-4-methylchinoline, durch 5—10 Min. langes Erhitzen der entsprechenden 2-Hydroxychinolyl-(4)-essigsäuren über ihren F.: *8-Chlor-*, F. 254—255°. — *7-Chlor-*, F. 273°. — *6-Chlor-*, F. 262—264°. — *8-Brom-* (I), F. 272—273°. — *7-Brom-*, F. 286—288°. — *6-Brom-*, F. 290—292°. — *8-Methyl-*, F. 216—217°. — *7-Methyl-*, F. 218—219°. — *6-Methyl-*, F. 246—248°. — *Acetoacet-o-bromanilid*, F. 95—97°, durch Kondens. von o-Bromanilin u. Acetessigsäureäthylester bei 150°; liefert bei der Cyclisierung I. P. GOLINSKE. 3231□

Synthese von potentiellen Antikrebsmitteln. 3. Mitt. Von 8-Aminochinolinen abgeleitete Stickstoffloste. Robert C. Elderfield und Ernest F. LeVon. (J. org. Chemistry **25**. 1576—83. Sept. 1960.) (Engl.) — 2. vgl. C. **1962**. 9719.

Rohes 2-Methoxy-8-[3-phthalimidopropylamino]-chinolin, aus dem etwas *2-Methoxy-8-[bis-(3-phthalimidopropyl)-amino]-chinolin* isoliert werden konnte, liefert bei der Hydrazinolyse *2-Methoxy-8-[3-aminopropylamino]-chinolin*, das als *Dibenzolsulfonyl-Deriv.* charakterisiert wurde, u. wenig *Phthalo-bis-[3-(2-methoxychinolyl-(8)-amino)-propylamid]*. Primaquin (6-Methoxy-8-[4-amino-1-methylbutylamino]-chinolin) konnte nicht hydroxyäthyliert werden. Ebenso konnte 8-Amino-6-methoxychinolin (I) nicht mit dem aus 3-Chlorpropionaldehyddiäthylacetal (XI) u. Diäthanolamin (III) zugänglichen *3-Diäthanolaminopropionaldehyddiäthylacetal* kondensiert werden. Auch die reduktive Alkylierung von I mit Butyraldehyd (II) bzw. die reduktive Alkylierung nach LEUCKART mit II bzw. CH_2O scheiterte. Es konnte nur das *Formyl-Deriv.* von I isoliert werden. Die Addition von III an Acrylsäuremethylester (VI) führte zu dem instabilen *3-[Bis-(2-hydroxyäthyl)-amino]-propionsäuremethylester*, der sich zur *freien Säure* verseifen ließ. I konnte nicht mit Buttersäureäthylester acyliert werden. Bei der Rk. von I mit Propiolacton (VII) in sd. Bzl. wurden *N-[6-Methoxychinolyl-(8)]-β-alanin* (IV) u. *6-Methoxy-8-hydracrylamidochinolin* (V) isoliert. IV ist ident. mit dem Hydrolysen-Prod. des Adduktes von I u. VI. V wird mit $SOCl_2$ zu *8-[3-Chlorpropionamido]-6-methoxychinolin* (VIII) chloriert, das auch aus I u. 3-Chlorpropionylchlorid (XII) zugänglich ist. Bei der Umsetzung von I u. VII in sd. Toluol oder Xylol nimmt die Ausbeute an IV u. V zugunsten polymeren Materials ab. IV läßt sich mit $LiAlH_4$ in Ae. zu *8-[3-Hydroxypropylamino]-6-methoxychinolin* reduzieren. Die Umsetzung von VIII mit 2 Mol III führt zu *8-[3-Bis-(2-hydroxyäthyl)-aminopropionamido]-6-methoxychinolin*, das als *Dihydrochlorid* isoliert wurde, mit $SOCl_2$ *8-[3-Bis-(2-chloräthyl)-aminopropionamido]-6-methoxychinolin* (IX) gibt u. sich mit $LiAlH_4$ in Tetrahydrofuran zu *8-[3-Bis-(2-hydroxyäthyl)-aminopropylamino]-6-methoxychinolin* (X) red. läßt. Entsprechend VIII, IX u. X werden die *5.6-Dimethoxychinolin-*, *6-Methoxylepidin-* u. *2-Methoxychinolinanaloga* dargestellt.

Allerdings entsteht neben *8-[3-Bis-(2-chloräthyl)-aminopropionamido]-2-methoxychinolin* das *isomere 1-Methylchinolon-(2)*. Die UV- u. IR-Spektren der Verbb. sind angegeben.

Versuche: *2-Methoxy-8-[3-phthalimidopropylamino]-chinolin*, F. 113—114,5° (Bzl. oder Aceton–A.), aus 8-Amino-2-methoxychinolin u. 3-Phthalimidopropylbromid. — *2-Methoxy-8-[bis-(3-phthalimidopropyl)-amino]-chinolin*, F. 137—138°, neben vorst. Verbindung. — *8-[3-Aminopropylamino]-2-methoxychinolin, Dihydrochlorid*, Doppel-F. 159 bis 160° (Zers.) u. 248—254°, durch 3½ std. Kochen von 25 g vorvorst. Verb. in A. mit $N_2H_4 \cdot H_2O$, Alkalisieren des *Phthalhydrazidsalzes* [F. 185—195° (A.)] in W. mit 1 n NaOH, Ausäthern u. Zugeben von alkohol. HCl; 11,6 g (Ausbeute). *Monohydrochlorid*, F. 188 bis 194°. *Monophosphat*, $C_{13}H_{17}N_3O \cdot H_3PO_4$, F. 240—250° (sintert ab 180°) bzw. F. 206 bis 225° (A.). *Dibenzolsulfonyl-Deriv.*, $C_{25}H_{25}N_3O_5S_2$, F. 146—148° (A.). — *Phthalo-bis-[3-(2-methoxychinolyl-(8)-amino)-propylamid]*, $C_{34}H_{36}N_6O_4$, F. 148—152° (A.), neben vorst. Verb.; 2,1 g. *Hydrochlorid*, F. 176—177,5° (Zers.). — *3-[Bis-(2-hydroxyäthyl)-amino]-propionaldehyddiäthylacetal*, $C_{11}H_{25}NO_4$, Kp.$_{9,5}$ 130—133°, durch 21 std. Kochen von **III** u. **XI** in abs. A., Einengen u. Extrahieren mit Chlf.; n_D^{25} 1,457; 53%. — *N-[6-Methoxychinolyl-(8)]-β-alanin* (**IV**), $C_{13}H_{14}N_2O_3$, F. 142—144° (verd. A.), a) durch Stehen von **I** mit **VII** in Ae. über Nacht u. Zugeben von wss. NaOH; 1,5%; b) analog, aber 45 std. Kochen; 15%; c) durch 70 std. Kochen von **I** u. **VII** in Bzl.; d) in Xylol über Nacht; 34%; e) 90 Min. in Toluol bis 105°; 30%. — *6-Methoxy-8-hydracrylamidochinolin* (**V**), $C_{13}H_{14}N_2O_3$, F. 97,5—98,5° (Bzl.), a) neben **IV** nach c); 8,2%; b) neben **IV** nach d); 6%; c) neben **IV** nach e); 13%. *Hydrochlorid*, $C_{13}H_{14}N_2O_3 \cdot HCl$, F. 179—184° (Zers.; abs. A.). — *8-[3-Hydroxypropylamino]-6-methoxychinolinhydrochlorid*, $C_{13}H_{16}N_2O_2 \cdot HCl$, F. 178—180° (Zers.), durch 13 tägiges Kochen von **IV** mit $LiAlH_4$ in Ae. u. Behandeln mit alkohol. HCl; orangefarbene Nadeln; 60%. — *6-Methoxy-8-[3-chlorpropionamido]-chinolin* (**VIII**), $C_{13}H_{13}ClN_2O_2$, F. 104,5—105,5° [Propanol-(2)], a) durch Zugeben von $SOCl_2$ zu **V** in Chlf. bei 10°, 15 Min. langes Stehen bei Raum-Temp. u. 1 std. Kochen; Nadeln; 86%; b) durch Zugeben von **XII** zu **I** in Chlf. bei 5—15° u. Zugeben von K_2CO_3 u. W.; 84%. — *8-[3-Bis-(2-hydroxyäthyl)-aminopropionamido]-6-methoxychinolin-dihydrochlorid*, F. 175—178° (Zers.; CH_3OH–Ae.), durch 48 std. Kochen von **III** u. **VIII** in abs. A. u. Rk. mit alkohol. HCl; gelbe Nädelchen; 95%. *Pikrat*, $C_{23}H_{26}N_6O_{11}$, F. 169 bis 171° (CH_3OH). — *8-[3-Bis-(2-chloräthyl)-aminopropionamido]-6-methoxychinolin* (**IX**), *Dihydrochlorid*, F. 184—187° (Zers.; methanol. HCl–Ae.), durch 1 std. Stehen vorst. Verb. mit $SOCl_2$ bei 0° im verschlossenen Gefäß u. Stehen über Nacht bei Raum-Temp.; 80%. — *5.6-Dimethoxy-8-[3-chlorpropionamido]-chinolin*, F. 119—120°; 86%. — *5.6-Dimethoxy-8-[3-bis-(2-hydroxyäthyl)-aminopropionamido]-chinolin, Pikrat*, F. 143—144°; 83%. — *5.6-Dimethoxy-8-[3-bis-(2-chloräthyl)-aminopropionamido]-chinolin, Dihydrochlorid*, Doppel-F. 106—107 u. 173—177° (Zers.; A.–Ae.–HCl); 82%. — *8-[3-Chlorpropionamido]-6-methoxylepidin*, F. 157,5—159°; 73%. — *8-[3-Bis-(2-hydroxyäthyl)-aminopropionamido]-6-methoxylepidin*, F. 127,5—128,5° (abs. A.), durch 40 std. Kochen; große Prismen; 79%. — *8-[3-Bis-(2-chloräthyl)-aminopropionamido]-6-methoxylepidin, Dihydrochlorid*, Doppel-F. 176—178 u. 207—220° (Zers.; CH_3OH–Ae.), große Platten; 83%. — *8-[3-Chlorpropionamido]-2-methoxychinolin*, F. 113—114°; 83%. — *8-[3-Bis-(2-hydroxyäthyl)-aminopropionamido]-2-methoxychinolin, Monohydrochlorid*, F. 184,5 bis 186° (Zers.; CH_3OH–Ae.); 78%. — *8-[3-Bis-(2-chloräthyl)-aminopropionamido]-2-methoxychinolinmonohydrochlorid*, F. 163—163,5° (Zers.; CH_3OH–Ae.), a) durch Alkalisieren vorst. Hydrochlorids in W. mit NaOH, Extrahieren mit Chlf. u. Rk. mit $SOCl_2$; 46%; b) aus vorst. Hydrochlorid in Chlf. mit $SOCl_2$; 54%. — *8-[3-Bis-(2-chloräthyl)-aminopropionamido]-1-methylchinolon-(2), Monohydrochlorid*, $C_{17}H_{21}Cl_2N_3O_2 \cdot HCl$, F. 199,5 bis 201,5° (Zers.; CH_3OH–Ae.), neben vorst. Verb. nach a); 46%.

R. Pasedag. 3231□

Über die Stabilisierung unbeständiger Pseudoazulene durch Pikrylierung in situ. W. Treibs. (Naturwissenschaften **49.** 37—38. 2. Jan.-H. 1962. Leipzig, Univ., Inst. für organ. Chem.) (Dt.)

Die durch Einw. von Laugen u. bas. Salzen auf die Quaternierungs-Prodd. von unsubstituiertem Azafluoren u. Cyclopentenochinolinen erhaltenen *Benz-N-methylazalene* u. *-isoazalene* sind äußerst unbeständig u. können daher nicht nachträglich durch Pikrylierung stabilisiert werden. Vff. zeigen aber am Beispiel der Darst. des *2.3-Benz-1-pikryl-N-methylazalens* aus 4-Azafluorenjodmethylat u. des *5.6-Benz-3-pikryl-N-methylazalens* (**I**) aus 2.3-Cyclopentenochinolinmethomethylsulfat, daß eine vollständige Stabilisierung unbeständiger nichtbenzoider Aromaten durch Pikrylierung im Moment ihrer Entstehung möglich ist. Sie setzen die gepulverten quart. Basen in Ae. bzw. Bzl. mit Pikrylhalogeniden u. bas. Salzen (Ag_2CO_3, $ZnCO_3$) unter Feuchtigkeitsausschluß u. Kochen um, wobei sich die Lsgg. tiefblau färben. Die Darst. von **I** erfolgt unter Zusatz von Chloranil zur Dehydrierung von 2.3-Cyclopentenochinolin. J. Sickfeld. 3231□

Benzilsäure-Umlagerung eines N-acylierten Dihydroisochinolin-Derivats. Jacques Chazerain und Jean Gardent. (C. R. hebd. Séances Acad. Sci. **249.** 1758—60. 2/11. 1959. Paris, Pharmacie Hôpital Boucicaut.) (Franz.)

Die Rk. des durch Kondens. von β-[3.4-Diäthoxyphenyl]-äthylamin mit Phenylglyoxal in Ggw. von H_3PO_4 dargestellten *1-Benzoyl-6.7-diäthoxy-3.4-dihydroisochinolins* ($C_{20}H_{21}NO_3$, F. 161°, hellgelb) mit Benzoylchlorid führt zu *2-[β-Benzoylaminoäthyl]-4.5-diäthoxybenzil* ($C_{27}H_{27}NO_5$, F. 153°), das beim Kochen mit 10% ig. alkohol. KOH zu *2-[β-Benzoylaminoäthyl]-4.5-diäthoxybenzilsäure* ($C_{27}H_{29}NO_6$, F. 188°; 70—80% Ausbeute) umgelagert wird. Letztere läßt sich ihrerseits durch Erhitzen auf 175—180° unter Dehydratisierung zu *1-Phenyl-2-benzoyl-6.7-diäthoxy-1.2.3.4-tetrahydroisochinolin-1-carbonsäure* ($C_{27}H_{27}NO_5$, F. 247°) cyclisieren. H.-E. TOUSSAINT. 3231□

Zwischenkerncyclisierung. 16. Mitt. **Anomale Reaktionen von Diazoniumsalzen von N-Alkyl-2-amino-2'- und -4'-methoxybenzaniliden. Eine neue Dienon-Phenol-Umlagerung.** D. H. Hey, J. A. Leonard, T. M. Moynehan und C. W. Rees. (J. chem. Soc. [London] **1961.** 232—38. Jan. London, Univ., King's Coll.) (Engl.) — 15. vgl. C. **1961.** 2971.

Bei der therm. Zers. des Diazoniumsulfats aus 2-Amino-N-äthyl-4'-methoxybenzanilid entsteht statt des erwarteten Ringschluß-Prod. (10-Äthyl-3-methoxyphenanthridon) das Spirodienon *2-Äthylisoindolin-[1-spiro-1']-cyclohexadiendion-(3.4')* (**I**); analog werden aus den Diazoniumsulfaten von 2-Amino-N-äthyl-2'-methoxy- bzw. 2-Amino-N-methyl-4'-methoxybenzanilid die entsprechenden *Spirodienone* erhalten. Bei der Einw. von 100% ig. H_3PO_4 auf **I** erfolgt Dienon–Phenol-Umlagerung zu *10-Äthyl-3-hydroxyphenanthridon*, durch Red. von **I** mit $NaBH_4$ wird *2-Äthyl-4'-hydroxyisoindolin-[1-spiro-1']-cyclohexadienon-(3)* (**II**) gebildet, welches unter Umlagerung zu *10-Äthylphenanthridon* dehydratisiert wird. Bei der Einw. von Alkali auf **II** entsteht *N-Äthyl-4'-hydroxybiphenyl-2-carbonsäureamid*. Die Konstit. der erhaltenen Verbb. wird durch unabhängige Synth. bewiesen; Rk.-Mechanismen werden diskutiert. IR- u. einige UV-Spektren sind angegeben.

Versuche: *2-Amino-N-äthyl-4'-methoxybenzanilid*, F. 101—102°, durch Red. von N-Äthyl-4'-methoxy-2-nitrobenzanilid ($C_{16}H_{16}N_2O_4$, F. 74—75°, aus A. grüne Nadeln); aus A. Prismen. — *2-Äthylisoindolin-[1-spiro-1']-cyclohexadiendion-(3.4')* (**I**), $C_{15}H_{13}NO_2$, F. 137—138°, durch Überführen von 3 g vorst. Verb. ins *Diazoniumsulfat*, 1 std. Rk. bei 70°, Extrahieren mit Chlf., Behandeln mit wss. NaOH, Einengen, Aufnehmen in Bzl., Adsorbieren an Al_2O_3 u. Eluieren mit Bzl./PAe.; aus PAe. Nadeln; 1,45 g (Ausbeute). *2.4-Dinitrophenylhydrazon*, $C_{21}H_{17}N_5O_5$, F. 219—222°, aus Äthylacetat orangerote Nadeln. *Oxim*, $C_{15}H_{14}N_2O_2$, F. 257° (Zers.), aus A. Prismen. — *N-Äthyl-2-hydroxy-4'-methoxybenzanilid*, F. 133—134°, neben **I** aus der alkal. Lsg. durch Ansäuern; aus wss. A. Nadeln; 0,5 g. — *2-Äthylisoindolin-[1-spiro-1']-cyclohexadiendion-(2'.3)*, $C_{15}H_{13}\cdot NO_2$, F. 117—118°, analog **I** aus dem Diazoniumsulfat aus 2,7 g 2-Amino-N-äthyl-2'-methoxybenzanilid [$C_{16}H_{18}N_2O_2$, F. 99—101°, aus wss. A. Blättchen; *Benzoyl-Deriv.* (F. 133°)]; aus PAe. hellgelbe Nadeln; 0,22 g. — *4'-Methoxy-2-nitrobenzanilid*, $C_{14}H_{12}N_2O_4$, F. 168—169°, durch 1 std. Rk. von 17 g o-Nitrobenzoylchlorid mit 10 g p-Anisidin in sd. Ae./Pyridin, Einengen u. Gießen in W.; aus A. gelbe Nadeln; 18,5 g. — *2-Amino-4'-methoxy-N-methylbenzanilid*, $C_{15}H_{16}N_2O_2$, F. 105—107°, durch Zutropfen von $(CH_3)_2\cdot SO_4$ zu 12 g vorst. Verb. in Aceton/10% ig. wss. NaOH, $^1/_4$ std. Kochen, Gießen in W. u. Hydrieren von 4 g des entstandenen *4'-Methoxy-N-methyl-2-nitrobenzanilids* ($C_{15}H_{14}\cdot N_2O_4$, F. 144—146°, aus A. hellgelbe Nadeln; 11,8 g) über RANEY-Ni bei 20° u. 1 at in Bzl.; aus A. Nadeln; 2,8 g. — *2-Methylisoindolin-[1-spiro-1']-cyclohexadiendion-(3.4')*, $C_{14}H_{11}NO_2$, F. 217—218°, analog **I** (Eluieren mit Bzl./Ae.) aus dem Diazoniumsulfat aus 2 g vorst. Verb.; aus A. Prismen; 0,7 g. *2.4-Dinitrophenylhydrazon*, $C_{20}H_{15}N_5O_5$, F. 234—235°, aus Äthylacetat orangerote Nadeln. — *2-Hydroxy-4'-methoxy-N-methylbenzanilid*, $C_{15}H_{15}NO_3$, F. 152—153°, neben vorst. Verb. aus der alkal. Lsg.; aus wss. A. Platten; 0,32 g. — *Biphenyl-2-carbonsäure*, F. 112—114° (wss. A.), aus 0,15 g **I** durch Red. nach WOLFF-KISHNER-HUANG-MINLON; 0,05 g. — *2-Äthyl-4'-hydroxyisoindolin-[1-spiro-1']-cyclohexadienon-(3)* (**II**), $C_{15}H_{15}NO_2$, F. 170—178°, durch 2 std. Red. von 0,2 g **I** mit $NaBH_4$ bei Raum-Temp. in Methanol, Zugabe von W., Sättigen mit K_2CO_3 u. Ausäthern; aus wss. A., dann Bzl. Prismen; 0,17 g. — *2-Äthylisoindolin-[1-spiro-1']-cyclohexandion-(3.4')*, $C_{15}H_{17}NO_2$, F. 149—150°, durch 6 std. Hydrieren von 0,0955 g **I** über ADAMS-Katalysator in A. u. Einengen; aus Bzl./PAe. Prismen; 0,074 g. — *10-Äthylphenanthridon*, F. 99—100° (PAe.), durch 6 std. Kochen von 0,2 g **II** in konz. HCl/A., Gießen in W. u. Aufnehmen in Chlf.; 0,16 g. — *10-Methyl-3-nitrophenanthridon*, F. 253°, aus 3-Nitrophenanthridon (**III**) mit $(CH_3)_2SO_4$ in alkal. wss. Aceton. — *10-Äthyl-3-nitrophenanthridon* (**IV**), $C_{15}H_{12}N_2O_3$, F. 216° (Bzl./A./PAe.), durch 25 Min. lange Rk. von

4 g **III** mit $(C_2H_5)_2SO_4$ in sd. Aceton/10% ig. wss. NaOH u. Gießen in W.; gelb; 2,13 g; daneben aus der benzol. Mutterlauge durch Einengen, Chromatographie an Al_2O_3 u. Eluieren mit Bzl. 0,38 g nachst. Verb.; dann mit Bzl./A. (4:1) weitere 0,25 g **IV**. — *9-Äthoxy-3-nitrophenanthridin*, $C_{15}H_{12}N_2O_3$, F. 180—180,5°, durch 5std. Rk. von 0,58 g **III** mit PCl_5 u. $POCl_3$ bei 130°, Gießen auf Eis, 4std. Rk. von 0,2 g des entstandenen *9-Chlor-3-nitrophenanthridins* ($C_{13}H_7ClN_2O_2$, F. 251°, aus Bzl. Nadeln; 0,49 g) mit $C_2H_5 \cdot ONa$ in sd. A., Einengen u. Ausäthern; aus A. hellgelbe Nadeln; 0,17 g. — *3-Amino-10-äthylphenanthridon*, $C_{15}H_{14}N_2O$, F. 165,5° (Bzl.-PAe.), durch 2std. Hydrieren von **IV** über 10% ig. Pd-Kohle in A.; 100%. — *10-Äthyl-3-hydroxyphenanthridon*, $C_{15}H_{13} \cdot NO_2$, F. 260°, a) durch 2std. Kochen einer wss. Lsg. des Diazoniumsulfats aus vorst. Verb., Alkalisieren, Filtrieren u. Ansäuern; aus A. Prismen; b) durch 2std. Erhitzen von 0,2 g **I** mit 100% ig. H_3PO_4 auf 170° u. Fällen mit W.; 0,16 g. *Acetat*, $C_{17}H_{15}NO_3$, F. 151°, a) aus dem Hydroxyphenanthridon mit Acetanhydrid + wenig H_2SO_4; aus wss. A. Nadeln; b) durch 2std. Erhitzen von 0,052 g **I** in Essigsäureanhydrid/H_2SO_4 auf 107° u. Gießen in W.; 0,022 g; bei ½std. Erhitzen von **I** auf 100° bzw. 22std. Rk. bei Raum-Temp. mit Acetanhydrid/H_2SO_4 werden 23 bzw. 92% **I** zurückgewonnen. — *4'-Hydroxybiphenyl-2-carbonsäure*, F. 205,5°, durch Zugabe des Na-Salzes von Fluoren-2-sulfonsäure (in Diphenyläther) zu KOH in Diphenyläther, 4std. Erhitzen auf 180°, Extrahieren mit W. u. Ansäuern; aus W. gelbe Nadeln; 13%. — *N-Äthyl-4'-hydroxybiphenyl-2-carbonsäureamid*, $C_{15}H_{15}NO_2$, F. 184—185°, a) durch 40 Min. langes Kochen vorst. Säure in $SOCl_2$, Einengen, Lösen in Aceton u. Zugabe von 33% ig. wss. $C_2H_5NH_2$ bei 0°; aus wss. A., dann A./Bzl. Prismen; b) durch 2std. Rk. von 0,2 g **II** in sd. 10% ig. wss. NaOH/A., Ansäuern mit HCl u. Extrahieren mit Chlf.; 0,16 g. *Diacetat*, $C_{19}H_{19}NO_4$, F. 103—104°, aus wss. A. Platten. — *10-Äthyl-1-nitrophenanthridon*, $C_{15}H_{12}N_2O_3$, F. 127° (A.), aus 1-Nitrophenanthridon mit $(C_2H_5)_2SO_4$. W. HOFFMANN. 3231□

Verbindungen mit möglicher Antiamöben-Wirkung. 12. Mitt. **Synthese von substituierten Dialkylaminoalkylaminopyrimidinen.** A. B. Sen und O. P. Madan. (J. Indian chem. Soc. **37.** 617—20. Okt. 1960. Lucknow, Lucknow Univ., Chem. Dep.) (Engl.) — 11. vgl. C. **1961.** 17178.

Durch Kondens. von γ-Dialkylaminopropylaminen mit 2-Methylmercapto-4.6-dihydroxypyrimidin (**I**) nach KING u. KING (J. chem. Soc. [London] **1947.** 725) bei 170° bzw. mit 2.6-disubstituierten 4-Chlorpyrimidinen in sd. Aceton oder abs. A. werden die entsprechenden *2-[γ-Dialkylaminopropylamino]-4.6-dihydroxy-* bzw. 2.6-disubstituierten *4-[γ-Dialkylaminopropylamino]-pyrimidine* dargestellt.

Versuche: Propionitrile: *β-Di-n-propylamino-* (**II**), $Kp._8$ 102°, durch ½std. Kochen von Acrylnitril mit Di-n-propylamin, mehrstd. Stehen u. Dest. im Vakuum. — *β-Di-n-butylamino-*, $Kp._6$ 127°. — *β-Di-n-amylamino-*, $Kp._6$ 152°. — *γ-Morpholino-*, $Kp._4$ 130°. — *β-Piperidino-*, $Kp._5$ 125—128°. — Propylamine: *γ-Di-n-propylamino-* (**III**), $Kp._5$ 77—80°, durch Hydrieren von **II** bei 60 lbs./sq.in. über RANEY-Ni. — *γ-Di-n-butylamino-*, $Kp._{12}$ 115—116°. — *γ-Di-n-amylamino-*, $Kp._5$ 125°. — *γ-Morpholino-* (**V**), $Kp._{748}$ 226°. — *γ-Piperidino-*, $Kp._{748}$ 204—209°; 65% (Ausbeute). — Pyrimidine: *2.4.6-Trichlor-* (**IV**), $Kp._{750}$ 211—213°, durch Erhitzen von Barbitursäure mit $POCl_3$ in Ggw. von Dimethylanilin. — *2-Methoxy-4.6-dichlor-* (**VI**) aus **IV** durch Rk. mit Na u. Methanol nach BÜTTNER [1903] unter Kühlung. — *2.6-Dimethoxy-4-chlor-*, aus **IV** mit Na/Methanol nach BÜTTNER (l. c.). — *2-Äthoxy-4.6-dichlor-*, aus **IV** mit Na/A. nach WINKELMANN [1927]. — *6-Methyl-2.4-dichlor-*, durch Rk. von 6-Methyluracil mit $POCl_3$ in Ggw. von Dimethylanilin. — 4.6-Dihydroxypyrimidine: *2-[γ-Di-n-propylaminopropylamino]-*, F. 282° (Zers.; Aceton/A.), durch Erhitzen von **I** mit **III** bis zur Beendigung der Methylmercaptan-Entw., Aufnehmen in A. u. Eindampfen; 74%. *Pikrolonat*, $C_{23}H_{32}N_8O_7$, F. 210°. — *2-[γ-Di-n-butylaminopropylamino]-*, F. 287° (Zers.; Aceton/A.); 71%. *Pikrolonat*, $C_{25}H_{36}N_8O_7$, F. 192—193°. — *2-[γ-Di-n-amylaminopropylamino]-*, F. >300° (Zers.; Aceton/A.); 86%. *Pikrolonat*, $C_{27}H_{40}N_8O_7$, F. 157°. — *2-[γ-Morpholinopropylamino]-*, F. 147° (Zers.; Aceton/A.); 63%. *Pikrolonat*, $C_{21}H_{26}N_8O_8$, F. 182 bis 184°. — *2-[γ-Piperidinopropylamino]-*, F. 231° (Zers.; Aceton/A.); 75%. *Pikrolonat*, $C_{22}H_{28}N_8O_7$, F. 198°. — Pyrimidine: *2.6-Dichlor-4-[γ-di-n-propylaminopropylamino]-*, *Hydrochlorid*, F. 152° (abs. Aceton), durch Zutropfen von **III** in Aceton zu **IV** in wenig Aceton unter Rühren u. unter Kühlung; 64%. *Pikrat*, $C_{19}H_{25}Cl_2N_7O_7$, F. 137°. — *2.6-Dichlor-4-[γ-di-n-butylaminopropylamino]-*, *Hydrochlorid*, F. 128° (abs. Aceton); 57%. — *2.6-Dichlor-4-[γ-morpholinopropylamino]-*, *Hydrochlorid*, F. 126° (abs. Aceton); 37%. — *2.6-Dichlor-4-[γ-piperidinopropylamino]-*, *Hydrochlorid*, F. 174° (abs. Aceton); 46%. — *2-Methoxy-6-chlor-4-[γ-morpholinopropylamino]-*, *Hydrochlorid*, F. 178° (abs. A., PAe., Bzl. oder abs. Aceton), durch 4—12std. Kochen von **V** mit **VI** in abs. A., Eindampfen im Vakuum u. Zugabe von Ae.; 56%. — *2-Methoxy-6-chlor-4-[γ-piperidinopropylamino]-*,

Hydrochlorid, F. 207°; 61%. — *2.6-Dimethoxy-4-[γ-morpholinopropylamino]-*, *Hydrochlorid*, F. 176°; 63%. *Pikrat*, $C_{19}H_{25}N_7O_{10}$, F. 200°. — *2-Chlor-6-äthoxy-4-[γ-piperidinopropylamino]-*, *Hydrochlorid*, F. 135—136°; hygroskop.; 59%. *Pikrat*, $C_{20}H_{26}ClN_7O_8$, F. 155—156°. — *2-Chlor-6-äthoxy-4-[γ-morpholinopropylamino]-*, *Hydrochlorid*; hygroskop.; 77%. *Pikrat*, $C_{19}H_{24}ClN_7O_9$, F. 199°. — *2-Chlor-6-äthoxy-4-[γ-di-n-amylaminopropylamino]-*, *Hydrochlorid*, F. 252—253°; hygroskop.; 39%. — *2-Chlor-6-methyl-4-[γ-morpholinopropylamino]-*, *Hydrochlorid*; hygroskop.; 78%. *Pikrat*, $C_{18}H_{22}ClN_7O_8$, F. 147°. — *2-Chlor-6-methyl-4-[γ-piperidinopropylamino]-*, *Hydrochlorid*, F. 146°; hygroskop.; 65%. *Pikrat*, $C_{19}H_{24}ClN_7O_7$, F. 158°. — *2-Chlor-6-methyl-4-[γ-di-n-amylaminopropylamino]-*, *Hydrochlorid*, F. 232°; hygroskop.; 19%. W. LIEBSCHER. 3272□

Basische Thiobarbitursäure- und acyclische Thioharnstoffderivate. Weiterer Beitrag zur Untersuchung der Beziehungen zwischen chemischer Struktur und lokalanästhetischer Wirkung. R. Selleri und W. Chiti. (Farmaco [Pavia], Ediz. sci. **13.** 871—81. Dez. 1958. Firenze, „IBIS", Labor. di Ric.) (Ital.)

Aus Diäthylthiobarbitursäure (**II**) bzw. Phenyläthylthiobarbitursäure (**III**) werden mit β-Dialkylaminoäthylchloriden in Ggw. von $NaNH_2$ in Toluol die entsprechenden *5.5-Diäthyl-* u. *5-Äthyl-5-phenyl-1-[β-dialkylaminoäthyl]-2-thiobarbitursäuren* erhalten, aus denen die *Jodmethylate* u. *Jodäthylate* dargestellt werden. Mit $AgNO_3$ oder H_2O_2 bildet sich aus 5.5-Diäthyl-1-[β-dimethylaminoäthyl]-2-thiobarbitursäure (**I**) *5.5-Diäthyl-1-[β-dimethylaminoäthyl]-barbitursäure*, während mit Phenylhydrazin das entsprechende *Barbitursäure-2-phenylhydrazon* entsteht. Durch Kochen in W. gehen die *5.5-Dialkyl-* bzw. *5-Alkyl-5-phenyl-1-[β-dialkylaminoäthyl]-2-thiobarbitursäuren* unter Decarboxylierung in die *N-[β-Dialkylaminoäthyl]-N'-dialkyl-* bzw. *-N'-alkylphenylacetylthioharnstoffe* über, die sich durch Behandlung mit $AgNO_3$ in die *N-[β-Dialkylaminoäthyl]-N'-dialkyl-* bzw. *-N'-alkylphenylacetylharnstoffe* überführen lassen, die auch durch Hydrolyse der 5.5-Dialkyl- bzw. 5-Alkyl-5-phenyl-1-[β-dialkylaminoäthyl]-barbitursäuren unter Decarboxylierung erhalten werden.

Versuche: *1-[β-Dimethylaminoäthyl]-5.5-diäthyl-2-thiobarbitursäure* (**I**), $C_{12}H_{21}\cdot N_3O_2S$, F. 116—118° (A.), durch 16std. Erhitzen von **II** mit β-Dimethylaminoäthylchlorid (**IV**) in Toluol in Ggw. von $NaNH_2$ unter Rühren, Abkühlen, nochmalige Zugabe von **IV**, 10std. Erhitzen, Filtrieren, Eindampfen, Aufnehmen in verd. HCl, Filtrieren u. Neutralisieren mit $NaHCO_3$. *Hydrochlorid*, $C_{12}H_{21}N_3O_2S\cdot HCl$, F. 220—222° (abs. A.). *Jodmethylat*, $C_{13}H_{24}JN_3O_2S$, F. 193—195° (abs. A.; gelbliche Kristalle). *Jodäthylat*, $C_{14}H_{26}JN_3O_2S$, F. 183—184° (abs. A.; gelbe Kristalle). — *1-[β-Dimethylaminoäthyl]-5.5-diäthylbarbitursäure*, F. 140°, a) durch Zugabe von 10%ig. $AgNO_3$ zu **I** in mit wenig NH_4OH versetztem W., Abfiltrieren von Ag_2S, Ansäuern, Filtrieren, Neutralisieren mit $NaHCO_3$, Chlf.-Extraktion u. Eindampfen; b) durch Zutropfen von 30%ig. H_2O_2 zu **I** u. der äquimol. Menge Na_2CO_3 in W. $<50°$. *Pikrat*, F. 196°. *2-Phenylhydrazon*, $C_{18}H_{27}N_5O_2$, F. 137—139° (PAe.), durch Kochen von **I** mit $C_6H_5NHNH_2$ in A. bis zur Beendigung der H_2S-Entw., Einengen, Aufnehmen des Rückstandes in W., Filtrieren u. Einengen im Exsiccator über $CaCl_2$. — *N-[β-Dimethylaminoäthyl]-N'-diäthylacetylharnstoffhydrochlorid*, $C_{11}H_{23}N_3O_2\cdot HCl$, F. 146° (Isopropanol), a) durch Zugabe von 30%ig. H_2O_2 zu **I** u. der berechneten Menge Na_2CO_3 in W. bei 70°, Einengen, Chlf.-Extraktion, Eindampfen [*freie Base*, F. 76°], Aufnehmen in Ae. u. Einleiten von trocknem HCl-Gas; b) durch 10std. Kochen vorst. Verb. in W. u. Reinigen wie unter a; c) durch Zugabe von wss. $AgNO_3$ zu **VI** in W., Filtrieren, Chlf.-Extraktion, Trocknen, Eindampfen, Aufnehmen in Ae. u. Einleiten von trocknem HCl-Gas. — *N-[β-Dimethylaminoäthyl]-N'-diäthylacetylthioharnstoff* (**VI**), $C_{11}H_{23}N_3OS$, F. 92° (wss. A.; Nädelchen), durch mehrstd. Kochen von **I** in Wasser. *Hydrochlorid*, $C_{11}H_{23}N_3OS\cdot HCl$, F. 165° (Isopropanol). *Pikrat*, $C_{17}H_{26}N_6O_8S$, F. 132° (A.). — *1-[β-Diäthylaminoäthyl]-5.5-diäthyl-2-thiobarbitursäure* (**VII**), $C_{14}H_{25}N_3O_2S$, F. 85° (A. + W.), durch mehrstd. Kochen von **II** mit β-Diäthylaminoäthylchlorid (**V**) in Bzl. in Ggw. von $NaNH_2$ analog **I** u. Reinigen über das *Hydrochlorid* [$C_{14}H_{25}N_3O_2S\cdot HCl$, F. 193° (Isopropanol)]. *Jodmethylat*, $C_{15}H_{28}JN_3O_2S$, F. 185° (Isopropanol). *Jodäthylat*, $C_{16}H_{30}JN_3O_2S$, F. 194—195° (Isopropanol). — *N-[β-Diäthylaminoäthyl]-N'-diäthylacetylthioharnstoffhydrochlorid*, $C_{13}H_{27}N_3OS\cdot HCl$, F. 168° (Isopropanol), a) durch mehrstd. Erhitzen von **VII** in W., Absaugen (*freie Base*, F. 50—55°), Aufnehmen in abs. A., Einleiten von trocknem HCl-Gas u. Einengen; b) durch 10std. Erhitzen von **VII**-Hydrochlorid in W. u. Eindampfen. *Pikrat*, $C_{19}H_{30}N_6O_8S$, F. 113—114° (wss. CH_3OH). — *1-[β-Dimethylaminoäthyl]-5-phenyl-5-äthyl-2-thiobarbitursäure*, $C_{16}H_{21}\cdot N_3O_2S$, F. 160—165° (A.), durch Kochen von **III** u. **IV** in Toluol in Ggw. von $NaNH_2$, Filtrieren, Eindampfen, Ansäuern mit HCl, Filtrieren, Behandeln mit Kohle, Filtrieren u. Neutralisieren mit $NaHCO_3$. *Jodmethylat*, $C_{17}H_{24}JN_3O_2S$, F. 180—181° (abs. A.). — *N-[β-Dimethylaminoäthyl]-N'-phenyläthylacetylthioharnstoff*, $C_{15}H_{23}N_3OS$, F. 125—126°

(A.), durch Erhitzen vorst. Verb. in Äthanol u. Einengen der filtrierten Lösung. — *N-[β-Dimethylaminoäthyl]-N'-phenyläthylacetylharnstoff*, $C_{15}H_{23}N_3O_2$, F. 136° (A.), durch Zugabe von überschüssigem 10%ig. $AgNO_3$ zu vorst. Verb. in W., Filtrieren, Ansäuern, Filtrieren, Neutralisieren mit $NaHCO_3$, Chlf.-Extraktion u. Eindampfen. — *1-[β-Diäthylaminoäthyl]-5-phenyl-5-äthyl-2-thiobarbitursäure*, F. ca. 50°, durch 5std. Erhitzen von **III** u. **V** in Toluol in Ggw. von $NaNH_2$, Filtrieren, Eindampfen, Aufnehmen in verd. HCl, Behandeln mit Kohle, Filtrieren u. Neutralisieren mit $NaHCO_3$. *Hydrochlorid*, $C_{18}H_{25}N_3O_2S \cdot HCl$, F. 219—221° (abs. A.). *Jodmethylat*, $C_{19}H_{28}JN_3O_2S$, F. 195 bis 197° (Isopropanol). — *N-[β-Diäthylaminoäthyl]-N'-phenyläthylacetylthioharnstoff*, $C_{17}H_{27}N_3OS$, F. 85° (CH_3OH), aus vorst. Verb. oder ihrem Hydrochlorid durch 10std. Erhitzen in W., Abkühlen u. Neutralisieren mit $NaHCO_3$. H. KNIESZ. 3272□

Potentielle Strahlungsschutzmittel. β-Mercaptoäthylaminoderivate von Nucleinsäurebestandteilen. Shih-Hsi Chu und Henry G. Mautner. (J. org. Chemistry **26.** 4498—4501. Nov. 1961. New Haven, Conn., Yale Univ., School of Med., Dep. of Pharmacol.) (Engl.)

Durch Rk. von β-Benzylmercaptoäthylamin (**I**) mit 5-Bromuracil (**II**) oder durch Rk. von Benzylmercaptan (**III**) mit 5-[β-Chloräthylamino]-uracil (**IV**) wird *5-[β-Benzylmercaptoäthylamino]-uracil* (**V**) erhalten. Entbenzylierung von **V** liefert *5-[β-Mercaptoäthylamino]-uracil*, das als *Disulfid* isoliert wird. Bis-[β-benzylmercaptoäthyl]-amin (**VI**) reagiert mit **II** zu *5-[Bis-(β-benzylmercaptoäthyl)-amino]-uracil* (**VII**). Eine weitere Synth. von **VII** gelingt durch Rk. von **III** mit *5-[Bis-(β-chloräthyl)-amino]-uracil* (**IX**). Red. von **VII** mit Na/fl. NH_3 u. anschließende Luftoxydation liefern *N-[Uracilyl-(5)]-1.2-dithia-5-azepan*. Aus **I** u. 8-Bromadenin (**VIII**) entsteht *8-[β-Benzylmercaptoäthylamino]-adenin*, aus dem *N.N'-Bis-[adeninyl-(8)]-cystamin* erhalten wird.

Versuche: *β-Benzylmercaptoäthylamin* (**I**), $Kp._{0,15}$ 78—80°, durch 5std. Kochen von Äthylenimin mit **III** in abs. A.; $n_D^{25,4}$ 1,5740; 81% (Ausbeute). — *5-[β-Benzylmercaptoäthylamino]-uracil* (**V**), $C_{13}H_{15}N_3O_2S$, F. 228—230° (Äthylenglykol), a) durch 1std. Kochen von **I** mit **II** in Äthylenglykolmonoäthyläther u. Zugeben von Ae.; 71%; b) durch 5std. Kochen von **III** mit **IV** in abs. A./Äthylenglykolmonoäthyläther; 24%. — *N.N'-Bis-[uracilyl-(5)]-cystamin*, $C_{12}H_{16}N_6O_4S_2$, durch Rk. von **II** mit Na/fl. NH_3, Neutralisieren mit Essigsäure, Umfällen aus verd. NaOH/Essigsäure u. Kristallisation aus Glykolmonoäthyläther; 27%. — *5-[β-Acetylmercaptoäthylamino]-uracil*, $C_8H_{11}N_3O_3S$, F. 325—327° (W.), durch 16std. Kochen von **IV** mit Thioessigsäure in $NaHCO_3$-Lsg. unter N_2, Einengen u. Extrahieren mit A.; 16%. — *5-[Bis-(β-benzylmercaptoäthyl)-amino]-uracil* (**VII**), $C_{22}H_{25}N_3O_2S_2$, F. 158—160° (Methanol), a) durch 5std. Kochen von **IX** mit **III** in A./$NaOC_2H_5$, Einengen, Zugeben von Essigsäure u. Ae., 31%; b) durch 17std. Kochen von **II** mit **VI** in Äthylenglykolmonoäthyläther; 12%. — *N-[Uracilyl-(5)]-1.2-dithia-5-azepan*, $C_8H_{11}N_3O_2S_2$, F. 190—193° (Methanol), durch Red. von **VII** mit Na/fl. NH_3 u. Luftoxydation; 56%. — *8-[β-Hydroxyäthylamino]-adenin*, $C_7H_{10}N_6O$, F. 262—265° (W.), durch 20std. Kochen von **VIII** mit Monoäthanolamin in Äthylenglykolmonomethyläther; 82%. — *8-[β-Chloräthylamino]-adenindihydrochlorid* (**X**), $C_7H_{11} \cdot Cl_3N_6$, F. 215—224°, durch 3std. Kochen vorst. Verb. mit $SOCl_2$ in Dimethylformamid/Chlf., Einengen, Lösen in Methanol u. Sättigen mit HCl; 68%. — *8-[β-Benzylmercaptoäthylamino]-adenin*, $C_{14}H_{16}N_6S$, F. 213—215° (wss. Methanol), durch 18std. Kochen von **VIII** mit **I** in Äthylenglykolmonoäthyläther; 62%. — *N.N'-Bis-[adeninyl-(8)]-cystamin*, $C_{14}H_{18}N_{12}S_2$, F. 205°, a) aus vorst. Verb. mit Na/fl. NH_3 u. Oxydation mit 3%ig. H_2O_2; 35%; b) durch 7std. Kochen von **X** mit $K_2S_2O_3$ in W., Zugeben von konz. HCl, 1std. Kochen u. Oxydation mit 3%ig. H_2O_2; 11%. E. SCHRÖDER. 3272□

Synthese von potentiellen Antikrebsmitteln. 2. Mitt. **Purinantagonisten von 2-Methylhypoxanthinthiol-(8).** Robert C. Elderfield und Raj Nandan Prasad. (J. org. Chemistry **24.** 1410—14. Okt. 1959. Ann Arbor, Mich., Univ., Dep. of Chem.) (Engl.) — 1. vgl. C. **1959.** 10541.

Das aus 4.5-Diamino-6-hydroxy-2-methylpyrimidin (**IV**) durch Zusammenschmelzen mit Thioharnstoff (**V**) zugängliche *2-Methylhypoxanthinthiol-(8)* (**I**) liefert mit Chloressigsäure (**VI**) bzw. β-Chlorpropionsäure *6-Hydroxy-2-methylpurinyl-(8)-mercaptoessigsäure* (**III**) bzw. *β-[6-Hydroxy-2-methylpurinyl-(8)-mercapto]-propionsäure*. Diese werden durch Kochen mit Acetanhydrid in *4-Hydroxy-2-methyl-6.7-dihydrothiazolo-[2.3:f]-* bzw. *-6.7-dihydro-1.3.6-thiazino-[2.3:f]-purinon-(6)* übergeführt. Während das erste mit p-[N.N-Bis-(2-chloräthyl)-amino]-benzaldehyd (**II**) in Ggw. von Eisessig glatt *7-[p-Bis-(β-chloräthyl)-aminobenzyliden]-4-hydroxy-2-methyl-6.7-dihydrothiazolo-[2.3:f]-purinon-(6)* gibt, reagiert das letzte selbst unter schärferen Bedingungen nicht mit **II**. Die Umsetzung von **I** mit Chloraceton (**IX**) führt zu *2.6-Dimethyl-4-hydroxythiazolo-[2.3:f]-purin*. Ferner werden aus **I** eine Reihe von *Thioäthern* u. einige **III**-*Ester* dargestellt. Diese werden durch Kochen von I mit Bromessigsäure (**VII**) in dem entsprechenden Alkohol erhalten. Die Rk. von **III** mit p-Fluoranilin (**VIII**) führt nur zum *Anilid*. **III**-*n-Butylester* setzt sich mit $N_2H_4 \cdot H_2O$ zum *Hydrazid* um. Die UV-Absorptionsmaxima der Verbb. sind angegeben.

Versuche: *2-Methylhypoxanthinthiol-(8)* (I), F. >300° (KOH–Essigsäure), durch Erhitzen (15—20 Min.) von 9,52 g **IV**-Sulfat u. **V** auf 230—250°; hellbraun; 7,2 g (Ausbeute). — *2-Methyl-8-methylmercaptohypoxanthin*, F. >300° (W. u. KOH–Essigsäure), durch 3std. Rühren von 4,5 g I mit CH_3J in 1,5% ig. KOH bei 0° u. Stehen über Nacht; cremefarben; 2,1 g. — *2-Methyl-8-[β-hydroxyäthylmercapto]-hypoxanthin*, F. >300° (W. u. KOH–Essigsäure), durch 24std. Rühren von 1,82 g I mit 2-Chloräthanol in wss. KOH bei Raum-Temp.; gelbe Kristalle; 1,1 g. — *2-Methyl-8-[4-amino-6-methyl-5-nitropyrimidyl-(2)-mercapto]-hypoxanthin*, F. >300° (KOH–Essigsäure), durch 8std. Rühren von 0,91 g I in 0,6% ig. KOH mit 4-Amino-2-chlor-6-methyl-5-nitropyrimidin in abs. A. u. Stehen über Nacht; hellgelbe Kristalle; 0,9 g. — *6-Hydroxy-2-methylpurinyl-(8)-mercaptoessigsäure* (**III**), *Monohydrat*, $C_8H_8N_4O_3S \cdot H_2O$, F. >300° (KOH–Essigsäure), durch 2std. Kochen von 5,5 g I mit **VI** in wss. KOH; hellgelbe Kristalle; 5,0 g. *Äthylester*, F. 232,6—233,6° (Zers.; verd. CH_3OH), a) durch 65std. Kochen von 1,8 g I mit **VI**-Äthylester in 95% ig. A.; Nadeln; 0,5 g; b) mit **VII**-Äthylester in 3 Std.; c) durch 16std. Kochen von 1,82 g I mit **VII** in 95% ig. A.; 1,5 g. *Methylester*, F. 250—251,5° (Zers.; CH_3OH u. Bzl.), 18 Std. [Rk.-Zeit nach c)]. *n-Propylester*, F. 230—231° (Zers.; verd. CH_3OH), 8 Std.; *Isopropylester*, F. 223—226° (Zers.; verd. CH_3OH), 48 Std.; *n-Butylester*, F. 204—205° (Zers.; verd. CH_3OH), 2 Std.; *Isobutylester*, F. 221—222° (Zers.; verd. CH_3OH), 18 Std.; *sek.-Butylester*, F. 234—235° (Zers.; verd. CH_3OH), 20 Std.; *n-Amylester*, F. 201—203° (Zers.; verd. CH_3OH), 1 Std.; *β-Chloräthylester*, F. 180 bis 184° (Zers.; Aceton–Ae.), 20 Min.; *Hydrazid-¹/₄-hydrat*, $C_8H_{10}N_6O_2S \cdot 0{,}25\ H_2O$, F. >300° (verd. KOH–Essigsäure), durch 1½ std. Kochen von 0,74 g des n-Butylesters mit 95%ig. $N_2H_4 \cdot H_2O$ in A.; cremefarben; 0,6 g. *p-Fluoranilid-¹/₄-hydrat*, $C_{14}H_{12}FN_5O_2S \cdot 0{,}25\ H_2O$, F. >300° (W. u. KOH–Essigsäure), durch 24std. Kochen von 2,4 g **III** mit **VIII** u. Bzl.; 1,1 g. — *β-[6-Hydroxy-2-methylpurinyl-(8)-mercapto]-propionsäure*, F. >300° (verd. CH_3OH u. W.), cremefarben; 56%. — *4-Hydroxy-2-methyl-6.7-dihydrothiazolo-[2.3:f]-purinon-(6)-1³/₄-hydrat*, $C_8H_6N_4O_2S \cdot 1{,}75\ H_2O$, F. >300° (verd. KOH–Essigsäure), durch ½ std. Kochen von 1,2 g **III** in Acetanhydrid; 1,0 g. — *4-Hydroxy-2-methyl-6.7-dihydro-1.3.6-thiazino-[2.3:f]-purinon-(6)-monohydrat*, $C_9H_8N_4O_2S \cdot H_2O$, F. >300° (KOH–Essigsäure), 1 Std.; 78%. — *7-[p-Bis-(β-chloräthyl)-aminobenzyliden]-4-hydroxy-2-methyl-6.7-dihydrothiazolo-[2.3:f]-purinon-(6)*, $C_{19}H_{17}Cl_2N_5O_2S$, F. >300° (Dimethylformamid–Bzl.), durch 2std. Kochen von vorvorst. Verb. (aus 2,4 g **III**) mit 2,5 g **II** u. K-Acetat in Eisessig, 12std. Rühren bei Raum-Temp. u. Gießen in Ae.; orangegelb; 1,3 g. — *2.6-Dimethyl-4-hydroxythiazolo-[2.3:f]-purin*, F. >300° (KOH–Essigsäure u. A.), durch 5tägiges Kochen von 1,8 g I mit **IX** in abs. A.; 1,75 g. R. PASEDAG. 3272□

Pteridine. 12. Mitt. **Synthese von 2-Amino-4-alkoxypteridinen.** Wolfgang Pfleiderer und Rolf Lohrmann. (Chem. Ber. **94.** 12—18. 20/1. 1961. Stuttgart, TH, Inst. für Organ. Chem. u. Organ.-Chem. Technol.) (Dt.) — 11. vgl. C. **1962.** 8254.

Das aus 2.4-Diamino-6-oxodihydropyrimidin mit $POCl_3$ zugängliche *6-Chlor-2.4-diaminopyrimidin* wurde mit den entsprechenden Na-Alkoholaten in *6-Methoxy-* (I), *6-Isopropyloxy-* u. *6-Benzyloxy-2.4-diaminopyrimidin* übergeführt. Die 6-tert.-Butyloxy-Verb. konnte unter verschiedenen Bedingungen nicht erhalten werden. Die Alkoxy-Verbb. wurden mit $NaNO_2$ in verd. Essigsäure in die *5-Nitroso-Derivv.* übergeführt, die mit $Na_2S_2O_4$ bzw. mit H_2/RANEY-Ni zu den *2.4.5-Triamino-6-alkoxypyrimidinen* red. wurden. Die Rk. dieser Triamine mit Polyglyoxal (II) bzw. Diacetyl (III) führte zu den *2-Amino-4-alkoxypteridinen*, die ausgezeichnet in W. u. vielen organ. Lsgm. lösl. sind. Die R_F- u. p_K-Werte u. die UV-Absorptionsspektren sind tabellar. angegeben. Sämtliche Pteridine werden durch 1n HCl rasch gespalten.

Versuche: Pyrimidine: *2.4-Diamino-6-oxodihydro-*, F. 269—279°, durch Zusetzen von 325 g Guanidincarbonat zu einer sd. Lsg. von Na in abs. CH_3OH unter Rühren, Abfiltrieren nach 20 Min., 1std. Zutropfen von 361 g Cyanessigsäuremethylester zum sd. Filtrat, 5std. Kochen, Einengen, Kochen des Rückstandes mit W. u. Einstellen mit Eisessig auf pH 5—6; blaßgelbe, glänzende Kristalle; 415 g (Ausbeute). — *6-Chlor-2.4-diamino-*, F. 200—201° (Aceton), durch ca. 2std. Kochen von 100 g vorst. Verb. mit $POCl_3$ bis zur klaren Lsg., Einengen, Tropfen auf Eis u. Neutralisieren mit konz. NaOH; 69 g. — *2.4-Diamino-6-methoxy-* (I), F. 162—163° (A.), durch 6std. Erhitzen von 60 g vorst. Verb. im Autoklaven mit Na in CH_3OH auf 120°; 53,5 g. — *2.4-Diamino-6-isopropyloxy-*, $C_7H_{12}N_4O$, F. 105—107° (W. oder PAe.), analog mit Propanol-(2) bei 145—155°; 16,5 g aus 20 g. — *2.4-Diamino-6-benzyloxy-*, $C_{11}H_{12}N_4O$,

F. 108—109° (30%ig. Essigsäure–verd. NH_4OH, Chlf. oder Bzl.), mit Benzylalkohol u. Na 3 Std. lang im Ölbad bei 160°; 17 g. — *5-Nitroso-2.4-diamino-6-methoxy-*, F. 217 bis 224° (Zers.; A.), durch Zutropfen von wss. $NaNO_2$ zu 15 g I in wss. Essigsäure bei 70—80°; rote Kristalle; 14 g. — *5-Nitroso-2.4-diamino-6-isopropyloxy-*, $C_7H_{11}N_5O_2$, F. 244—246° (Zers.; W.), rotviolette Nadeln; 18,3 g aus 16,5 g. — *5-Nitroso-2.4-diamino-6-benzyloxy-*, F. 205—212° (Zers.; A. oder Aceton), violettrote Kristalle; 16,2 g aus 16 g. — *2.4.5-Triamino-6-isopropyloxy-*, $C_7H_{13}N_5O$, F. 149—150° (Xylol), durch Hydrieren von 18,3 g vorvorst. Verb. in CH_3OH bei 30—35° über RANEY-Ni; 17 g. — *2.4.5-Triamino-6-benzyloxy-*, $C_{11}H_{13}N_5O$, F. 145—147° (W.), durch Red. von 17 g vorvorst. Verb. in W. mit $Na_2S_2O_4$ bei 50° u. Zugabe von wss. NH_4OH; gelbliche, glänzende Blättchen; 11,5 g. — 2-Aminopteridine: *4-Isopropyloxy-*, $C_9H_{11}N_5O$, F. 167—169° (PAe. u. Chlf.-CCl_4), durch 2std. Kochen von 5 g vorvorst. Verb. in CH_3OH mit II; cremefarbene Nadeln; 2 g. — *4-Benzyloxy-*, $C_{13}H_{11}N_5O$, F. 220—223° (W.), gelbliche Nadeln; 1,5 g aus 4 g. — *4-Methoxy-6.7-dimethyl-*, F. 254—256° (Zers.; Chlf.), durch 2std. Kochen von 1 g 2.4.5-Triamino-6-methoxypyrimidin mit III in CH_3OH; 1,1 g. — *4-Isopropyl-6.7-dimethyl-*, $C_{11}H_{15}N_5O$, F. 231—232° (W. u. CCl_4); 3,7 g aus 4 g. — *4-Benzyloxy-6.7-dimethyl-*, F. 235—236° (Chlf./CCl_4), gelbliche Kristalle; 6,4 g aus 5,5 g.

R. PASEDAG. 3272□

Pteridine. 13. Mitt. Zur Struktur des Leukopterins. Wolfgang Pfleiderer und Manfred Rukwied. (Chem. Ber. **94.** 118—24. 20/1. 1961.) (Dt.) — 12. vgl. vorst. Ref.; 15. vgl. C. **1962.** 5672.

Die Schmelz-Kondens. von 1-Methyl-2.4.5-triamino- (**VII**), 4-Methylamino-2.5-diamino- u. 1-Methyl-4-methylamino-2.5-diamino-6-oxodihydropyrimidin mit Oxalsäure (I) liefert *3-Methyl-* (**III**), *8-Methyl-* bzw. *3.8-Dimethyl-2-amino-4.6.7-trioxohexahydropteridin* (**V**). Im letzten Falle entstand allerdings nur eine geringe Menge unreinen Produkts. Besser verläuft die Kondens. in wss. Medium. Noch einfacher erfolgt die Kondens. von 1-Methyl-2.4-diamino- (**VIII**), 4-Methylamino-2-amino- bzw. 1-Methyl-2-amino-4-methylamino-5-formylamino-6-oxodihydropyrimidin mit **I**. Bei der Kondens. von 2.4.5-Triamino-6-oxodihydropyrimidin mit I entsteht *Leukopterin* (**II**) nur in untergeordnetem Maße, während als Hauptprod. *2.4-Diamino-5-oxalylamino-6-oxodihydropyrimidin* entsteht, das rein aus 2.4-Diamino-5-formylamino-6-oxodihydropyrimidin (**IX**) u. **I** in W. erhalten wurde. *3.5.8-Trimethyl-2-amino-4.6.7-trioxohexahydropteridin* (**VI**) wurde durch Methylierung von **III** mit $(CH_3)_2SO_4$ gewonnen. Als Nebenprod. konnte *3.8-Dimethyl-2-amino-6-methoxy-4.7-dioxotetrahydropteridin* (**IV**) isoliert werden, das sich alkal. zu **V** verseifen ließ. Das bei der Methylierung von **II** mit CH_2N_2 von WIELAND u. DECKER (Liebigs Ann. Chem. **547.** [1941.] 180) erhaltene u. als β-Trimethylleukopterin beschriebene Prod. wurde als **VI** erkannt, während das gleichfalls erhaltene u. als α-Trimethylleukopterin beschriebene Prod. als ein Gemisch von **VI, IV** u. einer 3. Komponente ungeklärter Konstit. erkannt wurde. Die R_F- u. p_K-Werte sowie die UV-Spektren der Neutral-Moll. u. Anionen von **II** u. den synthetisierten O- u. N-Methyl-Derivv. von **II** zeigen, daß im **II** sämtliche OH-Gruppen in der Lactamkonfiguration vorliegen u. daß die Dissoziationssequenz der aciden H-Atome in **II** $N_{(8)}$, $N_{(3)}$, $N_{(5)}$ ist.

Versuche: *3-Methyl-2-amino-4.6.7-trioxohexahydropteridin* (**III**), $C_7H_7N_5O_3$, F. >350° (NaOH–verd. HCl), a) durch Erhitzen von 2,9 g **VII**-Hydrochlorid mit **I** auf 145—150° u. 2std. Erhitzen auf 215—225° im Vakuum; gelbliches Kristallpulver; 2,5 g (Ausbeute); b) durch 8std. Kochen von 2,9 g **VII**-Hydrochlorid mit **I** in W.; 2,1 g; c) durch 8std. Kochen von 1 g **VIII** u. **I** in W.; 0,6 g. — *8-Methyl-2-amino-4.6.7-trioxohexahydropteridin*, $C_7H_7N_5O_3$, F. >350° (NaOH/HCl), a) durch Schmelz-Kondens.; gelbliche Kristalle; 1,4 g aus 2,9 g; b) analog **III** nach b); 2,9 g aus 3,8 g; c) analog **III** nach c) in 2 Std.; 1,2 g aus 1 g. — *3.8-Dimethyl-2-amino-4.6.7-trioxohexahydropteridin* (**V**), $C_8H_9N_5O_3$, F. >350° (NaOH/HCl), a) durch Schmelz-Kondens.; hellgelbe Kristalle; 0,65 g aus 2 g; b) analog **III** nach b); 2,5 g aus 3 g; c) analog **III** nach c); 0,8 g aus 1 g. — *2.4-Diamino-5-oxalylamino-6-oxodihydropyrimidin*, $C_6H_7N_5O_4$, F. >350°, durch 1std. Kochen von 1 g **IX** u. **I** in W.; 1,2 g. — *3.8-Dimethyl-2-amino-6-methoxy-4.7-dioxotetrahydropteridin* (**IV**)-*Monohydrat*, $C_9H_{11}N_5O_3 \cdot H_2O$, F. >350° (W.), durch Versetzen von 2,1 g **III** in 0,25n NaOH mit $(CH_3)_2SO_4$ bei 30—35° u. 1½ std. Rühren (pH 9); 0,2 g; *3.5.8-Trimethyl-2-amino-4.6.7-trioxohexahydropteridin* (**VI**), $C_9H_{11}N_5O_3$, F. >350° (W.), neben **IV** durch Ansäuern des Filtrats mit Essigsäure; Nadeln; 1,45 g.

R. PASEDAG. 3272□

Darstellung von 10-Oxo-10H-4.9.13-triazaphenanthren. Salvatore Carboni und Marcello Pardi. (Ann. Chimica **49.** 1220—27. Juli/Aug. 1959. Pisa, Univ., Ist. di Chim. farmac. e tossicol.) (Ital.)

Das bei der Kondens. von 2-Chlornicotinsäure (I) mit 2-Aminopyridin (II) in Abwesenheit von K_2CO_3 u. Cu bei 180° erhaltene bas. Prod. stellt *2-Hydroxynicotinsäure-*

pyridyl-(2)-amid (**III**) dar; die saure Substanz (**IV**) ist vermutlich ein Kondens.-Prod. von **III** mit **I**. **III** wird durch $PCl_5/POCl_3$ zu *10-Oxo-10H-4.9.13-triazaphenanthren* (**V**) cyclisiert, das auch bei der alkal. Hydrolyse von **IV** neben *2-Hydroxynicotinsäure* (**VI**) gebildet wird.

V

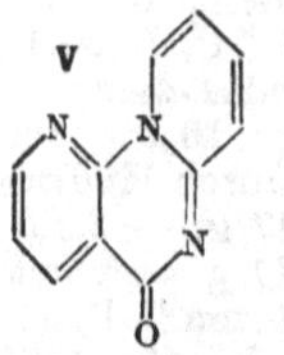

Versuche: *2-Hydroxynicotinsäure* (**VI**), F. 252—255°, durch ½ std. Kochen von **III** mit 10%ig. NaOH. *Pyridyl-(2)-amid* (**III**), $C_{11}H_9N_3O_2$, F. 280—284° (A.), a) durch 2std. Erhitzen von 5,25 g **I** mit 3,85 g **II** auf 180—185° u. Ausziehen von **IV** mit Soda-Lsg.; 2 g (Ausbeute); daneben wenig **VI** sowie 3,4 g der *Verb.* $C_{17}H_{12}N_4O_4$ (**IV**), F. 230—237° (A.; gelb); b) analog aus **VI** u. **II**. — *10-Oxo-10H-4.9.13-triazaphenanthren* (**V**), $C_{11}H_7 \cdot N_3O$, F. 223°, aus Aceton tiefgelbe Blättchen, a) durch 1std. Erhitzen von **III** mit PCl_5 u. $POCl_3$ auf 145°; b) durch 48std. Stehen von **IV** mit 0,1n NaOH, Ansäuern mit konz. HCl u. Einengen; daneben **VI**. H.-E. TOUSSAINT. 3272□

Darstellung von 10-Oxo-10H-5.6.11-triazaanthracen. Salvatore Carboni und Marcello Pardi. (Ann. Chimica **49**. 1228—36. Juli/Aug. 1959. Pisa, Univ., Ist. di Chim. farmac. e tossicol.) (Ital.) — Vgl. vorst. Referat.

Für die bei der Umsetzung von 2-Chlornicotinsäure (I) mit 2-Aminopyridin (II) in Ggw. von K_2CO_3 u. Cu gebildete saure Verb. wird die Struktur einer *2-[α-Pyridylamino]-nicotinsäure* (**III**) sichergestellt. **III** wird auch durch ULLMANN-Rk. von 2-Aminonicotinsäure (**IV**) mit 2-Brompyridin (**V**) erhalten; ihre Decarboxylierung liefert *Di-[α-pyridyl]-amin*, das durch ULLMANN-Rk. von **V** mit **II** darzustellen ist. Durch HCl oder Essigsäureanhydrid in der Wärme oder beim Erhitzen über den F. wird **III** leicht zu *10-Oxo-10H-5.6.11-triazaanthracen* (**VI**) cyclisiert, das im chem. Verh. u. im UV-Spektrum dem 10-Oxo-10H-5.11-diazaanthracen (Pyracridon) ähnelt u. durch Alkali bereits in der Kälte zu **III** hydrolysiert wird. Neben **III** fallen bei der ULLMANN-Rk. von **I** mit **II** auch *Dipyridyl-(2.2′)-äther-3.3′-dicarbonsäure* u. *2-Hydroxynicotinsäure* an.

Versuche: *2-[α-Pyridylamino]-nicotinsäure* (**III**), $C_{11}H_9N_3O_2$, F. 165° (A.). *Hydrochlorid*, F. 270—275° (A.; Nadeln), a) durch 2std. Erhitzen von 4,6 g **I** u. 4,72 g **II** mit 4,72 g K_2CO_3 u. 24 mg Cu-Pulver auf 190°, Auskochen mit Ae., Umsetzen mit HCl, Auskochen mit Essigester u. Ausziehen mit sd. A.; 1,9 g (Ausbeute); daneben aus dem Essigesterextrakt 1,1 g *Dipyridyl-(2.2′)-äther-3.3′-dicarbonsäure*, $C_{12}H_8N_2O_5$, F. 197—198° (A.; gelb); b) durch 6std. Erhitzen von **IV** u. **V** mit K_2CO_3 u. Cu-Pulver in geschlossener Ampulle auf 160°. — *Di-[α-pyridyl]-amin*, F. 95° (W.; Nadeln), a) durch 10 Min. langes Erhitzen von **III**-Hydrochlorid mit K_2CO_3 u. Cu auf 280—300°; b) durch 3std. Erhitzen von **II** u. **V** mit K_2CO_3 u. Cu in geschlossener Ampulle auf 180°. — *10-Oxo-10H-5.6.11-triazaanthracen* (**VI**), $C_{11}H_7N_3O$, F. 223° (Bzl.; gelb), a) durch Eindunsten von **III** mit konz. HCl auf dem Wasserbad; b) durch Erhitzen von **III** über den F.; c) durch 1std. Kochen von 1 g **III**-Hydrochlorid mit Essigsäureanhydrid; 0,45 g.

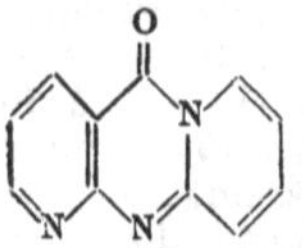

VI

H.-E. TOUSSAINT. 3272□

Ein gefärbtes Maleinimid und seine Einwirkung auf Cystein. G. D. Clark-Walker und H. C. Robinson. (J. chem. Soc. [London] **1961**. 2810—12. Juli. Nedlands, Western Australia, Univ., Dep. of Biochem.) (Engl.)

Durch Rk. von Maleinsäureanhydrid (I) mit 2.4-Dinitrophenylhydrazin (II) entsteht *N-[2.4-Dinitroanilino]-maleinamidsäure*, die durch Kochen in Essigsäure zu *N-[2.4-Dinitroanilino]-maleinimid* (**III**) cyclisiert wird. Aus **III** u. 2-Mercaptoäthylaminhydrochlorid (**IV**) wird durch Addition u. anschließende Umlagerung *N^2-[2.4-Dinitrophenyl]-α-[tetrahydro-3-oxo-1.4-thiazinyl-(2)]-acethydrazid* (**V**) erhalten. Analog **V** entsteht aus p-Phenylazomaleinanil (**VI**; vgl. NAYLER u. WHITING, C. **1956**. 6095) u. L-Cysteinmethylester (**VII**) *Tetrahydro-5-oxo-6-[p-phenylazophenylaminocarbonylmethyl]-1.4-thiazin-3-carbonsäuremethylester*.

Versuche: *N-[2.4-Dinitroanilino]-maleinamidsäure*, $C_{10}H_8N_4O_7$, F. 194° (Zers.), durch ½std. Kochen von **I** mit **II** in Chlf.; aus Aceton/Bzl. gelbe Nadeln. — *N-[2.4-Dinitroanilino]-maleinimid* (**III**), $C_{10}H_6N_4O_6$, F. 237° (Zers.), durch 10 Min. langes Kochen vorst. Verb. in Essigsäure; aus Aceton/Bzl. gelbe Nadeln. — *N^2-[2.4-Dinitrophenyl]-α-[tetrahydro-3-oxo-1.4-thiazinyl-(2)]-acethydrazid* (**V**), $C_{12}H_{13}N_5O_6S$, durch ¼std. Stehen von 1,5 g **III** mit 0,65 g **IV** in Aceton/W., Zugeben von 0,1 mol. $(NH_4)_2CO_3$-Lsg. (pH 9), 8std. Stehen u. Zugeben von Ae.; gelbe Stäbchen aus Aceton/W.; 0,8 g (Ausbeute). — *Tetrahydro-5-oxo-6-[p-phenylazophenylaminocarbonylmethyl]-1.4-hiazin-3-carbonsäuremethylester*, $C_{20}H_{20}N_4O_4S$, F. 159—160°, durch 8std. Stehen von **VI** mit **VII** in W., Zugeben von 5%ig. NH_4OH u. Toluol, Extrahieren mit verd. Säure u. Einengen; $[\alpha]_D^{20}$ +16,8° (c = 1; Chlf.). E. SCHRÖDER. 3292□

Reaktion einiger Siliciumhydride mit schwefelhaltigen Heterocyclen und verwandten Verbindungen. Dietmar Wittenberg, Herbert A. McNinch und

Henry Gilman. (J. Amer. chem. Soc. **80.** 5418—22. 20/10. 1958. Ames, Iowa, State Coll., Chem. Labor.) (Engl.) — Vorl. Mitt. vgl. C. **1958.** 4186.

Durch Rk. von Diphenylsilan (**I**) mit Phenoxathiin, Phenothiazin (**VII**), 10-Äthylphenothiazin (**IX**) u. Thianthren (**VI**) erhält man Verbb., in denen das S-Atom der Heterocyclen durch die Diphenylsilylgruppe ersetzt ist. Einige Derivv. des *10.10-Diphenylphenazasilins* (**VIII**) werden dargestellt. **I** red. 10-Äthylphenothiazin-5-oxid zu **IX**. Bei der Rk. von Dibenzylsilan mit **IX** findet statt der erwarteten Bldg. von 5-Methyl-10.10-dibenzylphenazasilin Desäthylierung zu **VII** statt. Triphenylsilan (**II**) disproportioniert sich in Ggw. von H_2S zu **I** u. *Tetraphenylsilan* (**V**), während es mit p-Thiokresol (**III**) neben H_2 *Triphenyl-[p-tolylmercapto]-silan* (**IV**) bildet, dessen Struktur durch alkal. Hydrolyse gesichert wird, die zu **III**, *Triphenylsilanol* u. *Hexaphenyldisiloxan* führt. **IV** reagiert mit Triphenylsilyl-Li unter Bldg. von *Hexaphenyldisilan* u. **III**.

Versuche: *10.10-Diphenylphenoxasilin*, F. 178—179° (PAe.), aus äquimol. Mengen Phenoxathiin u. **I** durch 6tägiges Kochen bis zur Beendigung der H_2S-Entw., Vakuum-Dest. des Rk.-Prod., Abdestillieren von *Phenoxathiin* [$Kp._{0,15}$ 98—125°; 15,3 g (Ausbeute)], Abdestillieren von **II** ($Kp._{0,15}$ 135—175°; 3,0 g), Lösen der Fraktion vom $Kp._{0,08}$ 175—240° (13,4 g) in PAe., Chromatographie an Al_2O_3, Elution mit PAe., Einengen, Kochen des halbfesten Rückstandes mit wenig PAe., Abfiltrieren von ungelöstem **V**, F. 210—227°, u. Einengen der PAe.-Lsg.; 2%. — *10.10-Diphenylphenothiasilin*, $C_{24}H_{18}SSi$, F. 157—158° (A.), a) aus 17,5 g **VI** u. 29,8 g **I** durch 60std. Erhitzen, Vakuum-Dest. des Rk.-Prod., Abdestillieren von *Biphenyl* (F. 69—71°, $Kp._3$ 50—155°; 0,5 g) u. **VI** (F. 152—154°, $Kp._3$ 155—180; 2,5 g; daneben **II**; 7,0 g), Chromatographie der in PAe. gelösten Fraktion vom $Kp._{0,01}$ 185—235° an Al_2O_3, Elution mit PAe., Eindampfen, Behandeln des Rückstandes mit sd. A., Abfiltrieren von ungelöstem **V** u. Einengen; 1,2 g; b) analog aus 21,6 g **VI** u. 18,4 g **I**; 1,7 g. — *10.10-Diphenylphenothiasilin-5.5-dioxid*, F. 208—209° (A.), durch mehrstd. Erhitzen vorst. Verb. mit 30%ig. H_2O_2 in Essigsäure auf dem Wasserbad; 64%. — *10.10-Diphenylphenazasilin* (**VIII**), $C_{24}H_{19}NSi$, F. 198—199° (PAe.), a) durch 3tägiges Kochen äquimol. Mengen **I** u. **VII**, Abdestillieren von wenig **II** u. nichtumgesetztem **VII** (20%), Lösen der Fraktion vom $Kp._{0,05}$ 175—260° in PAe., Chromatographie an Al_2O_3, Elution von **V** mit PAe. (2%), Elution mit Cyclohexan, Verreiben des Eluats mit PAe., Lösen des krist. Prod. in A. u. Anreiben mit wenig W.; 1,2%; b) durch 12tägiges Erhitzen von 0,5 Mol **I** u. 0,35 Mol **VII** auf 240°, darauf 6tägiges Erhitzen auf 275°; 0,2%; daneben **I** (34%) u. **VII**; c) analog b) in Ggw. von Cu; 1,23%. *5-Äthyl-Deriv.*, $C_{26}H_{23}NSi$, F. 123—124° (PAe.), a) durch 7tägiges Erhitzen äquimol. Mengen **I** u. **IX** auf 240—250°, Vakuum-Dest.; Lösen der Fraktion vom $Kp._{0,01}$ 205—285° in PAe. u. Chromatographie an Al_2O_3; 7,2%; b) durch Rk. der aus **VIII** u. n-Butyl-Li in Ae. unter N_2 dargestellten 5-Lithium-Verb. mit $(C_2H_5)_2 \cdot SO_4$; 68%. — *5-Methyl-Deriv.*, $C_{25}H_{21}NSi$, F. 186—188° (PAe.), aus **VIII**, n-Butyl-Li u. $(CH_3)_2SO_4$ in Ae. unter N_2; 48%. *5-Benzoyl-Deriv.*, $C_{31}H_{23}NOSi$, F. 214—216° (Bzl. + PAe.), analog mit Benzoylchlorid; 75%. — *Phenothiazin* (**VII**), F. 176—178° (PAe.), durch 4tägiges Erhitzen von äquimol. Mengen Dibenzylsilan u. **IX** auf 290—300°, Vakuum-Dest. u. Umkristallisieren der Fraktion vom $Kp._{0,01}$ 135—180° aus PAe.; 10%; daneben wenig *Verb. vom F. 224—227°* u. *Verb. vom F. 137—137,5°*. — *Tetraphenylsilan* (**V**), F. 230—232° (Bzl.), durch Einleiten von H_2S in fl. **II** bei 200—210° u. Absaugen des in der Kälte entstandenen Nd.; 8,7%; daneben **I**, $Kp._{0,05}$ 75—80°, aus dem Filtrat von **V**; n_D^{20} 1,5815; 1,7%, u. nichtumgesetztes **II**, $Kp._{0,05}$ 128—135°; 77%. — *Triphenyl-[p-tolylmercapto]-silan* (**IV**), $C_{25}H_{22}SSi$, $Kp._3$ 250—265°, F. 79—80°, durch 5tägiges Kochen von **II** u. **III**; 69%. — *Hexaphenyldisiloxan*, F. 210—218°, durch ¼std. Kochen von **IV** mit äthanol.-wss. KOH, Abkühlen u. Filtration; 26%; daneben **III**, F. 43—44°, durch Einengen des Filtrats, Aufnehmen des Rückstandes in Ae., Ausschütteln des Ae. mit verd. NaOH, Ansäuern der alkal. Lsg. u. Ae.-Extraktion; 55%; daneben *Triphenylsilanol*, F. 148—151°, durch Einengen der ersten Ae.-Phase; 49%. — *Hexaphenyldisilan*, F. 357—360°, durch Zugabe von Triphenylsilyl-Li in Tetrahydrofuran zu äquimol. Mengen **IV**, Hydrolyse u. Absaugen des entstandenen Nd.; 82%; daneben **III**, durch Zugabe von Ae. zum Filtrat, Ausschütteln mit verd. NaOH u. Ansäuern der alkal. Lsg.; 57%.— *10-Äthylphenothiazin*(**IX**), F. 103—104° (PAe.), durch 3std. Erhitzen von äquimol. Mengen **I** u. 10-Äthylphenothiazin-5-oxid auf 200°, Lösen des abgekühlten Rk.-Prod. in PAe., Chromatographie an Al_2O_3, u. Elution mit PAe.; 76%; daneben *Hexaphenylcyclotrisiloxan*, F. 180—185° (CCl_4). H. SANDNER. 3292□

Chlorierung von Caprolactam. Giuseppe Caprara, Giacomo Lemetre und Alberto Vercellone. (Ann. Chimica **49.** 1167—76. Juli/Aug. 1959. Colleferro [Roma], Centro Studi Chim. della Soc. Bombrini Parodi-Delfino.) (Ital.)

Während die Chlorierung von ε-Caprolactam (**I**) mit Cl_2 in W. oder organ. Lsgm. zum *N-Chlor-Deriv.* führt, werden mit SO_2Cl_2 nebeneinander *ε-Chlor-ε-caprolactam* (**II**)

u. ein *x.x-Dichlor-ε-caprolactam* (III) erhalten. II läßt sich auch im Vakuum nicht unzersetzt dest. u. wird durch KCN nicht in ein Cyanid, sondern wieder in I umgewandelt. III ist von dem bekannten α.α-Dichlor-ε-caprolactam deutlich verschieden; es wird durch HCl zu einer *x.x-Dichlor-ε-aminocapronsäure* verseift u. läßt sich nicht an RANEY-Ni in Ggw. von Triäthanolamin zu einem Monochlor-Deriv. reduzieren.

Versuche: *N-Chlor-ε-caprolactam*, fl., durch Einleiten von Cl_2-Gas in eine wss. Lsg. von I u. Na_2SO_3, Kühlen u. Ausziehen mit CCl_4; n_D^{25} 1,5017, $D._4^{25}$ 1,2038; ca. 100% (Ausbeute). — *ε-Chlor-ε-caprolactam* (II), $C_6H_{10}ClNO$, F. 154—155° (Zers.; A.), durch 6std. Erwärmen des I-Hydrochlorids mit SO_2Cl_2 auf 40—50° u. weitere 4 Std. auf 65—70°; daneben *x.x-Dichlor-ε-caprolactam* (III), $C_6H_9Cl_2NO$, F. 80—81° (Methanol). — *Adipinsäure*, F. 151—153° (W.), durch 1½std. Kochen von II mit 20%ig. KOH u. Behandeln mit wss. $KMnO_4$ bei 40°. — *x.x-Dichlor-ε-aminocapronsäure, Hydrochlorid*, $C_6H_{11}Cl_2NO_2 \cdot HCl$, F. 189—190°, durch 2std. Kochen von III mit HCl. — *x.x-Dichloradipinsäurediäthylester*, $C_{10}H_{16}Cl_2O_4$, Kp.$_{12-13}$ 155—158°, durch Oxydation vorst. Verb. mit wss. $KMnO_4$ bei 50° u. Kochen mit wss.-alkohol. HCl; gibt durch 3std. Kochen mit 80%ig. NaOH eine *x-Ketoadipinsäure* (*2.4-Dinitrophenylhydrazon*, $C_{12}H_{12}N_4O_8$, F. 199—200°). H.-E. TOUSSAINT. 3370□

Aromatische Cyclodehydratisierung. 49. Mitt. Pyrido-[2.1:b]-benzo-[f]-1.3-thiazepiniumsalze. C. K. Bradsher, L. D. Quin, R. E. le Bleu und J. W. McDonald. (J. org. Chemistry **26**. 4944—46. 27/12. 1961. Durham, N.C., Duke Univ., Dep. of Chem.) (Engl.) — 48. vgl. C. **1962**. 6040.

Pyrido-[2.1:b]-benzo-[f]-1.3-thiazepiniumsalze werden durch Quaternisierung von 2-Phenylmercaptopyridinen mit Jodaceton u. Cyclisierung des quaternären Salzes in Polyphosphorsäure bei 160° dargestellt.

Versuche: 2-Arylmercaptopyridine, durch 2tägiges Erhitzen von 1 Mol 2-Brompyridin mit 2 Mol des Thiophenols u. Triäthylamin auf 105—110°, Alkalisieren u. Extrahieren mit Bzl.: *2-Phenyl-*, $C_{11}H_9NS$, Kp.$_6$ 154—158°; 99% (Ausbeute). — *2-[o-Tolyl]-*, $C_{12}H_{11}NS$, Kp.$_6$ 165—175°; 84%. — *2-[m-Tolyl]-*, $C_{12}H_{11}NS$, Kp.$_3$ 174—180°; 77%. — *2-[p-Tolyl]-*, $C_{12}H_{11}NS$, Kp.$_6$ 175—180°; 94%. — *2-[o-Chlorphenyl]-*, $C_{11}H_8ClNS$, Kp.$_{10}$ 185—190°; 87%. — 2-Arylmercapto-1-acetonylpyridiniumsalze, durch 2tägiges Stehen von Jodaceton mit dem entsprechenden 2-Arylmercaptopyridin in Dimethylformamid, Fällen mit Essigester u. Umkristallisieren aus Methanol: *2-Phenylmercapto-, Jodid*, $C_{14}H_{14} \cdot$ JNOS, F. 177—178°; 91%. *Perchlorat*, $C_{14}H_{14}ClNO_5S$, F. 153—154°, aus dem Jodid mit 35%ig. $HClO_4$; aus Methanol Nadeln. — *2-[o-Tolylmercapto]-, Jodid*, $C_{15}H_{16}JNOS$, F. 159—160°; gelbe Nadeln; 86%. *Perchlorat*, $C_{15}H_{16}ClNO_5S$, F. 169—171°; Nadeln. — *3-[m-Tolylmercapto]-, Perchlorat*, $C_{15}H_{16}ClNO_5S$, F. 126—127°; gelbes Pulver. — *2-[p-Tolylmercapto]-, Jodid*, $C_{15}H_{16}JNOS$, F. 163—164°; Nadeln; 89,5%. *Perchlorat*, $C_{15}H_{16} \cdot$ $ClNO_5S$, F. 159—161°; Nadeln. — *2-[p-Chlorphenylmercapto]-, Jodid*, $C_{14}H_{13}ClJNOS$, F. 167—168°; hellgelbe Kristalle; 68,5%. *Perchlorat*, $C_{14}H_{13}Cl_2NO_5S$, F. 226—229°; hellgelbe Kristalle. — 12-Methylpyrido-[2.1:b]-benzo-[f]-1.3-thiazepiniumperchlorate: *Unsubstituiert*. $C_{14}H_{12}ClNO_4S$, F. 163—164°, durch 4std. Rühren von 1-Acetonyl-2-phenylmercaptopyridiniumjodid in W. mit AgCl, Filtrieren, Einengen im Vakuum, Zugabe von Polyphosphorsäure, 12std. Rühren bei 150—160°, Verdünnen mit Eis, Zugabe von 35%ig. $HClO_4$ u. 4tägiges Stehen; aus Methanol u. Essigester Nadeln; 35%. — *4-Methyl-*, $C_{15}H_{14}ClNO_4S$, F. 252—255°; hellbraune Nadeln; 61%. — *3-Methyl-*, $C_{15}H_{14}ClNO_4S$, F. 133—135°; Pulver; 54%. — *3-Methoxy-*, $C_{15}H_{14}ClNO_5S$, F. 241,5—242,5°; gelbe Nadeln; 12%. P. GOLINSKE. 3370□

Glykoside und Aglykone. 208. Mitt. **Die Glykoside der Rhizome von Apocynum cannabinum L.** 3. Mitt. T. Golab, C. H. Trabert, Herbert Jäger und T. Reichstein. (Helv. chim. Acta **42**. 2418—30. 1/12. 1959. Karlsruhe, Firma Dr. Willmar Schwabe, Forschungsabt.; Basel, Organ.-Chem. Anstalt.) (Dt.) — 207. vgl. C. **1961**. 4705; 2. vgl. Arzneimittel-Forsch. **10**. [1960.] **197**; 1. vgl. C. **1957**. 12508.

Das aus den Rhizomen von *Apocynum cannabinum L.* gewonnene Konzentrat Präp. R (vgl. 1. Mitt.) wird durch Verteilungschromatographie im Syst. Bzl./Chlf. (7:3)/Formamid in die Glykoside *Cymarin, Apocannosid* (I), *Cynocannosid* (II) u. *Cannogenin* (III) zerlegt. I liefert nach milder saurer Hydrolyse III u. einen Zucker, der nach F., opt. Drehung, Mischprobe u. Papierchromatogramm (PC) mit *D-Cymarose* ident. ist. Bei der nur in kleiner Menge durchgeführten Spaltung von II wird ein nach Mischprobe, Farb-Rkk. u. PC mit III ident. krist. Genin erhalten, neben einem nichtkrist. Zucker, der durch PC u. opt. Drehung als *L-Oleandrose* identifiziert wird. III zeigt im UV-Spektrum die Bande des Butenolidringes u. die einer Carbonylgruppe. Eine isolierte Doppelbindung ist nicht sichtbar. Das IR-Spektrum zeigt außerdem eine schwache Aldehydbande. Mit Propandithiol-(1.3) entsteht aus III unter Zusatz von nur 0,5%ig. HCl in Methanol das cycl. *Mercaptal* (IV), das rein, aber amorph erhalten wird, in guter Ausbeute.

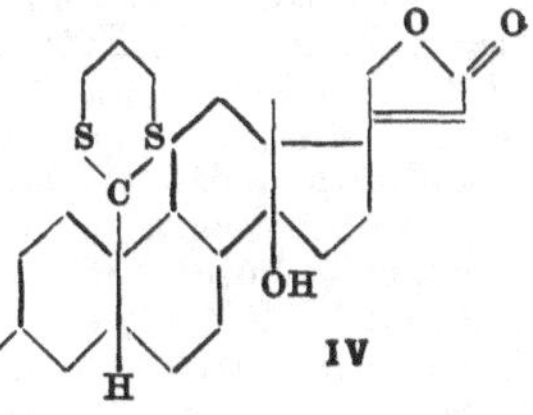

IV

Unter Zusatz stärkerer Säure entstehen stets merkliche Mengen von *Anhydroprodukten*. Bei der vorsichtigen Entschwefelung mit RANEY-Ni, um eine Red. der Butenolidgruppe zu vermeiden, entsteht ein bis jetzt nicht isoliertes Zwischenprod., das S-freies u. krist. *Digitoxigenin* liefert. Bei Behandlung mit RANEY-Ni bis zur negativen KEDDE-Rk. wird ein krist., mit 3β.14β-Dihydroxy-20β-cardanolid nicht ident. Stoff isoliert, der auch aus Digitoxigenin mit RANEY-Ni in A. erhalten wird. Es wird vermutet, daß es sich um das isomere *3β.14β-Dihydroxy-20α-cardanolid* handelt. Der F. des *O-Acetyl-Deriv.* liegt jedoch höher als bei den beiden von MEYER (Helv. chim. Acta **29.** [1946.] 918) beschriebenen Derivaten. Mit H_2 in Ggw. von PtO_2 in A. oder CH_3COOH wird aus Digitoxigenin überwiegend das *20β-Isomere* erhalten. Vff. beweisen auf Grund vorst. Ergebnisse die Struktur u. Konfiguration von III bis auf die Stellung Oxogruppe, die sich aber auf Grund von Analogien u. Eigg. in 19-Stellung befinden muß. Damit ist auch der Bau der Glykoside I u. II bewiesen. III ist raumisomer zu Corotoxigenin u. vermutlich zu Carpogenin. III u. seine Glykoside sind, bes. in Lsg., sehr autoxydabel. Durch Red. von III mit $NaBH_4$ wird bisher nicht krist. *Cannogenol* (**V**), das im PC einheitlich war, erhalten. Es liefert ein krist. *Di-O-acetylderivat.*

Versuche (FF. korr.): *Apocannosid* (I), FF. 122—132° u. 190—205°, durch Verteilungschromatographie von Präp. R an imprägnierter Cellulose; aus CH_3OH/Ae. Säulen; $[\alpha]_D^{29}$ $-7,9 \pm 2°$ (CH_3OH). — *Cymarose*, F. 73—80°, durch Hydrolyse von 281,8 mg I mit 0,05n wss.-methanol. H_2SO_4; aus abs. Ae. Prismen; $[\alpha]_D^{25}$ $+54,3 \pm 3°$ (W.); 62,3 mg (Ausbeute); daneben *Cannogenin* (**III**), $C_{23}H_{32}O_5$, FF. 145/185/200—210°; aus Aceton/Ae. dünne Blättchen; $[\alpha]_D^{5}$ $-15,0 \pm 2°$ (Chlf.); 203,8 mg. — *Mono-O-acetylcannogenin*, FF. 200/215—225° (Aceton/Ae.); $[\alpha]_D^{27}$ $0,0 \pm 3°$ (CH_3OH). — *Cannogenol* (**V**), durch 5std. Stehen von 19,5 mg III in 80%ig. CH_3OH mit $NaBH_4$ bei 20°; 21,5 mg.— *Di-O-acetylcannogenol*, $C_{27}H_{38}O_7$, F. 175—183°; aus Ae./PAe. unregelmäßige Körner; $[\alpha]_D^{26}$ $+33,7 \pm 2°$ (CH_3OH). — *Cynocannosid* (II), FF. 166—176/186°, durch Verteilungschromatographie von Präp. R an imprägnierter Cellulose; aus Aceton/Ae. Prismen; $[\alpha]_D^{21}$ $-44,3 \pm 3°$ (CH_3OH). — *L-Oleandrose*, durch Hydrolyse von 39,5 mg II mit 0,05n wss.-methanol. H_2SO_4 u. Sublimieren des wasserlösl. Teils; $[\alpha]_D^{25}$ $+11,8 \pm 3°$ (W.); 7,2 mg; daneben 24 mg III. — *Cannogenol* (**V**), durch Red. von 24 mg III mit $NaBH_4$ in 80%ig. CH_3OH; 12 mg. *Di-O-acetyl-Verb.*, F. 173—185° (Ae./PAe.). — *Cymarin*, F. 135—146°, durch Verteilungschromatographie von Präp. R an imprägnierter Cellulose; aus CH_3OH/Ae. Prismen; $[\alpha]_D^{24}$ $+33,5 \pm 2°$ (Chlf.). — *Digitoxigenin*, F. 244—250°, durch 24std. Stehen von III in 0,5%ig. HCl-Gas enthaltendem CH_3OH mit Propandithiol-(1.3) im Dunkeln, Versetzen mit Chlf., Eindampfen u. Chromatographie an Al_2O_3, 15std. Schütteln von 63,5 mg so erhaltenen *Mercaptals* (**IV**) in abs. A. mit RANEY-Ni, Filtrieren durch Celite, Eindampfen u. Reinigen an Al_2O_3; Prismen; $[\alpha]_D^{23}$ $+22,9 \pm 3°$ (CH_3OH); 6,4 mg. *Mono-O-acetyl-Verb.*, F. 210—220°; aus Ae./PAe. Stäbchen; $[\alpha]_D^{25}$ $+18,7 \pm 3°$ (CH_3OH). —*3β.14β-Dihydroxy-20α-cardanolid* (?), FF. 230—250/262°, a) durch Behandlung des Mercaptals mit RANEY-Ni bis zur negativen KEDDE-Rk.; b) mit RANEY-Ni aus Digitoxigenin bis zur negativen KEDDE-Rk.; Prismen; $[\alpha]_D^{24}$ $+33,3 \pm 3°$ u. $31,3 \pm 4°$ (Chlf.). *O-Acetyl-Deriv.*, F. 195—215°; aus Ae./PAe. Nadeln. — *3β.14β-Dihydroxy-20β-cardanolid*, F. 194—212°, aus Digitoxigenin mit H_2 in Ggw. von PtO_2 in CH_3COOH; aus Aceton/Ae. Stäbchen; $[\alpha]_D^{24}$ $+16,8 \pm 3°$ (Chlf.). H. KNIESZ. 3450□

Glykoside und Aglykone. 209. Mitt. **Die Glykoside der Samen von Strophanthus hispidus P. DC.** 2. Mitt. L. Keller und Ch. Tamm. (Helv. chim. Acta **42.** 2467—85. 1/12. 1959. Basel, Org.-Chem. Anstalt.) (Dt.) — 208. vgl. vorst. Ref.; 1. vgl. C. **1951.** I. 2889.

Der aus *Strophanthus hispidus* P. DC. nach Fermentierung erhaltene Chlf.-Extrakt gibt im Papierchromatogramm 9 Flecke u. liefert an Al_2O_3 u. durch anschließende Verteilungschromatographie *Periplocymarin, Cymarol, Cymarin*, welches nach Behandlung mit Reagens T von GIRARD u. SANDULESCU *Strophanthidin* liefert, u. *Cymarylsäure.* Außerdem werden 5 Verbb. erhalten, die als E, F, G, H u. I bezeichnet werden. E u. F werden durch weitere Reinigung nicht krist., G dagegen krist. erhalten. Durch Acetylierung werden die G- u. H-*Acetyl-Verbb.* nach Chromatographie an Al_2O_3 in Kristallen gewonnen. H selbst krist. bisher nicht, während I in ganz geringem Umfange in krist. Form erhalten wird. Der Chlf./A. (2:1)-Extrakt gibt im Papierchromatogramm 4 Flecke, von denen 2 die gleichen Laufstrecken wie *k-Strophanthin-β* u. *k-Strophanthosid* aufweisen. Nach Abbau mit Strophanthobiase fehlen Cymarylsäure u. I im Papierchromatogramm. Der Chlf./A.-(3:2)-Extrakt zeigt im Papierchromatogramm mindestens 2 Glykoside, von denen das eine wie k-Strophanthosid wandert. Der k-Strophanthin-β-Fleck ist sehr schwach. Der Chlf./A. (4:1)-Extrakt der fermentierten Probe enthält kein k-Strophantin-β u. wird acetyliert u. an Al_2O_3 chromatographiert. Es werden *O-Acetyl*-K u. *O-Acetyl*-L isoliert, die im Papierchromatogramm langsamer laufen als Tetra-O-acetyl-k-strophanthin-β u. Hepta-O-acetyl-k-strophanthosid. Der Chlf./A. (2:1)-Extrakt zeigt im Papierchromatogramm mindestens 3 Flecke, von denen einer die Laufstrecke von k-Strophanthosid hat. Nach Acetylieren u. Chromatographie an Al_2O_3 werden krist. *O-Acetyl*-K, *O-Acetyl*-L u. *Hepta-O-acetyl-k-strophanthosid* erhalten. Der Chlf./A. (3:2)-Extrakt gibt nach analoger Behandlung nur letztgenannte Verbindung. *Periplocymarin, Cymarol*, das aus *Cymarin* stammende *Strophanthidin* u. *Hepta-O-acetyl-k-strophanthosid* werden durch F., Misch-F., Drehung, Farb-Rk. mit 84% ig. H_2SO_4 u. Laufstrecke im Papierchromatogramm identifiziert. Die bisher nicht aus Pflanzen isolierte Cymarylsäure liefert mit CH_2N_2 den bekannten *Cymarylsäuremethylester*, dessen *O-Acetyl-Deriv.* amorph ist. Milde, saure Hydrolyse von Cymarylsäure gibt die bekannte Strophanthidinsäure. Substanz E scheint kein 2-Desoxyzucker zu sein, dürfte jedoch trotz der negativen Zuckerprobe ein Glykosid sein. Das krist. *O-Acetyl*-F gibt keinen Hinweis auf die Bruttoformel von Verb. F. Substanz G wird auf Grund der Analysenwerte, die auf $C_{29}H_{42-44}O_9$ passen, obwohl kein Zucker nachgewiesen werden kann, als Monoglykosid angesehen. Das krist. *O-Acetyl*-G dürfte die Formel $C_{35}H_{48-50}O_{11}$ haben, die dem Triacetyl-Deriv. eines sauerstoffärmeren Glykosids der Formel $C_{29}H_{42-44}O_8$ entspricht, was wegen der geringen Substanzmengen nicht eindeutig bestimmt werden kann. In Substanz ist kein Zucker nachzuweisen. Sie wird trotzdem als Glykosid angesehen. Substanz I wird nur aus sehr reinen Fraktionen in krist. Form erhalten. Die positive WEBB- u. LEVY-Rk. deutet auf ein 2-desoxyzuckerhaltiges Glykosid. Bei Acetylierung wird ein Prod. erhalten, das im Papierchromatogramm 4 Flecke zeigt u. nicht weiter untersucht wird. Durch milde saure Hydrolyse wird im Chlf.-lösl. Anteil nach Methylierung mit CH_2N_2 u. Chromatographie an Al_2O_3 der krist. *Strophanthidinsäuremethylester* isoliert. Substanz I könnte demnach ein Diglykosid der Strophanthidinsäure, am ehesten aber ein Glucosid der Cymarylsäure sein. Das krist. *O-Acetyl*-K dürfte auf Grund der Analyse ein *Tetraacetyl-* ($C_{44}H_{62-64}O_{18}$) oder ein *Pentaacetyl-Deriv.* ($C_{46}H_{64-66}O_{19}$) eines Diglykosids der Formel $C_{36}H_{54-56}O_{14}$ sein. *O-Acetyl*-L wird auf Grund der Analysen als *Hexaacetyl-Deriv.* ($C_{47}H_{64-66}O_{20}$) eines Diglykosids der Formel $C_{35}H_{52-54}O_{14}$ angesehen. Die Möglichkeit einer Identität der Substanzen E, F, G, H u. I mit den Verbb. Emicymarin, Ledienosid, Sarnovid, Panstrosid, Desarosid, Vanderosid u. Helveticosid wird wegen der verschiedenen Laufstrecken im Papierchromatogramm ausgeschlossen.

Versuche (FF. korr.): *Periplocymarin*, FF. 136—140° u. 209—211°; aus CH_3OH/Ae. Nadeln; $[\alpha]_D^{24}$ $+29{,}9 \pm 2°$ (Chlf.). *O-Acetyl-Deriv.*, F. 137—142°; aus Ae./Pentan Nadeln; $[\alpha]_D^{21}$ $+42{,}3 \pm 2°$ (Chlf.). — *Strophanthidin*, FF. 140—142° u. 230—235°, nach Umsetzung mit GIRARD-Reagens aus Cymarin; aus CH_3OH/Ae. Nadeln; $[\alpha]_D^{25}$ $+42{,}9 \pm 3°$ [CH_3OH). — *Cymarol*, F. 238—240°; aus CH_3OH/Ae. Nadeln; $[\alpha]_D^{24}$ $+19{,}1 \pm 2°$ 2CH_3OH/W.). — *Cymarylsäure*, $C_{30}H_{44}O_{10}$, F. 154—157°; aus CH_3OH/Ae. Nadeln; $(\alpha]_D^{23}$ $+21{,}8 \pm 2°$ (Chlf.). — *Cymarylsäuremethylester*, $C_{31}H_{46}O_{10}$, F. 225—226°, durch (2std. Stehen von 25 mg vorst. Verb. in abs. CH_3OH mit äther. CH_2N_2; aus CH_3OH/Ae. Kristalle; $[\alpha]_D^{22}$ $+56{,}5 \pm 2°$ (CH_3OH); 20 mg. — *Strophanthidinsäure*, F. 174—177°, durch ½ std. Erwärmen von 110 mg Cymarylsäure in W./CH_3OH (1 : 1) mit 0,05n H_2SO_4 auf 80° nach RANGASWAMI u. REICHSTEIN, Einengen, 1std. Stehen bei 60° u. dann bei 0°; aus CH_3OH/Ae. Kristalle; $[\alpha]_D^{25}$ $+54{,}4 \pm 2°$ (CH_3OH); 30 mg. — *O-Acetyl-F*, $C_{35}H_{50}O_{10}$ oder $C_{35}H_{50}O_9$, FF. 198—203°/253—258°, durch Acetylieren von 25 mg F; aus Aceton/Ae. Nadeln; $[\alpha]_D^{19}$ $+35{,}1 \pm 2°$ (Chlf.); 15 mg. — *Substanz G*, $C_{29}H_{42-44}O_9$, F. 140—143°; aus CH_3OH/Ae. Nadeln; $[\alpha]_D^{26}$ $+31{,}4 \pm 3°$ (Chlf.). *O-Acetyl-G*, $C_{35}H_{48-50}O_{11}$, FF. 200 bis 205°/263—268°; aus CH_3OH/Ae. Nadeln; $[\alpha]_D^{24}$ $+27{,}0 \pm 2°$ (Chlf.). — *O-Acetyl-H*, $C_{35}H_{48-50}O_{11}$, F. 277—281°; aus CH_3OH/Ae. Nadeln; $[\alpha]_D^{24}$ $+51{,}9 \pm 3°$ (Chlf.). — *Substanz I*, F. 248—251°; aus CH_3OH/Ae. Nadeln; $[\alpha]_D^{26}$ $+7{,}4 \pm 5°$ (A.). — *Strophanthidinsäuremethylester* (*Methylester L.Ke 21*), F. 176—178°, durch ½ std. Erhitzen von 300 mg Rohkonzentrat der Substanz I mit 0,05n H_2SO_4 in W./CH_3OH (1 : 1) auf 100°, Einengen, 1std. Stehen bei 60°, Ausschütteln mit Chlf., Ausschütteln der Chlf.-Phase mit 2n Na_2CO_3 u. W., Versetzen der Na_2CO_3- u. Wasserphasen mit konz. HCl bei 0° bis zur kongosauren Rk., Ausschütteln mit Chlf., Eindampfen, Lösen in CH_3OH, Stehen mit äther. CH_2N_2 bei 22°, Eindampfen, Aufnehmen in Chlf. u. Chromatographie an Al_2O_3; aus CH_3OH/Ae. Kristalle; 25 mg. — *O-Acetyl-K*, $C_{44}H_{62-64}O_{18}$ oder $C_{46}H_{64-66}O_{19}$, F. 271—273°; aus Aceton/Ae. Nadeln. — *O-Acetyl-L*, $C_{47}H_{64-66}O_{20}$, FF. 167°/221—224°; aus Aceton/Ae. Nadeln; $[\alpha]_D^{27}$ $+45{,}9 \pm 2°$ (Chlf.). — *Hepta-O-acetyl-k-strophanthosid* (*O-Acetyl-M*), $C_{56}H_{78}O_{26}$, F. 212—217°; aus Aceton/Ae. Nadeln; $[\alpha]_D^{25}$ $+10{,}6 \pm 2°$ (Chlf.).

H. KNIESZ. 3450□

Glykoside und Aglykone. 210. Mitt. **Die Konstitution von Pachygenin und Pachygenol.** Louis F. Fieser, T. Golab, Herbert Jäger und T. Reichstein. (Helv. chim. Acta **43.** 102—04. 1/2. 1960. Cambridge, Mass., Harvard Univ., Converse Memorial Labor.; Basel, Univ., Organ.-chem. Anstalt.) (Dt.) — 209. vgl. vorst. Referat.

Pachygenin [F. 216—226°; $[\alpha]_D^{23}$ —103° (Chlf.)], das von SCHMID u. Mitarbeitern aus *Pachycarpus schinzianus* (SCHLTR.) N.E.Br. (vgl. C. **1961.** **4344**) u. später von GOLAB u. Mitarbeitern auch aus *Pachycarpus distinctus* (N.E.Br.) BULLOCK isoliert wurde, wurde als *5-Monoanhydrostrophantidin* [FF. 195°/217—226°; $[\alpha]_D$ — 128° (Chlf.); Papierchromatogramm, Farb-Rkk. mit 84%ig. u. konz. H_2SO_4] identifiziert. Ebenso wurde 3-O-Acetylpachygenin [F. 272—284°; $[\alpha]_D^{27}$ —139° (Chlf.)] als *3-O-Acetyl-5-monoanhydrostrophantidin* identifiziert. Die IR-Spektren in CH_2Cl_2 u. KBr sind gleich. Die Konstit. von Pachygenin u. Pachygenol ist damit gesichert. B.-G. BRODDA. 3450□

Glykoside und Aglykone. 211. Mitt. **17α-Corotoxigenin, 17α-Coroglaucigenin, 17α-Gitoxigenin, sowie vereinfachte Methode zur Herstellung von 16-Anhydrogitoxigenin.** J. H. Russel, O. Schindler und T. Reichstein. (Helv. chim. Acta **43.** 167—76. 1/2. 1960. Basel, Univ., Organ. chem. Anstalt.) (Dt.) — 210. vgl. vorst. Referat.

Nach den früher beschriebenen Rk.-Bedingungen zur Überführung von Cardenolid-Aglykonen zu den entsprechenden 17α-Geninen (vgl. KURITZKES, v. EUW u. REICHSTEIN, C. **1961.** 4705) gelang es, aus Corotoxigenin *17α-Corotoxigenin* u. aus Coroglaucigenin *17α-Coroglaucigenin* darzustellen. Gitoxigenin wurde durch Erhitzen mit Na-Acetat u. Na-Tosylat in Dimethylformamid in *16-Anhydrogitoxigenin* übergeführt. *17α-Gitoxigenin* wurde erhalten, wenn Gitoxigenin in Dimethylformamid mit Na-Tosylat ohne Zusatz von Na-Acetat erhitzt wurde. Die UV- u. IR-Spektren der 17α-Genine sind angegeben.

Versuche (FF. korr.; übliche Aufarbeitung bedeutet Eindampfen im Vakuum, Aufnehmen in Chlf., Waschen mit 2n HCl, 10%ig. $KHCO_3$-Lsg. u. W., Trocknen über Na_2SO_4 u. Eindampfen im Vakuum; Ausführung der Chromatogramme nach der Durchlauf-Meth. an alkalifreiem Al_2O_3. Papierchromatographie auf Whatman Nr. 1 u. Entw. mit KEDDE-Reagens): *17α-Corotoxigenin*, $C_{23}H_{32}O_5$, F. 218—221°, aus 30 mg Corotoxigenin durch 24std. Erwärmen mit je 15 mg wasserfreiem Na-Tosylat u. Na-Acetat in Dimethylformamid im zugeschmolzenen Rohr auf 110—120°, Abkühlen, übliche Aufarbeitung, Auflösen des neutralen Roh-Prod. in Bz./Chlf. (1:1) u. Filtrieren durch Al_2O_3; Nadeln aus Ae./Methanol; $[\alpha]^{26}$ + 16,4 ± 3° (c = 0,791; Methanol); 24,3 mg (Ausbeute). — *17α-Coroglaucigenin*, $C_{23}H_{34}O_5$, F. 238—241°, analog vorst. Verb. aus 30 mg Coroglaucigenin mit Na-Tosylat u. Na-Acetat bei 95°, übliche Aufarbeitung, Al_2O_3-Chromatogramm u. Elution mit Chlf.–Methanol (98:2); Nadeln aus Ae./Methanol; $[\alpha]_D^{27}$ + 14,3 ± 3° (c = 0,84; Methanol); 9,6 mg. — *17α-Gitoxigenin* (**I**), $C_{23}H_{34}O_5$, F. 212—214°, aus 50 mg Gitoxigenin (**II**) u. 10 mg Na-Tosylat in Dimethylformamid (6 Std. bei 95°), übliche Aufarbeitung, Chromatographie an Al_2O_3 u. Elution mit Chlf./Methanol (99:1); Nadeln aus Ae./Methanol; $[\alpha]_D^{28}$ —24,6 ± 2° (c = 1,137; Methanol); 34,5 mg (daneben durch Elution mit Bzl./Chlf. (1:1) 3,2 mg **III**). *Di-O-acetyl-Deriv.*, $C_{27}H_{38}O_7$, F. 295 bis 298° (Zers.); $[\alpha]_D^{22}$ —8,6 ± 2° (c = 1,167; Chlf.); Prismen aus Ae./Methanol. — *16-Anhydrogitoxigenin* (**III**), $C_{23}H_{32}O_4$, F. 249—255°, a) aus 30 mg **II**, Na-Tosylat u. Na-Acetat in Dimethylformamid (24 Std. bei 110—130°), Versetzen mit W., Ausschütteln mit Chlf., Chromatographie an Al_2O_3 u. Elution mit Bzl./$CHCl_3$ (1:1); Plättchen aus Ae./Methanol; $[\alpha]_D^{26}$ + 91,4 ± 3° (c = 0,874; Methanol); 18,4 mg; b) aus 3 mg **II** u. Na-Acetat in Dimethylformamid (4 Std. bei 95°); 1,8 mg. — *Dianhydrogitoxigenin*, $C_{23}H_{30}O_3$, F. 205 bis 209°, aus 3 mg **I** durch 2½std. Stehen mit konz. HCl bei 0°, Verdünnen mit W. u. Ausschütteln mit Chlf.; Nadeln aus Aceton/Pentan; 2,6 mg. B.-G. BRODDA. 3450□

Glykoside und Aglykone. 212. Mitt. **Die Glykoside der Samen von Strophanthus kombé Oliv.** Vorl. Mitt. R. Zelnik, J. v. Euw, O. Schindler und T. Reichstein. (Helv. chim. Acta **43.** 593—94. 15/3. 1960. Basel, Univ., Organ.-chem. Anstalt.) (Dt.) — 211. vgl. vorst. Referat.

Aus 400 g Samen von *Strophanthus kombé Oliv.* von gesicherter botan. Herkunft wurden nach Fermentierung 2—3 g *Cymarin*, 100 mg *Periplocymarin*, 300 mg *Cymarol*, 200 mg *Emicymarin*, 30 mg *17α-Emicymarin*, 200 mg *Helveticosid* u. 100 mg *17α-Helveticosid* isoliert. Durch papierchromatograph. Unters. wurde das Vork. von *17α-Cymarin*, *Helveticosol* u. *Strophantidin-β-D-digitalosid* wahrscheinlich gemacht. F. HELLER. 3450□

Glykoside und Aglykone. 213. Mitt. **Die Konstitution von Cerberosid (Thevetin B), Thevetin A und Peruvosid.** R. Bloch, S. Rangaswami und O. Schindler. (Helv. chim. Acta **43.** 652—58. 2/5. 1960. Basel, Univ., Organ.-chem. Anstalt.) (Dt.) — 212. vgl. vorst. Referat.

Roh-Thevetin aus den Samen von *Thevetia neriifolia* JUSS. (*Apocynaceae*) (**A**) wird durch Verteilungschromatographie in die reinen Komponenten *Cerberosid* (*Thevetin B*) (I) u. *Thevetin A* (II) zerlegt. Da I mit Pilzamylase in Thevebiosid u. mit einem Ferment-Präp. aus *Cerbera odollam* in *Neriifolin* überführt wird, kommt ihm die früher für Thevetin abgeleitete Konstit. zu. Durch fermentativen Abbau von II zu *Peruvosid* (III) u. dessen Überführung in *Neriifolin* konnten Struktur u. Konfiguration von II u. III weitgehend aufgeklärt werden.

Versuche (FF. korr.; die Verteilungschromatographie wurde an Kieselgur-W.-Säulen durchgeführt; Eluierung mit Bzl./Butanol-Gemischen): *Cerberosid* (*Thevetin B*) (I), $C_{42}H_{66}O_{18}$, F. 197—201°, durch Verteilungschromatographie von Roh-Thevetin aus **A**; $[\alpha]_D^{24}$ —61,4 ± 1,5° (c = 1,50; Methanol). *Okta-O-acetyl-Deriv.*, $C_{58}H_{82}O_{26}$, F. 145—149°; aus Methanol/Ae. Nadeln; $[\alpha]_D^{24}$ —56,9 ± 2° (c = 1,37; Chlf.). — *Thevebiosid*, F. 228 bis 233°, durch Fermentierung von 100 mg I mit Glucosidase aus *Aspergillus oryzae*; aus W. Klötze; $[\alpha]_D^{22}$ —62,1 ± 1° (c = 3,57; Methanol); 48 mg (Ausbeute). — *Neriifolin*, F. 240—243°, durch Fermentierung von 72 mg I mit *Cerbera-odollam*-Enzym; $[\alpha]_D^{25}$ —43,7 ± 4° (c = 0,69; Methanol); 7 mg. — *Thevetin A* (II), $C_{42}H_{64}O_{19}$, F. 208—210°, neben I; aus W. Nadeln; $[\alpha]_D^{24}$ —72,0 ± 1,5° (c = 1,48; Methanol). *Okta-O-acetyl-Verb.*, $C_{58}H_{80}O_{27}$, F. 143—149°; aus Methanol/Ae. Nadeln, $[\alpha]_D^{26}$ —54,2 ± 1° (c = 1,86; Chlf.). — *Peruvosid* (III), $C_{30}H_{44}O_9$, F. 157—162° (Blasen-Bldg.), durch 12tägige Fermentierung von 150 mg II mit *Cerberaodollam*-Enzym oder Strophanthobiase bei 37°; aus Methanol/Ae. Spieße; $[\alpha]_D^{22}$ —71,7 ± 1,5° (c = 1,54°; Methanol); 55 mg. *19-Propylenmercaptal*, $C_{33}H_{50}O_8S_2$, F. 265—268°, durch 24std. Rk. von 62 mg III mit Propandithiol-(1.3) in 0,5%ig. methanol. HCl bei 20°; aus Aceton/Ae. Prismen; $[\alpha]_D^{26}$ —30,4 ± 2° (c = 1,267; Methanol); 37 mg. — *Neriifolin*, F. 230—235°, aus 75 mg vorst. Mercaptals durch 11½std. Rk mit RANEY-Ni in A. u. Reinigung an Al_2O_3; 6 mg.

E. SCHRAVEN. 3450□

Untersuchungen in der Reihe der Isochinolinverbindungen. 17. Mitt. Synthese von 4'.5'-Dimethoxy-8-[6.7-dimethoxytetrahydroisochinolyl-(1)-methyl]-3.4.6.7.8.9-hexahydrobenz-[1'.2':1.2]-chinolizin (C-Noremetin). R. P. Jewstignejewa, N. K. Gawrina und N. A. Preobrashenski. (Журнал Общей Химии [J. allg. Chem.] **30** (**92**). 1454—58. Mai 1960. Moskau, Inst. für chem. Feintechnol.) (Russ.) — 15. vgl. C. **1960**. 1857.

Es wird die Synth. von *4'.5'-Dimethoxy-8-[6.7-dimethoxy-1.2.3.4-tetrahydroisochinolyl-(1)-methyl]-3.4.6.7.8.9-hexahydrobenzo-[1'.2':1.2]-chinolizin* (*C-Noremetin*) beschrieben.

Versuche: *[β-[Cyanmethyl]-glutarsäuredimethylester*, $C_9H_{13}NO_4$, Kp.$_{2,5}$ 137,5—138°, man löst 3,4 g Na in 50 ml Methanol u. 2,66 ml W., gibt 40 g β-[Cyancarbäthoxymethyl]-glutarsäuredimethylester zu, läßt 12 Std. stehen u. erhitzt 1 Std. auf dem sd. Wasserbad; D.$_4^{20}$ 1,1404; n_D^{20} 1,4502; 46% (Ausbeute). — *4-Carbomethoxymethyl-1-[β-(3.4-dimethoxyphenyl)-äthyl]-piperidon-(2)*, $C_{18}H_{25}NO_5$, Kp.$_{0,2}$ 200—202°, F. 56,5—58° (Ae.), durch Hydrierung von vorst. Verb. u. Rk. mit 45 g Homoveratrylamin in 60 ml abs. Methanol an 3 g RANEY-Ni (2 Std. bei 110—115°/110 at); 20,2%. — *4-Carboxymethyl-1-[β-(3.4-dimethoxyphenyl)-äthyl]-piperidon-(2)*, $C_{17}H_{23}NO_5$, F. 148—148,5° (Bzl.–Ae.), durch 12 Std. langes Stehen vorst. Esters in Methanol in Ggw. von Na-Methylat u. 1std. Erhitzen auf dem sd. Wasserbad oder durch 1std. Kochen in 6%ig. HCl; Prismen; 85%. — *4'.5'-Dimethoxy-8-carboxymethyl-3.4.6.7.8.9-hexahydrobenzo-[1'.2':1.2]-chinolizin, Methylester*, $C_{18}H_{25}$·NO_4, F. 75,6—76° (Ae.), durch Cyclisierung vorst. Methylesters mit $POCl_3$ u. anschließende Hydrierung an RANEY-Ni; 65,9%. *Methylesterhydrochlorid*, $C_{18}H_{26}ClNO_4$, F. 192,5 bis 193,5°. *β-[3.4-Dimethoxyphenyl]-äthylamid*, $C_{27}H_{36}N_2O_5$, F. 149—150° (Aceton), man erhitzt 1,3 g des Methylesters mit 2,2 g Homoveratrylamin 4 Std. lang unter N_2 auf 180 bis 190°; 94%. — *4'.5'-Dimethoxy-8-[6.7-dimethoxy-3.4-dihydroisochinolyl-(1)-methyl]-3.4.6.7.8.9-hexahydrobenzo-[1'.2':1.2]-chinolizin*, $C_{27}H_{34}N_2O_4$, F. 63—64°, durch 4std. Erhitzen von 0,82 g vorst. Verb. u. 4 ml $POCl_3$ in 5 ml Chlf.; 75,1%. *Dioxalat*, $C_{31}H_{38}N_2O_{12}$, F. 185—186,5° (A.). — *4'.5'-Dimethoxy-8-[6.7-dimethoxy-1.2.3.4-tetrahydroisochinolyl-(1)-methyl]-3.4.6.7.8.9-hexahydrobenzo-[1'.2':1.2]-chinolizin*, $C_{27}H_{36}N_2O_4$, F. 53—54,5°, durch Hydrierung vorst. Verb in Methanol an RANEY-Ni (2 Std. lang bei 55°/90 at); 80,6%. *Dioxalat*, $C_{31}H_{40}N_2O_{12}$, F. 167,5—168,5° (A.). *Dihydrochlorid*, $C_{27}H_{38}Cl_2N_2O_4$, F. 201 bis 202,5° (A.–Ae.)

HELMUT SCHÄFER. 3500□

Über die Konstitution von vier Alkaloiden aus der Rinde von Hunteria eburnea Pichon, Eburnamin, Isoeburnamin, Eburnamenin und Eburnamonin. Frédérick Bartlett, William I. Taylor und Raymond-Hamet. (C. R. hebd. Séances Acad. Sci. **249**. 1259—60. 5/10. 1959.) (Franz.) — Vgl. C. **1962**. 2744.

Aus Hunteria eburnea Pichon wurden folgende Alkaloide isoliert u. die rohen tertiären Basen durch Chromatographie gereinigt: *Eburnamenin* [I; $C_{19}H_{22}N_2$, *Pikrat*, F. 196°; $[\alpha]_D^{25}$ +183° ($CHCl_3$)], *Eburnamonin* [II; $C_{19}H_{22}N_2O$, F. 183°; $[\alpha]_D^{26}$ +89°

($CHCl_3$)], *Eburnamin* [III; $C_{19}H_{24}N_2O$, F. 181°. *Hydrat*, F. 105—110°; $[\alpha]_D^{26}$ −93° ($CHCl_3$)], *Isoeburnamin* [IV; $C_{19}H_{24}N_2O$, F. 217—220°; $[\alpha]_D^{26}$ +111° ($CHCl_3$)]. **III** u. **IV** ergaben durch katalyt. Dehydratisierung **I**. Chromsäureoxydation von **III** u. **IV** führte zu **II**. **II** wurde durch $LiAlH_4$ zu *Dihydroeburnamin* u. einem **III/IV**-Gemisch reduziert. Se-Dehydrierung von **II** ergab *4-Äthyl-4-propyl-4.5-dihydrocanthinon-(6)*, das bei längerem Erhitzen mit Se zu einem Gemisch aus *4-Äthyl-* u. *4-Propylcanthinon* umgewandelt wurde. **III** gibt bei der WOLFF-KISHNER-Red. *1.1-Diäthyl-1.2.3.4.6.7.12.12b-oktahydro-indolo-[2.3:a]-chinolizin* [F. 106°; $[\alpha]_D$ +92° (Chlf.)], das durch Oxydation zur Tetradehydro-Verb. unter Racemisierung am $C_{(12b)}$ u. anschließende Red. die *rac.-Form* (F. 132°) gibt. IR-Maxima s. Original. M. WÜSTEFELD. 3500□

Synthetische Untersuchungen in der Reihe der Indolalkaloide. 1. Mitt. Stefano Corsano und Luigi Panizzi. (Ann. Chimica **48**. 1025—36. Nov. 1958. Roma, Univ., Ist. di Chim. Organ.) (Ital.)

cis-Hexahydrophthalsäuremonoäthylester (**III**) wird über das Säurechlorid durch Behandlung mit CH_2N_2, A. u. Ag_2O in guter Ausbeute in *cis-Hexahydrohomophthalsäure-diäthylester* (**II**) umgewandelt, aus welchem durch saure oder alkal. Verseifung die *freie Säure* erhalten wird Beim Umsatz von **II** mit Oxylsäurediäthylester in Ggw. von K-Äthylat entsteht ein *Prod.* (**A**), das bei der Hydrolyse mit verd. HCl eine *2-Carboxycyclohexylbrenztraubensäure* (**I**) liefert, die mit H_2O_2 in alkal. Medium *trans-Hexahydrohomophthalsäure* gibt, womit sich für **I** die *trans*-Konfiguration ergibt u. **A** sich als *trans-2-Carbäthoxy-cyclohexyl-α-äthoxalylessigsäureäthylester* erweist, der wahrscheinlich unter Umwandlung des **II** durch Einw. des K-Äthylats über die Enolatform in den entsprechenden *trans-Ester* entstanden ist. **I** wird über den *Dimethylester* gereinigt u. als *Phenylhydrazon* u. *2.4-Dinitrophenylhydrazon* charakterisiert. **I** gibt durch Erhitzen mit Tryptamin in Essigsäure als einziges Prod. das *5-Ringlactam* (**B**), welches mit $LiAlH_4$ *dl-Yohimban* liefert. Die UV- u. IR-Spektren werden gemessen.

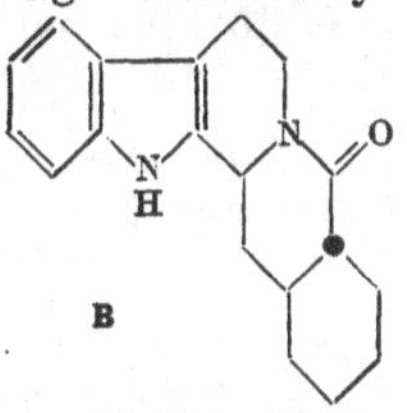

B

Versuche (FF. korr.): *cis-Hexahydrohomophthalsäurediäthylester* (**II**), Kp.$_{0,4}$ 102 bis 104°, durch langsame Zugabe von $SOCl_2$ zu 18,6 g **III** in Bzl. u. etwas Pyridin unter Kühlen, 4std. Stehen bei 0°, ½std. Stehen bei 40°, Eindampfen im Vakuum, Aufnehmen in Bzl., rasches Filtrieren, Zutropfen äther. CH_2N_2 unter Kühlen u. Rühren, 12std. Stehen bei 0°, Filtrieren, Eindampfen bei $<30°$, Lösen in A., Zugabe von frischem Ag_2O, 1½std. Kochen nach Aufhören der Gas-Entw., ½std. Kochen mit Kohle, Filtrieren, Eindampfen im Vakuum, Gießen auf Eis, Ae.-Extraktion, Waschen mit 2n HCl, gesätt. $NaHCO_3$ u. W., Trocknen u. Eindampfen; 13 g (Ausbeute). *Freie Säure*, $C_9H_{14}O_4$, F. 145 bis 147° (W.; Tafeln). — *trans-2-Carbäthoxycyclohexyl-α-äthoxalylessigsäureäthylester*, durch Zugabe von Oxalsäurediäthylester u. 10 g **II** zu abs. äther. K-Äthylat-Lsg. unter Rühren, 12std. Stehen, 1std. Kochen, Gießen auf Eiswasser, Schütteln, Waschen der abgetrennten Ae.-Phase mit 1%ig. KOH, Waschen der vereinigten alkal. Extrakte mit wenig Ae., Ansäuern mit verd. HCl unter Kühlen, Ae.-Extraktion, Waschen mit W., Trocknen u. Eindampfen; rotes Öl; 7,8 g. — *trans-2-Carboxycyclohexylbrenztraubensäure* (**I**), a) durch 9std. Kochen von 7,8 g vorst. Verb. in 10%ig. HCl unter Rühren, ½std. Stehen, Filtrieren, Essigesterextraktion, Trocknen u. Eindampfen; rotes Öl; 5 g b) durch Hydrolyse von 2,2 g Dimethylester; 1,8 g *2.4-Dinitrophenylhydrazon*, $C_{16}H_{18}N_4O_8$, F. 199—200° (Zers.; CH_3OH; gelbe Prismen). *Phenylhydrazon*, $C_{16}H_{20}N_2O_4$, F. 182 bis 184° (Zers.; W. oder A.; gelbe Tafeln). *Dimethylester*, Kp.$_{0,6}$ 125—128°. — *trans-Hexahydrohomophthalsäure*, $C_9H_{14}O_4$, F. 160,5—162,5° (W.; Prismen), durch Lösen von 1,5 g **I** in W., Alkalisieren mit 1n NaOH, Zutropfen von 30%ig. H_2O_2 unter Kühlen, 4tägiges Stehen bei 0°, Ae.-Extraktion, Ansäuern mit verd. HCl, Ae.-Extraktion, Waschen der vereinigten Ae.-Phasen mit W., Trocknen u. Eindampfen; 0,85 g. — *5-Ringlactam* **B**, $C_{19}H_{22}N_2O$, F. 261—265° (Cu-Block; A.; Nadeln) u. 267—270° (KOFLER), durch Zugabe von 1,23 g Tryptamin zu 1,64 g **I** in Eisessig, Rühren auf dem Wasserbad bis zur vollständigen Lsg., 2½std. Kochen, mehrstd. Stehen bei Raum-Temp., Filtrieren, Waschen mit W., Aufnehmen in 2n NaOH unter Rühren, Filtrieren, Waschen mit W.; Aufnehmen in 1n HCl unter Rühren, Filtrieren u. Waschen mit W.; 1,4 g. — *dl-Yohimban*, $C_{19}H_{24}N_2$, F. 180—181,5° (A.; Prismen), durch langsames Zugeben von 180 mg vorst. Verb. in abs. Tetrahydrofuran (THF) zu $LiAlH_4$ in THF, 1std. Rühren in der Kälte, 1½std. Kochen, erneute Zugabe von $LiAlH_4$, 1½std. Kochen, Abkühlen, Zers. mit feuchtem THF, Filtrieren, Eindampfen im Vakuum, Aufnehmen des Rückstands in Ae., Filtrieren, Versetzen mit 2n HCl, 1std. Rühren, Filtrieren, Waschen mit wenig Zn–HCl u. Ae., Trocknen, Lösen in 30%ig. CH_3COOH, Filtrieren, Alkalisieren mit konz. wss. NH_4OH in der Kälte, Filtrieren u. Waschen mit W.; 100 mg. H. KNIESZ. 3500□

Isomerisierungen in der Yohimbin-Reihe. Alain Le Hir und Edgar W. Warnhoff. (C. R. hebd. Séances Acad. Sci. **246.** 1564—66. 10/3. 1958. Paris, Fac. de Pharm.) (Franz.)

Corynanthin (I), β-Yohimbin (II) u. Yohimbin (III) werden mit K-tert.-Butylat u. Fluorenon in Bzl. zu *Yohimbinon* (**IV**) [$C_{21}H_{24}N_2O_3$, F. 265° (korr.; Nadeln; CH_3OH), $[\alpha]_D^{20}$ +16,5° (c = 1; Pyridin)] oxydiert, das durch Red. mit KBH_4 **II** ergibt. **III** wandelt sich durch Kochen mit K-tert.-Butylat in Bzl. direkt in **II** um, während **I** *Apoyohimbin* liefert. Analog gibt Alloyohimbin *α-Yohimbin.* Für **IV** sind Werte des IR-Spektrums angegeben. GISELA SCHREIBER. 3500□

Die Bitterstoffe der Cucurbitaceen. 9. Mitt. **Cucurbitacin A.** P. R. Enslin, Jennifer M. Hugo, K. Barbara Norton und D. E. A. Rivett. (J. chem. Soc. [London] **1960.** 4779—87. Dez. Pretoria, South African Council for Sci. and Ind. Res., Nat. Chem. Res. Labor.) (Engl.) — 8. vgl. C. **1961.** 9471.

Die Struktur des tetracycl. Triterpenoidacetates *Cucurbitacin A* (I), $C_{32}H_{46}O_9$, das eine Isooctylseitenkette enthält, wurde durch Abbau-Rkk. weiter untersucht. UV- u. IR-Spektren sind angegeben.

Versuche ($[\alpha]_D$ in Chlf.): *Cucurbitacin A* (I), $C_{32}H_{46}O_9$, F. 207—208°, $[\alpha]_D$ + 97° (c = 1,04; A.) (vgl. ENSLIN, C. **1950/54.** 263 S). *2.4-Dinitrophenylhydrazon,* $C_{38}H_{50}N_4O_{12}$, F. 230° (A.). — *Desacetoxydihydrocucurbitacin A,* $C_{30}H_{46}O_7$, F. 135—136° (Essigester), aus 2 g **I** durch Hydrierung an Pd/$CaCO_3$ in A. u. chromatograph. Reinigung; $[\alpha]_D$ + 59° (c = 0,9); 90 mg (Ausbeute); daneben *Dihydrocucurbitacin A,* $C_{32}H_{48}O_9$, F. 138—139° (Essigester), $[\alpha]_D$ + 65° (c = 1,0); 0,86 g. *2.4-Dinitrophenylhydrazon,* $C_{38}H_{52}N_4O_{12}$, F. 243 bis 244° (A.). — *Senecioaldehyd-2.4-dinitrophenylhydrazon,* $C_{11}H_{12}N_4O_4$, F. 179° (A.), aus 2 g **I** u. CrO_3 in 80%ig. Essigsäure u. Wasserdampf-Dest., Rk. des Destillates mit 2.4-Dinitrophenylhydrazin in 5n HCl u. chromatograph. Reinigung an SiO_2; 10 mg. — *α-Hydroxy-α-methylpropionaldehyd-2.4-dinitrophenylhydrazon,* $C_{10}H_{12}N_4O_5$, F. 181° (Bzl.; gelbe Prismen), aus 750 mg **I** u. O_3 in Eisessig bei Raum-Temp., Zers. des Ozonids mit Zn-Staub, Wasserdampf-Dest. u. Rk. des Destillates mit 2.4-Dinitrophenylhydrazin; 250 mg. — *α-Methylacrylaldehyd-2.4-dinitrophenylhydrazon,* $C_{10}H_{10}N_4O_4$, F. 201° (A.; violette Nadeln), aus vorst. Verb. durch 5 Min. langes Kochen mit äthanol. HCl. — *trans-4-Acetoxy-4-methylpenten-(2)-säure* (**II**), $C_8H_{12}O_4$, F. 84,5—84,9° (Ae.), aus 4,6 g **I** u. HJO_4 in wss. A. durch 19 std. Aufbewahren bei Raum-Temp.; 180 mg. — *trans-4-Hydroxy-4-methylpenten-(2)-säure,* F. 102—103°, durch Hydrolyse von **II** mit 1n NaOH bei 100°. — *Cucurbitacin-A-triacetat,* $C_{38}H_{52}O_{12}$, durch 1½ std. Kochen von 1,32 g **I** mit Essigsäureanhydrid unter N_2; amorph; 800 mg. Gibt bei der Oxydation mit HJO_4 in wss. A. durch 70 std. Aufbewahren bei Raum-Temp. **II** u. *Desoxocucurbiton A* (**III**), $C_{30}H_{40}O_9$, F. 247—249° (Chlf./CH_3OH), $[\alpha]_D$ + 110° (c = 1,02). — *Δ^{16}-Anhydrodesacetyldesoxocucurbiton A* $C_{28}H_{36}O_7$, F. 209—210° (A./Hexan), aus an Al_2O_3 absorbierten 150 mg **III** durch 4 Wochen langes Aufbewahren bei Raum-Temp. im Dunkeln; $[\alpha]_D$ + 118° (c = 0,7); 35 mg. — *Cucurbiton A* (**IV**), $C_{30}H_{38}O_{10}$, F. 210° (Nadeln; Chlf./CH_3OH), a) aus 10 g **I** durch Acetylierung mit sd. Essigsäureanhydrid u. Oxydation mit CrO_3 in wss. Essigsäure bei 50°, 6 std. Aufbewahren bei 50° u. 12 std. Stehen bei Raum-Temp.; 6 g; b) aus 41 mg **III** u. CrO_3 in 90%ig. Essigsäure durch 4 std. Rk. bei 55°; $[\alpha]_D$ + 100° (c = 0,64); 16 mg. *Mono-2.4-dinitrophenylhydrazon,* $C_{36}H_{42}N_4O_{13}$, F. 263° (Chlf./A.; gelbe Nadeln). — *Δ^{16}-Anhydrodesacetylcucurbiton A,* $C_{28}H_{34}O_8$, F. 212—213° (Chlf./CH_3OH), aus 4 g **IV** an Al_2O_3 in Chlf. durch 2 Wochen langes Aufbewahren bei Raum-Temp. im Dunkeln; $[\alpha]_D$ + 155° (c = 1,04); 1,3 g. — *Anhydrodesacetyl-16.17-dihydrocucurbiton A,* $C_{28}H_{36}O_8$, F. 278° (Chlf./CH_3OH), aus 1,2 g vorst. Verb. durch Hydrierung an Pd/$CaCO_3$ in A.; $[\alpha]_D$ + 165° (c = 0,77); 1,2 g. — *Dihydrocucurbiton A* (**V**), $C_{30}H_{40}O_{10}$, F. 260—262° (Chlf./CH_3OH), aus 4,45 g **IV** u. Zn-Staub in Eisessig durch 5 std. Erhitzen auf dem Wasserbad; $[\alpha]_D$ + 91° (c = 0,97); 2,1 g. — *Δ^{16}-Anhydrodesacetyldihydrocucurbiton A* (**VI**), $C_{28}H_{36}O_8$, F. 202 bis 203° (Chlf./CH_3OH), aus 4,04 g **V** an Al_2O_3 in Chlf. durch 4 Wochen langes Aufbewahren bei Raum-Temp. im Dunkeln. $[\alpha]_D$ + 119° (c = 0,97); 1,6 g. — *Anhydrodesacetyltetrahydrocucurbiton A,* $C_{28}H_{38}O_8$, F. 276—278° (Chlf./CH_3OH), aus 610 mg vorst. Verb. durch Hydrierung an Pd/$CaCO_3$ in A. u. Al_2O_3-Chromatographie; $[\alpha]_D$ + 142° (c = 0,93); 230 mg. — *Verb. $C_{24}H_{30}O_6$*, F. 259—262° (Prismen; Chlf./CH_3OH), durch 4 std. Rk. von 2 g **IV** mit $NaOCH_3$ in CH_3OH, bei 4° unter N_2 u. Al_2O_3-Chromatographie; $[\alpha]_D$ + 80° (c = 0,84); 60 mg. [*Diacetat,* $C_{28}H_{34}O_8$, F. 295—297° (Chlf./CH_3OH); $[\alpha]_D$ + 12° (c = 1,0)]; daneben *Verb. $C_{24}H_{30}O_6$*, F. 257—259° oder 264—265° (Prismen; Chlf./CH_3OH); $[\alpha]_D$ + 48° (c = 0,84); 357 mg [*Diacetat,* $C_{28}H_{34}O_8$, F. 233—235° (Chlf./CH_3OH); $[\alpha]_D$ + 15° (c = 0,82); gibt bei der Hydrierung an Pd/$CaCO_3$ in A. ein *Dihydrodiacetat,* $C_{28}H_{36}O_8$, F. 222—227° (Chlf./CH_3OH), $[\alpha]_D$ + 50° (c = 1,0)]. — *Verb. $C_{24}H_{32}O_6$*, F. 280—281° (Prismen; Chlf./CH_3OH), durch 4 std. Rk. von 600 mg **V** u. $NaOCH_3$ in CH_3OH, bei 4° unter N_2 u. Al_2O_3-Chromatographie; $[\alpha]_D$ + 112° (c = 0,4); 150 mg [*Acetat,* $C_{28}H_{36}O_8$, F. 269—270°

(CH_3OH); $[\alpha]_D$ + 110° (c = 0,78)]; daneben *Verb.* $C_{24}H_{32}O_6$, F. 279—280° (Prismen; Chlf./CH_3OH); $[\alpha]_D$ + 175° (c = 0,17); 330 mg; gibt bei der Acetylierung **VI** u. bei der Hydrierung an Pd/$CaCO_3$ in A. eine *Dihydro-Verb.*, $C_{24}H_{34}O_6$, F. 283—285° (Chlf./CH_3OH); $[\alpha]_D$ + 121° (c = 0,20). Dessen Acetylierung ergibt das gesätt. *Tetraketon*.
WALTER SIMON. 3600

Die Bitterstoffe der Cucurbitaceen. 10. Mitt. **Cucurbitacin C.** P. R. Enslin, Jennifer M. Hugo, K. Barbara Norton und D. E. A. Rivett. (J. chem. Soc. [London] **1960.** 4787—92. Dez.) (Engl.) — 9. vgl. vorst. Referat.

Cucurbitacin C (**I**), $C_{32}H_{48}O_8$, enthält die gleiche Isooctylseitenkette wie Cucurbitacin A. Die Struktur von **I** wurde durch Abbau-Rkk. weiter untersucht. UV- u. IR-Spektren sind angegeben.

Versuche ($[\alpha]_D$ in Chlf.): *Cucurbitacin C* (**I**), $C_{32}H_{48}O_8$, F. 207—207,5° (Nadeln; Essigester), aus *Cucumis sativus var. Hanzil* (vgl. ENSLIN, C. **1950/54.** 263 S); $[\alpha]_D$ + 95° (c = 1,03; A.). *Triacetat*, $C_{38}H_{54}O_{11}$; $[\alpha]_D$ + 36° (c = 0,99). — *Dihydrocucurbitacin C* (**III**), $C_{32}H_{50}O_8$, F. 226° (Nadeln; A./Hexan), aus 1 g **I** durch Hydrierung an Pd/$CaCO_3$ in A.; $[\alpha]_D$ + 66°; 850 mg (Ausbeute). — *Hexanorcucurbitacin* (**IV**), $C_{24}H_{36}O_5$, F. 235—236° (CH_3OH), aus 10,7 g **I** u. HJO_4 in wss. A. durch 66std. Aufbewahren bei Raum-Temp. im Dunkeln; $[\alpha]_D$ + 185° (c = 0,96; CH_3OH); 3,8 g; daneben *trans-4-Acetoxy-4-methyl-penten-(2)-säure*; 1,8 g. — *Senecioaldehyd* u. *α-Hydroxy-α-methylpropionaldehyd*, aus **I** u. CrO_3 in Eisessig bzw. O_3 in Eisessig (vgl. 9. Mitt.; vorst. Ref.). — *Δ^{16}-Anhydrohexanorcucurbitracin C*, $C_{24}H_{34}O_4$, F. 178—179° (CH_3OH), durch 11std. Kochen von **IV** mit 2n HCl in CH_3OH. — *Desoxocucurbiton C*, $C_{30}H_{42}O_8$, F. 154—156° (Chlf./CH_3OH), durch 1½std. Kochen von 507 mg **IV** mit Essigsäureanhydrid unter N_2; $[\alpha]_D$ + 126° (c = 1,03); 463 mg. — *Cucurbiton C* (**II**), $C_{30}H_{40}O_9$, F. 246—247° (Chlf./CH_3OH), a) aus 3,2 g **I** durch Acetylierung mit sd. Essigsäureanhydrid u. 2tägige Oxydation mit CrO_3 in Eisessig bei 45 bis 50°; 1,7 g; b) aus **III** analog a); c) aus 167 mg **IV** u. Essigsäureanhydrid durch 1std. Kochen unter N_2 u. 5std. Oxydation mit CrO_3 in 90%ig. Essigsäure bei 50—60°; $[\alpha]_D$ + 153° (c = 1,3); 146 mg. — *Δ^{16}-Anhydrodesacetylcucurbiton C*, $C_{28}H_{36}O_7$, F. 223—224° (A.), aus 2,5 g **II** an Al_2O_3 in Chlf., durch 2 Wochen langes Aufbewahren bei Raum-Temp. im Dunkeln; $[\alpha]_D$ + 218° (c = 1,14); 1,3 g. — *Anhydrodesacetyl-16.17-dihydrocucurbiton C*, $C_{28}H_{38}O_7$, F. 244° (A.), aus 150 mg vorst. Verb. durch Hydrierung an Pd/$CaCO_3$ in A.; $[\alpha]_D$ + 218° (c = 1,24); 90 mg. — *Anhydrodesacetyltetrahydrocucurbiton C*, $C_{28}H_{40}O_7$, F. 220—221° (A.), aus 1 g vorvorst. Verb. durch 30std. Hydrierung an Pd/$CaCO_3$ in A.; $[\alpha]_D$ % 133° (c = 1,64); 0,6 g. *2.4-Dinitrophenylhydrazon*, $C_{34}H_{44}N_4O_{10}$, F. 281° (gelbe Nadeln; Chlf./CH_3OH). *Monodithioketal*, $C_{30}H_{44}O_6S_2$, F. 270—271° (A.), aus 406 mg Keton u. Äthandithiol in Eisessig in Ggw. von BF_3-Ae., durch 6tägiges Stehen bei Raum-Temp.; 230 mg; liefert nach 22std. Kochen mit RANEY-Ni in A. eine *Monodesoxo-Verb.* $C_{28}H_{42}O_6$, F. 229° (A.); $[\alpha]_D$ + 130° (c = 1,01). — *Monoacetat* $C_{26}H_{34}O_6$, F. 235 bis 236° (Chlf./CH_3OH), aus **II** u. $NaOCH_3$ in CH_3OH durch 6std. Rk. bei 4° unter N_2; $[\alpha]_D$ + 24° (c = 1,0).
WALTER SIMON. 3600

Eine bequeme Methode zur Darstellung von 5α- und 5β-Δ^1-Steroiden. R. C. Meeks, P. D. Meister, S. H. Eppstein, J. P. Rosselet, A. Weintraub, H. C. Murray, O. K. Sebek, L. M. Reineke und D. H. Peterson. (Chem. and Ind. **1958.** 391—92. 29/3. Kalamazoo, Mich., Upjohn Co., Res. Labor.) (Engl.)

Gesätt. 3-Oxosteroide werden mit *Septomyxa affinis* (A.T.C.C. 6737) inkubiert, wobei eine Dehydrierung in 1,2-Stellung stattfindet, z. T. unter Abspaltung der 17-Seitenkette. So entstehen aus 5β-Pregnan-3.11.20-trion in 5—10%ig. Ausbeute *5β-Δ^1-Androsten-3.11.17-trion* [$C_{19}H_{24}O_3$, F. 174,5–177,5°; $[\alpha]_D$ + 205° (Chlf.); liefert bei der Hydrierung am Pd-Kontakt *5β-Androstan-3.11.17-trion*, F. 131—133°] u. aus 5α-Pregnan-3.11.20-trion 40—45% *5α-Δ^1-Androsten-3.11.17-trion* [$C_{19}H_{24}O_3$, F. 244,5—246,5°; $[\alpha]_D$ + 188° (Chlf.); liefert bei der Hydrierung an 5%ig. Pd/$CaCO_3$ *5α-Androstan-3.11.17-trion*, F. 177—181°]. Die Lage der Doppelbindungen wird durch die UV-Absorptionsmaxima bzw. durch die Molekularabsorption bestätigt. Im allg. werden 3-Oxo-Δ^4-steroide durch *S. affinis* in dieselben *Δ^1-Steroid-Derivv.* übergeführt wie durch andere Mikroorganismen. Es wurden noch dargestellt: *2-Methyl-Δ^1-dehydrocortisol*, *6-Methyl-Δ^1-dehydrocortisol*, *2-Methyl-11β.21-dihydroxy-$\Delta^{1.4.17,20}$-pregnatrien-3-on* u. *6-Methyl-11β.21-dihydroxy-$\Delta^{1.4.17,20}$-pregnatrien-3-on.* Wenn 19-Nortestosteron der Einw. von *S. affinis* unterworfen wird, entstehen das erwartete *Östron* (55%) u. *Östradiol* (12%).
P. GOLINSKE. 3700□

Chemie der D-Homosteroide. David K. Fukushima, Shirley Dobriner und R. S. Rosenfeld. (J. org. Chemistry **26.** 5025—28. 27/12. 1961. New York, N.Y., Sloan Kettering Inst. for Cancer Res., Div. of Steroid Metabolism and Biochem.) (Engl.)

Durch basenkatalysierte D-Homoring-Bldg. entsteht aus 3β-Acetoxy-17α-hydroxy-allopregnan-20-on u. a. in geringer Menge *3β.17β-Dihydroxy-17α-methyl-D-homoan-*

drostan-17a-on (I)-*3-acetat* (VI). Der axiale 17β-Substituent von **VI** u. I-Diacetat (**IV**) läßt sich mit Zn/Essigsäure abspalten, wobei *3β-Acetoxy-17α-methyl-D-homoandrostan-17a-on* (II) entsteht. Das Epimere von **II**, *3β-Acetoxy-17β-methyl-D-homoandrostan-17a-on* (**IIa**) wird ebenfalls synthetisiert u. läßt sich mit Basen oder Säuren leicht in **II** umlagern. Durch Rotationsdispersions-Unterss. wird festgestellt, daß der Ring D in **IIa** in der Bootform vorliegt.

Versuche (FF. korr.; Drehungen in Chlf.): *3β-Acetoxy-17-methyl-Δ^{16}-D-homoandrosten-17a-on* (III), $C_{23}H_{34}O_3$, F. 206,5—210°, durch Zugabe von Mesylchlorid zu 7,1 g 3β-Acetoxy-17α-hydroxy-17β-methyl-D-homoandrostan-17a-on in Pyridin, 16std. Rühren bei 5°, 2std. Rühren bei 30°, Gießen auf Eis, Ausäthern, Eindampfen, 3std. Kochen des entstandenen *3β-Acetoxy-17α-mesyloxy-17β-methyl-D-homoandrostan-17a-ons* mit geschmolzenem K-Acetat in Essigsäure u. etwas Acetanhydrid, Einengen, Gießen in 10% ig. NaCl-Lsg. u. Reinigen durch Chromatographie an Al_2O_3; aus Aceton Nadeln; $[\alpha]_D^{29}$ —71,2°; 2,75 g (Ausbeute). — *3β-Hydroxy-17-methyl-Δ^{16}-D-homoandrosten-17a-on* (V), $C_{21}H_{32}O_2$, F. 196—196,5°, durch Verseifen von 205 g **III** mit 2,5% ig. methanol. KOH bei Raum-Temp.; $[\alpha]_D^{27}$ —67,9° (A.); aus Aceton Stäbchen; 163 mg. — *3β-Acetoxy-16β.17β-oxido-17α-methyl-D-homoandrostan-17a-on*, $C_{23}H_{34}O_4$, F. 164—166° (Methanol), durch Zugabe von 1n $HClO_4$ zu 1,70 g **III** u. N-Bromsuccinimid in Dioxan/W., 3std. Rühren bei Raum-Temp., Zugabe von $NaHSO_3$-Lsg., Ausäthern, Eindampfen, Lösen des *Bromhydrins* in Methanol, Versetzen mit KOH in W./Methanol, ½std. Stehen bei Raum-Temp., Eindampfen, Extrahieren mit Essigester, Acetylieren mit Acetanhydrid/Pyridin u. Chromatographie an Silicagel; $[\alpha]_D^{27}$ —43,3°; 927 mg. — *3β-Acetoxy-17β-hydroxy-17α-methyl-D-homoandrostan-17a-on* (**VI**), $C_{23}H_{36}O_4$, F. 158—158,5° (Aceton/Cyclohexan), durch Versetzen von 542 mg vorst. Verb. in Essigsäure mit 30% ig. HBr in Essigsäure, ¾std. Stehen bei 15°, Eindampfen u. Hydrieren des *3β-Acetoxy-17β-hydroxy-17α-methyl-16α-brom-D-homoandrostan-17a-ons* [F. 166,5—168,5° (Aceton/Ae.)] in Essigester/Methanol/W. (15:50:6,5) an 25% ig. $Pd/CaCO_3$; $[\alpha]_D^{28}$ +13,6°; 180 mg. — *3β.17β-Dihydroxy-17α-methyl-D-homoandrostan-17a-on* (I), $C_{21}H_{34}O_3$, F. 184—186,5° (Aceton), durch 1std. Kochen von 204 mg **VI** mit 5% ig. methanol. KOH; $[\alpha]_D^{26}$ +23,4°; 104 mg. — *3β.17β-Diacetoxy-17α-methyl-D-homoandrostan-17a-on* (**IV**), $C_{25}H_{38}O_5$, F. 196—199° (Methanol), durch Zugabe von p-Toluolsulfonsäuremonohydrat zu 80 mg **VI** in Acetanhydrid/Eisessig (1:5) u. 4std. Stehen bei Raum-Temp.; $[\alpha]_D^{27}$ —16,9°; 67 mg. — *3β-Acetoxy-17β-methyl-D-homoandrostan-17a-on* (**IIa**), $C_{23}H_{36}O_3$, F. 150,5—153° (Cyclohexan), durch Hydrieren von 500 mg **III** in Essigester an 10% ig. Pd/Kohle; $[\alpha]_D^{26}$ +48,2° (Aceton); 307 mg. — *3β-Hydroxy-17β-methyl-D-homoandrostan-17a-on* (**VII**), $C_{21}H_{34}O_2$, F. 152—155,5° (Aceton), durch Hydrieren von 125 mg **V** in Essigester an 10% ig. Pd/Kohle; $[\alpha]_D^{29}$ +93,6°; 65 mg. — *3β-Acetoxy-17α-methyl-D-homoandrostan-17a-on* (II), F. 170,5—172° (Methanol), a) durch 24std. Kochen von 20 mg **IIa** in Eisessig u. Eindampfen; Nadeln; 16 mg; b) durch Desacetoxylierung von **IV**; 100%; c) durch 2std. Kochen von 26 mg **IIa** mit 2,5% ig. methanol. KOH, Extrahieren mit Ae., Eindampfen u. Acetylieren; 31 mg; d) durch 24std. Kochen von 94 mg **VI** in Eisessig mit Zn-Staub, Kühlen, Filtrieren durch Celite u. Einengen im Vakuum; 82 mg; e) durch 24std. Kochen von 207 mg 3β-Acetoxy-17α-hydroxy-17β-methyl-D-homoandrostan-17a-on in Eisessig mit Zn-Staub u. Aufarbeiten analog d); 44 mg. — *17β-Methyl-D-homoandrostan-3.17a-dion*, F. 151—152,5°, durch 2std. Stehen von 32 mg **VII** in CrO_3 in Essigsäure bei Raum-Temp., Chromatographie an Al_2O_3 u. Eluieren mit Bzl./PAe. (3:1); aus Aceton/PAe. Platten; $[\alpha]_D^{26}$ +74,4°; 19 mg. P. GOLINSKE. 3700 □

Synthese der einfachsten Analoga der Corticosteroide. 7. Mitt. Einführung der Dihydroxyacetonseitenkette durch Hydratation von Acetylenalkoholen. I. N. Nasarow, M. Ss. Burmisstrowa und A. A. Achrem. (Журнал Общей Химии [J. allg. Chem.] **29** (**91**). 735—44. März 1959. Inst. für org. Chemie der Akad. der Wiss. der UdSSR.) (Russ.) — 6. vgl. Журнал Общей Химии [J. allg. Chem.] **28**. [1958.] 2187; vgl. auch C. **1959**. 11221.

Durch Hydratation von Äthinylcarbinolen, Bromierung der erhaltenen Hydroxyketone mit Dioxandibromid u. Hydrolyse werden verschiedene *Dihydroxyketone* mit Dihydroxyacetonstruktur dargestellt. Bei der Rk. von Br_2 mit 1-Acetoxy-1-vinylcyclohexan (I) werden je nach dem Medium verschiedene Prodd. erhalten: in Dioxan/W. *1-Acetoxy-1-[α-hydroxy-β-bromäthyl]-cyclohexan* (**VI**) u. in abs. Ae. *1-Acetoxy-1-[α.β-dibromäthyl]-cyclohexan*, das leicht unter Abspaltung von Br_2 zersetzt wird.

Versuche: *Dimethylbromacetylcarbinol* (II), $Kp._{12}$ 106—109°, durch portionsweise Zugabe von 50 g Dioxandibromid zur Lsg. von 20 g Dimethylacetylcarbinol in 160 ml Dioxan innerhalb von 25 Min.; n_D^{20} 1,4850; 21,6 g (Ausbeute). *Acetat*, $Kp._{12}$ 106,5 bis 109,5°, F. 43—44°, analog **II** aus 30 g 3-Acetoxy-3-methylbutanon-(2) in Ae.; n_D^{20} 1,4695; 19 g. — *Dimethylhydroxyacetylcarbinol*, $C_5H_{10}O_3$, $Kp._{1,5}$ 73,5°, durch Zugabe von 25 ml

10% ig. methanol. KOH zur Lsg. von 6 g **II** in 5 ml Methanol; n_D^{20} 1,4496; 2,7 g. *Diacetat*, $C_9H_{14}O_5$, Kp.$_2$ 96—96,5°, durch Zugabe der Lsg. von 5,1 g K-Acetat in 30 ml abs. Methanol zur Lsg. von 10,5 g **II**-Acetat in 20 ml abs. Methanol u. 10std. Kochen; n_D^{20} 1,4370; 6 g. — *1-Acetylcyclohexanol* (**III**), Kp.$_{15}$ 92—94°, durch Erhitzen eines Gemisches von 1 Liter Methanol, 160 ml W., 66 ml konz. H_2SO_4, 40 g $HgSO_4$ u. 200 g 1-Äthinylcyclohexanol auf 60°, Kühlen nach Beginn der Rk. mit Eis auf 65—70° u. 1std. Erhitzen auf 60°; n_D^{20} 1,4675; 180 g. *Semicarbazon*, F. 197—197,5° (A.). *2.4-Dinitrophenylhydrazon*, F. 203—204,5°. — *1-Acetoxy-1-acetylcyclohexan* (**IV**), $C_{10}H_{16}O_3$, Kp.$_2$ 85—86°, durch Zugabe von 80 g **III** zu 120 g Acetanhydrid u. 3—4 Tropfen konz. H_2SO_4 bei $<$40—45°, Stehen über Nacht u. 2std. Rühren bei 70°; n_D^{20} 1,4605; 95 g. *2.4-Dinitrophenylhydrazon*, F. 155,5—156,5° (A.). — *1-Bromacetylcyclohexanol* (**V**), $C_8H_{13}BrO_2$, Kp.$_1$ 113,5—114,5°, a) analog **II**; 69,6%; b) durch Bromierung von **III** mit Dioxandibromid in Ae.; 34%; c) durch Bromierung von 14,2 g **III** mit Br_2 in Chlf.; n_D^{20} 1,5120; 1,2 g. — *Isomeres Bromid* $C_8H_{13}BrO_2$, F. 118—118,5°, aus 20 g **III** in Ae. oder 14,2 g **III** in Chlf. neben **V**; 11 bzw. 9 g. — *1-Acetoxy-1-bromacetylcyclohexan*, $C_{10}H_{15}BrO_3$, Kp.$_3$ 126 bis 127,5°, F. 34—35° (Pentan), a) durch Zugabe von 27 g Dioxandibromid zu einer Lsg. von 20 g **IV** in 40 ml abs. Ae.; b) durch Oxydation der nachst. Verb. (**VI**) mit CrO_3 in Essigsäure; n_D^{20} 1,5000; 15 g. — *1-Acetoxy-1-[α-hydroxy-β-bromäthyl]-cyclohexan* (**VI**), F. 96—97° (PAe.), a) durch 1std. Kochen von 10 g 1-Brom-3.3-pentamethylenpropen-(2)-oxid mit 100 ml Eisessig u. 2std. Erhitzen auf 65—75°; 1 g; b) durch Zugabe von 3 ml Br_2 innerhalb 5 Min. zu einem Gemisch von 8,5 g **I**, 45 ml Dioxan u. 25 ml W. unter Kühlung mit W.; 11,5 g. — *1-Acetoxy-1-[α.β-dibromäthyl]-cyclohexan*, F. 105° (Zers.), durch Zugabe von 2,6 ml Br_2 zu der Lsg. von 8,4 g **I** in 100 ml abs. Ae.; 5 g. — *1-[α-Hydroxyacetyl]-cyclohexanol-(1)* (**VII**), F. 86—87,5° (PAe.), durch portionsweise Zugabe der Lsg. von 15 g KOH in 150 ml W. innerhalb 40 Min. zu einer Lsg. von 58 g **V** in 600 ml Chlf.; 26,4 g. *2.4-Dinitrophenylhydrazon*, $C_{14}H_{18}N_4O_6$, F. 152—154° (A.). — *3.5-Dimethyl-1-äthinylcyclopentanol-(1)* (**VIII**), $C_9H_{14}O$, Kp.$_{20}$ 82—84°, durch Sättigen eines Gemisches von 120 g KOH u. 300 ml abs. Ae. mit Acetylen bei 0° in 1$^1/_2$ Std., Zutropfen der Lsg. von 80 g 3.5-Dimethylcyclopentanon in 80 ml Ae. bei —3 bis —5° in 2$^1/_2$ Std., 2std. Rühren bei 0° u. Stehen über Nacht auf Eis; n_D^{20} 1,4620; 50 g. — *3.5-Dimethyl-1-äthylcyclopentanol-(1)*, $C_9H_{18}O$, Kp.$_{18}$ 81—82°, durch Hydrieren von 3 g vorst. Verb. in 10 ml Methanol in Ggw. von PtO_2; n_D^{20} 1,4538; 2,6 g. — *3.5-Dimethyl-1-acetylcyclopentanol-(1)*, $C_9H_{16}O_2$, Kp.$_{14}$ 98—100°, durch Zugabe von 14,5 g **VIII** zu einem Gemisch von 70 ml Methanol, 11 ml W., 4,8 ml konz. H_2SO_4 u. 3 g $HgSO_4$ u. 2std. Rühren bei 60°; n_D^{20} 1,4590; 11 g. — *3.5-Dimethyl-1-[α-bromacetyl]-cyclopentanol-(1)*, durch Zugabe von 8 g Dioxandibromid zur Lsg. von 5 g vorst. Verb. in 20 ml Dioxan innerhalb 10 Min.; Fl.; 2,3 g. — *3.5-Dimethyl-1-[α-hydroxyacetyl]-cyclopentanol-(1)*, analog **VII** aus 2,3 g vorst. Verb.; Öl; n_D^{20} 1,4962; 1,9 g. *2.4-Dinitrophenylhydrazon*, $C_{15}H_{20}N_4O_6$, F. 198—200°. — *cis-2-Methyl-1-bromacetylcyclohexanol-(1)* (**IX**), $C_9H_{15}BrO_2$, Kp.$_{1,5}$ 109—113°, F. 68 bis 68,5° (n-Hexan), durch portionsweise Zugabe von 14,5 g Dioxandibromid zu einer Lsg. von 9 g cis-2-Methyl-1-acetylcyclohexanol-(1) in 45 ml Dioxan bei 25°; n_D^{20} 1,5062; 9 g. — *trans-2-Methyl-1-bromacetylcyclohexanol-(1)*, $C_9H_{15}BrO_2$, Kp.$_{2,5}$ 119,5—120°, analog **IX** aus 15 g trans-2-Methyl-1-acetylcyclohexanol-(1); n_D^{20} 1,5132; 2,2 g. — *cis-2-Methyl-1-hydroxyacetylcyclohexanol-(1)*, F. 76—77,5° (PAe.), durch Zugabe von 3 g **IX** zu 8 ml 10% ig. methanol. KOH; 0,25 g. *Thiosemicarbazon*, F. 208—209,5° (Methanol). — *3.8-Dimethyl-1-äthinyl-Δ^5-tetrahydroindanol-(1)*, Kp.$_3$ 92—93°, durch 3std. Einleiten von Acetylen in eine Lsg. von 9,2 g Na in 350 ml fl. NH_3 bei —73 bis —76°, Eintropfen der Lsg. von 35 g 3.8-Dimethyl-Δ^5-tetrahydroindanon-(1) in 75 ml abs. Ae., 45 Min. langes Rühren in Acetylenstrom, Stehen über Nacht auf Trockeneis u. Rühren bei Zimmer-Temp. bis zur vollständigen Verdampfung des NH_3; n_D^{20} 1,5045; 35 g. — *3.8-Dimethyl-1-acetyl-Δ^5-tetrahydroindanol-(1)*, $C_{13}H_{20}O_2$, F. 91—92° (Ae.), durch 2$^1/_2$std. Rühren eines Gemisches aus 1,8 g vorst. Verb., 0,25 g $HgSO_4$, 0,4 ml konz. H_2SO_4, 6 ml Methanol u. 1 ml W. bei 60°; 0,8 g. — *3.8-Dimethyl-1-acetylhexahydroindanol-(1)*, $C_{13}H_{22}O_2$, F. 114—114,5° (PAe.), durch Hydrieren von 4,2 g vorst. Verb. in 25 ml A. in Ggw. von PtO_2; 4 g. — *3.8-Dimethyl-1-bromacetylhexahydroindanol-(1)*, $C_{13}H_{21}BrO_2$, F. 111—112,5° (PAe.), aus 2 g vorst. Verb. u. Dioxandibromid in Dioxan; 1,5 g.

M. WINDT. 3700□

Untersuchung auf dem Gebiet der Synthese und Stereochemie der Analoga von Corticosteroiden. 10. Mitt. **Synthese und Umwandlungen von 3-Keto-7-methoxy-1.2.3.9.10.10 a-hexahydrophenanthren.** A. A. Achrem und I. G. Sawelskaja. (Известия Академии Наук СССР, Отделение Химических Наук [Nachr. Akad. Wiss. UdSSR, Abt. chem. Wiss.] **1960.** 1637—43. Sept. Zelinsky-Inst. für org. Chem. der Akad. der Wiss. der UdSSR.) (Russ.) — 7. vgl. vorst. Referat.

Das 2-Hydroxymethylen-Deriv. (II) des 6-Methoxytetralons-(1) (I) wird mit Methylvinylketon (III) zu *3-Keto-7-methoxy-1.2.3.9.10.10a-hexahydrophenanthren* (IV) kondensiert, das ebenfalls in ein *2-Hydroxymethylen-Deriv.* (V) überzuführen ist. Über Pd/$CaCO_3$ wird IV zum *Oktahydrophenanthren* hydriert; die Oxydation mit Peressigsäure liefert *β-[6-Methoxytetralon-(1)-yl-(2)]-propionsäure.* Mit Vinyl-MgBr erhält man aus IV *3-Vinyl-3-hydroxy-7-methoxy-1.2.3.9.10.10a-hexahydrophenanthren* (VI), das mit Peressigsäure ein *Bis-epoxid* gibt. V wird mit III zu *3-Keto-7-methoxy-2-[γ-ketobutyl]-1.2.3.9.10.10a-hexahydrophenanthren* kondensiert, das man durch Erhitzen mit Trimethylbenzylammoniumhydroxyd zu *3'-Methoxy-3.4.4a.5.6.7.9.9a-oktahydro-1.2-benzanthracen* cyclisiert. Bei der Oxydation von 1-Vinyl-6-methoxytetralol-(1) mit OsO_4 fällt in mäßiger Ausbeute die *1-[α.β-Dihydroxyäthyl]-Verb.* an.

Versuche: *6-Methoxy-2-hydroxymethylentetralon-(1)* (II), $C_{12}H_{12}O_3$, F. 66,5—67,5° (PAe.), durch Zutropfen von I zu Ameisensäureäthylester u. $NaOCH_3$ in Bzl. unter N_2 bei 0—3°, $1^1/_2$std. Rühren bei Raum-Temp. u. Ansäuern mit verd. H_2SO_4; 97% (Ausbeute). — *3-Keto-7-methoxy-1.2.3.9.10.10a-hexahydrophenanthren* (IV), $C_{15}H_{16}O_2$, F. 115 bis 115,5°, durch 1std. Rühren von II mit III in Ggw. von Triäthylamin in Methanol bei 0°, 3tägiges Stehen bei Raum-Temp., Ausäthern, Eindampfen u. 8std. Kochen mit 2%ig. wss.-methanol. KOH unter N_2; aus A. gelbe Plättchen; 80%. *2.4-Dinitrophenylhydrazon,* $C_{21}H_{20}N_4O_5$, F. 219—220° (A.–Chlf.). — *2-Hydroxymethylen-3-keto-7-methoxy-1.2.3.9.10.10a-hexahydrophenanthren* (V), $C_{16}H_{16}O_3$, F. 120—122° (A.), analog II aus IV. — *β-[6-Methoxytetralon-(1)-yl-(2)]-propionsäure,* $C_{14}H_{16}O_4$, F. 128—130° (Ae.), durch Zugeben von Peressigsäure zu 0,5 g IV in Chlf. bei 18—21° u. 3tägiges Stehen; 0,39 g; daneben 0,08 g einer *Verb.* vom F. 143—144° (Bzl.). — *3-Vinyl-3-hydroxy-7-methoxy-1.2.3.9.10.10a-hexahydrophenanthren* (VI), $C_{17}H_{20}O_2 \cdot {}^1/_3\, H_2O$, F. 66,5—68,5° (PAe.), durch Zutropfen von IV in Tetrahydrofuran/Ae. unter N_2 zu Vinyl-MgBr in Tetrahydrofuran bei —20°, 5std. Rühren bei —30°, Stehen über Nacht bei Raum-Temp. u. Zers. mit NH_4Cl/Eis; 81%. — *3-Äthyl-3-hydroxy-7-methoxy-1.2.3.4.4a.9.10.10a-oktahydrophenanthren,* fl., durch Hydrieren von VI in A. über Pd/$CaCO_3$. *3.5-Dinitrobenzoat,* F. 127 bis 128,5° (PAe.). — *3-Keto-7-methoxy-1.2.3.4.4a.9.10.10a-oktahydrophenanthren,* F. 123 bis 125° (Bzl.), durch Hydrieren von IV in A. über Pd/$CaCO_3$. *2.4-Dinitrophenylhydrazon,* F. 193—195° (A.–Chlf.). — *3-Hydroxy-7-methoxy-4.4a-oxidophenanthryl-(3)-äthylenoxid,* $C_{17}H_{20}O_4$, F. 120—121° (Ae.–PAe.), aus VI u. Peressigsäure. — *3-Keto-7-methoxy-2-[γ-ketobutyl]-1.2.3.9.10.10a-hexahydrophenanthren,* $C_{19}H_{22}O_3$, F. 99,5—100° (Ae.), durch Zugeben von 2 g III u. wenig Triäthylamin zu 1 g V u. Stehen über Nacht; 0,7 g. *Bis-[2.4-dinitrophenylhydrazon],* F. 206—207°. — *3'-Methoxy-7-keto-3.4.4a.5.6.7.9.9a-oktahydro-1.2-benzanthracen,* $C_{19}H_{20}O_2$, F. 129—131° (Essigester), durch $4^1/_2$std. Erhitzen von 0,64 g vorst. Verb. mit Trimethylbenzylammoniumhydroxyd unter N_2 in o-Xylol auf 142°; 0,3 g. — *1-Vinyl-6-methoxytetralol-(1),* ölig, analog VI; n_D^{19} 1,5630. — *1-[α.β-Dihydroxyäthyl]-6-methoxytetralol-(1),* $C_{13}H_{18}O_4$, F. 149—150,5° (Essigester), durch 3tägiges Stehen von 0,8 g vorst. Verb. mit OsO_4 in Bzl.; 0,1 g. H.-E. TOUSSAINT. 3700 □

Über 3-Epimenabegenin. Marcel Frèrejacque. (C. R. hebd. Séances Acad. Sci. **249.** 1261—63. 5/10. 1959.) (Franz.)

Dargestellt wird das noch unbekannte 3.14β-Dihydroxy-$\Delta^{20,22}$-cardenolid-Isomere *3-Epimenabegenin* [I; *3α.14β-Dihydroxy-5β.17α-$\Delta^{20,22}$-cardenolid,* $C_{23}H_{34}O_4$, F. 212 bis 214° (Essigester u. Methanol); $[\alpha]_D^{22}$ +51,3° (Chlf.). *Acetylderiv.,* $C_{25}H_{36}O_5$, F. 168° (verd. A.), aus I mit Acetanhydrid/Pyridin; $[\alpha]_D^{22}$ +64,9° (Chlf.). *Formylderiv.,* $C_{24}H_{34}O_5$, F. 155° (Aceton/PAe.), aus I in Pyridin mit Ameisensäureessigsäureanhydrid; $[\alpha]_D^{27}$ +63,7° (Chlf.)] durch Oxydation von Menabegenin mit CrO_3/Essigsäure zu *Menabegenon* [$C_{23}H_{32}O_4$, F. 248—250° (A.); $[\alpha]_D^{24}$ +48,5° (Chlf.). *2.4-Dinitrophenylhydrazon,* $C_{29}H_{36}N_4O_7$, F. 254°; rotorangefarbene Kristalle] u. Red. mit Borhydrid. Die IR-Maxima von I mit angegeben. Zum Vgl. werden *3-O-Formylmenabegenin* [F. 178—184°; $[\alpha]_D^{21}$ +28,1° (Chlf.)] u. *Formylanhydromenabegenin* [$C_{24}H_{32}O_4$, F. 218° (A.); $[\alpha]_D^{23}$ +95° (Chlf.)] synthetisiert. I zeigt bei Verss. an Katzen u. Kaninchen keine tox. Wirkung. M. WÜSTEFELD. 3700 □

Die Synthese des 3'-Fluor- und des 3'.5'-Difluorderivats von 4-Amino-4-desoxy-N^{10}-methylpteroylglutaminsäure (Methotrexate). Andrew S. Tomcufcik und Doris R. Seeger. (J. org. Chemistry **26.** 3351—56. Sept. 1961. Pearl River, N.Y., Amer. Cyanamid Co., Lederle Labor. Div., Organ. Chem. Res. Sect.) (Engl.)

Vff. beschreiben die Synth. des 3'-Fluor- (V) u. des 3'.5'-Difluorderiv. von Methotrexate. Beide Verbb. sind Folsäureantagonisten u. hemmen das Wachstum von transplantiertem 6C3HED Mäuse-Lymphosarkom. Die Synth. der genannten Verbb. gelingt nicht durch direkte Fluorierung von Methotrexate, sondern nach dem beschriebenen

Standard-Verf. für Methotrexate (vgl. J. Amer. chem. Soc. **71.** [1949.] 1756) unter Verw. der entsprechend fluorierten N-[4-Methylaminobenzoyl]-glutaminsäure.

Versuche: *3-Fluor-4-nitrotoluol* (I), F. 53—54°, durch Nitrierung von m-Fluortoluol; 5% (Ausbeute). — *5-Fluor-2-nitrotoluol* (II), $Kp._{2,5}$ 71—81°, neben vorst. Verb.; 62%. — *2'-Fluor-p-acetotoluidid*, F. 128—130° (A.), durch 2std. Kochen von I in 0,78n NH_4Cl-Lsg. mit Fe-Pulver, Wasserdampf-Dest., Rk. des 2-Fluor-p-toluidins in Bzl. mit Acetanhydrid u. Zugeben von PAe.; 91%. — *4-Acetamido-3-fluorbenzoesäure*, $C_9H_8FNO_3$, F. 282—283° (Zers.; W.), durch 6std. Kochen vorst. Verb. mit $KMnO_4$ in W.; 85%. — *4-Amino-3-fluorbenzoesäure*, F. 212—214°, durch 5std. Kochen vorst. Verb. in A. mit HCl, Einengen, 20 Min. langes Erwärmen mit NaOH auf 90° u. Zugeben von Eisessig; 58%. — *3-Fluor-4-jodbenzoesäure*, $C_7H_4FJO_2$, F. 229—230° (Zers.; wss. A.), durch Diazotieren vorst. Verb. in 6n H_2SO_4, $2^1/_2$std. Erwärmen mit KJ in 6n H_2SO_4 auf 100° u. Zugeben von Na_2SO_3; 75%. — *3-Fluor-4-jodbenzoylchlorid*, aus vorst. Verb. mit $SOCl_2$ in Benzol. — *N-[3-Fluor-4-jodbenzoyl]-L-glutaminsäure*, $C_{12}H_{11}FJNO_5$, F. 184—185° (Zers.; wss. A.), durch 3std. Rühren vorst. Verb. in Bzl. mit Di-Na-L-glutamat (**IV**) in W. bei 15—20° u. Ansäuern; 78%. — *Di-Na-N-[3-fluor-4-methylaminobenzoyl]-L-glutamat*, $C_{13}H_{13}FN_2Na_2O_5$, durch 3std. Schütteln vorst. Verb. in NaOH-Lsg. mit 25%ig. Cu-Staub bei 125° unter Druck; 74%. — *3'-Fluormethotrexate* (**V**), $C_{20}H_{21}FN_8O_5 \cdot H_2O$, durch 10 Min. langes Erwärmen von 2.4.5.6-Tetraaminopyrimidinsulfat (**VI**) mit $BaCl_2 \cdot H_2O$ in W. auf 60°, Zugeben vorst. Verb. bei pH 4 u. von 2.3-Dibrompropionaldehyd, Jod u. KJ in W., Extrahieren des Rohprod. mit $(NH_4)_2CO_3$-Lsg. u. Filtrieren über Celite mit Butanol-Methanol-0,5% ig. wss. $(NH_4)_2CO_3$-Lsg., 6 : 1 : 4. — *4-Fluor-o-toluidinsulfat*, F. 235—238° (Zers.), aus **II** durch Red. mit Fe; 80%. — *4-Fluor-5-nitro-o-toluidin* (**III**), F. 93—95° (wss. A.), aus vorst. Verb. mit konz. H_2SO_4/HNO_3; 98%. — *3-Fluor-4-nitrotoluol* (**I**), $C_7H_6FNO_2$, F. 47—49° (A.), durch Zugeben von Nitrosylschwefelsäure zu **III** in konz. H_2SO_4, $1^1/_2$std. Rühren mit 85%ig. H_3PO_4, Zugeben von $H_3PO_2 \cdot H_2O$ u. CuO in W., $^1/_2$std. Stehen bei Raum-Temp., Gießen in W. u. Wasserdampf-Dest.; 81%. — *2'-Hydroxy-p-acetotoluidid*, $C_9H_{11}NO_2$, F. 169—170°, durch Diazotieren von **III** mit wss. $NaNO_2$-Lsg., Red. mit H_3PO_2 u. dann mit NH_4Cl/Fe u. Acetylierung. — *3.5-Difluor-4-jodanilin*, $C_6H_4F_2JN$, F. 112—114° (25% ig. A.), durch Zugeben von J_2 zu 3.5-Difluoranilin u. HgO in abs. A., 5std. Rühren, Einengen u. Digerieren mit 25% ig. KJ-Lsg.; 90%. *Acetylverb.*, $C_8H_6F_2JNO$, F. 158—159° (25% ig. A.), aus dem Amin mit Acetanhydrid in Bzl.; 26%. — *3.5-Difluor-4-jodbenzoesäure*, $C_7H_3F_2JO_2$, F. 223—235° (Zers.), durch Zugeben von Isobutylnitrit in abs. Dioxan zu vorst. Verb. in Eisessig u. abs. Dioxan, Zugabe von konz. H_2SO_4 bei —10°, Zugeben von Ae., Rk. des Nd. mit CuCN in W., 2std. Erwärmen auf 70—75°, Digerieren des Nd. mit Ae., 17std. Kochen mit konz. H_2SO_4, Eisessig u. W., Gießen in W. u. Umfällen aus NaOH/HCl; 40%. — *N-[3.5-Difluor-4-jodbenzoyl]-L-glutaminsäure*, $C_{12}H_{10}F_2JNO_5$, F. 194—196° (33% ig. A.), durch Rk. vorst. Verb. mit $SOCl_2$ u. Rk. des Säurechlorids mit **IV**; $[\alpha]_D^{25}$ +13,8° (c = 1,997; 0,5% ig. Na_2CO_3-Lsg.); 84%. — *3'.5'-Difluormethotrexate*, $C_{20}H_{20}F_2N_8O_5$, aus dem Di-Na-salz vorst. Verb. u. **VI** analog **V**. — *3-Fluor-4-jodanilin*, C_6H_5FJN, F. 76—77° (50% ig. A.), aus m-Fluoranilin; 40%. *Acetylverb.*, C_8H_7FJNO, F. 151—152° (50% ig. A.). — *3.5-Dichlor-4-jodanilin*, a) durch 7std. Rühren von 3.5-Dichloranilin mit HgO u. J_2 in abs. A.; 34%; b) durch Red. von 1.3-Dichlor-2-jod-5-nitrobenzol in Methanol/konz. HCl mit Fe-Pulver; 10%. *Acetylverb.*, $C_8H_6Cl_2JNO$, F. 223—224° (A.).

E. SCHRÖDER. 3800 □

Untersuchungen auf dem Gebiet der Tetracycline. 4. Mitt. **Untersuchung der Wege zur Synthese des tricyclischen Systems DCB der Tetracycline.** M. M. Schemjakin, M. N. Kolossow, Ju. A. Arbusow, M. G. Karapetjan, Je. Ss. Tschaman und A. A. Onischtschenko. (Журнал Общей Химии [J. allg. Chem.] **29** (**91**). 1831—42. Juni 1959. Inst. für biol. u. med. Chem. der Akad. der med. Wiss. der UdSSR u. Inst. für org. Chem. der Akad. der Wiss. der UdSSR.) (Russ.) — 3. vgl. C. **1961.** 5453.

Die Dien-Synth. von Naphthochinon-Derivv. mit Butadien-Derivv. liefert *1.4.-4a.9a-Tetrahydroanthrachinon-Derivv.* des Typs **A**. Diese gehen durch Isomerisierung

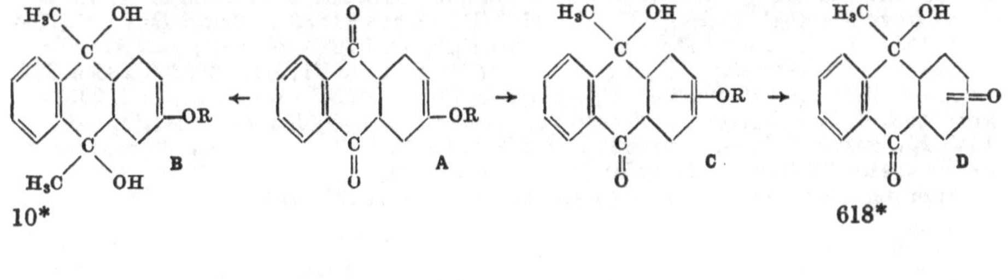

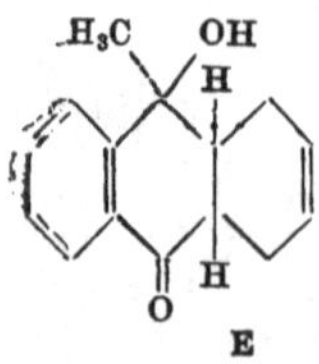

E

leicht in *Dihydroanthrahydrochinon-Derivv.* über, die sich zu *Dihydroanthrachinon-Derivv.* oxydieren lassen. Die Rk. der **A**-Verbb. mit Methyl-MgJ gibt *Diglykole* des Typs **B**, bei Einhaltung bestimmter Rk.-Bedingungen aber *Tetrahydrooxanthron-Derivv.* des Typs **C**. Die Konfiguration der Methylcarbinolgruppe in den **C**-Verbb. wird durch Dehydratisierung u. Unters. der IR-Spektren bewiesen. Die Hydrolyse der enol. Äthergruppe der **C**-Verbb. liefert die entsprechenden *Diketohydroxy-Verbb.* des Typs **D**. Aus den Eigg. u. vergleichenden Unterss. folgt für die **C**- u. **D**-Verbb. die räumliche Struktur **E**.

Versuche: 9.10-Diketo-1.4.4a.9.9a.10-hexahydroanthracene: *2-Methoxy-* (**I**), $C_{15}H_{14}O_3$, F. 143—144° (Bzl.), aus 0,1 Mol 1.4-Naphthochinon u. 0,25 Mol 2-Methoxybutadien-(1.3) in 30 ml abs. A. (4 Std., 100°) in Ggw. von 0,1 g Hydrochinon; λ_{max} (in μm) 224, 252 u. 298; 88% (Ausbeute). — *5-Methoxy-* (**II**), $C_{15}H_{14}O_3$, F. 92—93° (A.), aus 0,1 Mol 5-Methoxy-1.4-naphthochinon u. 0,4 Mol Butadien (**III**) in 100 ml A. (1½ Std., 100°); λ_{max} 229 u. 336; 91%. — *5-Acetoxy-*, $C_{16}H_{14}O_4$, *α-Form*, F. 113,5 bis 114,5° (A.), *β-Form*, F. 135,5—136,5° (A.), aus 0,1 Mol 5-Acetoxy-1.4-naphthochinon u. 0,4 Mol **III** in 200 ml A. (100°, 1¾ Std.); λ_{max} 223, 245 u. 307; 91%. Die α-Form geht beim Erhitzen in die β-Form über. — *3.5-Dimethoxy-* (**IV**), $C_{16}H_{16}O_4$, F. 144—145° (Bzl.), aus 0,1 Mol 5-Methoxy-1.4-naphthochinon u. 0,3 Mol 2-Methoxybutadien-(1.3) in 200 ml A. unter CO_2 (12 Std., 100°); λ_{max} 227 u. 338; 55—60%. Daneben *2.5-Dimethoxy-* (**V**), $C_{16}H_{16}O_4$, F. 141—143°; λ_{max} 227 u. 338; 15—20%. — *5-Methoxy-1.4-dihydroanthrahydrochinon*, $C_{15}H_{14}O_3$, F. 146—148° (A.), man schüttelt 0,3 g **II** in 3 ml A. + 10 mg NaOH unter H_2 5 Min. lang, säuert an u. filtriert; 87%. — *5-Methoxy-1.4-dihydroanthrachinon*, $C_{15}H_{12}O_3$, F. 186—187° (A.), man säuert die Lsg. von 0,3 g **II** in 3 ml A. + 0,5 ml 10%ig. NaOH mit 10%ig. HCl gegen Kongo an u. erhitzt mit 3 ml gesätt. $FeCl_3$-Lsg. zum Sieden; ca. 100%. — *1-Methoxyanthrachinon*, F. 171° (A), man leitet durch die Suspension von 0,3 g **II** in 30 ml 2%ig. alkohol. KOH 5 Std. lang CO_2-freie Luft; 85%. — *2-Methoxyanthrachinon*, F. 196° (A.), analog vorst. Verb. durch Oxydation von **I**; 88%. — *1.7-Dimethoxyanthrachinon*, F. 192,5° (A.), aus **IV**; 90%. — *1.7-Dihydroxyanthrachinon*, F. 293—294° (A.), man erhitzt 0,25 g vorst. Verb. in 10 ml 78%ig. H_2SO_4 unter Rühren auf 160° u. gießt in W.; 80%. *Diacetyl-Deriv.*, F. 197—198° (Eisessig), durch 2 Min. langes Kochen von 30 mg der Dihydroxy-Verb. in 0,4 ml Acetanhydrid in Ggw. von 0,01 ml konz. H_2SO_4; 86%. — *1.6-Dimethoxyanthrachinon*, F. 189,5—190° (A.), aus **V**; 86%. — *1.6-Dihydroxyanthrachinon*, F. 281—282°; 89%. *Diacetyl-Deriv.*, F. 204—205° (Eisessig); 90%. — 9.10-Dihydroxy-1.4.4a.9.9a.10-hexahydroanthracene: Man gibt zu 0,02 Mol der Anthrachinone in der 10 bis 15fachen Menge Bzl. bei 5—7° langsam Methyl-MgJ (0,1 Mol Mg, 0,105 Mol Methyljodid u. 25 ml Ae.), rührt 3—4 Std., neutralisiert, trocknet u. isoliert durch Eindampfen oder Versetzen mit Äther. *9.10-Dimethyl-* (**VI**), $C_{16}H_{20}O_2$, F. 124—125° (Bzl.) bzw. F. 115—117° (Bzl./Stereoisomere), aus 1.4.4a.9a-Tetrahydroanthrachinon (**VII**); λ_{max} 262 bzw. 254; 46 bzw. 22%. — *2-Methoxy-9.10-dimethyl-* (**VIII**), $C_{17}H_{22}O_3$, F. 171—172° (Methanol), aus **I**; λ_{max} 237 u. 262; 40%. — *5-Methoxy-9.10-dimethyl-* (**IX**), $C_{17}H_{22}O_3$, F. 139—140° (50%ig. A.); λ_{max} 272 u. 279; 49%. — *3.5-Dimethoxy-9.10-dimethyl-* (**X**), $C_{18}H_{24}O_4$, F. 123—124° (25%ig. A.); λ_{max} 276 u. 283; 56%. — 10-Keto-9-hydroxy-1.4.4a.9.9a.10-hexahydroanthracene: Man gibt zu 0,05 Mol **VII** (bzw. Derivv.) in der 10- bis 15fachen Menge abs. Bzl. langsam bei 5—7° Methyl-MgJ (0,0625 Mol Mg, 0,065 Mol Methyljodid, 25 ml Ae.) u. rührt unter N_2 2—3 Stunden. *9-Methyl-* (**XI**), $C_{15}H_{16}O_2$, F. 135—137° (A.), aus **VII**; λ_{max} 248 u. 291 mμ; 70%. Daneben *1.4-Dihydroanthrachinon*, F. 208—210° (Äthylacetat). — *3-Methoxy-9-methyl-* (**XII**) u. *2-Methoxy-9-methyl-* (**XIII**), aus **I** als rotbraunes Öl. — *5-Methoxy-9-methyl-* (**XIV**), $C_{16}H_{18}O_3$, F. 194—196° (50%ig. A.), aus **II**; λ_{max} 256 u. 317; 12%. — *3.5-Dimethoxy-9-methyl-* (**XV**), $C_{17}H_{20}O_4$, F. 195—197° (Äthylacetat), aus **IV** λ_{max} 254 u. 318; 14%. — *3.5-Dimethoxy-9-keto-10-methyl-10-hydroxy-1.4.4a.9.9a.10-hexahydroanthracen* (**XVI**), $C_{17}H_{20}O_4$, F. 137,5—138,5° (A.), aus der Mutterlauge vorst. Verb.; 252 u. 311; 54%. Daneben *3.5-Dimethoxy-1.4-dihydroanthrachinon*, $C_{16}H_{14}O_4$, F. 172—173° (A.). — 1.4-Dihydroanthracene: Man erhitzt die entsprechenden Anthrahydrochinone oder Oxanthrone mit der 10—30fachen A.-Menge u. dem gleichen Vol. konz. HCl 20—30 Min. unter N_2 auf 60°: *10-Hydroxy-9-methyl-*, $C_{15}H_{14}O$, F. 117—119° (PAe.), aus **XI**; 83%. *Acetyl-Deriv.*, $C_{17}H_{16}O_2$, F. 153—156° (A.). — *10-Methoxy-9-methyl-*, $C_{16}H_{16}O$, F. 97—99° (A.); λ_{max} 236, 288 u. 297; 94%. — *9.10-Dimethyl-*, $C_{16}H_{16}$, F. 166—167° (Bzl.), aus **VI**; λ_{max} 238, 260, 285 u. 297; 99%. — *5-Methoxy-9.10-dimethyl-*, $C_{17}H_{18}O$, F. 115—115,5° (Bzl.), aus **IX**; λ_{max} 241, 296, 306, 319 u. 333; 90%. — *5-Methoxy-10-hydroxy-9-methyl-*, $C_{16}H_{16}O_2$, F. 115—116° (Heptan), aus **XIV**; λ_{max} 241, 311, 324 u. 339; unlösl. in 5%ig. NaOH; 96%. — 1.2.3.4-Tetrahydroanthracene: *5-Methoxy-10-hydroxy-9-methyl-*, $C_{16}H_{18}O_2$, F. 107,5—108° (A.), durch Hydrierung vorst. Verb. in Dioxan an RANEY-Ni; λ_{max} 237, 312, 324 u. 339; 97%. —

2-Keto-9.10-dimethyl-, $C_{16}H_{16}O$, F. 120—121° (Bzl.), aus **VIII**; λ_{max} 235 u. 292; 94%. — *3-Keto-9-methyl-5-methoxy-10-hydroxy-*, $C_{16}H_{16}O_3$, F. 138—140° (aus 50% ig. A. in Ggw. von $SnCl_2$), aus **XV**; λ_{max} 237, 311, 324 u. 339, unlösl. in 5% ig. NaOH; 93%. — *3-Keto-10-methyl-5-methoxy-9-hydroxy-*, $C_{16}H_{16}O_3$, F. 178—179° (50% ig. A. in Ggw. von $SnCl_2$), aus **XVI**; λ_{max} 236, 309, 323 u. 338; 95%. — *3-Keto-5-methoxy-9.10-dimethyl-*, $C_{17}H_{18}O_2$, F. 95—96° (A.), aus **X**; λ_{max} 239, 293, 306, 319 u. 333; 96%. — 1.2.3.4.4a.9.9a.10a-Oktahydroanthracene: a) Man schüttelt 1 g des entsprechenden Enoläthers, 100 ml Ae. u. 50 ml 0,3nHCl 5 Std. bei 20°; b) man erwärmt 1 g Enoläther in 50 ml A. u. 25 ml 0,1nHCl 4 St auf 40°, neutralisiert vorsichtig, dampft ein u. extrahiert mit Äthylacetat *2.9.10-Triketo-*, $C_{14}H_{12}O_3$, F. 144—147°, aus I nach a); unbeständig; 75%. — *3(2).10-Diketo-9-hydroxy-9-methyl-*, $C_{15}H_{16}O_3$, F. 134—135° (Bzl.), aus dem Gemisch von **XII** u. **XIII** nach b); λ_{max} 249 u. 291; 20%. *Semicarbazon*, $C_{16}H_{19}N_3O_3$, F. 217—219° (Zers.; A.). — *2(3).10-Diketo-9-hydroxy-9-methyl-*, F. 120—121° (Bzl.), neben vorst. Verb.; λ_{max} 250 u. 291; 5%. *Semicarbazon*, $C_{16}H_{19}N_3O_3$, F. 237—239° (Zers.; A.). — *3.10-Diketo-5-methoxy-9-hydroxy-9-methyl-*, $C_{16}H_{18}O_4$, F. 190—192° (50% ig. A.), aus **XV** nach b); λ_{max} 256 u. 319; 75%. — *3.9-Diketo-5-methoxy-10-hydroxy-10-methyl-*, $C_{16}H_{18}O_4$, F. 159—161° (50% ig. A.), aus **XVI** nach b); λ_{max} 222, 255 u. 313; 90%. — *2-Keto-9.10-dihydroxy-9.10-dimethyl-*, $C_{16}H_{20}O_3$, F. 137—139° (Bzl.), aus **VIII** nach a) oder b); λ_{max} 221, 239 u. 261; 55% (78%). *Semicarbazon*, $C_{17}H_{23}N_3O_3$, F. 221—222° (Zers.; A.). — *3-Keto-5-methoxy-9.10-dihydroxy-9.10-dimethyl-*, $C_{17}H_{22}O_4$, F. 193—194° (50% ig. A.), aus **X** nach b); λ_{max} 218 u. 278; 62%. HELMUT SCHÄFER. 3900□

Die Chemie der natürlichen Ordnung Cupressales. 34. Mitt. Kernholzbestandteile von Juniperus procera Hochst. und Juniperus californica Carr. E. Pettersson und J. Runeberg. (Acta chem. scand. **15.** 713—20. 1961. Stockholm, Kungl. Tekn. Högskolan, Organisk-kemiska Inst.) (Engl.) — 33. vgl. C. **1962.** 2006.

Aus dem Kernholz von *Juniperus procera* Hochst. werden eine *Hydroxysäure* $C_{15}H_{24}O_3$ (I), ein *Phenol* $C_{20}H_{22}O_4$ (II), *Procerin*, ein „*Tropolon II*", ein „*Tropolon III*" ein „*Tropolon IV*" isoliert u. papierchromatograph. weitere nichtidentifizierte Verbb. nachgewiesen. Weiter werden *Carvacrol* u. aus dem Neutralöl *α-Cedren* (**III**), *Cuparen* (**IV**), *Cedrol* (**V**), *β-Sitosterin* u. das „*Triterpendiol*" *vom F. 243—244°* abgetrennt. Der Kernholzextrakt von *J. californica* enthält *Hinokisäure*, *Widdringtoniasäure II*, **III**, **IV**, **V**, *Widdrol* u. *Thujopsen*. UV- u. IR-Spektren vgl. Original.

Versuche: *Hydroxysäure* $C_{15}H_{24}O_3$ (I), F. 260—261° (nach Hochvakuumsublimation), aus dem in PAe. u. $NaHCO_3$ lösl. Anteil des Acetonextraktes von *J. procera*; $[\alpha]_D$ —30° (c = 1,9; Pyridin); 0,0004% (Ausbeute, bezogen auf lufttrockenes Holz). — *Phenol* $C_{20}H_{22}O_4$ (II), F. 149—151° (nach Hochvakuumsublimation), neben I; blaßgrün; $[\alpha]_D$ +7° (c = 1,7; Chlf.); 0,0008%; enthält 2 akt. H-Atome; $FeCl_3$-Rk. in CH_3OH grün. — *Procerin*, aus dem in PAe. u. Na_2CO_3 lösl. Anteilen; 0,1%. — „*Tropolon II*", F. 133—134°, aus der Mutterlauge vorst. Verb. durch Chromatographie in PAe./Dimethylsulfoxyd/W. an Silicagel/Dimethylsulfoxyd; 0,02%; daneben „*Tropolon III*", F. 119 bis 127°; 0,004% u. durch Eluieren mit Aceton/PAe. „*Tropolon IV*", F. 72—74°; 0,0007%. — *Carvacrol*, aus dem in PAe. u. KOH lösl. Anteilen; 0,04%. — *α-Cedren* (**III**), in der bei 128—135°/15 Torr sd. Neutralölfraktion {$[\alpha]_D$ —59° (Chlf.); n_D^{20} 1,4981}; 0,5%; Identifizierung erfolgt durch Überführung in *α-Cedrensäure*, F. 124—125°; $[\alpha]_D$ —68° (c = 2,1; Chlf.). — *Cuparen* (**IV**), Kp.$_{10}$ 119°, aus der bei 135—158°/15 Torr sd. Neutralölfraktion durch Ozonisieren u. Abtrennen von den Oxydations-Prodd.; n_D^{25} 1,5112; $[\alpha]_D$ +59° (c = 2,5; Chlf.); 0,03%. — *Cedrol* (**V**), F. 85,5—86,0° (A.), durch Chromatographie der bei 158—159°/15 Torr sd. Neutralölfraktion an Al_2O_3; $[\alpha]_D$ +10° (c = 3,0; Chlf.). — *β-Sitosterin*, F. 135—136°, aus dem Dest.-Rückstand des Neutralöls; 0,0001%; daneben 0,0007% *Triterpendiol vom F. 243—244°* („*Verb. III*"). — *Hinokisäure*, F. 164—166°, aus dem Kernholzextrakt von *J. californica*; 0,03%; daneben 0,02% *Widdringtoniasäure II*, F. 190—192°. — *Widdrol*, F. 92,5—94,5°, neben 0,2% **V**, 0,01% **III**, 0,004% **IV** u. 0,1% *Thujopsen* aus dem Neutralöl des Extraktes von *J. californica*; daneben wenig einer *Verb. vom F. 241—242°*. F. HELLER. 3950□

Die Chemie der natürlichen Ordnung Cupressales. 35. Mitt. Kernholzbestandteile von Juniperus foetidissima Willd. Jarl Runeberg. (Acta chem. scand. **15.** 721—26. 1961.) (Engl.) — 34. vgl. vorst. Referat.

Im Acetonextrakt des Kernholzes von *Juniperus foetidissima* Willd. werden 2 neue Verbb., *Hydroxysäure I* (I) u. *Hydroxysäure II*, *α-Cedren*, *δ-Cadinen*, *Isocadinen*, *Calamenen*, *Cedrol*, *Widdrol* u. ein *Sesquiterpenoxid* nachgewiesen. Tropolone u. Carvacrol konnten nicht festgestellt werden. UV- u. IR-Spektren vgl. Original.

Versuche: *Hydroxysäure I* (I), $C_{15}H_{22}O_3$, F. 166—168° (nach Hochvakuumsublimation), aus dem in PAe. u. $NaHCO_3$ lösl. Anteilen des Acetonextraktes durch mehrmonatiges Stehen u. Chromatographie der abgeschiedenen Kristalle in Diisopropyläther an Silicagel/Dimethylsulfoxyd; $[\alpha]_D$ $+26^0$ (c = 2,2; A.); 0,002% (Ausbeute, bezogen auf lufttrockenes Holz). — *Hydroxysäure II*, $C_{15}H_{20}O_3$, F. 152—153° (nach Hochvakuumsublimation), nach I durch Eluieren mit Aceton; $[\alpha]_D$ $+14^0$ (c = 1,7; A.); 0,008%. *Methylester*, F. 67—68°, aus der Säure u. CH_2N_2; gibt mit $LiAlH_4$ ein *Diol vom F. 156 bis 157°*, das durch Se zu einem *Keton* dehydriert wird. — *α-Cedrensäure*, F. 123,0 bis 124,5° (nach Hochvakuumsublimation), durch Dehydrieren der *α-Cedren* (0,7%) enthaltenden Neutralölfraktion ($Kp._{15}$ 126—127°; n_D^{25} 1,4970; $[\alpha]_D$ -74^0) mit Se u. Oxydation des Aldehyds mit Ag_2O. — *Cadalen*, a) aus der δ-Cadinen u. Isocadinen enthaltenden Neutralölfraktion ($Kp._{15}$ 142°; n_D^{25} 1,5061; $[\alpha]_D$ -62^0) durch Chromatographie in PAe. an Al_2O_3 u. Dehydrieren der Cadinenfraktion /{$[\alpha]_D^{25}$ 1,5163; $[\alpha]_D$ -80^0 (c = 2,2; Chlf.); 0,2%} mit Se; 60%; b) durch Se-Dehydrierung nachst. Verb.; 76%. — *Calamenen*, neben der Cadinenfraktion durch weiteres Eluieren mit PAe.; n_D^{25} 1,5119; $[\alpha]_D$ -46^0 (c = 1,7; Chlf.); 0,07%. — *Maleinsäureanhydridaddukt vom F. 147—148°* (Bzl.), aus der Neutralölfraktion vom $Kp._{15}$ 142°. — *Sesquiterpenoxid*, $C_{15}H_{24}O$, $Kp._{12}$ 131°, neben vorvorst. Verb. durch weiteres Eluieren mit Ae./PAe. (1:1); n_D^{25} 1,4967; $[\alpha]_D$ -69^0 (c = 1,5; Chlf.); 0,6%. — *Cedrol*, F. 85—86° (A.), durch Chromatographie der Neutralölfraktion vom $Kp._{15}$ 153—155° (n_D^{25} 1,5120) in Bzl. an Al_2O_3; 0,1%. *Widdrol*, F. 95—96° (nach Hochvakuumsublimation), neben vorst. Verb. durch weiteres Eluieren mit Ae./Bzl. (1:1); 0,06%. F. Heller. 3950□

Lignin und die Bildung von Holz. F. F. Nord und W. J. Schubert. (Experientia [Basel] **15.** 245—53. 15/7. 1959. New York, N.Y., Fordham Univ., Dep. of Organ. Chem. and Enzymology.) (Engl.)

Übersicht über Lignin-Bldg., Isolierung enzymat. freigesetzten Lignins u. Ligninbausteine. — 30 Literaturzitate. W. Schweers. 3950□

D. Makromolekulare Chemie

Ein abgeändertes Spannungsrelaxometer mit Spiralfeder für automatische und manuelle Bedienung. J. R. Dunn und J. Scanlan. (J. appl. Polymer Sci. **4.** 34—37. Juli/Aug. 1960. Welwyn Garden City, Herts., England, Brit. Rubber Prod. Res. Assoc.) (Engl.)

Beschreibung eines einfachen Spiralfederrelaxometers zur Messung der chem. Spannungsrelaxation von elast. Vulkanisaten. Die App. eignet sich sowohl für Handbedienung als auch für automat. Arbeiten mit Selbstschreiber. O. Fuchs. 4000□

Anwendung der verallgemeinerten Strömungstheorie von Ree-Eyring auf Suspensionen sphärischer Teilchen. 1. Mitt. Samuel H. Maron und Percy E. Pierce. (J. Colloid Sci. **11.** 80—95. Febr. 1956. Cleveland, Ohio, Case Inst. of Technol., Dep. of Chem. and Chem. Engng., Phys. Chem. Labor.) (Engl.) — 2. vgl. C. **1958.** 8543.

Vff. berichten über die Anwendung der allg. Fließtheorie von Ree u. Eyring auf das Fließ-Verh. von *Latex*-Lsgg. im Newtonschen u. Nicht-Newtonschen Gebiet. Durch Einführung geeigneter Parameter wurde eine Gleichung erhalten, die die Abhängigkeit der Viscosität von der Scher-Geschw. bei allen Temp. u. Konzz. gut wiedergibt. Ferner ließ sich aus der Theorie die Abhängigkeit der Parameter von der Temp. richtig bestimmen u. schließlich die Aktivierungsenergie für das Fließen sowohl für die Latex- als auch für die Wasserteilchen zu ΔH_2 = 4530 kcal/Mol u. ΔH_w = 3780 kcal/Mol angeben. Beide Aktivierungsenergien zeigten sich über den ganzen Mischungsbereich als von der Konz. unabhängig. Für die Konz.-Abhängigkeit der Parameter wurden empir. Gleichungen entwickelt, die bei Extrapolation in den Newtonschen Bereich die relativen Viscositäten gut wiedergaben. Aus der Kombination der theoret. u. der empir. Gleichungen wurden schließlich Ausdrücke für die mol. Parameter der Theorie als Funktion von Temp. u. Konz. entwickelt. G. M. Neumann. 4000□

Stereospezifische Polymere und Markoff-Ketten. T. B. Grimley. (Proc. physic. Soc. **77.** 931—36. 1/4. 1961. Liverpool, Univ., Dep. of Inorg. and Phys. Chem.) (Engl.)

Wenn die einzigen Faktoren, die die Konfigurationen eines Makromol. beschränken, die Konstanz des C—C—C-Bindungswinkels u. das Vorhandensein einer wirksamen Behinderung der freien Rotation um C—C-Bindungen sind, sind stereospezif. Polymere des Typs $(CHX)_N$ einfache Markoff-Ketten; dagegen sind stereospezif. Vinylpolymere des Typs $(CH_2CHX)_{N/2}$ Beispiele für Markoff-Ketten mit einer längs der Ketten period. Umwandlungs(transition)-Wahrscheinlichkeit. Die Theorie solcher Markoff-Ketten wird erörtert; sie kann in gleicher Weise wie für einfache Ketten entwickelt werden. Obwohl die sich ergebende Beschreibung unvollständig ist, können wichtige

Folgerungen bzgl. der Hauptdimensionen der Kette u. des Auftretens weitreichender Ordnung gezogen werden. Eine Kette mit „Vol.-Effekt" (Ausschluß der Selbstdurchdringung eines Mol.) ist keine MARKOFF-Kette; dafür gibt es noch keine geeignete Ableitung. Theoret. Gründe sprechen dafür, daß der Vol.-Effekt verschwinden muß, wenn der osmot. Druck einer Polymer-Lsg. dem VAN'T HOFFschen Gesetz entspricht (was gewöhnlich durch geeignete Wahl des Lsgm. u. der Temp. erreicht werden kann). Daher ist nur unter diesen Bedingungen ein Makromol. in Lsg. wirklich eine MARKOFF-Kette.
R. SCHÄFF. 4000□

Das Verhalten von Makromolekülen in Lösung. 1. Mitt. Der Einfluß der Kettenverzweigung auf die Beziehungen zwischen Molekulargewicht, Gyrationshalbmesser und innerer Viscosität makromolekularer Partikel. P. Kratochvíl, P. Munk und B. Sedláček. (Collect. czechoslov. chem. Commun. **26.** 1399—1402. Mai 1961. Prague, Inst. of Macromol. Chem., Czechoslov. Acad. Sci.) (Engl.)

Der Einfluß der Kettenverzweigung auf die Beziehungen zwischen Molgew., Gyrationshalbmesser u. innerer Viscosität makromol. Teilchen wird diskutiert. Die Exponenten der Gleichung $M = K_a \varrho^a$ zwischen a = 2 u. 4 werden durch die Verzweigung bestimmt. Der Wert a ermöglicht die Best. der Verzweigungsart, wenn keine teilweise oder vollkommen starre Ketten vorhanden sind, was oft die eindeutige Interpretation der Ergebnisse verhindert. Durch Einführung des Begriffs der starren Ketten können die a-Werte von 1—4 erklärt werden. Die Kettenverzweigung kann die Senkung des KUHN-MARKschen Exponenten bis zu einem Wert von $\alpha = 0{,}25$ verursachen.
O. KNESSL/Prag. 4000

Mechanischer Abbau von Hochpolymeren. F. Bueche. (J. appl. Polymer Sci. **4.** 101—06. Juli/Aug. 466. Mai/Juni 1960. Akron, Ohio, Univ., Inst. of Rubber Res.) (Engl.)

Unter der Annahme, daß die Makromoll. im kautschukartigen oder fl. Zustand vorliegen u. daß die Bruchstücke keine chem. Rkk. eingehen, wird der Abbau von Hochpolymeren durch Scherkräfte theoret. behandelt. Hiernach spielen die Verschlingungen längs der Ketten die Hauptrolle bei der Kettenspaltung. Es wird so die Abhängigkeit der Spalt-Geschw. von der Schmelzviscosität, von der Scher-Geschw. u. vom Molgew. berechnet. Die Molgew.-Verteilung der abgebauten Prodd. ist enger als die des Ausgangsprodukts. Soweit ein Vgl. mit experimentellen Daten möglich ist, besteht im allg. Übereinstimmung zwischen Vers. u. Theorie. Schließlich wird darauf hingewiesen, daß die oxydative Spaltung während der Scherung kein statist. Vorgang ist. O. FUCHS. 4000□

Die Morphologie von lamellaren polymeren Kristallen. S. Mitsuhashi und A. Keller. (Polymer [London] **2.** 109—12. März 1961. Bristol, Univ., H. H. Wills Phys. Labor.) (Engl.)

Vff. berichten kurz über verbesserte Phasenkontrastbeobachtungsmöglichkeiten an polymeren lamellaren Kristallen, wobei die Verbesserungen hauptsächlich darin bestehen, daß die Kristalle bei der Beobachtung rotieren können. Mit dieser Meth. durchgeführte Beobachtungen an polymol. Kristallen von *Polyäthylen* werden kurz diskutiert.
C. GOTTFRIED. 4010

Die Eigenschaften von bei hohen Drücken kristallisiertem Marlex. S. Matsuoka. (J. appl. Polymer Sci. **4.** 115—16. Juli/Aug. 1960. Murray Hill, N.J., Bell Telephone Labor.) (Engl.)

Läßt man lineares *Polyäthylen* (Verw. von *Marlex*) unter einem Druck p (in at) bei 160° 2 Std. kristallisieren u. kühlt dann auf 25° ab, so wird eine höhere Dichte erhalten; z. B. beträgt D. 0,968 (p = 2600), 0,971 (1700), 0,977 (1300) u. 0,981 (1200), während die Dichte eines Spritzlings (= Probe A) nur 0,955 beträgt. Ferner ist der Elastizitätsmodul einer unter Druck krist. Probe mit D. 0,981 (= Probe B) größer bzw. der mechan. Verlustwinkel kleiner als bei A (Verss. im Frequenzbereich 10^{-3} bis 100 Hz). Das Röntgendiagramm von B ist schärfer als das von A. Beim Tempern (17 Std. bei 120°, 5 Std. bei 129°, 16 Std. bei 110°) bleibt die Höhe 100-Peaks von B unverändert, während die von A unter gleichzeitigem Anstieg der Dichte auf 0,976 zunimmt; dagegen ist der 200-Peak von A nach dem Tempern etwas höher als der von B (Hinweis auf das Vorliegen von morpholog. Unterschieden zwischen A u. B). Auch die Bruch-Eigg. von A u. B sind auch bei gleicher Dichte verschieden voneinander (ohne nähere Angaben). — Vgl. auch nachst. Referat. O. FUCHS. 4010□

Über die Schmelzcharakteristik von linearem Polyäthylen. S. Matsuoka und C. J. Aloisio. (J. appl. Polymer Sci. **4.** 116—18. Juli/Aug. 1960. Murray Hill, N.J., Bell Telephone Labor.) (Engl.)

Von *Marlex-Polyäthylen* (Verw. von Preßlingen, D. 0,963 bei 23°) wurde zwischen t = 20 u. 150° die Änderung des spezif. Vol. v gemessen. Der starke Anstieg von v unterhalb des F. tritt bei einer Erhitzungsgeschw. von 10°/Std. etwas früher auf als bei $1^0/42$ Stunden. Es liegt kein scharfer F. vor, sondern ein S-förmiger (v, t)-Verlauf. Der therm. Ausdehnungs-Koeff. geht in der Nähe des F. durch ein spitzes Maximum. v einer unter Druck krist. Probe (= A in vorst. Ref.) ändert sich in gleicher Weise mit t wie v des Preßlings; dagegen zeigt A in der Nähe des F. durchscheinende kleine Flecken, die allmählich verschwinden. Wird A mehrere Std. 10—20° über den F. erhitzt u. dann abgekühlt, so wird die ursprüngliche hohe Dichte wieder erhalten („Erinnerungsvermögen" von A). O. FUCHS. 4010□

Copolymerisation von Äthylen mit aliphatischen α-Olefinen. 7. Mitt. Verteilung der monomeren Einheiten in den Copolymeren von Äthylen–Propylen. G. Natta, G. Mazzanti, A. Valvassori, G. Sartori und D. Morero. (Chim. e Ind. [Milano] **42.** 125—32. Febr. 1960. Milano, Politecn., Ist. di Chim. ind.) (Ital.) — 5. vgl. C. **1960.** 4533.

Die Verteilung der Sequenzen der monomeren Einheiten in den in Ggw. von Katalysatoren aus Al-Trialkylen u. VCl_4 erhaltenen *Copolymeren* (*CP*) von *Äthylen–Propylen* wird untersucht. Die Werte der Verteilungsfunktionen der Sequenzen für diese CP werden sowohl mit den für den Idealfall vorausgesehenen verglichen, worin das Prod. der Reaktivitätsverhältnisse 1 ist, als auch mit den für die Werte 10 u. 0,1 eines derartigen Prod. vorausgesagten Werten. Aus diesem Vgl. ergibt sich, daß mit Zunahme des Prod. r_1r_2 bei gleicher Zus. die Bldg. von amorphen CP begümstigt wird, ein wichtiges Kriterium für den Fall, daß diese CP zur Herst. von Elastomeren Verw. finden. Die theoret. Voraussage über die Verteilung der Sequenzen von verschiedener Länge stimmt mit den Werten der durch IR-Analyse bestimmten Länge der Sequenzen von Methylengruppen innerhalb der Empfindlichkeitsgrenze dieser Meth. überein. Eine weitere qual. Bestätigung ergibt sich aus dem Nichtvorhandensein der Kristallinität in den mehr als 20% Propylen enthaltenden CP (Diagramme u. Tabellen). G. PLATZER. 4010□

Pseudoplastisches Fließen: Viscosimetrie, Beziehungen zwischen Scherspannung und Schergeschwindigkeit und Voraussagen über laminares Fließen in Röhren. Edward W. Merrill. (J. Colloid Sci. **11.** 1—14. Febr. 1956. Cambridge, Mass., MIT, Dep. of Chem. Engng.) (Engl.)

Die Beziehungen zwischen der Scherspannung τ u. der Scher-Geschw. D wurden für niedermol. Lsgg. von *Polyisobutylenen* in Cyclohexan in einem koaxialen Zylinder-Viscosimeter untersucht. Die gefundenen Fließkurven waren für pseudoplast. Fll. charakterist. u. zeigten keine Abhängigkeit von der Schubzeit. Sämtliche Kurven wurden gut durch die empir. Gleichung $\tau = bD^s$, wobei b u. s konzentrations- u. temperaturabhängige Konst. sind, wiedergegeben. Es zeigt sich, daß b analog der Viscosität bei NEWTONschen Fll. ist u. daß ln b linear von $1/\tau$ u. $\sqrt{c}$ abhängt. Für pseudoplast. Fll., die der gefundenen empir. Gleichung folgen, wird schließlich eine Gleichung abgeleitet, die für Bedingungen laminaren Fließens die volumetr. Fließ-Geschw. mit dem Druckgradienten in einer geraden Röhre verknüpft. Diese Gleichung ähnelt der HAGEN-POISEUILLEschen Gleichung für NEWTONsche Flüssigkeiten. G. M. NEUMANN. 4010□

Eine Untersuchung der bei ionischen Polymerisationen anwesenden Ionenarten. 1. Mitt. Styrolpolymerisation, eingeleitet durch Stannichlorid. Donald J. Metz. (J. Polymer Sci. **50.** 497—509. April 1961. Upton, N.Y., Brookhaven Nat. Labor.) (Engl.)

Der Verlauf der Polymerisation von *Styrol* (I) mit $SnCl_4$ (II) in Gemischen aus CCl_4 (III) u. Äthylendichlorid (**IV**) wurde durch Messen des dielektr. Verlustfaktors tg δ (Frequenz f = 10^4—10^7 Hz) verfolgt. Der Polymerisationsansatz hatte die Zus. (in cm^3) 35 **I** + 30 **III** + 35 **IV** + 0,50—0,75 **II**; Polymerisations-Temp. 30°. tg δ steigt zunächst steil an u. geht nach 10 Min. durch ein Maximum; nach ca. 180 Min. ist ein Grenzwert erreicht. Die Höhe von tg δ fällt mit steigendem f ab. Vf. schließt daraus, daß sich aus **I** u. **II** Ionen bilden, die die Polymerisation auslösen; die Lsg. enthält auch nach Beendigung der Polymerisation noch Ionen. In Übereinstimmung hiermit können in einem Gemisch aus **II, III** u. **IV** allein keine Ionen nachgewiesen werden. Enthält ein Gemisch aus **II, III** u. **IV** noch 1% Stilben, so treten bei hohem f ähnliche Leitfähigkeitseffekte wie in Ggw. von **I** auf; bei kleinerem f wurden Anomalien beobachtet. Eine Deutung kann nicht gegeben werden. O. FUCHS. 4010□

Die Verwendung energiereicher Strahlung zur Untersuchung des Mechanismus und der Kinetik der Emulsionspolymerisation. J. W. Vanderhoff, E. B. Bradford, H. L. Tarkowski und B. W. Wilkinson. (J. Polymer Sci. **50.** 265—86. April 1961. Midland, Mich., Dow Chem. Comp., Phys. Res. Labor.; Nuclear and Basis Res. Labor.) (Engl.)

Styrol (I) wurde in Emulsion mit γ-Strahlen, $K_2S_2O_8$ (**II**) oder Dibenzoylperoxid (**III**) polymerisiert. Der Rk.-Verlauf wurde teils nach den üblichen Meth. (Fall A, Best. des I-Umsatzes, der Teilchengröße u. des Molgew. des Polymerisats, Variierung der Konz. von **I** u. **II** u. der γ-Intensität), teils nach der Meth. des konkurrierenden Teilchenwachstums (B, Vorliegen eines „Saat-I-Polymerisats“, vgl. C. **1958.** 12122) untersucht. Bei den γ-Strahlen ist die Geschw. der Bldg. freier Radikale unabhängig von der Temp. (Verss. zwischen t = 30 u. 70°) u. die Energieabsorption ist im ganzen Syst. einheitlich. Im Falle B ist die Geschw. des Teilchenwachstums bei γ-Strahlen u. **II** etwa gleich groß, aber ganz verschieden von der bei **III**. Im Falle A steigt die Teilchenzahl N (pro cm^3) für γ-Strahlen u. **II** mit $[E]^2$ (E = Emulgator-Aerosol MA) an; bei wachsendem t fällt N bei γ-Strahlen ab, während bei **II** ein Anstieg vorliegt. Dieser Unterschied wird auf die relative Geschw. v der Radikalerzeugung zurückgeführt; bei γ-Strahlen ist v unabhängig von t, bei **II** dagegen ist die Aktivierungsenergie der Zers. von **II** größer als die der Wachstumsreaktion. Die Geschw.-Konst. des Wachstums fällt mit wachsendem N u. abnehmender Teilchengröße ab (Verss. mit γ-Strahlen); aus dem Vgl. mit Literaturdaten folgt, daß die Wirksamkeit der in der wss. Phase erzeugten Radikale zur Auslösung der Polymerisation nur $^1/_3$ beträgt. Die Aktivierungsenergie der Wachstums-Rk. berechnet sich zu 7,2 kcal/Mol. Die Geschw. -Konst. des Kettenabbruches wurde bei 50° zu 10^4 bis 10^5 Liter Mol^{-1} s^{-1} bestimmt. O. Fuchs. 4010□

Der Polymerabbau — Basis für ein Großbereich-Viscosimeter. Paul Y. Feng. (Nucleonics **16.** 114. Okt. 1958. Chicago, Ill., Armour Res. Foundation.) (Engl.)

Unter dem Einfl. ionisierender Strahlung zeigen die meisten Polymeren eine Verminderung des Polymerisationsgrades. Vf. zeigt, daß die Durchflußfunktion exponentiell von der Dosisfunktion abhängt, u. gibt für *Polystyrol* Vers.-Ergebnisse an. G. Kurdal. 4010□

Kettenübertragung durch primäre, sekundäre und tertiäre Amine bei der Radikalpolymerisation von Styrol und Vinylacetat. F. Hrabák und L. Jirešová. (Collect. czechoslov. chem. Commun. **26.** 1283—92. Mai 1961. Prag, TH für Chem., Inst. für makromol. Chem.) (Dt.)

Es werden die relativen Radikalübertragungs-Konst. von *Anilin* (**I**), *N-Methylanilin* (**II**), *N.N-Dimethylanilin*, *p-Toluidin*, *N-Methyl-p-toluidin* (**III**), *N.N-Dimethyl-p-toluidin* u. *Triäthylamin* bei der Polymerisation von *Styrol* (**IV**) u. *Vinylacetat* (**V**) in Ggw. von *Azo-bis-isobutyronitril* ermittelt. Alle untersuchten Amine sind schwache Radikalüberträger mit einer durchschnittlichen Übertragungs-Konst. von ca. 10^{-3} (bei 50°) für **IV** u. von ca. 10^{-2} für **V**. Bei **V** wirken die Amine inhibierend auf die Wachstums-Rk., am meisten die prim., weniger die sek. u. am wenigsten die tert. Amine. Bei **IV** dagegen wird die Wachstums-Rk. durch Amine nicht gehemmt, mit **III** wird sie sogar stark, mit **I** u. **II** schwach beschleunigt. Die tert. Amine sind ohne Einfluß. Die verzögernde Wrkg. der überschüssigen Amine bei der Polymerisation von **IV** in Ggw. von Dibenzoylperoxid ist auf die Rk. des Initiators bzw. des prim. Radikals mit dem Amin zurückzuführen. Eingehende Beschreibung der Meßmethodik, der Durchführung der Verss., der Reinigung der Monomeren u. Amine sowie umfassende Diskussion der Ergebnisse s. Original. Der Polymerisationsverlauf wurde dilatometr. verfolgt u. der Polymerisationsgrad viscosimetr. bestimmt. J. Plešek/Prag. 4010

Kurzzeitspannungsrelaxation und Zähigkeit von mit Kautschuk modifiziertem Polystyrol. J. A. Schmitt und Henno Keskkula. (J. appl. Polymer Sci. **3.** 132—42. März/April 1960. Midland, Mich., Dow Chem. Comp., Polychem. Res. Dep.) (Engl.)

Mit der von Watson u. Mitarbeitern (vgl. C. **1956.** 6131) angegebenen App. wurde nach Anbringen einiger Verbesserungen (Konstanthalten der Verformungs-Geschw. v = 300 in./min durch hydraul. Kontrolle der Bewegung der gespannten Feder) bei 20° die Spannungsrelaxation von Spritzlingen aus *Polystyrol* (**I**), einem *Styrolacrylonitril-Copolymeren* (**II**) u. aus einem Gemisch (**III**) aus **I** u. *Butadienstyrolkautschuk* (**IV**) durch Kurzzeitmessung (t = 0,1—10 s) bestimmt. Die Spannung S fällt linear mit wachsendem log t ab, wobei die Steigung der Geraden für **I**—**III** gleich groß ist; die Höhe von S fällt in der Reihenfolge **II**, **I**, **III** ab; ferner ist S um so höher, je größer die Dehnung ε. Die Restspannung S_r von **III** fällt für ε = 0,5 u. 0,8% linear mit log t ab, bei höherem ε ist der Abfall stärker (bei **I** liegt eine geringere Abhängigkeit von S_r von ε vor). Bei höherem ε treten in **I** feine Risse auf. S_r ist bei steigendem ε zunächst unabhängig von ε; von einem bestimmten ε-Wert (= ε_{kr}) ab fällt S_r stärker als vorher linear ab, wobei ε_{kr} um so kleiner ist, je größer t. S_r von **III** ist bei gleichem t u. ε um so kleiner, je höher die Temp. bei der Herst. der Preßlinge. Die (S, ε)-Kurve steigt zunächst linear an, dann schwächer; der ε-Wert bei der Abweichung der Kurve von der Linearität steigt in der Reihenfolge **III**, **I**, **II** an. Wird bei **III** der ε-Wert weiter erhöht, so ist S unabhängig von ε; bei gleichem ε fällt S von **III** mit wachsendem **IV**-Geh. ab. Durch Abänderung des Probehalters läßt sich mit der App. auch ein Biegetest bei hohem v ausführen. Zwischen den so erhaltenen Daten u. der Fallkörperstoßfestigkeit bzw. der Bruchbiegung von senkrecht zur Fließrichtung aus dem Material geschnittenen Proben besteht eine Parallelität; dagegen konnte zwischen der Geschw. der Spannungsrelaxation, der Stoßfestigkeit u. Zähigkeit keine Beziehung erhalten werden. Die Wrkg. von **IV** in **III** wird auf eine Energieverteilung durch **IV** u. die dadurch bedingte Vermeidung größerer Risse zurückgeführt; Aufnahmen mit dem Phasenkontrastmikroskop bestätigen diese Annahme. O. Fuchs. 4010□

Kettenübertragung des Polyvinylacetat-Radikals an aliphatische Kohlenwasserstoffe. M. Lazár, J. Pavlinec und Z. Maňásek. (Collect. czechoslov. chem. Commun. **26.** 1380—85. Mai 1961. Bratislava, Slovak. Akad. der Wissenschaften, Chem. Inst.) (Dt.)

Es wurden die Übertragungs-Konst. (ÜK) des *Polyvinylacetat-Radikals* an *Heptan* (**I**), *2.2.4-Trimethylpentan* (**II**), *Äthylacetat* (**III**), *n-Propylacetat* (**IV**), *Isopropylacetat* (**V**), *n-Butylacetat* (**VI**), *sek.-Butylacetat* (**VII**), *tert.-Butylacetat* (**VIII**) u. *Isobutylacetat* (**IX**) ermittelt. Die Kinetik der Polymerisations-Rk. in Bezug auf die Monomeren-Konz. ist 1,4. bis 1,6. Ordnung, die ÜK des Monomeren beträgt $1{,}7 \cdot 10^{-4}$. Die ÜK $\cdot 10^4$ der untersuchten Lsgm. betragen: **I** 17,0; **II** 8,0; **III** 2,9; **IV** 6,2; **V** 3,5; **VI** 13,2; **VII** 4,4; **VIII** 1,5; **IX** 9,1. Bei **I** u. **II** gilt dies nur für große Monomeren-Konzz., da die ÜK-Werte bei niedrigen Konzz. durch physikal. Einfl. des Lsgm. (geringe Löslichkeit des Polymeren) geändert werden. Eine Erhöhung des Polymerisationsgrades u. Zunahme der Polymerisations-Geschw. werden beobachtet. Dasselbe gilt vielleicht auch für andere aliphat. KW-Stoffe. Vff. sind der Ansicht, daß die ÜK eines Lsgm. in groben Zügen eine Funktion der einzelnen C—H-Bindungstypen u. deren Anzahl im Überträgermolekül ist. Obwohl dabei die polaren u. ster. Einfl. nicht in Betracht gezogen werden, kann diese Annahme zu einer groben Abschätzung der ÜK benutzt werden. Für gesätt. aliphat. KW-Stoffe ohne Verzweigung ist die ÜK $c_s = 2\, c_s\, (CH_3) + n\, c_s\, (-CH_2-)$. Es werden die Teil-ÜK der einzelnen Mol.-Teile in Alkylacetaten angegeben: CH_3- $0{,}2 \cdot 10^{-4}$; -CH_2- $3{,}3 \cdot 10^{-4}$; $-\overset{|}{\underset{|}{C}}H-$ $4{,}5 \cdot 10^{-4}$; $-OCH_2-$ $1{,}4 \cdot 10^{-4}$; $-O-\overset{|}{\underset{|}{C}}H-$ $1{,}8 \cdot 10^{-4}$; CH_3COO- $1{,}3 \cdot 10^{-4}$. Aus diesen Teil-ÜK können die Gesamt-ÜK des benutzten Lsgm. durch Addition ermittelt werden. Sie stehen in gutem Einklang mit den gefundenen Werten. Das Reaktivitäts-Verhältnis der C—H-Bindungen in der CH_3-, CH_2- u. CH-Gruppe wird zu 0,1 : 1 : 3 abgeschätzt. Die Polymerisation erfolgte unter N_2 bei 50° in Ggw. einer Azo-bis-isobutyronitril-Konz. von 2 g/Liter bis zu Umsätzen von 7—9%. Die mittleren Polymerisationsgrade wurden viscosimetr. in Aceton-Lsg. bestimmt.

J. Plešek/Prag. 4010

Hochpolymerchelate. 1. Mitt. Struktur und Stabilität von Polymethacryloylacetonchelaten. M. T. Teyssié und P. Teyssié. (J. Polymer Sci. **50.** 253—64. April 1961. Léopoldville, Congo, Lovanium Univ., Labor. de Chim. Macromol.) (Engl.)

Polymethacryloylaceton (**I**, Polymerisationsgrad ca. 30000) wurde durch Polymerisation von Methacryloylaceton (**II**) in Ggw. von Azo-bis-isobutyronitril bei 65° hergestellt. Aus **I**, **II** u. *Pivaloylaceton* (**III**, F. 190—191°, Reinigung durch Umkrist. des Cu-Chelates) wurden in einem Dioxan-W.-Gemisch als Lsgm. die *Metallchelate* (MC) mit den 2wertigen Ionen von *UO_2*, *Cu*, *Ni*, *Zn*, *Co*, *Mn*, *Mg* u. *Ba* hergestellt. Die MC wurden durch Waschen mit W. u. Umkrist. gereinigt. Die IR- u. UV-Absorptionsspektren von krist. u. gelösten MC zeigen, daß die MC aus **I** u. **III** die gleiche Struktur besitzen. Aus den Titrationskurven ergibt sich die Dissoziations-Konst. pK_A der Chelatliganden von **I**—**III** zu 13,15 bzw. 12,98 bzw. 13,48. log K_f (K_f = Konst. der MC-Bldg. aus je 2 Gruppen von **I**—**III** u. einem Me^{2+}) wurde in der genannten Reihenfolge der Metalle für **I** zu 23,1; 22,8; 17,4; 17,5; 17,1; 15,1; 13,2 u. 8,8, für **II** zu 21,1; 20,3; 15,8; 15,2; —; 12,2; 11,1; —; für **III** zu 22,2; 22,0; —; 15,3; 15,8; 13,5; 11,7; —; bestimmt. Bei Zugrundelegung des üblichen 2stufigen Chelatbildungsvorganges berechnet sich für das MC aus **I** eine höhere Stabilität als für die MC aus **II** u. **III**; bei Berücksichtigung der spezif. Struktur des polymeren Liganden dagegen ergeben sich ident. Werte. log B_p steigt linear mit der Elektronegativität des Metalles an (gilt für **I** u. **III**); die Stabilitäts-Konst. B_p ist dabei definiert durch $B_p = [MeA_2][H^+]^2/[Me^{2+}][HA]^2$. Auf Grund der Parallelität des Verh. der MC aus **I** u. **III** wird eine Meth. zur Voraussage der Selektivität synthet. selektiver Ionenaustauscher angegeben; Absorptions-Verss. in wss. Lsg. stehen hiermit in Einklang (unveröffentlicht).

O. Fuchs. 4010□

Polymerisation von Acrylonitril. N. T. Srinivasan und M. Santappa. (Makromolekulare Chem. **26.** 80—91. März 1958. Madras, India, Univ. of Madras, Dep. of Phys. Chem.) (Engl.)

Acrylonitril wurde in Dimethylformamid (DMF), in Toluol (Fällungsmedium) jeweils bei 50 u. 60° sowie in Substanz bei 30°—55° in Ggw. von Azo-bis-isobutyronitril als Initiator polymerisiert. Die Übertragungs-Konst. u. Aktivierungsenergien wurden für Acrylonitrilradikale u. DMF bzw. Toluol errechnet. Weiterhin wurden die Initiierungs-Geschw. im homogenen Medium u. Fällungsmedium bestimmt sowie die Werte von K, A', $k_p/k_t^{1/2}$ u. die entsprechenden Aktivierungsenergien berechnet. Die anomalen Werte der Exponenten der Initiator-Monomeren-Konz. werden diskutiert. Die wahrscheinlichen Werte von $k_p/k_t^{1/2}$ für die Polymerisation in Substanz zwischen 35 u. 55° sind angegeben. P. Kresse. 4010

Einpunktbestimmung der Intrinsicviscosität. R. J. Valles, M. C. Otzinger und D. W. Levi. (J. appl. Polymer Sci. **4.** 92—94. Juli/Aug. 1960. Dover, N.J., Picatinny Arsenal, Polymer Res. Section.) (Engl.)

Vff. gehen von der von Hart (vgl. C. **1957.** 447) angegebenen Beziehung $[\eta] = (\eta_{sp}/c)N/(\eta_{sp} + N)$ aus. N wurde für die in ( ) genannten Temp. bestimmt: *Polymethylmethacrylat* in Methyläthylketon (I) 2,00 (25°), in Aceton 2,00 (25°), in Toluol 3,07 (25°), im Gemisch aus 55 Vol. I u. 45 Vol. Isopropanol (II), 2,00 (23°); *Polyäthylmethacrylat* in I 3,00 (23°), in I/II (1 : 7 Vol.) 1,20 (23°); *Poly-n-butylmethacrylat* in I 2,79 (23°), in II 1,00 (21,5° = Θ-Temp. T_Θ); *Poly-2-äthylbutylmethacrylat* in I 3,30 (25°), in II 1,12 (27,4° = T_Θ); *Poly-n-hexylmethacrylat* in I 2,75 (23°), in II 1,42 (32,6° = T_Θ); *Poly-n-octylmethacrylat* in I 2,17 (23°), in n-Butanol 1,25 (16,8° = T_Θ); *Poly-n-laurylmethacrylat* in n-Butylacetat 2,61 (23°), in Isopropylacetat 1,70 (13° = T_Θ); *Polybuten-(1)* in Dekalin 2,08 (115°) (gilt für Fraktionen u. nichtfraktionierte Proben, ferner für in Pentan lösl. u. unlösl. Prodd.). N ist bis $\eta_{sp} = 1$ unabhängig von η_{sp}, bei höheren η_{sp} steigt N mit wachsendem η_{sp} an. O. Fuchs. 4010

Zur Copolymerisation der Fumarsäureester. H. Hopff und D. Starck. (Makromolekulare Chem. **48.** 50—58. Aug. 1961. Zürich, TH, Techn. Chem. Labor.) (Dt.)

Durch Emulsionspolymerisation wurden die Copolymeren aus *Isobutylen* (I) einerseits u. *Dimethyl-* (II), *Diäthyl-* (III), *Di-n-propyl-* (IV), *Di-n-butyl-* (V) u. *Dibenzylfumarat* (VI) andererseits hergestellt. Beispiel für den Polymerisationsansatz: 1,0 Mol I + 0,1 Mol II–VI, 1% Na-Sulfobernsteinsäuredilaurylester, 0,1 Mol-% $(NH_4)_2S_2O_8$, 0,2 Mol-% $NaHSO_3$, 200 cm^3 W., 7—3 at, 60°. Es entstehen spröde bis plast., durchsichtige *1:1-Copolymere* mit den Erweichungspunkten 75—80°, 68—72°, 65—70°, 15° bzw. 75—80°. Fraktionierungs-Verss. zeigen, daß diese alternierende Zus. der Copolymeren nur angenähert, aber nicht völlig erreicht wird. Die Zus. der Copolymeren ist unabhängig vom pH des Ansatzes (Verss. zwischen pH 1 u. 14). Die r-Werte der Copolymerisation ergeben sich zu 0 (I) u. 0,17 (III). Für das Copolymere aus I u. III gilt $[\eta] = 0{,}34\, M^{0,44}$ (M mit der Ultrazentrifuge bestimmt, Lsgm. Bzl.); M der Fraktionen liegt zwischen 15000 u. 138000. Daneben wurde von einigen Fraktionen auch M_n gemessen (M_n zwischen 3000 u. 70000). Bei der Copolymerisation von III mit *Propylen* (VII) entstehen *Copolymere* der mol. Zus. 6 : 4—7 : 3 für III : VII, Erw.-Punkt 30—40°, $M_n = 23000$. Schließlich wurde bei 80 at ein *Copolymeres* aus III u. *Äthylen* (VIII) hergestellt, Erw.-Punkt < 20°, Verhältnis III : VIII = 1,12—1,78 (Fraktionen), Feststoff-Geh. der Emulsion bis 20%. O. Fuchs. 4010□

Über die Zusammensetzung gehärteter Polyesterharze. W. Funke und K. Hamann. (Angew. Chem. **70.** 53. 21/1. 1958, Stuttgart, Forschungsinst. für Pigmente u. Lacke.) (Dt.)

Ungesätt. *Polyester* aus *Fumarsäure* (I), *Adipinsäure* (II) u. *Butandiol-(1.4)* (III) im Gemisch mit verschiedenen Mengen *Styrol* (IV) werden unter gleichen Bedingungen in Ggw. von 0,1 Gew.-% Dibenzoylperoxid u. Dimethylanilin gehärtet. Die dreidimensional vernetzten *Polyesterharze* (**A**) werden durch benzylakohol. KOH an den Esterbindungen hydrolyt. gespalten. Die entstehenden lösl. polymeren IV- u. I-Einheiten werden durch Elementaranalyse (O-Geh.) bestimmt. Zwischen der mol. Zus. der **A** u. der mol. Zus. der erhaltenen Hydrolysen-Prodd. besteht ein linearer Zusammenhang, aus dem die Zus. der Hydrolysen-Prodd. berechnet werden kann. Aus der Beziehung zwischen der Zus. der **A** aus IV- u. I-Einheiten u. der Molausbeute an polymerisierten IV- u. I-Einheiten ergibt sich, daß 1. die Ausbeute an polymerisiertem IV von der Zus. des I/II/III-Polyesters unabhängig ist u. konst. bei ca. 94 Mol-% liegt, 2. die Ausbeute an polymerisierten I-Einheiten mit steigendem IV-Geh. in **A** zunimmt, 3. bei IV-freien, ungesätt. **A** keine Ausbeute an polymerisierter I zu erwarten ist (die in Polyesterketten eingebauten I-Einheiten polymerisieren also unter den Härtebedingungen nicht mit sich selbst), 4. die Ausbeute an einpolymerisierten I-Einheiten ~ 60 Mol-% nicht übersteigt, auch bei sehr großem IV-Überschuß. Das Mischungsverhältnis techn. verwendeter **A** liegt zwischen dem Molenbruch 0,3—0,8 an IV in **A**. Es ist eine Ausbeute an einpolymerisierter I zwischen 35—55 Mol-% zu erwarten. Die Zus. der **A** u. der sich daraus ergebenden Molverhältnisse in den entsprechenden polymeren Hydrolysen-Prodd. werden tabellar.

mitgeteilt. Aus fraktionierten Fällungen mit Best. des O-Geh. u. der SZ. der einzelnen Fraktionen, aus Löslichkeits- u. Extraktions-Verss. sowie der CRAIG-Verteilung wird geschlossen, daß im Bereich der gewählten **A**-Zus. beim Härten kein freies Polystyrol entsteht. Die isolierten polymeren Hydrolysen-Prodd. sind *Copolymerisate.*

G. KRIEN. 4010

Kombination der Umesterungs- und der Polykondensationsreaktion bei der Synthese von Polyäthylenterephthalat. B. W. Petuchow und A. A. Konkin. (Журнал Прикладной Химии [J. angew. Chem.] **32.** 1171—73. Mai 1959. Allunions-Forsch.-Inst. für Kunstfasern.) (Russ.)

Es wird die Kinetik der Rk. von *Äthylenglykol* (**I**) mit *Terephthalsäuredimethylester* (**II**) bei einem Molverhältnis von **I** : **II** = 2,5 : 1, 2 : 1, 1,8 : 1, 1,5 : 1 u. 1,3 : 1 untersucht. Je höher der **I**-Anteil ist, desto rascher wird der Gleichgewichtswert erreicht u. desto höher ist er. Bei einer Bad-Temp. von 270° dauert die Rk. 1½ Std.; das entwickelte Methanol dest. mit dem durchgeleiteten N_2 ab. Die spezif. Viscosität der Prodd. nimmt mit zunehmendem **I** : **II**-Verhältnis von 0,28 auf 0,25 ab; es entstehen auch bei **I** : **II** $<$ 2 Prodd. mit genügend hohem Molgew., u. **I** verbleibt trotz hoher Temp., Vakuum u. Rühren in der Rk.-Sphäre u. vermag bei weiterer Polykondens. restliche CH_3O-Gruppen umzuestern.

R. K. MÜLLER. 4010□

Untersuchung der Polymerisation von Caprolactam nach der Methode der Fraktionierung von Polymeren. 4. Mitt. G. I. Kudrjawzew, N. D. Katorshnow und A. D. Krutikowa. (Химические Волокна [Chemiefasern] **1959.** Nr. **4.** 10—12. Allunions-Faserforschungsinst.) (Russ.) — **4.** u. **5.** vgl. C. **1961.** 3675.

ε-Caprolactam (**I**) wird in W. bei 250—260° in Ggw. von essigsaurem N-Butylamin (**II**) unter N_2 polymerisiert. Bei Anwendung von Druck nimmt mit wachsender Polymerisationsdauer die Homogenität des erhaltenen Polymeren zu (Menge an Polymeren mit geringem u. hohem Molgew. nimmt ab), während der mittlere Polymerisationsgrad von 154 (0 Std. Druckanwendung) auf 103 (100 Std.) absinkt. Durch Polymerisation in Ggw. von **II** werden die Endgruppen blockiert u. dadurch ebenfalls eine größere Gleichmäßigkeit der Fraktionsverteilung erzielt. Die Ergebnisse des Vers. mit **II** u. der Polymerisation von **I** in Ggw. von 8% W. bei 250—255° (mittlerer Polymerisationsgrad 184) unter N_2 in Ampullen werden graph. u. tabellar. angegeben.

O. KRAMM. 4010□

Untersuchungen über Harnstoff-N.N′-dicarbonsäuren. Heinz Giesemann und Ernst Oertel. (J. prakt. Chem. [4] **8 (280).** 292—97. Juni 1959. Halle-Wittenberg, Martin Luther-Univ., Justus-Liebig-Inst. für organ. Chem.) (Dt.)

Verss., DL-Alanin (**I**), α-Aminoisobuttersäure (**II**), DL-Phenylalanin (**III**), L-Histidin (**IV**), 1 (3)-Benzyl-L-histidin (**V**) u. DL-Norleucin (**VI**) nach dem D. B. P. 888 847 (C. **1953.** 8995) mit $COCl_2$ zu den entsprechenden *Ureylendicarbonsäuren* (**A**) umzusetzen, gelang nicht. Bei der Rk. von $COCl_2$ mit **I**, **II** u. **IV** wurden keine Ndd., mit **III**, **V** u. **VI** nur klebrige Ndd. erhalten. Die auf anderen Wegen dargestellten **A** spalten beim Erhitzen über den Zers.-Punkt CO_2 u. W. ab, jedoch nicht in einem Verhältnis, daß auf die Bldg. von linearen oder cycl. Polyaminosäuren schließen läßt. Die Kondens. von ε.ε′-Ureylendicapronsäure (**VIII**) zum *linearen Polyamid* (**IX**) verläuft wahrscheinlich über das ε-Caprolactam. δ.δ′-Ureylendivaleriansäure (**XI**) gibt beim Erhitzen größtenteils *δ-Valerolactam* neben wenig *Polymeren* (**X**). **IX** u. **X** konnten zu ε-Aminocapronsäure (**VII**) bzw. δ-Aminovaleriansäure hydrolysiert u. papierchromatograph. identifiziert werden.

Versuche: *ε.ε′-Ureylendicapronsäure* (**VIII**), $C_{13}H_{24}N_2O_5$, F. 162—163° (Zers.), a) durch Lösen von **VII** in W., Neutralisieren mit n-NaOH u. Einleiten von $COCl_2$ bis pH 5; aus W. Nadeln; 74,4%; b) durch Schütteln der **VII**–Na-Salz-Lsg. mit einer Toluol-$COCl_2$-Lösung. — *α.α′-Ureylendipropionsäuredimethylester*, $C_9H_{16}N_2O_5$, F. 170—171° (Zers.), aus DL-Alaninmethylester nach FISCHER [1901]; aus W. Nadeln. *Freie Säure*, durch Verseifen des Esters nach GRANÄCHER u. WOLF [1928]. — *α.α′-Ureylendicapronsäurediäthylester*, $C_{17}H_{32}N_2O_5$, F. 85—86° (Zers.), durch Verestern von **VI** mit A. nach CURTIUS [1891] u. Umsetzen des *Esterhydrochlorids* mit NaOH u. einer Bzl.–$COCl_2$-Lsg. nach GRANÄCHER u. LANDOLT [1927]; aus verd. A. Nadeln. *Freie Säure*, $C_{13}H_{24}N_2O_5$, F. 167—169° (Zers.), durch Verseifen des Esters nach GRANÄCHER u. WOLF [1928]; aus W. Blättchen. — *δ-Valerolactam*, F. 39—40°, $Kp._{14}$ 135—138°, durch 1½—2std. Erhitzen von **XI** auf 195—230° unter Gas-Entw.; lange hygroskop. Nadeln; daneben wenig einer *braunen Verb. vom F. ca. 230°* (Zers.). — *Polymeres vom F. 210—215°* (**IX**), durch mehrstd. Erhitzen von **VIII** auf 180—230°; gelblich; daneben wenig *ε-Caprolactam* (F. 68—70°).

W. LIEBSCHER. 4010□

Untersuchung auf dem Gebiet der Borverbindungen. Oxydative Polymerisation von Triallylbor. A. W. Toptschijew, A. A. Prochorowa, Ja. M. Pauschkin und

M. W. Kuraschew. (Доклады Академии Наук СССР [Ber. Akad. Wiss. UdSSR] **131.** 105—08. 1/3. 1960. Inst. für Erdölchem. Synth. der Akad. der Wiss. der UdSSR.) (Russ.)

Vff. untersuchen die Polymerisation von *Triallylbor* (I) in Ggw. von Luftsauerstoff bei Zimmer-Temp. u. in Lsgg. von Isopropyl- u. tert.-Butylbenzol bei 130° in Ggw. von O_2–N_2-Gemischen. Die erhaltenen gelben Polymeren enthalten neben B auch Sauerstoff. Sie sind schlecht lösl. u. gehen bei längerem Behandeln mit 10% ig. KOH teilweise in eine lösl. Fraktion über, die sich auch beim $1^1/_2$std. Erwärmen mit CCl_4 u. Tetrahydrofuran bildet. Unter N_2 polymerisiert I nicht in Ggw. von 5% Dibenzoylperoxid, wohl aber bei einem mol. Verhältnis von 1 : 1. Weiterhin wird der Einfl. von I auf die Polymerisation von Vinyl-Verbb. untersucht. Während I die Polymerisation von *Methylacrylat* bei Zimmer-Temp. katalysiert, hemmt es die von *Styrol* u. verhindert die von *Acrylonitril* u. *Vinylacetat* bei 100°. RENATE RICHTER. 4010□

Synthese von metallbindenden Polymeren. 3. Mitt. **α-Hydroxyphosphonsäure und verwandte Gruppen enthaltende Polymere.** E. S. Lane. (J. appl. Chem. **8.** 687—90. Okt. 1958. Harwell, Berks., A.E.R.E., Chem. Div.) (Engl.) — 2. vgl. C. **1962.** 2393.

Die Grundlage für die Darst. von Phosphonsäureharzen mit metallbindenden Eigg. bildet die Rk. von Salicyl- (I) u. 2.4-Dihydroxybenzaldehyd (II) mit Dimethylphosphit (III) oder H_3PO_3. Werden äquimol. Mengen I u. III zusammen erhitzt, so entsteht unter heftiger exothermer Rk. ein glasartiges Prod. mit sauren Eigg., das nicht kristallisierbar ist u. als Hauptkomponente *α.2-Dihydroxybenzylphosphonsäure* (IV; $C_7H_9O_5P$, 15,2% P) enthält. Ähnliche Prodd. werden mit Diäthyl- bzw. Dibutylphosphit erhalten. Äquimol. Mengen I u. kristalline H_3PO_3 ergeben unter 2std. Erhitzen in Äthylenglykol IV mit einem P-Geh. von 15,0%. Durch 4std. Erhitzen von IV in W. mit 36% ig. CH_2O entsteht ein rotes, transparentes, zu einem stabilen u. in W. völlig unlösl. Harz härtbares Gel mit 11,3% P u. einer Austauschkapazität (AC) von 9,5 mVal/g. Das monomere IV liefert durch 10std. Erhitzen mit 46% ig. HBr dunkelrote u. gummiartige *Poly-α.2-dihydroxybenzylphosphonsäure* mit 11,5% P u. einer AC von 4,5 m Val/g. Durch Erhitzen von II mit III auf 100° entsteht *α.2.4-Trihydroxybenzylphosphonsäure* (V; $C_7H_9O_6P$, 15,7% P). Äquimol. Mengen II u. H_3PO_3 ergeben unter Erhitzen ein Gel mit 11,9% P u. einer AC von 6—6,3 mVal/g. Da o-Methoxybenzaldehyd mit H_3PO_3 nicht polymerisierbar ist, wird hinsichtlich des Rk.-Mechanismus angenommen, daß IV u. V unter A.-Austritt zwischen der α-OH-Gruppe u. einem Kern-H-Atom des benachbarten Mol. u. Äther-Bldg. polymerisieren. W. WESLY. 4010□

Durch mechanische Energie ausgelöste chemische Reaktionen von Polymeren. W. F. Watson. (Kautschuk u. Gummi **13.** Nr. 6. WT160—WT164. Juni 1960. Shawbury, England, Res. Assoc. Brit. Rubber Manufact. [Dt.]. Makromol. Chem. **35.** A. IUPAC Sympos. Makromoleküle Wiesbaden 1959. 240—51. Juli/Aug. 1960.) (Engl.)

Durch mechan. Energie ausgelöste Rkk. von Polymeren werden erörtert (Mechanismus der mechan.-chem. Dissoziation, Ort der Spaltung, Mastifikation in Luft u. mit Peptisiermitteln, Füllstoffe als Radikalacceptoren, Abbau u. Modifikation von Polymeren, Bldg. von Interpolymeren u. mechan. aktivierte Polymerisationen u. Rkk.). — 26 Literaturangaben. R. SCHÄFF. 4030□

Molekulare Basis für den Mullins-Effekt. F. Bueche. (J. appl. Polymer Sci. **4.** 107—14. Juli/Aug. Akron, Ohio, Univ., Inst. of Rubber Res.) (Engl.)

Die Erweichung von gefülltem *Kautschuk* (I) durch eine vorausgehende Dehnung (vgl. z. B. MULLINS u. TOBIN, C. **1958. 3464**) wird unter den Annahmen gedeutet, daß die Zentren der Füllstoffteilchen (FT) während der Verformung von I eine affine Verschiebung erfahren u. daß die an beiden Enden des FT verankerten Netzketten nach einer Entfernung voneinander, die zu einer fast völligen Kettendehnung führt, zerrissen werden. Dadurch ist der Modul des einmal gedehnten I viel kleiner als der des Ausgangs-I. Unter der weiteren Annahme, daß die Oberfläche des FT pro Kettenhaftstelle 44 $Å^2$ u. die Festigkeit der Kette $2 \cdot 10^{-4}$ dyn beträgt, ergibt sich gute Übereinstimmung zwischen Vers. u. Theorie. Die Abspaltung der Ketten vom FT erfolgt hiernach leichter als eine Spaltung von C–C-Bindungen in der Kette. Die Theorie dürfte eine brauchbare Basis zur Unters. der Wechselwrkg. zwischen I u. II darstellen. O. FUCHS. 4030□

Beitrag zur Untersuchung des Schutzes von Kautschuk gegenüber Atmosphärilien. 1. Mitt. **Untersuchung einiger organischer Nickelverbindungen.** Pierre Karmitz. (Rev. gén. Caoutchouc **35.** 913—21. Juli 1958. Inst. Franç. Caoutchouc.)

Da sich einige Ni-Komplex-Verbb. als gute Schutzmittel gegenüber Licht u. O_3 erwiesen haben, wurden 36 organ. Ni-Verbb. eingehend (an verschiedenen Vulkanisationsmischungen bei Bewitterung mit u. ohne Spannung) untersucht u. dabei *Ni-Isopropylxanthogenat* als das wirksamste Schutzmittel erkannt. Die Unters. der Absorptionsspektren der verschiedenen Verbb. führte zu keiner einwandfreien Folgerung über den Zusammenhang zwischen Absorption u. Schutzwirkung. Die Schutzwrkg. der Ni-Xanthogenate kann durch die Ggw. von Diphenyl-p-phenylendiamin u. in bestimmten Fällen von Heliozon (Migrationsmittel) noch verbessert werden. Die untersuchten Verbb. waren: Ni-N.N-Dibutyl-, -N.N-Dioctyldithiocarbamat, -N.N'-Pentamethylen-, -N.N'-Äthylen-bis-[dithiocarbamat], Ni-Benzothiazolyl-(2)-mercaptid, Ni-Benzimidazolyl-(2)-mercaptid, Ni-Äthyl-, -Isopropyl- u. -Trimethylcyclohexylxanthogenat, Ni-Glycinat, Ni-Leucinat, Di-Ni- u. Tetra-Na-Äthylendiamintetraacetat, Ni-Bis-[acetylaceton]- u. -Bis-[salicylaldehyd]-äthylendiimin, Ni-Bis-[salicylaldehyd]-o-phenylendiimin, Na-Anthranilat, Ni-Salicylaldoximat, Ni-Naphthylamin-(2)-sulfonat-(1), Ni-Bis-[1-benzolazonaphthol-(2)], Ni-Bis-[1-p-nitrobenzolazonaphthol-(2)], Ni-Bis-[1-benzolazonaphthylamin-(2)], Ni-Phthalocyanin, Ni-Dimethylglyoxim, Ni-Acetylacetonat, Ni-Salicylat, Ni-2-Äthylhexylsalicylat, Ni-Bis-[salicylaldehyd], Ni-3-Hydroxy-2-naphthoat, Ni-2-Äthlhexylmercaptid u. Ni-Stearat. R. Schäff. 4030

cis-trans-Isomerisierung von Naturkautschuk unter der Einwirkung von Chlorwasserstoff und Äthylaluminiumdichlorid. I. I. Boldyrewa, B. A. Dolgoplossk, Je. N. Kropatschewa und K. W. Nelsson. (Доклады Академии Наук СССР [Ber. Akad. Wiss. UdSSR] **131.** 830—32. 1/4. 1960. Rubber Chem. Technol. **33.** 985—87. Nov. 1960. Lebedew-Forsch.-Inst. für synthet. Katuschuk.) (Russ.) — Vgl. C. **1960.** 5181.

Bei der Einw. von trockenem HCl (als gesätt. benzol. Lsg.) in Mengen von 10—100 Gew.-% des Polymeren bei 80° u. von $Al(C_2H_5)Cl_2$ (1 u. 5%) bei 30 u. 90° auf benzol. Lsgg. von *Naturkautschuk* (I) nimmt die Menge an 1.4-trans-Gliedern auf Kosten der 1.4-cis-Glieder zu, u. zwar um so mehr, je höher die Konz. des Zusatzes ist. Die Menge an 3.4- u. 1.2-Gliedern bleibt prakt. konstant. Durch Anlagerung der Zusatzstoffe an die Doppelbindungen von I nimmt der Grad der Ungesättigtheit der polymeren Kette gleichzeitig mit der Isomerisierung ab. Die Isomerisierung u. Anlagerung von HCl beginnt schon bei —70°. Bei 60° beträgt die Summe der Doppelbindungen u. des angelagerten Cl schon 82% der Theorie, offenbar infolge Cyclisierungsprozessen. Eine merkliche Isomerisierung von Polybutadien erfolgt unter diesen Bedingungen nicht.
R. K. Müller. 4030□

Emulsionspolymerisation von Chloropren. F. Hrabák und Ya. Zachoval. (J. Polymer Sci. **52.** 131—37. Juli 1961. Prague, Czechoslov., High School of Chem.) (Engl.)

Wird die Emulsionspolymerisation von *Chloropren* (I) über einen 90—92%ig. Umsatz geführt, so tritt Gelbildung ein. Vff. versuchten lösl. Polymere trotz höheren Umsatzes zu erhalten. Der Einfl. des Emulgators (Kolophonium, hydriertes Kolophonium bzw. Mersolat) auf die Polymerisations-Geschw. in Ggw. von Dibenzoylperoxid (II), Azodiisobutyronitril bzw. $K_2S_2O_8$ wurde bestimmt. Es wurde gefunden, daß im Fall von monomerlösl. Startern Harzseife (im Vgl. zu Mersolat u. hydriertem Kolophonium) ein starker Polymerisationsinhibitor ist. Um die optimalen Bedingungen der Wechselwrkg. zwischen Tetraäthylthiuramdisulfid u. den Polysulfidbindungen des I-*Schwefel-Copolymeren* zu ermitteln, wurde die Zerfalls-Geschw. der Bindungen in Abhängigkeit vom pH des Latex bestimmt. Die Polymerisation von **I** in Ggw. von **II, II** u. Na-N.N-Dimethylsulfanilat (**III**), **II/III** u. S, H_2O_2, H_2O_2/**III**, H_2O_2/Dimethylanilin bzw. H_2O_2/Triäthanolamin wurde unter Verw. von Mersolat als Emulgator untersucht. Während des Polymerisationsablaufes wurde die Viscosität des Polymeren nach der Vistex-Meth. zur Best. der Gel-Bldg. bestimmt. Bei Zusatz von 5 Gew.-% CCl_4 in Ggw. von **III** u. **II** wurde ein lösl. Polymeres erhalten, wobei ein Umsatz von 100% erreicht wird. Es wurde gezeigt, daß N-Phenyl-β-naphthylamin ein Inhibitor bei der mit Peroxid gestarteten Polymerisation ist, aber keinen inhibierenden Einfl. bei Verw. von Azo-bis-isobutyronitril als Starter ausübt. E. Weber. 4030□

Neue Methoden der Modifikation der Celluloseeigenschaften. S. A. Rogowin. (Periodica polytechn. [Budapest], chem. Ingenieurwes. **5.** 65—87. 1961. Moskau, Textil-Inst.) (Russ.)

Ausführlicher Überblick über die Synth. neuer Derivv. der *Cellulose* (I), die Einführung neuer Gruppen in die Makramoll. der **I** u. nachfolgende Umwandlung dieser Gruppen u. die Herst. von Block- u. Pfropfcopolymeren der **I.** — 30 Literaturangaben.
M. Ulmann. 4050□

Zur Frage des Mechanismus der Oxydation von Cellulose mit Stickstoffdioxid. M. M. Pawljutschenko, I. N. Jermolenko und F. N. Kaputzki. (Журнал Прикладной Химии [J. angew. Chem.] **33.** 1385—91. Juni 1960.) (Russ.)

Auf Grund von Literaturangaben u. eigenen Verss. ist bei der Oxydation von *Cellulose* durch N_2O_4, die bei höheren Temp. zu einem geringeren Geh. an COOH-Gruppen führt, als sicher anzunehmen, daß die Oxydation unter Adsorption des N_2O_4 erfolgt, daß sich gleichzeitig mit der Bldg. von COOH-Gruppen Nitrite, Nitrate, Carbonylgruppen u. Aldehyde bilden, daß bei höheren Temp. auch eine Decarboxylierung stattfindet u. daß ein Zusatz von O_2, HNO_3 u. geringen H_2O-Mengen zu N_2O_4 die Oxydation beschleunigt. M. ULMANN. 4050□

Über Wärmetönungen bei den Reaktionen von Estern und Äthern der Cellulose mit Benzol. D. W. Sharkowski. (Доклады Академии Наук БССР [Ber. Akad. Wiss. BelorussSSR] **3.** 341—44. Aug. 1959.) (Russ.)

Wie die Benetzungswärme bei Einw. von W. auf *Nitrocellulose* (I) mit erhöhtem Veresterungsgrad von I absinkt, so fällt auch die Benetzungswärme bei Bzl. von 8,8 cal bei 1 g Baumwollcellulose auf —1,9 cal bei I mit 13,2% N. Bei 7% N erhielt Vf. 2,1. Bei *Methylcellulose* (II) ist dieser Effekt bei W. weniger ausgeprägt, tritt dagegen bei Bzl. stark hervor. Während Vf. bei 1 g mercerisierter Baumwolle 9,0 cal fand, fällt dieser Wert bei II mit 37,5% OCH_3 auf 4,9. Es wird angenommen, daß zwischen den einzelnen Mol.-Ketten der Cellulose nicht nur H-Bindungen wirksam sind, sondern daß hier auch die nichtpolaren CH-Gruppen akt. sind. M. ULMANN. 4050□

Nitrierung von Dicarboxycellulose. Vorl. Mitt. Nils-Erik Virkola. (Paperi ja Puu **40.** 639—40. 22/12. 1958. Helsinki (Helsingfors), Finnish Pulp and Paper Res. Inst.) (Engl.)

Dicarboxycellulose (I) wird erneut auf COOH-Geh., Polymerisationsgrad (P) u. Kupferzahl untersucht. Die Best. von P erfolgt nach der Nitratmethode. Wenn die COOH-Gruppen von I vor der Nitrierung frei vorliegen, werden teilweise in *Aceton unlösl. Nitrate* erhalten. Geht man dagegen vom Na-Salz von I aus, bilden sich *acetonlösl. Nitrate*, deren P bestimmt werden kann. I ist aus Baumwoll-Linters durch Oxydation mit $NaJO_4$ unter Bldg. von *Dialdehydcellulose* u. deren Oxydation mit $NaClO_2$ zugänglich. L. LAMZA. 4050

Die Assoziation von α- und β-Cyclodextrinen mit organischen Säuren. Hermann Schlenk und Donald M. Sand. (J. Amer. chem. Soc. **83.** 2312—20. 20/5. 1961. Austin, Minn., Univ. of Minnesota, Hormel Inst.) (Engl.)

β-Cyclodextrin (β-I) zeigt in W./A.-Gemischen ein Löslichkeitsmaximum bei ca. 25% Äthanol. Die Löslichkeitserhöhung von hochgereinigten Fettsäuren (Capronsäure bis Laurinsäure) durch α- u. β-I in W. wurde gemessen. Die den 1,2—30fachen Wert der normalen Löslichkeit betragende Löslichkeitserhöhung ist im Gegensatz zur Löslichkeit der reinen Fettsäuren keine stetige Funktion u. kann nicht zu höheren Kettenlängen hin extrapoliert werden. Ein Vgl. der Löslichkeit der Fettsäuren in I-Lsgg. mit der Zus. der entwässerten I-Fettsäurekomplexe (C_6—C_{19}-Säure) zeigt, daß oft weniger I nötig ist, eine Fettsäure in Lsg. zu halten, als die I in einer kristallinen Phase binden können. Frühere Ergebnisse, daß für die festen I-Säurekomplexe das Gesetz der konst. Proportionen gilt, wurden bestätigt. Das Verhältnis I:Fettsäure wächst etwa um 1 pro 5 CH_2. Die kristallinen Komplexe stehen offenbar im Gleichgewicht zu assoziierten I—Säure-Einheiten. — Benzoesäure (II) bildet mit α- u. β-I Assoziate, von denen die mit β-I leicht u. die mit α-I (im Verhältnis 2 α-I:II) nur schwer kristallisieren. Die Löslichkeit von II wird proportional der I-Konz. in der Lsg. erhöht, wobei bei 10 u. 29° das Verhältnis von ca. 1 α-I:1 II herrscht u. bei 3 u. 40° von 0,95 β-I:1 II. — Alle 3 Jodbenzole bilden leicht krist. Komplexe mit β-I, doch entsteht mit α-I nur der Komplex mit p-Jodbenzol ohne Schwierigkeit. Durylcarbonsäure, Durylessigsäure, β-Durylpropionsäure u. γ-Durylbuttersäure geben keine krist. I-Komplexe u. zeigen extrem hohe Verhältnisse von I:Säure in Lösung. Ster. Gründe dafür werden angeführt. — Die Löslichkeit von organ. Säuren in I-Lsgg. wird durch Salze herabgesetzt, vor allem KJ verhindert die Komplex-Bldg. bzw. zerstört die Komplexe. — Die spezif. Drehung von I, vor allem von α-I, ist in Lsgg. mit einem Geh. an gesätt. organ. Säuren herabgesetzt, wobei deren Einfl. mit der Kettenlänge wächst. II, Hexen-(2)-säure, Isopenten-(2)-säure u. vor allem Sorbinsäure u. Äthylsorbat rufen eine Erhöhung der spezif. Drehung hervor, während Hexen-(3)-säure eine Verringerung bewirkt. Die Wrkg. der K-Halogenide ist verschieden. W. WILLENBERG. 4050□

Eine polymerhomologe Reihe von Oligosaccharid-Alkoholen aus Cellulose. M. L. Wolfrom und D. L. Fields. (Tappi **41.** 204—07. Mai 1958. Columbus, Ohio, Ohio State Univ., Dep. of Chem.) (Engl.)

Die in früheren Arbeiten (vgl. Tappi **40.** [1957.] 335) durch Acetolyse von *Cellulose* gewonnene polymerhomologe Reihe von Cellobiose bis Cellohexaose wurde der Hochdruckhydrierung an RANEY-Ni unterworfen. Die damit erhaltenen Zuckeralkohole

Cellobiit, Cellotriit, Cellotetrait, Cellopentait u. *Cellohexait* konnten in kristalliner Form dargestellt werden. Die Auftrennung des Acetolysats in die Komponenten erfolgte an Micro-Cel C. G. Rapp. 4050

In dem Krakauer Laboratorium der kernmagnetischen Resonanz erhaltene Meßergebnisse der Spin–Gitter-Relaxationszeiten in Flüssigkeiten. J. W. Hennel, A. Z. Hrynkiewicz, K. Krynicki, T. Waluga und G. Zapalski. (Arch. Sci. [Genève] **11 (163)**. Sonderh. 243—46. 10/12. Juli 1958. Cracow, Polish Acad. of Sci., Inst. of Nuclear Res., Nuclear Resonance Labor.) (Engl.) — Vgl. C. **1959.** 14953.

Mittels der l. c. beschriebenen Meth. bestimmten Vff. die Spin–Gitter-Relaxationszeiten T_1 von O_2-freiem *W.* u. *Chlf.* bei 20° zu 3,21 ± 0,07 bzw. 90 ± 4 sec. An den gleichen Fll. u. an Lsgg. von *Gelatine* in W. untersuchten Vff. die Änderung von T_1 mit der Temperatur. Entgegen den theoret. Voraussagen von Bloembergen u. Mitarbeitern (vgl. Physic. Rev. **73.** [1948.] 679) nimmt der Wert des Ausdrucks $\eta T_1/T$ (η = Viscosität) mit steigender Temp. ab, u. zwar bei W. zwischen 5 u. 40° um 6%, bei Chlf. um 18%. Für die Lsgg. in Gelatine in W. ist er nahezu konstant. C. Gottfried. 4070

Nachweis der Komplexbildung von Monophenyldiimid mit Hämoproteinen. Harvey A. Itano und Elizabeth A. Robinson. (J. Amer. chem. Soc. **83.** 3339—40. 5/8. 1961. Bethesda, Md., Nat. Inst. of Arthritis and metabolic Diseases.) (Engl.)

Rinderhämoglobin-Lsgg. (0,05 mM Häm, Phosphatpuffer pH 6,8) zeigen in Ggw. von mit $K_3[Fe(CN)_6]$ oxydiertem Phenylhydrazin (I) eine charakterist. Änderung des Absorptionsspektrums. Die Maxima bei 631 u. 500 mμ verschwinden, u. eine breite Bande bei 541 mμ erscheint. Eine ähnliche Änderung tritt auch bei Zugabe von nichtoxydiertem I zu *Methämoglobin* in Ggw. von O_2 auf. Vff. interpretieren diese Änderungen als Bldg. eines Komplexes von *Monophenyldiimid* ($C_6H_5N{=}NH$) mit *Hämoglobin* bzw. *Methämoglobin.* Vorläufige Unterss. ergaben, daß als Komplexpartner auch *Ferrihäm, Ferrimyoglobin* u. *Ferricytochrom* c bzw. Naphthylhydrazin, Methylhydrazin u. Dimethylhydrazin fungieren können. W. Haberditzl. 4070□

Zur Frage der Polypeptidkette in den Globularproteinen und der Rolle der β-gefalteten Struktur. W. P. Kuschner. (Биохимия [Biochemie] **26.** 1077—81. Nov./Dez. 1961. Leningrad, Inst. für Cytol. der Akad. der Wiss. der UdSSR.) (Russ.; Auszug: Engl.)

Die Unterss. über die Kinetik der *Trypsin* (I)-Autolyse bei 38° ergaben, daß der Zerfall des I-Mol. in einzelne Bruchstücke von einem Verlust der α-Schraubenkonfiguration begleitet ist. In den ersten 10 Min. der I-Autolyse nehmen Trübungsgrad u. opt. Drehung $[\alpha]_D$ gleichmäßig ab. Später wird die Abnahme der Trübung geringer, während $[\alpha]_D$ sich nicht mehr ändert oder sogar zunimmt. Aus dem Verh. von I bei Zugabe von Harnstoff u. von Dimethylformamid in verschiedener Konz. wird geschlossen, daß unter bestimmten Bedingungen als Folge der unbeständigen Assoziation der I-Bruchstücke eine umkehrbare Bldg. der β-Struktur stattfindet. Das von Tanford (vgl. C. **1962.** 6057) beobachtete anomale Verh. des *β-Lactoglobulins* läßt sich demnach durch die Annahme erklären, daß die sek. α-Struktur völlig fehlt oder daß im Makromol. des Proteins äquivalente Mengen von links- u. rechtsgängigen Schrauben vorliegen.
O. Lebtag. 4070□

E. Biologische Chemie. Physiologie. Medizin

E_1. Allgemeine Biologie und Biochemie

Kälteeinwirkung auf den Trehalosegehalt der Embryonen von Bombyx mori. Janine Dutrieu. (C. R. hebd. Séances Acad. Sci. **253.** 3071—73. 18/12. 1961. Bordeaux, Fac. des Sciences, Labor. de Physiol. générale.) (Franz.)

In systemat. Unterss. bei hohen (23°) u. tiefen Temp. (3°) stellte Vf. fest, daß bei tiefen Temp. der *Trehalose*-Geh. der Embryonen merklich erhöht ist. — Dieser Befund wird in Hinsicht auf den Zuckerstoffwechsel bei *Bombyx mori* diskutiert.
H. Kockert. 4102□

Das Aktionspotential in Zellen der Chara-Alge. A. B. Hope. (Nature [London] **191.** 811—12. 19/8. 1961. Sydney, Australia, Univ. of Sydney, Bot. School, Plant Physiol. Unit.) (Engl.)

Es wird eine Erklärung für das Aktionspotential (AP) einzelner Zellen von *Chara australis* gegeben, die von derjenigen von Gaffey u. Mullins abweicht (vgl. C. **1960.** 1556). Danach ist das AP als Funktion einer plötzlichen Permeabilitätssteigerung des Plasmalemm gegenüber Ca^{2+} anzusehen, so daß das AP das Ionengleichgewicht für Ca^{2+} anstrebt: $E_{oi} = (RT/2F) \ln([Ca^{2+}]_o/[Ca^{2-}]_i)$ = konst. + 29 log$[Ca^{2+}]_o$ bei 19°.

Die Wrkg. von Ca wurde auch in Ggw. von *Mg, Ba* oder *Sr* beobachtet u. wird für spezif. angesehen. Es können unter Umständen auch Permeabilitätsänderungen gegenüber anderen Ionen beteiligt sein, wodurch sich Abweichungen in der durch die Gleichungen angegebenen Relation ergeben könnten. U. TAUSENDFREUND. 4102□

Die Schnitt-Gefrier-Substitutions-Technik. 1. Mitt. Methode. Jeffrey P. Chang und Samuel H. Hori. (J. Histochem. Cytochem. **9.** 292—300. Mai 1961. Houston, Texas, Univ. of Texas, M. D. Anderson Hosp. and Tumor Inst., Dep. of Pathol., Sect. of Exp. Pathol.) (Engl.)

Es wird eine Technik beschrieben, innerhalb von 24 Std. aus frischen Geweben fertige Schnitte herzustellen, in denen *Oxydasen* u. *Hydrolasen,* lösl. *Isotopen* u. andere chem. Substanzen in einem einzigen Substitutionsprozeß nachgewiesen werden können. Die Meth. ist einfach, die Resultate sind jederzeit reproduzierbar. H. AMAN. 4150□

Die Lokalisierung von N-Acetyl-β-glucosaminidase in Geweben. Doreen Pugh und P. G. Walker. (J. Histochem. Cytochem. **9.** 242—50. Mai 1961. Brockley Hill, Stanmore, Middlesex, Inst. of Orthopaedics, Dep. of Biochem.) (Engl.)

α-Naphthyl-N-acetyl-β-glucosaminid diente zusammen mit einer Kupplungs-Meth. mit dem Azofarbstoff *Echtgranat GBC* (**I,** diazotiertes o-Aminoazotoluol) zum Nachw. von *N-Acetyl-β-glucosaminidase* (**II**)-Aktivität in formalinfixierten Gefrierschnitten. Es wurden die Wrkg. der Fixierung auf die **II**-Aktivität untersucht, ferner die Einfl. der Substrat-Konz., Menge von **I** u. pH des Inkubationsmediums beschrieben. Mittels *N-Acetylglucosaminolacton* als Inhibitor von **II** wurde die Spezifität der Rk. untersucht. Die relative Aktivität von **II** in Homogenaten von Rattengewebe wurde gemessen (Best. des durch **II** freigesetzten α-Naphthols mit FOLIN–CIOCALTEU-Reagens) u. ihre Verteilung in Rattengeweben u. in menschlichem Knorpel u. Synovia mitgeteilt. Mittels der angegebenen Technik ist eine befriedigende Lokalisierung von **II** möglich. Faktoren, welche die histochem. Lokalisierung beeinflussen, werden in bezug auf mit anderen Enzymen erhaltene Ergebnisse besprochen. H. AMAN. 4150□

Acrolein-Schiff, eine neue Färbemethode für Proteine. P. Van Duijn. (J. Histochem. Cytochem. **9.** 234—41. Mai 1961. Leiden, Univ. of Leiden, Labor. for Pathol., Biochem. Sect.) (Engl.)

Die Meth., welche eine hohe Spezifität für Proteine zeigte, wurde geprüft an Paraffinschnitten (Meerschweinchen), fixiert in CARNOY-Lsg. oder 4%ig. Formaldehyd. Die Gewebeschnitte wurden 15—60 Min. in einer 5%ig. Lsg. von *Acrolein* (**I,** stabilisiert mit 1% Hydrochinon) in 95%ig. A. behandelt, hierauf je 5 Min. in 3mal gewechseltem A., in W. übertragen u. dann, wie üblich, mit dem SCHIFF-Reagens gefärbt. Die Rk. wird vollständig blockiert durch Acetylierung. Alle Proteine u. Aminosäuren, ausgenommen die an Arginin reichen Protamine, waren bei den untersuchten Konzz. positiv. Kohlenhydrate, Ribonucleinsäure u. Nucleinsäure-Derivv. waren negativ. Desoxyribonucleinsäure reagierte schwach. Es ist erwiesen, daß die Doppelbindung von **I** mit der SH- u. Imidazolgruppe u. mit aliphat. NH_2- u. NH-Gruppen reagiert. Die Anwendung der Meth. als cytochem. Färbemittel erscheint angezeigt in Kombination mit FEULGEN, Thionin-SO_2-Färbung, hauptsächlich für Unterss. von Chromosomen, ferner auch bei der Papier- u. Agarelektrophorese. H. AMAN. 4150□

Nachweis von Fibrin in Gewebeschnitten durch die Rosindol-Methode. Holde Puchtler, A. B. Chandler und Faye Sweat. (J. Histochem. Cytochem. **9.** 340—41. Mai 1961. Augusta, Ga., Med. Coll. of Georgia, Dep. of Pathol.) (Engl.)

Die Gewebe wurden in CARNOY-Fl. fixiert u. in Paraffin eingebettet. Menschliches *Fibrinogen* (**I**), *Albumin* (**II**) u. *Kryoglobulin* (**III**) wurden zu Fleckentests verwendet. Die *Rosindol* (**IV**)-Rk. wurde nach GLENNER ausgeführt. *Fibrin* u. **I** färbten sich dunkelblau, Muskelfasern hellblau; *Kollagen,* Gitterfasern u. elast. Fasern, **II** u. **III** blieben in Fleckentests ungefärbt. Protoplasma von Epithelzellen zeigte nur eine schwache Rk., Leberzellen aber waren mäßig gefärbt, vermutlich auf Grund ihres **I**-Gehaltes. Die Leichtigkeit der **IV**-Rk. erlaubt die Anwendung der Meth. bei Routinearbeiten in der Histopathologie. H. AMAN. 4150□

Nachweis von Melanoblasten im Gehirn von Krallenfroschlarven (Xenopus laevis). Hans Komnick. (Naturwissenschaften **47.** 478. 2. Okt.-H. 1960. Bonn, Univ., Zool. Inst.) (Dt.)

Es wird nachgewiesen, daß im Gehirn der Krallenfroschlarven Melanoblasten enthalten sind, die normalerweise weder auswandern noch Pigment bilden, diese Potenzen jedoch realisieren, wenn sie in eine entsprechende Umgebung kommen. So wurden 20—25 Tage alten Larven die Gehirne entnommen u. die einzelnen Gehirnabschnitte in den stets völlig melanocytenfreien präanalen, ventralen Flossensaum homoplast. transplantiert. Die Explantate aus dem Mesencephalon hatten schon nach 8 Tagen

Pigmentzellen geliefert, nach 10 Tagen erschienen auch in den überpflanzten Stücken des Diencephalons, Rhombencephalons u. des vorderen Rückenmarks in manchen Fällen Pigmentzellen; die Pigmentzellen verhielten sich in *Intermedin*-Lsg. u. *Adrenalin*-Lsg. wie die körpereigenen Pigmentzellen des Tieres. U. Tausendfreund. 4150□

Sialsäure als eine Strukturkomponente der Zelloberflächen einiger Säugetiergewebe. Leonard Weiss. (Nature [London] **191.** 1108–09. 9/9. 1961. Cambridge, Strangeways Res. Labor.) (Engl.)

Zellen (16R u. 16C) von Haut, später Rattenföten, von der Nierenrinde des Rindes sowie von frisch isolierten Fibroplasten der Haut von Rattenföten zeigten nach Inkubation mit einem rohen, Receptor zerstörenden Enzym aus *Vibrio cholerae*, das jedoch außer *Neuraminidase* (I) noch andere Fermente enthielt, eine Schwächung der Kohäsionskräfte der Zelloberfläche. Die „Scherfestigkeit" (unter Glas, 32 Dyn/cm² über 60 Sek.) der Zelloberfläche bzw. die Zahl der abgelösten Zellen im Vgl. zur Gesamtzahl wurden als Maß für die Kohäsion zwischen den einzelnen Zellen angesehen. Verss. an 16R mit einer gereinigten I ergaben nach 60 Min. langer Inkubation bei 37° eine Änderung der „Scherfestigkeit" der Zelloberfläche von 37,7% abgelöster Zellen gegenüber 21,0% in Kontroll-Verss., was als Beweis für die Ggw. von *Sialsäure* als wichtige Strukturkomponente der Zelloberfläche von 16R-Stämmen, möglicherweise auch in anderen Stämmen, gewertet wird. J. Boelter. 4150□

Untersuchungen an Ehrlich-Asciteszellkernen. 1. Mitt. Methoden zur Isolierung von Zellkernen. E. D. Hudack und N. Baker. (Exp. Cell Res. **22.** 327–37. Jan. 1961. Cleveland, Ohio, Vet. Admin. Hosp., Dep. of Radiol. and Biochem., Radioisotope Serv.; Western Res. Univ. School. of Med., Dep. of Radiol. and Biochem.) (Engl.)

Beschreibung von 3 Meth. zur Isolierung von Zellkernen aus Ehrlich-Ascitestumor-Fl., bei denen zunächst mehrmals mit W. homogenisiert u. jeweils zentrifugiert u. anschließend mehrmals mit Phosphat–Bicarbonat-Puffer, Krebs-Ringer-Phosphatpuffer oder Saccharose-Lsgg. homogenisiert u. zentrifugiert wird. Bei allen 3 Verff. gehen ca. 50% der ursprünglich vorhandenen Desoxyribonucleinsäure während der Aufarbeitung verloren. Die isolierten Zellkerne sind morpholog. intakt u. frei von Cytoplasma (Phasenkontrastmikroskopie). R. Reiss. 4160□

Untersuchungen an Ehrlich-Asciteszellkernen. 2. Mitt. **Chemische Zusammensetzung von Zellfraktionen.** E. D. Hudack, A. P. Gibbons und D. O. Brummond. (Exp. Cell Res. **22.** 338–44. Jan. 1961. Cleveland, Ohio, Veterans Administr. Hosp., Radioisotope Serv.; Western Res. Univ., School of Med., Dep. of Radiol. and Biochem.) (Engl.) — 1. vgl. vorst. Referat.

Vff. untersuchen die einzelnen Stufen der in vorst. Ref. beschriebenen Isolierungstechnik für Zellkerne hinsichtlich ihres Geh. an *Ribonucleinsäure* (I), *Desoxyribonucleinsäure* (II) u. *Protein* (III). Aus den erhaltenen Werten errechnet sich der Geh. an I pro Tumorzelle zu 33 $\mu\mu$g (Meth. 1), 43 (Meth. 2) u. 34 $\mu\mu$g (Meth. 3), der an II zu 21,21 u. 21 $\mu\mu$g u. der an III zu 314 $\mu\mu$g (Meth. 1). Die Werte für die Zellkerne liegen für I bei 4,0; 6,8 u. 3,1 $\mu\mu$g, für II bei 19, 19 u. 19 $\mu\mu$g u. für III bei 71, 95 u. 72 $\mu\mu$g. R. Reiss. 4160□

Untersuchungen an Ehrlich-Asciteszellkernen. 3. Mitt. **Enzymatische Analyse der Cytoplasmaverunreinigung von aus dem Ehrlich-Ascitestumor isolierten Zellkernen.** E. D. Hudack und D. O. Brummond. (Exp. Cell Res. **22.** 345–55. Jan. 1961. Cleveland, Ohio, Veterans Administr. Hosp., Radioisotope Serv.; Western Res. Univ., School of Med., Dep. of Radiol. and Biochem.) (Engl.) — 2. vgl. vorst. Referat.

Obgleich die aus Ehrlich-Ascitestumorzellen isolierten Zellkerne im Phasenkontrastmikroskop keine Verunreinigung mit Cytoplasma erkennen lassen, konnte durch Best. der *Milchsäuredehydrogenase*, der *Bernsteinsäuredehydrogenase* sowie der *Diphosphopyridinnucleotid-Cytochrom-c-Reduktase* eine solche nachgewiesen werden. Die geringste Verunreinigung (2,7%) zeigten die nach Meth. 1 isolierten Zellkerne. Es folgten die nach Meth. 3 (6,9% Mitochondrien, 14% Mikrosomen) vor den nach Meth. 2 gewonnenen (9,8% Mitochondrien, 18% Mikrosomen). R. Reiss. 4160□

Schwellung von normalen, präneoplastischen und neoplastischen Lebermitochondrien. 1. Mitt. **Spontane und thyroxininduzierte Schwellung normaler Lebermitochondrien bei Einwirkung von Succinat und Adeninnucleotiden.** P. Emmelot, C. J. Bos und I. H. M. Reyers. (Z. Krebsforsch. **64.** 22–34. 1960. Amsterdam, Netherlands Cancer Inst., Dep. of Biochem.) (Engl.)

Membrankontraktion u. oxydative Phosphorylierung von Mitochondrien stehen in gewisser Beziehung zueinander. Der Einfl. einiger physiolog. Stoffe auf die Schwellung wurde deshalb untersucht. Normale Lebermitochondrien wurden in 0,3m *Saccharose* (I) isoliert u. in einer Lsg. von 0,30m I u. 0,02m Tris-Puffer vom pH 7,4 bei 21 ± 1°

inkubiert. Schwellung wurde durch die Abnahme der opt. Dichte nachgewiesen. Sowohl die spontane als auch die durch $3 \cdot 10^{-5}$m Thyroxin induzierte Schwellung wurde durch Zusatz von $5 \cdot 10^{-4}$m *Succinat*, mehr noch unter weiterem Zusatz von *Adeninnucleotiden* (10^{-5}m Mono-, Di- oder Triphosphat) gehemmt. Die Hemmung wurde durch Zugabe von $5 \cdot 10^{-3}$m Malonat oder $5 \cdot 10^{-5}$m 2.4-Dinitrophenol aufgehoben. W. Damerau. 4160□

Schwellung von normalen, präneoplastischen und neoplastischen Lebermitochondrien. 2. Mitt. Die Schwellung von Lebermitochondrien von Mäusen und Ratten, die mit carcinogenen Azofarbstoffen gefüttert wurden, und von Hepatommitochondrien. P. Emmelot und I. H. M. Reyers. (Z. Krebsforsch. **64.** 35—51. 1960. Amsterdam, Netherlands Cancer Inst., Dep. of Biochem.) (Engl.) — 1. vgl. vorst. Referat.

Langzeitige Fütterung von *4-Dimethylaminoazobenzol* (I) an Ratten hatte keine Wrkg. auf die Hemmung der Schwellung von Lebermitochondrien durch *Succinat* (II) u. *Adeninnucleotid* (III). Neoplast. Mitochondrien verhielten sich dabei etwa wie präneoplastische. Die Hemmung wurde durch Malonat oder künstliche Alterung der Mitochondrien (15 Min. bei 37°) aufgehoben. Dagegen wurde die thyroxininduzierte Schwellung von Rattenhepatommitochondrien durch II u. III kaum verzögert. Bei Ratten, die innerhalb von 2—3 Wochen insgesamt 90—140 mg I (verstärkte Fütterung) erhielten, verhielten sich Adenosintriphosphataseaktivität u. oxydative Phosphorylierung der Mitochondrien ähnlich wie bei normalen Mitochondrien, wenngleich geringe Unterschiede bei Zusatz von Glutamat beobachtet wurden. Ähnliche Resultate wie bei Ratten nach Fütterung von I wurden bei Mäusen nach Fütterung von *o-Aminoazotoluol* erhalten. W. Damerau. 4160□

Schwellung von normalen, präneoplastischen und neoplastischen Lebermitochondrien. 3. Mitt. Der Effekt von Dimethylnitrosamin auf die Schwellung und enzymatischen Eigenschaften von Rattenlebermitochondrien. P. Emmelot, C. J. Bos und I. H. M. Reyers. (Z. Krebsforsch. **64.** 52—63. 1960. Amsterdam, Netherlands Cancer Inst., Dep. of Biochem.) (Engl.) — 2. vgl. vorst. Referat.

Aus Ratten wurden 20—24 Std. nach Verabreichung einer tox. Menge *Dimethylnitrosamin* (I) (100 mg/kg Körper-Gew.) Lebermitochondrien (LM) isoliert u. bei 21° mit 0,3m *Saccharose* (II) inkubiert. Die spontane Schwellung von LM nach Fütterung von I (I-LM) wurde durch $5 \cdot 10^{-4}$m *Succinat* (III) für kürzere Zeit gehindert als bei normalen LM. Zusatz von $5 \cdot 10^{-4}$m α-Ketoglutarat hatte keinen Einfluß. Nach milder Alterung (3 Std. in 0,30m II bei 0°) wurde die Schwellung von I-LM durch III nicht gehindert. Bei thyroxininduzierter Schwellung zeigten frisch isolierte I-LM den gleichen Effekt von III (allein oder zusammen mit je 10^{-5}m Adenosinmonophosphat u. Adenosintriphosphat) wie künstlich gealterte normale LM, bei denen die Verzögerung der thyroxininduzierten Schwellung durch III nicht eintritt. Im Vgl. zu normalen LM waren die Phosphorylierungen bei der Oxydation von *Glutamat* (Ggw. von 10^{-3}m Diphosphopyridinnucleotid u. Histidinpuffer pH 7,0) weniger wirksam. Zugabe von Glucose/Hexokinase steigerte das P : O-Verhältnis bei I-LM mehr als bei normalen LM. I-LM zeigten gesteigerte *Adenosintriphosphatase* (IV)-Aktivität, was auf Aktivierung durch Mg^{2+} u. die gestörte Struktur der LM zurückgeführt wird, während durch 10^{-4}m *2.4-Dinitrophenol* (V) die IV-Aktivität wenig gesteigert wurde. Befunde weisen auf die Möglichkeit hin, daß durch tox. Dosen von I vermehrte nichtstrukturell gebundene Lipoproteine während der Präparation an LM adsorbiert werden u. so das Verh. der IV-Aktivität gegenüber Mg^{2+} u. V hervorrufen. W. Damerau. 4160□

Der Arsenkrebs. F. Koelsch. (Zbl. Arbeitsmed. Arbeitsschutz **8.** Nr. 6. 129—34. Juni 1958. Nr. **7.** 161—67. Juli 1958. Erlangen.) (Dt.)

Übersicht. — 70 Literaturangaben. H. Struck. 4160□

Beitrag zur Untersuchung des Wirkungsmechanismus cancerogener Kohlenwasserstoffe. Odilon Chalvet und Raymond Daudel. (C. R. hebd. Séances Acad. Sci. **242.** 416—18. 16/1. 1956.) (Franz.)

Vff. vergleichen dynam. Werte zur Ermittlung der Fähigkeit von KW-Stoffen, Additions-Verbb. zu geben, mit ähnlichen Werten von Nagata u. Mitarbeiter (vgl. C. **1956.** 4173). Die bestehenden Diskrepanzen zwischen den ΔE_π,- u. den E.O.P.-Werten verschwinden, wenn bei den letzten die von Nagata u. Mitarbeiter eingeführten zusätzlichen Korrektionen weggelassen werden. Die Werte lassen Voraussagen für die Cancerogenität der entsprechend berechneten KW-Stoffe zu. P. Loch. 4160□

Die Wirkung von 2-Aminofluoren und verwandter aromatischer Amine auf den Protein- und Ribonucleinsäurestoffwechsel von Leberschnitten. E. Arrhenius und T. Hultin. (Exp. Cell Res. **22.** 476—86. Jan. 1961. Stockholm, Univ., Wenner-Gren Inst. for Exp. Biol.) (Engl.)

Werden Leberschnitte von Ratten oder Meerschweinchen $2^1/_2$ Std. lang mit *2-Aminofluoren* (I), *2-Acetylaminofluoren*, *7-Fluor-2-aminofluoren*, *7-Fluor-2-acetylaminofluoren* oder *2-Aminonaphthalin* (II) u. anschließend 45 Min. lang mit *^{14}C-DL-Valin* (III) inkubiert, so ist der Einbau von III in das Protein gegenüber nicht oder mit 1-Aminonaphthalin oder Anilin vorbehandelten Schnitten gehemmt. Im Gegensatz zu diesen Befunden hat eine Inkubation von Rattennierenschnitten mit den genannten Verbb. keinen Einfl. auf die Höhe der III-Aufnahme. Vorbehandlung von Rattenleberschnitten mit I oder II u. anschließende Bebrütung mit *$^{14}C_{(8)}$-Adenin* (IV) bewirkt eine Hemmung des IV-Einbaues in die Adenyl- u. Guanylsäure der Ribonucleinsäuren. R. Reiss. 4160□

Das Verhalten des an Eiweiß gebundenen Farbstoffs, der n-Desmethylase, Katalase und Xanthinoxydase von Rattenlebern im Verlauf wiederholter Gaben von 3'-Methyldimethylaminoazobenzol. Mitsuo Matsumoto, Toshio Yamada und Hiroshi Terayama. (Gann, Japan. J. Cancer Res. **51**. 255—64. Sept. 1960. Tokyo, Univ., Fac. of Sci., Dep. of Biophys. and Biochem.) (Engl.)

Bei wöchentlich wiederholten Gaben von *3'-Methyldimethylaminoazobenzol* nimmt die Bindung des Farbstoffs an Leberprotein anfangs zu, erreicht rasch ein Maximum u. hört allmählich wieder auf. Katalase-, N-Desmethylase- u. Xanthinoxydaseaktivität gehen in den gleichen Zeiten durch ein Minimum u. erreichten dann wieder Normalwerte. Es handelt sich hierbei um eine wahre Enzymabnahme, nicht um eine Hemmung. — Vff. nehmen an, daß nach anfänglicher Leberschädigung das dann regenerierte Lebergewebe resistent gegen das Carcinogen ist. W. Jungstand. 4160□

Der Einfluß von Nicotinamid und Diphosphopyridinnucleotid auf Azofarbstoffe und Methylcholanthren-Carcinogenese. Mutsushi Matuyama und Takeo Nagayo. (Gann, Japan. J. Cancer Res. **51**. 265—71. Sept. 1960. Nagoya City, Univ., School of Med., Dep. of Pathol.) (Engl.)

Der Einfl. von *Nicotinamid* u. *Diphosphopyridinnucleotid* (DPN) auf das Auftreten u. Wachstum von Tumoren, die durch *p-Dimethylaminoazobenzol* u. *Methylcholanthren* (MC) hervorgerufen wurden, wird verfolgt. Es zeigt sich, daß das Wachstum von MC-Sarkomen durch Nicotinamid u. DPN verzögert wird. Gegenüber DAB-Leberkrebs war die hemmende Wrkg. sehr gering. W. Jungstand. 4160□

Proliferationsfördernde und -hemmende Wirkung der Geschlechtshormone bei Behandlung von Goldhamstern mit Carcinogenen. W. Dontenwill und U. Mohr. (Z. Krebsforschung **64**. 381—89. 1961. München, Univ., Pathol. Inst.) (Dt.)

Während Behandlung mit einer Cirrhosediät ebenso wie die alleinige Behandlung mit *Dimethylaminoazobenzol* bei Goldhamstern kleine cirrhot. Leberveränderungen auslöst, zeigt Acetaminofluoren eine starke proliferative Wrkg. vorwiegend auf das Gallengangsystem. Die proliferative Wrkg. wird durch *Testosteron* gehemmt u. durch *Follikelhormon*-Behandlung bis zur Bldg. von Cystenlebern gesteigert, ohne daß Carcinome entstehen. Auch bei Behandlung mit *Diäthylnitrosamin* zeigt Follikelhormon eine proliferationsfördernde Wrkg. auf das Gallengangsystem. Die proliferationssteigernde Wrkg. fehlt aber bei der durch Diäthylnitrosamin ausgelösten Carcinogenese am Bronchialepithel. Das Follikelhormon wirkt also offenbar nur an einem Gewebe bedingt carcinogen, an dem es auch proliferationsfördernd angreift. S. Groitzsch. 4160□

Die biochemische Cytologie eines Asciteshepatoms. M. Birns. (Exp. Cell Res. **22**. 317—26. Jan. 1961. New York, N.Y., Yeshiva Univ., Albert Einstein Coll. of Med., Dep. of Pathol.) (Engl.)

Histochem. Unterss. an den Zellen eines aus dem Novikoff-Hepatom gezüchteten transplantierbaren Rattenasciteshepatoms zeigen hohe *Adenosintriphosphatase*-Aktivität in den Zellmembranen u. den Mitochondrien u. *saure Phosphatase*-Aktivität in diskreten Cytoplasmagranula. *Bernsteinsäuredehydrogenase* findet sich in den Mitochondrien u. *Diphosphopyridinnucleotid-Diaphorase* sowie *Milchsäuredehydrogenase* im Cytoplasma u. ebenfalls in den Mitochondrien. R. Reiss. 4160□

Die Acylaseaktivität in der Leber von mit 4-Dimethylaminoazobenzol gefütterten Ratten. Sanji Kishi, Katsuhiko Haruno und Bun-Ichi Asano. (Gann, Japan. J. Cancer Res. **51**. 235—41. Sept. 1960. Tokyo, Showa Med. School.) (Engl.)

Für die Messung der *Acylaseakivität* (A) wurden *Acetanilid* (I), *Diacetyl-L-tyrosin* (II) u. *Acetylmethionin* (III) verwandt. In Lebern mit einer leichten Cirrhose war die A bei I höher als die der gesunden Leber, dagegen konnte sie im Hepatom kaum nachgewiesen werden. Wurde II für den A-Test verwandt, zeigte sich gegenüber der gesunden Leber für die kranke Leber u. für das Hepatom eine höhere A. Bei III zeigte die kranke Leber eine leicht erhöhte A. Hepatome ergaben nur den halben Wert. Die Lebern von *4-Dimethylaminoazobenzol*-Ratten zeigten eine höhere A, abhängig davon, ob mit I, II oder III earbeitet wurde. Bei der regenerierten Leber findet sich bei Verw. von III ein etwas rhöhter Wert u. bei I etwa der halbe Wert. W. JUNGSTAND. 4160☐

Papierelektrophoretische Untersuchungen mit Enzymen der Leber von mit 4-Dimethylaminoazobenzol gefütterten Ratten. 5. Mitt. **Acylase.** Sanji Kishi, Bun-Ichi Asano und Yutaka Tamura. (Gann, Japan. J. Cancer Res. **51.** 243—48. Sept. 1960. Tokyo, Showa Med. School.) (Engl.) — Vgl. vorst. Referat u. C. **1962.** 505.

Die *Acylaseaktivität* von Leberhomogenaten von Ratten, die mit *4-Dimethylaminoazobenzol* (DAB) gefüttert worden waren, wird auf elektrophoret. Wege mit *Acetanilid* (I) u. *DL-Acetylmethionin* (II) als Substrate bestimmt. Die Kurven zeigen je nach dem benutzten Substrat verschiedene Gestalt. Bei Verw. von I wurden 2 Gipfel u. bei Verw. von II wurden 3 Gipfel gefunden. Es war kein wesentlicher Unterschied zwischen den Werten von normalen u. cirrhot. Lebern. Die Kurven von Hepatomen zeigten noch die charakterist. Maxima, die jedoch zeitweilig bei Verw. von I verschwanden. Die Kurven, die von Leberhomogenaten erhalten wurden, die von mit Carcinogenen gefütterten Ratten stammten, zeigten eine vieldeutige Trennung der Maxima. W. JUNGSTAND. 4160☐

Elektrophoretische Untersuchungen über Enzyme in der Leber von mit 4-Dimethylaminoazobenzol gefütterten Ratten. 6. Mitt. **Acetylcholinesterase.** Bun-Ichi Asano. (Gann, Japan. J. Cancer Res. **51.** 249—53. Sept. 1960. Tokyo, Showa Med. School.) (Engl.) — 5. vgl. vorst. Referat.

Drei Maxima wurden bei diesen Proben beobachtet. Es fand sich kein wesentlicher Unterschied zwischen den Proben von gesunden bzw. cirrhot. Lebern bzw. Hepatomen. Die Diagramme von Lebern von Ratten, die 4 Wochen lang mit Cancerogenen gefüttert worden waren, zeigten unzuverlässige Trennung der Maxima. Die Proben von Rattenserum zeigten ein ausgeprägtes Maximum zwischen α- u. β-Globulinfraktionen. Es wurde kein Unterschied zwischen Seren gesunder u. hepatomtragenden Ratten gefunden. W. JUNGSTAND. 4160☐

Ein Beweis der Verantwortlichkeit der L-Asparaginaseaktivität des Meerschweinchenserums für ihre antilymphomalen Wirkungen. J. D. Broome. (Nature [London] **191.** 1114—15. 9/9. 1961. New York, N.Y., Cornell Univ., Med. Coll., Dep. of Pathol.) (Engl.)

Durch Meerschweinchenserum (MS) hemmbare 6C3HED-Zellen aus Ascitestumoren waren nach Kultivieren in *L-Glutamin* (I), nicht aber *L-Asparagin* (II) enthaltendem EAGLE-Medium nach Implantation in ZBC-Mäuse gegen MS resistent. Bei der Kultivierung in Ggw. von I u. II blieb die volle MS-Sensitivität erhalten. Weiterer Zusatz von *L-Asparaginsäure, L-Alanin, L-Arginin, Glycin, L-Histidin, L-Leucin, L-Lysin, L-Methionin, L-Phenylalanin, Prolin* u. *L-Tyrosin* hatte keine Wrkg. zur Folge. Die Stärkegelelektrophorese ergab eine Begrenzung der *L-Asparaginase* (III)-Aktivität auf die α_2-Globulinfraktion. Die subkutane Implantation von MS-sensitiven 6C3HED-Zellen führte bei Tieren, die III-haltige Fraktionen erhalten hatten, zu verzögertem, z. T. zur Unterdrückung des Tumorwachstums, während andere Fraktionen unwirksam blieben. Die Hemmung des Tumorwachstums ging der III-Aktivität des MS parallel. Der geringen antilymphomalen Aktivität des MS neugeborener Tiere entsprach ein erwachsenen Tieren gegenüber geringer III-Gehalt. Möglicherweise beruht die antilymphomale Wrkg. anderer sensitiver Stämme auf einem ähnlichen Mechanismus, wobei diese Tumorgruppe einen bestimmten II-Stoffwechsel besitzt. J. BOELTER. 4160☐

Die Wirkung von Toxohormonen auf den Eisenstoffwechsel. Tetsuo Ono, Mochihiko Ohashi und Nagasumi Yago. (Gann, Japan. J. Cancer Res. **51.** 213—21. Sept. 1960. Tokyo, Cancer Inst.) (Engl.)

Aus dem Gewebe des Rhodamin-Fibrosarkoms wurden 4 verschiedene *Toxohormone* (I) gewonnen u. deren Wrkg. auf den *Eisen*-Spiegel des Blutes bei Ratten geprüft. Diese I bewirken eine Depression der Leberkatalase. Das Verhältnis der Abnahme der Leberkatalase zur Abnahme des Eisenspiegels ist nicht linear. W. JUNGSTAND. 4160☐

Die Isolierung eines basischen Proteins, das Toxohormon-Aktivität besitzt, aus Tumorgewebe. Setsuro Fujii, Takashi Kawachi, Hiromichi Okuda, Bin Haga und Yuichi Yamamura. (Gann, Japan. J. Cancer Res. **51.** 223—29. Sept. 1960. Kyushu Univ.) (Engl.)

Bas. Proteine wurden aus menschlichem u experimentellem Tumorgewebe isoliert u. deren *Toxohormon*-Aktivität durch dessen Eig., Katalaseaktivität u. Plasma-Fe zu erniedrigen, getestet. Nach einer einmaligen intraperitonealen Injektion des bas. Proteins wurde die *Leberkatalase*-Aktivität innerhalb 24 Std. herabgesetzt u. der Fe-Geh. des Blutplasmas sank innerhalb von 12 Stunden. Bas. Protein von normalem Gewebe zeigte geringere Toxohormonaktivität als das von Tumorgeweben. Die Herabsetzung der Katalaseaktivität durch bas. Proteine konnte durch in vitro-Verss. nicht bestätigt werden. W. JUNGSTAND. 4160□

Bildung und Hemmung von Lipoidperoxid durch Tumormitochondrien. Elizabeth H. Thiele und Jesse W. Huff. (Arch. Biochem. Biophysics **88.** 208—11. Juni 1960. Rahway, N.J., Merck Inst. for Therapeutic Res.) (Engl.)

Während die meisten Tumorzellen bei Inkubation mit *Ascorbinsäure* (I) kein *Lipoidperoxid* (II) bilden, das mit Thiobarbitursäure reagiert, wurde **II** bei Mitochondrien einiger NOVIKOFF-Hepatome (NH) u. durch 4-Dimethylaminoazobenzol induzierter Tumoren (BT) gefunden. Bei Inkubation bei 38° u. Zugabe von 0,001m **I** zeigten bei NH 4 von 24 u. bei BT 4 von 16 Präpp. innerhalb von 3 Std. einen Anstieg der Bldg. von **II**, der aber schwächer als bei normalem Lebergewebe war. Glutathion, Cystein, $FeSO_4$, $FeCl_3$, $ZnCl_2$, $CuCl_2$ u. Methylenblau hatten bei NH wenig, bei BT keinen Einfluß. 5 von 12 Präpp. von NH u. 3 von 10 von BT zeigten eine Hemmwrkg. auf **II**, unabhängig davon, ob sie selbst ein solches Peroxid bilden oder nicht. Bei Gewebekulturen konnte die Bldg. von **II** nicht beobachtet werden. W. DAMERAU. 4160□

Ausscheidung von Brenzcatechinaminen und ihren Stoffwechselprodukten im Harn bei Phäochromocytom. J. Richard Crout, John J. Pisano und Albert Sjoerdsma. (Amer. Heart J. **61.** 375—81. März 1961. Bethesda, Md., Nat. Heart Inst., Sect. on Exp. Therap. and Labor. of Clin. Biochem.) (Engl.)

Bei den meisten Patienten mit Phäochromocytom ist die Ausscheidung aller *Brenzcatechinamin* (I)-*Stoffwechsel-Prodd.* im Harn erhöht. Der zuverlässigste diagnost. Test ist die Best. der Gesamtmetanephrine (Metanephrin + Normetanephrin) u., wo diese nicht ausreicht, die Best. der freien **I**. K. ZINGRAF. 4160□

Änderungen im Verhältnis von proteingebundenen Säuren und Amiden während der Kultur von Walker-Carcinosarkom 256-Zellen in vitro. Paul F. Kruse jun., Earl J. Schoolar jun. und Pat B. White. (Biochim. biophysica Acta [Amsterdam] **41.** 375—76. 1/7. 1960. Ardmore, Okla., Samuel Roberts Noble Found., Inc., Biomed. Div.) (Engl.)

Bei der Kultivierung in vitro von WALKER-Carcinosarkom 256-Zellen in einem Medium von 0,0004m Arginin, 0,0002m Histidin, 0,0006m Lysin, 0,000015m Hydroxyprolin u. einem Geh. von 5% CO_2 in der Luft wurde der Geh. an proteingebundener *Glutaminsäure* u. *Asparaginsäure* in Abhängigkeit von der Kultivierungszeit u. das Verhältnis zu *Glutamin* u. *Asparagin* bestimmt. Das Verhältnis Säure: Amid geht nach 17 Std. (Beginn der Proliferationsphase), gerechnet vom Zeitpunkt der Überpflanzung, durch ein Minimum von 1,05 u. durchschreitet während der anschließenden Proliferationsphase nach 44 Std. ein Maximum von 1,85. W. DAMERAU. 4160□

Der Effekt einiger Purindesoxyriboside auf die Inkorporation von ^{14}C-Formiat und ^{32}P-Orthophosphat in die DNS von Ascitestumorzellen in vitro. Lorna Langer und Hans Klenow. (Biochim. biophysica Acta [Amsterdam] **37.** 33—37. 1/1. 1960. Copenhagen, Univ., Fibiger-Labor., Biochem. Sect.) (Engl.)

In EHRLICH-Ascitestumorzellen (EA) wird der Einbau von Formiat–Kohlenstoff in das Thymidin-5'-phosphat der Desoxyribonucleinsäuren (DNS) durch *Desoxyadenosin* (**I**), nicht aber *Desoxyguanosin* (**II**) oder *Desoxyinosin* (**III**) gehemmt. Diese Hemmung kann bei gleichzeitiger Zugabe von **II** aufgehoben werden. Beim Einbau von ^{32}P-Orthophosphat wurden entsprechend gleiche Effekte erzielt. Im Vgl. zu **II** ist der stimulierende Effekt von Guanosin sehr gering. Bei Ribonucleinsäuren ist der Einfl. von **I** u. **II** auf den Einbau von Orthophosphat gering. Bei YOSHIDA-Ascitestumorzellen wird im Gegensatz zu EA der Einbau von Formiat–Kohlenstoff in die DNS durch **I** nicht gehemmt, durch **II** u. **III** hingegen stimuliert. W. DAMERAU. 4160□

Vitamin B_{12} und Desoxyribosesynthese. L. A. Manson. (Int. Z. Vitaminforsch. [Bern] **31.** 363—64. 1961. Philadelphia, Pa., Wistar Inst.) (Engl.) — Vgl. C. **1961.** 9080.

Leukäm. Zellen L-5178 Y, die 12% *Desoxyribonucleinsäure* enthalten, werden als Gewebekultur in Ggw. von *^{14}C-Guanosin* gezüchtet, wonach *^{14}C-Desoxyguanosin* u. *^{14}C-Desoxyadenosin* isoliert werden, die durch direkte Red. des *Ribose*-Restes entstanden sind. Wird die *Desoxyribose* (**I**)-Synth. in zellfreien Extrakten der genannten Gewebekultur verfolgt, so bildet sich **I** in Ggw. von *Adenosinmonophosphat, Adenosintriphosphat* u. *red. Triphosphopyridinnucleotid* (TPNH). Ersetzt man TPNH durch *red. Diphosphopyridinnucleotid,* so wird nur wenig **I** gebildet. Durch Kochen oder durch Dialyse wird der Extrakt inaktiviert, erhält seine Aktivität aber durch Zugabe des Dialysates wieder. Die Extraktaktivität wird durch Behandlung mit Aktivkohle vermindert. Ein Zusatz von *Vitamin B_{12}* stellt die ursprüngliche Aktivität wieder her. Folsäure-Verbb. sind unwirksam. Die Extrakte vermögen *Adenosinmonophosphat* in *Desoxyadenosinmonophosphat* überzuführen. L. TRÄGER. 4160□

Chronische Infusion von tritiummarkiertem Thymidin in tumortragende Mäuse. M. L. Mendelsohn. (Science [Washington] **135.** 213—15. 19/1. 1962. Philadelphia, Pa., Univ. of Pennsylvania, Dep. of Radiol.) (Engl.)

Vf. stellte fest, daß nach 3—7 Tage langer Infusion von tumortragenden C 3 H-Mäusen mit ^{3}H-markiertem *Thymidin* die meisten der Zellen der autochthonen Brusttumoren markiert sind. Viele der nichtmarkierten Tumorzellen proliferieren wahrscheinlich nicht, einige zeigen ausnahmsweise lange intermitot. Phasen. — Eine Meth. zur chron. Infusion von Mäusen wird beschrieben. H. KOCKERT. 4160□

Zur Wirkung von Serum hepatektomierter Tiere auf Suspensionen von Tumorzellen. H. Rabes und H. Wrba. (Klin. Wschr. **39.** 206. 15/2. 1961. München, Univ., Pathol. Inst.) (Dt.)

Um die Spezifität der Hemmwrkg. von Serum teilhepatektomierter Ratten gegenüber suspendierten Tumorzellen zu untersuchen u. um die Wrkg. etwaigen Kohlenhydratmangels auszuschließen, wurde 13% *Serum* (teilhepatektomierter oder normaler Ratten), 2% ^{32}P-Lsg. (100 μc/ml) u. 85% HANK-Lsg. als Nähr- u. Suspensionsmedium mit Ascitestumorzellen inkubiert. In YOSHIDA-Tumorzellen war verminderte ^{32}P-Aufnahme nachweisbar, während die spezif. Aktivität in EHRLICH-Mäusecarcinomzellen unter Einfl. von Hepatektomieserum stets höher als normal war. Die depressive Wrkg. von Blutserum hepatektomierter Ratten ist demnach nicht für alle Impftumoren feststellbar. Möglicherweise ist die für Rattentumoren bestätigte Hemmwrkg. des Serums hepatektomierter Ratten eine streng artspezif. Wrkg., so daß bei Suspension von Mäusetumorzellen in einem Medium, das Serum hepatektomierter Ratten enthält, andersartige Befunde auftreten. Demgegenüber ist die stimulierende Wrkg. des betreffenden Serums auf Leberkulturen nicht artspezifisch. Die Erklärung der Wrkg. des Serums durch eine Verdünnung von wachstumshemmenden Stoffen infolge Hepatektomie im Sinne von GLINOS u. GEY (vgl. Proc. Soc. exp. Biol. Med. **80.** [1952.] 421) wird als nicht mehr haltbar angesehen. U. TAUSENDFREUND. 4160□

Vergleichende Untersuchungen über die Einwirkung von Diäthyldihydroxystilbendiphosphat („Honvan", Asta) auf Kulturen von menschlichem Knochenmark, Leukocyten und embryonalen Hühnerfibroblasten. M. Albrecht. (Z. Krebsforsch. **64.** 335—40. 1961. Berlin, Städt. Krankenhaus Moabit.) (Dt.)

4.4'-Dihydroxy-α.β-diäthylstilbendiphosphat bewirkt in vitro an Zellen des menschlichen Knochenmarkes sowie an embryonalen Hühnerfibroblasten eine deutliche Hemmung der Mitosen im Stadium der Metaphase. Fibroblasten sprechen schon auf geringere Dosen als die Zellen der Hämopoese an. S. GROITZSCH. 4160□

Untersuchungen über die Wirkungsweise von RC 4, einem neuen Antikrebsmittel mit Äthyleniminring. 2. Mitt. **Über das umgekehrte Verhältnis von hemmender Wirkung auf die anaerobe Glykolyse und der Antikrebswirkung von RC 4 bei Ehrlich-Ascites-Tumorzellen.** Motohiro Maruyama. (Gann, Japan. J. Cancer Res. **51.** 285—300. Sept. 1960. Tokyo, Sankyo Co. Ltd., Takamine Labor.) (Engl.) — 1. vgl. C. **1961.** 16860.

Der Hemmung von *RC4*-Stamm-Lsg. (*O.O'-p-Phenylentetrakis-*[*äthylenimino*]*-diphosphat*) auf die anaerobe Glykolyse von EHRLICH-Ascitestumorzellen oder deren Homogenate wirkt *Nicotinamid* bzw. *Diphosphopyridinnucleotid* entgegen. Eine frische Lsg. hemmt das Wachstum der Tumorzellen in vivo vollständig, sogar in Konzz., die die Glykolyse nicht vollständig hemmen, während die Stamm-Lsg. bei einer Konz., die die Glykolyse vollständig hemmt, das Wachstum in vivo nicht vollständig hemmt. Wird die frische oder die Stamm-Lsg. 48 Std. nach der Inokulation der Tumorzellen appliziert, so entfaltet nur die frische Lsg. eine augenfällige Wirkung. Es wird gefolgert, daß die Antikrebs-Wrkg. von *RC 4* nicht in Beziehung zur die Glykolyse hemmenden Wrkg. steht. Das gilt vielleicht auch für andere Äthylenimine. W. JUNGSTAND. 4160□

Untersuchungen über die Wirkungsweise von RC 4, einem neuen Antikrebsmittel mit Äthyleniminring. 3. Mitt. **Eine spektrophotometrische Untersuchung über Strukturveränderungen von RC 4 in wässeriger Lösung.** Motohiro Maruyama. (Gann, Japan. J. Cancer Res. **51.** 301—07. Sept. 1960. Tokyo, Sankyo Co. Ltd., Takamine Labor.) (Engl.) — 2. vgl. vorst. Referat.

Es wird angenommen, daß der *Äthylenimin*-Ring sich mit fortschreitender Aufbewahrung öffnet u. sich mit einem zweiten ebensolchen eine Ätherbindung bildet. Aus den Phosphatgruppen entstammen Hydroxylradikale. W. JUNGSTAND. 4160□

E_2. Enzymologie. Gärung

Biosynthese der Enzyme. Marta Niewiarowska. (Postępy Hig. Med. doświadczalnej **11.** 397—409. 1957. Warszawa, Dział Biochem., Inst. Hematologii.) (Pol.) Übersicht. — 74 Literaturangaben. P. GREGORZEWSKI. 4210□

Untersuchungen über Leberkatalase, β-Glucuronidase und Eisengehalt des Plasmas bei heranwachsenden Mäusen. Hiromichi Okuda, Bin Haga, Takashi Kawachi, Setsuro Fujii und Yuichi Yamamura. (Gann, Japan. J. Cancer Res. **51.** 231—34. Sept. 1960. Kyushu Univ.) (Engl.)

Die *Leberkatalase*-Aktivität (I) bei ♀ Mäusen nahm bis zu einem Alter von 30 Tagen zu u. blieb dann konstant. Die *Leber-β-glucuronidase*-Aktivität (II) dagegen zeigte bei Tieren des gleichen Mäusestammes bei der Geburt ein Maximum u. nahm bis zum 20. Tag nach der Geburt immer mehr ab u. blieb dann konstant. Bei ♂ u. ♀ adulten Tieren waren I, der *Fe*-Geh. im Blutplasma u. II konstant. W. JUNGSTAND. 4210□

Metrialdrüse und Peroxydaseaktivität. G. Bloom und K. G. Paul. (Experientia [Basel] **15.** 22. 15/1. 1959. Stockholm, Nobel Med. Inst., Dep. of Cell Res. and Genetics and Dep. of Biochem.) (Engl.)

In der Mucosa, nicht aber in den metrialen Drüsen des Uterus trächtiger Ratten wurde mittels des Mesidintests eine *Peroxydase* nachgewiesen. K. MAIER. 4210□

Einige Untersuchungen mit reversiblen Monoaminoxydase-Inhibitoren. R. F. Long. (Biochem. J. **82.** 3P—4P. Jan. 1962. Welwyn Garden City, Herts, Roche Products Ltd., Res. Dep.) (Engl.)

Vff. untersuchten die Selektivität einiger *Monoaminoxydase*-Inhibitoren in vitro, um ihre wahrscheinliche Wrkg. auf die Oxydation endogener Amine in vivo voraussagen zu können. Bei der Verw. von *Tyramin* (I), *Phenyläthylamin*, *Tryptamin* oder *3.4-Dihydroxyphenyläthylamin* als Substrat waren die LINEWEAVER-BURK-Kurven vom nichtkompetitiven Typ. Für *5-Hydroxytryptamin*, *Adrenalin*, *Noradrenalin* (II) u. *m-O-Methylnoradrenalin* wurden typ. kompetitive Kurven erhalten. Markante Unterschiede in der Hemmung, hervorgerufen durch einen gegebenen Inhibitor, wurden entsprechend dem verwendeten Substrat u. der Enzymquelle beobachtet: So z. B. rief *Harmalin* (III; Konz.: 10^{-7} m), das eine 50%ig. Hemmung der II-Oxydation durch Meerschweinchenleberenzym (IV) in einer Konz. von $3 \cdot 10^{-3}$ m hervorrief, eine weniger als 50%ig. Hemmung der I-Oxydation durch *Kaninchenlebermonoaminooxydase* (V) hervor. III hemmte die *Serotonin*-Oxydation durch IV zu 50% bei einer Konz. von $3 \cdot 10^{-7}$ m u. durch V zu 50% bei $6 \cdot 10^{-6}$ m Konzentration. Bei Verw. von *α-Methyltryptamin* lagen die entsprechenden Werte bei $3 \cdot 10^{-5}$ m u. $2 \cdot 10^{-5}$ molar. S. VIERKÖTTER. 4210□

In vitro-Wirkung von Tetraäthylblei auf die Monoaminooxydase des Hirns. M. Magistretti, E. Peirone und A. Majoni. (Med. del Lavoro **52.** 498—506. Aug./Sept. 1961. Milano, Univ., Clinica del Lavoro „Luigi Devoto".) (Ital.)

Hirnbrei (Ratte), mit *Serotonin* (I) behandelt, wird mit *Tetraäthylblei* (II) inkubiert. Danach wird festgestellt, daß II je nach Konz. die *Monoaminooxydase* (III)-Aktivität teilweise oder vollständig hemmt, wodurch der I-Abbau unterbleibt. Die II-Wrkg. ist auf dessen Affinität zu den SH-Gruppen von III zurückzuführen. Die neurotox. Wrkg. von II tritt bes. in Erscheinung, weil es sich im Hirn verstärkt ansammelt. P. LOCH. 4210□

Die Wirkung von Quecksilber auf die Monoaminooxydase des Hirns. Max Magistretti, Elvio Peirone, Antonio Grieco und Andrea Majoni. (Med. del Lavoro **52.** 507—14. Aug./Sept. 1961. Milano, Univ., Clinica del Lavoro „Luigi Devoto".) (Ital.)

Analog wie Tetraäthylblei (vgl. vorst. Ref.) wird *Hg* geprüft. 10^{-4} m *p-Chlormercuribenzoesäure* (Na-Salz; I) hemmt die *Monoaminooxydase* (II) vollständig. — In vivo-Verss. an Ratten, die Hg-Dämpfe inhalieren, zeigen, daß eine 4tägige Behandlung mit 5 mg Hg/m³ jeweils 6 Std. bzw. 80 Tage mit 1,6 mg Hg/m³ genügen, um II vollständig zu hemmen. P. LOCH. 4210□

Cytochemische Analyse des Milchsäuredehydrogenase–Diphosphopyridinnucleotid–Diaphorase-Systems in der Epididymis der Maus. John M. Allen und Judith J. Slater. (J. Histochem. Cytochem. [Baltimore] **9.** 221—33. Mai 1961. Ann Arbor, Mich., Univ. of Michigan, Dep. of Zool.) (Engl.)

Bei normalen Mäusen war die *Diphosphopyridinnucleotiddiaphorase* (I)-Aktivität innerhalb des Protoplasmas der Epithelialzellen des Nebenhodenganges homogen. Ein Gradient der Aktivität besteht entlang dem Gang, wobei sich die niedrigsten Aktivitätsspiegel in den Kopf- u die höchsten in den Körper- u. Schwanzsegmenten zeigten. Die *Milchsäuredehydrogenase-Diphosphopyridinnucleotiddiaphorase* (II) dagegen zeigte in den Zellen des Körperteils des Nebenhodengang-Syst. hohe Aktivitätsspiegel in der Zellspitze u. niedrige im allg. Protoplasma. Die Aktivität von I wurde durch Orchidektomie gesenkt u. wiederhergestellt durch Verabreichung von *Testosteronpropionat* (III). Vasektomie beeinflußt I nicht. Die Aktivität von II wurde durch Vasektomie u. Orchidektomie gesenkt. III brachte die Aktivität der Gewebe kastrierter Tiere wieder auf die Spiegel vasektomierter Tiere, stellte jedoch nicht das an normalen Tieren beobachtete Verteilungsmuster wieder her. H. AMAN. 4210□

Histochemische Lokalisierung spezifischer Oxydasen. 4. Mitt. **Lösliche Redoxfarbstoffe als Hilfsmittel bei der histochemischen Lokalisierung von Oxydasen mit Tetrazoliumsalzen.** Emmanuel Farber und Connie F. Louviere. (J. Histochem. Cytochem. **4.** 347—56. Juli 1956. New Orleans, La., Tulane Univ., School of Med., Dep. of Pathol. and Biochem.) (Engl.) — 3. vgl. C. **1959.** 2839.

Die *Tetrazolium* (I)-Färbungen mit dem *Bernsteinsäuredehydrogenase-Syst.*, mit *Diphosphopyridinnucleotiddiaphorase* u. *Triphosphopyridinnucleotiddiaphorase* können durch Zugabe eines lösl. Redoxindicators zum Inkubationsmedium sehr verstärkt werden. Die charakterist. Formen werden nicht verändert. Diese Modifikation der I-Färbung schiebt einen Farbstoff als Träger zwischen Enzym u. dem I-Salz ein u. ermöglicht es, Enzyme zu färben, welche nicht direkt mit I reagieren. H. AMAN. 4210□

Histochemische Lokalisierung spezifischer Oxydasen. 5. Mitt. **Die Dissoziation der Bernsteinsäuredehydrogenase von den Trägern durch Lipase und die spezifische histochemische Lokalisierung der Dehydrogenase mit Phenazinmethosulfat und Tetrazoliumsalzen.** Emmanuel Farber und Ernest Bueding. (J. Histochem. Cytochem. **4.** 357—62. Juli 1956. New Orleans, La., Louisiana State Univ., School of Med., Dep. of Pathol. and Biochem.) (Engl.) — 4. vgl. vorst. Referat.

Inkubation von Gefrierschnitten von Rattennieren mit *Lipase* hebt die Farb-Rk. des *Bernsteinsäuredehydrogenase* (IV)-*Syst.* mit *Tetrazoliumblau* (I) allein oder I + *Methylenblau* (II), *Pyocyanin*, *Janusgrün B*, *Azur C* oder *Azur B-Bromid* auf. Dagegen wird die Färbung mit *Phenazinmethosulfat* (III) + I durch vorherige Inkubation mit Lipase nicht beeinflußt. Qual. gleiche Resultate wurden mit *Neotetrazolium* (V) erhalten. Präpp. von Rattenleber- u. Nierenpartikeln, die normalerweise befähigt sind, II oder III in Ggw. von Succinat zu reduzieren, verlieren die Fähigkeit, II zu reduzieren nach Inkubation mit Lipase, während die Red. von III hierbei unbeeinflußt bleibt. Die IV-Aktivität von Gefrierschnitten von *Ascaris lumbricoides* oder von Homogenaten von Ascarismuskel, im Gegensatz zur Rattenniere u. -leber, wird durch Inkubation mit Lipase nicht beeinflußt u. unterscheidet sich in dieser Hinsicht von gereinigten Präpp. von Ascaris-*Bernsteinsäureoxydase*, welche bei Behandlung mit Lipase in IV u. einen oder mehr Träger dissoziiert. Die Ergebnisse stützen den Schluß, daß das IV-Syst. an die Dehydrogenase gebundene Träger enthält. Der Träger ist essentiell für die Red. von I oder V allein oder in Kombination mit verschiedenen Redox-Farbstoffen u. wird in Gewebeschnitten durch diese Agentien lokalisiert. IV kann III reduzieren u. diese Färbung, gekoppelt mit einem Tetrazoliumsalz, kann zur histochem. Lokalisierung von IV in Geweben benutzt werden. H. AMAN. 4210□

Oxydative Aktivitäten der Haut gegen Phenole: Einige Reaktionen von Keratohyalin und Trichohyalin. R. D. Lillie. (J. Histochem. Cytochem. **4.** 318—30. Juli 1956. Bethesda, Md., Nat. Inst. of Health, N.J.A.M.D., Labor. of Pathol. and Histochem.) (Engl.)

Die Epidermis u. ihre Adnexe üben besondere oxydative Aktivitäten auf Phenol-Derivv. aus. Beschreibung der Lokalisierung des *Dopa–Tyrosinase-Syst.* u. der Aktivitäten gegen *p-Aminodimethylanilin*, *Brenzcatechin*, *Pyrogallol*, *Hämatoxylin* (I) u. *Brasilin* (II). Einw. von *Keratohyalin* u. *Trichohyalin* auf *Polyphenole.* Hemmung der Aktivitäten durch Cyanid, Sulfid, Azid u. teilweise durch Formalinfixierung. Färbeerscheinungen mit I u. II. — 88 Literaturangaben. H. AMAN. 4210□

Der Einfluß von Desoxycholat auf die Oxydation von reduziertem Diphosphopyridinnucleotid, L-Äpfelsäure und L-Milchsäure in der cytoplasmatischen Membrane von Micrococcus lysodeikticus. N. Ss. Gelman, I. G. Shukowa und A. I. Oparin. (Доклады Академии Наук СССР [Ber. Akad. Wiss. UdSSR] **135.** 200—03. 1/11. 1960.) (Russ.)

Die in der cytoplasmat. Membran von *Micrococcus lysodeikticus* stattfindende Oxydation von red. *Diphosphopyridinnucleotid* (*DPN-H*), *L-Äpfelsäure* u. *L-Milchsäure* wird durch Behandlung der Membran mit *Desoxycholat* (I) gehemmt. Durch die Einw. von I kommt es zu einer Zerstörung der Membranstruktur. Die Strukturänderung führt zur Unterdrückung der Endoxydasewirksamkeit, dem empfindlichsten Teil des Fermentsystems. Das Ferment-Syst., das den Prozeß der H-Übertragung vom Substrat zur Oxydase bewirkt, wird durch die Einw. von I nicht negativ beeinflußt, die Aktivität der DPN-H-Dehydrase steigt etwas an. Die Messung der O-Aufnahme durch die Substrate erfolgt in der WARBURG-App., die H-Übertragung wird durch Red. von 2.6-Dichlorphenolindophenol spektrophotometr. bestimmt. H.-P. PIETSCH. 4210□

Der Einfluß des Kaliumcyanids und einiger SH-Gruppen blockierender Stoffe auf die Atmung und den Gehalt von Hefezellen an Coenzym A, anorganischem Phosphat und einigen Adenosinphosphaten. C.-J. Estler, F. Heim, A. Moosburger und U. Herzog. (Naunyn-Schmiedebergs Arch. exp. Pathol. Pharmakol. **238.** 301—11. 1960. Erlangen, Univ., Pharmakol. Inst.) (Dt.)

Vff. untersuchen *Na-Arsenit, Sublimat, Oxarsan, Janusgrün B* u. *Monojodacetat* sowie *KCN* an Hefezellsuspensionen hinsichtlich ihrer Wrkg. auf Atmung, Coenzym A-Aktivität, Adenosinmono-, -di- u. -triphosphat (AMP, ADP, ATP) u. intracelluläres anorgan. Phosphat. Es kommt in den meisten Fällen zur Entkopplung von Atmung u. Coenzym A-Geh. der Hefezellen. Die funktionellen Zusammenhänge werden diskutiert. KCN u. Sublimat in höheren Konzz. schädigen die Atmung u. setzen dadurch den Geh. der Hefezellen an Coenzym A, anorgan. Phosphat, ATP u. ADP herab, während AMP eine der ATP- u. ADP-Abnahme entsprechende Zunahme erfährt. K. H. LOHS. 4210□

Verteilung von Adenosintriphosphatase in intracellulären Cerebrum-Fraktionen reifer und unreifer Ratten. William K. Jordan und Ruth March. (J. Histochem. Cytochem. **4.** 301—07. Juli 1956. Little Rock, Ark., Univ. of Arkansas, School of Med., Dep. of Neurol.) (Engl.)

Bei fraktionierter Zentrifugierung nach BRODY u. BAIN zeigte es sich, daß der Geh. an Gesamt-N u. an mit Ca u. Mg aktivierter *Adenosintriphosphatase* (I) in der überstehenden Fl. des jugendlichen Cerebrum auffallend höher war im Vgl. zum Cerebrum erwachsener Tiere, ebenso die „spezif. Aktivität" der I in zwei größeren Fraktionen von Protoplasmapartikeln. H. AMAN. 4210□

Untersuchungen über Na-K-aktivierte Adenosintriphosphatase. 1. Mitt. **Quantitative Verteilung in verschiedenen Geweben der Katze.** Sjoerd L. Bonting, Kenneth A. Simon und Naomi M. Hawkins. (Arch. Biochem. Biophysics **95.** 416—23. Dez. 1961. Bethesda, Md., Nat. Inst. of Neurol. Diseases and Blindness, Sect. on Cell Biol., Ophthalmol. Branch.) (Engl.)

Vff. untersuchten die Verteilung *Na-K-aktivierter ATPase* (I) in 36 verschiedenen gefriergetrockneten Gewebehomogenaten der Katze u. drei humanen Geweben bei Inkubation (37°, pH 7,5) mit Substraten, deren Zus. bzgl. des Na^+-, K^+-, Ca^{2+}- u. Ouabain-Geh. verändert wurde. Die zahlreichen Ergebnisse sind tabelliert u. graph. dargestellt. Die höchste Aktivität wurde in den Nervengeweben beobachtet. Hormone (*Steroide, Polypeptide, Adrenalin, Acetylcholin*) sowie einige andere physiolog. wichtige Verbb. (*Glutamat, Glutamin, Cholesterin, Acetazolamid* u. *Methazolamid* haben keinen Einfl. auf I. S. VIERKÖTTER. 4210□

Die Atmung und die mit ihr gekoppelte Phosphorylierung in den Homogenaten und Mitochondrien des Herzmuskels des Kaninchens bei experimenteller Myocarditis. A. M. Subowskaja. (Бюллетень Экспериментальной Биологии и Медицины [Bull. exp. Biol. Med.] **51 (26).** Nr. 3. 55—58. März 1961. Moskau, Inst. für Pharmakol. u. Chemotherap. der Akad. der med. Wiss. der UdSSR, Biochem. Labor.) (Russ.; Auszug: Engl.)

Verss. mit Homogenaten des Herzmuskels u. isolierten Mitochondrien des Herzmuskels von Kaninchen mit experimenteller Myocarditis (durch i.v. Injektion von 20 mg 1%ig. Theophyllin- u. 2 Min. später 0,2 ml 0,1%ig. Adrenalin-Lsg./kg) ergaben eine Abnahme der Atmung u. der damit gekoppelten Phosphorylierung bei Verw. von *α-Ketoglutarsäure* (I), *β-Hydroxybuttersäure* (II), *Brenztraubensäure* (III), *Bernsteinsäure, Äpfelsäure* u. *Citronensäure* als zusätzliche Atmungssubstrate. Die Abnahme der Intensität von Atmung u. Phosphorylierung erfolgt gleichmäßig, so daß der Koeff. P/O im Vgl. zur Norm unverändert bleibt. Die Abnahme der Oxydation von I u. II läßt vermuten, daß es bei der Myocarditis zu Störungen im Syst. der an das Diphosphopyridinnucleotid gebundenen Dehydrasen kommt, während die geringe Abnahme der Oxydation von III als Folge einer unbedeutenden Änderung im Syst. der Flavinfermente im Cytochromanteil der Atmungskette gedeutet wird.
E. RENTZ. 4210□

Neue Diazonium-Komponenten als Kopplungsagentien zum Nachweis von Phosphatasen. Marvin S. Burstone und Elizabeth K. Weisburger. (J. Histochem. Cytochem. **9.** 301—03. Mai 1961. Bethesda, Md., Nat. Insts. of Health, Nat. Inst. of Dent. Res. and Nat. Cancer Inst.) (Engl.)

In Ggw. von inerten Lsgm., *Dimethylformamid* oder *Dimethylsulfoxid* wurden folgende Amine diazotiert: *3-Aminofluoranthen, 2-Aminofluorenon, p-[Acetoxymercuri]-*

anilin, 2-Amino-3-nitro-9-fluorenon, 5-H-Aminotetrazol, Sulfachinoxalin, N-Phenylsulfanilamid, 4-Aminoantipyrin-HCl, 8-Aminochinolin, 6-Aminochinolin, 6-Amino-2-mercaptobenzothiazol, 8-Amino-1.2.3.4-tetrahydrochinolin, 5.6.7.8-Tetrahydro-α-naphthylamin, 3-Aminodibenzofuran, 2-Aminobenzophenon, 4-Phenylazo-α-naphthalamin, 4-Nitro-α-naphthylamin, 2-Aminonaphthoesäure-(3), 2-Amino-3-naphthanilid, m-Aminocarboxypyrazolon, 1-[m-Aminophenyl]-3-methylpyrazolon-(5), 1-[p-Aminophenyl]-3-methylpyrazolon-(5), 3-Amino-9-äthylcarbazol, Methylendianilin, Diaminodiphenylsulfon. Die meisten Amine enthalten koordinaktive Gruppen, welche die Chelat-Bldg. des Endfarbstoffes mit Metallen, einschließlich *Cu* u. *Co* erleichtern. Dazu gehören N-, Keto-, Hydroxyl-, Amino-, Carboxyl- u. Azogruppen. Einige Farbstoffchelate erwiesen sich als gegen Xylol u. A. sehr resistent. Zusätzlich zur erfolgreichen Anwendung der Chelationstechnik in der Azofarbstoff–Enzym-Histochemie wird über den erstmaligen Gebrauch eines metallhaltigen Diazoniumsalzes berichtet, des diazotierten *p-Acetomercurianilins.* Diazotiertes *3-Aminofluoranthen* ist in Lsg. sehr beständig u. zur Anwendung bei gleichzeitigen Kopplungs-Meth. geeignet. Die Verw. diazotierter Amine mit koordinierenden Gruppen zur anschließenden Chelation erhöht die Chromogenität u. Feinheit der Lokalisierung u. kann in der Elektronenmikroskopie gebraucht werden. H. AMAN. 4210□

Eine Zink benötigende alkalische Phosphatase im Ventrallappen der Rattenprostata. Leonora Hopkinson und J. C. N. Wakeley. (Nature [London] **192.** 357. 28/10. 1961. London, Denmark Hill, King's Coll. Hosp., Dep. of Chem. Pathol.) (Engl.)

Es wurde der Beweis für die Existenz einer Zn^{2+} abhängigen *alkal. Phosphatase* (I) im Ventrallappen der Rattenprostata geliefert. Die Hydrolyse von 0,002 m Adenosinmonophosphat (AMP) in 0,065 m Trispuffer, pH 9,4, durch Homogenate der Prostata wird mit steigender Zn^{2+}-Konz. progressiv gehemmt. Auch *Äthylendiamintetraessigsäure (EDTA)* hemmt in Konzz. $>10^{-3}$ m die I-Aktivität in der Homogenaten um 30—50%; folgt der Behandlung mit EDTA eine Dialyse gegen Trispuffer, pH 7,4, so ist die Hemmung prakt. vollständig. Durch Zugabe von *Zn-Acetat* erfolgt nun eine Reaktivierung der gehemmten I-Aktivität auf ca. 80% des Ausgangswertes; Na-Acetat ist ohne Wirkung. Nach der Reaktivierung von I verursachen steigende Zn^{2+}-Konzz. wieder eine normale Hemmung der I-Aktivität. Im Gegensatz zu Zn^{2+}-Ionen heben Mg^{2+}- u. Ca^{2+}-Ionen die durch EDTA u. Dialyse verursachte Hemmung teilweise wieder auf. G. WURM. 4210□

Optischer Test zur Bestimmung der alkalischen Phosphatase im Serum. F. Fischer und G. Siebert. (Klin. Wschr. **39.** 202—04. 15/2. 1961. Heidelberg, Univ., Kinderklinik; Mainz, Johannes Gutenberg Univ., Physiol.-Chem. Inst.) (Dt.)

Als neue Nachw.-Meth. für *alkal. Phosphatase* (I)-Aktivität im Serum wird die Best. des unter Verw. von *Phosphoenolpyruvat* als Substrat gebildeten *Pyruvats* empfohlen. Da Pyruvat in einfacher Weise mittels *Milchsäuredehydrogenase* u. *red. Diphosphopyridinnucleotid (DPNH)* bestimmt werden kann, wurde ein opt. Meß-Verf. ausgearbeitet, bei dem die bei 340 oder 366 mμ gemessene Abnahme von DPNH als direktes Maß für die I-Aktivität gelten kann. Der Test ist abs. spezif., da im Serum keine Aktivitäten interferierender Enzyme gefunden worden sind. Der Empfindlichkeitsbereich ist mit demjenigen ausgesprochener Mikro-Meth. vergleichbar. Der Vorteil der angegebenen Meth. liegt in der Schnelligkeit u. der Möglichkeit der Verfolgung der Rk.-Kinetik. An einer großen Zahl von Organextrakten wurde die Meth. mit bestem Erfolg angewendet. U. TAUSENDFREUND. 4210□

Trennung und Charakterisierung von alkalischen Phosphatase-Isoenzymen aus Blut und anderen Geweben. D. W. Moss, Diana M. Campbell, Effie Anagnostou-Kakaras und E. J. King. (Pure appl. Chem. **3.** 397—402. 1961. London, U.K., Postgraduate Med. School, Dep. of Chem. Pathol.) (Engl.) — Vgl. C. **1962.** 4200.

Es wird ein Vgl. zwischen den MICHAELIS-Konst. (K_m) von *alkal. Phosphatasen* bestimmter Gewebe (Knochen, Leber, Niere u. Darm) u. denen der alkal. Phosphatase des Serums in einer Anzahl patholog. Zustände angestellt. Die Enzyme der Gewebe u. der patholog. Seren wurden durch Elektrophorese an Stärkegel partiell gereinigt. Die K_m wurden bestimmt nach der spektrofluorometr. Meth. mit *β-Naphthylphosphat* als Substrat. Diskussion der Ergebnisse in bezug auf die verschiedenen Krankheitszustände. S. VIERKÖTTER. 4210□

Wirkung der Schilddrüse und der Nebenniere auf die Phosphataseaktivität des Serums und der Gewebe. G. Dragoni und B. Magrassi. (Boll. Soc. ital. Biol. sperim. **31.** 243—45. März/April 1955. Pavia, Univ., Ist. di Patol. generale.) (Ital.)

Vff. stellten bei bilateral adrenalektomierten ♂ Ratten einen merklichen Anstieg der *Phosphatase* (I)-Aktivität des Serums [7,00 (mg P/100 ml)] im Vgl. zu normalen

Tieren (4,1) fest; nach Behandlung der operierten Tiere mit *Thyroxin* (**II**) kehren die I-Werte des Serums zur Norm zurück (3,9). Die I-Aktivität der Leber beträgt bei adrenalektomierten Ratten 0,2 (mg P/g Gewebe) u. erhöht sich nach **II**-Behandlung auf 0,41; bei normalen Tieren beträgt sie 0,15. Die I-Aktivität des Intestinums sinkt nach Adrenalektomie von 5,7 (Kontrollen) auf 4,2 ab; eine Behandlung der operierten Tiere mit **II** verändert die I-Aktivität des Intestinums nicht merklich, d. h. die Werte der Kontrolltiere werden nicht erreicht. H. KOCKERT. 4210□

Biochemische Untersuchungen von Seren und Cerebrospinalflüssigkeiten von neurologisch normalen Personen und von Patienten mit multipler Sklerose. 2. Mitt. **Wirkung normaler Blutseren verschiedener Altersgruppen auf gereinigte und rohe Phosphomonoesterasen.** E. Kovács. (Z. Vitamin-, Hormon- u. Fermentforsch. [Wien] **11.** 81—92. 2/11. 1960. München, Dtsch. Forschungsanst. für Psychiatrie, Abt. für Serol. u. Mikrobiol. [Max-Planck-Inst.].) (Engl.) — 1. vgl. C. **1960. 3902.**

Mit ähnlichen Seren von neurolog. normalen Personen, wie sie in der 1. Mitt. beschrieben wurden, hat Vf. die Serum-Wrkg. gegenüber der Aktivität gereinigter *saurer* u. *alkal. Phosphatase*, ungereinigter *5-Nucleotidase* aus Schlangengift oder rohen *Phosphomonoesterasen* aus Hirnhomogenaten geprüft. Normale Seren wichen sehr stark voneinander ab in ihrer Wrkg. auf gereinigte oder rohe Enzyme, wobei der Pool der Seren von jungen Leuten anders als gemischte Gruppen oder pränatale, hämolyt. u. lipäm. Seren wirkte. Mit Schlangengift kam es zu besonderen Ergebnissen, die daher rührten, daß die *Phospholipide* der Seren durch die *Phospholipase A* des Giftes angegriffen werden u. das resultierende *Lysolecithin* die *5-Nucleotidase* beeinträchtigt. In hämolyt. Seren existieren Blutbestandteile, die diesem Mechanismus entgegenwirken. Es kann aus den Resultaten der Schluß gezogen werden, daß zur Erzielung homogener Werte als Grundlage für den Vgl. mit den Seren von Patienten mit multipler Sklerose eine sorgfältige Auswahl in der Zus. des Serumgroßpools neurolog. normaler Personen nötig ist. U. TAUSENDFREUND. 4210□

Eine für β-Glucose-1-phosphat spezifische Phosphoglucomutase. Ruth Ben-Zvi und Michael Schramm. (J. biol. Chemistry **236.** 2186—89. Aug. 1961. Jerusalem, Hebrew Univ., Dep. of Biol. Chem.) (Engl.)

Die in *Neisseriaperflava* vorhandene *β-Phosphoglucomutase* (**I**), die *β-Glucose-1-phosphat* (**II**) reversibel umwandelt in *Glucose-6-phosphat* (**III**; vgl. Biochem. biophysic. Res. Commun. **2.** [1960.] 8), wurde weitergereinigt. Die Reinigung der **I** geschah durch Dialyse bei 5⁰ (16 Std.) gegen dest. W. u. mehrfaches Zentrifugieren unter verschiedenen Zusätzen. Weitere Reinigung wurde durch Chromatographie an vorbehandelter DEAE-Cellulosesäule erreicht. Bei Inkubation von **I** mit **II** wurde unter Verbrauch des gesamten Substrats **III** gebildet. Mit *α-Glucose-1-phosphat* erfolgte keine Reaktion. Inkubation von **I** mit **II** oder **III** oder einer Mischung beider führte zu einem Gleichgewichts-Zustand (Gleichgewichts-Konst. 0,041 bei pH 6,5). Die Menge des gebildeten Prod. war linear abhängig von der I-Konz. u. der Rk.-Zeit. Während 2 Min. langes Erhitzen des Rohextrakts auf 98⁰ für die vollständige Inaktivierung genügte, besaß die gereinigte **I** nach 5 Min. langem Erhitzen auf 98⁰ noch 50% der Aktivität. Die Inaktivierung war eine Rk. 1. Ordnung. Der optimale pH-Bereich lag zwischen 6,4 u. 6,8. Die Rk. war abhängig vom Zusatz von Mn^{2+} oder Mg^{2+}. Überschuß an *EDTA* hemmte die Rk. vollständig. Ca^{2+}, Co^{2+}, Ni^{2+}, Fe^{2+} ($1,6 \cdot 10^{-3}$ m) förderten die Rk. nicht. Das optimale Verhältnis von Enzym zu Mn^{2+} war 5:1. Für dieses Verhältnis galt ein scheinbarer K_m-Wert von $3 \cdot 10^{-4}$ Mol/Liter. Messungen des Einbaus von ^{14}C-*Glucose* u. *anorgan.* ^{32}P-*Phosphat* (**IV**) in **III** während der I-Rk. zeigten, daß weder **IV** noch *Glucose* freie Intermediär-Prodd. sind. S. VIERKÖTTER. 4210□

Die quantitative Histochemie der Retina. 2. Mitt. **Enzyme des Glucosestoffwechsels.** Oliver H. Lowry, Nira R. Roberts, Demoy W. Schulz, Jane E. Clow und James R. Clark. (J. biol. Chemistry **236.** 2813—20. Okt. 1961. St. Louis, Mo., Washington Univ., Dep. of Pharmacol. and Beaumont-May-Inst. of Neurol.) (Engl.) — 1. vgl. C. **1957.** 5883.

Bei Affe u. Kaninchen konnte im 1. Neuron der Retina *Hexokinase* fast völlig auf die inneren Segmente von Sehstäbchen u. Sehzapfen begrenzt gefunden werden. *Phosphoglucomutase* (**I**), *Phosphoglucoisomerase* (**II**) u. *Phosphofructokinase* (**III**) fanden sich an den entgegengesetzten Zellseiten konzentriert. *Glucose-6-phosphatdehydrogenase* ist bes. reich im 1. Neuron vertreten mit Spitzenwerten, die 10—30 fach über denjenigen des Hirndurchschnitts oder des Restes der Retina liegen. Die Unterschiede waren bei *6-Phosphogluconatdehydrogenase* auf gleiche Weise verteilt, jedoch weniger stark ausgeprägt. Die äußeren Segmente der Stäbchen u. Zapfen waren arm an allen untersuchten Enzymen. In den tieferen Retinaschichten mit dem 2. u. 3. Neuron ließ sich ein Artunterschied feststellen, da diese Schichten bei Kaninchen reicher an **I, II** u. **III** sind als beim Affen. U. TAUSENDFREUND. 4210□

Die Rolle der verschiedenen Glucoseabbaucyclen bei der Bildung von Adenosintriphosphat in der Kristallinse. Untersuchung in vitro. Jean Klethi und Paul Mandel. (C. R. hebd. Séances Acad. Sci. **253.** 1878—79. 23/10. 1961. Strasbourg, Fac. de Méd., Inst. de Chim. biol.) (Franz.)

Homogenate des Cortex der Kristallinse vom Kalb in 0,12 m KCl u. 0,02 m $NaHCO_3$ wurden nach Zusatz von *Adenosindiphosphat* (*ADP*) mit *Glucose, Galaktose, Glucose-6-phosphat* (**I**), *6-Phosphogluconsäure, Fructose-1.6-diphosphat* (**II**), *3-Phosphoglycerinsäure, Pyruvat* oder *α-Ketoglutarat* bei 37° für 15 Min. inkubiert. Nach Beendigung der Rk. durch Perchlorsäure wurde diese durch KOH eliminiert u. die *Nucleotide* an Dowex 18 nach Vff. (Biochim. biophysica Acta [Amsterdam] **24.** [1957.] 642) chromatographiert. Die höchsten Ausbeuten an *Adenosintriphosphat* (*ATP*) wurden nach Inkubation mit **I** u. bes. mit **II** erhalten. Ggw. von O_2 zeigte keinen Einfl., so daß der KREBS-Cyclus kaum zur *ATP*-Bldg. beizutragen scheint. *Monojodacetat* hemmte fast vollständig die Phosphorylierung von *ADP*. Die Bldg. von *ATP* in Ggw. von **I** blieb nach Zugabe von *TPN* unverändert. *TPN* wurde dabei auch in Ggw. eines Überschusses an *DPN* quant. in *TPNH* übergeführt. H. LOHSCHELDER. 4210□

Histochemischer Nachweis von Uridindiphosphatglucose-Glykogen-Transferase in tierischen Geweben. Tadao Takeuchi und George G. Glenner. (J. Histochem. Cytochem. **9.** 304—16. Mai 1961. Bethesda, Md., Nat. Inst. of Arthritis and Metabolic Diseases, Labor. of Pathol. and Histochem.) (Engl.)

Polysaccharide wurden histochem. in Muskelfasern u. anderen Gewebezellen mit *Uridindiphosphatglucose* als Substrat synthetisiert. Bei Nachprüfung der Meth. angesichts neuer biochem. u. histochem. Erkenntnisse wurden für den Nachw. der *Uridindiphosphatglucose–Glykogen-Transferase* (**I**) optimale Bedingungen festgelegt. Die histochem. Eigg. der Rk. waren sehr ähnlich der biochem. u. bewiesen die Spezifität der Rk.; *Glucose-6-phosphat* stimuliert in alkal. Bereich sehr die **I**-Reaktion. H. AMAN. 4210□

Nutzung von Kohlenhydraten und Kohlenhydratstoffwechselprodukten durch Enzymsysteme von Mitochondrien aus Mäuse-Gehirn und -Leber. H. G. du Buy und M. L. Hesselbach. (J. Histochem. Cytochem. **4.** 363—76. Juli 1956. Bethesda, Md., U.S. Dep. of Health, Educ. and Welfare, Public Health Serv., Nat. Inst. of Health, Nat. Microbiol. Inst.) (Engl.)

Aus Mäuseleber u. -hirn wurden die zwei Zellfraktionen: Mitochondrien u. Überstand auf enzymat. Aktivität durch Best. des Q_{O_2} u. der Milchsäure-Bldg., beides auf N-Geh. bezogen, untersucht. Folgende Substrate werden von allen 4 Zellfraktionen verwertet: Glucose-1- u. -6-phosphat, Fructose-1-phosphat, Fructose-1.6-diphosphat, u. Ribose-5-phosphat. Brenztraubensäure, Citronensäure, α-Ketoglutarsäure u. Bernsteinsäure werden nur von den beiden Mitochondrienfraktionen verwertet. 3-Phosphoglyceraldehyd, Fructose u. Glykogen werden nur von den beiden Hirnfraktionen verstoffwechselt. Nur der Leberüberstand ist akt. gegen Glyceraldehyd u. Galaktose. Mit Ausnahme des Leberüberstandes wird Mannose, mit Ausnahme der Lebermitochondrien wird Sedoheptulose-7-phosphat verwertet. Mannoheptulose ist für keine Fraktion ein brauchbares Substrat. — In weiteren Verss. wird festgestellt, daß die Mikrosomen weder die Enzyme des kompletten MEYERHOF-Syst. noch die des KREBS Cyclus enthalten. H. AMAN. 4210□

Untersuchungen über den Stoffwechsel der Haut. Experimentelle Untersuchung über die Beziehung zwischen Glykolyse und Tricarbonsäure-Cyclus der Haut. Kenji Hashizume. (Jap. J. Dermatol. **68.** 59—60. 1958. Wakayama, Wakayama Med. Coll., Dep. of Dermatol. and Urology.) (Engl.)

Haut von Kaninchen hat im Vgl. zu Leber oder Niere bes. hohen Geh. an *Glykogen* (**I**) u. *Milchsäure* (**II**) u. bemerkenswert niedrigen Geh. an *Brenztraubensäure* (**III**), *Citronensäure* (**IV**), *α-Ketoglutarsäure* (**V**) u. *Oxalessigsäure* (**VI**). In Hautschnitten ist die anaerobe Glykolyse (G) größer als die aerobe G. Während der anaeroben G fördert der Zusatz von **II** u. **III** die Bldg. von CO_2, während Zwischenprodd. (**VII**) des Tricarbonsäurecyclus diese Wrkg. nicht zeigen. Bei aerober G wird dagegen die O_2-Aufnahme durch **II**, **III** u. **VII** erhöht. In der Haut besteht eine Tendenz zur Anhäufung von **II**. Aus folgenden Befunden wird auf Vork. des *Tricarbonsäurecyclus* in der Haut geschlossen: **IV, V** u. **VI** konnten chem. nachgewiesen werden; durch intraperitoneale Verabreichung von *Monofluoressigsäure* (Aconitasehemmung) wird in der Haut von Albinoratten der Geh. an **IV** auf das 10fache erhöht; bei der durch *Monojodacetat* (**VIII**) (SH-Gruppeninaktivierung) bewirkten Dermatitis wird der **V**-Geh. verdoppelt. Die Feststellung, daß in der Haut der **VI**-Geh. höher u. der **IV**-Geh. niedriger ist als in anderen Organen deutet darauf hin, daß in der Haut die Kondens. von **III** u. **V** zu *Acetylcoenzym A* nicht

glatt erfolgt. Bei durch *Crotonöl* (**X**), *Dinitrochlorbenzol* oder **VIII** hervorgerufener Dermatitis u. bei dem Phänomen von Arthus sind die Werte für **I** u. **II** höher als in normaler Kaninchenhaut. In der Haut von Kaninchen, die mit *Eialbumin* (**IX**) sensibilisiert wurden, ist der Geh. an **I**, **III** u. **VII** niedriger als in normaler Haut; die O_2-Aufnahme der Hautschnitte war erniedrigt u. konnte auch nicht durch Zusatz von **VII** erhöht werden. Anscheinend ist der Stoffwechsel des Tricarbonsäurecyclus dabei vermindert; er kann aber durch Zusatz von *Adenosintriphosphat* (ATP) wiederhergestellt werden. Wird **IX** intrakutan reinjiziert (Phänomen von Arthus), so wird in der nicht berührten Haut die O_2-Aufnahme ebenfalls erhöht. In solchen empfindlich gemachten Tieren führt Dermatitis (nach Injektion von Tuberkulin oder **X**) zur Erhöhung der O_2-Aufnahme in den Hautschnitten, wogegen Zusatz von ATP ohne Wrkg. ist. — Vf. schließt, daß **IX** bei Verw. als Reizmittel auf diesen Stoffwechsel die gleiche Wrkg. wie ATP ausübt.
A. Hesse. 4210□

Ein pharmakologischer Aspekt des Glutaminsäurestoffwechsels im Gehirn. 1. Mitt. **Transaminierung und damit verbundene Desaminierung des Glutamins zu α-Ketosäure im Gehirn.** Minoru Sugiura. (Jap. J. Pharmacol. **7.** 1—5. Sept. 1957. Osaka, Osaka Univ., Dental School, Dep. of Dental Pharmacol.) (Engl.)

Enzym-Präpp. aus Rattenhirn bildeten in Ggw. von *Brenztraubensäure* mehr NH_3 bei der Transaminierung u. Desaminierung von *Glutamin* oder *Asparagin* als in Ggw. von *α-Ketoglutarsäure*. Durch *Philopon* (*Phenylmethylaminopropanhydrochlorid*) wird die Desaminierung merklich beschleunigt, während die Transaminierung unter gleichen Bedingungen nicht beeinflußt wird. P. Gregorzewski. 4210□

Ein pharmakologischer Aspekt des Glutaminsäurestoffwechsels im Gehirn. 2. Mitt. **Transaminierung und damit verbundene Oxydationsreaktion der α-Ketoglutarsäure und der γ-Aminobuttersäure im Gehirn.** Minoru Sugiura. (Jap. J. Pharmacol. **7.** 6—15. Sept. 1957. Osaka, Osaka Univ., Dental School, Dep. of Dental Pharmacol.) (Engl.) — 1. vgl. vorst. Referat.

Verss. mit Meerschweinchenhirnhomogenat machen es wahrscheinlich, daß *γ-Aminobuttersäure* (**I**) durch Transaminierung u. Oxydation in den Krebs-Cyclus eingeführt wird. Bei Zugabe der einzelnen Intermediär-Verbb. des Krebs-Cyclus zu dem Homogenat war die O_2-Aufnahme bei *Succinat* am größten, gefolgt von *α-Ketoglutarsäure*. Bei den anderen Substanzen war die O_2-Aufnahme unbedeutend. Durch **I** wurde der O_2-Verbrauch bei α-Ketoglutarsäure stark erhöht. Durch Zugabe von *β-Hydroxy-γ-aminobutyrat* (**II**) zur Rk.-Mischung wird die Bldg. von *Glutamat* verstärkt. Durch i.v. Gaben von **II** an Kaninchen wird deren Elektroencephalogramm bemerkenswert verändert.
P. Gregorzewski. 4210□

Eine photometrische Methode zur Bestimmung von Serum-Glutamat-Pyruvat-Transaminase. Božidar Štraus. (Farmac. Glasnik **16.** 181—88. Juni 1960. Zagreb.) (Serbokroat.)

Die Genauigkeit der Best. der Serum-*Glutamat-Pyruvat-Transaminase* durch photometr. Best. des 2.4-Dinitrophenylhydrazons der aus Alanin u. α-Ketoglutarsäure (**I**) gebildeten Brenztraubensäure (**II**) wird erhöht, wenn man durch Extraktion mit Toluol das darin unlösl. 2.4-Dinitrophenylhydrazon der **I** u. durch Ausschütteln der Toluol-Lsg. mit $NaHCO_3$-Lsg. überschüssiges 2.4-Dinitrophenylhydrazin (**III**) entfernt, die beide bei der photometr. Messung stören. Die Einw. des Enzyms auf das Substrat soll genau 5 Min. dauern, die Konz. der **I** 0,3, des **III** 0,1% sein. Man erhält so bis zu einer **II**-Konz. von 220 γ/ml gut reproduzierbare Werte, die mit denen der genauen, aber umständlichen Diphosphopyridinnucleotid-Meth. gut übereinstimmen.
S. Beckmann. 4210□

Ein Vergleich der Eigenschaften zweier Formen der Tyrosinase aus Neurospora crassa. Alfred S. Sussman. (Arch. Biochem. Biophysics **95.** 407—15. Dez. 1961. Ann Arbor, Mich., Univ. of Michigan, Dep. of Botany.) (Engl.)

Unter Benutzung gereinigter Enzyme verglich Vf. die thermostabile (**I**) u. die thermolabile Form (**II**) der *Tyrosinase* (**III**) aus *Neurospora crassa* (N.c.). N.c. wurde auf einem Nährmedium nach Vogel mit $6 \cdot 10^{-5}$m SO_4^{2-} gezogen, die Reinigung erfolgte nach der Meth. von Horowitz u. Fling (vgl. Original), wodurch für **I** eine 89%ig. u. für **II** eine 80%ig. Reinigung erzielt wurde. Die Aktivität von **III** wurde spektrophotometr. durch Abnahme des im Inkubationsmedium vorhandenen *Ascorbats* (**IV**) als Folge der Oxydation des vorliegenden Substrats (Phenol, Chinon) bei 265 mμ gemessen. An Stelle von **IV** kann $K_4Fe[CN]_6$ als Red.-Mittel benutzt werden. Vorteile: Größere Beständigkeit gegenüber pH-Schwankungen, bessere Stabilität in gelöstem Zustand bei Verw. bestimmter Substrate u. bessere Oxydierbarkeit als **IV** bei niedrigen pH-Werten. Die K_m-Werte von **I** u. **II** für die Substrate *L-Tyrosin*, *L-DOPA* u. *D-DOPA* liegen eng beieinander. Auch in der Substratspezifität gleichen sich beide Formen von III. Die beigefügte Tabelle gibt eine große Zahl getesteter Phenole u. Chinone an, von denen sich *4-Phenylbrenzcatechin* (V), *Brenzcatechin, Kaffeesäure, Chlorogensäure, 4-Hydroxyphenylessigsäure, Pyrogallol, 3.4-Dihydroxybenzoesäure* u. *3.4-Dihydroxybenzaldehyd* als geeignete Substrate erwiesen. Das pH-Optimum von I u. II für L-DOPA u. V ist sehr breit u. erstreckt sich über pH 5—8 bzw. 5—9. Über pH 10 sind I u. II instabil. Unterhalb von pH 4,5 werden I u. II irreversibel inaktiviert. Metallbindende Reagentien, wie *Phenylthioharnstoff, Na-Diäthyldithiocarbamat, Cystein* u. *Na-Azid* sind starke Inhibitoren, deren Wrkg. auf I u. II völlig gleich sind. Die Aktivität von II ging nach Inkubation (5—15 Min.) von *Harnstoff* u. *Formamid* in hohen Konzz. stärker verloren als die von I. — Vf. hält I u. II nur in der Sekundär- u. Tertiärstruktur für verschieden, jedoch nicht in den akt. Zentren. S. VIERKÖTTER. 4210□

Untersuchungen über Tyrosinasereaktion. 2. Mitt. **Wirkung der sogenannten kupferaffinen Substanzen auf unsere Tyrosinasereaktion.** Ryokichi Togashi. (Jap. J. Dermatol. **68.** 9. 1958. Tohoku Univ., Fac. of Med., Dep. of Dermatol.) (Engl.) — 1. vgl. C. **1958.** 12718.

Untersucht wurde der inaktivierende Einfl. von sog. *Cu*-affinen Verbb., nämlich *Thioharnstoff* (I), *Methylthiouracil* (II), *Methionin* (III), *Thioglykolsäure* (IV) u. $Na_2S_2O_3$ (V), auf die nach l. c. durch Cu^{2+} aktivierte Wrkg. der *Tyrosinase* der Haut. Hierzu wurden Hautschnitte vor oder nach Zusatz der genannten Verbb. in 0,01m $CuSO_4$-Lsg. eingetaucht (1 Std.) oder es erfolgte gleichzeitige Behandlung der Hautschnitte mit gleichen Vol. Test-Lsg. u. $^1/_{50}$m $CuSO_4$-Lsg. (2 Std.). Die Inaktivierungs-Wrkg. nahm in folgender Reihenfolge ab: IV < I < V < II < III. Bei V, II u. III war 2std. Eintauchen hinsichtlich Inaktivierung bei niedrigen Konzz. wirksamer als 1std. Behandlung. — Hinsichtlich der Minimum-Wrkg. bestand zwischen Behandlung der Hautstücke in vorangehendem u. nachfolgendem Cu^{2+}-Zusatz kein Unterschied. Auch bei niedrigen Konzz. war bei III u. II die gleichzeitige Behandlung mit Cu^{2+} am wirksamsten. Dagegen wurde I bei gleichzeitigem Zusatz mit Cu^{2+} ohne Wrkg. gefunden. A. HESSE. 4210□

Untersuchungen über Tyrosinasereaktion. 3. Mitt. **Der Einfluß von Ascorbinsäure und Guanofuracin auf unsere Tyrosinasereaktion.** Ryokichi Togashi. (Jap. J. Dermatol. **68.** 43. 1958.) (Engl.) — 2. vgl. vorst. Referat.

Die Aktivierung der *Tyrosinase* (I) durch Eintauchen von Hautschnitten in Cu^{2+}-Lsgg. wird durch *Ascorbinsäure* (II) bei vorheriger oder nachfolgender Behandlung mit Cu^{2+} nicht beeinflußt; dagegen wird bei gleichzeitigem Zusatz von Cu^{2+} u. II keine Aktivierung der I durch Cu^{2+} gefunden. Bei jeder Art der Anwendung von Cu^{2+} erhöht *Guanofuracin* (III) die aktivierende Wrkg. von Cu^{2+}, wenn III in $^1/_{100}$m Konz. angewendet wird; eine $^1/_{100000}$m Konz. von III bewirkt dagegen geringe Hemmung. Wird III bei vorher während 24 Std. mit Cu^{2+} vorbehandelten Hautschnitten angewendet, so wird bei $<^1/_{10000}$m III deutliche Inaktivierung festgestellt. Wird erst mit III u. dann mit Cu^{2+} behandelt, so hemmt $<^1/_{10000}$m III, wenn pH <7 ist. A. HESSE. 4210□

Einfluß der Desoxyribonucleinsäure auf die Eiweißspaltung durch einige proteolytische Fermente. A. I. Oparin, G. A. Deborin und V. Z. Baranova. (Croat. chem. Acta **29.** 229—37. 1957. Moskau, Bach-Inst. für Biochem. der Akad. der Wiss. der UdSSR.) (Russ.) — Vgl. C. **1959.** 163.

Die Unterss. über den Einfl. der *Desoxyribonucleinsäure* (I) auf die Proteolyse von *Eialbumin* (II), *Serumalbumin* (III) u. *Casein* (IV) durch *Trypsin* (V) u. *Chymotrypsin* (VI) ergaben, daß die Proteolyse durch I bei pH-Werten oberhalb des I.P. von Ferment u. Substrat u. bei vorangehender Inkubation von Substrat u. I gehemmt wird. Aus dem Verlauf der Proteolysekurven ist ersichtlich, daß eine sehr starke Hemmung der Proteolyse von II, III oder IV nur bei vorangehender Inkubation mit I erfolgt, während die vorangehende Inkubation von I mit V oder VI die Kinetik der Proteolyse nicht verändert. Im Syst. III/V wirkt I nicht auf V ein, sondern auf das Substrat. Weniger ausgeprägt tritt dies bei Verss. mit IV ein. Mit steigendem Verhältnis I/III verstärkt sich die Hemmung der Proteolyse; nur bei sehr hohem I-Überschuß nimmt die Hemmung nicht mehr zu. Auch bei hohem Überschuß an III wird die Proteolyse gehemmt. Die IV-Inkubation mit I verschiedenen Polymerisationsgrades zeigt, daß die stärkste Hemmung der Proteolyse mit I des höchsten Molgew., die schwächste bei Behandlung der I mit Desoxyribonuclease eintritt. Eine starke Hemmung der Proteolyse beobachtet man auch in Ggw. von I bei der Einw. von IV + V auf IV. O. LEBTAG. 4210□

Hemmung der Esteraseaktivität durch Thiamin und Folsäure. G. La Grutta, S. Abbadessa, T. Ajello und V. La Grutta. (Boll. Soc. ital. Biol. sperim. **37.** 1116—17. 15/11. 1961. Palermo, Univ., Ist. di Fisiol. umana.) (Ital.)

Vff. stellten fest, daß sowohl *Thiamin* als auch *Folsäure* die *Cholinesterase*- u., besonders ausgeprägt, die *Pseudocholinesterase*-Aktivität der Cerebralcortex (Homogenate) der Katze in vitro hemmen; beide Substanzen beeinflussen die Glutaminsäuredecarboxylase- u. Phosphataseaktivität der Homogenate jedoch nicht. H. KOCKERT. 4210□

Histochemie der Thiolessigsäure-Esterase: Ein Vergleich mit nichtspezifischer Esterase, speziell in Hinsicht auf den Einfluß von Fixierungsmitteln und Inhibitoren auf die intracelluläre Lokalisierung. Max Wachstein, Elizabeth Meisel und Carmen Falcon. (J. Histochem. Cytochem. [Baltimore] **9.** 325—39. Mai 1961. Brooklyn, N.Y., St. Catharine's Hosp., Dep. of Pathol.) (Engl.)

Die Verteilung der *Thiolessigsäure* (I)-*Esterase* u. *nichtspezif. Esterase* (II) in den verschiedenen Geweben ist zumeist identisch. Auch der Einfl. verschiedener Inhibitoren auf die Farb-Rk. in BAKERS $CaCl_2$–Formalin-Kälteschnitten war ganz gleich. Eine bemerkenswerte Ausnahme bildete das Pankreas verschiedener Arten (Mensch, Hund, Kaninchen, Meerschweinchen, Ratte u. Maus). Im Gegensatz zur merklichen Aktivität von II in den Acinuszellen wurde keine Färbung festgestellt bei in I-Medium inkubierten Schnitten. Zugabe von Na-Taurocholat kehrt diese negative Rk. in eine stark positive um, wodurch eine *echte Lipase* aufgezeigt wurde. Nach der Behandlung von Rattennieren- u. -leberschnitten mit organ. Phosphor-Verbb., bes. E 600 (Diäthyl-p-nitrophenylphosphat), wurde die protoplasmat. Aktivität unterdrückt, u. die Färbung in den Tröpfchen wurde in den Schnitten zum Nachw. von II- u. I-Esterase sehr deutlich. So enthalten diese (jetzt als DE DUVES *Lysosome* identifizierten) Strukturen einen weiteren Typ von Esterase [*C-Esterase* (III) von PEARSE mit einer kathepsinähnlichen Aktivität]. Es wird angenommen, daß I unter histochem. Bedingungen durch *Acetylcholinesterase*, zum mindesten in den motor. Endplatten, durch *B*- oder *Ali-Esterase* im Protoplasma, durch III in den Lysosomen u. unter entsprechenden Umständen, auch durch Pankreaslipase hydrolysiert wird.

H. AMAN. 4210□

Acetylcholinesterase in pflanzen-parasitischen Nematoden und eine Anticholinesterase aus Asparagus. R. A. Rohde. (Proc. helminthol. Soc. Washington **27.** 121—23. Juli 1960. Amherst, Mass., Univ. of Massachusetts, Dep. of Entomol. and Plant Pathol.) (Engl.)

Acetylcholinesterase wurde mit einer histochem. Meth. in verschiedenen Teilen des Nerven-Syst. von *Trichodorus christiei, Pratylenchus elegans, Xiphinema americanum, Dorylaimus spec.* u. *Helicotylenchus nannus* nachgewiesen. Durch einen Extrakt aus *Asparagus* wird das Enzym anscheinend inaktiviert. Vielleicht beruht darauf die Resistenz von MARY-WASHINGTON-*Asparagus* gegen parasit. Nematoden.

U. EBERHARDT. 4210□

Die histochemische Lokalisierung von Acetylcholinesterase in der feinen Struktur neuromuskulärer Verbindungen von Mäusen und menschlicher Intercostalmuskel. S. I. Zacks und J. M. Blumberg. (J. Histochem. Cytochem. [Baltimore] **9.** 317—24. Mai 1961. Washington, D.C., Armed Forces Inst. of Pathol.) (Engl.)

Die Lokalisierung von *Acetylcholinesterase* (I)-Aktivität wurde nach der Meth. von BARRNETT u. PALADE untersucht. Vor der Behandlung mit OsO_4 wurde eine Formol-Saccharose-Lsg. zur Fixierung angewandt. Es wurden Ablagerungen von *Bleisulfid* als histochem. Rk.-Prod. in axonalen u. sarkoplasmat. Mitochondrien u. vornehmlich in den prim. u. sek. synapt. Furchen des subneuralen App. beobachtet. Vereinzelt wurden reaktive Stellen nahe dem M-Band festgestellt. Mit Inhibitoren u. hohen Konzz. von $Pb(NO_3)_2$ wurden Kontroll-Verss. durchgeführt. Die mögliche Bedeutung von I-Aktivität in den beschriebenen Zonen wird besprochen. H. AMAN. 4210□

Enzymdiagnostik für den praktischen Arzt. 1. Mitt. **Serumcholinesterase.** R. Richterich. (Praxis [Bern] **50.** 624—26. 15/6. 1961. Bern, Univ., Medizin.-chem. Inst.) (Dt.)

Übersicht. — 13 Literaturangaben. F. KRUSEN. 4210□

Unterscheidende Kennzeichnung von Esterasen und von Pankreaslipasen. J. Meyer, J. Malgras und Ch. Romond. (Bull. Soc. Chim. biol. **41.** 1271—77. 1959. Strasbourg, Bas-Rhin, Fac. de Pharm., Serv. de Microbiol.) (Franz.; Auszüge: Engl., Dt.)

Vff. untersuchen die lipolyt. Wrkg. der Pankreas-*Lipase* (I) (Substrat: Olivenöl; I in Emulsion mit Taurocholat u. Gummi arabicum) u. der Leber-*Esterase* (II) (Substrat: Buttersäureäthylester) in einer App., welche die ständige Titration der gebildeten Fettsäure unter Konstanthalten des pH (8,0—8,2) gestattet. Vff. schließen, daß das Pankreas mindestens eine in Öl lösl. I, eine in W. lösl. I u. eine II enthält.

A. HESSE. 4210□

Ist Mevalonsäure ein Vorläufer der Corticosteroide? Melvin J. Bryson und Max L. Sweat. (Arch. Biochem. Biophysics **96.** 1—3. Jan. 1962. Salt Lake City, Utah, Univ. of Utah, Coll. of Med., Dep. of Obstetr. and Gynecol.) (Engl.)

Vff. stellten fest, daß Gewebe-Präpp. der Rindernebenniere (Gesamthomogenate oder eine Kombination der Mikrosomen- u. der überstehenden Fraktion) in der Lage sind, $^{14}C_{(1)}$-*Acetat* in folgende (isolierte u. identifizierte) Corticosteroide umzuwandeln: *Δ⁴-Pregnen-11β.17α.21-triol-3.20-dion, Pregnan-11β.17α.21-triol-3,20-dion, Δ⁴-Pregnen-17α.21-diol-3.11.20-trion, Δ⁴-Pregnen-11β.21-diol-3.20-dion, Δ⁴-Pregnen-21-ol-3.11.20-trion, Δ⁴-Pregnen-6β.21-diol-3.20-dion, Δ⁴-Pregnen-17α.21-diol-3.20-dion, Δ⁴-Androsten-11β-ol-3.17-dion, Δ⁴-Pregnen-6β-ol-3.20-dion, Δ⁴-Pregnen-11β-ol-3.20-dion, Δ⁴-Pregnen-17α-ol-3.20-dion, Δ⁴-Pregnen-21-ol-3.20-dion, Δ⁴-Androsten-3.17-dion* u. *Δ⁴-Pregnen-3.20-dion* (*Progesteron*). In Parallel-Verss. mit den gleichen Nebennierengewebe-Präpp. wurde festgestellt, daß $^{14}C_{(2)}$-*Mevalonat* in keines der vorst. genannten 14 Corticosteroide eingebaut wird. H. KOCKERT. 4210□

Eine Methode zur direkten Messung der O-Demethylierung in Lebermikrosomen und ihre Anwendung auf die Mikrosomenhemmwirkung von SKF 525-A. K. J. Netter. (Naunyn-Schmiedebergs Arch. exp. Pathol. Pharmakol. **238.** 292—300. 1960, Hamburg, Univ., Pharmakolog. Inst.) (Dt.)

Vf. zeigt, daß eine direkte spektrophotometr. Messung der Demethylierung von o-Nitroanisol zu o-Nitrophenol möglich ist; er bestimmt mittels dieser Meth. den Typ der Demethylierungshemmung durch *SKF 525-A* (*Diphenylpropylessigsäurediäthylaminoäthylester*). Es wurde eine nichtkompetitive Hemmung festgestellt; es müssen dieselben strukturellen Voraussetzungen wie für die Hemmung der Procainspaltung durch Plasmacholinesterase erfüllt sein. Strukturelle Beziehungen zwischen dem Wirkungsort des Mikrosomenferments u. der Cholinesterase werden diskutiert. K. H. LOHS. 4210□

Der Einbau von ^{14}C aus $NaH^{14}CO_3$ in die löslichen Stoffwechselintermediärsubstanzen des tierischen Gewebes. C. Bryant, A. K. Huggins und M. J. H. Smith. (J. Pharmacy Pharmacol. **13.** 511—12. Aug. 1961. London, King's Coll. Hosp., Med. School, Dep. of Chem. Pathol.) (Engl.)

Schnitte von Rattenleber bauen bei Inkubation mit $NaH^{14}CO_3$ 4—10% der Radioaktivität in Stoffwechselintermediärprodd. ein; dabei entfallen 40—60% davon auf *Harnstoff* (I), 0—25% auf *Lactat* (II), 10—20% auf *Glucose* (III), 5—15% auf *Alanin*, 5—10% auf *Glutamat* (IV) sowie geringere Mengen auf organ. Säuren. Rattenleberhomogenat baut die meiste Radioaktivität in die Aminosäurenfraktion ein: 40—50% in IV, 10—20% in *γ-Aminobutyrat*, 5—10% in *Asparaginat* (V) u. nur 5—10% in II. Suspensionen von Rattenlebermitochondrien bauen dagegen 80% der Radioaktivität in *Malat* (VI) u. *Citrat* ein, so daß die Mitochondrien die Radioaktivität hauptsächlich in die Tricarbonsäuren einbauen (wahrscheinlich über Decarboxylierung von Pyruvat zur Erzielung von VI), während die Homogenate über Transaminierungen der Tricarbonsäuren zu Aminosäuren als End-Prodd. führen; das Fehlen von III u. I in Mitochondrien u. Homogenaten deutet darauf hin, daß die Synth. dieser Substanzen aus dem Bicarbonat eine relativ intakte celluläre Struktur benötigt. Andere Gewebe zeigen abweichendes Verhalten. Rattennierenschnitte bauen 50—60% der Radioaktivität in Aminosäuren (IV u. V) ein, 30—40% in II. Rattenhirn baut dagegen 60% der Radioaktivität in II u. 30—40% in Di- u. Tricarbonsäuren ein. Menschliche fötale Leberzellen u. HeLa-Zellen aus Kulturen bauen ^{14}C hauptsächlich in II, Tricarbonsäuren u. Aminosäuren ein, jedoch in unterschiedlichen Proportionen je nach Inkubationszeit; bei den HeLa-Zellen vermindert sich mit der Zeit der Einbau in die Aminosäuren, der Einbau in die Tricarbonsäuren steigt bis zur 30. Min. u. fällt dann rasch ab, als einziges bleibt nach 60 Min. markiertes II übrig, In den Zellen des übertragbaren Mäusesarkoms 180 steigt die Radioaktivität mit der Zeit, während die von II u. den Tricarbonsäuren im Verlaufe der Inkubation abnimmt. Durch 5mm *Salicylat* oder 0,5mm *2.4-Dinitrophenol* wird der Einbau von ^{14}C aus $NaH^{14}CO_3$ in die lösl. Stoffwechselintermediärprodd. des geschnittenen Gewebes zu 80—90% gehemmt (außer bei Hirngewebe, wo Salicylat zu 20—30%ig. Steigerung führt). U. TAUSENDFREUND. 4210□

Die Wirkungen von 7-Chlor-2-methylamino-5-phenyl-3H-1.4-benzodiazepin-4-oxid auf die Mitochondrien der Rattenleber und des Gehirns. Bernhard Kadenbach und Walter Lührs. (Nature [London] **192.** 174—76. 14/10. 1961. Berlin-Buch, Dt. Akad. der Wiss., Inst. für Med. u. Biol., Robert-Rössle-Klinik, Abt. für exp. u. klin. Chemotherap.) (Engl.)

7-Chlor-2-methylamino-5-phenyl-3H-1.4-benzodiazepin-4-oxid (I), mit Rattenlebermitochondrien (A) inkubiert, bewirkte eine starke Schwellung von A, die durch Zusatz von *Äthylendiamintetraessigsäure* vollständig verhindert werden konnte. In KCl-Lsg. wurde die I-induzierte A-Schwellung durch *Adenosintriphosphat* (ATP) teilweise u. noch stärker durch ATP + Mg^{2+} verhindert. *Phosphat* (20 mm), das auf A stark anschwellend wirkt, hatte auf Rattenhirnmitochondrien (B) keinen Einfluß, Es wurde eine bestimmte Hemmung der Oxydations-Geschw. der *Diphosphopyridinnucleotid* (DPN)-gebundenen Substrate, nicht jedoch mit *Succinat* (II) als Substrat in A u. B gefunden.

Die Phosphorylierung blieb mit DPN-gebundenen Substraten nahezu unbeeinflußt; mit II wurde eine leichte Hemmung gefunden. Der Geh. an DPN-induziertem ATP wurde durch I erheblich herabgedrückt, wobei die I-Wrkg. durch *Amytal* stimuliert wurde. Es wird angenommen, daß I in die Atmungskette zwischen *Flavoprotein* u. *red. DPN* sowie in die Phosphorylierung zwischen *Cytochrom b* u. *Cytochromoxydase* eingreift. J. Boelter. 4210 □

E_3. Mikrobiologie. Bakteriologie. Immunologie

Der Einfluß des durch organische Säuren herabgesetzten pH-Milieus auf die Wärmeresistenz und das Keimen von Sporen des Cl. perfringens Typ A. Stanisława Mąkowska. (Prace Inst. Lab. Badawczych Przemysłu spożywczego **10.** Nr. 2. 85—98. 1960. Inst. Przem. mięsnego, Zakł. Mikrobiol.) (Pol.)

Die Wärmeresistenz der Sporen von *Clostridium perfringens* nimmt mit fallendem pH ab. Die Abnahme ist am stärksten zwischen pH 5 u. 6. Das saure Medium hemmt die Bldg. der Sporen u. ihr Keimen. Zur Herst. des sauren Mediums in Fleisch u. Fleischwaren ist Milchsäure besser geeignet als Citronensäure. F. Urban. 4310 □

Die morphologische Veränderung von Ferrobacillus ferrooxidans in Beziehung zum Eisenoxydationsverhältnis. M. P. Silverman und M. H. Rogoff. (Nature [London] **191.** 1221—22. 16/9. 1961. Pittsburgh, Pa., Bur. of Mines.) (Engl.)

Normale Kulturen (A) von *Ferrobacillus ferrooxidans* in anorgan. *Fe*-Salzmedium zeigten bei extremer Belüftung eine morpholog. Umwandlung von einer stäbchenförmigen (1,0—1,7·0,5 μ) Gestalt in eine anomale runde Form (B) mit einem Durchmesser von 1,0 μ, die in Subkultur bei weniger starker Belüftung nach der 2. Umwandlung eine der ursprünglichen morpholog. Form nahezu gleiche (C) wiedererlangte. Das Oxydationsverhältnis (μl O_2-Aufnahme/mg Zell-N) zeigte unabhängig von der Konz. die Ordnung C > A > B. J. Boelter. 4310 □

Der Proteinabbau in Escherichia coli während der logarithmischen Wachstumsphase. Gary Fox und John W. Brown. (Biochim. biophysica Acta [Amsterdam] **46.** 387—89. 15/1. 1961. Louisville, Ky., Univ. of Louisville, School of Med., Dep. of Biochem.) (Engl.)

Escherichia coli-Zellen wurden zur Markierung ihres *Proteins* mit 0,2% $^{14}C_{(1)}$-*Natriumacetat* herangezogen, abzentrifugiert u. dann in 1%ig. *Glucose*-Nährlsg. so in der logarithm. Wachstumsphase gehalten, daß zur Verdopplung der Zellzahl je 1 Std. benötigt wurde. Der gefundene Proteinabbau pro Generation betrug 2,7%. H.-G. Trüper. 4310 □

Nucleotidzusammensetzung der Ribonuclein- und Desoxyribonucleinsäuren einiger autotropher Bakterien. B. F. Wanjuschin und A. N. Beloserski. (Доклады Академии Наук СССР [Ber. Akad. Wiss. UdSSR] **135.** 197—99. 1/11. 1960. Moskau, Lomonossow-Univ.) (Russ.)

Vff. untersuchen die *Nucleotid*-Zus. der *Ribo-* (I) u. *Desoxyribonucleinsäure* (II) einiger autotropher Bakterien, wie *Nitrosomonas sp.*, *Chlorobium thiosulphatophilum* u. *Chromatium K*, die zur Erforschung der Abstammung u. Evolution dieser Mikroorganismen herangezogen werden kann. Für die Nucleotid-Zus. der I gilt: Guanylsäure (G) > Cytidylsäure (C) ≈ Adenylsäure (A) > Uridylsäure. Bei II können die Beziehungen G/C = 1, A/T = 1, (G + T)/(A + C) = 1 (T = Thymin) aufgestellt werden. Gegenüber I weist die Nucleotid-Zus. der II bei den untersuchten Bakterien größere Unterschiede auf. Sie scheint für die einzelnen Bakterien spezif. zu sein. Alle untersuchten Substanzen können dem GC-Typ zugeordnet werden. H.-P. Pietsch. 4315 □

Über von Chalaropsis thielavioides gebildete Ester. Ralph P. Collins und Max E. Morgan. (Science [Washington] **131.** 933—34. 25/3. 1960. Storrs, Univ. of Connecticut, Dep. of Bot., Dep. of Animal Ind.) (Engl.)

Der Fadenpilz wurde auf Kartoffel–Dextrose-Nährlsg. gezüchtet. Die gebildeten flüchtigen Stoffwechsel-Prodd. wurden mit einem schwachen Luftstrom 18—40 Std. lang durch hintereinandergeschaltete Ausfrierfallen geleitet. In den aufgefangenen Kondensaten wurden gaschromatograph. als Hauptkomponenten des charakterist. Geruchs von *C. thielavioides Isobutyl-* u. *Äthylacetat* nachgewiesen. In geringen Mengen wurden *Isoamylacetat, A., Methanol* u. *Aceton* gefunden. H. Rembold. 4320 □

Stoffwechselveränderungen während der Citronensäuregärung von Aspergillus niger. A. P. Joshi und C. V. Ramakrishnan. (Ann. Biochem. exp. Med. Calcutta **20.** 177—80. Juli 1960. Baroda, M. S. Univ. of Baroda, Dep. of Biochem.) (Engl.)

Die Ansammlung von *Citronensäure* im Medium bei der durch *Aspergillus niger* bewirkten Gärung war von einem Anstieg der Brenztraubensäureoxydase-, Oxalessigsäurecarboxylase- u. Kondens.-Enzymaktivität u. einem Verschwinden der Oxalessigsäurehydrolase-, Acetylcoenzym A-Deacylase- u. Aconitaseaktivität im Pilzrasen begleitet. K. Zingraf. 4320□

Einfluß von Vitamin B_{12} auf die ^{14}C-Verwertung durch Ochromonas. S. L. Marchesi und L. G. Lajtha. (Int. Z. Vitaminforsch. [Bern] **31.** 362. 1961. Oxford, United Oxford Hosp., Radiobiol. Labor.) (Engl.)

Werden verschiedene ^{14}C-markierte Wuchsstoffe (*Adenin, Methionin, Serin, Formiat, Acetat, Propionat*) in Kurzzeit-Verss. *Ochromonas malhamensis* in Ggw. oder in Abwesenheit von *Vitamin* B_{12} (I) angeboten, so stellen Vff. an Hand der Einbaurate der einzelnen Verbb. verschieden lange Zeiten bis zur vollen Entw. einer durch den I-Mangel bedingten Stoffwechselstörung fest. Die am schnellsten meßbare Änderung wird nach Angebot von ^{14}C-*Propionat* in Abwesenheit von I beobachtet. L. Träger. 4320□

Vitamin B_{12} und der Stoffwechsel von Einkohlenstoffverbindungen bei der Ratte und bei Ochromonas malhamensis. A. M. White und H. R. V. Arnstein. (Int. Z. Vitaminforsch. [Bern] **31.** 362—63. 1961. London, Nat. Inst. for Med. Res.) (Engl.)

In der Ratte wird das β-Kohlenstoffatom des *Serins* in Abwesenheit von *Vitamin* B_{12} (I) in 3fach geringerem Umfang in die Methylgruppe des *Cholins* oder des *Thymins* (II) eingebaut. Nach Angebot von ^{14}C-*Formiat* steigt die spezif. Aktivität von II wieder an. An der Red. von *Formiat* ist I nicht beteiligt. Im Mikroorganismus *Ochromonas malhamensis* wirkt I wie bei der allg. Aminosäuren-Biosynth. stimulierend auf die *Methylgruppen*-Biosynthese. Außerdem wird der Einbau der Einkohlenstoffeinheit in II durch I angehoben. Vff. kommen jedoch zu dem Schluß, daß die bei I-Mangel hier beobachteten Stoffwechselstörungen (Rückgang der II-Synth. u. der Redoxvorgänge im Einkohlenstoffpool) nicht als die hauptsächlichsten I-Mangelerscheinungen angesehen werden können. L. Träger. 4320□

Die Funktion von Vitamin B_{12} bei der Aminosäuren- und Proteinbiosynthese durch Ochromonas malhamensis. H. R. V. Arnstein und A. M. White. (Int. Z. Vitaminforsch. [Bern] **31.** 365—66. 1961. London, Nat. Inst. for Med. Res.) (Engl.) — Vgl. C. **1961.** 10235.

Zellsuspensionen von *Ochromonas malhamensis* bauen in Ggw. von *Cyanocobalamin* (I) mehr *Phenylalanin* (II) oder *Glucose* in Protein ein als in Abwesenheit von I. Darüber hinaus wird die Biosynth. von II, *Tyrosin* u. *Valin* durch I stimuliert. Vff. glauben jedoch, daß die größere Bedeutung von I bei der *Propionsäure*-Oxydation zu suchen ist. L. Träger. 4320□

Myoinosit bei der Biosynthese von Benzylpenicillin durch Mycelsuspensionen von Penicillium chrysogenum. Roshan J. Irani und K. Ganapathi. (Experientia [Basel] **15.** 22—24. 15/1. 1959. Pimpri, Poona District, India, Antibiotics Res. Centre.) (Engl.) — Vgl. Deshpande u. Ganapathi, C. **1959.** 9620.

0,2% *Myoinosit* (I) aktivieren die Biosynth. von *Benzylpenicillin* (II) durch Mycelsuspensionen von *P. chrysogenum* in Phosphatpuffer u. Ggw. von *Phenylessigsäure*. *2.4-Dinitrophenol, Cyanid* oder *Arsenit* in 0,0006- u. 0,005m Konzz. inhibieren diese Aktivierung. 0,2% *Myoinosose-(2)* aktivieren die II-Bldg. ähnlich wie I, *D-Glucuronolacton* erst mit 0,5%. P. chrysogenum wächst in synthet. Nährlsg. mit 2% I als einziger C-Quelle. Das Mycelpolysaccharid gibt bei der Hydrolyse fast ausschließlich *Glucose*. K. Maier. 4340□

Einige Beispiele zur biologischen C-Methylierung: Novobiocin und Actinomycin. A. J. Birch, D. W. Cameron, P. W. Holloway und R. W. Rickards. (Tetrahedron Letters [London] **1960.** Nr. 25. 26—31. Dez. Manchester, Univ., Dep. of Chem.) (Engl.)

Streptomyces niveus synthetisiert in Ggw. von L-$^{14}C_{(CH_3)}$-*Methionin* (I), das als Methylkationdonator wirkt, *Novobiocin*, in dem die Radioaktivität zu 35% im C-Methyl des Cumarinspaltstückes, zu 35% im O-Methyl des Noviospaltstückes u. zu 31% in der gem.-Dimethylgruppe verankert ist. Ein anderer, nichtidentifizierter *Streptomyces*-Stamm synthetisiert in Ggw. von radioakt. markiertem I *Actinomycin*, bei dem 28% der Gesamtaktivität auf die beiden Kern-C-Methylgruppen entfallen u. der Rest wahrscheinlich auf die N-Methylgruppen der Peptidkette verteilt ist. Dadurch wird bewiesen, daß *Methionin* (vielleicht in Form des S-Adenosyl-Deriv.) als Methylgruppenüberträger in aromat. Syst. fungieren kann. Außerdem nehmen Vff. an, daß das Ring-Syst. des *Actinomycins* durch oxydative Dimerisierung eines entsprechenden Hydroxyanthraniloylteils, das über Shikimisäure aufgebaut wird, entsteht. G. Ziebarth. 4340□

Dihydroxyacetonbildung bei Acetomonas. J. G. Carr und J. L. Shimwell. (Nature [London] **192.** 683—84. 18/11. 1961. Bristol, Univ. of Bristol, Dep. of Agric. and Horticult., Res. Stat., Long Ashton; Welchmill, Frome, Brit. Vinegars Ltd., Res. Dep.) (Engl.)

Vff. fanden, daß die Fähigkeit zur Bldg. von *Dihydroxyaceton* (I) infolge von Mutation (im weitesten Sinne) verlorengehen kann. Ein aus Apfelwein isolierter Stamm von *Acetomonas* verlor seine Fähigkeit zur I-Bldg. nach 2jähriger Züchtung auf Apfelsaft-Agar. Die I-Bldg. kann somit nicht als sicheres Kriterium zur Unterscheidung von *Acetomonas* u. *Pseudomonas* angesehen werden. H. LOHSCHELDER. 4350□

Die immunisierenden Bestandteile des Tuberkelbacillus. Alfred J. Crowle. (Bacteriol. Rev. **22.** 183—203. Sept. 1958. Denver, Colo., Univ., School of Med., Dep. of Microbiol.; Colorado Found. for Res. in Tuberculosis.) (Engl.)

Zusammenfassende Arbeit mit Diskussion des derzeitigen Standes der Forschung über die Tuberculoimmunität. Folgende immunisierende Zellbestandteile werden behandelt: Polysaccharide, Proteine, Lipide (acetonlösl. Fette, Phosphatide u. Wachse) sowie kombinierte Bestandteile. Auf wechselweise Immunisierung durch verwandte Bakterienarten wird eingegangen. — 145 Literaturhinweise. H.-G. TRÜPER. 4370□

Eine vereinfachte Methode zur Herstellung eines Reiterproteinantigens. J. H. de Bruijn. (Antonie van Leeuwenhoek **26.** 317—20. 1960. Utrecht, Nat. Inst. of Public Health.) (Engl.)

Angabe einer Modifikation der von D'ALESSANDRO u. DARDANONI (Amer. J. Syphilis Neurol. **37.** [1953.] 137) angegebenen Meth. zur Herst. des *Treponema pallidum* (REITER-Stamm)-*Antigens*. Dabei wird die zeitraubende Lyse der Treponemata durch Ultraschall-Zerstörung ersetzt (10 kHz, 250 W, 10 Min.) u. die stufenweise Aussalzung durch Zufügen von *Ammonsulfat* bis zu 75%ig. Sättigung. Zur Wiederauflösung nach Gefriertrocknung werden *Glycin-Salz-Puffer*, pH 7,4, u. *Gelatine* verwendet. Das neue Präp. ist konzentrierter. Die beobachtete Parallele zwischen serolog. Aktivität u. colorimetr. bestimmtem N-Geh. (FOLIN-CIOCALTEAU-Reagens) kann als 1. Schritt auf dem Wege zu einer chem. Standardisierung, die beim REITER-Proteinantigen erwünscht ist, angesehen werden. U. TAUSENDFREUND. 4370□

Über den Zerfall der Dysenteriebakterien bei verschiedenen Bedingungen der Säurehydrolyse. G. O. Gortschakowa und D. O. Zuwerkalow. (Мікробіологічний Журнал (Київ) [Mikrobiol. J. (Kiew)] **23.** Nr. 6. 41—45. 1961.) (Ukrain.; Auszug: Russ.)

Die Unterss. über die Hydrolyse der Zellen von FLEXNER-*Dysenteriebakterien* (Stamm Nr. 42) in Abhängigkeit von der H_2SO_4-Konz. (0,05n; 0,1n; 0,2n), der Temp. (100 u. 120°) u. Hydrolysedauer (30; 60; 90 Min.) ergaben, daß die Ausbeute der als Allergen wirkenden Eiweißfraktion bei 0,2n H_2SO_4, 120° u. 60 Min. am höchsten ist. Trotz der etwas geringeren Ausbeute bei 30 Min. u. 120° ist diese Behandlungsdauer zu empfehlen, da bei längerer Hydrolyse die allergene Aktivität abnimmt. Der Zerfall der Bakterienzellen ist sehr gering, wenn mit 0,05n H_2SO_4 30 Min. bei 100 oder 120° hydrolysiert wird. O. LEBTAG. 4370□

Das Betatoxin des Clostridium Welchii Typ B, Wilsdon, für die Herstellung eines Impfstoffs gegen die Lämmerruhr. B. C. Jansen. (Onderstepoort J. veterin. Res. **28.** Nr. 4. 495—549. Mai 1961. Pretoria, Univ., Fac. of Vet. Sci., Onderstepoort Labor.) (Engl.)

Das *β-Rohtoxin* war ein Filtrat einer 4 std. Kultur auf Pferdefleischbouillon mit Fleischstücken u. 1% Glucose bei laufend kontrolliertem pH 7,0. Zur Toxinreinigung wurde der N-Geh. des Filtrats mit W. auf 2,5 mg/ml verringert u. die auf das Vol. berechneten Mengen von Na-Acetat–Essigsäure-Puffer darin eingewogen, so daß die Ionen-Konz. 1,5, der pH 5,2 betrug. Nach 24 Std. bildete sich ein Nd., der verworfen wurde. Das im Überstand vorhandene Toxin enthielt 7—15mal mehr Flockungseinheiten (Lf)/mg N als das Rohtoxin. Für die Entgiftung des gereinigten Toxins waren 0,4% Formaldehyd (37°, 5 Tage) am günstigsten. Der Formaldehydüberschuß wurde mit Na-Metabilsulfit neutralisiert. Durch die Entgiftung trat ein Lf-Verlust von ca. 20% ein. Das Toxoid wurde bei pH 6 mit $KAl(SO_4)_2$ (Endkonz. 1,5%) präcipitiert, nachdem es auf die für die Impfstoff-Herst. erwünschte Lf-Konz. mit Bouillon verd. worden war. Zahlreiche Immunisierungs-Verss. an Lämmern erwiesen, daß durch 2 Impfungen mit je 6,25 Lf des Präzipitatimpfstoffes in einem Abstand von 3 Wochen eine solide Grundimmunität gebildet wird, die nach ca. 1 Jahr durch eine Auffrischimpfung mit 6,5 Lf sehr gut u. rasch aktiviert werden konnte. E. FISCHOEDER. 4370□

Vergleichende Untersuchungen zur Toxinbildung von sensiblen und resistenten pyogenen Staphylokokken. H. Oehring und G. Funk. (Arch. Hyg. Bakteriol. **145.** 376—88. Sept. 1961. Jena, Friedrich-Schiller-Univ., Hygiene-Inst.; Inst. für Sozialhygiene.) (Dt.)

185 Staphylokokkenstämme, isoliert aus eitrigen Prozessen, wurden auf ihre Resistenz gegen Penicillin, Streptomycin u. Chloramphenicol u. ihre *Toxin*-Bldg. untersucht. 67 der Stämme waren gegen 3, 54 gegen 2, 40 gegen 1 u. 24 gegen keines der Antibiotica sensibel. 134 der 185 Stämme bildeten *α*- u. *δ-Toxin*, 21 bildeten *α*-, *β*- u. *δ-Toxin*,

8 β- u. δ-*Toxin*, der Rest nur eines oder keines der Toxine. Es ergaben sich folgende Zusammenhänge: Mit Zunahme der Resistenz nimmt auch die Menge des gebildeten α-Toxins zu, wobei aber nur die Unterschiede zwischen den Werten der dreifach Resistenten u. der dreifach Sensiblen statist. gesichert sind. Die β-Toxin-Bldg. nimmt anscheinend mit zunehmendem Resistenzgrad ab. Ebenso verhält sich die δ-Toxin-Bldg., wobei die Unterschiede zwischen den dreifach resistenten u. den dreifach sensiblen sowie den dreifach sensiblen u. einfach resistenten Stämmen gesichert sind.

U. EBERHARDT. 4370□

Die Darstellung des Carnation- latent-Virus in hochgereinigter Form. C. Wetter und H. L. Paul. (Phytopathol. Z. **43.** 207—12. Dez. 1961. Braunschweig, Biol. Bundesanstalt, Inst. für landwirtschaftl. Virusforschung; Inst. für Virusserologie.) (Engl.)

Carnation-latent-Virus (CLV) wurde durch Extraktion des Preßsaftes infizierter *Dianthus-barbatus*-Blätter mit Ae. u. CCl_4 u. nachfolgender Inkubation mit 8%ig. n-Butanol u. Zentrifugieren gewonnen. Das so erhaltene Präp. enthielt ein Nucleoprotein mit 4—6% Nucleinsäure u. war nicht infektiös. Durch Dialyse gegen Phosphatpuffer wurde die Infektionsfähigkeit wieder hergestellt. P. GREGORZEWSKI. 4374□

Untersuchungen über die Induktion von Tabakmosaikvirus-Mutanten durch salpetrige Säure. Albert Siegel. (Virology **11.** 156—67. Mai 1960. Los Angeles, Univ. of California, Bot. Dep.) (Engl.)

3 Stämme von Tabakmosaikvirus wurden mit HNO_2 behandelt u. Mutanten gefunden. Häufig änderten sich die Symptome auf Tabak u. die Läsionengröße auf *Nicotiana glutinosa*, nie die serolog. Spezifität u. der pH des isoelektr. Punktes. Es wird angenommen, daß eine mutagene Desaminierung auf 2—3 letale Desaminierungen kommt.

M. WIEDEMANN. 4374□

Synthese von Vaccine-Desoxyribonucleinsäure. W. E. Magee, M. R. Sheek und M. J. Burrous. (Virology **11.** 296—99. Mai 1960. Kalamazoo, Mich., Upjohn Co., Dep. of Biochem. and Infectious Diseases.) (Engl.)

HeLa-Zellen wurden mit Vaccine-Virus infiziert, verschiedene Zeiten danach *T*-markiertes ***Thymidin*** zugesetzt u. der Einbau in die Virus-***Desoxyribonucleinsäure*** (DNS) untersucht. Auch Autoradiogramme wurden angefertigt. Virus-DNS wird 2—6 Std. nach der Infektion synthetisiert; es ist unwahrscheinlich, daß Wirts-DNS stark abgebaut u. für diese Synth. benutzt wird. M. WIEDEMANN. 4374□

Gewinnung eines Oligonucleotid-Diagramms und seine Verwendung bei der Untersuchung der Nucleinsäure des Tabakmosaikvirus. G. W. Rushizky und C. A. Knight. (Virology **11.** 236—49. Mai 1960. Berkeley, Calif., Univ. of California, Virus Labor.) (Engl.)

Die ***Ribonucleinsäure*** (RNS) wurde nach der Phenol-Meth. aus dem Tabakmosaikvirus (TMV) isoliert, mit Pankreas-Ribonuclease verdaut u. die gebildeten Oligonucleotide durch Papierchromatographie u. Papierelektrophorese getrennt. Auf dem zweidimensionalen Diagramm fanden sich 19 Flecken, die, auf die opt. Dichte bezogen, 90% des Ausgangsmaterials umfaßten. Sie wurden eluiert, spektrograph., ferner durch Austauschchromatographie, Papierchromatographie u. Elektrophorese untersucht. Es wurden zahlreiche *Di-*, *Tri-* u. *Tetranucleotide* identifiziert. M. WIEDEMANN. 4374□

Über einige Eigenschaften von Suspensionen infektiöser Ribonucleinsäure aus Rübenmosaikvirus. Léon Hirth, Paul Horn und Colette Richard. (C. R. hebd. Séances Acad. Sci. **253.** 1500—02. 2/10. 1961. Strasbourg, Centre de Rech. sur les Macromol.; Inst. de Botan. de la Fac. de Sci.) (Franz.)

Ribonucleinsäure-Extrakte (E) aus Rübenmosaikvirus wurden auf ihr Sedimentations-, Lichtstreuungs- u. viscosimetr. Verh. untersucht. Die Sedimentations-Konst., die in Puffern geringer Ionenstärke konzentrationsabhängig ist, beträgt 21,5 bei 4 mg/100 ml. Auf Grund der Lichtstreuung ergibt sich ein durchschnittliches Molgew. von $2{,}3 \cdot 10^6$. Die Viscositätsmessungen deuten darauf hin, daß es sich um knäuelartige Moll. handelt. Die E sind stabiler u. weniger polydispers als die von Tabakmosaikvirus.

E. LODEMANN. 4374□

Darstellung einer hochinfektiösen, aus dem Zungenepithel von an Maul- und Klauenseuche erkrankten Rindern extrahierten Ribonucleinsäure mit Hilfe von Bentonit. Maurice Thely, Edgar Sach, Léone Dhennin, Jean Choay und Louis Dhennin. (C. R. hebd. Séances Acad. Sci. **253.** 3118—20. 18/12. 1961.) (Franz.)

Das aus dem Zungenepithel von mit dem Virus der Maul- u. Klauenseuche, Typ C, infizierten Rindern unter Verw. von *Bentonit* (I) isolierte infektiöse *Ribonucleinsäure* (RNS)-Präp. (die Darst. wird ausführlich beschrieben) enthält 88% der RNS des Virus in biol. akt. Form. Die mit dieser RNS verursachte Infektion ist mit der durch das Maul- u. Klauenseuchevirus induzierten Erkrankung identisch. Die Infektiosität der

RNS wird durch *Ribonuclease* zerstört. Die Ausbeute an infektiöser Aktivität liegt ca. 500mal höher als bei einem nicht unter Verw. von I dargestellten RNS-Präparat. Die RNS besitzt eine um das 20000fache höhere spezif. infektiöse Aktivität als das Ausgangsgewebe; die DI_{50} (infizierende Dosis 50) beträgt $0{,}10 \cdot 10^{-12}$ g. Eine so hohe Ausbeute führen Vff. auf die Hemm-Wrkg. von I gegenüber den *Phosphoesterasen* zurück.
H. KOCKERT. 4374□

Der Einbau von ^{14}C-markierten Nucleosiden in Kaninchennierenzellen, die mit dem Virus der Pseudorabies infiziert waren. Albert S. Kaplan und Tamar Ben-Porat. (Virology **11.** 12—27. Mai 1960. Philadelphia, Pa., Albert Einstein Med. Center, Dep. of Radiol., Div. of Microbiol.) (Engl.)

Gewebekulturen von Kaninchennieren wurden mit *Pseudorabies* infiziert u. der Einbau von ^{14}C-Thymidin u. ^{14}C-Uridin untersucht. Der Einbau von *Thymidin* nimmt bei nichtinfizierten Kulturen mit dem Alter ab, bei infizierten dagegen zu. Der Einbau von *Uridin* wird durch die Virusinfektion gehemmt. Auch der Einfl. der Multiplizität der Infektion auf die Inkorporierung wurde geprüft. M. WIEDEMANN. 4374□

Untersuchungen über die Inaktivierung bakterieller Viren durch normales menschliches Serum. 5. Mitt. **Der Einfluß von erhitztem und mit Zymosan behandeltem Serum auf die Inaktivierung der Coli T 2-Phagen.** Lars Olof Kallings. (Acta pathol. microbiol. scand. **52.** 259—72. 1961. Stockholm, Nat. Bacteriol. Labor.) (Engl.) — 4. vgl. Acta pathol. microbiol. scand. **52.** [1961.] 98.

Vf. berichtet über möglicherweise dem NEISSER-WECHSBERG-Phänomen analoge Befunde bei der Inaktivierung von *Coli T 2-Phagen* durch normales menschliches Serum. Bei krit. Konzz. frischen Serums bewirkten große Mengen des gleichen, aber erhitzten oder aber mit Zymosan behandelten Serums eine Hemmung, kleinere Mengen jedoch eine Verstärkung der Inaktivierung. Dreifache Verdünnung hatte bereits eine Umkehrung der merklichen Hemmwrkg. zur Folge. H. THIELE. 4374□

Biotin, ein Wachstumserfordernis für vier Bodenamöben. R. N. Band. (Nature [London] **192.** 674. 18/11. 1961. Vancouver, B.C., Univ. of Brit. Columbia, Dep. of Zool.) (Engl.)

Vf. fand, daß die Ggw. von *Biotin* für das Wachstum von NEFFs *Acanthamoeba* sp., *Hartmannella rhysodes*, *Acanthamoeba castellani* u. *Mayorella palestinensis* notwendig ist.
H. LOHSCHELDER. 4380□

E$_4$. Pflanzenchemie. Pflanzenphysiologie. Pflanzenpathologie

Der Einfluß der Feuchtigkeit des Standortes auf den Lithiumgehalt von Phanerogamen. Didier Bertrand. (C. R. hebd. Séances Acad. Sci. **249.** 860—62. 17/8. 1959. Inst. Pasteur, Labor. de Chim. biol.) (Franz.)

Pflanzen von feuchten Standorten u. vom Meeresstrand waren reicher an *Li* als Pflanzen gleicher Familien von trockenen Standorten. W. SCHÖNBORN. 4410□

Die Einwirkung von Temperatur und Druckstellen auf den Zucker- und Säuregehalt von Pfirsichen mit leicht ablösbarem Stein. Clarence Sterling. (Food Res. **23.** 380—83. Juli/Aug. 1958. Davis, Calif., Univ. of California, Dep. of Food Technol.) (Engl.)

Pfirsiche mit u. ohne Druckstellen mit leicht ablösbarem Stein, die 20 Std. lang Temp. zwischen —15 u. +130° F ausgesetzt waren, zeigten einen um so geringeren Feuchtigkeits-Geh., je höher die Temp. war. Der *Zucker*-Geh. blieb mit 34,7 u. 39,5% bei 34° F u. 38,9 u. 40,8% bei 130° F ziemlich konstant. Der Geh. an freier *Säure* fiel von 2,90% bei 34° auf 1,45% bei 130° F u. war in Proben mit u. ohne Druckstellen gleich. Der stärkste Unterschied des Säure-Geh. von Früchten mit u. ohne Druckstellen ergab sich zwischen 70 u. 95° F; er betrug 0,7—3,4%. W. WESLY. 4420□

Untersuchung der Anhydride von Fructose der vegetativen Organe von Helianthus tuberosus L. Ss. M. Strepkow. (Доклады Академии Наук СССР [Ber. Akad. Wiss. UdSSR] **124.** 1344—46. 21/2. 1959. Uljanowsk, Landwirtsch. Inst.) (Russ.)

Durch fraktionierte Extraktion mit A. verschiedener Konz. werden aus dem holzigen unteren Teil des Stengels von Topinambur 2 Fructosane erhalten: Mit heißem 90%ig. A. in Ggw. von $BaCO_3$ ein reduzierendes *Difructosan* (I), mit 80%ig. A. ein *Trifructosan* (II). I, $C_{12}H_{22}O_{11}$, $[\alpha]_D^{20}$ —26,3°, bildet ein Octaacetat, $[\alpha]_D^{20}$ +14,2°, u. einen Octamethyläther, $[\alpha]_D^{20}$ —35,47° (beide in Chlf.); dessen Hydrolyse liefert *1.3.4.6-Tetra-O-methyl-* (III) u. *3.4.6-Tri-O-methylfructose* (IV), was darauf schließen läßt, daß in I eine O-Brücke 2 → 1 vorliegt. II, $C_{18}H_{30}O_{15}$, $[\alpha]_D^{20}$ —22,3°, bildet ein Dekaacetat, $[\alpha]_D^{20}$ +8,5°, u. einen Dekamethyläther, $[\alpha]_D^{20}$ +36,35°, der bei der Hydrolyse III u. IV im Verhältnis 1:2 liefert; auch bei II ist also eine O-Brücke 2 → 1 anzunehmen. Da II nicht reduzierend wirkt, hat der endständige Fructoserest offenbar keine Pseudocarbonylgruppe, sondern bildet ein inneres Anhydrid. R. K. MÜLLER. 4420□

Fettsäuren der Pflanzenfette. 1. Mitt. Erbsen (Pisum sativum). Frank A. Lee und Leonard R. Mattick. (J. Food Sci. **26.** 273—75. Mai/Juni 1961. Geneva, N.Y., Cornell Univ., New York State Agric. Exp. Stat.) (Engl.)

Rohe u. enzyminaktivierte Erbsen wurden nach 1 jähriger Lagerung bei —17,8° auf Veränderungen des *Fettsäure*-Geh. untersucht. Im Vgl. zu den inaktivierten zeigten die rohen Erbsen einen großen Verlust der verschiedenen Fettsäuren in der Phospholipidfraktion; ebenso zeigte das Neutralfett Verluste für alle ungesätt. Fettsäuren. Sowohl die Fettsäuren des Neutralfettes als auch die freien Fettsäuren zeigen eine Nettozunahme an Palmitinsäure, die wahrscheinlich aus den drei ungesätt. C_{18}-Säuren entsteht. P. GREGORZEWSKI. 4420□

Die braunen Pigmente in autolysierten Tabakblättern. 1. Mitt. Isolierung und Charakterisierung. Jay S. Jacobson. (Arch. Biochem. Biophysics **93.** 580—90. Juni. Erratum **95.** 406. Nov. 1961. New York, N.Y., Columbia Univ., Dep. of Botany.) (Engl.)

Aus Tabakblättern (Connecticut Shade Nr. 49) wurden verschiedene braune Pigmente isoliert. Ihre Löslichkeit, UV- u. IR-Absorptionsspektren, sowie ihre elementare Zus. werden beschrieben. Bei den meisten wurden als Hydrolyse-Prodd. *Chlorogensäure*, *Rutin* u. verschiedene Aminosäuren gefunden. Diese Pigmente scheinen demnach Polyphenol–Protein-Komplexe darzustellen. U. MOTHES. 4420□

Die braunen Pigmente in autolysierten Tabakblättern. 2. Mitt. Einbau von markiertem Rutin und Chlorogensäure. Jay S. Jacobson. (Arch. Biochem. Biophysics **93.** 591—97. Juni 1961. New York, N.Y., Columbia Univ., Dep. of Botany.) (Engl.) — 1. vgl. vorst. Referat.

Auf biosynthet. Wege über die Tabakpflanze wurden ^{14}*C-Rutin* (I) u. ^{14}*C-Chlorogensäure* (II) hergestellt. I u. II wurden dann über die Blattfläche an isolierte grüne Tabakblätter verfüttert. — Nach der Braunfärbung wurden die Pigmente untersucht; sie waren sowohl nach I- wie II-Fütterung deutlich radioakt. markiert. Nach Hydrolyse der Pigmente wurde gefunden, daß nach Behandlung mit I vor allem *Rhamnose* u. *Glucose*, nach Behandlung mit II fast ausschließlich *Chinasäure* markiert war. U. MOTHES. 4420□

Anthocyanine der amerikanischen Preiselbeere. S. Sakamura und F. J. Francis. (J. Food Sci. **26.** 318—21. Mai/Juni 1961. Amherst, Mass., Univ. of Massachusetts.) (Engl.)

Die roten Pigmente der Preiselbeere (*Vaccinium macrocarpon* Ait. var. Early Black) wurden mit Butanol extrahiert, abgetrennt u. säulenchromatograph. gereinigt. Die Kieselsäurekolonne zeigte 4 Banden. Die am langsamsten wandernde Bande wurde als *3-Galaktosylcyanidin*, die zweite als *3-Galaktosylpeonidin* identifiziert. Die dritte u. vierte Bande sind Glykoside des *Cyanidins* u. *Peonidins*, die Zucker wurden nicht erkannt. P. GREGORZEWSKI. 4420□

Untersuchungen über die Steroidkomponenten einheimischer Pflanzen. 17. Mitt. Die Struktur von Yonogenin, einem neuen Steroidsapogenin aus Dioscorea tokoro Makino. Kenichi Takeda, Tameto Okanishi und Ariyoshi Shimaoka. (Chem. pharmac. Bull. [Tokyo] **6.** 532—36. Okt. 1958. Imafaku, Shionogi & Co. Ltd., Res. Labor.) (Engl.) — 16. vgl. C. **1961. 14715.**

Aus *Dioscorea tokoro Makino* wurden neben *Tokorogenin* zwei neue Sapogenine gewonnen, die als *Yonogenin* (I) u. *Kogagenin* bezeichnet wurden. Aus dem IR-Spektrum u. den Rkk. von I ergab sich, daß es sich um *25D-5β-Spirostan-2β.3α-diol* handelt. Oxydation mit CrO_3 gab eine *Dicarbonsäure* (III), die in ihren physikal. Eigg. mit Samogensäure (vgl. DJERASSI u. FISHMAN, C. **1959.** 7142) ident. ist. I ist ident. mit dem von MARKER (J. Amer. chem. Soc. **69.** [1947.] 2195) dargestellten „*Episamogenin*". Aus dem Bis-methansulfonat von I wurde *Δ^2-25D-5β-Spirosten* (II) erhalten, das sich mit OsO_4 in *Samogenin* (2β.3β-Diol) überführen ließ; Epimerisierung gab I. Aus dem Epoxid von II wurde durch Rk. mit Essigsäure u. Verseifung *25D-5β-Spirostan-2α.3β-diol* dargestellt.

Versuche: 3,5 kg getrocknete Stiele, Blätter, Ähren u. Früchte von *Dioscorea tokoro* wurden 12 Std. lang in CH_3OH stehengelassen u. dann 8 Std. lang im SOXHLET-App. extrahiert, der eingeengte Extrakt mit Ae. von Fett gereinigt u. mit HCl hydrolysiert; der an Al_2O_3 chromatographierte Rückstand gab 4 Fraktionen: a) *Yonogenin* (I), $C_{27}H_{44}O_4$, F. 240—243°, $[\alpha]_D^{20}$ —53° (Chlf.), 8 g (Ausbeute); *Diacetat*, $C_{31}H_{48}O_6$, F. 212° (CH_3OH/Aceton), $[\alpha]_D^{20}$ —29° (Chlf.); b) *Tokorogenin*, $C_{27}H_{44}O_5$, F. 268°, $[\alpha]_D^{29}$ —39° (Pyridin), 2,6 g; *Triacetat*, $C_{33}H_{50}O_8$, F. 256°, $[\alpha]_D^{29}$ —17° (Chlf.); c) *Kogagenin*, $C_{27}H_{44}O_6$, F. 316° (Zers.), $[\alpha]_D^{29}$ —27° (Pyridin); 1,8 g; *Triacetat*, $C_{33}H_{50}O_9$, F. 248—252°, $[\alpha]_D^{29}$

—15° (Chlf.); d) Gemisch von b) u. c), F. 278—290° (Zers.); 1,0 g. — *Yonogenin-bis-äthylcarbonat*, $C_{33}H_{52}O_8$, F. 185—186° (CH_3OH), aus 500 mg I in Pyridin/Dioxan mit Chlorameisensäureäthylester unter Kühlung mit Eis; $[\alpha]_D^{22}$ +33° (Pyridin); 350 mg. — *Yonogensäure (2.3-Seco-25D-5β-spirostan-2.3-dicarbonsäure*, III), $C_{27}H_{42}O_6$, F. 266° (wss. Essigsäure), aus 0,8 g I in Essigsäure mit CrO_3 bei 15°; $[\alpha]_D^{15}$ —39° (Chlf.); 0,4 g. *Dimethylester*, $C_{29}H_{46}O_6$, F. 146° (CH_3OH), aus 0,5 g III in Ae. mit CH_2N_2; $[\alpha]_D^{15}$ —33° (Chlf.); 0,25 g. — *Yonogenin-bis-methansulfonat*, $C_{29}H_{48}O_8S_2$, F. 155° (CH_3OH), aus 3 g I in Pyridin mit Methansulfonylchlorid bei Zimmer-Temp. (44 Std.); $[\alpha]_D^{20}$ —40° (Chlf.); 2,5 g. — *Δ²-25D-5β-Spirosten* (II), $C_{27}H_{42}O_2$, F. 149—150° (CH_3OH), durch Erhitzen von 2 g vorst. Verb. in Aceton mit NaJ auf 110—120° (24 Std.), Reinigen des Prod. in Chlf. mit $Na_2S_2O_3$-Lsg. u. Chromatographie an Al_2O_3 mit PAe. (620 mg II) u. Bzl./PAe. (760 mg Ausgangs-Verb.); $[\alpha]_D^{20}$ —80° (Chlf.). — *25D-5β-Spirostan-2β.3β-diol (Samogenin)*, $C_{27}H_{44}O_4$, F. 207° (CH_3OH), durch Oxydation vorst. Verb. in Pyridin/Bzl. mit OsO_4 bei Zimmer-Temp. (48 Std.), Kochen des Prod. in A./Bzl./W. (11:5:2,5) mit KOH u. Mannit u. Chromatographie in Bzl./Chlf. (9:1); $[\alpha]_D^{30}$ —80° (Chlf.). *Diacetat*, $C_{31}H_{48}O_6$, F. 195°, $[\alpha]_D^{30}$ —73° (Chlf.). Erhitzen von 400 mg Samogenin mit Na in A. auf 200—220° (14 Std.) gab 320 mg I. — *2β.3β-Epoxy-25D-5β-spirostan*, $C_{27}H_{42}O_3$, F. 225—230° (Aceton), aus 0,25 g II in Chlf. mit Perbenzoesäure; $[\alpha]_D^{25}$ —69° (Chlf.); 150 mg. —*25D-5β-Spirostan-2α.3β-diol*, $C_{27}H_{44}O_4$, F. 198° (Bzl./Hexan), durch 2std. Erhitzen von 60 mg vorst. Verb. in Essigsäure auf 100° u. Verseifen des Prod. in CH_3OH mit KOH; $[\alpha]_D^{22}$ —60° (Pyridin); 40 mg. *Diacetat*, $C_{31}H_{48}O_6$, F. 168° (Aceton u. CH_3OH); $[\alpha]_D^{22}$ —78° (Pyridin). GERHARD CLEVE. 4420 □

Untersuchungen über die Steroidkomponenten einheimischer Pflanzen. 18. Mitt. **Bestandteile der Wurzel von Bupleurum falcatum L.** 2. Mitt. Ken'ichi Takeda und Tokuo Kubota. (Chem. pharmac. Bull. [Tokyo] **6**. 536—39. Okt. 1958.) (Engl.) — 17. vgl. vorst. Ref.; 19. vgl. C. **1961**. **12469**.

Neben dem früher (vgl. C. **1950/54**. **3296** S) aus den Wurzeln von *Bupleurum falcatum* L. gewonnenen α-Spinasterol wurden aus den besser lösl. Fraktionen der rohen Sterine nach Überführung in die Dinitrobenzoate u. Chromatographie *Δ⁷-Stigmastenol* (unrein), *Δ²²-Stigmastenol* (I) u. *Stigmasterin* isoliert. Die Eigg. der beiden letzteren u. ihrer Derivv. stimmen mit Literaturwerten überein.

Versuche (Drehwerte in Chlf.): Gewinnung der *Dinitrobenzoate* der löslicheren Fraktionen der rohen Sterine wie früher (vgl. C. **1962**. **5309**). Hydrolyse gab das *Steringemisch*, F. 159—160°, $[\alpha]_D$ —12°. Systemat. Chromatographie der *Acetate* (F. 141 bis 142,5°, $[\alpha]_D$ —19,9°) gab 3 Fraktionen, 1) 140 mg, $[\alpha]_D$ —4 bis —5°, 2) 530 mg, $[\alpha]_D$ —35 bis —41°, 3) 120 mg, $[\alpha]_D$ —10 bis —29°. — *Δ²²-Stigmastenylacetat*, $C_{31}H_{52}O_2$, F. 142—143° (A.), aus der 1. Fraktion; $[\alpha]_D^{20}$ —4,8° (c = 0,93). Hydrolyse gab *Δ²²-Stigmastenol* (I), $C_{29}H_{50}O \cdot 1/2\, H_2O$, F. 158—159° (A.), $[\alpha]_D^{20}$ +3,3° (c = 1,5). *Benzoat*, $C_{36}H_{54}O_2$, F. 154—155° (Äthylacetat/CH_3OH), $[\alpha]_D^{24}$ +3,0° (c = 1,0). — *Δ²²-Stigmasten-3-on*, $C_{29}H_{48}O$, F. 167—168° (Äthylacetat/CH_3OH), durch Zufügen von 35 mg I in Pyridin zu CrO_3–Pyridin-Komplex; $[\alpha]_D^{25}$ +21,7° (c = 0,95); 23 mg (Ausbeute). — *Stigmastanylacetat* (II), F. 129—130° (Äthylacetat/CH_3OH), durch Hydrierung von 14 mg I-Acetat in Äthylacetat/Essigsäure (1:1) über ADAMS-Katalysator. Hydrolyse gab *Stigmastanol*, F. 133—134° (CH_3OH). — *Stigmasterylbenzoat*, $C_{36}H_{52}O_2$, F. 160,5—162° (Chlf./A. u. Äthylacetat/A.), aus 530 mg der 2. Acetatfraktion durch Verseifen u. Verestern mit Benzoylchlorid in Pyridin; $[\alpha]_D^{17}$ —25,0° (c = 1,05); 300 mg. Verseifung gab *Stigmasterin*, $C_{29}H_{48}O$, F. 166,5—168° (A.), $[\alpha]_D^{20}$ —50,6° (c = 1,02). *Acetat*, $C_{31}H_{50}O_2$, F. 142—143° (A.), $[\alpha]_D^{20}$ —53,7° (c = 1,35). Hydrierung dieses Acetats gab **II**.

GERHARD CLEVE. 4420 □

α-Conarachin. J. M. Dechary, K. F. Talluto, W. J. Evans, W. B. Carney und A. M. Altschul. (Nature [London] **190**. 1125—26. 17/6. 1961. New Orleans, La., U. S. Dep. of Agric., Southern Util. Res., Dev. Div.) (Engl.)

Durch Versetzen eines *Globulin*-Extraktes der Erdnuß (*Arachis hypogaea*) mit 40%ig. Ammoniumsulfat-Lsg. wird *Arachin* (I) gefällt u. aus der überstehenden Lsg. mit 85%ig. Ammoniumsulfat-Lsg. *Conarachin* (II) gewonnen. Beide Reserveproteine werden in einem Phosphatpuffer, pH 7,9, μ = 0,06, gelöst u. an einer Diäthylaminoäthylcellulosesäule chromatographiert. Es werden 4 Proteinfraktionen erhalten, a wird nicht absorbiert, b wird mit 0,14m NaCl-Lsg., c mit 0,14—0,23m NaCl-Lsg. u. d mit NaCl-Lsg. oberhalb 0,23m eluiert. I ist vorwiegend in d u. II vorwiegend in a, b u. c vorhanden. Nach 3tägiger Keimung bei 25—28° wird mit denselben Meth. das Verschwinden der Globuline der Gruppe c festgestellt, b u. d werden erst bei höheren Salz-Konzz. eluiert, wobei die Menge von d verringert ist, während a unverändert bleibt.

Fraktion c (ungekeimt) wird in Phosphatpuffer, pH 7,9, $\mu = 0,06$, gelöst, gegen den gleichen Puffer dialysiert, auf eine Diäthylaminoäthylcellulosesäule gebracht, mit 0—0,1 m NaCl-Lsg. gewaschen, wobei das Eluat verworfen wird, u. mit 0,1—0,2 m NaCl-Lsg. eluiert. Das gewonnene *α-Conarachin* besteht nur aus einer Komponente u. enthält 15,3% N. In einem Puffer von pH 7,9 u. $\mu = 0,5$ ist die Sedimentations-Konst. 7,8, für $\mu = 0,06$ ist sie 12,6. G. ZIEBARTH. 4420□

Dynamik der Ansammlung von Ascorbinsäure in den Blättern der Rebe. L. A. Chabibullajewa. (Узбекский Химический Журнал [Usbek. chem. J.] **1958.** Nr. 4. 33—39.) (Russ., Auszug: Usbek.)

Die Dynamik der Ansammlung von *Ascorbinsäure* (I), *Gerbstoffen* (II) u. *Carotin* (III) in Rebenblättern wird nach der Vegetationsperiode u. der Stellung des Blattes (obere, mittlere, untere Blätter) erörtert. Die höchsten Geh. an I (1010 mg% in Trockensubstanz) u. II (9,4%) wurden während der Weinlese u. in den oberen Blättern der Rebe konstatiert; eine direkte Beziehung zwischen I u. II wurde festgestellt. Diese wird für III u. I nur bis zur beginnenden Frucht-Bldg. beobachtet (maximaler III-Geh. in oberen Blättern 75 mg%); ein nachfolgendes Sinken des III-Geh. erfolgt rasch. Die Dynamik der Zucker u. organ. Säuren in den Blättern wurde gleichfalls untersucht. Die Zucker werden offenbar für die Synth. von I verwendet. S. BARYSCHNIKOW. 4425

Die Physiologie des Rohrzuckers. 4. Mitt. Wirkung von Inhibitoren auf die Zuckeranreicherung in Gewebeschnitten. R. L. Bieleski. (Austral. J. biol. Sci. **13.** 221—31. Aug. 1960. Sydney, Univ., Dep. of Botany.) (Engl.)

Von reifem u. unreifem *Zuckerrohr* wird das Parenchym in Scheiben von 1,2—1,7 mm Dicke zerschnitten, mit W. gewaschen, mit einer 0,25%ig. Glucose-Lsg. versetzt u. die Zuckeranreicherung (ZA) im Gewebe nach Zusatz verschiedener Inhibitoren gemäß der Meth. von SOMOGYI bestimmt. Es wird festgestellt, daß die ZA durch 10^{-5}m Dinitrophenol (DNP), 10^{-4}m $HgCl_2$, 10^{-4}m p-Chlormercuribenzoat, KCN, Azid, Arsenat u. Jodacetat im reifen wie unreifen Gewebe vollständig behindert wird. Die Einw. von 10^{-5}m DNP u. von 10^{-4}m KCN ist reversibel, d. h., nach der Behandlung ist die ZA im Gewebe nach vorhergehender Entfernung der Fremdstoffe nachweisbar. Hingegen sind Konzz. von 10^{-3}m KCN irreversibel. — Eine teilweise Behinderung der ZA wird bei 10^{-5}m $HgCl_2$, 10^{-4}m p-Chlormercuribenzoat, $2 \cdot 10^{-3}$m Phlorrhizin, KCN u. $CuCl_2$ in Konzz. unter 10^{-3}m wirksam. Von geringem Einfl. auf ZA sind Borat, Phosphat u. Magnesiumchlorid. Phlorrhizin schließt die ZA in tier. Geweben bei Konzz. von 10^{-6} bis 10^{-5}m aus; diese Wrkg. wird an Zuckerrohr erst bei wesentlich höherer Konz. ($2 \cdot 10^{-3}$m) erreicht. Die Ergebnisse werden im Hinblick auf die unterschiedliche Empfindlichkeit pflanzlichen u. tier. Gewebes ausgewertet. A. TÄUFEL. 4450□

Bodenbakterien und wachstumsfördernde Substanzen. A. G. Lochhead. (Bacteriol. Rev. **22.** 145—53. Sept. 1958. Ottawa, Dep. of Agric., Sc. Service, Bacteriol. Div.) (Engl.)

Zusammenfassende Darst. des heutigen Standes der bodenbakteriolog. Forschung im Hinblick auf die Wechselbeziehungen zwischen Bodenbakterien u. wachstumsfördernden Substanzen im Boden (Thiamin, Biotin, Vitamin B_{12}, Pantothensäure, Folsäure, Nicotinsäure, Riboflavin, Pyridoxin, p-Aminobenzoesäure, Cholin, Inosit, Terregens-Faktor). Vitamin-Bldg. u. -bedarf werden diskutiert. — 47 Literaturangaben. H.-G. TRÜPER. 4450□

Wechselbeziehungen zwischen Mikroorganismen und Pflanzenwurzeln in der Rhizosphäre. Robert L. Starkey. (Bacteriol. Rev. **22.** 154—72. Sept. 1958. New Brunswick, N.J., Agric. Exp. Station, Dep. of Agric. Microbiol.) (Engl.)

Die wechselseitigen Einfl. von Mikroben u. Pflanzen aufeinander, vor allem in bezug auf gegenseitige Wachstumsförderung durch ausgeschiedene Aminosäuren u. andere Substanzen, werden zusammengefaßt u. diskutiert. — 147 Literaturangaben. H.-G. TRÜPER. 4450□

Entwicklung der Hirse-Karyopsen. 2. Mitt. Veränderungen der chemischen Zusammensetzung. J. F. Kersting, A. W. Pauli und F. C. Stickler. (Agronomy J. **53.** 74—77. März/April 1961. Manhattan, Kansas Agric. Exp. Station, Dep. of Agronomy.) (Engl.)

Vff. untersuchen an Hirse-Karyopsen in Abständen von 3 Tagen nach der Bestäubung den *Stickstoff-*, *Gesamtzucker-*, *Stärke-* u. *säurehydrolysierbaren Kohlenhydrat*-Geh. u. bestimmen die *Diastase*-Aktivität. Die Vers.-Ergebnisse werden graph. dargestellt u. kurz diskutiert. D. GROSS. 4460□

Ureidbiosynthesen in höheren Pflanzen. H. Reinbothe und K. Mothes. (Tetrahedron Letters [London] **1960.** Nr. 25. 32—36. Dez. Halle/S., Deutsche Akad. der Wiss., Inst. für Biochem. der Pflanzen u. Univ., Inst. für Allg. Botanik.) (Engl.)

Verschiedene Pflanzenteile von *Platanus orientalis*, *Cynoglossum officinale*, *Symphytum officinale* u. *Borago officinalis* (alles allantoinerzeugende Pflanzen) werden mit $^{14}C_{(1)}$*-Glycin*, $^{14}C_{(2)}$*-Glycin* u. $^{14}C_{(1,2)}$*-Glykolsäure* behandelt. Die Radioaktivität ist in allen Fällen hauptsächlich in *Serin* u. *Allantoin* (I) verankert worden. Der Glycinkohlenstoff verteilt sich auf die $C_{(4)}$ u. $C_{(5)}$ von I. Die Methylengruppe kann auch als $C_{(2)}$ u. $C_{(8)}$ eingebaut werden, vielleicht über Tetrahydrofolsäurederivate. $1{,}6\cdot10^{-6}$m *Folsäure* stimulieren die I-Bldg. aus Glycin; 10^{-3}m *Sulfanilamid*, 10^{-3}m *Sulfathiazol* u. 10^{-4} m *Sulfadiazin* haben keinen merklichen Effekt, die Purine *Adenin*, *Hypoxanthin*, *Xanthin* u. *Harnsäure* erniedrigen die Bldg. von radioakt. I aus Glycin im Verhältnis zu ihrer Stellung im aeroben Abbau der Purine, während die Purinantagonisten *8-Azaxanthin* u. *Benzimidazol* leicht stimulierend wirken. ^{14}C*-Harnstoff* allein oder in Kombination mit *Glyoxylsäure*, *Mesoxalsäure* u. *Tartronsäure* wird nicht zum Aufbau von I verwendet, sondern wird zu NH_3 u. CO_2 abgebaut. NH_3 senkt dabei den Glutaminsäurespiegel, CO_2 wird in verschiedene Stickstoff-Verbb. eingebaut. In Ggw. von inakt. Glycin oder Glyoxylat wird $^{14}CO_2$ sehr leicht in *Glycin* u. *Serin* eingebaut, wobei der Mechanismus unbekannt ist. Bei *Allantoinsäure* (II) erzeugenden Pflanzen (*Acer negundo*, *Aesculus hippocastanum* u. *Pelargonium zonale*) wird ^{14}C-Glycin in Serin, I u. II incorporiert. Bei Chlorophyllmangel wird das Methylen-C-Atom in den Harnstoffteil der Ureidgruppierung von I u. II eingebaut. Zugegebenes *Purin* u. II werden durch weiße Zellen von *Acer negundo* zu I, Glyoxylsäure u. Harnstoff umgesetzt. Bei Chlorophyllmangel von *Pelargonium zonale* wird Glyoxylat zu Glycin u. Serin abgebaut. Harnstoff wird durch Urease in NH_3 u. CO_2 zersetzt, wobei *Alloxansäure* u. *Mesoxalsäure* inhibieren. Glyoxylsäure stimuliert die Bldg. von II; I wird nur in geringen Mengen gebildet. Die Bldg. von II aus Glyoxylsäure u. Harnstoff erfolgt spontan schon bei Raum-Temp., während die von I energischere Bedingungen erfordert. Die Rkk. werden durch Papierchromatographie verfolgt, wobei die Pflanzenzellen mit Propanol/W. (azeotrop) u. Phenol/W. 3:1 extrahiert u. die Extrakte an Ionenaustauschersäulen vorgetrennt werden. I u. II werden in Form von Glyoxylsäure nach EPPENDORF colorimetr. bestimmt. Die Stellung von ^{14}C in I wird nach Hydrolyse zu *Glyoxylsäure* u. *Harnstoff* u. Trennung an Ionenaustauschersäulen bestimmt. G. ZIEBARTH. 4460□

Pflanzenphysiologie. Atmung. Walter Stiles. (Sci. Progr. **45.** 297—307. April 1957. Birmingham, Univ.) (Engl.)

Übersicht neuer Ergebnisse auf dem Gebiet der pflanzlichen Atmung. — 28 Literaturangaben. K. MAIER. 4462□

Akkumulation von Scopoletinglucosid in Tabakblättern mit Bormangel. Ronald Watanabe, W. J. McIlrath, John Skok, William Chorney und S. H. Wender. (Arch. Biochem. Biophysics **94.** 241—43. Aug. 1961. Norman, Okla., Univ. of Oklahoma, Chem. Dep.; Chicago, Ill., Univ. of Chicago, Dep. of Botany; Argonne, Ill., Argonne Nat. Labor., Div. of Biol. and Med. Research.) (Engl.)

Tabakpflanzen wurden, nachdem sie 44 Tage in normaler Nähr-Lsg. gewachsen waren, 38 weitere Tage in *B*-Mangelkultur gezogen. Gegenüber den Kontrollen wurde in *B*-Mangelpflanzen ca. 20mal soviel *Scopoletin* gefunden. Der Geh. an *Kampferol-Glykosid* war ebenfalls erhöht, der von *Rutin* u. *Chlorogensäure* vermindert.

U. MOTHES. 4470□

Wirkung des Kupfermangels auf die Stickstoffixierung des weißen Klees. F. H. Van Der Elst, K. J. McNaught und W. F. Rolt. (Nature [London] **192.** 1315. 30/12. 1961. Hamilton, New Zealand, Rukuhia Soil Res. Station.) (Engl.)

HALSWORTH u. Mitarbeiter (C. **1961.** 8354) haben festgestellt, daß *Cu* die *N*-Fixierung von *Trifolium subterraneum* erhöht. Eine ähnliche Wrkg. des Cu auf *Trifolium repens* wurde jetzt an Hand von Verss. der Vff. festgestellt. H. BUSSE. 4470□

Das Schicksal von Antibioticis in Tomatenpflanzen. 3. Mitt. Beeinflussung der Antibioticaaufnahme durch Wuchsstoffe. W. Krüger. (Phytopathol. Z. **43.** 169—74. Dez. 1961. Potchefstroom, South Africa, Coll. of Agric. and Res. Inst.) (Dt.) — 2. vgl. C. **1962.** 7957.

Der Einfl. von Wuchsstoffen auf die Antibioticaaufnahme durch die Wurzeln minimal. P. GREGORZEWSKI. 4485□

Bestimmung der physiologischen Wirkung einiger Derivate von Phenoxy-, Guajacoxy- und Naphthoxyessigsäure gegenüber Pflanzen. Elena Jeanrenaud und Florica Soare. (An. ştiinţ. Univ. „Al. I. Cuza" Iaşi, Secţ. II [N. S.] **2.** Nr. 2. 39—59. 2 Tafeln. 1956.) (Rum.)

Einige neue Derivv. von *Phenoxyessigsäure* (I), *Guajacoxyessigsäure* (II) u. *β-Naphthoxyessigsäure* (III) werden an jungen Mais- u. Melonenpflanzen auf ihre herbicide Wrkg. geprüft u. mit bekannten Herbiciden (2.4-D usw.) verglichen. Bei *2-Benzyl*-I u. *2-Benzyl-4-chlor*-I zeigt sich im Vgl. mit den entsprechenden Methyl-Derivv. eine Verminderung der Hemmwrkg. u. Übergang zu stimulierender Wrkg., bes. bei Melonen. *4(5)-Chlor*-II wirkt etwas stärker als II. Bei *1-Methyl*-III, *Bis*-III u. *α.α'-Methylen-bis*-III ist die Spezifität der Wrkg. gegenüber III verstärkt. Die Stengel sind gegenüber diesen Verbb. empfindlicher als die Wurzeln. R. K. MÜLLER. 4485□

Bestimmung der physiologischen Aktivität chlorierter Derivate der Guajacoxyessigsäure. Elena Jeanrenaud und Eug. Siminiuc. (An. ştiinţ. Univ. „Al. I. Cuza" Iaşi, Secţ. II [N. S.] **3.** Nr. 1—2. 51—57. 3 Tafeln. 1957.) (Rum.) — Vgl. vorst. Referat.

Die physiolog. Wrkg. von *5-Chlor-* (I), *4-Chlor-* (II) u. *4.5-Dichlorguajacoxyessigsäure* (III) wird an jungen Maispflanzen untersucht. Im Vgl. mit Guajacoxyessigsäure ist die Wrkg. von I u. II stärker, die von III ist noch stärker als die von I u. II. Im Vgl. mit 2-Methyl-4-chlorphenoxyessigsäure u. mit 2.4-Dichlorphenoxyessigsäure ist jedoch die Wrkg. von I, II u. III wesentlich schwächer. Gegenüber den Wurzeln zeigt I schwache wachstumshemmende Wrkg., während II schwach stimulierend wirkt. R. K. MÜLLER. 4485□

Mögliches Vorkommen von Indolyl-(3)-essigsäure in Malus. A. B. Durkee und P. A. Poapst. (Nature [London] **193.** 273—74. 20/1. 1962. Ottawa, Canada, Dep. of Agric., Plant Res. Inst.) (Engl.)

Vff. war es möglich, in Malusfrüchten eine Substanz nachzuweisen, die auf Grund der durchgeführten chromatograph. Unterss., Farb-Rkk. u. Wachstumstesten mit *Indolyl-(3)-essigsäure* (I) ident. ist. In den Samenextrakten war I chem. nicht nachweisbar. H. BUSSE. 4485□

Beeinflussung des Phosphatstoffwechsels der Avena-Koleoptile durch Indolyl-(3)-essigsäure. A. Sen Gupta und S. P. Sen. (Nature [London] **192.** 1291—92. 30/12. 1961. Calcutta, Bose Inst., Radiochem. Labor.) (Engl.)

Abschnitte von Avena-Koleoptilen wurden mit radioakt. *Dinatriumhydrogenphosphat* ($Na_2H^{32}PO_4$) u. mit *Indolyl-(3)-essigsäure* (I; in verschiedenen Konzz.) in einem Phosphatpuffer für 1—2 Std. bebrütet. Die Gewebe wurden mit 80% ig. A. extrahiert. Chromatogramme zeigten, daß die Ester-Bldg., gemessen an der Konz. des ^{32}P im Bereich der 10^{-7} bis 10^{-5}m I ansteigt. Bei 10^{-3}m wird sie zurückgedrängt. *2.4-Dinitrophenol* vermindert die Ester-Bldg. um mehr als 50%. ^{32}P wird zum Aufbau von *Hexosephosphat, ATP, ADP* u. einer nichtidentifizierten Verb. („*Compound X*", II) verwendet. Die Bldg. von II wächst mit der I-Konzentration. Dinitrophenol verhindert aber die Entstehung von II bis zu einer Konz. von 10^{-3} an I. H. BUSSE. 4485□

Einflüsse des Gibberellins A_3 auf die chemische Zusammensetzung der Selleriepflanzen. H. M. Sell, M. Bukovac, S. H. Wittwer und K. P. Hellman. (J. Food Sci. **26.** 209—11. Mai/Juni 1961. East Lansing, Michigan State Univ., Dep. of Agric. Chem. and Horticult.) (Engl.)

Junge, durch Auftropfen von 10 μg *Gibberellin* A_3 in wss. Lsg. auf die Herzblätter behandelte Selleriepflanzen zeigen Veränderungen in der organ. u. anorgan. Zus. u. eine Zunahme der Trockenmasse. In den oberen Teilen nimmt der Geh. an nichtreduzierenden Zuckern, Polysacchariden u. Ca zu, der Geh. an Nitrat-N, B, P u. Cu ab. In den Wurzeln nehmen die nichtreduzierenden Zucker zu, während die Polysaccharide abnehmen. P. GREGORZEWSKI. 4485□

Stoffwechseluntersuchungen an Helicobasidium mompa Tanaka. 1. Mitt. **Helicobasidin, ein aus der Pilzkultur isoliertes Pigment.** S. Takai. (Phytopathol. Z. **43.** 175—82. Dez. 1961. Tokyo, Megura, Government Forest Exp. Station.) (Engl.)

Aus einem Kulturgefäß mit *Helicobasidium mompa Tanaka* wurde *Helicobasidiin*, $C_{15}H_{20}O_4$, F. 193° (PAe.-Ae.; orange Nadeln) isoliert; UV- u. IR-Spektren lassen eine phenol. Substanz vermuten. Wss. Lsgg. (1:8000) rufen bei Tomatensprossen schwere Welksymptome oder Kollaps, 1:24000 deutliche Adernnekrose u. Chlorose hervor. P. GREGORZEWSKI. 4490□

Xanthium-Blattpigmente und ihre Hemmung durch Streptomycin. A. K. Khudairi. (Biochim. biophysica Acta [Amsterdam] **46.** 344—54. 15/1. 1961. Abu Ghraib, Irak, Univ. of Baghdad, Coll. of Agric.) (Engl.)

Junge Blätter von *Xanthium pennsylvanicum* wurden durch Behandlung mit 0,2% *Dihydrostreptomycin* gebleicht u. auf die Anwesenheit von Chloroplastenpigmenten untersucht. Die Farbstoffe wurden papierchromatograph. mit 1% n-Propanol/PAe. (1. Richtung) u. Chlf./PAe. (2. Richtung) getrennt u. spektrograph. identifiziert. Bei gebleichten Blättern fehlten Chlorophylle u. Phaeophytine; die Carotinoide hatten ca. $^1/_{10}$ ihrer normalen Konzentration. Die Pigmente unbehandelter grüner Blätter oder Chloroblasten waren *Chlorophyll a, Chlorophyll b, Phaeophytin a, Phaeophytin b, α-Carotin, β-Carotin, Lutein, Lutein-5.6-epoxid, Neoxanthin, Violaxanthin,* Pigment 4 (*Neo-*

zeaxanthin?) u. Pigment 2 (*Eloxanthin?*). Die Pigmente gebleichter Blätter entsprechen weitgehend denen junger Blätter. H.-G. TRÜPER. 4490□

Chemischer Bau und herbicide Aktivität einiger Phenylhydroxylaminabkömmlinge. Ju. A. Basskakow. (Физиология Растений [Pflanzenphysiologie] 8. 125—28. 1961. Moskau, Timirjasew-Inst. für Physiol. der Pflanzen der Akad. der Wiss. der UdSSR.) (Russ.)

Untersucht wurde die Hemmung des Wachstums von Weizen- u. Radieschenpflanzen nach Behandlung des Saatgutes mit 1- u. 5% ig. Staub (25 mg/50 Samenkörner) der nachst. Phenylhydroxylamin-Verbb.: *N-Benzoyl-*, *N-Phenylacetyl-*, *N-Benzoyl-O-phenylacetyl-*, *N-Phenylacetyl-O-benzoyl-*, *N.O-Bis-(phenylacetyl)-*, *N-α-Naphthylacetyl-*, *N-Benzoyl-O-α-naphthylacetyl-* (I), *N-2.4-Dichlorphenoxyacetyl-*, *N-Benzoyl-O-2.4-dichlorphenoxyacetyl-*, *N-2.4-Dichlorphenoxyacetyl-O-benzoyl-*, *N-Phenyl-O-2.4-dichlorphenoxyacetyl-* (II), *N-[2.4-Dichlorphenoxyacetyl]-O-phenacetyl-*, *N.O-Bis-(2.4-dichlorphenoxyacetyl)-*, *N-[2.4.5-Trichlorphenoxyacetyl]-*, *N-Benzoyl-O-[2.4.5-trichlorphenoxyacetyl-* (III), *N-[2.4.5-Trichlorphenoxyacetyl]-O-benzoyl-*, *N-[2.4.5-Trichlorphenoxyacetyl]-O-phenylacetyl-*, *N-[2.4-Dichlorphenoxyacetyl]-O-[2.4.5-trichlorphenoxyacetyl]-phenylhydroxylamin*. Es zeigte sich, daß alle Verbb., die als Substituenten einen Rest von Benzoe-, Phenylessig- oder α-Naphthylessigsäure enthalten, keine herbicide Wrkg. haben. Ausgenommen hiervon ist I, das in der Konz. von 5% auf die Radieschenpflanze herbicid wirkt. Aus dem Vgl. der physiolog. Wrkg. von II, *2.4-Dichlorphenoxyessigsäure* (IV) u. von III u. *2.4.5-Trichlorphenoxyessigsäure* (V) geht hervor, daß durch Einführung der Reste von IV oder V in das Mol. von Phenylhydroxylamin sehr akt. Verbb. erhalten werden. Diese Verbb. zeigen eine enge Selektivität. Die Selektivität wird ohne Verminderung der herbiciden Wrkg. stark erhöht, wenn in der OH-Gruppe der H durch einen Benzoyl- oder Phenylacetylrest ersetzt wird. Die O-Halogenphenoxyacetyl-Verbb. zeigen eine stärkere herbicide Wrkg. als die entsprechenden N-Halogenphenoxyacetyl-Verbb., jedoch eine schwächere Selektivität. Verbb., in welchen der Rest von IV oder V an der Ätherbindung steht, sind wesentlich labiler als jene Verbb., wo diese über eine Amidbindung mit dem Hydroxylamin verbunden sind. O. LEBTAG. 4495□

E5. Tierchemie. Tierphysiologie. Tierpathologie

Ein Gerät zur ununterbrochenen Messung der Perspiratio insensibilis kleiner Hautflächen. Ewald Heerd und Kokichi Ohara. (Pflügers Arch. ges. Physiol. Menschen Tiere **272.** 237—46. 1961. Bad Nauheim, Max-Planck-Ges., W. G. Kerckhoff-Inst.; Nagoya, Städt. Univ.) (Dt.)

Zur abs. Messung der Perspiratio insensibilis wird eine nichtventilierte Kapsel empfohlen, auf welche die zu untersuchende Hautstelle aufgelegt wird, wobei eine Federwaage hoher Empfindlichkeit die Gew.-Änderungen des in der Kapsel befindlichen Absorptionsmittels (gesätt. Salz-Lsgg. mit Bodenkörper, unabhängig von aufgenommenem W. konst. Dampfdruck) in mit einem Hochfrequenzoscillator meßbare Kapazitätsänderungen umwandelt; Empfindlichkeit 10 γ. U. TAUSENDFREUND. 4500□

Untersuchung über die Biochemie der Insekten. 9. Mitt. **Spurenelemente bei der Metamorphose von Calliphora erythrocephala.** M. Sapag-Hagar, D. Stamm-Menéndez und M. Dean-Guelbenzu. (Rev. españ. Fisiol. **17.** 107—13. Sept. 1961. Madrid, Inst. Español de Fisiol. y Bioquím., Dep. de Biochím.) (Span.) — 8. vgl. Rev. españ. Fisiol. **17.** [1961.] 89; 7. vgl. Rev. españ. Fisiol. **17.** [1961.] 45.

Vff. bestimmten spektrograph. den Geh. der Larven, Puppen, Fliegen u. der Cuticula der Puppen von *Calliphora erythrocephala* an folgenden Elementen: *Ag*, *Al*, *B*, *Ba*, *Ca*, *Co*, *Cr*, *Cu*, *Fe*, *K*, *Mg*, *Mn*, *Mo*, *Na*, *Ni*, *P*, *Pb*, *Si*, *Sr*, *Ti* u. *Zn*. Der Asche-Geh. an Ca, K, Mg, Na, P u. Si beträgt mehr als 1%, von den übrigen Elementen kommen Fe, Zn, Mn, Cu, Al u. Ba vorwiegend vor, wogegen Mo u. Co gänzlich fehlen bzw. nur in geringsten Mengen vorliegen. — Die Geh. werden tabellar. mitgeteilt u. die unterschiedlichen Konzz. bei den einzelnen Entw.-Formen von C. erythrocephala besprochen u. diskutiert. H. KOCKERT. 4510□

Untersuchung über die Biochemie der Insekten. 10. Mitt. **Angaben über den Proteinstoffwechsel während der Metamorphose von Calliphora erythrocephala.** M. Sapag-Hagar und D. Stamm-Menéndez. (Rev. españ. Fisiol. **17.** 115—30. Sept. 1961.) (Span.) — 9. vgl. vorst. Referat.

Vff. stellten fest, daß der Gesamt-*Protein* (I)-Geh. bei den einzelnen Entw.-Formen der Metamorphose von *Calliphora erythrocephala* starke Schwankungen zeigt. Zum Beispiel beträgt die Abnahme an Gesamt-I vom Larven- zum Imagostadium insgesamt 26,60% (bezogen auf Trockensubstanz). — Ferner wurde mit Hilfe der Papierelektrophorese festgestellt, daß in allen Entw.-Stufen von C. elektrocephala 2 I-Fraktionen mit für jede Stufe charakterist. Veränderungen der elektrophoret. Beweglichkeit, der Konz. usw. auftreten. — In Unterss. über den Stoffwechsel von *Phenylalanin* (**II**), *Tyrosin* (**III**) u. *Tryptophan* (**IV**) in den verschiedenen Phasen der Metamorphose wurde festgestellt, daß in allen Entw.-Phasen (mit Ausnahme des Larvenstadiums, in dem **III** in höchster Konz. gefunden wird) **II** in höchster Konz., gefolgt von **III** u. **IV**, vorkommt. Der **II**-Geh. nimmt vom Larven- zum Puppenstadium ab u. steigt im Imagostadium wieder an. Vff. folgern daraus, daß **II** während der Verpuppung endogen synthetisiert wird. H. KOCKERT. 4520□

Positionsverteilung gesättigter und ungesättigter Fettsäuren im Eilecithin. N. H. Tattrie. (J. Lipid Res. **1**. 60—65. Okt. 1959. Ottawa, Nat. Res. Council, Div. of Appl. Biol.) (Engl.)

Eilecithin wird mit Lecithinase D hydrolysiert u. ein entsprechendes $\alpha.\beta$-Diglycerid-Gemisch erhalten. *Myristinsäure* wird am $C_{(\alpha')}$ der Diglyceride eingebaut. Die entstandenen Triglyceride werden mit Pankreaslipase hydrolysiert u. dadurch Myristin-, *Palmitin-* u. *Stearinsäure* aus der α- u. α'-Stellung abgespalten. Die ungesätt. Fettsäuren nehmen die β-Stellung ein. Da Schlangengiftlecithinase A ungesätt. Fettsäuren abspaltet, muß dieses Enzym eine β-Lipase sein. P. GREGORZEWSKI. 4520□

Untersuchungen über die Phosphatide von Wassertieren. 2. Mitt. Über die Gehirnlecithine des Spermwals (Physeter catodon Linné). Hisanao Igarashi und Koichi Zama. (J. agric. chem. Soc. Japan [Nippon Nôgeikagaku Kaishi] **29**. 958—61. 1955. Hokkaido, Univ., Fac. of Fisheries.) (Jap.; Auszug: Engl.) — 1. vgl. C. **1957**. **4161**.

Nach Extraktion der *Phosphatide* mit PAe. aus dem Gehirn der Spermwale erfolgt durch Zugabe einer großen Menge A. die Trennung in *Lecithine* (**I**) u. *Kephaline*. **I** werden durch $CdCl_2$-Fällung gereinigt. Im Hydrolysat von **I** werden *Glycerinphosphorsäure*, *Cholin* u. Fettsäuren nachgewiesen. Letztere werden in feste u. fl. Fraktionen u. die fl. in niedrig- u. hochungesätt. getrennt u. analysiert. In **I** werden folgende Säuren gefunden: *Palmitinsäure* 15,45%, *Stearinsäure* 14,0%, *Arachidsäure* 6,4%, $C_{22}H_{46}O_2$ 3,5%, $C_{24}H_{50}O_2$ 5,3%, *Oleinsäure* 23,7%, $C_{20}H_{40}O_2$ 2,5% u. hochungesätt. Säuren (hauptsächlich *Arachidonsäure*) 25,2%. U. BAUMANN. 4520

Untersuchungen über die Phosphatide von Wassertieren. 3. Mitt. Über die Gehirnlecithine von Theragra chalcogramma (Pallas). Kôichi Zama und Hisanao Igarashi. (J. agric. chem. Soc. Japan [Nippon Nôgeigagaku Kaishi] **29**. 961—64. 1955. Hokkaido Univ., Fac. of Fisheries.) (Jap.; Auszug: Engl.) — 2. vgl. vorst. Referat.

Die rohen *Lecithine* werden mit 95%ig. A. aus dem Gehirn von *Theragra chalcogramma* extrahiert u. mit der $CdCl_2$-Meth. weiter gereinigt. Im Hydrolysat konnten *Glycerophosphorsäure* u. Fettsäuren nachgewiesen werden. Diese werden in eine fl. u. eine feste Fraktion getrennt, von denen die fl. weiter in hoch- u. niedrig-ungesätt. Säuren aufgetrennt wird. Folgende Säuren werden gefunden: *Myristinsäure* 4,3 (%), *Palmitinsäure* 19,5, *Stearinsäure* 9,9, *Arachidsäure* in Spuren, $C_{14}H_{28}O_2$ 1,6, *Zoomarinsäure* 10,0, *Oleinsäure* 32,9, $C_{20}H_{32}O_2$ 6,9, *Linolensäure* 0,4, $C_{20}H_{34}O_2$ 14,0. U. BAUMANN. 4520

Isolierungs- und Bestimmungsmethoden der Cerebroside, Hydroxyfettsäuren, gesättigten und ungesättigten Fettsäuren des Gehirns. Yasuo Kishimoto und Norman S. Radin. (J. Lipid Res. **1**. 72—78. Okt. 1959. Chicago, Ill., Northwestern Univ., Med. School, Biochem. Dep.) (Engl.)

Aus Rattenhirn werden die *Cerebroside* nach der Meth. von RADIN, LAVIN u. BROWN (C. **1956**. 11810) isoliert. Die Säuren werden durch Methanolyse in Freiheit gesetzt u. die erhaltenen Methylester chromatograph. in normale u. Hydroxyester getrennt. Diese beiden Gruppen wurden über die Hg-Anlagerungs-Verbb. u. durch Chromatographie an Florisil in gesätt. u. ungesätt. Ester aufgetrennt. Die einzelnen Gruppen wurden gaschromatographiert. Die beiden gesätt. u. die beiden ungesätt. Gruppen zeigen sehr ähnliche Chromatogramme. Die ungesätt. Säuren bestehen vor allem aus *Nervon-* u. *α-Hydroxynervonsäure*; unter den gesätt. ragen die C_{22}- u. C_{23}-Säuren heraus. In allen Fraktionen erscheinen C_{16}-Säuren, die teilweise verzweigt sind (Methylgruppen) bzw. verschiedene Doppelbindungen haben. Das Vork. geringer Mengen von Säuren mit mehr als 24 C-Atomen ist wahrscheinlich. P. GREGORZEWSKI. 4520□

Die Bestimmung der Körperzusammensetzung lebender Tiere. Die tägliche endogene Kreatininexkretion als Maß der Körperzusammensetzung von Ratten. I. Kumar, D. G. Land und A. W. Boyne. (Brit. J. Nutrit. **13**. 320—29. 1959. Bucksburn, Aberdeen, Rowett Res. Inst.) (Engl.)

Bei ♀ u. ♂ Ratten steigt die endogene *Kreatinin* (**I**)-Ausscheidung mit der fettfreien Masse u. mit dem Alter. ♀ Tiere haben eine höhere **I**-Exkretion als ♂ mit gleicher fettfreier Masse. Gleichungen zur Berechnung der fettfreien Masse werden angegeben. — 22 Literaturangaben. P. GREGORZEWSKI. 4520□

Allgemeine Physiologie der nervalen und humoralen Regulation des Kreislaufs. P. Holtz. (Verh. dtsch. Ges. Kreislaufforsch. **25.** 36—57. 1959. Frankfurt/M., Univ., Pharmakol. Inst.) (Dt.)

Übersicht. — 79 Literaturangaben. P. GREGORZEWSKI. 4550□

Die veränderte Reaktivität von Mäusen nach Impfung mit Bordetella-pertussis-Vaccine. Leon S. Kind. (Bacteriol. Rev. **22.** 173—82. Sept. 1958. San Francisco, Calif., Univ. School of Med., Dep. of Microbiol.) (Engl.)

An mit *Bordetella-pertussis*-Vaccine geimpften Mäusen wurden die Sensibilitäten gegenüber *Histamin*, *Serotonin* sowie die Anaphylaxie unter verschiedenen Bedingungen untersucht. H.-G. TRÜPER. 4551□

Isolierung von 17-Epiöstriol und 16.17-Epiöstriol aus dem Urin schwangerer Frauen. H. Breuer und Gerta Pangels. (Hoppe-Seyler's Z. physiol. Chem. **322.** 177—83. 31/12. 1960. Bonn, Chirurg. Univ.-Klin. u. Poliklin., Chem. Abt.) (Dt.)

Auf Grund von Ergebnissen des gleichen Arbeitskreises u. der Tatsache, daß im Schwangerenharn relativ große Mengen von *16α-Hydroxyöstron* u. *16β-Hydroxyöstron* vorkommen, wurde angenommen, daß neben *Östriol* (**I**) u. *16-Epiöstriol* (**II**) auch *17-Epiöstriol* (**III**) u. *16.17-Epiöstriol* (**IV**) als normale Östrogenstoffwechsel-Prodd. im Harn ausgeschieden werden. 4 Liter Schwangerenharn, Mens IX, wurden in Portionen zu je 400 ml nach Zusatz von 15 Vol.-% konz. HCl 60 Min. unter Rückfluß gekocht, einmal mit 400 u. zweimal mit 200 ml Ae. extrahiert, die Ae.-Extrakte auf 400 ml eingedampft u. mit 80 ml konz. Na_2CO_3-Lsg. (pH 10,5) gewaschen, die Ae.-Phase nach BROWN (C. **1956.** 3122) bis zur Abtrennung der polaren Östriolfraktion weiterbehandelt. Es folgte die für cis-Glykole stereoselektive Acetonierung, die die Fraktion so in cis-Glykole (**II** u. **III**) u. trans-Glykole (**I** u. **IV**) auftrennt. Die weitere Trennung erfolgte papierchromatograph. im Syst. BUSH. Die Identifizierung von **III** u. **IV** erfolgt durch Mikrosublimation u. Best. des F., für **III** 234—236° u. für **IV** 248—249°. Es konnten 15 μg **III**, 45 μg **IV**, 13500 μg **I** u. 550 μg **II**/Liter Harn nachgewiesen werden. Koppelung von **III** mit *Fast Black K-Salz* führte zu einer roten Verb., deren Wanderungs-Geschw. im Syst. Toluol/PAe./A./W. (20:10:3:7) der entsprechenden mit authent. **III** hergestellten Verb. entsprach (gleiches Verf. u. Ergebnis mit **IV**). Methylierung von **III** führte zum **III**-Methyläther. U. LASCHET. 4559□

Über das chromatographische Verhalten der Phosphorsäureester von Dehydroepiandrosteron und Testosteron. Kurt Schubert und Gerhard Hobe. (Hoppe-Seyler's Z. physiol. Chem. **323.** 264—69. 1961. Jena, Inst. für Mikrobiol. u. exp. Therap.) (Dt.)

Das adsorptions- u. papierchromatograph. Verh. der Phosphorsäureester von *Dehydroepiandrosteron* (**I**) u. *Testosteron* (**II**) wurde untersucht. Aus wss. alkal. Lsgg. u. aus Harn wurde nach Sättigung mit $(NH_4)_2SO_4$ mit Ae./A. (3:1) extrahiert, an Al_2O_3 chromatographiert, nach Elution der Sulfate mit A./W. (1:1) u. der Glucuronide mit A./2% ig. NH_4OH (1:1) die Phosphate mit 0,1n NaOH eluiert u. aus der schwach angesäuerten u. mit $(NH_4)_2SO_4$ versetzten Lsg. mit Ae./A. extrahiert, der eingedampfte Rückstand in Methanol aufgenommen u. papierchromatograph. (SCHLEICHER & SCHÜLL 2043b) im Syst. 1 (5—6 Std. Laufzeit) Toluol/tert. Butanol/Eisessig/W. (85:15:30:70) oder 2 (5—6 Std.) Äthylacetat/n-Hexan/Eisessig/W. (6:4:3:7) oder 3 (5—6 Std.) Äthylacetat/Toluol/Hexan/tert.-Butanol/Eisessig/W. (60:75:40:25:60:140) oder 4 (24 bis 28 Std.) n-Butanol/2n NH_4OH (1:1) oder 5 (9—11 Std.) n-Butyläther/n-Butanol/Eisessig/W. (65:35:30:70) getrennt. Das getrocknete Chromatogramm wird schnell durch 2,5n methanol. KOH gezogen, zwischen Filterpapier abgepreßt, durch 2% ig. methanol. m-Dinitrobenzol-Lsg. gezogen, abgepreßt u. 2 Min. bei 65—70° getrocknet. *Dehydroepiandrosteron-3-phosphat* erscheint rotviolett, *Testosteron-17-phosphat* grau. An Stelle der Steroidkomponente kann der Phosphorsäurerest angefärbt werden: Umsetzung mit Ammoniummolybdat-Lsg. u. Red. des Komplexes mit Vanadylchlorid. R_F-Werte für *Dehydroepiandrosteronsulfat* in den Syst. 1—5: 0; 0,03; 0,04; 0,85; 0,10. *Dehydroepiandrosteronphosphat* 0,45; 0,45; 0,62; 0,48; 0,70. *Testosteronphosphat* 0,39; 0,35; 0,52; 0,44; 0,67. — Zur quant. Best. wird der Rückstand in W. gelöst, mit alkal. Phosphatase gespalten, mit Ae. extrahiert, in Bzl. an Al_2O_3 chromatographiert, in Bzl. u. 0,1% A. in Bzl. gewaschen, mit 0,5% A. in Bzl. eluiert u. mit der ZIMMERMANN-Rk. bestimmt. Die Wiederauffindungsquote für zugesetztes **I**-Phosphat aus dem Harn betrug 87%. U. LASCHET. 4559□

Über die Wirkung von intravenös appliziertem Stilböstrolphosphat auf die Ovarial- und Hypophysenvorderlappenfunktion geschlechtsreifer Rattenweibchen. W. Hohlweg, G. Dörner, W. Topf und K. A. Groot-Wassink. (Geburtshilfe u. Frauenheilkunde **20.** 244—49. März 1960. Berlin, Charité, Inst. für exp. Endokrinol.) (Dt.)

Eine einmalige i. v. Injektion von 20 mg *4.4'-Dihydroxy-α.β-diäthylstilbendiphosphat* (I) ruft beim geschlechtsreifen Rattenweibchen eine starke Luteinisierung der Ovarien hervor (HOHLWEG-Effekt). Während jedoch beim erwachsenen Rattenmännchen 4—6 Wochen nach einmaliger i. v. Zufuhr von 20 mg I Kastrationsveränderungen im Hypophysenvorderlappen auftreten, sind beim Rattenweibchen bei gleicher Dosierung nur vereinzelt hyperakt. Zellen zu beobachten. S. GROITZSCH. 4559□

Die Nidation der Ratte und die nötige Östrogendosis. Alexandre Psychoyos. (C. R. hebd. Séances Acad. Sci. **253.** 1616—17. 9/10. 1961.) (Franz.)

WISTAR-Ratten wurden am 4. Tag der Trächtigkeit kastriert, erhielten dann 5 mg *Progesteron*/Tag u. am 10. Tag verschiedene Mengen *17β-Östradiol* (I). 0,1 μg I reichten zur Erreichung der Nidation aus. Im Bereich von 0,01—0,1 μg I war die Dosis etwa proportional der Zahl der Tiere, bei denen Nidation beobachtet wurde. H. LOHSCHELDER. 4559□

Untersuchungen der ovulationshemmenden Wirkung von 19-Norsteroiden an laparotomierten Patientinnen. S. Matsumoto, T. Iro und S. Inoue. (Geburtshilfe u. Frauenheilkunde **20.** 250—62. März 1960. Maebashi, Japan, Univ.-Frauenklinik Gumna.) (Dt.)

Nachdem den der Laparotomie zu unterziehenden Patientinnen vom 3. bis 14. Cyclustag an täglich 19-Norsteroide, wie Methylöstrenolon (*17α-Methyl-19-nortestosteron*), Norethisteron (*17α-Äthinyl-19-nortestosteron*), Norethynodrel (*17α-Äthinyl-$\Delta^{5,10}$-östrenolon*) Norethandrolon (*17α-Äthyl-19-nortestosteron*) oder Norethisteronacetat (*17α-Äthinyl-19-nortestosteronacetat*) per os verabreicht wurden, wurde durch Laparotomie zur Ovulations- oder Postovulationszeit untersucht, ob die Ovulation gehemmt worden war. Der Befund zeigt, daß die Ovulation immer gehemmt wird, wenn mit der Medikation bis zum 6. Cyclustage begonnen wurde. Beim Medikationsbeginn ab 9. Cyclustag war kein Erfolg zu beobachten. S. GROITZSCH. 4559□

Applikation von Östriol in der Gynäkologie. 2. Mitt. Einige Wirkungen des Östriols auf die Ausscheidung verschiedener Hormone im Urin und Vaginalsekret. Shimpei Tojo, Michizo Miki, Yukio Manabe und Kinya Inoue. (Folia endocrinol. japon. **37.** 414—20. 20/7. 1961. Kyoto, Univ., School of Med., Dep. of Obstetrics and Gynecol.) (Jap.; Auszug: Engl.)

Vff. verabreichten Patientinnen nach Oophorektomie, per os *Östriol* (I) u. bestimmten den Geh. des Urins an verschiedenen Hormonen. Während die Ausscheidung der *gonadotropen Hormone* wesentlich zurückging, war ein deutlicher Anstieg des Geh. an östrogenen Hormonen (*Östriol, Östron* u. *Östradiol*) im Urin zu verzeichnen, ebenso stiegen die Werte für die neutralen *17-Ketosteroide* an. Demnach wirkt I hemmend auf die Hypophyse, wohingegen die Nebennierenrinde aktiviert wird. H. THIELE. 4559□

Der Einfluß von Östrogenen in vivo und in vitro auf die Lipoidsynthese im Rattenuterus. Yoshio Aizawo und Gerald C. Mueller. (J. biol. Chemistry **236.** 381—86. Febr. 1961. Madison, Wis., Univ. of Wisconsin Med. School, McArdle Mem. Labor.) (Engl.)

1 Std. nach einmaliger i. v. Injektion von 10 μg *17β-Östradiol* (I) in 0,04 m Phosphatpuffer, pH 7,4, war der Phosphatid-Geh. der Uterusmuskulatur kastrierter HOLTZMAN-Ratten um 25%, nach 6 Std. um 150% höher als bei unbehandelten Kontrollen. *Äthanolamin-, Cholin-* u. *Inositphospholipoide* waren gleichermaßen erhöht. Überlebende Uterussegmente, die 6 Std. nach I-Injektion gewonnen wurden, bauten *anorgan.* *^{32}P-Orthophosphat* um 200% schneller in die einzelnen Phospholipoidfraktionen ein als die Kontrollen. Die Verss. wurden in 2 ml Gewebskulturmedium mit 10% Rinder- oder Rattenserum, $2 \cdot 10^{-5}$ Mol *Inosit*/Liter, 10^{-4} Mol *Glycin*, 10^{-4} Mol *Serin* u. 100 μc ^{32}P-Orthophosphat (spezif. Aktivität 10 μc/μMol) oder 2 μc *$^{14}C_{(1)}$-Acetat* (1 μc/μMol) durchgeführt. Der Acetateinbau in Fettsäuren u. *Cholesterin* wurden ebenfalls durch I beschleunigt. *Östron* u. *Östriol* hatten eine ähnliche Wrkg. wie I, während *Diäthylstilböstrol, 17-Hydroxycorticosteron, Desoxycorticosteron* u. *Progesteron* den Einbau des Orthophosphats nicht förderten. U. LASCHET. 4559□

Stoffwechsel der Schwefelsäureester von Androsteron und Ätiocholanolon. E. E. Baulieu und G. Michaud. (Bull. Soc. chim. biol. **43.** 885—95. 1961. Paris, Fac. de Méd., Chim. Méd., Labor. d'endocrin.) (Franz.)

200 mg der *Na-Salze* von *Androsteron-* (I) bzw. *Ätiocholanolonschwefelsäureester* (II) wurden 2 Personen i. m. injiziert. Der Harn wurde mehrere Tage vor (Kontrollen) u. nach der Injektion untersucht. Nach I-Gabe war der Geh. an *17-Ketosteroiden* (III), die nach CRÉPY u. Mitarbeitern (Ann. Biol. clin. **14.** [1956.] 335) bestimmt wurden, nicht stark erhöht; die Wiedergewinnung betrug ca. 20%, wovon $\geqq 50\%$ am ersten Tag ausgeschieden wurden. Analyse der III-Verbb. nach BAULIEU u. Mitarbeitern (Ann. Biol. clin. **19.** [1961.] 291) zeigte, daß die gesteigerte Ausscheidung allein auf I beruhte. I scheint

demnach im Körper nicht hydrolysiert zu werden, zumal nach Applikation von *Androsteron*, dieses weitgehend als Glucuronid ausgeschieden wurde. Entsprechende Beobachtungen wurden mit II gemacht; die Wiedergewinnung betrug hier ca. 60%. Ein bedeutender Teil von I u. II wird demnach zu unbekannten Verbb. abgebaut.

H. LOHSCHELDER. 4559□

Möglichkeiten einer anabolen Hormonbehandlung bei Verdauungskrankheiten. H. Wilhelm. (Helv. med. Acta **28.** 622—26. Sept. 1961. Chur, Kantonsspital, Med. Abt.) (Dt.)

Beschreibung einer erfolgreichen Behandlung mit „*Dianabol*" (*Ciba; Methandrostenolon*) bei 3 Patienten mit Verdauungskrankheiten (chron. Hepatitis u. akuter Lebernekrose, chron. Pankreatitis, Status nach totaler Colektomie). K. ZINGRAF. 4559□

Die Wirkung des antidiuretischen Hormons bei Ratten mit experimenteller Lebercirrhose. János Hankiss. (Z. Vitamin-, Hormon- u. Fermentforsch. [Wien] **9.** 1—6. 18/12. 1957. Debrecen, Univ., I. Klin. für Innere Med.)

Ratten, bei denen durch CCl_4 Lebercirrhose erzeugt wurde, reagierten auf Verabreichung eines Hypophysenhinterlappen-Präp. mit verstärkter Diuresehemmung. Vf. schließt, daß die Inaktivierung des antidiuret. Hormons in der cirrhot. Leber verringert ist. S. GROITZSCH. 4560□

Experimentelle Untersuchungen beim Menschen über die Wirkung von Vasopressin auf die Leberdurchblutung und den portalen Druck. A. Tsakiris und A. Bühlmann. (Helv. med. Acta **28.** 615—21. Sept. 1961. Zürich, Med. Univ.-Klin.) (Dt.)

Ein synthet. *Vasopressin* (*Phenylalanin²-lysinvasopressin*) bewirkte bei Normalpersonen u. Patienten mit Lebercirrhose eine prompte Verringerung der Leberdurchblutung mit Wiederanstieg zum Ausgangswert nach Ende der Injektion (innerhalb von ca. 20 Min.) u. eine Verringerung der O_2-Sättigung des Blutes in der Lebervene; bei den Cirrhotikern sank auch der Pfortaderdruck ab. K. ZINGRAF. 4560□

Wirkungen von Somatotropin bei plötzlich ungünstigen Umweltbedingungen ausgesetzten Ratten. Henry B. Hale und Roy B. Mefferd jun. (J. appl. Physiol. **16.** 123—26. Jan. 1961. Brooks Air Force Base, Texas, USAF Aerospace Med. Center, School of Aviation Med., Physiol.-Biophys. Branch; Houston, Texas, Vet. Admin. Hosp., Psychiatric and Psychosomatic Res. Labor.; Baylor Univ., Coll. of Med.) (Engl.)

Somatotropin (STH) trägt offensichtlich zur Homöostase des Organismus bei. So konnte mit Hilfe von STH (0,5 mg/100 g, 2mal innerhalb 24 Std.) bei Ratten eine Modifikation der durch extreme Außenbedingungen (24 Std.-Exposition gegenüber Luftdruck 380 mm Hg, 35° Hitze oder 2° als Kältestress) bewirkten Änderungen in der 24 Std.-Ausscheidung von *Harnstoff* (Verminderung), *Harnsäure* (Verminderung), *Phosphat* (Verminderung bei red. Luftdruck u. Hitze, Verstärkung bei Kälte), des *Harnsäure/Kreatinin*-Quotienten (Verminderung), des *Na/K*-Quotienten im Harn (Verminderung nur bei red. Luftdruck, Vermehrung bei Hitze) u. des *Ca/P*-Quotienten (Vergrößerung bei red. Luftdruck u. Hitze, Verminderung bei Kälte) hervorgerufen werden. U. TAUSENDFREUND. 4560□

Histologische Lokalisierung von intravenös injiziertem, mit einem fluorescierenden Farbstoff markierten Thyrotropin in Rattengeweben. R. E. Mancini, O. Vilar, J. M. Dellacha, O. W. Davidson und A. Castro. (J. Histochem. Cytochem. [Baltimore] **9.** 271—77. Mai 1961. Buenos Aires, Fac. de Cienc. Méd., Inst. de Anat. Gen. y Embriol.) (Engl.) — Vgl. C. **1961.** 18007; **1960.** 13740.

Einige *Thyrotropin* (I)-Präpp. wurden mit verschiedenen Mengen eines fluorescierenden Farbstoffs (II; saures Rhodamin B, Lissamin-Rhodamin B 200) markiert. Natives I verliert nach der Markierung 12—34% seiner biolog. Aktivität. Ein Teil des markierten I wurde durch Erhitzen in essigsaurem Medium denaturiert. Verschiedene Gruppen von Ratten wurden i. v. mit nativem, markierten I, denaturiertem, markierten I u. fluorescierender Farbstofflösung injiziert. Folgendes wurde beobachtet: 1. Natives, markiertes I nimmt im Kreislauf rasch ab, obwohl es länger verbleibt als denaturiertes, markiertes I. 2. Fluorescenz, entsprechend dem nativen I war nur sehr kurze Zeit in der Schilddrüse zu sehen u. länger im Bindegewebe von Augenstrukturen, Interstitium von Skelettmuskeln, perivisceralen Fettgewebe u. Mastzellen. Die KUPFFER-Zellen u. andere Histiocyten zeigten die längste Speicherung. 3. Fluorescenz, entsprechend dem denaturierten, markierten I wurde in der Schilddrüse nicht beobachtet; sie war in geringer Intensität im Binde- u. Fettgewebe u. in den Mastzellen, mit größerer Intensität in Histiocyten festzustellen, u. es war zu sehen, daß sie durch das Epithel des Dünndarmes ausgeschieden wird. 4. Mit II-Lsg. injizierte Ratten schieden die Farbe im Urin u. Galle aus. Bei diesen Tieren war Fluorescenz nur in Histiocyten vorhanden, obwohl in geringerem Ausmaß als bei Tieren, denen markiertes Hormon injiziert war. H. AMAN. 4560□

Klinische und experimentelle Untersuchungen über den Einfluß von Hypophysenhinterlappenhormonen auf die Sekretion von schilddrüsenstimulierendem Hormon und

die funktionelle Aktivität der Schilddrüse. Hiroyuki Maeda. (Folia endocrinol. japon. **37.** 364—87. 20/7. 1961. Kobe, Med. Coll., 2. Intern. Dep.) (Jap.; Auszug: Engl.)

Bekanntlich sind die Hypophysenhinterlappenhormone durch Beeinflussung der hypothalam. Aktivität für die sekretor. Funktion des Vorderlappens von bes. Bedeutung. Diese Tatsache wird dadurch belegt, daß die Ausschüttung des *gonadotropen, thyreotropen* (**I**) u. *adrenocorticotropen Hormons* nach Injektion von Hinterlappenhormon an der gesteigerten Aktivität von Gonaden, Schilddrüse u. Nebennierenrinde deutlich wird. Direkte Best. der Vorderlappenhormone erschien jedoch wichtig. Hierzu eignet sich die Best. von **I** im Plasma nach der WARBURG-Meth. mit Schilddrüsenschnitten nach TSUGI u. OGURA. Vf. wandte diese Meth. für die Best. des Einfl. von Hinterlappenhormonen, wie *Pitressin* u. *Oxytocin* (**II**), auf die Ausschüttung von **I** aus dem Vorderlappen an. Ferner wurde an Ratten der Einfl. des Hinterlappenhormons *Vasopressin* (**III**) über **I** auf die Schilddrüse bestimmt. Entsprechende Verss. wurden mit **II** durchgeführt. **III** subkutan injiziert, stimuliert bei Mensch, Hund u. Ratte die Hypophysen-Schilddrüsenaktivität über Erhöhung des Plasma-**I**-Spiegels. **II** zeigte eine gleiche aber schwächere Wirkung. Bei Patienten mit endokrinen Funktionsstörungen bewirkt **III** gegenüber gesunden Personen abnorme Plasma-**I**-Werte, u. zwar wurde bei geringer Vorderlappenaktivität oder zerstörter Hypophyse der Anstieg des Plasma-**I**-Geh. nicht beobachtet. Hierauf kann ein Funktionstest für den Vorderlappen basieren. Nach Hypophysenresektion bei Ratten erfolgt keine Rk. der Schilddrüse auf **III**-Injektion. Durchtrennung u. Cellophanumkleidung des Stiels hat ein Absinken des Plasma-**I**-Geh. zur Folge. **III**-Injektion bedingt dann aber trotzdem einen Anstieg an **I**. Hiermit wird gezeigt, daß der Einfl. von **III** auf das Hypophysen-Schilddrüsen-Syst. humoral u. stets über den Vorderlappen verläuft. Nach Gaben von *Reserpin, Chlorpromazin* u. *Phenobarbital* (**IV**), die hypothalamuswirksam sind, wurde der Einfl. von **III** auf den **I**-Spiegel untersucht. Lediglich **IV** wirkt dem Anstieg des **I**-Geh. nach **III**-Applikation entgegen. — 110 Literaturangaben. HANS THIELE. 4560□

Die Wirkung von Fasten-, Kältestreß und ACTH-Verabreichung auf den Blutzucker- und Leberglykogenspiegel bei normalen und adrenalektomierten Ratten und Mäusen. B. P. Block. (J. pharmacy Pharmacol. **13.** 479—84. Aug. 1961. London, Univ. of London, School of Pharmacy, Dep. of Pharmacol.) (Engl.)

Durch Nahrungsentzug (W. ad libitum) oder Kälteexposition (2°) kann bei Ratten u. Mäusen der *Blutzucker*-Spiegel u. der Geh. der Leber an *Glykogen* verringert werden. Adrenalektomie ändert an dieser Rk.-Weise nichts, durch Vorbehandlung mit *adrenocorticotropem Hormon* (*Zn-ACTH; Cortropin-Zn*, ORGANON; 4 Einheiten bei Mäusen, 20 Einheiten bei Ratten) lassen sich die Rkk. jedoch verzögern. Vermutlich reicht das Streßgeschehen nicht zu einer ausreichenden ACTH-Produktion allein aus.
U. TAUSENDFREUND. 4561□

Erhöhung der Steroidbildung mit 17β-Östradiol in vitro durch Nebennierenschnitte von Ratten. Julian I. Kitay. (Nature [London] **192.** 358—59. 28/10. 1961. Charlottesville, Va., Univ., School of Med., Dep. of Med.) (Engl.)

Ausgehend von der Feststellung, daß die Konz. an *Corticosteron* (**I**) bei ♀ Ratten im venösen Blut der Nebenniere 2—4mal so hoch wie bei ♂ Tieren ist, wurde untersucht, ob die Ursache hierfür eine direkte Einw. von Östrogenen auf die Nebennierenrinde ist. In vitro wurden vergleichende Unterss. an Nebennierenschnitten ♀ Ratten, ♂ Ratten u. von ovarektomierten Ratten (SHERMAN-Stamm) mit u. ohne Zusatz von ACTH durchgeführt. Im Gegensatz zu Unterss. von MCKERNS (Endocrinology **60.** [1957.] 130) konnte nachgewiesen werden, daß *17β-Östradiol* in bestimmten Konzz. direkt auf die Nebennierenrinde (von ♂ u. ovarektomierten Tieren) unter Steigerung der **I**-Bldg. einwirkt. An Nebennierenschnitten normaler ♀ Tiere wurde kein solcher Effekt beobachtet.
G. WURM. 4561□

Über das Verhalten von Steroidhormonen bei Behandlung mit Natriumwismutat. Heinz Breuer und Lieselotte Nocke. (Z. Vitamin-, Hormon- u. Fermentforsch. [Wien] **9.** 28—40. 18/12. 1957. Bonn, Chirurg. Univ. Klin., Chem. Abt.) (Dt.)

Nach Umsetzung von *Dehydroepiandrosteron* (**I**) mit $NaBiO_3$ in 50%ig. Eisessig u. anschließender Hydrolyse wurde mit Hilfe der Papierchromatographie u. der ZIMMERMANN-Rk. die Bldg. von 10 Substanzen festgestellt, während von **I** nichts mehr aufgefunden wurde. Unter den Rk.-Prodd. befand sich **I**-Epoxid. Bei Behandlung von **I** mit $NaBiO_3$ in Ggw. von 2,5%ig. Harnstoff oder in essigsaurem Urin verminderte sich die Zahl der Rk.-Prodd. auf 2, u. ca. 80% vom verwendeten **I** wurden wiedergefunden. Auch *Androstan-3α-ol-17-on, Ätiocholan-3α-ol-17-on* u. *Δ^4-Androsten-3.17-dion* wurden durch Behandlung mit $NaBiO_3$ in 50%ig. Eisessig angegriffen. Die Zahl der neugebildeten ZIMMERMANN-Chromogene betrug 3 bzw. 4 u. machte 20% der eingesetzten Hormone aus. Die Oxydation von *Cortison* bzw. *17-Hydroxycorticosteron* mit $NaBiO_3$ in 50% ig. Eisessig führte neben der Bldg. der entsprechenden *17-Ketosteroide* zum Auftreten von 5 bzw. 3 weiteren Verbb., die sich papierchromatograph. auftrennen u. mit m-Dinitrobenzol nachweisen ließen. S. GROITZSCH. 4561 □

Kreislaufwirkungen der Nebennierenrindenhormone. G. Hoffmann und J. Emmrich. (Verh. dtsch. Ges. Kreislaufforsch. **25.** 108—11. 1959. Freiburg i. Br., Med. Univ.-Klinik.) (Dt.)

Unter *Cortison* (I; 200 mg/d) u. *Prednison* (II; >40 mg/d) findet sich gegenüber Desoxycorticosteron (DOC; 10—50 mg/d) eine Verbesserung der Herzarbeit, die sich in einer Verlängerung der Austreibungszeit, Verkürzung der Anspannungszeit, Erhöhung des Schlag-Vol. u. Herabsetzung der Herzfrequenz äußert. Eine Erhöhung des peripheren Widerstandes findet sich bei nicht zu langer u. nicht zu hoher Dosierung im Gegensatz zum DOC nicht. Die I- u. II-Wrkg. sind nicht an gleichzeitige NaCl-Gaben gebunden. Während die DOC-Wrkg. bei NaCl-Mangel kaum auftritt.

P. GREGORZEWSKI. 4561 □

Hydrocortisonwirkungen auf Kreislauf- und Lungenfunktion. Bernhard v. Kügelgen, Wirnt Rick und Eberhard Koch. (Verh. dtsch. Ges. Kreislaufforsch. **25.** 112—16. 1959. Gießen, Med. Univ.-Klinik.) (Dt.)

Vff. zeigen, daß den *Prednisolonen* Kreislauf- u. Lungenfunktions-Wrkg. zukommen u. daß die Schnelligkeit des Wrkg.-Eintritts abhängig von der Schnelligkeit ist, mit der die 17-Hydroxycorticoide aus ihrer Esterbindung freigesetzt werden können.

P. GREGORZEWSKI. 4561 □

Zur Wirkung des Corticosterons auf die Glykogensynthese. Franz Matschinsky, Ulf Meyer und Otto Wieland. (Klin. Wschr. **39.** 818—20. 1/8. 1961. München, Univ., II. Med. Klin., Labor. für Klin. Chem.) (Dt.)

50 γ *Corticosteron*/100 ml Blut/Std. bewirkten an der isolierten Rattenleber nach einer Latenzzeit von 6 Std. eine Steigerung der *Glykogen*-Synth. aus Glucose. Das Hormon besitzt somit einen direkten Angriffspunkt an der Leber. K. ZINGRAF. 4561 □

Hautdurchblutung, Noradrenalin und Adrenalin. L. K. Widmer, D. von Capeller und H. Staub. (Verh. dtsch. Ges. Kreislaufforsch. **25.** 104—07. 1959. Basel, Med. Univ.-Klinik.) (Dt.)

Noradrenalin (0,3—4 γ/kg/Min. i. v.) u. *Adrenalin* (0,05—4 γ/kg/Min. i. v.) verlangsamen die ^{24}Na-Clearance aus intradermalen Quaddeln von 0,05 ml isoton. ^{24}NaCl-Lsgg. beim Hund. P. GREGORZEWSKI. 4561 □

Die Wirkung von Adrenalin auf die menschlichen Muskelgefäße. K. Golenhofen. (Verh. dtsch. Ges. Kreislaufforsch. **25.** 96—104. 1959. Marburg, Univ., Physiol. Inst.) (Dt.)

Dauerinfusionen von *Adrenalin* (I) führen in physiolog. Dosen (10 γ/Min. i. v., 0,5—2 γ/Min. i. Arteria femoralis) zu einer starken initialen Dilatation, der eine gedämpfte Schwingung der Gefäßweite mit einer Periodendauer von 2 Min. folgt. I verstärkt die Schwingungsfähigkeit in der peripheren Gefäßweitenregulation. *Milchsäure* u. *Na-Lactat* sind bis zu 60 mg-% wirkungslos. *Adenosintriphosphat* führt zu starker Dilatation mit ausgeprägten Schwingungen von längerer Periodendauer als unter I.

P. GREGORZEWSKI. 4561 □

Die Reflexbeeinflussung des Blutdruckes während Adrenalineinwirkung am Carotissinus — Äußerung einer spezifischen, von der Pressorrezeption unterscheidbaren Funktion. W. Kalkoff. (Verh. dtsch. Ges. Kreislaufforsch. **25.** 173—78. 1959. Halle, Inst. für Exp. Path.) (Dt.) P. GREGORZEWSKI. 4561 □

Histochemische und biochemische Bestimmung von Noradrenalin in den Nebennieren von schwarzen und weißen Ratten. N. A. Smitten. (Доклады Академии Наук СССР [Ber. Akad. Wiss. UdSSR] **135.** 728—31. 21/11. 1960. Ssewertzow-Inst. für Tiermorphologie der Akad. der Wiss. der UdSSR.) (Russ.)

Bei Unterss. an 42 Ratten im Alter von 10—180 Tagen enthielt jede Gruppe 6 Tiere; 3 schwarze u. 3 weiße. Das chromaffine Gewebe der Nebennieren enthielt bei den weißen Tieren mehr *Noradrenalin* (I) als bei den schwarzen. Der Anstieg mit dem Alter ist bei den weißen Ratten erheblich schneller; er erreicht sein Maximum im 4. Lebensmonat u. fällt dann wieder ab. Die Ursache dieses Unterschiedes wird in den Besonderheiten der Oxydationsprozesse gesucht. Diese verlaufen bei verschieden pigmentierten Tieren verschieden. Auch die Unterschiede im Geh. an I bei Tieren verschiedenen Alters wird durch Besonderheiten der Oxydationsprozesse während verschiedener Perioden der Ontogenese erklärt. Der Grad der Differenzierung der Zellen des chromaffinen Gewebes der Nebennieren spielt dabei die maßgebende Rolle. F. DU MANS. 4561 □

Die Wirkung von Thyreotropin auf die Verteilung der Schilddrüsenhormone im Plasma. Jerrold D. Hydovitz und Walter L. Arons. (J. clin. Endocrinol.

Metabolism **17.** 1332—46. Nov. 1957. Philadelphia, Pa., Pepper Labor. of clin. Med., Endocrine Sect. and Dep. of Radiol., Univ. of Pennsylvania Hosp., and Pittsburgh, Montefiore Hosp., Inst. of Res.) (Engl.) — Vgl. J. clin. Endocrinol. Metabolism **17.** [1957.] 76.

Bei 3 von 4 untersuchten euthyreoten Patienten bewirkte die Injektion von 10 bis 20 I.E. *thyreotropem Hormon* (*TSH*) nur eine Vermehrung von *Thyroxin* (I) im Plasma (papierchromatograph. Best.). Die Patienten erhielten vor der TSH-Gabe 4—7 bzw. 10—15 μc ^{131}J. Bei Thyreotoxikosen war 3—6 Std. nach der TSH-Injektion ein Anstieg des endogenen zirkulierenden markierten *Trijodthyronins* u. ein Anstieg des I im Plasma zu verzeichnen. *Trijodthyroessigsäure* konnte nicht nachgewiesen werden. U. LASCHET. 4562 □

Eine chromatographische Untersuchung des Schilddrüsen-Jodstoffwechsels bei nichttoxischer knotiger Struma. Rosalind Pitt-Rivers, Douglas Hubble und William H. Hoather. (J. clin. Endocrinol. Metabolism **17.** 1313—23. Nov. 1957. London, Nat. Inst. for Med. Res.; Derby, Royal Infirmary.) (Engl.)

Die zu untersuchenden Patienten erhielten 1—4 Tage vor der Schilddrüsenoperation 200 μc ^{131}J injiziert. Das frisch entnommene Drüsengewebe wurde mit Alkali oder Trypsin hydrolysiert u. das Thyroxin-Jod nach Ansäuern des Hydrolysates (pH 2—3) zur Präzipitation 16—20 Std. stehengelassen, der Hydrolysatrest nach Ansäuern mit Chlf. u. 3mal mit n-Butanol extrahiert, die Butanolextrakte aufsteigend in n-Butanol, gesätt. mit 2n Essigsäure oder im Syst. n-Butanol/Dioxan/2n NH_4 (4:1:5) chromatographiert. Sowohl in Strumaknoten als auch im paranodulären Gewebe wurde bei nichttox. Struma eine geringere ^{131}J-Konz. als bei gesunden Personen gefunden; auch der *Thyroxin*-Geh. war in beiden Geweben vermindert. Der Quotient *Monojodtyrosin/Dijodtyrosin* war immer gesteigert, gelegentlich bis auf sehr hohe Werte (von 0,5—0,75 bei 3 Kontrollpersonen auf Werte bis über 6,0). U. LASCHET. 4562 □

Der Stoffwechsel von 3.3'-Dijodthyronin beim Menschen. John B. Stanbury und Mary L. Morris. (J. clin. Endocrinol. Metabolism **17.** 1324—31. Nov. 1957. Boston, Mass., Harvard Med. School, Dep. of Med. and Massachussets Gen. Hosp., Med. Serv.) (Engl.)

3 Patienten mit Basedow, 1 mit familiärer Struma mit Hypothyreoidismus u. 6 gesunde Kontrollpersonen erhielten 10—50 μc *^{131}J-dl-3.3'-Dijodthyronin* (I) in 8—10 ml physiolog. NaCl-Lsg. i.v. injiziert. In allen Fällen wird I schnell zu Jodid abgebaut. Eine Std. nach der Injektion ist nur noch wenig I im Serum nachzuweisen. In einigen Fällen wurden papierchromatograph. zwei nicht identifizierte jodierte Verbb. im Serum gefunden, von denen eine auch im Harn in kleinen Mengen vorkam. 24 Std. nach der Injektion lag der größte Teil der Radioaktivität im Harn als *anorgan. Jod* vor. I wurde nur in sehr kleinen Mengen ausgeschieden. Unterschiede im I-Stoffwechsel bestanden in allen untersuchten Fällen nicht. Der Abbau von I geht so schnell im Stoffwechsel vonstatten, daß es normalerweise im Blut nur in sehr kleinen Mengen verglichen mit *Thyroxin* vorliegen kann, wenn es überhaupt vorhanden ist. U. LASCHET. 4562 □

Untersuchungen bei nichtmyxoedematöser Stoffwechselverminderung. 2. Mitt. **Der Umsatz von ^{131}J-markiertem Thyroxin nach intravenöser Injektion.** George S. Kurland, Jesus G. Bustos, Milton W. Hamolsky und A. Stone Freedberg. (J. clin. Endocrinol. Metabolism **17.** 1365—72. Nov. 1957. Boston, Mass., Harvard Med. School, Dep. of Med.; Beth Israel Hosp., Yamins Res. Labor. and the Med. Res. Serv., Med. Dep.) (Engl.) — 1. vgl. C. **1958.** 7810.

Untersucht wurde der Umsatz von *^{131}J-l-Thyroxin* (1—3 μg; 40—75 μc) bei 12 euthyreoten Patienten mit vermindertem Stoffwechsel u. bei 10 Stoffwechselgesunden. Es wurde das Verschwinden des *Thyroxins* (I) aus dem Blut, die Radioaktivität der Thyreoidea u. des Harns u. das Protein-gebundene Jod (PBI) im Plasma bestimmt. Daraus wurde die biolog. Halbwertszeit, die I-Verteilung, das extrathyreoidale I u. das Ausmaß des I-Abbaues berechnet. Bei euthyreoten, hypometabolen Personen betrug die mittlere Halbwertszeit für I 8,3, bei den Stoffwechselgesunden 7,18 Tage ($P < 0,1$; $> 0,05$). Bis auf einen niedrigen I-Abbau bei 3 Patienten (20—27 μg I/Tag) waren sonst keine signifikanten Differenzen nachweisbar. U. LASCHET. 4562 □

Die klinische Signifikanz des mit Butanol extrahierbaren Serumjods. Evelyn B. Man und Philip K. Bondy. (J. clin. Endocrinol. Metabolism **17.** 1373—82. Nov. 1957. New Haven, Conn., Yale Univ., School of Med., Dep. of int. Med.) (Engl.)

Die Best. des mit Butanol extrahierbaren Serumjods (BEJ) weist gegenüber der Best. des Protein-gebundenen Jods (PBJ) 2 Fortschritte auf: Das Ergebnis wird durch Jodidabgabe nicht verändert, u. es werden nur dem *Thyroxin* entsprechende Verbb. gemessen. Differenzen zwischen den Ergebnissen bei Best. des PBJ u. des BEJ sind bei Thyreoiditis u. nichttox. Struma wegen der Unfähigkeit der Schilddrüse, normale Schilddrüsenhormone zu produzieren, zu erwarten. Auch nach Behandlung mit radioakt. Jod kann eine entsprechende Störung vorliegen. In diesen Fällen gibt die Best. des PBJ oder der ^{131}J-Aufnahme kein wirkliches Bild über den klin. Fortschritt der Patienten, wohl aber der BEJ-Test. U. LASCHET. 4562 □

Beobachtungen über die Wirkungen der Verabreichung von Thiocyanat und Thiouracil an Schafe. Evan Wright. (New Zealand J. agric. Res. **2.** 903—14. Okt. 1959. Wallaceville, New Zealand, Dep. of Agricult., Animal Res. Station.) (Engl.)

Es wurden die Beziehungen zwischen *Thiocyanat* (I)-, *Thiouracil* (II)- u. J_2-Verabreichung u. der Kropf-Bldg. bei Schafen zu klären versucht. Zwar wirken hohe II-Dosen, an Mutterschafe verabreicht, nicht so stark goitrogen bei den Lämmern, wie mittlere II-Dosen es tun. Bei hohem II-Spiegel kann jedoch durch J_2 die Kropfentstehung gefördert werden, während bei niedrigeren II-Spiegeln J_2 eine teilweise Schutz-Wrkg. gegen die Kropfentstehung ausübt. Frühere Vermutungen, daß Träger-J_2 die Akkumulierung von $^{131}J_2$ beim Schaf steigern kann, um so die goitrogene Wrkg. niedriger I-Zufuhr auszugleichen, konnte nicht bestätigt werden. Regelmäßige Einnahme von II durch trächtige Schafe interferiert mit der raschen Entw. der fötalen Schilddrüsenaktivität, die während des 4. Trächtigkeitsmonats gefunden wird. U. TAUSENDFREUND. 4562 □

Wirkung von Insulin auf die Glykolyse der Leukocyten von normalen und alloxandiabetischen Ratten in vitro. E. Rasio. (C. R. Séances Soc. Biol. Filiales **155.** 1729 bis 1731. 1961. Bruxelles, Univ. Libre, Labor. de Méd. exp. u. Inst. Interuniversitaire des Sciences Nucléaires.) (Franz.)

Vf. stellte fest, daß die Glykolyse der Leukocyten normaler u. alloxandiabet. Ratten in vitro keine signifikanten Unterschiede aufweist u. nicht durch *Insulin* beeinflußbar ist. H. KOCKERT. 4564 □

Anwendung einer außergewöhnlich hohen Insulindosis in Selbstmordabsicht. Lars Lindgren. (Acta med. scand. **167.** 297—300. 15/7. 1960. Stockholm, St. Göran's Hosp., First Dep. of Med.) (Engl.)

Ein Diabetiker, der seit 17 Jahren mit *Insulin* (I) behandelt wurde, spritzte sich innerhalb von 4 Std. 3200—3500 I.E. *Novo Lente,* ein Depot-I, ein. Das darauffolgende Coma konnte durch *Adrenalin,* nicht aber durch Glucose aufgehoben werden. Remission, keine Nachwirkungen. K. ZINGRAF. 4564 □

Regulierung des Arachidonsäurestoffwechsels durch einen Pankreasfaktor. Raymond Caren und Lucille Corbo. (J. Lab. clin. Med. **58.** 288—95. Aug. 1961. Los Angeles, Calif., Cedars of Lebanon-Hosp., Inst. for Med. Res.; Univ. of California, School of Med., Dep. of Med.) (Engl.)

In der externen Pankreassekretion wurde die Ggw. eines Faktors wahrscheinlich gemacht, der den Stoffwechsel von *Arachidonsäure* (I) beeinflußt. So kommt es bei pankreatektomierten Hunden u. bei solchen, deren Pankreasgang unterbunden wurde (beide Gruppen erhielten 500 Cholinchlorid, bei Pankreatektomie wurde Insulin verabreicht), zu einer Verminderung des Plasmaspiegels an *Gesamtfettsäuren,* bes. stark fällt der I-Geh. des Plasmas; durch Verfütterung von wirksamen *Pankreasenzym*-Präpp. (z. B. *Viokase,* VIOBIN CORP.), *Pankreaskonzentrat* oder *Pankreaslipase* kommt es zwar zur Normalisierung des Gesamtfettsäuren-Geh. im Plasma, nicht jedoch zur Anhebung des I-Gehaltes. Damit wird als bewiesen angesehen, daß die α-Zellen des Pankreas nicht als Ursprung des I-Faktors gelten können, sondern daß der I-Faktor in der externen Sekretion des Pankreas gesucht werden muß; wenn er in den Pankreasferment- oder Organ-Präpp. nicht vorhanden ist, so kann das an seiner Zerstörung bei der Aufbereitung liegen. Die Existenz eines bes. Faktors für die Regulierung des I-Plasmaspiegels muß mit der Bedeutung von I (muß von Pflanzenfressern synthetisiert werden) zusammenhängen. U. TAUSENDFREUND. 4564 □

Neue Antidiabetica aus der Gruppe der Arylsulfonylharnstoffe. Ryszard Gryglewski. (Postępy Hig. Med. doświadczalnej **11.** 441—59. 1957. Kraków, Zakład Farmakol. PAN.) (Pol.)

Übersicht. — 87 Literaturangaben. P. GREGORZEWSKI. 4564 □

Blutzuckersenkende Wirkung eines neuen Sulfonamids in verschiedenen Dosen bei normalen Hunden. J. García-Blanco und V. Antón. (Rev. españ. Fisiol. **17.** 137—44. Sept. 1961. Valencia, Fac. de Med., Labor. de Fisiol. General del C.S.I.G.) (Span.)

Vff. verabfolgten peroral (mit Hilfe einer Speiseröhrensonde) an normale Hunde 5, 10, 15, 100 u. 200 mg *N-[p-Isopropoxybenzoyl]-p-toluolsulfonamid* (I)/kg Körper-Gew. u. bestimmten den *Blutzucker* (II)-Spiegel zu verschiedenen Zeiten nach der I-Gabe. — Nach 5 mg-Dosen beträgt der Abfall des II-Spiegels 4 Std. nach der I-Gabe 10%, nach 10 μg-Dosen 14% u. nach 15 mg-Dosen 27%; in allen drei Fällen werden nach ca. 6 bis

8 Std. wieder die II-Normalwerte erreicht. — Die höheren I-Dosen verursachen keine wesentlich ausgeprägtere, wohl aber eine länger anhaltende Hypoglykämie; so beträgt z. B. nach 200 mg-Dosen der II-Abfall 24 Std. nach der I-Verabfolgung noch 14%.

Versuche: *N-[p-Isopropoxybenzoyl]-p-toluolsulfonamid* (I), F. 171—173°, durch Kondens. von p-Isopropoxybenzoylchlorid mit p-Toluolsulfonamid; weiße Kristalle.

H. KOCKERT. 4564□

Weiterer Beitrag zur Kenntnis des Wirkungsmechanismus der Sulfanilharnstoffderivate. Vergleichsuntersuchungen mit Carbutamid und Tolbutamid. Paolo Larizza, Fausto Grignani und Paolo Brunetti. (Minerva med. [Torino] **48.** 2359—73. 11/7. 1957. Cagliari, Univ., Ist. di Patol. Speciale Med. e Metodol. Clin.) (Ital.)

Bei der Ratte wird der *Brenztraubensäure*-Geh. im Blut durch 100 mg *Carbutamid*/kg oder *Tolbutamid* täglich, 30—60 Tage lang, nur wenig beeinflußt, der Milchsäure-Geh. im Blut nimmt ab, u. der Glykogen-Geh. im Gewebe nimmt zu. Die Gesamtlipide im Plasma zeigen wenig Veränderung, dagegen nehmen die Phospholipoide oft beträchtlich zu, während der Geh. an Cholesterin u. Ketokörpern eine Verringerung zeigt. Der Gesamt-Lipid-Geh. der Leber bleibt unbeeinflußt. K. ZINGRAF. 4564□

Rolle des Thymus im Polysaccharidstoffwechsel. G. Csaba, G. Tóth, I. Törő, Th. Ács und L. Csáki. (Nature [London] **192.** 1304—05. 30/12. 1961. Budapest, Med. Univ., Inst. of Histol. and Embryol.) (Engl.)

Vff. stellten fest, daß der *Thymus* (Ratte) im Stoffwechsel der *sauren Mucopolysaccharide* [bes. von *Heparin* (I)] eine dominierende Rolle spielt. Folgende Methodik wird mitgeteilt: an Ratten wird ^{35}S-markiertes *Thionin* (das die Eig. hat, in vivo an I gebunden zu werden) intraperitoneal verabfolgt u. 24 Std. nach der Injektion die Radioaktivität des Thymus, der Lymphknoten, der Milz, der Leber, des Herzens u. des Blutes bestimmt. Die weitaus höchste Radioaktivität findet sich im Thymus; sie liegt etwa um das 20fache höher als in den anderen Organgeweben. H. KOCKERT. 4566□

Eine Methode zur Bestimmung von Histamin. Leon T. Kremzner und Irwin B. Wilson. (Biochim. biophysica Acta [Amsterdam] **50.** 364—67. 24/6. 1961. New York, N.Y., Columbia Univ., Coll. of Physicians and Surgeons, Dep. of Neurol. and Biochem.) (Engl.)

Zur Umgehung der schwachen Stelle bei der fluorimetr. Best. von *Histamin* (I), die in der Interferenz durch *Histidin* (II) u. andere Substanzen begündet liegt, wird eine Modifikation vorgeschlagen, nach der mit Hilfe eines stark bas. Ionenaustauschharzes große Mengen von II entfernt werden können. Geeignet sind Dowex-I X 8, Bio Rad-I X 8, IRA-410, die durch Na-Acetat–NaOH im mol. Verhältnis von 15:1 in die Acetat–Hydroxid-Form umgewandelt werden. Der pH-Wert überschreitet damit die Grenze von 11,4 nicht. Die Meth. beruht darauf, daß Aminosäuren in mäßig alkal. Lsg. (Gewebeextraktüberstand oder zu untersuchende Lsg. wird mit 0,5n NaOH u. 0,01m Phosphatpuffer versetzt) teilweise als Anionen vorliegen, während I neutral oder teilweise positiv beladen ist. Durch den Austauschvorgang werden Aminosäuren u. organ. Anionen entfernt. Die Fluorescenz der resultierenden I-Lsg. wird bei 445 mμ (Anregung bei 345 mμ) gemessen. Die Genauigkeit der Meth. liegt, außer für niedrige Werte, bei 3%.

U. TAUSENDFREUND. 4569□

Vorkommen und Verteilung von 5-Hydroxytryptamin (Enteramin) im lebenden Organismus. V. Erspamer. (Z. Vitamin-, Hormon- u. Fermentforsch. [Wien] **9.** 74 bis 96. 18/12. 1957. Parma, Univ., Inst. of Pharmacol.) (Engl.)

Übersicht. — 92 Literaturangaben. S. GROITZSCH. 4569□

Untersuchungen über myotrope Wirkstoffe dekapoder Krebse (Chemismuswirkung auf Säugetierdärme). Helmut Kuhnen. (Ann. Univ. Saraviensis, Sci. **7.** 63—76. März 1958. Univ. des Saarlandes, Zool. Inst.) (Dt.)

Augenstielextrakte von Flußkrebsen (*Astacus astacus L.*) u. Sandgarneelen (*Crangon crangon L.*) wurden papierchromatograph. aufgetrennt. Es konnten 6 Flecke erkannt werden, der *myotrope Wirkstoff* befindet sich in Zone 1, er kann mit 0,1n HCl eluiert werden. Durch Hydrolyse mit 5n HCl u. anschließender zweidimensionaler Papierchromatographie konnten 6 nicht näher bestimmte Aminosäuren nachgewiesen werden.

P. GREGORZEWSKI. 4569□

Humorale Wirkungen der Milz auf das Herz. Wolfgang Braasch und Johannes Schmier. (Verh. dtsch. Ges. Kreislaufforsch. **25.** 116—21. 1959. Heidelberg, Univ., Physiol. Inst., Max-Planck-Inst. für med. Forschung, Inst. für Physiol.) (Dt.)

An Herz–Lungen-Präpp. von Hunden, die im Nebenschluß eine exstirpierte Milz durchströmten, beobachteten Vff., daß die Milz humoral eine positiv inotrope Wrkg. auf das Herz ausüben kann. Es wird dargelegt, daß Brenzcatechinamin, Milchsäure oder die

Konz. der im arteriellen Blut vorhandenen Ionen u. Wirkstoffe nicht dafür verantwortlich sein können. Es wird ein noch unbekannter von der Milz an das Blut abgegebener Faktor angenommen. P. GREGORZEWSKI. 4569□

Atmung und Glykolyse der Leukocyten. 2. Mitt. Der Schädigungsstoffwechsel menschlicher Blutleukocyten. K. W. Brückel und W. Remmele. (Z. Vitamin-, Hormon- u. Fermentforsch. [Wien] **9.** 7—14. 18/12. 1957. Frankfurt/M., I. Med. Universitätsklinik.) (Dt.)

Vff. untersuchten den Einfluß verschiedener schädigender Maßnahmen auf den Leukocytenstoffwechsel im WARBURG-Apparat. Untersucht wurde: 1. O_2-armes Milieu, 2. mechan. Schädigung durch zweifaches Zentrifugieren u. 3. Ultraschall. Je nach dem Grad der Einw. wurde bei 1. u. 2. der Stoffwechsel gestört, bei 3. hörte er auf. S. GROITZSCH. 4573□

Atmung und Glykolyse der Leukocyten. 3. Mitt. Über den Einfluß des Reduktionsindikators Triphenyltetrazoliumchlorid (TTC) auf den Leukocytenstoffwechsel. K. W. Brückel und W. Remmele. (Z. Vitamin-, Hormon- u. Fermentforsch. [Wien] **9.** 15—27. 18/12. 1957. Frankfurt/M., I. Med. Universitätsklinik.) — (Dt.) 2. Vgl. vorst. Referat.

Die Wrkg. von *Triphenyltetrazoliumchlorid* (I) auf den Kohlenhydratstoffwechsel wurde mit der WARBURG-Meth. an normalen u. patholog. Blutzellen untersucht. Im Vgl. zu I-freien Kontrollen fand sich unter anaeroben Bedingungen eine erhöhte CO_2-Bldg., auch die aerobe Glykolyse erfuhr eine Steigerung, die Wrkg. von I auf den O_2-Verbrauch war nicht einheitlich. S. GROITZSCH. 4573□

Essentielles Enzym und Befruchtungsvermögen der roten Blutkörperchen. Théodore Stephanopoli. (C. R. hebd. Séances Acad. Sci. **253.** 1886—88. 23/10. 1961.) (Franz.)

Betrachtung über Eigg. der Erythrocyten. H. LOHSCHELDER. 4573□

Einige Ergebnisse zum Mechanismus des Antianämineinflusses auf die Prozesse der Blutbildung. R. A. Arutjunjan und A. P. Kasarow. (Бюллетень Экспериментальной Биологии и Медицины [Bull. exp. Biol. Med.] **51** **(26).** Nr. 1. 37—40. Jan. 1961. Jerewan, Gesundheitsminist. der ArmenSSR, Forschungsinst. für Gynäkolog. u. Geburtshilfe, Physiol. Labor.) (Russ.; Auszug: Engl.)

Bei Hunden kam es nach *Antianämin* (I)-Injektion (1—2 cm^3 subcutan) zur starken Vermehrung der Leukocyten, bes. der Neutrophilen u. Eosinophilen, im peripheren Blut. Erythrocyten-, u. Reticulocytenzahl sowie Hämoglobin-Geh. zeigten keine Veränderungen. Injektion von 2 cm^3 0,5% ig. *Novocain* hemmt die starke hämopoet. Wrkg. des I. Die Vers.-Ergebnisse beweisen, daß neben den humoral-hormonalen Faktoren die reflektor. Komponente bei der Erythropoese große Bedeutung hat. I. v. KLOCH-KORNITZ. 4573□

Nucleinsäuresynthese durch Leukocyten in Gegenwart von Anti-Leukocytenfaktoren. Anna Maria Williams und Robert F. Schilling. (Proc. Soc. exp. Biol. Med. **107.** 302—06. Juni 1961. Madison, Wis., Univ. of Wisconsin Med. School, Dep. of Med.) (Engl.)

Leukocyten von Patienten mit chron. granulocyt. Leukämie werden 1 Std. lang unter 95% Luft u. 5% CO_2 in ROBINSONS Salz-Lsg. nach Zusatz von 100 mg-% Glucose u. 209 mg-% Na-Bicarbonat als Kontrolle oder in 25% oder 100% Serum in Ggw. von 0,5 μMol $^{14}C_{(8)}$-*Adenin* (I)/3 ml inkubiert. Gegenüber der Kontrolle wird mehr I in die *Ribonucleinsäure* (RNS) eingebaut, jedoch weniger oder eine nahezu unveränderte Menge I in *Guanin* umgewandelt. Der I-Einbau in die *Desoxyribonucleinsäure* (DNS) war dagegen erniedrigt. Nach Angebot von ^3H-*Thymidin* ist dessen Einbau in DNS ebenfalls niedriger als bei der serumfreien Kontrollinkubation. Die Seren normaler Probanden unterschieden sich in ihrer Wrkg. auf den I-Einbau jedoch nicht von denen von Patienten mit chron. granulocyt. Leukämie oder rheumat. Arthritis. Um den Einfl. von Antikörpern auf die Leukocyten zu untersuchen, wurden Kaninchen gegen menschliche Leukocyten immunisiert u. deren Seren zur Inkubation herangezogen. Das imune Serum verhielt sich ebenfalls nicht anders als normales, nicht agglutinierendes Serum. L. TRÄGER. 4573□

Die Bedeutung des Magnesiums für die Einstellung des Plasmacalciumspiegels. R. H. Smith. (Nature [London] **191.** 181—82. 8/7. 1961. Shinfield, Reading, Berkshire Nat. Inst. for Res. in Dairying.) (Engl.)

Vf. hatte früher (C. **1960.** 15469 u. C. **1961.** 2697) nachgewiesen, daß mit dem Älterwerden der Kälber ein verringertes Resorptionsvermögen für Mg^{2+} einhergeht. Gleichzeitig sinkt auch die Verwertung u. der Plasmaspiegel von Ca^{2+}. Die Störungen des Ca^{2+}-Stoffwechsels können durch hohe *Vitamin-D* (I)-Dosen behoben werden. I-Mangel ist aber nicht die ausschließliche Ursache des Ca-Defizits. — Kälber, die 16 Wochen bei reiner Milchdiät u. unter Vermeidung direkter Sonnenbestrahlung gehalten werden, weisen einen Plasmaspiegel von ca. 1 mg Mg/100 ml u. 7 mg Ca/100 ml auf. Wird jetzt täglich 10 g $MgSO_4 \cdot 7\,H_2O$ subkutan u. 28 mg $MgCl_2 \cdot 6\,H_2O$/Tag mit der Diät gegeben, so steigt der Mg-Spiegel auf 3 mg/100 ml u. der Ca-Spiegel auf 10 mg/100 ml. — Vf. neigt zur Annahme, daß das Verhältnis von *Knochen-Ca/extrazelluläres Ca* durch den Mg-Plasmaspiegel gesteuert wird. G. PAPE. 4574□

Untersuchungen über das Verhalten von Hämatin in alterndem Blutserum. Wolfgang Schwerd. (Dtsch. Z. ges. gerichtl. Med. **46.** 772—81. 1958. Erlangen, Univ., Inst. für gerichtl. Med. u. Kriminalistik.) (Dt.) — Vgl. C. **1958.** 11876.

Hämatin (I) geht mit *Serumeiweiß* eine Bindung ein, deren spektrale Absorptionskurven Maxima bei 525—530 u. 495 mμ aufweisen. Red. mit *Dithionit* u. *Hämochromogen* (II) entwickelt ein anderes Maximum bei 565 mμ, das aber immer dann nach 560 mμ verschoben wird, wenn das benützte Serum z. B. durch mehrtägiges Lagern im Eisschrank gealtert war. Zur Klärung dieses Verh. sind Verss. mit einzelnen Eiweißfraktionen vorgenommen worden, die auch durch Alkalisieren mit $^1/_{10}$n NaOH denaturiert wurden. *Albumin* (III) zeigt nach kurz dauernder Alkalisierung oder Lagerung nur eine sehr geringe Veränderung, die auf Verunreinigungen zurückgeführt wird. Die alkal. dargestellten II zeigen nach ihrer Neutralisation die gleichen Absorptionskurven, sind also darin reversibel. α_1-, α_2- u. β_1-*Globuline* werden beim Alkalisieren dagegen immer irreversibel denaturiert. Werden III alkal. gekocht, so treten auch bei ihnen irreversible Veränderungen ein. Daraus wird nunmehr gefolgert, daß Eiweißkörper im nativen Zustand u. bei pH < 10 mit red. I kein II bilden. Dazu sind sie erst befähigt, wenn z. B. durch stärkeres Alkalisieren eine Denaturierung erfolgt. Irreversibel denaturierte Globuline, die wieder neutralisiert wurden, bilden dagegen schon bei pH < 10 II (außer γ-*Globulin*, das überhaupt nicht reagiert), so daß diese Rk. als Kriterium einer Denaturierung empfohlen wird. — Faulendes Serum zeigt anfänglich Veränderungen, wie sie auch bei Autolysen beobachtet werden. Später aber zeigt sich, daß das durch Zentrifugieren zu klärende Faulserum mit I Maxima entfaltet, die nicht nach 560 mμ, sondern nach 568 bis 570 mμ verschoben werden. Auch das Kurvenbild gleicht nunmehr immer mehr dem des reinen III, so daß daraus geschlossen wird, daß Globuline bei der Fäulnis rascher abgebaut werden als III. K. GÄBELEIN. 4574

Die Plasmaproteine des Huhnes. J. Planas und J. M. Recio. (Rev. españ. Fisiol. **17.** 95—106. Sept. 1961. Valladolid, Univ., Fac. de Ciencias, Labor. de Biol.) (Span.)

Vff. untersuchten die Plasma-*Proteine* (I) von Küken sowie legenden u. nichtlegenden Hühnern unter Anwendung der Meth. der fraktionierten Fällung mit $Na_2S_2O_3$ nach GRAS u. Mitarbeitern (vgl. Rev. españ. Fisiol. 7. [1951.] 265). Die Fraktionierungskurven (Konz.-Bereich für $Na_2S_2O_3$: 30—50 g%) lassen 6 I-Fraktionen erkennen.

H. KOCKERT. 4574□

Bestimmung des α_2-Haptoglobinspiegels bei Nierenerkrankungen. R. Kluthe und P. Meyer. (Klin. Wschr. **39.** 205—06. 15/2. 1961. Freiburg/Br., Univ., Med. Poliklinik.) (Dt.)

Da chron. Nierenerkrankungen öfter ohne mit üblichen Labor.-Meth. faßbare Bluteiweißverschiebungen verlaufen, wurde untersucht, ob die quant. Best. der α_2-*Haptoglobine* Hinweise auf die Aktivität einer chron. Nierenaffektion geben kann (Peroxydasimetrie-Meth.). Bei nephrot. Syndrom, chron. Nephritis mit vasculärer Verlaufsform, Pyelonephritis u. akuter Anurie verschiedener Ätiologie fanden sich fast durchweg z. T. stark erhöhte Haptoglobinspiegel im Serum. Der Mechanismus, der zum Anstieg der Serumhaptoglobine führt, ist noch unklar. Die JAYLEsche Hypothese einer Bldg. durch Gewebezerfall ist nicht mehr vertretbar, da die Haptoglobine auch bei Plasmapherese ansteigen. Höchstwahrscheinlich werden die Haptoglobine in der Leber gebildet; die erhöhte Bldg. wird durch Entzündungsstoffe induziert. Neben einem Indicator für eine Entzündung stellt die quant. Haptoglobin-Best. auch ein feines Maß für eine Mikrohämolyse dar. In mehreren Fällen von akuter Anurie war der Titer nach Dialyse auf Null abgesunken, was auf einer langsamen Neubldg. des mit einer Halbwertzeit von 20 bis 30 Min. aus dem Blut verschwindenden, vom Freiwerden des *Hämoglobins* im Serum herrührenden *Haptoglobinkomplexes* beruht. Entfernt man durch einmalige Injektion einer entsprechenden Menge Hämoglobin das Haptoglobin aus dem Serum, so wird erst nach 5—7 Tagen der Ausgangswert wieder erreicht. Auch bei der experimentellen MASUGI-Nephritis bzw. MASUGI-Nephrose gibt der Haptoglobintiter des Serums einen Hinweis auf die Schwere des Krankheitsbildes. Bereits vor dem Eintreten der Proteinurie kann die Titererhöhung beobachtet werden, so daß die Erkrankung schon vor dem Auftreten der Proteinurie beginnt. U. TAUSENDFREUND. 4574□

Die Mikrotitration der Gesamtserumfettsäuren und Bemerkungen zur Triglyceridbestimmung. Margaret J. Albrink. (J. Lipid Res. **1**. 53—59. Okt. 1959. New Haven, Conn., Yale Univ., School of Med., Dep. of Internat. Med.) (Engl.)

Es wird eine Meth. zur Best. der Gesamt-*Fettsäuren* sowie von *Cholesterin* u. *Lipid-P* u. der Triglyceride durch Differenz-Bldg. in kleinen Serummengen mitgeteilt. Die Lipide werden nach einer abgewandelten Meth. von FOLCH mit Chlf. extrahiert, verseift, angesäuert u. die freien Fettsäuren u. Cholesterin mit PAe. oder Hexan extrahiert. Anschließend werden die Fettsäuren in einem Hexan–A. Zweiphasen-Syst. titriert. Auswertungsformeln werden gegeben. Die nach dieser Meth. untersuchten 20 Sera zeigen große individuelle Schwankungen von Cholesterin (147—410 mg/100 ml) u. Triglyceridfettsäuren (2,6—53,3 mVal/Liter). Die Behandlung mit Kieselsäure zur Best. der Triglyceridfettsäuren bietet keinen Vorteil. P. GREGORZEWSKI. 4574 □

Die physikalische Chemie der Lipoproteintransformation. Frank T. Lindgren, Norman K. Freeman, Alex V. Nichols und John W. Gofman. (Kon. vlaamse Acad. Wetensch., Letteren schone Kunsten België, Colloquium **1956**. 224—42. Berkeley, Calif., Univ. of Calif., Donner Labor. of Med. Phys., Div. of Med. Phys., Dep. of Phys. and Radiat. Labor.) (Engl.)

Vff. stellten auf Grund der Differenzierung menschlicher Seren mit Hilfe der Ultrazentrifuge einen Mechanismus der *Lipoprotein* (I)-Transformation von Moll. mit einem Ø von 1 μ—0,07 μ bis hinab zu den I der Klasse S_f 0—20 auf. Es wird eine Hypothese diskutiert, wonach alle I innerhalb der Klassen niederer Dichte Komplexe sind, deren Lipid-„Kern" von I-Moll. hoher Dichte umgeben ist. Zus. u. Größe der Kerne schwanken zwischen großen, vornehmlich aus *Glyceriden* u. nur geringen Mengen an *Cholesterinestern* (II), *Phospholipiden* (III), u. unverestertem *Cholesterin* bestehenden Kernen u. sehr kleinen Rest-„Kernen", die hauptsächlich aus II u. III bestehen. — Die Rolle des Clearingfactors ist, die in das Serum gelangenden I (Mylo- u. Lipomikronen) über eine unendlich große Zahl von I-Komplexen in solche der Klasse S_f 0—20 zu überführen.

S. VIERKÖTTER. 4574 □

Bestimmung von Plasma-Phospholipoiden nach Dünnschichtchromatographie. E. Habermann, G. Bandtlow und B. Krusche. (Klin. Wschr. **39**. 816—17. 1/8. 1961. Würzburg, Univ., Inst. für Pharmakol. u. Toxikol.) (Dt.)

Der Lipoidextrakt aus 1 ml Plasma wird auf einer Kieselgelplatte mit Chlf.–Methanol–Wasser (65:25:4) getrennt u. mit Bromthymolblau angefärbt. Die *Phospholipoide* werden nach Veraschung der entsprechenden Zonen durch Phosphat-Best. erfaßt.

K. ZINGRAF. 4574 □

Isolierung und Identifizierung von Lysolecithin aus Lipidextrakten von normalem menschlichen Serum. Egil Gjone, James F. Berry und David A. Turner. (J. Lipid Res. **1**. 66—71. Okt. 1959. Baltimore, Md., Sinai Hosp. of Baltimore, Inc.; Johns Hopkins Univ. School of Med.) (Engl.) — Vgl. C. **1960**. 7910.

Mit Hilfe der Kieselsäure-Chromatographie Technik von HIRSCH u. AHRENS konnte das Vork. von *Lysolecithin* in normalem menschlichen Serum bestätigt werden.

P. GREGORZEWSKI. 4574 □

Über die Zusammensetzung der Cholesterinester bei einigen Leberkrankheiten. Nepomuk Zöllner und Günther Wolfram. (Klin. Wschr. **39**. 817—18. 1/8. 1961. München, Univ., Med. Poliklin.) (Dt.)

Bei Patienten mit Leberkrankheiten fand sich im Vgl. zu Normalpersonen eine Verringerung der relativen Konz. des *Cholesterin–Linolsäureesters* u. eine relative Vermehrung der Fraktionen der Ester der gesätt. u. einfach ungesätt. Fettsäuren im Serum.

K. ZINGRAF. 4574 □

Eine papierelektrophoretische Studie der Chylomikronen und der Clearing-Reaktion. C. B. Weld. (Kon. vlaamse Acad. Wetensch., Letteren schone Kunsten België, Colloquium **1956**. 274—77. Halifax, Canada, Dalhousie Univ.) (Engl.)

Hundeserum unterscheidet sich vom menschlichen Serum durch die geringe Ausprägung der *β-Lipoprotein* (I)-Bande, die jedoch bei Lipämie sehr viel stärker wird auf Grund der geringen Beweglichkeit der sichtbaren *Chylomikronen* (Ch) im elektr. Feld. Mit dem *Clearingfactor* in vivo u. in vitro behandelte Seren unterscheiden sich von lipäm. Seren in folgender Weise: 1. Die Lipidbanden in den β- u. γ-Positionen werden schwächer. 2. In α_2-Position tritt vorübergehend eine schwache Bande auf. 3. Die α_1-Bande wandert in oder direkt hinter das Albumin, was einer gesteigerten Beweglichkeit des α_1–I-Komplexes entspricht. — Vf. inkorporierte eine Reihe von Lipiden in lipäm. u. normale Seren (*Tripalmitin, Tristearin, Triolein, Linolsäure* (II), *Ölsäure* (III), *Behensäure, Arachidonsäure, Stearinsäure, Palmitinsäure, Myristinsäure* (IV), *Laurinsäure* (V), *Caprylsäure, Buttersäure*). Die meisten Fettsäuren (FS) verursachten ein Anwachsen der

Intensität der γ- u. β-Banden ohne Änderung der α_1-Bande. Während **IV** u. **V** nur ein leichtes Anwachsen der Beweglichkeit der α_1-Bande verursachten, war es bei **II** u. **III** sehr ausgeprägt. — Diese Ergebnisse geben einen weiteren Beweis, daß die Freisetzung von FS ein Teil des Clearing-Prozesses ist, u. daß letzterer die *Lipid–Protein*-Bindung angreift. S. VIERKÖTTER. 4574☐

Beobachtungen über die Entfernung von Chylomikronen aus dem Blut. J. E. French, B. Morris und D. S. Robinson. (Kon. vlaamse Acad. Wetensch., Letteren schone Kunsten België, Colloquium **1956.** 323—31. Oxford, Sir William Dunn School of Pathol.) (Engl.)

Durch Injektion (I) von Chylus, der aus Ratten nach Fütterung von *^{14}C-Tripalmitin* gewonnen wurde, versuchten Vff. die die Beseitigung der *Chylomikronen* (*Ch*) aus dem Blut bestimmenden Faktoren u. die Verteilung der Ch in den Geweben zu bestimmen. 30 Min. nach der I war die anfängliche Aktivität von $>$200 Impulsen/min/0,03 ml Blut auf ca. 10 Impulse abgesunken, die Aktivität verringerte sich jedoch dann nur noch langsam. Der Verlauf der Abnahme des *Fettes* im Blut ist abhängig vom injizierten Betrag bzw. von der Art des Fettes. I von *Heparin* 1 Min. vor I des markierten Chylus bewirkte eine doppelt so schnelle Beseitigung gegenüber Kontrolltieren in den ersten 10 Minuten. *Protaminsulfat* u. *Triton W. R 1339* verlangsamen die Entfernung des Fettes. — 60%ig. Hepatektomie verzögert die Entfernung der Ch beträchtlich. Auch die Messung der Radioaktivität in verschiedenen Geweben (Leber, Milz, Niere, Lunge) 15,30 u. 120 Min. nach I, zeigt die Bedeutung der Leber für die Aufnahme des Fettes, da hier der weitaus größte Anteil der Radioaktivität festgestellt wurde. S. VIERKÖTTER. 4574☐

Ultrazentrifugale, elektrophoretische und chemische Veränderungen, hervorgerufen in Serum und synthetischen Lipidemulsionen durch menschlichen Clearingfactor. A. Fasoli, F. Salteri, G. Spina und G. Ratti. (Kon. vlaamse Acad. Wetensch., Letteren schone Kunsten België, Colloquium **1956.** 278—90. Milano, Univ., Ist. di Cin. Med. Gen. e Terapia Med.) (Engl.)

Die Ergebnisse ultrazentrifugaler u. elektrophoret. Analysen von Seren nüchterner Personen vor u. 15 Min. nach i.v. Injekiton (I) von 50 mg *Heparin* (I) werden nach folgenden Gesichtspunkten diskutiert: Die *Lipoproteine* (II) der Klasse $-S_{1.21}$ 70—400 u. die $\alpha_{1,2}$-Fraktion dienen auf Grund ihres hohen Geh. an Neutralfett bevorzugt als Substrate für den Clearingfactor (C.f.). Der Grund für die geringen Veränderungen der I mit hoher Dichte liegt darin, daß II mit niedriger (β–I) u. hoher (α–II) Dichte nicht Stufen eines kontinuierlichen Transformationscyclus sind, da signifikante Veränderungen in einer der beiden Gruppen nicht notwendigerweise parallel gehen mit solchen in der anderen Gruppe. Gleiche Unterss. von Seren (vor u. nach I von I) in Mischung mit Ölemulsionen ergaben, daß beim Binden der Fettpartikel hauptsächlich β–**II** beteiligt sind, während α–**II** nur eine sek. Rolle spielen. Durch Vgl. des %-Geh. der einzelnen **II**-Fraktionen in einer Reihe von Seren mit der Clearing-Aktivität nach 30 Min. Inkubation der Ölemulsion mit post-Heparinserum konnte festgestellt werden, daß die „potentielle" Aktivität des Cf-Syst. in Relation zu einem Kontrollmechanismus steht, der den **II**-Spiegel des Plasmas kontrolliert. Bei einem großen Geh. an **II** ($\alpha - S_{1,21} > 35$) wird die Geschw. des Clearing durch den hohen Betrag an Substrat für Cf. gesteuert.
S. VIERKÖTTER. 4574☐

Untersuchungen über die Bestimmung des Serumfaktors der rheumatischen Arthritis im Laboratorium. 4. Mitt. Die Bedeutung des γ-Globulins und Albumins für den Acrylteilchentest auf den RAS Faktor. Sten Winblad. (Acta pathol. microbiol. scand. **52.** 241—58. 1961. Lund, Univ. of Lund, Inst. of Clin. Bacteriol. and Malmö Gen. Hosp.) (Engl.) — 3. vgl. Acta pathol. microbiol. scand. **49.** [1960.] 523.

Suspensionen von *Polymethylmetacryl*-Pulver (Teilchengröße 0,5 μ) in Boratpuffer werden nach 1tägiger Inkubation bei 56° spontan agglutiniert, können jedoch mit *Albumin* (**I**), *Transferrin* oder Serum (wirksame Substanz vermutlich **I**) stabilisiert werden. Fraktioniertes *γ-Globulin* (**II**) u. Serum von Patienten mit serolog. akt. rheumat. Arthritis agglutinieren die Partikel, wobei die Agglutination mit **II** nur in Ggw. kleiner **I**-Mengen manifest wird, während größere **I**-Mengen stabilisierend wirken. 30 Min. Erhitzen auf 63° inaktiviert die agglutinierende Wrkg. von **II** u. Rheumaserum, während 30 Min. Erhitzen auf 60° nur das **II** inaktiviert, das rheumat. Serum dagegen nur unwesentlich. Die Agglutination mit diesem Serum ist überdies nicht an die Anwesenheit von **I** gebunden. Während der Rheumafaktor keine Affinität zur Oberfläche der Acrylpartikel zeigt u. sich durch Zentrifugieren u. Waschen entfernen läßt, haften **I** in nicht zu kleinen Mengen, wie auch das **II** auf der Oberfläche. Der Rheumafaktor läßt sich durch Hitzeinaktivierung des **II** von diesem unterscheiden. Durch Variierung des Gleichgewichts **I**:**II** innerhalb das Syst. läßt sich die Empfindlichkeit gegenüber dem Rheumafaktor einstellen, II ist jedoch nicht unbedingt erforderlich. Die prakt. Anwendung des II-sensibilisierten Syst. wird diskutiert. Es wird vorgeschlagen, die Bezeichnung „Fixationstest" durch „Additionstest" zu ersetzen, da vermutlich eine Addition, jedoch keine Bindung von Rheumafaktor u. II vorliegt. Andere Kunststoffsuspensionen dürften in gleicher Weise geeignet sein. H. THIELE. 4574 □

Beziehungen zwischen Methylxanthinen und den Faktoren V und VII der Blutgerinnung. Gaetano Santangelo und Antonio Rizzo. (Atti Soc. Peloritana Sci. fisiche, mat. natur. **4.** 203—12. 1957/58. Messina, Univ., Ist. di Clin. Pediatrica.) (Ital.)

Vff. stellten in Unterss. an Kindern mit verschiedenen Erkrankungen fest, daß i.v. verabfolgtes *Tefamin* (*Theophyllin-Äthylendiamin*) u. *Coffein* u. peroral verabreichtes *Theobromin* einen Abfall des Plasmaspiegels an *Faktor V* u. einen Anstieg an *Faktor VII* verursachen. H. KOCKERT. 4574 □

Einflüsse hoher Ca-Aufnahmen auf den Urin bei Tieren. C. W. Vermeulen. (Federat. Proc. **18.** 1096—1100. Dez. 1959. Chicago, Ill., Univ. of Chicago, Dep. of Surgery.) (Engl.)

Sehr hohe Ca-Fütterung erhöht die Ca-Ausscheidung bei Ratten mit dem Urin, verhindert aber die Ca-Phosphatstein-Bldg., die PO_4^{3-}-Ausscheidung sinkt, die von Citrat steigt. Zwischen Ca^{2+} u. PO_4^{3-} besteht ein reziprokes Verhältnis. P. GREGORZEWSKI. 4577 □

Einflüsse hoher Ca-Aufnahmen auf den menschlichen Urin. William H. Boyce und J. Stanton King jun. (Federat. Proc. **18.** 1102—11. Dez. 1959. Winston-Salem, N.C., Wake Forest Coll., The Bowman Grax School of Med., Dep. of Urol. and Biochem.) (Engl.)

Hohe Ca-Aufnahme (2000 mg/24 Std.) hat keinen signifikanten Einfl. auf den Urin normaler Personen. Weitere Angaben über verschiedene Erkrankungen. P. GREGORZEWSKI. 4577 □

Die Konzentration der freien Aminosäuren im Liquor cerebrospinalis und ihre Beziehungen zur Konzentration der freien Plasmaaminosäuren. H. G. Knauff, P. Schabert und H. Zickgraf. (Klin. Wschr. **39.** 778—84. 1/8. 1961. München, Univ., II. Med. Klin.) (Dt.)

Bei neurolog. Patienten u. Normalpersonen waren Zus. u. Geh. der *Aminosäuren* (**I**) im Plasma u. im Cerebrospinalliquor ganz verschieden. Es bestanden keine Korrelationen zwischen der I-Konz. im Liquor u. der klin. Diagnose, dem Alter oder dem Geschlecht des Patienten. K. ZINGRAF. 4578 □

Der Einfluß von Energiespendern und Inhibitoren auf den Einschluß von ^{14}C-Glycin in die Eiweißstoffe der cavernösen Flüssigkeit des Seidenspinneres (Bombyx Mori L.). N. M. Ssissakjan und E. B. Kuwajewa. (Доклады Академии Наук СССР [Ber. Akad. Wiss. UdSSR] **113.** 873—76. 1/4. 1957. Biochem. Bach-Inst. der Akad. der Wiss. der UdSSR.) (Russ.)

Zur Durchführung der Verss. wurde die cavernöse Fl. (Fl.) des *Seidenspinners* (*Bombyx mori L.*) mit der 2fachen Phosphatpuffermenge oder mit 0,3m *Saccharose* (**I**)-Lsg. im gleichen Puffer verdünnt. Während der Metamorphose ändert die Fl. ihre Fähigkeit, *^{14}C-Glycin* (**II**) in ihr Eiweiß einzubauen. Bei Zusatz von I wird der II-Einbau im Histolysestadium um 47%, während der Histogenese um 300—400% erhöht. Durch 5 mg *Adenosintriphosphorsäure* wird der II-Einbau bes. während der Histolyse sehr stark intensiviert. Durch Zusatz von *2.4-Dinitrophenol* oder *NaN_3* in 0,3 m I wird der II-Einbau im Histolysestadium zu 58 bzw. 70%, während der Histogenese vollständig inhibiert. *NaF* in 0,3 m I hat im Histolysestadium eine hemmende Wrkg., während der Histogenese entweder keine hemmende oder sogar eine aktivierende Wirkung. Zu ähnlichen Ergebnissen führten Verss. mit der Fl. von Antheraea peryi G. OTTO MAIER. 4583

Der Einfluß verschiedener Nahrung auf die Geschlechtsreife von Mäusen. J. Szepsenwol. (Nature [London] **191.** 1112—13. 9/9. 1961. San Juan, Puerto Rico, Univ. of Puerto Rico, School of Med., Dep. of Anat.) (Engl.)

Mäuse (T. M.-Stamm) wurden mit einer ROCKLAND-Diät (A) sowie mit einer mit rohem Eigelb (B), mit hartgekochtem Eiweiß (C) sowie ergänzt mit einer Mischung von Schmalz, Cholesterin u. Zucker (D) gefüttert, ebenso deren Nachkommen. Die nach B ernährten Tiere brachten 66 Tage nach Geburt (8 Tage früher als die nach B ernährten Tiere) ihren ersten Wurf zur Welt, die nach C ernährten Tiere dagegen erst nach 94 Tagen, während die nach D ernährten Tiere nach 75,4 Tagen ähnlich A den ersten Wurf zur Welt brachten. Da Eiweiß u. Eigelb carcinogene Wrkg. auf die Maus besitzen, auf die Geschlechtsreife (GR) jedoch verschieden wirken, können die GR-stimulierende u. die carcinogene Substanz nicht ident. sein. Möglich wäre eine carcinogene, im Eiweiß jedoch

in ihrer GR-stimulierenden Wrkg. gehemmte Substanz. Verss. mit A.-Extrakten aus Eiweiß u. Eigelb ergaben nur carcinogene, keine GR-stimulierenden Wirkungen.
J. BOELTER. 4585□

Futterauswahl durch Seidenraupenlarven, Bombyx mori. Citral, Linalylacetat, Linalol und Terpinylacetat als Anlockungsmittel für die Larven. Yasuji Hamamura und Ken-Ichi Naito. (Nature [London] **190.** 879—80. 3/6. 1961. Kyoto, Kyoto Univ. of Ind. Arts and Textile Fibres, Fac. of Textile Fibres, Biochem. Labor.) (Engl.)

Die in den Maulbeerblättern vorhandenen Stoffe *Citral*, *Linalylacetat* u. *Linalol* haben starke, *Terpinylacetat* u. *Hexenol* schwache Anlock-Wrkg. auf Larven der Seidenraupe. G. ZIEBARTH. 4585□

β-Sitosterin als ein Beißfaktor. Yasuji Hamamura, Keiza Hayashiya und Ken-Ichi Naito. (Nature [London] **190.** 880—81. 3/6. 1961.) (Engl.) — Vgl. vorst. Referat.

Es wird die Isolierung von *β-Sitosterin* (I) aus Maulbeerblättern beschrieben. **I** wirkt bei Seidenraupen als starker Beißfaktor. G. ZIEBARTH. 4585□

Ca-Aufnahme von Kindern und Erwachsenen. Margaret A. Ohlson und Genevieve Stearns. (Federat. Proc. **18.** 1076—85. Dez. 1959. Iowa City, Iowa, State Univ. of Iowa, Coll. of Med., Dep. of Internal Med. and Orthopedic Surgery.) (Engl.)

Übersicht. — 104 Literaturangaben. P. GREGORZEWSKI. 4585□

Einfluß hoher Ca-Aufnahme auf Knochen, Blut und weiche Gewebe. Beziehung zwischen Ca-Aufnahme und Gleichgewicht der Osteoporosis. G. Donald Whedon. (Federat. Proc. **18.** 1112—18. Dez. 1959. Bethesda, Md., Nat. Inst. of Health, Nat. Inst. of Arthritis and Metabolic Diseases.) (Engl.)

Unterss. ergaben, daß Ca-Überschuß eine große Rolle für die Integrität des menschlichen Skeletts spielt. P. GREGORZEWSKI. 4585□

Mit Spurenelementen angereichertes Mischfutter. Ja. Bersin. (Известия Академии Наук Латвийской ССР [Nachr. Akad. Wiss. Lett SSR] **1961.** Nr. 1. 157 bis 165.) (Russ.)

Vf. berichtet über Fütterungs-Vers. an Milchkühen, Jungrindern u. Mastschweinen, bei denen die Verabreichung von mit Spurenelementen angereicherten Mischfuttermitteln sich sehr günstig auf Leistung u. Gesundheitszustand der Tiere auswirkte.
H.-D. BOCK. 4585□

Ein Vergleich verschiedener Methoden zur Nährwertbestimmung von Proteinen. W. P. Rippon. (Brit. J. Nutrit. **13.** 243—60. 1959. Cooranbong, New South Wales, Australasian Food Res. Labor.) (Engl.)

Die Messung der N-Bilanz mit der „Balance-Platten-Meth." erscheint am zuverlässigsten. — 47 Literaturangaben. P. GREGORZEWSKI. 4585□

Die Aminosäure-Zusammensetzung dreier gemischter Diäten. B. P. Hughes. (Brit. J. Nutrit. **13.** 330—37. 1959. Cambridge, Univ., Med. Res. Council, Dep. of Exp. Med.) (Engl.)

Der analyt. gefundene u. berechnete Geh. an Aminosäuren wurde für 3 Diäten verglichen. Die Übereinstimmung war gut für die beiden Diäten, deren Hauptproteinquelle tier. Natur oder Getreide ist; jedoch weniger gut bei der vegetar. Diät. Der Geh. an den wichtigsten Aminosäuren ist in der vegetar. Diät im allg. geringer. — 10 Literaturangaben. P. GREGORZEWSKI. 4585□

Der Proteinbedarf nigerianischer Bauern. B. M. Nicol. (Brit. J. Nutrit. **13.** 307—20. 1959. Nigeria, Nutrition Unit, Fed. Med. Dep.) (Engl.)

Der Proteinverbrauch in verschiedenen Gebieten ist unterschiedlich. Er hängt von den Hauptnahrungsmitteln ab u. beträgt 85 bzw. 51 g/Tag/Person. — 26 Literaturangaben. P. GREGORZEWSKI. 4585□

Über den Einfluß veredelter Cocosfett-Produkte auf die Serum-Cholesterinwerte von Versuchspersonen. W. Halden und H. Lieb. (Nutritio et Dieta [Basel] **3.** 75—88. 1961. Graz, Univ., Medizin.-chem. Inst. und Pregl-Labor.) (Dt.)

Vff. untersuchen die diätet. Wrkg. veredelter *Cocosfett* (*CF*)-Mischungen im Hinblick auf den Blut-*Cholesterin* (**I**)-Spiegel. Die im Zeitraum von 21 Wochen in bezug auf die Fett-Zus. aus „*Nusella*" (CF, Sonnenblumenöl (5%) u. Olivenöl (5%)) sowie aus „*Nussa*" (CF, Haselnuß u. Mandelpurée) bestehende Kost (80 g täglich) führt zur Abnahme des Serum-**I** auf 140—240 mg-% gegenüber 170—370 mg-% bei Beginn der Versuche. Eine anschließende 3wöchige Umstellung auf landesübliche Kost (diverse Fettarten) läßt den Geh. an **I** ansteigen; **I** nimmt jedoch bei erneuter Rückkehr zur Fettdiät ab. Die Umschaltung der Fettgabe auf CF (ohne Zusatz von Ölen) hat einen Anstieg von **I** zur Folge. Es wird von Vff. festgestellt, daß CF bei Zugabe von Ölen mit mehrfach-ungesätt. Fettsäuren nicht als die Atherosklerose fördernd anzusehen ist. A. TÄUFEL. 4585□

Kapazität des Rattengewebes zur Bildung von Heptulosephosphaten bei Thiaminmangel. Hsien-Gieh Sie, Vijai N. Nigam und William H. Fishman. (Biochim. biophysica Acta [Amsterdam] **50.** 277—86. 24/6. 1961. Boston, Mass., Tufts Univ., School of Med.; New England Center Hosp.) (Engl.)

Bei *Thiamin* (**I**)-Mangelratten zeigt sich ein Verlust an Aktivität derjenigen Enzyme, die *Heptulosephosphat* (**II**) aus *Nucleosid* u. nachst. Zuckerphosphaten: *Glucose-6-phosphat* (**III**), *Mannose-6-phosphat* (**IV**), *Glucose-1-phosphat, Fructose-6-phosphat* u. *Ribose-5-phosphat* (**V**) synthetisieren. Bes. zeigt sich das an Hirn, Herz, Niere, Milz, Lunge u. Bluthämolysat; die Aktivität kann bis 50 u. 100% verringert sein. Durch Zugabe von I-*Hydrochlorid* u. I-*Pyrophosphat* kann in vitro die Aktivität der Gewebe-Präpp. von I-Mangeltieren nicht verändert werden, was möglicherweise auf die Folgen des vorhergegangenen I-Mangels gegenüber der Apoenzym-Bldg. zurückzuführen ist. Bes. überraschend ist, daß zugefügtes **I** die Fähigkeit von Hämolysaten zur **II**-Bldg. aus **V** nicht wiederherstellt, da diese Rk. bei intakten Erythrocyten von I-Mangelratten stimuliert werden kann. Hierbei ist jedoch zu berücksichtigen, daß dazu eine Latenzzeit benötigt wird u. intakte Erythrocyten in dieser Zeit wohl das vollständige Syst. zur Transketolase-Synth. besitzen. Durch *Triosephosphat* (optimale Konz. 2,5—10^{-4} m) ist eine mehr als 3fache Steigerung der Aktivität von Hämolysaten, Nieren-, Leber- u. Lungen-Präp. aus I-Mangeltieren möglich (Substrate: **III** u. **IV**). U. TAUSENDFREUND. 4587☐

Untersuchungen über den Vitamin-B_2-Stoffwechsel unter der Wirkung von Antituberkulosemitteln und Nebennierenrindenhormonen. Yoshimasa Matsuda und Nagahiko Kakumoto. (Folia endocrinol. japon. **37.** 353—57. 20/7. 1961. Kyoto, Prefectural Univ. of Med., Dep. of Microbiol. and Maizuru Nat. Hosp.) (Jap.; Auszug: Engl.)

Vff. bestimmten nach der Lumiflavin-Fluorescenz-Meth. von FUJITA u. MATSUURA den *Vitamin-B_2* (**I**)-Geh. normaler Rattenleber nach Anwendung von *SM*, *PAS* u. *INH* sowie gleichzeitigen Gaben dieser Verbb. u. *Nebennierenrindenhormon.* 50 mg SM/Tag bewirkten nach 20 Tagen einen beträchtlichen Abfall des **I**-Spiegels (Kontrollen mit physiolog. NaCl-Lsg.). Applikation von SM zusammen mit *Predonine* (**II**, 0,25 mg/Tag) hatte den gleichen Effekt. Injektion von 100 mg PAS/Tag über 20 Tage hatte Verringerung des **I**-Geh. der Leber zur Folge. Mehrfache Gaben von 0,25 mg **II**/Tag beeinträchtigten diese Wrkg. nicht. Bei Injektion von 2,5 u. 5 mg INH/Tag ergaben sich nach 10 Tagen keine Abweichungen von den Kontrollen. **II**-Dosen von 0,25 mg/Tag bewirkten keine Änderung. Verminderung des Leber-**I**-Geh. ist also nach wiederholter Applikation von 50 mg SM u. 100 mg PAS zu verzeichnen, ebenso nach Gaben von 5 mg INH zusammen mit 100 mg PAS über 10 Tage. Lediglich INH allein hat keinen Abfall des Leber-I-Geh. zur Folge, **II** ist in bezug hierauf indifferent.

Hans THIELE. 4587☐

Untersuchungen über Flavinfettsäureester. 2. Mitt. **Riboflavintetracapronat und Riboflavintetrabutyrat.** Kunio Yagi, Jun Okuda und Toshiro Matsubara. (Vitamins [Kyoto] **21.** 525—27. 1960. Nagoya, Univ., School of Med., Dep. of Biochem.) (Jap.; Auszug: Engl.)

Durch Umsatz von Riboflavin mit Capronsäurechlorid oder Butyrylchlorid erhielten Vff. *Riboflavin-2'.3'.4'.5-tetracapronat* u. *Riboflavin-2'.3'.4'.5'-tetrabutyrat.*

P. GREGORZEWSKI. 4587☐

Die Ausnutzung der in Tortilla, die aus mit Kalkwasser behandeltem Mais gebacken wurde, enthaltenen Nicotinsäure durch Schweine. E. Kodicek, R. Braude, S. K. Kon und K. G. Mitchell. (Brit. J. Nutrit. **13.** 363—84. 1959. Cambridge, Univ., Dunn Nutritional Labor.; Med. Res. Council; Shinfield, Reading, Nat. Inst. for Res. in Dairying.) (Engl.)

Durch die Tortilla-Bereitung wird die im Mais enthaltene *Nicotinsäure* für Schweine verwertbar. P. GREGORZEWSKI. 4587☐

Messung des Gesamt-Vitamin-B_{12} im Körper. J. F. Adams. (Int. Z. Vitaminforsch. [Bern] **31.** 402. 1961. Glasgow, Western Infirmary.) (Engl.)

Wird eine kleine Dose radioakt. *Vitamin B_{12}* (**I**) an Patienten verabreicht, denen nach dem Tode Gewebe entnommen werden kann, so läßt sich an Hand der Radioaktivität u. der in den Organen mikrobiol. bestimmbaren **I**-Menge die **I**-Menge im Gesamtkörper abschätzen. L. TRÄGER. 4587☐

Pathophysiologische und klinische Aspekte bei menschlicher Vitamin-B_{12}-Mangel-Diät. F. Wokes und A. D. M. Smith. (Int. Z. Vitaminforsch. [Bern] **31.** 413. 1961. Garston, Watford, Herts., Vegetarian Nutrit. Res. Centre; London, Middlesex Hosp. Med. School Inst. of Clin. Res.) (Engl.)

Der Serum-*Vitamin* B_{12} (I)-Geh. von Vegetariern fällt innerhalb der ersten 6 Jahre nach Beginn der vegetar. Kost auf 128 ± 15 μμg I/ml ab. Der *Hämoglobin*-Wert fällt auf 90% u. der *Fe*-Geh. fällt auf 65 μg/100 ml. Vegetarier sollten daher ihre Kost durch I-Zusatz verbessern. L. TRÄGER. 4587□

Verteilung von Vitamin B_{12} in Rattenleberfraktionen. G. E. Newman, J. R. P. O'Brien, G. H. Spray und L. J. Witts. (Int. Z. Vitaminforsch. [Bern] **31.** 397—98. 1961. Oxford, Nuffield Dep. of Clin. Biochem., Nuffield Dep. of Clin. Med., Radcliffe Infirmary.) (Engl.)

Albinoratten (Stamm WISTAR) erhalten i.m. 0,2—0,5 ml ^{58}*Co-Vitamin* B_{12} (I; 0,1 μg = 2 μc/ml) u. werden 1—22 Tage später getötet. Die Leberzellen werden in Nuclei (Nu), Mitochrondrien (Mt), Mikrosomen (Mk) u. Überstehendes (Ü) fraktioniert. Die maximale Atmung verläuft in der Fraktion Mt. Der I-Geh. bezogen auf I im Gesamthomogenisat verteilt sich auf die Fraktionen wie folgt: Nu 16,4 (%), Mt 53,5, Mk 1,6 u. Ü 15,3. Die I-Verteilung hängt von der zwischen Injektion u. Tötung verflossenen Zeitspanne ab. Der Wert in Mt steigt vom 1. bis 8. Tag von 38 auf 50%, der in Ü fällt von 39 auf 20% ab. Nu bleibt etwa unverändert, in Mk fällt er von 6,7 auf 3% ab. L. TRÄGER. 4587□

Leberaufnahme von ^{60}Co-markiertem Vitamin B_{12} von an Skorbut erkrankten Meerschweinchen. J. M. Hsu, S. D. J. Yeh, E. V. Buddemeyer, J. Hormazabal und B. F. Chow. (Int. Z. Vitaminforsch. [Bern] **31.** 406. 1961. Baltimore, Md., Johns Hopkins Univ., School of Hyg. and Publ. Health, Dep. of Biochem.) (Engl.)

♂ Meerschweinchen im Alter von 3—5 Wochen werden auf *Vitamin-C* (I)-freier Diät gehalten bzw. erhalten frisch hergestellte *Ascorbinsäure, Na-Salz,* in wss. Lsg. injiziert. 3—5 Wochen später werden 75 mμg ^{60}*Co-Vitamin* B_{12} (II; 1 μc/μg) oral gegeben. Die Tiere mit I-Mangel weisen 3mal so hohe Radioaktivität in der Leber auf wie die Kontrollen, während in den übrigen untersuchten Organen Niere, Lunge, Herz u. Milz keine Unterschiede beobachtet werden u. der II-Geh. im Blutserum signifikant abnimmt. L. TRÄGER. 4587□

Untersuchungen über den totalen und „freien" Vitamin-B_{12}-Gehalt und die Bindekapazität in Kalbsleber. — Einfluß der Lagerung bei verschiedenen Temperaturen. Danley A. Callieri und Francisco E. Esteves. (Ark. Kemi **16.** Nr. 19. 229—34. 1960. Stockholm, Royal Inst. of Techn., Div. of Food Chem.) (Engl.)

Vitamin B_{12} (I) wird mit 50 ml 0,1 n Acetatpuffer oder mit 50 ml W. in Ggw. von 100 μg KCN/ml in der Hitze aus Kalbleber extrahiert u. der I-Geh. mit *Escherichia coli 113-3* bestimmt. Da dieser Stamm auch mit *Methionin* (II) wächst, wurde noch mit *Leuconostoc mesenteroides* P-60 (ATCC 8042) der II-Geh. erfaßt. Leberhomogenate mit 1, 4, 10 oder 20 mμg ^{60}Co-I/ml wurden bei Raum-Temp. 5 Min. stehen gelassen, ultrafiltriert u. die I-Bindekapazität bestimmt. Durchschnittlich werden aus der Leber 0,85 μg I/g Frischgewicht extrahiert. Der totale Geh. verändert sich nicht bei Lagerung der Leber bei —18° oder —30°. Der Geh. an freiem I schwankt zwischen 1—10% der totalen I-Menge. Wird die Leber bei 0°, —18° oder —30° gelagert, so ist nach 14tägiger Lagerung bei 0° der Geh. an freiem I 4mal höher als am 1. Tag. Dabei verändert sich auch der pH-Wert der Leber. Bei den Verss. mit ^{60}Co-I zeigt sich, daß die gebundene I-Menge mit steigendem I-Angebot ansteigt. Nach 14 Tage Lagerung bei 0° oder —18° sinkt die I-Bindekapazität stark ab u. ist nach 42 Tagen vollständig verschwunden. L. TRÄGER. 4587□

Vitamin-B_{12}-Aktivität der Organe von mit Darmparasiten befallenen und nicht befallenen Schweinen. I. Emanuiloff und S. Zwetkova. (Int. Z. Vitaminforsch. [Bern] **31.** 408. 1961. Sofia, Inst. für Mikrobiol. der Bulgar. Akad. der Wiss.) (Dt.)

Schweine, deren Darm mit *Ascaris suis* u. mit *Macrocanthorhynchus* infiziert worden war, weisen im Darm einen höheren *Vitamin* B_{12} (I)-Geh. auf als die gesunden Kontrollen. Die Keime Macrocanthorhynchus selbst weisen keine I-Aktivität auf, während aus *As. suis* mit 1500 γ *Cyanocobalamin,* I-*Faktor III* u. *Ätiocobalamin* (I-*Faktor B*)/100 g Trockenzellen eine große Menge I-akt. Verbb. isoliert werden konnte. L. TRÄGER. 4587□

Beziehung zwischen dem Verhalten von Tracer-Vitamin B_{12} und unmarkiertem Vitamin in den Körperdepots. P. G. Reizenstein, J. S. Robertson, E. P. Cronkite und S. H. Cohn. (Int. Z. Vitaminforsch. [Bern] **31.** 400. 1961. Upton, N.Y., Brookhaven Nat. Labor.) (Engl.)

Wird ^{60}*Co-Vitamin* B_{12} (I) gesunden Menschen verabreicht u. die Radioaktivität durch Ganzkörpermessung verfolgt, so zeigt sich, daß trotz stark abnehmender Ausscheidungs-Geschw. selbst nach 250 Tagen noch 0,1% der Radioaktivität, jedoch nur 0,04% der unmarkierten I-Körpervorräte täglich ausgeschieden werden. Dies läßt sich

nur so erklären, daß ^{60}Co-I langsamer oder selektiv abgebaut wird oder sich die angebotene Menge ^{60}Co-I nicht vollständig mit dem nichtradioakt. I vermischt hat.
L. TRÄGER. 4587□

Kinetik von aufgenommenem Radiocyanocobalamin beim Menschen. A. Doscherholmen. (Int. Z. Vitaminforsch. [Bern] **31.** 401. 1961. Minneapolis, Minn., Veterans Administr. Hosp.) (Engl.)

Vf. definiert 5 verschiedene Organorte für die vorübergehende oder dauernde Anreicherung von *Vitamin* B_{12} (I) im Menschen. Vorübergehend angereichert liegt I in der Dünndarmwand u. im Blut, jedoch nicht in den für I undurchlässigen Erythrocyten vor. Die in die Blutelemente eingebauten I-Anteile müssen vielmehr über einen echten Stoffwechselvorgang eingeschleust werden. Das I-Hauptdepot ist in der Leber zu sehen. Nur während seiner Anreicherung in den Blutbahnen kann I in den Harn ausgespült werden.
L. TRÄGER. 4587□

Einfluß von Antibioticis auf den Vitamin-B_{12}-Gehalt im Blut von Tieren und von Menschen. K. Ueda, M. Nishimura und J. Sekino. (Int. Z. Vitaminforsch. [Bern] **31.** 402—03. 1961. Tokyo, Tokyo Dental Coll., Dep. of Hyg. and Nutr.; Tokyo Jikeikai Med. School, Dep. of Internal Med.) (Engl.)

Werden 10 mg *Streptomycin* (I) täglich i. m. ♂ Meerschweinchen injiziert, so wird die *Vitamin-B_{12}* (II)-Ausscheidung deutlich erhöht. Werden die Tiere 3 Wochen später getötet, so weisen deren Leber einen mehrfach höheren II-Geh. als die Kontrolltiere ohne I auf. Der II-Geh. im Blut ist ebenfalls erhöht. Erhalten Menschen zwei Wochen lang täglich 250 mg I, so steigt zwischen dem 3.—5. Tag der II-Geh. im Blut um das 6—7fache an u. fällt nach 14 Tagen wieder auf den Normalwert ab. Werden noch kleinere I-Dosen verabreicht (20—50 mg I/Tag u. Mensch), so steigt der II-Geh. langsamer an, bleibt aber noch nach 14 Tagen über dem Normalwert. Erhalten Ratten oral kleine Dosen *Chloromycetin* oder i. m. I oder *Penicillin* 43 Tage lang u. anschließend 3 Tage lang ^{58}*Co*-II, so wird mehr II in der Leber akkumuliert als in den unbehandelten Tieren.
L. TRÄGER. 4587□

Zur Permeabilität der Blutliquorschranke für Vitamin B_{12}. L. I. Jaworkowsky und L. A. May. (Int. Z. Vitaminforsch. [Bern] **31.** 403—04. 1961. Riga, Chem. Inst. der Akad. der Wiss., Republikan. Klin. Krankenh.) (Dt.)

Nach endolumbaler *Vitamin-B_{12}*-(I)-Injektion bei Kranken mit perniciöser Anämie u. bei gesunden Probanden passiert I in gleichem Maße sehr rasch die Blutliquorschranke, was durch die typ. Reticulocytenkrise, Anstieg der Hämoglobinwerte u. der Erythrocytenzahl bewiesen wird. Der Geh. an freiem I erhöht sich, während ein deutlicher I-Anstieg im Liquor erst nach wiederholter i. m. I-Injektion festgestellt wird. Dabei ist die Konz. im Liquor im Gegensatz zum I-Geh. im Serum so niedrig, daß Vff. vermuten, daß die Blutliquorschranke nur von freiem I, jedoch nicht von an *Eiweiß* gebundenem I passiert wird.
L. TRÄGER. 4587□

Zum Vitamin-B_{12}-Gehalt des Serums bei Leukosen. L. I. Jaworkowsky und L. A. May. (Int. Z. Vitaminforsch. [Bern] **31.** 404. 1961.) (Dt.) — Vgl. vorst. Referat.

Zwischen dem erhöhten *Vitamin-B_{12}*-(I)-Geh. im Serum bei chron. Myeloleukose u. akuter Leukose u. der abs. Zahl der basophilen Leukocyten lassen sich Parallelen feststellen. Die Erhöhung des I-Spiegels wird auf eine Störung des *Mucoproteid*-Stoffwechsels zurückgeführt.
L. TRÄGER. 4587□

Untersuchungen über den Stoffwechsel von Vitamin B_{12} bei Haemoblastosen. I. Zecca, G. Andreucci, R. d'Avino und U. Salera. (Arch. Science med. **112.** 137 bis 148. Sept. 1961. Roma, Univ., Ist. di Chim. Med. Generale e Terap. Med.) (Ital.)

Bei Patienten mit chron. myeloischer Leukämie (CML) u. bei einigen Fällen von akuter Leukämie u. Polycythaemia vera war der *Vitamin-B_{12}*-(I)-Geh. im Plasma erhöht. Die Ausscheidung von I im Harn war bei CML beträchtlich verringert. Parenteral zugeführtes I verblieb bei CML länger im Kreislauf u. wurde weniger ausgeschieden als bei Normalpersonen, dagegen erfolgte die Resorption von oral verabreichtem ^{60}Co-I im Darm normal.
K. ZINGRAF. 4587□

Vitamin B_{12} und Thymidinsynthese. B. C. Johnson und R. E. Webb. (Int. Z. Vitaminforsch. [Bern] **31.** 364. 1961. Urbana, Ill., Univ., Div. of Animal Nutr.) (Engl.)

Vff. weisen nach, daß ^{14}*C-Thymidin* ausgehend von $^{14}C_{(3.4)}$*-Glutaminsäure* über *β-Methylasparaginsäure* in regenerierender Leber gebildet wird. Für diesen Schritt ist *Vitamin B_{12}* notwendig. Auf ähnlichem Weg wird *Uracil* aus *Asparaginsäure* synthetisiert.
L. TRÄGER. 4587□

Vitamin B_{12} im Kohlenhydratstoffwechsel. B. C. Johnson, D. K. Biswas, S. R. Wagle und S. Gurnani. (Int. Z. Vitaminforsch. [Bern] **31.** 365. 1961. Urbana, Ill. Univ., Div. of Animal Nutr.) (Engl.)

Der Einbau von ^{14}C-*Glucose* in *Glykogen* von Leberhomogenisaten aus *Vitamin-B_{12}*-(I)-frei ernährten Tieren ist um die Hälfte verringert gegenüber Verss. mit Leberhomogenisaten aus Tieren nach I-Angebot. ^{14}C-*Aminosäuren* werden in unverändertem Umfang in die *Proteine* eingebaut. Die Einbau-Verss. wurden in Ggw. von Coenzym A, Uridintriphosphat, Asparaginsäure u. Mg^{2+} durchgeführt. In Verss. mit Desoxyribosealdolase wird kein Zusammenhang zwischen I-Mangel u. *Desoxyribose*-Synth. aus C_2- u. C_3-Einheiten festgestellt. L. TRÄGER. 4587☐

Vitamin B_{12} und Serumcholinesterase. Ignazio Liotta und Nicola Fazio. (Atti Soc. Peloritana Sci. fisiche, mat. natur. **4.** 213—18. 1957/58. Messina, Univ., Ist. di Clin. Pediatrica.) (Ital.)

Vff. stellten bei gesunden Kindern 12 Std. nach parenteraler Verabfolgung von *Vitamin B_{12}* (I) einen Anstieg der Serum-*Cholinesterase* (II)-Aktivität fest; 48 Std. nach der I-Gabe liegt die II-Aktivität wieder etwa so hoch wie der Ausgangswert. Es werden einige hypothet. Aussagen zur Erklärung des Phänomens diskutiert. H. KOCKERT. 4587☐

Praktische und physiologische Untersuchungen über den Zusammenhang zwischen Vitamin B_{12} und Fortpflanzung beim Schwein. G. L. Frederick. (Int. Z. Vitaminforsch. [Bern] **31.** 407—08. 1961. Ottawa, Animal Res. Inst., Canada Dep. of Argic.) (Engl.)

Drei Tiergruppen erhalten jeweils 1—2 μg *Vitamin B_{12}* (I) (A), 4 μg I (B) bzw. 49 μg I/0,5 kg Diät (C). Während des Säugens wird ein Kraftfutter mit 15 μg I/0,5 kg Diät angeboten. Gruppe C bedarf pro erfolgreicher Befruchtung weniger Paarungen als A oder B. Die Anzahl der Lebendgeborenen steigt bei zunehmendem I-Angebot. Ebenfalls ist der I-Geh. im Blutserum in Gruppe A kleiner als in Gruppe C. Die I-Ausscheidungskurve in Gruppe C war wesentlich steiler. L. TRÄGER. 4587☐

Herstellung und Charakterisierung von klinisch wirksamen Schweine-Intrinsic-factor–Vitamin-B_{12}-Komplex. W. W. Bromer und E. O. Davisson. (Int. Z. Vitaminforsch. [Bern] **31.** 376. 1961. Indianapolis, Ind., Lilly Res. Labor.) (Engl.)

In fünf Schritten wird ein bei perniciöser Anämie wirksamer *Vitamin-B_{12}-Intrinsic-factor-Komplex* isoliert, der in Mengen von weniger als 100 μg/Tag biolog. akt. ist. Dazu wird roher Schweinepylorus pankreat. verdaut, auf Amberlite XE-64 u. anschließend auf Ca-Phosphatgel chromatographiert, mit *Vitamin B_{12}* vereinigt, in der Ultrazentrifuge fraktioniert u. schließlich elektrophoret. gereinigt. L. TRÄGER. 4587☐

Fraktionierung von menschlichem Magensaft mit Hilfe von DEAE-Cellulosechromatographie. R. Gräsbeck, K. Simons und I. Sinkkonen. (Int. Z. Vitaminforsch. [Bern] **31.** 376. 1961. Helsingfors, Minerva Inst. for Med. Res.) (Engl.)

Wird menschlicher Magensaft durch Zusatz von Alkalien Pepsin-inaktiviert u. durch Ultrafiltration konz., so läßt er sich anschließend auf DEAE-Cellulose säulenchromatograph. mit Gradientenelution reinigen. Die Eluate werden auf *Protein-* u. *Kohlenhydrat*-Geh., auf ihre *Vitamin-B_{12}*-bindende Aktivität u. auf *Intrinsic factor*-Aktivität geprüft. Die *Vitamin-B_{12}*-bindende Fraktion ist gleichzeitig die einzige, die *Intrinsic factor*-wirksam ist. L. TRÄGER. 4587☐

Enzymatische Freigabe von an Intrinsic factor oder an die Dünndarmwand gebundenem Vitamin B_{12}. A. Doscherholmen. (Int. Z. Vitaminforsch. [Bern] **31.** 380. 1961. Minneapolis, Minn., Veterans Administration Hosp.) (Engl.)

Wird radioakt. markiertes *Cyanocobalamin* (I) mit *Intrinsic factor* (II) gemischt unter Bldg. eines definierten I-II-*Komplexes*, so lassen sich verschiedene biolog. Präpp. auf ihre Fähigkeit zur enzymat. Spaltung dieses Komplexes prüfen. Homogenisate von Rattendünndarmwand werden in der Kälte oder in der Wärme zugegeben u. die Radioaktivität der Ultrafiltrate verfolgt. Die Abspaltung wird nur in der Wärme beobachtet. Durch Kochen verliert das Homogenisat seine Aktivität. L. TRÄGER. 4587☐

Nachweis, daß durch Intrinsic-factor-Aktivität das Verhältnis des aufgenommenen Vitamins B_{12} in Niere und Leber verändert wird. P. C. Johnson und T. B. Driscoli. (Int. Z. Vitaminforsch. [Bern] **31.** 387. 1961. Houston, Tex., Baylor Univ., Coll. of Med.) (Engl.) — Vgl. C. **1961.** 18761.

Ratten wird der Zwölffingerdarm ober- u. unterhalb des Gallenweges unterbrochen, damit der Magensaft nicht mehr zur Verfügung steht u. über einen Katheter in den Zwölffingerdarm Magensaft u. (oder) 0,03 μc ^{60}Co-*Vitamin B_{12}* (I) 0—8 Std. nach der Operation gegeben. 16 Std. später werden die Tiere getötet u. die Radioaktivität in Niere u. Leber vermessen. Die höchste Resorption erfolgt unmittelbar nach der Operation, wobei gleich viel I in Leber u. Niere nachgewiesen wird. Wurde I allein 2—8 Std. danach gegeben, so sinkt die Gesamtmenge des aufgenommenen I u. es befindet sich doppelt soviel I in der Leber wie in der Niere. Galle erniedrigt die aufgenommenen I-Dosen gleichmäßig bei beiden Organen. Wird I zusammen mit Magensaft gegeben, so werden dagegen auch 8 Std. nach Operation noch gleich große I-Mengen in Niere u. Leber eingebaut. L. TRÄGER. 4587☐

Die Abwanderungsgeschwindigkeit von markiertem Vitamin B_{12} aus dem Plasma nach intravenöser Injektion in der Ratte. K. B. Taylor und M. Medenica. (Int. Z. Vitaminforsch. [Bern] **31.** 386—87. 1961. Oxford, Nuffield Dep. of Clin. Med.; Chicago, Univ., Argonne Cancer Res. Hosp.) (Engl.)

Wird 2,5 mμg *^{58}Co-Vitamin B_{12}* (I) i.v. Ratten (Stamm WISTAR) appliziert, so lassen sich keine Unterschiede beim Radioaktivitätsrückgang aus dem Blut zwischen normalen u. 10 Tage vorher total gastrektomierten Tieren feststellen. Die Abwanderungs-Geschw. erhöht sich beträchtlich, wenn I an Rattenmagensaft oder an Schweine-*Intrinsic factor* gebunden angeboten wird. Hiernach ist die Aufnahme von injiziertem I zwar unabhängig von gastr. Faktoren, jedoch beschleunigen diese die Aufnahme durch das Gewebe. L. TRÄGER. 4587 □

Die Bestimmung der Serum-Vitamin-B_{12}-bindenden Kapazität. H. L. Rosenthal, P. R. Myers und G. O'Brien. (Int. Z. Vitaminforsch. **31.** 395. 1961. St. Louis, Mo., Washington Univ., School of Dent., Dep. of Physiol. Chem.) (Engl.)

Durch Adsorption an Aktivkohle wird aus Serum in vitro das ungebundene *^{60}Co-Cyanocobalamin* (I) entfernt, während das gebundene I nicht mit der Aktivkohle erfaßt wird. Dabei werden zwei Serumkomponenten gefunden, die zur spezif. bzw. unspezif. I-Bindung befähigt sind. Die I-Bindefähigkeit ist im Serum von Patienten mit chron. myelogen. Leukämie u. auch bei anderen Krankheiten erhöht. L. TRÄGER. 4587 □

Selektives Fehlen einer Resorption von Vitamin B_{12} und Proteinurie bei jungen Leuten. Ein Syndrom. Ralph Gräsbeck, Ruben Gordin, Ilmari Kantero und Börje Kuhlbäck. (Acta med. scand., Suppl. **167.** 289—96. 15/7. 1960. Helsinki, Univ., Clin. Labor. u. Children's Clin., Dep. of Pediatr.) (Engl.)

Beschreibung von 2 juvenilen Fällen von Megaloblastenanämie infolge von *Vitamin-B_{12}*(I)-Mangel. Bei beiden erfolgte keine Resorption von I aus dem Darm, sie waren resistent gegen „Intrinsic factor" u. zeigten eine gutartige Proteinurie. Es wird ein kongenitales Syndrom angenommen. K. ZINGRAF. 4587 □

Untersuchungen über gewisse pathologische Zustände bei der Vitamin-B_{12}-Resorption. S. D. J. Yeh, B. F. Chow, C. Velasco und R. Gabriel. (Int. Z. Vitaminforsch. [Bern] **31.** 405. 1961. Baltimore, Md., Johns Hopkins Univ., School of Hyg. and Publ. Health, Dep. of Biochem.) (Engl.)

Werden Ratten bei 5° gehalten, so steigt die *Vitamin-B_{12}* (I)-Resorption an u. kann durch weiteres Hungern vergrößert werden, während Hungern allein ohne Einfl. ist. Werden die Tiere bei *Vitamin-B_6* (II)-Mangel-Diät aufgezogen, so nimmt auch die I-Resorption ab. Wird jedoch der II-Mangel durch Angebot von *Isonicotinsäurehydrazid, Penicillamin* oder *Desoxypyridoxin* erzeugt, so wird keine Beeinträchtigung der I-Resorption beobachtet. Ratten mit *Eisen*-Mangel weisen veränderte I-Resorption auf. Künstlich erzeugte Anämie ist ohne Einfluß. Demnach kann die I-Resorption experimentell verändert werden, ohne direkte Beteiligung des gastrointestinalen Traktes. L. TRÄGER. 4587 □

Orale Behandlung der perniciösen Anämie mit einem Vitamin-B_{12}-Glutaminsäure-Gemisch. J. G. Heathcote und F. S. Mooney. (Nature [London] **193.** 380—81. 27/1. 1962. St. Helens, Lancashire, St. Helens Hosp. u. Speke, Distillers Co. [Biochem.], Ltd.) (Engl.)

Vff. erzielten mit peroral verabfolgten *Vitamin-B_{12}* (I)-*Glutaminsäure*-Mischungen bei an perniciöser Anämie leidenden Patienten (2 Fälle) bessere Heilerfolge als mit I allein. H. KOCKERT. 4587 □

Aktivität einiger Cyanocobalaminanaloga bei Küken und Mikroorganismen. M. E. Coates, J. E. Ford und G. F. Harrison. (Int. Z. Vitaminforsch. [Bern] **31.** 374. 1961. Shinfield, Nat. Inst. for Res. in Dairying.) (Engl.)

Wird *5-Hydroxybenzimidazolcyanocobamid* (*Faktor III*) an der Hydroxylgruppe veräthert, so erhält man *Vitamin-B_{12}* (I)-Analoga, die wechselnde biolog. Aktivitäten bei Küken aufweisen. Verätherung mit Methyl- (*Faktor IIIm*), Äthyl- (*Faktor IIIe*) oder Allylrest führt zu biolog. akt. I-Analoga, mit aromat. Resten jedoch zu inakt. Verbindungen. Ähnlich verhalten sich die Verbb. bei *Ochromonas malhamensis*; bei *Escherichia coli 113-3* u. bei *Lactobacillus leichmannii* sind sie jedoch alle gleich wirksam; *5-* bzw. *6-Methylbenzimidazolcyanocobamid* lassen sich biolog. nicht unterscheiden u. weisen beim Küken 70% der biolog. Aktivität von I auf. L. TRÄGER. 4587 □

Vitamin-B_{12}-Antimetabolite. E. Lester Smith. (Int. Z. Vitaminforsch. [Bern] **31.** 367. 1961. Greenford, Middx., Glaxo Labor. Ltd.) (Engl.)

Zur kompetitiven Hemmung der *Vitamin-B_{12}* (I)-Aktivität sind drei verschiedene Mechanismen fähig: Entweder wird die I-Aufnahme in den Testorganismus verhindert, oder die Umwandlung von I zur biolog. akt. Form wird gehemmt, oder ein I-Antagonist stört die biolog. Funktion selbst. Die durch milde I-Hydrolyse gebildete I-*Monocarbonsäure* (II) u. das daraus gebildete II-*Anilid* hemmen die Umwandlung von I in dessen physiolog. funktionelle Form. II-Anilid ließ sich nicht in eine Anti-I-Coenzym-Form überführen. Die Hemmstoff-Wrkg. der Antagonisten ist verschieden bei den verschiedenen untersuchten Testorganismen. So ist II-*Hydrazid* ein starker Hemmstoff für eine *Escherichia coli*-Mutante, aber unwirksam in Küken. II-Anilid ist kein mikrobiolog. Hemmstoff, dagegen ein Antagonist in Küken. Die Verbb. bewirken keine Veränderungen in Blut oder Knochenmark u. sind ohne Einfl. auf Rattentumore oder menschliche Leukämie. Sie vermögen jedoch mit I um die Bindung an *Intrinsic factor* oder an Plasmaproteine zu konkurrieren. Als weitere schwache I-Hemmstoffe wurden *substituierte Benzimidazole, Purine* u. *Pteridine* gefunden. L. TRÄGER. 4587 □

Die Blutgerinnung bei C-Avitaminose. 3. Mitt. Einfluß der Vitamine C, P, B_{12} und K und der Folsäure auf die thromboplastische Aktivität des Blutes von Meerschweinchen mit C-Avitaminose. G. W. Andrejenko und N. P. Ssytina. (Бюллетень Экспериментальной Биологии и Медицины [Bull. exp. Biol. Med.] **50** (**25**). Nr. 10. 46—47. Okt. 1960. Moskau, Lomonossow-Univ., Labor. für Bodenbiologie, Physiologie u. Biochemie der Blutgerinnung.) (Russ.) — 2. vgl. Бюллетень Экспериментальной Биологии и Медицины [Bull. exp. Biol. Med.] **49**(**25**). [1960.] 30.

Bei Verss. an Meerschweinchen schützt Einführung der Vitamine K (I), B_{12} (II) u. Folsäure (III) die Tiere nicht vor C-Avitaminose u. den mit dieser verbundenen Störungen der Blutgerinnung. Die C-frei ernährten Tiere gingen innerhalb von 18—20 Tagen zugrunde, obwohl sie I, II u. III im Überfluß erhielten. Die thromboplast. Blutaktivität wurde allerdings von II u. III etwas gefördert. Die Wirksamkeit von Vitamin C (IV) hing von der Art der Einführung in den Körper ab. Bei intramuskulärer Einführung genügten 2,5 mg für die normale Entw. der Meerschweinchen. Die doppelte Dosis (5 mg), per os eingeführt, reichte nicht aus, um das Körper-Gew. zu erhalten. Zusatz von Vitamin P (V) aktivierte das per os eingeführte IV. Die Einführung von V allein beugt der C-Avitaminose u. dem Abfall der thromboplast. Blutaktivität ebenfalls nicht vor. Die Verminderung des Geh. an Prothrombokinase ist entscheidend für den Abfall der thromboplast. Blutaktivität bei C-Avitaminose. Im Gegensatz zu II u. III war I bei C-Avitaminose ohne eine günstige Wrkg. sowohl auf die thromboplast. Aktivität des Blutes wie auf den Thrombotropinspiegel. Ursache der Herabsetzung des Prothrombins u. Thrombotropins im Blut der an C-Avitaminose leidenden Tiere ist die allg. Hemmung der Synth. infolge der Abwesenheit von IV u. nicht etwa eine sek. K-Avitaminose. F. DU MANS. 4587 □

Untersuchungen über die Wirkung von „Vitamin-T-Goetsch"-Injektionen auf Wachstum und Metamorphoseverlauf von Locusta migratoria migratorioides R. and F. und Bombyx mori L. Bedia Bozkurt. (Commun. Fac. Sci. Univ. Ankara, Sér. C. **8**. 1—12. 1957. Ankara, Univ., Zoolog. Inst.) (Dt.)

An Larven von *Locusta migratoria* u. an Raupen von *Bombyx mori* durchgeführte *Vitamin-T*-Injektionen übten keine fördernde Wrkg. auf Wachstum u. Metamorphoseverlauf aus. Gegenüber der fördernden Wrkg. bei dystroph. u. atroph. Säuglingen wirkten die Vitamin-T-Injektionen bei den Larven sogar als Gift, was nach Ansicht des Vf. auf den primitiven Aufbau der Larvenorganisation zurückzuführen ist.
R. ILLHARDT. 4587 □

Umwandlung von Astaxanthin in Vitamin A durch das Intestinum von Gambusia holbrooki Grd. in vitro: Beweis für die intermediäre Bildung von β-Carotin. René Grangaud, Renée Massonet, Thérèse Conquy und Jacqueline Ridolfo. (C. R. hebd. Séances Acad. Sci. **254**. 579—81. 15/1. 1962. Alger, Fac. de Méd., Chim. biol.) (Franz.)

Vff. stellten fest, daß im Intestinum von *Gambusia holbrooki Grd.* Enzym-Syst. vorkommen, die die Umwandlung von Astaxanthin in *Vitamin A* über β-Carotin als Zwischenprod. katalysieren. H. KOCKERT. 4587 □

Konzentration von Vitamin A im Plasma und Vitamin-A-Resorptionstest bei Achlorhydrie. Pekka Brummer und Jussi Harri. (Acta med. scand. **167**. 287—88. 15/7. 1960. Turku, Finland, Univ., Med. Clin.) (Engl.)

Die Resorption von Vitamin A (I) bei Achlorhydrie war dieselbe wie bei Normalpersonen. Bei perniciöser Anämie war die mittlere Konz. von I im Plasma vor u. nach oraler Verabreichung niedriger als bei Normalpersonen (jedoch nicht statist. signifikant).
K. ZINGRAF. 4587 □

Chronische Vergiftung mit Vitamin A beim Erwachsenen. W. Raaschou-Nielsen. (Dermatologica [Basel] **123**. 293—300. Nov. 1961. Copenhagen, Finsen Inst., Dermatol. Dep.) (Engl.)

Übersicht über 8 Fälle von *Vitamin-A* (I)-Vergiftung bei Erwachsenen u. Beschreibung eines eigenen Falles, in dem nach täglicher Einnahme von 300000 I. E. I während eines Jahres bei einer 18jährigen Frau Haarausfall auftrat. K. ZINGRAF. 4587 □

Kreatinausscheidung im Urin bei Avitaminose E in Beziehung zur Höhe der verabfolgten wasserlöslichen Vitamine. G. G. Tedeschi und M. T. Mangiantini. (Arch. Scienze biol. **42.** 274—84. Mai/Juni 1958. Roma, Univ., Ist. di Fisiol. generale.) (Ital.)

Vff. stellten fest, daß bei *Vitamin-E* (I)-Mangelratten (WISTAR-GLAXO-2 A-Stamm) keine erhöhte Kreatinurie auftritt, wenn der Geh. der an die Tiere verfütterten Diät an *wasserlösl. Vitaminen* hoch genug liegt. Nach Ansicht der Vff. ist die erhöhte Kreatinurie bei I-Mangelratten nicht so sehr als direkte Folgeerscheinung des I-Mangels zu werten, sondern steht vielmehr zu allg. Stoffwechselveränderungen als Ausdruck eines Mangels an anderen Vitaminen, bes. an *Thiamin*, in Beziehung. H. KOCKERT. 4587☐

Unterernährung bei afrikanischen Erwachsenen. 4. Mitt. **Intestinalresorption.** E. G. Holmes und Sylvia J. Darke. (Brit. J. Nutrit. **13.** 266—77. 1959. Mwanza, Tanganyika, East African Inst. for Med. Res.) (Engl.) — 3. vgl. Brit. J. Nutrit. **10.** [1956.] 198.

Die Intestinalresorption von Energie, N u. Fett bei Afrikanern zeigt große Schwankungen. Signifikante Unterschiede des Energiewertes u. des N-Geh. des Stuhls wurden beobachtet. Eine leichte Hakenwurm-Erkrankung hat keinen Einfl. auf die Resorption. — 21 Literaturangaben. P. GREGORZEWSKI. 4594☐

Unterernährung bei afrikanischen Erwachsenen. 5. Mitt. **Einflüsse der Hakenwurm-Erkrankung auf die Resorption der Lebensmittel.** Sylvia J. Darke. (Brit. J. Nutrit. **13.** 278—82. 1959. Mwanza, Tanganyika, East African Inst. for Med. Res.) (Engl.) — 4. vgl. vorst. Referat.

Starke Hakenwurm-Erkrankung red. die N-Resorption, jedoch kaum die Energieresorption. — 6 Literaturangaben. P. GREGORZEWSKI. 4594☐

Die Resorption von ^{131}J-Casein und ^{35}S-Methionin aus dem Verdauungstrakt bei Resektion von zwei Dritteln des Magens zu verschiedenen Zeitpunkten nach der Operation. K. Ss. Samytschkina und L. W. Krjukowa. (Бюллетень Экспериментальной Биологии и Медицины [Bull. exp. Biol. Med.] **51** (**26**). Nr. 4. 43—47. April 1961. Moskau, Inst. für Physiolog. u. Pathophysiolog., Labor. für Physiolog. u. Patholog. der Verdauung.) (Russ.; Auszug: Engl.)

Unterss. des Blutserums von 10 Hunden nach Zufuhr von *^{131}J-Casein* (I) oder *^{35}S-Methionin* (II) (100—200 Impulse/g Körper-Gew.) per os zeigten, daß die Resorption der Spaltprodd. des **I** u. **II** bei operierten Hunden um 30—60 Min. früher (Kontrolle 60—90 Min.) erfolgt u. um 70—120% höher ist. Die erhöhte Resorption hängt mit den veränderten Evakuierungsbedingungen des Magens zusammen u. ist noch 16 Monate nach der Operation nachweisbar. I. v. KLOCH-KORNITZ. 4594☐

Darmresorption anorganischer Verbindungen. S. di Bella. (Arch. Scienze med. **112.** 126—36. Sept. 1961. Torino, Univ., Ist. di Chim. Biol.) (Ital.)

Übersicht über die Resorption von W., einwertigen u. mehrwertigen Ionen durch den Darm, über die Hemmung der Elektrolytresorption u. ihre Beziehungen zum Transportmechanismus. — 28 Literaturangaben. K. ZINGRAF. 4594☐

Die Phospholipide des Darmsekrets von Hunden. A. Ss. Kainowa und I. B. Kuwajewa. (Бюллетень Экспериментальной Биологии и Медицины [Bull. exp. Biol. Med.] **51** (**26**). Nr. 3. 60—63. März 1961. Moskau, Inst. für Ernährung der Akad. der Med. Wiss. der UdSSR, Labor. für Physiol. der Verdauung.) (Russ.; Auszug: Engl.)

Verss. an 3 Hunden mit isoliertem Zwölffingerdarm nach THIRY ergaben einen Geh. von 3,9 $\pm$ 0,6 mg *Phospholipide* (I) pro 1 g Darmsaft (fester Anteil), entsprechend 16 mg % P. Mittels Adsorption an MgO wurden 2 Fraktionen erhalten: 57,8 $\pm$ 0,8% *Cholin*-haltig u. 33,6 $\pm$ 0,7% *Kephalin*-haltig. Die chromatograph. Trennung der I ergab als Bestandteile derselben Cholin, Serin, Colamin u. Inosit sowie Glutaminsäure u. Asparaginsäure u. bestätigte die Tatsache, daß der größte Teil des kompakten Darmsaftes zur cholinhaltigen Fraktion gehört. E. RENTZ. 4594☐

Cholesterinoxydation durch Rattenlebermitochondrien. Einfluß des Nahrungsfetts. David Kritchevsky, Ruth R. Kolman, Michael W. Whitehouse, Martha C. Cottrell und Ezra Staple. (J. Lipid Res. **1.** 83—89. Okt. 1959. Philadelphia, Pa., Wistar Inst. of Anat. and Biol.; Univ. of Pennsylvania, School of Med., Dep. of Biochem.) (Engl.)

Lebermitochondrien von mit gesätt. Fett gefütterten Ratten oxydieren *$^{14}C_{(26)}$-Cholesterin* in stärkerem Maße zu $^{14}CO_2$ als Mitochondrien von Ratten, die mit ungesätt. Fett (Maisöl) gefüttert wurden. Die Oxydation anderer Substrate, z. B. ^{14}C-Brenztraubensäure, bleibt von der Fütterungsart unbeeinflußt. — Da der Cholesterin-Geh. der Lebern von Ratten, die mit gesätt. Fetten gefüttert werden, niedriger ist als der von Lebern der Ratten mit Normaldiät oder mit ungesätt. Fettsäuren enthaltender Diät, kann die erhöhte Cholesterinoxydation bei der zuerst erwähnten Gruppe unter diesem Gesichtspunkt nicht erklärt werden. P. GREGORZEWSKI. 4596☐

Morphochemie des Bindegewebes. Henryk Godlewski. (Postępy Hig. Med. doświadczalnej **11**. 411—40. 1957. Gliwice, Inst. Onkolog., Zakład Biol. Nowotworów.) (Pol.)

Übersicht. — 67 Literaturangaben. P. GREGORZEWSKI. 4597□

Der Einfluß von Änderungen der extrazellulären Calciumkonzentration auf die Ermüdungskontraktur von Skelettmuskeln. P. Pauschinger und K. Brecht. (Pflügers Arch. ges. Physiol. Menschen Tiere **272**. 254—61. 1961. Tübingen, Univ., Physiol. Inst.) (Dt.)

Bei phas. u. ton. Muskelbündeln (Frosch-Sartorius-Rektus u. -Fleofibularis) kann nach Vorbehandlung mit *Ca*-reicher RINGER-Lsg. eine Unerregbarkeit in maximaler posttetan. Kontraktur (nach einer Reihe tetan. Reize) sowie nach Vorbehandlung in Ca-freier RINGER-Lsg. eine Erschlaffung u. Unerregbarkeit nach einer Reihe tetan. Reize (posttetan. Erschlaffung) beobachtet werden, deren Ursache noch nicht geklärt ist. Die Entw. der Ermüdungskontraktur wird demnach jedoch von der extracellulären Ca-Konz. stark beeinflußt. U. TAUSENDFREUND. 4597□

Zur Amyloidgenese. S. Battaglia. (Klin. Wschr. **39**. 795—98. 1/8. 1961. Mailand, Univ., Pathol. Inst.; Münster, Univ., Pathol. Inst.) (Dt.)

Die Bldg. von *Amyloid* in der Leber der Maus begann mit einer Eiweißspeicherung in den Endothelzellen der Lebercapillaren (KUPFFER-Zellen); sie ist wahrscheinlich eine Funktion sämtlicher reticuloendothelialer Zellen u. beruht wahrscheinlich auf einer Insuffizienz bestimmter Enzyme des Eiweißstoffwechsels. K. ZINGRAF. 4597□

Vergleichende Untersuchung des Nucleotidstoffwechsels in der Fischleber. R. J. Forrest und R. G. Hansen. (Canad. J. Biochem. Physiol. **37**. 751—62. Juni 1959. East Lansing, Mich., Michigan State Univ., Agric. Chem. Dep.) (Engl.)

Mittels Anionenaustauscherchromatographie konnten die in Säure lösl. *Nucleotide* der Leber von Fischen, u. a. von in Frischwasser u. in Salzwasser gefangenem Lachs, getrennt werden. Das dabei erhaltene Elutionsschema ähnelte dem bei Geflügel- u. Säugetierleber gefundenen Schema. Zwei der Uridin enthaltenden Eluate der Kolonne wurden enzymat., chromatograph. u. colorimetr. untersucht, wobei im ersten Gipfel *N-Acetylglucosamin* u. *N-Acetylgalaktosamin* gefunden wurden, im zweiten Gipfel aber Glucose (I) u. Galaktose; in beiden Fällen war die I-Hälfte der Hauptbestandteil. — In der Leber des Silberlachses wurden nachgewiesen u. teilweise gereinigt: *Uridindiphosphatglucosedehydrogenase* (II), welche auf Uridindiphosphatglucose in Ggw. von Diphosphorpyridinnucleotid unter Bldg. von *Uridindiphosphatglucuronsäure* als erstes Rk.-Prod. wirkt, sowie *Uridindiphosphatgalaktose-4-epimerase*, die auf *Uridindiphosphatgalaktose* unter Bldg. von *Uridindiphosphatglucose* wirkt u. von II getrennt werden konnte. A. HESSE. 4597□

Klinischer Wert des Leberfunktionstestes mit radioaktivem Rose Bengal. M. O. Dyrbye und L. Korsgaard Christensen. (Acta med. scand. **167**. 239—43. 15/7. 1960. Copenhagen, Gentofte Hosp.) (Engl.)

Bei Normalpersonen betrug die Halbwertszeit bei Clearence-Verss. mit radioakt. *Rose Bengal* (I) 5,25—8 Min. u. die Radioaktivität im Blut nach 20 Min. 10,0—30,5% derjenigen nach 3 Minuten. Bei Patienten mit Lebercirrhose lagen die Werte höher als die oberste Grenze bei Normalpersonen. Der Leberfunktionstest mit ^{131}J-markiertem I ist mindestens genauso empfindlich wie der Bromsulfophthalein-Test u. leichter durchführbar. K. ZINGRAF. 4597□

Gefäß- und Tubulusweite der Niere bei osmotischer und Wasserdiurese und nach Theophyllininjektionen. G. Kuschinsky und H. Vorherr. (Naunyn-Schmiedebergs Arch. exp. Pathol. Pharmakol. **238**. 281—91. 1960. Mainz, Univ., Pharmakol. Inst. u. Frauenklin.) (Dt.)

Eine Erkennung sog. typ. Diureseformen an benzidingefärbten Nierenrindenschnitten ist nicht möglich. Eine gering blutdrucksenkende *Theophyllin*-Dosis von 500 γ i. v. bewirkt keine Gefäßveränderungen im Benzidinschnitt. K.-H. LOHS. 4597□

Die Inulinausscheidung durch die Malpighischen Tubuli. J. A. Ramsay und J. A. Riegel. (Nature [London] **191**. 1115. 9/9. 1961. Cambridge, Univ., Zool. Labor.) (Engl.)

Die MALPIGHIschen Drüsen der Gespenstheuschrecke *Dixippus morosus* wurden isoliert in eine entsprechende RINGER-Lsg. getaucht, die Serum des Tieres sowie geringe Mengen des Antibioticums *Hydroxytetracyclen* u. 0,2% ^{14}*C-Inulin* (I) enthielt. Der Urin wurde isoliert u. auf Radioaktivität untersucht. Papierchromatograph. konnten weder im Medium noch im Urin Anzeichen für einen I-Stoffwechsel gefunden werden. Das I-Verhältnis zwischen Urin u. Medium betrug durchschnittlich 0,046. J. BOELTER. 4597□

Hirnstoffwechsel von $^{14}C_{(3)}$-Glucose, $^{14}C_{(1)}$-Pyruvat und $^{14}C_{(1)}$-Lactat bei Geisteskrankheit. William Sacks. (J. appl. Physiol. **16.** 175—80. Jan. 1961. Orangeburg, N.Y., Rockland State Hosp., Res. Facility.) (Engl.)

Bei stoffwechselgesunden psychot. Patienten stammten nach Injektion von 3 μc $^{14}C_{(3)}$-*Glucose* ($^{14}C_{(3)}$-I) 35% der Hirn-CO_2 von **I**, während bei normalen Personen 54% des CO_2 von I herrührten. Bei Verw. von $^{14}C_{(1)}$-*Pyruvat* als Substrat waren die $^{14}CO_2$-Aktivitäten bei Psychotikern niedriger. Im Vgl. dazu erwies sich bei Verw. von $^{14}C_{(1)}$-*DL-Lactat* der gesamte Körperstoffwechsel der Psychotiker als vermindert, während der Hirnstoffwechsel dem von normalen Personen ähnlich war. Die cerebrale Oxydation von $^{14}C_{(1)}$-*D-Milchsäure* war bei Psychotikern größer (bei normalem allg. Körperstoffwechsel). Unter Verw. von $^{14}C_{(1)}$-*L-Milchsäure* waren Körper- u. Hirnstoffwechsel bei Psychotikern vermindert. U. TAUSENDFREUND. 4597□

Über den Einfluß der Inhibitoren des glykolytischen und des Tricarbonsäurecyclus auf die Chemoreceptoren der reflexogenen Zonen des Sinus caroticus und des Darmes. Ssi-ssjan Den. (Бюллетень Экспериментальной Биологии и Медицины [Bull. exp. Biol. Med.] **51 (26).** Nr. 3. 13—18. März 1961. Moskau, Inst. für normale u. pathol. Physiol. der Akad. der med. Wiss. der UdSSR, Labor. für allg. Physiol.) (Russ.; Auszug: Engl.)

Verss. an 29 urethannarkotisierten Katzen mit durchströmtem isolierten Carotissinus bei erhaltener Nerven-Verb. ergaben, daß *NaF* die durch *Acetylcholin* (I) hervorgerufenen Reflexe von den Receptoren des Carotissinus deutlich unterdrückt, während *Hydroxylamin* nur eine mäßige hemmende Wrkg. ausübt. Zusatz von Brenztraubensäure zum Perfusat beschleunigt die Wiederherst. der durch NaF gestörten Reflexe nicht. Aus diesen u. weiteren ähnlichen Verss. am isolierten Darmabschnitt der Katze wird gefolgert, daß die Empfindlichkeit der Carotissinuszone gegenüber I in weit höherem Grade an den glykolyt. Cyclus des Gewebestoffwechsels gebunden ist als die Empfindlichkeit der reflexogenen Zone des Darmes. E. RENTZ. 4598□

Untersuchung des Mechanismus der Chemoreception. 4. Mitt. **Wirkung des Nicotins und der Säuren auf die Receptoren des Darmes bei Änderung ihrer Erregbarkeit unter dem Einfluß verschiedener Konzentrationen von Monojodessigsäure.** N. A. Anikina. (Бюллетень Экспериментальной Биологии и Медицины [Bull. exp. Biol. Med.] **51 (26).** Nr. 3. 18—23. März 1961. Moskau, Inst. für normale u. pathol. Physiol. der Akad. der Med. Wiss. der UdSSR, Labor. für Elektrophysiol. u. Labor. für allg. Physiol.) (Russ.; Auszug: Engl.) — 3. vgl. C. **1959.** 1200.

Verss. an urethannarkotisierten Katzen mit isoliertem durchströmten Darmabschnitt bei erhaltener Nervenverbindung ergaben, daß *Monojodessigsäure* (**I**) in geringer Konz. (0,0005 m) die durch Säuren (*Milchsäure, Essigsäure, Salzsäure*) hervorgerufene Rk. des Darmes erst steigert u. anschließend irreversibel hemmt. Höhere I-Konzz. (0,002—0,01 m) lähmen auch die *Nicotin* (**II**)-Receptoren, jedoch bleibt die Wrkg. reversibel. Aus den Verss. wird geschlossen, daß im Darm für die Säuren u. für **II** gesonderte reakt. Syst. mit unterschiedlichem Stoffwechsel existieren. E. RENTZ. 4598□

Zusammensetzung der Cerebrosidsäuren als Funktion des Alters. Yasuo Kishimoto und Norman S. Radin. (J. Lipid Res. **1.** 79—82. Okt. 1959. Chicago, Ill., Northwestern Univ. Med. School, Biochem. Dep.) (Engl.)

Gehirne von Ratten im Alter von 23—418 Tagen wurden auf Gesamt-*Lipid*-, Gesamt-*Cerebrosid*-Geh. u. auf einzelne *Cerebrosidsäuren* untersucht. Die Gesamtcerebroside erlangen mit zunehmendem Alter eine steigende Bedeutung. *Cerebronsäure* ist die wichtigste Säure, doch wurden auch α-Hydroxy-C_{23}- u. -C_{22}-Säuren gefunden. Die Säuren mit ungerader C-Zahl zeigen die größte Zunahme mit dem Alter. Durch Abbau wurde die OH-Gruppe in α-Stellung nachgewiesen. P. GREGORZEWSKI. 4598□

Die Rolle des Tricarbonsäurecyclus bei der Chemoreception. Ssi-ssjan Den. (Бюллетень Экспериментальной Биологии и Медицины [Bull. exp. Biol. Med.] **51 (26).** Nr. 1. 3—8. Jan. 1961. Moskau, Akad. der med. Wiss., Inst. für Physiolog. u. Patholog. Physiol., Labor. für allg. Physiologie.) (Russ.; Auszug: Engl.)

Kymograph. Unterss. am Katzendarm in vivo zeigten, daß die Empfindlichkeit der Darmreceptoren (DR) gegen *Acetylcholin* (**I**; 10^{-4} g/cm^3) durch NaF (10^{-2} g/cm^3) gehemmt wird. Vorherige Einw. von Brenztraubensäure (**II**; 10^{-4} g/cm^3) bzw. neutralisierter Milchsäure (10^{-4} g/cm^3) verhindert die Hemmung des NaF u. steigert den Reflex auf **I**. Die Hemmung der DR durch *Hydroxylamin* (10^{-2} g/cm^3) wird durch **II** nicht beeinflußt. Die Vers.-Ergebnisse zeigen, daß die Chemoreflexion des Darmes durch Inhibitoren der Glykolyse u. den Tricarbonsäurecyclus gehemmt wird. Der Oxydationsstoffwechsel ist mit den Prozessen der chemoreceptiven Reflexe enger verbunden als die Glykolyse. I. v. KLOCH-KORNITZ. 4598□

Der post-mortem O_2-Verbrauch des Rindergewebes. M. C. Urbin und G. D. Wilson. (J. Food Sci. **26.** 314—17. Mai/Juni 1961. Chicago, Ill., Univ. of Chicago, Am. Meat Inst. Found., Div. of Food Technol.) (Engl.)

Bis zu 15 Std. nach der Schlachtung nimmt Rindfleisch O_2 zur Oxydation von Myoglobin u. zu enzymat. Rkk. auf, außerdem wird O_2 u. N_2 im Gewebe gelöst. Nach 15 Std. ist die enzymat. Rk. der Bernsteinsäuredehydrogenase für den O_2-Verbrauch verantwortlich. Er beträgt ca. 0,7 μLiter/h/g Frischfleisch u. die CO_2-Abgabe 1,1 μLiter/h/g. P. GREGORZEWSKI. 4599□

E6. Pharmakologie. Therapie. Toxikologie. Hygiene

Beeinflussung des Nahrungs- und Trinkverhaltens von Ratten durch getrenntes Futter- und Wasserangebot sowie durch Pharmaka. J. Spengler. (Naunyn-Schmiedebergs Arch. exp. Pathol. Pharmakol. **238.** 312—19. 1960. Zürich, Univ., Pharmakol. Inst.) (Dt.)

Ratten verhungern, wenn ihnen täglich während 3 Std. nur W. u. anschließend während 3 Std. nur Futter vorgesetzt wird; gibt man aber erst Futter dann W., ernähren sie sich gut. Pharmaca beeinflussen Nahrungs- u. Wasseraufnahme jeweils getrennt u. gleichsinnig. Futter- u. Wasserkonsum stehen in Beziehung zur lokomotor. Aktivität u. gestatten, zentral wirksame Pharmaca zu testen. K.-H. LOHS. 4600□

Der Glykogenstoffwechsel der Haut und seine Beeinflussung durch Bestrahlung. Kenji Adachi, Donald C. Chow und Stephen Rothman. (Science [Washington] **135.** 216—17. 19/1. 1962. Chicago, Ill., Univ. of Chicago, Argonne Cancer Res. Hosp.) (Engl.)

Vff. stellten bei Perfusion der Haut (Hund; experimentelle Einzelheiten vgl. Original) mit *$^{14}C_6$-Glucose* (I) eine kontinuierliche Biosynth. von *Glykogen* (**II**) fest. Wird die Haut in vivo 24 Std. vor der Perfusion mit I einer Röntgenbestrahlung (Einzeldosis von 800 r; Bestrahlungsdaten: 250 kV, 1 mm Al-Filter, 30 ma) ausgesetzt, so ist die Aufnahme von **I** in **II** signifikant erhöht. Dieser Bestrahlungseffekt scheint durch eine Störung des Enzymgleichgewichts in der Haut bedingt zu sein.
H. KOCKERT. 4601□

Untersuchung des Nucleinsäuregehalts bei akuter Strahlenkrankheit von Affen mit Hilfe der histochemischen Methoden. N. N. Kurschakowa. (Бюллетень Экспериментальной Биологии и Медицины [Bull. exp. Biol. Med.] **51 (26).** Nr. 1. 31—36. Jan. 1961. Moskau, Akad. der med. Wiss. der UdSSR.) (Russ.; Auszug: Engl.)

Affen (Macacus rhesus) zeigten bei akuter Strahlenkrankheit (3—8 Tage nach Totalröntgenbestrahlung mit 700 r) neben strukturellen Veränderungen der untersuchten Organe Verringerung des Geh. an *Desoxyribonucleinsäure* (I) u. *Ribonucleinsäure* (II) in den Lymphknoten u. im Duodenum, Verringerung des Geh. an **I** u. Vermehrung des Geh. an **II** in der Leber u. Milz. In den Nervenzellen des Gehirns u. Rückenmarks kam es zu einer Verringerung der **II.** I. v. KLOCH-KORNITZ. 4601□

Die Reduktion der Dehydroascorbinsäure durch das Aortengewebe von Meerschweinchen bei akuter Strahlenkrankheit. L. I. Polikarpowa. (Бюллетень Экспериментальной Биологии и Медицины [Bull. exp. Biol. Med.] **51 (26).** Nr. 3. 58—60. März 1961.) (Russ.; Auszug: Engl.)

Verss. mit Aortengewebe von experimentell strahlenkrank (800 r) gemachten Meerschweinchen ergaben im Vgl. zur Norm eine Abnahme der Fähigkeit dieses Gewebes, die *Dehydroascorbinsäure* (I) zu reduzieren. Das ist wahrscheinlich die Ursache der Abnahme des *Ascorbinsäure* (II)-Geh. u. der deutlichen Zunahme von **I**, was wiederum die Stabilität der interstitiellen Substanz des Bindegewebes u. damit die Durchlässigkeit u. Brüchigkeit der Gefäßwand beeinflußt. 5 Tage nach der Bestrahlung nimmt die Intensität der Red. von **I** wieder zu, was als physiolog. Rk. auf den erhöhten Bedarf an **II** angesehen wird. E. RENTZ. 4601□

Dynamik der Veränderungen der Sorptionseigenschaften von Geweben nach der Einwirkung von γ-Strahlen auf den Organismus. Je. G. Dolgow. (Бюллетень Экспериментальной Биологии и Медицины [Bull. exp. Biol. Med.] **51 (26).** Nr. 4. 52—56. April 1961. Semipalatinsk, Med. Inst., Lehrst. für Röntgenolog. u. med. Radiolog.) (Russ.; Auszug: Engl.)

Mit Hilfe der Supravitalfärbung wurde die Veränderung der Sorptions-Eigg. der verschiedenen Organe gegenüber *Neutralrot* u. *Chrysoidin* an 145 Ratten nach Total-γ-Bestrahlung mit 400 bzw. 800 r colorimetr. untersucht. In Leber, Niere, Dünndarm, Milz u. Lunge kam es nach 6—120 Std. zu verstärkter Sorption, die von dem Ausmaß der Strahlenschädigung abhängig u. durch die Denaturierung der Zellproteine bedingt war. I. v. KLOCH-KORNITZ. 4601□

Strahlenschutz der Haut der Ratte durch Methylenblau, Dinitrophenol und Aminothiazol. Jean Loiseleur, Liliane Catinot und Annick De Vomécourt. (C. R. hebd. Séances Acad. Sci. **253.** 1624—26. 9/10. 1961.) (Franz.)

Kreisförmige Flächen (∅ 2 cm) der Rückenhaut von Ratten wurden mit 3500 r (50 kV, Abstand 2 cm, Filter 2,2 mm Al) bestrahlt. Durch gleichzeitige Injektion von *Methylenblau* (I), *Dinitrophenol* (II) u. *Aminothiazol* (III) 40 Min. vor Bestrahlung wurde die Haut weitgehend geschützt. I + II hatten nur eine leichte Schutz-Wrkg.; *Thioharnstoff* zeigte keine Wirkung. Es wird angenommen, daß die Schutz-Wrkg. auf einer Änderung des Zustandes der *Nucleoproteine* beruht. H. LOHSCHELDER. 4601 □

Verstärkung der strahlenchemischen Histaminbildung aus Histidin durch Cystein. K. Flemming. (Naunyn-Schmiedebergs Arch. exp. Pathol. Pharmakol. **238.** 235—44. 1960. Greifswald, Univ., Pharmakol. Inst.) (Dt.)

Vf. prüfte die strahlenchem. *Histamin* (I)-Bldg. in röntgenbestrahlten 1%ig. neutral reagierenden *Histidin*-Lsgg. in Ggw. von *Cystein* ($3 \cdot 10^{-3}$ m). Die Dosisleistung am Objekt betrug ca. 1150 r/min. Entgegen den von ELLINGER entwickelten Vorstellungen konnte nachgewiesen werden, daß die strahlenchem. I-Bldg. in vitro durch den Strahlenschutzstoff *Cystein* nicht vermindert, sondern beträchtlich verstärkt wird. Phenylalanin beeinflußt die strahlenchem. I-Bldg. nicht. Die oxydative Zerstörung des I in wss. Lsg. durch Röntgenstrahlen wird durch Cystein u. Phenylalanin gehemmt.
K.-H. LOHS. 4601 □

Der Mechanismus des Abbaus von Cystamin durch ionisierende Strahlung. B. Shapiro und L. Eldjarn. (Radiation Res. **3.** 393—99. Dez. 1955. Oslo, Norw. Radium Hosp., Norsk Hydro's Inst. for Cancer Res.)

Bei der Bestrahlung wss. Lsgg. von ^{35}S-*Cystamin* (I)-*Hydrochlorid* ($1{,}4 \cdot 10^{-3}$ m in $^1/_{15}$ m Na-Phosphatpuffer, pH 7,5) mit Röntgenstrahlen (175 kV, 10 mA, 0,5 mm Cu-Filter, 1240 r/min) oder ^{60}Co (0,5 c, 5500 r/h) entstehen *2-Aminoäthansulfinsäure* (II) u. *Taurin* (III) in wechselndem, von den Rk.-Bedingungen abhängigen Verhältnis. Bestrahlung von reinem, trockenem I bewirkt keine chem. Veränderung. Vff. schließen daraus, daß die II- bzw. III-Bldg. durch die bei der Bestrahlung von W. gebildeten Radikale (HO, HO_2) bzw. H_2O_2 bewirkt wird. Durch geeignete Behandlung der I-Lsgg. vor der Bestrahlung (Entfernung des O_2, Zusatz von Katalase oder J^-) wird die Bldg. von HO, HO_2 oder H_2O_2 begünstigt u. damit ihr spezif. Einfl. auf die Rk. von I zu II bzw. III untersucht. Danach verläuft die Rk. von I zu II mit OH über RSOH, mit HO_2 über RSOOH u. mit H_2O_2 über $R\overset{O}{S}-SR$ oder $R\overset{O}{\underset{O}{S}}-SR$ als Zwischenprod.; über den Mechanismus der Oxydation von II zu III können noch keine Angaben gemacht werden.
M. SCHENK. 4601 □

Ausscheidung von radioaktivem Phosphor aus dem Organismus bei der Erythrämiebehandlung. A. L. Kosyrewa. (Вестник Рентгенологии и Радиологии. [Nachr. Röntgenol. Radiol.] **36.** Nr. 1. 40. Jan./Febr. 1961. Zentr. Inst. für Ärztefortbldg., Lehrstuhl für med. Radiologie u. Lehrstuhl für Labordiagnostik.) (Russ.; Auszug: Engl.)

26 Erythrämiekranke im Alter von 30—65 Jahren wurden mit ^{32}P (14—12 mc pro Kur) behandelt. Bei 21 Kranken trat eine vollständige klin. u. hämatolog. Remission ein, bei 5 mindestens Besserung des Zustandes. Es wurde täglich die Menge von ^{32}P, die mit dem Urin bzw. mit dem Stuhl ausgeschieden wurde, bestimmt. Die Ausscheidung von ^{32}P erfolgte hauptsächlich durch die Nieren, die stärkste Ausscheidung in den ersten 24 Stunden. Sie machte 10% der aufgenommenen Dosis aus. Im Laufe der nächsten 6 Tage wurden durch Nieren u. Darm 30—45% der therapeut. Dosis von ^{32}P ausgeschieden. F. DU MANS. 4601 □

Stimulierung der ^{45}Ca-Aufnahme in die Nebenniere durch Acetylcholin. W. W. Douglas und A. M. Poisner. (Nature [London] **192.** 1299. 30/12. 1961. New York, N.Y., Albert Einstein Coll. of Med., Dep. of Pharmacol.) (Engl.)

Vff. stellten fest, daß *Acetylcholin* in vitro die ^{45}*Ca*-Aufnahme (Perfusions-F.: LOCKE-Lsg.) durch die Nebenniere (Katze) steigert; die Medulla ist um ein Mehrfaches aktiver als die Cortex. Auch K^+ stimuliert die ^{45}Ca-Aufnahme durch die Nebenniere.
H. KOCKERT. 4601 □

Der Stoffwechsel der bei Atomexplosionen entstehenden Erdalkalien im Schaf. Die Resorption und Exkretion von ^{45}Ca und ^{89}Sr durch Blackface-Widder. H. G. Jones und W. S. Mackie. (Brit. J. Nutrit. **13.** 355—62. 1959. Bucksburn, Aberdeen, Rowett Res. Inst.) (Engl.)

Bei gleichzeitiger oraler Verabreichung wird ^{45}*Ca* 4mal so stark resorbiert u. im Skelett abgelagert wie ^{89}*Sr*. Die Exkretion durch die Nieren beträgt 6:1 (Ca:Sr), bei der Ausscheidung durch den Verdauungskanal besteht kein Unterschied zwischen Ca u. Sr. Beim Übergang vom Serum zu den Knochen besteht ebenfalls kein Unterschied zwischen Ca u. Sr. P. GREGORZEWSKI. 4601 □

Methoden zur Bestimmung von ^{137}Cs und ^{90}Sr in biologischen Proben. C. Tribuno, P. Cacciari und G. Garagnani. (Minerva nucleare [Torino] **4.** 255—62. Okt. 1960. Milano, AGIP Nucl.) (Ital.)

Beschreibung von experimentellen Meth., um einen sehr β- u. γ-armen Untergrund zu erhalten, u. zur Best. von ^{137}Cs u. ^{90}Sr in biolog. Proben (Boden, Milch), in Fall-out u. in atmosphär. Staub. K. ZINGRAF. 4601 □

Die Bestimmung des $^{137}Cs/K$-Verhältnisses in der Nahrung und im menschlichen Körper durch Urinanalyse. A. Morgan und Gloria M. Arkell. (Nature [London] **191.** 1100. 9/9. 1961. Didcot, Harwell, Atomic. Energy Res. Establ.) (Engl.)

Der ^{137}*Cs*-Geh. im menschlichen Urin wurde nach Ansäuern des Urins durch Zusatz von Träger-Cs, durch selektive Adsorption des Cs an NH_4-Phosphomolybdat (I), Auflösen von I in NaOH, Ausfällen des Cs als Co^{3+}-Nitrit, Reinigung über den Dijodidkomplex, Ausfällung als Chloroplatinat u. Best. dessen Radioaktivität erhalten. Durchschnittlich wurden im Urin vorwiegend in Berkshire wohnender Personen 24,9 $\mu\mu c$ ^{137}Cs/Liter sowie 2,10 g *K*/Liter entsprechend einem $^{137}Cs/K$-Verhältnis von 12,1 $\mu\mu c/g$ gefunden. Die simultane Best. von ^{137}Cs u. ^{90}*Sr* im Urin ist möglich. J. BOELTER. 4601 □

Gehemmte Eiablage durch Weibchen von Gryllus assimilis (F.), induziert durch mittels $^{14}C_{(Methyl)}$-L-Methionin radioaktive Männchen. A. A. Abdel-Malek und D. K. McE. Kevan. (Nature [London] **192.** 681—82. 18/11. 1961. Quebec, Canada, Macdonald Coll., Dep. of Entomol. and Plant Pathol.) (Engl.)

Die Puppen von *Gryllus assimilis* (F.) erhielten Injektionen von 0,05—10 μc $^{14}C_{(CH_3)}$-*L-Methionin* (I). Dosen über 5 μc waren letal. Nach I-Mengen bis 5 μc erfolgte bei ♀ Grillen normale Eiablage. Wenn normale oder radioakt. Weibchen mit (als Puppen) I-behandelten Männchen gepaart wurden, kam es in keinem Fall zur Eiablage. H. LOHSCHELDER. 4601 □

Konzentration an inhaliertem ^{144}Ce in den pulmonalen Lymphknoten bei Menschen. K. Liebscher, T. Schönfeld und A. Schaller. (Nature [London] **192.** 1308. 30/12. 1961. Wien, Univ., Inst. for organ. Chem. u. Inst. for Anat.) (Engl.)

Vff. stellten fest, daß die ^{144}*Ce*-Konzz. in den pulmonalen Lymphknoten von im Jahre *1960* verstorbenen, 58—81 Jahre alten Einwohnern von Wien, die das radioakt. Aerosol nach den Kerntestexplosionen der vergangenen Jahre (hauptsächlich *1957* u. *1958*) eingeatmet haben, vergleichsweise hoch lagen. H. KOCKERT. 4601 □

Darstellung von Substanzen mit polyvalenter pharmakologischer Wirksamkeit. Giordano Giacomello, Fulvio Maria Riccieri und Maria Luisa Stein. (Atti Accad. naz. Lincei, Rend., Cl. Sci. fisiche, mat. natur. [8] **26.** 424—27. April 1959. Roma, Univ., Ist. di Chim. farm. e tossicol.) (Ital.)

Folgende Verbb. wurden auf ihre pharmakolog. usw. Eigg. im Tier-Vers. getestet: *N^1-Benzyl-N^1-[β-diäthylaminoäthyl]-sulfanilamid* (I), *N^1-Benzyl-N^1-[β-diäthylaminoäthyl]-N^4-acetylsulfanilamid* (II) u. die *Hydrochloride von* I (III) u. II (IV). — Durch Instillation einer 2%ig. Lsg. eines Gemisches von III u. IV in den Conjunctivalsack des Kaninchenauges wird eine ausgeprägte u. andauernde Anästhesie erzielt. — III u. IV verursachen eine Herabsetzung des Tonus des isolierten Kaninchenintestinum. — Die DL_{50} (Maus, intraperitoneal) beträgt für III 350 (mg/kg Körper-Gew.) u. für IV 400. — I—IV zeigen bakteriostat. Wrkg. gegenüber *Escherichia coli* u. gegenüber *Staphylokokken.* — Bei Behandlung einer wss. III-Lsg. mit einer äquimol. wss. Lsg. von *Penicillin V* (V; *K-Salz*) fällt ein Nd. einer Additions-Verb. (Mol-Verhältnis III/V, 1:1) aus; F. 120° (Zers.); die Löslichkeit der Verb. in W. beträgt ca. 0,04%. Die Verb. zeigt die spezif. Wrkg. von V.

Versuche: *N^1-Benzyl-N^1-[β-diäthylaminoäthyl]-N^4-acetylsulfanilamid* (II), F. 70 bis 71°, durch Einw. von Acetylsulfanilsäurechlorid auf N-Benzyl-N'.N'-diäthyläthylendiamin in Ae. unter Rühren u. in Ggw. einer wss. K_2CO_3-Lösung. *Hydrochlorid* (IV), F. 189°. — *N^1-Benzyl-N^1-[β-diäthylaminoäthyl]-sulfanilamid* (I), F. 50—51° (Bzl.-PAe.), durch alkal. Verseifung von II. *Hydrochlorid* (III), F. 184°. G. PLATZER. 4607 □

Siderose der Milz bei mit Dithiourethan behandelten Mäusen. P. N. Cowen. (Nature [London] **184.** 366—67. 1/8. 1959. London, Guy's Hosp. Med. School, Dep. of Pharmacol.) (Engl.)

Nach 3- oder mehrwöchentlichen subkutanen Injektionen von 0,15 ml einer 5%ig. Lsg. von *Dithiourethan* (I) in *Erdnußöl* (II) an ♂ u. ♀ CBA-Mäuse wird in Schnitten der Milz in den Makrophagen ein schon in ungefärbtem Zustand erkennbares, bes. aber nach Färbung mit Hämatoxylin u. Eosin sichtbares, *Fe*-haltiges, braunes *Pigment* (III) beobachtet. Bei unbehandelten sowie in gleicher Weise mit II allein oder mit je 0,2 ml 5%ig. wss. I behandelten Tieren tritt III in der Milz wesentlich schwächer auf. Keine Anzeichen für III werden in Lebern, Nieren, Lungen, Achsellympknoten oder Testes der mit I + II behandelten Tiere gefunden. Bei längerer Behandlung (1mal wöchentlich über 3 Monate) steigt der III-Geh. proportional der Zahl der Einzelinjektionen, der Geh. nimmt nach Absetzen der Behandlung in 3 Monaten allmählich ab, verschwindet jedoch nicht ganz. Die Milz der behandelten Tiere färbt sich infolge der zunehmenden Siderose unter der Behandlung dunkler, wobei jedoch die Tiere ein in jeder Beziehung normales Verh. u. normale Entw. zeigen. Für die Erscheinung ist vermutlich kein hämolyt. Effekt von I verantwortlich, da Zahl u. osmot. Widerstandsfähigkeit der Erythrocyten nicht abnehmen. Der Gesamt-Fe-Geh. der behandelten Tiere, bezogen auf das Körper-Gew., ist bei den behandelten Tieren gegenüber etwas erhöht. Der erhöhte Fe-Geh. der Tiere läßt sich vielleicht durch eine erhöhte Fe-Resorption durch die Gastrointestinalmucosa unter der Wrkg. von I mit vorwiegender Ablagerung in den Makrophagen der Milz oder wahrscheinlicher durch einen durch I erhöhten Abbau der Erythrocyten in der Milz u. eine infolge des Entzuges von Fe aus dem Körper erhöhte Resorption durch den Darm erklären. H.-J. KOCH/Berlin. 4607 □

Bedeutung der Bilanz der energiereichen Verbindungen für die Tätigkeit des Atemzentrums. W. M. Karassik und Ss. W. Ossipowa. (Бюллетень Экспериментальной Биологии и Медицины [Bull. exp. Biol. Med.] **51 (26)**. Nr. 4. 3—7. April 1961. Leningrad, Pädiatr. med. Inst., Lehrst. für Pharmakolog.) (Russ.; Auszug: Engl.)

Es wird die Frage des reflektor. oder zentrogenen Charakters der durch *α-Dinitrophenol*-Vergiftung (5 γ/g) hervorgerufenen Dyspnoe u. ihr biochem. Charakter auf Grund von experimentellen Unterss. an *Rana temporaria* diskutiert. Es ist anzunehmen, daß die Rk. durch den Zerfall der energiereichen Bindungen des erregten Eiweißes der Nervenmuskelsynapse entsteht. I. v. KLOCH-KORNITZ. 4607 □

Wirkung eines Detergens (Dodecylbenzolsulfonat) auf die Kiemen der Forelle. O. J. Schmid und H. Mann. (Nature [London] **192**. 675. 18/11. 1961. Hamburg, Univ., Physiol.-Chem. Inst.; Inst. für Küsten- u. Binnenfischerei der Bundesforschungsanstalt für Fischerei.) (Engl.)

Na-Dodecylbenzolsulfonat bewirkte an den Kiemen von Forellen beträchtliche Schäden, die zu Verminderung der O_2-Aufnahme u. bei höherer Konz. oder längerer Einw. zum Ersticken führte. H. LOHSCHELDER. 4607 □

Toxizität kontinuierlich heißverflüchtigter, insekticider und acaricider Aerosole. A. Howard Baker, G. F. H. Whitney und Alastair N. Worden. (Lab. Pract. **8**. 3—10. 26. Jan. 1959. Goring-on-Thames, Avebury Res. Labor.; Huntingdon, Nutrit. Res. Unit.) (Engl.)

An Hand mehrerer Tabellen wird die Einw. von Aerosolen bzw. Dämpfen von im Handel befindlichen Insekticiden u. Mitteln gegen Ectoparasiten — wie *Lindan/DDT*-Gemische (60:40; I), *Aldrin* (II) u. *Azoxybenzol* (III) — auf Kanarienvögel (K), Mäuse (M), Ratten, Hunde, Schweine, Goldhamster u. Menschen bei einer Dauer von 178—386 Tagen untersucht. Mittels der CLAUSIUS-CLAPEYRON-Gleichung wird die „output-Rate" [g/die] des bin. I bestimmt. Die obere Grenze der Verträglichkeit bei I liegt für K u. M zwischen 0,53 u. 0,75 g/die/1000 cu.ft.; für K bei 0,50 g II/die/1000 cu.ft. u. 0,43 III/die/1000 cu.ft.; bei normalerweise angewendeten Dosen zeigen die anderen Lebewesen keine Schädigung, jedoch sollten 0,2 g/die/1000 cu.ft. nicht überschritten werden. Die größere Anfälligkeit der K wird auf perorale Einnahme des im Gefieder sitzenden I zurückgeführt. D. BORRMANN. 4607

Anwendung der Knoblauchphytoncide in der Stomatologie. A. O. Sossja. (Мікробіологічний Журнал (Київ) [Mikrobiol. J. (Kiew)] **23**. Nr. 6. 53—54. 1961. Karaganda, Gebiets-Krankenhaus.) (Ukrain.; Auszug: Russ.)

Durch Beobachtungen an 120 Personen mit Phlegmonen oder Abszessen in der Rachenhöhle wird festgestellt, daß durch Behandlung mit wss. *Knoblauchinfusen* in 2—6 Tagen eine Wundheilung erzielt wird. O. LEBTAG. 4608 □

Pharmakodynamische Wirkung von Asaron und β-Asaron. J. D. Sharma, P. C. Dandiya, R. M. Baxter und S. I. Kandel. (Nature [London] **192**. 1299—1300. 30/12. 1961. Jaipur, Indien, S.M.S. Med. Coll., Dep. of Pharmacol.; Toronto, Ontario, Canada, Univ., Fac. of Pharmacy.) (Engl.)

Vff. testeten in Tier-Verss. die pharmakodynam. Wrkg. der beiden aus dem flüchtigen Öl von *Acorus calamus* isolierten Fraktionen *Asaron* (**Ia**) u. *β-Asaron* (**I b**). — Bei weißen Mäusen verursachen beide Substanzen [Dosis: 50 (mg/kg, intraperitoneal)] eine Verlängerung der durch *Pentobarbiton* (II), *Hexobarbiton* u. *A.* verursachten Schlafdauer; z. B. wird die durch II verursachte Schlafdauer von 101,6 ± 14,5 Min. nach Vorbehandlung der Tiere mit **I b** auf 254,5 ± 18,8 Min. u. nach Vorbehandlung mit **Ia** auf 206,4 ± 28,3 Min. erhöht. — **Ia** u. **I b** verursachen bei Mäusen einen signifikanten Abfall der Rectal-Temp.; der Abfall zeigt innerhalb der ersten 30—45 Min. nach der Verabfolgung ein Maximum u. bleibt 2—3 Std. auf gleicher Höhe; nach ca. 5 Std. werden wieder Normalwerte erreicht. — Ferner wurde die antikonvulsive Wrkg. von **Ia** u. **I b** gegenüber durch Elektroschock, *Metrazol* (**III**) oder *Picrotoxin* (**IV**) induzierten Konvulsionen bei Albinoratten untersucht. **I b** (Dosis: 20) beeinflußt den durch Elektroschock verursachten Krampf nicht, wohl aber **Ia**. **I b** verursacht allg. Convulsionen u. potenziert die durch **III** verursachten Anfälle, wogegen **Ia** (Dosis: 50) allg. die Tendenz hat, gegen durch **III** induzierte Krämpfe zu schützen. Beide Substanzen potenzieren jedoch die durch **III** verursachten Konvulsionen. — In Unterss. am perfundierten Froschherz verursachen **Ia** u. **I b** schon in geringsten Konzz. Herzstillstand in Diastole; **I b** ist wirksamer als **Ia**. — Am Kanincheninteslinum vermindern **Ia** u. **I b** den Tonus u. die longitudinalen Bewegungen; auch hier ist **Ib** wirksamer als **Ia**. H. KOCKERT. 4608□

Einfluß der chronischen Verabreichung des Lyophilisats des Hypothalamus auf den experimentellen Hochdruck bei der Ratte. R. J. Girerd. (Rev. canad. Biol. **16.** 398—408. Aug. 1957. New York, N.Y., Nepera Chem. Comp., Yonkers.) (Franz.)

Peroral verabreichtes *Lyophilisat des Hypothalamus* hat bei Ratten, die einseitig nephrektomiert sind u. Salz-Lsg. zu trinken bekommen, in 45 Tagen keinen Einfl. auf Wachstum u. Blutdruck u. zeigt keinen Schaden durch bei einigen Tieren implantiertes *Desoxycorticosteronacetat* (Doca). Tiere ohne Doca zeigen verminderte Salzaufnahme. Kontrolltiere, die lyophilisiertes Gehirn erhielten, zeigen Wrkg. auf das Wachstum, in Ggw. von Doca gesteigerte Salzaufnahme. — 51 Literaturangaben.
W. HOLLAND. 4609□

Über den Mechanismus der blutgerinnungshemmenden Wirkung des Tabanins. F. Markwardt und E. Schulz. (Naunyn-Schmiedebergs Arch. exp. Pathol. Pharmakol. **238.** 320—28. 1960. Greifswald, Univ., Pharmakol. Inst.) (Dt.) — Vgl. C. **1959.** 12908.

Tabanin (**II**; Extrakt aus den Speicheldrüsen von *Tabanus bovinus*) u. *Thrombin* bilden stöchiometr. u. mit großer Geschw. eine Additions-Verb., wodurch die proteolyt. Wrkg. des **I** auf das Fibrinogen erlischt. Aus dem inakt. **I**-**II**-Komplex kann **II** durch Hitzedenaturierung des **II**-Anteils wie auch durch Säure- oder Lauge-Einw. in akt. Form zurückgewonnen werden. **II** hemmt nicht die hydrolyt. Wrkg. des **I** auf synthet. Argininester. Phosphorylierung des **I** (DIP-Thrombin) verhindert nicht die Bindung an das **II**, dagegen findet eine solche Bindung nicht statt, wenn Esterase-**I** vorliegt. Anscheinend blockiert die Rk. zwischen **I** u. **II** die spezif. substratbindenden Gruppen des Fermentes.
K.-H. LOHS. 4609□

Behandlung von Harnweginfektionen mit Furadantin. A. J. Zwart Voorspuij und A. J. Ch. Haex. (Nederl. Tijdschr. Geneeskunde **100.** 1961—68. 14/7. 1956. Leiden, Acad. Ziekenhuis, Afd. Inwendige Geneeskunde.)

Bei 164 Patienten mit Harnweginfektionen konnte mit 2 mg/100 ml *Furadantin* (**I**) die *Coli*- u. *Enterokokken*-Gruppe, mit 6 mg/100 ml *Bacterium proteus* erfolgreich bekämpft werden, während *Bacterium pyocyaneus* unempfindlich ist. P. GREGORZEWSKI. 4610□

Bestimmung freier p-Aminosalicylsäure im Fingerbeerenblut. H. P. Rieder. (Klin. Wschr. **39.** 813—14. 1/8. 1961. Basel, Neurolog. Univ.-Poliklin., Forsch.-Labor.) (Dt.)

Es wird eine einfache Meth. zur laufenden Überwachung der *p-Aminosalicylsäure* (**I**)-Konz. im Blut beschrieben; **I**, mit diazotierter Sulfanilsäure gekuppelt (PAULY-Rk.), zeigt in stark alkal. Milieu eine hohe Extinktion im Bereich um 600 mμ; diese fehlt bei N-Acetyl-**I** u. anderen in Betracht kommenden Blutsubstanzen. K. ZINGRAF. 4610□

Über die Bedeutung des Isoniazid-Stoffwechsels als hereditäre Stoffwechseleigenschaft Gesunder. R. Pfaffenberg. (Klin. Wschr. **39.** 204—05. 15/2. 1961. Heilstätte Schielo, Krankenanst. für tuberkulöse Diabetiker.) (Dt.)

Bei Best. der Geschw. des *Isonicotinsäurehydrazid*-Umsatzes im Organismus (Blutspiegel-Best. u. Best. der Substanz u. ihrer Metaboliten im Harn) zeigte sich an einer Gruppe von 43 gesunden Familien mit 150 Personen, daß Kinder von Eltern mit beidseitig normalem oder vorzeitigem Abbau jeweils die gleichen Stoffwechsel-Eigg. aufweisen, während Kinder von Eltern mit gemischtem Verh. entweder gleichförmig (normaler oder vorzeitiger Abbau) reagieren oder auch unterschiedliches Verh. zeigen können. Eine sichere Aussage über einen möglicherweise monohybriden Erbgang ist noch nicht zulässig. Das Phänomen ist aber deshalb von besonderem Interesse, weil es die Registrierung einer in der Breite des Gesundseins liegenden Eig. erlaubt, welche — relativ einfach erfaßbar — für erbbiolog. Unterss. Bedeutung gewinnen könnte.
U. TAUSENDFREUND. 4610□

Antagonismus zwischen antibakteriellen Heilmitteln. A. Manten und M. J. Wisse. (Nature [London] **192.** 671—72. 18/11. 1961. Utrecht, Netherlands, Nat. Inst. of Publ. Health.) (Engl.)

Vff. geben ein Schema für das Auftreten von Antagonismus zwischen hauptsächlich bactericiden u. bakteriostat. Arzneimitteln. Dabei werden 4 Gruppen (Gr) unterschieden: Gr 1 (bactericid): *Nitrofurane, Polymyxine, Streptomycine, Neomycine* u. *Bacitracin*; Gr 2 (bactericid): *Penicillin, Novobiocin, Vancomycin, Ristocetin* u. *Amphomycin*; Gr 3 (bakteriostat.): *Tetracycline, Chloramphenicol* u. die *Erythromycin*-Gr; Gr 4 (bakteriostat.): *Sulfonamide* u. *Cycloserin*. Substanzen der gleichen Gr können kombiniert werden. Zwischen Gr 1 u. den Gr 2, 3 u. 4 tritt nur selten Antagonismus auf. Dagegen tritt Antagonismus auf bei Kombination der Gr 2 u. 3. Kein Antagonismus besteht zwischen Gr 2 u. Gr 4. H. LOHSCHELDER. 4611□

Die Wirkungen von Chloramphenicol auf die embryonäre Determination der Eier des Seeigels Paracentrotus lividus. Roger Lallier. (C. R. hebd. Séances Acad. Sci. **253.** 3060—62. 18/12. 1961.) (Franz.)

Vf. stellte fest, daß *Chloramphenicol* (I) in Konzz. >1 mg/ml die Eidifferenzierung von *Paracentrotus lividus* hemmt oder stark verlangsamt; bei I-Konzz. von 0,7 mg/ml bleibt die Ei-Entw. im Blastulastadium stehen. H. KOCKERT. 4611□

Eine mikroskopische Untersuchung der Lokalisierung von Tetracyclin in skeletalen Neubildungen. Robert Austin Milch, John E. Tobie und Robert A. Robinson. (J. Histochem. Cytochem. [Baltimore] **9.** 261—70. Mai 1961. Baltimore, Md., Johns Hopkins Univ., School of Med., Div. of Orthop. Surg.; Bethesda, Md., Nat. Inst. of Health, Labor. of Immun.) (Engl.)

Tetracyclin (I; insgesamt 3—15 mg/kg oral u./oder i.m.) wurde einer Reihe von Patienten mit skeletalen Neu-Bldg. verabreicht. Lokalisierung von I-induzierter Fluorescenz wurde nur in Bereichen mit Matrixcalcifikationen beobachtet. Fluorescenzpositive Gewebegebiete waren auch alizarinpositiv u. zeigten bei Phasen-, Dunkelfeld- u. Polarisationsmikroskopie Strukturveränderungen. Calcifizierter Knorpel in Tumoren zeigte intensive Fluorescenz, welche in den Epiphysen normaler Vers.-Tiere nicht gefunden wurde. Es ist anzunehmen, daß sich I an *Ca* binden kann an Stellen von physiolog. vorhandenen Apatitkristallen, vermutlich über die O-Atome des D-Ringes der Naphthacencarboxamidkerne. H. AMAN. 4611□

Pharmakodynamische Wirkung von 0,01 g Desoxynorephedrin (Psychoton) auf die höhere Nerventätigkeit des Menschen, untersucht mittels der Methode der Laboratoriumssprache. Jan Hrbek, P. Sobotka, J. Neuwirt und Z. Chaloupka. (Acta Univ. Palackiane Olomucensis **15.** 261—76. 1958. Plzen, Karl. univ., lék. fak., pobočka, úst. exp. patol.) (Tschech.)

Nach der „Meth. der Labor.-Sprache" wird die pharmakodynam. Wrkg. von Arzneimitteln in der Weise untersucht, daß in der Bezeichnung von Labor.-Geräten die Zahl der notwendigen Wiederholungen, der richtigen u. falschen Antworten u. der Zeit der mittleren Latenzen vor der Verabreichung des Mittels 1 u. 2 Std. danach verglichen wird. In Verss. mit *0,01 g Desoxynorephedrin* (*Psychoton*; I) wird bei >50% der Vers.-Personen Verkürzung der Latenzen festgestellt. Die Fixierung neuer Sprach-Verbb., aber auch falscher Verbb., ist 1 Std. nach Verabreichung von I besser, nach 2 Std. ist die Fixierung weniger fest, aber Fehler werden rascher korrigiert. Das Ergebnis der I-Wrkg. wird durch das Verhältnis von Reizung u. Hemmung im Augenblick der I-Anwendung bestimmt. — 39 Literaturangaben. R. K. MÜLLER. 4620□

Wirkung von Metanephrin auf die mittlere Capillarresistenz des Meerschweinchens. Jean-Louis Parrot und Paulette Canu. (C. R. hebd. Séances Acad. Sci. **254.** 174—75. 3/1. 1962. Paris, Hôp. Boucicaut, Ecole pratique des Hautes Etudes, Labor. de physiopathol. neurohumorale.) (Franz.)

Vff. stellten fest, daß in Meerschweinchen intraperitoneal injiziertes *dl-Metanephrinhydrochlorid* die Capillarresistenz der kleinen Gefäße erhöht.

H. KOCKERT. 4620□

Über das Verhältnis der zentralen und peripheren cholinolytischen Wirkung der Diäthylaminoäthanolester von aromatischen Säuren. P. P. Denissenko. (Бюллетень Экспериментальной Биологии и Медицины [Bull. exp. Biol. Med.] **51 (26).** Nr. 3. 72—76. März 1961. Leningrad, Inst. für experim. Med. der Akad. der Med. Wiss. der UdSSR, Pharmakol. Abt.) (Russ.; Auszug: Engl.)

Mittels einer neuen Meth. (elektr. Reizung des intakten Vagusnervs bei gleichzeitiger elektroencephalograph. Registrierung der zentralen Erregung u. elektrokardiograph. Registrierung des verlangsamten Herzrhythmus) wird an urethannarkotisierten Kaninchen festgestellt, daß alle untersuchten Substanzen in der angegebenen Dosierung zentral u. peripher cholinolyt. wirksam sind (mg/kg i.v.): *Diazil* (0,1 u. 0,2), *Methyldiazil* (0,05 u. 0,2), *Pentaphen* (1,3 u. 2,5), *Aprophen* (0,9 u. 1,5), *Diphacil* (1,8 u. 3,0) u. *Methyldiphacil* (1,0 u. 2,0). Die blockierende Wrkg. auf die zentralen cholinerg. Synapsen erfolgt in Dosen, welche auf die peripheren cholinreaktiven Syst. nicht oder wenig wirksam sind. Auch ist die zentrale cholinolyt. Wrkg. von etwas längerer Dauer als die periphere. E. RENTZ. 4620□

Untersuchung über die pharmakologischen Wirkungen des Methyl- und Äthylesters von γ-Butyrobetainchlorid. F. Chaillet, E. Philippot und J. Schlag. (Arch. int. Pharmacodynam. Thérap. **133.** 333—37. 1/10. 1961. Liège, Univ., Inst. de Thérap. expérim., Dep. de Pharmacodyn.) (Franz.)

Der *Methyl-* (I) u. *Äthylester* (II) von *γ-Butyrobetainchlorid* (III) sind Cholinergica; II besitzt eine stärkere Wrkg. als I. II u. das Äthylcarnitinat von III wirken nach gleichem Mechanismus auf die neuromuskuläre Übertragung u. zeigen an der narkotisierten Katze keine antagonist. Wirkung. K. ZINGRAF. 4620□

Vorwiegend antidepressiv wirkende Psychopharmaca bei psychiatrischer und internistischer Indikation. W. Pöldinger. (Helv. med. Acta **28.** 572—75. Sept. 1961. Luzern, Psychiatr. Klin. St. Urban.) (Dt.)

Die zur Behandlung der Depression verwandten Arzneimittel werden in 3 Gruppen eingeteilt: 1. Neuroleptica (Neuroplegica) zur Dämpfung der Angst u. der motor. Erregung: *Phenothiazin-Derivv.*, *Raubasin.* 2. Thymoleptica zur Aufhellung der Stimmungslage: *Imipramin* (*Tofranil*). *Amitriptylin* u. *Chlorprothixen* vereinigen die Wrkg. beider Gruppen in sich. 3. Thymerethica zur Lockerung der Hemmung von Motorik, Gedankenablauf u. vegetativen Funktionen: *Tranylcypromin, Phenitrazin, Iproniazid, Isocarboxazid, Nialamid, Phenelzin.* K. ZINGRAF. 4620□

Die Erhöhung der Toxizität des Monoaminooxydaseinhibitors durch Verfütterung von Schilddrüsen. Richard N. Carrier und Paul V. Buday. (Nature [London] **191.** 1107. 9/9. 1961. Kingston, R.I., Univ. of Rhode Island, Dep. of Pharmacol.) (Engl.)

♂ WISTAR-Ratten (normale Tiere: A) sowie durch 7tägige Fütterung mit getrockneter Schilddrüse hyperthyreoid gemachte Tiere (B) erhielten intraperitoneal zwischen 152,4 u. 187,5 mg *N-Methyl-N-benzyl-2-propinylaminhydrochlorid* (I)/kg injiziert. Die ungefähre DL_{50} wurde bei den A-Tieren nach einer graph. Meth. zu 183,5 ± 15,0 mg I/kg gefunden, während die B-Tiere bei der niedrigsten I-Dosis innerhalb von 2 Std. starben, so daß die Hyperthyreoidität die Letalität von I erheblich erhöhte. Die erhöhte Letalitätsrate von I in B könnte mit der direkten *Monoaminooxydase* (II)-Hemmung durch I erklärt werden. Daneben ist möglicherweise die I-Wrkg. mit den ähnlichen enzymat. in vivo-Effekten der Schilddrüsenverfütterung, einer akuten Freisetzung ungebundener *Brenzcatechinamine*, einer verminderten Resistenz gegen Stress u. einer Prädisposition für Thyrotoxikose verbunden. J. BOELTER. 4620□

Antagonismus zwischen Harmalin und lang wirkenden Monoaminoxydaseinhibitoren bei der Wirkung auf den 5-Hydroxytryptamin- und Noradrenalinstoffwechsel des Hirns. A. Pletscher und H. Besendorf. (Experientia [Basel] **15.** 25—26. 15/1. 1959. Basel, F. Hoffmann-La Roche & Co. Ltd., Med. Res. Dep.) (Engl.)

Intraperitoneale *Harmalin* (I)-Vorbehandlung von Ratten u. Mäusen hemmte den Anstieg von *5-Hydroxytryptamin* u. *Noradrenalin* im Gehirn, der durch 2 lang dauernd wirkende Monoaminoxydaseinhibitoren (1 Std. später; intraperitoneal), *Isonicotinsäureisopropylhydrazid* (*Iproniazid*) u. *L-Glutaminsäure-α-isopropylhydrazid*, hervorgerufen wurde. I-Injektion 6—8 Std. nach der Hydrazidzufuhr hatte kein Absinken des Monoamin-Geh. zur Folge. K. MAIER. 4620□

Über den Einfluß des Coffeins auf die Rückenmarkreflexe der Warmblüter. I. A. Semljanoi. (Бюллетень Экспериментальной Биологии и Медицины [Bull. exp. Biol. Med.] **51 (26).** Nr. 1. 63—67. Jan. 1961. Dnepropetrowsk, Univ., Lehrst. für Human- u. Tier-Physiolog.) (Russ.; Auszug: Engl.)

Nach i.v. Injektion von 1—10 mg/kg *Coffein* (I) kommt es bei Katzen zur 2phasigen Veränderung der flexor. (Musculus tibialis anterior), der extensor. (Musculus gastrocnemius) Rückenmarkreflexe u. der reziproken Inhibition: In der 1. Phase zur Verstärkung, in der 2. Phase zur starken Hemmung. Es ist anzunehmen, daß die Wrkg. des I in der 2. Phase nicht auf eine Verringerung der Erregbarkeit der motor. Zellen, sondern auf Veränderungen der synapt. Transmission oder funktionellen Veränderungen in den Neuronen beruht. I. v. KLOCH-KORNITZ. 4622□

Über den Einfluß von Morphin und Nalorphin auf den Gehalt an labilen Phosphorverbindungen im Gehirn. E. B. Aruschanjan. (Бюллетень Экспериментальной Биологии и Медицины [Bull. exp. Biol. Med.] **51 (26).** Nr. 1. 60—63. Jan. 1961. Leningrad, 1. Med. Pawlow-Inst., Lehrst. für Pharmakolog.) (Russ.; Auszug: Engl.)

Bei weißen Ratten kam es nach intraperitonealer Injektion von 40 mg/kg 1%ig. *Morphin* (I) zur Verringerung des *Kreatinphosphats* u. Vermehrung des anorgan. P im Gehirn. Der Geh. an *Adenosinphosphorsäure* blieb unverändert. Kombinierte Injektion von I u. 5 mg/kg 1%ig. *Nalorphin* (II) normalisierte die Veränderungen. Vagotomie bewirkte keine Veränderung des Geh. an labilen P-Verbindung. Die Vers.-Ergebnisse deuten auf einen Antagonismus zwischen I u. II als Zellfermente beim Kohlehydratstoffwechsel hin, bes. beim Glykolyseprozeß der *Hexokinase*.

I. v. KLOCH-KORNITZ. 4627 □

Über eine analgetische Wirksamkeit einiger Dioxolane. F. Melson. (Acta biol. med. german. [Berlin] **7.** 212—15. 1961. Jena, Friedrich-Schiller-Univ., Pharmakol. Inst.) (Dt.) — Vgl. C. **1961.** 16922.

Die *Dioxolane K 61* (*2-Äthyl-2-phenyl-4-hydroxymethyl-1.3-dioxolan*; I) u. *K 161* (*2-Methyl-2-p-chlorphenyl-4-hydroxymethyl-1.3-dioxolan*; II) wurden auf analget. Wrkg. an der Ratte untersucht. DL_{50} für I 1050 u. für II 850 mg/kg Maus. Es wurde mit 10% der DL_{50} eine deutlich analget. Wrkg. nachgewiesen. Kombination von I oder II mit *Amidopyrin* (100 mg/kg + 10% der DL_{50} I oder II) führte zur Potenzierung der analget. Wirkung. Die *Dioxolane* beeinflussen die Weiterleitung der Schmerzen im Rückenmark u. Hirnstamm.

D. SCHEUCH. 4627 □

Über den Einfluß von Hexobarbitursäure auf Sauerstoffverbrauch und Vulnerabilität des Gehirns. H. Hirsch, G. Grote und V. Schlosser. (Pflügers Arch. ges. Physiol. Menschen Tiere **272.** 247—53. 1961. Köln, Univ., Inst. für normale u. patholog. Physiol.) (Dt.)

Im Gegensatz zu den (mit der N_2O-Meth.) beim Menschen ermittelten Erniedrigungen des cerebralen O_2-Verbrauches während mittlerer (Erniedrigung um 30%) oder tox. (70%) Barbitursäuredosierungen erwies sich der cerebrale O_2-Verbrauch mit 4,50 ± 1,10 ml/100 g/min beim nichtnarkotisierten Hund nach 30 mg *Hexobarbital* (I) als nicht signifikant von der Norm verändert. Ebenso blieb die Zeit vom Beginn der Ischämie bis zum Erlöschen der spontanen Potentiale der Großhirnrinde u. die Erholungslatenz (Zeit vom Ende der Ischämie bis zum Erscheinen der ersten Spontanpotentiale) der Großhirnrinde bei der Katze unter dem Einfl. von 30 mg I/kg unverändert.

U. TAUSENDFREUND. 4627 □

Pharmakodynamische Wirkung von 0,1 g Phenyläthylbarbitursäure (Dormiral) auf die höhere Nerventätigkeit des Menschen, untersucht mittels der Methode der Laboratoriumssprache. Jan Hrbek, Z. Chaloupka, P. Sobotka, J. Neuwirt und T. Braun. (Acta Univ. Palackiane Olomucensis **15.** 277—86. 1958.) (Tschech.) — Vgl. auch C. **1962.** 9806.

Die Unters. der Wrkg. von 0,1 g *Luminal* ergibt 1 Std. nach der Verabreichung eine Vertiefung des Hemmungsprozesses mit erschwerter Fixierung neuer Sprach-Verb.; nach 2 Std. ist die Fixierung noch erschwert, außerdem sind bei der Mehrzahl der Vers.-Personen die Latenzen deutlich verlängert. R. K. MÜLLER. 4627 □

Pharmakodynamische Wirkung von 0,1 g 5.5-Diphenylhydantoin (Sodanton) auf die höhere Nerventätigkeit des Menschen, untersucht durch die Methode der Laboratoriumssprache. Jan Hrbek, J. Neuwirt, P. Sobotka und Z. Chaloupka. (Acta Univ. Palackiane Olomucensis **15.** 287—96. 1958.) (Tschech.) — Vgl. vorst. Referat.

In Verss. mit 0,1 g *5.5-Diphenylhydantoin* (*Sodanton*; I) erweist sich I auch im akuten Vers. als wirksam. Bei der Mehrzahl der Vers.-Personen bewirkt I eine deutliche u. allseitige Verschlechterung der höheren Nerventätigkeit, die durch Verstärkung des Hemmungsprozesses in der Hirnrinde, bes. 2 Std. nach Verabreichung von I gek. ist.

R. K. MÜLLER. 4628 □

Untersuchung des Einflusses einiger neuer Homoneurinderivate und anderer quartärer Ammoniumsalze auf die neuromuskuläre Erregbarkeit beim Frosch. Petre Jitaru und Napoleon Topală. (An. ştiinţ. Univ. „Al. I. Cuza" Iaşi, Sect. II [N. S.] **2.** Nr. 2. 1—25. 1956. Univ. „Al. I. Cuza", Labor. de Fiziol. anim. şi a omului.) (Rum.)

Chinindihomoneurinbromid, *Codeinhomoneurinbromid*, *Trimethylfluorenyl-(2)-ammoniumchlorid* u. *Carbamoyl-N-octylpyridiniumchlorid* ($C_{14}H_{23}ClN_2O$) wirken curarisierend, u. zwar ist ihre Wrkg. peripher u. zeigt sich an den motor. Plättchen u. an den quergestreiften Muskeln, deren Erregbarkeit herabgesetzt wird. Dagegen wird bei den angewandten Dosen die nervöse Erregbarkeit nicht merklich beeinflußt, auch nicht die reflektor. Zentren des Rückenmarks u. die höheren Niveaus. *Nicotinhomoneurinjodid* ($C_{16}H_{24}J_2N_2$) wirkt in den angewandten Dosen nicht curarisierend. *Cocainhomoneurinbromid* ($C_{20}H_{26}BrNO_2$) bewirkt, auf den Nerv aufgebracht, zuerst Steigerung der Erreg-

barkeit, dann lokale Parabiose, beim Muskel Steigerung der Erregbarkeit in den ersten Min., dann Abnahme unter die Norm; auf das Zentralnerven-Syst. wirkt es analgetisch.
R. K. MÜLLER. 4628 □

Untersuchung der Wirkung von Chinindihomoneurinbromid auf den Herz-Gefäß-Apparat beim Hund. P. Jitaru, E. Alexa und N. Topală. (An. ştiinţ. Univ. „Al. I. Cuza" Iaşi, Secţ. II [N. S.] **2.** Nr. 2. 27—37. 1956.) (Rum.) — Vgl. vorst. Referat.

Chinindihomoneurinbromid (**I**) wirkt in Verss. am Hund curarisierend. Die optimale Dosis für völlige Muskellähmung ohne Atmungshemmung beträgt 8 mg/kg. Der arterielle Druck sinkt nach 23 Sek. etwas, kehrt aber spätestens nach 4 Min. zur Norm zurück. **I** verstärkt den Sinusrhythmus u. bewirkt deutliche Tachycardie von $>$1 Std. Dauer; das Verschwinden der Atmungsarrhythmie ist der Dosis proportional; vermutlich liegt eine Verminderung des Vagustonus oder Sympathicusreizung zugrunde. I.v. führt **I** zu geringen u. unbeständigen Änderungen des EKG ohne Schädigung der Elektrogenese des Herzens oder des Coronarkreislaufs. Eine breite Anwendung von **I** als Curaremittel erscheint möglich. — 3 Tafeln.
R. K. MÜLLER. 4628 □

Antikonvulsive Wirkung von vier neuen Halbacetalen. R. J. Girerd, B. Regenbogen und D. M. Green. (Rev. canad. Biol. **16.** 394—97. Aug. 1957. New York, N.Y., Nepera Chem. Comp., Yonkers.) (Franz.)

4 Halbacetale, *1.1'-[3-(o-Tolyloxy)-propylendioxy]-bis-[2.2.2-trichloräthanol]* (**I**; *NC 1318*), *1.1'-[3-Phenoxypropylendioxy]-bis-[2.2.2-trichloräthanol]* (**II**; *NC 1428*), *2.2.2-Trichlor-1-[1-äthyl-1-methylpropin-(2)-oxy-(1)]-äthanol* (**III**; *NC 1457*), *2.2.2-Trichlor-1-[1.1-dimethylpropin-(2)-oxy-(1)]-äthanol* (**IV**; *NC 1541*) werden auf ihre antikonvulsive Wrkg. geprüft gegen Strychnin (**V**), Picrotoxin (**VI**) u. Pentylentetrazol (**VII**). **I** u. **II** wirken als Skelettmuskulaturrelaxantien gegen **V**, **VI** u. **VII**. **III** u. **IV** wirken nur gegen **VI** u. **VII** u. erhöhen dagegen die Wrkg. von **V**.
W. HOLLAND. 4628 □

Mechanismus der Wirkung von Diphacil (Spasmolytin) auf die Funktion der Nebennierenrinde. A. N. Posskalenko. (Бюллетень Экспериментальной Биологии и Медицины [Bull. exp. Biol. Med.] **51** (**26**). Nr. 3. 76—79. März 1961. Leningrad, San.-Hyg. Med. Inst., Lehrstuhl für Pharmakol.) (Russ.; Auszug: Engl.)

Verss. an 17 männlichen weißen Ratten ergaben, daß *Diphacil* (**I**; 20—50 mg/kg intraperitoneal) am intakten Tier die Aktivität der Nebennierenrinde steigert (Abnahme des Ascorbinsäure-Geh. in der Nebennierenrinde, Eosinopenie im peripheren Blut), nicht jedoch am hypophysektomierten Tier. **I**-*Jodäthylat* ruft keine statist. gesicherte Zunahme der Aktivität der Nebennierenrinde hervor. Unter *Proserin* nimmt die **I**-Wrkg. auf das hypophysär-adrenale Syst. ab. Aus den Verss. wird geschlossen, daß **I** im Gebiet der zentralen cholinerg. Synapsen angreift (Abgabe von 17-Hydroxycorticosteroid ins Blut infolge Stimulierung der ACTH-Produktion).
E. RENTZ. 4628 □

Wirkung von Reserpin auf die Nebennierenrinde des Affen Macacus sylvanus L. C. Girod. (C. R. Séances Soc. Biol. Filiales **155.** 1628—30. 1961. Alger, Fac. de Méd., Labor. d'Histol. et Embryol.) (Franz.)

Vf. stellte fest, daß an ausgewachsene ♂ u. ♀ Affen (*Macacus sylvanus* L.) verabfolgtes *Reserpin* (**I**; Dosis: 250 µg/kg pro Tag 12 Tage lang) eine Hypertrophie der Nebenniere u. eine Vergrößerung der Nebennierenrinde verursacht; gleichzeitig macht sich eine Anhäufung an *Glykogen*-Körnchen in der Zona glomerulosa der Rinde bemerkbar. Diese Ergebnisse deuten auf eine Aktivierung der Hypophysen–Nebennierenrinden-Achse hin.
H. KOCKERT. 4630 □

Eine vergleichende Untersuchung über die coronardilatatorische Wirkung von Aminophyllin und Papaverin. F. C. Lu. (Rev. canad. Biol. **16.** 390—93. Aug. 1957. Ottawa, Dep. of Nat. Health and Welfare, Food and Drug Labor.) (Engl.)

Papaverin ist ca. 16mal so wirksam wie *Aminophyllin* als Coronardilatator. Die maximal erzielbare Wrkg. ist jedoch bei beiden Stoffen fast gleich, vermutlich weil sie durch die Erweiterung der Gefäße begrenzt ist.
W. HOLLAND. 4630 □

Wirkung des Ajmalins auf die Herzvorkammer- und Ventrikelarhythmie bei Hunden. E. I. Gendenstein. (Бюллетень Экспериментальной Биологии и Медицины [Bull. exp. Biol. Med.] **51** (**26**). Nr. 4. 71—75. April 1961. Charkow, Chem.-Pharmakolog. Forschungsinst., Labor. für Pharmakol. u. Mikrobiol.) (Russ.; Auszug: Engl.)

Die i.v. Injektion von 5—12 mg/kg *Ajmalin* (1 mg/kg/min) erwies sich bei Hunden mit experimenteller Hervorkammer- u. Ventrikelarhythmie als wirksames Mittel.
I. v. KLOCH-KORNITZ. 4630 □

Wirkung einiger Tubulushemmstoffe auf die Harnausscheidung von Sulfaten. A. Kasanen, I. Häkkinen, T. Vanha-Perttula und K. Hartiala. (Ann. Med. exp.

Biol. fenn., Suppl. **39.** Nr. 2. 124—31. 1961. Turku, Univ. of Turku, Dep. of Physiol.; Med. Clin.) (Engl.)

Durch therapeut. Dosierungen von *Thiomerin* (als *Hg-Diureticum*), *Acetazolamid* (*Diamox*), *p-Aminohippursäure* oder *Probenecid* (**I**; *Synergid*) kommt es zu keiner Veränderung der Ausscheidung von *anorgan.* SO_4; lediglich mit **I** gelingt eine Steigerung der täglichen Ausscheidung von *organ.* SO_4 (von durchschnittlich 0,91 auf 1,31 g). Auf Grund dieser Verss. kann bestätigt werden, daß SO_4 vollständig durch die Glomeruli filtriert wird. Die Wrkg. von **I** läßt sich durch eine Verringerung der organ. SO_4-Rückresorption erklären; die Rückresorption von anorgan. u. organ. SO_4 hängt von verschiedenen tubulären Mechanismen ab. — Die gleiche Wrkg. dürfte **I** gegenüber *Harnsäure* entfalten, welche auch bei hohen Plasmawerten noch rückresorbiert zu werden pflegt.
U. TAUSENDFREUND. 4634 □

Diureseversuche mit wasserlöslichen organischen Wismutverbindungen an Hunden. O. Heidenreich und W. Schneider. (Naunyn-Schmiedebergs Arch. exp. Pathol. Pharmakol. **238.** 245—57. 1960. Freiburg/Br., Univ., Pharmakol. Inst.) (Dt.)

Vff. untersuchten an Hunden die diuret. Wrkg. von Bi–NH_4-Citrat u. zwei neuen wasserlösl. Bi-Verbb. (*Bi-Colamincitrat* u. *Bi–Na-Salz* der *α-Hydroxy-α-phosphonopropionsäure*). Es wird eine Diurese infolge Hemmung der Resorption des Na u. des Cl^- festgestellt. 2—3 mg Bi/kg setzten die tubuläre Resorption von Cl^- auf einen Mittelwert von **86,7** $\pm$ **3,3%** (tiefster Einzelwert 81,5%) herab. Damit zählen die Bi-Verbb. zu den bisher wirksamsten Diureticis. Theophyllin führt zu keiner Verstärkung der Diurese, sondern wirkt in zeitlichem Abstand gesondert. K.-H. LOHS. 4634 □

Untersuchungen über den Angriffsort und die Wirkungsweise diuresefördernder Wismutverbindungen. O. Heidenreich und W. Schneider. (Naunyn-Schmiedebergs Arch. exp. Pathol. Pharmakol. **238.** 258—69. 1960. Freiburg/Br., Univ., Pharmakol. Inst.) — Vgl. vorst. Referat.

Der Wrkg.-Ort von *Na–Bi-α-Hydroxy-α-phosphonopropionat* liegt in der Niere; BAL unterbricht die diuret. Wrkg. sofort. Metabol. Alkalose macht infolge des niedrigen pH-Wertes die diuret. Wrkg. der Bi-Verbb. zunichte. K.-H. LOHS. 4634 □

Vergleichende Untersuchungen über die toxischen Eigenschaften von diuretisch wirkenden Wismutverbindungen und von Salyrgan. O. Heidenreich, E. Reus und W. Schneider. (Naunyn-Schmiedebergs Arch. exp. Pathol. Pharmakol. **238.** 270—80. 1960. Freiburg/Br., Univ., Pharmakol. Inst.) (Dt.) — Vgl. vorst. Referat.

Vff. zeigen, daß Salyrgan 6mal tox. ist als *Na–Bi-α-Hydroxy-α-phosphonopropionat.* Die untersuchten Bi-Verbb. waren sämtlich lokal besser verträglich als *Salyrgan.* Da jedoch schon 4 mg Bi/kg das Reizleistungs-Syst. des Herzens deutlich schädigen, ist die therapeut. Anwendung der neuen Bi-Diuretica in Frage gestellt. K.-H. LOHS. 4634 □

Die Salze der Caprylsäure als antifungöse Verbindungen. M. F. Gamalija. (Мікробіологічний Журнал (Київ) [Mikrobiol. J. (Kiew)]) **23.** Nr. 6. 49—53. 1961. Kiew, Univ., Lehrstuhl für Mikrobiol. u. Antibiotica.) (Ukrain.; Auszug: Russ.)

In Verss. mit den *Caprylaten* von *Na* (**I**), NH_4 (**II**), *Ca, Zn, Cu, Co* u. *Hg* wurde festgestellt, daß gegenüber verschiedenen *Candida*-Arten **I** u. **II** die stärkste hemmende Wrkg. ausüben. Am stärksten ist die Wrkg. von **I** u. **II** beim pH 3—4. **II** ist in einem breiteren pH-Bereich wirksamer als **I**. Bei der Aufbewahrung von **I** u. **II** in Form von Pulver bleibt die Aktivität von **I** u. **II** monatelang erhalten. **I** ist im Tier-Vers. wenig toxisch. Die DL_{50} gegenüber weißen Mäusen beträgt 500 mg/kg Körpergewicht. Die klin. Erprobung u. mikrobiolog. Prüfung zeigt, daß **I** ein wirksames Mittel bei der Behandlung von Candidosen der Rachenschleimhaut des Menschen ist. O. LEBTAG. 4661 □

Die Nierenfunktion bei akuter Barbitursäurevergiftung beleuchtet mit der Kreatininclearance. Grethe Paerregaard. (Ugeskr. Laeger **118.** 778—82. 5/7. 1956. Bispebjerg, Hosp., Psykiatr. Afd. u. Centrallabor.) (Dän.)

Bei akuter *Barbitursäure*-Vergiftung ist die Anzahl der an akuter Niereninsuffizienz Sterbenden von 1950 bis 1954 erheblich gestiegen. Wenn die Werte der *Kreatinin*-Clearance in den ersten vier Tagen unter 10 ml/min absinken, so kann mit der Entw. einer akuten Niereninsuffizienz gerechnet werden. K. ZINGRAF. 4675 □

Erfahrungen mit Megimid bei der Behandlung der Barbitursäurevergiftung. Asger Louw und Lass M. Sonne. (Ugeskr. Laeger **118.** 761—68. 5/7. 1956. Bispebjerg, Hosp., Afd. E.) (Dän.)

24 Fälle schwerer *Barbitursäure*-Vergiftung wurden durch i.v. Dauertropf von *Megimid* wiederhergestellt (starke Anregung der Reflexaktivität u. der Atmung, aber keine Abkürzung der Comadauer oder der Barbituratausscheidung aus dem Blut). Im EEG war die Wiederherstellung der Aktivität schon nach 5—8 Min. zu beobachten. Nebenwirk.: Krämpfe, Verwirrung, Halluzinationen. K. ZINGRAF. 4675 □

Psychosen nach Barbitursäureantidot. Megimid (Glutamisol). J. Kjaer-Larsen. (Ugeskr. Laeger **118.** 768—73. 5/7. 1956. Bispebjerg, Hosp., Psykiatr. Afd.) (Dän.)

Bei 15 von 50 Patienten, die wegen akuter *Barbitursäure* (I)-Vergiftung mit *Glutamisol* (*Megimid*) behandelt wurden, traten Psychosen, bei 16 Krämpfe auf. Die Beziehungen dieser Nebenwrkg. zur I-Gewöhnung oder zur länger dauernden Anwendung von I werden diskutiert. K. Zingraf. 4675□

Über die Weckwirkung von Barbitursäureantidoten bei Allypropymalvergiftung. Jeppe Pedersen. (Ugeskr. Laeger **118.** 773—75. 5/7. 1956. Bispebjerg, Hosp., Afd. E.) (Dän.)

Bei Patienten mit *Allypropymal* (I)-Vergiftung verkürzte die Behandlung mit *Megimid* (Glutamisol) oder *Daptazol* (Amphisol) die Comadauer u. die Ausscheidung von I nicht; auch erwachten die behandelten Patienten nicht bei höheren I-Konzz. im Blut als die unbehandelten, dagegen war bei ihnen eine geringere Menge Blut, Trockenserum oder Intradex zur Schockbehandlung erforderlich. K. Zingraf. 4675□

Die Wirkung von Barbitursäureantidoten auf die Atemlähmung. Carl Clemmesen. (Ugeskr. Laeger **118.** 776—78. 5/7. 1956. Bispebjerg, Hosp., Psykiatr. Afd.) (Dän.)

Von 7 Patienten mit Atemlähmung im Verlauf einer *Barbitursäure*-Vergiftung konnten 5 durch *Glutamisol* + *Amphisol* gerettet werden. Nebenwrkg.: Krämpfe, Verwirrung, Halluzinationen. K. Zingraf. 4675□

Morphinvergiftung behandelt mit Anarcon. Mogens Nimb und Lass M. Sonne. (Ugeskr. Laeger **118.** 783—84. 5/7. 1956. Bispebjerg, Hosp., Psykiatr. Afd.) (Dän.)

Bericht über einen Patienten mit *Morphin*-Vergiftung (wahrscheinlich Sucht), welche mit 8 mg *N-Allylnormorphin* (*Anarcon*) i.v. mit Erfolg bekämpft wurde. K. Zingraf. 4675□

Ketogan-Vergiftungen, behandelt mit Anarcon (N-Allylnormorphin). 2 Fälle. A. Colding und Jacob Overgaard. (Ugeskr. Laeger **118.** 784. 5/7. 1956. Frederiksberg, Hosp., Anaestesiol. Afd.) (Dän.)

In 2 Fällen von *Ketogan*-Vergiftung zeigte *Anarcon* eine prompte Wrkg. als spezif. Antidotum u. beseitigte die Atemlähmung. K. Zingraf. 4675□

Die Wirkung von Kieselsäurepartikeln auf die Esterase und die saure Phosphatase in Makrophagen. Ian Webster, M. Melamed und D. E. Munday. (Med. del Lavoro **52.** 481—86. Aug./Sept. 1961. Johannesburg, South African Inst. for Med. Res.) (Ital.)

Makrophagen (Peritoneum u. Lunge von Mäusen) werden mit Quarz bzw. Tridymit inkubiert. Histochem. wird gezeigt, daß hierdurch die Aktivitäten von *unspezif. Esterase* (I) u. *saurer Phosphatase* gehemmt werden. — Die Lysis von Makrophagen nach Phagocytose von SiO_2 kann daher nicht, wie mitunter behauptet wird, auf einem I-Anstieg beruhen. P. Loch. 4681□

Einfluß von 1.1.1-Trichloräthandämpfen auf den Menschen. Beziehung von ausgeatmeter Luft und Blutkonzentration zur Exposition und Toxizität. Richard D. Stewart, Harold H. Gay, Duncan S. Erley, Carl L. Hake und Arnold W. Schaffer. (Amer. ind. Hyg. Assoc. J. **22.** 252—62. Aug. 1961. Midland, Mich., Dow Chem. Co.) (Engl.)

Mittels IR-Spektrometrie von Blut u. ausgeatmeter Luft wird der Geh. an *1.1.1-Trichloräthan* (I) bestimmt. Die Atem-Konz. $^1/_2$—3 Std. nach der I-Exposition gibt eine exponentielle Kurve, aus der sich Aufenthaltsdauer u. die atmosphär. Konz. an I ersehen lassen. — Urobilinogen-Best. im Harn spiegeln am besten die durch I hervorgerufene Leberschädigung wieder. — Die Unterss. zeigen, daß die Toleranzgrenze von 500 ppm gerechtfertigt ist. P. Loch. 4681□

F. Pharmazeutische Chemie. Desinfektion

Über infraspezifische chemische Variabilität bei einigen Dryopteris-Arten. R. Hegnauer. (Pharmac. Acta Helvetia **36.** 21—29. Jan./März 1961. Beil. zu: Schweiz. Apotheker-Ztg. Leiden, Holland, Reichsuniv., Pharmazeut. Labor.) (Dt.)

Übersicht über die Phloroglucide der Rhizome von 28 *Dryopteris*-Arten u. 2 Handelsmustern von *Dryopteris filix-mas*, bes. über deren papierchromatograph. Auftrennung. E. Lück. 4782□

Alstonia-Arten als Arzneipflanzen. I. Esdorn. (Pharmac. Acta Helvetiae **36.** 6—9. Jan./März 1961. Beil. zu: Schweiz. Apotheker-Ztg. Hamburg, Univ., Inst. für angew. Botanik.) (Dt.)

Übersicht über die Inhaltsstoffe (2 Hauptalkaloide *Echitamin* u. *Alstonin*) u. die Anwendung verschiedener Alstonia-Arten als Mittel gegen Fieber u. Malaria sowie als Anthelminticum. — 15 Literaturangaben. E. Lück. 4782□

Tagesschwankungen des Glycosidgehaltes der Blätter von Digitalis purpurea L. J. M. Rowson. (Pharmac. Acta Helvetiae **36.** 69—73. Jan./März 1961. Beil. zu: Schweiz. Apotheker-Ztg. Bradford, England, Inst. of Technol., Dep. of Pharm.) (Engl.)

Der Geh. an Gesamtglykosiden (**I**) der Grundblätter des ersten Jahres von *Digitalis purpurea* zeigte einen Variations-Koeff. von ca. 10% zwischen Pflanzen desselben Klons. Zwischen am späten Nachmittag u. am Vormittag geernteten Blättern zeigten sich keine Unterschiede im Geh. an **I**. E. LÜCK. 4782 □

Botanische Klassifizierung und Alkaloidvorkommen in der Gattung Lobelia. F. Kaczmarek und E. Steinegger. (Pharmac. Acta Helvetiae **34.** 413—29. Okt. 1959. Beilage zu: Schweiz. Apotheker-Ztg. Bern, Univ., Pharmazeut. Inst., Pharmakognost. Abt.) (Dt.)

Von 28 Arten aus der Gattung *Lobelia* wurde der Total-Alkaloid (**I**)-Geh. bestimmt u. ein charakterist. Papierchromatogramm der **I** für jede Art angefertigt. Art u. Menge der vorkommenden **I** wird als physiolog. Kennzeichen der einzelnen Arten gewertet u. mit der Systematik der Lobelia-Arten verglichen. Während der Total-**I**-Geh. Zusammenhänge mit der botan. Systematik zeigt, stimmt die **I**-Zus. nur selten mit ihr überein. An Hand der Ergebnisse wird eine Einteilung der Arten in chem. Gruppen vorgenommen. W. SCHÖNBORN. 4782 □

Über die Haltbarkeit der Mutterkornalkaloide. 4. Mitt. **Lichteinwirkung auf die Alkaloide der Droge.** Pekka Heinänen, Irma-Sirkka Ojala und Jorma Riihimäki. (Farmaseuttinen Aikakauslehti [Farmac. Notisbl.] **69.** 275—85. Nov. 1960.) (Finn.) — **3.** vgl. C. **1961.** 4089.

Beim Aufbewahren in evakuierten Ampullen in direktem Sonnenlicht sinkt der *Ergotamin* (**I**)-Geh. der Sklerotien bzw. des entfetteten Drogenpulvers des Mutterkorns nach 11 Wochen um 18 bzw. 29%, in fetthaltigem Drogenpulver dagegen um ca. 61%. Der *Ergotaminin*-Geh. steigt im allg. allmählich an. Im UV-Licht erfolgen die Veränderungen rascher als im Sonnenlicht. In fett- u. feuchtigkeitshaltigem Drogenpulver ist der **I**-Verlust wesentlich höher, z. B. nach 12std. Bestrahlung 40%, wobei der Einfl. der Feuchtigkeit stärker ist als der Einfl. des Fettes. S. BECKMANN. 4782 □

Rheologische Untersuchungen mit Dispersionen von kolloidem Magnesium-Aluminiumsilicat (Veegum ®) in Wasser. 1. Mitt. Hans Vogt. (Pharmaz. Ind. **23.** 331—34. Juli 1961. Karlsruhe, TH, Pharmazeut.-Chem. Inst.) (Dt.)

Erhöht man den Feststoff-Geh. einer Mg-Al-Silicat/W.-Dispersion [Veegum ® (**I**), techn.] von 3 auf 12%, so nimmt die Quasiviscosität (η_Q) um mehr als das 700fache zu. Nach 3std. Erwärmung von **I** liegen die η_Q-Werte etwas höher. Bei **I**, pharmazeut. 5%ig. Dispersion, hat eine 3std. Erwärmung auf 160° rheolog. keinen Einfl. auf die Aufquellfähigkeit. Erst bei Erhitzen auf 1000° geht das Gel-Bldg.-Vermögen wegen Dehydratisierung des Silicats verloren. D. BORRMANN. 4786

Über die Anwendung von Lösungsvermittlern. István Éllő. (Gyógyszerészet [Pharmazie] **1.** 147—51. Okt. 1957. Budapest, Egészségügyi Miniszt., Müszaki Fejlesztési Oszt.) (Ung.)

Nach Betrachtung der physikal. Grundlagen wird die Anwendbarkeit der Polyäthylenglykolester in der galen. Praxis an einigen Beispielen dargestellt. P. HAJDU. 4786 □

Zur Interpretierung von Fließkurven. K. Steiger-Trippi und A. Ory. (Pharmac. Acta Helvetiae **36.** 205—18. Jan./März 1961. Beil. zu: Schweiz. Apotheker-Ztg. Zürich, ETH, Pharmaz. Inst., Galen. Abt.) (Dt.)

Eine Formel zur zahlenmäßigen Erfassung der mit dem EPPRECHT-Rheomat 15 bestimmten Fließkurven viscoser Fll. (Emulsionen, Suspensionen u. ähnliche Arzneizubereitungen) wurde abgeleitet, diskutiert u. durch prakt. Beispiele belegt. E. LÜCK. 4790 □

α-Diäthylaminoacetoxylidid-(2.6), ein neues hervorragendes Lokalanaestheticum. József Nagy. (Gyógyszerészt [Pharmazie] **1.** 169—71. Okt. 1957. Budapest, Gyógyszertári Központ.) (Ung.)

Übersicht über die Eigg., Herst. u. therapeut. Anwendung von *Lidocain* (*Xylocain*). P. HAJDU. 4806 □

17-Hydroxydehydrocorticosteron. József Nagy. (Gyógyszerészet [Pharmazie] **1.** 172—73. Okt. 1957. Budapest, Gyógyszertári Központ.) (Ung.)

Übersicht über die Eigg. u. therapeut. Anwendung von Cortison. P. HAJDU. 4808 □

Extractum suprarenale corticis aquosum. József Nagy. (Gyógyszerészet [Pharmazie] **1.** 171—72. Okt. 1957.) (Ung.)

Beschreibung des Handels-Präp. *Cortigen* mit der allg. Darst. der Wrkg. des Nebennierenrindenextraktes. P. HAJDU. 4808 □

Methoden der Blutkonservierung. János Perkedi und Tivadar Tax. (Gyógyszerészet [Pharmazie] **1.** 140—41. Sept. 1957. Budapest, Orvostovábbképző, Int., Vérellátó Osz.) (Ung.)

Zusammenfassung über die Veränderungen in Blutkonserven während der Lagerung, über ihre Prüfung u. Stabilisierung. — 14 Literaturangaben. P. HAJDÚ. 4812 □

Der Nachweis von Terpinylacetat in ätherischen Ölen. D. van Os und F. H. L. van Os. (Pharmac. Acta Helvetiae **36.** 170—75. Jan./März **1961.** Beilage zu: Schweiz. Apotheker-Ztg. Groningen, Univ., Labor. für Pharmakogn. u. galen. Pharmazie.) (Dt.)

Die Meth. vieler Arzneibücher zum Nachw. von *Terpinylacetat* (I) in äther. Ölen als einer Verfälschung sind weniger exakt als die Meth. von SCHIMMEL. Dieses Verf. wurde dahingehend modifiziert, daß die zur Verseifung der Ester notwendige Menge an 0,5n.alkohol. KOH erhöht wurde. Ein Zusatz von 2,5% I ist ohne Schwierigkeiten nachweisbar. E. LÜCK. 4818 □

Beitrag zur Prüfung und Normung von Oleum Menthae mittels Dünnschichtchromatographie. R. Jaspersen-Schib. (Pharmac. Acta Helvetiae **36.** 141—52. Jan./März 1961. Beil. zu: Schweiz. Apotheker-Ztg. Zürich, ETH, Pharmaz. Inst., Pharmakognost. Abt.) (Dt.)

Verfälschungen von *Oleum Menthae piperitae*, bes. solche mit *Oleum Santali*, lassen sich durch Dünnschichtchromatographie mit Bzl.-Äthylacetat (19:1) oder Hexan schnell nachweisen. Die R_F-Werte für den gleichen Stoff auf verschiedenen Chromatogrammen sind nicht konst., wohl aber die Verhältnisse aller R_F-Werte der verschiedenen Stoffe. E. LÜCK. 4818 □

Neue physikalische Sterilisierverfahren mit Verwendung von Strahlenwirkungen. András Vincze. (Gyógyszerészet [Pharmazie] **1.** 130—35. Sept. 1957. Budapest, Egyesült Gyógyszer- és Tápszergyár.) (Ung.)

Allg. Übersicht über die antimikrobielle Wirksamkeit der IR-, UV-, Ultraschall-, Hochfrequenz- u. ionisierenden Strahlungen bzgl. deren Anwendbarkeit in der galen. Pharmazie. — 12 Literaturangaben. P. HAJDÚ. 4832 □

Beiträge zur Gestaltung einiger Pharmakopöe-Reinheitsprüfungen. 1. Mitt. L. Mittelmann und S. Mayer. (Pharmac. Acta Helvetiae **36.** 153—69. Jan./März 1961. Beil. zu: Schweiz. Apotheker-Ztg. Bern, Univ., Pharmaz. Inst., Galen. Abt.; Eidgenöss. Pharmakopöelabor.) (Dt.)

Vorschläge für die Gestaltung der Arzneibuchprüfungen auf NH_4^+, Ba^{2+}, Pb^{2+}, Ca^{2+}, Fe^{2+}, K^+, Mg^{2+}, Na^+, Schwermetalle, Cl^-, NO_2^-, NO_3^-, PO_4^{3-} u. SO_4^{2-}. E. LÜCK. 4880 □

Bestimmung von Quecksilber(II)-Oxycyanid nach der Bromcyanmethode von Schulek. György Élő, György Szász, Vera Bányai und Antal Végh. (Gyógyszerészet [Pharmazie] **1.** 161—62. Okt. 1957. Budapest, Orvostud. Egyetem, Gyógyszerészi Kémiai Int.) (Ung.)

Die Best. von HgO u. $Hg(CN)_2$ nebeneinander aus einer Einwaage wird beschrieben. Aus einem 10 ml aliquoten Anteil der 1% ig. Stamm-Lsg. wird zuerst der $Hg(CN)_2$-Geh. ermittelt, daraufhin aus einem anderen, nach Zugabe von KCN u. Zerstörung des Überschusses mit HCHO, die Summe von HgO u. $Hg(CN)_2$. Die Beleganalysen stimmen gut mit den nach Vorschriften des ung. Arzneibuches geprüften überein. P. HAJDÚ. 4880 □

Analyse von Anästhesie-Gemischen durch Gaschromatographie. E. R. Adlard und D. W. Hill. (Nature [London] **186.** 1045. 25/6. 1960. Chester, „Shell" Res. Ltd., Thornton Res. Center; London, Royal Coll. of Surg. of England, Res. Dep. of Anästh.) (Engl.)

Vff. trennen gaschromatograph. Anästhesiegemische permanenter Gase u. organ. Dämpfe. Sie verwenden zur Trennung von O_2 u. N_2 eine 12 in. lange Säule mit einem Innendurchmesser von $^1/_4$ in., die mit dem Mol.-Sieb 5A der Fa. LINDE gefüllt ist. Sind CO_2 u. N_2O anwesend, trennen sie das Gasgemisch bei Raum-Temp. in einer 24 ft. langen Säule (Innendurchmesser: $^1/_4$ in.) mit einer stationären Phase aus Schamotte u. 28,6% Propylencarbonat. Noch besser trennt in diesem Fall eine 20 ft. lange Säule, deren Füllung aus Schamotte u. 20% Dimethylsulfoxid besteht. Sind Ae. u. Fluothane anwesend, wird parallel zur Dimethylsulfoxidsäule eine zweite, 2 ft. lange Säule mit einem Innendurchmesser von $^1/_4$ in. verwendet, die ein Gemisch aus Schamotte u. 15% Dinonylphthalat enthält. Verf. u. App. werden kurz beschrieben. D. AUMANN. 4880 □

Beiträge zur Analytik von Sympetamin (Sympatol, Sympathomim). Anna Kovách. (Gyógyszerészet [Pharmazie] **1.** 162—63. Okt. 1957. Budapest, Orsz. Közegészségügyi Int.) (Ung.)

Vorschrift zur Best. von *α-[4-Hydroxyphenyl]-β-methylaminoäthanol-(1)* in stark saurer Lsg. auf bromatometr. Wege. Da das in der Injektions-Fl. vorhandene Na-Bisulfit ebenfalls Br verbraucht, muß dessen Menge jodometr. extra ermittelt u. vom $Na_2S_2O_3$-Verbrauch abgezogen werden. P. Hajdú. 4880 □

Beitrag zum Nachweis einiger langwirkender Sulfonamide. Vorl. Mitt. I. Tschudi-Steiner und G. Tranow. (Pharmac. Acta Helvetiae **36.** 181—85. Jan./März 1961. Beil. zu: Schweiz. Apotheker-Ztg. Basel, Univ., Pharmaz. Anst.) (Dt.)

Es werden Rkk. zum Nachw. folgender Langzeitsulfonamide angegeben: Sulfamethoxypyridazin, Sulfadimethoxyn, Sulfaphenazol u. Sulfamethyldiazin. Der Nachw. erfolgt über die Schiffschen Basen auf fluorescenzmkr. Wege. E. Lück. 4880 □

Chromatographie und Elektrophorese der Flavonoide. R. Paris. (Pharmac. Acta Helvetiae **36.** 176—80. Jan./März 1961. Beil. zu: Schweiz. Apotheker-Ztg. Paris, Univ., Fac. der Pharm., Labor. de Matière Méd.) (Franz.)

Übersicht. — 12 Literaturangaben. E. Lück. 4880 □

Die spektrophotometrische Bestimmung der Barbiturate. 2. Mitt. Zur Chemie und Analytik der Schlafmittel. Karl-Heinz Beyer. (Dtsch. Apotheker-Ztg. **101.** 385—87. 6/4. 1961. Berlin, Landesanst. für Lebensmittel-, Arzneimittel- u. gerichtl. Chem.) (Dt.) — 1. vgl. C. **1961.** 1289.

Nach kurzer Erläuterung der physikal. Grundlagen der Spektrophotometrie werden die UV-Spektren der Barbiturate (B) im alkal. Medium gemessen (Abb.). Auf diese Weise lassen sich 3 Gruppen — die Thiobarbiturate, die „normalen" u. die N-methylierten B — unterscheiden. Zur näheren Identifizierung sind andere Meth. erforderlich (vgl. C. **1951.** I. 1488 u. C. **1957.** 13429). Es werden Maxima u. Minima von Allylisopropyl-, Cyclopentenylallyl-, N-Methyl-β-bromallylisopropyl-, N-Methylcyclohexenylmethyl-, Phenyläthyl-, Cycloheptenyläthyl-, Äthylcrotyl-, Isopropylbromallyl-, Butylbromallyl-, Cyclohexenyläthyl-, N-Methylphenyläthyl-, Allylisobutyl- u. Diäthylbarbitursäure angegeben u. auf die Möglichkeit hingewiesen, durch Auswertung der Extinktionswerte des Maximums mit Hilfe einer Eichkurve quant. Aussagen zu machen. E. H. Goeckel. 4880 □

Quantitative refraktometrische Bestimmung der Barbitursäurederivate. 3. Mitt. Bestimmung und Identifizierung des Na-5.5-Diäthylbarbiturats. Mária Ralcseva Mincsevné. (Gyógyszerészet [Pharmazie] **4.** 344—47. Sept. 1960. Budapest, Med. Univ., Pharm.-Chem. Inst.) (Ung.) — 2. vgl. C. **1961.** 14754.

Es wurde festgestellt, daß zwischen Brechungsindex u. Konz. der wss. Lsgg. von *Na-5.5-Diäthylbarbiturat* (I) im Konz.-Bereich 0—19 V/V% ein linearer Zusammenhang besteht. n_D^{20} der 1%ig. Lsg. von I = 1,3348, u. gibt eine Änderung von 0,000154/Grad. Wert des „K"-Faktors ist 0,00177. Auf Grund obiger Daten werden zur Erleichterung der Geh.-Best. von I-Lsgg. Tabellen angeführt. G. Ligeti. 4880 □

Polarographische Bestimmung von Pyrazinamid. Masao Maruyama. (Annu. Rep. Takamine Lab. **8.** 122—27. Dez. 1956.) (Jap.; Auszug: Engl.)

Bei Unters. der Anwendung der Polarographie auf die Best. von *Pyrazinamid* (I) ergibt sich, daß I im sauren Bereich mit der Hg-Tropfelektrode eine typ. irreversible zweielektron. Red.-Welle zeigt, so daß sich durch dieses Verf. I mit einem Fehler von ±2% in einer Puffer-Lsg. bei pH 2 bestimmen läßt. Gleichzeitige Best. von I u. *Pyrazincarbonsäure* läßt sich bei einem gepufferten pH von 9 ausführen unter Beachtung einer evtl. Hydrolyse von I; auch *Isoniazid* kann gleichzeitig bestimmt werden. Aus biochem. Operationen stammende Proben sollen in eiweißfreiem Zustand polarographiert werden. L. Schuler. 4880

Die Reinheitsprüfung der Alkaloide mit Hilfe der Papierchromatographie. 3. Mitt. Opium-Alkaloide. J. Büchi und H. Schumacher. (Pharmac. Acta Helvetiae **32.** 273—88. Juli 1957. Beilage zu: Schweiz. Apotheker-Ztg. Zürich, ETH, Pharm. Inst.) (Dt.)

Nach der in der 1. u. 2. Mitt. (vgl. C. **1957.** 11954 u. C. **1959.** 15771) beschriebenen Vers.-Anordnung wird die Verteilung der *Opiumalkaloide* auf gepufferten Papieren zwischen pH 3,0 u. 7,0 untersucht. Bei pH 3,5 gelingt die Trennung: *Morphin, Codein, Cryptopin, Thebain, Narcein, Papaverin, Narcotin.* Die Empfindlichkeit des Nachw. der einzelnen Alkaloide mit folgenden Reagentien (R) wird bestimmt: Dragendorff-R (I), Mandel-R, Zaffaroni-R, Kiefer-R, UV-Nachw. (II). Am leistungsfähigsten waren I u. II. — 39 Literaturangaben. H. Althoff. 4880

Die Anwendung der Papierchromatographie zur Überprüfung der Morphin-Bestimmungsmethoden für Opium. 1. Mitt. J. Büchi und R. Huber. (Pharmac. Acta Helvetiae **36.** 119—30. Jan./März 1961. Beilage zu: Schweiz. Apotheker-Ztg. Zürich, ETH, Pharmaz. Inst., Pharmaz.-chem. Abt.) (Dt.)

Das nach der Meth. der Ph. Helv. V zu titrierende Morphin (I) enthält erhebliche Mengen an Nebenalkaloiden, die zu hohe Werte vortäuschen. Hierin, in der unvollständigen Extraktion des I aus dem Opium u. in der unterschiedlichen Ausfällung des I aus dem Opiumauszug liegen wichtige Fehlerquellen aller sog. Kalk-Meth. zur I-Best. in Opium. Dies wurde durch papierchromatograph. Unters. der zur Titration nach Ph. Helv. V kommenden Auszüge gesichert. E. LÜCK. 4880□

Papierelektrophoretische Bestimmung von Morphin, Papaverin und Atropin in Gegenwart von Amidopyrin, Phenazon und Barbituraten. Anna Liukkonen. (Farmaseuttinen Aikakauslehti [Farmac. Notisbl.] **69.** 286—92. Nov. 1960.) (Engl.)

Inhaltlich ident. mit der C. **1961.** 17662 referierten Arbeit. S. BECKMANN. 4880□

Bestimmung von Ascaridol in Chenopodiumöl mit Bromwasserstoff in Essigsäure. Martin I. Blake und Richard E. O'Neill. (Analytic Chem. **32.** 1370—71. Sept. 1960. Fargo, N. Dak., Agricult. Coll., School of Pharm.) (Engl.)

Zur Best. von Ascaridol in Chenopodiumöl (mindestens 0,5 g) wird eine Probe mit 25 ml 0,1n HBr in Essigsäure vermischt, 24 Std. stehengelassen u. der HBr-Überschuß mit 0,1n Na-Acetat-Lsg. potentiometr. (Glas–Kalomel-Elektroden) zurücktitriert. Die Ergebnisse stimmen mit denen der älteren Meth. ($Na_2S_2O_3$-Titration des aus KJ in HCl freigesetzten Jods) gut überein. HEINZ NESTLER. 4880□

Über einige Fluorescenzreaktionen der Steroide mit Chlorsulfonsäure. S. Bruno und E. Scialpi. (Farmac. [Pavia], Ediz. sci. **12.** 940—45. Nov. 1957. Bari, Univ., Ist. di Chim. Farmaceut.) (Ital.)

Chlorsulfonsäure eignet sich besser zum fluorometr. Nachw. der Steroide als konz. H_2SO_4, da vielfältigere Färbungen auftreten. K. ZINGRAF. 4880□

Anwendung der Flammenspektrophotometrie auf die pharmazeutische Analyse. 2. Mitt. **Quantitative Bestimmung der mineralischen Bestandteile in den Multivitamintabletten „Minevital".** Setsuya Senō. (Annu. Rep. Takamine Lab. **8.** 113—18. Dez. 1956.) (Jap.; Auszug: Engl.) — 1. vgl. Annu. Rep. Takamine Lab. **7.** [1955.] 110.

Für die Best. der mineral. Bestandteile in „*Minevital*"-Tabletten (enthaltend je Tablette 2500 I.E. [Vitamin] A, 200 I.E. D, 5,0 mg B_1, 2,0 mg B_2, 0,5 mg B_6 u. 1,0 γ B_{12} sowie 10,0 mg Niacinamid, 0,5 mg Ca-Pantothenat, 0,2 mg Folsäure, 37,5 mg C, 0,2 mg K u. 1,0 mg E, neben 18,2 (mg) Ca, 23,5 P, 5,5 Fe, 0,5 Cu, 0,5 Mg, 0,28 Zn, 0,25 Mn, 0,1 Mo, 0,05 Co, 0,02 K, 0,05 J u. 25,0 Leberextrakt) werden diese zerrieben u. mit 0,1n HCl ausgezogen; im Auszug werden (mit den angegebenen Wellenlängen) *Cu* bei 327,4 (mμ), *Mg* bei 285,2 u. *Mn* bei 403,4 direkt flammenspektrophotometr. mit einer Photomultipliereinheit bestimmt. *Fe* wird nach Abtrennung von Begleitern mittels Acetylaceton (I) bei 386,0 u. *Co* in der Rest-Lsg. vom Fe im I-gesätt. W. bei 353,0 bestimmt. Die Abweichungen betragen im Mittel $<5\%$, bei Fe $-5,4$ u. bei Co $+4,9\%$.

L. SCHULER. 4880□

Fluorescenzdetektor neuer Bauart. Katsurō Kawada. (Annu. Rep. Takamine Lab. **8.** 110—13. Dez. 1956.) (Jap.; Auszug: Engl.)

Für den handlichen makroskop. Gebrauch zum Nachw. von Fluorescenz ohne Benutzung einer Dunkelkammer wird ein neuer, einfach konstruierter Fluorescenzdetektor (Abb.) empfohlen, der die Lichtquelle u. den Kamerateil in einem App. vereinigt. Es läßt sich damit z. B. noch 0,01 μg *Vitamin* B_2/ml deutlich nachweisen.

L. SCHULER. 4880□

Dr. Willmar Schwabe G.m.b.H., Karlsruhe (Erfinder: Ursula Kranen-Fiedler, Düsseldorf), **Isolierung von Hydroxyphenylbenzo-γ-pyronderivaten** durch Extrahieren von Pflanzenteilen des Weißdorns nach D. A. S 1 051 460, dad. gek., daß die Lsg. nach Abscheidung aller mit Schwermetallsalzen bis zum pH-Wert 7 ausfällbaren Substanzen u. Entfernung der Schwermetallionen mit Alkanolen, die mit W. beschränkt mischbar sind, erschöpfend extrahiert u. der Extrakt zur Gewinnung von *Vitexin-4'-rhamnosid* zur Trockne eingedampft wird. (**D. A. S. 1 055 178** Kl. 30h vom 9/1. 1957, ausg. 16/4. 1959. **Zusatz zu D. A. S. 1 051 460; C. 1959. 11408.**)

K. KOEBKE. 4891

Armour & Co., Chicago, Ill., V.St.A. (Erfinder: Charles William Frank Damaskus), **Lyophilisiertes Proteinhydrolysat** für parenterale Verabreichung. 9 Teile eines nichtgelatinierenden Proteinhydrolysats, das durch saure oder enzymat. Hydrolyse von Lactalbumin, Fibrin, Casein, Plasma oder einem anderen geeigneten Protein gewonnen ist, werden in wss. Lsg. zusammen mit 1—2 Teilen einer teilweise hydrolysierten Gelatine mit einem Gelierungspunkt von 15—20° in 26—35%ig. wss. Lsg. gemischt u. lyophilisiert; ggf. Zugabe von Vitaminen u. Dextrose. (**E. P. 859 609** vom 27/6. 1958, ausg. 25/1. 1961.) W. KRANZ. 4791

Farbwerke Hoechst Akt.-Ges., vormals Meister Lucius & Brüning, Frankfurt/M., **Herstellung neuer, am Stickstoff- und am β-Kohlenstoffatom substituierter Carbonsäureamide** der Formel $CH_3-CH(OR_1)-CH_2-CO-NH-C(R_2)(R_3)(R_4)$ (R_1 = H oder aliphat. Monocarboxyacylrest mit 1—4 C-Atomen; R_{2-4} = Alkylrest mit 1—3 C-Atomen; R_4 kann auch Phenyl darstellen) erfolgt nach an sich bekannten Meth., z. B. durch katalyt. Hydrierung von Acetylessigsäure-[1-phenyl-1-äthylpropyl]-amid (F. 91—92°, erhalten durch Rk. äquivalenter Mengen 1-Phenyl-2-äthylpropylamin u. Diketen), wobei *β-Hydroxybuttersäure-[1-phenyl-1-äthylpropyl]-amid,* F. 79—80°, entsteht. — Durch Kochen von β-Oxybuttersäure-tert.-butylamid mit Essigsäureanhydrid erhält man *β-Acetoxybuttersäure-tert.-butylamid,* F. 66—67°. — *Analgetica.* — Vgl. D. A. SS. 1 064 049; C. **1960.** 6590 u. 1 076 663; C. **1960.** 14448. (**Holl. P. 97 723** vom 2/11. 1957, ausg. 17/4. 1961. D. Prior. 20/7. 1957.) F. BÖHM. 4807

American Cyanamid Co., New York, N.Y., übert. von: Richard P. Germann und James M. Smith jun., Plainfield, N.J., V.St.A., **Herstellung von reinem, neutralem Calcium-4-Aminosalicylat-Hemihydrat** aus dem neutralen Dihydrat durch Erhitzen auf 50—60° in Ggw. von wenig W., Abtrennung des Hemihydrats, Waschen mit einem aliphat. C_{3-4}-Alkohol, bes. Isopropanol, u. Trocknung. (**Can. P. 552 183** vom 12/3. 1952, ausg. 28/1. 1958. A. Prior. 26/12. 1951.) EBERHARD RIEDEL. 4807

British Drug Houses Ltd., London, England (Erfinder: Vladimir Petrow und Oliver Stephenson), **Benzol-2.4-disulfonsäureamide** der allg. Formel I ($R = -CH_3$, Cl oder Br; R' = Cl oder Br; R'' = Alkyl- oder Alkenylrest bis zu 3 C) werden erhalten durch Rk. von entsprechenden Benzol-2.4-disulfochloriden mit entsprechenden Aminen, ggf. in Ggw. von inerten Lösungsmitteln. — Unter heftigem Rühren werden bei 0° 404 (g) Chlorsulfonsäure langsam zu 148 m-Bromtoluol gegeben. Danach wird das Rk.-Gemisch 30 Min. bei Raum-Temp. belassen u. anschließend 2 Std. auf 40° erwärmt. Nach Zugabe von 400 CCl_4 wird 1 Std. auf 70° erhitzt u. danach so lange auf 100°, bis die Entw. von Phosgen beendet ist. Nach Abdestillieren des CCl_4 wird der Rückstand gekühlt u. mit eiskaltem W. verrührt u. das Rk.-Prod. abgetrennt → 5-Bromtoluol-2.4-disulfochlorid (II), aus PAe., F. 120—121°. (Analog: 5-Chlortoluol-2.4-disulfochlorid (III), aus PAe., F. 125°). 20 II werden bei 20° unter Rühren anteilweise zu einem Gemisch von 100 ml 25%ig. wss. Methylamin-Lsg. u. 100 ml CCl_4 gegeben. Das ausgefallene Rk.-Prod. wird abgetrennt → *5-Chlortoluol-2.4-disulfonsäuremethylamid,* aus wss. A., F. 194—195°, *Dinatriumsalz,* F. 295° (Zers.). — Analog werden folgende I hergestellt: (5-Chlortoluol-2.4-disulfonsäure = **IV**) **IV**-*Äthylamid,* aus wss. A., F. 124—125°, *Dinatriumsalz.* — **IV**-*n-Propylamid,* aus wss. A., F. 107 bis 108°. — **IV**-*Isopropylamid,* aus A., F. 219,5—220°. — **IV**-*Allylamid,* aus A., F. 127,5 bis 128,5°. — (5-Bromtoluol-2.4-disulfonsäure = **V**) **V**-*Methylamid,* aus A., F. 189,5 bis 190°. — **V**-*Äthylamid,* aus wss. A., F. 116,5—117,5°, *Natriumsalz.* — **V**-*n-Propylamid,* aus wss. A., Nadeln vom F. 128—128,5°. — **V**-*Isopropylamid,* aus A., F. 222,5—223°. — **V**-*Allylamid,* aus wss. A., F. 125,5—126°. — *Diuretica.* (**E. P. 858 786** vom 1/10. 1958, ausg. 18/1. 1961.) H. BRÄUCKER. 4807

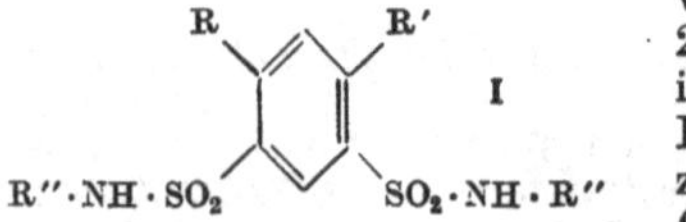

I

C. F. Boehringer & Soehne G.m.b.H., Mannheim (Erfinder: Erich Haack, Heidelberg, und Adolf Hagedorn, Mannheim), **Herstellung p-substituierter Benzolsulfonylharnstoffe** der allg. Formel $X-C_6H_4-SO_2-NH-CO-NH-R$, in welcher X ein in die Aminogruppe überführbarer Rest ist u. R H oder einen, ggf. substituierten, sowie ggf. Doppel- oder Dreifachbindungen enthaltenden, aliphat., araliphat., aromat. oder heterocycl. Rest bedeutet, dad. gek., daß man zunächst Salze von Aminen $R-NH_2$ mit Sulfonyl-Verbb. der Zus. $X-C_6H_4-SO_2-NH-CO-Y$, worin Y einen Acylamid- oder einen Sulfonamidrest $-NH-SO_2-C_6H_4-X$, einen Alkoholrest (—OR') oder einen Mercaptanrest (—SR') bedeutet, herstellt, die Aminsalze isoliert u. sie dann in fester Form auf $>100°$ unter Abspaltung von HY erhitzt. Es ist vorteilhaft, die Erhitzung der Aminsalze in Anwesenheit eines indifferenten Wärmeübertragungsmittels, ggf. im Vakuum u. in Ggw. von Luft oder eines inerten Gases durchzuführen. — Feinpulverisiertes Acetylsulfanilylamidnatrium in wasserfreiem Toluol suspendiert, versetzt man mit Chlorthioameisensäuremethylester u. erhitzt unter Rückfluß zum Sieden. Nach erfolgter Abkühlung filtriert man den Nd. u. verrührt ihn mit 5%ig. NaOH. Man filtriert u. säuert das Filtrat mit HCl an. Acetylsulfanilylthiomethylurethan, F. 202 bis 204° (Zers.), fällt aus, der Nd. wird mit W. angeteigt u. n-Propylamin zugesetzt. Man erhält beim Stehen das Propylaminsalz des Acetylsulfanilylthiomethylurethans, F. 149 bis 152°. Man erhitzt das Salz im Vakuum auf 130°. Methylmercaptan wird abgespalten u. man erhält nach Aufbereitung *N^1-Acetylsulfanilyl-N^2-propylharnstoff* (I), F. 196—199°. Es werden ferner folgende Harnstoffe hergestellt: *N^1-[p-Acetylaminobenzolsulfonyl]-N^2-methyl-; N^1-[p-Acetylaminobenzolsulfonyl]-N^2-äthyl-; N^1-[p-Methylcarbamidobenzolsulfonyl]-N^2-propyl-; N^1-[p-Acetylaminobenzolsulfonyl]-N^2-benzyl-; N^1-[p-Acetylaminobenzolsulfonyl]-N^2-homoveratryl-* u. *N^1-[p-Acetylaminobenzolsulfonyl]-N^2-phenyläthyl-.* — p-Acetylaminobenzolsulfonylmethylurethan (II) u. Propylamin ergeben nach Zers.

des Salzes bei 130—140° → I. Wird an Stelle der Methyl-Verb. in II die Äthyl-Verb. mit p-Chloranilin umgesetzt, erhält man *N^1-Acetylsulfanilyl-N^2-p-chlorphenylharnstoff*; mit Aminoäthanol an Stelle des Chloranilins erhält man *N^1-Acetylsulfanilyl-N^2-hydroxyäthylharnstoff*; II u. α-Aminopyridin ergeben *N^1-Acetylsulfanilyl-N^2-pyridylharnstoff*. — Zwischenprodd. für die Herst. von *Arzneimitteln*. (**D. A. S. 1 117 103** Kl. 12o vom 11/2. 1953, ausg. 16/11. 1961. **A. P. 2 977 375** vom 3/2. 1954, ausg. 28/3. 1961. D. Prior. 11/2. 1953.) G. KÖNIG. 4807

Farbenfabriken Bayer Akt.-Ges., Leverkusen (Erfinder: Hans Henecka, Rudolf Lorenz, Wuppertal-Elberfeld, und Rudolf Gösswald, Wuppertal-Vohwinkel), **1-Phenyl-1-[o-chlorphenyl]-3-tert.-aminopropanole-(1)** der allg. Formel I (R u. R' = niedermol. Alkylgruppen, die geradkettig oder verzweigt u. — ggf. unter Einbeziehung eines Heteroatoms — auch ringgeschlossen sein können), die *hustenstillende Eigg.* aufweisen, erhält man durch Rk. von (a) ω-tert.-Amino-o-chlorpropiophenon mit Phenylanion liefernden Verbb. (Phenyl-Mg-halogenid; Phenyl-Na; Phenyl-Li). Man kann auch (b) ω-tert.-Aminopropiophenon mit o-Chlorphenylanion liefernden Stoffen umsetzen oder schließlich (c) 2-tert.-Aminopropionsäureester nacheinander oder gleichzeitig mit Phenylanion u. o-Chlorphenylanion liefernden Verbb. umsetzen. — Zu einer GRIGNARD-Lsg., die aus 15,7 g Brombenzol, 19,2 g o-Chlorbrombenzol u. 5 g Mg-Spänen in 100 ml Ae. hergestellt wurde, gibt man tropfenweise eine Lsg. von 14,5 g β-Dimethylaminopropionsäureäthylester in 100 ml Toluol, erhitzt das Gemisch nach Abdestillieren des Ae. noch 2 Std. auf 100° unter Rühren, gießt auf Eis, stellt mit verd. HCl kongosauer, trennt die Toluolschicht ab, klärt die wss. Lsg. durch Ausschütteln mit Ae. u. fällt die Base mittels wss. NaOH. Man erhält zunächst öliges, dann krist. *1-Phenyl-1-[o-chlorphenyl]-3-dimethylaminopropanol-(1)* (**II**), weiße Nadeln, F. 117 bis 119°; II-*Hydrochlorid*, F. 185—186°; II-*Phosphat*, F. 205—207°; II-*Maleinat*, F. 173°. Analog erhält man *1-Phenyl-1-[o-chlorphenyl]-3-piperidinopropanol-(1)*, F. 107°; *1-Phenyl-1-[o-chlorphenyl]-3-morpholinopropanol-(1)*, F. 142°; *1-Phenyl-1-[o-chlorphenyl]-3-N'-methylpiperazinopropanol-(1)*, F. 131—132°. (**D. A. S. 1 080 568** Kl. 12q vom 8/1. 1958, ausg. 28/4. 1960.) A. MOHR. 4807

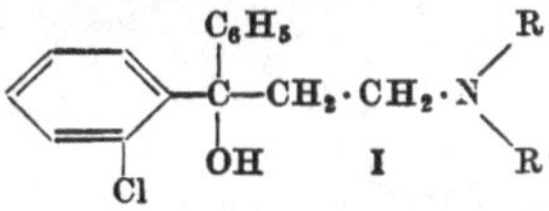

I

Eli Lilly & Co., Indianapolis (Erfinder: Jack Mills, Greenwood), Ind., V.St.A., **N-[β-(o-Chlorphenyl)-β-hydroxyäthyl]-isopropylamin** (I) u. dessen Salze, *adrenerg. wirksame Chemotherapeutica*, erhält man durch Rk. von Isopropylamin (II) mit o-Chlorphenyläthylen-β-bromhydrin (III) u./oder o-Chlorphenyläthylenoxid (**IV**) u. ggf. Überführung des entstandenen I in seine Salze mit physiolog. unbedenklichen Säuren. — Ein Gemisch aus III u. IV (erhältlich durch Red. von ω-Brom-o-chloracetophenon mittels $NaBH_4$ in Methanol), gelöst in A., liefert bei 16std. Erhitzen mit einer II-Lsg. in A. I, aus dem durch Einw. von äther. HCl-Lsg. das krist. I-*Hydrochloridmonohydrat* gewonnen wird. (**D. A. S. 1 072 630** Kl. 12q vom 22/5. 1957, ausg. 7/1. 1960.) A. MOHR. 4807

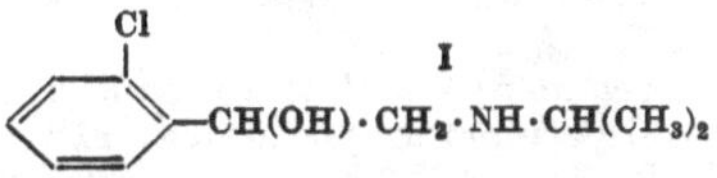

I

Iromedica Akt.-Ges., St. Gallen, Schweiz (Erfinder: Otto Erich Schultz, Tübingen, und Leo Geller, Konstanz), **Phenophthalol** $(p\text{-}HO—C_6H_4)_2CHC_6H_4$—o-$CH_2OH$, aus W. oder verd. A., F. 201—202°, erhält man durch Red. von Phenolphthalein, bes. in NaOH mit DEVARDAscher Leg., Veresterung des entstandenen Phenolphthalins, aus verd. A., F. 234°, z. B. mit Methanol in Toluol in Ggw. von konz. H_2SO_4 u. Red. des Phenolphthalin(methyl)esters; Ausbeute 98%; mit $LiAlH_4$ in abs. Ae.; Ausbeute 98%. — *Abführmittel*. (**Schwz. P. 332 657** vom 19/11. 1954, ausg. 31/10. 1958.) G. KRAUSS. 4807

Boots Pure Drug Co. Ltd. (Erfinder: Douglas Archibald Peak, Thomas Iswell Watkins, John Stuart Nicholson, James Loudon Lowe und Charles Isaac Brodrick), Nottingham, England, **Herstellung von 2.7-Diamino-9-[p-aminophenyl]-10-methylphenanthridiniumverbindungen** durch Red. von 2.7-Dinitro-9-[p-nitrophenyl]-10-methylphenanthridiniummethosulfat oder -bromid, welches durch Rk. von 2.7-Dinitro-9-[p-nitrophenyl]-phenanthridin mit Dimethylsulfat bei ca. 160° erhalten wird. Die Red. kann z. B. mittels Eisenpulver u. 5n HCl durchgeführt werden. — *Trypanocide Wirkung*. (**E. P. 818 257** vom 27/6. 1956, ausg. 12/8. 1959.) W. HEYER. 4807

Upjohn Co., übert. von: Brooke D. Aspergren und Robert B. Moffett, Kalamazoo, Mich., V.St.A., **Herstellung von α-Phenyl-α-isopropyl-γ-[2.2-dimethyl-**

pyrrolidyl-(1)]-butyramid, -*Hydrochlorid,* F. 226—228 , durch Rk. von 1-[2-Chloräthyl]-2.2-dimethylpyrrolidin mit α-Phenyl-α-isopropylacetonitril in Ggw. von $NaNH_2$ zu *α-Phenyl-α-isopropyl-γ-[2.2-dimethylpyrrolidyl-(1)]-butyronitril,* $Kp._{0,015}$ 120°, Hydrolyse der freien Base mit konz. H_2SO_4 u. Behandeln des erhaltenen Rk.-Prod. mit alkohol. HCl. — *Arzneistoffe.* (**A. P. 2 894 955** vom 19/11. 1956, ausg. 14/7. 1959.)
W. HEYER. 4807

Soc. des Usines Chimiques Rhône-Poulenc, Paris, Frankreich, **Herstellung pharmakologisch wirksamer Indolderivate** der Formel **I** (R = H oder Alkyl mit 1—4 C-Atomen; R_1 = H oder CH_3; X = H, Cl, OH oder Alkoxy mit 1—4 C-Atomen in 5- oder 6-Stellung des Indolkerns; B = über das α- oder γ-C-Atom des Piperidinkerns an den Indolkern gebundene Piperidyl-, N-Alkylpiperidyl- oder N-Aralkylpiperidylgruppe, die am Piperidinkern durch einen Alkylrest mit 1—4 C-Atomen substituiert sein kann). Man hydriert eine Verb. der Formel **I**, in welcher B eine Gruppe der Formel **II** darstellt, die in ihrer α- oder γ-Stellung an den Indolkern gebunden ist (R', R'' = H oder Alkyl mit 1—4 C-Atomen; R' kann auch Aralkyl bedeuten), bei normalem Druck u. normaler Temp. in alkohol. oder verd. alkohol. Medium in Ggw. eines Pt-Katalysators nach ADAM. — ZumBeispiel erzeugt man zunächst durch Einw. von CH_3Br aus 2-[α-Pyridyl]-3-äthylindol (F. 105°) in Aceton *2-[α-Pyridyl]-3-äthylindolmethylbromid,* F. 215°, u. hydriert dieses in A./W. (3:1) zu *2-[N-Methyl-α-piperidyl]-3-äthylindol, Hydrochlorid,* F. 213—215°. — Analog: *2-[α-Pyridyl]-3-äthylindolbrombenzylat,* F. 179° → *2-[N-Benzyl-α-piperidyl]-3-äthylindol,* Öl; *Hydrochlorid,* F. 245—250°; *Pikrat,* F. 225—230°. — 2-[α-Pyridyl]-3-methylindol (F. 103—104°) → *2-[α-Pyridyl]-3-methylindolmethobromid,* F. 248—250° → *2-[N-Methyl-α-piperidyl]-3-methylindol,* Öl; *Hydrochlorid,* F. 142—144°. — 2-[γ-Pyridyl]-3-äthylindol (F. 151°) → *2-[γ-Pyridyl]-3-äthylindolmethylbromid,* F. 315—320° → *2-[N-Methyl-γ-piperidyl]-3-äthylindol,* F. 138°. — *2-[α-Pyridyl]-3-methylindoläthobromid,* F. 200—203° → *2-[N-Äthyl-α-piperidyl]-3-methylindol; Hydrochlorid,* F. 235—240°. — *2-[α-Pyridyl]-3-äthylindoläthobromid,* F. 196° → *2-[N-Äthyl-α-piperidyl]-3-äthylindol; Hydrochlorid,* F. 207—212°. — 2-[α-Pyridyl]-3-propylindol (F. 127°) → *2-[α-Pyridyl]-3-propylindolmethobromid,* F. 154—155° → *2-[N-Methyl-α-piperidyl]-3-propylindol; Hydrochlorid,* F. 170—171°. — 2-[α-Pyridyl]-3-isopropylindol (F. 128°) → *2-[α-Pyridyl]-3-isopropylindolmethobromid,* F. 230° → *2-[N-Methyl-α-piperidyl]-3-isopropylindol, Hydrochlorid,* F. 253—258°. — 2-[α-Pyridyl]-3-äthyl-5-hydroxyindol (F. 170°) → *2-[α-Pyridyl]-3-äthyl-5-hydroxyindolmethobromid,* F. 260° → *2-[N-Methyl-α-piperidyl]-3-äthyl-5-hydroxyindol,* F. 115 bis 117°, *Hydrochlorid,* F. 155°. — 1-Methyl-2-[α-pyridyl]-3-äthylindol (F. 67—68°) → *1-Methyl-2-[N-methyl-α-piperidyl]-3-äthylindol, Pikrat,* F. 205—207°. — 2-[α-Pyridyl]-3-äthyl-5-methoxyindol (F. 116°) → *2-[α-Pyridyl]-3-äthyl-5-methoxyindolmethobromid,* F. 201° → *2-[N-Methyl-α-piperidyl]-3-äthyl-5-methoxyindol, Hydrochlorid,* F. 223—225°. — 2-[α-Pyridyl]-indol (F. 155—157°) → *2-[α-Pyridyl]-indolmethobromid,* F. 275° → *2-[N-Methyl-α-piperidyl]-indol, Pikrat,* F. 244—246°. — 2-[α-Pyridyl]-3-äthyl-5-chlorindol (F. 144°) → *2-[α-Pyridyl]-3-äthyl-5-chlorindolmethobromid,* F. 214° → *2-[N-Methyl-α-piperidyl]-3-äthyl-5-chlorindol, Hydrochlorid,* F. 248—260°. — 2-[α-Pyridyl]-3-äthyl-6-methoxyindol (F. 115°) → *2-[α-Pyridyl]-3-äthyl-6-methoxyindolmethobromid,* F. 232 bis 233° → *2-[N-Methyl-α-piperidyl]-3-äthyl-6-methoxyindol,* F. 80°, *Hydrochlorid,* F. 195—196°. — 2-[α-Pyridyl]-3-äthyl-6-chlorindol (F. 128°) → *2-[α-Pyridyl]-3-äthyl-6-chlorindolmethobromid,* F. 221—222° → *2-[N-Methyl-α-piperidyl]-3-äthyl-6-chlorindol, Hydrochlorid,* FF. 180 u. 242—243°. — 2-[γ-Methyl-α-pyridyl]-3-äthylindol (F. 135°) → *2-[γ-Methyl-α-pyridyl]-3-äthylindolmethobromid,* F. 170° → *2-[N-γ-Dimethyl-α-piperidyl]-3-äthylindol, Hydrochlorid,* F. 228°. (**Holl. P. 97 653** vom 13/12. 1956, ausg. 17/4. 1961. F. Prior. 16/12. 1955, 18/2. u. 3/7. 1956.) F. BÖHM. 4807

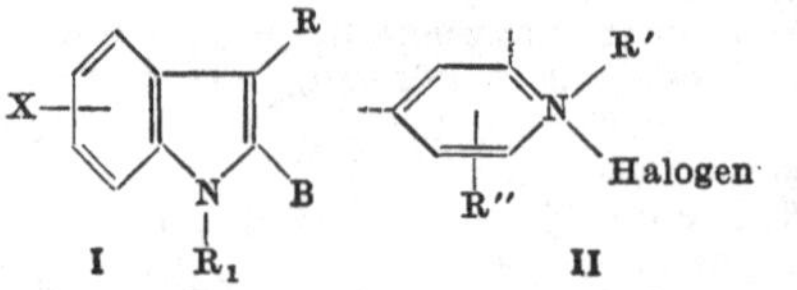

I II

F. Hoffmann-La Roche & Co. Akt.-Ges. (Erfinder: Hans Kirchensteiner, Reinhard Schlapfer und Hans Spiegelberg), **Herstellung von 4-Aminoisoxazolidon-(3)-Verbindungen** durch Rk. von Hydroxylamin mit einem Ester der Formel R_1—CH(X)—CH(NH_2)—$COOR_2$ (R_1 = H, Alkyl-, Aryl- oder Aralkylrest, R_2 = Alkylrest, X = Halogen) mit einer starken Base, wie Alkalihydroxid. Hergestellt wurden folgende Isoxazolidone-(3): *DL-4-Amino-*, F. 140—142°; *L-4-Amino-*, F. 156°; *D-4-Amino-*, F. 140°; *DL-Allo-5-methyl-4-amino-*, Zers. 160—170°; *DL-threo-5-Methyl-4-amino-*, Zers. 280—300°. — *Arzneimittel.* (**Aust. P. 223 614** vom 28/11. 1956, ausg. 17/9. 1959. Schwz. Prior. 2/12. 1955.) K. DEMMLER. 4807

C. F. Boehringer & Soehne G. m. b. H. (Erfinder: Kurt Stach, Werner Winter und Wolfgang Schaumann), Mannheim, **Basische Äther** der allg. Formel **I**

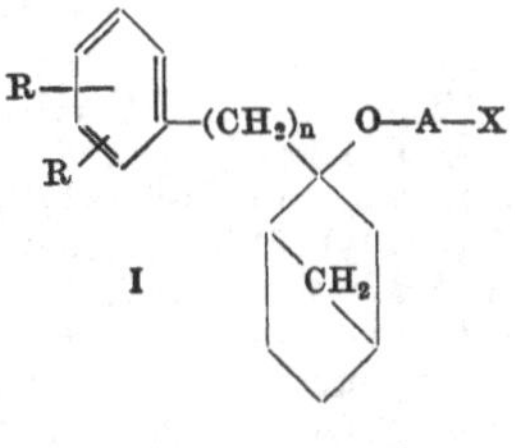

(R = H, Halogen, niedrige Alkyl-, Alkoxy- oder Alkylmercaptoreste; A—X = bas. substituierter Alkyl- bzw. heterocycl. Rest; n = 0, 1) werden hergestellt durch Rk. von 2-substituiertem Bicyclo-[2.2.1]-heptanol-(2) mit Alkylhalogeniden der allg. Formel Hal—A—Y (Y = organ. bas. Rest, Halogen oder OH) oder durch Rk. von 2-substituiertem Bicyclo-[2.2.1]-heptyl-(2)-halogenid mit Alkanolen der allg. Formel HO—A—Y. Ggf. wird Y in X übergeführt u. aus den Verbb. die Salze oder quart. Ammonium-Verbb. hergestellt. Die 2-Aryl- bzw. 2-Aralkylbicyclo-[2.2.1]-heptanole-(2) werden aus den Alkyl- bzw. Aralkyl-GRIGNARD-Verbb. u. Bicyclo-[2.2.1]-heptanon-(2) in Ae. bei Raum-Temp. hergestellt. — So werden folgende -bicyclo-[2.2.1]-heptanol-(2) (**II**)-Derivv. erhalten: 2-Phenyl-**II** (60—65% Ausbeute), F. 44°, $Kp._{0,2}$ 120—130°. — 2-[p-Chlorphenyl]-**II** (45—55%), F. 77°. — 2-[o-Tolyl]-**II** (45—55%), F. 95°. — 2-[p-Tolyl]-**II** (45—55%), F. 51°, $Kp._{0,1}$ 120—123°. — 2-[o-Anisyl]-**II** (60—65%), F. 53°, $Kp._{0,4}$ 130—145°. — 2-Benzyl-**II** (45—55%), F. 65°. — 2-[p-Chlorbenzyl]-**II** (50—55%), F. 62°. — Zu 4 g $NaNH_2$ in 50 ml abs. Toluol tropft man unter Rühren 0,1 Mol des **II**-Deriv. in 100 ml Toluol. Anschließend erwärmt man auf 50—60°, bis die NH_3-Entw. beendet ist. Bei Raum-Temp. werden 0,11—0,15 Mol Aminoalkylhalogenid zugetropft u. dann mehrere Std. zum Sieden erhitzt. — Folgende -bicyclo-[2.2.1]-heptyl (**III**)-äther wurden hergestellt: *2-Phenyl-***III***-2-[β-diäthylaminoäthyl]-äther* (70—75% Ausbeute), $Kp._{0,2}$ 156—160°, *Hydrochlorid*, F. 127°. — *2-[p-Chlorphenyl]-***III***-2-[β-diäthylaminoäthyl]-äther* (50—60%), $Kp._{0,2}$ 153 bis 162°, *Hydrochlorid*, F. 151°. — *2-[p-Chlorphenyl]-***III***-2-[β-piperidinoäthyl]-äther* (60—65%), $Kp._{0,4}$ 155—175°, *Hydrochlorid*, F. 192°. — *2-[p-Chlorphenyl]-***III***-2-{γ-[4-methylpiperazyl-(1)]-propyl}-äther* (45—50%), $Kp._{0,5}$ 175—185°, *Hydrochlorid*, F. 240 bis 242° (Zers.). — *2-[p-Tolyl]-***III***-2-[β-piperidinoäthyl]-äther* (50—55%), $Kp._{0,2}$ 184 bis 186°, *Hydrochlorid*, F. 168—170°. — *2-Benzyl-***III***-2-[β-diäthylaminoäthyl]-äther* (50%), $Kp._{0,1}$ 180—191°, *Hydrochlorid*, F. 118°. — *2-[p-Chlorbenzyl]-***III***-2-[β-diäthylaminoäthyl]-äther* (50—55%), $Kp._{0,6}$ 170—183°, *Hydrochlorid*, F. 159°. — *2-[o-Tolyl]-***III***-2-[β-piperidinoäthyl]-äther* (50—55%), $Kp._{0,2}$ 205—215°, *Hydrochlorid*, F. 146°. — *2-Phenyl-***III***-2-[β-dimethylaminoäthyl]-äther* (70—75%), $Kp._{0,2}$ 130—140°, *Hydrochlorid*, F. 168—169°. — *2-Phenyl-***III***-2-[γ-diäthylaminopropyl]-äther* (50—55%), $Kp._{0,2}$ 137 bis 144°, *Hydrochlorid*, F. 146—148°. — *2-Phenyl-***III***-2-{γ-[4-methylpiperazinyl-(1)]-propyl}-äther* (50%), $Kp._{0,2}$ 180—193°, *Hydrochlorid*, F. 241°. — *Pharmazeutica* mit stimulierender Wrkg. auf Zentralnerven-Syst. u. Kreislauf, Anti-PARKINSON-Wirkung. (**D. A. S. 1 108 684** Kl. 12o vom 29/1. 1960, ausg. 15/6. 1961.) A. DEBO. 4807

Warner-Lambert Pharmaceutical Co., Morris Plains, N.J., V.St.A., **Herstellung von 3-[N-Alkylpiperidyl-(4)]-1.1-diarylpropanolen-(1)** der allg. Formel I, worin R^1 eine Alkylgruppe mit höchstens 4 C-Atomen ist, R^2 u. R^3 für H, Halogen, OH, OCH_3 oder CH_3 stehen, dad. gek., daß man eine Verb. der Formel **II** mit einer Verb.

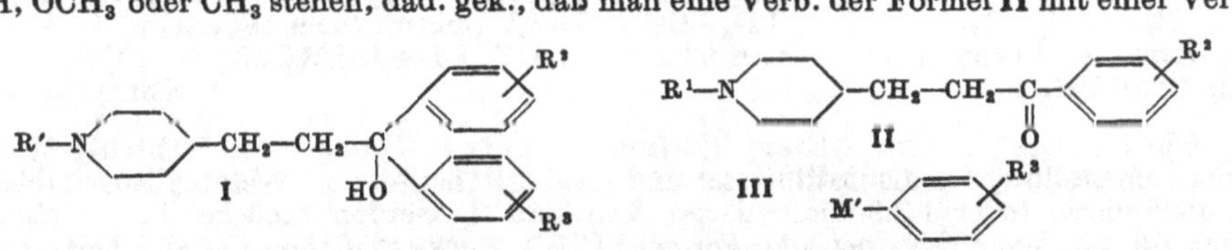

der Formel **III**, worin M' = Li oder —MgBr ist, kondensiert. — *3-[N-Methylpiperidyl-(4)]-1.1-diphenylpropanol-(1)*, F. 146—147°, *Hydrochlorid*, F. 207,5—208,5°, *Brommethylat*, F. 276—277°; *3-[N-Äthylpiperidyl-(4)]-1.1-diphenylpropanol-(1)*, F. 101—103°, *Hydrochlorid*, F. 199—201°, *Brommethylat*, F. 262—264°. — *Spasmolytica*. (**E. P. 818 422** vom 4/9. 1956, ausg. 19/8. 1959. A. Prior. 6/9. 1955.) W. HEYER. 4807

Upjohn Co., übert. von: Brooke D. Aspergren und Robert B. Moffett, Kalamazoo, Mich., V.St.A., **Herstellung von ω-[2.6-Dimethylpiperidyl-(1)]-α.α-diphenylbutyramidmethobromid**, F. 224—225°, dad. gek., daß man Diphenylacetonitril in Ggw. von Alkaliamid, bes. $LiNH_2$, mit 1-[2-Chloräthyl]-2.6-dimethylpiperidin zu ω-[2.6-Dimethylpiperidyl-(1)]-α.α-diphenylbutyronitril umsetzt ($Kp._{0,005}$ 170°), die freie Base hydrolysiert u. aus dem erhaltenen ω-[2.6-Dimethylpiperidyl-(1)]-α.α-diphenylbutyramid in Äthylacetat durch Behandeln mit alkohol. HCl das entsprechende *Hydrochlorid*, F. 225—227°, bzw. durch Rk. mit CH_3Br das Methobromid herstellt. — *Arzneimittel*. (**A. P. 2 895 957** vom 19/11. 1956, ausg. 21/7. 1959.) W. HEYER. 4807

Charles E. Frosst & Co., übert. von: John Mulvin Parker, Montreal, und Burton Kendall Wasson, Valois, Quebec, Canada, **Herstellung von 2.2-Dialkyl-4-[2-pyridyl-(2)-äthyl]-tetrahydrofuran-4-methylcarbamaten,** dad. gek., daß man z. B. Diäthyl-2-pyridyl-(2)-äthylmalonat, gelöst in wasserfreiem A., mit alkohol. Na-Lsg. versetzt, mit Methallylchlorid bei ca. 62° umsetzt, das gebildete Diäthylmethallyl-[2-pyridyl-(2)-äthyl]-malonat, $Kp._{0,6-0,19}$ 133—151°, zu dem entsprechenden 2-Methallyl-2-[2-pyridyl-(2)-äthyl]-propandiol-(1.3) mit $LiAlH_4$ in Ae.-Lsg. red., das Diol in Tetrahydrofuran durch 2 std. Kochen mit konz. HCl unter Rückfluß zu dem 2.2-Dimethyl-4-[2-pyridyl-(2)-äthyl]-tetrahydrofuran-4-methanol cyclisiert u. daraus durch Umsetzen mit $COCl_2$ u. NH_3 das *2.2-Dimethyl-4-[2-pyridyl-(2)-äthyl]-tetrahydrofuran-4-methylcarbamat, Hydrochlorid,* F. 198—200°, herstellt. — *Analgetica.* (**A. P. 2 971 003** vom 16/11. 1959, ausg. 7/2. 1961.) W. HEYER. 4807

Imperial Chemical Industries Ltd. (Erfinder: Bernard William Langley), **Herstellung von 4-Hydrazino-2.6-dihydroxypyrimidinen.** Man kocht eine Lsg. von 1 (Teil) 4-Chlor-2.6-dihydroxypyrimidin in einem Gemisch von 1 100% ig. Hydrazinhydrat u. 10 W. 1 Std. unter Rückfluß u. filtriert das entstandene *4-Hydrazino-2.6-dihydroxypyrimidin,* F. 290° (Zers.), ab. Analog folgende 2.6-Dihydroxypyrimidyl-(4)-hydrazine: *N-Methyl-N'-*, F. 284—285° (Zers.), *N-Phenyl-N'-* (I), F. 283—284° (Zers.), *N-p-Fluorphenyl-N'-*, F. 285—290° (Zers.), *N-p-Chlorphenyl-N'-*, F. 300—340° (Zers.), *N-2.4-Dichlorphenyl-N'-*, Zers. $>$350°, *N-p-Bromphenyl-N'-*, Zers. $>$320°, u. *N-o-Tolyl-N'-*, Zers. $>$340°. I ist auch erhältlich durch Rk. von 2.6-Dihydroxy-4-benzolsulfonylpyrimidin u. Phenylhydrazin. — *Bactericide Mittel u. Zwischenprodd. zur Herst. von Pharmazeutica.* (**Aust. P. 229 331** vom 28/11. 1958, ausg. 4/8. 1960. E. Prior. 6/1. 1958.) C. LÜTTGEN. 4807

Farbenfabriken Bayer Akt.-Ges., Leverkusen (Erfinder: Kurt Westphal und Gerhard Domagk, Wuppertal), **Herstellung von quaternierten 2-Mercapto-4-aminopyrimidinverbindungen.** Verbb. der allg. Formel I werden in gelöstem

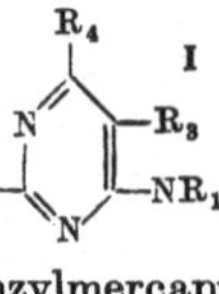

I

oder geschmolzenem Zustande bei erhöhter Temp. mit Verbb. der allg. Formel R_5X quaterniert, wobei R_5 eine Alkylgruppe u. X ein Anion ist. Weiterhin ist NR_1R_2 eine tert. NH_2-Gruppe, wobei $R_1 + R_2$ zusammen mit N auch einen heterocycl. Ring bilden können, R_3 u. R_4 sind H-Atome oder Alkylgruppen u. Y ist eine (ggf. kernsubstituierte, bes. halogenierte) Aralkylgruppe. — Beispiele: Trimethyl-[2-(o-chlorbenzylmercapto)-5-methylpyrimidyl-(4)]-ammoniummethosulfat, weiße Kristalle, F. 70° (unscharf); $R_1 = R_2 = R_3 = CH_3$, $R_4 = H$, $Y = CH_2-C_6H_4Cl$-(o), $R_5 = CH_3$, X = J, F. 180°; $R_1 = R_2 = C_2H_5$, $R_3 = R_4 = H$, $R_5 = CH_3$, $X = OSO_2OCH_3$, $Y = CH_2-C_6H_4Cl$-(o), weiße Kristalle, F. 135°; $R_1 = R_2 = C_2H_5$, $R_3 = H$, $R_4 = R_5 = CH_3$, $X = CH_2-C_6H_4Cl$-(o), $Y = OSO_2OCH_3$, unkristallisierbares Öl; $R_1 + R_2$ = Pyridinrest, $R_3 = R_4 = H$, $R_5 = CH_3$, $X = CH_2-C_6H_4Cl$-(o), $Y = OSO_2OCH_3$, F. 120°; $R_1 = R_2 = R_4 = R_5 = CH_3$, $R_4 = H$, $X = C_6H_5-CH_2$, Y = J (mutmaßliche Formeln). — Verw. zur Herst. von Präpp. mit *cytostat. Wirkung.* (**D. A. S. 1 114 197** Kl. 12p vom 17/4. 1959, ausg. 28/9. 1961.) A. KALIX. 4807

Chemische Werke Albert (Erfinder: Heinz-Georg von Schuh), Wiesbaden, **Herstellung 1.3-disubstituierter und 1.3.8-trisubstituierter 9-Methylisoxanthine.** 1.3-dialkylierte (oder 1.3.8-trialkylierte) Xanthine (I) werden zunächst in 7-Stellung durch Rk. mit einer Verb. der allg. Formel RCH_2X blockiert, dann in an sich bekannter Weise in 9-Stellung zum quatern. Salz methyliert u. schließlich der in 7-Stellung eingeführte Substituent durch katalyt. Hydrierung oder durch saure Hydrolyse entfernt. Hierbei ist R eine C_6H_5-Gruppe oder ein Halogenatom u. X ein Halogenatom. Wenn R u. X zugleich Halogenatome sind, werden in der 1. Rk.-Stufe zwei I-Reste durch eine CH_2-Brücke verbunden u. erst in der 3. Stufe wieder voneinander getrennt. Die 1. Rk.-Stufe wird durch Erhitzen der Komponenten in Lsgm., wie Aceton, Methyläthylketon, Isopropanol usw., unter Rückflußkühlung durchgeführt, die 2. Stufe mit Dimethylsulfat bei 100—130°, die 3. Stufe z. B. mit H_2 bei Überdruck u. in Ggw. von $PdCl_2$. — Beispiele: 1-Hexyl-3.9-dimethyl-8-äthyliso-I, F. 149—150°; 1.3.9-Trimethyliso-I, F. 285 bis 287°; 1-Hexyl-3.9-dimethyliso-I, F. 144—146°. Verw. als *Diuretica* u. Zwischenprodd. zur Herst. anderer pharmazeut. Präparate. (**D. A. S. 1 113 696** Kl. 12p vom 21/8. 1959, ausg. 14/9. 1961.) A. KALIX. 4807

Sandoz Akt.-Ges., Basel (Erfinder: Ernst Jucker, Binningen, Erwin Rissi, Basel, Rudolf Süess, Rheinfelden), Schweiz, **Herstellung von Theophyllinderivaten.** Theophyllin (I) wird auf 150—220° im Ölbad mit Halogeniden der allg.

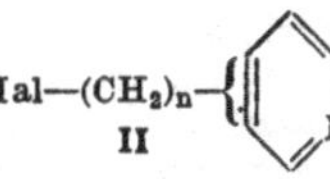

II

Formel II erhitzt, in der n = 0 oder 1 ist, u. das erhärtete Rk.-Prod. mehrfach aus A. umkristallisiert. Die neuen Verbb. sind, bes. in Form ihrer wasserlösl. Salze, *hochwirksam gegen Herzinsuffizienz, Angina pectoris u. Bronchialasthma.* — Beispiele: *7-β-Picolyl*-I·*HCl*, F. 258—260° (Zers.), freie Base, F. 142—144,5°; *7-β-Picolyl*-II-*β'-hydroxyäthochlorid*, F. 224—227° (Zers.); *7-β-Picolyl*-II-*jodmethylat*, F. 252—253° (Zers.); *7-γ-Picolyl*-II·*HCl*, F. 291—293,5°, freie Base, F. 182—184°; *7-γ-Picolyl*-II-*β'-hydroxyäthochlorid*, F. 274,5—277,5° (Zers.); *7-γ-Picolyl*-II-*jodmethylat*, F. 236,5—238,5° (Zers.); *7-Pyridyl-(4')*-II, F. 263—265°; *7-β-Picolyl*-II, F. 142,5—144,5°; *7-γ-Picolyl*-II, F. 182 bis 184°. (**D. A. S. 1 112 983** Kl. 12p vom 20/11. 1959, ausg. 24/8. 1961. Schwz. Prior. 21/11. 1958 u. 23/9. 1959.) A. Kalix. 4807

Løvens Kemiske Fabrik ved. A. Kongsted (Erfinder: Ole Wagn Godtfredsen), Kopenhagen, Dänemark, **Biologische Monohydroxylierung von Yohimbanen** erfolgt dadurch, daß man 16-Carbalkoxy-16-dehydroyohimban oder 17-Alkoxyyohimban oder deren 3-Epi-Verbb. in eine Nährlsg. gibt, in der im Tauchverf. unter Durchleiten von Luft der Pilz *Cunninghamella blakesleana* gezüchtet wird, u. dann aus der Nährlsg. die durch den Pilz bei seinem Wachstum gebildete hydroxylierte Verb. in üblicher Weise abtrennt. Aus Yohimbanen mit einer Doppelbindung zwischen den C-Atomen 16 u. 17 entsteht eine Mischung aus der 10- u. 18-Hydroxy-Verb., die chromatograph. über Al_2O_3 trennbar sind. Ist zwischen diesen beiden C-Atomen keine Doppelbindung, so entstehen nur die 10-Monohydroxy-Verbb., die *analept.*, während die 18-Hydroxy-Verbb. *sympatholyt.* wirksam sind. — Zu 450 Liter einer Nährlsg., die 10 kg Erbsenmehl, 2,5 kg NaCl, 500 ml Hefeautolysat u. 250 g KH_2PO_4 enthält, gibt man während der Züchtung des Pilzes C. blakesleana eine 10% ig. Glucose-Lsg., hält das pH zwischen 6,5 u. 7,5 u. die Temp. bei 24°, leitet unter Rühren (100 U/min) 350 Liter Luft je Min. durch u. gibt nach 48 Std. 1000 ml 10% ig. Apoyohimbin in wss. Essigsäure zu. Nach 30 Std. wird das Mycel abfiltriert, das pH auf 9,5 eingestellt u. das Filtrat im Gegenstrom mit 100 Liter Chlf. extrahiert. Der Extrakt wird 3mal mit 10% ig. Essigsäure ausgezogen, die wss. Lsgg. bei pH 9,5 3mal mit Methylenchlorid extrahiert u. dieser Extrakt 3mal mit 10% ig. Essigsäure ausgezogen. Aus dem wss. Extrakt erhält man mit wss. NH_3 einen amorphen Nd., aus dem beim Umlösen in sd. Methanol *10-Hydroxyapoyohimbin* gewonnen wird, aus Methanol, F. 258—260° (Zers.); ca. 10% (Ausbeute). Aus der Mutterlauge erhält man nach dem Eindampfen u. Lösen in A. unter Zusatz von äthanol. HCl *18-Hydroxyapoyohimbinhydrochlorid*, F. 271—272°. — Apoyohimbin + Na in Methanol + Methylacetat unter Rückfluß → 16-Carbomethoxy-17-methoxyyohimban, F. 201—203° (Zers.), → *10-Hydroxy-16-carbomethoxy-17-methoxyyohimban*, aus Methanol, F. 272—274°. — Apoyohimbin + tert.-Butylhypochlorit → 3-Dehydroapoyohimbin, daraus durch Red. des quart. Chlorids mit Zn + Essigsäure → 3-Epiapoyohimbin → *10-Hydroxy-3-epiapoyohimbin*, aus Methanol, F. 262—264° (Zers.); 18%, neben der *18-Hydroxyverbindung*. — *Heilmittel.* (**D. A. S. 1 113 940** Kl. 12p vom 21/11. 1957, ausg. 21/9. 1961. E. Prior. 21/11. 1956.) G. Krauss. 4807

J. R. Geigy Akt.-Ges., Basel (Erfinder: Ulrich Renner und Daniel A. Prins, Riehen), Schweiz, **Tabernanthin**, $C_{20}H_{26}N_2O$, aus Methanol, F. 205—207°, $[\alpha]_D^{20}$ —41° (Aceton), erhält man durch Extraktion von Conopharyngiaarten (Apocynaceae; C. durissima, C. Chippii, C. longiflora, C. Cuminsii, C. contorta, C. brachyantha, C. penduliflora, C. Johnstonii, C. usambarensis), bes. der Wurzeln u. Rinden, mit Methanol; der Extrakt wird eingeengt, die ggf. ausgeschiedenen festen Stoffe werden durch Filtrieren, Zentrifugieren oder Dekantieren entfernt, die klare Lsg. wird mit einer verd. Mineralsäure oder niedermol. Fettsäure auf pH 2,5—4 angesäuert, die saure Lsg. durch Filtrieren, Zentrifugieren oder Dekantieren geklärt, dann mit PAe. extrahiert, die entfettete, saure, wss. Lsg. (A) entweder mit einem niedermol., aliphat. Halogen-KW-Stoff oder mit einem anderen, mit W. nicht mischbaren organ. Lsgm. extrahiert, der erhaltene organ. Auszug eingeengt, mit einer wss.-alkal. Lsg. gewaschen, zur Trockne eingedampft, der Rückstand mit Bzl. oder in Mischung mit PAe. extrahiert oder auf pH 3 eingestellt, dann die Lsg. mit Bzl. extrahiert, der Auszug mit einer wss.-alkal. Lsg. gewaschen, getrocknet u. eingeengt, die erhaltene Lsg. über aktiviertem Al_2O_3 (Brockmann) filtriert, das Filtrat zur Trockne eingedampft, wodurch ein amorphes Alkaloid (B) erhalten wird. Man kann auch die entfettete saure Lsg. A mit Bzl., Ae. oder deren Mischungen extrahieren, den Auszug zur Trockne eindampfen, den Rückstand in verd. Essigsäure lösen, die Lsg. mit einem Alkalihalogenid sättigen, den ggf. entstandenen Nd. entfernen, die klare Lsg. alkal. machen, das ausgefallene amorphe Alkaloid B abfiltrieren. Dieses B wird mit alkohol. Alkali erhitzt, der nach dem Entfernen des Alkanols verbleibende Rückstand in so viel wss. Mineralsäure gelöst, daß eine Lsg. mit pH <4 entsteht; die saure Lsg. wird auf 30—100° erwärmt, dann alkal. gemacht, der Nd. abfiltriert oder durch Extrahieren entfernt u. aus dem Filter- oder Extraktionsrückstand durch Kristallisieren aus einem niedermol. Alkanol reines Tabernanthin gewonnen, das *analget.*, *entzündungshemmend*, *blutdrucksenkend*, *stimulierend* u. *beruhigend* u. gegenüber Serotonin *antagonist.* wirkt. B ist als solches oder aus seinen Lsgg. nicht kristallisierbar. (**D. A. S. 1 109 699** Kl. 12p vom 7/8. 1959, ausg. 29/6. 1961. Schwz. Prior. 8/8. 1958.) G. KRAUSS. 4807

Syntex Soc. An., übert. von: Alejandro Zaffaroni, Mexico, Mexico, **$\Delta^{1.4}$-Pregnadien-19.21-diol-3.20-dion** erhält man durch Bebrütung von $\Delta^{1.4}$-Pregnadien-21-ol-3.20-dion mit Nebennierengewebe von Schweinen. Als Nebenprodd. werden erhalten (nach chromatograph. Aufarbeitung): *$\Delta^{1.4}$-Pregnadien-11β.21-diol-3.20-dion* u. *$\Delta^{1.4}$-Pregnadien-11β.21-diol-18-al-3.20-dion.* — *Heilmittel.* (**A. P. 2 968 663** vom 16/2. 1956, ausg. 17/1. 1961. Mexican. Prior. 25/2. 1955.) U. SIEVERS. 4809

E. Merck Akt.-Ges. (Erfinder: Heinz-Jürgen Mannhardt), Darmstadt, **Methylsteroide der Pregnanreihe.** Man setzt z. B. 3.5-Cyclo-Δ^{16}-pregnen-6-ol-20-on mit CrO_3 in Ggw. von Pyridin um → *3.5-Cyclo-Δ^{16}-pregnen-6.20-dion*, F. 184°; $[\alpha]_D$ +94,5°, welches sich mit CH_3MgBr grignardieren läßt → *3.5-Cyclo-6.16α-dimethylpregnan-6-ol-20-on*, F. 143—145°; daraus durch Spaltung mit Eisessig–konz. H_2SO_4 → *6.16α-Dimethyl-Δ^5-pregnen-3β-ol-20-on-3-acetat*, F. 136—137°; *freier Alkohol*, F. 168 bis 169°; daraus durch OPPENAUER-Oxydation → *6α.16α-Dimethyl-Δ^4-pregnen-3.20-dion*, F. 124—125°; $[\alpha]_D^{20}$ +15,1°. — *Heilmittel.* (**D. A. S. 1 092 013** Kl. 12o vom 7/2. 1959, ausg. 3/11. 1960.) U. SIEVERS. 4809

Chas. Pfizer & Co., Inc., New York, N.Y., übert. von: Eugene J. Agnello, Lyme, und Gerald D. Laubach, Niantic, Conn., V.St.A., **21-Methylsteroide der Pregnanreihe** erhält man durch Erwärmen einer entsprechenden 21-Halogenmethyl-Verb. (oder 17β-(α-Hydroxy-β-halogen)-propanoyl-Verb.) in einem polaren niederen aliphat. sauerstoffhaltigen Lsgm., evtl. in Ggw. einer Mineralsäure. — Man erhitzt z. B. 21-Brommethyl-Δ^4-pregnen-11β.17α.21-triol-3.20-dion unter Rückfluß → *21-Methyl-Δ^4-pregnen-11β.17α-diol-3.20.21-trion.* — Analog: *9α-Fluor-21-methyl-$\Delta^{1.4}$-pregnadien-11β.17α-diol-3.20.21-trion*, F. 216—220° (Zers.). — *21-Methyl-$\Delta^{1.4}$-pregnadien-11β.17α-diol-3.20.21-trion*, F. 211—212°. — *Heilmittel.* (**A. P. 2 977 377** vom 21/4. 1960, ausg. 28/3. 1961.) U. SIEVERS. 4809

E. Merck Akt.-Ges. (Erfinder: Fritz von Werder), Darmstadt, **Alkylierte Steroide der Pregnanreihe.** Man setzt z. B. 16α-Isopropyl-Δ^5-pregnen-3β-ol-20-on mit p-Toluolsulfonylchlorid in Ggw. von Pyridin um → *16α-Isopropyl-Δ^5-pregnen-3β-ol-20-on-3-tosylat*, F. 149°; $[\alpha]_D$ —1,5°, das sich durch Rk. mit K-Acetat in Methyläthylketon überführen läßt → *3.5-Cyclo-6-hydroxy-16α-isopropylpregnan-20-on* (I), F. 119°; $[\alpha]_D$ +93,5°; daraus durch CrO_3-Oxydation in Ggw. von Pyridin → *3.5-Cyclo-16α-isopropylpregnan-6.20-dion*, F. 106°; $[\alpha]_D$ +87°. Durch Grignardierung mit CH_3MgBr erhält man hieraus → *3.5-Cyclo-6-methyl-16α-isopropylpregnan-20-on*, F. 175—176°; $[\alpha]_D$ +86°; daraus durch Spaltung mit Eisessig–H_2SO_4 → *3β-Acetoxy-6-methyl-16α-isopropyl-Δ^5-pregnen-20-on*, F. 125—140°; *freier Alkohol*, F. 196°; $[\alpha]_D$ —3°, das sich durch OPPENAUER-Oxydation überführen läßt → *6-Methyl-16α-isopropyl-Δ^4-pregnen-3.20-dion*, F. 131°; $[\alpha]_D$ +131°. — *Heilmittel* sowie Zwischenprodd. zu deren Herstellung. (**D. A. S. 1 092 469** Kl. 12o vom 14/2. 1959, ausg. 10/11. 1960.) U. SIEVERS. 4809

Organon Laboratories Ltd., London, England, **20-Monoenolacylate (I) von 11.20-Diketosteroiden** erhält man durch Rk. eines entsprechenden 11.20-Diketosteroids mit einem Säureanhydrid in Ggw. einer 1—3 Nitrogruppen enthaltenden Benzolsulfonsäure. — Man setzt z. B. 3α-Acetoxy-11.20-diketopregnan in CCl_4 mit Acetanhydrid in Ggw. von 2.4-Dinitrobenzolsulfonsäure um → *3α.20-Diacetoxy-11-keto-$\Delta^{17,20}$-pregnen.* — Die 20-Monoenolacylate werden in über 90% liegenden Ausbeuten erhalten u. dienen als Zwischenprodd. zur *Herst. von 17α-Hydroxysteroiden.* (**E. P. 858 271** vom 20/10. 1959, ausg. 11/1. 1961. Holl. Prior. 12/11. u. 15/11. 1958.) U. SIEVERS. 4809

American Cyanamid Co., New York, N.Y., übert. von: George H. Allen jun., Paramus, und Martin J. Weiss, Oradell, N.J., V.St.A., **21-Acetoxy-$\Delta^{4.9,11.16}$-Pregnatrien-3.20-dion (I)**, F. 125—127°, erhält man durch Rk. von 11α-Hydroxy-$\Delta^{4,16}$-pregnadien-3.20-dion mit Äthyloxalat in Ggw. von Na-Methylat → *2.21-Bis-äthoxyoxalyl-11α-hydroxy-$\Delta^{4.16}$-pregnadien-3.20-dion*, welches mit Br_2 in CCl_4 u. in Ggw. von Na-Acetat übergeführt wird → *2α.21-Dibrom-11α-hydroxy-$\Delta^{4.16}$-pregnadien-3.20-dion*; daraus durch Rk. mit $KHCO_3$ u. Eisessig → *21-Acetoxy-2α-brom-11α-hydroxy-$\Delta^{4.16}$-pregnadien-3.20-dion*; durch Entbromierung mit $CrCl_2$ erhält man hieraus → *21-Acetoxy-11α-hydroxy-$\Delta^{4.16}$-pregnadien-3.20-dion*, welches sich über sein *11α-p-Toluolsulfonat*, F. 158—159°, dehydratisieren läßt → I. — Zwischenprodd. zur Herst. von Heilmitteln. (**A. P. 2 975 197** vom 9/7. 1958, ausg. 14/3. 1961.) U. SIEVERS. 4809

E. Merck Akt.-Ges., Darmstadt (Erfinder: Jan Thesing, Trautheim, und Karl-Heinz Bork, Griesheim), **Mannichbasen von Steroiden** erhält man durch Rk. eines entsprechenden 17β-Acetylsteroids mit Formaldehyd u. einem sek. Amin unter den Bedingungen der MANNICH-Kondensation. — Man setzt z. B. Δ^5-Pregnen-3β-ol-20-on-3-acetat mit Paraformaldehyd u. Piperidiniumchlorid in tert.-Amylalkohol unter Rückfluß um → *21-Piperidinomethyl-Δ^5-pregnen-3β-ol-20-on-3-acetathydrochlorid* (I), F. 208—210° (Zers.); $[\alpha]_D^{25}$ 0°; *freie Base*, F. 140—142°; $[\alpha]_D$ + 10,1°. I läßt sich durch Rk. mit methanol. HCl hydrolysieren → *21-Piperidinomethyl-Δ^5-pregnen-3β-ol-20-on-hydrochlorid*, F. 219—222°; *freie Base* (II), F. 168—170°; $[\alpha]_D$ + 13,1°. — I-*Maleinat*, F. 154—156°; $[\alpha]_D$ + 4°; *Camphersulfonat*, F. 193—194°; $[\alpha]_D$ + 15,5°; *Tartrat*, F. 141°; $[\alpha]_D$ + 4°; *Succinat*, F. 111—120°; $[\alpha]_D$ + 16°. — II-*Succinat*, F. 110—111°; $[\alpha]_D$ + 24,1°. — Analog: *21-Piperidinomethyl-$\Delta^{5.16}$-pregnadien-3β-ol-20-on-3-acetathydrochlorid*, F. 240 bis 241°; $[\alpha]_D$ — 42,6°. — *21-Dimethylaminomethyl-Δ^5-pregnen-3β-ol-20-on-3-acetat-hydrochlorid*, F. 261—262°; $[\alpha]_D$ — 37,3°. — *21-Piperidinomethylallopregnan-3β-ol-20-on-3-acetathydrochlorid* (III), F. 180—182°; *freie Base*, F. 96—97°. — III-*Tartrat*, F. 109—111°; $[\alpha]_D$ + 44°. — *21-Morpholinomethyl-Δ^5-pregnen-3β-ol-20-on-3-acetat-hydrochlorid*, F. 206—209°; $[\alpha]_D$ — 5,3°; *freie Base*, F. 139—141°; $[\alpha]_D$ + 25,7°. — *21-Pyrrolidinomethyl-Δ^5-pregnen-3β-ol-20-on-3-acetathydrochlorid*, F. 198—199°; *freie Base*, F. 138—140°; *Succinat*, F. 102—104°; $[\alpha]_D$ + 9,3°. — *21-Morpholinomethylallopregnan-3β-ol-20-on-3-acetathydrochlorid*, F. 197—199°; $[\alpha]_D$ + 48°; *freie Base*, F. 92—95°; $[\alpha]_D$ + 56°. — *16-Methyl-21-piperidinomethyl-$\Delta^{5.16}$-pregnadien-3β-ol-20-on-3-acetathydrochlorid*, F. 213—216°; *freie Base*, F. 95—97°; $[\alpha]_D$ — 0,6°. — *Heilmittel*. (**D. A. S. 1 107 662** Kl. 12o vom 4/7. 1959, ausg. 31/5. 1961.) U. SIEVERS. 4809

E. Merck Akt.-Ges. (Erfinder: Klaus Brückner), Darmstadt, **Fluorhaltige ungesättigte Steroide der Pregnanreihe.** Man epoxydiert z. B. 6-Dehydrocortisol-21-acetat in Chlf. mit Monoperphthalsäure → *6α.7α-Oxidocortisol-21-acetat*, F. 267—270°; $[\alpha]_D$ + 155°, welches sich durch Rk. mit HF in Chlf.–Tetrahydrofuran überführen läßt → *6β-Fluor-$\Delta^{4.9,11}$-pregnadien-7α.17α.21-triol-3.20-dion-21-acetat*, F. 180—182°; daraus durch Rk. mit N-Bromsuccinimid → *6-Fluor-9α-brom-6-dehydrocortisol-21-acetat*, F. 184 bis 185°; durch HBr-Abspaltung mit K-Acetat erhält man hieraus → *6-Fluor-9β.11β-oxido-$\Delta^{4.6}$-pregnadien-17α.21-diol-3.20-dion-21-acetat*, F. 214—216°; daraus durch Epoxidspaltung mit HF in Chlf.–Tetrahydrofuran → *6.9α-Difluor-6-dehydrocortisol-21-acetat*, F. 218—219°, welches sich mit SeO_2 in tert.-Butanol dehydrieren läßt → *6.9α-Difluor-6-dehydroprednisolon-21-acetat*, F. 228—229°. — *Heilmittel*. (**D. A. S. 1 092 915** Kl. 12o vom 28/4. 1959, ausg. 17/11. 1960.) U. SIEVERS. 4809

E. Merck Akt.-Ges., Damrstadt (Erfinder: Karl-Heinz Bork, Klaus Brückner, Heinz-Jürgen Mannhardt und Harald Metz, Darmstadt, Rudolf Watzel, Trautheim, und Fritz von Werder, Darmstadt), **Ungesättigte fluorhaltige Steroide der Pregnanreihe.** Man bebrütet z. B. 6-Fluor-6-dehydro-REICHSTEINS-Verb. S (Ia) mit einer Kultur von *Fusarium sp.* (Sammlung E. MERCK Nr. 2083) → *6-Fluor-6-dehydro-11-epicortisol* (I), F. 222—224°; $[\alpha]_D$ — 8°, welches sich durch Acetylierung u. CrO_3-Oxydation überführen läßt → *6-Fluor-6-dehydrocortisonacetat*, F. 230 bis 232°; $[\alpha]_D$ + 195°. — I-*21-Acetat* läßt sich über seine *11-Tosylat*, F. 163—166°, mit Na-Acetat dehydratisieren → *6-Fluor-$\Delta^{4.6.9,11}$-pregnatrien-17α.21-diol-3.20-dion-21-acetat*, F. 181—183°; daraus durch Rk. mit N-Bromsuccinimid → *6-Fluor-9α-brom-6-dehydrocortisol-21-acetat*, F. 184—185°, das sich mit K-Acetat dehydrobromieren läßt → *6-Fluor-9β.11β-oxido-$\Delta^{4.6}$-pregnadien-17α.21-diol-3.20-dion-21-acetat*, F. 214 bis 216°; daraus durch Spaltung mit HF in Chlf.–Tetrahydrofuran → *6.9α-Difluor-6-dehydrocortisol-21-acetat*, F. 218—219°. — Durch Bebrütung von Ia mit *Curvularia lunata* erhält man → *6-Fluor-6-dehydrocortisol*, F. 212—214°; *21-Acetat*, F. 235—237°; daraus durch CrO_3-Oxydation u. Verseifung → *6-Fluor-6-dehydrocortison*, F. 215—217°; $[\alpha]_D$ + 186,6°. — Analog: *6-Fluor-6-dehydroprednisolonacetat*, F. 240—242°; $[\alpha]_D$ + 156°. — *6-Fluor-6-dehydroprednison*, F. 214—216°; $[\alpha]_D$ + 122,6°. — *Heilmittel* sowie Zwischenprodd. zu deren Herstellung. (**D. A. S. 1 092 468** Kl. 12o vom 4/2. 1959, ausg. 10/11. 1960.) U. SIEVERS. 4809

Smith, Kline & French Laboratories, Philadelphia, übert. von: James F. Kerwin, Broomall, und Manfred E. Wolff, Elkins Park, Pa., V.St.A., **11.18-Steroidlactone.** Man behandelt z. B. 11.18-Epoxy-20.21-diacetoxyallopregnan-3-on in CCl_4 mit RuO_4 bei normaler Temp. → *20.21-Diacetoxy-11β-hydroxy-3-ketoallo-pregnan-18-carbonsäure-11.18-lacton*, F. 225—229°, welches sich durch Bromierung u. anschließende Debromierung mit NaJ (nach Trennung über die GIRARD-Derivv.) überführen läßt → *20.21-Diacetoxy-11β-hydroxy-3-keto-Δ^4-pregnen-18-carbonsäure-11.18-lacton*; daraus durch partielle Verseifung mit methanol. $KHCO_3$–K_2CO_3 u. CrO_3-Oxydation der 20-ständigen Hydroxygruppe → *21-Acetoxy-11β-hydroxy-3.20-diketo-Δ^4-pregnen-*

18-carbonsäure-11.18-lacton, F. 193°. — Die Dehydrobromierung kann auch mit Kollidin durchgeführt werden; ferner kann eine 1,2-ständige Doppelbindung durch Selendehydrierung eingeführt werden. Analoge Rkk. werden an entsprechenden Verbb. der 19-Nor-Reihe beschrieben. — *Heilmittel*, bes. *Aldosteronantagonisten*. (**A. P. 2 975 174** vom 22/4. 1960, ausg. 14/3. 1961.) U. SIEVERS. 4809

Upjohn Co., Kalamazoo, übert. von: John C. Babcock, Portage Township, und Arnold C. Ott, Muskegon, Mich., V.St.A., **Androstan-11β.17β-diol**, F. 168 bis 170°; $[\alpha]_D$ +28°, *17-Acetat*, F. 139,5—140°; $[\alpha]_D$ +8°, erhält man durch Red. von Androstan-11.17-dion mit $LiAlH_4$ in Ae. u. evtl. anschließende Acetylierung. — *Heilmittel*. (**A. P. 2 969 379** vom 9/1. 1959, ausg. 24/1. 1961.) U. SIEVERS. 4809

G. D. Searle & Co., Chicago, übert. von: Norman W. Atwater, Arlington Heights, Ill., V.St.A., **17β-Hydroxy-4-oxaandrostan-3-one.** Man ozonisiert z. B. 17β-Benzoyloxy-Δ^4-androsten-3-on in Äthylacetat–Essigsäure bei —5° → *17β-Benzoyloxy-5-oxo-3.5-seco-A-norandrostan-3-carbonsäure* (**Ia**), F. 175—176°; $[\alpha]_D$ +127°, red. anschließend mit $NaBH_4$ in A. → *17β-Benzoyloxy-4-oxa-5α-androstan-3-on* (**I**), F. 207 bis 208,5°; $[\alpha]_D$ +102°, neben dem *5β-Isomeren*, F. 165,5—167,5°; $[\alpha]_D$ +67°, daraus durch Verseifung mit KOH in Dioxan–W. → *17β-Hydroxy-4-oxa-5α-androstan-3-on*, F. 178,5—180,5°; $[\alpha]_D$ +96°. — Analog: *17β-Hydroxy-4-oxa-5β-androstan-3-on*, F. 202 bis 203°; $[\alpha]_D$ +9°. — Man kann auch **Ia** mit H_2/PtO in Essigsäure hydrieren → *17β-Cyclohexancarboxy-4-oxa-5β-androstan-3-on*, F. 200,5—203,5°; $[\alpha]_D$ +12°. — **Ia** + $SOCl_2$ in Bzl. → *17β-Benzoyloxy-5-chlor-4-oxaandrostan-3-on*, F. 187—191°; $[\alpha]_D$ +61°; daraus durch Rk. mit Methanol in Ggw. von Pyridin → *17β-Benzoyloxy-5-methoxy-4-oxaandrostan-3-on*, F. 238—242°; $[\alpha]_D$ +72°. — Analog: *17β-Benzoyloxy-5-allyloxy-4-oxaandrostan-3-on*, F. 160,5—164,5°; $[\alpha]_D$ +67°. — *17β-Benzoyloxy-5-benzyloxy-4-oxaandrostan-3-on*, F. 230—236°; $[\alpha]_D$ +67°. — *Heilmittel*. (**A. P. 2 973 370** vom 22/5. 1959, ausg. 28/2. 1961.) U. SIEVERS. 4809

Olin Mathieson Chemical Corp., New York, N.Y., übert. von: Josef Fried, New Brunswick, N.J., V.St.A., **4-Hydroxyprogesteron,** F. 230—232°, $[\alpha]_D^{23}$ +174°, erhält man durch Hydroxylierung von Progesteron mit OsO_4 in Ggw. von Pyridin → *Osmiat des Allopregnan-4α.5α-diol-3.20-dions* u. anschließende reduktive Zers. mit Na-Sulfit in Dioxan; *4-Acetat*, F. 162—163°; $[\alpha]_D^{23}$ +175°; *4-Önanthat*, F. 119 bis 120°; $[\alpha]_D^{23}$ +153°. — *Heilmittel*. (**A. P. 2 959 584** vom 2/4. 1956, ausg. 8/11. 1960.) U. SIEVERS. 4809

Upjohn Co., übert. von: Frank H. Lincoln und George B. Spero, Kalamazoo, Mich., V.St.A., **6α-Methyl-11-keto-21-methoxyprogesteron,** F. 179—181°, $[\alpha]_D$ +224°, erhält man durch Rk. von 6α-Methyl-11-ketoprogesteron mit Äthyloxalat in Ggw. von Na-Methylat in Methanol, Behandlung des erhaltenen 6α-Methyl-2.21-diäthoxyoxalyl-11-ketoprogesterons mit wasserfreiem Na-Acetat u. Br_2, anschließend mit Na-Methylat in Methanol u. Enthalogenierung mit Zn in Essigsäure. — *Heilmittel*. (**A. P. 2 970 156** vom 19/3. 1958, ausg. 31/1. 1961.) U. SIEVERS. 4809

Syntex Soc. An., übert. von: Howard J. Ringold, Carl Djerassi, Albert Bowers und Mercedes Velasco, Mexico, Mexico, **6-Halogen-6-dehydrosteroide der 9α-Halogenprogesteronreihe** erhält man durch Dehydrierung der entsprechenden Progesterone mit Chloranil, Epoxydation der 6,7-ständigen Doppelbindung u. Spaltung des Epoxids mit einem Halogenwasserstoff. — Man setzt z. B. 9α-Brom-11β-hydroxyprogesteron mit Chloranil in Äthylacetat–Essigsäure um → *9α-Brom-11β-hydroxy-6-dehydroprogesteron*; daraus durch Rk. mit Monoperphthalsäure in Methylenchlorid → *9α-Brom-6α.7α-oxido-Δ^4-pregnen-11β-ol-3.20-dion*, welches durch Behandlung mit HF in Tetrahydrofuran–Chlf. übergeführt wird → *6β-Fluor-9α-brom-7α.11β-dihydroxyprogesteron*; daraus durch Rk. mit HCl-Gas unter gleichzeitiger Epimerisierung des 6-ständigen F-Substituenten u. Dehydratisierung → *6α-Fluor-9α-brom-11β-hydroxy-6-dehydroprogesteron*. — Physikal. Daten werden nicht angegeben. — *Heilmittel*. (**A. P. 2 968 662** vom 30/12. 1959, ausg. 17/1. 1961. Mexican. Prior. 4/3. 1959.) U. SIEVERS. 4809

Løvens Kemiske Fabrik ved. A. Kongsted, Kopenhagen, Dänemark (Erfinder: Wagn Ole Godtfredsen und Sven Liisberg), **6α-Methyl-Δ^4-3-ketosteroide** erhält man durch katalyt. Hydrierung der entsprechenden Δ^4-3-Keto-6-dichlor- oder -dibrommethylen-Verbb., die einen gesätt. Ring B tragen, u. Rk. des Hydrierungs-Prod. mit einer starken anorgan. Säure. — Man hydriert z. B. 6-Dibrommethylentestosteron in Dioxan mit H_2/Pd—$SrCO_3$ u. behandelt das Hydrierungs-Prod., F. 150—152°, mit äthanol. HCl → *6α-Methyltestosteron*, F. 157—158°. — Analog: *6α-Methyl-19-nortestosteron-17-acetat*, F. 126—128°; $[\alpha]_D^{20}$ 8°. — *6α-Methylprogesteron*, F. 122—123,5°; $[\alpha]_D^{20}$ 177°. — *6α.17α-Dimethyltestosteron*, F. 136—137°; $[\alpha]_D^{20}$ 66°. — *6α-Methyl-17α-acetoxyprogesteron*, F. 205—207°; $[\alpha]_D^{22}$ 60,8°. — *6α-Methyl-17α-hydroxy-*

progesteroncaproat, F. 105—107°; $[\alpha]_D^{20}$ 46°; *-phenylacetat*, F. 164—166°; $[\alpha]_D^{20}$ 62°; *-propionat*, F. 155—157°; $[\alpha]_D^{20}$ 45°; *-β-cyclopentylpropionat*, F. 135—137°; $[\alpha]_D^{20}$ 44°. — *6α-Methyl-17α-hydroxy-11-desoxycorticosteron-21-acetat*, F. 198,5—200°. — *6α-Methylcortisonacetat*, F. 237—238°; $[\alpha]_D^{22}$ 204°. — *Heilmttiel*. (**E. P. 868 110** vom 8/8. 1958, ausg. 17/5. 1961. **D. A. S. 1 105 412** Kl. 12o vom 6/8. 1959, ausg. 27/4. 1961. E. Prior. 8/8. u. 12/9. 1958.) U. SIEVERS. 4809

E. Merck Akt.-Ges. (Erfinder: Klaus Brückner), Darmstadt, **Wasserlösliche Estersalze des 16α-Methyl-9α-fluorprednisolons.** Man setzt z. B. 16α-Methyl-9α-fluorprednisolon (I) mit $ClCH_2COCl$ in Dioxan um → I-*21-Chloracetat*, F. 198—200°; daraus durch Rk. mit Diäthylamin in Aceton → I-*21-Diäthylaminoacetat*, F. 198—200°; *Hydrochlorid*, F. 241—242°; $[\alpha]_D$ 88°; *Hydrobromid*, F. 238—240°; *Phosphat*, F. 136 bis 140°. — Analog: I-*21-Piperidinoacetathydrochlorid*, F. 170—180°; $[\alpha]_D$ 93,5°. — *Heilmittel*. (**D. A. S. 1 102 148** Kl. 12 o vom 11/7. 1959, ausg. 16/3. 1961.) U. SIEVERS. 4809

Syntex Soc. An., Mexico, Mexico, übert. von: Carl Djerassi, Birmingham, Mich., V.St.A., Alan J. Lemin, George Rosenkranz und Franz Sondheimer, Mexico, Mexico, **Epoxyverbindungen der Spirostanreihe.** Man hydriert z. B. das Acetat des 5.8-Peroxids des $\Delta^{6,9,11}$-22a-Spirostadien-3β-ols in Dioxan mit H_2/RANEY-Ni → *$\Delta^{7,9,11}$-22a-Spirostadien-3β.5α-diol-3-acetat* (I), F. 263—265°; $[\alpha]_D$ —6°; *freier Alkohol* (I a), F. 214—216°; $[\alpha]_D$ 0°. — I läßt sich durch Epoxydation mit Perphthalsäure (I b) in Chlf.-Ae. überführen u. → *9α.11α-Epoxido-Δ^7-22a-spirosten-3β.5α-diol-3-acetat*, F. 299 bis 301°; $[\alpha]_D$ —42°; *freier Alkohol* (II), F. 226—228°; $[\alpha]_D$ 60°. — II + CrO_3 in Pyridin → *9α.11α-Epoxido-Δ^7-22a-spirosten-5α-ol-3-on*, F. 236—238°; $[\alpha]_D$ —40°; daraus durch Rk. mit BF_3 in Bzl. → *$\Delta^{4,8}$-22a-Spirostadien-3.11-dion*, F. 205—206°; $[\alpha]_D$ 289°. — Analog: I a + 2 Mol. I b → *7α.8α;9α.11α-Diopexido-22a-spirostan-3β.5α-diol* (III), F. 277—280°; $[\alpha]_D$ —72°; daraus durch CrO_3-Oxydation → *7α.8α;9α.11α-Diepoxido-22a-spirostan-5α-ol-3-on*, F. 282—284°; $[\alpha]_D$ —52°. — III läßt sich durch OPPENAUER-Oxydation überführen → *7α.8α;9α.11α-Diepoxido-Δ^4-22a-spirosten-3-on*, F. 262—264°; $[\alpha]_D$ 46°. — Zwischenprodd. zur Herst. von Heilmitteln. (**A. P. 2 977 358** vom 16/2. 1955, ausg. 28/3. 1961. Mexican. Prior. 22/2. 1954.) U. SIEVERS. 4809

E. Merck Akt.-Ges. (Erfinder: Klaus Brückner), Darmstadt, **4.6-Bisdehydrosteroide der Pregnanreihe** erhält man durch Dehydrierung der entsprechenden 4-Dehydro-Verbb. mit Chloranil (I) in Ggw. eines inerten organ. Lsgm., dessen Kp. zwischen 70 u. 120° liegt. — Man setzt z. B. Cortisonacetat in Eisessig mit I 7 Std. unter Rückfluß um → *6-Dehydrocortisonacetat*, F. 233—234°; $[\alpha]_D^{20}$ 254,6°. — Analog: *6-Dehydro-Reichsteins-Substanz S-Acetat*, F. 209—211°; $[\alpha]_D^{20}$ 118,6°. — *6-Dehydrocortisonacetat*, F. 200—202°; $[\alpha]_D^{20}$ 192°. — Als verwendbare Lsgm. kommen noch in Betracht: Dioxan, Methyläthylketon, tert.-Amyl- u. Butylalkohol. — *Heilmittel*, sowie Zwischenprodd. zu deren Herstellung. (**D. A. S. 1 114 813** Kl. 12 o vom 19/2. 1957, ausg. 12/10. 1961.) U. SIEVERS. 4809

Syntex Soc. An. (Erfinder: Howard J. Ringold und George Rosenkranz), Mexico, Mexico, **2-Alkyl- oder -Aralkylderivate des Cortisons und Hydrocortisons.** Es werden die 2-Alkyl- bzw. -Aralkylderivv. des Cortisons u. Hydrocortisons auf die in der D. A. S. 1 053 502 beschriebene Weise hergestellt. Physikal. Daten sind nicht angegeben. — *Heilmittel*. (**Schwz. P. 354 776** vom 4/1. 1957, ausg. 31/7. 1961. Mexican. Prior. 4/1. 1956.) U. SIEVERS. 4809

Olin Mathieson Chemical Corp., New York, N.Y., übert. von: Richard W. Thoma, Somerville, und Josef Fried, Princeton, N.J., V.St.A., **7-Hydroxysteroide.** Inhaltlich ident. mit A. P. 2 960 513; C. **1962**. 3907. Zu ergänzen ist, daß in analoger Weise die Verbb. *7α-Hydroxyprogesteron*, *7α-Hydroxycortexolon*, *7α-Hydroxycortison*, *9α-Fluor-7α-hydroxyhydrocortison*, *7α-Hydroxyhydrocortison* u. *Δ^4-Androsten-7α-ol-3.17-dion* hergestellt werden können. Physikal. Daten für diese Verbb. werden nicht angegeben. (**A. P. 2 960 436** vom 23/11. 1959, ausg. 15/11. 1960.) U. SIEVERS. 4809

Glaxo Laboratories Ltd., Greenford, England, **Reinigen von Trijodthyronin.** Das bei der Herst. aus Dijod-L-thyronin (I) mit J_2 in Äthylamin-Lsg. anfallende Trijodthyronin ist mit I u. Monojodthyronin verunreinigt. Man löst es in einer Amin-Lsg. u. scheidet es durch Zugabe von Metallionen, z. B. NaCl, oder KCl-Lsg. als Komplexsalz (II) durch fraktionierte Kristallisation bei 5—15° ab. Durch Lösen des II in Alkali u. Ansäuern wird Trijodthyronin mit einem Geh. von 1% I gewonnen, bes. bei Verw. von Methylamin als Komplexbildner. (**Ind. P. 62 776** vom 8/1. 1958, ausg. 14/8. 1959. E. Prior. 15/1. 1957.) C. LÜTTGEN. 4809

C. H. Boehringer Sohn, Albert Boehringer, Ernst Boehringer, Ilse Liebrecht, Julius Liebrecht und Walter Meyer-List, Ingelheim/Rh., **Her-**

stellung von injizierbaren, wässerigen Präparaten von Salzen der Tetracyclin-Antibiotika. Man setzt den wss. Lsgg., die neben den Tetracyclinsalzen noch wasserlösl. Mg-Salze enthalten, ein oder mehrere Alkali- oder Erdalkalibisulfite zusammen mit einem oder mehreren Carbonsäureamiden u. einer oder mehreren organ. oder anorgan. Basen (pH 5,0—7,0) zu. — Man vermischt z. B. 1 g Hydroxytetracyclinhydrochlorid mit 1 g $MgCl_2 \cdot 6 H_2O$ u. löst dieses Gemisch in 8 cm^3 einer 0,5% ig., wss. $NaHSO_3$-Lsg., die mit 9,5 g Milchsäurehydroxyäthylamid versetzt ist. Den pH-Wert der Mischung stellt man mit 1% ig., wss. Monoäthanolamin-Lsg. auf pH 5,8 ein u. füllt mit dest. W. auf 21 cm^3 auf. — Man erhält auf diese Weise stabile, injizierbare Präparate. (**Ind. P. 61 599** vom 31/8. 1957, ausg. 12/8. 1959.) H. Nebelsiek. 4811

Magyar Állam (Erfinder: Michael Bodánszky und Nikolaus Szelke), Budapest, Ungarn, **Hydroxytetracyclin** gewinnt man aus den Gärfl. durch Ausfällen mittels Pyridinium-Verbb. wie Pyridiniumcetylbromid. (**Ung. P. 143 899** vom 28/7. 1955, ausg. 15/1. 1958.) G. König. 4811

Momoe Soedo, Shinjukuku, Tokyo, Japan, **Herstellung der Antitumorsubstanz Marinamycin** auf üblichem biolog. Wege unter Verw. eines Stammes von Streptomyces mariensis u. Gewinnung aus der Fermentations-Fl. durch Fällung mit $ZnCl_2$-Lsg., Extraktion des Nd. mit Na_2HPO_4-Lsg. u. Dialyse des Extraktes nach Zusatz von $CCl_3 \cdot COOH$ in der Kälte. Vergleichende Morphologie u. Physiologie des Mikroorganismus sowie dessen antibakterielles Spektrum (Tabellen). Marinamycin zeigt keine Wrkg. gegen gramnegative u. nur schwache Wrkg. gegen grampositive Bakterien, Hefen, Schimmelpilzen, Protozoen u. Mycobacterium phlei. — Beispiele für Fermentation u. Extraktion. Charakterist. UV- u. IR-Spektren (Kurven). (**D. A. S. 1 094 928** Kl. 30 h vom 19/9. 1958, ausg. 15/12. 1960. Jap. Prior. 19/9. 1957.) H. Schindler. 4811

Soc. des Usines Chimiques Rhône-Poulenc (Erfinder: Jean Preud'homme und Yvan Charpentie), **Trennen von Spiramycin I von Spiramycin II und III.** Spiramycin in Form der rohen Base wird in Bzl. beim Kp. gelöst, gekühlt u. fraktioniert kristallisiert. (**Aust. P. 223 650** vom 16/1. 1958, ausg. 24/9. 1959.) K. Demmler. 4811

Jean Bretey und Andre Lamensans, Paris, Frankreich, **Herstellung von Tuberculin** (I) durch Extraktion aus einer zuvor durch mikrobiolog. Filtration sterilisierten Tuberkelbazillenkultur, Einführung in eine wasserunlösl. Säure, die bei pH 2,5—3,5 unter Einschluß des I gefällt wird, Lösen des Nd. in einem Lsgm., in dem I unlösl. ist, Auflösen des zurückbleibenden I in W., Versetzen der Lsg. mit 10% ig. NaOH bis pH 6,5—8, Ausfällen des I mit 93% ig. A., Waschen mit A. oder Aceton u. Trocknung im Vakuum. (**Can. P. 551 115** vom 18/3. 1952, ausg. 7/1. 1958. F. Prior. 23/2. 1951.) Eberhard Riedel. 4813

Olin Mathieson Chemical Corp., New York, N.Y., V.St.A., **Lösliche Nystatinzusammensetzungen** aus 1 (Gew.-Teil) Nystatin u. 0,5—1,5 Na-Laurylsulfat. Man löst die beiden Komponenten in W., stellt den pH-Wert der Lsg. auf 6,8—7,2 ein, filtriert u. unterwirft das Filtrat der Gefriertrocknung. Die so bereiteten Kompositionen sind bis zu 40° beständig. In evakuierten oder mit N_2 gefüllten Ampullen halten sie sich bei normaler Temp. über einen längeren Zeitraum. — *Therapeut. Mittel.* (**Ind. P. 60 549** vom 20/5. 1957, ausg. 7/8. 1958.) H. Nebelsiek. 4815

Chas. Pfizer & Co., Inc., Brooklyn, N.Y., V.St.A., **Therapeutische Mittel,** enthaltend mindestens einen Polyacylester von Oleandomycin (I) u. mindestens ein anderes Therapeuticum. Ein Gemisch von 100 (g) I-Triacetat mit 300 Sulfaguanidin eignet sich z. B. zur Bekämpfung infektiöser Erkrankungen des Verdauungstraktes, eine solche mit 100 Dihydrostreptomycin zur Behandlung bakterieller Infektionen. (**Ind. P. 62 175** vom 4/11. 1957, ausg. 29/11. 1959.) C. Lüttgen. 4815

Schenley Industries, Inc., New York, N.Y., V.St.A., übert. von: Engelbert Kühle, Leverkusen, und Gerhard Domagk, Wuppertal, **Herstellung von N-Acylderivaten von α-Pyridincarbonsäurehydraziden,** dad. gek., daß man ein Dicarbonsäureanhydrid, z. B. der Phthalsäure, 4-Chlorphthalsäure, Naphthalin-1.2-dicarbonsäure, Tetrahydrophthalsäure, Hexahydrophthalsäure, Pyridin-2.3-dicarbonsäure oder 3.6-Endomethylen-Δ^4-tetrahydrophthalsäure, in einem organ. Lsgm. wie Dioxan, Dimethylformamid oder einem höhersd. KW-Stoff, bei 50—100° mit α-Pyridincarbonsäurehydrazid umsetzt. — *Phthalsäurehydazid der α-Pyridincarbonsäure*, F. 218°. — *Tierarzneimittel bei Tbc.* (**A. P. 2 906 755** vom 4/10. 1957, ausg. 29/9. 1959. D. Prior. 16/11. 1956.) W. Heyer. 4815

Boots Pure Drug Co. Ltd. (Erfinder: John William Guthrie Leiper und George Wilson Cranch), **Wurmmittel zur Behandlung von Haustieren,** enthaltend das Doppelsalz von Piperazindihydrochlorid u. NH_4Cl. (**Aust. P. 227 421** vom 16/7. 1958, ausg. 14/4. 1960.) C. Lüttgen. 4815

Westminster Laboratories Ltd., London, England (Erfinder: Herbert Alan Ryan), **Arzneimittel gegen Wurminfektionen,** bes. gegen Spulwürmer, enthalten auf 100 (Teile) *Piperazin* oder der entsprechenden Menge eines verträglichen Salzes davon 0,3—1,5 *Sennoside A* u. *B*. (**E. P. 858 455** vom 4/5. 1959, ausg. 11/1. 1961.)
K. KOEBKE. 4815

Ciba Ltd., Basel, Schweiz, **Herstellung von Metallsalzen von Formosulfathiazol** durch Rk. von CH_2O (I) u. einem Salz eines 2 wertigen Metalls mit Sulfathiazol (II). Man gibt 12,3 (g) $MgSO_4 \cdot 7\ H_2O$ zu einer Lsg. von 27,8 Na-II in 40 W., läßt 2 Std. lang bei 0° stehen, saugt die Kristalle ab, löst sie in 20° heißem W., filtriert heiß, läßt wieder bei 0° stehen, trennt die Kristalle ab, löst sie in 10° W., gibt bei 65° 30 cm^3 40% ig. I zu, kühlt 2 Std. lang in Eiswasser, filtriert das entstandene Mg-Salz ab, das *bakteriostat.* u. *bakteridide* Eigg. hat. (**Ind. P. 62 448** vom 2/12. 1957, ausg. 17/3. 1959.)
C. LÜTTGEN. 4833

Farbenfabriken Bayer Akt.-Ges., Leverkusen (Erfinder: Ernst Schraufstätter und Marianne Bock), **5-Acyl-7-aminomethylchinolinole-(8)** der allg. Zus. I (R = Hydroxyalkyl mit 1—4 C-Atomen, R' = ggf. mit Cl oder einem Styrylrest substituierter Phenylrest), gut verträgliche *amöbicide* u. *bactericide* Verbb., erhält man aus 5-Acylchinolinolen-(8) durch Rk. mit Formaldehyd oder Paraformaldehyd (II) u. einem prim. Amin. — 2 (g) Äthanolamin u. 3 II kocht man mit 50 ml A. bis zur klaren Lsg., trägt diese Lsg. in eine heiße alkohol. Lsg. von 24 5-Benzoylchinolinol-(8) (IIa) ein u. erhitzt kurze Zeit. Man erhält (-chinolinol-(8) = III) *5-Benzoyl-7-[β-hydroxyäthylaminomethyl]*-III, F. 190°. In ähnlicher Weise kann erhalten werden: *5-Cinnamoyl-7-[β-hydroxyäthylaminomethyl]*-III, F. 198°; *5-Benzoyl-7-[γ-hydroxypropylaminomethyl]*-III, F. 151° (aus 3-Aminopropanol-(1), IIa u. II); *5-Benzoyl-7-[γ-hydroxybutylaminomethyl]*-III, F. 172°; *5-Benzoyl-7-[β.γ-dihydroxypropylaminomethyl]*-III, F. 186°; *5-Benzoyl-7-[α.γ-dihydroxy]-isopropylaminomethyl*-III, F. 160°. (**Aust. P. 222 926** vom 12/7. 1957, ausg. 13/8. 1959.)

I

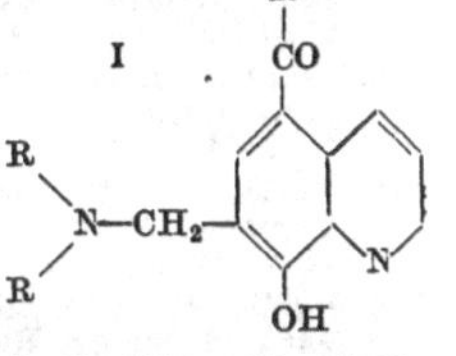

O. ROICK. 4833

Wellcome Foundation Ltd., London, England, **Herstellung von Diaminochinazolinen** der allg. Formel I, in der R_1—R_4 für H oder niedere Alkylreste mit 1—5 C-Atomen stehen, durch Behandlung der entsprechenden 2.4-Dihydroxychinazoline mit PCl_5 u./oder Phosphorylchlorid u. anschließende Rk. des gebildeten 2.4-Dihalogenchinazolins mit NH_3. — Zum Beispiel wird ein Gemisch aus 13 g 6-Methyl-2.4-dihydroxychinazolin, 40 g PCl_5 u. 80 ml Phosphorylchlorid 3 Std. am Rückfluß erhitzt. Nach dem Abtrennen des überschüssigen Phosphorylchlorids u. Alkalischmachen des Rückstandes mit NH_4OH → *2.4-Diamino-6-methylchinazolin*; auf analoge Weise: *2.4-Diamino-8-methylchinazolin*, F. 209°; *2.4-Diamino-6-äthylchinazolin*, F. 214—216°; *2.4-Diamino-6.8-dimethylchinazolin*; *2.4-Diamino-6.7-dimethylchinazolin*, F. 291°; *2.4-Diamino-5-isopropyl-8-methylchinazolin*. — Verw. als *bakterienhemmende Mittel*. (**Ind. P. 60 934** vom 28/6. 1957, ausg. 4/12. 1958.)

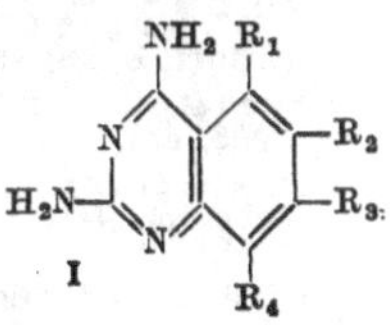

I

H. NEBELSIEK. 4833

DEHYDAG Deutsche Hydrierwerke G. m. b. H., Düsseldorf, *Herstellung von Zäpfchenmassen.* (**Oe. P. 214 072** vom 19/12. 1959, ausg. 10/3. 1961. D. Prior. 24/4. 1959. — **C. 1961.** 9514 [D. A. S. 1 094 930].)

Riker Laboratories, Inc., Los Angeles, Calif., V.St.A., *Druckzerstäubungspharmazeuticum für Inhalationstherapie.* (**E. P. 830 426** vom 7/3. 1957, ausg. 16/3. 1960. A. Prior. 21/3. 1956. — **C. 1960.** 9309 [Aust. P. 215 565].)

Heinrich Messer, Mailand, Italien, *Herstellung von desinfizierenden und heilenden Verbandstoffen.* (**It. P. 536 601** vom 9/1. 1952. D. Prior. 22/5. 1951. — **C. 1954.** 144 [D. B. P. 871 823].)

J. R. Geigy Akt.-Ges., Basel, Schweiz, *Herstellung hochmolekularer Erdalkalimetallkomplexverbindungen.* (**Jap. A. S. 2394/1960** vom 4/3. 1957, ausg. 17/3. 1960. Schwz. Prior. 5/3. u. 12/12. 1956. — **C. 1959.** 14198 [Oe. P. 199 792].)

Ciba Ltd., Basel, Schweiz, *Herstellung von ungesättigten aliphatischen Diolen.* (**E. P. 864 261** vom 31/5. 1957, ausg. 29/3. 1961. Schwz. Prior. 6/6. u. 5/7. 1956 u. 5/4. 1957. — **C. 1960.** 15490 [D. A. S. 1 070 168].)

Ciba Ltd., Basel, Schweiz, *Herstellung von ungesättigten aliphatischen Diolen.* (**E. P. 864 262** vom 31/5. 1957, ausg. 29/3. 1961. Schwz. Prior. 6/6. 1956. — **C. 1960.** 15490 [D. A. S. 1 070 168].)

Ciba Akt.-Ges. (Erfinder: **Cyril Grob,** Basel, und **Erwin F. Jenny,** Riehen), Schweiz, *Herstellung von ungesättigten aliphatischen Aminodiolen.* (**Schwz. P. 356 447** vom 9/4. 1957, ausg. 13/10. 1961. — **C. 1961.** 15120 [F. P. 1 205 325].)

Farbwerke Hoechst Akt.-Ges., vormals Meister Lucius & Brüning, Frankfurt/M.-Höchst, *Herstellung von Aldehyden der Diphenylätherreihe.* (**Oe. P. 212 303** vom 26/8. 1958, ausg. 12/12. 1960. D. Prior. 28/8. 1957. — **C. 1960.** 9310 [D. A. S. 1 070 161].)

Eprova Soc. An., Schweiz, *Quaternäre Ammoniumderivate von 1.2-Diphenyläthoxyäthylamin.* (**F. P. 1 228 804** vom 9/12. 1955, ausg. 2/9. 1960. Schwz. Prior. 9/12. 1954. — **C. 1961.** 2370 [D. A. S. 1 050 774].)

Schering Akt.-Ges., Berlin, *Herstellung von substituierten Benzimidazolen.* (**Oe. P. 212 311** vom 5/10. 1959, ausg. 12/12. 1960. D. Prior. 15/11. 1958. — **C. 1960.** 11033 [D. A. S. 1 078 132].)

Ciba Akt.-Ges., Basel, Schweiz, *Herstellung von 2-Thioparabansäurederivaten.* (**Oe. P. 208 878** vom 12/2. 1959, ausg. 10/5. 1960. A. Prior. 13/2. u. 28/11. 1958. — **C. 1961.** 2370 [D. A. S. 1 088 501].)

Ciba Akt.-Ges., Basel, Schweiz, *Herstellung von 2-[4'-Isopentyloxyphenylimino]-3-[4''-isopentyloxyphenyl]-thiazolidin.* (**Oe. P. 208 857** vom 30/12. 1958, ausg. 10/5. 1960. A. Prior. 31/12. 1957. — **C. 1960.** 13120 [A. P. 2 877 232].)

Spofa, Spojené Farmaceutické Závody, Národní Podnik, Tschechoslowakei (Erfinder: **Karel Fucik**), [*Chromonyl-(3)*]-[*4-hydroxycumarinyl-(3)*]-*methane.* (**F. P. 1 228 808** vom 11/3. 1957, ausg. 2/9. 1960. Tschech. Prior. 10/3. 1956. — **C. 1959.** 3581 [D. A. S. 1 029 381].)

May & Baker Ltd., Dagenham, Essex (Erfinder: **Arthur Adams**, Upminster, und **Ronald Slack**, London), England, *Herstellung des Isonicitinoylhydrazons des 4'-Formylbenzal-4-thiosemicarbazonoformylanilins.* (**Oe. P. 208 861** vom 15/1. 1959, ausg. 10/5. 1960. E. Prior. 17/1. 1958. — **C. 1961.** 15 488 [A. P. 2 940 970].)

Knoll Akt.-Ges., Chemische Fabriken, Ludwigshafen/Rh. (Erfinder: **Ferdinand Dengel**, Mannheim), *Herstellung von basisch substituierten 1-Benzyl-tetrahydroisochinolinen.* (**Schwz. P. 357 396** vom 22/1. 1955, ausg. 30/11. 1961. D. Prior. 30/1. 1954. — **C. 1959.** 14195 [F. P. 1 161 330].)

Lepetit S. p. A. (Erfinder: **Uberto Teotino** und **Giulio Maffii**), Mailand, Italien, *Herstellung von Pyridazinon-Derivaten.* (**Oe. P. 212 322** vom 15/7. 1959, ausg. 12/12. 1960. E. Prior. 17/7. 1958. — **C. 1961.** 6599 [D. A. S. 1 095 287].)

Abbott Laboratories, North Chicago, Ill., V.St.A., *Herstellung von N-[o-Alkoxyphenyl]-N'-alkoxyalkylpiperazinen.* (**Oe. P. 212 317** vom 20/3. 1959, ausg. 12/12. 1960. A. Prior. 31/12. 1958. — **C. 1961.** 3087 [A. P. 2 891 063].)

Soc. des Usines Chimiques Rhône-Poulenc, Paris (Erfinder: **Robert Michel Jacob**, Ablon-sur-Seine, und **Raymond Horclois**, Malakoff), Frankreich, *Herstellung von Phenthiazinderivaten.* (**Oe. P. 208 864** vom 8/1. 1959, ausg. 10/5. 1960. F. Prior. 9/1. 1958. — **C. 1961.** 8039 [D. A. S. 1 090 215].)

Soc. des Usines Chimiques Rhône-Poulenc, Paris (Erfinder: **Robert Michel Jacob**, Ablon-sur-Seine, und **Jacques Georges Robert**, Gentilly), Frankreich, *Herstellung von Phenthiazinderivaten.* (**Oe. P. 212 318** vom 22/4. 1959, ausg. 12/12. 1960. F. Prior. 24/4. 1958. — **C. 1961.** 6957 [D. A. S. 1 092 476].)

Badische Anilin- & Soda-Fabrik Akt.-Ges., Ludwigshafen/Rh. (Erfinder: **Herbert Friederich**, Worms, **Johanna Binding**, Frankenthal, und **August Amann**, Ludwigshafen/Rh.), *Hydrochloride basischer Phenthiazin-10-carbonsäureester.* (**Oe. P. 208 876** vom 21/11. 1958, ausg. 10/5. 1960. D. Prior. 14/12. 1957. — **C. 1960.** 7608 [D. A. S. 1 071 086].)

National Drug Co. (Erfinder: **Gustav Julius Martin**), *Arzneimittel.* (**Aust. P. 229 616** vom 11/12. 1957, ausg. 25/8. 1960. A. Prior. 18/12. 1956. — **C. 1961.** 6604 [Belg. P. 563 262].)

Badische Anilin- & Soda-Fabrik Akt.-Ges., Ludwigshafen/Rh., *Umsetzung organischer Halogenverbindungen in ihre Vinyläther bzw. Aldehyde.* (**Holl. P. 98 208** vom 6/8. 1956, ausg. 15/6. 1961. D. Prior. 13/8. 1955. — **C. 1959.** 13578 [D. A. S. 1 047 763].)

Farbenfabriken Bayer Akt.-Ges., Leverkusen, *γ,δ-Ungesättigte Carbonsäuren oder δ-Lactone von δ-Hydroxy-α,β-ungesättigten Carbonsäuren aus γ-Halogencrotonsäureestern und Ketonen.* (**E. P. 812 841** vom 1/4. 1957, ausg. 6/5. 1959. D. Prior. 31/3. 1956. — **C. 1959.** 3237 [D. A. S. 1 031 787]; **C. 1962.** 6513 [Schwz. P. 354 435] u. **C. 1960.** 11119 [Oe. P. 198 252].)

Laboratoires Français de Chimiothérapie, Paris, Frankreich, *Polycyclische Lactone.* (**Holl. P. 98 286** vom 6/3. 1958, ausg. 15/6. 1961. F. Prior. 22/3. 1957. — **C. 1959.** 12327 [D. A. S. 1 046 041].)

Eastman Kodak Co., V.St.A. (Erfinder: **Charles Herbert Benton** und **Charles Donald Robeson**), *Pentaenaldehydkomplexe.* (**F. P. 71 923** vom 28/2. 1955, ausg. 14/3. 1960. A. Prior. 1/3. 1954. Zusatz zu F. P. 1 098 521; C. 1958. 7339. — **C. 1958.** 2519 [E. P. 765 533].)

Tadeus Reichstein (Erfinder: **Tadeus Reichstein, Albert Wettstein, Georg Anner, Jean-René Billeter, Karl Heusler, Robert Neher, Julius Schmidlin, Hellmut Ueberwasser** und **Peter Wieland**), *Hydrophenanthrenverbindungen.* (**Aust. P. 225 514** vom 14/5. 1957, ausg. 17/12. 1959. — **C. 1960.** 12779 [E. PP. 805 605 u. 805 608].)

Takeda Pharmaceutical Industries Ltd., Osaka (Erfinder: **Toru Masuda**, Hyogo), Japan, *Konzentrierung von Flavinadenin-Dinucleotid.* (**D. A. S. 1 114 198** Kl. 12p vom 2/7. 1955, ausg. 28/9. 1961. Jap. Prior. 24/7. 1954. — **C. 1959.** 1556 [E. P. 788 561].)

N. V. Philips' Gloeilampenfabrieken, Eindhoven (Erfinder: **Henderikus Obias Huisman**, Weesp), Holland, *Herstellung von Vitamin B_6.* (**Schwz. P. 357 393** vom 5/4. 1957, ausg. 30/11. 1961. Holl. Prior. 7/4. 1956. — **C. 1961.** 12565 [F. P. 1 186 928].)

Distillers Co. Ltd., Edinburgh, Schottland (Erfinder: **Peter Whitford Jackson**), *Kontinuierliche Biosynthese von Cobalaminen.* (**E. P. 846 149** vom 13/9. 1957, ausg. 24/8. 1960. Zusatz zu E. P. 829 232; C. 1961. 3088. — **C. 1961.** 9132 [D. A. S. 1 080 264].)

Distillers Co. Ltd., Edinburgh, Schottland, übert. von: **John Douglas Speedie**, Bebington, Wirral, und **Geoffrey William Hull**, Kingston-on-Thames, England, *Erzeugung von Cobalaminen durch Gärung.* (**A. P. 2 951 017** vom 16/9. 1958, ausg. 30/8. 1960. E. Prior. 27/6. 1957. — **C. 1691.** 3088 [E. P. 829 232].)

Distillers Co. Ltd., Edinburgh, Schottland, *Erzeugung von Cobalaminen durch Gärung.* (**Belg. P. 568 897** vom 25/6. 1958, ausg. 2/12. 1960. E. Prior. 27/6. u. 2/8. 1957. — **C. 1961.** 9132 [D. A. S. 1076 889].)

Merck & Co., Inc., Rahway, übert. von: **Ian M. Miller**, Roselle Park, N.J., V.St.A., *Erzeugung von den Hydroxybenzimidazolrest enthaltenden Analogen von Cobalaminen durch Gärung.* (**A. P. 2 960 446** vom 8/7. 1955, ausg. 15/11. 1960. — **C. 1961.** 6602 [E. P. 817 692].)

Merck & Co., Inc., Rahway, N.J., V.St.A., *Herstellung von Steroiden.* (**E. P. 834 828** vom 12/2. 1957, ausg. 11/5. 1960. A. Prior. 16/2. 1956. — **C. 1960.** 1948 [A. P. 2 853 486].)

Merck & Co., Inc., Rahway, N.J., V.St.A., *Herstellung von Steroiden.* (**E. P. 838 228** vom 28/11. 1956, ausg. 22/6. 1960. A. Prior. 16/12. 1955. — **C. 1960.** 14793 [Aust. P. 218 946].)

Ciba Akt.-Ges., Basel (Erfinder: **Karl Hoffmann** und **Julius Heer**, Binningen), Schweiz, *Herstellung neuer Steroide.* (**Schwz. P. 355 142** vom 3/10. 1956, ausg. 15/8. 1961. — **C. 1959.** 16099 [D. A. S. 1 046 040].)

Ciba Ltd., Basel, Schweiz, *Neue Steroidverbindungen.* (**Holl. P. 98 299** vom 4/7. 1958, ausg. 15/6. 1961. Schwz. Prior. 5/7. 1957. — C. **1961.** 232 [D. A. S. 1 078 572].)

Merck & Co., Inc., Rahway, N.J., V.St.A. (Erfinder: **J. T. Day**), *Spaltung von Steroidsemicarbazonen.* (**Belg. P. 568 694** vom 18/6. 1958, ausg. 18/11. 1960. A. Prior. 19/6. 1957. — C. **1960.** 6254 [D. A. S. 1 065 415].)

Upjohn Co., übert. von: **Paul E. Marlatt, Arthur R. Hanze, A. Vern McIntosh jun.**, und **Robert H. Levin**, Kalamazoo, Mich., V.St.A., *Herstellung eines 3.9.11-Triacyloxy-$\Delta^{4,7}$-pregnadien-20-on-Maleinsäureadduktes.* (**Can. P. 551 770** vom 26/5. 1951, ausg. 14/1. 1958. A. Prior. 28/9. 1950. — C. **1955.** 10327 [A. P. 2 582 263].)

Schering Akt.-Ges. (Erfinder: **Emanuel Kaspar, Otto Engelfried** und **Martin Schenk**), *Herstellung von 17-Estern von 17α-Äthyl-17β-hydroxy-Δ^4-3-ketosteroiden der Androstan- und Östranreihe.* (**Aust. P. 229 620** vom 17/2. 1958, ausg. 25/8. 1960. D. Prior. 23/2. 1957. — C. **1959.** 16735 [D. A. S. 1 057 109].)

Organics, Inc., übert. von: **Lawrence Hicks**, Chicago, Ill., V.St.A., *Herstellung von 17β-Benzoxy-19-nor-Δ^4-androsten-3-on.* (**Can. P. 551 697** vom 20/9. 1954, ausg. 14/1. 1958. A. Prior. 4/3. 1954. — C. **1956.** 5365 [A. P. 2 698 855].)

Research Corp., New York, N.Y., übert. von: **Robert B. Woodward**, Belmont, Mass., V.St.A., *Herstellung von 3-Oxo-16.17-dihydroxy-$\Delta^{4,9,11}$-D-homoandrostadienacetonid.* (**Can. P. 551 716** vom 2/2. 1954, ausg. 14/1. 1958. A. Prior. 19/5. 1953. — C. **1956.** 2259 [A. P. 2 702 805].)

Glaxo Laboratories Ltd., Greenford, Middlesex (Erfinder: **Ewart R. H. Jones**, Oxford, **Harold B. Henbest**, London, **Gilbert F. Woods**, Sheffield, und **David E. Hathway**, Egham, Surrey), England, *Herstellung, von 3β-Hydroxy-5α-hydro- oder 5α-Hydroxy-11-oxo-9β-ergostan.* (**Can. P. 552 307** vom 19/5. 1953, ausg. 28/1. 1958. E. Prior. 22/5. 1952. — C. **1957.** 210 [E. P. 738 381].)

Hoffmann-La Roche Ltd., Montreal, Quebec, Canada, übert. von: **Joseph D. Surmatis**, Pompton Plains, und **Joseph Weber**, Paterson, N.J., V.St.A., *Herstellung von α-Tocopherol.* (**Can. P. 551 653** vom 9/5. 1956, ausg. 14/1. 1958. A. Prior. 25/1. 1954. — C. **1957.** 8297 [D. B. P. 960 720].)

Biochemie G. m. b. H., Kundl, Tirol, Österreich, *Erzeugung von Tyrothricin und/oder Vitamin B_{12}.* (**E. P. 864 134** vom 22/7. 1958, ausg. 29/3. 1961. Oe. Prior. 22/7. 1957. — C. **1961.** 1300 [Oe. P. 205 169].)

Aplin & Barrett Ltd., übert. von: **Henry Bernard Hawley** und **Ronald Henry Hall**, Yeovil, England, *Herstellung von Nisin.* (**A. P. 2 935 503** vom 2/6. 1958, ausg. 3/5. 1960. E. Prior. 17/6. 1957. — C. **1960.** 7261 [Oe. P. 204 179].)

Aplin & Barrett Ltd., Yeovil, Somerset, England (Erfinder: **Henry Bernard Hawley** und **Ronald Henry Hall**), *Gewinnung eines konzentrierten Nisinpräparates auf biologischem Wege.* (**E. P. 844 782** vom 17/6. 1957, ausg. 17/8. 1960. — C. **1960.** 7261 [Oe. P. 204 179].)

Montecatini Soc. Gen. per l'Industria Mineraria e Chimica, Mailand, Italien, *Herstellung des Antibioticums Flavensomycin.* (**Belg. P. 560 930** vom 18/9. 1957, ausg. 20/5. 1960. It. Prior. 19/9. 1956. — C. **1960.** 1609 [D. A. S. 1 058 218].)

Montecatini Soc. Gen. per l'Industria Mineraria e Chimica (Erfinder: **Renato Craveri** und **Giovanni Giolitti**), Mailand, Italien, *Gewinnung des Antibioticums Flavensomycin.* (**Jap. A. S. 1846/1960** vom 14/9. 1957, ausg. 8/3. 1960. It. Prior. 19/9. 1956. — C. **1960.** 1609 [D. A. S. 1 058 218].)

Laboratoires Français de Chimiothérapie, Paris, übert. von: **Gaston Amiard**, Noisy-le-Sec, **Robert Joly**, Montmorency, und **Leon Velluz**, Paris, Frankreich, *Spaltung von dl-Threonin.* (**A. P. 2 955 135** vom 17/11. 1953, ausg. 4/10. 1960. F. Prior. 4/3. 1953. — C. **1957.** 211 [E. P. 740 319].)

Schenley Industries, Inc., New York, N.Y., V.St.A., übert. von: **Hans Brockmann**, Göttingen, und **Arnold Bohne**, Wuppertal, *Fermentative Herstellung von Actinomycin C.* (**A. P. 2 953 495** vom 22/7. 1954, ausg. 20/9. 1960. — C. **1954.** 11009 [D. B. P. 912 010].)

G. Analyse. Laboratorium

Chemische Analyse ohne Schädigung der Probe. S. Arribas Jimeno und S. Martínez Menéndez. (Inform. Quím. analít. **14.** 71—80. Mai/Juni; 107—14. Juli/Aug. 137—42. Sept./Okt. 1960. Oviedo, Fac. Cienc.) (Span.)

Übersicht über die Aufdrück-Meth. eines reagensgetränkten Filter- oder Gelatinepapiers, ggf. mit Lsgm. getränkten Papiers zur nachfolgenden Entw. (P, Cu) sowie der Elektrographie (Cr, Co, Ni, Mn, Mo, W, Ti, Si, Fe, Cu). Das letzte Verf. dient bes. zur schnellen Identifizierung von Legg. u. wird noch durch die Cu-Fleckprobe ergänzt, welche zwischen Korrosionsbeständigkeit u. Angreifbarkeit der Legg. unterscheidet. 4 Schemata werden mitgeteilt, eines zur allg. Unterscheidung der Stähle nach Gruppen u. 3 andere zur feineren Unterscheidung innerhalb der Gruppen (Cr-reiche, Cr-arme u. Cr-freie Stähle). Zur Ausführung der Elektrographie werden verschiedene Geräte angegeben. Weiter werden einige Tüpfel-Rkk. auf Stahloberflächen beschrieben, die differenzierend gegenüber anderen Elementen den Nachw. von Ni, Cr, Mn, Mo, W, Al, Cu, Pb, Ti, Co, Se u. V erlauben. — 34 Literaturhinweise. W. Metzener. 5050☐

Berechnung und Korrelation von bei der Papierchromatographie auftretenden Verteilungsparametern. John A. Thoma. (Talanta [London] **8.** 829—32. Nov. 1961. Bloomington, Ind., Indiana Univ., Dep. of Chem.; Indianapolis, Ind., Indiana Univ., School of Med., Dep. of Biochem.) (Engl.)

Auf Grund theoret. Betrachtungen entwickelt Vf. eine graph. Meth. zur Ermittlung der Verteilungsparameter organ. Verbb., bes. von Gliedern homologer Reihen, bei papierchromatograph. Trennungen. Das bei der Trennung der Saccharide des Maltodextrins erprobte Verf. gestattet die Auswahl der am besten geeigneten Solvent-Eigg. u. Papiersorte. W. Hein. 5062☐

Verwendung der Pastillentechnik zur Messung von Infrarotspektren der Eluate aus Papierchromatogrammen. Danica Doskočilová. (Chem. Listy 55. 193—200. Febr. 1961. Roztoky u Prahy, Výzk. úst. antibiotik.) (Tschech.)

Die Pastillentechnik wird für die Herst. von Proben für die Ausmessung von Spektren der Eluate aus Papierchromatogrammen verwendet. Die Ausmaße zur Herst. einer Stanze aus rostfreiem Stahl sind angegeben. Während des Pressens wird die App. auf 0,5 mm Hg evakuiert, die Pastillen werden bei einem 5 Min. dauernden Druck von 10000 at hergestellt. Die 50 mg-KBr-Pastille von 7 mm ∅ wird mit einer Blende von 6 mm ∅ untersucht. An diesen Pastillen werden mit dem IR-Spektrophotometer Zeiss UR 10 auch ohne Mikroilluminator Spektren gewonnen, wobei man mit 0,1—0,5 mg Substanz zur Identifizierung auskommt. Zur Herst. der Pastillen wird das KBr mit Aceton gereinigt. Die Vermischung mit der Substanz erfolgt durch Auflösen der Proben in KBr-Lsg. u. Gefriertrocknung. Proben, die in W. unlösl. sind, werden in Methanol oder Chlf. gelöst u. auf gepulvertes KBr aufgetropft. Bei den Spektren der Eluate aus nicht vorbehandeltem Chromatographiepapier Whatman No. 1 ist die Adsorption der aus dem Papier eluierten Substanzen im Gebiet von 1000—1700 cm^{-1} so hoch, daß sie prakt. die Best. des IR-Spektrums der untersuchten Substanz im Eluat verhindert. Deshalb wird vor dem Chromatographieren ein Streifen Papier von 15·45 cm mit 500 ml Methanol oder W. gewaschen. Mit dem Stoff wird parallel ein reines Papier entwickelt u. als Blindwert wird eine Zone vom gleichen R_F-Wert herangezogen. Die Anwendungsmöglichkeiten dieser Meth. werden an Beispielen der Identifizierung von Mikromengen der Antibiotika Erythromycin u. Chloramphenicol in Gär-Fll. gezeigt. Die Spektren der eluierten Substanzen stimmen im Bereich von 700—1350 cm^{-1} mit den Vgl.-Spektren derselben überein. B. Meloun/Prag. 5062

Vereinfachte Apparatur für die photometrische Titration. E. J. Agazzi und G. W. Bond. (Analytic. Chem. **33.** 972—73. Juni 1961. Emeryville, Calif., Shell Dev. Co.) (Engl.)

Beschreibung einer App. für photometr. Titrationen, die aus einer Kombination einer Lichtquelle u. einer mit Filter versehenen Photoröhre besteht u. die als Einheit in die zu titrierende Lsg. getaucht wird. Herbert Müller. 5064□

Ein vereinfachtes Verfahren zur photometrischen pH-Bestimmung. Jaroslav Čelechovský. (Acta Fac. pharmac. Brunensis Bratislavensis **3.** 37—75. 1960. Brünn Pharm. Fak., Kath. physikal. u. analyt. Chemie.) (Dt.)

Die abgeleiteten Gleichungen zeigen, daß jedem pH-Wert ein bestimmter Wert des Verhältnisses von zwei bei entsprechenden Wellenlängen gemessenen Extinktions-Koeff. der Indicator-Lsg., unabhängig von der Indicator-Konz., entspricht. Diese Meth. wurde prakt. bei folgenden zweifarbigen Indicatoren erprobt: Methylorange, Tropaeolin 00, α-Naphthylaminazobenzolsulfonat, Bromthymolblau, Bromkresolgrün u. Bromkresolpurpur. Die Meßergebnisse wurden in eine die rechner. u. graph. Ermittlung von pH ermöglichende Form gebracht. V. Fic. 5066

Steigerung der Empfindlichkeit des Beckman-Kompensations-pH-Meters. Jack J. Keegan und George Matsuyama. (Analytic. Chem. **33.** 1292—93. Aug. 1961. Fullerton, Calif., Beckman Instrum., Inc., Sci. and Process Instrum. Div.) (Engl.)

Das Kompensations-pH-Meter (Beckman Zeromatic) arbeitet als rückgekoppelter Verstärker, in dem die angelegte Elektrodenspannung mit einer gleich großen Spannung entgegengesetzter Polarität kompensiert wird. Dadurch ist es möglich, die Spannung sehr hochohmiger Elektroden ohne Belastung zu messen. Eine Steigerung der Empfindlichkeit kann durch Veränderung des Rückkopplungswiderstandes, der über den Thermokompensator zugänglich ist, erreicht werden. Die Gleichung zur Berechnung des Widerstandes ist angegeben. Bei Netzbetrieb wird über die gesamte Skala eine Empfindlichkeit von 140 mV, mit magnet. stabilisierter Spannung von 35 mV erreicht.

Herbert Müller. 5066□

Ein adiabatisches Calorimeter zur Bestimmung von Verdampfungswärmen bei 25° C. Ingemar Wadsö. (Pure appl. Chem. **2.** 29—30. 1961. Lund, Univ., Thermochem. Labor.) (Engl.)

Es wird kurz der Aufbau u. die Arbeitsweise eines adiabat. Calorimeters für die Best. von Verdampfungswärmen bei 25° beschrieben (vgl. C. **1961. 3420**).

G. Gattow. 5084□

Aufbau und Verwendung von aneroiden Bombencalorimetern. A. R. Meetham. (Pure appl. Chem. **2.** 179—82. 1961. Teddington, Middlesex, Nat. Phys. Labor.) (Engl.) — Vgl. C. **1961.** 16217.

Unter einem „*aneroiden*“ Bombencalorimeter wird eine Calorimeteranordnung verstanden, bei der die Verbrennungsbombe in einem evakuierten Raum hängt, der von einem thermostatisierten Wassermantel umgeben ist. Die Bombe besteht aus Ag (Inhalt: 97 cm³, Gew.: 5,5 kg), ist mit einem selbstdichtenden Dichtungsring aus Neopren versehen u. enthält einen Erhitzer (10 Ω, Manganin-Draht) zur elektr. Best. des Wasserwertes. Die Temp.-Messung erfolgt mit einem geschützten Pt-Thermometer in der Bombe. Ein bes. Vorteil dieses Calorimeters ist die schnelle Temp.-Einstellung nach der Verbrennung u. die gute Reproduzierbarkeit der Messungen. G. Gattow. 5084□

Einige neue Calorimeter für Metallreaktionen. O. Kubaschewski. (Pure appl. Chem. 2. 5—12. 1961. Teddington, Middlesex, Nat. Phys. Labor.) (Dt.)

Vf. beschreibt einige neue Calorimeter für Metallreaktionen. 1. Der Preßling einer Mischung von Fe- u. Cr-Pulver wird in einer DTA-Anordnung gegen Ni erhitzt; die Ermittlung der Temp.-Differenz erfolgt mit einem empfindlichen Spiegelgalvanometer. Die Anordnung wird in ca. 80 Min. auf 1100° erhitzt u. die Temp. dann konst. gehalten; der Galvanometerausschlag (GA) wird beobachtet, bis er auf Null zurückgegangen ist. Am folgenden Tag wird der Vers. mit der gleichen Temp.-Zeit-Folge wiederholt u. die Differenz der GA vom 1. u. 2. Vers. graph. aufgetragen. Mikrohärtemessungen zeigten, daß sich der Cr–Fe-Preßling zu einer 50% ig. Lsg. homogenisiert hatte. Die Bldg.-Rk. läuft bei $\succ$ 1000° ab u. ist eindeutig endotherm. Aus einem Vgl. der ΔDTA-Kurve folgt für die Bldg. der Leg. aus Cr u. γ–Fe $+ 250 \pm 100$ cal/g-Atom. 2. Nach demselben Prinzip (4 Differentialthermoelemente, Spannungsstabilisator, Evakuierung der Anordnung usw.) arbeitet ein Hochtemp.-Calorimeter, das zur Best. kleiner Rk.-Wärmen bis zu Temp. von 1000° geeignet ist (Kubaschewski, Dench, Genta, Proc. N. P. L. Sympos. No. 9: Metal Chem., London, H. M. S. O. [1959.] p. 1 G). Nach Entgasen der Metallpulver wird der Ofen schnell auf die Temp. gebracht, bei der sich die Pulver innerhalb von ca. 2 Std. vollständig legieren. Die GA werden beobachtet, bis sie einen konst. Wert erreichen. Nach Abkühlen des Ofens wird das Experiment wiederholt, ohne irgendwelche äußere Veränderungen vorzunehmen. Der Unterschied der beiden GA-Kurven rührt von dem Wärmeverbrauch der Rk. her. Die Bldg.-Enthalpie einer Au–Ni-Leg. mit 30 Atom-% Au wurde zu 1190 + 100 cal/g-Atom bestimmt. 3. Bei spontan verlaufenden Rkk. befindet sich der Preßling der gemischten Metallpulver in einem gut isolierten Ofen, der in einem Thermostaten von 25,00° hängt. Der Ofen wird elektr. aufgeheizt, während die zugeführte Energie genau bestimmt wird. Die spontane Leg.-Bldg. macht sich durch einen plötzlichen Temp.-Anstieg bemerkbar. Nach Abschalten des Ofens wird die Potentialdifferenz–Zeit-Kurve aufgenommen. Am folgenden Tag wird das Verf. wiederholt, u. zwar unter Zuführung von so viel elektr. Energie, daß die Kurve des Vortages genau reproduziert wird. Die Differenz der elektr. Energiezufuhren ergibt die Bldg.-Wärme der Leg., die von Mn_4Al_{11} zu -5100 ± 200 cal/g-Atom bestimmt wurde. 4. Best. der Bldg.-Wärme von Chloriden durch Erhitzen der Metalle im Cl_2-Strom mit einer genau definierten Elektrizitätsmenge. Die Rk. findet in einem Pt-Rohr statt, das in einem normalen Calorimeter hängt. G. Gattow. 5084□

Calorimetrische Verfahren bei höheren Temperaturen. Franz Eberhard Wittig. (Pure appl. Chem. 2. 183—204. 1961. München, Univ., Phys.-chem. Inst.) (Dt.)

Nach einer Behandlung der Calorimetergleichung u. der Best. von App.-Konst. werden die prinzipiellen Möglichkeiten calorimetr. Verff., die apparative Ausrüstung, Hochtemp.-Thermostaten usw. ausführlich beschrieben. Als spezielle Meth. werden die Best. von Mischungswärmen der fl. Metalle u. von Bldg.-Wärmen sowohl durch Vereinigung der Partner im Rk.-Gefäß, als auch durch Lsg.-Calorimetrie in fl. Metallen (z. B. Al-Legg. in Zn oder Zn–Sn-Mischungen bei 300°) u. durch adiabat. Aufheizen der unverbundenen Randkomponenten aufgeführt u. die Messungen von spezif. Wärmen u. Umwandlungswärmen behandelt. Vf. gibt abschließend einen allg. Überblick über den heutigen Stand u. die Etnw. der Meßmethodik. — 91 Literaturangaben. G. Gattow. 5084□

Verbrennungscalorimetrie mit Fluor: Flammencalorimetrie bei konstantem Druck. G. T. Armstrong und R. S. Jessup. (J. Res. nat. Bur. Standards **64A.** 49—59. Jan./Febr. 1960. Washington, D. C.) (Engl.)

Detaillierte Beschreibung der App., der Arbeitsweise u. des Meß-Verff. zur Best. von Rk.-Wärmen bei der „Verbrennung“ von gasförmigen Substanzen in einem F_2-Strom. Die calorimetr. Meth. gleicht im Prinzip der von Rossini für die Verbrennung gasförmiger Stoffe in O_2 ausgearbeiteten Methode. Die erreichbare Meßgenauigkeit von ca. 0,3% wird wesentlich durch das Fehlen exakter Werte zur Korrektur von HF auf den idealen Gaszustand bestimmt. Aus den gemessenen Rk.-Wärmen bei der Verbrennung von NH_3 mit F_2 folgt für die Standard-Bldg.-Wärme des HF der Wert $\Delta H^0_{f\,25^0} = -64,4 \pm 0.25$ kcal/Mol. Wolfgang Wagner. 5084□

a) Elemente und anorganische Verbindungen

Chromatographische Trennung von Ionen in Gegenwart von Oxalat, Tartrat und Citrat mit wässerigem Äthanol als Lösungsmittel. 2. Mitt. Eric John Singh und Arun K. Dey. (Analytica chim. Acta [Amsterdam] **25.** 57—58. Juli 1961. Allahabad, Univ., Chem. Labor.) (Engl.) — 1. vgl. C. **1962.** 587.

Unter den l. c. verwendeten Vers.-Bedingungen läßt sich bei Zusatz von maximal 0,35 Val Na-Tartrat (I), 0,48 Val Na-Citrat (II) oder 0,16—0,20 Val $K_2C_2O_4$ (III) zu Cr^{3+}–Fe^{3+}–Al^{3+}-Lsgg. in 75% ig. A., von 0,32 Val I oder II zu Co^{2+}–Mn^{2+}-Lsgg. in 50%ig. A., von 0,20 Val III bzw. 0,32 Val I oder II zu Ca^{2+}–Sr^{2+}–Ba^{2+}-Lsgg. in 90% ig. A., von 0,32 Val I, II oder III zu Mg^{2+}–NH_4^+–K^+-Lsgg. in 90% ig. A. sowie von 0,20 Val I bzw. 0,32 Val II oder III zu Mg^{2+}–NH_4^+–Na^+-Lsgg. in 90% ig. A. eine vollständige Trennung der Komponenten erzielen, während aus Zn^{2+}–Ni^{2+}–Mn^{2+}-Mischungen in 75% ig. A. bei Zusatz von maximal 0,96 Val I, 0,40 Val II oder 0,20 Val III nur Zn^{2+} isoliert werden kann. W. HEIN. 5106□

Bestimmung von ultrakleinen Mengen von Metallen unter der Anwendung eines Polarographen und eines stationären Quecksilbertropfens als Elektrode. Ss. I. Ssinjakowa und Jui-tschi Schen. (Доклады Академии Наук СССР [Ber. Akad. Wiss. UdSSR] **131.** 101—04. 1/3. 1960. Vernadsky-Inst. für Geochem. u. analyt. Chem.) (Russ.)

Eine Lsg. (20—40 ml). die 0,2 Mol eines Elektrolyten (KCl, KNO_3, HCl) u. 10^{-6} bis 10^{-8} Mol eines Salzes eines amalgambildenden Metalls (Pb, Cu, In, Cd, Zn) pro Liter enthält, wird mit einer gesätt. Kalomelelektrode als Anode u. einem „liegenden" Hg-Tropfen als Kathode 10—30 Min. elektrolysiert. Eine Best. der Metalle in der Lsg. ist noch bei Konz. bis zu 10^{-8} m möglich. D. HOENE. 5106□

Entwicklungen im Gebrauch weitlumiger Quecksilbertropfelektroden zur Bestimmung von gelöstem Sauerstoff und von Sauerstoff in Gasen. R. Briggs und G. Knowles. (Analyst **86.** 603—08. Sept. 1961. Stevenage, Herts., Water Pollut. Res. Labor.) (Engl.) — Vgl. BRIGGS, DYKE u. KNOWLES, C. **1959.** 17361.

Es werden einige Vorr. zur polarograph. Best. von gelöstem O_2 in stationären oder strömenden Fll. unter Verw. der weitlumigen Tropfelektrode beschrieben. In einer ähnlichen App. kann der O_2-Geh. von Gasen dadurch bestimmt werden, daß das Gas bis zur Gleichgewichtseinstellung in die im Elektrolysengefäß enthaltene Na_2HPO_4-Puffer-Lsg. eingeleitet wird. Die Herst. der Capillaren sowie verschiedene Gegenelektroden werden beschrieben u. zur Maximumunterdrückung eine Lsg. von Na-Stärkeglykolat empfohlen. E. MOISAR. G 239□

Apparatur zum Registrieren von Sauerstoffspuren. J. Pierrain. (Chim. analytique **42.** 78—82. Febr. 1960. Dep. Controle et Rech. de la Soc. Finalens.) (Franz.)

Für die Best. von O_2 in Spuren eignet sich eine Leitfähigkeits-Meth., die darauf beruht, daß das aus dem vorhandenen O_2 entstandene CO_2 die Leitfähigkeit einer alkal. Lsg. verändert. Auch eine Meth., die die Depolarisation einer Ag-Kathode in einem Pb-Elektrolyten u. Pb-Anode neutralisiert, wird oft für die Best. von geringen Mengen O_2 angewandt. Vf. beschreibt ein colorimetr. Verf., das auf der Oxydation einer CuCl-Lsg. zu Cu(II) beruht. A. M. FRETZDORFF. G 239□

Emissionsspektrometrische Sauerstoffbestimmung in Niobmetall. F. Monte Evens und Velmer A. Fassel. (Analytic. Chem. **33.** 1056—59. Juli 1961. Ames, Iowa, Iowa State Univ., Inst. for Atomic Res. and Dep. of Chem.) (Engl.)

Es wird die emissionsspektrometr. Best.-Meth. von O im Gleichstromkohlebogen für Nb beschrieben, bei der aus C u. dem in der Probe zu analysierenden O das CO entsteht, welches in einer stat. Ar-Atmosphäre im Lichtbogen in atomaren O dissoziiert, dessen Emissionsspektrum erregt wird. Die optimale Probengröße beträgt 0,3 g, die Bogenstromstärke 25 A. Die Best. kann mit reinen Graphitelektroden, bzw. mit einer Elektrodenanordnung durchgeführt werden, bei der auf einer Graphitelektrode befindliches, geschmolzenes Pt als Rk.-Medium dient. Letztere Elektrodenanordnung ist für bestimmte Nb-Legg., bes. für solche, die bis 1% Ti enthalten, vorteilhaft. Eichmöglichkeiten werden diskutiert. Der Konz.-Bereich von 0,004—0,6 Gew.-% O kann erfaßt werden. F. HUBER. G 239

Cerimetrische Bestimmung von Mischungen aus Bromid und Jodid. N. K. Mathur, S. P. Rao und J. N. Gaur. (J. sci. ind. Res. [New Delhi], Sect. B **20.** 552—53. Nov. 1961. Jodhpur, M.B.M. Engng. Coll., Chem. Labors.) (Engl.)

Vff. beschreiben eine Meth. zur oxydativen Best. von Br^- oder Br^-–J^--Mischungen mit Ce(IV). Die zu bestimmende Br^--Lsg. (0,25—1,25 mVal) wird zu einer überschüssigere Maß-Lsg. von Ce(IV)-Sulfat (2—4n H_2SO_4) gegeben u. die Lsg. gekocht, bis die Dämpfe keine Rk. mehr mit Stärkepapier geben; das überschüssige Ce(IV) wird dann in der Kälte mit einer Fe(II)-Maß-Lsg. mit Ferroin als Indicator titriert; die Genauigkeit beträgt $\pm$ 0,6%. Bei Simultan-Best. von Br^- u. J^- wird J^- zuerst potentiometr. mit Ce(IV) oder mit Hilfe der abgeänderten Jodaceton-Meth. von BERG bestimmt; ein anderer aliquoter Anteil wird mit überschüssiger Ce(IV)-Lsg. versetzt, das gebildete J_2 u. Br_2 durch Kochen vertrieben u. das überschüssige Ce(IV) mit Fe(II)-Lsg. zurücktitriert. Spuren von Cl^- stören nicht, wogegen NO_3^- u. NH_4^+ stören.

U. SKURNIA. G 249 □

Über einen verbesserten Schwefelnachweis. Gerhard Ackermann. (Mikrochim. Acta [Wien] **1962.** 106—10. Freiberg/Sa., Bergakad., Inst. für anorg. Chem.) (Dt.)

Durch Erhitzen der zu prüfenden Substanz mit Metaphosphorsäure u. Nachw. der abdestillierenden H_2SO_4 als $BaSO_4$–$KMnO_4$-Mischkristall lassen sich noch ca. 5 μg S in Sulfaten qual. nachweisen. Nach Oxydation mit dem Zers.-Prod. des $AgMnO_4$ lassen sich noch ca. 10 μg S in beliebigen organ. oder anorgan. Verbb. qual. nachweisen.

P. KURZMANN. G 253 □

Anwendung der Methode der sukzessiven Zugaben zur Bestimmung von Borspuren in Silicatgesteinen durch Emissionsspektrographie. Pierre Maurel und Colette Ruppli. (C. R. hebd. Séances Acad. Sci. **253.** 1830—31. 23/10. 1961. Paris, Labor. de Minér.) (Franz.)

Da sich die von Vff. entwickelte Meth. der sukcesiven Zugabe für Spurenanalysen in der bisherigen Form nicht für dabei flüchtige Elemente wie B eignet, wurde sie abgewandelt. Die zugefügten Bormengen wurden in Graphitpulver eingebettet, das als Verdünnungsmittel dient. Das Gestein wird zunächst pulverisiert u. bei 900° im elektr. Ofen geglüht. Vier Proben werden dann jeweils mit der doppelten Gew.-Menge Graphitpulver verd., das mit bekannten u. steigenden Mengen einer Na-Borat-Lsg. getränkt wurde. Die Bogenspektren (8 A, 60 Sek.) der Gemische werden dreimal aufgenommen u. die Intensitäten der Bande des B bei 2497,7 Å sowie der Be-Bande bei 2348,6 Å, die als Standart dient, gemessen. Dem Graphitpulver war eine bekannte Be-Menge beigemischt worden. Die Berechnung geschieht dann in üblicher Weise. Das Verf. zeigte für die verschiedensten Gesteine große Genauigkeit u. ausreichende Reproduzierbarkeit. Es war der colorimetr. Best. weit überlegen. H. FRIES. G 258 □

Zur photometrischen Bestimmung von Spuren Phosphor im Silicium. F. A. Pohl und W. Bonsels. (Mikrochim. Acta [Wien] **1962.** 97—101. Frankfurt/M., AEG-Forsch.-Inst.) (Dt.)

Es wird eine Vorschrift angegeben, nach der P-Spuren über 10^{-5}% mit maximalen Fehlern von $\pm$ 10% in Si bestimmbar sind. Si wird als SiF_4 im Teflon- bzw. Hostaflon-Tiegel durch Abrauchen mit HNO_3 u. HF verflüchtigt. Bei Abrauchen in Pt-Tiegeln gelangt Pt in die Substanz u. stört. Sind mehr als 20 μg Fe pro g Si vorhanden, muß Fe mit Hilfe von Ionenaustauschern entfernt werden. P bleibt als PO_4^{3-} im Rückstand u. wird mit einem Reagens aus Na_2MoO_4 u. Hydrazoniumsulfat in einen blauen Komplex übergeführt, der bei 820 nm photometriert wird. P. KURZMANN. G 264 □

Die Mikrobestimmung von Lithium mit EDTA. Arthur de Sousa. (Mikrochim. Acta [Wien] **1961.** 732—34. Lisbonne, Fac. des Sci., Labor. de Chim. Analyt.) (Franz.)

Vf. beschreibt eine mikrochem. Best.-Meth. für Li, das zunächst nach dem klass. Verf. der Makroanalyse (Abtrennung des KCl u. NaCl von LiCl) in LiCl übergeführt u. in W. gelöst wird. Anschließend wird das Cl^- als AgCl gefällt, das AgCl in $[Ni(CN)_4]^{2-}$-Lsg. gelöst u. das frei werdende Ni mit EDTA-Lsg. titriert. Die Meth. ist schneller u. genauer durchzuführen als das gravimetr. Verfahren. H. FRIES. G 273 □

Gravimetrische Bestimmung von Natrium und Kalium mit N.N-Dialkyläthanolammoniumorotaten. Renato Selleri und Oreste Caldini. (Analytic. Chem. **33.** 1944—45. Dez. 1961. Fiorence, Italy, Soc. Italo-Britannica L. Manetti, H. Roberts & Co., Res. Dep.) (Engl.)

Orotsäure bildet lösl. Salze mit NH_4^+ u. substituierten Ammoniumbasen. Diese Salze ergeben mit K^+ u. Na^+ schwerlösl. Orotate, die zur gravimetr. Best. benutzt werden können. Es erweist sich als zweckmäßig, statt NH_4-Orotat *N.N-Dimethyläthanolammoniumorotat* (I), F. 149° (Methanol)bzw. *N.N-Diäthyläthanolammoniumorotat* (II), F. 132° (Methanol), zu verwenden, da die entstehenden Alkanolammoniumsalze leichter als NH_4-Salze in A. lösl. sind. Zur Darst. von I u. II suspendiert man 0,5 Mol Orotsäure in 500 ml Methanol unter Rückfluß, fügt 0,55 Mol N.N-Dimethylaminoäthanol bzw. N.N-Diäthylaminoäthanol hinzu, erhitzt, bis die Lsg. klar ist, fügt etwas Aktivkohle hinzu u. filtriert heiß. Beim Abkühlen krist. I bzw. II aus. Zur Best. von Na^+ u. K^+ versetzt man die Lsg., die 1 mVal Na bzw. K in 4—6 ml H_2O bei pH 6,5—8 enthalten soll, tropfenweise mit einem Überschuß von I oder II in A., läßt 2 Std. lang bei 3° stehen, saugt ab, wäscht 2 mal mit je 2 ml 70%ig. A., dann 2 mal mit 2 ml 95%ig. A. u. trocknet bei 105°. Es kann noch 1 Teil Na in 20000 Teilen W. bzw. 1 Teil K in 16000 Teilen W.

bei 3° nachgewiesen werden. NH_4^+, Li^+, Erdalkalien, Fe^{3+}, Al^{3+}, Ni^{2+}, Co^{2+} u. Cu^{2+} stören nicht. J. Peters. G 275 □

Die komplexometrische Bestimmung des Kaliums neben Ammonium. A. Holasek, H. Lieb und M. Pécar. (Mikrochim. Acta [Wien] **1960.** 750—54. Graz, Univ., Med.-chem. Inst. u. Pregl-Labor.) (Dt.)

Vff. beschreiben eine komplexometr. Best.-Meth. von K^+ neben NH_4^+, bei der NH_4^+, dessen Konz. in der Lsg. $<0,02$n sein muß, mit 40—50%ig. Formaldehyd maskiert wird, so daß K^+ mit $Na_3[Co(NO_2)_6]$ gefällt u. das im Nd. enthaltene Co komplexometr. titriert werden kann. Dabei muß die K^+-Konz. $\geqq 0,0017$n sein. J. Kraetsch. G 275 □

Die chelatometrische Mikrobestimmung von Rubidium. Arthur de Sousa. (Mikrochim. Acta [Wien] **1961.** 729—31. Lisbonne, Fac. des Sci., Labor. de Chim. Analyt.) (Franz.)

Vf. beschreibt ein neues indirektes Verf. zur chelatometr. Mikro-Best. von Rb. In bekannter Weise wird $RbClO_4$ hergestellt, das anschließend zum Chlorid red., in W. gelöst u. mit $AgNO_3$ gefällt wird. Das AgCl wird in ammoniakal. $[Ni(CN)_4]^{2-}$-Lsg. gelöst u. das vom Ag verdrängte Ni mit EDTA-Lsg. titriert. Die Best.-Meth. ist genau, bequem u. schnell. H. Fries. G 276 □

Die spektrographische Bestimmung von kleinsten Calciummengen in Magnesium mit der Momentan-Entladungsquelle. Yû Yokoyama. (Nippon Kinzoku Gakkai-Si [J. Japan Inst. Metals] **25.** 251—54. 1961.) (Jap.; Auszug: Engl.)

Kleinste Mengen Ca in Mg u. Mg-Legg. werden spektrograph. mit der Momentanentladungsquelle (Erregung der Probe-Lsg. in einer porösen Becherelektrode) bestimmt, wobei man 0,5 g der Probe in HCl löst u. auf 50 ml verdünnt. Die Arbeitsbedingungen sind: E (Entladungsspannung) $= 200$ V, $C = 18\,\mu F$, $L = 30\,\mu H$, $R = 2\,\Omega$. Al, Zn, Mn, Fe u. Zr stören nicht, ausgenommen Zn-Geh. von ca. 5%. Die Reproduzierbarkeit der Best. von Proben mit 0,01—0,3% Ca beträgt 5—7% des Ca-Gehaltes. Die Nachweisbarkeitsgrenze kann bei Verw. von reinerem Mg auf ca. 0,001% Ca erweitert werden.
W. Wesly. G 283 □

Spektrographische Bestimmung von Ca-Verunreinigungen in Th und ThO_2 mit der Momentan-Entladungsquelle. Yû Yokoyama, Hideo Seno und Hidehiro Gotô. (Nippon Kinzoku Gakkai-Si [J. Japan Inst. Metals] **25.** 255—58. 1961.)(Jap.; Auszug: Engl.) — Vgl. vorst. Referat.

Ca wird in Th u. ThO_2 in ähnlicher Weise wie in Mg u. Mg-Legg. bestimmt, wobei man der zur Auflösung der Probe verwendeten HCl Spuren HF zusetzt, die man nach der Auflösung beseitigt. Die Arbeitsbedingungen sind: $E = 225$ V, $C = 22\,\mu F$, $L = 30\,\mu H$, $R = 2\,\Omega$. Die Reproduzierbarkeit der Unters. von Proben mit 0,024—0,3% Ca beträgt 7—9% des Ca-Gehaltes. Die Nachweisbarkeitsgrenze kann bei Verw. von reinerem Th auf ca. 0,001% Ca erweitert werden. W. Wesly. G 283 □

Eine Mikromethode zur Trennung und Bestimmung von Calcium, Strontium und Barium. Antonín Tockstein und Vlastimil Novák. (Mikrochim. Acta [Wien] **1962.** 142—54. Pardubice, ČSSR, TH für Chem.) (Dt.)

Für die quant. Trennung u. Differenz-Best. der Erdalkaliionen wurde die größere Komplexstabilität des Co^{2+} zur Verdrängung von Ca^{2+}, Sr^{2+}, Ba^{2+} aus ihren ÄDTA-Komplexen benutzt. Hierbei wird Ba am stärksten, Sr weniger u. Ca nur geringfügig verdrängt. Als Sulfat-Ndd. werden Ba von Sr oder Ca, Sr von Ca, sowie Ba u. Sr gemeinsam von Ca durch Zentrifugieren abgetrennt u. dann polarograph. nach einer Meth. bestimmt, die auf der Änderung der polarograph. Stufenhöhe des Syst. Ag-Ionen/Ag-Komplexonat durch Zugabe von Erdalkalisulfat beruht. Das Verf. wurde als Mikro-Meth. ausgearbeitet. Der Relativfehler ist fast immer $<4,5\%$. P. Kurzmann. G 285 □

Isotopenverdünnungsanalyse durch Solventextraktion. 2. Mitt. **Hochselektive Bestimmung von Zink mit Dithizon.** Jiří Starý und Jaromír Růžička. (Talanta [London] **8.** 296—300. Mai 1961. Prag, Fac. of Techn. and Nucl. Phys., Dep. of Nucl. Chem.) (Engl.) — 1. vgl. C. **1961.** 13288.

Ausgehend von den theoret. gewonnenen Erkenntnissen über die selektive Bestimmbarkeit von Metallspuren mit Hilfe von Extraktions-Meth. u. nachfolgender Isotopenverdünnungsanalyse (vgl. l. c.) beschreiben Vff. ein Verf. zur Best. von Zn-Spuren. Zu 10 ml einer Lsg., die außer ca. 10^{-5} g inakt. Zn einen großen Überschuß anderer Metallionen (Hg^{2+}, Ag^+, Pt^{4+}, Cu^{2+}, Bi^{3+}, Cd^{2+}, Co^{2+}, Ni^{2+}, Fe^{2+}, Pb^{2+}, Sn^{2+}) enthält, werden $42,50 \cdot 10^{-6}$ g ^{65}Zn (y) hinzugefügt. Nach Zusatz von 4 ml einer Diäthanoldithiocarbamat-Lsg. (**I**; aus 6,0 g Diäthanolamin u. 3,5 g CS_2 in 120 ml abs. Methanol, von der 50 ml unmittelbar vor dem Gebrauch mit 450 ml 0,1n NH_4Cl/NH_4OH-Puffer-Lsg. gemischt u. durch Dithizonextraktion gereinigt werden) muß sich ein pH-Wert von 7,5—8,5 einstellen. Ist die Ausgangs-Lsg. zu sauer, muß vorher mit Zn-freiem NH_4OH abgestumpft werden. Nach 20 Min. langer Extraktion dieser Lsg. mit ca. 1,4 ml einer 10^{-4}m Dithizon-Lsg. in CCl_4 u. Abtrennung der organ. Phase wird die Aktivität (A_2) von 1 ml der Lsg. mit einem Scintillationszählrohr gemessen. Anschließend wird die Aktivität (A_1) von 1 ml des Extraktes einer in gleicher Weise behandelten Lsg. mit einem Geh. von (40 bis 100) 10^{-6} g ^{65}Zn bestimmt. Die Menge des inakt. Zn errechnet sich dann nach $x = y (A_1/A_2-1)$. Bei Konzz. von $10^{-6}-10^{-8}$ Zn/ml beträgt die Genauigkeit 1,0%. Selbst 10^{-9} g Zn/ml lassen sich noch mit einer Genauigkeit von 15% erfassen. Da I mit den störenden Metallionen kristalline Ndd. ergibt, die kein Zn an der Oberfläche adsorbieren u. deshalb in der Analysen-Lsg. verbleiben können, ist diese Meth. einfacher, schneller u. genauer als aktivierungsanalyt., spektralanalyt., amperometr., flammenphotometr. oder colorimetr. Verff. zur Zn-Bestimmung. W. Hein. G 288□

Das Kationenaustauschverhalten von Quecksilber(II) an Dowex 50-WX 8. Trennung von Gemischen. Anil K. De und Santosh K. Majumdar. (Z. analyt. Chem. **184**. 356—60. 1961. Calcutta, Jadavpur Univ., Inst. of Inorg. Chem.) (Engl.)

Vff. untersuchen quant. das Verh. von mg-Mengen Hg^{2+}-Ionen am Kationenaustauscher Dowex 50-WX 8 (H^+-Form; 50—100 mesh). Von je 200 ml 0,5—4n HCl, 1,5—4n HNO_3, 3—4n H_2SO_4, 3—4n CH_3COONH_4-Gemischen von 2n CH_3COONH_4-CH_3COOH vom pH 4,4 sowie 2n $NaNO_3$-1n HNO_3 wird Hg^{2+} quant. eluiert. Mit 1n H_2SO_4 u. 2n CH_3COOH mißlang die Elution. Für alle Elutionsmittel werden die Elutions-Konst. berechnet. Durch selektive Eluierung mit 150 ml 0,5n HCl kann Hg^{2+} von Ca^{2+}, Ba^{2+}, Sr^{2+}, Mg^{2+}, Fe^{3+}, Al^{3+}, Co^{2+}, Ni^{2+}, Zn^{2+} u. Cu^{2+}, nicht jedoch von Cd^{2+}, da dieses mitläuft, getrennt werden. W. Hein. G 290□

Die Aluminiumbestimmung in der chemischen Silicatanalyse. Max Weibel. (Z. analyt. Chem. **184**. 322—27. 1961. Zürich, Eidgenöss. TH, Inst. für Kristallographie u. Petrographie.) (Dt.)

Zwei Meth. zur Al-Best., die photometr. Best. mit 8-Hydroxychinolin in Chlf. u. die komplexometr. Titration, wurden überprüft u. verbessert. Das photometr. Verf. beruht auf der Extraktion von Al mit 8-Hydroxychinolin u. Chloroform. Es wird bei 395 nm photometriert, wobei die Extinktion von Al + Ti gemessen u. der von Ti herrührende Anteil abgezogen wird. Es stören Metalle, die ebenfalls extrahierbare Oxinate bilden, wie Fe, U, V u. Zr, sowie F, das die vollständige Extraktion des Al verhindert. Durch Maskieren können die Störungen durch die Metalle nur unvollkommen beseitigt werden; F wird mit Be komplex gebunden. Nach dieser Meth. können nur schwierig Resultate innerhalb der Fehlergrenze von 1% erhalten werden. Bei der komplexometr. Titration des Al müssen Fe, Ti, Zr vorher abgetrennt werden, was durch Extraktion der Cupferronate mit Chlf. geschieht. Ob Mn in größerer Menge stört, wurde nicht untersucht. Viele andere Schwermetalle stören auch, kommen aber bei der Silicatanalyse weniger in Betracht. EDTA-Lsg. wird im Überschuß zugesetzt; zurücktitriert wird mit $ZnSO_4$-Lsg. gegen Dithizon. Nach Ansicht des Vf. ist diese komplexometr. Best. zur Zeit die beste Schnell-Meth. zur Best. von Al. Der mittlere Fehler beträgt $\pm 0,1\%$ Al_2O_3 bei einiger Übung, der Zeitbedarf ist ca. 20 Min. ohne Aufschluß. P. Kurzmann. G 294□

Komplexometrische Aluminiumbestimmung in Erzen. V. Skřivánek und P. Klein. (Z. analyt. Chem. **184**. 360—63. 1961. Prag, Inst. für Erzforsch.) (Dt.)

Die Proben-Lsg wird mit EDTA-Lsg. im Überschuß versetzt. Die anwesenden Metalle (Fe, Al, Ti usw.) werden komplex gebunden. Der EDTA-Überschuß wird mit $CuSO_4$-Lsg. gegen Glycinkresolrot als Indicator titriert. Durch Zusatz von NaF wird eine der Al-Menge entsprechende EDTA-Menge frei, die wieder mit $CuSO_4$-Lsg. titriert wird. Ti stört u. muß durch Auslaugen des alkal. Schmelzaufschlusses der Probe mit heißem W. abgetrennt werden, wobei Al quant. in das Filtrat geht, Ti jedoch zurückbleibt.

P. Kurzmann. G 294□

Die Prüfung der geometrischen Form von Bleichloridkristallen zur Herstellung charakteristischer Profilwinkel. Anwendung zum Nachweis von Blei. A. C. Shead. (Mikrochim. Acta [Wien] **1961**. 923—26. Norman, Okla., Univ. of Oklahoma, Chem. Dep.) (Engl.)

Kristalle von $PbCl_2$ können in verschiedenen geometr. Formen erhalten werden, indem man die Molarität der zum Umkristallisieren benutzten HCl ändert. Die Profilwinkel können zum Pb-Nachw. dienen. P. Kurzmann. G 328□

Bestimmung von Pb in bleihaltigen Schneidstählen nach dem chelatometrischen Titrationsverfahren. Shigeo Wakamatsu. (Nippon Kinzoku Gakkai-Si [J. Japan Inst. Metals] **25**. 265—69. 1961.) (Jap.; Auszug: Engl.)

Man versetzt die Probe mit HCl, HNO_3 u. $HClO_4$, löst den Rückstand in 6n HCl, schüttelt eine aliquote Menge mit Methylisobutylketon, trennt die wss. Schicht ab, versetzt mit HNO_3 u. $HClO_4$, dampft ab, verd. mit W. (zum Lösen der Salze), versetzt mit Triäthanolamin u. Äthylendiamintetraacetat (I), stellt mit NaOH auf pH = 10—11 ein u. titriert den I-Überschuß mit Ca-Lsg. u. Thymolphthaleinkomplexon als Indicator zurück. W. WESLY. G 328 □

Spektrophotometrische Schnellbestimmung von Bleitriäthyl, Bleidiäthyl und anorganischen Bleiionen und ihre Anwendung zur Bestimmung von Bleitetraorganoverbindungen. S. R. Henderson und L. J. Snyder. (Analytic. Chem. **33.** 1172—75. Aug. 1961. Baton Rouge, La Ethyl Corp., Res. and Dev. Dep.) (Engl.)

Vff. beschreiben eine Meth. zur photometr. Simultan-Best. von $Pb(C_2H_5)_3$ (I), $Pb(C_2H_5)_2$ (II) u. Pb^{2+}, bei der durch Rk. mit Dithizon in $CHCl_3$ lösl. Komplexe gebildet werden, deren Absorptionsmaxima bei 435 (I-Komplex), 487 (II-Komplex) bzw. 520 nm (Pb-Komplex) liegen. Durch Extinktionsmessung bei 424, 500 u. 540 mμ u. unter Benutzung einer von Vff. aufgestellten Gleichung ist es möglich, in einem Gemisch der drei Komponenten mit einem Gesamt-Geh. von ca. 100 μg Pb den Geh. jeder einzelnen Komponente mit einer Genauigkeit von $\pm$ 4% zu ermitteln. $Pb(C_2H_5)_4$ u. a. Pb-Tetraorgano-Verbb. können nach Überführung von Pb in die Ionenform, z. B. bei $Pb(C_2H_5)_4$ durch Oxydation mit J_2, ebenfalls photometr. bestimmt werden. Der Fehler beträgt bei diesen Best. $\pm$ 1,3%. Nach dieser Meth. wurden $Pb(CH_3)_4$, $Pb(C_2H_5)_4$, $Pb(C_3H_7)_4$, Pb(iso-$C_4H_9)_4$, Pb(iso-$C_5H_{11})_4$, $Pb(C_5H_{11})_4$, $Pb(CH_2{=}CH)_4$ u. $Pb(C_6H_5)_4$ einzeln oder in Ggw. beträchtlicher Mengen von Pb^{2+} bestimmt. J. KRAETSCH. G 328 □

Beitrag zur quantitativen Analyse von Gemischen metallorganischer Blei-Verbindungen. Renato Barbieri, Umberto Belluco und Giuseppe Tagliavini. (Ric. sci. **30.** 1671—74. Nov. 1960. Padova, Centro di Stud. per la Chim. nucl. Sez.) (Ital.)

Es wird eine Meth. zur Mikro-Best. von metallorgan. Pb-Verbb. vom Typ R_4Pb, R_3PbCl u. R_2PbCl_2 ($R = CH_3$, C_2H_5 oder C_6H_5) allein, im Gemisch untereinander oder mit Pb-Ionen beschrieben. Man trennt diese Verbb. papierchromatograph., extrahiert die Prodd. mit CH_3OH bzw. Chlf. u. baut sie anschließend mit gesätt. alkohol. Jod-Lsg. zu PbJ_2 ab. Dann dampft man zur Trockne ein, nimmt den Rückstand mit 4m wss. KJ-Lsg. auf, um eine Konz. von 2—16 μg Pb/ml als $[PbJ_4]^{2-}$ zu erhalten u. photometriert unter N_2 bei 357 mμ gegenüber 4m KJ-Lsg. als Vergleichslösung. Evtl. anwesende J-Spuren werden mit $Na_2S_2O_3$ zerstört. Die organ. Pb-Verbb. zeigen unter den gegebenen Bedingungen keine Absorption, Pb^{2+} hingegen bestimmt man als $[PbJ_4]^{2-}$. Die Fehlergrenze beträgt 2%. G. PLATZER. G 328 □

Beitrag zur Analyse von metallorganischen Blei-Verbindungen. Umberto Belluco, Giuseppe Tagliavini und Renato Barbieri. (Ric. sci. **30.** 1675—79. Nov. 1960.) (Ital.) — Vgl. vorst. Referat.

Vff. berichten über analyt. Meth. zur Best. von $(C_2H_5)_6Pb_2$ (I) auf argento- u. jodometr. Wege u. beschreiben die Best. von I u. $(C_2H_5)_4Pb$ (II), die gleichzeitig als Dispersionsphase in wss. Lsg. von $(C_2H_5)_3PbCl$ (III) anwesend sind. Das gereinigte I reagiert quant. bei -78^0 unter N_2 mit $AgNO_3$ in methanol. Lsg. nach $(C_2H_5)_6Pb_2 + 2\,Ag^+ \rightarrow 2\,Ag + 2\,(C_2H_5)_3{-}Pb^+$. II stört diese Reaktion. I im Gemisch mit II u. III wird jodometr., II argentometr. mit der Meth. von SEMERANO u. RICCOBONI [1940] u. Gesamt-Pb mit gasförmigem HCl nach CALINGAERT u. CAMBRILL [1939] bestimmt. Die Meth. zeigt eine Genauigkeit von 1% für Gemische, die die 3 Komponenten von je 100 mg enthalten. G. PLATZER. G 328 □

Die direkte Bestimmung von Niob und Tantal unter Anwendung des Anionenaustauschers Wofatit SBW. S. Spauszus und M. Heimer. (Chem. Techn. **13.** 96—99. Febr. 1961. Magdeburg, Dt. Amt für Material- u. Warenprüfung; Leipzig, Zentralinst. für Gießereitechn.) (Dt.)

Man schließt das Nb_2O_5–Ta_2O_5-Gemisch mit $K_2S_2O_7$ im Pt-Tiegel auf, löst die abgekühlte Schmelze in einem HCl–HF-Gemisch unter gelindem Erwärmen, gibt die Lsg. auf den stark bas. Anionenaustauscher Wofatit SBW, der mit dem HCl–HF-Gemisch behandelt worden ist, eluiert mit HCl–HF-Gemisch u. erhält im ersten Eluatanteil das gesamte Nb_2O_5; die spätere Fraktion weist das gesamte Ta_2O_5 auf. Die Trennung wird mit ^{95}Nb u. ^{182}Ta überprüft. Die ermittelten Elutions-Konst. gelten für ein Nb_2O_5 : Ta_2O_5-Verhältnis von 49:1 bis 43:1. W. WESLY. G 332 □

Spektrophotometrische Bestimmung von Niob und Molybdän mit 8-Hydroxychinolin in Uranlegierungen. Kenji Motojima und Hiroshi Hashitani. (Analytic. Chem. **33.** 48—52. Jan. 1961. Ibaraki-ken, Japan, Japan Atomic Energy Res. Inst., Div. of Chem.) (Engl.)

Vff. beschreiben eine schnelle u. genaue spektrophotometr. Meth. zur Best. von μg-Mengen von Nb. Diese Meth. wird bes. benutzt für die Analyse von U–Nb-Legg. mit einem Geh. von $<$ 5% Nb. Die Best. von Nb beruht auf der Extraktion seines Oxinates mit Chlf. u. der spektrophotometr. Best. dieses Extraktes bei 385 mμ. Die Extraktion von U wird durch Maskierung mit Fluorid verhindert. Die Meth. kann auch für die

Analyse von tern. Nb–Mo–U-Legg. gebraucht werden, wenn die einzelnen Komponenten $<5\%$ anteilig sind; sowohl Nb als auch Mo sind leicht bestimmbar. Nur evtl. aus U stammendes Fe stört. Es kann durch Messen bei 470 mμ eliminiert werden.

G. HELLER. G 336□

Volumetrische Bestimmung von Wolfram im Stahl. C. L. Luke. (Analytic. Chem. **33.** 1964—65. Dez. 1961. Murray Hill, N.J., Bell Telephone Labor.) (Engl.)

Um W im WO_3-Nd. volumetr. mit $K_2Cr_2O_7$-Lsg. bestimmen zu können (C. **1962.** 1340), muß der Nd. frei von störenden Metallen, wie Cr, Fe, Mo, V u. Nb, sein. Cr kann als CrO_2Cl_2 abdest. werden. Die restlichen Metalle werden durch Ausfällung mit Cupferron u. Extraktion des Cupferron-Nd. mit Chlf. entfernt. W wird dann in alkal. Lsg. nach Zugabe von NH_4Cl red. u. mit 0,05n $K_2Cr_2O_7$-Lsg. titriert. J. PETERS. G 337□

Radiochemische Abtrennung des Mangans in kleinen Mengen. J. M. Matuszek jun. und T. T. Sugihara. (Analytic. Chem. **33.** 35—36. Jan. 1961. Worcester, Mass., Clark Univ., Jeppson Chem. Labor.) (Engl.)

Vff. beschreiben eine Best.-Meth. für das bei α-Bestrahlung von Cr-Metall in geringer Menge entstehende, kurzlebige ^{56}Mn, die aber auch zur Best. des langlebigen ^{53}Mn geeignet sein dürfte. Sie beruht auf der Extraktion von Tetraphenylarsoniumpermanganat in Nitrobenzol. Die Vorteile dieser Meth. sind ihre große Schnelligkeit (ca. $1^1/_2$ Std.), hohe chem. Ausbeute ($87 \pm 5\%$) u. die Möglichkeit, nur wenige mg Mn zu bestimmen. Der Extraktionsschritt ist weitgehend spezif. für Mn, lediglich TcO_4^-, ReO_4^-, JO_4^- u. ClO_4^- könnten stören, werden aber bei den vorbereitenden Arbeiten entfernt. Die Dekontamination in bezug auf gemischte Spalt-Prodd., Re u. Tc ist größer als 10^4. Im einzelnen wird der salzsauren Ausgangs-Lsg. 1 ml Träger-Lsg. (25,2 mg $MnCl_2 \cdot 4\ H_2O$/ml 1n HCl) zugefügt, Mn mit 80 mg $H_5JO_6 \cdot 2\ H_2O$ zu MnO_4^- oxydiert u. durch tropfenweise Zugabe von 30%ig. H_2O_2 bis zum Auftreten von J_2-Dämpfen u. einem Überschuß von 1 ml wieder reduziert. Nach Einstellen von pH ca. 8 mit festem NaOH wird Mn^{2+} durch langsame Zugabe von Na_2O_2 bis zum völligen Verschwinden der grünen Cr^{3+}-Farbe u. einem Überschuß von 30 mg in MnO_2 übergeführt, das nach Ausflockung durch Kochen zentrifugiert u. auf einem „Millipore HA"-Filter gebracht wird. Nach Waschen mit W. wird der Nd. in 20 ml 1n HNO_3-Lsg., die 20 mg $Na_2S_2O_7$ enthalten, gelöst, die Lsg. aufgekocht, auf ca. 40 ml verd. u. abgekühlt. Mit 90 mg Na-Bismutat entsteht bei langsamem Erwärmen MnO_4^-. Der Na-Bismutat-Überschuß wird abzentrifugiert u. mit je 10 ml warmer 1n HNO_3-Lsg. bis zur völligen Entfärbung gewaschen. Die vereinigten Lsgg. werden nach Zusatz einer Lsg. von 110 mg Tetraphenylarsoniumchlorid in 5 ml W. mit 100 ml Nitrobenzol extrahiert. Die organ. Phase wird 2mal mit 25 ml frischgekochter 0,01n HNO_3 gewaschen, mit 40 ml 6n HCl u. 1 ml 30%ig. H_2O_2 geschüttelt u. nach völliger Red. des MnO_4^- zur Trennung der Phasen mit Bzl. u. wenig 95%ig. A. versetzt. Die organ. Phase wird mit 30 ml 6n HCl gewaschen. Den vereinigten wss. Phasen werden einige mg Na_2CrO_4 als Rückhalteträger zugesetzt. Dann wird MnO_2 wie vorher ausgefällt u. abfiltriert. Nach der Aktivitäts-Best. wird der Nd. zur Ermittlung der chem. Ausbeute ausgewogen. W. HEIN. G 350□

Abtrennung des Rheniums von Molybdän durch Solventextraktion mit Pyridin. D. T. Meshri und B. C. Haldar. (J. sci. ind. Res. [New Delhi], Sect. B **20.** 551—52. Nov. 1961. Ahmedabad, Gujarat Coll., Chem. Dep.; Bombay, Inst. of Sci., Inorg. Chem. Labor.) (Engl.)

Vff. beschreiben eine schnelle u. einfache Meth. zur Abtrennung des Re vom Mo, die auf den unterschiedlichen Extraktions-Koeff. der Perrhenate u. Molybdate beim Vorliegen der Phasen Pyridin u. 4—6n NaOH beruht. 10 ml einer 4—6n NaOH-Lsg., die 100—0,01 mg Mo u. 10—100 γ Re enthält, werden in einem 50-ml-Scheidetrichter mit 10 ml Pyridin, gesätt. mit 4—6n NaOH, versetzt; nach dem Abtrennen wird die Pyridinphase 2mal mit je 5 ml 4—6n NaOH gewaschen, bis zur Trockne eingeengt u. das Re colorimetr. mit der Thiocyanat-Meth. bestimmt. Die Meth. kann zur Herst. von Makromengen an Re, die frei von Mo sind, benutzt werden. U. SKURNIA. G 352□

Solventextraktionsuntersuchungen der Phosphoniumsalze und ihre analytischen Anwendungen. 3. Mitt. Nachweis von Gold. Identifizierung von Gold und geringerer Bestandteile in Goldlegierungen. Paschoal Senise und Luiz R. M. Pitombo. (Analytica chim. Acta [Amsterdam] **26.** 89—93. Jan. 1961. São Paulo, Univ., Fac. of Philos., Sci. and Lettres, Dep. of Chem.) (Engl.) — 2. vgl. C. **1962.** 9458.

Zum Nachw. von Au wird 1 Tropfen der zu prüfenden, NO_3^--freien Lsg. (pH 0—1) mit 1 Tropfen einer 2%ig. Lsg. von Triphenylisopropylphosphoniumchlorid (I), 1 Tropfen einer 10%ig. NaSCN-Lsg. u. 3 Tropfen Toluol oder Bzl. geschüttelt. Ist Au vorhanden, so tritt in der organ. Schicht eine gelborange Färbung auf. Erfassungsgrenze: 2 μg. Noch geringere Au-Mengen lassen sich erfassen, wenn man zunächst wie vorst. verfährt.

dann die abgetrennte organ. Phase eindampft, mit 3 Tropfen konz. HCl u. 1 Tropfen konz. HNO_3 auf dem Wasserbad abraucht u. den Rückstand mit 1 Tropfen einer 1% ig. Benzidin-Lsg. in 10% ig. CH_3COOH versetzt. Eine blaue Farbe zeigt Au an. Erfassungsgrenze: 0,5 μg. Unter diesen Bedingungen treten selbst mit großen Überschüssen an Fe^{3+}, Fe^{2+}, Co^{2+}, Ni^{2+}, Ru^{3+}, Rh^{3+}, Pd^{2+}, Os^{3+}, Ir^{3+}, Pt^{4+}, Cu^{2+}, Ag^+, Hg^{2+}, Be^{2+}, Al^{3+}, Ga^{3+}, In^{3+}, Tl^+, Ge^{4+}, Pb^{2+}, Sn^{2+}, Sn^{4+}, Ti^{4+}, Zr^{4+}, Bi^{3+}, V^{5+}, Cr^{3+}, Mo^{6+}, W^{6+}, Th^{4+} u. U^{6+} keine Störungen auf. Zn^{2+}, Cd^{2+}, Sb^{3+} u. Sb^{5+} werden teilweise, aber farblos, mit Au extrahiert. CN^-, J^-, $S_2O_3^{2-}$, SO_3^{2-} u. PO_4^{3-} verhindern den Nachw. u. müssen vorher entfernt werden. NO_3^- u. ClO_4^- bilden mit I Ndd. u. dürfen daher nicht vorhanden sein. Ebenso müssen Substanzen, die Au^{3+} in saurer Lsg. zum Metall red. (z. B. $C_2O_4^{2-}$ oder $H_2PO_2^-$), u. starke Oxydationsmittel, die I oder SCN^- zerstören könnten, abwesend sein. Beim Vorliegen größerer Fe^{3+}-Mengen ist es besser, 20—30% ig. NaSCN- u. 5% ig. I-Lsgg. zu verwenden. Zum Nachw. von Au u. anderen Kationen in Au-Legg. werden 10 mg der Leg. mit Königswasser abgeraucht u. nach dem Aufnehmen mit 1 ml konz. HCl auf 5 ml verdünnt. Au wird in 1 Tropfen dieser Lsg. wie oben, jedoch unter Verw. doppelter Reagensmengen, nachgewiesen. Unter Zusatz von jeweils 1 Tropfen HCl (1 : 1), NaSCN- u. I-Lsg. vor jedem Extraktionsschritt wird Fe mit Tri-n-butylphosphat (II) (rot), Ag mit 2-Methylcyclohexanol (farblos), Pt mit II (gelb), Cu mit Methylisobutylketon (weinrot) u. Pd mit Cyclohexanon (gelb) extrahiert. Mit jeweils 4 Tropfen des betreffenden Lsgm. wird 2 mal nachextrahiert. Zum Nachw. u. zur Abtrennung des Pt wird der wss. Rückstand der Ag-Extraktion mit 3—4 Tropfen Toluol gewaschen, 10 Min. lang im Wasserbad auf 65—70° erwärmt u. nach dem Erkalten extrahiert. Ag kann an der schwarzen Färbung erkannt werden, die beim Versetzen von 1 Tropfen des organ. Extraktes mit je 1 Tropfen einer gesätt. $PbCl_2$-, 25% ig. NaOH- u. alkal. Stannit-Lsg. auf der Tüpfelplatte entsteht. Erfassungsgrenze: 0,1 μg Fe; 1,0 μg Ag; 2,5 μg Pt; 0,5 μg Cu; 2,5 μg Pd (prakt. unabhängig von der Verdünnung der wss. Phase). W. Hein. G 360□

Eine neue Feuerprobe zur Bestimmung von Gold. G. H. Faye und W. R. Inman. (Analytic. Chem. **33.** 1914—16. Dez. 1961. Ottawa, Ontario, Canada, Dep. of Mines and Techn. Surv., Mines Branch, Miner. Sci. Div.) (Engl.)

Nach der vorgeschlagenen Feuerprobe wird Au quant. von geschmolzenem Sn aufgenommen. Nach Behandeln des Sn-Regulus mit HCl bleibt Au im unlösl. Rest zurück. Man löst den Rückstand in HCl u. 30% ig. H_2O_2, dampft zur Trockne ein, nimmt mit 2n HBr-Lsg. auf u. extrahiert Au mit Äther. Au wird dann dem Ae. durch Waschen mit W. entzogen u. photometr. mit o-Tolidin bestimmt. Bei Anwendung dieser Meth. auf Erzkonzentrate, Cu–Ni-Rohstein u. Gesteinsproben stimmen die Ergebnisse gut mit den nach herkömmlichen Meth. erhaltenen überein. J. Peters. G 360□

Die colorimetrische Bestimmung kleiner Mengen Gold mit o-Tolidin. E. Frankel. (J. South African Inst. Mining Metallurgy **60.** 367—70. März 1960.) (Engl.)

Zur Best. geringer Mengen Au löst man die Substanz in 2—3 Tropfen verd. Königswasser (1 Teil 20% ig. HNO_3 + 3 Teile 10% ig. HCl) unter Erwärmen. Man nimmt notfalls nochmals mit 2—3 Tropfen verd. Königswasser auf, verd. etwas mit W., versetzt mit 2 ml Puffer-Lsg. (gleiche Teile 2n HCl + 2n NH_4CH_3COO-Lsg.), 2 Tropfen o-Tolidinreagens (0,05 g o-Tolidin in 2 ml Aceton + 3 ml 1 n HCl/250 ml) u. 2 ml 2n HCl, füllt auf 10 ml auf u. mißt die Färbung innerhalb von 5 Min. gegen eine Standardlösung. Die Intensität der Färbung ist der Konz. proportional. Zur Herst. von Standard-Lsgg. werden $CuSO_4$- u. $K_2Cr_2O_7$-Lsgg. vermischt. 0,001 mg Au/10 ml entspricht einer Mischung aus 1,2 ml $CuSO_4$-Lsg. (1,5 g $CuSO_4 \cdot 5\,H_2SO$ + 1 ml konz. H_2SO_4/100 ml) u. 0,6 ml $K_2Cr_2O_7$-Lsg. (0,25 g $K_2Cr_2O_7$ + 1 ml konz. H_2SO_4/100 ml), beide auf 100 ml aufgefüllt. Für 0,02 mg Au/10 ml dient eine Mischung aus 16,0 ml $CuSO_4$-Lsg. + 10,4 ml $K_2Cr_2O_7$-Lsg./100 ml. H. Pluskal. G 360□

Die colorimetrische Bestimmung in „merrill-tail"-Lösungen der Hartebeestfonteingoldminen. C. R. Pugh und H. T. Tucker. (J. South African Inst. Mining Metallurgy **60.** 371—75. März 1960.) (Engl.)

Zur Best. von Au in „merrill-tail"-Lsgg. schüttelt man 1,000 ml Lsg. 2 Min. mit 15 ml gesätt. NaCN-Lsg., 6 Tropfen gesätt. $Pb(CH_3COO)_2$-Lsg. u. 1 g Zn-Staub. Nach Absetzen des Nd. digeriert man die Fl., löst das überschüssige Zn mit 5 ml HCl u. filtriert durch ein Papierfilter. Nach dem Auswaschen spült man den Au-haltigen Nd. in das Becherglas zurück, dampft zur Trockne ein, löst unter Erwärmen mit 0,5 ml Königswasser, dampft zur Trockne ein, fügt 5 Tropfen Königswasser, 0,5 ml W., 4 Tropfen konz. HCl u. 0,5 g NaCl hinzu, dampft fast zur Trockne ein, fügt 0,5 ml W. hinzu, dampft fast zur Trockne ein, versetzt mit 5 ml W. u. 10 ml 0,01% ig. o-Tolidin-Lsg. in 1% ig. HCl, füllt auf 100 ml auf u. mißt die Absorption nach 5 Min. bei 440 mμ in einem Beckman-Colorimeter gegen eine Blindprobe aus 10 ml o-Tolidin-Lsg. in 100 ml.

Die Auswertung geschieht mit Hilfe einer Eichkurve. Die Best. wurde für Au-Konzz. zwischen 0,01 u. 0,04 dwt Au/t durchgeführt. Cl_2, HNO_3 u. Fe(III) stören.

H. PLUSKAL. G 360□

Analyse von Legierungen durch Röntgenfluorescenzspektroskopie. Zerstörungsfreie Zusatzmethode. Kichinosuke Hirokawa und Hidehiro Gotô. (Z. analyt. Chem. **185.** 124—35. 1962. Sendai, Japan, Tohoku Univ., Res. Inst. for Iron, Steel and Other Metals.) (Engl.)

Vff. schlagen zur schnellen Unters. von Metallen ein neues, zerstörungsfreies Zusatz-Verf. vor, das mit nur wenigen Eichproben auskommt. Nach einer theoret. Ableitung der Grundlagen des Verf. u. einleitenden Verss. an pulverförmigen Proben (Gemische aus Elektrolyt-Fe u. Elektrolyt-Mn, aus Fe_2O_3 u. MnO_2, Fe_2O_3 u. Cr_2O_3, ZnO u. MgO sowie aus Cr_2O_3, Fe_2O_3, Mn_3O_4 u. MoO_3) wurde die Meth. zur Best. von Pb in Pb–Sn-Legg., von Cr in Fe–Cr-Legg., von Cr, Mn, W, V, Sn u. Ni in Stählen sowie von Fe in Zn benutzt. Es wurden zufriedenstellende Ergebnisse erhalten.

GERHARD SCHULZE. 5280□

b) Organische Verbindungen

Analyse von Organofluoroverbindungen. Über die Anwendung der Pyrohydrolyse zur gleichzeitigen Mikrobestimmung von Fluor, Kohlenstoff und Wasserstoff. N. E. Gelman, M. O. Korschun und K. I. Nowoshilowa. (Журнал Аналитической Химии [J. analyt. Chem.] **15.** 222—26. März/April 1960. Moskau, Inst. für elementorg. Verb. der Akad. der Wiss. der UdSSR.) (Russ.; Auszug: Engl.)

Die gleichzeitige Best. von C, H u. F in Organofluor-Verbb. ist in Ggw. von MgO (I) im Verbrennungsrohr möglich. I absorbiert F quant. als MgF_2, das mit überhitztem Wasserdampf wieder gespalten wird. Durch anschließende Titration kann F in Form von HF bestimmt werden. N, P, Si, B, S, Cl u. Br stören nicht. Jedoch hängt die F-Absorption von der Quarzoberfläche des Glases ab. E. HEISE. 5352□

Mercurimetrische Bestimmung von organisch gebundenem Chlor und Brom im Dezimilligrammbereich. A. Dirscherl und F. Erne. (Mikrochim. Acta [Wien] **1961.** 866—73. Basel, F. Hoffmann-La Roche & Co. AG., Chem. Forschungs.-Abt.) (Dt.) — Vgl. C. **1961.** 15868.

Es werden Substanzmengen von 0,2—1,5 mg im O_2-Strom in einem mit Quarzkörnern als Kontakt gefüllten Verbrennungsrohr bei 1000° verbrannt. Die Oxydations-Prodd. werden in einem kleinen Perlenrohr von H_2O_2-Lsg. absorbiert. Nach dem Ausspülen des Perlenrohres mit Isopropanol erfolgt die Halogen-Best. durch Titration mit 0,01 n bzw. 0,1 n $Hg(ClO_4)_2$-Lsg. gegen Diphenylcarbazon unter Verw. der GILMONT-Bürette bzw. der Ultramikrobürette nach SANZ. Die Fehler liegen zwischen einigen hunderstel u. einigen zehntel %. P. KURZMANN. 5352□

Gaschromatographie der C_1 bis C_4-Nitroparaffine. Isotherme Methode im Vergleich zur Programmierung mit linear geänderter Temperatur. R. M. Bethea und F. S. Adams jun. (Analytic. Chem. **33.** 832—39. Juni 1961. Ames, Iowa, Iowa State Univ., Chem. Engng. Dep.) (Engl.)

Unter Benutzung der VAN-DEEMTER-Gleichung u. Variierung von Säulen-Temp., Strömungs-Geschw., Erwärmungs-Geschw. u. Säulenfüllung [Decanol-(1) + $\beta.\beta'$-Oxy-dipropionitril + Ucon LB 500 + Tetrahydroxyäthyläthylendiamin + Squalan (1:1:1:1:1); 2.2.4-Trimethylpentandiol-(1.3); Apiezon M, L u. 3D in verschiedenen Mischungen auf Ziegelkörnern] wurde der Einfl. des Säulenwiderstsndes auf den Materialtransport u. das Retentions-Zeit-Verhältnis bei der gaschromatograph. Trennung eines achtkomponentigen Nitroparaffingemisches (vgl. C. **1960.** 3980) untersucht. Die optimalen Trennbedingungen liegen bei konst. Säulen-Temp. von 50° bei 90 cm^3 H_2/Min. Durchsatz-Geschw. bzw. bei programmierter Säulen-Temp. mit 2,9°/Min. Steigerung (Anfangs-Temp. 40°) bei 60 cm^3 H_2/Minute. U. UHLICH. G 510□

Die refraktometrische Bestimmung von tert.-Butanol in komplexen Gemischen mit Wasser, primären und sekundären Alkoholen. B. W. Ioffe und A. I. Borissow. (Журнал Аналитической Химии [J. analyt. Chem.] **15.** 227—30. März/April 1960. Leningrad, Shdanow-Univ.) (Russ.; Auszug: Engl.)

Zur Best. von tert.-Butanol (I) neben seinen Isomeren wird I durch ein Gemisch von 37%ig. HCl u. 80%ig. H_2SO_4 in tert. C_4H_9Cl (II) übergeführt. Die prim. u. sek. Alkohole reagieren hierbei nicht. Nach Behandlung mit Bzl. wird die Refraktion des II-Bzl.-Gemisches bestimmt. An Hand einer Eichkurve können die Refraktionen bestimmten II-Konzz. in Bzl. zugeordnet werden. 5—80% I im Gemisch mit seinen Isomeren können mit 0,2—0,4% Genauigkeit bestimmt werden. KW-Stoffe u. Halogen-Derivv. stören die Bestimmung. Geringe Mengen Aceton, Methyläthylketon, n- u. Isoamylalkohol beeinflussen die Best. nicht. Dauer der Best. 20 Minuten. E. HEISE. G 560□

Bestimmung von Paraldehyd in wässerigen Acetaldehydlösungen. Harvey Pobiner. (Analytic. Chem. **32.** 1899. Dez. 1960. Linden, N.J., Esso Res. and Engng. Co., Analyt. Res. Div.) (Engl.)

Zur Best. von 0,1—5,0% Paraldehyd (I) in wss. Acetaldehyd-Lsg. wurde ein CCl_4-Extrakt dieser Lsg. verwendet. 2 Extraktionen mit je 25 ml CCl_4 extrahieren den I quant. aus 10 ml Probelösung. Die Messung der IR-Absorption geschah mit einem PERKIN-ELMER-Model-21-Gerät mit NaCl-Prisma bei 9,06 μ, einer Schlitzweite von 0,130 mm u. einer Konz. von ca. 10 g/50 ml. Die Auswertung geschah mit Hilfe einer Vgl.-Substanz von 99% Reinheit. Die Genauigkeit beträgt 0,1%.

H. PLUSKAL. G 660□

Der Einfluß von Paraldehyd auf die photometrische Bestimmung von Crotonaldehyd. W. Ss. Iwanow und W. F. Zwetkow. (Журнал Аналитической Химии [J. analyt. Chem.] **15.** 245—47. März/April 1960. Leningrad, Shdanow-Univ.) (Russ.; Auszug: Engl.)

Eine quant. photometr. Best. von Crotonaldehyd (I) in Ggw. von Paraldehyd (II) u. *Acetaldehyd* (III) ist in wss. Lsg. möglich, da auch Gemische von I mit II bzw. III in bestimmten Konz.-Bereichen das BEERsche Gesetz befolgen. So wurde festgestellt, daß im Gemisch $>$15% III u. 2% II vorhanden sein dürfen, um eine quant. Best. von I zu ermöglichen. E. HEISE. G 670□

Gaschromatographische Trennung nichtveresterter Fettsäuren mit phosphorsäurebehandelten Polyestersäulen. L. D. Metcalfe. (Nature [London] **188.** 142—43. 8/10. 1960. Chicago, Ill., Armour Ind. Chem. Co.) (Engl.)

Zur gaschromatograph. Trennung ungesätt. von gesätt. Fettsäuren sind Polyestersäulen geeignet. Diese haben jedoch den Nachteil, daß ein Teil der fl. Phase bei hohen Temp. abgegeben wird. Außerdem sind Polyester nicht sauer genug um Assoziationsphänomene zu verhindern. Dem wird durch Zugabe von H_3PO_4 abgeholfen. Es wurden gute Ergebnisse mit einer 25% Diäthylenglykoladipinatpolyester tragenden Säule erzielt, der 2% 85% ig. H_3PO_4 zugesetzt worden waren. Als Trägermaterial diente Celit 60—80 mesh. Getrennt wurden Fettsäuren der Kettenlänge C_4—C_{22} bei 220—235°, deren Methylester bereits bei 180°. Bei diesen Temp. waren die Säulen stabil.

G. v. WALDEYER-HARTZ. G 800□

Eine verbesserte gaschromatographische Trennung der nichtveresterten Fettsäuren. P. Jowett und B. J. Horbrocks. (Nature [London] **192.** 966—67. 9/12. 1961. Littleborough, Lancashire, Armour Hess Chem. Ltd.) (Engl.)

Unter Verw. von Glaskugeln als Trägermaterial einer Trenn-Fl.-Mischung aus 1% Polyäthylenglykolsuccinat (I) u. 0,4% H_3PO_4 lassen sich Mischungen freier C_6—C_{18}-Fettsäuren im Temp.-Bereich von 140—200° gaschromatograph. trennen. I (F. 80 bis 82°) wird durch 3std. Erhitzen von 1,0 Mol Äthylenglykol gemeinsam mit 1,05 Mol Bernsteinsäure auf 150° dargestellt. Zu 0,5 g I in 30 ml $CHCl_3$ werden unter Rühren 50 g Glasperlen u. 0,2 g 85% ig. H_3PO_4 hinzugefügt. $CHCl_3$ wird zunächst weitgehend bei Raum-Temp. u. völlig durch $^1/_2$std. Erhitzen auf 100° abgedampft. Die ausgesiebte 85—100-mesh-Fraktion dient zur Füllung der 1,2 m langen Trennsäulen von 4 mm ∅. Die gefüllten Säulen werden 72 Std. lang bei 200° mit Ar durchspült. Zur Analyse wurden 0,1 μl einer Lsg. der Fettsäuren-Mischungen in Cyclohexan (50 : 50), Ar als Trägergas u. ^{90}Sr als radioakt. Quelle des Ionisationsdetektors verwendet. W. HEIN. G 800□

Quantitative Gas-Flüssigkeitschromatographie von Fettsäuremethylestern mit dem Wärmeleitfähigkeitsdetektor. Lloyd A. Horrocks, David G. Cornwell und J. B. Brown. (J. Lipid Res. **2.** 92—94. Jan. 1961. Columbus, Ohio, Ohio State Univ., Dep. of Physiol. Chem.) (Engl.)

An Hand des Schrifttums wird auf die Benutzung des therm. Leitfähigkeitsdetektors (Katharometer) in der Gas-Fl.-Chromatographie u. die quant. Auswertung der Analyse durch planimetr. Ausmessung der Gipfelbereiche der Kurven hingeweisen. Diese Flächen sind keine einfachen Funktionen der Konz., sondern sie hängen von Molgew. u. Struktur ab. Unter Einsatz der reinen Methylester gesätt. bzw. ungesätt. Fettsäuren als Modellsubstanzen werden Messungen ausgeführt (Aerograph A-90-C-Gas-Chromatograph; WILKENS INSTR. AND RES., INC., Walnut Creek, Calif.) u. nach dem Verf. der CHEMICAL RUBBER COMP. (Handbook of Chemistry and Physics, herausgeg. von HODGMAN, Chemical Rubber Publishing, Cleveland, Ohio, 1952) an Hand empir. Gleichungen für die homologe Reihe der gesätt. bzw. ungesätt. Fettsäuren unter Heranziehung der aus den Modell-Verss. abgeleiteten Korrekturfaktoren ausgewertet. Nach den tabellar. mitgeteilten Beleganalysen wird die Genauigkeit der Ergebnisse durch Einführung der genannten Korrekturfaktoren gesteigert; krit. Hinweise an Hand des Schrifttums über die Abhängigkeit der Gipfelbereiche der chromatograph. Kurven vom Dampfdruck bzw. von der Zahl der Zusammenstöße der Moll. des Gases im Detektor. K. TÄUFEL. G 810□

Chromatographie von Lipiden auf Kieselsäure: Infrarotspektrophotometrische Elutionskurven. J. J. Wren und P. M. Lenthen. (J. Chromatogr. [Amsterdam] **5.** 370—71. April 1961. London, Lyons Labor.) (Engl.)

Vff. beschreiben die Aufnahme von Elutionskurven durch IR-Spektroskopie der Fraktionen. Für ein Chromatogramm von Lipiden aus Weizenmehl wird ein Vgl. zwischen gravimetr. u. spektroskop. Meth. beschrieben. Die Absorption wird in einer BaF_2-Zelle, Schichtdicke 2,5 mm bei 1745 cm^{-1} gemessen. Da das verwendete Elutionsmittel — Chlf. mit steigender Menge Methanol (I) — bei steigenden I-Konzz. opak wird, wurden die gemessenen Absorptionswerte mit dem Faktor $10^{-4} \cdot n^2$ korrigiert (n = Fraktionszahl). M. Finke. G 820□

Die Verwendung von Silicongummi oder Siliconfett in niedrigen Konzentrationen als stationäre Phasen für die gaschromatographische Trennung von Lipiden bei hohen Temperaturen. N. Nicolaides. (J. Chromatogr. [Amsterdam] **4.** 496—99. Dez. 1960. Berkeley, Calif., Univ. of California, Dep. of Food Sci. and Technol., Inst. of Marine Resources.) (Engl.)

Vf. beschreibt die Verw. von *Silicongummi* (Union Carbide) oder *Siliconfett* (Dow Corning) als stationäre Phasen für die Hochtemp.-Gaschromatographie von Lipiden oder ihren therm. beständigen Derivaten. Es wurde gefunden, daß Säulen (4 mm innerer ∅, 3—5 Fuß lang) mit 5% fl. Phase ungewöhnlich kleine Retentionszeiten bei gleichzeitiger ausgezeichneter Trennung aufweisen. Die Verss. wurden bei 250—300° mit He als Trägergas durchgeführt (35—100 ml/Min.). Retentionszeiten für höhere KW-Stoffe, Fettsäuremethylester, Wachse u. verschiedene Steroide werden tabellar. angeführt. Die Übereinstimmung zwischen Gew.-% u. Größe der Bergflächen liegt bei den Fettsäuremethylestern innerhalb ±1,3%. M. Finke. G 820□

Chromatographie von Phenolen, besonders Alkylphenolen, auf mit Polyamiden imprägniertem Papier. W. N. Martin und R. M. Husband. (Analytic. Chem. **33.** 840—42. Juni 1961. Quebec, Canada, Grand' Mere, Consolidated Paper Corp., Res. and Dev. Dep.) (Engl.)

p-Äthylphenol, Naphthol-(2), Resorcin, Hydrochinon, Phloroglucin u. *Ferulasäure* sowie folgende Gemische: *Phenol* (I) + *o-Kresol* (II) + *m-Kresol* (III) + *o-Äthylphenol* (IV) + *Carvacrol* (V); *Guajacol* + *Eugenol* (VI) + *Isoeugenol* (VII) + *Naphthol-(1)* (VIII); I bis VII; *p-Kresol* + *4-n-Propylphenol* + V + VIII können durch absteigende Chromatographie auf Whatman-Papier Nr. 4, imprägniert mit Polyhexamethylenadipinamid [Nylon 66] in HCOOH, mit 10%ig. wss. Essigsäure oder 7% Essigsäure in Cyclohexan als Fließmittel getrennt werden; nach Besprühen mit 1%ig. wss. Lsgg. von $FeCl_3$ u. $K_3Fe(CN)_6$ werden die Phenole als blaue Flecke nachgewiesen. Die Empfindlichkeit des Verf. liegt zwischen 6 u. 220 γ. U. Uhlich. G 1060□

Bestimmung von Hydroxybenzoesäuren in Kaliumbromidscheiben. D. E. Nicholson. (Analytic. Chem. **32.** 1899. Dez. 1960. Baytown, Tex., Humble Oil and Refin. Co.) (Engl.)

Zur Best. von Hydroxybenzoesäuren (I) dienten Scheibchen mit 1 mg I/0,4 g KBr von 12,7 mm ∅, deren Mischung durch 10 Min. langes Mahlen hergestellt wurde. Zur Unters. der IR-Absorption diente ein Perkin-Elmer-Model-21-Gerät mit NaCl-Prisma. Die Absorption der o-Verb. wurde bei 14,33 μ u. der Schlitzweite von 0,436 mm, die der m-Verb. bei 14,83 μ u. der Schlitzweite von 0,592 mm u. die der p-Verb. bei 11,69 μ u. der Schlitzweite von 0,191 mm gemessen. Die Auswertung geschah mit Hilfe einer Vgl.-Substanz von 98% Reinheit. Die Genauigkeit betrug ±2%. H. Pluskal. G 1210□

Bestimmung von N-Äthyl-m-toluidin in N-Äthyl-N-(2.3-dihydroxypropyl)-m-toluidin. K. W. Whetsel, W. E. Roberson und M. W. Krell. (Analytic. Chem. **32.** 1899. Dez. 1960. Kingsport, Tenn., Tennessee Eastman Co., Div. of Eastman Kodak Co.) (Engl.)

Zur Best. von ≦10% N-Äthyl-m-toluidin in N-Äthyl-N-(2.3-dihydroxypropyl)-m-toluidin dient CCl_4 als Lösungsmittel. Die Messung der IR-Absorption geschieht mit einem Cary-Model-14-Gerät bei 1,492 μ, einer Schlitzweite von 0,36 mm in einer Konz. von 50 mg/ml. Die Auswertung geschieht mit Hilfe einer Vgl.-Substanz von 99% Reinheit. Die Genauigkeit beträgt ±0,1%. H. Pluskal. G 1310□

c) Bestandteile von Pflanzen und Tieren

Der Nachweis von Cumarin in pflanzlichen Stoffen. J. E. Heesterman. (Chem. Weekbl. **57.** 320—21. 17/6. 1961. Amsterdam, Kon. Inst. voor de Tropen, Chem.-Biol. Labor., Afd. Trop. Producten.) (Holl.)

Das von Nivoli (C. **1956.** 13517) empfohlene Verf. zum Nachw. von Cumarin (I) in Ggw. oder Abwesenheit von Vanillin wird verbessert, indem die Rk. mit p-Aminophenol bei pH 11 ausgeführt wird. Zur Extraktion von I aus Pflanzen wird die Probe mit kaltem u. sd. W. ausgezogen; die Destillate schüttelt man mit Ae. aus u. nimmt den Abdampfrückstand mit einem Gemisch von KOH oder NaOH u. Borax-Lsg. auf. W. Wesly. 5666

Methoden der Identifizierung und quantitativen Bestimmung des freien und gebundenen Cumarins in Kulturpflanzen. J. St. Knypl. (Postępy Nauk rolniczych **7** (12). 77—99. Nov./Dez. 1960. Łódź, Univ., Zakł. Fizjol. Roślin.) (Pol.)

Übersicht über die Meth. (colorimetr., manganometr., fluorometr. u. spektrophotometr.). — 38 Literaturangaben. F. Urban. 5666□

Die Verwertung des Kupferreagenses von Luff-Schoorl zur photocolorimetrischen Bestimmung reduzierender Kohlenhydrate in kohlenhydrathaltigen Pflanzenrohstoffen. Stefania Bachman und Magdalena Kenner. (Zeszyty naukowe Politechn. Łódzkiej, Chem. Spożywcza Nr. **4.** 3—13. 1960. Łódź, Politechn., Kat. Mikrobiol. techn.) (Pol.)

Der nichtverbrauchte Teil des Cu-Reagenses von Luff u. Schoorl wird, ohne das ausgefallene Cu_2O abzufiltrieren, colorimetr. bestimmt. Da die Färbung der Lsg. beständig ist, kann das Absitzen des Cu_2O abgewartet werden. Der relative Fehler der Best. von reduzierenden Zuckern in Pflanzenextrakten beträgt 0,5—3%, je nach dem Zuckergehalt. F. Urban. 5666□

Papierchromatographie der Kohlenhydratreserven. Harold S. Choguill und Jimmie Dodd. (Trans. Kansas Acad. Sci. **62.** 58—61. 1959. Hays, Kans., Fort Hays Kansas State Coll.) (Engl.)

Es wird eine papierchromatograph. Meth. zum Nachw. von Glucose, Fructose, Saccharose, Stärke u. Fructosan in Pflanzenteilen beschrieben. Als Entwickler-Lsg. wird n-Butanol–Pyridin–W. (6 : 4 : 3) als geeignet empfohlen. Als Farbentwickler für reduzierende Zucker u. Hydrolysate von Stärke u. Fructosan ist Anilinhydrogenoxalat vorteilhaft u. für Saccharose Resorcin. W. Hirte. 5666□

d) Medizinische und toxikologische Analyse

Radiometrische Methode der quantitativen Bestimmung von Hippursäure im Harn. A. A. Schatalowa und G. I. Mejerow. (Биохимия [Biochemie] **26.** 444—47. Mai/Juni 1961.) (Russ.; Auszug: Engl.)

Vff. beschreiben die Durchführung des modifizierten Verf. von Quick [1933] zur Best. von *Hippursäure* (I), wonach die I-Best. im Harn radiometr. erfolgt. Das Verf. beruht auf der Isotopentrennung unter Anwendung von ^{14}C-I. In einer Standard-Lsg. läßt sich die I-Best. mit einer Genauigkeit von -3 bis $+6$% durchführen. Bei Zusatz von I zum Harn betragen die Schwankungen -6 bis $+8$%. O. Lebtag. 5732□

Die direkte Bestimmung von Lebertriglyceriden. W. M. Butler jun., H. M. Maling, M. G. Horning und B. B. Brodie. (J. Lipid Res. **2.** 95—96. Jan. 1961. Bethesda, Md., Nat. Heart Inst.) (Engl.)

Unter Hinweis auf die experimentellen Schwierigkeiten bei der zumeist indirekt durchgeführten Best. von Triglyceriden (I) in Geweben wird eine neue, rasch durchführbare Meth. beschrieben, die an die von Van Handel u. Zilversmit (C. **1958.** 3125) für Plasmatriglyceride angegebene Arbeitsweise angelehnt ist. Der Gang der Analyse erfolgt in 5 Schritten: Homogenisierung (90 Sek.) von 2—10 g Gewebe mit 9 ml Phosphatpuffer je g Gewebe; Adsorption der Phospholipide an mit $CHCl_3$ befeuchtetem, aktivierten Zeolith, Extraktion der I mit $CHCl_3$ u. Durchfluß durch rasch filtrierendes, fettfreies Papier; totale Verseifung eines aliquoten Filtratteiles nach Abtreiben des $CHCl_3$ mit alkohol. KOH bei 60—70° während 20 Min.; nach Ansäuern mit H_2SO_4 u. Abtreiben des A. wird abgekühlt, mit $NaJO_4$-Lsg. oxydiert (10 Min.) u. $NaAsO_2$-Lsg. zugegeben; anschließend Zugabe von Chromotropsäure, die mit dem bei der Oxydation von Glycerin gebildeten Formaldehyd einen gefärbten Komplex liefert, dessen ermittelte opt. Dichte (bei 570 nm) zur Berechnung der vorhandenen I dient. An Hand von Modell-Verss. werden dargelegt der Nachw. einer vorgelegten Menge I in Leber–Maisöl-Homogenat zu 85—105%, die Reproduzierbarkeit, die Eindeutigkeit der Rk. u. Übereinstimmung mit der zeitlich langwierigen, chromatograph. Meth. mit Silicagel. Es wird hervorgehoben, daß Monoglyceride weitgehend vom Zeolith zurückgehalten werden, also nur in abnorm großer Menge stören, wohingegen Diglyceride partiell mit in die $CHCl_3$-Lsg. übergehen u. einen etwas erhöhten I-Geh. vortäuschen. K. Täufel. 5750□

Der Nachweis und die quantitative Bestimmung von Thiophosphorsäureestern in biologischem Material. R. Fischer und W. Klingelhöller. (Arch. Toxikol. **19.** 119—40. 1961. Graz, Univ., Inst. für Pharmakognosie.) (Dt.)

Die Identifizierung von 9 *Thiophosphorsäureestern* (I): *Parathion* (*E 605*), *Diazinon*, *Potasan* (Bayer; *Methylhydroxycumarindiäthylthiophosphorsäure*), *Phencapton* (Geigy

Dichlorphenylmercaptomethyldiäthyldithiophosphorsäure), *Systox*, *Chlorthion*, *Metasystox*, *Malathion* u. *Thiometon* (SANDOZ; *Äthylthioglykoldimethyldithiophosphorsäure*) mit Hilfe der „Test-Tube-Chromatographie" u. der „Dünnschicht-Chromatographie" wird beschrieben (Sprühreagens Jodazid). Die quant. Best. basiert ebenfalls auf der Entfärbung von Jodazid-Lsg. mit colorimetr. Messung. Mit dieser Meth. wurde die I-Best. noch nach Jahren in Leichenteilen festgestellt. Sie wurde auch zur Unters. von Speisen, Futtermitteln usw. verwendet. Die Durchführung der Meth. ist innerhalb eines Arbeitstages möglich. — 52 Literaturangaben. M. METZE. 5764□

James Eric Garside and **Paul Arthur Claret**, Experimental chemistry. Part 3: Qualitative organic analysis, von **Paul A. Claret**. London: Pitman. 1961. (IX + 131 S. m. 2 Taf., Tab. u. Diagr.) 16 s.

H. Angewandte Chemie

I. Allgemeine chemische Technologie

Über die Perspektiven der auf Einwirkung von Strahlungen großer Energie beruhenden Vorgänge in der chemischen Industrie. Gyula Hardy. (Magyar Kémikusok Lapja [Z. Ver. ung. Chemiker] **17.** 52—61. Febr. 1962. Budapest, Forsch.-Inst. Kunststoffind.) (Ung.)

Besprechung der Wechselwrkg. zwischen Strahlung großer Energie u. der Materie, strahlungschem. Rkk. in der Kunststoffindustrie, Erdöl-, anorgan. chem. Industrie u. bei der Synth. organ. Verbindungen. Die techn. u. wirtschaftlichen Probleme der großtechn. Verff. werden erörtert. I. NÁRAY-SZABÓ. 5800

Reaktor zur Untersuchung der strahlenchemischen Wirkung von elektrischen Entladungen bei hoher Temperatur. G. Földiák. (Chem. Techn. **13.** 748—49. Dez. 1961. Budapest, Ungar. Erdöl- u. Erdgas-Forsch.-Inst.) (Dt.)

Es wird ein Reaktor beschrieben, der zum Studium strahlenchem. Prozesse der KW-Stoffe bzw. Erdöl-Prodd., z. B. strahlenchem. Oxydationen, verwendet werden kann. F. ROSENDAHL. 5800□

Trenndüsenentmischung in umgelenkten Gasstrahlen. E. W. Becker, H. Burghoff und J. Gspann. (Z. Naturforsch. **16 a.** 955—60. Okt. 1961. Karlsruhe, Kernforsch.-Zentrum; TH, Inst. für Kern-Verf.-Techn.) (Dt.)

Bei frei expandierenden Überschallstrahlen tritt eine teilweise räumliche Entmischung verschieden schwerer Gaskomponenten ein. Da das für die Entmischung maßgebliche Druckgefälle gleichzeitig eine Umlenkung der Stromlinien im Gasstrahl bewirkt, besteht zwischen dieser Umlenkung u. der Entmischung ein Zusammenhang. Die Umlenkung kann bei freier Expansion eines bestimmten Gases nur durch das Expansionsverhältnis beeinflußt werden. Bei prakt. Verw. des Verf. zur Massentrennung ist das Expansionsverhältnis aus wirtschaftlichen Gründen beschränkt. Eine mechan. Umlenkung im Raum zwischen konvergenter bzw. LAVAL-Düse u. Abschäler hat auf den räumlichen Verlauf der Entmischungsfolgen ungefähr den gleichen Einfl. wie bei frei expandierenden Strahlen. Die Wirtschaftlichkeit beider Trennverff. wird an Hand der spezif. Aufwandgrößen diskutiert. HERBERT MÜLLER. 5828□

Schmelzöfen für Uran. Pierre Pensa. (Énergie nucléaire **1.** 85—93. Mai/Juni 1959. Comp. Gén. de Radiolog., Dép. „Vide industr.", Serv. techn.) (Franz.)

Es wird die Entw., der Aufbau u. die Arbeitsweise von verschiedenen Ofentypen zum Schmelzen von U im Vakuum beschrieben. W. KARCHER. 5838□

Tiegel aus schwer schmelzenden Carbiden, Boriden und Nitriden. G. W. Ssamssonow, G. A. Jassinskaja und Schou-wei Tai. (Огнеупоры [Feuerfeste Mater.] **25.** 35—38. 1960. Akad. der Wiss. der UkrainSSR, Inst. für Metallkeramik u. Sonderlegg.; Akad. der Wiss. der Chin. Volksrepublik, Inst. für Metalle.) (Russ.)

Tiegel aus TiC, TiN, TiB_2, Cr-, Zr-, W-, Mo-Borid u. aus TiB_2 + 5% Mo werden durch Sinterung bei Drücken bis 120 kg/cm² u. einer Temp. von 75% des F. des verwendeten Materials hergestellt. Sie werden auf ihre Beständigkeit beim Schmelzen von Sn, Bi, Pb, Cd, C-Stahl, Roheisen u. gegenüber saurer u. bas. Schlacke geprüft. Die besten Eigg. zeigen die Tiegel aus TiB_2 mit 5% Mo. HORST BRAUN. 5838□

Eigenschaften der Zweiphasen-Strömung bei der Rektifikation in Füllkörpersäulen. H. Brauer. (Chemie-Ing.-Techn. **32.** 585—90. Sept. 1960. Duisburg, Mannesmann-Forschungsinst. GmbH.) (Dt.)

Für die Praxis ist vor allem wichtig, den Druckverlust des Dampfes beim Durchströmen der Füllkörperschüttung u. den Fl.-Inhalt der Füllkörperschüttung zu kennen. Hierfür werden die maßgebenden Gesetze mittels dimensionsloser Kennzahlen aufgestellt.

Als Füllkörper dienten: Federwendeln, Vollwendeln, Blechringe mit Steg, Raschig-Ringe, Kugeln. F. Zeidler. 5864☐

Belastbarkeit von Laboratoriumsfüllkörperkolonnen. Reinhard Billet. (Chemie-Ing.-Techn. **32**. 544—50. Aug. 1960. Karlsruhe, TH, Inst. für Apparatebau u. Verf.-Technik.) (Dt.)

Die Belastbarkeit u. Trennwrkg. von hochwirksamen Füllkörperschüttungen (Vollwendeln u. Drahtnetz-Ringe) wurden untersucht. Auf Grund theoret. Ansätze konnte in Anlehnung an die Nusseltsche Filmhauttheorie für Gemische, die als Film durch die Schüttung fließen, eine Beziehung für die zulässige Dampf-Geschw. gefunden werden, welche mit den Vers.-Ergebnissen des untersuchten Gemisches n-Heptan/Methylcyclohexan übereinstimmt. — 11 Literaturstellen. F. Zeidler. 5864☐

Lage der Zuflußböden bei der Destillation binärer Gemische. A. P. Cave. (Ind. Chemist **36**. 531—34. Nov. 1960.) (Engl.)

Unter Zuhilfenahme des McCabe-Thiele-Diagramms untersucht Vf. das Verh. von Dest.-Kolonnen, bei denen der Zufluß (feed) an verschiedenen Stellen (theoret. Böden) erfolgt. Die konstruktiven Gesichtspunkte zur Abänderung der Kolonne für die verschiedenen Zwecke werden auf Grund der Ergebnisse an Beispielen erörtert. G. Bauer. 5864☐

Berechnungen bei der Destillation von Vielstoffgemischen, bei der die Lage des Zuflußbodens und Anzahl der theoretischen Böden nicht bestimmt sind. F. I. Musk und E. D. Totman. (J. appl. Chem. **10**. 477—83. Dez. 1960. Conventry, Operational Res. Sect., Courtaulds Ltd.) (Engl.)

Das Problem den Anforderungen an die Dest. von Gemischen aus verschiedenen Bestandteilen zu genügen, wird erörtert u. die allg. Lösung umrissen. Eine Routine-Meth. wird beschrieben, die zu einer teilweisen Lösung führt, wo Angaben über Anzahl der theoret. Böden oder die Lage des Zuflußbodens fehlen. F. Zeidler. 5864☐

Einfluß der Konzentration und der physikalisch-chemischen Eigenschaften der bei der Rektifikation zu trennenden Gemische auf den Stoffübergangskoeffizienten. K. Ss. Kolzow und A. N. Planowski. (Химическая Промышленность [Chem. Ind.] **1960**. 573—77. Okt./Nov.) (Russ.)

Für bin. Gemische von W. mit Aceton, Methanol, A. u. Propanol wird die Abhängigkeit des Stoffübertragungs-Koeff. Kc bei der Rektifikation von der Konz. bis zum azeotropen Punkt untersucht. Das Nusselt-Kriterium Nu_{fl} für die fl. Phase hängt prakt. fast nicht vom Reynolds-Kriterium Re_{fl} ab u. wird durch die Größe des Prandtl-Kriteriums Pr_{fl} bestimmt. Umgekehrt hängt Nu_d für die Dampfphase sehr wenig von Pr_d ab u. wird prakt. durch Re_d bestimmt. Für die Best. der Stoffabgabe-Koeff. β_x in der fl. Phase bei der Rektifikation über Siebböden wird eine Gleichung für den Fall abgeleitet, daß die Böden eine vollständige Durchmischung bewirken. R. K. Müller. 5864☐

Berechnung der Trennwirkung von Teilkondensatoren (Dephlegmatoren). Erwin Tröster. (Chemie-Ing.-Techn. **32**. 525—31. Aug. 1960. Karlsruhe, TH, Inst. für Apparatebau u. Verf.-Technik.) (Dt.)

Die Trennwrkg. eines Teilkondensators (Dephlegmators) üblicher Bauart liegt im allg. unter dem theoret. möglichen Wert, bei dem der Dampf im Strömungskern im Phasengleichgewicht steht mit der Fl. an der Kondensatoberfläche. Der Unterschied zwischen wirklicher u. theoret. Verstärkung wird maßgeblich vom Verhältnis aus Kondensatbelastung u. Stoffübergangszahl bestimmt. Er verschwindet, wenn dieses Verhältnis dem Grenzwert Null zustrebt. Es werden verschiedene Berechnungs-Verff. mitgeteilt, die es gestatten, die Trennwrkg. für techn. Fälle abhängig von den Betriebsgrößen, den App.-Abmessungen u. den Stoffwerten des zu zerlegenden Dampfgemisches zu bestimmen. Sie werden an Meßwerten, die mit den Gemischen Äthanol/W., Methanol/Äthanol u. Bzl./n-Heptan erzielt worden sind, geprüft. — 25 Literaturangaben. F. Zeidler. 5864☐

Beurteilung von Stoffaustauschkolonnen nach der vergleichbaren Luftgeschwindigkeit. Fritz Neumann. (Chemie-Ing.-Techn. **33**. 439—42. Juni 1961. Weidenau/Sieg, Müller-Schuß KG.) (Dt.)

Vf. führte Modell-Verss. mit dem Stoffpaar W.–Luft durch, wobei als Vgl.-Maßstab für die Dampfbelastung die bei Atmosphärendruck gemessene Luft-Geschw. gewählt wurde. Die folgenden Einfl.-Größen verfahrenstechn. Art sind bei der Beurteilung u. Auslegung von Kolonnen entscheidend: Dampfbelastung, Fl.-Belastung, Druckverlust, Bodenzahl, Stoffeigenschaften. A. Knickenberg. 5864☐

Über die Meßgenauigkeit bei der optischen Pyrometrie. J. Euler. (Chemie-Ing.-Techn. **33**. 448—50. Juni 1961. Frankfurt/M., Akkumulatorenfabrik A. G.) (Dt.)

Bei der Temp.-Best. in Öfen sind Fehler in der Temp.-Skala u. ein nur mangelhaft bekannter Emissionsgrad ohne wesentliche Bedeutung. Andererseits können erhebliche Meßfehler entstehen infolge Strahlungsschwärzung durch Strahlung von den Ofenwänden, durch Reflexion von Licht am Meßobjekt u. durch Absorption in staubiger Luft.
A. Knickenberg. 5886□

Neue thermogravimetrische Anordnungen. 3. Mitt. **Anwendungen.** J. Bréfort. (Chaleur et Ind. **42.** 153—62. Mai 1961.) (Franz.) — 2. vgl. C. **1962.** 598.

Anwendung der Vers.-Anordnungen auf die Dehydratisierung von K–Al-Alaun u. auf die isotherm. Oxydation von Cu an der Luft bei höherer Temperatur. Bei der Alaunentwässerung wird der Einfl. der Form des Schiffchens auf das Vers.-Ergebnis u. der Vorteil des Einhaltens schwankungsfreier Temp. gezeigt; die Hydrate mit 7 H_2O u. 4 H_2O werden bestätigt, je ein Tri-, Di- u. Monohydrat neu aufgefunden. — 106 Literaturzitate.
M. Hagedorn. 5886□

Gasanalyse mit dem Uras bei kompliziert zusammengesetzten Meßgasen. Werner Schaefer. (Chemie-Ing.-Techn. **33.** 426—30. Juni 1961. Frankfurt/M., Hartmann & Braun A. G.) (Dt.)

Beschreibung der konstruktiven Merkmale des Gerätes u. der Möglichkeiten zur Ausschaltung störender Einfl.-Größen, wie z. B. des atmosphär. Luftdrucks, der Trägergas-Zus. u. der Querempfindlichkeit. Der Meßeffekt des Uras nimmt proportional dem Gasdruck in der Küvette zu, wobei eine Drucksteigerung bis 40 at möglich ist.
A. Knickenberg. 5888□

Der maximale Umsatz bei einigen einfachen Reaktionssystemen. F. Horn und U. Troltenier. (Chemie-Ing.-Techn. **33.** 413—16. Juni 1961. Frankfurt/M., Farbwerke Hoechst A. G.) (Dt.)

Vff. geben Formeln u. Tabellen zur Berechnung der maximalen Ausbeuten des gewünschten Prod. unter Berücksichtigung der Verweilzeit u. der Rk.-Bedingungen. Es werden der optimale Temp.-Verlauf bei einer umkehrbaren Rk., bei einer Parallel-Rk. u. bei der Folge-Rk. besprochen.
A. Knickenberg. 5896□

Herstellung und Formierung von Zink-Chrom-Katalysatoren für die Alkohol-Synthese. W. M. Wlassenko, B. I. Kruglow, M. G. Rosenfeld und M. T. Russow. (Химическая Промышленность [Chem. Ind.] **1961.** 1—6. Jan.) (Russ.)

Zur Best. des Kristallwasser-Geh. in den zur Synth. von Methyl- u. Isobutylalkohol verwendeten Zn-Cr-Katalysatoren werden Proben im O_2-freien H_2- oder N_2-Strom bis 500° erhitzt u. die Gew.-Verluste in Abhängigkeit von der Temp. aufgenommen. Die Katalysatoren sind ein Gemisch von ZnO u. $ZnCrO_4 \cdot H_2O$ im Molverhältnis 1:1. Das Kristallwasser wird bei 250° entfernt. Bei der Formierung in H_2-Atmosphäre wird bei 190—210° $ZnCrO_4$ zum Chromit $ZnCr_2O_4$ u. ZnO red. u. Kristallwasser entfernt; in N_2 geht das W. bei 250—275° ab, dann folgt bei 350—400° die Zers. von $ZnCrO_4$. In beiden Fällen ist das Endprod. 3,3 $ZnO \cdot ZnCr_2O_4$, wobei $^1/_3$ des ZnO aus $ZnCrO_4$ stammt. Die innere Oberfläche ist bei Formierung in H_2 größer als in N_2, die Katalysatorleistung höher. Die maximale Porengröße des in H_2 red. Katalysators beträgt ca. 17 Å.
R. K. Müller. 5904□

Über die Bildung von Sorbenten und Katalysatoren. 7. Mitt. **Veränderungen der Oberflächengröße von Ni–MgO-Mischkatalysatoren bei ihrer Bildung aus Magnesium-Nickel-Mischoxalaten.** V. Daneš und Z. Pelcbauer. (Collect. czechoslov. chem. Commun. **26.** 1242—50. Mai 1961. Prag, Tschechosl. Akad. d. Wiss., Inst. für physik. Chemie.) (Dt.) — 6. vgl. C. **1962.** 251.

Eine Reihe von Ni–MgO-Mischkatalysatoren mit verschiedenem Verhältnis Ni:Mg wurde untersucht. Es wurden die Veränderungen der Oberflächengröße mit Hilfe der Adsorption von Ar bei niedrigen Temp. während ihrer Bldg. bei der therm. Zers. u. auch die Änderungen der Oberfläche der Katalysatoren-Prodd. beim Erhitzen auf höhere Temp. verfolgt. Die Eigg. der Prodd. ändern sich proportional der Zus. der angewandten Mischoxalate. Steigender Geh. von MgO erhöht die Widerstandsfähigkeit des Katalysators gegen Sintern beim Erhitzen.
K. Setínek/Prag. 5904

General Motors Corp., V.St.A. (Erfinder: Howard Fisher May), **Wärmeempfindlicher Energieerzeuger,** bestehend aus 12,5—66 (%) eines mikrokristallinen, sich ausdehnenden u. zusammenziehenden Wachses, 13,5—1 Trikresylphosphat u. 74—33 Metallpulver (Al-Pulver). — 3 Zeichnungen. (**F. P. 1 153 604** vom 6/11. 1953, ausg. 19/3. 1958. A. Prior. 7/11. 1952.)
T. Oppermann. 5817

Farbenfabriken Bayer Akt.-Ges. (Erfinder: Günther Naumann, Leverkusen, Alfred Meyer, Köln, und Heinz Sievert, Leverkusen), **Heterogene Ionenaustauschermembranen auf Basis von Polyurethanen** erhält man durch Rk. von

Polyisocyanaten (I) mit Polyestern, Polyesteramiden u. Poly(Thio)-Äthern zu OH-Gruppenhaltigen Vorpolymerisaten, die mit weiterem I zusammen mit feinverteilten Ionenaustauschermassen, ggf. mit Trägern aus natürlichen u./oder vollsynthet. u./oder halbsynthet. Fasern hergestellten Geweben oder wasserdurchlässigen Folien oder Papier umgesetzt werden. (**D. A. S. 1 116 896** Kl. 39b vom 11/6. 1959, ausg. 9/11. 1961.)
E. DÖRFEL. 5827

Jacques Muller, La Garenne-Colombes, Frankreich, **Herstellen eines stapelbaren Filterelementes.** Um ein Bersten der ringförmigen Filtrierscheiben (I) bzw. ein Trüblaufen eines Filterelementes (II) zu vermeiden, sind die zwischen den I befindlichen Stützscheiben des II mit ringförmigen Rillen versehen, die in radialer Richtung in Kammern unterteilt u. gleichzeitig mit kleinen Durchbrechungen versehen sind, welche durch das Material der I abgedichtet werden können. — Abbildungen. (**D. A. S. 1 116 193** Kl. 12d vom 28/12. 1953, ausg. 2/11. 1961. F. Prior. 2/10. 1953.) H. BLACHETZKI. 5831

Jacques Muller, La Garenne-Colombes, Frankreich, **Filtrieren von Flüssigkeiten.** Um ein Bersten bzw. ein Trüblaufen eines zylindrischen Filterkörpers (I), der sich auf einem zylindr., perforierten Stützkörper (II) befindet, zu vermeiden, weisen die II zum I gerichtete napfartige Vertiefungen auf, welche in Filtrationsrichtung mit Öffnungen versehen sind, welche von geborstenem Filtermaterial verschlossen werden sollen. — Abbildungen. (**D. A. S. 1 116 685** Kl. 12d vom 18/10. 1955, ausg. 9/11. 1961. F. Prior. 17/2. 1955.) H. BLACHETZKI. 5831

Paul Gustav Henrik Ohlström, Mandres, Seine-et-Oise, Frankreich, **Filtrieren von Flüssigkeiten mittels Trommelfilter.** Um den Feuchtigkeits-Geh. des Filterkuchens auf dem Drehfilter zu beeinflussen, ist das Fallrohr, welches das in ihm abfließende Filtrat das Filtervakuum erzeugt, mit einem höhenverstellbaren Überlauf versehen. — Abbildungen. (**D. A. S. 1 117 082** Kl. 12d vom 10/12. 1958, ausg. 16/11. 1961. Schwed. Prior. 20/12. 1957.) H. BLACHETZKI. 5831

Otto Styrie, Deutschland, **Reinigen und Unschädlichmachen von Auspuffgasen.** Man verbrennt diese Gase in einer Verbrennungs-Vorr. mit Luft oder O_3 u. leitet die Verbrennungsgase durch eine elektr. Entstaubungsvorrichtung. — 4 Zeichnungen. (**F. P. 1 163 661** vom 28/12. 1956, ausg. 30/9. 1958. D. Prior. 2/1. 1956.)
T. OPPERMANN. 5851

Gas Council, London (Erfinder: John Eric Mills, Twickenham), England, **Regenerieren von bei der Entfernung von Schwefelwasserstoff aus Gasen anfallender wässeriger Waschlauge.** Die wss. Waschlauge wird mit einer nichtwss., mit Waschlauge nicht mischbaren Lsg. eines organ. Farbstoffes bzw. einer Farbstoffbase in innige Berührung gebracht. Der organ. Farbstoff oder die Farbbase bildet mit dem H_2S der Waschlauge ein leicht oxydierbares Red.-Produkt. Die nicht wss., das Red.-Prod. enthaltende Lsg., wird von der wss. Waschlauge abgetrennt. Die abgetrennte nichtwss. Lsg. wird mit Luft oder O_2 in Berührung gebracht, wobei das Red.-Prod. zum Farbstoff oder der Farbstoffbase zurückoxydiert wird. — Zeichnung. (**D. A. S. 1 107 883** Kl. 26d vom 14/11. 1958, ausg. 31/5. 1961. E. Prior. 18/11. 1957.) G. FRITSCH. 5851

Plessey Co. Ltd., London (Erfinder: Thomas Fowler Chadwick Wilpshire, Blackburn), England, **Fraktionierte Destillation einer gasförmigen Verbindung** aus der ein Halbleitermetall bzw. -metalloid in reiner Form durch nachfolgenden Zers.-Prozeß gewonnen wird. Die Fraktionierung findet bei niedrigen Temp. (—100 bis —125°) statt. Der Kondensator der Fraktionierkolonne wird mit der reinen gasförmigen Verb., die gewonnen werden soll, gekühlt. Geeignet zur Reinigung von Si-Verbb. wie Silane, für die Herst. von Silicium. (**D. A. S. 1 115 226** Kl.12a vom 21/8. 1958, ausg. 19/10. 1961. E. Prior. 22/8. 1957.) G. FRITSCH. 5865

J. R. Geigy Akt.-Ges., Basel, Schweiz (Erfinder: Stuart Walter Critchley, Hale Barns, Cheshire, und Frank Lamb, Chadderton, Oldham, Lancashire, England), **Hydraulische Flüssigkeit,** bestehend aus einer Mischung von wenigstens einem fl. Phosphonat der allg. Formel $R_1P(O)(OR)_2$, worin R_1 u. R_2 gerad- oder verzweigtkettige gleiche oder verschiedene Alkylgruppen mit 1—16 C-Atomen bedeuten, sowie wenigstens einem fl. Alkylarylsiloxanpolymerisat, welches an den Arylkernen durch eine größere Anzahl Halogenatome substituiert ist, wobei die Menge der Halogensiloxanpolymerisates 5—95 Gew.-%, bezogen auf die Mischung, beträgt. — Beispiel: 85 (Gew.-%) Di-2-äthylhexyl-n-decylphosphonat, 15 halogensubstituiertes Siloxan (Polydimethylsiloxan mit Trimethylsilyl-Endgruppen, dessen Methylgruppen durch Tetrachlorphenyl- u. Trimethylsiloxyreste ersetzt sind), 0,5 Phenyl-α-Naphthylamin. (**D. A. S. 1 119 444** Kl. 23c vom 19/10. 1960, ausg. 14/12. 1961. E. Prior. 20/10. 1959 u. 8/9. 1960.)
E. DREWS. 5893

Ciba Ltd., Basel, Schweiz, *Herstellung quaternärer Ammoniumsalze.* (**Holl. P. 98 276** vom 10/8. 1955, ausg. 15/6. 1961. Schwz. Prior. 11/8. 1954. — **C. 1959.** 1902 [Oe. P. 191 862].)

Farbenfabriken Bayer Akt.-Ges., Leverkusen-Bayerwerk (Erfinder: **Heinz Wollthan**, Leverkusen, und **Alois Gemassmer**, Köln-Stammheim), *Herstellung von Suspensionen.* (**Can. P. 551 263** vom 19/2. 1955, ausg. 7/1. 1958. D. Prior. 24/2. 1954. — **C. 1958.** 11044 [D. A. S. 1 020 034].)

Farbenfabriken Bayer Akt.-Ges., übert. von: **Karl Haagen**, Leverkusen, *Herstellung von Ionenaustauschermembranen.* (**A. P. 2 951 818** vom 14/2. 1956, ausg. 6/9. 1960. **E. P. 811 789** vom 17/2. 1956, ausg. 15/4. 1959. **Belg. P. 545 212** vom 14/2. 1956, ausg. 9/10. 1959. Alle D. Prior. 19/2. 1955. — **C. 1960.** 3984 [D. A. S. 1 049 360].)

Rohm & Haas Co., Philadelphia (Erfinder: **Charles Hamilton McBurney**, Huntingdon Valley, und **Erich Friedrich Meitzner**, Glenside), Pa., V.St.A., *Herstellung von Cellulosepapier oder -pappe mit ionenaustauschenden Eigenschaften.* (**D. A. S. 1 113 359** Kl. 55f vom 30/9. 1955, ausg. 31/8. 1961. A. Prior. 20/10. 1954. — **C. 1959.** 15538 [F. P. 1 137 653].)

N. V. de Bataafsche Petroleum Mij., Holland (Erfinder: **Charles Edwin Francis** und **Norman Bulman**) *Hydraulische Flüssigkeiten.* (**F. P. 1 150 901** vom 7/5. 1956, ausg. 22/1. 1958. A. Prior. 9/5. 1955. — **C. 1958.** 2536 [D. A. S. 1 006 998].)

Ruhrchemie Akt.-Ges., Oberhausen-Holten, und **Steinkohlen-Elektrizität Akt.-Ges.**, Essen, *Aktivierung von Raney-Katalysatoren.* (**Oe. P. 204 011** vom 9/1. 1958, ausg. 25/6. 1959. — **C. 1961.** 16963 [D. A. S. 1 074 015].)

Robert Joseph Hengstebeck, Distillation: principles and design procedures. New York: Reinhold; London: Chapman & Hall. 1962. (XIV + 365 S. m. Abb., Tab. u. Diagr.) 92 s.

Howard F. Rase, The philosophy and logic of chemical engineering. Houston: Gulf Pub. Co. 1961. (164 S. m. Abb.) $ 4.50.

J. Spangler und **W. Matz**, Hrsg., Verfahrenstechnik in Einzeldarstellungen. 12. Bd.: Wärmediagramme für großtechnische Kontaktprozesse. Von Johannes Algermissen. Berlin, Göttingen, Heidelberg: Springer-Verl. 1962. (VIII + 110 S. m. 55 Abb.) 8⁰. DM 25,50.

Theodore J. Williams, Systems engineering for the process industries. New York, London: McGraw-Hill. 1961. (92 S. m. Abb., Tab. u. Diagr.) 38 s. 6 d.

II. Betriebsschutz. Feuerschutz

Strahlungskontrolle in Uran-Bergwerken und -Aufbereitungsanlagen. R. G. Beverly. (Mining Congr. J. **47.** 77—82. April 1961. Union Carbide Nuclear Co.) (Engl.)

Vf. gibt einen Überblick über die Strahlengefährdung durch natürliches U u. dessen Tochter-Prodd. bei der Aufbereitung von U-Mineralien, über Strahlenschutzmaßnahmen unter besonderer Berücksichtigung der Verhütung der Inkorporation radioakt. Materials sowie über Möglichkeiten zur Schaffung einer wirksamen Strahlungskontrolle.

W. FIEDLER/Radebeul. 5932 □

Halogenkohlenwasserstoffe als Feuerlöschmittel unter Berücksichtigung der Abgrenzung ihrer Anwendungsmöglichkeiten gegen andere Löschverfahren. Ludwig Schleichl. (VFDB-Z., Forsch. Techn. Brandschutz **10.** 1—11. Febr. 1961. Bonn-Duisdorf.) (Dt.)

Vf. beschreibt physikal., chem., brandtechn. u. toxikolog. Eigg. neuer halogenierter KW-Stoffe (Halone), die an Stelle von CCl_4 als Löschmittel benutzt werden. Eine vierstellige Schlüsselzahl soll die chem. Formel des Erzeugnisses als Kurzbezeichnung ersetzen. Es handelt sich um Monobrommethan (Halon 1001); Monochlormonobrommethan (Halon 1011); Difluordibrommethan (Halon 1202) u. Trifluormonobrommethan (Halon 1301). Deren MAK- (Maximale Arbeitsplatz-Konz.) Werte liegen zwischen 80 u. 6100, gemessen in mg Gas oder Dampf je m^3/Luft bei 25⁰ u. 760 mm Hg. Die theoret. Grundlagen des Löschvorganges (Inhibierung usw.) werden ausführlich erörtert u. die Vor- u. Nachteile von Trockenlöschpulvern u. fl. Löschmitteln (Halonen) gegenübergestellt. Geeignete Löschgeräte u. Löschmittelanordnungen, bes. im Hinblick auf die Bekämpfung von Flugzeugbränden werden an Hand von Werkphotos beschrieben.

H. MEINER. 5944 □

Inwieweit kann man die Flammpunkte von Flüssigkeiten durch Zusätze von nichtbrennbaren Stoffen beeinflussen? M. Friedrich. (VFDB-Z., Forsch. Techn. Brandschutz **10.** 12—14. Febr. 1961. Karlsruhe, TH, Forschungsstelle für Feuerlöschtechnik.) (Dt.)

Brennspiritus, n-Heptan u. Treibstoff für Stahltriebwerke werden mit steigenden Mengen (0—40 Gew.-%) verschiedener Halogen-KW-Stoffe (CH_2BrCl, CCl_4, CH_3J) vermischt; der Flammpunkt der Mischungen wird ermittelt. Ferner wird der Einfl. von in Brennspiritus lösl. Salzen (LiCl, NH_4-Acetat, $FeCl_3$) untersucht. Durch hohe Zusätze an Halogen-KW-Stoffen oder Salzen läßt sich der Flammpunkt erhöhen oder Nichtentflammbarkeit herbeiführen. H. MEINER. 5944 □

Gefährlicher Bleistaub. Knop. (VFDB-Z., Forsch. Techn. Brandschutz **10.** 22—23. Febr. 1961. Wiesbaden.) (Dt.)

Pb-Staub oder -Dämpfe müssen wegen ihrer gesundheitsschädigenden Wrkg. möglichst am Entstehungsort durch Entstaubungs- oder Flächenfiltereinrichtungen aus der Luft entfernt werden. In einer Akkumulatorenfabrik waren mehrfach durch Luftoxydation des aus PbO_2 u. Bleischwamm bestehenden Staubes die Baumwollfiltertücher u. danach die gesamte Filteranlage in Brand gesetzt worden. Vf. schlägt deshalb neben feuerfesten Filtergehäusen auch unbrennbare oder wenigstens schwer entflammbare Filtergewebe (z. B. aus Nylon, Orlon oder ähnlichen Kunststoffen) vor, die sich außerdem durch größere Haltbarkeit u. leichtere Reinigung auszeichnen. Zuletzt wird noch auf besondere Bauarten von Fliehkraftabscheidern für die Entfernung von spezif. schwerem Staub hingewiesen. H. MEINER. 5948 □

Absaugung und Entstaubung in der keramischen Industrie. Friedmund Rüb. (Sprechsaal Keram., Glas, Email **94.** 597—604. 5/12. 1961.) (Dt.)

Für die Entstehung können je nach Art u. Anzahl der Entstehungsstellen Einzelaggregate u. zentrale Entstaubungsanlagen eingesetzt werden. Daneben sind vorbeugende Maßnahmen von Bedeutung. Bei der zentralen Entstaubungsanlage werden bes. ausführlich die Einrichtungen beschrieben, die zur Niederschlagung des Staubes aus dem an den Staubentstehungsstellen abgesaugten Staub–Luft-Gemisch dienen. Es werden die Grenzen der Staubgefahr u. die gesetzgeber. Maßnahmen diskutiert. N. PETERS. 5948 □

Die Überwachung der radioaktiven Aerosolkonzentration der Luft. W. Wisch und K.-H. Weber. (Technik **16.** 513—19. Juli 1961. Dresden, VEB Vakutronik.) (Dt.)

Vff. geben einen Überblick über die Probleme der Abscheidung von Feststoffen aus Aerosolen u. beschreiben zwei Neuentw. des VEB VAKUTRONIK, Dresden. Das Gerät VA-T-80 stellt einen diskontinuierlich arbeitenden Staubprobensammler mit einem Cellulose–Asbest-Filter von 38 mm Ø dar. Die Luftförderung erfolgt mit einer 2stufigen Drehschieber-Hochvakuumpumpe, die geförderte Luftmenge beträgt ~ 3 m^3/Stunde. Die Luftüberwachungsanlage VA-T-80 dient zur kontinuierlichen Aerosolaktivitätsmessung u. besteht aus einem Meßschrank u. einem Gebläsewagen. Die Anlage verfügt über drei Meßkanäle zur Momentankontrolle u. zur Messung mit einer zeitlichen Verzögerung bis zu 80 Stunden. Meßmöglichkeit besteht bis ca. 10^{-17} $\mu c/cm^3$. Die Geschw. des Filterbandes ist auf 0,1, 1 u. 10 mm/Min. einstellbar. Die Impulsdichte kann zwischen 180 u. 60000 Impulsen/Min. liegen. Als Gebläse dient eine einstufige Drehschieberpumpe, die Förderleistung beträgt 15 m^3/Stunde. W. FIEDLER/Radebeul. 5948 □

Nu-Swift Ltd., Elland, England (Erfinder: Eric Edward Cooper Cawood und Sidney Bernard Anderton), **Trockenlöschmittel** mit einem Geh. von >90 (Gew.-%) feinverteiltem mineral. Talk. Außerdem können in dem Löschmittel <2 Metallstearat oder <5 $MgCO_3$ enthalten sein. (**E. P. 815 711** vom 25/10. 1955, ausg. 1/7. 1959.) E. MIESSGANG. 5945

III. Elektrotechnik

Untersuchung der Eigenschaften und der Struktur von hochdispersen Kohle–Graphit-Materialien auf Grundlage der Zusammensetzung Ruß–Holzkohle–Pech. I. W. Temkin. (Журнал Прикладной Химии [J. angew. Chem.] **33.** 2340—44. Okt. 1960.) (Russ.)

Hochdisperse Gemische von Lampenruß, Birkenholzkohle u. Pech in verschiedenem Verhältnis wurden 45 Min. in der Vibrationsmühle M-10 behandelt, dann bei 200 gewalzt u. bei 2800° im elektr. Ofen graphitiert. Mit Zunahme des Holzkohle-Geh. nehmen die mechan. Eigg. (Härte, Druckfestigkeit) anfangs bis zu einem Minimum ab, steigen dann zu einem Maximum an u. nehmen wieder ab. Ein Minimum des elektr. Widerstandes entspricht einem Maximum der mechan. Eigg. u. umgekehrt. J. v. SCHROEDER. 5952 □

Über die Reduktion von Braunstein mit ammoniakalischer Hydrazinsulfatlösung. C. Drotschmann. (Batterien [Utrecht] **15.** 239—41. 1961. Eindhoven, TH, Abt. Elektrochem.) (Dt. u. Engl.)

Elektrolytbraunstein (η-MnO_2) einerseits u. β-MnO_2 andererseits (synthet. hergestellt oder Naturpyrolusit) verhalten sich gegen Hydrazinsulfat stark abweichend. η-MnO_2 wird weitgehend (bis etwa $MnO_{1,5} \cdot 0,63\ H_2O$) red.; das Rk.-Prod. zeigt eine gänzlich veränderteRöntgenstruktur. Synthet. oder natürliche β-MnO_2-Präpp. ließen sich mit Hydrazinsulfat-Lsg. auch bei sehr verlängerter Rk.-Dauer nur bis zu etwa $MnO_{1,875}$ mit 4,6% W. abbauen, wobei die Röntgenstruktur der ursprünglichen Präpp. weitgehend erhalten blieb. Die Eindringtiefe der Elektronen war im Falle der β-MnO_2-Präpp. nur 3 μ, wenn man eine geometr. Kugelform der Braunsteinteilchen annimmt. Legt man dagegen die BET-Oberfläche der Substanzen zugrunde, so betrüge die Eindringtiefe nicht mehr als $3 \cdot 10^{-7}$ cm, d. h. ca. 10 Elementarzellen. C. DROTSCHMANN. 5970□

Zur Frage der Reversibilität der MnO_2-Elektrode in Ammoniumsalzlösungen im pH-Bereich größer als 6. C. Drotschmann. (Batterien [Utrecht] **15.** 258—59. Dez. 1961. Eindhoven, TH, Abt. Elektrochem.) (Dt. u. Engl.)

Pt-Blech wurde elektrolyt. mit MnO_2 bedeckt. Stromstärkepotentialkurven in luftfreien 4 nNH_4Cl-Lsgg. von pH 6,5 u. 7, die 0,55 g Mn^{2+}/Liter enthielten, führten nach wiederholter anod. u. kathod. Belastung stets zu einem reproduzierbaren Ruhepotential. [+ 294 (± 2) mV] gegen die ges. Kalomelelektrode. Die Überspannung je 1 μA betrug nur 0,02 mV. Aus diesen Messungen kann geschlossen werden, daß die MnO_2-Elektrode unter diesen Bedingungen gut reversibel arbeitet. C. DROTSCHMANN. 5970□

Die $\Delta E/\Delta$pH-Charakteristik von MnO_2 in Ammoniumsalzlösungen von pH 6—8. C. Drotschmann. (Batterien [Utrecht] **15.** 262—66. Jan. 1962. Eindhoven, TH, Abt. Elektrochem.)

Durch Zusatz kleiner Mengen (ca. 0,01 mol) Mn^{2+}-Ionen zu dem Ammoniumsalzelektrolyten läßt sich eine Beeinflussung des MnO_2-Potentials durch wechselnde Mn^{2+}-Mengen weitgehend ausschalten. Man erhält in solchen Lsgg. auch bei Abwesenheit von Luftsauerstoff reproduzierbare u. stabile Potentialwerte. Diese nähern sich den nach $MnO_2 + 4\,H^+ + 2\,e \rightarrow Mn^{2+} + 2\,H_2O$ (lösl.) geforderten $\Delta E/\Delta$ pH = -116 mV/pH umso besser, je besser lösl. die durch die Rk. gebildeten Mn^{2+}-Ionen in dem betreffenden Elektrolyten sind, z. B. in 8 nNH_4^+-Lsgg. ist $\Delta E/\Delta$ pH = -113 mV, 4nNH_4^+-Lsgg. ist $\Delta E/\Delta$ pH = -104 mV, 0,4nNH_4^+-Lsgg. ist $\Delta E/\Delta$ pH = -90 mV. Verwendet man Elektrolyte, in denen Mn^{2+} weitgehend unlösl. ist, z. B. K_2SO_4, $MgCl_2$- usw. Lsgg., dann wird $\Delta E/\Delta$pH = -58 mV/pH entsprechend dem Umsatz: $MnO_2 + 2\,H^+ + 2e \rightarrow Mn(OH)_2$ (unlösl.). Die Neigung der E/pH-Linien ist steiler bei fortschreitender Alkalinisierung des Elektrolyten in der Meßzelle, als bei fortschreitender Acidifizierung, weil im erstgenannten Fall H^+-Ionen, im letztgenannten Mn^{2+}-Ionen an der Oberfläche des MnO_2 adsorptiv festgehalten werden. C. DROTSCHMANN. 5970□

General Motors Corp., Detroit, übert. von: William Edward Counts, Robert Worth Smith, Flint, und Karl Schwartzwalder, Holly, Mich., V.St.A., **Keramische Halbleiter,** die elektr. u. therm. stabil sind, werden hergestellt durch Sintern eines Gemisches von 15—60 (Teilen) TiO_2, 0—50 SnO_2, bis 15 Ta_2O_5, Nb_2O_5 u./oder V_2O_5, 20—40 Al_2O_3, MgO, Mullit, ZrO_2 u./oder Cr-Oxid u. bis 10 MoO_3 u./oder WO_3 mit Spuren von Ta_2O_5, Nb_2O_5 u. V_2O_5 bei ca. 1400° in einer schwach oxydierenden Atmosphäre — Zum Beispiel ist die Zus. eines Gemisches: 60 (Teile) TiO_2, 20 Sn, 10 Ta_2O_5, 4 MoO_3 u. 40 Al_2O_3. (**A. P. 2 962 452** vom 12/6. 1957, ausg. 29/11. 1960.) G. FRIKELL. 5953

British Dielectric Research Ltd., London, übert. von: Karl Wolfgang Plessner, Ruislip, und Roger West, South Harrow, England, **Keramische dielektrische Masse** hoher Dichte u. verbessertem Temp.-Koeff. der Dielektrizitäts-Konstante. Zur Herst. wird ein stöchiometr. Gemisch aus BaO u. TiO_2 zusammen mit soviel eines ebenfalls stöchiometr. Gemisches von BaO u./oder SrO u. ZrO_2, daß letzteres mindestens 2% vom Gesamt-Gew. der genannten Oxyde ausmacht u. 0,25—1% dieser Oxide an MgO gemischt bei 1120° vorgebrannt, gemahlen, geformt unter geringem Zusatz an W. u. bei 1300—1500° gebrannt. (**A. P. 2 955 048** vom 12/4. 1957, ausg. 4/10. 1960.) G. FRIKELL. 5955

General Electric Co., übert. von: Gilbert Goodman, Schenectady, N.Y., V.St.A., **Dielektrische Verbindungen,** die auch bei hohen Temp. ihre ferroelektr. Eigg. bewahren, bestehen aus einem Gemisch aus 0,25—0,75 (Mol) BaO u. 0,75—0,25 SrO u. 2 Nb in Form von Nb_2O_5. Die Herst. kann erfolgen aus den Metallen u. anschließende Oxydation oder aus den Oxiden oder diese bildenden Verbb., wie Carbonaten, durch Erhitzen eines Gemisches auf 1350° während 1—3 Stunden. (**A. P. 2 961 327** vom 30/10. 1958, ausg. 22/11. 1960.) G. FRIKELL.5955

Aktiebolaget Kanthal (Erfinder: Nils Gustav Schrewelius und Styrbjorn Amberg), **Gesintertes elektrisches Widerstandselement,** bei dem die Grundsubstanz aus wenigstens 25 (Vol.-%) $MoSi_2$ u. höchstens 75 Al_2O_3 besteht. — Beispiel: 60 (Gew.-%) $MoSi_2$, 35 Al_2O_3,5 Zusatzmaterial, bestehend aus 25 Al_2O_3, 65 SiO_2, 10 Oxiden des Na, K, Ca, Mg, B, Ba, werden bei 1500—1650° Oberflächen-Temp. 1 Std. gesintert. (**Aust. P. 228 075** vom 11/4. 1958, ausg. 2/6. 1960.) K. DEMMLER. 5955

Lignes Télégraphiques et Téléphoniques, Frankreich (Erfinder: André Pierrot und Gérard Gomez), **Dauermagnet.** Zur Herst. keram. Dauermagneten werden Oxide des Fe u. des Ba in einem solchen Verhältnis gemischt, daß das Erzeugnis in Mol.-% der Formel (85,7—x)Fe_2O_3, (14,3 + x)BaO entspricht, wobei x = Zahl zwischen 0 u. 4. Das gemahlene Gemisch wird gepreßt u. bei 1150—1300° gesintert. — Diagramme; 2 Zeichnungen. (**F. P. 1 163 303** vom 14/12. 1956, ausg. 24/9. 1958.)

HANS HOFFMANN. 5959

Dussek Brothers & Co. Ltd. (Erfinder: **Archibald W. Thompson** und **Albert S. Freeborn**), Crayford, Kent, England, *Imprägniermasse für Kabelisolierung*. (**Can. P. 552 248** vom 1/6. 1953, ausg. 28/1. 1958. E. Prior. 15/10. 1952. — C. **1955.** 9875 [E. P. 719 602].)

International Standard Electric Corp., New York, N.Y., V.St.A. (Erfinder: **Carl L. Heck** und **Joachim F. L. Weber**, Nürnberg), *Herstellung von Ferriten*. (**Can. P. 551 316** vom 7/10. 1955, ausg. 7/1. 1958. D. Prior. 19/10. 1954. — C. **1960.** 4637 [A. P. 2 856 365].)

Accumulatoren-Fabrik Akt.-Ges., Hagen/Westf. (Erfinder: **Fritz Söding**, Westhofen), *Alkalischer Akkumulator*. (**Can. P. 551 497** vom 25/11. 1953, ausg. 14/1. 1958. D. Prior. 1/12. 1952. — C. **1956.** 13821 [F. P. 1 088 498].)

A/B Tudor (Erfinder: **Hans Thore Paterson** und **Eric Gustav Sundberg**), *Röhrenelektrode für Bleiakkumulatoren*. (**Aust. P. 226 532** vom 5/12. 1957, ausg. 25/2. 1960. Schwed. Prior. 10/12. 1956. — C. **1961.** 9551 [E. P. 839 145].)

Chloride Batteries Ltd. (Erfinder: **Charles James Bushrod**), *Röhrenplatte für Bleiakkumulatoren*. (**Aust. P. 229 327** vom 6/11. 1958, ausg. 4/8. 1960. E. Prior. 21/11. 1957. — C. **1961.** 3774 [E. P. 836 262].)

Thorn Electrical Industries Ltd., London, England, *Herstellung einer dünnen, durchsichtigen elektrisch leitenden Schicht auf isolierendem Material*. (**Holl. P. 98 265** vom 16/8. 1957, ausg. 15/6. 1961. E. Prior. 20/8. 1956. — C. **1960.** 6279 [D. A. S. 1 045 543].)

Westinghouse Electric Corp., East Pittsburgh, Pa., übert. von: **Henry W. Rimbach**, Bloomfield, und **Jacob van Broekhoven**, Passaic, N.J., V.St.A., *Calciumhalophosphatleuchtstoffe*. (**A. P. 2 976 249** vom 29/8. 1956, ausg. 21/3. 1961. — C. **1961.** 9551 [E. P. 816 030].)

North American Philips Co., Inc., New York, N.Y., V.St.A., übert. von: **Anna Petronella Maria Cox**, **Age Hylke Hoekstra** und **Hendrik Anne Klasens**, Eindhoven, Holland, *Ultraviolett leuchtende Silicate*. (**A. P. 2 965 579** vom 8/5. 1956, ausg. 20/12. 1960. Holl. Prior. 10/5. 1955. — C. **1959.** 5925 [Oe. P. 198 854].)

—, Fragen der Physik und Chemie der Ferrite. Kolloquium am 1. u. 2. März 1960, Berlin. Berlin: Akademie-Verl. 1961. (88 S. m. 63 Abb. u. 8 Tab.) 4° = Abhandlungen der Deutschen Akademie der Wissenschaften zu Berlin. Klasse für Chemie, Geologie und Biologie. Jahrgang 1961, Nr. 3. DM 14,—.

IV. Wasser. Abwasser

Eine gleichzeitige flammenphotometrische Bestimmung von Strontium und Calcium in Wässern. Yasumitsu Uzumasa, Yoshikazu Nasu und Toshiko Seo. (J. chem. Soc. Japan, pure Chem. Sect. [Nippon Kagaku Zasshi] **81.** 430—34. März 1960. Sapporo, Hokkaidô-Daigaku, Rigakubu, Kagaku-Kyôsitu.) (Jap.; Auszug: Engl. S. A 29.)

Eine Wasserprobe, die 25—50 mg Ca u. wenig Sr enthält, wird nach Zugabe von 1 g Na-Citrat, um die Störung durch Al u. Fe zu beseitigen, mit 3 g Ammoniumoxalat u. 6nNH_3 versetzt u. der Nd. abfiltriert. Der Oxalat-Nd. wird geglüht. Die entstandenen gemischten Oxide werden in 6n HCl gelöst, mit A. u. W. verd., u. die Lsg. mit dem Spektrophotometer BECKMAN DU u. dem Flammenaufsatz Nr. 9200 analysiert (Spalt 0,30 mm, H_2 4,5 lb./in², O_2 12 lb/in²). Sr bzw. Ca werden durch Absorptionsmessungen bei 461 mμ bzw. bei 423 mμ bestimmt. Es können 2—20 mg/Liter Sr u. 100—1000 mg/Liter Ca mit einer relativen Fehlergrenze von ±5% bzw. ±2% gleichzeitig bestimmt werden.

E. MAEKAWA. 6060 □

Trennung und radioaktive Bestimmung der Spaltprodukte in Proben aus Hochtemperatur-Wärmeaustauschsystemen mit überhitztem Wasserdampf. C. J. L. Lock und L. C. Bogar. (Talanta [London] **6.** 273. **1960.** Chalk River, Ontario, U. K. A. E. A. u. Westinghouse Electric. Corp., Bettis Atomic Power Div., Atomic Energy of Canada Ltd., Chalk River Project.) (Engl.)

Es werden 2 radioakt. Trennungen für Proben aus den Wärmeaustausch-Syst. des Reaktors in Chalk River angegeben. Das Syst. mit allen Möglichkeiten der Probenahme wird beschrieben. Die 1. Meth. ermöglicht die Trennung von Ru, Ce, Ba, Sr, J, Fe, Zr u. Mo unter Zugabe von Träger. Die unlösl. Korrosions-Prodd. u. beladenen Ionenaustauscherharze werden einer Alkalischmelze unterworfen, die wss. oder sauren Proben mit NaOH–Na_2CO_3 digeriert. Die fl. Proben werden dann mit HJO_4 gekocht, die Schmelzen mit W. ausgelaugt. Ru, J, Mo sind lösl., die anderen Elemente liegen unlösl. als Hydroxide, Carbonate oder Sulfate vor. Die beiden Fraktionen werden dann mit den üblichen chem. Meth. in ihre Bestandteile zerlegt. Diese werden gereinigt u. mit β-Proportionalzählrohren gemessen. Die 2. Meth. beschreibt die Trennung von Gasen aus dem W. des Wärmeaustauschers. Es wird keine chem. Trennung der Gase durchgeführt. Die Best. der Einzelelemente u. Nuclide basiert auf der sorgfältigen Wahl der zur Trennung u. Messung der Einzelnuclide notwendigen Zeitintervalle. Eine weitere Trennung wird durch Differential- γ-Zählung erreicht.

R. KRÄMER. 6060 □

Radiochemische Analyse der den Reaktor in Hanford verlassenden Abfälle. R. W. Perkins. (Talanta [London] 6. 117—132. 1960. Richland, Wash., Hanford Labor. Operation, Gen. Electric Co.) (Engl.)

Der Konz.-Anstieg der 9 Nuclide ^{24}Na, ^{65}Zn, ^{64}Cu, ^{51}Cr, ^{46}Sc, ^{76}As, ^{32}P, ^{140}Ba, ^{239}Np in W., das aus einem gereinigten Reaktorrohr kam, wurde über den Zeitraum von 1½ Monaten verfolgt. Zum Vgl diente die Konz. der Nuclide in W. aus einem nicht gereinigten Rohr. Mit Ausnahme des ^{24}Na waren die Konzz. der Nuclide aus dem Ausfluß des gereinigten Rohres in den ersten 2 Tagen mindestens um den Faktor 5 kleiner als aus dem nicht gereinigten. Die Konzz. von ^{32}P, ^{46}Sc, ^{51}Cr, ^{76}As, ^{140}Ba u. ^{239}Np waren sogar um den Faktor 10—100 kleiner. 2 Wochen nach der Reinigung lagen die Konzz. dieser Nuclide bei $<25\%$ des Normalen, nach 6 Wochen bei $<65\%$. Die ^{24}Na-Konz. ist zu Beginn um den Faktor 2 kleiner. Die Konzz. der Nuclide steigen im Verlauf von ca. 1½ Monaten auf den Normalwert an. Weiter wurden die während 35 Tagen an Al, rostfreiem Stahl u. C-haltigem Stahl adsorbierten relativen Mengen von ^{32}P, ^{46}Sc, ^{51}Cr, ^{59}Fe, ^{60}Co, ^{64}Cu, ^{65}Zn, ^{76}As, ^{95}Zr, ^{97}Zr, ^{122}Sb, ^{140}La, ^{141}Ce, ^{152}Eu, ^{160}Tb u. ^{239}Np in dem abfließenden W. gemessen. Die Mengen der meisten Nuclide an Al u. rostfreiem Stahl aus einem gereinigten Rohr waren um den Faktor 2—7 kleiner als aus einem ungereinigten. Bei dem C-haltigen Stahl waren die Unterschiede geringer. Die relative Affinität der Nuclide zu den Metalloberflächen variiert um den Faktor $3 \cdot 10^3$. Am vollständigsten werden die Lanthaniden, am wenigsten ^{239}Np adsorbiert. Berechnungen aus den relativen Mengen der Nuclide ergeben, daß bei einer kurzen Einw.-Zeit von ca. 35 Tagen die kurzlebigen Nuclide ^{140}La, ^{76}As u. ^{64}Cu u. die langlebigen ^{65}Zn u. ^{46}Sc am stärksten zur γ-Strahlung an der Oberfläche des Reaktors beitragen. Zum Vgl. wurden Messungen an Reaktorrohren nach 15 Jahren gemacht. Auch hier sind die gleichen kurzlebigen Nuclide am stärksten beteiligt, während bei den langlebigen, außer ^{65}Zn u. ^{46}Sc, noch ^{152}Eu, ^{60}Co, ^{160}Tb u. ^{59}Fe wichtig sind. Die analyt. Verff. zur Best. der einzelnen Nuclide sind beschrieben.

R. Krämer. 6060 □

V. Anorganische Industrie

Stabilisiertes Schwefelsäureanhydrid. Ss. N. Kondratjew. (Химическая Промышленность [Chem. Ind.] **1960.** 383—88. Juli/Aug.) (Russ.)

Die Polymerisation von fl. SO_3 zu festen Formen wird durch Lagerung bei Temp. $>30^0$ oder durch Zusatz von Stabilisatoren verhindert. Vf. gibt eine vergleichende Übersicht über die bisher vorgeschlagenen Stabilisatoren u. erörtert Lagerung u. Transport von stabilisiertem SO_3, die Meth. der Sulfierung mit fl. SO_3, Lsgg. von SO_3 in nichtwss. Lsgm., mit SO_3-Dampf u. in der anorgan. Technologie u. die Technik der Anwendung von stabilisiertem SO_3. — 85 Literatur- u. Patenthinweise. R. K. Müller. H 253 □

Ausbringen von Selen aus armen Schlämmen der Schwefelsäurefabrikation nach der Flotationsmethode. Ss. I. Popow, W. I. Schaschkow und W. D. Bulatow. (Химическая Промышленность [Chem. Ind.] **1960.** 302—05. Juni.) (Russ.)

Von dem Gesamt-Se-Geh. des untersuchten Kiesabbrandes (2,19%) enthält die Fraktion $\leqq 5\,\mu$ 37,41%. Beim Erhitzen des Abbrandschlammes auf 80^0 agglomeriert die Fraktion 4—6 μ auf 30 —45μ, die Absitzzeit nimmt von 40 auf 11 Min. ab. Für die Gewinnung des Se ist optimal ein Feststoff-Geh. von 23—25% u. ein H_2SO_4-Geh. von $\geqq 20\%$. Die Flotation kann ohne Sammler u. Schäumer durchgeführt werden; es bildet sich auch ohne Zusatz ein lange haltbarer Schaum. Bei der Flotation mit Kerosin bei der H_2SO_4-Konz. 36,7% bei 90^0 werden 93,3% des Se ausgebracht; das Konzentrat enthält 19,44% Se; die Konz. kann durch eine 2. Flotationsstufe erhöht werden. R. K. Müller. H 254

Über die Bestimmung der Qualität von Natriumbicarbonatkristallen. E. Ss. Nenno (unter Mitarbeit von M. A. Worobjewa). (Химическая Промышленность [Chem. Ind.] **1960.** 427—28. Juli/Aug.) (Russ.)

Es wird eine vereinfachte sedimentometr. Analyse von $NaHCO_3$-Kristallen aus der Sodafabrikation vorgeschlagen: Eine Probe der Suspension wird in einem Gefäß mit kon. Boden mit dem Eintrittsgas der Carbonisierkolonne aufgeführt, 100 ml der Suspension im Meßzylinder 15 Min. stehengelassen u. das Vol. des Bodensatzes bestimmt; der Nd. des Meßzylinders wird unter Lsg. des $NaHCO_3$ auf 500 ml verd. u. durch Säuretitration gegen Methylorange die Alkalität A der 500-ml-Lsg. u. B der vorher aus dem Meßzylinder entfernten klaren Fl. bestimmt. Aus der Differenz der Titer u. dem Vol. v der Kristalle im Meßzylinder nach 15 Min. langem Stehen wird der Qualitätsindex nach Goldstein [1948] berechnet: $S = (5A - 0{,}87B) \cdot 0{,}42/v$. Je besser die Qaulität ist, desto niedriger ist S. R. K. Müller. H 274 □

Die Auslaugung von Tonerde aus Aluniterzen durch Natriumsulfid-Lösungen. W. D. Ponomarew und B. A. Jermekowa. (Известия Академии Наук Казахской

CCP, Серия Горного Дела, Металлургии, Строительства и Стройматериалов [Nachr. Akad. Wiss. KasachSSR, Ser. Bergbau, Metallurgie, Bauwes. Baumater.] **1957.** Nr. 5. 69—79.) (Russ.; Auszug: Kasach.)

Bei der Behandlung von Alunit (I), $(K, Na)_2SO_4 \cdot Al_2(SO_4)_3 \cdot 4\ Al(OH)_3 \cdot 18\ H_2O$, mit Na_2S verbessert sich das Auslaugen der Tonerde mit zunehmender Konz. der **II**-Lösung. Optimal sind das Auslaugen bei 400 g/Liter Na_2S, Sulfidmodul 4 5, Vers.-Dauer 1 Std., Temp. 100°, Mahlfeinheit 140 Maschen. Bei diesen Bedingungen betragt das Ausbringen der Tonerde 90% bei 11 g/Liter in der Lösung. Einer der Faktoren, die für den Geh. der Tonerde bestimmend u. die Beständigkeit von Sulfid–Aluminat beeinflussen, ist das Verhältnis der Konzz. von Hydrosulfidionen u. Hydroxylion. Bei der Erhöhung dieses Verhältnisses nimmt die Ausbringung der Tonerde erst zu, dann ab. Beimengungen des I, wie Fe u. SiO_2, gehen beim Auslaugen nicht in die Lsg. über. Die erhaltene Sulfid–Aluminat-Lsg. kann weiter auf Tonerde verarbeitet werden. K. Wekua. H 294 □

Die einheimischen Herstellungsmöglichkeiten von Kryolith und Aluminiumfluorid. Béla Balla. (Kohászati Lapok [Ung. Z. Hüttenwes.] **93.** 415—19. Sept. 1960. Nehézvegyipari Kutató Intézet.) (Ung.)

Übersicht der bekannten Meth. u. Besprechung der ungar. Fluorid-Vork. u. deren rationeller Ausnützung. J. Plank. H 294 □

Über den Aufschluß des Zirkoniumsilicates. 1. Mitt. Franz Matthes, Theo Boethin und Roman Rybak. (Chem. Techn. **13.** 530—32. Sept. 1961. Leuna-Merseburg, TH Chemie, Inst. für Chemiemetalle u. Bitterfeld, VEB Elektrochem. Kombinat.) (Dt.)

Es wurde gefunden, daß techn. Soda ein gutes Aufschlußmittel für Zirkoniumsilicat in der Muffel bei 1100° ist. Bei dem Aufschluß ist die H_2-Flamme mit beteiligt. Es zeigte sich, daß durch Einw. der H_2-Flamme nicht nur Carbonate, sondern auch Zr-Verbb. bereits bei 1100° flüchtig sind. Es wurde die Bldg. von Na_2ZrSiO_3 beobachtet, es ließ sich jedoch nicht entscheiden, ob die Verflüchtigungserscheinungen mit der Bldg. dieser Verb. im Zusammenhang stehen. Eine schwache H_2-Flamme bewirkt keine Verflüchtigung, fördert aber den Aufschluß. Mischungen von Na- u. K-Carbonat zeigen sich in der Wrkg. sehr stark von der Zus. des Gemisches abhängig. — 14 Literaturzitate. F. Rosendahl. H 322 □

Karl Erik Holmberg, Schweden, **Trennung von Wasserstoff-Isotopen.** In einer ersten Dest.-Kolonne wird *Pyridiniumchlorid* (I) mit überhitztem, trocknem Wasserdampf in Kontakt gebracht, wobei das im Wasserdampf enthaltene D gegen H in I ausgetauscht wird. Am Kopf der Kolonne wird an D verarmtes W. abgezogen, am Fuße der Kolonne mit D angereichertes I. Dieses wird in einer zweiten Dest.-Kolonne mit gewöhnlichem W. in Kontakt gebracht, wodurch sich das W. mit D aus I anreichert, während das an D verarmte I in die erste Kolonne zurückgeleitet wird. — Schema der Anlage. (**F. P. 1 191 413** vom 10/2. 1958, ausg. 20/10. 1959.) W. Wittholz. H 240

D. Napier & Son Ltd., England, **Katalysatoren zur Zersetzung von H_2O_2.** Die aus gefrittetem Ag bestehenden Katalysatorkugeln werden nach vorangehender Behandlung mit HNO_3 in wss. Soda-Lsg. anod. oxydiert, bis sich eine schwarze Ag-Oxydschicht gebildet hat. Dann wird mit wss. NH_3 behandelt. An Stelle der Kugeln können auch mit einem Ag-Überzug versehene Metalldrahtgewebe aus reinem Ni oder nichtrostendem Stahl, ggf. mit einem dünnen Ni- oder Cu-Überzug versehen, benutzt werden. (**F. P. 74 224** vom 30/9. 1958, ausg. 6/3. 1961. E. Prior. 30/9. 1957. **Zusatz zu F. P. 1 138 593; C. 1962. 9106.**) W. Wittholz. H 241 □

United States Atomic Energy Commission, übert. von: Archie S. Wilson, Richland, Wash., V.St.A., **Gewinnung von Salpetersäure** aus Lsgg., die neben HNO_3 Ru-Anteile (als radioakt. Spalt-Prodd.) enthalten. Eine solche Lsg. wird mit HNO_2 (oder $NaNO_2$) versetzt, HNO_3 abdest., kondensiert u. das Kondensat zur Konz. der HNO_3 erneut destilliert. (**A. P. 2 882 129** vom 23/10. 1957, ausg. 14/4. 1959.) E. Miessgang. H 243

Imperial Chemical Industries Ltd., London (Erfinder: Albert Davies und Alfred John Rudge, Widnes), England, **Elektrolytische Herstellung von Fluor** unter Verw. geschmolzener saurer Kaliumfluoride als Elektrolyt in einer Zelle, bestehend aus einem elektr. leitenden Elektrolytgefäß mit einer im wesentlichen senkrechten, gasdurchlässigen Kohleanode u. einer diese, ohne sie zu berühren, in ihrem oberen Teil umgebenden, unter die Elektrolytoberfläche tauchenden Glasglocke zur Trennung der an der Anode u. Kathode entwickelten Gase, wobei die Kohleanode einen im wesentlichen gleichförmigen Querschnitt aufweist, die Kathode den unteren Teil der Anode unterhalb der Glasglocke in einem Abstand von 13—38 mm umgibt u. zur Durchleitung von Kühl-Fl. eingerichtet ist u. wobei der Abstand wenigstens des unteren Endes der Glasglocke von der Anode nicht mehr als 11 mm beträgt. — Zeichnung. (**D. A. S. 1 119235** Kl. 12i vom 23/7. 1959, ausg. 14/12. 1961. E. Prior. 30/7. 1958.) K. Demmler. H 246

United States Borax & Chemical Corp., Los Angeles, Calif., V.St.A., **Kontinuierliche Herstellung von Borsäure aus Natriumborat und Kohlendioxyd.** Zu der rückgeführten, bei der Abtrennung von H_3BO_3 anfallenden Mutterlauge wird unter Einstellung eines $Na_2O:B_2O_3$-Verhältnisses = 0,3—0,38: 1 Na-Borat, bes. $Na_2B_4O_7 \cdot 5\,H_2O$, u. so viel W. zugesetzt, daß das W. entsprechend der Umsetzung: $Na_2B_4O_7 \cdot 5\,H_2O + 2\,CO_2 + 2\,H_2O \rightarrow 2\,NaHCO_3 + 4\,H_3BO_3$ ausreichend ist, worauf die Lsg. auf 32° erhitzt wird u. in sie dann CO_2 unter Temp.-Anstieg in zuerst geringer, später gesteigerter Menge bis zum Auskristallisieren von $NaHCO_3$ eingeleitet wird. Das ausfallende $NaHCO_3$ wird abgetrennt, die Mutterlauge unter weiterem Einleiten von CO_2 abgekühlt (Beispiel: 32°), u. die aus der gekühlten Lsg. ausgefallene H_3BO_3 abgetrennt. Die letztanfallende Mutterlauge ist die wiederzuverwendende Ausgangsmutterlauge. (**E. P. 861 416** vom 9/1. 1959, ausg. 22/2. 1961. A. Prior. 13/2. 1958.) K. Wolk. H 258

Soc. d'Électro-Chimie, d'Électro-Métallurgie et des Aciéries Électriques d'Ugine, Frankreich, **Herstellung von Natriumperborat durch Elektrolyse.** Man verwendet als Ausgangs-Lsg. Na-Metaborat, welches durch Zusetzen von Na_2CO_3 zu Borax erhalten werden kann. Nach Reinigung der Lsg. wird sie der Elektrolyse unterworfen, wobei der mit Perborat angereicherte Elektrolyt fortlaufend aus der Zelle abgezogen, das Perborat durch Kristallisation abgetrennt u. die Mutterlauge nach Zusatz von frischem Metaborat der Zelle wieder zugeführt wird. — Verf.-Schema. (**F. P. 1 191 367** vom 8/1. 1958, ausg. 19/10. 1959.) W. Wittholz. H 258

American Lithium Chemicals, Inc., übert. von: Harold Mazza, Whittier, Stanley L. Cohen, San Diego, und Glen H. Schafer, Trona, Calif., V.St.A., **Gewinnung von Lithiumhydroxid aus Lepidolitherzen.** Die Erze werden mit $CaCO_3$ im Verhältnis 1:2 gemischt. Das Gemisch wird bei 400—1000° solange geröstet, bis das Röst-Prod. noch 4—8% CO_2 enthält, worauf das Röst-Prod. zerkleinert u. ausgelaugt wird. Die beim Auslaugen erhaltene Aufschlämmung wird in eine Alkalihydroxid u. LiF gelöst enthaltene Lsg. u. einen Rückstand zerlegt, aus der Lsg. durch Eindampfen u. Abkühlen $LiOH \cdot H_2O$ u. LiF auskrist., aus dem Kristallisat durch Behandeln mit aus der Endstufe der LiOH-Gewinnung herrührenden erhitzten Mutterlauge LiOH herausgelöst u. aus dieser Lsg. $LiOH \cdot H_2O$ auskristallisiert. Das beim Auskristallisieren u. Abtrennen des $LiOH \cdot H_2O$–LiF-Gemisches anfallende Filtrat wird carbonisiert, das dabei entstehende $LiCO_3$ abfiltriert u. zusammen mit dem abgetrennten LiF mit Kalk in LiOH überführt, das als Lsg. der Lsg. zugesetzt wird, aus der $LiOH \cdot H_2O$ u. LiF als Gemisch auskristallisiert werden. — Verfahrensschema. (**A. P. 2 940 820** vom 10/3. 1958, ausg. 14/6. 1960.) K. Wolk. H 273

National Lead Co., New York, N.Y., übert. von: Helmut Espenschied, Metuchen, N. J., V.St.A., **Herstellung von Zirkoniumborid.** Man vermischt 1 (Mol) ZrO_2, 5 C u. H_3BO_3 in Mengen von 2 B_2O_3, rührt das Gemisch zu einem Schlamm an u. trocknet das Gemisch, um das W. auszutreiben. Anschließend erhitzt man im Inertgasstrom auf 1400—1700° u. erhält ZrB_2 einer Teilchengröße von 1—20 μ. (**A. P. 2 964 388** vom 10/7. 1953, ausg. 13/12. 1960.) H. Nebelsiek. H 322

E. I. du Pont de Nemours & Co., übert. von: Marvin L. Bromberg, Wilmington, Del., V.St.A., **Reinigung von Zirkoniumtetrachlorid durch fraktionierte Destillation.** Ein Gemisch von *$ZrCl_4$* u. *$HfCl_4$* wird in einem Bereich von 455—520° fraktioniert dest., wobei in der Fraktionierzone Hf-armes $ZrCl_4$ u. an der unteren Temp.-Grenze angereichertes $HfCl_4$ erhalten wird. (**A. P. 2 852 446** vom 7/12. 1956, ausg. 16/9. 1958.) K. Bayer. H 322

E. I. du Pont de Nemours & Co., Wilmington, Del. (Erfinder: George Nelson Hammer, Orange, Tex., Ralph Courtenay Schreyer, Wilmington, Del., und Norman Eugene West, Victoria, Tex.), V.St.A., **Herstellung von Vanadyltrihalogeniden unter gleichzeitiger Gewinnung aromatischer Carbonsäurehalogenide.** In fester Phase befindliches V_2O_5 wird mit kernsubstituierten (Trihalogenmethyl)-benzolen der allg. Formel I, in welcher R_1 Halogen, Alkyl, Aryl, eine —C(Hal)$_3$-Gruppe oder einen aromat. Ring, der mit dem ersten Ring kondensiert oder substituiert sein u. mit einer —C(Hal)$_3$-Gruppe besetzt sein kann, u. in der Hal Cl, Br oder J bedeutet, in der Dampfphase bei einer oberhalb ihrer Verdampfungs-Temp. liegenden Temp. umgesetzt u. das gebildete Vanadyltrihalogenid u. das bei der Umsetzung entstehende Carbonsäurehalogenid durch Dest. getrennt. — Vorrichtung. (**D. A. S. 1 089 735** Kl. 12i vom 25/2. 1959, ausg. 29/9. 1960. A. Prior. 25/2. 1958.) E. Miessgang. H 330

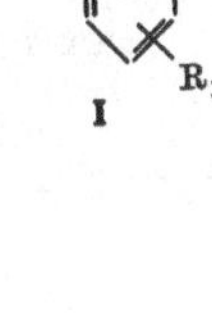

I

Gulf Research & Development Co., Pittsburgh, übert. von: John Gordon Erdman, Allison Park, Pa., V.St.A., **Herstellung von Porphyrin-Vanadin-Komplexen** durch Rk. von Porphyrin, wie Ätioporphyrin, Mesoporphyrin oder Protoporphyrin mit einem Vanadylsalz, bes. Vanadylsulfat, in einem gemeinsamen Lsgm., z. B. in Essigsäure-Natriumacetat. **(A. P. 2 867 626** vom 18/5. 1956, ausg. 6/1. 1959.)
W. HEYER. H 330

Jan van Tilburg, Alkmaar, Holland, **Gewinnung von Diamanten** aus Graphit. Man bettet in eine Hochdruckform Graphit, dem einige Diamantsplitter beigemischt sein können u. preßt u. erhitzt diesen Graphit vor. Dann bringt man vor dem Bolzen, der die mit Graphit gefüllte Form verschließt, eine Sprengladung zur Explosion, so daß diese Druckwelle über den Bolzen in die Form eindringt u. hier einen so hohen Druck u. solche hohe Temp. erzeugt, daß der Graphit in Diamant umgewandelt wird. — Zeichnungen. **(Ind. P. 61 513** vom 21/8. 1957, ausg. 28/4. 1960. E. Prior. 24/8. 1956.)
H. NEBELSIEK. 6153

Bergwerksverband zur Verwertung von Schutzrechten der Kohlentechnik G. m. b. H., Deutschland, *Entsäuerung von Ammoniakwasser.* **(F. P. 1 208 288** vom 3/6. 1958, ausg. 23/3. 1960. D. Prior. 13/7. 1957. — C. **1961.** 11095 [E. P. 836 315].)

N. V. de Bataafsche Petroleum Mij., Holland (Erfinder: **Robert Le Roy Magovern und Harold Charles Ries**), *Verdampfen von Flüssigkeiten.* **(F. P. 1 198 570** vom 27/1. 1958, ausg. 8/12. 1959. A. Prior. 28/1. 1957. — C. **1961.** 15522 [D. A. S. 1 106 735].)

Mathieson Chemical Corp., Baltimore, Md., übert. von: **Homer L. Robson**, Lewiston, N.Y., V.St.A., *Kolloidaler Schwefel.* **(Can. P. 551 670** vom 9/1. 1952, ausg. 14/1. 1958. A. Prior. 15/1. 1951. — C. **1954.** 9365 [E. P. 702 304].)

E. I. du Pont de Nemours & Co., Wilmington, übert. von: **Earl L. Muetterties**, Hockessin, Del., V.St.A., *Herstellung von Schwefelhexafluorid.* **(Can. P. 551 592** vom 4/4. 1956, ausg. 14/1. 1958. A. Prior. 5/4. 1955. — C. **1959.** 12663 [D. A. S. 1 044 046].)

Hagan Chemical & Controls, Inc., übert. von: **Charles T. Roland**, Bridgeville, und **Paul H. Ralston**, Pittsburgh, Pa., V.St.A., *Besonders reine Natriumchloridsolen durch Auflösen von Steinsalz.* **(A. PP. 2 906 599** vom 16/11. 1953 u. **2 906 600** vom 22/10. 1954, beide ausg. 29/9. 1959. — C. **1958.** 2541 [E. P. 764 013].)

Diamond Alkali Co., Cleveland, übert. von: **Alfred Hirsch**, Painesville, Ohio, V.St.A., *Beseitigung von Eisenverunreinigungen aus $Na_2CO_3/NaHCO_3$-Lösungen.* **(Can. P. 552 251** vom 12/12. 1955, ausg. 28/1. 1958. A. Prior. 3/1. 1955. — C. **1957.** 10586 [D. A. S. 1 007 751].)

Olin Mathieson Chemical Corp., V.St.A. (Erfinder: **Hovard Dean Batha und Herman Bernard Urbach**), *Herstellung von Natriumborhydrid.* **(F. P. 1 204 002** vom 1/10. 1958, ausg. 22/1. 1960. A. Prior. 17/10. 1957. — C. **1961.** 15524 [D. A. S. 1 072 597].)

Mitsubushi Kinzoku Kogyo Kabushiki Kaisha, Japan, *Herstellung von Urantetrafluorid.* **(F. P. 1 208 018** vom 2/12. 1958, ausg. 19/2. 1960. Jap. Prior. 8/1. 1958. — C. **1961.** 7355 [E. P. 849 512].)

A. G. Amelin, L. G. Plisskin und N. N. Schumilowski, Grundlagen der Automatisation bei der Herstellung von Schwefelsäure nach dem Kontaktverfahren. Moskau: Gosschimisdat. 1961. (314 S. m. Zeichng.; 2 Bl. Skizzen.) 1 Rbl. 14 Kop. [Russ.]

VI. Silicatchemie. Baustoffe

Farbgläser. Hans Schulz. (Glas-Email-Keramo-Techn. **12.** 443—48. Dez. 1961. Grenchen, Schweiz.) (Dt.)

Der Vers., die Farbgläser aus der Gesamtheit der als Glas bezeichneten Erzeugnisse durch Angabe bes. physikal. u. chem. Eigg. herauszustellen, kann nicht zu einem befriedigenden Ergebnis führen, weil der Begriff „Farbe“ nur physiolog. erfaßt werden kann. Wenn in der Farbenlehre die Beziehungen zwischen objektivem, durch spektrale Zus. u. Helligkeit gegebenem Reiz u. den Grundempfindungen in den Farbdreiecken dargestellt werden, so reicht eine solche Darst. nicht immer aus, um die wichtigen Besonderheiten der Farbgläser zu präzisieren. N. PETERS. 6176☐

Das Polieren von Glas. 6. Mitt. **Oberflächenfehler bei technischem Glas.** Ernst Brüche und Klaus Peter. (Glastechn. Ber. **33.** 37—45. Febr. 1960. Mosbach, Physikal. Labor.) (Dt.) — 5. vgl. Glastechn. Ber. **31.** [1958.] 341.

Die Oberflächenfehler beim Polieren des Spiegelglases werden besprochen u. Angaben über ihre mögliche Beseitigung gemacht. F. REINHART. 6188☐

Glas großer Festigkeit. D. G. Holloway und P. A. P. Hastilow. (Nature [London] **189.** 385—86. 4/2. 1961. Keele, Univ. College, Phys. Dep.) (Engl.) — Vgl. C. **1961.** 10709.

Unter Bezugnahme auf Unterss. von HOLLOWAY (vgl. C. **1962.** 7810) berichten Vff. über neue Messungen der Bruchfestigkeit von „defektfrei“ gezogenen u. mit HF angeätzten Glasfäden mit Durchmessern von 350—700 μ. Untersucht wurden Fäden aus *Pyrexglas* u. einem *Natronkalkglas.* Aus den beobachteten hohen u. relativ übereinstimmenden Werten der Bruchfestigkeit ergibt sich eine quant. Bestätigung der l. c. gemachten Annahme, daß die sichtbaren Fehler die Ursache für geringe Festigkeit der Oberfläche sind. C. GOTTFRIED. 6200

Neue Spezialpapiere für das Gesamtgebiet der Steine und Erden. Hans Karl Schuster. (Keram. Z. **13.** 673—76. Dez. 1961. Bruckmühl/Mangfall.) (Dt.)

Durch direkte Einarbeitung von Trennoxiden in Spezialpapiere hat man eine entscheidende Vereinfachung bei der Ein- u. Aufbringung von Trennschichten für die keram. Industrie erreichen können. Die Spezialpapiere für das Gebiet Steine u. Erden gehören zu einer Gruppe von Papieren, die unter dem Begriff „Trägerpapiere" zusammengefaßt werden. Bisher wurden Trägerpapiere verwendet, die durch Aufsprühen von Quarzsand oder anderen oxid. Trennmitteln hergestellt wurden. Mit Hilfe solcher Trennpapiere erzielt man eine höhere Produktion bei annähernd gleichen Kosten. N. PETERS. 6206□

Das Problem der Färbung in der keramischen Industrie. Claude Leleu. (Silicates ind. **25.** 182—92. April 1960.) (Franz.)

Beschreibung einiger Hauptfarbstoffe, die man für Glasuren u. Emails benutzt. Ferner wird über neuere colorimetr. Unterss. über ihre Stabilität berichtet, wobei der Einfl. der physikal.-chem. Eigg. des Farbstoffes, der Bestandteile von Pasten u. Emails, der Zerkleinerung dieser Bestandteile usw. herausgestellt wird. — 24 Literaturangaben. G. BAUER. 6212□

Untersuchung der Entstehung der Mikrostruktur von Isolatorenporzellan beim Brennen. N. A. Toropow und A. N. Alexejewa. (Журнал Прикладной Химии [J. angew. Chem.] **32.** 1441—45. 1959.) (Russ.)

In Gemischen von Lehm, Kaolin, Feldspat, Sand u. Porzellanscherben ist beim Brennen bis 1000° nur eine geringe Veränderung bemerkbar. Bei 1100° gehen 50% (meist pulverförmige Anteile) des Feldspates in die Schmelze. Bei 1200° erscheinen im amorphen Feldspat Nadeln von Mullit. Bei längerem Brennen geht der Feldspat mit Mullit in die Schmelze. Bei 1300° wird die Schmelze nahezu homogen, sie enthält nur noch Kristalle von Quarz u. Mullit. J. v. SCHROEDER. 6214□

Über die Gesamtlichtbrechung von feuerfesten Schamottesteinen und die Trennung in eine glasartige und eine kristalline Phase beim Brennen. T. F. Raitschenko und K. K. Strelow. (Огнеупоры [Feuerfeste Mater.] **25.** 33—34. 1960. Ost-Inst. für feuerfeste Mater.) (Russ.)

Der Brechungsexponent n von Schamottepulver erhöht sich bis zu einer bestimmten, materialabhängigen Temp. u. fällt bei weiterer Temp.-Erhöhung wieder ab. Ebenso fällt n bei wiederholtem Brennen der Schamotte. Dies beruht auf der Zunahme der Zahl der Mullitkristalle u. der Verarmung der Kristallisationshöfe an Al_2O_3 beim starken oder wiederholten Brennen, so daß man deren n u. nicht ein Gesamt-n bestimmt. Die gleichen Ursachen bewirken ein Auswandern der SiO_2-Glassubstanz aus den Schamottebruchstücken u. ihre Konz. in den Zwischenräumen, wodurch die Eigg. der Prodd. beeinflußt werden. Daher muß die Glasverteilung durch richtige Steuerung der Temp. geregelt werden. HORST BRAUN. 6218□

Bildung von flüchtigen Oxiden bei Werkstoffen des Ofenbaues. C. B. Alcock. (Trans. Brit. ceram. Soc. **60.** 147—64. Febr. 1961. London, Imp. Coll. of Sci. and Technol.) (Engl.)

Der Temp.-Bereich für den Gebrauch von Hochtemp.-Werkstoffen als Heizelemente, Rk.-Gefäße u. Tiegel wird u. a. durch die Bldg. von flüchtigen Oxiden begrenzt, die die Festigkeit des Materials verändern u. die zu untersuchenden Substanzen verunreinigen. Es werden wichtige Daten (Kpp., Gleichgewichts-Konst., Dampfdrücke, Freie Energien der Bldg.-Gleichungen, Entropien, spezif. Wärmen) von Elementen u. Oxiden sowie Meth. zu deren Best. diskutiert. Aus den angegebenen Gleichungen u. Diagrammen läßt sich verhältnismäßig genau die maximale Wrkg. von flüchtigen Oxiden für eine Vers.-Anordnung bestimmen. — 21 Literaturangaben. J. NEELS. 6218□

Neue Fortschritte in verlustarmer Elektrokeramik. Sonja S. Singer. (Keram. Z. **13.** 664—69. Dez. 1961. South-Croydon.) (Dt.)

Das Problem besserer verlustarmer Elektrokeramiken, das durch den Gebrauch höherer Frequenzen akut geworden ist, kann auf zwei verschiedenen Wegen bearbeitet werden: 1. durch Verbesserung der physikal. Eigg. der bekannten Massen, die auf der Basis Steatit u. Al_2O_3-reiche Massen beruhen u. 2. durch die Entw. neuer Masseversätze, hauptsächlich für Sonderzwecke, aber auch für den allg. Gebrauch, z. B. Forsterit, Cordierit, Wollastonit, ZrO_2, Glimmer u. anderes. Die Massen sollen nichtpiezoelektr. Material als Hauptbestandteil enthalten, d. h. Quarz als Masseanteil soll entfallen u. die DKK der verschiedenen Phasen sollen möglichst nahe beieinander liegen.

Ferner soll eine Umwandlung elektr. in mechan. Energie durch festes Verkitten der Kristalle durch eine glasige oder Bindephase verhindert werden. Spezialmassen werden angegeben. — 28 Literaturangaben. N. PETERS. 6220□

Schnellhärtender Portlandzement für die Herstellung von Eisenbetonplatten. A. Je. Scheikin, A. Ja. Libman, Zsja-Ssen Gun, Z. D. Urjewa und L. A. Chapanzewa. (Бетон и Железобетон [Beton u. Eisenbeton] **1959.** Nr. 2. 68—71. Febr.) (Russ.)

Von schnellhärtenden Portlandzementen sollen folgende Bedingungen erfüllt werden: Die mineralog. Zus. soll durch einen Geh. von 50—53% C_3S u. 7—10% C_3A gekennzeichnet sein; freies CaO soll maximal 0,3% im Zement enthalten sein; das Sieb mit 4900 Maschen/cm² sollen mindestens 95% des gemahlenen Zements passieren; die Verw. von organ. u. mineral. Zusätzen (außer Gips) muß ausgeschlossen sein; der Zement soll unter normalen Bedingungen u. auch beim Durchdämpfen schnell aushärten. Da die bisher für schnellhärtende Portlandzemente verwendete provisor. Gütevorschrift WTU 29-55 nicht alle genannten Bedingungen enthält, wird ihre Revision gefordert. D. ROST. 6222

Frühfestigkeit von Zementmörtel, Wasser-Zement-Vormischung und Mischdauer. Karl-Wilhelm Fischer. (Silikattechnik **12.** 226—27. Mai 1961. Weimar.) (Dt.)

Vf. untersuchte den Einfl. der Zement-W.-Vermischung auf die Festigkeit von Betonen bei verschiedenen W/Z-Faktoren. Bei W/Z = 0,60 wurden keine besseren Festigkeitswerte durch die Zementleimvermischung erzielt. Bei W/Z = 0,40 dagegen erhöhten sich die Festigkeitswerte; für die Erzielung von Frühfestigkeiten ist jedoch die gemeinsame Mischung der Gemengeteile günstiger. H. VÖLZ. 6224□

Der Einfluß der Zementbeschaffenheit auf die Herstellung von Schleuderbeton. G. Mall. (Betonstein-Ztg. **27.** 403—07. Aug. 1961. Karlsruhe.) (Dt.)

Die Anreicherung von $Ca(OH)_2$, $CaCO_3$ oder Gips an der Rohrinnenfläche bei der Herst. von Schleuderbetonrohren zeigt eine Entmischung der Ausgangssubstanzen. Für verschiedene Zementarten sind hier wesentliche Unterschiede feststellbar, bes. wenn es sich um Zweistoffgemische handelt. Selbst Zemente mit gleichen Normen-Eigg. u. prakt. keinen Unterschieden im chem. mineralog. Aufbau sowie fast einheitlichen Siebrückständen zeigen unterschiedliche Schleuderfähigkeiten. Der Blaine-Wert steht nicht im einfachen Verhältnis zum Schleuder-Verh., da der Kornaufbau von der Mahlart u. vom Mahlvorgang abhängt. Da die Masse der Teilchen im Zusammenhang mit den Zentrifugalkräften von ausschlaggebender Bedeutung ist, muß beim Schleudern von einer entsprechenden Drehzahl u. einem gegebenen Durchmesser ausgegangen werden. Schleuder-Verss. mit reinem Zement ergaben unabhängig von der chem. Zus., daß aus Schachtofenklinkern hergestellte Portlandzemente denen aus Drehrohrofenklinkern nachstehen, wobei der jeweilige Brand eine große Rolle spielt. Portlandzemente mit niedrigem Glühverlust u. Unlöslichem bei hohem Liter- u. spezif. Gew. eignen sich bes. für Schleuderbeton. Hüttenzemente mit Schlackenanteilen bei 30% oder über 75% zeigen gute Eigenschaften. H. SCHUMANN. 6224□

Grundlagen des Betonschwindens. T. C. Powers. (Betonstein-Ztg. **27.** 45—51. Febr. 1961. Skokie, Ill., USA, Portland Cement Assoc.) (Dt.)

Die physikal. Vorgänge beim Schwinden von Zementstein u. Beton beweisen, daß das Schwinden nicht durch den Wasserverlust, sondern durch die Spannung des in dem Material verbliebenen Restwassers bedingt ist. Die verbleibende Menge W. ist von der Luftfeuchtigkeit abhängig. Für das erste Schwinden bzw. Ersttrocknung des Betons wird für Luftfeuchtigkeiten über 50% eine Schwundgleichung vorgeschlagen. H. SCHUMANN. 6224□

Betonzuschlagmischung unter Verwendung unstetiger Sieblinien. Heinz Dahl. (Betonstein-Ztg. **27.** 51—58. Febr. 1961.) (Dt.) — C. **1961.** 8079. H. SCHUMANN. 6224□

Einflüsse von Zusatzmitteln mit grenzflächenaktiver Wirkung auf die Eigenschaften von Beton und Mörtel. Hermann Schäffler. (Betonstein-Ztg. **27.** 69—72. Febr. 1961. Stuttgart.) (Dt.)

Nutzen, Wirkungsweise u. Verw. von grenzflächenakt. Zusatzmitteln bei Schwer- u. Leichtbeton werden besprochen. Die Einteilung erfolgt in Betonverflüssiger, luftporenbildende Zusatzmittel u. Dichtungsmittel. Ferner werden Spezialzusatzmittel für Verw.-Zwecke bes. Art erläutert. H. SCHUMANN. 6224□

Wärmephysikalische Prozesse bei der Autoklavenbehandlung von großen Werkstücken aus Zellenbeton. K. E. Gorjainow und I. B. Sassedatelew. (Бетон и Железобетон [Beton u. Eisenbeton] **1959.** Nr. 2. 62—67. Febr.) (Russ.)

Die Zweistufenbehandlung (Durchdämpfen in Kammern u. Nachdämpfen im Autoklaven) ist für große Stücke unrationell. Es wird empfohlen, die Autoklavenbehandlung in den folgenden Stadien durchzuführen: Temp.-Anstieg bis t_m (Temp. des Mediums) =

110° in 2 Std.; isotherm. Erwärmung auf $t_m = 110°$ für 1 Std.; Erhöhung des Druckes im Autoklaven bis 9 ata ($t = 174°$) in $1^1/_2$—2 Std.; isotherm. Haltezeit bei $t = 174°$ 3—6 Std.; Druckabfall auf 1 ata in 5 Std.; Abkühlen bei 1 ata $t_m < 100°$ in 8—12 Std. u. mehr. Für 1 m^3 Gasaschebeton mit einem Raum-Gew. von 900—1000 kg/m^3 werden verbraucht: 176 oder 238 kg Portlandzement, 75 oder 13 kg gemahlener Kalk, 13 kg gemahlener Gips, 770 kg Asche mit 25% Wasser-Geh., 0,264 kg Al-Pulver u. 334 Liter W. von 50°. D. ROST. 6224

Einfluß der Armierung auf die Eigenschaften von gestrecktem Beton. W. K. Balawadse. (Бетон и Железобетон [Beton u. Eisenbeton] **1959.** 462—65. Okt.) (Russ.)

In Verss. mit Tuffbeton wurden die Proben so gedehnt, daß die relative Verlängerung des Betonkerns $190 \cdot 10^{-5}$ erreichte u. die Zugfestigkeit auf 23,2 kg/cm^2 anstieg. Die Festigkeit des mit Eisenstäben bewehrten Betons übertraf die des nichtarmierten Betons um fast das 4fache. A. v. WILPERT. 6224□

Der Einfluß der Temperatur bei der Calcinierung auf die Härtungseigenschaften von Anhydrit. 2. Mitt. Michio Sekiya. (Gypsum & Lime [Tokyo] **1961.** Nr. 51. 71—74. März. Kogakuin, Univ.) (Jap.; Auszug: Engl.) — Vgl. C. **1960.** 12812.

Unterss. über die Calcinierung von $CaSO_4 \cdot 2\,H_2O$ (I) zeigen, daß der Hydratisierungsgrad abnimmt u. die Kristallkeime größer werden, wenn die Calcinierungs-Temp. steigt. Bei Temp. $\leq 700°$ wachsen die Kristalle langsam; ein Unterschied von 100 Å in der Kristallgröße führt zu Unterschieden in den Hydratisierungs-Eigg. (HE), während die Kristalle $> 700°$ rasch wachsen u. die HE für das entsprechende Kristallwachstum nicht abnehmen. Bei 800—900° beobachtet man einen Minimalwert. Der Kristallisationsgrad von I steigt u. die HE bzw. Härtungs-Eigg. fallen mit steigender Calcinierungstemperatur. W. WESLY. 6226□

Die katalytische Wirkung von Salzen und der Kristallisationsmechanismus von α-Calciumsulfathemihydrat. Michio Sekiya. (Gypsum & Lime [Tokyo] **1961.** Nr. 51. 55—70. März. Kogakuin Univ.) (Jap.; Auszug: Engl.)

Unterss. über die katalyt. Wrkg. anorgan. Salze u. Salze von organ. Carbonsäuren auf die Kristallisation von α-$CaSO_4 \cdot {}^1/_2\,H_2O$ bei 1std. Behandlung mit W. unter Druck bei $123 \pm 2°$ u. Auswaschen mit W. u. A. zeigen (Zahlentafeln), daß die Wrkg. der organ. Salze mit der Struktur des Anions u. die der anorgan. Salze mit der Dichte der elektr. Ladung des Kations in Beziehung steht. Entgegengesetzt geladene Ionen in den organ. Salzen haben nur eine geringe Wrkg., während bei den anorgan. Salzen Unterschiede entsprechend der Reihenfolge $JO_3^- = BrO_3^- > SO_4^{2-} > Cl^- = NO_3^-$ auftreten. Der Verlauf der katalyt. Rk. wird auf der Grundlage der elektrostat. Ionenfunktion an der Feststoff-Fl.-Oberfläche erörtert. — 26 Literaturangaben. W. WESLY. 6226□

Das Problem des Gipses und der Gipsformen für die Feinkeramik. W. Sukatschew. (Sprechsaal Keram., Glas, Email **94.** 621—24. 20/12. 1961.) (Dt.)

Beitrag zur Verbesserung der Gipsqualität unter Berücksichtigung der Literatur. So wird durch Anwendung von 1% Harnstoff eine höhere Festigkeit der Gipsformen erreicht, weiterhin können Luftblasen im Gipsschlicker durch Vibration vor dem Eingießen in die Mutterformen entfernt werden. Weitere Verbesserungen werden durch Anwendung von Plastifikatoren u. Lignosulfonaten erzielt; zum Schluß wird auf das Problem der Wiederverw. von gebrauchten Gipsformen eingegangen. N. PETERS. 6226□

Trümmergestein aus leichten Kalksteinen als wertvolles Baumaterial. Józef Maślaniec. (Cement-Wapno-Gips **15 (25).** 83—84. März 1960. Kraków.) (Pol.)

Kalksteinbruch ist ein geeignetes Zuschlagmaterial zur Herst. von Leichtbetonsteinen. 1 m^3 Beton mit 1187 kg Kalksteinbruch u. 250 kg Zement „350" hat ein Vol.-Gew. von 1,36 [g/cm^3], eine Festigkeit von 21,4 kg/cm^2 u. 45,1% Porosität nach 28 Tagen. F. URBAN. 6228□

Hygroskopische Salze als Hilfsmittel bei der Bodenstabilisierung. H. Buggisch. (Wasser u. Boden **13.** 419—22. Dez. 1961. Köln-Kalk.) (Dt.)

Die Wrkg. hygroskop. Salze für die Bodenstabilisierung beim Straßen- u. Wegebau hat eine höhere Dichte des so behandelten Bodenmaterials zur Folge; dadurch wird infolge höherer innerer Reibung u. geringeren Feuchtigkeitsverlustes eine höhere Verschleißfestigkeit erreicht. Es wird somit die Bodenfeuchtigkeit erhalten u. die Aufrechterhaltung der Kohäsion zwischen den Bodenpartikeln garantiert, da die bindigen Bestandteile nicht als Staub verloren gehen. Durch die Herabsetzung des Gefrierpunktes der Boden-Fl. wird eine höhere Frostbeständigkeit des Straßen- u. Wegekörpers erzielt. N. PETERS. 6232□

Eine ausführliche Beschreibung, Hinweise und kritische Betrachtungen über die Probeentnahme, die Bestimmung der Feuchtigkeit, der Kieselsäure, des Aluminiums und des Titans. W. Schmied. (Keram. Z. **13.** 409—14. Aug. 1961. Freising.) (Dt.)

Es werden eingehende Richtlinien für die Anfertigung von Silicatanalysen gegeben (richtige Probeentnahme, Wasser-Best., Ermittlung des Glühverlustes, Schnell-Best. von SiO_2 u. a.). Die analyt. Verff. bedienen sich hinlänglich bekannter Methoden. — 27 Literaturangaben. N. PETERS. 6240□

Anwendung des „brasilianischen Versuchs" zur Untersuchung keramischer Erzeugnisse. L. Lécrivain und B. Lambert. (Ind. céram. **1961.** 367—72. Okt. Soc. Franç. de Céramique.) (Franz.)

In der Keramik beschränken sich die mechan. Verss. in der Praxis auf Unterss. des Zuges u. des Druckes. Im vorliegenden Aufsatz werden nur die Zug-Verss. behandelt. — Nach der Schilderung der klass. mechan. Zug- u. Biegungs-Verss. wird der „brasilian. Vers." erläutert. Hierbei handelt es sich darum, eine alte Kirche mittels großer gußeiserner Tonnen, die mit Beton gefüllt waren, an einen anderen Ort zu transportieren. Es wurde dabei beobachtet, daß der Bruch der Zylinder fast genau einem diametralen Plan folgte. Ferner wurde die Gleichförmigkeit der Verteilung der Zugspannungen festgestellt. Widerstandsmessungen des Zuges an Beton-Zylindern von 16 cm ∅ u. 32 cm Länge ergaben für das gleiche Material verschiedene Ergebnisse, wenn man den Zug-, den Biegungs- u. den direkten Zugwiderstand nach dem brasilian. Typ feststellte. Die hierbei erhaltenen Ergebnisse werden miteinander verglichen u. dann im einzelnen die Vorteile dargelegt, die der „brasilian. Vers." bietet. R. WALCKER. 6240□

Farbmessungen mit dem fotoelektrischen Leukometer nach Dr. B. Lange in der keramischen Industrie. O. Reumann. (Glas-Email-Keramo-Techn. **12.** 437—43. Dez. 1961. Weiden/Opf.) (Dt.)

Es wird auf die Möglichkeiten der Farbmessung zur Betriebskontrolle in der keram. Industrie, Email- u. Glasfabrikation hingewiesen u. der Begriff der Farbmessung erläutert. Die verschiedenen Anwendungen werden diskutiert, Geräte u. Meßeinrichtungen im Aufbau u. in der Arbeitsweise beschrieben sowie auf selbsttätige, registrierende App. u. automat. Meßanlagen aufmerksam gemacht. Die Meßergebnisse werden besprochen u. Zahlen aus vielen Reihen-Verss. angegeben. N. PETERS. 6240□

Untersuchungen über das Infrarotspektrum von Silicaten. 2. Mitt. **Stellung des Titans in der Struktur verschiedener Silicate.** P. Tarte. (Silicates ind. **25.** 171—75. April 1960. Liège, Univ., Service de Chimie Générale.) (Franz.)

Im IR-Spektrum natürlicher Granate ($3 R^{2+}O \cdot R_2{}^{3+}O_3 \cdot 3 SiO_2$; $R^{2+} = Ca^{2+}$. Mg^{2+}, Fe^{2+} oder Mn^{2+} u. $R^{3+} = Al^{3+}$, Fe^{3+} oder Cr^{3+}) sind eine oder mehrere Banden vorhanden, die von Ti herrühren. Diese Spektrallinien erlauben es, die Stellung des Ti in der Struktur dieser Stoffe zu untersuchen. Die Lage der Ti-Banden sowie verschiedene Störungen der SiO_4-Banden zeigen an, daß Ti mindestens teilweise in Form von TiO_4-Tetraedern vorliegt, die strukturell die gleiche Rolle spielen wie die SiO_4-Tetraeder. Somit ersetzt mindestens ein Teil des Ti das Si. — Diskussion. G. BAUER. 6240□

Die photometrische Endpunktsbestimmung bei Titrationen mit Farbstoffindikatoren. Günther Scheidhauer. (Chem. Techn. **13.** 93—95. Febr. 1961.) (Dt.)

Nach Angabe des Vf. kann ein PULFRICH-Photometer bei der komplexometr. Titration von Ca u. Mg in Quarzsanden verwendet werden, um mit sehr verd. Titrations-Lsgg. noch gut erkennbare Endpunkte erreichen zu können. N. PETERS. 6240□

Gleichzeitige Mehrkomponenten-Differential-Thermo-Analyse. Edward Duchniewski. (Cement-Wapno-Gips **15 (25).** 65—69. März 1960. Kraków, Uniw. Jagielloński, Kat. Mineral. i Petrograf.) (Pol.)

Es wird eine App. zur gleichzeitigen DTA mehrerer Proben beschrieben. Die Proben werden in einem Ofen untergebracht. Als therm. neutrale Substanz fungiert in jedem Fall γ-Al_2O_3. Die Meth. erlaubt eine sichere u. genaue Identifizierung u. quant. Best. der Mineralien, wie am Beispiel von Tonmineralanalysen gezeigt wird. — 29 Literaturangaben. F. URBAN. 6248□

Wärmeleitfähigkeit und Texturanalyse von Schamottesteinen. H. E. Schwiete und H. Westmark. (Sprechsaal Keram., Glas, Email **95.** 1—11. 5/1. 31—35. 20/1. 51—55. 5/2. 1961.) (Dt.)

Die Unterss. wurden an 40 verschiedenen Qualitäten von Schamottesteinen bei Temp. zwischen 400 u. 1000° durchgeführt. Außerdem wurden Gesamtporosität, scheinbare Porosität, Raum-Gew. u. spezif. Gew. bestimmt, von denen lediglich die Gesamtporosität in eine deutliche Beziehung zur Wärmeleitfähigkeit (WLF) gesetzt werden konnte. An weiteren Texturwerten wurden die Porengrößenverteilung u. die spezif. innere Oberfläche ermittelt. Durch eine Kombination dieser Eigg. mit den WLF-Daten konnte das anormale Verh. einiger Qualitäten mit hoher Porosität erklärt werden; infolge ihres größeren Porenradius bei höheren Temp. besitzen diese natürlich eine relativ hohe Durchlässigkeit für die Wärmestrahlung u. dadurch eine höhere WLF als Steine mit geringerer Gesamtporosität, aber kleinerem mittleren Porenradius. Ein Vgl. zwischen den Werten der aus Porositäts- u. Gasdurchlässigkeitsdaten ermittelten spezif. inneren Oberfläche u. der WLF ergab, daß eine höhere Brenntemp. stets eine Verkleinerung der inneren Oberfläche zur Folge hatte u. damit auch eine Erniedrigung der Porosität, woraus wieder eine höhere WLF resultierte. Ein höherer Preßdruck bewirkte dagegen zwar ebenfalls eine Porositätsabnahme u. damit größere WLF, war jedoch fast immer mit einer Vergrößerung der spezif. inneren Oberfläche verbunden. — 27 Literaturangaben. G. BAUER. 6248□

Untersuchungen über die im Siemens-Martin-Ofen verwendeten feuerfesten Materialien. 8. Mitt. **Röntgenographische Untersuchungen an Chrom-Magnesia-Steinen im Siemens-Martin-Ofen.** Takeji Oyama. (J. ceram. Assoc. Japan [Yogyo Kyokai Shi] **68.** 88—93. Jan. 1960. Osaka, Univ., Inst. Sci. Ind. Res.) (Jap.; Auszug: Engl.) — 6. vgl. C. **1960.** 17255; 7. vgl. J. ceram. Assoc. Japan [Yogyo Kyokai Shi] **67.** Nr. 767. [1959.] 377.

Die Mineralbestandteile von Chrom-Magnesia-Steinen, welche verschiedenen Stellen vom SIEMENS-MARTIN-Ofen entstammten u. somit verschieden stark therm. beansprucht worden waren, wurden röntgenograph. untersucht. Bei den darin enthaltenen Chromit- bzw. Magnetitspinellen wurden Unterschiede in den Gitter-Konst. (8,21—8,40 Å) gefunden. Das Bersten der Steine steht damit in Zusammenhang. Augit wurde als Haupt-Gangmineral der heißesten Zone, Forsterit u. Monticellit als vorherrschende Minerale in der mittleren Zone festgestellt. HEINZ HESS. 6248□

Die qualitative Bestimmung des Mineralbestandes im Rohgipsstein. E. Bartosch. (Zement-Kalk-Gips **13 (49)**. 581—83. Dez. 1960. Hartenau, Österreich.) (Dt.)

Auf Grund von Anfärbungen mit $Pb(NO_3)_2$, Alizarinrot S, p-Nitrobenzolazoresorcin u. Methylenblau können die wichtigsten, gesteinsbildenden Anteile im Rohgipsstein (Gips, Anhydrit, Tonminerale, Carbonatgesteine, Kalkstein, Kalkmergel, Dolomit, Magnesit) identifiziert werden. Die Meth. ist bei makroskop. u. mkr. Best. anwendbar. — 12 Literaturangaben. H. NOACK. 6254

Methode der Bestimmung von $CaSO_4$ in Gipsproben durch Ionenaustauscher. R. Pièce. (Schweiz. Arch. angew. Wiss. Techn. **25.** 221—25. Juli 1959.) (Franz.)

Beschreibung einer neuen titrimetr. Best.-Meth. unter Verw. eines stark sauren Kationenaustauschers (Amberlite IR-120). Der Austausch findet unmittelbar in wss. Suspension der zu untersuchenden Gipsprobe statt. Die durch den Austausch erhaltene freie H_2SO_4 wird mit 0,1n NaOH unter Zusatz von 2.5-Dinitrophenol als Indicator titriert. Gegenüber den üblichen Verff. zeigt die Meth. eine größere Genauigkeit. G. BAUER. 6254□

Beitrag zur spektralphotometrischen Bestimmung von Eisen in Titandioxid. Werner Palatzky. (Silikattechnik **10.** 133—35. März 1959. Hermsdorf/Thür., VEB Keram. Werke, Spektrochem. Labor.)

Die photometr. Fe-Best. nach der Sulfosalicylsäure-Meth. ergibt zu geringe Fe-Geh., da die TiO_2-Probe beim Erhitzen mit HCl nicht vollkommen in Lsg. geht. Es wird vorgeschlagen, mit H_2SO_4 zu lösen u. Fe nach der Rhodanid-Meth. zu bestimmen. Die nach diesem Verf. erhaltenen Fe-Geh. des TiO_2 stimmen mit den spektralanalyt. bestimmten innerhalb der Fehlergrenze überein. Die Genauigkeit der Best. beträgt $\pm$ 0,7 [%]. H. VÖLZ. 6260□

Pierre Lantz, Frankreich (Erfinder: André Roos), **Erhöhung der Feuerfestigkeit von Dolomitmassen.** Roher oder gesinterter Dolomit wird mit FeO-haltigen Mg-Mineralien vermischt u. gebrannt. Als Zusatz kommen 10—75 (%) eines therm. entsäuerten Minerals der Zus. 70—90 MgO, 3—12 CaO, 0—12 SiO_2, 0—5 Al_2O_3, $>$ 1 FeO u. 0—2 Fe_2O_3 in Frage. (**F. P. 1 162 556** vom 17/10. 1955, ausg. 15/9. 1958.) HANS HOFFMANN. 6219

Pure Oil Co., übert. von: George W. Ayers, Chicago, Ill., V.St.A., **Zement-Härtemittel** zum Auftragen auf die Oberflächen frischer *Betongemische*, um diese mit einem gegen W. undurchlässigen Film, der das unerwünschte Verdampfen des W. während der Abbindedauer des Zementes verhindert, zu überziehen. Die Masse besteht aus 20—35 (Teilen) eines vaselinartigen Erdöl-Prod., das einen F. 100—160° F, einen Öl-Geh. von 10—25 Gew.-%, einen Flammpunkt von 500—590° F, einen Brennpunkt von 580—640° F u. eine Viscosität SUS bei 210° F von 95—125 hat, u. aus 80—65 eines Erdöl-Dest. mit einem Siedebereich von 300—325° F u. einem Anilinpunkt zwischen 100 u. 150° F. (**A. P. 2 960 412** vom 26/3. 1958, ausg. 15/11. 1960.) G. FRIKELL. 6225

Noël Alfred Léon Duroyaume, Frankreich, **Herstellung plastischer Putzmörtel.** Zur Herst. plast., mit der Spritzpistole auf Wände u. dgl. auftragfähiger

Mörtel wird dem Anmachwasser für Zement die wss. Suspension eines Polyvinylharzes, z. B. von Polyvinylacetat, im Gemisch mit einem leimartigen Stoff, wie Methylcellulose, sowie ca. 1% handelsübliche NaOH zur Einstellung des pH auf 4,5—5 zugesetzt. (**F. P. 1 162 347** vom 19/11. 1956, ausg. 11/9. 1958.) HANS HOFFMANN. 6227

Robert André Michaud, Frankreich, **Herstellung eines hydraulischen Bindemittels aus Braunkohlenflugasche.** Braunkohlenflugasche aus dem Provence-Becken wird mit gemahlener, granulierter Hochofenschlacke unter Zusatz von 1,5% $CaCl_2$ gemischt. (**F. P. 1 162 673** vom 12/10. 1956, ausg. 16/9. 1958.) HANS HOFFMANN. 6227

Gewerkschaft Keramchemie, Deutschland, **Herstellung kleiner korrosionsbeständiger Bauelemente.** Aus Asbest hergestellte Preßkörper werden längere Zeit der Einw. eines Vakuums ausgesetzt u. unter Aufhebung desselben mit der Lsg. eines härtungsfähigen Kunstharzes, z. B. eines fl. Phenolformaldehydharzes, getränkt u. anschließend durch Wärme gehärtet. (**F. P. 1 160 604** vom 22/11. 1956, ausg. 22/7. 1958. D. Prior. 24/11. 1955.) HANS HOFFMANN. 6229

Union Chimique Belge Soc. An., Belgien, **Behandeln von Bauelementen.** Zur Bindung des Staubes bei Zement u. dgl. Bindemittel enthaltenden Bauelementen werden diese mit der organ. Lsg. eines Harzes u. eines leicht verseifbaren Öles behandelt. Diese Lsg. besteht z. B. aus 10—30 (%) Cumaronharz, 30—50 Holzöl sowie einem zwischen 110 u. 120° sd. organ. Lsgm., wie Solventnaphtha. (**F. P. 1 156 883** vom 22/6. 1956, ausg. 22/5. 1958. Belg. Prior. 27/6. 1955.) HANS HOFFMANN. 6229

Gyproc Products Ltd., England, **Herstellung von Bauplatten.** Zur Herst. plattenförmiger Bauelemente wird eine schaumige Mischung benutzt, die aus 0,6—3,5 (Gew.-Teilen) Mineralwolle (I), 1 eines in W. lösl. Kunstharzes, wie Melamin-Formaldehyd (II), 0,25—6 Gips (III), 0,01—0,1 eines Schaummittels (IV), 1—7,5 W. (V) u. 0,02—0,2 eines Härtungsmittels für **II** besteht. — Beispiel für eine verformungsfähige Baustoffmischung: 1,25 **I**, 1 **II**, 3 **III**, 0,05 **IV**, 2,7 **V** u. 0,03 **VI**. — 3 Zeichnungen. (**F. P. 1 160 922** vom 27/11. 1956, ausg. 13/8. 1958. E. Prior. 28/11. 1955.) HANS HOFFMANN. 6229

René Martin, Marokko, **Herstellung verzierter Bauplatten.** Aus langfaserigem Asbest u. einem Bindemittel, wie Harz, Kunstharz oder Zement, werden Platten gepreßt, die nach ein- oder beidseitigem Polieren auf der mechan. bearbeiteten Fläche mit einem dünnen, porenverschließenden Überzug, z. B. einem Celluloselack, überzogen werden. Der Überzug wird an der Luft evtl. unter IR-Strahlung getrocknet u. mit der Verzierung versehen. (**F. P. 1 158 621** vom 21/9. 1956, ausg. 17/6. 1958.) HANS HOFFMANN. 6229

Hubertus Wessel, Deutschland, **Glasieren von Bauflächen.** Die zu glasierenden Bauflächen werden mit einer Haftschicht versehen, die dann mit einer therm. verglasbaren Masse überzogen wird. Zum Beispiel wird die betreffende Unterlage mit der wss. Lsg. eines K- u. Na-Wasserglasgemisches bestrichen. Auf diesen Überzug wird eine aus Wasserglas-Lsg., zerkleinertem Hochofenbims, Schamotte u. Sand bestehende Mischung aufgespatelt, die mit einer weiteren Schicht aus Sand, Schamotte, Schmelzzement u. Wasserglas-Lsg. überzogen wird. Nach dem Erhärten der Grundierung wird eine keram. Glasurmasse aufgetragen aus 19,09 (Teilen) Quarz, 30,55 Borax, 7,64 Na_2CO_3, 7,64 Kryolith, 4,55 Salpeter, 3,8 $BaCO_3$ u. 26,73 Feldspat sowie 3 Anmachewasser, die nach dem Trocknen therm. verglast wird. Entsprechende Öfen werden beschrieben. — 3 Abbildungen. (**F. P. 1 156 526** vom 24/7. 1956, ausg. 19/5. 1958. D. Prior. 26/7. u. 27/7. 1955.) HANS HOFFMANN. 6229

Union Carbide Corp., New York, N.Y., übert. von: Rugert S. Daniels, Union, und Anthony J. Mostello, Newark, N.J., V.St.A., **Ein Kunstharzgemisch,** das bes. als Bindemittel für *Schleifscheiben* geeignet ist, enthält ein schmelzbares, fein vermahlbares durch Säure katalysiertes Phenol-CH_2O-Harz (wobei die Phenolkomponente überwiegt) u. einen in W. unlösl. Polyvinylalkyläther (mit einer red. Viscosität >3) im Verhältnis 7:1. Gehärtet wird bei 102—150° in Ggw. von z. B. Hexamethylentetramin. (**A. P. 2 959 474** vom 27/1. 1956, ausg. 8/11. 1960.) F. KOCH. 6239

Dow Corning Corp., übert. von: **Paul Oppliger, Midland, Mich.**, V.St.A., *Schmieröl für Glas.* (**Can. P. 551 920** vom 3/11. 1956, ausg. 21/1. 1958. A. Prior. 12/3. 1956. — **C. 1959.** 12667 [A. P. 2 846 323].)

E. I. du Pont de Nemours & Co., Wilmington (Erfinder: **Wilbert Lee Gore**, Newark, **Alva Lewis Herman** und **Stanley Hiram Munger**, Wilmington), Del., V.St.A., *Sicherheitsverbundglas* (**D. A. S. 1 115 452** Kl. 39b vom 7/10. 1957, ausg. 19/10. 1961. A. Prior. 18/10. 1956. — **C. 1961.** 3447 [E. P. 828 381].)

Eduard Elpeltauer, Wien, Österreich, *Herstellung von Anhydritgipsplatten auf einer Strangpresse.* (**D. A. S. 1 113 894** Kl. 80b vom 26/2. 1959, ausg. 14/9. 1961. Oe. Prior. 1/3. 1958. — **C. 1960.** 6963 [Oe. P. 205 400].)

H. Liesche und **K.-H. Paschke**, Beton in aggressiven Wässern. Berlin: Verl. für Bauwesen. 1962. (184 S. m. 10 Abb. u. 15 Taf.) DM 9,50.

VII. Agrikulturchemie. Schädlingsbekämpfung

Bodenklassifikation. — Eine destruktive Kritik. T. A. Jones. (J. Soil Sci. 10 196—200. Sept. 1959. Trinidad, B.W.I., Imperial Coll. of Trop. Agric., Soil Survey and Res. Dep.) (Engl.)

Die Benutzung des Bodenprofils als Grundlage der Bodenklassifikation wird auf Grund prakt. u. theoret. Erwägungen kritisiert, einmal deshalb, weil mit dem 2dimensionalen Bodenprofil nicht die 4dimensionalen Eigg. eines Bodens zu kennzeichnen sind, zum anderen, weil ein Boden nicht eine diskrete Einheit (wie z. B. eine Pflanze) sondern Teil der Landschaft ist. Das „natürliche" Syst. von KUBIENA unterscheidet sich von dem „künstlichen" Syst. von LEEPER nur graduell, nicht prinzipiell: Die Meth. von LEEPER hat eine bestimmte Anzahl von Beschreibungsmöglichkeiten, die von KUBIENA eine vom derzeitigen Stand des Wissens begrenzte. Ein brauchbares Syst. der Bodenklassifikation ist nur möglich nach Annahme einer neuen Konzeption, die völlig frei ist von den fundamentalen Fehlern der Bodenprofilkonzeption.

WILFRIED WERNER. 6300 □

Eine Zwei-Cyclen-Theorie der tropischen Bodenkunde. C. D. Ollier. (J. Soil Sci. **10.** 137—48. Sept. 1959.) (Engl.)

An Hand der Ergebnisse geomorpholog. u. mineralog. Unterss. weist Vf. nach, daß die verbreitete Auffassung, nach der der Prozeß der Boden-Bldg. vom frischen Gestein ausgeht, für viele Böden Ugandas nicht zutrifft. Diese entstanden aus bereits vorverwittertem Gestein, wobei die erste Verwitterungsphase in oder vor dem Mitteltertiär vermutet wird. Die Boden-Bldg. begann nach der Herausbildung der jetzigen Oberfläche auf dem vorverwitterten Material. Vf. stellt die Unterscheidungsmerkmale seiner Theorie gegenüber den bisherigen klar heraus u. deutet auf ihrer Basis eine Reihe von Profilen u. Catena-Beziehungen. WILFRIED WERNER. 6300 □

Eine Untersuchung einer ostafrikanischen Catena. S. A. Radwanski und C. D. Ollier. (J. Soil Sci. **10.** 149—68. Sept. 1959.) (Engl.)

Vff. führten umfangreiche geomorpholog., mineralog., chem. u. physikal. Unterss. an Böden der Buwekula-Catena in Uganda durch. Die Ergebnisse lassen unter Verw. der „Zwei-Cyclen-Theorie" eine einwandfreie Deutung der Catena zu. Die verschiedenen Catenaglieder sind aus Ausgangsgestein unterschiedlich starker Vorverwitterung entstanden, wodurch auch die Unterschiede in der Profilausbildung zu erklären sind.

WILFRIED WERNER. 6300 □

Böden und Pflanzenarten in der Küstenzone von Guinea in ihrer Beziehung zur Reiskultur. 2. Mitt. **Das Gebiet von Koba.** H. Jacques-Félix und R. Chezeau. (Agronom. tropicale **15.** 609—23. Nov./Dez. 1960.) (Franz.) — 1. vgl. C. **1961.** 10713.

C. GOTTFRIED. 6300

Allgemeine Schlußfolgerungen aus Daten einiger Tanganyika-Böden. W. E. Calton. (J. Soil Sci. **10.** 169—76. Sept. 1959. Tanganyika, Dep. of Governm. Chem.) (Engl.)

Die von 105 Bodenprofilen aus den 8 wichtigsten Bodeneinheiten Ost-Tanganyikas vorliegenden chem., physikal. u. mineralog. Unters.-Ergebnisse werden im Hinblick auf die Möglichkeiten zur Verbesserung des Fruchtbarkeitszustandes dieser Böden ausgewertet. Vf. glaubt, daß eine dauerhafte Verbesserung dieser stark ausgewaschenen trop. Böden nicht durch eine einfache Kalkung erzielt werden kann, sondern durch eine gezielte Ca-, Mg- u. K-Zufuhr in der Art, daß eine für optimales Pflanzenwachstum erforderliche Sättigung des Sorptionskomplexes der Böden mit diesen 3 Kationen erreicht wird. WILFRIED WERNER. 6304 □

Der Zeitfaktor und die Entstehung von Böden im frühen Wisconsin-Geschiebe. D. R. Hensel und Joe L. White. (Clays and Clay Minerals **5.** 200—15. 1960. Lafayette, Ind., Purdue Univ., Agron. Dep.) (Engl.)

Mit Hilfe der Radio-C-Meth. wurde die Verwitterungszeit für Böden der Tazewell-Formation um 6400 Jahre länger gefunden als die der Cary-Formation. Von den 0—6 in. u. den 6—36 in. starken Gesteinen wurden die 2—0,2 μ-Fraktionen untersucht. Erstere enthalten als Tonsubstanz Illit u. 14 Å-Material, letztere Illit u. Montmorillonit. Der Verhältnisfaktor von Illit zum K_2O-Geh. schwankt zwischen 0,85 u. 0,92. Die Endmoränen haben höhere Illit-Geh. als die Grundmoränen. Durch die Verwitterung wurde die Oberfläche der Glimmer bei dem 0—6 in.-Material stärker angegriffen als bei dem 6—36 in.-Material. Durch Verwitterung verliert die Fraktion 0,2—2 μ des ersteren 0,1% K_2O/1000 Jahre. F. ENSSLIN. 6304 □

Ursprung und Entwicklung von Braunerden auf Flintstein-, Ton- und Hangablagerungen. B. W. Avery, I. Stephen, G. Brown und D. H. Yaalon. (J. Soil Sci. **10.** 177—95. Sept. 1959. Harpenden, Rothamsted Exp. Stat.) (Engl.)

Je ein charakterist. Bodenprofil für die engl. Batcombe- (**a**), Winchester- (**b**) u. Charity-Reihe (**c**) werden beschrieben. Die ersten beiden entwickelten sich auf einem Flintsteintonsubstrat, das dritte auf Hangablagerungen. Die Profilbeschreibungen werden ergänzt durch die Best. von pH-Werten, austauschbaren Kationen, Korngrößen-, Schwermineral-, Tonmineral-Zus. u. der mikromorpholog. Beschaffenheit. Die Unterss. ergaben, daß alle 3 Profile z. T. aus Löß entstanden sind. **a** u. **b** sind Zweistufenprofile auf einem Ausgangsmaterial aus Profilresten mit Rotlehm- u./oder Braunlehmgefüge u. oberflächlich inkorporiertem Löß. **c** wird als autochthones Profil angesehen, das sich auf Schotter aus Kalk- u. Kieselgeröll, durch Solifluktion mit Löß gemischt, entwickelt hat. Die Entw.-Bedingungen zu Sols lessivés werden besprochen. Wilfried Werner. 6304□

Kennzeichen von drei rotbraunen, lateritischen Böden von Georgia. C. B. England und H. F. Perkins. (Soil Sci. **88.** 294—302. Nov. 1959. Athens, Univ. of Georgia, Coll. Exp. Stat., Dep. of Agronomy.) (Engl.)

6 Böden aus den in Georgia in 3 untereinander ähnlichen Serien vorkommenden laterit. Böden wurden als repräsentative Proben untersucht. Die mineralog. u. chem. Eigg. in den entsprechenden Horizonten waren trotz des verschiedenen Ausgangsmaterials (Diorit–Gneis, Hornblende–Schiefer, Kalkstein, maritime Sedimente) relativ einheitlich: pH 5,0—6,0, Austauschkapazität 7,2—14,2 mVal/100 g, Gesamt-C 0,7—7,2%, austauschbares Mn 28—150 ppm (A-Horizont), bzw. 2—20 ppm (B-Horizont); austauschbares Fe 1—6 ppm, freie Fe-Oxide 2—11% Fe, in 0,002n H_2SO_4 lösl. P 4—7 ppm. Kaolinit ist in allen Horizonten in der Tonfraktion mit $>$40% Hauptbestandteil. Weiterhin liegen hier Vermiculit, Quarz, Gibbsit u. Goethit in der Mehrzahl der Horizonte vor. Intensive Verwitterung bei starker Durchfeuchtung haben diese Böden in die Nähe der rotgelben, podsoligen Böden gerückt. Der Beginn einer A_2-Entw. ist in mehreren Eigg. des A_3-Horizontes angedeutet. Wilfried Werner. 6304□

Beziehungen zwischen dem Nährstoffspiegel in der Pflanze, dem Nährstoffgehalt im Boden und dem Ertrag. Jindřich Kolářík. (Sborník českoslov. Akad. zemědělských Věd, rostlinná Výroba **4** (**31**). 1545—50. Dez. 1958. Ruzyně, ČSAZV, Výzk. úst. rostl. výroby.) (Tschech.)

Der Wrkg.-Grad der Nährstoffe in den oberird. Teilen der Pflanze in g/100 g Trokkensubstanz entspricht dem Wrkg.-Grad der im Boden vorhandenen, ausgedrückt in %/ha. Eine Unsicherheit besteht nur in der schlechten Best.-Möglichkeit im Boden, verglichen mit der in der Pflanze. Der Ertrag ist in Übereinstimmung mit Mitscherlich proportional dem Prod. aus dem Wrkg.-Grad der Nährstoffe der Pflanze u. dem der Nährstoffe im Boden, d. h. es besteht eine direkte Beziehung zwischen dem Nährstoffspiegel in Pflanze u. Boden. E. Rotter. 6304□

Die Verfügbarkeit des Kaliums in einigen Böden Tasmaniens. 1. Mitt. **Die Variabilität des Boden-Kaliums im Feld und seine Fraktionierung.** A. M. Graley, K. D. Nicolls und C. S. Piper. (Austral. J. agric. Res. **2.** 750—73. Sept. 1960. Hobart, C.S.I.R.O., Div. of Soils, Tasmanian Reg. Labor.) (Engl.)

Am sandigen Lehm von Frodsley sowie verwandten Bodentypen in Nord-Tasmanien weisen Vff. nach, daß die Unters.-Ergebnisse des Oberbodens je nach der Anzahl der Einstiche sehr stark variieren. Sogar bei einem Abstand der Einstiche von nur 3 ft. schwankte der Geh. des Bodens an austauschbarem K innerhalb eines Schlages bis um das 7fache. Auf die Notwendigkeit, gerade auf Vers.-Flächen eine genügende Anzahl von Proben zu analysieren, wird hingewiesen. — Die K-Nachlieferungsfähigkeit der Böden wird von Vff. durch Fraktionierung in folgende Fraktionen untersucht: a) wasserlösl. im gesätt. Extrakt, b) mit 1nNH_4Cl austauschbares K, c) mit 0,5n Essigsäure austauschbares K, d) mit 1nHNO_3 bei 10 Min. langem Kochen lösl. K = „schwer austauschbares" K, e) lösl. K bei 4std. Kochen mit konz. HCl u. f) Gesamt-K. Im Vers.-Boden waren 35% des nach b) erhaltenen K wasserlösl., was auf die Möglichkeit hoher Auswaschungsverluste hinweist. Nach d) wurden 90% mehr K extrahiert als nach b). Nach e) werden zusätzlich nur noch geringe K-Mengen gelöst, was auf eine geringe K-Reserve dieses Bodens schließen läßt. Tonmineralog. Unterss. bestätigen den mäßigen K-Versorgungszustand. Wilfried Werner. 6304□

Die Verfügbarkeit des Kaliums in einigen Böden Tasmaniens. 2. Mitt. **Erschöpfende Nutzung in Beziehung zur Kaliumreserve im Boden.** C. S. Piper und M. P. C. de Vries. (Austral. J. agric. Res. **2.** 774—804. Sept. 1960.) (Engl.) — 1. vgl. vorst. Referat.

Einige Böden unterschiedlichen K-Versorgungszustandes des Typs sandiger Lehm von Frodsley sowie verwandter Bodentypen wurden mit u. ohne K-Düngung kontinuierlich mit Lolium perenne u. Trifolium subterraneum bepflanzt, um die Beziehungen zwischen dem K-Entzug bei erschöpfender Beanspruchung u. den chem. ermittelten K-Reserven der Böden aufzuzeigen. K-Düngung führte zu höheren K-Geh. der Pflanzen. 84—95% des zugeführten K wurden entzogen. Auf den ungedüngten Böden korrelierte der K-Entzug eng mit dem „austauschbaren“ K des Bodens. Je höher der Geh. an „austauschbarem“ K lag, um so später wurde im Verlauf der verschiedenen Bepflanzungen ein Ansprechen auf K-Düngung festgestellt. Dies war dann der Fall, wenn das „austauschbare“ K auf mindestens 0,10—0,15 mVal/100 g abgesunken war. Die K-Aufnahme aus „nichtaustauschbarer“ Form war im allg. gering, war aber um so höher, je höher der Geh. des Bodens an in kochender 1n HNO_3 lösl. K war. Demnach bestand auch eine enge Relation zwischen dem Gesamt-K-Entzug u. dem „schweraustauschbaren“, HNO_3-lösl. Boden-K. — Tr. subterraneum zeigte akute K-Mangelsymptome bei K-Geh. zwischen 0,55 u. 0,63% in der Trockenmasse. Schwacher Mangel lag vor bei 0,84 bis 0,94% K. Bei >1,20% K waren die Pflanzen ausreichend mit K versorgt u. sprachen nicht mehr auf K-Düngung an. Wilfried Werner. 6304□

Zum Chemismus der Ortsteine der Rasenpodsolböden. B. N. Polski. (Почвоведение [Bodenkunde] **1961**. Nr. 2. 93—96. Febr. Sumy, Pädagog. Inst.) (Russ.; Auszug: Engl.)

Die chem. Zus. der Ortsteine variiert stark in Abhängigkeit von verschiedenen Faktoren, wie Ort der Entstehung, Größe, Geh. an Fe, Al u. anderen Elementen. Ortsteine aus mittelstark podsolierten, lehmigen bzw. leichtlehmigen Böden geograph. verschiedener Gebiete waren 1—3 mm groß u. enthielten (in %): 58,65—73,01 SiO_2, 5,06—17,01 Fe_2O_3, 10,09—15,17 Al_2O_3, 0,38—0,52 P_2O_5, 0,94—1,46 CaO, 1,02—1,35 MgO, 2,18—15,47 MnO, 0,43—0,51 SO_3. Nach ihrer chem. Zus. kann man Eisen-, Mangan- bzw. Eisen–Mangan-Ortsteine unterscheiden. Mit den Veränderungen der chem. Zus. ändert sich auch die Morphologie der Ortsteine beträchtlich.

M. Wroblewski. 6304□

Die qualitative Zusammensetzung der organischen Verbindungen in Gleyböden. Stanislav Najmr und Jan Urban. (Sborník českoslov. Akad. zemědělských Věd, rostlinná Výroba **4** (**31**). 1529—44. Dez. 1958. Ruzyně, ČSAZV, Výzk. úst. rostl. výroby.) (Tschech.)

Die Unters. zweier stark durch die Einw. von Grundwasser beeinflußter Böden ergibt: Die stoffliche Zus. der organ. Anteile stark vergleyter Böden unterscheidet sich grundsätzlich von der aller genet. Bodentypen; sie hat bes. folgende Merkmale: Niedriger bis verschwindender Geh. an eigenem Humus, Fehlen der Humate der 2wertigen Kationen, starkes Überwiegen der *Fulvosäuren* über *Huminsäuren*, niedriger Geh. an Reservehumus. Beim Fortschreiten des Prozesses ändert sich die Zus. der organ. Anteile durch hydrolyt. Abbau in Richtung nichtkoll. organ. Säuren. Es gibt noch keine Meth. zur Best. u. zahlenmäßigen Wiedergabe der verschiedenen Stufen des Vergleyens. Vff. glauben jedoch, daß die einfache Analyse der organ. Substanz der Böden dafür geeignet ist. Hauptfaktor im Vorgang der Boden-Bldg. sind die Fulvosäuren. Auf einen höheren Grad des Bodenabbaus u. ein starkes Sinken der natürlichen Fruchtbarkeit kann man schließen, wenn das Verhältnis Fulvosäuren/Huminsäuren >4 ist.

E. Rotter. 6304□

Anwendung des Isotops ^{32}P bei der Erforschung der Bewegung der Phosphorsäure in mächtiger Schwarzerde. P. P. Lewenetz. (Почвоведение [Bodenkunde] **1961**. Nr. 2. 74—78. Febr. Charkow, Landw. Inst.) (Russ.; Auszug: Engl.)

Bei niedrigem Feuchtigkeits-Geh. in mächtigem Tschernosem (40% der vollen Wasserkapazität) verlagert sich P des Düngers im Laufe der ersten 12 Tage nach der Gabe ca. 3 cm weit von der Stelle seiner Einbringung, bei hohem Feuchtigkeits-Geh. (80% der Wasserkapazität) bis zu 15—20 cm. Wird Superphosphat 5 cm seitlich von der Saatzeile verteilt, so kann es zunächst nur von ca. 20% der Pflanzen (Mais) ausgenutzt werden, deren prim. Wurzeln in unmittelbare Berührung mit den Düngerteilchen gelangen. Bei Einbringung 5 cm tief unter der Saatzeile wird eine starke P-Aufnahme durch die Pflanzenwurzeln möglich. Auch bei der Gabe mit dem Saatgut wurde eine intensive P-Aufnahme beobachtet. In der Variante mit tiefer Einbringung des Düngers unter der Saatzeile (15—25 cm tief) beginnt die P-Aufnahme einige Tage später als in den beiden vorhergehenden Varianten. M. Wroblewski. 6304□

Der Einfluß der Bodenverdichtung auf die Phosphoraufnahme durch Tomatenpflanzen aus einem Phosphatdünger. W. J. Flocker, J. C. Lingle und J. A. Vomocil. (Soil Sci. **88**. 247—50. Nov. 1959. Davis, Calif., Univ. of California.) (Engl.)

Mit 3 Vers.-Böden (2 sandige, 1 toniger Lehm) wurde in einem Gefäß-Vers. mit faktorieller Anlage die Wrkg. einer gesteigerten *P*-Düngung (0, 100, 200 lbs. P_2O_5/acre) auf Tomaten in Abhängigkeit von der Bodenverdichtung (1,0, 1,3, 1,6 g/cm³) untersucht. Das Wachstum der Pflanzen (gemessen am Frisch- u. Trocken-Gew. nach 6 Wochen) wurde auf allen Böden durch P deutlich verbessert. Auf den sandigen Lehmböden wirkte sich auch eine Verdichtung von 1,0 auf 1,3 g/cm³ positiv aus. Die Gesamt-P-Aufnahme stieg mit der P-Düngung an u. fiel mit zunehmender Verdichtung ab. Der radiometr. festgestellte Anteil des aus dem Dünger aufgenommenen P an der Gesamtaufnahme wurde dagegen durch die Bodenverdichtung nicht beeinflußt.

WILFRIED WERNER. 6304 □

Die Wirkung einer Ammoniumsulfatanwendung auf die Verfügbarkeit des Bodenphosphors für Citrus. D. Bouma. (Austral. J. agric. Res. **2.** 292—303. Mai 1960. Griffith, N.S.W., C.S.I.R.O., Irrigation Res. Stat.) (Engl.)

Bodenproben aus verschiedenen Parzellen eines langjährigen Feld-Vers., die steigende *N*-Mengen in Form von $(NH_4)_2SO_4$ (I) erhalten hatten, wurden mit NH_4NO_3 auf ein gleiches N-Niveau gebracht u. mit Citrus bepflanzt. Die Citrussämlinge zeigten ein um so schlechteres Wachstum, je stärker der Boden im Feld mit **I** gedüngt war. P-Analysen ergaben, daß die P-Aufnahme der Pflanzen aus dem am stärksten mit N gedüngten Boden am geringsten war. Die starke Verw. von **I** hat demnach über eine Versäuerung des Bodens zu einer Verringerung der P-Verfügbarkeit infolge Fixierung geführt. Bodenanalysen bestätigten, daß in dem stark mit N gedüngten Boden ein höherer P-Anteil als Al-Phosphat vorliegt als in dem Boden ohne **I**-Zufuhr. Superphosphatgaben verbesserten auf dem sauren Boden P-Aufnahme u. Wachstum der Pflanzen nur dann, wenn sie zusammen mit einer Mischung aus Ca- u. Mg-Silicat verabfolgt wurden. Rohphosphat zeigte eine bessere P-Wirkung.

WILFRIED WERNER. 6304 □

Die Baumwolldüngung in Westpakistan. 5. Mitt. **Die Wirkung von Stickstoff, Phosphor und Kalium allein und in Kombination auf den Ertrag von Saatbaumwolle.** A. Wahhab und Riaz Ahmad. (Empire J. exp. Agric. **29.** 73—78. Jan. 1961.) (Engl.) — 4. vgl. C. **1962.** 2512.

Die an 5 Standorten angelegten Feld-Verss. umfaßten die Varianten N (50 lbs./acre), P (62,5 lbs. P_2O_5), K (50 lbs. K_2O), NP, NK, PK u. NPK. Die Höhe der Dünger-Wrkg. war von Bodenart u. Sorte abhängig. An 4 Standorten wurden die höchsten Erträge durch P, NP, PK u. NPK erhalten, woraus auf eine P-Bedürftigkeit der Vers.-Böden zu schließen ist. Trotz dieser Mehrerträge durch P ist infolge der ungünstigen Relation zwischen Düngerkosten u. Erlös der Ernte-Prodd. eine P-Düngung nicht ökonomisch.

WILFRIED WERNER. 6304 □

Die Anzahl und Verteilung von Ammoniak oxydierenden Bakterien in einigen Böden von Nord- und Südaustralien. C. M. Sims und F. M. Collins. (Austral. J. agric. Res. **2.** 505—12. Juli 1960. Adelaide, Univ., Dep. of Microbiology.) (Engl.)

WILFRIED WERNER. 6306 □

Die Bekämpfung von Holzpflanzen bei möglichst geringer Schädigung der Kiefern. S. F. Potts. (Agric. Chemicals **16.** Nr. 7. 49—51. Juli 1961. Crawford, Miss.) (Engl.)

Zur Vernichtung unerwünschter Pflanzen u. Bäume in Kiefernforsten, z. B. vor dem Anlegen von Neuanpflanzungen u. an den seitlichen Begrenzungen von Kraftleitungen, Eisenbahnstrecken oder Straßen eignen sich *2.4-D* u. *2.4.5-T*. Um eine Schädigung des Kiefernbestandes zu verhindern, sind beim Einsatz der beiden selektiven Herbicide besondere Anwendungshinweise, die genau beschrieben werden, zu beachten. Eine Schädigung benachbarter Pflanzenkulturen, bedingt durch Abtreiben der Spritzmittel bei ungünstigen Windverhältnissen, läßt sich mit Hilfe von Zusätzen nichtflüchtigen Motorenöls u. langsam sich auflösender Chemikalien, wie *Diäthylenglykol* u. *Glycerin*, vermeiden.

W. KREIPE. 6312 □

Herbicide für die Unkrautvertilgung in Mais. Miloslav Frolíšek. (Za Socialist. Zemědělství **10.** 31—33. 7/1. 1960. Troubsko, ČSAZV, Výzk. úst. krmivářský.) (Tschech.)

In Freiland-Verss. werden zur Unkrautbekämpfung in Mais, der zur Silage dienen soll, angewandt: *Simazin* (I) in Gaben von 2, 3 u. 4 (kg/ha), *Agrion* (II) in Gaben von 1,0, 1,5 u. 2,0, *Rafex* (*DNOC*; III) 1,5—2,0 u. *DNBP* (IV) in Gaben von 4,0. Nach den Verss. bewährt sich **I** in Gaben von 4 zur Unterdrückung des Unkrautes bei gleichzeitiger Erhöhung der Ausbeute an Silagemais auf 126% sehr gut. Bei Anwendung vor dem Aufgehen der Saat bringt **II** gleichfalls gute Ergebnisse ohne Deformationen an Blättern u. Wurzeln. **III** vermindert den Unkrautwuchs, verbrennt jedoch die Maisblätter, **IV** ist bei Gaben bis zu 4 gegen Unkräuter unwirksam.

E. ROTTER. 6312 □

Untersuchungen über Unkrautbekämpfung in Hochlandreis. J. R. Velasco, M. R. Vega, P. A. Llena und S. R. Obien. (Philippine Agriculturist **44.** 373—93. Jan. 1961.) (Engl.)

Mehrjährige umfangreiche Unkrautbekämpfungs-Verss. in Hochlandreiskulturen ergaben, daß die besten Erfolge durch eine Kombination von mechan. Verff., chem. Meth. u. günstigen Anbaumaßnahmen erzielt werden. Empfohlen wird eine Handhacke 10—15 Tage nach der Pflanzung, eine *2.4-D*-Besprühung unmittelbar nach dem Handjäten u. eine weitere Besprühung 10—20 Tage nach der ersten. Bei Anwendung mehrerer chem. Herbicide [*Neburon, CMU, Kuron* (*2.4.5-TP*)] im Vorauflauf-Verf. wurden keine befriedigenden Resultate erzielt, was auf die hohen Ndd. zurückgeführt wird. WILFRIED WERNER. 6312□

Versuche zur chemischen Unkrautvertilgung in Wein- und Obstgärten. Raffaele Carlone. (Ann. Accad. Agric. Torino **101.** 231—56. 1958/1959.) (Ital.)

In den Provinzen Turin, Alessandria u. Asti wurden Verss. zur Unkrautvertilgung in Obst- u. Weingärten ausgeführt. Eine gute herbicide Wrkg. zeigte *Weedazol* mit Gaben von 5—8 kg/ha u. 12 kg/ha u. *Dalapon* nur mit Gaben >12 kg/ha. Die beste, mehrere Monate andauernde Wirksamkeit ohne Schäden an Bäumen u. Reben hatten *Monuron* u. *Diuron* mit einer Dosis von 6 kg/ha in 1000 Liter Wasser. In allen Fällen sind aufgelockerte Böden u. eine gleichförmige Verteilung der Herbicide (bis zu 5—10 cm Tiefe) notwendig. G. PLATZER. 6312□

Der Einfluß des Kupfers bei der Bekämpfung der Rostmilbe mit vier Rostmilben-Miticiden. Roger B. Johnson. (Citrus Ind. **42.** Nr. 3. S. 5—7. u. 16. März 1961.) (Engl.)

Die Citrusrostmilbe Phyllocoptruta oleivora (Ashm.) wurde mit 0,5 u. 1,0 lb. 65% ig. *Zineb* (**I**), 10,0 lbs. *S*, 0,5 lb. *Chlorobenzilate* (**II**) u. 0,5 lb. *Kepone* (**III**) pro 100 gal. jeweils allein oder kombiniert mit 0,7 oder 1,4 lbs. 53% ig. *3bas. Cu-Sulfat* (**IV**) behandelt. Die vernichtende Wrkg. hielt bei Spritzungen mit 0,5 lb. **I** 11, mit S 7, mit **II** 10 u. mit **III** 13 Wochen an. Zusätze von **IV** beeinflußten die Wirksamkeit von S, **II** u. **III** in keiner Weise, setzten die von **I** jedoch erheblich herab. In Übereinstimmung mit früheren Unters.-Befunden scheint dies darauf zu beruhen, daß **I** u. **IV** chem. miteinander reagieren. W. KREIPE. 6312□

Polymere und hochpolymere Verbindungen beim Pflanzenschutz. I. M. Poljakow, Ss. W. Andrejew und A. W. Chotjanowitsch. (Защита Растений от Вредителей и Болезней [Pflanzenschutz] **5.** Nr. 9. 14—17. Sept. 1960.) (Russ.)

Polyvinylacetat (**I**), angewandt als 0,5- bzw. 1,0- bzw. 3,0% ig. Emulsion mit DDT, erhöhte die Haftfestigkeit von DDT beim Saatgutbeizen von Weizen, Mais u. Gelber Robinie von 30,0—53,9% der aufgetragenen DDT-Menge (bei der Anwendung von trockenem Staub-DDT) auf 55,5—90,9 bzw. 65,7—91,0 bzw. 71,6—93,9%. Für die DDT-Suspension in 1- bzw. 3- bzw. 6% ig. Lsg. von Holzteer stieg die Haftfestigkeit am Samen auf 69,1—82,9 bzw. 73,4—89,1 bzw. 74,2—90,9%. Auf den Pflanzen (Blätter von Apfelbaum, Eiche, Baumwolle) erhöhte sich die Haftfestigkeit für DDT durch die untersuchten klebenden Präpp. im Durchschnitt um das 5fache. Auch bei der Unkrautbekämpfung sowie bei der Behandlung der Pflanzen mit Wuchsstoffen, Düngemitteln usw. können **I** u. Holzteer Anwendung finden. M. WROBLEWSKI. 6312□

Die Methoden der Düngemittelanalyse im Rahmen des Gemeinsamen Marktes. Clément Duval. (Chim. analytique **43.** 3—4. Jan. 1961.) (Franz.)

Vf. zeigt die auf Grund verschiedener Gesetzgebung u. Produktions-Verff. im Hinblick auf eine Vereinheitlichung der Analysenvorschriften entstehende Problematik auf. R. F. HAAR. 6322□

Der Salzeffekt bei der pH-Messung bei flüssigen Düngemitteln mit Farbindicatoren. David G. Rands. (J. agric. Food Chem. **9.** 357—59. Sept./Okt. 1961. East St. Louis, Ill., Southern Illinois Univ.) (Engl.)

Bei hohen Salz-Konzz. in fl. Mischdüngemitteln wurde bei der pH-Messung eine Verschiebung des Farbumschlagintervalls beobachtet. Dies führt zu Fehlmessungen. Es werden die theoret. u. prakt. Aspekte dieses Salzeffektes diskutiert. W. KÖLLING. 6322□

Bericht über Stickstoff in Düngemitteln. H. A. Davis. (J. Assoc. off. agric. Chemists **41.** 525—29. Aug. 1958. Durham, N.H., New Hampshire Agricult. Exp. Stat.) (Engl.)

Die Meth. zur Best. von N in Düngemitteln nach FORD (C. **1959.** 7896) wurde weiter erprobt. Abschließende Beurteilung ist noch nicht möglich. PH. FRESENIUS. 6322□

Gemeinschaftsuntersuchungen über die Bestimmung von Kalium in Düngemitteln. O. W. Ford. (J. Assoc. off. agric. Chemists **43.** 472—74. Aug. 1960. Lafayette, Ind., Purdue Univ.) (Engl.)

Das früher (C. **1961.** 16979) vorgeschlagene Verf. wird nach dem Vorschlag von EPPS u. BURDEN (C. **1962.** 1004) abgewandelt. Außerdem wird zur Einstellung der Na-Tetraphenylboranat (**I**)-Lsg. KH_2PO_4 statt KCl verwendet u. die Zephiren-Lsg. so eingestellt, daß 2 ml davon 1 ml I-Lsg. entsprechen. Eine in mehreren Labor. ausgeführte Nachprüfung dieser Arbeitsweise führt zu geringeren Abweichungen, als andere Unterss. früher ergeben haben. Das Verf. wird ebenso wie die flammenphotometr. Best. als offizielle Arbeitsweise empfohlen. W. WESLY. 6322 □

Beitrag zur Bestimmungsmethode des Bodenstrukturzustandes. Václav Novák und Vladimír Zvanovec. (Sborník českoslov. Akad. zemědělských Věd, rostlinná Výroba **4** (**31**). 1519—28. Dez. 1958. Brno, Vys. škola zeměd.-lesn., kat. půdoznal. a meteorologie.) (Tschech.)

Zur Vereinfachung der Aggregatanalysen u. zur Feststellung, ob verschiedene Vorbereitungsarten der Bodenproben von Einfl. sind, werden verschiedene Bodentypen nach der Meth. von NOVÁK in 2 Modifikationen u. nach der von CYGANOV untersucht. Die Prüfung der Proben erfolgt normal u. in Siebfraktionen; dabei zeigt sich, daß die Vorbereitungsart auf das Ergebnis der Aggregatanalyse ohne Einfl. ist. Bei der Feststellung der Capillarsättigung durch 1- u. 24std. Benetzen von Schwarzerde- u. Alluvialböden wird gefunden, daß die 1std. Sättigung unzuverlässig ist, die 24std. jedoch die maximale Wasserfestigkeit wiederherstellt. E. ROTTER. 6324 □

Hochfrequenztitrationen von Bodenkolloidsystemen. Lubomír Pavel und Miroslav Zázvorka. (Sborník českoslov. Akad. zemědělských Věd, rostlinná Výroba **4** (**31**). 1559—68. Dez. 1958. Praha, Vys. škola zeměd., kat. půdoznalszví, agrochemie a agrometeorol.) (Tschech.)

Beschreibung eines neuen Gerätes zur Durchführung von *Hochfrequenztitrationen* (HT) an Boden- u. bodenähnlichen Koll.-Syst. (2 Schemata, 7 Diagramme) bei einer Frequenz von 420 MHz. Die Meßzelle wird ausführlich beschrieben. Folgende Suspensionen werden untersucht: *H-Bentonit* (**I**), *H-Kaolinit*, eine *H-Tonfraktion* (**II**), *Huminsäure* MERCK, eine *Huminsäurefraktion aus Torf* (**III**) u. eine Fraktion eines von bas. Kationen befreiten Bodens (**IV**). Die HT von mit 1nHCl ausgewaschenem **I** weist mit zwei Inflexionspunkten auf fortschreitende Desorption von H^+- u. Al^{3+}-Ionen hin. Die komplizierte HT von **II** ist in Übereinstimmung mit deren mineralog. Zus., während bei **III** eine Uneinheitlichkeit gefunden wird, die die Best. organ. Anteile des Bodens möglich erscheinen läßt. Die Probe **IV** läßt die rasche Best. der maximalen Sorptionskapazität des Bodens zu. E. ROTTER. 6324 □

Die Bestimmung kleiner Mengen Zinn und Kupfer. P. G. Curtis. (Mining Mag. **105**. 21—23. Juli 1961.) (Engl.)

Zur Best. kleiner Mengen Sn in Böden u. Ablagerungen schmilzt man die Probe mit NH_4J, laugt die Schmelze mit verd. HCl aus, versetzt mit Na-Acetat–Puffer-Lsg. u. Methylenblau-Lsg. u. vergleicht die Farbstärke mit Eichlösungen. Zur Best. von Cu versetzt man eine andere Probe der HCl-Extraktion mit NH_4-Citrat-Puffer-Lsg. u. Dithizon-Lsg. u. vergleicht die Farbstärke mit der von Eichlösungen. W. WESLY. 6324 □

État Français, représenté par le Ministre de la Défense Nationale et des Forces Armées (Direction des Poudres), Frankreich (Erfinder: Robert Lévy und Yves Ménoret), **Beeinflussung des Pflanzenwachstums** durch Verw. substituierter Harnstoff- bzw. Thioharnstoff-Verbb. in Form von Suspensionen als Spritzmittel. An Wirkstoffen sind genannt: *1.2.4-Triazolylharnstoff* (F. 173°), *1-[1'.2'.4'-triazolyl]-3-dimethylharnstoff* (F. 145°), *1-[1'.2'.4'-Triazolyl]-3-allylthioharnstoff* (F. 134°), *[5-Methyl-1.2.4-triazolyl]-harnstoff* (F. 162°), *1-[1'.2'.4'-Triazolyl]-3-phenylthioharnstoff* (F. 300°), *1-[1'.2'.4'-Triazolyl]-3-[p-chlorphenyl]-thioharnstoff* (F. 300°), *1-[1'.2'.4'-Triazolyl]-3-[m-chlorphenyl]-thioharnstoff* (F. 300°). (**F. P. 1 193 374** vom 17/3. 1958, ausg. 2/11. 1959.) W. WITTHOLZ. 6297

J. R. Geigy Soc. An., Schweiz (Erfinder: John Vahan Simonian, Harry Kroll und Janet Brooks Peterson), **Herstellung von Harnstoffderivaten** der allg. Formel I (n = 0—4; R = Halogen, Alkyl-, Alkoxy-, Acylamido- oder Alkylaminogruppe; X = H oder Alkylrest; Y = —CN oder zusammen mit X = Carbonylgruppe; R_1 = Alkylrest), dad. gek., daß man a) ein entsprechendes aromat. Isocyanat mit einem Alkylaminoacetonitril umsetzt u. ggf. zum Hydantoin cyclisiert, b) ein Cyanmethylcarbamoylhalogenid in Ggw. eines säurebindenden Mittels mit einem entsprechenden aromat. Amin umsetzt oder c) einen Harnstoff **I**, worin X = H u. Y = —$COOR_2$ (R_2 = Alkylrest) zum Hydantoin-Deriv. cyclisiert. — 45 (Teile) Sarkosinnitril werden in Bzl. allmählich bei 40—50° mit 98,6 o-Chlorphenylisocyanat in 100 W. versetzt, 3 Std. wird gekocht u. Ligroin zugesetzt. Nach Stehen krist

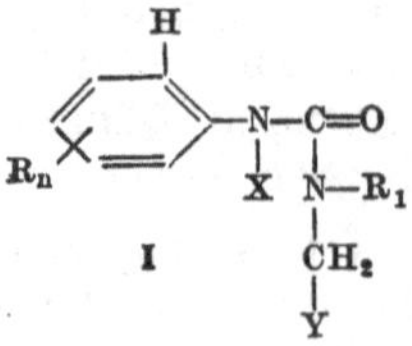

I

3-[o-Chlorphenyl]-1-methyl-1-cyanmethylharnstoff, F. 87,5—88,5°. — Weitere 1-Methyl-1-cyanmethylharnstoffe: *3-[p-Chlorphenyl]-*, F. 92—96°. — *3-[m-Chlorphenyl]-*, F. 96—98,5°. — *3-[3.4-Dichlorphenyl]-*, F. 104—107°. — *3-[2.4.5-Trichlorphenyl]-*. — *3-[2.4-Dichlorphenyl]-*, F. 120—126°. — *3-[m-Tolyl]-*. — *3-[p-Tolyl]-*, F. 120—128°. — *3-[3.4-Dimethylphenyl]-*, F. 153—155°. — *3-[p-Methoxyphenyl]-*, F. 104—112°. — *3-[2.5-Dimethoxyphenyl]-*, F. 136—141°. — *3-Phenyl-3-methyl-*. — *3-[3-Trifluormethyl-4-chlorphenyl]-*, F. 139—143°. — *3-[p-Acetylaminophenyl]-*, F. 176—177°. — *3-[p-Dimethylaminophenyl]-*, F. 122—124,5°. — *3-[p-Chlorphenyl]-*, F. 88—96°, u. *3-[3.4-Dichlorphenyl]-1-isopropyl-1-cyanmethylharnstoff*. — *1-Isopropyl-3-[p-chlorphenyl]-*, F. 107 bis 109°, u. *-3-[3.4-dichlorphenyl]-hydantoin*, F. 77—78°. — Ausgangsstoffe sind p- u. m-Chlorphenyl-, 3.4-Dichlor-, 2.4-Dichlor-, 2.4.5-Trichlorphenylisocyanat, m- u. p-Tolylisocyanat, 3.4-Dimethylphenylisocyanat, N-Isopropylaminoacetonitril, p-Methoxyphenylisocyanat, 2.5-Dimethoxyphenylisocyanat, N-Methylanilin, N-Methyl-N-cyanmethylcarbamoylchlorid ($Kp._{17-18}$ 124—137°; n_D^{25} 1,485), 3-Trifluormethyl-4-chloranilin, p-Aminoacetanilid, N.N-Dimethyl-p-phenylendiamin, 3-[p-Chlorphenyl]-1-isopropylcarbäthoxymethylharnstoff. — *Herbicide.* (**F. P. 1212100** vom 22/7. 1958, ausg. 22/3. 1960. A. Prior. 23/7. 1957.) S. BÖTTCHER. 6313

Dow Chemical Co., übert. von: David A. Gordon, Midland, Mich., V.St.A., **2.7-Dimethyl-3.5-octadiin-2.7-diol-bis-(p-chlorbenzoat),** $(CH_3)_2C(OCOC_6H_4Cl)-C{\equiv}C-C{\equiv}C-C(OCOC_6H_4Cl)(CH_3)_2$, aus Methylcyclohexan F. 139—140,5°, erhält man durch Rk. von 2.7-Dimethyl-3.5-octadiin-2.7-diol mit p-Chlorbenzoylchlorid in Ggw. von tert.-Aminen (Pyridin) als säurebindende Mittel, ggf. in Ggw. von Ae. oder Bzl. als Lsgm. bei 0—80°, bes. 10—50°. — *Schädlingsbekämpfungs-* u. *Unkrautbekämpfungsmittel; Fungicid.* (**A. P. 2 913 485** vom 19/5. 1958, ausg. 17/11. 1959.) G. KRAUSS. 6313

Monsanto Chemicals Ltd. (Erfinder: David Roderick Lewis und John Payne), **Fungicides Mittel.** Zum Schutz von Citrusfrüchten beim Versand behandelt man die Früchte vorher mit einer ca. 0,3% ig. wss. Lsg. eines Gemisches, das aus *Benzoesäure* (I) u. 2½—20% (bezogen auf I) eines Netzmittels, z. B. eines *Alkylarylsulfonats*, besteht. (**Aust. P. 222 833** vom 25/1. 1957, ausg. 13/8. 1959. E. Prior. 27/1. 1956.) O. ROICK. 6313

Dow Chemical Co., übert. von: Harry F. Brust, Midland, Mich., V.St.A., **Borsäurehalogenaryloxyalkylester** erhält man durch Erhitzen von bes. 1 Mol H_3BO_3 mit bes. 3 Mol Halogenaryloxyalkanolen auf 70—180° in Ggw. eines Lsgm. (Toluol, Bzl., Chlorbenzol, CCl_4) unter azeotroper Entfernung des Wassers. — Aus 0,33 Mol H_3BO_3 u. 1 Mol 2-(2.4.5-Trichlorphenoxy)-äthanol in 300 cm³ Toluol bei 116—122° nach 6½ Std. → *Tris-(2-[2.4.5-trichlorphenoxy]-äthyl)-borat*, $(Cl_3C_6H_2OCH_2CH_2O)_3B$, F. 120—124°. — 2-(2.4.5-Trichlorphenoxy)-1-propanol → *Tris-(2-[2.4.5-trichlorphenoxy]-1-propyl)-borat*, n_D^{25} 1,5740. — 4-(2.4-Dichlorphenoxy)-1-butanol → *Tris-(4-[2.4-dichlorphenoxy]-1-butyl)-borat*, $D._{25}^{25}$ 1,305; n_D^{25} 1,5567. — 4-(2-Methyl-4-chlorphenoxy)-1-butanol → *Tris-(4-[2-methyl-4-chlorphenoxy]-1-butyl)-borat.* — 3-(4-Bromphenoxy)-butanol → *Tris-(3-[4-bromphenoxy]-1-butyl)-borat.* — 2-(2.3.4.5-Tetrachlorphenoxy)-äthanol → *Tris-(2-[2.3.4.5-tetrachlorphenoxy]-äthyl)-borat.* — 1-(2.4.5-Tribromphenoxy)-2-propanol → *Tris-(1-[2.4.5-tribromphenoxy] 2 propyl) borat.* — 2-(2.4-Dibromphenoxy)-1-propanol → *Tris-(2-[2.4-dibromphenoxy]-1-propyl)-borat.* — *Schädlingsbekämpfungs-* u. *Unkrautbekämpfungsmittel*, bes. gegen *Milben, Blattläuse, Bakterien* u. *Pilze.* (**A. P. 2 904 578** vom 3/2. 1958, ausg. 15/9. 1959.) G. KRAUSS. 6313

Rohm & Haas Co. (Erfinder: Earl William Lane, Philadelphia, Pa., und Warren Dexter Niederhauser, Huntsville, Ala., V.St.A., **Bis-(cyanpentenoxy)-alkane** der allg. Formel $NCCH_2CH{=}CHCH_2CH_2O-R-OCH_2CH_2CH{=}CHCH_2CN$ erhält man durch Rk. von wenigstens 1 Mol einer β,γ-ungesätt. Halogen-Verb. der allg. Formel $(XCH_2CH{=}CHCH_2CH_2O)_2R$ (X = Cl, Br; R = Alkylen mit 2—8 C-Atomen) mit wenigstens 2 Mol einer cyanidabgebenden Verb., bes. von Na, K, Li, Cu, oder mit HCN in Ggw. von NaCl bei 40—175°, bes. 55—140°, u. wenigstens normalem Druck in einem inerten Lsgm. (W., Methanol, A., Isopropanol, Propanol, Chlf., Äthylendichlorid, Acetonitril u. deren Mischungen). — Aus Bis-(chlorpentenoxy)-äthan u. CuCN in Acetonitril bei 80° → *Bis-(cyanpentenoxy)-äthan*, $Kp._{1,7}$ 200—210°; 97% (Ausbeute). — Bis-(chlorpentenoxy)-propan + HCN in Ggw. von CuCl, KCl u. konz. HCl → *Bis-(cyanpentenoxy)-propan*, $Kp._{2,6}$ 210—216°; 96%. — Bis-(chlorpentenoxy)-butan → *Bis-(cyanpentenoxy)-butan*, $Kp._{1,5}$ 205—212°; 98%. — Bis-(chlorpentenoxy)-hexan → *Bis-(cyanpentenoxy)-hexan*, $Kp._{1,2}$ 220—228°; 96%; auch erhältlich aus dem entsprechenden Br-Derivat. — Bis-(chlorpentenoxy)-octan → *1.8-Bis-(5-cyan-3-penten-1-oxy)-octan*, $Kp._{1,2}$ 230—245°; 96%. — Die Ausgangsstoffe werden nach D. A. S. 1 039 507;

C. **1959.** 12691 oder A. P. 2 829 174; C. **1962.** 3990 erhalten. — *Ungeziefervernichtungsmittel*, bes. zum Betäuben u. Abtöten der Hausfliege. Die Verbb. geben ferner nach Rk. mit Dicyandiamid Schutzüberzüge, bes. für Metalle; mit Thioalkoholen Zusatzstoffe für Schmieröle. — Vgl. E. P. 778 934; C. **1958.** 11077. (**D. A. S. 1 065 841** Kl. 12o vom 11/7. 1955, ausg. 24/9. 1959. **E. P. 775 404** vom 7/7. 1955, ausg. 22/5. 1957. Beide A. Prior. 13/7. 1954. **A. P. 2 765 333** vom 13/7. 1954, ausg. 2/10. 1956.) G. Krauss. 6313

Dow Chemical Co., übert. von: David A. Gordon, Midland, Mich., V.St.A., **2-Allyloxy-5-chlorbenzophenon,** aus Methanol F. 40—41°; lösl. in Aceton, schwach lösl. in W., erhält man durch Rk. von Allylbromid mit 5-Chlor-2-hydroxybenzophenon in Ggw. von wss. Alkali u. Methyläthylketon als Lsgm. bei 50—100°, bes. 80°. — *Schädlingsbekämpfungsmittel*, bes. gegen *Spinnmilben* (Tetranychus bimaculatus), *Insekten* u. *Gliedertiere*. (**A. P. 2 906 778** vom 8/5. 1958, ausg. 29/9. 1959.) G. Krauss. 6313

Dow Chemical Co., Midland, Mich., übert. von: Howard Johnston, Concord, Calif., V.St.A., **Bis-(3-halogen-2-chlorpropenyl)-sulfid** der allg. Formel $X-CH_2-CCl=CH-S-CH=CCl-CH_2X$ (X = Br, Cl). 0,2 Mol SCl_2 werden mit 0,4 Mol Propargylbromid bei 25° umgesetzt; durch Dest. erhält man *Bis-(3-brom-2-chlorpropenyl)-sulfid*, F. 30°; Kp.$_3$ 35°. — Propargylchlorid → *Bis-(2.3-dichlorpropenyl)-sulfid*, viscose Fl.; Cl-Geh. 56,1%. — *Insekticide, Baktericide, Fungicide*, bes. gegen *Spinnmilben, Fusarium solani, Rhizoctonia solani*. (**A. P. 2 908 717** vom 4/8. 1958, ausg. 13/10. 1959.) G. Krauss. 6313

Dow Chemical Co., Midland, Mich., übert. von: Howard Johnston, Concord, Calif., V.St.A., **Bis-(halogenalkenyl)-sulfide** der allg. Formel $X-CH_2-CCl=C(CH_2X)-S-C(CH_2X)=CCl-CH_2X$ (X = Br, Cl). Durch Rk. von 0,24 Mol SCl_2 mit 0,4 Mol 1.4-Dibrom-2-butin in 20 cm³ Methylenchlorid erhält man bei 10—50°, bes. 30°, nach 16 Std. *Bis-(3-brom-2-chlor-1-[brommethyl]-propenyl)-sulfid*, F. 95—96°. — 1.4-Dichlor-2-butin → *Bis-(2.3-dichlor-1-[chlormethyl]-propenyl)-sulfid*, F. 72—73°. — *Insekticide, Baktericide, Fungicide, Nematocide*, bes. gegen *Spinnmilben* u. *Rhizoctonia solani*. (**A. P. 2 910 509** vom 4/8. 1958, ausg. 27/10. 1959.) G. Krauss. 6313

Dow Chemical Co., Midland, Mich., übert. von: Howard Johnston, Concord, Calif., V.St.A., **2.2′-Thio-bis-(3-chlor-N.N′-dialkyl-2-buten-1.4-diamine)** der allg. Formel $R-NH-CH_2-CCl=C(CH_2-NH-R)-S-C(CH_2-NH-R)=CCl-CH_2\cdot NH-R$ (R = Alkyl mit 10—14 C-Atomen) erhält man durch Rk. von überschüssigem Alkylamin mit Bis-(halogenalkenyl)-sulfid (hergestellt nach A. P. 2 910 509, vgl. vorst. Ref.) bei 15—50°. — Aus 0,03 Mol Bis-(2.3-dichlor-1-[chlormethyl]-propenyl)-sulfid, F. 72—73°, in 50 cm³ Hexan u. 0,24 Mol Dodecylamin in 100 cm³ Hexan bei Raum-Temp. → *2.2′-Thio-bis-(3-chlor-N.N′-didodecyl-2-buten-1.4-diamin)*, rötliche, wachsartige Masse, F. 35°. — Tetradecylamin → *2.2′-Thio-bis-(3-chlor-N.N′-ditetradecyl-2-buten-1.4-diamin)*. — Decylamin → *2.2′-Thio-bis-(3-chlor-N.N′-didecyl-2.2′-buten-1.4-diamin)*. — Tridecylamin → *2.2′-Thio-bis-(3-chlor-N.N′-ditridecyl-2-buten-1.4-diamin)*. — Undecylamin → *2.2′-Thio-bis-(3-chlor-N.N′-diundecyl-2-buten-1.4-diamin)*. — *Insekticide, Baktericide, Fungicide*, bes. gegen *Milben, Nematoden* u. *Alternaria solani*. (**A. P. 2 915 556** vom 4/8. 1958, ausg. 1/12. 1959.) G. Krauss. 6313

Dow Chemical Co., übert. von: Joseph E. Dunbar, Midland, Mich., V.St.A., **N.N′-Bis-(dialkylthionophosphono)-p-benzochinondiimine** der allg. Formel **I** erhält man durch Dehydrieren von N.N′-p-phenylen-bis-[dialkylthionophosphorsäureamiden] der allg. Formel **II** (R u. R′ = Alkyl mit 1—4 C-Atomen; X = H, Cl) mit Pb-Tetraacetat bei

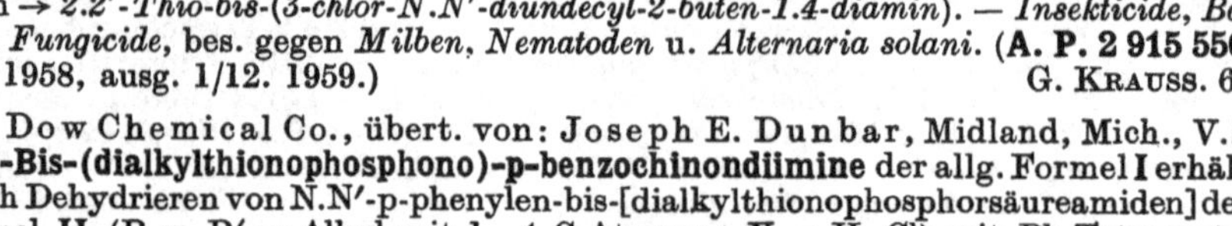

—10 bis +50° in Ggw. eines Lsgm. (Chlf., Bzl., Toluol, Xylol). — Aus 0,0831 Mol N.N′-p-Phenylen-bis-[dimethylthionophosphorsäureamid], F. 156°, in 450 cm³ Chlf. u. 0,0928 Mol Pb-Tetraacetat unter Kühlen bei 0°, dann Filtrieren, Waschen mit wss. Na_2CO_3 u. W. → *N.N′-Bis-(dimethylthionophosphono)-p-benzochinondiimin*, F. 127 bis 128°. — N.N′-[2-Chlor-p-phenylen]-bis-[dimethylthionophosphorsäureamid], F. 135 bis 136°, → *2-Chlor-N.N′-bis-(dimethylthionophosphono)-p-benzochinondiimin*, aus Cyclohexan, F. 128—129°. — N.N′-p-Phenylen-bis-[di-n-butylthionophosphorsäureamid] → *N.N′-Bis-(n-dibutylthionophosphono)-p-benzochinondiimin*. — N.N′-p-Phenylen-bis-[O-äthyl-O-methylthionophosphorsäureamid] → *N.N′-Bis-(äthylmethylthionophos-*

phono)-p-benzochinondiimin. — *2-Chlor-N.N'-bis-(diäthylthionophosphono)-*, *2-Chlor-N.N'-bis-(diisopropylthionophosphono)-*, *N.N'-Bis-(methylisopropylthionophosphono)-*, *2-Chlor-N.N'-bis-(di-sek.-butylthionophosphono)-*, *N.N'-Bis-(di-n-propylthionophosphono)-p-benzochinondiimin.* — *Schädlingsbekämpfungsmittel; Baktericide, Fungicide, Insekticide*, bes. gegen *Spinnmilben* u. *Blattläuse.* — Die Ausgangsstoffe erhält man durch Rk. von O.O-Dialkylthiophosphorsäurechloriden mit p-Phenylendiamin in Ggw. von Alkalihydroxid als säurebindendem Mittel bei 0—90°. Die 2-Chlor-Derivv. entstehen durch Anlagern von HCl an das Diimin in Chlf. bei 20—50°. (**A. P. 2 907 775** vom 21/7. 1958, ausg. 6/10. 1959.) G. KRAUSS. 6313

„Shell" Research Ltd. (Erfinder: Philip Gerolt), **Insekticides Mittel,** bes. geeignet zur Bekämpfung von Moskitos u. Fliegen in trop. u. subtrop. Gegenden, erhält man durch Verschmelzen des DIELS-ALDER-Addukts der Zus. **I** (X = Halogen) wie Aldrin, Dieldrin, Endrin oder Isodrin, mit Stoffen, wie Kolophonium, Cumaronharzen oder Asphaltiten, wie Gilsonit, bei Temp. von 50—250°, zu einer homogenen Masse, die beim Erkalten in fester Lsg. ein hartes, bröckliges, vermahlbares Mittel darstellt, das in fein verteilter Form beim Aufbringen u. Verweilen auf Unterlagen mit absorptiven oder adsorptiven Eigg. nicht entaktiviert wird, da ein Eindringen in das Innere dieser Unterlagen nicht erfolgt. — Tabellen über die Wirksamkeit der Mittel gegen *Musca domestica.* (**Aust. P. 222 921** vom 6/5. 1957, ausg. 13/8. 1959. E. Prior. 7/5. 1956.) O. ROICK. 6313

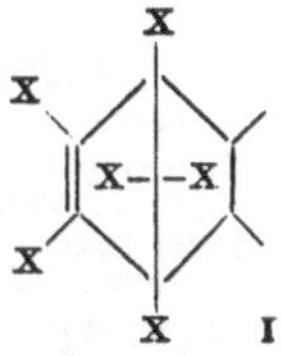
I

Soc. des Usines Chimiques Rhône-Poulenc, Frankreich (Erfinder: Jean Métivier), **Herstellung von Phosphorsäureestern** der allg. Formel $(RO)_2P-(:X_1)\cdot X_2A\cdot Y\cdot B\cdot CONR_1R_2$ (X_1 u. X_2 = O oder S; A = Äthylen- oder Isopropylenrest; B = Methylen- oder Äthylidenrest; Y = SO oder SO_2; R = Alkylrest; R_1 u. R_2 = H, Alkyl-, Phenyl-, Cyclohexyl- oder gemeinsam mit N = heterocycl. Rest.), dad. gek., daß man z. B. Dithiophosphorsäuren $(RO)_2P(=S)-SH$ mit Verbb. $CH_2=CH-YBCON\cdot R_1R_2$ umsetzt oder Verbb. der Formel $(RO)_2P(:X_1)-X_2-A-S-B-CONR_1R_2$ oxydiert. — *N-Methyl-5-[O.O-diäthyldithiophosphato]-3-thia-3.3-dioxovaleramid,* F. 55°, aus N-Methyl-5-chlor-3-thia-3.3-dioxovaleramid (F. 115°) u. O.O-Diäthyldithiophosphorsäure. — *N-Methyl-5-[O.O-diäthyldithiophosphato]-3-thia-3-oxo-2-methylvaleramid,* aus N-Methyl-5-chlor-3-thia-3-oxo-2-methylvaleramid (F. 84—86°). — *5-[O.O-Diäthyldithiophosphato]-3-thia-3-oxovaleramid,* aus 5-Chlor-3-thia-3-oxovaleramid (F. 158°). — *5-[O.O-Diäthyldithiophosphato]-3-thia-3.3-dioxovaleramid,* F. 72°, aus 5-Chlor-3-thia-3.3-dioxovaleramid (F. 137°). — *Schädlingsbekämpfungsmittel.* (**F. P. 1 213 485** vom 5/8. 1958, ausg. 1/4. 1960.) S. BÖTTCHER. 6313

Soc. des Usines Chimiques Rhône-Poulenc, Frankreich (Erfinder: Jean Métivier), **Herstellung neuer Phosphorsäureester** der allg. Formel $(RO)_2P\cdot(:X_1)\cdot X_2\cdot CH_2\cdot C(R_1):C(R_2)\cdot CONR_3R_4$ (R = Alkylrest; X_1 u. X_2 = O oder S; R_1, R_2, R_3 u. R_4 = H oder Alkylreste), dad. gek., daß man das Salz einer Phosphor-Verb. $(RO)_2P(=X_1)-X_2H$ mit einer Verb. $Y-CH_2-C(R_1)=C(R_2)-CON(R_3R_4)$ (Y = Rest einer anorgan. Säure umsetzt. — Crotonamide: *4-[O.O-Diäthylthiolphosphato]-*, aus Diäthylphosphit, in dem S suspendiert wird u. 4-Chlorcrotonamid in A. in Ggw. von Na-Äthylat. — *4-[O.O-Diäthyldithiophosphato]*, aus K-Diäthyldithiophosphat. — *N-Methyl-4-[O.O-diäthyldithiophosphato]*, aus N-Methyl-4-chlorcrotonamid (F. 90°). — *N.N-Diäthyl-*, *N.N-Dimethyl-* u. *N-Isopropyl-4-[O.O-diäthyldithiophosphato]-*, *N-Methyl-*, *N.N-Dimethyl-* u. *N-Äthyl-4-[O.O-diäthylthiophosphato]-*, aus N.N-Diäthyl- ($Kp._{1,5}$ 106—107°), N.N-Dimethyl-($Kp._{3,5}$ 113—114°), N-Isopropyl- (F. 86°) bzw. N-Äthyl-4-chlorcrotonamid (F. 80°). — *Schädlingsbekämpfungsmittel.* (**F. P. 1 215 167** vom 7/11. 1958, ausg. 15/4. 1960.) S. BÖTTCHER. 6313

Murphy Chemical Co. Ltd., England (Erfinder: Max Pianka und Donald John Polton), **Herstellung von Dithiophosphorsäurederivaten** der allg. Formel $(RO)(R_1O)P(:S)\cdot S\cdot CH_2\cdot CO\cdot NR_3\cdot COOR_2$ (**I**; R u. R_1 = Alkylreste mit 1—4 C-Atomen; R_2 = substituierte aliphat. Gruppe mit ≤ 12 C-Atomen, araliphat. oder Naphthylrest; R_3 = H oder substituierte aliphat. Gruppe mit ≤ 9 C-Atomen), dad. gek., daß man Verbb. der Formel $(RO)(R_1O)P(:S)\cdot SX$ (X = H, Alkalimetall oder NH_4) mit Verbb. $Y-CH_2-CO-NR_3-COOR_2$ umsetzt (Y = Halogen). — *N-[O.O-Diäthyldithiophosphatoacetyl]-äthylcarbamat,* F. 74,5°, aus K-O.O-Diäthyldithiophosphat u. Äthyl-N-chloracetylcarbamat in Aceton oder Methanol oder aus der freien Säure. — *[O.O-Dimethyl-*, n_D^{20} 1,5130, u. *N-[O.O-Diäthyldithiophosphatoacetyl]-methylcarbamat,* F. 68 bis 71°, aus K-O.O-Dimethyldithiophosphat u. Methyl-N-chloracetylcarbamat. — Weitere Verbb. der Formel **I**, worin *R* u. $R_1 = C_2H_5$ u. $R_3 = H$ u. R_2 folgende Bedeutung hat: n-C_3H_7, F. 32—34°. — $CH(CH_3)_2$, n_D^{20} 1,5096. — *Allyl*, F. 54,5—55,5°. — n-C_4H_9, F. 33—34,5°. — n-C_6H_{13}, F. 40—42°. — n-$C_{12}H_{25}$, n_D^{20} 1,4985. — *Benzyl*, F. 69—70°. —

p-Nitrobenzyl, F. 85—87°. — FC_2H_4, F. 71—73°. — ClC_2H_4, n_D^{20} 1,5300. — $C_2H_5OC_2H_4$, n_D^{20} 1,5125. — $C_2H_5SC_2H_4$, F. 52—54°. — $(CH_3)_2NC_2H_4$, F. 113—115°. — $(C_2H_5)_2NC_2H_4$, n_D^{20} 1,5270. — *R* u. $R_1 = CH_3$, R_3 = H, R_2 bedeutet: C_2H_5, n_D^{20} 1,5013. — $CH(CH_3)_2$, n_D^{20} 1,5162. — *Allyl*, n_D^{20} 1,5389. — $n\text{-}C_4H_9$, n_D^{20} 1,5119. — *Benzyl*, n_D^{20} 1,5594. — *p-Nitrobenzyl*, F. 83—85,5°. — $C_2H_5OC_2H_4$, n_D^{20} 1,5219. — *R* u. $R_1 = C_2H_5$, $R_3 = CH_3$, R_2 bedeutet: CH_3, n_D^{20} 1,5307. — C_2H_5, n_D^{20} 1,5091. — $n\text{-}C_4H_9$, n_D^{20} 1,5060. — *α-Naphthyl*, F. 88—89°. — Verbb. I, in denen *R* u. R_1, R_2 u. R_3 (in dieser Reihenfolge, wobei R u. R_1 gleich sind) folgende Bedeutung haben: $(CH_3)_2CH$, C_2H_5, *H*, F. 35—37°. — $n\text{-}C_4H_9$, C_2H_5, *H*, n_D^{20} 1,5069. — C_2H_5, C_2H_5, C_2H_5, n_D^{20} 1,5071. — C_2H_5, C_2H_5, $(CH_3)_2CH$, n_D^{20} 1,4980. — C_2H_5, C_2H_5, *Allyl*, n_D^{20} 1,5122. — C_2H_5, C_2H_5, $n\text{-}C_4H_9$, n_D^{20} 1,4949. — C_2H_5, C_2H_5, $n\text{-}C_9H_{19}$, n_D^{20} 1,4913. — *Schädlingsbekämpfungsmittel*. (**F. P. 1 206 931** vom 21/5. 1958, ausg. 12/2. 1960. E. Prior. 21/5. u. 8/11. 1957. A. Prior. 20/12. 1957.)

S. BÖTTCHER. 6313

Norsk Hydro-Elektrisk Kvaelstofaktieselskab, Oslo (Erfinder: **Gunder G. U. W. Swensen** und **Just R. L. Swensen**, Heröya), Norwegen, *Herstellung von Monoammoniumphosphat*. (**Can. P. 551 346** vom 18/6. 1954, ausg. 7/1. 1958. Norw. Prior. 20/6. 1953. — C. **1957**. 8628 [E. P. 757 835].)

J. R. Geigy Soc. An., Schweiz, *Pflanzenwachstumsregulatoren*. (**F. P. 1 170 743** vom 20/12. 1956, ausg. 16/1. 1959. Schwz. Prior. 21/12. 1955. — C. **1960**. 10732 [Oe. P. 198 997].)

Stauffer Chemical Co., V.St.A. (Erfinder: **Harry Tilles** und **Joe Antognini**), *Herbicide*. (**F. P. 1 171 404** vom 15/1. 1957, ausg. 26/1. 1959. A. Prior. 17/1. 1956. — C. **1959**. 3953 [D. A. S. 1 031 571].)

N. V. Philips' Gloeilampenfabrieken, Holland, *Vernichtung von Unkräutern in Flachs*. (**F. P. 1 171 093** vom 10/4. 1957, ausg. 22/1. 1959. Holl. Prior. 12/4. 1956. — C. **1960**. 6634 [E. P. 804 309].)

N. V. de Bataafsche Petroleum Mij., Den Haag, Holland (Erfinder: **W. J. Hughes**), *Herbicid wirkende Mischungen aus β,γ-Olefinalkoholen und Halogenpropenen oder -butenen*. (**Belg. P. 536 086** vom 28/2. 1955, ausg. 2/1. 1959. A. Prior. 1/4. 1954. — C. **1958**. 4607 [A. P. 2 773 331].)

Dow Chemical Co., V.St.A. (Erfinder: **Dorsey R. Mussell**), *Mittel gegen das Wachstum von Wildhafer*. (**F. P. 1 172 359** vom 15/2. 1957, ausg. 10/2. 1959. A. Prior. 8/3. 1956. — C. **1959**. 5280 [D. A. S. 1 034 914].)

Progil Soc. An., Seine, Frankreich (Erfinder: **Jean Lehureau**), *Biocide Mischung*. (**F. P. 1 182 281** vom 16/5. 1957, ausg. 24/6. 1959. — C. **1961**. 10724 [D. A. S. 1 090 464].)

Fisons Pest Control Ltd., England, *Fungicide*. (**F. P. 1 172 278** vom 11/2. 1957, ausg. 9/2. 1959. E. Prior. 24/2. 1956. — C. **1960**. 10732 [A. P. 2 907 691].)

Boots Pure Drug Co. Ltd., England, *Fungicide auf Basis von organischen Isothiocyanaten*. (**F. P. 1 172 289** vom 12/2. 1957, ausg. 9/2. 1959. E. Prior. 24/2. u. 28/2. 1956. — C. **1961**. 15534 [Oe. P. 204 546] u. C. **1960**. 11086 [Oe. P. 205 283].)

J. R. Geigy Akt.-Ges. (Erfinder: **Alfred Margot** und **Hans Gysin**), Basel, Schweiz, *Dicarbonsäurehydrazidderivate*. (**Can. P. 551 606** vom 30/5. 1955, ausg. 14/1. 1958. Schwz. Prior. 1/6. 1954. — C. **1957**. 11698 [E. P. 769 181].)

Ruhrchemie Akt.-Ges. (Erfinder: **Hans Feichtinger** und **Siegfried Puschhof**), *Herstellung von 1.3-disubstituierten Derivaten des 4.5.6.7.10.10-Hexachlor-4.7-endomethylen-4.7.8.9-tetrahydrophthalans*. (**Aust. P. 222 958** vom 30/7. 1957, ausg. 20/8. 1959. D. Prior. 11/8. 1956. — C. **1958**. 12808 [D. A. S. 1 022 236].)

Farbenfabriken Bayer Akt.-Ges., Leverkusen, *β.β-Dichlorvinyldimethylphosphat aus β.β.β-Trichlor-α-hydroxyäthylphosphonsäure*. (**Belg. P. 538 298** vom 20/5. 1955, ausg. 3/7. 1959. D. Prior. 25/5. 1954. — C. **1957**. 8629 [D. A. S. 1 003 720].)

Farbenfabriken Bayer Akt.-Ges., übert. von: **Hugo Malz, Otto Bayer**, Leverkusen, **Helmut Freytag**, Köln, und **Friedrich Lober**, Leverkusen, *Thiophosphorsäureester aus Thiol- oder Thionothiolphosphorsäureestern und N-Halogenaminen oder Aminosulfenylhalogeniden*. (**A. P. 2 891 059** vom 19/3. 1958, ausg. 16/6. 1959. D. Prior. 1/4. 1957. — C. **1959**. 12676 [D. A. S. 1 044 804].)

Farbenfabriken Bayer Akt.-Ges., Deutschland (Erfinder: **Rudolf Heusch** und **Bernard Homeyer**), *Nematocide*. (**F. P. 1 170 689** vom 6/4. 1957, ausg. 16/1. 1959. D. Prior. 12/4. 1956. — C. **1959**. 2945 [D. A. S. 1 035 959].)

C. H. Boehringer Sohn, Deutschland, *Schädlingsbekämpfungsmittel*. (**F. P. 1 173 048** vom 18/3. 1957, ausg. 18/2. 1959. D. Prior. 19/3. 1956 u. 1/2. 1957. — C. **1961**. 14433 [Holl. P. 95 766].)

Arthur Douglas Harford und **Herbert Ward Vernon**, England, *Insekticide Mischung*. (**F. P. 1 170 787** vom 4/1. 1957, ausg. 19/1. 1959. E. Prior. 6/1. 1956. — C. **1960**. 12481 [A. P. 2 897 112].)

Dow Chemical Co., Midland, übert. von: **Clarence L. Moyle**, Clare, Mich., V.St.A., *Insekticide*. (**Can. P. 551 918** vom 2/8. 1947, ausg. 21/1. 1958. A. Prior. 1/5. 1942. — C. **1953**. 7388 [E. P. 640 371].)

Gebr. Borchers Akt.-Ges., Deutschland, *Schädlingsbekämpfungsmittel*. (**F. P. 1 171 688** vom 17/4. 1957, ausg. 29/1. 1959. — C. **1958**. 2855 [D. A. S. 1 016 487].)

W. I. Waschkow und **Je. W. Schaider**, Chlorophos. (Insekticide Eigenschaften und Anwendung.) Moskau: Medgis. 1962. (183 S. m. Abb.; 2 Bl. Abb.) 83 Kop. [Russ.]

—, Specifications for pesticides: insecticides, rodenticides, molluscicides, herbicides, auxiliary chemicals, spraying and dusting apparatus. 2nd edit. Geneva: W. H. O.; London: H. M. S. O. 1961. (523 S. m. Abb., Tab. u. Diagr.) 50 s.

VIII. Metallurgie. Korrosion

Die Lösung von sulfidischen Erzen in sauren Chlorlösungen; eine Untersuchung der allgemeinen Sulfidmineralien. K. J. Jackson und J. D. H. Strickland. (Trans. metallurg. Soc. AIME **212**. 373—79. 1958, herausgeg. 1959. Vancouver, Brit. Columbia Res. Counc.) (Engl.)

Die Rk.-Geschw. u. die Rk.-Prodd. zwischen saurem chlorhaltigem W. u. den allgemeineren sulfid. Mineralien werden bestimmt. Mit Ausnahme von PbS ist die Kinetik transportgeregelt. Pyrit (FeS_2), Pyrrhotin (FeS) sowie Arsenopyrit (FeAsS) bilden dabei Sulfate. Mit Chalkosin (Cu_2S) u. Covellin (CuS) wird nur S erzeugt. Galena (PbS) u. Sphalerit (ZnS) bilden eine Cl–S-Schicht als prim. Produkt. Bornit u. Chalkopyrit verhalten sich wie Chokosin bzw. Sphalerit. Die Gründe für das verschiedene Verh. der Erze wird erörtert. Prakt. Anwendungen einer Chlor–Lauge-Technik sind mit einigen *Cu*-Erzen ausführbar u. nutzbringend für die Behandlung schwieriger Durchschnittserze in komplexen Flotationskreisläufen. H. HOCHSTEIN. 6360□

Ein metallurgischer Weg zur Erzeugung von Mahlkugeln. J. G. Underwood. (Trans. Canad. Inst. Mining Metallurgy Mining Soc. Nova Scotia **62.** 148—53. 1959. Sault St. Marie, Ontario, Algoma Steel Corp., Metallurg. Dep.) (Engl.)

Das Verschleiß-Verh. von Mahlkugeln wird durch ihre Zus. u. ihr Gefüge beeinflußt. Die unmittelbare Abschreckung bei Schmiede-Temp. erhöht die Härtbarkeit stärker als Wiedererwärmungsabschreckung. Die die Verschleißfestigkeit vermindernden Faktoren werden erörtert. Für die Berechnung der durch Wärmebehandlung erzielten Härte wird eine Gleichung abgeleitet. W. WESLY. 6360□

Wahl von Zerkleinerungsmaterialien für Brech- und Mahlmaschinen. Alf Pettersen. (Tidsskr. Kjemi, Bergves. Metallurgi **19.** 79—83. 8/7. 1959. Stavanger Stål A/S.) (Norw.)

Der Zerkleinerungswiderstand eines Materials hängt von seiner Härte, seiner Zähigkeit u. seiner Kaltverformungsneigung ab; diese Eigg. hängen ihrerseits von der Zus. u. der Wärmebehandlung, also von der Struktur des Materials ab. In Tabellen wird die Härte verschiedener Legg., bes. *legierter Stähle*, zusammengestellt. Einige als Zerkleinerungsmaterialien bes. geeignete Zus. werden angegeben: *Stahl* mit 0,30 (%) C, 1,60 Mn, 0,20 Mo oder 0,80 C, 2,10 Mn, 0,15 V, beide in W. von 850° u. in Luft von 500° gehärtet; *ölgehärteter Stahl* mit 2,0 C, 12,0 Cr, 2,0 W; *austenit. Mn-Stahl* mit 1,2 C, 13—14 Mn; *perlit. Stahl* mit 0,20—0,70 C, 1,0—2,50 Cr, 0,2—0,50 Mo oder mit 1,0 C, 1,5—3,0 Cr, 1,0 Mn. K. R. MÜLLER. 6360□

Betrachtungen zur Verbesserung der Naßreinigung von Niederschachtofengichtgas. Dieter Fernschild. (Neue Hütte **6.** 622—31. Okt. 1961. Leipzig, Forschungsinst. für Technolog. Entw. u. Wärmetechnik der Metallurgie.) (Dt.)

Die Entw. der Betriebsverhältnisse der Naßreinigung wird geschildert, u. es werden Angaben über die Verbesserung der Abscheideleistung der Düsenwäscher u. über die Verlängerung der Laufzeit u. die Leistungserhöhung der Desintegratoren gemacht. — 27 Literaturangaben. H. HOCHSTEIN. 6370□

Sinterrösten von bleireichen Galena-Konzentraten auf der elektrothermischen Blei-Anlage der Rönnskär-Werke, Schweden. S. J. Walldén, N. B. Lindvall und K. G. Gorling. (Trans. metallurg. Soc. AIME **212.** 146—53. 1958, herausgeg. 1959. Skelleftehamn, Schweden, Boliden Mining Co., Rönnskär Works.) (Engl.)

Eine neue Meth. u. Anlage zum Pelletisieren u. Sintern von Pb-Konzentraten mit 70—80% Pb werden beschrieben. Die Konzentrate u. andere Beschickungszusätze, wie Staub u. Kalkstein, werden in konz. Schichten auf Kernen aus Rücklaufsinter angeordnet u. auf für das elektrotherm. Röst-Rk.-Schmelzen geeignete S-Geh. in einer einstufigen Sinterung geröstet. H. HOCHSTEIN. 6376□

Der Einfluß des Mangangehalts auf die Haltbarkeit von Stahlwerkskokillen. Karl-Ludwig Kiesel. (Neue Hütte **6.** 284—91. Mai 1961. Henningsdorf bei Berlin, Eisen-Forschungsinst.) (Dt.)

Eine statist. Auswertung bei den Kokillen *N 250* u. *B 240* zeigt, daß unabhängig von den *C*- u. *Si*-Geh. krit. *Mn*-Geh. bestehen, bei denen sehr geringe Durchschnittshaltbarkeiten erreicht werden; die auf einen Anteil von *Graphit* bzw. einen hohen *Ferrit*-Anteil zurückzuführen sind. Bei Abweichungen der tatsächlich vorhandenen Mn-Geh. von diesen krit. Werten nach unten oder oben steigt die Haltbarkeit der Kokillen an. — 51 Literaturangaben. H. HOCHSTEIN. 6382□

Der Einfluß eines Kupferzusatzes auf das Ausdehnungsverhalten von Eisen-Nickel-Kobalt-Legierungen. Horst Ringpfeil und Otto Henkel. (Neue Hütte **6.** 310—16. Mai 1961. Dresden, Forschungsinst. für metall. Spezialwerkstoffe.) (Dt.)

Für Eisenschmelzungen in *Hartgläser* sind Fe–Ni–Co-Legg. gebräuchlich, die ihr Ausdehnungs-Verh. bei geringen Abweichungen von der Soll-Zus. verhältnismäßig stark ändern u. nicht stabil sind. Bei Kaltverformung oder bei Abkühlung auf tiefe Temp. können kristallograph. Umwandlungen eintreten, die den Ausdehungs-Koeff. wesentlich erhöhen. Bei der Unters. der Einfl. von *Cu*-Zusätzen bis zu 11% auf den therm. Ausdehnungs-Koeff., den Knickpunkt u. die Stabilität der Fe–Ni–Co-Legg. wird die stabilisierende Wrkg. des Cu-Zusatzes festgestellt. Cu-Zusätze von 5—6% ergeben bei gleichzeitiger Erhöhung des Ni- u. Co-Geh. Einschmelzlegg. für Weichgläser u. für Einschmelzungen in dickwandige Glaskörper. H. HOCHSTEIN. 6388□

Technisch-ökonomischer Wirkungsgrad der Einführung des Röstens von Kies in der Wirbelschicht. Ss. F. Tkatschew. (Химическая Промышленность [Chem. Ind.] **1960.** 221—22. April/Mai. Charkow, Ing.-ökonom. Inst.) (Russ.)

Beim Rösten von Pyrit in der Wirbelschicht beträgt die tägliche Ofenleistung 15—20 t/m², während sie bei den bisher üblichen Verff. nur 250—260 kg/m² betrug. Der S-Verlust im Abbrand wird von 2,5 auf ≦1% herabgesetzt. Durch Wärmeausnutzung können je t Pyrit 0,6—0,7 t Wasserdampf von 4 at gewonnen werden. Man erhält ein konz. Gas mit 12—15% SO_2 u. wenig SO_3, allerdings mit ca. 150 g Staub/m³ (bisher 1—10 g). Durch die zur Bldg. der Wirbelschicht erforderliche erhöhte Luftzufuhr ist der Aufwand an elektr. Energie um 30—35% höher. R. K. MÜLLER. 6390□

Untersuchung der Dynamik des Röstens von Schwefelkies in einem Wirbelschichtofen. I. A. Burowoi und W. M. Eliaschberg. (Химическая Промышленность [Chem. Ind.] **1960.** 564—73. Okt./Nov. Woskressensk, Chem. Kombinat.) (Russ.)

Der Prozeß der Röstung von *Pyrit* (I) in der Wirbelschicht wird in 3 Stadien mit verschiedener kinet. Konst. zerlegt: 1. Dissoziation $FeS_2 \rightarrow FeS + S$; 2. Oxydation $S_{gas} \rightarrow SO_2$; 3. Oxydation $FeS \rightarrow Fe_2O_3$. Während die Feststoffe in der Schicht gleichmäßig durchmischt sind, nimmt die SO_2-Konz. mit der Schichthöhe zu. Die auf dieser Grundlage berechneten Konst. der 3 Teil-Rkk. werden in Gleichungen verwendet, die den Prozeß beschreiben. Vff. geben Diagramme der dynam. Charakteristiken des Ofens. Bei SO_2-Konzz. >13% sind die Koeff. der Übertragungsfunktionen des Kanals „Beschikkung–Gas" variable Größen, die quant. von den Röstbedingungen abhängen. Die optimalen Bedingungen der I-Röstung lassen sich durch die Koeff. der Verstärkung des Kanals „I-Beschickung–SO_2-Konz. im Gas" ausdrücken. Sie entsprechen bei dem untersuchten Ofen einer spezif. I-Beschickung $\beta = 0{,}95$ u. 14,5% SO_2 im Gas. R. K. MÜLLER. 6390□

Die Gleichgewichte von geschmolzenem Eisen und von flüssigen Schlacken des Systems CaO–SiO_2–$(FeO)_t$. H. L. Bishop jun., N. J. Grant und J. Chipman. (Trans. metallurg. Soc. AIME **212.** 185—92. 1958. herausgeg. 1959. Brackenridge, Pa., Allegheny Ludlum Steel Corp. u. Massachusetts Inst. of Technol.) (Engl.)

Kalk- u. Dicalciumsilicattiegel werden mit geschmolzenem Fe u. fl. eisenoxidhaltigen sowie geringe Mengen S enthaltenden Schlacken ins Gleichgewicht gebracht. Der O-Geh. des Metalls, die Eisenoxidaktivitäten u. die Entschwefelungswerte der Schlacken werden im Temp.-Bereich von 1530—1700° bestimmt. Der Einfl. von *MgO* in der Schlacke u. die Temp.-Abhängigkeit der Löslichkeit von Kalk im fl. Eisenoxid sowie der Fe_2O_3-Geh. werden festgestellt. Die Temp.-Linie der Liquidus-Oberfläche von Fe-Silicat-Schlacken, die mit Kalk u. Dicalciumsilicat gesätt. sind, wird bei 1600° aufgestellt. H. HOCHSTEIN. 6390□

Untersuchungen über die Metallurgie von Silicium-Eisen. 1. Siliciumnitride. 2. Anomalie im α-Mischkristall. Alan U. Seybolt. (Trans. metallurg. Soc. AIME **212.** 161—67. 1958. herausgeg. 1959. Schenectady, N.Y., General Electric Res. Labor.) (Engl.)

Die Druck–Temp.-Verhältnisse, wie sie zur Aufrechterhaltung der Existenz von Si_3N_4 in Fe-Legg. mit 0,44—11,7% Si notwendig sind, wurden z. T. ermittelt. Die hierbei erhaltenen krit. Werte dienen zur Berechnung einiger thermodynam. Größen u. weisen ein Ordnung–Unordnung-Zweiphasenfeld nach, das sich bei 800° von ca. 1% bis zu 5,5% Si erstreckt. H. HOCHSTEIN. 6390□

Über die Hitzebeständigkeit siliciumhaltiger Gußeisen. B. Ss. Milman und N. N. Alexandrow. (Литейное Производство [Giesserei-Betr.] **1959.** Nr. 9. 35—37. Sept.)

Verss. ergaben, daß Gußeisen mit 5% u. mehr Si hochhitzebeständig (bei 900—950°) sind, da das Si den C verdrängt, der sich in Graphitform ausscheidet. Weder die Erhitzungs- noch die Abkühlungskurven weisen auf die Bldg. des bei hohen Temp. instabilen *Perlits* hin, noch sind solche Phasenumwandlungen bei der röntgenograph. Unters. der Pulver nachzuweisen. Man findet zwar die Linien des *Hämatits* (α-Fe_2O_3) u. Fe_2O_3 (bzw. γ-Fe_2O_3); auch die *Wüstit* (*FeO*)-Bldg. wird durch SiO_2 unterbunden. C scheidet sich in Kugel- oder Blättchenform aus. Die Kugelform führt zu einer geringen Vergrößerung der Ferritkörner u. schützt das Metall vor weiterer Oxydation. Seine Hitzebeständigkeit ist größer als jene, bei der das C blättchenförmig vorliegt, bei welcher die Wärmeleitfähigkeit mit steigender Temp. absinkt (0,023 cal/cm·s bei 600°); bei Kugel-C steigt sie an (0,064 bei 600°, 0,075 cal bei 700°). Bei Blättchen-C fehlt die schützende Oxid- (Spinell-) Schicht; es bilden sich mehr Oxide. A. v. WILPERT. 6404□

Beschleunigtes Glühen von durch Bor und Wismut modifiziertem Temperguß. I. P. Fominych, I. P. Wolodin, F. N. Merkulow und W. N. Rjasanzewa. (Известия Высших Учебных Заведений (Москва), Черная Металлургия [Hochschulnachr. (Moskau), Eisenmetallurgie] **1960**. 153—59. Tula, Mechan.-Inst., Mähdrescherfabrik.) (Russ.)

Durch Zusatz von 0,005 (%) B u. 0,0015 Bi zu einem Tempergußeisen mit 2,55 C, 1,06 Si, 0,51 Mn u. 0,073 Cr wird die erforderliche Temperzeit wegen einer Beschleunigung des Zementitzerfalls in der ersten Glühstufe, bes. zu Beginn, im Temp.-Bereich von 850—1050° verringert. Eine Unters. der Zwischenstufenabkühlung sowie der zweiten Glühstufe ergab, daß der ausfallende Sekundärzementit während einer schnellen Zwischenstufenabkühlung nicht vollständig zersetzt wird u. daher ohne wesentliche Veränderung im Verlauf der gesamten zweiten Glühstufe bleibt. Die niedrige Temp. dieses Prozesses ermöglicht die Beibehaltung des Zementitnetzwerkes. Außerdem besitzt der sek. Zementit des modifizierten Tempereisens offenbar eine höhere Beständigkeit als der prim. Zementit u. unterscheidet sich hierdurch wesentlich von ihm. Die Verss. ergaben damit die Notwendigkeit einer Verlängerung der Zwischenstufenabkühlung um 1 Std. u. einer Temp.-Erhöhung des Beginns der zweiten Stufe auf 790°. Die mechan. Eigg. eines insgesamt 12 Std. getemperten, nicht modifizierten Gußeisens sind unzureichend, aber diejenigen eines mit B u. Bi modifizierten Gußeisens sind zufriedenstellend. H. Hochstein. 6406□

Die mechanischen Eigenschaften von durch Wismut und Bor modifiziertem Temperguß aus dem Kupolofen. I. T. Budarin. (Литейное Производство [Giesserei-Betr.] **1961**. Nr. 6. 41—43. Juni.) (Russ.)

Bei der Unters. des Einfl. von Bi u. B auf die mechan. Eigg. von im Kupolofen erschmolzenem Tempergußeisen wird festgestellt, daß Bi nicht nur die Wrkg. von Si stabilisiert u. weißes Gußeisen unterkühlt, sondern auch den Kristallisationsprozeß sowie die mechan. Eigg. des durch Bi modifizierten Tempergusses beeinflußt. Es wird die Abhängigkeit der mechan. Eigg. vom *C*-, *Si*- u. *Mn*-Geh. ermittelt. Mit der Erhöhung des C-Geh. werden Festigkeit u. Plastizität erniedrigt. Mit Erhöhung des Si-Geh. im Bi-haltigen Tempereisen auf 1,08—1,10 (%) bei einem C-Geh. von 2,74 nimmt die Zerreißfestigkeit anfangs zu u. später ab. Die Dehnung wird mit zunehmendem Si-Geh. (1,19—1,25) erhöht, jedoch wird bei weiterer Si-Zunahme die Plastizität des Gußeisens verschlechtert. Die Mn- u. Si-Geh. werden im modifizierten Temperguß ausgeglichen; daher ist der Mn-Einfl. auf die Festigkeit des Tempergusses etwas begrenzt. Die Dehnung nimmt mit einer Erhöhung des Mn-Geh. ab. Der optimale B-Geh. für das modifizierte Tempergußeisen liegt in den Grenzen von 0,0010—0,0014. Bei Zusatz einer gleichbleibenden *Ferrobor*-Menge u. wechselnden Bi-Mengen (0,0007—0,03) wird mit steigendem Bi-Geh. eine merkliche Festigkeitszunahme bei geringer Abnahme der Härte u. starke Erhöhung der Dehnung festgestellt. Bei gleichbleibendem B-Geh. von 0,0015 in einem Temperguß mit 0,0058 Bi ist die Anzahl der Zentren der Graphitkristallisation 6—7 mal größer als im Gußeisen mit 0,0014 B. Auch die Anzahl der Körner der metall. Grundmasse ist im ersten Gußeisen größer als im zweiten. H. Hochstein. 6406□

Eine neue Technologie des Schmelzens von Kugellagerstahl der Marke SchCh15 unter weißer Schlacke. N. M. Tschuiko, W. B. Rutkowski, M. P. Konischtschew, A. G. Perewjasko, A. F. Tregubenko, I. Ss. Jatzkewitsch, I. P. Sabalujew, W. W. Kurganow, T. M. Bobkow und G. I. Antipenko. (Известия Высших Учебных Заведений (Москва), Черная Металлургия [Hochschulnachr. (Moskau), Eisenmetallurgie] **1960**. 38—47. Dnepropetrowsk, Metallurg.-Inst. u. Werk Dneprostahl.) (Russ.)

Die Güte von nach einer neuen Technologie hergestelltem Kugellagerstahl, beurteilt nach den nichtmetall. Einschlüssen, ist etwas besser als die Güte eines nach der üblichen Technologie erschmolzenen Stahls gleicher Art, bei der der Stahl unter einer Carbidschlacke längere Zeit raffiniert wird. Die Dauer der Raffinierung nach der neuen Technologie wird im Mittel um 35 Min. u. die der gesamten Schmelze um 8% verkürzt bei einer Verbesserung des spezif. Energieverbrauchs um 7%/t Stahl. Der Einfl. der Oxydations- u. der Red.-Periode der Schmelzführung auf die Güte des Kugellagerstahls wird bestimmt u. dabei festgestellt, daß man als günstigste Parameterwerte der Oxydationsperiode Δ[C] = 0,3—0,5% bei einer C-Verbrennungs-Geschw. von 0,4—0,5%/h bei einer Bad-Temp. von 1545—1565° vor dem Abziehen der oxydierenden Schlacke ansehen muß. Die Red.-Periode soll unter einer weißen Kalk–Schamotte-Schlacke mit erniedrigtem Geh. an CaF_2 durchgeführt werden. Die günstigste Zus. der abgezogenen Schlacke ist: FeO $<$0,5%, CaF_2 1—2%, $SiO_2 + Al_2O_3$ 31—34%, CaO $\geqq$53%, MgO $\leqq$12% u. CaO + MgO 63—65%. Die günstigste Gießtemp. liegt bei 1550—1570°, wobei der Stahl-

block in 165—190 Sek. abgegossen sein soll. Die Enddesoxydation des Stahls mit Al in der Pfanne führt zu einer wesentlichen (über 30%) Erniedrigung des O-Geh. im Stahl.
H. HOCHSTEIN. 6408□

Zur Desoxydation von Stahl durch Aluminium. Ss. R. Mamedow. (Литейное Производство [Giesserei-Betr.] **1959.** Nr. 9. 47—48. Sept.)

In seiner Kritik an der Arbeit von DOBROCHOTOW (vgl. C. **1960.** 3679) kommt Vf. zu dem Schluß, daß eine Verdoppelung des Al-Zusatzes sich nicht empfiehlt (Ergebnis von Verss. in der SCHMIDT-Fabrik in Baku). Ein Überhitzen der Schmelze über den F. um 100—150° kann man anwenden, jedoch ist das nicht immer durchführbar. Vf. empfiehlt, beim Stahlformguß im Oxydationsabschnitt in bas. Elektroöfen hochbas. u. bewegliche Schlacken zu erzeugen, mit denen P u. S weitgehend entfernt werden, wonach man die Schlacken abschöpft, ohne C zu weitgehend zu entfernen. Danach setzt man *Ferromangan* u. *-silicium* zwecks Desoxydation u. das gesamte *Ferrochrom* (bei Cr-Stahlguß) hinzu, erhält dabei weiße Schlacken, senkt den S-Geh., läßt in die Pfanne abfließen u. setzt dann ergänzende Mengen geglühtes *Ferromangan* u. *-silicium* hinzu.
A. v. WILPERT. 6408□

Einfluß des Legierens auf die Kaltbrüchigkeit von Phosphorstahl mit mittlerem Kohlenstoffgehalt. W. N. Swetschnikow, W. P. Beljajewa und Ju. Je. Jakowtschuk. (Известия Высших Учебных Заведений (Москва), Черная Металлургия [Hochschulnachr. (Moskau), Eisenmetallurgie] **1960.** Nr. 4. 129—36. Kiew, Polytechn. Inst.) (Russ.)

Die Unterss. von Proben aus Stahl mit 0,4% C u. 0,14% P sowie mit einem erhöhten *Mn*-Geh. nach einer Glühung u. Abkühlung bis auf 650° im Ofen sowie ferner mit einer Abschreckung in W. zeigen eine niedrige Schlagzähigkeit von 1,5—4 kg·m/cm² bei Raum-Temp. u. von unter 1 kg·m/cm² bei —40°. Es wird angenommen, daß unter diesen Bedingungen die Versprödungs-Temp. oberhalb der Raum-Temp. liegt. Die Struktur dieser Stähle ist ferrit.-perlit. mit Ferrit in Netzform u. mit lamellarem Perlit von sehr feinem Aufbau. Die Riß-Entw. in diesen Stählen verläuft meist längs der Ferritkorngrenzen. Bei Stahl-Legg. im vergüteten Zustand kann die Riß-Entw. nicht verfolgt werden. Bei einem Vgl. der Unters.-Ergebnisse von *Cr–Ni-Stählen* mit 0,56—1,38 (%) Cr u. 1,257—2,057 Ni u. ca. 0,14 P einerseits u. der von *Ni-Stahl* mit 0,48 C, 0,14 P, 1,085 Ni, 0,156 Si u. 0,53 Mn andererseits zeigt sich, daß der *Cr*-Zusatz zum Stahl in Ggw. von Ni eine Abnahme der Korngröße bewirkt u. die Versprödungs-Temp. im Vergütungszustand wesentlich erniedrigt. Eine Gegenüberstellung der Abkühlungsbedingungen von Stählen gleicher Zus. zeigt, daß ein weiterer Zusatz von Cr zu einem Cr–Ni-Stahl in gleicher Weise wie Mn wirkt, wobei dem Stahl in um so größerem Maße eine Anlaßsprödigkeit erteilt wird, je langsamer die Abkühlung verlaufen ist. H. HOCHSTEIN. 6410□

Einfluß von Phosphor und Bor auf die reversible Sprödigkeit von Nickelstahl mit geringem Kohlenstoffgehalt. L. Ss. Ljachowitsch und T. Ss. Schilkowa. (Известия Высших Учебных Заведений (Москва), Черная Металлургия [Hochschulnachr. (Moskau), Eisenmetallurgie] **1960.** 167—68. Tscheljabinsk, Polytechn. Inst.) (Russ.)

Eine Erhöhung des *P*-Geh. von 0,012 auf 0,114% in einem Ni-Stahl mit 0,12 (%) C, 1,30 Ni u. 0,73 Mn bewirkt das Auftreten der umkehrbaren Anlaßsprödigkeit. Ein *B*-Zusatz von 0,0015 bei erhöhtem P-Geh. (0,103 P) hat die gleiche Wirkung. Bei geringem P-Geh. ruft B nicht die umkehrbare Anlaßsprödigkeit hervor.
H. HOCHSTEIN. 6410□

Einfluß des Induktionserhitzens auf die Kinetik der isothermischen Austenit-Umwandlung von Chromstahl. Ju. A. Baschnin und I. N. Kidin. (Известия Высших Учебных Заведений (Москва), Черная Металлургия [Hochschulnachr. (Moskau), Eisenmetallurgie] **1960.** 132—39. Moskau, Stahl-Inst.) (Russ.)

Der Aufbau der durch induktive Erhitzung erhaltenen Cr-Stähle [0,56 u. 0,84 (%) C bei 1,06 bzw. 1,07 Cr sowie 0,58 C, 5,03 Cr u. 0,90 C, 4,96 Cr] wird durch eine geringere Stabilität im Bereich der subkrit. Temp. gegenüber dem durch normale Ofenerhitzung erhaltenen Austenit gekennzeichnet. Die Austenitstabilität bei den gewählten Induktionserwärmungsweisen wird in Abhängigkeit von der Umwandlungs-Temp. u. der Stahl-Zus. geändert. Die Kinetik der isotherm. Austenitumwandlung der verschiedenen Cr-Stähle wird durch die Temp. u. die Erwärmungs-Geschw. im Bereich der Phasenumwandlungen bestimmt. Die Austenitisierung ist bei der induktiven Erhitzung in stärkerem Maße von den Anfangsstadien des Zerfalls des unterkühlten Austenits abhängig. Bei der induktiven Erhitzung tritt innerhalb der Vers.-Bedingungen eine Temp.-Erniedrigung der geringsten Austenitstabilität auf, die mit einer Verringerung des Cr-Geh. im Austenit zusammenhängt. Für die untersuchten Cr-Stähle fehlt bei der induktiven Erhitzung der Effekt der Härtesteigerung der Austenitzerfalls-Prodd. beim Übergang vom perlit.

zum Zwischenstufengebiet, was mit der Abnahme u. der ungleichmäßigen Verteilung des Cr im Austenit zusammenhängt. Die Anwendung der induktiven Erwärmung vermindert stark die Stabilität des unterkühlten Austenits von Cr-Stahl im Zwischenstufenbereich. H. HOCHSTEIN. 6410□

Wolfram, Chrom und Vanadin in einem niedriglegierten gegossenen Schnelldrehstahl. N. A. Jerofejew. (Известия Высших Учебных Заведений (Москва), Черная Металлургия [Hochschulnachr. (Moskau), Eisenmetallurgie] **1960.** Nr. 4. 137—44. Tomsk, Polytechn. Inst.) (Russ.)

Die Verteilung des carbidbildenden Leg-Elements zwischen den Phasen eines niedriglegierten gegossenen Schnelldrehstahls kann günstig ($M_l : M_c > 1$) oder ungünstig ($M_l : M_c < 1$) sein, wobei M_l den Anteil des betreffenden Metalls in fester Lsg. u. M_c den Anteil in der Carbidausscheidung bedeutet. Im Bereich der günstigen Verteilung des Leg.-Elements liegt dessen günstigster Geh., bei dem der Stahl die besten Eigg. besitzt. Die notwendige Menge des legierenden Elements für die gleiche Verteilung zwischen fester Lsg. u. den Carbiden ist umgekehrt proportional der Carbid-Bildungsfähigkeit des Elements u. dem C-Geh. im Stahl. Die relative Legierungsfähigkeit der festen Lsgg. der Stähle, die sich nur durch den Geh. eines einzigen Leg.-Elements unterscheiden, ist bis zum Anlassen mit der relativen Legierungsfähigkeit der festen Lsgg. nach dem Anlassen gleich. Beim 3maligen Anlassen bei 560° verarmt die feste Lsg. z. B. um $^1/_3$ an Cr, um $^1/_2$ an W u. um $^2/_3$ an V. Der Anteil des Leg.-Elements, der beim Anlassen aus der festen Lsg. in die Carbide übergeht, hängt nicht von der Ausgangs-Konz. dieses Elements in der festen Lsg. ab, sondern ist direkt proportional seiner Carbid-Bildungsfähigkeit. H. HOCHSTEIN. 6410□

Die mechanischen Eigenschaften und Struktur von einigen hochfesten Stahllegierungen. S. Becker und M. G. Bader. (Bull. Res. Council Israel, Sect. C **9C.** 61—78. Febr. 1961. Israel Atomic Energy Comm. u. London Bathersea Coll. of Technol.) (Engl.)

Mitgeteilt werden die durch Verss. ermittelten mechan. Eigg. einiger hochfester *Si–Mo–V–Cu*-Stahl-Legg. nach Wasserabschreckung u. im angelassenem Zustand. Metallograph. werden mit dem Mikroskop die Beziehungen zwischen den Festigkeits-Eigg. u. der Feinstruktur festgestellt. H. HOCHSTEIN. 6410□

Einfluß der Natur und Dispersität silicathaltiger Erze auf die Kinetik der Bildung von 75%igem Ferrosilicium. W. N. Krylow und M. Ss. Chruschtschew. (Журнал Прикладной Химии [J. angew. Chem.] **33.** 815—24. April 1960.) (Russ.)

Untersucht werden experimentell u. rechner. die Vorgänge bei der Herst. von 75%ig. Fe_xSi_y (**I**) aus Quarziten verschiedener Lagerstätten in Abhängigkeit von der Natur u. Dispersität der Erze. Hierbei zeigt sich, daß die **I**-Bldg. im kinet. Bereich bei 1700° u. bei 1800° sowie in anderen durch Gleichungen beschrieben werden kann. Der Einfl. der Dispersität der Quarzite u. ihrer Struktur auf die Kinetik der **I**-Bldg. ist groß. Die Literaturangaben über das Auftreten eines Haltepunktes auf der Kurve Si-Geh. der Leg.-Zeit sind unrichtig. Die **I**-Bldg. verläuft in der Hauptsache über die Bldg. von *SiC*. H. HOCHSTEIN. 6418□

Statistische Untersuchungen über den Einfluß des Gießverfahrens auf die Festigkeitseigenschaften von durch Sonderschmelzung gewonnenen Kupferlegierungen. Zbigniew Górny und Aleksander Fijał. (Prace Inst. Odlewnictwa 9. 65—91. 1959, herausgeg. 1960. (Pol.) — C. **1961.** 11879.) F. URBAN. 6432□

Einfluß von Nickel auf die Eigenschaften von sandgegossenem Rotguß. J. E. Stolarczyk. (Brit. Foundryman **54.** 377—81. Sept. 1961.) (Engl.)

Verss. bestätigen, daß ein Zusatz von Ni den Guß, die Zugfestigkeit u. Dehnbarkeit von Gußteilen aus Rotguß großen Querschnitts verbessert. Die Leg. mit 4 (%) *Sn*, 5 *Zn*, 5 *Pb* u. 2 *Ni* hatte ebenso hohe Zugfestigkeiten bei Querschnitten von 2—3 in. wie der 87,5–7,5–2–3-Rotguß, der die höchsten Zugfestigkeiten des Ni-freien Rotgusses bei dicken Querschnitten hat. Zusätze von *Ni* zu letzterer Leg. verbesserte die Eigg. bei 2 in.-Querschnitt, nicht aber 3 inch. Zusatz von 2 oder 3 Ni verbesserte die Kriechfestigkeit von 85–5–5–5-, 87,5–7,5–2–3- u. 86–5–5–2-Rotguß bei 450 u. 550° F. Zusatz von 2 Ni verfeinerte die Kornstruktur leicht u. verbesserte die Druckwasserdichtigkeit bei kleinen Querschnitten. — 24 Literaturangaben. F. VIER. 6432□

Die Verhütung der Bildung von Aluminiumoxid-Schichten bei Aluminiumbronzen. W. A. Kssenofontow und G. I. Gordon. (Литейное Производство [Giesserei-Betr.] **1960.** Nr. 3. 10—11. März.)

Die Bldg. von Al_2O_3 auf der Oberfläche von Al-Bronzen wird dadurch verhütet, daß unmittelbar vor dem Gießen das Einlauf-Syst. der Kokille u. der Hohlraum der Form u. des Kerns mit einer wss. Lsg. von *KCl*, *NaCl* oder $CaCl_2$ bestrichen werden. Zweckmäßig werden die Kokille bei 300—350° u. die Kerne im heißen Zustand nach der

Trocknung mit den Chloriden bestrichen. Die Al_2O_3-Bldg. wird gemäß folgender Rk. verhindert: $Al_2O_3 + 3\,CaCl_2 \rightarrow 2\,AlCl_3 + 3\,CaO$. H. HOCHSTEIN. 6432□

Herstellung und Eigenschaften von Kobalt–Platin-Dauermagnetlegierungen. D. L. Martin. (Trans. metallurg. Soc. AIME **212**. 478—85. 1958, herausgeg. 1959. Schenectady, N.Y., Gen. Electr. Co.) (Engl.)

Herst. u. Wärmebehandlung von Pt-Legg. mit 40—60% Co werden beschrieben, in denen die Ordnung–Unordnung-Umwandlung eine regelnde Rolle spielt. Die magnet. Eigg. von solchen Legg. werden durch Zus. u. Wärmebehandlung stark beeinflußt. Spitzenwerte der Koerzitivkraft u. des BH_{max}-Werts werden durch eine geregelte Abkühlung u. Alterung erzielt. Diese hohen Werte im Verein mit guter Duktilität u. Bearbeitbarkeit machen die Co–Pt-Legg. trotz ihrer hohen Kosten zu einem sehr geeigneten Dauermagnetwerkstoff. H. HOCHSTEIN. 6434□

Wasserstoffversprödung von Vanadium durch katalytische Zersetzung von Wasser mit Mangan. B. W. Roberts, G. W. Sears und P. D. Zemany. (Trans. metallurg. Soc. AIME **212**. 71—73. 1958, herausgeg. 1959. Schenectady, N.Y., Gen. Electr. Co. (Engl.)

V wird durch H_2 bei 250° versprödet, wenn es in Ggw. von Mn u. Wasserdampf unter Vakuum gehalten wird. Es wird festgestellt, daß die Eig.-Veränderungen durch die katalyt. Zers. von Wasserdampf an der V-Oberfläche u. durch die Diffusion des entstehenden H in Lsg. im V verursacht werden. Mn ist dabei eine notwendige Komponente als Katalysator für die Wasserdampfzersetzung. Mn wird in die Dampfphase durch ein unbekanntes Mol. eingebracht. Ein Deuteriumspuren-Vers. zeigt die Rolle des Wasserdampfes im Versprödungsprozeß. H. HOCHSTEIN. 6440□

Anomales Verhalten während der Kaltverarbeitung und der nachfolgenden Erwärmung bestimmter Mg-Legierungen. J. C. McDonald. (Trans. metallurg. Soc. AIME **212**. 45—46. 1958, herausgeg. 1959. Midland, Mich., Dow Chemical Co.) (Engl.)

Die von MENZEN beobachtete Erscheinung, wonach eine *Mg*-Leg. mit 1,5 (%) *Mn* ohne Zwischenglühungen bis zu 90% kaltgewalzt werden kann u. zwischen 20 u. 90% Verformung entfestigt wird (Abnahme der Streckgrenze um 30% u. Zunahme der Dehnung von 3,2 auf 16,7%), wird theoret. zu erklären versucht, u. es wird gezeigt, daß die durch Kaltwalzen entfestigte Leg. durch eine Erwärmung auf niedrige Temp. gehärtet wird. Diese Härtezunahme fehlt bei einer Mg-Leg. mit 3 *Al* u. 1 *Zn*. Es wird angenommen, daß bei dieser Erwärmung eine Atomneuordnung eintritt. Mg-Legg. mit *Ce* u. *Th* besitzen bei erhöhten Temp. viel höhere mechan. Eigg. als Mg-Legg. mit Al, Ag oder Zn. H. HOCHSTEIN. 6444□

Literaturauslegung des Hall-Prozeß-Mechanismus. John J. Stokes jun. (Trans. metallurg. Soc. AIME **212**. 75—79. 1958, herausgeg. 1959. Kensington, Pa., Aluminum Co. of America.) (Engl.)

Das Schrifttum über die Elektrolyse von Al aus Kryolithschmelzen u. über die Struktur dieser Schmelzen wird krit. erörtert. Es werden Angaben über die Dichte, den Ep. u. über andere Eigg. zusammengestellt. Die Theorien der Elektrolyse werden im Lichte dieser Angaben überprüft. Zwei Theorien werden behandelt, welche gleich gut die Beobachtungen erklären. — 18 Schrifttumsangaben. H. HOCHSTEIN. 6446□

Untersuchung der hellen Kristallite in Stranggußbarren von Aluminiumlegierungen. I. N. Fridljander. (Литейное Производство [Giesserei-Betr.] **1956**. Nr. 10. 23—26. Okt.) (Russ.)

Die Unters. der weißen Stellen in den Stranggußbarren von Al-Legg. ergab eine Verarmung dieser Stellen an Cu um 0,2—0,9%, an Mg um 0,1—0,3%, während die Härte um 10% geringer ist (z. B. 73 statt 82 R_B). Die Erscheinung wird auf den Zusatz von reinem Al bei beginnendem Guß u. das Abfallen erstarrter Al-Stücke am Rand der Rinne u. der Pfanne u. derart entstandene Inhomogenitäten zurückgeführt. Die Erscheinung kann durch strenges Einhalten der technolog. Bedingungen beseitigt werden. J. TŮMOVÁ. 6446□

Wirkung von Wasserstoff auf die Dauerfestigkeit von Titan und einer Titanlegierung mit 6,2% Mangan. L. W. Berger, W. S. Hyler und R. I. Jaffee. (Trans. metallurg. Soc. AIME **212**. 41—45. 1958, herausgeg. 1959. Columbus, Ohio, Battelle Mem. Inst.) (Engl.)

H-Zusätze von 390 ppm zu *A-55 Ti* [0,02—0,05 (%) C, 0,05—0,10 O, 0,02—0,05 N, 0,1—0,2 Fe, Rest Ti] u. zu der Ti-8% Mn-Leg. mit 6,2 Mn u. 0,035 N haben keinen schädlichen Einfl. auf ungekerbte u. gekerbte Umlaufbiegeproben bei der Dauerfestigkeitsbestimmung. Die H-Geh. jedoch genügen für eine starke Kerbschlagversprödung der *A-55 Ti*-Proben u. für einen ausgeprägten Zähigkeitsverlust bei der Zugprüfung der *Ti–Mn*-Legierung. Das Fehlen des Versprödungseffekts bei der Dauerprüfung in dieser Ti–Mn-Leg. stimmt mit dem Reckalterungsmechanismus einer H-Versprödung in α–β-Leg. überein. Dort besteht eine bedeutende Zunahme der Dauerfestigkeit ungekerbter Proben des *A-55 Ti* mit dem H-Zusatz. Diese Zunahme kann als Ergebnis innerer Wärmeeffekte erklärt werden, welche das Hydrid auflösen u. eine Mischkristallverfestigung verursachen. H. HOCHSTEIN. 6448□

Einfluß der Zusammensetzung und der Wärmebehandlung auf die gleichmäßige Dehnung und die Fließeigenschaften von α–β-Titanlegierungen. A. J. Griest, H. A. Robinson und P. D. Frost. (Trans. metallurg. Soc. AIME **212.** 117–21. 1958, herausgeg. 1959. Columbus, Ohio, Battelle Mem. Inst.) (Engl.)

Die Fließkennwerte sowie die gleichmäßige Dehnung der α–β-Ti-Legg. im lösungsbehandelten Zustande werden stark durch die Lösungstemp. beeinflußt. Zwei Klassen von α–β-Legg. werden unterschieden, die auf dem Einfl. der Lösungstemp. auf die gleichmäßige Dehnung beruhen. Martensit. α–β-Legg., die relativ schwach β-stabilisiert sind, zeigen abnehmende Werte der gleichförmigen Dehnung, wenn die Lösungstemp. am Anfang erhöht wird. Jedoch war nach der Lösungsbehandlung bei noch höheren Temp. im α–β-Feld die gleichmäßige Dehnung dieser Legg. wieder hoch u. erreicht oft ihren höchsten Wert. Nichtmartensit. α–β-Legg., welche stärker β-stabilisiert sind, zeigten eine kontinuierliche Abnahme der gleichmäßigen Dehnung mit steigender Lösungstemperatur. Das Verh. wurde in Begriffen des α–β-Verhältnisses u. des Leg.-Geh. der bei der Lösungstemp. existierenden β-Phase erklärt. Die Werte zeigen an, daß in der Praxis eine genaue Temp.-Regelung zur Erzielung einer maximalen gleichmäßigen Dehnung u. deshalb eine maximale Formbarkeitsfähigkeit in lösungsbehandeltem Blech erforderlich ist. Biegeprüfungswerte werden von einer Lösungsbehandlung unterworfenen Proben mitgeteilt. H. HOCHSTEIN. 6448□

Zwillingsbildung und Spaltung im Tantal. C. S. Barrett und R. Bakish. (Trans. metallurg. Soc. AIME **212.** 122–23. 1958, herausgeg. 1959. Chicago, Ill., Univ.; Lausanne, CIBA.) (Engl.)

Schlagverformung von Ta-Blech (99,9% Reinheit) erzeugt bei -196^0 Zwillings-Bldg., jedoch nicht bei -77^0 oder bei 25^0. Die Zwillinge treten auf den $\{1\ 1\ 2\}$-Flächen auf; sie sind den NEUMANN-Zwillingen im Fe ähnlich; einige haben Sägezahnkanten, was durch die örtlichen Bedingungen rund um die Stapelversetzungen u. um die Einschlüsse erklärt werden kann. Geringe Beträge von kristallograph. Spaltung wurden unter Schlagbeanspruchung bei -196^0 beobachtet. Die Spaltfacetten waren hauptsächlich auf den $\{1\ 1\ 0\}$-Flächen im Gegensatz zu der Spaltung in anderen körperzentrierten kub. Metallen; dort war demnach eine geringere Neigung zu Spaltung auf den $\{1\ 0\ 0\}$-Flächen. H. HOCHSTEIN. 6448□

Hafnium-Zirkonium-Trennung durch Dampfphase-Entchlorung. J. W. Evans. (Trans. metallurg. Soc. AIME **212.** 55–56. 1958, herausgeg. 1959. Manchester, England, Univ.) (Engl.)

Die Meth. der Trennung von Hf u. Zr durch die Dampfphase-Oxydation der gereinigten Mischchloride wird erörtert, wobei für den Erfolg dieser Meth. die Differenz der freien Energien folgender Rkk. von Bedeutung ist: $ZrCl_4\,(g) + O_2 = ZrO_2\,(f) + 2\,Cl_2$ u. $HfCl_4\,(g) + O_2 = HfO_2\,(f) + 2\,Cl_2$. Vom Gleichgewichtsstandpunkt aus wird die Rk. der Mischchloride mit O_2 a) eine im wesentlichen quant. Umwandlung von $ZrCl_4$ zu ZrO_2 sowie b) einen HfO_2-Betrag ergeben, der vermutlich als eine feste Lsg. im ZrO_2 vorliegt, welche mit steigender Temp. abnimmt u. stark von dem vorherrschenden Cl/O-Verhältnis der Gase abhängt. H. HOCHSTEIN. 6448□

Elektrolytische Reinigung von Hafnium. J. R. Nettle, J. M. Hiegel und D. H. Baker jun. (U. S. Dep. Interior, Bur. Mines, Rep. Invest. **1961.** Nr. 5851. 1–18. Boulder City, Nev., Boulder City Met. Res. Labor.) (Engl.)

Hf-Schwamm mit 250 (ppm) Fe, 90 Mn, 680 Mg, 17800 Zr, 800 C, 70 N, 830 O u. 240–300 BRINELL-Härte sollte in Hf-Metall mit ≤ 170 BRINELL-Härte umgewandelt werden. Die Schmelzflußelektrolysen von Ti, Cr u. V dienten als Vorbild. Als brauchbare Elektrolyten erwiesen sich Zuss. von $KCl + NaCl + HfCl_4$, $KCl + LiCl + HfCl_4$ u. bes. $NaCl + KCl + K_3HfCl_7$, mit einem Hf-Geh. von 6–9% im Bad. Temp. von 750–850^0 waren notwendig, obwohl man wegen des leichtverdampfenden Hf-Salzes gern bei niedrigerer Temp. gearbeitet hätte. Die Bldg. des Hf-Salzes erfolgte durch Einleiten von Cl_2 in einen ins Bad hängenden Korb mit Hf-Schwamm. Elektrolysiert wurde in einer eisernen Zelle von 30'' Länge u. 12'' Durchmesser, die von außen elektr. geheizt wurde. Die Anfangsstromdichte, die zwischen 30 u. 440 A/sq. ft. lag, hatte meist keinen bes. großen Einfl. auf die Härte; jedoch hat man den Eindruck, daß sehr hohe Stromdichten härteres Metall ergaben. Je nach den Vers.-Bedingungen schied sich das Metall als Platte ab oder als Traube, deren einzelne Teilchen im Durchschnitt ca. 0,5 mm groß waren. Die Stromausbeuten schwankten sehr u. erreichten in günstigen Fällen über 90%. Besondere Schwierigkeiten entstanden dadurch, daß das am Deckel sublimierte $HfCl_4$ wieder ins Bad fiel u. dort eine ungünstige Zus. hervorrief. Man erhielt ein Metall von <50 (ppm) Fe, 50 Mn, 80 Mg, 100 C; der Zr-Geh. änderte sich — durchschnittlich gesehen — nicht. Die BRINELL-Härte ging herunter bis 132.

F. HOCHSTETTER. 6448□

Ein Beitrag über die Verwendung von Aluminium für die Desoxydation von Palladium und seinen Legierungen. R. N. Rhoda und R. H. Atkinson. (Trans. metallurg. Soc. AIME **212.** 113—15. 1958, herausgeg. 1959. Bayonne, N.J., International Ni-Co.) (Engl.)

Eine verbesserte Technik für die Desoxydation von Pd mit Al wird entwickelt, welche sich bes. für die Herst. kleiner Gußstücke mit einem Induktionsschmelzofen u. einer Gießmaschine eignet. Der Einfl. von verschiedenen Tiegelauskleidungen auf die Wirksamkeit des restlichen Desoxydationsmittels u. des gleichzeitig auftretenden Oxidfilms im Schutz von Pd gegen Oxydation während des Umschmelzens wird festgestellt; die bevorzugte Tiegelauskleidung besteht aus ZrO_2-Mörtel.

H. HOCHSTEIN. 6460□

Beitrag zur Technologie gesinterter Nickelstähle. Gerhard Findeisen. (Z. Metallkunde **52.** 236—43. April 1961. Mönchen-Gladbach, Mannesmann-Pulvermetall GmbH.) (Dt.)

Aus verschiedenen Ausgangsstoffen werden Zerreißstäbe durch Pressen u. Sintern hergestellt: 1. aus einem Gemisch von Fe-Pulver, Carbonyl-Ni u. Graphit; 2. aus höher C-haltigem Fe-Pulver u. Ni-Pulver; 3. aus einer Fe–Ni-Vorleg. mit 6% Ni u. Ruß sowie 4. aus einem Gemisch wie unter 1 mit Zusatz einer niedrigschm. eutekt. Ni–Si-Legierung. Zur Ermittlung eines Korngrößeneffekts wurden ferner Ni-freie Proben mit Fe-Pulver u. Graphit in gleicher Weise verarbeitet, die eine ähnliche Korngrößenverteilung aufweisen wie die Ni-haltigen Proben. Die Prüfung auf Dichte, Dehnung, BRINELL-Härte, Zugfestigkeit u. dimensionelle Änderung der Zerreißstäbe sowie die mkr. Unters. ergibt, daß Gemische aus Roheisenzunder-Ni- u. Graphitpulver mit oder ohne Zusatz einer Ni–Si-Leg. mit niedrigem F. für die Massenfertigung hochwertiger Formteile geeignet sind.

H. HOCHSTEIN. 6474□

Schneiden- und Schaftmaterial für Schlagbohrwerkzeuge. Kurt Jäger. (Neue Hütte **6.** 271—76. Mai 1961. Schmalkalden.) (Dt.)

Die Verw. eines legierten Schaftmaterials bei der Herst. von Schlagbohrkronen aus unlegiertem, geglühtem Stahl wird empfohlen, wobei der Schlagbohrkronenkörper nach dem Löten eine Zugfestigkeit von mindestens 100 kg/mm^2 haben muß. Die Standzeiterhöhung von Schlagbohrkronen ist von der eingelöteten Hartmetallqualität abhängig. Mit Verringerung des *Co*-Geh. im Hartmetall tritt eine größere Härte u. auch Sprödigkeit auf. Daher muß eine Hartmetallsorte verwendet werden, die neben der größeren Härte u. Sprödigkeit noch eine genügende Zähigkeit aufweist, um Hartmetallausbrüche zu vermeiden. Es wird durch Verss. nachgewiesen, daß eine *Hartmetall*-Sorte mit19% *Co* die günstigste Voraussetzung für eine Standzeiterhöhung der Bohrwerkzeuge bietet.

H. HOCHSTEIN. 6476□

Korrosionsbeständige Sinterwerkstoffe auf Chromcarbid–Nickel-Basis. Jutta Uhlmann. (Wiss. Z. Techn. Hochschule Dresden **9.** 1199—1202. 1959/60. Dresden, Deutsche Akad. der Wiss. zu Berlin, Forschungsinst. für metall. Spezialwerkstoffe.) (Dt.)

Durch Red.-Behandlungen von Cr_2O_3–Ruß-Gemischen in Kohlerohr-Kurzschlußöfen bei 1480° wird Cr_3C erzeugt. Nach Mahlen von Cr_3C mit Ni-Pulver, Pressen u. Sintern bei hohen Temp. (je nach Ni-Geh. bis zu 1800°) wurden Stäbchen mechan. u. chem. auf Korrosion untersucht. Gemessen wurde dabei Dichte, Biegefestigkeit, Härte, Oxydationsfestigkeit u. Korrosions-Verh. in zahlreichen chem. Agentien (z. B. HC) unter Normal- u. Druckwasser. Das hergestellte Hartmetall findet Anwendung für Spezialmaschinenelemente, die starkem Verschleiß unterliegen. Wegen der hohen Korrosionsbeständigkeit ist ein Einsatz für Sprühdüsen u. Ventile vorgesehen, die hohen Drücken u. Temp. ausgesetzt sind. Ferner z. B. kann ein unmagnet. Hartmetall der Zus. 65(%) Cr_3O_2, 20 *WC*, 14 *Ni*, 1 *Cu* als verschleißfeste Oberfläche (Nockenscheibe oder -steuerung) in empfindlichen elektron. Meßinstrumenten verwendet werden.

H. FAHLENBRACH. 6476□

Sinterwerkstoffe auf Chromborid-Basis. Heinz Kotsch. (Wiss. Z. Techn. Hochschule Dresden **9.** 1203—06. 1959/60. Dresden, Deutsche Akad. der Wiss. zu Berlin, Forschungsinst. für metall. Spezialwerkstoffe.) (Dt.)

Im Hinblick auf die prakt. Bedeutung der Boride, bes. als Werkstoffe für die Anwendung bei Temp. oberhalb 1000°, werden die Cr-Boride: Cr_2B, CrB u. CrB_2 hergestellt

u. auf ihr Sinter-Verh. u. die Werkstoff-Eigg. hin untersucht. Neben einer Herst. nach dem aluminotherm. u. dem Schmelzflußelektrolyse-Verf. wird bes. das Borcarbid-Verf. nach der allg. Rk.-Gleichung Me (MeO MeH, MeC) + B_4C + B_2O_3 → MeB + CO (im vorliegenden Falle Me = Cr) angewendet. Den drei untersuchten Cr-Boriden wurde vor der Sinterung einmal *Ni* als Binder zugesetzt. Bei CrB_2 u. Cr_2B wurde aber auch *Cr* oder *Cr–Mo* als Binder erprobt. Wenn auch die bisher erreichten Werte für die Biegebruchfestigkeit noch unzureichend sind, so lassen die Unters.-Ergebnisse insgesamt doch erkennen, daß auf der Basis, bes. von Cr_2B u. Cr-haltigen Metallen, hochwarmfeste Werkstoffe herzustellen sind, die in ihren Eigg. mit anderen Hartstoff-Legg. durchaus vergleichbar sind. H. Fahlenbrach. 6476□

Über die Härte von Gußeisen. M. Ss. Drosd. (Известия Высших Учебных Заведений (Москва), Черная Металлургия [Hochschulnachr. (Moskau), Eisenmetallurgie] **1960.** 169—72. Wolgograd, Mechan. Inst.) (Russ.)

Für Gußeisen u. Stahl besteht bei der Härte-Best. zwischen der Kraft der Kugeleindrückung u. der Tiefe des Kugeleindrucks eine lineare Abhängigkeit. Auf Grund von Härtemessungen wird daher der Vorschlag gemacht, die Tiefe des Kugeleindrucks nach der Entlastung als Härtemaß für Gußeisen anzusehen. H. Hochstein. 6480□

Mikrohärte von Silberniederschlägen. S. Ramachandran und N. V. Parthasasadhy. (Metal Finishing **59.** Nr. 4. 40—44. 60. April 1961. Karaikudi, Indien, Central Elektrochem. Res. Inst.) (Engl.)

Unterss. an elektrolyt. aus Cyanid–Nitrat-Bädern abgeschiedenen Ag-Ndd. ergaben, daß eine Mindestdicke von 0,00035 in. des Nd. erforderlich ist, um normale Härtewerte zu erreichen. — 16 Literaturangaben. F. Vier. 6480□

Vergleichende Untersuchungen und Beurteilung der Verfahren zur Ermittlung der Austenitkorngröße. Jiří Škarek und Karel Číha. (Neue Hütte **6.** 301—09. Mai 1961. Brno, ČSSR.) (Dt.)

Die bekannten Verff. der Austenitkorngrößen-Best. werden klassifiziert. Mit Hilfe der Mehrzahl dieser Verff. erfolgt eine Ermittlung des Austenitkorns bei 8 Stahlsorten. Hierbei ergeben sich für die einzelnen Verff. folgende Eigg.: 1. Möglichkeit der Wahl der Austenitisierungsbedingungen; 2. Deutlichkeit der entwickelten Austenitkorngrenzen; 3. Möglichkeit ihrer Anwendung für verschiedene Stahlsorten; 4. Schwierigkeitsgrad ihrer Durchführung u. 5. Objektivität. Das Oxydations-Verf. nach Herasymenko erweist sich als bes. vorteilhaft. Zweckmäßig sollen bei der Austenitkorngrößen-Best. diejenigen Austenitisierungsbedingungen eingehalten werden, die der betriebsmäßigen Wärmebehandlung der betreffenden Stähle entsprechen. Die direkten Verff. auf der Grundlage der Hochtemp.- u. Elektronenemissionsmikroskopie ermöglichen die Beobachtung der Kinetik des Austenitkornwachstums, erfordern jedoch anspruchsvolle Anlagen. — 53 Literaturangaben. H. Hochstein. 6480□

Beitrag zur Ermittlung der Austenitkorngröße nach dem Oxydationsverfahren. Dietrich Schreiber und Siegfried Mennenöh. (Arch. Eisenhüttenwes. **32.** 857—61. Dez. 1961. Hohenlimburg, Vers.-Anstalt der Hoesch A.-G.) (Dt.)

Das Wesen des zur Ermittlung der Austenitkorngröße angewendeten Oxydations-Verf. besteht in der Glühung einer zuvor geschliffenen Probe in einem Muffelofen ohne Schutzgas. Hierbei wird die Probenoberfläche verzundert u. der O_2 wandert entlang der Austenitkorngrenzen in den noch nicht verzunderten Werkstoff ein. Durch vorsichtiges Abschleifen der Oberfläche u. anschließendes Ätzen mit alkohol. HCl gelingt es, die durch die O-Einwanderung markierten Austenitkorngrenzen sichtbar zu machen. Zeit u. Temp. dieser Behandlung können geändert u. den betrieblichen Bedingungen angepaßt werden. Eine Glühung bei 950° mit einer Haltedauer von 1—3 Std. u. anschließender Wasserabkühlung ist bes. gut geeignet. Dieses Verf. wurde an einer Anzahl unlegierter oder legierter Stähle nachgeprüft u. dabei festgestellt, daß es bei gleicher Prüftemp. u. Haltedauer eine gute Übereinstimmung mit dem Verf. nach McQuaid u. Ehn ergibt. Da während der Oxydation stets die obere Schicht der zu prüfenden Probe weggezundert wird, werden stets neue Korngrenzen markiert, deren Wachstum bis dahin ungehindert war. Die Beeinflussung des Kornwachstums beim Oxydations-Verf. bleibt so auf ein Mindestmaß beschränkt. Das Oxydations-Verf. hat neben der Einfachzeit u. der Zeitersparnis noch den Vorteil, daß die chem. Zus. der Proben während der Prüfung kaum verändert wird u. diese unter Bedingungen, die dem Betrieb angeglichen sind, angewendet werden kann. — Diskussion. H. Hochstein. 6480□

Rechteckige Rißbildung in Blei. K. U. Snowden und J. N. Greenwood. (Trans. metallurg. Soc. AIME **212.** 91—92. 1958, herausgeg. 1959. Melbourne, Australien, Univ.) (Engl.)

Die durch Dauerwechselbeanspruchungen in Pb hervorgerufene interkristalline, rechteckige Riß-Bldg. kann durch Korngrenzenwanderung verursacht sein. Offenbar werden die Korngrenzen, die eine Stellung von 45° zur Spannung erreicht haben, bes. dem atmosphär. Angriff unterworfen. Ein Riß beginnt dort u. hemmt die Korngrenze an einer weiteren Wanderung. H. HOCHSTEIN. 6480□

Wirkung der Belastungsgeschwindigkeit und Wärmebehandlung auf die Zugeigenschaften von stranggepreßten Berylliumstäben zwischen 25 und 600°. A. B. Brown, F. Morrow und A. J. Martin. (J. less-common Metals [Amsterdam] **3.** 62–88. Febr. 1961. Rentrew, Schottland, Babcock & Wilcox; Aldermaston, Berks., Atomic Weapons Res. Establ.) (Engl.)

Aus Gußblöcken u. Sinterpulver stranggepreßte Stäbe aus Be wurden auf Zugfestigkeit bei 25–600° geprüft. Die Art des Bruches ist von der Temp. u. der Belastungs-Geschw. abhängig. Zwischen 300 u. 500° tritt Mehrfachkriechen auf. Diese Erscheinung wird von der Belastungs-Geschw., der Reinheit u. Korngröße des Be sowie anscheinend von der Geometrie des Probekörpers beeinflußt. Je feiner die Korngröße u. je höher der Oxid-Geh., um so größer ist die Steigerung von Festigkeit u. Duktilität bei niedrigen Temp., bei 600° wird jedoch diese Eig. verschlechtert. Wärmebehandlung bei 600–800° setzt bei >300° die Festigkeit herab. Bei unreinem Be wird dadurch die Duktilität gesteigert, nicht aber bei reinem Be. — 31 Literaturangaben. F. VIER. 6480□

Elektrische Leitfähigkeit als eine zerstörungsfreie Prüfmethode für Gefügeveränderungen in Oberflächenschichten. A. Keil. (Trans. metallurg. Soc. AIME **212.** 63–64. 1958, herausgeg. 1959. Pforzheim, Doduco K.-G.) (Engl.)

Ein Vgl. von Unterss. von *Ag*-Legg., die 8% *Cd* enthalten, mit *Ag–Cu*-Legg. ergibt, daß die Zers. des homogenen Mischkristalls durch innere Oxydation verschiedene Einfl. auf die Leitfähigkeit ausüben kann. Feine, willkürlich verteilte Oxidzusammenballungen bewirken eine Zunahme der Leitfähigkeit, da der Widerstand des gebildeten reinen Ag-Kristalls geringer ist als der der homogenen Leg. u. der metall. Kontakt zwischen diesen Kristallen gut ist. Lamellare Oxidausscheidungen andererseits bewirken eine Störung des interkristallinen Kontaktes, so daß die resultierende Leitfähigkeit geringer als die der ursprünglichen Leg. ist. Wirbelstrommessungen scheinen eine Hilfe zur Messung von Strukturunterschieden zwischen homogenen Legg. u. dem durch therm. Behandlung erreichten Zustand zu sein. H. HOCHSTEIN. 6480□

Die Kerbzähigkeit von handelsüblichen Schiffsblechen. R. C. A. Thurston. (Trans. Canad. Inst. Mining Metallurgy Mining Soc. Nova Scotia **62.** 117–26. 1959.) (Engl.)

An zahlreichen Blechen aus *Stählen* mit 0,19–0,26(%) *C*, 1,22–1,63 *Mn*, 0,03 bis 0,15 *Si*, 0,018–0,044 *S*, 0,020–0,038 *P* von $1^1/_4$–$1^5/_8$″ Dicke ausgeführte Kerbschlagzähigkeits- u. Zerreißprüfungen ergeben (mit geringen Ausnahmen) deren Brauchbarkeit. An Hand der gewonnenen Ergebnisse werden die Beziehungen zwischen den beiden Prüfungsarten erörtert. — 13 Schrifttumshinweise. W. WESLY. 6480□

Untersuchungen über nichtmetallische Einschlüsse, besonders Sandmarken in Stählen. 1. Mitt. **Der Nachweis von nichtmetallischen, Sandmarken verursachenden Einschlüssen.** Zenichiro Takao, Takaaki Simose, Kiichi Narita und Atsushi Miyamoto. (Tetsu to Hagané [J. Iron Steel Inst. Japan] **47.** 907–18. Juli 1961.) (Jap.; Auszug: Engl.)

Unterss. über Art u. Bestandteile von Sandmarken in verschiedenen Arten geschmiedeter oder gewalzter Stähle zeigen, daß zwischen der mkr. beobachteten Art der Sandmarken u. ihren Bestandteilen sowie zwischen den Arbeitsbedingungen der Austenitkornfeinung u. der Desoxydation u. der Art der Sandmarken enge Beziehungen bestehen. W. WESLY. 6480□

Über den Nachweis nichtmetallischer Einschlüsse in Walzmaterial mit Ultraschall. G. Beckmann und K. Spiegelberg. (Neue Hütte **6.** 316–21. Mai 1961. Hennigsdorf, Eisen-Forschungsinst.) (Dt.)

Die Feststellung, inwieweit sich Schlackeneinschlüsse im Walzmaterial mit Ultraschall nachweisen lassen, ergibt, daß sich prakt. nur glasige bzw. glasig-oxid. Schlacken mit Ultraschall nachweisen lassen, wenn diese nicht zu fein verteilt sind. H. HOCHSTEIN. 6480□

Ultraschallimmersions-Gerät zur Kontrolle dünnwandiger Rohre auf Aufspaltung. A. T. Nikolajenko und Ja. F. Anikejew. (Заводская Лаборатория [Betriebs-Lab.] **26.** 1310–12. 1960. Ukrain. Forsch.-Inst. für Rohre.) (Russ.)

Beschrieben werden Aufbau u. Wirkungsweise eines Ultraschallimmersionsgerätes zur Prüfung der Aufspaltung an bimetall. dünnwandigen Rohren. Benutzt wird ein bereits entwickeltes Vers.-Gerät, das nach der Immersions-Meth. der Erregung freier

Wellen im Impulsbereich arbeitet. Für die Abgabe eines Echosignals vom Fehler wird das Prinzip der zeitlichen Selektion verwendet. Bei der automat. Anwendung des Gerätes werden subjektive Fehler der Bedienung ausgeschlossen. Anwendungsbeispiele bei 8—20 mm starken Rohren werden erörtert. H. HOCHSTEIN. 6480□

Ferrosondendefektoskop. D. A. Schturkin und A. P. Perwuchin. (Заводская Лаборатория [Betriebs-Lab.] **26.** 1301—04. 1960. Inst. für Metallphysik der Akad. der Wiss. der UdSSR.) (Russ.)

Beschrieben werden Aufbau, Schaltung u. Arbeitsweise eines Ferrosonden-Defektoskops zur Ermittlung von Oberflächenfehlern kleiner, zirkular magnetisierter Stahlgegenstände, die die Form eines Drehkörpers besitzen. Auf Grund des Anzeige-Syst. der Vorr. ist eine Ferrosonde mit Längserregung vorgesehen, die aus 2 parallelen Permalloy-Drähten, 4 Meß- u. 4 Erregerspulen besteht. Durch diese Vorr. kann man Störungen des Zusammenhaltes in der Oberfläche des Prüflings in einer Tiefe von 0,2 mm u. mehr in Abhängigkeit von der Form u. Anordnung des Fehlers, von der Gleichmäßigkeit der Metallstruktur u. anderer Faktoren ermitteln. Auch ist eine Überwachung der Fehler während der Verarbeitung der Gegenstände möglich. Das Gerät dient für eine automat. Massenüberwachung von Industriegegenständen.
H. HOCHSTEIN. 6480□

Differentialmagnetapparatur zur Kontrolle der Eigenschaften einer Wärmebehandlung. M. N. Michejew, G. W. Ssurin und G. Ss. Tomilow. (Заводская Лаборатория [Betriebs-Lab.] **26.** 1306—08. 1960. Inst. für Metallphysik der Akad. der Wiss. der UdSSR.) (Russ.)

Zur Überwachung der Güte einer aus Härten u. Anlassen bestehenden Vergütung von Kugel- u. Rollenlagern wird eine differentialmagnet. Vorr. mit Ferrosondenanzeiger entwickelt, deren Vorzug darin liegt, daß an Stelle der pondermotor. Wrkg. des Magnetflusses auf den Rahmen die Wrkg. der EMK in der Meßwicklung der Ferrosonde, die im mittleren Boden eines Doppelelektromagneten gelagert ist, ausgenutzt wird. Der Aufbau u. die Schaltung der App. werden beschrieben. Es wird angegeben, daß die Meßergebnisse bei vergüteten Kugel- u. Rollenlagern gut sind u. dad. die Güte der Wärmebehandlung leicht zu überwachen ist. H. HOCHSTEIN. 6480□

Elektroinduktionsdickenmesser. G. M. Kuchtewitsch und N. A. Litwinenko. (Заводская Лаборатория [Betriebs-Lab.] **26.** 1304—06. 1960. Ukrain. Röhren-Forschungsinst.) (Russ.)

Beschrieben werden Aufbau, Schaltung u. Wrkg.-Weise eines Elektroinduktionsdickenmessers zur Ermittlung von Dickenunterschieden in der Wandstärke von Rohren aus austenit. Stahl bei Wandstärken von 6—15 mm. H. HOCHSTEIN. 6480□

Untersuchungen über die Wirkung von Nitrierbädern auf Stähle mit geringem Kohlenstoffgehalt. O. Schaaber. (Rev. Métallurgie **58.** 833—37. Okt. 1961. Bremen, Inst. für Härtereitechnik.) (Franz.)

Der Einfl. der Ausführungsbedingungen bei der Salzbadnitrierung, wie Bad-Zus., Temp. u. Dauer, auf die Eigg. nitrierter Stähle mit geringem C-Geh., wie Härte, Nitriertiefe, Dauerfestigkeit, Vol.-Änderung während der Aufstickung, Härtespannungen, die die Versetzungsbewegung hemmende Gitterverzerrung sowie die Elastizitätsgrenze, wird ermittelt u. in Kurvenform mitgeteilt. H. HOCHSTEIN. 6492□

Entwicklung von duktilen Hochtemperatur-Hartloten. D. C. Herrschaft. (Metal Progr. **80.** Nr. 3. 97—100. Sept. 1961. New York, N.Y., Handy & Harman.) (Engl.)

Ag-Lote mit kleinen Zusätzen von *Li*, *In* u. *Pd* sind bes. zum Löten von Wabenkonstruktionen aus *rostfreiem Stahl* u. von *Au*- u. *Pd*-Legg. geeignet. F. VIER. 6504□

Die Überwindung von Erzeugungsproblemen durch Nickel–Silber-Legierungen mit selbsttätigem Flußmittelsystem. Lee S. Wade. (Welding J. **40.** 948—50. Sept. 1961. White Plains, N.Y., All-State Welding Alloys Co., Inc.) (Engl.)

Als Ersatz für Bronze-, Stahl- u. Gußeisenhartlotdraht dient die Ni–Ag-Leg. „Nr. 11", F. 1630°, die bei 1750° fließt u. gute Zug- u. Schubfestigkeit aufweist. Ihre Anwendung für viele Metalle wird beschrieben. W. WESLY. 6504□

Entwicklung einer schweißbaren Legierung unter Verwendung metallurgischer Parameter. W. N. Platte. (Metal Progr. **80.** Nr. 3. 80—85. Sept. 1961. Pittsburgh, Pa., Westinghouse Res. Labor.) (Engl.)

An *Mo*-Legg. wird gezeigt, welche metallurg. Parameter bei der Entw. von schweißbaren Legg. zu beachten sind. Voraussetzung für gute Schweißbarkeit ist Desoxydation des Mo. Wird diese durch einen Zusatz von 0,20(%) *Al* durchgeführt, so wird die Schweißstelle wegen des hohen Dampfdrucks des Al feinporig. Dagegen ist eine Leg. mit 0,5 *Ti* u. 0,05 *C* fest u. duktil u. wird beim Schweißen nicht porig u. brüchig. F. VIER. 6506□

Das Schweißen von Eisen mit Kugelgraphit ohne Anlassen nach dem Schweißen. R. C. Bates und F. J. Morley jun. (Welding J. **40.** Nr. 9. Suppl.: Welding Res. 417s—422s. Sept. 1961. East Pittsburgh, Pa., Westinghouse Electric Corp., Materials Labor., Ferrous Appl. Group.) (Engl.)

Man erhält befriedigende Schweißen an Gußeisen mit Kugelgraphit, wenn man mehrere Schichten einer Schweiße mit *ENiFe*-Draht aufträgt, wie man Brot mit Butter bestreicht (buttering) u. zur Endschweiße *ERN69*-Draht mit 67(%) Ni, 15 Cr, 8 Fe, 7 Mn, 2 Nb, 1 Ti verwendet. Man kann für beide Zwecke auch *E307–15*-Draht anwenden. Eine Erwärmung nach dem Schweißen ist unnötig. W. WESLY. 6506□

Elektrische und metallurgische, die Schweißlichtbogenbeständigkeit beeinflussende Faktoren. Jerry E. Ginn. (Welding J. **40.** 942—48. Sept. 1961. Seattle, Wash., Boeing Airplane Co., Aero-Space Div., Mfg. Dev. Sect.) (Engl.)

Unterss. über die Ursachen der Unbeständigkeit des Schweißlichtbogens zeigen, daß dies die Werkstoff-Eigg., die Werkzeugmaterialien u. die Feldstärken sind. Diese Faktoren u. die Verff. zu ihrer Eliminierung werden erörtert. W. WESLY. 6506□

Einige Unzulänglichkeiten auf dem Gebiete der Schweißtechnik. Antonín Kleander. (Zváračský Sborník **9.** 403—08. 1960. Vamberk, ZAZ.) (Slowak.) M. GEHLEN-KELLER. 6506□

Die richtige Ausnützung von Aufschweißmaterial und dessen metallographische Struktur. Jan Žák. (Zváračský **9.** 471—79. 1960. Brno, VTA.) (Slowak.) M. GEHLEN-KELLER. 6506□

Technische Entwicklungen des Jahres 1961. Nathaniel Hall. (Metal Finishing **60.** Nr. 1. 40—53. Jan. 1962.) (Engl.) — Vgl. C. **1961.** 1004.

Entfetten, Reinigen, Beizen, Polieren, Anodisieren, Adhäsion der Überzüge, metall. Überzüge, Elektroformen, Metallisieren, Konversionsfilme, Korrosionsverhinderung, Prüf-Verff. u. anderes. — 413 Literaturangaben. M. GEHLEN-KELLER. 6508□

Die Entzunderung von Stahlbarren und -drähten. Müller. (Chaleur et Ind. **41.** 334—42. Dez. 1960. Soc. d'Études Techniques.) (Franz.)

Übersicht über die Entzunderung von Stahlbarren u. -drähten durch Abstrahlen mit Schrot u. auf chem. Wege durch H_2SO_4, HCl u. (für Sonderzwecke) H_3PO_4 u. die Regeneration der erschöpften Beizbäder. W. WESLY. 6508□

Zur submikroskopischen Struktur dünner, unter dem Einfluß von kontinuierlichem Ultraschall abgeschiedener Elektrolytmetallschichten. C. Schiele und R. Weiner. (Metalloberfläche **15.** 130—33. Mai 1961. Innsbruck, Univ., Labor. für Elektronenmikroskopie.) (Dt.)

Untersucht wurde die Substruktur von unter Ultraschall elektrolyt. abgeschiedenen *Cr-*, *Ni-*, *Fe-*, *Cu-* u. *Ag*-Schichten. Die Ergebnisse lassen darauf schließen, daß die Wrkg. von Ultraschall, unabhängig von der Frequenz, bei nichtkomplexen Elektrolyten auf einen Rühreffekt zurückgeht, der die kinet. Parameter der Abscheidungsvorgänge günstig beeinflußt, während bei cyanid. komplexen Elektrolyten die Schall-Wrkg. die Kinetik der Abscheidungsvorgänge überlagert u. sich so viel ausgeprägter bemerkbar macht. F. VIER. 6516□

Stromloses Vergolden. S. Duffield Swan und E. Lamar Gostin. (Metal-Finishing **59.** Nr. 4. 52—53. April 1961. Cedar Grove, N.J., Metal Processing Co., Inc.) (Engl.)

Verss. ergaben, daß sich einwandfreie Au-Überzüge aus einer wss. Lsg. abscheiden lassen, die 2 (g/Liter) *K-Au-Cyanid*, 75 NH_4Cl, 50 *Na-Citrat*, 10 *Na-Hypophosphit* bei einem pH von 7,0—7,5 u. 92—95° enthielten. F. VIER. 6524□

Schutzfilme auf Metallen. W. J. Copenhagen. (South Afrikan ind. Chemist **14.** 144—57. Aug. 1960.) (Engl.)

Übersicht über Arten u. Zus. von (Korrosions-) Schutzfilmen für Metalle u. ihre Aufbringung auf *Stähle, Zn, Al, Cu, Mg* u. *Ti*. — 62 Schrifttumshinweise. W. WESLY. 6528□

Wie wird am besten phosphatiert. 2. Mitt. George H. Pimbley. (Metal Progr. **80.** Nr. 3. 108—11. 128. 131A. 132. 134. Sept. 1961.) (Engl.)

Beschrieben wird das Spritzphosphatieren mit *Zn-Phosphat* u. das Tauch-Verf. mit *Mn-Phosphat.* F. VIER. 6532□

Spannungskorrosionsrisse der Magnesiumlegierung AZ 31 B. Hugh L. Logan. (J. Res. Bur. Standards, C **65.** 165—69. Juli/Sept. 1961.) (Engl.)

Unterss. über die Entstehung von Rissen in Proben aus Mg-Leg. *A-Z31B* unter konst. Zugbeanspruchung in NaCl- u. K_2CrO_4-Lsg. zeigen, daß die für das Gleiten am günstigsten orientierten Kristalle derart verformt werden, daß sie einer weiteren Ausdehnung widerstehen u. der anfangs zerstörte Oberflächenschutzfilm wieder hergestellt

wird. Anschließend erfolgt eine Ausdehnung als Ergebnis der in widerstandsfähigeren Kristallen angereicherten Spannungen mit Spannungs-Geschw. von 1%/Sek. an den Stellen, wo der Oberflächenschutzfilm reißt. Das Metall ist anod. gegenüber den viel größeren Flächen, deren Schutzfilm wieder hergestellt worden ist u. an denen Risse elektrochem. entstanden sind. Die Risse entstehen an Flächen, die mit den kristallograph. Grundflächen der Mg-Leg. einen großen Winkel bilden u. in Kristallen polykristalliner Aggregate mit einer für Grundflächengleiten ungünstigen Orientierung.
W. WESLY. 6538□

Mechanismus der Korrosion von Metallen in Fugen und Spalten. 6. Mitt. Magnesium und einige seiner Legierungen. I. L. Rosenfeld und I. K. Marschakow. (Журнал Физической Химии [J. physik. Chem.] **33.** 411—15. 1 Tafel. Febr. 1959.) (Russ.; Auszug: Engl.) — 5. vgl. C. **1961.** 13822.

Mg u. seine Legg. *ML-5* (I) mit 0,014(%) Fe, 0,05 Mn, 4,80 Al u. 0,68 Zn u. *MA-8* (II) mit 1,9 Mn werden in engen Spalten u. in freier Lsg. dem Angriff von 0,001, 0,01 u. 0,5n NaCl-Lsg. ausgesetzt. Die Korrosions-Prodd. werden mit (etwas $AgNO_3$ enthaltender) 20%ig. H_2CrO_4 bei 90° in 5—8 Min. gelöst. Mg wird im Spalt rascher korrodiert als in Lsg., Maximum bei 0,25 mm Spaltweite. **I** wird von dest. W. u. 0,01n NaCl-Lsg. im Spalt rascher angegriffen als in Lsg., umgekehrt in 0,1n Lsg.; bei **II** ändert sich das Korrosions-Verh. mit der Zeit im Spalt nicht, in Lsg. wird die Korrosion langsamer. In allen Fällen zeigt die Korrosion im Spalt stärker lokalisierten Charakter. Ursache der stärkeren Korrosion im Spalt ist nicht der erschwerte Luftzutritt, sondern stärkere Durchmischung durch H_2-Bläschen, die die Bldg. von Schutzfilmen verhindern bzw. aufheben. Die Mikroelemente spielen eine wesentlich größere Rolle als die Makroelemente.
R. K. MÜLLER. 6538□

Der gemeinsame Einfluß von Sulfiden und organischen Verbindungen auf die Säurekorrosion und die Sprödigkeit des Eisens. S. A. Iofa und G. N. Tomaschowa. (Журнал Физической Химии [J. physik. Chem.] **34.** 1036—43. Mai 1960. Moskau, Lomonossow-Univ.) (Russ.; Auszug: Engl.)

Die Unters. des Einfl. von H_2S u. verschiedener Klassen der organ. Verbb. auf die Auflösungs-Geschw. von Fe in H_2SO_4-Lsgg. zeigt, daß organ. N-haltige Basen u. eine Anzahl von Aldehyden (Önanthaldehyd), welche die Auflösungs-Geschw. des Fe in reiner H_2SO_4-Lsg. nicht oder nur wenig verzögern, in Ggw. von H_2S zu starken Inhibitoren werden u. vollständig die beschleunigende Wrkg. des H_2S auf die Korrosion von Fe aufheben. Organ. Sulfonsäuren u. Alkohole sowie Säuren der aliphat. Reihe erhöhen dagegen die beschleunigende Wrkg. von H_2S. Einige S-haltige Verbb., wie Thioharnstoff u. Benzylsulfoxid, die sich in der Säure während der Fe-Auflösung unter Bldg. von H_2S zersetzen, sind Inhibitoren der Säurekorrosion von Fe. Organ. Verbb., welche in Ggw. von H_2S starke Inhibitor-Eigg. besitzen, verhüten eine H-Aufnahme des Fe u. eine durch H_2S verursachte Versprödung. — 19 Literaturangaben.
H. HOCHSTEIN. 6538□

Korrosion von rostfreiem Stahl. Morgan Sinclaire und Eugene Phillips. (Metal Progr. **80.** Nr. 3. 92—96. Sept. 1961. El Segundo, Calif., Douglas Aircraft Co., Inc.) (Engl.)

Unter gewissen Voraussetzungen können rostfreie Stähle korrodieren. So scheidet sich bei einer Wärmebehandlung von 900—1400° F an den Korngrenzen Cr-Carbide aus, wodurch es entlang der Korngrenzen zu einer Cr-Verarmung nahe der Cr-Carbidausscheidung kommt. Dadurch entstehen Potentialdifferenzen, die zur interkristallinen Korrosion führen. Durch Zusätze von *Ti*, *Nb* oder *Ta* kann die Cr-Carbidausscheidung u. damit die interkristalline Korrosion verhindert werden. Fehlerhaftes Aufkohlen, Auftreten von HCl, Schmutz u. Metallteilchen an der Oberfläche, können ebenfalls Korrosion verursachen.
F. VIER. 6538□

Die Verwendung rostfreier Stähle zur Korrosionsbekämpfung. J. P. Ogilvie. (Trans. Canad. Inst. Mining Metallurgy Mining Cos. Nova Scotia **62.** 17—21. 1959. Montreal, Shawinigan Chem. Ltd.) (Engl.)

Eine Übersicht über das Verh. der rostfreien Stähle gegen die verschiedenen Arten von Korrosionen u. gegen HNO_3, H_2SO_4, H_3PO_4, $CH_3 \cdot COOH$ u. *NaOH* zeigt, daß sie nicht gegen alle korrodierenden Medien beständig sind, aber bei richtiger Verw. weitgehenden Schutz gewähren.
W. WESLY. 6538□

Rostfreie Stähle zur Bekämpfung der Korrosion. G. E. Rowan (Trans. Canad. Inst. Mining Metallurgy Mining Soc. Nova Scotia **62.** 127—32. 1959. Atlas Steel, Inc.) (Engl.)

Übersicht über Arten, Zus., Eigg. u. bes. Verh. von rostfreien Stählen gegen interkristalline, galvan., Berührungs- u. Spannungskorrosion u. ihre Auswahl je nach Verw.-Zweck.
W. WESLY. 6538□

Rost- u. Korrosionsbeständigkeit verzinnter Stahlblechfolien. S. C. Britton und K. Bright. (Ind. Conserve **36.** 143—46. April/Juni 1961.) (Ital.)

Nach einleitender Übersicht über prakt. Bedeutung, Gütenormen, Herst. u. Verw. verzinnter Stahlbleche in der Konservenindustrie behandeln Vff. den Stand der Forschung über das Korrosions-Verh. von Weißblechdosen gegenüber den verschiedenen Nahrungs- u. Genußmitteln sowie den Einfl. der Zus. der Sn-Schutzschichten auf die Korrosionsbeständigkeit. A. SANDER. 6538□

Über Korrosionen in stahlberohrten Verdampfapparaten von Zuckerfabriken. F. Schneider, W. Hofmann, A. Emmerich und H. Gieseke. (Zucker **12.** 450—62. 1/10. 1959. Braunschweig, TH, Inst. für landwirtsch. Technol. u. Zuckerindustrie.)

Auf Grund von statist. Ermittlungen von Umfragen, durch Auswertungen von Fabrikbesuchen u. durch experimentelle Unterss. wurde festgestellt, daß *Cu*-Abscheidungen auf den Stahlrohren von Verdampfern zu starken Korrosionen u. bes. zu Lochfraß führen können. Auch die Kavitation ist für die Werkstoffzerstörung verantwortlich. Beziehungen zwischen der Zus., der Härte u. dem Gefüge der gebräuchlichen Siederohre u. der Korrosion wurden nicht gefunden. Es werden Vorschläge zur Verhinderung der saft- u. dampfseitigen Korrosionen gemacht. — 28 Literaturangaben. M. SCHULZ. 6538□

Durch Kathodenschutz auf Stahl gebildete Überzüge und ihre Wertbestimmung durch Polarisationsmessungen. W. J. Schwerdtfeger und Raul J. Manuele. (J. Res. Bur. Standards C **65.** 171—81. Juli/Sept. 1961. La Plata, Argentinien, Univ., Dep. of Chem.) (Engl.)

Von 3 Stahlproben, die fast 5 Jahre lang der Einw. von Trinkwasser + 3% NaCl ausgesetzt waren, erhielten 2 Kathodenschutz (Strom von einer Zn-Anode bzw. Strom von einem Gleichrichter durch eine C-Anode), wogegen die 3. Probe ohne Schutz blieb. Auf den geschützten Proben bildeten sich aus Carbonat u. Silicat bestehende Filme, die die zum Schutz erforderliche Stromdichte von 5 auf 0,02 mA/ft^2 verminderten. Eine mit Schutzfilm versehene, 32 Tage ohne Schutzstrom gebliebene Probe benötigte nur 0,3 mA/ft^2 für den Anfangsschutz. Die Korrosions-Geschw. wird mittels der Knicke in den Polarisationskurven bestimmt. Die Stromstärken, bei denen Knicke in den Kathodenkurven auftreten, stehen in Beziehung zu den $\Delta V/\Delta J$-Werten. — 12 Literaturhinweise. W. WESLY. 6540□

Eine Methode zur Bestimmung des elektrischen Widerstandes von Phosphatüberzügen auf Stahl. J. W. Scott und L. L. Shreir. (Chem. and Ind. **1957.** 807—08. 22/6. London, Battersea Polytechn., Metallurgy Dep.) (Engl.)

Reproduzierbare Ergebnisse von Messungen des elektr. Widerstandes von Phosphatüberzügen auf Stahlplatten lassen sich mit einer Hg-Elektrode mit Hilfe eines einfachen App. erzielen. Die Widerstandsmessung erfolgt mit einer modifizierten Leitfähigkeitsbrücke u. stellt ein Maß dar für die Schutz-Wrkg. des Überzugs gegen Korrosion. R. JUNGE. 6540□

Laufende Korrosionsüberwachung. E. S. Troscinski, A. S. Couper und Andrew Dravnieks. (Mechan. Engng. **83.** Nr. 7. 47—51. Juli 1961. Whiting, Ind., Standard Oil Co.) (Engl.)

Übersicht über die Verff. u. Geräte zur Überwachung u. Anzeige von Korrosionen. — 9 Schrifttumshinweise. W. WESLY. 6540□

Über die Kriterien des Materialverschleißes. I. W. Kragelski. (Доклады Академии Наук СССР [Ber. Akad. Wiss. UdSSR] **129.** 1016—19. 11/12. 1959.) (Russ.)

Als neues Kriterium für die Verschleißfestigkeit eines Materials wird der „spezif. Verschleiß" vorgeschlagen: i_q bzw. q_x, i_h ist das Gew. q_x bzw. das Vol. V_x des abgetragenen Materials auf dem Reibungsweg 2a (Durchmesser des Berührungsflecks), geteilt durch die fakt. Berührungsfläche A_r u. 2a, also $i_q = q_x/A_r \cdot 2a$ u. $i_h = V_x/A_r \cdot 2a$. Die Ermittlung, die Anwendung u. die Vorteile dieser Größen werden erörtert. Für $i_h \cdot 10^2$ (dimensionslos) werden folgende Werte errechnet: *Pb* 2,75, *Sn* 2,18, *Al* 3,93, *Cu* 3,33, *Stahl* 3,72, *WC* 4,0. Die i_h-Werte ändern sich also nur um 30%, während die BRINELL-Härte von Pb (4,5) zu WC (2500) auf das 600fache zunimmt. Den linearen Verschleiß erhält man aus i_q bzw. i_h durch Multiplikation mit dem Verhältnis von fakt. zu nomineller Fläche: $I_q = i_q (A_r/A_a)$; $I_h = i_h (A_r/A_a)$ oder mit p_a/p_r (p_a = nomineller, p_r = fakt. spezif. Druck). R. K. MÜLLER. 6546□

Prüfung von Schutzüberzügen auf Metallen. Paul Smits. (Metal Progr. **80.** Nr. 3. 75—79. Sept. 1961. Kingston, Ont., Aluminum Co. of Canada.) (Engl.)

Beschrieben wird eine Abschleif-Vorr., mit der der Verschleiß anod. Schichten auf Al, Lack- u. Emailschichten u. andere nichtleitende Schichten geprüft werden können, u. deren Verwendung. F. VIER. 6546□

Über den Einfluß von Korrosionsinhibitoren auf den Korrosions- und mechanischen Verschleiß. Je. M. Saretzki, I. M. Katzer und O. A. Petrowa. (Доклады Академии Наук СССР [Ber. Akad. Wiss. UdSSR] **135.** 890—92. 1/12. 1960. Wiss. Forsch.-Inst. für Hilfs- u. Ersatzteile der Textilausrüstung.) (Russ.)

Die Verss. bestätigen die Annahme, daß beim Korrosions- u. mechan. Verschleiß elektrochem. Prozesse eine wesentliche Rolle spielen können. Es wird die Möglichkeit einer Abnahme der Verschleiß-Geschw. von Stahl in Leitungswasser bei Zusatz des kathod. Korrosionsinhibitors *Natriumhexametaphosphat* nachgewiesen.

H. HOCHSTEIN. 6546 □

J. O. Edström, Sandviken, und U. Ö. H. Wiberg, Västerås, Schweden, **Abtrennen von Kupfer aus Eisenschmelzen.** Der Schmelze wird *ZnS*, ganz oder teilweise in Pulverform zugeführt. (**Schwed. P. 165 712** vom 27/1. 1953, ausg. 23/12. 1958.)

K. H. KÄHLER. 6391

Crucible Steel Co. of America, Pittsburgh, Pa., übert. von: Alvin E. Nehrenberg, Bloomfield, N.J., V.St.A., **Ferritischer, hitzefester Stahl** aus 19 bis 30(%), bes. 21—28, *Cr*, je 0,2—1 *Si* u. *Mg* u. 0,1—1 *Al*, bes. je 0,5 *Si*, *Mg* u. *Al*, je bis 1, bes. bis 0,5, *Mo* u. *Cu*, 0,05—1, bes. 0,05—0,07, *C*, bis 0,5, bes. bis 0,2, *Ni* u. 0,1—0,2 *N* neben *Fe*, wobei die Mengen von Cr, Si u. Mo plus 10mal Al minus Ni, plus 30mal (C + N) $\geqq$21% des Stahls ausmachen. — Diagramm. (**Can. P. 551 907** vom 7/4. 1954, ausg. 21/1. 1958. A. Prior. 9/4. 1953 u. 15/3. 1954.) EBERHARD RIEDEL. 6411

American Steel Foundries (Erfinder: Gustav Alexander Lillieqvist und Cedric Gropper Mickelson), **Legierter Stahl,** bestehend aus 0,20 bis 0,50 (Gew.-%) *C*, 0,15—2,50 *Mn*, 0,1—2,0 *Si*, bis 0,05 *P*, bis 0,07 *S*, bis 5,0 *Mo*, *Cr* oder *W*, bis 4,0 *Ni*, 0,0005—0,005 *B*, 0,0015—0,05 *Seltene Erdmetalle*, Rest *Fe*. Dieser Stahlguß hat eine BRINELL-Härte von wenigstens 444 u. eine CHARPY-Schlagfestigkeit von wenigstens 1,66 (m/kg) bei Normal-Temp. u. 1,38 bei —40°. (**Aust. P. 226 394** vom 12/8. 1958, ausg. 11/2. 1960.) H. NEBELSIEK. 6411

American Steel Foundries (Erfinder: Wilbur Thomas Bolkcom und William Edward Knapp), **Stoßfeste Stahllegierung,** enthaltend 0,1—1,8 (%) *C*, 0,2—6 *Mn*, 0,1—0,75 *Si*, 0,0—0,04 *P*, 0,0—0,04 *S* u. als Rest *Fe* mit 0,0015—0,5 *Seltene Erdmetalle*, die erst in der durch Red. bas. gemachten Stahlschmelze aufgelöst werden. Die Leg. kann außerdem noch 0,0—5,0(%) *Mo*, *Cr* oder *W* u./oder bis 4 *Ni* enthalten. (**Aust. P. 228 190** vom 22/10. 1957, ausg. 9/6. 1960. A. Prior. 9/11. 1956.)

K. DEMMLER. 6411

Rem-Cru Titanium, Inc. (Erfinder: Robert Isaac Jaffee, Horace Russell Ogden und Milton Barnard Vordahl), **Titanlegierung,** bestehend aus 0,5—23(%) *Al*, *Sn*, *Sb*, *Ag* u./oder *In* als α-Promoter (I), wobei der Geh. an In, wenn es enthalten ist, $>$0,1 liegen soll, aber nicht $>$7 Al, 3 In u. 10 Ag übersteigen soll, u. der maximale Gesamt-Geh. am I derart sein soll, daß der Geh. an Al + $^1/_3$ Geh. an Sn, Sb, Ag u. In 7 nicht übersteigt, u. Rest *Ti*. Die Leg. zeichnet sich durch große Festigkeit, Duktilität u. Stabilität bei 800—1000° F aus. (**Aust. P. 229 843** vom 19/2. 1958, ausg. 8/9. 1960. A. Prior. 8/3. 1957.) C. LÜTTGEN. 6449

United States Atomic Energy Commission, Washington, D.C., V.St.A. (Erfinder: Archie Edwin Ruehle und John Walker Stevenson), **Herstellung von metallischem Uran** durch Red. von UF_4 mit *Mg*, dem $NaHF_2$, UO_2F_2, $UF_4 \cdot 5H_2O$ u. UO_3 zugegeben wird, wobei sich auf dem Mg eine Oberflächenschicht bildet. Das so behandelte Mg wird mit UF_4 in einem Autoklaven erhitzt, wobei das gebildete metall. U von einer Schlackenphase getrennt wird. (**E. P. 809 408** vom 28/10. 1957, ausg. 25/2. 1959.) K. BAYER. 6449

United States Atomic Energy Commission (Erfinder: Henry A. Saller, Edwin S. Hodge, Stanley J. Paprocki und Russell W. Dayton), **Verbinden von Metallen und Metallegierungen.** Man evakuiert den Zwischenraum zwischen den zu verbindenden Materialien, erhitzt in inerter Gasatmosphäre bei erhöhtem Druck bis wenigstens zum Erweichungspunkt des einen Materials, aber nicht bis zum F. des anderen Materials u. kühlt auf normale Temperatur. — Zum Beispiel werden eine *Zr—U*-Leg. u. *Zr* auf 1500—2000° F 1—40 Std. in einem inerten Gas bei 2000—20000 lbs/sq.in. erhitzt. (**Aust. P. 228 152** vom 25/9. 1958, ausg. 2/6. 1960. A. Prior. 2/10. 1957.)

K. DEMMLER. 6479

Battelle-Institut e. V. (Erfinder: Gerhard Schimmel), Frankfurt/M., **Zerstörungsfreie Prüfung der Dicke und der Kupferaufnahme einer aus Reinstaluminium bestehenden Schutzschicht** für Legg. vom Typ *AlCuMg*, dad. gek., daß das beschichtete Duraluminium mit einer Röntgenstrahlung (Grenzwellenlänge $<$1,5 Å) von der Schichtseite her bestrahlt wird, aus einem Teil der nach der Schichtseite abgestrahlten Fluorescenzstrahlung eine monochromat. Cu-Strahlung u. eine monochromat. Mn-Strahlung ausgefiltert u. die Intensitäten beider gefilterten Strahlungen gemessen werden. (**D. A. S. 1 100 299** Kl. 42b vom 11/5. 1960, ausg. 23/2. 1961.) W. v. HUHN. 6481

General Electric Co., New York, übert. von: Bruce O. Buckland, Schenectady, N.Y., V.St.A., **Herstellung von elastischen Teilen** für Turbinen und Kompressoren, z. B. aus *Nimonic*-Werkstoffen, durch Kaltbearbeitung, z. B. durch Schrotblasen oder Kaltverformen, u. nachfolgendes rekristallisierendes Glühen, z. B. bei *Nimonic 80* bei 1250° F 8—10 Std. lang oder bei der *16-25-6-Stahl*-Leg. unter denselben Bedingungen. Danach wird gekühlt. Es entsteht ein elast. Teil mit einem groben Korn von 0,1—0,2 mm Ø im Innern u. einer feinkörnigen Oberflächenschicht mit einem Korn von 0,01—0,03 mm. Dabei hat die Oberflächenschicht eine Dicke von 10—25% des Gesamtquerschnitts. (**A. P. 2 920 007** vom 16/1. 1958, ausg. 5/1. 1960.) F. VIER. 6491

Commonwealth Engineering Co. of Ohio, V.St.A. (Erfinder: Harry A. Toulmin), **Herstellung von korrosionsschützenden Metallüberzügen** auf Metallen, wie *Fe*, durch therm. Zers. der gasförmigen Verbb., wie *Carbonyle*, korrosionsbeständiger Metalle, wie *Zn, Ni, Cu, Ti, Zr* oder Gemischen dieser Metalle. Vor der Behandlung mit diesen Verbb. werden die zu überziehenden Metalle zur Entgasung ihrer Oberflächen erhitzt, zweckmäßig bei Unterdruck u. unter Vibrieren. (**F. P. 1 207 584** vom 27/6. 1958, ausg. 17/2. 1960. A. Prior. 1/7. 1957.) F. VIER. 6493

David Craven, Wilmington, Del., übert. von: George A. Samuel, White Plains, N.Y., und Jerome Victor Bell, Newark, Del., V.St.A., **Chromieren lufthärtender Werkzeugstähle** aus 4 (%) *Cr*, 0,80—1 *C*, 1—4 *V*, 5—8 *Mo* u. ggf. 1,5—6 *W* oder 5—12 *Co* oder 1,25 *Nb*, Rest *Fe*. Die zu härtenden Teile werden in einen Behälter, der durch ein verschließbares Rohr mit der Atmosphäre verbunden u. der mit granuliertem *Cr* u. NH_4Br gefüllt ist, eingesetzt. Dann wird bei geöffnetem Rohr auf 1600 bis 2400° aufgeheizt u. bei geschlossenem Rohr 30 Min. auf der Temp. gehalten. Schließlich wird der Behälter mit W. abgeschreckt. (**A. P. 2 921 877** vom 13/3. 1958, ausg. 19/1. 1960.) F. VIER. 6493

Commonwealth Engineering Co. of Ohio, V.St.A., **Metallisieren von Sinterkörpern**, z. B. von *Carbiden* u. *Siliciden*. Die Sinterkörper werden einer gasförmige Metall-Verbb. enthaltenden Atmosphäre ausgesetzt, so daß diese Verbb. in die Poren eindringen, u. dabei so durch Induktion erhitzt, daß sie in ihrem Innern eine Temp. haben, die über der Zers.-Temp. der Metall-Verbb. liegt. Auf diese Weise kann *Ni, Cu, Fe, W* oder *Mo* in die Körper eingebracht werden. — Vorrichtung. (**F. P. 1 206 005** vom 30/4. 1958, ausg. 5/2. 1960.) F. VIER. 6493

United States Atomic Energy Commission, übert. von: Franklin D. McCuaig, La Grange, Ill., und Robert D. Misch, Whiting, Ind., V.St.A., **Lot zum Löten von Zirkonium** besteht aus 6—9 (%) *Ni*, 6—9 *Cr, Mo* oder *W*, 0—7,5 *Fe*, Rest *Zr*, z. B. 8 Ni, 8 Cr, Rest Zr. Es eignet sich zum Löten von Zr u. seinen Legg. mit Zr, Fe, Stahl, rostfreiem Stahl, U, Ceramics u. Cermets. (**A. P. 2 932 887** vom 8/9. 1958, ausg. 19/4. 1960.) F. VIER. 6505

Western Electric Co., Inc. (Erfinder: Philip Robert White), V.St.A., **Verzinken oder Verlöten einer Metalloberfläche,** die mindestens 80 Gew.-% Zn enthält, mit Hilfe eines Lotes, das mindestens 90 *Zn* u. bis zu 6 *Al* u. bis zu 0,2 *Mg* aufweist. Die Lot-Leg. setzt sich z. B. aus 3,5—4,3 Al, 0,03—0,08 Mg, Rest Zn zusammen. Man erhitzt zunächst die zu verzinkenden Oberflächen mindestens auf die Schmelztemp. des Lotes u. verrückt das Lot derart, daß die Oberfläche durch einen Teil desselben im geschmolzenen Zustand abgedeckt wird. Diesen Teil lötet man derart, daß sich die gesamte Oxidschicht oder die gebildete oxydierte Lotschicht auflösen kann. (**F. P. 1 210 220** vom 10/9. 1958, ausg. 7/3. 1960. A. Prior. 20/9. 1957.) W. HAUSWALD. 6505

Imperial Chemical Industries Ltd., England (Erfinder: Albert Edward Salt), **Löt- oder Schweißstab aus eutektischen oder voreutektischen Ti-Legierungen.** Die einzelnen Leg.-Bestandteile mit einer Korngröße unter 200 μ werden miteinander vermischt u. das Pulvergemisch zu Blättern oder Platten verformt, worauf sie im Vakuum oder in einer inerten Atmosphäre bei einer Temp. gefrittet werden, daß sie nach dem Fritten u. Abkühlen verwendet werden können. Die so erhaltenen Platten werden zu Stäben verformt. Die Leg. enthält 20—35 (%) *Ni* u. bis zu 10 *Cu*. — Zum Beispiel werden 62 (Gew.-Teile) *Ti* mit 28 Ni u. 10 Cu vermischt u. verformt, dann bei 650—800° gefrittet u. abgekühlt u. in Stabform übergeführt. (**F. P. 1 218 639** vom 19/12. 1958, ausg. 11/5. 1960. E. Prior. 20/12. 1957.) W. HAUSWALD. 6505

Murex Welding Process Ltd. (Erfinder: Thomas Henry Lawrence Phillips), **Flußmittel für die Lichtbogenschweißung unter einem Schutzgas** mit einem Geh. von bis zu 8% *Nb*, bestehend aus homogenen, glasartigen Granulaten, die Nb u. eine kleine Menge eines Red.-Mittels, z. B. *C*, enthalten. Die Herst. erfolgt durch Schmelzen eines Gemisches aus Nb_2O_5 oder *Columbit*, *Anthrazit* u. den üblichen anderen Bestandteilen eines Flußmittels u. Gießen der Schmelze in Wasser. (**Aust. P. 229 279** vom 11/8. 1959, ausg. 4/8. 1960. E. Prior. 19/12. 1958.) C. LÜTTGEN. 6507

Atlantic Zinc Works, Inc. (Erfinder: Abraham Isidor Sherer und John Ruzicka), **Lösung zum Ätzen von Zink, Magnesium und deren Legierungen** in einem 1stufigem Verf., bestehend aus 13,8 (Vol.-%) HNO_3, 1,63 *aromat. KW-Stoff*, 0,59 sulfoniertem *Rizinusöl*, 0,03 *Alkylarylsulfonat* mit einer C_{10}—C_{12}-Alkylgruppe, Rest *Wasser*. (**Aust. P. 229 804** vom 3/7. 1958, ausg. 1/9. 1960. A. Prior. 8/10. 1957.) C. LÜTTGEN. 6513

Percy A. Charlesworth, Adlington, Cheshire, England, **Anodische Oberflächenablösung von Metallen** von Werkstücken aus *Fe*, *Ni*, *Cr*, *Co* u. Legg. derselben durch elektrolyt. Behandlung in 50 Gew.-%ig. Säure-Lsg., bes. H_2SO_4 oder einem H_2SO_4/H_3PO_4-Gemisch im Verhältnis > 5 : 3, die 0,3—10% *Morpholin* oder *Phenylmorpholin* enthält. (**Can. P. 551 127** vom 10/11. 1952, ausg. 7/1. 1958.) EBERHARD RIEDEL. 6515

General Electric Co., New York, übert. von: Maynard C. Agens, Schenectady, N.Y., V.St.A., **Stabilisieren von autokatalytisch wirkenden wässerigen, alkalischen Verkupferungslösungen**, die *Formaldehyd* enthalten, durch Belüften mit einem O_2 enthaltenden Gas, z. B. Luft oder O_2. (**A. P. 2 938 805** vom 31/3. 1958, ausg. 31/5. 1960.) F. VIER. 6517

General Motors Corp., Detroit, Mich., übert. von: Dwight M. Overcash, Elyria, und Richard B. Parks, Lorain, Ohio, V.St.A., **Galvanisches Kupferbad** aus einer wss. Lsg. von 15—40 (oz/gal) *Cu*, 3—15 H_2SO_4 (66° Bé), 0,001—0,05 *Thioharnstoff* u. 0,001—0,5 *Ligninsulfonsäure* sowie 0,001—0,6 einer *m*-C_{10-15}-*Alkylbenzolsulfonsäure* oder deren Na- oder K-Salz. — Vgl. A. P. 2 696 467; C. **1956. 3424.** (**Can. P. 552 298** vom 4/12. 1952, ausg. 28/1. 1958. A. Prior. 4/1. 1952.) EBERHARD RIEDEL. 6517

General Motors Corp., Detroit, übert. von: Clarence F. Smart, Birmingham, Mich., V.St.A., **Galvanisches Antimonbad** aus einer wss. Lsg. von 60—100 (g/Liter) *Citronensäuredi-*NH_4*-Salz* (**I**), 8—12 *KSb-Tartrat* u. 8—15 *Borsäure* (**II**), *Fluorborsäure* oder einem lösl. Fluorborsäuresalz, wobei das Verhältnis **I** : Sb 6 : 1, das von **II** : Sb wenigstens 0,5 sein soll. — Vgl. F. P. 1 082 485; C. **1956. 2309.** (**Can. P. 552 299** vom 9/5. 1953, ausg. 28/1. 1958. A. Prior. 22/9. 1952.) EBERHARD RIEDEL. 6517

Commonwealth Engineering Co. of Ohio, V.St.A., **Herstellung von Aluminiumüberzügen auf Teilen aus Magnesium.** Auf das Mg wird zunächst eine Zwischenschicht aus *Fe*, *Ni*, *Cu*, *Cr* oder deren Legg. durch therm. Zers. der entsprechenden *Carbonyle* aufgebracht. Der Al-Überzug kann dann durch Aufspritzen oder elektrolyt. hergestellt werden. Auf diese Weise wird die Bldg. spröder *Ag–Mg*-Zwischenschichten vermieden. Die so behandelten Mg-Teile haben erhöhte Korrosionsbeständigkeit. (**F. P. 1 213 186** vom 17/11. 1958, ausg. 29/3. 1960.) F. VIER. 6517

Commonwealth Engineering Co. of Ohio, V.St.A., **Herstellung von Aluminiumüberzügen** aus gasförmigen Al-Verbindungen. Die gasförmige Al-Verb., bes. *Triisobutyl-Al*, wird im Gemisch mit einem inerten Gas, z. B. trockenem N_2, über den auf 295—450°, bes. auf 400°, erhitzten, zu überziehenden Körper geleitet. Der Dampfdruck des inerten Gases soll etwa 1 at betragen. — Vorrichtung. (**F. P. 1 210 117** vom 2/9. 1958, ausg. 7/3. 1960.) F. VIER. 6517

Solar Aircraft Co., übert. von: Alvin R. Stetson, San Diego, Calif., V.St.A., **Herstellung von Aluminiumüberzügen** auf Gegenständen aus *Fe*, *Stahl-* und *Superlegierungen*. Auf die Gegenstände wird ein Gemisch von *Al-Pulver* mit einem wasserlösl. Flußmittel in einem organ. Träger, z. B. *Methanol*, aufgebracht. Das Gemisch muß mindestens 25 (%) Flußmittel enthalten. Das Flußmittel soll bestehen aus 70—88 *KCl* u. *NaCl* im Verhältnis 1,3 : 1 bis 1 : 1,2, 30—12 *LiF*, *Kryolith* u. AlF_3, wobei der LiF-Geh. 3,5—20, der Kryolith-Geh. 8,5—20 u. der AlF_3-Geh. 0—20 des Gesamten betragen soll. Dann wird über den F. von Al u. Flußmittel erhitzt. Es bildet sich ein Al-Überzug, das Flußmittel wird mit W. abgewaschen. (**A. P. 2 927 043** vom 20/2. 1957, ausg. 1/3. 1960. **E. P. 857 093** vom 6/2. 1958, ausg. 29/12. 1960. A. Prior. 20/2. 1957. **Zusatz zu E. P. 791 502; C. 1962. 5465.**) F. VIER. 6517

Knapp Mills, Inc., V.St.A. (Erfinder: Victor E. Knapp und Neil F. Ritchey), **Verbleien von Aluminium.** Der Gegenstand wird zuerst vernickelt durch Tauchen in hypophosphithaltige Lsgg., dann wird das Sn–Pb-Eutektikum mit 59% Sn

u. 41% Pb durch Tauchen in die geschmolzene Sn–Pb-Lsg. aufgebracht, schließlich wird eine Pb-Folie unter Erhitzen auf 204° aufgepreßt. Derartige Teile können als *Schutz gegen Strahlung* verwendet werden. (**F. P. 1 210 959** vom 18/9. 1958, ausg. 11/3. 1960. A. Prior. 30/9. 1957.) F. VIER. 6517

Comp. Française de Produits Industrielles, Frankreich, **Vorbehandlung vor dem Aufbringen metallischer Überzüge auf Metalloberflächen.** Die Oberflächen werden in üblicher Weise *phosphatiert* u. bald danach durch Galvanisieren oder auf chem. Wege mit einer metall. Überzugsschicht versehen. Das Verf. eignet sich bes. für Oberflächen aus *Fe* u. liefert korrosionssichere Überzüge. (**F. P. 1 229 960** vom 26/3. 1959, ausg. 12/9. 1960.) F. MARKHOFF. 6517

Floricel A. Rojas, New York, N.Y., V.St.A., **Galvanische Verchromung.** Zur Herst. des Verchromungsbades mischt man eine wss. Lsg. von 400 (g) CrO_3, 41—287,5 $ZnSO_4$ oder $NiSO_4$ oder $Al_2(SO_4)_3$, u. 12—81,4 *ZnO* bzw. *Ni*- oder *Al-Oxid* mit einer wss. Lsg. von 600 CrO_3, 28—197,4 $BaCO_3$ oder $SrCO_3$ oder $CaCO_3$ u. bis 81,4 ZnO bzw. Ni- oder Al-Oxid, wobei die Mengen von SO_4^{2-} u. Ba^{2+} sowie von CrO_3 u. den Basen äquivalent zueinander sind, u. läßt die Mischung reagieren. (**Can. P. 551 837** vom 1/3. 1952, ausg. 21/1. 1958.) EBERHARD RIEDEL. 6519

Hanson-Van Winkle-Munning Co., übert. von: Allen T. Baldwin, Montclair, N.J., V.St.A., **Verzinken von Eisen und Stahl.** Die Gegenstände werden mit einer wss. ammoniakal. Lsg. von $ZnCl_2$ benetzt u. nach Trocknen in das schmelzfl. Zn-Bad durch eine Flußmittelschicht eingeführt, die aus 48—80% $ZnCl_2$ u. 15—45% *KCl* mit einem F. unter 700°F besteht. Dem Flußmittel können auch noch bis zu 20% andere *Alkali-* u. *Erdalkalihalogenide* zugesetzt werden. Es entsteht ein dichter, kontinuierlicher Zn-Überzug. (**A. P. 2 940 870** vom 19/2. 1959, ausg. 14/6. 1960.) F. VIER. 6523

Wean Engineering Co., Inc., Warren, Ohio, übert. von: John E. Logan, Pittsburgh, Pa., V.St.A., **Herstellung von Zinküberzügen** auf Metallen durch Tauchen in ein schmelzfl. Bad, das 10—15% *Zn*, Rest *Na* enthält u. unter Schutz gegen die Atmosphäre auf 1000—1300°F aufgeheizt ist. Es bildet sich auf der Metalloberfläche ein duktiler Zn-Überzug aus. (**A. P. 2 929 740** vom 25/9. 1957, ausg. 22/3. 1960.) F. VIER. 6523

E. I. du Pont de Nemours & Co., übert. von: Michael A. Streicher, Wilmington, Del., V.St.A., **Verzinnen von Gegenständen aus Stahl** durch Tauchen in wss. Lsg., die enthalten: 10—40 (g/Liter) $SnSO_4$, 100—250 $NaHSO_4$ u. 30—100 *unsubstituierte Polyäthylenoxide* mit einem Molgew. von ca. 6000. An Stelle der Polyäthylenoxide können auch *Polyalkylenoxide* mit einen Molgew. von 350—20000 verwendet werden. (**A. P. 2 940 867** vom 24/12. 1958, ausg. 14/6. 1960.) F. VIER. 6525

Soc. Nouvelle Siplast, Frankreich, **Korrosionsschutzüberzug für Eisenrohre,** die in die Erde verlegt werden, aus wenigstens 2 Schichten, von denen eine aus einem *plast. bituminösen Prod.* (I) u. eine andere aus einem wenig oder nichtplast. *synthet. Harz* besteht. I besteht aus einem Gemisch von *Petrolbitumen* (**II**) oder *Steinkohlenteer* (**III**) u. *Schweröl* u. enthält wenigstens ein Weichmachungsmittel, z. B. 60 (%) **II**, 10 *Anthracenöl* u. 30 *Talk* oder 55 **III**, 10 *Schwerölrückstände*, 3 *Trikresylphosphat*, 2 *Kolophonium*, 30 *Talk*. Als synthet. Harz ist z. B. nichtplast. *Polyvinylchlorid* genannt. (**F. P. 1 180 805** vom 5/8. 1957, ausg. 9/6. 1959.) M. F. MÜLLER. 6539

Texas Co., New York, übert. von: Tillman R. Pullig, Beacon, N.Y., V.St.A., **Herstellung symmetrisch disubstituierter Thioharnstoffe** durch Erhitzen eines Gemisches von stöchiometr. Mengen an CS_2 u. einem phenylsubstituierten prim. *Alkylamin*, dessen Alkylrest 1—3 C-Atome enthält, in Abwesenheit eines Lsgm. unter autogenem Druck auf 115—270°. Rk.-Dauer bes. 10 Min. bis 2 Stunden. — *symm.-Phenyläthylthioharnstoff*, F. 94—95°, durch Erhitzen eines Gemisches von β-Phenyläthylamin u. CS_2 während 30 Min. auf 120—130° in einem Edelstahlautoklaven, wobei ein Druck von 185 lbs./sq.in. entsteht. — Korrosionsinhibitoren. (**A. P. 2 840 610** vom 2/7. 1956, ausg. 24/6. 1958). F. KREIS. 6539

Paul Freitag, Frankreich, **Korrosionsschutzfarbe,** *Butylkautschuk* als Bindemittel, ferner enthaltend andere Harze u. Zusätze von Vulkanisiermitteln, Lsgm. u. Pigmenten. Vor Gebrauch wird dem Gemisch ein Vulkanisationsbeschleuniger zugesetzt. – Beispiel: 25 (kg) Butylkautschuk werden in 75 aromat. White spirit gelöst (Lsg. **I**) u. 70 Cyclohexanonharz in 30 Solventnaphtha bei 70° (Lsg. **II**). In einen Mischer werden 20 Lsg. **I** u. 14 Lsg. **II** gegeben, danach 50 Pb-Mennige, 0,06 Philblack-Schwarz, 15 Talk, 0,075 S, 0,2 PbO_2 u. 0,25 ZnO eingerührt u. zu einer homogenen Paste wird verrührt. Ggf. wird das Schutzüberzugsmittel in mehreren, z. B. 3 Schichten aufgetragen. (**F. P. 1 177 033** vom 28/5. 1957, ausg. 20/4. 1959.) M. F. MÜLLER. 6539

New Jersey Zinc Co., New York, N.Y., V.St.A., *Wirbelschichtröstung*. (**Holl. P. 98 849** vom 24/7. 1957, ausg. 15/8. 1961. A. Prior. 4/9. 1956. — C. **1960.** 4665 [A. P. 2 855 288].)

Strategic-Udy Metallurgical & Chemical Processes Ltd., Hamilton, Canada, *Gewinnung von Eisen, Titan und Aluminium aus Erzen*. (**Holl. P. 98 812** vom 15/12. 1956, ausg. 15/8. 1961. A. Prior. 16/12. 1955. — C. **1959.** 12682 [A. P. 2 830 892].)

L. O. F. Glass Fibers Co., Toledo (Erfinder: **Dominick Labino**, Maumee, und **Lawrence Vincent Gagin**, Toledo), Ohio, V.St.A., *Temperaturbeständige Platten aus siliciumhaltigen Fasern*. (**D. A. S. 1 117 031** Kl. 80b vom 16/4. 1957, ausg. 9/11. 1961. A. Prior. 2/11. 1956. — C. **1961.** 6669 [E. P. 833 576].)

Waagner-Biro Akt.-Ges., Wien, und **Vereinigte Österreichische Eisen- und Stahlwerke Akt.-Ges.**, Linz (Erfinder: **Roland Kemmetmüller**, Wien, und **Rudolf Rinesch**, Linz), Österreich, *Behandlung von Konvertergasen*. (**Holl. P. 98 733** vom 1/4. 1955, ausg. 15/8. 1961. Oe. Prior. 6/4. 1954. — C. **1959.** 14246 [A. P. 2 831 762].)

Gábor de Kazinczy, Stockholm, Schweden, *Verbessern von Stahl*. (**Holl. P. 98 388** vom 13/5. 1953, ausg. 17/7. 1961. Schwed. Prior. 20/5. 1952. — C. **1958.** 14166 [Schwz. P. 315 389].)

N. V. Philips' Gloeilampenfabrieken, Eindhoven (Erfinder: **Christiaan Philip Marks**, Geldrop, und **Hendrik Johannes Meerkamp van Embden**, Eindhoven), Holland, *Mangan–Wismut-Magnet*. (**Holl. P. 98 356** vom 28/7. 1956, ausg. 15/6. 1961. — C. **1960.** 7671 [Oe. P. 200 807].)

Farbenfabriken Bayer Akt.-Ges., Deutschland (Erfinder: **Engelbert Walaschewski** und **Dieter Goerrig**), *Herstellung von Alkalimetallen*. (**F. P. 1 162 624** vom 18/9. 1956, ausg. 16/9. 1958. D. Prior. 26/9. 1955. — C. **1961.** 5958 [D. A. S. 1 069 885].)

Knapsack-Griesheim Akt.-Ges., Deutschland, *Thermische Herstellung von Magnesium*. (**F. P. 1 153 569** vom 4/6. 1956, ausg. 12/3. 1958. D. Prior. 4/6. u. 7/6. 1955. — C. **1961.** 11886 [D. A. S. 1 083 551].)

N. V. Philips'Gloeilampenfabrieken (Erfinder: **Henri Louis Spier** und **Willem Lambertus Wanmaker**), *Herstellung von Wolframpulver*. (**Aust. P. 229 293** vom 4/6. 1958, ausg. 4/8. 1960. Holl. Prior. 7/6. 1957. — C. **1961.** 16647 [D. A. S. 1 078 333].)

N. V. Philips'Gloeilampenfabrieken, Eindhoven, Holland (Erfinder: **Gerard Hugo Weber**, Saugerties, N.Y., V.St.A.), *Permanenter Magnet*. (**Holl. P. 98 355** vom 2/10. 1954, ausg. 15/6. 1961. — C. **1960.** 13838 [Oe. P. 200 349].)

Amchem Products, Inc., Ambler, Pa., V.St.A., *Beizen von Metallen*. (**Holl. P. 98 028** vom 10/9. 1953, ausg. 15/5. 1961. A. Prior. 21/1. 1953. — C. **1956.** 9574 [D. B. P. 939 479].)

Union Carbide Corp., New York, N.Y., übert. von: **Howard J. Homer** und **John R. Whitacre**, Dayton, Ohio, V.St.A., *Herstellung von Schutzschichten auf Erdalkalimetallpulver*. (**A. P. 2 930 712** vom 3/6. 1955, ausg. 29/3. 1960. — C. **1962.** 4330 [F. P. 1 206 212].)

Westinghouse Electric Corp., East Pittsburgh, Pa., V.St.A. (Erfinder: **E. F. Losco, J. H. Bechtold** und **J. P. Webb**), *Herstellung von Überzügen auf Molybdän*. (**Belg. P. 561 983** vom 28/10. 1957, ausg. 20/5. 1960. A. Prior. 2/11. 1956. — C. **1962.** 5085 [E. P. 819 443].)

General American Transportation Corp., übert. von: **Warren G. Lee**, Chicago, Ill., und **Emilian Browar**, Gary, Ind., V.St.A., *Chemisches Vernickeln*. (**A. P. 2 928 757** vom 27/11. 1957, ausg. 15/3. 1960. — C. **1962.** 4333 [F. P. 1 210 445].)

British Iron & Steel Research Association, London, England, *Blechherstellung*. (**Holl. P. 98 003** vom 17/7. 1957, ausg. 15/5. 1961. E. Prior. 25/7. 1956. — C. **1961.** 13347 [F. P. 1 179 803].)

Sel-Rex Corp., Nutley (Erfinder: **Karl Schumpelt**, Union), N.J., V.St.A., *Bad zum galvanischen Abscheiden von Rhodium*. (**D. A. S. 1 072 047** Kl. 48a vom 21/2. 1958, ausg. 24/12. 1959. A. Prior. 5/6. 1957. Zusatz zu D. A. S. 1 068 081; C. 1961. 1363. — C. **1961.** 12262 [A. P. 2 895 890].)

Esso Research and Engineering Co., übert. von: **Roy A. Westlund jun.**, Linden, und **Michael J. Furey**, Cranford, N.J., V.St.A., *Rost verhindernde Mittel*. (**A. P. 2 976 179** vom 23/8. 1954, ausg. 21/3. 1961. — C. **1959.** 287 [E. P. 794 586])

IX. Organische Industrie

Über den zulässigen Gehalt an Phosphorverbindungen in Acetylen. W. A. Jerschow, N. K. Ljadski und I. A. Pagnujewa. (Химическая Промышленность [Chem. Ind.] **1961.** 25—29. Jan.) (Russ.)

Die Selbstentzündungs-Temp. (ST) eines C_2H_2/Luft-Gemisches nimmt sowohl mit dem C_2H_2-Geh. des Gemisches als auch mit dem Geh. von C_2H_2 an P-Verbb. u. mit zunehmendem Druck (z. B. von 0,79 auf 1,4 at um 5—10%) ab. Sie beträgt bei C_2H_2 : Luft = 65 : 35, 2,58% PH_3 u. 1,4 at 220° gegenüber 330° bei 0,01—0,04% PH_3 u. 0,79 at. Eine Voroxydation von PH_3 vor der Entzündung, die Bldg. von P-organ. Verbb., die Ggw. von Stoffen, die als Katalysatoren wirken könnten, u. die Dimensionen des Gefäßes spielen keine wesentliche Rolle. Da auch bei höheren PH_3-Konzz. die ST > 200° ist, die Temp. bei der Darst. von C_2H_2 aus CaC_2 aber 140° nicht übersteigt, erscheint die Festsetzung des zulässigen PH_3-Geh. auf 0,2 Vol.-% genügend.

R. K. Müller. H 530□

Apparatur zur Oxydation von niedrigen Alkoholen zu Aldehyd in der Dampfphase. D. Kolbach, V. Mikša, I. Smokvina und D. Vlašić. (Kem. u Ind. [Zagreb] **8.** 185—86. Aug. 1959. Zagreb, „Pliva", Istraž. odj.) (Kroat.)

In eine mit Raschig-Ringen gefüllte Hahnsche Kolonne mit Rückfluß- u. absteigendem Kühler u. dampfbeheiztem Heizmantel wird einerseits der zu oxydierende Alkohol mit W. u. H_2SO_4, andererseits Na_2CrO_4 u. konz. H_2SO_4 eingetropft. Die Ausbeuten an den entsprechenden Aldehyden sind meist höher als nach den bisher üblichen

Meth.; sie betragen bei *Propargylaldehyd*, 67,5—82,7, *Acrolein* 27,6—39,2, *n-Butyraldehyd* 52,4—65,8, *Isobutyraldehyd* 48,5—72, *Äthoxyacetaldehyd* 71,5, *n-Valeraldehyd*, 17,6—26,5, *Isovaleraldehyd* 17,9—36,8%. R. K. Müller. H 660□

Moderne Verfahren zur Erzeugung von Phthalsäureanhydrid. Peter W. Sherwood. (Chim. et Ind. **82.** 81—86. Juli 1959. White Plains, N.Y.) (Franz.) — C. **1961** 9589. E. Igney. H 1220□

Epoxydierung von Ölsäure mit Peressigsäure. Yasuo Suhara. (Rep. Government chem. ind. Res. Inst., Tokyo **53.** 217. Juni 1958.) (Jap., Auszug: Engl.)

Epoxystearinsäure (I) wird in 95% ig. Ausbeute durch Epoxydierung von Ölsäure (II) mit wasserfreier Peressigsäure erhalten.

Versuche: 14,3 g II (JZ. = 88,0) werden bei 10° mit einer wasserfreien Peressigsäure-Lsg. (Säure-Geh. = 8 Gew.-% oder 0,06 Mol) vermischt, auf 30° erwärmt, 3 Std. lang bei dieser Temp. stehengelassen u. in Eiswasser eingetragen. Es entsteht I, F. 58,5 bis 59° (PAe., Aceton u. CH_3OH). Es ist möglich, I durch Oxydation von Ölsäure zusammen mit Essigsäure mit H_2O_2 in Ggw. von H_2SO_4, H_3PO_4 oder Amberlite IR-120 zu erhalten. Bei der Oxydation von I allein wird *9(10)-Hydroxy-10(9)-acetylstearinsäure* erhalten. F. Rosendahl. H 3030□

Untersuchung der Prozesse der Furfurolbildung beim thermischen Zerfall von Xylose. G. Domburg und W. Ssergejewa. (Известия Академии Наук Латвийской ССР [Nachr. Akad. Wiss. LettSSR] **1960.** Nr. 5. 109—18. Akad. der Wiss. der LettSSR, Inst. für holzwirtsch. Probleme u. Chem. des Holzes.) (Russ.)

Die Bldg. von *Furfurol* (I) verläuft am vollständigsten bei normalem Druck. Verminderter Druck, H_2-Atmosphäre u. Erhöhung der Rk.-Geschw. verringern die Bldg. von I. Begleitet wird die Thermolyse von Xylose von Polymerisations- u. Anhydrierungs-Rkk., wobei, je nach den Bedingungen, verschieden gebaute Anhydrid-Verbb. entstehen. Letztere können durch saure Katalysatoren in I verwandelt werden.
R. Wittwer. H 3061□

Die Synthese von Sanazin [10-Äthylphenazinon-(1)]. Photochemische Oxydation von Phenazinäthoäthylsulfat und Abtrennung von Sanazin. W. P. Dwernitzki. (Украинский Химический Журнал [Ukrain. chem. J.] **24.** 686—89. 1958. Ukrain., Sanitär-chem. Forschungsinst.) (Russ.)

Die Oxydations-Geschw. von Phenazinäthoäthylsulfat (I) zu *10-Äthylphenazinon-(1)* (II; *Sanazin*) in gepufferten Lsgg. bei pH 7 durch $K_3Fe(CN)_6$ u. Bestrahlung mit Hg-Lampe hängt prakt. nur von der Intensität der Bestrahlung ab. Erhöhung der I-Konz., Sättigen der Lsg. mit O_2 oder Erhöhen der Temp. von 20 auf 60° sind ohne merklichen Einfl. auf die II-Bildung. Für die Bldg.-Geschw. von II wird eine einfache kinet. Gleichung angegeben. Es wird die Löslichkeit von II in W., Bzl., Dichloräthan, Toluol u. Chlf. u. der Verteilungs-Koeff. von II zwischen W. u. diesen Lsgm. bestimmt. II läßt sich aus den bei seiner photochem. Synth. anfallenden verd. salzhaltigen Lsgg. mit Chlf. einigermaßen gut extrahieren. Wesentlich besser ist die Adsorption von II an Aktivkohle (1 g Kohle adsorbiert ca. 0,27 g II) u. die Resorption mit A./Chlf. (1 : 4) u. 2% ig. HCl. Für die II-Darst. ist es am günstigsten, I in einer Konz. von 1 g/Liter im Phosphatpuffer bei pH 7 in Ggw. der doppelten Gewichtsmenge $K_3Fe(CN)_6$ zu oxydieren. Die Stärke der Hg-Lampe soll so gewählt sein, daß die Oxydation in 20—30 Min. beendet ist. In einem kontinuierlich arbeitenden Glasrohr-Syst. läßt sich bei geeigneter Bestrahlung u. Strömungs-Geschw. eine Ausbeute von maximal 97,5% der Theorie an II erzielen.
Helmut Schäfer. H 3272□

Badische Anilin- & Soda-Fabrik Akt.-Ges. (Erfinder: Heinz Engelbach, Helmut Nonnenmacher und Hans Ostermayer), Ludwigshafen/Rh., **Kontinuierliche substituierende Chlorierung von Olefinen,** bes. von *Äthylen* u. *Propylen*, in der Gasphase unter Anwendung eines Molverhältnisses Olefin zu Chlor von mindestens 2 : 1, bes. 2,5 : 1 bis 4 : 1, dad. gek., daß ein inniges Gemisch von Cl_2 u. ggf. vorerhitztem Olefin in einem Aufstromreaktor in Ggw. eines ebenfalls aufwärts geführten körnigen oder kugelförmigen Wärmeträgers (Quarzsand, Al_2O_3, Petrolkoks, Al-Silicate mit mindestens 60% Al_2O_3 oder Chloride der Metalle der I. u. II. Hauptgruppe des Period. Syst., wie Na, K, Mg, Ca u. Ba mit einer Teilchengröße von 50—2000 μ, bes. 100—700 μ) bei 400—600°, bes. 450—550°, während dieser Verweilzeit von 0,05—5, bes. 2 Sek. umgesetzt, die heißen Rk.-Gase vom Wärmeträger (z. B. im Zyklon) getrennt, auf < 200° abgeschreckt u. bes. durch Absorption in höhersd. Rk.-Prodd. u. Destillate aufgearbeitet u. der Wärmeträger, ggf. nach Abkühlen u. unter Verw. eines Hilfsgasstromes (das umzusetzende Oelfin, HCl oder N_2), bes. in Mengen von 2—10% des gasförmigen Ausgangsgemisches wieder in den Aufstromreaktor zurückgeführt wird. Die heißen Rk.-Gase können zwecks Abschreckung u. Wäsche durch die fl. höhersd. Rk.-Prodd. geleitet u. dann indirekt auf Raum-Temp. abgekühlt werden, worauf die Gase durch eine Gegenstromwäsche mit dem Chloradditions-Prod. u./oder anderen höhersd. Rk.-Prodd. von sämtlichen chlorierten KW-Stoffen befreit werden, die fraktioniert dest. werden. — Vorrichtung. (**D. A. S. 1 114 184** Kl. 12o vom 12/12. 1959, ausg. 28/9. 1961.)

W. Gräger. H 520

Soc. d'Électro-Chimie, d'Électro-Métallurgie et des Aciéries Électriques d'Ugine, Paris (Erfinder: Robert Thermet, Grenoble, und Ludovic Parvi, Pont-de-Claix), Frankreich, **Herstellung von Tri- und Tetrachloräthylen** mit einem Molverhältnis zwischen 0 u. 80% Trichloräthylen durch Chlorierung von 1.2-Dichloräthylen (I) in einer einzigen Stufe in Ggw. von Katalysatoren, dad. gek., daß ein Gemisch aus Cl_2 u. **I** in einem Molverhältnis zwischen 1 u. 2, bes. zwischen 1 u. 1,8, unter Bindung des gesamten Cl_2 bei 350—450°, bes. bei 370—400° mit einer Geschw. von 3—25 cm/Sek. innerhalb von 5—10 Sek. durch eine in fließendem Zustand gehaltene feste Katalysatormasse (aus Aktivkohle, Fullererde, Korund oder kristallinem Al_2O_3, ggf. mit $CuCl_2$ u./oder $BaCl_2$ imprägniert) geleitet wird, deren Teilchen eine Größe von 100—500 μ haben. Zweckmäßig wird period., bes. alle 24 oder 38 Std. ein geringer Anteil, bes. 1—10%, der Katalysatormasse durch frischen Katalysator ersetzt, dem ein Teil an gebrauchtem Katalysator vor der Einführung in die Rk.-Zone zugemischt werden kann. Das Verf. kann kontinuierlich durchgeführt werden, wobei die aus der Rk.-Zone austretenden gesätt. Chlor-KW-Stoffe, bes. Tetra- u. Pentachloräthan, wieder zurückgeführt werden. — Vgl. auch F. P. 1 166 211; C. **1959.** 15189. (**D. A. S. 1 108 681** Kl. 12o vom 5/2. 1958, ausg. 15/6. 1961. F. Prior. 8/2. 1957 u. 20/1. 1958.)

W. Gräger. H 520

Dow Chemical Co., Midland, Mich., übert. von: Charles F. Oldershaw und Charles A. Levine, Concord, Calif., V.St.A., **Acetylen** wird durch Pyrolyse von CH_4 bei 1350—1700, bes. 1550—1600° u. einer Verweilzeit von 0,002—0,03, bes. 0,004 bis 0,015 Sek. erhalten. Die Pyrolyse wird nach höchstens 5, bes. höchstens 2,3 Sek. unterbrochen u. sich an den heißen Wänden abscheidendes „weiches" C (leicht brennbar mit sichtbarer Flamme bei Berührung mit Luft, während „hartes" C nur langsam mit Luft abbrennbar ist) wird mechan. oder durch Abbrennen mit Luft entfernt. Die Rk. wird bei 0,5—1,5 at durchgeführt; höchster genannter Umwandlungsgrad 45,9%, vgl. Tabelle. — Diagramm, Zeichnung. (**A. P. 2 920 123** vom 1/10. 1956, ausg. 5/1. 1960. **E. P. 816 816** vom 19/9. 1957, ausg. 22/7. 1959. A. Prior. 1/10. 1956.)

G. Krauss. H 530

Wacker-Chemie G. m. b. H., Deutschland, **Herstellung von Acetylen (III) neben chlorierten Kohlenwasserstoffen,** dad. gek., daß aliphat. KW-Stoffe, ggf. unter Zusatz halogenierter KW-Stoffe, unter vermindertem Druck mit Cl_2 >700° verbrannt werden. — 55 (%) *Acetylen* (**III**), 10 *Methylchlorid* u. 8 *Vinylchlorid* (**I**) aus CH_4. — 65 **III**, 25 **I** u. 10 *1.1-* bzw. *1.2-Dichloräthylen* (**II**) aus $H_2C{=}CH_2$ (**IV**). — 36 **III**, 34 **I**, 12 **II** u. 10 $Cl_2C{=}CCl_2$ aus 50 **IV**, 25 Propylen, 9 Butylen, 12 CH_4, 3 H_3CCH_3, 1 H_2 u. Tetrachloräthan. (**F. P. 1 212 606** vom 30/12. 1958, ausg. 24/3. 1960. D. Prior. 7/3. 1958.)

S. Böttcher. H 530

Union Carbide Corp., New York, N.Y., V.St.A., **Abtrennen von Vinylalkyl- oder Vinylalkoxyalkyläthern** mit 3—14 C-Atomen im Alkyl aus ihren Gemischen mit aliphat. Alkanolen oder Alkoxyalkanolen. Zu A. P. 2 779 720; C. **1958.** **3448** ist nachzutragen: Es wird getrennt ein Gemisch aus: 85% Vinyl-2-butoxyäthyläther u. 15% 2-Butoxyäthanol in Ggw. von Äthylenglykol als Hilfs-Fl.; 2-Äthylhexylvinyläther von 2-Äthylhexanol in Ggw. von Äthylenglykolmonomethyläther. Ferner sind abtrennbar: Amyl-, Heptyl-, Nonyl- u. Decylvinyläther u. deren Alkoxyderivate. — Vorr., Zeichnung. (**E. P. 811 400** vom 29/11. 1956, ausg. 2/4. 1959. A. Prior. 9/12. 1955.)

G. Krauss. H 550

Ruhrchemie Akt.-Ges. (Erfinder: Walter Rottig), Oberhausen, **Herstellung von Alkoholen** mit 2—6 C-Atomen, durch Hydrierung von Aldehyden bei erhöhten Drücken u. erhöhten Temp. in Ggw. von Ni u./oder Co-Katalysatoren in 2 Stufen, dad. gek., daß der mit 50—300 Vol.-% eines aus dem Verf.-Kreislauf entnommenen, nicht mehr hydrierbaren Alkohols verd. Aldehyd in einer 1. Stufe bei Drücken von 75 atü u. Temp. zwischen 130 u. 220° hydriert wird, wobei das pro Std. durchgesetzte Vol. der zu hydrierenden Aldehyde das 0,3—2,5-, vorzugsweise das 0,75—1,1fache, bezogen auf das Gesamt-Vol. des Katalysators, beträgt, worauf das so erhaltene Rk.-Gemisch in einer 2. Stufe, etwa unter den in der 1. Stufe angewandten Bedingungen, zu Ende hydriert wird. — Techn. aus der Oxosynth. stammender Butyraldehyd wird bei 40 at u. 160° in Ggw. eines Ni-Katalysators an SiO u. Al_2O_3 zu Butylalkohol hydriert. (**D. A. S. 1 115 232** Kl. 12o vom 18/7. 1958, ausg. 19/10. 1961.) G. König. H 560

Distillers Co. Ltd., Edinburgh (Erfinder: Richard Norman Lacey und Hubert Jowitt, Hedon, Hull), England, **Herstellung von tertiären Alkinolen** durch Rk. von C_2H_2 mit einem Keton [Aceton, $CH_3COC_2H_5$, Methylpropylketon, $(C_2H_5)_2CO$, Methylamylketon, Diisopropylketon, Cyclohexanon, Methylheptenon] in Ggw. eines Alkalialkoxyäthanolats unter im wesentlichen wasserfreien Bedingungen, dad. gek., daß die Rk. in Ggw. eines Alkalialkoxyäthanolats der Formel $RO—CH_2·CH_2·OM$, in Lsg. in einem Alkoxyäthanol der Formel $RO—CH_2·CH_2·OH$, wobei R einen Alkylrest mit 1—6 C-Atomen u. M ein Alkalimetall bedeutet (bes. K-n-Butoxyäthanolat bzw. n-Butoxyäthanol) unter Bldg. des Alkali-tert.-alkinolats durchgeführt u. daraus das tert. Alkinol durch Hydrolyse, bes. durch Zusatz von W. u. Dest. bei Unterdruck u. nicht $>60^0$ oder durch Dest. der organ. Phase nach Entfernen der wss. Phase erhalten wird. Bei der Herst. z. B. von *2-Methylbutin-(3)-ol-(2)*, *3-Methylpentin-(1)-ol-(3)* u. *Dehydrolinalool* werden Ausbeuten von >90 u. 95% erzielt. (**D. A. S. 1 112 976** Kl. 12o vom 11/9. 1957, ausg. 24/8. 1961. E. Prior. 29/9. 1956.) W. Gräger. H 560

American Potash & Chemical Corp., Del., übert. von: Ernest Levens und Robert Washburn, Whittier, Calif., V.St.A., **Aliphatische Borate** der allg. Formel I, wobei für a, a', b, b' H oder KW-Stoffsubstituenten, wie

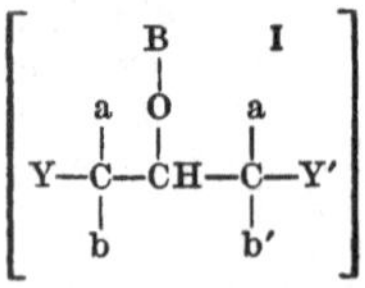

Alkyl-, Aryl-, Alkaryl- oder alicycl. Gruppen stehen können u. Y u. Y' C-Atome in β-Stellung sein können, die 1—3 Substituenten enthalten oder auch N mit 2 Substituenten bedeuten können, werden bei der Rk. sek. Alkohole mit H_3BO_3, HBO_2 oder B_2O_3 unter Entfernung des gebildeten Rk.-Wassers mittels eines Schleppers (Bzl., Diisobutylen) erhalten. — 2.6.8-Trimethylnonanol-(4) wird mit H_3BO_3 in Bzl. 16 Std. lang schwach erhitzt. Bzl. wird abdest. u. *Tris-[2.6.8-trimethylnonyl-(4)]-borat*, Kp. 180—191°, erhalten. 2-Methyl-7-äthylundecanol-(4) u. H_3BO_3 → *Tris-[2-methyl-7-äthylundecyl-(4)]-borat*, $C_{42}H_{87}BO_3$, Kp.$_{0,6}$ 224—226°, D.$_4^{26}$ 0,846, $n_D^{20,0}$ 1,4473. — Diisobutylcarbinol u. B_2O_3 → *Tris-[diisobutylcarbinyl]-borat*, $C_{27}H_{57}BO_3$, Kp.$_{0,3-0,5}$ 152°. Diese Verbb. sind als Plastifikatoren, hydraul. u. wärmeübertragende Fll. geeignet u. verhindern außerdem die Schlamm-Bldg. in Bzn.–KW-Stoffen. (**A. P. 2 875 236** vom 11/1. 1956, ausg. 24/2. 1959.) G. König. H 590

Olin Mathieson Chemical Corp., Va., übert. von: Charles O. Wilson jun., Covina, Calif., V.St.A., **Trialkylborate** werden bei der Rk. anorgan. Borate mit zwischen 175 u. 375° sd. mehrwertigen Alkoholen, bes. prim. oder sek. Glykolen, in Ggw. von NH_4Cl oder $NaHSO_4$ in wss. Lsg. erhalten, wobei intermediär ein Borsäureester des Glykols entsteht. Das Rk.-Gemisch wird bei 98—100° u. normalem Druck dest., wobei W. u. NH_3 abgehen u. das verbliebene Gemisch wasserfrei ist. Hierauf wird nach erfolgter Kühlung ein einwertiger gesätt. Alkohol mit 1—3 C-Atomen zugesetzt u. ein azeotrop. Gemisch aus dem gesätt. Alkohol u. dem Trialkylborat des gesätt. Alkohols abdest., das durch bekannte Meth. getrennt wird. Das Boden-Prod. wird vom NaCl durch Filtrieren getrennt, das Filtrat durch Dest. in gesätt. Alkohol u. Glykol getrennt u. die Stoffe in den Kreislauf geführt. — $Na_2B_4O_7·10\,H_2O$, NH_4Cl, CH_3OH u. $C_2H_4·(OH)_2$ → $B(OCH_3)_3$, W., NH_3, NaCl u. $C_2H_4(OH)_2$. Als Borate kommen bes. Na-, Ca-Verbb. sowie Erze, z. B. Colemanit oder Ulexit, in Betracht. (**A. P. 2 880 227** vom 22/7. 1955, ausg. 31/3. 1959.) G. König. H 590

Pennsalt Chemicals Corp., V.St.A. (Erfinder: Bernard Loev und John Thomas Massengale), **Herstellung von Mercaptanen,** dad. gek., daß Äther prim. oder sek. Alkohole in Ggw. eines Katalysators (H_3PO_4 auf Trägersubstanz; SiO_2 mit einem Metalloxid der 3. Nebengruppe aktiviert) bei 7—19,3 at u. 150—425° mit H_2S umgesetzt werden. — *n-Propyl-*, Kp. 65,5—68,5°, *Isopropyl-*, *sek.-Butyl-*, *sek.-Amyl-*, *sek.-Dodecyl-*, *Diisopropyl-* u. *Cyclohexylmercaptan*, aus n-Propanol, Isopropanol, sek.-Butanol, sek.-Amylalkohol, n-Dodecanol, Diisopropyläther bzw. Cyclohexyläthyläther. (**F. P. 1 220 509** vom 10/4. 1959, ausg. 25/5. 1960. A. Prior. 10/4. 1958.) S. Böttcher. H 600

Dow Chemical Co., Midland, Mich., übert. von: Robert Martin Smith, Odessa, Tex., V.St.A., **Alkalisalze der Isäthionsäure** werden durch Rk. von Äthylensulfit mit Alkalicarbonat oder -bicarbonat bei 90—170°, bes. 140—160°, ggf in Ggw. von W. oder eines organ. Lsgm. erhalten. — Aus 1 Mol Äthylensulfit u. 1 Mol $NaHCO_3$ bei 150° nach 2 Std. → *Na-Isäthionat*; 84% Ausbeute. (**A. P. 2 899 461** vom 13/9. 1957, ausg. 11/8. 1959.) G. Krauss. H 600

János Krausz, János Krausz jun. und István Nagy, Budapest, Ungarn, **Herstellung von Formaldehydlösungen verschiedener Konzentration und Paraformaldehyd.** Durch Oxydation von CH_3OH in Ggw. eines Katalysator hergestellter HCHO wird im Vakuum in parallel geschalteten, mit Kühlschlangen versehenen Frak-

tionierkolonnen, danach in einer Absorptions-Glockenturmkolonne mit W. im Gegenstrom in HCHO-Lsgg. verschiedener Konz. (40 u. 60—65%) übergeführt. Unverändertes CH_3OH wird am Kopf der Fraktionierkolonne entfernt. — Aus der 65% ig. HCHO-Lsg. wird in einer aus säurebeständigem Metall hergestellten, mit Rührwerk versehenen, geheizten Trommel durch Konz. u. Trocknen *Paraformaldehyd* gewonnen. — Fließschema; 2 Zeichnungen. (**Ung. P. 149 320** vom 28/12. 1959, ausg. 20/8. 1961.)
F. LANDSBERGER. H 670

United States Rubber Co., New York, N.Y., übert. von: Elbert C. Ladd, Passaic, N.J., V.St.A., **Herstellung von Ketonen** durch Rk. von Allyläthern mit prim. aliphat. Aldehyden in Ggw. von Peroxidkatalysatoren. (**Can. P. 552 099** vom 14/9. 1954, ausg. 21/1. 1958.) EBERHARD RIEDEL. H 700

Dow Chemical Co., übert. von: Carlos M. Bowman, Midland, Mich., V.St.A., **2.2-Dialkoxypropane** der Formel $H_3C{-}C(OR)_2{-}CH_3$ (I) werden bei der Rk. eines Trialkylborats der Formel $B(OR)_3$ (II) mit einem 2.2-Dialkoxypropan der Formel $H_3C\cdot C(OR')_2\cdot CH_3$ (III) bei 0—250° erhalten. Durch Fraktionierung wird I erhalten. In I u. III bedeutet R Alkylgruppen mit 2—8 C-Atomen u. in II bedeutet R' Alkylgruppen mit 1—7 C-Atomen. — 1,5 (Mol) Dimethoxypropan u. 1 Tri-n-butylborat → *2.2-Dibutoxypropan*, Kp. 132—150°, n_D^{25} 1,405. Die Rk. kann bei verschiedenen Drücken durchgeführt werden. (**A. P. 2 976 328** vom 27/3. 1959, ausg. 21/3. 1961.)
G. KÖNIG. H 710

Union Carbide Corp., New York, N.Y. (Erfinder: Jack J. Bulloff, Columbus, Ohio), V.St.A., **Herstellung von kristallisiertem Chrom-tri-acetylacetonat,** dad. gek., daß eine wss. oder wss.-alkohol. Lsg. eines wasserlösl. Cr-Salzes (Chlorid, Nitrat) mit Acetylacetonat, bes. in stöchiometr. Mengen, in einem alkal. Medium (NaOH) zur Rk. gebracht wird, welches zur Verhütung eines Nd. von Chromoxidhydrat mit einer Alkali-Verb. eines Carboxymethyldextrans stabilisiert ist, worauf das gebildete Chromtriacetylacetonat mittels eines dem wss. alkal. Rk.-Gemisch zugesetzten mit W. nicht mischbaren organ. Lsgm. (Chlf. oder Ae.) extrahiert u. nach Abtrennen der wss. Phase durch Verdampfen des Lsgm. in Form von violetten Kristallen gewonnen wird. Geeignet zur Herst. von Ndd. aus Cr-Metall oder -Oxiden, -Carbiden, -Nitriden oder deren Gemischen. — 2 Fließbilder. (**D. A. S. 1 114 476** Kl. 12o vom 20/1. 1958, ausg. 5/10. 1961.)
W. GRÄGER. H 720

Magyar Állam (Erfinder: Ladislaus Soltész und Adalbert Pál), Budapest, Ungarn, **Monochloressigsäure** wird bei der Chlorierung eines Gemisches von Essigsäure u. Essigsäureanhydrid in Ggw. eines S-Katalysators bei ca. 100° erhalten, wobei die einzuleitende Cl_2-Menge auf $<90\%$ der theoret. notwendigen beschränkt wird. Die Menge an Essigsäureanhydrid soll 15—25% der Essigsäure betragen. (**Ung. P. 143 923** vom 28/3. 1955, ausg. 1/7. 1958.) G. KÖNIG. H 810

Wacker-Chemie G. m. b. H., München (Erfinder: Gerhard Hübner, Burghausen/Obb.), **Herstellung von Zink- oder Calciumacetat-Aktivkohle-Katalysatoren für die Herstellung monomerer Vinylester in der Gasphase** unter Verw. eines Überschusses an Imprägnier-Lsg., dad. gek., daß ruhende Aktivkohle bei Raum-Temp. mit Zn- oder Cd-Acetat-Lsg. unter Beobachtung des Konz.-Abfalls der Imprägnier-Lsg. (z. B. mittels Aräometer) behandelt u. die Imprägnier-Lsg. noch vor Beendigung des Adsorptionsvorgangs von der imprägnierten Aktivkohle getrennt wird, sobald die gewünschte Konz. $k' = (c.k - b\cdot a/c - b\cdot e)$ erreicht ist, wobei a = g Zn oder Cd/kg Aktivkohle (gewünschte Beladung), b = kg Aktivkohle/Charge, c = Liter Imprägnier-Lsg., e = Saugfähigkeit der Aktivkohle (Liter/kg), k = Anfangs-Konz. der Imprägnier-Lsg. (g Zn oder Cd/Liter Lsg.) u. k' = Endkonz. bedeuten. Vorteile: gleichmäßige Beladung, große Kornstabilität, unveränderte Korngröße u. hohe Aktivität bei einfacher Arbeitsweise. Es können Katalysatoren mit einem Geh. an 13—14% Zn oder 30% Cd hergestellt werden. (**D. A. S. 1 114 477** Kl. 12o vom 4/11. 1959, ausg. 5/10. 1961.) W. GRÄGER. H 810

Rohm & Haas Co., Philadelphia, Pa., V.St.A., **Herstellung von β-Cyanalkancarbonsäureestern.** Ester von Hexen-(1)-dicarbonsäure-(2.5)(I) werden mit einem Alkohol von 1—14 C-Atomen bei 150—340° in Ggw. eines alkal. Katalysators mit HCN umgesetzt. — Z. B. wird ein Gemisch aus I-Dimethylester u. KCN bei 155° allmählich mit wasserfreier HCN versetzt → *1-Cyanhexandicarbonsäure-(2.5)-dimethylester*, $Kp._{0,45-1,1}$ 137 bis 143°. — Verw. als Weichmacher, bes. für Polyvinylchlorid, als Schmiermittel u. als Fungicid. (**Holl. P. 97 995** vom 20/6. 1957, ausg. 15/5. 1961. A. Prior. 22/6. 1956.)
F. BÖHM. H 820

Consortium für elektrochemische Industrie G. m. b. H. (Erfinder: Rudolf Mittag und Jürgen Smidt), München, **Kontinuierliche Herstellung von**

Maleinsäure und/oder Maleinsäureanhydrid durch Überleiten eines Gemisches aus oxydierend wirkenden Gasen (O_2, Luft, denen Spuren von Cl_2 oder anderen gasförmigen Oxydationsbeschleunigern zugesetzt werden können) u. ggf. wasserhaltiger Dämpfe organ. oxydierbarer Verbb. mit mindestens 4 C-Atomen, deren Konz. unterhalb der Explosionsgrenze liegt, bei erhöhter Temp., z. B. 325—355°, u. ggf. erhöhtem Druck über in einem festen Bett angeordnete Oxydationskatalysatoren (schwer reduzierbare Oxide von V u. Mo, die mit Cr-, Ce- oder P-Oxiden aktiviert u. auch auf Träger oder auf die Wände des Rk.-Rohres aufgebracht sein können), dad. gek., daß das Gemisch der Rk.-Gase in den 1. Abschnitt des mit dem Katalysator gefüllten röhrenförmigen u. auf die Rk.-Temp. erhitzten Oxydationsraumes eingeleitet, in einen 2., hinter dem 1. Abschnitt liegenden u. von den maleinsäurehaltigen Rk.-Gasen durchströmten Abschnitt des Oxydationsraumes eine frische Beschickung aus der zu oxydierenden Verb. u. ggf. dem oxydierend wirkenden Gas eingeführt, um den abgesunkenen Geh. an der zu oxydierenden Verb. wieder auf die Anfangs-Konz. einzustellen, eine solche Wiedereinführung einer weiteren frischen Beschickung ggf. wiederholt u. in jedem Abschnitt kurze Verweilzeiten eingehalten werden. Aus den Rk.-Gasen wird die Säure oder das Anhydrid in üblicher Weise abgetrennt. Zur Oxydation sind geeignet: Bzl., Toluol, Xylol, Cyclohexan, Butan, Buten, Butadien, Diole mit 4 C-Atomen, Aldole, zwischen 80 u. 100° sd. Erdölfraktionen, Tetrahydrofuran, Furfurol, Methylpentadien, Acetaldol, in den Beispielen Crotonaldehyd, Butanol u. Butylenglykol. Beste genannte Ausbeute 60,8%. — Vorr., Zeichnung. (**D. A. S. 1 114 807** Kl. 12o vom 21/5. 1954, ausg. 12/10. 1961.) G. KRAUSS. H 820

Toyo Koatsu Industries, Inc., Japan, **Synthese von Harnstoff,** dad. gek., daß 1 (Mol) CO_2 mit 4—5 NH_3 bei 180° u. 280 at umgesetzt wird, Spuren CO_2 u. überschüssiges NH_3 mit W. ausgewaschen werden u. die entstehende wss. $[NH_4]_2CO_3$-Lsg. mit NH_3 u. CO_2 angereichert wird, die aus der Dest. des geschmolzenen Harnstoffs bei 1—3 at stammen; die Absorption erfolgt bei 80—140° u. 20—50 at; die konz. $(NH_4)_2CO_3$-Lsg. wird erneut zur Synth. verwendet. — 3 schemat. Zeichnungen. (**F. P. 1 209 494** vom 8/8. 1958, ausg. 2/3. 1960.) S. BÖTTCHER. H 880

Shikoku Kasei Kogyo Co. Ltd., Marvgame-shi, Kagawa-Ken, Japan (Erfinder: Yokota Nobuo), **Herstellung von Schwefelwasserstoff** durch Rk. von Kohle mit S. Im Rk.-Ofen sind abwechselnd Heiz- u. Rk.-Kammern u. darunter S-Verdampfungskammern, denen geschmolzenes S mittels Sprüh-Vorr. zugeführt wird, angeordnet. — Abb. der Vorrichtungen. (**D. A. S. 1 084 702** Kl. 12i vom 21/10. 1954, ausg. 7/7. 1960. Jap. Prior. 15/12. 1953.) E. MIESSGANG. H 880

Arthur D. Little, Inc., übert. von: Charles W. Sauer, Cambridge, Mass., V.St.A., **Nitramine** der allg. Formel R—NH—NO_2 werden durch Nitrierung von n-monosubstituierten Formamiden der Formel R—NH—CHO (R = Alkyl, Phenyl oder amidsubstituierter niederer Alkylrest [C_nH_{2n}NHCHO]) in Ggw. von Essigsäureanhydrid oder Trifluoressigsäureanhydrid u. nachfolgende Hydrolyse des Nitroformamid-Deriv. zum Nitramin hergestellt. — 380 cm³ abs. HNO_3 werden bei ±2° so rasch als möglich unter Rühren zu einer Suspension von 102 g Methylendiformamid in 380 cm³ Essigsäureanhydrid gegeben u. 4 Std. lang sich selbst überlassen. Dann wird das Gemisch langsam in ein Gemisch aus 1 Liter W. u. 1500 g Eis geschüttet, das ausfallende Methylen-bis-[nitroformamid] abfiltriert u. mit Eiswasser gewaschen, in 100 cm³ HCOOH gegeben, auf 65° erwärmt bis alles gelöst ist, gekühlt u. wieder kristallisiert. Es werden 70—80 g reines *Methylendinitramin* erhalten. (**A. P. 2 856 429** vom 24/12. 1953, ausg. 14/10. 1958.) A. DANDL. H 910

Dow Chemical Co., übert. von: Dale N. Robertson, Midland, Mich., V.St.A., **N-Aryliden-n-alkylamine** der allg. Formel X—CH=N—$(CH_2)_nCH_3$ (X = Alkylphenyl der Formel C_9H_{11}; n = 2 oder 3) werden durch Rk. des entsprechenden aromat. Aldehyds mit n-Alkylamin in Ggw. eines mit W. nicht mischbaren Lsgm. (Bzl., Xylol, Cyclohexan) erhalten. — Aus 0,483 Mol 4-Isopropylbenzaldehyd u. 0,53 Mol n-Butylamin in 150 cm³ Bzl. unter azeotroper Entfernung des W. → *N-[4-Isopropylbenzyliden]-n-butylamin*, n_D^{25} 1,5199, bernsteinfarbene Flüssigkeit. — 2.4.6-Trimethylbenzaldehyd → *N-[2.4.6-Trimethylbenzyliden]-n-butylamin.* — *N-[4-Isopropylbenzyliden]-n-propylamin.* — *N-[2.4.5-Trimethylbenzyliden]-n-propylamin.* — *N-[3-Äthyl-4-methylbenzyliden]-n-propylamin.* — *Zwischenprodd.*; *Bakteride, Fungicide,* bes. gegen *Staphylococcus aureus.* (**A. P. 2 914 560** vom 18/10. 1956, ausg. 24/11. 1959.) G. KRAUSS. H 910

Frank J. Sowa, Cranford, N.J., V.St.A., **Herstellung von N-Myristyl-3-hydroxybutylaminen.** Hergestellt werden Verbb. der allg. Formel $C_{14}H_{29}\cdot NR\cdot C_4H_8OH$ (R = ein H-Atom, eine Alkyl- oder Monohydroxyalkylgruppe, der OH-Rest in der

Butanolgruppe ist an deren 3. C-Atom [vom N-Atom aus gezählt] gebunden), die starke *fungicide* u. *bakterícide* Wrkg. besitzen u. außerdem als *Waschmittel, Emulgatoren* u. *Nagetierbekämpfungsmittel* verwendbar sind. — Aus 1 Mol Myristylbromid u. 2,1 Mol 4-Aminobutanol-(2) wird durch Kochen nach einigen Std. *N-Myristyl-3-hydroxybutylamin*, F. 58—62°, Kp.$_3$ 186—188°, erhalten. Aus N-Myristylamin u. 3-Chlorbutanol-(1) wird *N-Myristyl-3-hydroxy-sek.-butylamin* (= *N-Myristyl-3-hydroxy-1-methylpropylamin*), $C_{14}H_{29}\cdot NH\cdot CH(CH_3)CH_2\cdot CH_2OH$, F. 58—59°, Kp.$_1$ 152°, erhalten. Analog werden hergestellt: *N-Myristyl-3-hydroxy-2-methylpropylamin, N-Myristyl-bis-[3-hydroxybutyl]-amin* u. *N-Myristyl-N-lauryl-3-hydroxybutylamin*. Die gleiche Wrkg. wie die freien Amine besitzen ihre Salze mit anorgan. u. organ. Säuren, sie werden aus Lsgg. der freien Amine u. den entsprechenden Säuren in äquimol. Mengen hergestellt. Beispiel: Myristyl-N-3-hydroxybutylammoniumchlorid, F. 118°. (**A. P. 2 874 185** vom 3/4. 1956, ausg. 17/2. 1959.) A. KALIX. H 920

Takeda Pharmaceutical Industries Ltd., Japan (Erfinder: Tsutomu Kuwada, Sadao Yoshikawa und Yujiro Hara), **Behandlung wäßriger Lösungen von Aminosäuren,** dad. gek., daß sie bei einem pH-Wert unterhalb des I.P. einer Elektrodialyse unterworfen werden, wobei für den Anionenaustausch Auffangmembranen, für den Kationenaustausch permeable Membranen oder umgekehrt verwendet werden. Wenn eine Alkali- oder Erdalkalisalz-Lsg. von Aminosäuren elektrodialysiert wird, wird in einer durch 2 Kationenaustauschmembranen u. eine Anionenaustauschmembran 3- oder 4fach unterteilten Zelle unter Zusatz von OH-Ionen gearbeitet, wobei die Elektroden in den äußeren Kammern angebracht sind. — 19 Zeichnungen. (**F. P. 1 223 635** vom 10/2. 1959, ausg. 17/6. 1960. Jap. Prior. 11/2. 1958.) S. BÖTTCHER. H 950

Hampshire Chemical Corp., Providence, R.I., übert. von: John J. Singer, Westboro, Mass., und Mark Weisberg, Providence, R.I., V.St.A., **Aminonitrile.** Zu einem Gemisch aus wss. HCHO u. fl. HCN wird in Ggw. einer starken Säure ein Alkyl-, Aryl-, Aralkylamin oder Alkylendiamin, das noch substituiert sein kann, mit solcher Geschw. gegeben, daß der pH-Wert unter 3, bes. unter 1, bleibt u. die Temp. zwischen 35 u. 90, bes. 35 u. 50°, liegt. — Aus 4 Mol 37—50%ig. wss. HCHO oder wss. Paraformaldehyd, 2 cm³ 96%ig. H_2SO_4 u. 4 Mol fl. HCN unter Zusatz von 1 Mol Äthylendiamin → *Äthylendiamintetraessigsäurenitril*; 90—99% (Ausbeute). — NH_3 → *Trinitril*, daraus durch Verseifung mit wss. Alkali → *Alkalisalze* der *Nitrilotriessigsäure*. — Ferner können umgesetzt werden: Diäthylentri-, Triäthylentetra-, Propylendi-, Benzyl-, 1.2-Cyclohexylendi-, 1.2-Cyclopentyldi-, Hydroxyäthyläthylendi-, N.N'-Dihydroxyäthyläthylendi-, Dipropylentri-, Tripropylentetramin, Anilin, Toluidin, m-Hydroxyanilin. Durch Verseifen entstehen die entsprechenden *Aminosäuren* in quant. Ausbeute. — *Zwischenprodd.*, bes. zur Herst. von *Komplex-Verbb.* (Chelate). (**A. P. 2 855 428** vom 25/10. 1956, ausg. 7/10. 1958.) G. KRAUSS. H 950

Kali-Chemie Akt.-Ges. (Erfinder: Herbert Fenkner), Hannover, **Herstellung von Alkoxy-, Aroxy- oder Alkylalkoxyboralkylen,** dad. gek., daß an die nach dem Verf. der D. A. S. 1 044 055; C. **1959.** 10398 erhaltenen Alkoxy-, Aroxy- oder Alkylalkoxyborine Olefine, bes. unter Druck u. bei erhöhter Temp., ggf. in Ggw. von Lsgm., angelagert werden. — Auf ein Gemisch von Borsäuretrimethylester mit Dimethoxyborin (I; 25%) wird C_2H_4 von 20 atü aufgepreßt unter Erwärmung auf 160°, wobei I quant. in Äthylborsäuredimethylester übergeht. *Katalysatoren*, bes. für *Polymerisationen*. (**D. A. S. 1 115 249** Kl. 12o vom 12/12. 1956, ausg. 19/10. **1961.**) J. MÜHLEISEN. H 980

Elfriede Husemann (Erfinder: Gerd Greber und Lothar Metzinger), Freiburg/Breisgau, **Herstellung von Vinylpolysiloxanen** der allg. Formel $CH_2{=}CH-Si(CH_3)_2-[O-Si(CH_3)_2]_n-R$, worin n ganze Zahlen, bes. von 2—5, u. R Vinyl-, Alkyl- oder Arylgruppen bedeuten, dad. gek., daß die einzelnen Chlorpolysiloxanhomologen der allg. Formel $Cl-Si(CH_3)_2-[O-Si(CH_3)_2]_n-R_1$, worin n ganze Zahlen, mindestens jedoch 2, bes. 2—5, u. R_1 Cl, Vinyl-, Alkyl- oder Arylgruppen bedeutet, mit $CH_2{=}CH-MgCl$ oder mit Mg u. Vinylchlorid umgesetzt wird. Zur Herst. der Divinylpolysiloxane kann auch ein Gemisch der einzelnen Ausgangshomologen verwendet werden. — In eine Lsg. von 0,24 Mol 1.5-Dichlorhexamethyltrisiloxan in 200 cm³ Tetrahydrofuran (I) wird eine Lsg. von 0,5 Mol $CH_2{=}CHMgCl$ in 175 I eingetragen u. ½—1 Std. lang gekocht. Bei der Aufarbeitung u. Fraktionierung des Prod. in einer Kolonne mit ca.10 theoret. Böden werden als Fraktionen: *1.3-Divinyltetramethyldisiloxan* (II), Kp.$_{20}$ 42°, n_D^{20} 1,4157, D.^{20} 0,8162; 18%; *1.5-Divinylhexamethyltrisiloxan* (III), Kp.$_{20}$ 80°, D.^{20} 0,8619, n_D^{20} 1,4138; 42%, u. *1.7-Divinyloktamethyltetrasiloxan* (IV), Kp.$_{20}$ 110°, D.^{20} 0,8790, n_D^{20} 1,4126, erhalten. Bei der Rk. eines Dichlorpolysiloxangemisches, das 60,4%

1.5-Dichlorhexamethyltrisiloxan, 29,0% 1.7-Dichloroktamethyltetrasiloxan u. 10,6% 1.9-Dichlordekamethylpentasiloxan enthält, wird ein Prod. erhalten, das folgende Fraktionen ergibt: **II** 10,1%, **III** 27,4%, **IV** 21,4%, *1.9-Divinyldekamethylpentasiloxan*, $Kp._{20}$ 137°, $D.^{20}$ 0,9043, n_D^{20} 1,4122; 9,5%, u. *1.11-Divinyldodekamethylhexasiloxan*, $Kp._{20}$ 161°, $D.^{20}$ 0,9151, n_D^{20} 1,4120; 4,5%. *Vernetzungsmittel* u. *Ausgangsstoffe* für *Polymerisations-* u. *Polyadditions-Prodd.* mit hohem Siloxangehalt. (**D. A. S. 1 118 199** Kl. 12o vom 5/3. 1959, ausg. 30/11. 1961.) J. Mühleisen. H 980

Atlantic Refining Co., V.St.A. (Erfinder: Leonard Norman Leum und James Edward Connor jun.), **Isomerisation von Alkylbenzolen** mit 8—10 C-Atomen, dad. gek., daß sie in Ggw. eines Katalysators aus feinverteiltem SiO_2-Al_2O_3-Träger mit 0,5—1,5 Gew.-% Pt bei 371—538°, bes. 427—482°, mit H_2 im mol. Verhältnis 1:1 bis 20:1 behandelt werden. (**F. P. 1 220 238** vom 10/2. 1959, ausg. 23/5. 1960. A. Prior. 17/2. 1958.) S. Böttcher. H 1010

Universal Oil Products Co. (Erfinder: Herman Samuel Bloch), **Trennen von Gemischen aus einem aromatischen mit wenigstens einem Olefin-, Naphthen- oder Paraffin-Kohlenwasserstoff** durch Extrahieren mit einem Lsgm. aus *gemischten Glykoläthern* der Formel $HO(C_2H_4O)_x(C_3H_6O)_yH$ (x = 1—6; y = 1—5) bei 30—200° u. einem Druck, bei dem Gemisch u. Lsgm. fl. bleiben. — Beispiele für Lsgm.: HOC_2H_4—O—CH_2—$CH(CH_3)OH$, HOC_2H_4—O—C_2H_4—O—CH_2—$CH(CH_3)OH$. Trennen z. B. von Bzl. u. Methylcyclopentan. (**Aust. P. 223 356** vom 7/5. 1958, ausg. 3/9. 1959.) K. Demmler. H 1010

California Research Corp., San Francisco (Erfinder: William H. Shiffler, San Francisco, und John F. Senger, Berkeley), Calif., V.St.A., **Aralkylhydroperoxide** der allg. Formel Ar—C(R)(R')—OOH werden durch kontinuierliche Oxydation von Alkylaromaten der allg. Formel Ar—CH(R)—R' (R u. R' = niedermol. Alkyl; Ar = Phenyl, Tolyl, Naphthyl, Alkaryl) mit O_2 enthaltenden Gasen in Ggw. von Alkali-Lsgg. unter erhöhtem Druck erhalten. Das oxydierend wirkende Gas wird bes. bei 200—250° durch mehrere hintereinandergeschaltete Lsgg. des herzustellenden Hydroperoxids im entsprechenden Ausgangs-KW-Stoff mit steigendem Hydroperoxid-Geh. geleitet, in welche gleichzeitig eine wss. Alkali-Lsg. eingeführt wird. Der Druck beträgt 1,4—14 atü. Der Alkylaryl-KW-Stoff wird kontinuierlich der 1. Lsg. zugeführt u. die Hydroperoxid-Lsg. kontinuierlich aus der letzten Lsg. abgezogen u. ggf. eingeengt. Der Hydroperoxid-Geh. der 1. Lsg. beträgt 1—10, der der letzten 15—40%. Die sich in den zu oxydierenden Lsgg. absetzende wss. Alkali-Lsg. wird im Maße ihrer Zufuhr abgezogen. — Cumol → *Cumolhydroperoxid*. Ferner können oxydiert werden: Diisopropylbenzol, Cymol, sek.-Butylbenzol u. Isopropylnaphthalin. — *Zusatzmittel* zu *Dieselkraftstoffen* oder *Zwischenprodd.* zur Herst. von *Phenolen* u. *Aceton* in Ggw. von Säure. — Vorr., Zeichnungen. (**D. A. S. 1 102 154** Kl. 12o vom 19/10. 1957, ausg. 16/3. 1961.) G. Krauss. H 1050

Edogawa Kagaku Kogyo Kabushiki Kaisha, Tokyo, übert. von: Kizo Hiratsuka, Fujisawa-shi, Ei Ichi Yonemitsu, Takashi Itabashi, Shigehiro Date, und Shotaro Keimatsu, Tokyo, Japan, **Cumolhydroperoxid** wird durch Oxydation von Cumol, das geringe Mengen Phenol, α-Methylstyrol enthalten kann, die die Rk.-Geschw. herabsetzen, mit O_2 oder diesen enthaltenden Gasen bei 90—130°, bes. 105 bis 110°, in Ggw. von Äthylendiamintetraessigsäure, deren Di-, Tri- u. Tetra-Na- oder -Di-Ba-Salzen in Mengen bis zu 1% als Beschleuniger enthalten. (**A. P. 2 861 107** vom 17/8. 1956, ausg. 18/11. 1958. Jap. Prior. 22/8. 1955.) G. Krauss. H 1060

Karl Dürkes, Montabaur, **Hydrochinon.** Bei der Gewinnung von Hydrochinon (**I**) durch elektrochem. Oxydation von Bzl. zu Chinon (**II**) mit anschließender Red. von **II** zu **I** führt man die Oxydationsstufe bei einem Mischungsverhältnis von Bzl. zu Elektrolyt (vorzugsweise verd. H_2SO_4) zwischen 2:1 u. 10:1 unter Zusatz einer geringen Menge eines Emulgiermittels durch. — Beispiel. (**D. A. S. 1 101 436** Kl. 12q vom 21/1. 1958, ausg. 9/3. 1961.) A. Mohr. H 1070

Dow Chemical Co., übert. von: Andrew J. Dietzler und Edgar C. Britton, Midland, Mich., V.St.A., **Mercaptophenone** der allg. Formel I (R u. R_1 = Phenyl, Alkyl mit 1—8 C-Atomen; R_2 = H, Methyl) werden durch Rk. eines o- oder p-Halogenphenons (Halogen = Cl, Br) mit einem Mercaptid der allg. Formel R_1—S—M (M = Na, K) bei 140—225° unter Druck in Ggw. von W. erhalten. — Aus 0,4 Mol CH_3SH, 0,4 Mol NaOH in 144 cm^3 W. bei 15—20° → Mercaptid, daraus mit 0,4 Mol p-Chloracetophenon bei 195—200° im Druckgefäß → *p-Methylmercaptoacetophenon*, F. 74—78°; 98,5% (Ausbeute). — Analog werden hergestellt: *p-Octylmercaptoacetophenon*, F. 51,5—52,2° (PAe.); 80,1%. — *p-tert.-Butylmercaptoacetophenon*, $Kp._2$ 125 bis 127°. — *p-Methylmercaptophenylamylketon*, Ep. 62°. — *p-Methylmercaptobenzo-*

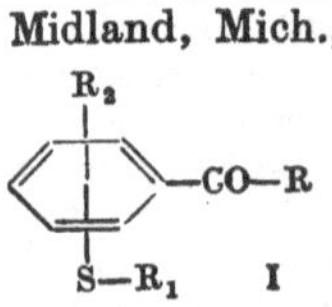

I

phenon, F. 77—78,5° (A.). — *p-Phenylmercaptoacetophenon*, Kp. 86—100°, F. 65,5 bis 66,5° (PAe.). — *4-Methylmercapto-3-methylacetophenon*, $Kp._{13}$ 165—176°; 79,5%. — Ferner können umgesetzt werden: o- u. p-Chlorpropiophenon, o- u. p-Chlorphenyloctylketon, o- u. p-Bromphenyläthylketon, 4-Chlor-3-methylbenzophenon u. o- oder p-Chlorphenylketon mit Äthyl-, Propyl-, Amyl-, Hexylmercaptan. (**A. P. 2 905 715** vom 5/8. 1957, ausg. 22/9. 1959.) G. KRAUSS. H 1090

Carlo Erba S. p. A., Mailand, Italien, **Herstellung von substituierten Carbamiden** der allg. Formel $R-SO_2-NH-CO-NH-R'$ durch Rk. von Isocyanaten der allg. Formel $R-SO_2-N=CO$ mit substituierten Formamiden in Ggw. von Lsgm., z. B. Bzl., Toluol (I), Dioxan, u. Verseifen der Rk.-Prodd. mit Alkali oder Säure. In den Formeln bedeutet R einen ggf. substituierten aromat. Rest u. R' einen aliphat., aliphat.-aromat., hydroaromat. oder heterocycl. Rest. — 12,7 (g) Cyclohexylformamid (II) werden in 50 cm³ trockenem I gelöst, 19,7 p-Toluolsulfoisocyanat (III) in I unter Kühlen zugegeben u. der Nd. abfiltriert, F. 124—126° (Ae.; Zers.). Mit alkohol. Soda-Lsg. 2 Std. gekocht u. angesäuert entsteht *N'-[p-Toluolsulfonyl]-N''-cyclohexylharnstoff* (**IV**). — Beim Zugeben von 15,5 **III** zu 12,7 **II** unter Rühren verfestigt sich die Masse unter Entw. von CO_2 u. CO. Beim Behandeln mit verd. Alkali u. Abtrennen des ungelösten Teils entsteht *N'-[p-Toluolsulfonyl]-N''-cyclohexylformamidin*, F. 172—174° (CH_3OH). Aus der alkal. Lsg. wird **IV**, F. 171—173°, mit Säure ausgefällt. (**Ind. P. 62 494** vom 6/12. 1957, ausg. 19/2. 1959.) C. LÜTTGEN. H 1090

Imperial Chemical Industries Ltd., England, **Oxydation alkylierter Aromaten,** z. B. Toluol zu *Benzoesäure*, dad. gek., daß bei 100—300° u. ca. 50 at in Ggw. von Br_2 u. von Co- u. Mn-Salzen mit O_2 oder O_3 oxydiert wird. — Herst. von *Benzoesäure* aus Äthyl-, Isopropyl-, n-Butyl- oder sek.-Butylbenzol. (**F. P. 1 206 684** vom 23/4. 1958, ausg. 11/2. 1960. E. Prior. 23/4. 1957 u. 10/3. 1958.) S. BÖTTCHER. H 1210

Shell Development Co., New York, N.Y., übert. von: Alan R. Stiles, Denver, Colo., V.St.A., **Nitrophenylphosphate** der Formel $O_2N\cdot C_6H_4\cdot X\cdot P(:X)\cdot(XR'')\cdot X\cdot C(R)=C(R)\cdot COOR'$ (X = Chalkogen; R = H oder KW-Stoffrest; R' u. R'' = KW-Stoffreste) werden hergestellt. — p-Nitrophenylphosphate: *[2-Carbomethoxy-1-methylvinyl]-methyl-*. — *[2-Carbäthoxy-1-methylvinyl]-äthyl-*, (**Can. P. 552 417** vom 3/4. 1957, ausg. 28/1. 1958. A. Prior. 9/4. 1956.) EBERHARD RIEDEL. H 1210

Badische Anilin- & Soda-Fabrik Akt.-Ges. (Erfinder: Hans Wenderlein), Ludwigshafen/Rh., **Phthalsäureanhydrid** wird in guter Ausbeute durch Oxydation von Naphthalin, dessen S-Geh. zwischen 0,1 u. 1, bes. zwischen 0,2 u. 0,8%, u. dessen N-Geh. unter 0,1% liegt, mit O_2 bei 340—400° in Ggw. eines fest angeordneten Katalysators aus V_2O_3 u. K_2SO_4 erhalten. (**D. A. S. 1 112 060** Kl. 12o vom 8/4. 1960, ausg. 3/8. 1961.) L. STADELMANN. H 1220

Esso Research and Engineering Co., Del., übert. von: William A. Dimler jun., Colonia, und Joseph A. Mountain, Newark, N.Y., V.St.A., **Dialkylester von Phthalsäuren,** deren Alkylreste 6—13 C-Atome enthalten, werden in Ggw. von ca. 0,05—5 Gew.-% aktiviertem Al_2O_3 oder dessen Gemisch mit SiO_2 dest., um unerwünschte Abbauvorgänge zu verhindern. (**A. P. 2 955 989** vom 28/3. 1958, ausg. 11/10. 1960.) L. STADELMANN. H 1220

Diamond Alkali Co., V.St.A. (Erfinder: Francis Huba und John H. Wotiz), **Herstellung aromatischer Halogenaminoverbindungen,** dad. gek., daß polyhalogenierte aromat. Verbb. (Dichlor-, Trichlor-, Tribrom-, Tetrachlorbenzole, -naphthaline u. -anthracene, 4-Chlor-m-xylol, 2.5-Dichlor-p-xylol, 2.4-Dichlorphenol, 1.3- u. 1.2-Dimethyl-4.6-dichlorbenzol, Diäthyl-, Dipropyl- u. Dibutylpolyhalogenbenzole) mit $NaNH_2$, das im Rk.-Gemisch aus Na u. fl. NH_3 gebildet wird, umgesetzt werden. (**F. P. 1 223 104** vom 30/4. 1959, ausg. 15/6. 1960. A. Prior. 2/5. 1958.) S. BÖTTCHER. H 1310

American Cyanamid Co., V.St.A. (Erfinder: Robert Chalk Kinstler), **Acylierung von Aminen,** dad. gek., daß das Amin, z. B. o.o'-Diaminodiphenyldisulfid, in wss. Medium in Ggw. von Na_2CO_3 mit Benzoylchlorid so umgesetzt wird, daß die Cl^--Konz. ausreicht, um eine Hydrolyse des Acylchlorids zu verhindern, was ggf. noch durch Zusatz eines wasserlösl. Chlorids erreicht werden kann. (**F. P. 1 211 287** vom 19/12. 1958, ausg. 15/3. 1960. A. Prior. 23/12. 1957.) S. BÖTTCHER. H 1310

Hoffmann-La Roche, Inc., Nutley, N.J., übert. von: Patsy Frank Bevilacqua, Paterson, John Thomas Plati, Rutherford, und Wilhelm Wenner, Upper Montclair, N.J., V.St.A., **O-Methyl-N-acetyl-3.5-dijod-L-thyroninalkylester,** *Zwischenprodd.* zur Herst. von 3.5-Dijod-L-thyronin (I), werden durch Kondens. eines Bis-[p-anisyl]-jodoniumhalogenids mit einem N-Acetyl-3.5-dijod-L-thyrosinalkylester im alkal. Medium in Ggw. von Cu oder Cu-Salzen erhalten. Werden die erhaltenen opt.-akt.

L-Isomeren der O-Methyl-N-acetyl-3.5-dijodthyroninalkylester mit einer Mineralsäure, wie einer Halogenwasserstoffsäure, hydrolysiert, so wird I erhalten, das durch Jodieren in 3.5.3'-Trijod-L-thyronin übergeführt werden kann. — Ein Gemisch aus 8,42 (g) Bis-[p-anisyl]-jodoniumbromid, 5 N-Acetyl-3.5-dijod-L-thyrosinäthylester, 100 cm³ CH_3OH, 1,4 cm³ $(C_2H_5)_3N$ u. 0,1 Cu-Pulver wird 23 Std. lang bei Zimmer-Temp. gerührt, filtriert, CH_3OH im Vakuum abgetrieben, der Rückstand mit 75 cm³ Bzl. u. 50 cm³ 3%ig. HCl versetzt, lebhaft 5 Min. lang geschüttelt, filtriert, die Benzolschicht abgetrennt, mit W. gewaschen, mit 1n NaOH extrahiert, mit W. gewaschen u. über Na_2SO_4 getrocknet. Nach Abdampfen des Bzl. im Vakuum u. Zusatz von 50 cm³ PAe. (Kp. 30—60°) wird gerührt, bis der Feststoff pulvrig wird, u. abgekühlt. Es werden 4,69 g *O-Methyl-N-acetyl-3.5-dijod-L-thyroninäthylester* (II), F. 135—138°; $[\alpha]_D^{25}$ 30,1° (c = 6,01; Dioxan) erhalten. **II** gibt bei der Hydrolyse mit HJ in Eisessig bei 127—131° **I**, F. 245—248°; $[\alpha]_D^{25}$ 27,2° [c = 1,046; 1n HCl/A. (1 : 2)]. (**A. P. 2 895 927** vom 5/7. 1957, ausg. 21/7. 1959.) A. MOHR. H 1350

Dominion Rubber Co. Ltd., Montreal, Quebec, Canada, übert. von: Charles H. Alexander, Bethany, Conn., V.St.A., **Herstellung von Phenylphosphonsäuredialkenylestern** durch Rk. von Phenylphosphoroxydichlorid mit einem Alkenol, bes. Allyl- oder Methallylalkohol, in einem inerten Lsgm. in Ggw. von konz. wss. Alkalihydroxid-Lsg. $<30°$. (**Can. P. 551 249** vom 6/1. 1956, ausg. 7/1. 1958. A. Prior. 10/3. 1955.) EBERHARD RIEDEL. H 1380

Dow Chemical Co., Midland, Mich., V.St.A., **Monovinylarylkohlenwasserstoffe** werden durch Pyrolyse von 2.3-, 2.4-, 2.5-Dimethyl-, 2.3.5-, 2.4.5- oder 2.3.6-Trimethylisopropylbenzol oder 1-Isopropylnaphthalin oder deren Gemischen unter CH_4-Abspaltung im Gaszustand in Ggw. von 0,5—10, bes. 2—3 Teilen Wasserdampf, N_2, CO_2, CH_4, Bzl. als Verdünnungsmittel bei 550—750, bes. 600—700° bei normalem, erhöhtem oder erniedrigtem Druck, bes. in Ggw. eines Dehydrierungskatalysators nach KEARBY (Fe_2O_3, ZnO, MgO oder deren Gemische) oder Al_2O_3, Bauxit oder Cr-Oxid auch im Gemisch mit Fe_2O_3 u. K_2O bei einer Raum-Geschw. von 50—100 g KW-Stoff je Std. je Liter Rk.-Raum erhalten. — Aus 2.4-Dimethylcumol in Ggw. von Fe_2O_3–ZnO u. überhitztem Wasserdampf bei 700° → Gemisch aus 0,3 (%) *Bzl.*, 0,7 *Toluol*, 0,5 *o-*, 5,6 *m-*, 0,4 *p-Xylol*, 0,1 *Styrol*, 1,5 *Isopropyltoluol*, 4,8 *1.2.4-Trimethylbenzol*, 1,5 *Vinyltoluol*, 21,4 *2.4-Dimethylstyrol*, 1,4 *Naphthalin*, 48,6 *2.4-Dimethylcumol* u. 12,6 nicht identifizierte Verbindungen. — *2.6-Dimethyl-* u. *Trimethylstyrol*. — *Vinylnaphthalin*. (**E. P. 807 603** vom 16/5. 1957, ausg. 21/1. 1959. A. Prior. 21/5. 1956.) G. KRAUSS. H 1410

Shell Development Co., Emeryville, übert. von: Frederick F. Rust, Orinda, und Lee M. Porter, Richmond Annex, Calif., V.St.A., **Thermische Behandlung von Kohlenwasserstoffhydroperoxiden.** Erhitzen von Cyclohexenhydroperoxid auf 200—300, bes. 225—275°, liefert ein Gemisch von *Cyclohexanol* u. *Cyclohexanon*. (**Can. P. 552 066** vom 23/3. 1953, ausg. 21/1. 1958. A. Prior. 8/4. 1952.) EBERHARD RIEDEL. H 1960

Standard Oil Co., Cleveland, übert. von: Franklin Veatch und Robert W. Foreman, Lyndhurst, und Jeanette A. Gecsy, Cleveland, Ohio, V.St.A., **Reinigen von Naphthalin.** Dieses wird in fl. Phase mit einer Lsg. von Pikrinsäure oder Dinitrosalicylsäure in Triäthylenglykol u. W. behandelt. Dabei bildet die Pikrinsäure mit dem Naphthalin eine Komplex-Verb. u. kann so von anderen KW-Stoffen getrennt werden. (**A. P. 2 941 017** vom 3/3. 1955, ausg. 14/6. 1960. Belg. Prior. 6/3. 1954.) E. KAHLES. H 2700

Ciba Soc. An., Schweiz, **Herstellung von Naphthochinon-(1.4)** (neben Phthalsäureanhydrid), dad. gek., daß Naphthalin katalyt. oxydiert wird. Als Katalysator wird V_2O_5 oder eine V-Verb., die durch Erwärmen in dieses übergeht, zusammen mit 100 bis 200 (%) SnO_2 u. 100—200 K_2SO_4 u. Alkalibisulfat oder -pyrosulfat verwendet. (**F. P. 1 221 894** vom 22/1. 1959, ausg. 7/6. 1960. Schwz. Prior. 5/2. 1958.) S. BÖTTCHER. H 2700

Dynamit Nobel Akt.-Ges., Troisdorf (Erfinder: Anton Schach und Walter Krings, Rheinfelden), **Herstellung von Äthylenoxid** durch katalyt. Oxydation von $H_2C:CH_2$ bzw. äthylenhaltigen Gasen mit O_2 oder O_2-haltigen Gasen an einem auf Ferrosilicium aufgebrachten Ag-Katalysator nach D. A. S. 1 093 344; C. **1961.** 11519, dad. gek., daß die Aktivierung mit $MgCO_3$ erfolgt. Rk.-Temp. 242—300°. (**D. A. S. 1 109 658** Kl. 12o vom 5/12. 1958, ausg. 29/6. 1961.) G. KÖNIG. H 3030

Farbwerke Hoechst Akt.-Ges., vormals Meister Lucius & Brüning (Erfinder: Manfred Schönberg, Rudolf Wirtz und Therese Quadflieg), Frankfurt/M., **Herstellung von Olefinoxydationsprodukten,** dad. gek., daß Olefine, bes. C_2H_4, in Ggw. von O_2 — ggf. unter Verdünnung mit für die Rk. inerten Gasen — bei erhöhter

Temp. in fl. wss. Phase u. bei pH >7, vorzugsweise zwischen 8 u. 14, mit Hg-Verbb. umgesetzt werden. Rk.-Temp. vorteilhaft zwischen 70 u. 300°, verschiedene Rk.-Drücke. — C_2H_4 → *Äthylenoxid*, neben *Acetaldehyd*; ferner kann *Propylenoxid* oder *Butylenoxid* hergestellt werden. (**D. A. S. 1 109 659** Kl. 12o vom 24/4. 1959, ausg. 29/6. 1961.) G. KÖNIG. H 3030

E. I. du Pont de Nemours & Co., Wilmington, übert. von: Walter A. Gregory, Wilmington, Del., und Algird Kreuchunas, Detroit, Mich., V.St.A., **Heterocyclische Aldehyde und Ketone** der Formel I (Z = O oder S, X = Alkylmercaptorest; R = H oder niederer Alkylrest), bes. *Methyl-[5-methylmercaptothienyl-(2)]-keton* u. *Methyl-[5-methylmercaptofuryl-(2)]-keton*, werden durch Rk. von Verbb. der Formel I mit X = Cl, Br oder J, bes. von Methyl-[5-bromthienyl-(2)]- bzw. Methyl-[5-bromfuryl-(2)]-keton, mit einem Alkalialkylmercaptid, bes. CH_3SK, in A. gewonnen. (**Can. P. 551 257** vom 6/7. 1953, ausg. 7/1. 1958. A. Prior. 14/7. 1952.)

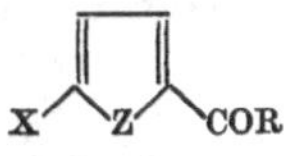

I

EBERHARD RIEDEL. H 3051

E. I. du Pont de Nemours & Co., Wilmington, Del., übert. von: Leo W. Tyran, Niagara Falls, N.Y., V.St.A., **Herstellung von Furan** durch Decarbonylierung von Furfurol in der Dampfphase an einem Zn-Fe-Chromit (90 : 10)-Katalysator, der 0,1—5, bes. 0,1—3 Gew.-% eines Alkalimetallions, berechnet als K_2CO_3, enthält. (**Can. P. 551 256** vom 4/2. 1953, ausg. 7/1. 1958. A. Prior. 13/3. 1952.) EBERHARD RIEDEL. H 3061

Mead Johnson & Co. (Erfinder: Rolland Frederick Feldkamp und Yao Hua Wu), Evansville, Ind., V.St.A., **Herstellung von 1.3-disubstituierten Pyrrolidinen** der allg. Formel I, worin R ein Alkyl-, Alkenyl-, Aryl- oder Aralkylgruppe ist, dad. gek., daß ein Ester der Itaconsäure mit einem organ. Amin der Formel RNH_2 zu einem in 1-Stellung substituierten 3-Carboalkoxypyrrolidinon-(5) umgesetzt u. dieses mit einem starken Red.-Mittel, bes. $LiAlH_4$, red. wird. — Aus Itaconsäuredimethylester in abs. CH_3OH u. Äthylamin bei ca. 5° über *1-Äthyl-3-carbomethoxypyrrolidinon-(5)* ($Kp._{0,13}$ 104—106°) durch Red. → *1-Äthylpyrrolidyl-(3)-methylalkohol*, $Kp._{20}$ 110—111°. Analog über 1-Methyl-3-carboäthoxypyrrolidinon ($Kp._{19}$ 166—167°) → 1-Methylpyrrolidyl-(3)-äthylalkohol; über 1-n-Propyl-[3-carbomethoxy-pyrrolidinon-(5) = A] ($Kp._{0,08}$ 91,5—92°) → *1-n-Propyl-[pyrrolidyl-(3)-methylalkohol* = B], $Kp._{24}$ 122—126°; über *1-Isopropyl-***A** ($Kp._{0,06}$ 86—88°) → *1-Isopropyl-***B**, $Kp._{24}$ 122 bis 122,5°; über *1-Allyl-***A** ($Kp._{21}$ 178—179°) → *1-Allyl-***B**, $Kp._{21}$ 122—124°; über *1-Butyl-***A** ($Kp._{18}$ 180—182°) → *1-Butyl-***B**, $Kp._{19}$ 130—131°; über *1-Benzyl-***A** (F. 64—65°) → *1-Benzyl-***B**, $Kp._{12}$ 166—168° u. über *1-Phenyl-***A** (F. 71—73°) → *1-Phenyl-***B**, $Kp._{0,05}$ 130 bis 135°, F. 54—55°. — Zwischenprodukte. (**Schwz. P. 351 603** vom 27/9. 1956, ausg. 15/3. 1961. A. Prior. 14/10. 1955.) W. HEYER. H 3081

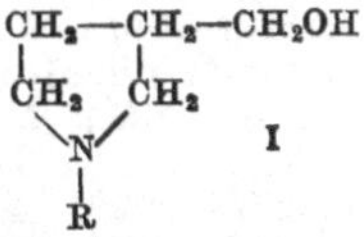

I

Farbenfabriken Bayer Akt.-Ges., Leverkusen (Erfinder: Oskar Weißel, Krefeld), **Herstellung von Cyanmethylenindolinderivaten** der allg. Formel I, in der R = H, einen Alkyl- oder Alkoxyrest u. R^1, R^2 u. R^3 = Alkylgruppen darstellen, durch Rk. von 2-Methylenindolinen der allg. Formel II mit Cyanhalogeniden in Ggw. von säurebindenden Mitteln nach D. A. S. 1 088 961, dad. gek., daß andere säurebindende Mittel als die gleichzeitig als Rk.-Komponenten dienenden Indolin-Verbb., z. B. anorgan. Basen, wie Alkali- u. Erdalkalicarbonate, -bicarbonate, -phosphate u. -borate sowie andere organ. Basen, bes. andere tert. Amine, verwendet werden. Aus 1.3.3-Trimethyl-2-methylenindolin u. $NaHCO_3$-Lsg. u. ClCN bei 75° unter Rühren → *1.3.3-Trimethyl-2-cyanmethylenindolin*, F. 113—116°; analog *1.3.3-Trimethyl-5-methoxy-2-cyanmethylenindolin*, F. 123°; *1.3.3.5-Tetramethyl-2-cyanmethylenindol*, F. 145°. (**D. A. S. 1 110 645** Kl. 12p vom 25/5. 1959, ausg. 13/7. 1961. **Zusatz zu D.A.S. 1 088 961; C. 1961. 5263.**) W. HEYER. H 3081

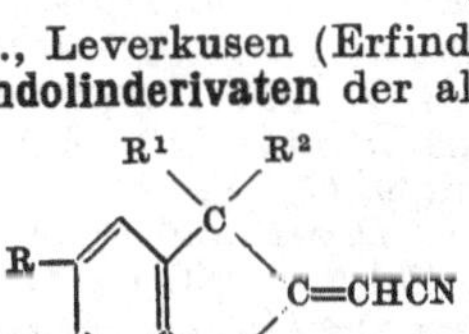

I

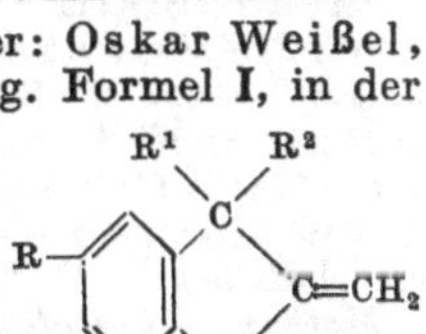

II

Richter Gedeon Vegyészeti Gyár R.T. (Erfinder: Johann Gyurkó, Andreas Sándor, Max Just und Julius Bulcsi), Budapest, Ungarn, **Herstellung von Derivaten von 1.2-Diaryl-3.5-dioxopyrazolidin** erfolgt durch Kondens. von Malonester oder dessen Derivv. mit Hydrazin-Derivv. in Ggw. eines Kondens.-Mittels bei 100° (75—95°), ggf. in Ggw. eines Lsgm. (Bzl.) u. unter erhöhtem Druck. — Aus Na u. abs. CH_3OH wird eine CH_3ONa-Lsg. hergestellt u. Hydrazobenzol u. Butylmalonester zugesetzt. Auf dem Wasserbad wird 5 Std. lang gekocht, wobei eine Temp. von 78° erreicht wird. CH_3OH wird im Vakuum abdest. u. nach bekannter Aufbereitung

1.2-Diphenyl-3.5-dioxo-4-n-butylpyrazolidin, F. 105° (A.) erhalten. (**Ung. P. 143 913** vom 9/7. 1955, ausg. 15/1. 1958.) G. KÖNIG. H 3122

Merck & Co., Inc., Rahway, übert. von: James F. McPherson, Elizabeth, N.J., V.St.A., **5-Hydroxybenzimidazol** wird durch Erhitzen von 5-Alkoxy-, bes. 5-Methoxybenzimidazol, mit Halogenwasserstoff, bes. HBr, gewonnen. (**Can. P. 551 674** vom 25/5. 1956, ausg. 14/1. 1958. A. Prior. 8/7. 1955.) EBERHARD RIEDEL. H 3122

Farbwerke Hoechst Akt.-Ges., vormals Meister Lucius & Brüning, Frankfurt/M. (Erfinder: Reinhard Mohr und Hasso Hertel, Offenbach/M.), **2.3-Dihydro-1.2.3-triazole** der allg. Formel **I** (R = aromat. oder heterocycl. Rest X = H oder Rest einer an organ. Säure; n = 1 oder 2), die als *UV-Absorber* oder als *Zwischen-Prodd.* für die Herst. von Farbstoffen oder Arzneimitteln dienen, werden durch Rk. einer Diazo- oder Tetrazo-Verb. aus einem prim. aromat. oder heterocycl. Mono- oder Diamin bei pH 8—12 mit einem Ester aus Diäthanolamin (**II**) u. einer mehrbas. anorgan. Säure u. ggf. Behandeln der entstandenen Ester mit stark sauren Mitteln erhalten. Die Rk. verläuft über die Diazo- oder Tetrazoamin-Verbb. der Formel $R\text{-}[-N{=}N-N(CH_2CH_2OX)_2]_n$. — Z. B. wird eine Diazo-Lsg. aus 93 (Gew.-Teilen) Anilin innerhalb 20 Min. unter Rühren zu einer Lsg. von 350 **II**-Dischwefelsäureester (Na-Salz) u. 300 Na_2CO_3 in 1800 Vol.-Teilen W. gegeben, der abgeschiedene körnige Nd. abgesaugt u. in mit HCl schwach angesäuertem W. suspendiert. Es wird gelber krist. *Schwefelsäureester* von *1-Phenyl-3-[β-hydroxyäthyl]-2.3-dihydro-1.2.3-triazol* (**III**), F. 252—253° (W.) erhalten. Durch Behandeln von **III** mit HCl (D. 1,08) bei 95—100° wird *1-Phenyl-3-[β-hydroxyäthyl]-2.3-dihydro-1.2.3-triazolhydrochlorid,* F. 159—160°, gelbes krist. Pulver, erhalten. Analog werden *1.2.3-Triazol-Derivv.* der Formel **I** hergestellt (R, n u. X in dieser Reihenfolge angegeben): *3-Sulfophenyl;* 1; SO_3H, rosafarbene Kristalle, F. 283—284°; *2.5-Dichlorphenyl;* 1; SO_3H, F. 257—258°; *2-Methylphenyl;* 1; SO_3H, F. 185—186°; *3-Methylphenyl;* 1; O_3H, F. 184—185°; *4-Methylphenyl;* 1; SO_3H, F. 272—273°; *4-Äthylphenyl;* 1; SO_3H, F. 190—191°; *2-Chlorphenyl;* 1; SO_3H, F. 180—181°; *3-Chlorphenyl;* 1; SO_3H, F. 220—221°; *4-Chlorphenyl;* 1; SO_3H, F. 249—250°; *3-Bromphenyl;* 1; SO_3H, F. 233—234°; *3-Nitrophenyl;* 1; SO_3H, F. 235 bis 238°; *2-Methoxyphenyl;* 1; SO_3H, F. 202—203°; *4-Methoxyphenyl;* 1; SO_3H, F. 217 bis 218°; *3-Carbäthoxyphenyl;* 1; SO_3H, F. 214—215°; *2.4-Dimethylphenyl;* 1; SO_3H, F. 171—172°; *2.4-Dimethoxyphenyl;* 1; SO_3H, F. 228—229°; *2.5-Diäthoxyphenyl;* 1; SO_3H, F. 202—203°; *2.5-Dichlorphenyl;* 1; SO_3H, F. 257—258°; *2-Chlor-5-trifluormethylphenyl;* 1; SO_3H, F. 245—248°; *3-Chlor-6-phenoxyphenyl;* 1; SO_3H, F. 241—243°; *2-Methoxy-5-chlorphenyl;* 1; SO_3H, F. 257—258°; *2-Methyl-5-nitrophenyl;* 1; SO_3H F. 217—218°; *2-Methyl-6-chlorphenyl;* 1; SO_3H, F. 232—233°; *2-Methyl-5-methoxyphenyl;* 1; SO_3H, F. 282—283°; *2-Methoxy-5-äthylsulfonylphenyl;* 1; SO_3H, F. 195 bis 196°; *2-Methoxy-5-diäthylsulfaminylphenyl;* 1; SO_3H, F. 118—119°; *2-Methoxy-5-carbaminylphenyl;* 1; SO_3H, F. 196—197°; *2.4.6-Trimethylphenyl;* 1; SO_3H, F. 287—288°; *p-Diphenylyl;* 1; SO_3H, F. 214—215°; *6-Methoxydiphenylenoxid-(7);* 1; SO_3H, F. 239 bis 241°; *3-Chlorindazolyl-(6);* 1; SO_3H, F. 232—233°; *p.p'-Diphenylenyl;* 2; SO_3H, F. 249—250°; *p.p'-[m.m'-Dimethoxy]-diphenylenyl;* 2; SO_3H, F. 277—278°; *p.p'-[o.o'-Disulfo]-stilbenyl* (Di-Na-Salz); 2; SO_3H; *4-Acetylaminophenyl;* 1; SO_3H, F. 284 286°; *3-Methoxy-4-acetylaminophenyl;* 1; SO_3H, F. 266—267°; *3-Acetylamino-4-methoxyphenyl;* 1; SO_3H, F. 247—248°; *α-Naphthyl;* 1; SO_3H, F. 203—206°; *2.5-Dichlorphenyl;* 1; H, F. 153—154°; *4-Methoxyphenyl;* 1; H, F. 141—142°; *4-Chlorphenyl;* 1; H, F. 167 bis 168°; *α-Naphthyl;* 1; H, F. 157—158°. (**D. A. S. 1 061 789** Kl. 12p vom 23/5. 1958, ausg. 23/7. 1959.) A. MOHR. H 3153

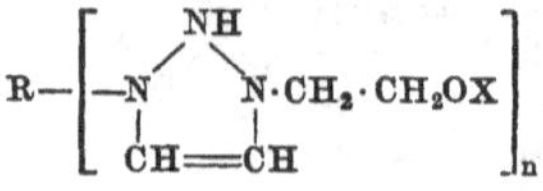

I

Indiana University Foundation, Bloomington (Erfinder: Marvin Carmack, Bloomington, Ind., Daniel Shew, Metuchen, N.J., und Leonard M. Weinstock, Clifton, N.J.), V.St.A., **Herstellung von 1.2.5-Thiadiazol-3.4-dicarbonsäure und Derivaten derselben.** 4-Nitro-2.1.3-benzothiadiazol (I) wird in wss. Medium bei 40—75° u. einem Anfangs-pH-Wert von mindestens 6 mit einem Alkali- oder Erdalkalipermanganat oxydiert u. das entstehende Alkali- (oder Erdalkali)-Salz ggf. in die freie Säure (**II**) u. diese in andere Salze, Ester, Halogenide oder ihr Diamid übergeführt. Es werden 6—8 Mol Permanganat auf 1 Mol **I** verwendet u. im Verlaufe von ½—2 Std. fest oder als Lsg. einer **I**-Lsg. solange zugesetzt bis Violettfärbung eintritt. Aus der Lsg. wird **II** als Mono-Ag-Salz mit $AgNO_3 + HNO_3$ ausgefällt u. aus diesem freie **II** durch Rkk. mit Halogen- oder Schwefelwasserstoff gewonnen. Prim. u. sek. Salze werden aus **II** durch Zugabe der berechneten Menge einer Base u. Ausfällung des Rk.-Prod. mit Aceton hergestellt. Alkylester werden durch Rk. von Na- u. NH_4-Salzen von **II** mit den

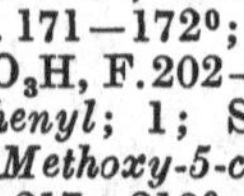

II

entsprechenden Alkoholen in Ggw. einer starken Säure, z. B. einer alkohol. HCl-Lsg. erhalten, Monoester werden aus dem Mono-Ag-Salz mit Alkylhalogeniden erhalten. Zur Gewinnung von Säureamiden werden niedrigmol. Alkylester oder Säurehalogenide mit NH_3 umgesetzt. Die letzteren werden durch Rkk. von **II**-Alkalisalzen mit Thionylchlorid, -bromid oder anderen Halogenierungsmitteln hergestellt. Verw.: als Härtungsmittel für Epoxyharze, das **II**-Dicarbonsäureamid als antidiabet. Mittel. FF.: von **II** $C_4H_2N_2SO_4$, 184° (Eisessig); *Mono-NH₄-Salz*, $C_4H_5N_3O_4S$: 253—254°; *Di-NH₄-Salz*, $C_4H_{10}N_4SO_5$: 254—255°; *Mono-K-Salz*, $C_4HN_2SO_4K$: 293°; *Di-K-Salz*: 310°; **II**-*Dichlorid*, $C_4Cl_2N_2SO_2$: 47°; *4-Carbomethoxy*-**II**, $C_5H_4N_2SO_4$: 80—81°; *4-Carboxamido*-**II**, $C_4H_3N_3O_3S$: 219—220,5°; *4-Carbomethoxy*-**II**-*carbonylchlorid*, $C_5H_3N_2O_3SCl$: Kp.$_{0,5}$ 88—92°; *3.4-Dicarbomethoxy-1.2.5-thiadiazol*, Kp.$_4$ 129°, Kp.$_{0,1}$ 84—85°, $C_6H_6N_2O_4S$, *1.2.5-Thiadiazol-3.4-dicarboxamid*, $C_4H_4N_4O_2S$: 240°; *3.4-Dicarbomethoxy-1.2.5-thiadiazol*, Kp.$_{0,2}$ 90—97°, (**D. A. S. 1 112 521** Kl. 12p vom 2/7. 1959, ausg. 10/8. 1961. A. Prior. 23/7. 1958.)
A. KALIX. H 3173

Soc. des Usines Chimiques Rhône-Poulenc (Erfinder: Robert Michel Jacob und Nicole Marie Joseph), **Herstellung von Estern des Piperidyl-(2)-phenylcarbinols** (**I**). Zu F. P. 1 176 935; C. **1961**. 5184 ist nachzutragen: Die Herst. der Ester kann auch durch Chlorieren von **I**, Hydrolyse u. Verestern oder Rk. mit carbonsauren Metallsalzen erfolgen. Andere Meth. sind: Erhitzen von Anlagerungs-Prodd. starker Säuren an [1-Acylpiperidyl-(2)]- oder [1-Formylpiperidyl-(2)]-phenylcarbinol oder Red. der Pyridylgruppe in den entsprechenden Pyridylestern. — 150 g **I**-Hydrochlorid wird langsam bei $<5°$ zu einer eisgekühlten Lsg. von 300 (cm^3) $SOCl_2$ in 300 Chlf. gegeben, die Temp. auf 20° steigen gelassen, 1 Std. lang gerührt, 1500 Ae. zugegeben, über Nacht im Kühlschrank stehengelassen u. der Kristallbrei abgetrennt. Ausbeute: 155 g *1-Phenyl-1-[piperidyl-(2)]-methanhydrochlorid* (**II**), F. 213°, 5 g **II** werden in warmem W. gelöst, 50 17%ig. $AgNO_3$-Lsg. zugegeben, 1 Std. lang gekocht, abgekühlt, überschüssiger Ag mit HCl gefällt, filtriert u. das Filtrat alkalisiert, wobei 3,3 g **I** erhalten werden. Die Veresterung erfolgt durch Acetylieren. — Eine Suspension von 2 g 1-Chlor-1-[2-piperidyl-(2)]-methanhydrochlorid u. 6 g Ag-Acetat werden in 50 CH_3COOH 5 Std. lang gekocht, über Nacht stehengelassen, im Vakuum konz., der ölige Rückstand in 4%ig. HCl in A. gelöst, mit Tierkohle entfärbt u. mit Ae. gefällt. Ausbeute: 0,92 g **I**-*Essigsäureester*. — 5 g *l*-1-[1-Acetylpiperidyl-(2)]-1-phenylcarbinol wird in 60 abs. Bzl. gelöst, 60 4%ig. HCl in Ae. zugegeben, der Nd. abgetrennt, mit Ae. gewaschen u. getrocknet. 1,5 g dieses Nd. werden 1½ Std. lang auf 115° erhitzt u. mit CH_3OH u. Ae. gewaschen. Es werden 0,6 **I**-*Essigesterhydrochlorid* (rechtsdrehende Form) erhalten. Analog: **I**-*Ameisensäureesterhydrochlorid*, F. 168—169° (rechtsdrehende Form). (**Aust. P. 220 242** vom 19/9. 1957, ausg. 12/3. 1959. F. Prior. 26/9. 1956, 6/2., 7/2. u. 9/8. 1957.)
C. LÜTTGEN. H 3231

F. Hoffmann-La Roche & Cie. Soc. An., Schweiz, **Herstellung von Benzochinolizinen**, dad. gek., daß ein 1-[β-Phenyläthyl]-2-oxo-4-alkylendioxypiperidin, in dem die 5-Stellung des Piperidinringes u. mindestens eine der 2-, 3- u. 4-Stellungen des Phenylrestes substituiert sind, cyclisiert, das Rk.-Prod. hydrolysiert u. das 2-Hydroxy-3.4.6.7-tetrahydrobenzo-[a]-chinoliziniumsalz direkt oder über das Jodid u./oder 2-Hydroxy-6.7-dihydro-4H-benzo-[a]-chinolizin in das *2-Hydroxy-1.2.3.4.6.7-hexahydro-11bH-benzo-[a]-chinolizin* übergeführt wird. — 1-[β-(3.4-Dimethoxyphenyl)-äthyl]-2-oxo-4-äthylendioxy-5-äthylpiperidin (F. 65—67°) in Toluol wird mit $POCl_3$ 2¼ Std. lang im Dampfbad erwärmt, zur Trockne eingedampft, mit 2n HCl behandelt u. *3-Äthyl-2-hydroxy-9.10-dimethoxy-3.4.6.7-tetrahydrobenzo-[a]-chinoliziniumjodid* (**I**), FF. 171—172,5° (Zers.; Chlf.) u. 240—241° (Zers.) erhalten, das mit KBH_4 zu *2-Oxo-3-äthyl-9.10-dimethoxy-1.2.3.4.6.7-hexahydro-11bH-benzo-[a]-chinolizin*, F. 111—112,5° (*Hydrochlorid*, F. 201,5—202,5°, *Hydrobromid*, F. 216,5—217,5°), hydriert wird; die Base wird in Ggw. von PtO_2 red. zu *2-Hydroxy-3-äthyl-9.10-dimethoxy-1.2.3.4.6.7-hexahydro-11bH-benzo-[a]-chinolizin* (**II**), F. 155—157°. *Hydrobromid*, F. 231,5—233°. **II** entsteht auch aus **I** über *2-Hydroxy-3-äthyl-9.10-dimethoxy-6.7-dihydro-4H-benzo-[a]-chinolizin*, F. 168—170° (*Hydrochlorid*, F. 222—224° (Zers.); *Hydrojodid*, F. 215—217°], das an Pd/Kohle hydriert wird. *2-Hydroxy-3-[n-butyl]-9.10-dimethoxy-1.2.3.4.6.7-hexahydro-11bH-benzo-[a]-chinolizin*, F. 231°, aus 1-[β-(3.4-Dimethoxyphenyl)-äthyl]-2-oxo-4-äthylendioxy-5-n-butylpiperidin über *2-Hydroxy-3-n-butyl-9.10-dimethoxy-6.7-dihydro-4H-benzo-[a]-chinolizin*, F. 180—182°, (*Chlorid*, F. 187—190° [Zers.]; *Bromid*, F. 218—219° [Zers.]; u. *2-Oxo-3-n-butyl-9.10-dimethoxy-1.2.3.4.6.7-hexahydro-11bH-benzo-[a]-chinolizin* (*Hydrochlorid*, F. 198—199°). — *2-Hydroxy-3-isobutyl-9.10-dimethoxy-6.7-dihydro-4H-benzo-[a]-chinolizin*, F. 154—157° (Chlorid, F. 222—223°; *Bromid*, F. 202—204°), aus 1-[β-(3.4-Dimethoxyphenyl)-äthyl]-2-oxo-4-äthylendioxy-5-isobutylpiperidin. (**F. P. 1 209 415** vom 5/8. 1958, ausg. 1/3. 1960. E. Prior. 6/8. 1957.)
S. BÖTTCHER. H 3231

Harvel Research Corp., N.J., übert. von: Mortimer T. Harvey, South Orange, N.J., V.St.A., **Ketopyrimidinderivat (I) und dessen Halogenverbindungen.**

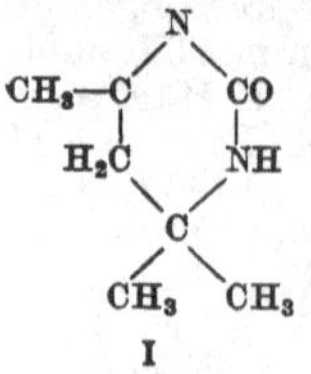

I

I wird erhalten durch Kondens. von Harnstoff (II) u. Diacetonalkohol (III) oder bzw. u. Mesityloxid (IV) in Ggw. eines sauren Katalysators, bes. wasserfreiem Chlor-KW-Stoff. — Zu 240 (g) II u. 540 III wird unter Rühren 56 wasserfreies HCl eingeleitet, wobei die Temp. durch Kühlung auf ca. 40° gehalten wird. Nach beendeter Zugabe wird das Gemisch $^1/_4$ Std. lang gerührt, längere Zeit (3—72 Std.) bei Raum-Temp. stehengelassen, in die gleiche Menge W. gegossen u. mit NaOH neutralisiert. Die nach 16std. Stehen abgeschiedenen Kristalle werden abgetrennt → I, F. 279—280° [wss. A. (1:1)]. — I wird durch Rk. mit freiem Halogen in einem geeigneten Lsgm., z. B. A., in die Halogen-Verbb. übergeführt. Es werden hergestellt die *Dibrom-, Hexachlor-, Dijod-* u. *Difluor-Verb.* von I, die durch Analyse identifiziert, jedoch nicht näher gek. sind. — *Tierfutterzusatzstoffe, Fungicide* u. *Kautschukzusatzstoffe.* (**A. PP. 2 782 197** vom 2/2. 1951 u. **2 782 198** vom 27/7. 1953, beide ausg. 19/2. 1957.) H. BRÄUCKER. H 3272

Wyandotte Chemicals Corp., V.St.A. (Erfinder: John Thomas Patton jun., William Walter Levis jun. und William Keith Langdon), **Herstellung von Diaminen,** bes. von *2.3.5.6-Tetramethylpiperazin, -pyrazin, 2.3-Dimethylpiperazin, 2.3.5-Trimethylpiperazin* u. *Butylen-(2.3)-diamin,* dad. gek., daß ein Glykol R—CH(OH)·CH(OH)—R′, z. B. Butylenglykol-(2.3), mit NH_3 oder einem Diamin der Formel R—CH·(NH_2)—CH(NH_2)—R′, z. B. Äthylen-, Propylen-(1.2)-, Butylen-(1.2)- oder Butylen-(2.3)-diamin (R u. R′ = Alkylreste mit 1—18 C-Atomen), auf 125—275° erhitzt, ggf. unter Druck in Ggw. eines Co-Ni-Hydrierungs/Dehydrierungskatalysators. (**F. P. 1 215 918** vom 25/11. 1958, ausg. 21/4. 1960. A. Prior. 27/11. 1957.) S. BÖTTCHER. H 3272

National Drug Co., V.St.A. (Erfinder: Gustav Julius Martin und Souren Avakian), **Herstellung von 2-Chlorphenothiazinen,** z. B. *2-Chlor-10-[3′-diallylaminobutyl]-, -[α-diallylaminopropyl]-, -[3′-diallylaminopentyl]-* u. *-[N-methylpiperidyl-4-methyl]-phenothiazin,* $Kp._{0,02}$ 184—186°, dad. gek., daß 2-Chlorphenothiazin in Toluol in Ggw. von $NaNH_2$ mit 3-Diallylaminobutyl-, α-Diallylaminopropyl-, 3-Diallylaminopentyl- bzw. N-Methylpiperidyl-(4)-methylhydrochlorid gekocht wird. (**F. P. 1 197 718** vom 17/12. 1957, ausg. 2/12. 1959. A. Prior. 18/12. 1956.) S. BÖTTCHER. H 3292

Monsanto Chemical Co., St. Louis, Mo., übert. von: William L. Robinson, Huntsville, Ala., V.St.A., **Chlorcyanursäuren.** *Trichlorcyanursäure* wird kontinuierlich hergestellt, indem Cl_2 u. eine wss. Lsg. von Tri-Na-Cyanurat kontinuierlich einer Rk.-Zone zugeführt wird; dabei wird stark gerührt u. ein pH-Wert von <4,5, bes. von ca. 2,5, u. eine Temp. von ca. 10—25° eingehalten. *Dichlorcyanursäure* wird erhalten, indem von Di-K-Cyanurat ausgegangen wird. In beiden Fällen wird Cl_2 in einem ca. 20% ig. Überschuß über die theoret. erforderliche Menge angewandt. (**A. P. 2 964 525** vom 7/11. 1958, ausg. 13/12. 1960.) A. BRÖSAMLE. H 3313

Dow Corning Corp., Midland, Mich., übert. von: John L. Speier und Leonard M. Shorr, Pittsburgh, Pa., V.St.A., **Organosiloxanole** vom Typ [*$(CH_3)_2$-$SiOCH_2CH(OH)\cdot CH_2O$*$]_x$ mit x = 1 werden genannt, bes. die Verb. $(CH_3)_2Si\langle{}^{O-CH_2}_{O-CH_2}\rangle C\cdot H(OH)$. — Vgl. A. P. 2 698 861; C. **1956.** 3153. (**Can. P. 551 251** vom 27/5. 1954, ausg. 7/1. 1958. A. Prior. 5/8. 1953.) EBERHARD RIEDEL. H 3354

Merck & Co., Inc., Rahway, N.J., V.St.A., **Herstellung von 3-(N-Formylamino)-isocamphan** durch Rk. von Camphan mit HCN in Ggw. einer Säure, wie H_2SO_4 oder Eisessig, bei <20° → *dl-[N-Formylamino]-isocamphan,* F. 160—163°; *dl-3-Aminoisocamphan,* F. 173—175°. (**Ind. P. 61 987** vom 25/5. 1956, ausg. 15/9. 1958.) H. NEBELSIEK. H 3600

Merck & Co., Inc., Rahway, übert. von: Ralph F. Hirschmann, Westfield, und Norman L. Wendler, Summit, N.J., V.St.A., **$\Delta^{9,11}$-3β-Acyloxy-22-isoallospirostene** werden durch Rk. von $\Delta^{9,11}$-3β-Acyloxy-22-isoallospirosten-12-äthylendithioketal mit RANEY-Ni hergestellt. — *$\Delta^{9,11}$-3β-Acetoxy-22-isoallospirosten.* (**Can. P 551 675** vom 11/10. 1956, ausg. 14/1. 1958. A. Prior. 19/1. 1953.) EBERHARD RIEDEL. H 3650

William James Burgon, New Westminster, British Columbia, Canada, und Piotr Zenczak, Covs Bay, Oreg., V.St.A., **Gewinnung von Lignocerinsäure (I), Lignocerylalkohol (II) und Sterin (III)** aus Lsgg., die durch Behandeln von Baumrinde, z. B. der DOUGLAS-Fichte, mit alkohol. Alkalilauge u. anschließendes Abdest. des Alkohols erhalten werden, erfolgt durch Extraktion mit Hexan oder Bzl., Abtrennen des Ungelösten, das in heißem W. gelöst wird, worauf beim Abkühlen I als Alkalisalz auskrist.,

während aus dem Extrakt beim Abkühlen **II** anfällt u. beim Eindampfen der Mutterlauge **III** hinterbleibt. (**A. P. 2 880 216** vom 29/10. 1956, ausg. 31/3. 1959.)
O. MÜLLER-MEININGEN. H 3700

Farbwerke Hoechst Akt.-Ges., vormals Meister Lucius & Brüning, Frankfurt/M. (Erfinder: Josef Kaupp, Oswald Metz und Walter Brotz, Gersthofen über Augsburg), **Herstellen von Amidierungsprodukten** durch Umsetzung von Polyaminen bei $>100^0$ mit rohen Paraffinoxydaten, die durch Oxydation von höhermol. Paraffin-KW-Stoffen mit Epp. von $>60^0$ mit Luft hergestellt worden sind, wobei mindestens 80, bes. $>90\%$, der Ausgangsstoffe oxydiert worden sind u. ggf. die rohen Paraffinoxydate mit einer für die vollständige Überführung in Carbonsäuren unzureichenden Menge Chromschwefelsäure zusätzlich oxydiert worden sind, nach D. A. S. 1 096 603, dad. gek., daß die Rk. der rohen Paraffinoxydate mit den Polyaminen unter Verw. von 2—15 Gew.-% Dicarbonsäuren oder deren amidierbaren Derivv., bezogen auf das Gew. der rohen Paraffinoxydate, durchgeführt wird. — 300 (Teile) Paraffinoxydat mit SZ. 70, VZ. 200, Hydroxylzahl 13, Carbonylzahl 84, Fließ-Tropf-Punkt 80,5—81,3° u. 2% Paraffin u. 6 Adipinsäure werden mit 25 Äthylendiamin bei 140° umgesetzt. Das braune, zähe Rk.-Prod. hat SZ. 19, VZ. 98, Fließ-Tropf-Punkt 83,5—84,0°. Die Ausdehnung beträgt 6,8% bei 70°. — Verw. als *Genaugußwachse*. (**D. A. S. 1 102 396** Kl. 39c vom 5/12. 1957, ausg. 16/3. 1961. **Zusatz zu D.A.S. 1 096 603; C. 1962. 2193.**) W. SCHLITT. H 4010

Commonwealth Engineering Co. of Ohio., V.St.A., **Herstellung von Carboxyalkyldextran-Fe-Komplexen,** bes. *Carboxymethyldextran-3-Fe-Komplexen,* dad. gek., daß Carboxymethyldextran bzw. seine Na-Verb. mit $FeCl_2$ oder, in saurer Lsg., mit $FeCl_3$ umgesetzt wird. (**F. P. 1 211 817** vom 10/10. 1958, ausg. 18/3. 1960.)
S. BÖTTCHER. H 4050

Progil Soc. An. (Erfinder: **Marcel Ernest Degeorges** und **André Thizy**), *Herstellung von Tetrachlorkohlenstoff und Perchloräthylen.* (**Aust. P. 225 174** vom 18/10. 1957, ausg. 3/12. 1959. F. Prior. 23/10. 1956. — **C. 1961.** 12643 [F. P. 1 179 977].)

Soc. Belge de l'Azote et des Produits Chimiques du Marly Soc. An. (Erfinder: **Frederic François Albert Braconier** und **Jean Joseph Lambert Eugene Riga**), *Verhinderung der Ablagerung teerhaltiger Materialien an der Wand einer Pyrolysekammer.* (**Aust. P. 225 041** vom 7/2. 1958, ausg. 26/11. 1959. E. Prior. 15/2. 1957. — **C. 1961.** 9591 [Oe. P. 205 012].)

Distillers Co. Ltd., England (Erfinder: **Karl Heinrich Walter Turck**), *Dichlorbutene.* (**F. P. 72 000** vom 13/5. 1957, ausg. 15/3. 1960. E. Prior. 15/5. 1956. Zusatz zu F. P. 1 175 006; C. 1961. 7747. — **C. 1961.** 1728 [Belg. P. 557 549].)

Badische Anilin- & Soda-Fabrik Akt.-Ges., Ludwigshafen/Rh., übert. von: **Ernst Bartholomé**, Ludwigshafen/Rh., **Erwin Lehrer**, Bad Dürkheim, **Helmut Nonnenmacher** und **Otto Frey**, Ludwigshafen/Rh., *Acetylen durch Reaktion von Kohlenwasserstoffen mit zur vollständigen Verbrennung ungenügenden Mengen Sauerstoff.* (**A. P. 2 862 984** vom 20/9. 1955, ausg. 2/12. 1958. D. Prior. 22/9. 1954. — **C. 1959.** 17461 [D. A. S. 1 025 862].)

Badische Anilin- & Soda-Fabrik Akt.-Ges., Ludwigshafen/Rh., übert. von: **Hans Klein**, Mannheim, *Acetylen durch unvollständige Verbrennung von Methan.* (**A. P. 2 875 259** vom 24/7. 1956, ausg. 24/2. 1959. D. Prior. 29/7. 1955. — **C. 1959.** 952 [D. A. S. 1 021 351].)

British Oxygen Co. Ltd. (Erfinder: **Arthur Maurice Clark**, **Samuel Aaron Miller**, **John Arthur Tebboth** und **Henry Herman Valentin**), *Gewinnen von reinem Acetylen.* (**Aust. P. 225 280** vom 24/10. 1957, ausg. 3/12. 1959. — **C. 1959.** 14252 [E. P. 787 865].)

VEB Leuna-Werke „Walter Ulbricht", Leuna, *Niedrigmolekulare Alkohole.* (**Ung. P. 144 001** vom 16/2. 1956, ausg. 1/7. 1958. — **C. 1958.** 7291 [D. A. S. 1 041 938].)

Shell Development Co., San Francisco, übert. von: **Aldo De Benedictis**, Berkeley, **Seaver A. Ballard**, Orinda, und **George W. Hearne**, Lafayette, Calif., V.St.A., *Herstellung von Alkoholen.* (**Can. P. 552 406** vom 25/9. 1950, ausg. 28/1. 1958. A. Prior. 31/10. 1949. — **C. 1953.** 1880 [A. P. 2 572 251].)

Shell Development Co., New York, N.Y., V.St.A., übert. von: **Richard Mackinder**, **Ralph G. Kenzie** und **Peter Tiso**, London, England, *Reinigung von Alkohol.* (**Can. P. 552 409** vom 26/7. 1954, ausg. 28/1. 1958. E. Prior. 30/7. 1953. — **C. 1960.** 4350 [A. P. 2 857 436].)

Shell Development Co., New York, N.Y., übert. von: **Donald A. Limerick**, Long Beach, Calif., und **Oran L. Wylie jun.**, New Orleans, La., V.St.A., *Herstellung sekundärer Alkohole.* (**Can. P. 552 415** vom 4/1. 1956, ausg. 28/1. 1958. A. Prior. 11/1. 1955. — **C. 1958.** 3741 [A. P. 2 776 324].)

Badische Anilin- & Soda-Fabrik Akt.-Ges., Ludwigshafen/Rh., übert. von: **Herbert Friederich**, Worms, *Isomerisierung von ungesättigten besonders 1.2- und 1.4-Butendiolen.* (**A. P. 2 911 445** vom 27/7. 1956, ausg. 3/11. 1959. D. Prior. 2/8. 1955. — **C. 1958.** 7632 [D. A. S. 1 035 643] u. **C. 1960.** 12846 [F. P. 1 155 290].)

Union Chimique Belge Soc. An. (Erfinder: **Raymond Carpentier**), Brüssel, Belgien, *Pentaerythrit.* (**E. PP. 850 460** vom 23/2. 1959, ausg. 5/10. 1960. Belg. Prior. 24/2. 1958 u. **856 322** vom 13/2. 1959, ausg. 14/12. 1960. — **C. 1962.** 2538 [D. A. S. 1 105 404].)

VEB Leuna-Werke „Walter Ulbricht", Leuna (Erfinder: **Friedrich Asinger**, **Max Thiel**, Leuna, und **Edith Pallas**, Halle), *Herstellung von α-Mercaptoketonen.* (**Ung. P. 144 063** vom 23/4. 1956, ausg. 1/8. 1958. D. Prior. 29/12. 1955. — **C. 1959.** 4625 [F. P. 1 154 080].)

Badische Anilin- & Soda-Fabrik Akt.-Ges., Ludwigshafen/Rh., übert. von: **Walter Reppe**, Ludwigshafen/Rh., und **Robert Stadler**, Heidelberg, *Acrylsäureester aus Acetylen, Kohlenmonoxyd und Alkoholen.* (**A. P. 2 883 418** vom 12/11. 1954, ausg. 21/4. 1959. D. Prior. 14/11. 1953. — **C. 1957.** 1797 [D. B. PP. 942 809, 944 789 u. E. P. 750 538].)

Badische Anilin- & Soda-Fabrik Akt.-Ges., Ludwigshafen/Rh., übert. von: **Herbert Friederich**, Worms, und **Manfred Minsinger**, Ludwigshafen/Rh., *α-Chloracrylsäureester aus Acrylsäureestern und Chlor.* (**A. P. 2 889 357** vom 6/11. 1956, ausg. 2/6. 1959. D. Prior. 9/11. 1955. — **C. 1959.** 292 [D. A. SS. 1 030 332 u. 1 030 333].)

Badische Anilin- & Soda-Fabrik Akt.-Ges., übert. von: **Wilhelm Friedrichsen**, Ludwigshafen/Rh., *δ.ε-Ungesättigte Carbonsäuren, deren Ester, Nitrile und entsprechenden δ-Valerolactone aus β-Hydroxy-, β-Alkoxy-, β-Chlorpropionsäuren, -estern, -nitrilen oder -lactonen und Olefinen.* (**A. P. 2 905 698** vom 23/4. 1956, ausg. 22/9. 1959. D. Prior. 27/4. 1955. — C. **1958.** 10782 [D. B. P. 962 429].)

Badische Anilin- & Soda-Fabrik Akt.-Ges., übert. von: **Helmut Zinke-Allmang, Otto Leichtle, Georg von Bank** und **Rudolf Keller**, Ludwigshafen/Rh., *Reinigung von Acrylsäureestern mit Bortrifluorid.* (**A. P. 2 905 598** vom 13/6. 1958, ausg. 22/9. 1959. D. Prior. 22/6. 1957. — C. **1961.** 8496 [D. A. S. 1 092 905].)

Minnesota Mining & Mfg. Co., übert. von: **Thomas S. Reid**, Saint Paul, Minn., V.St.A., *Fluorcarbonsäurevinylester.* (**Can. P. 552 358** vom 17/5. 1951, ausg. 28/1. 1958. — C. **1954.** 9859 [A. P. 2 592 069].)

Shawinigan Chemicals Ltd., Montreal, übert. von: **Gerald M. Glavin** und **Harold B. Stevens**, Shawinigan Falls, Quebec, Canada, *Herstellung von Chloressigsäure.* (**Can. P. 551 371** vom 17/12. 1955, ausg. 7/1. 1958. A. Prior. 20/4. 1955. — C. **1959.** 2284 [A. P. 2 809 993].)

Soc. des Usines Chimiques Rhône-Poulenc, Paris, übert. von: **Edmond Batlon**, Saint-Fongs, und **Maximilian Grunfeld**, Lyon, Frankreich, *Katalytische Oxydation von Aceton.* (**Can. P. 552 076** vom 7/5. 1954, ausg. 21/1. 1958. E. Prior. 8/5. 1953. — C. **1957.** 10612 [D. A. S. 1 002 313].)

Vereinigte Glanzstoff-Fabriken Akt.-Ges., Wuppertal-Elberfeld, übert. von: **Heinz Indest**, Erlenbach/M., *Herstellung von ω-Chloralkylcyaniden.* (**Can. P. 552 110** vom 4/3. 1955, ausg. 21/1. 1958. D. Prior. 6/3. 1954. — C. **1958.** 5511 [E. P. 768 303].)

National Dairy Products Corp., New York, übert. von: **Elward R. Magariello**, Islip, N.Y., V.St.A., *Herstellung von Lactobionsäure und ihres δ-Lactons.* (**Can. P. 552 368** vom 18/2. 1953, ausg. 28/1. 1958. A. Prior. 20/2. 1952. — C. **1957.** 8067 [A. P. 2 746 916].)

Badische Anilin- & Soda-Fabrik Akt.-Ges., übert. von: **Horst Pommer**, Ludwigshafen/Rh., *Ungesättigte Aldehydcarbonsäureester mit konjugierten Doppelbindungen aus Aldehydcarbonsäureestern und Vinyläthern.* (**A. P. 2 894 011** vom 17/1. 1956, ausg. 7/7. 1959. D. Prior. 25/1. 1955. — C. **1959.** 293 [F. P. 1 140 283].)

American Cyanamid Co., New York, N.Y., V.St.A., *Bis-[1-alkyl-1-carboxy-1-hydroxymethyl]-phosphinsäure.* (**E. P. 867 883** vom 25/6. 1958, ausg. 10/5. 1961. A. Prior. 27/6. 1957. — C. **1959.** 12056 [A. P. 2 845 454].)

Farbwerke Hoechst Akt.-Ges., vormals Meister Lucius & Brüning, Frankfurt/M., *Flammfeste Polyamid- und Polyesterfäden.* (**E. P. 863 738** vom 4/6. 1958, ausg. 22/3. 1961. D. Prior. 4/6. 1957. — C. **1959.** 10726 [D. A. S. 1 045 401].)

Koppers Co., Inc., Del., übert. von: **Elmer H. Dobratz**, Pittsburgh, Pa., V.St.A., *Aktivieren von Aluminium.* (**A. P. 2 921 876** vom 13/7. 1955, ausg. 19/1. 1960. — C. **1959.** 6635 [F. P. 1 153 017].)

Studiengesellschaft Kohle m. b. H., Mülheim/Ruhr, *Herstellung von Boralkylen neben aktivem Aluminiumoxid.* (**E. P. 869 550** vom 29/9. 1958, ausg. 31/5. 1961. D. Prior. 3/10. u. 14/12. 1957. — C. **1960.** 301 [D. A. SS. 1 056 127 u. 1 060 400].)

Mathieson Chemical Corp., Baltimore, Md., übert. von: **Theodore M. Jenney** und **Bernard H. Nicolaisen**, Kenmore, N.Y., V.St.A., *Herstellung von 2.4.5-Trichlorphenol.* (**Can. P. 552 352** vom 25/1. 1954, ausg. 28/1. 1958. A. Prior. 2/2. 1953. — C. **1958.** 6968 [A. P. 2 748 174].)

Shell Development Co., New York, N.Y., übert. von: **Roy T. Holm**, Orinda, und **Curtis W. Smith**, Berkeley, Calif., V.St.A., *Herstellung von Poly-[hydroxyaryl]-alkanen.* (**Can. P. 551 376** vom 29/10. 1955, ausg. 7/1. 1958. A. Prior. 30/11. 1954. — C. **1957.** 14137 [A. P. 2 779 800].)

Stamicarbon N. V., Heerlen, übert. von: **Geert J. De Jong**, Geleen, Holland, *Herstellung von p-Toluylsäure.* (**Can. P. 552 083** vom 14/8. 1953, ausg. 21/1. 1958. Holl. Prior. 16/8. 1952. — C. **1957.** 2595 [E. P. 748 567].)

Vereinigte Glanzstoff-Fabriken Akt.-Ges., Wuppertal-Elberfeld, übert. von: **Rudolf Lotz**, Klingenberg/M., *Herstellung von Terephthalsäure.* (**Can. P. 552 109** vom 30/1. 1953, ausg. 21/1. 1958. D. Prior. 30/1. u. 9/4. 1952. — C. **1956.** 1448 [E. P. 724 921].)

Eli Lilly & Co. (Erfinder: **Edmund Carl Kornfeld**), Indianapolis, Ind., V.St.A., *Substituierte Benzindole.* (**E. P. 791 804** vom 5/4. 1955, ausg. 12/3. 1958. — C. **1958.** 14176 [E. P. 1 124 620].)

Eli Lilly & Co. (Erfinder: **Edmund Carl Kornfeld, Dwigh Edward Morrison, Granville Bruce Kline** und **Eugene Joseph Fornefeld**), Indianapolis, Ind., V.St.A., *Substituierte Indole.* (**E. P. 791 805** vom 5/4. 1955, ausg. 12/3. 1958. — C. **1961.** 6316 [Schwz. P. 343 399].)

Pittsburgh Plate Glass Co., Pittsburgh, Pa., übert. von: **Alfred R. Bader**, Milwaukee, Wis., und **John E. Hyre**, Cambridge, Mass., V.St.A., *Herstellung von 2.3-Dimethylindol.* (**Can. P. 552 395** vom 6/4. 1955, ausg. 28/1. 1958. A. Prior. 3/9. 1954. — C. **1959.** 4309 [A. P. 2 765 320].)

Ciba Soc. An., Basel, Schweiz, *α.β-Bis-[aryloxazolyl-(2)]-äthylverbindungen.* (**Norw. P. 92 346** vom 8/6. 1956, ausg. 25/8. 1958. — C. **1959.** 11733 [Oe. P. 195 922].)

Badische Anilin- & Soda-Fabrik Akt.-Ges., Ludwigshafen/Rh., *Stabilisieren von Polyformaldehyd.* (**E. P. 854 278** vom 28/8. 1959, ausg. 16/11. 1960. D. Prior. 14/11. 1958. — C. **1960.** 13527 [D. A. S. 1 076 363].)

X. Färberei. Organische Farbstoffe

Untersuchungen über die Bindung von Reaktivfarbstoffen an Wolle. Günther von Hornuff und Hans-Joachim Flath. (Faserforsch. u. Textiltechn. **12.** 559—67. Dez. 1961. Inst. für Textilchemie der TH Dresden.) (Dt.)

Die Bindung der Reaktivfarbstoffe vom Triazintyp an Wollkeratin erfolgt vor allem an die seiten- u. endständigen Amino- u. die phenol. OH-Gruppen. Die SH-Reste spielen auf Grund ihrer geringen Anzahl nur eine untergeordnete Rolle bei der Umsetzung mit den Reaktivfarbstoffen. Die Peptidbindungen u. die aliphat. OH-Gruppen reagieren erst bei höheren pH-Werten, die in der Wollveredlung nicht mehr zulässig sind. Bei den Dichlorazinfarbstoffen werden beide Cl-Atome bereits im schwach sauren pH-Bereich ausgetauscht, was durch die stark verminderte Harnstoff–Bisulfit-Löslichkeit der gefärbten Proben nachgewiesen wurde. Eine Änderung der mechan.-technolog. Eigg. der Wollfasern erfolgt durch die Färbung nicht. — 43 Literaturnachweise. P. ECKERT. 7002 □

Neue Farbstoffe und Hilfsmittel. Anonym. (Textil-Rdsch. [St. Gallen] **16.** 457—60. Aug. 1961.) (Dt.)

CIBA AG., Basel: *Cibacronschwarz RP* ist ein für den Druck bestimmter Reaktivfarbstoff für Cellulosefasern. Die Drucke besitzen sehr gute Licht-, W.-, Wasch- u. Schweißechtheit. — *Cibacronbrillantrot BD* ist gleichfalls ein für den Druck bestimmter Reaktivfarbstoff für Cellulosefasern. Die Echtheitseigg. sind die gleichen wie bei Cibacronschwarz RP angegeben. Die Fixierung erfolgt durch Dämpfen oder durch Thermofixierung. Die Drucke sind für Gummierungszwecke, PVC-Beschichtung u. Kunstharzausrüstungen geeignet. Der Farbstoff eignet sich für den Direktdruck auf natürlichen u. regenerierten Cellulosefasern. — *Oremasingelb 5 GLT–Oremasingelb GLT* zeichnet sich durch eine vorzügliche Bügel-, Trockenreinigungs-, Wasch- u. Lichtechtheit aus. — *Oremasinbraun BRLT* ist ein Pigmentfarbstoff von vorzüglicher Reib-, Trockenreinigungs-, Wasch- u. guter Lichtechtheit. Der Farbstoff gibt homogene Druckpasten. — *Mikrofixbrillantorange GN Teig* ergibt nach dem Mikrofix-Färbeverf. ein klares Orange von hervorragenden Gesamtechtheiten. Verwendet wird der Farbstoff zum Färben von Cellulose-, Acetat- u. Triacetatfasern. — *Phobotex CRL* ist ein konzentriertes, chromhaltiges Hydrophobierungsmittel für Leder aller Art. Das Prod. zeichnet sich durch große Tiefenwrkg. aus u. die erzielten Effekte sind wasch- u. trockenreinigungsbeständig. — J. R. GEIGY AG., Basel: *Tinondirektschwarz R-F* ist ein gut egalisierendes u. allwetterechtes Küpenschwarz mit vorzüglicher Lichtechtheit u. sehr guten Allgemeinechtheiten. Es dient zum Färben von Baumwollgarn für Buntgewebe, welche gebleicht u. mercerisiert werden sollen, sowie für Baumwollflocke u. Kardenband. Gefärbt wird nach dem TI-Spezialverf. für Tinondirektschwarz-Marken. Zirk. Nr. 1338. — RÖHM & HAAS GMBH., Darmstadt: *Plexol 195* ist eine wss. Polymerisatdispersion für die wasserfeste Kaschierung, Beflockung u. rutschfeste Teppichrückenappretur. — FARBENFABRIKEN BAYER, Leverkusen: *Isolanmarineblau GL,* u. *RRL* für lose Wolle, Kammzug, Stranggarn, Kreuzspulen u. Stückware. — *Isolanolivgrün GG* ist ein 2:1-Metallkomplexfarbstoff für Kammzug, lose Wolle, Stranggarn, Kreuzspulen u. Stückware sowie für den Vigoureuxdruck u. das Färben von Halbwolle, Naturseide u. Polyamidfasern. — *Levegal FTS* ist ein Egalisierungsmittel für das Färben von Polyamidfasern. — *Synthappret WA* ist ein wasserlösl. Appreturmittel zur Erzielung von Steifeffekten mit hervorragender Wasch- u. Lsgm.-Echtheit. — *Telonechtschwarz EB* dient zum Färben von Polyamidfasern. Die Lichtechtheit der Färbungen ist sehr gut, die Naßechtheit gut. Durch Nachbehandlung mit Tannin u. Brechweinstein lassen sich die Naßechtheiten noch wesentlich verbessern. — IMPERIAL CHEMICAL INDUSTRIES LTD., Manchester: *QF Caledondruckgelb GW Teig,* ein Küpenfarbstoff für den Textildruck. Der Farbstoff eignet sich für Kleiderstoffe, nicht aber für Dekorationsstoffe. Er kann sowohl für das Rongalit-Pottasche- sowie auch für das Kurzdampf-Druck-Verf. eingesetzt werden. — *SQ Celedondunkelblau ER Körner* für die Continuefärberei. — *FDN Celedondunkelbraun 3 R Körner* für das Färben nach dem Auszieh-Verf., der Pad–Jig-Meth. u. auf Garnen u. Gewirken nach dem neuen Kurzpigmentfärbeverfahren. — *Das Procion-Kunstharzverfahren.* Informationsblatt. — *Procion-Kunstharz-Reservedruck-Verfahren.* Informationsblätter Deyehouse Nr. 546, 580 u. 603. — *Cirrasol Z* ist ein Antistaticum für synthet. Fasern. — *Procionbrillantorange H 2 R.* Die Färbungen besitzen eine gute Licht- u. Naßechtheit; gleichfalls gut ist das Aufziehvermögen. Der Farbstoff kann auch im Textildruck eingesetzt werden. P. ECKERT. 7018□

Über das Färben und Ausrüsten von Polyester/Baumwoll-Mischgeweben. J. Müller. (SVF Fachorg. Textilveredl. **16.** 626—38. Okt. 1961. Frankfurt/M., Cassella Farbwerke, Anwendungstechn. Abt.) (Dt.) — Vgl. C. **1961.** 9209.

Das Färben von Polyester/Baumwolle-Gemischen erfolgt mit ausgewählten Küpenfarbstoffen nach dem Thermosolverfahren. Die Verf.-Stufen Klotzen, Zwischentrocknen, Thermosolieren u. reduktive Nachbehandlung werden diskutiert.

G.-D. GOLLNISCH. 7020□

Das Färben mit Vinylsulfon-Reaktivfarbstoffen. H. Luttringhaus. (Amer. Dyestuff Reporter **50.** P 248—P 253. 3/4. 1961. Mountainside, N.J., Carbic-Hoechst Corp.) (Engl.)

Die Rk.-Weise von Remazolfarbstoffen sowie damit gewonnene Erkenntnisse werden besprochen. Färberezepturen u. Vorschriften für das Färben von natürlicher Cellulose u. Reyon im Pack, nach dem Pad-Steam-Verf., auf Kontinueanlagen, auf dem Jigger u. auf SMITH-Drum-Cascade-Maschinen werden angegeben. Ferner wird das Färben in langen Flotten, der Einfl. von Harzen auf den Farbton u. die Lichtechtheit sowie das Färben von synthet. Fasern, wie Acrylfasern u. Gemischen von Arcylfasern, behandelt.

R. BAMBERGER. 7020□

Kombinations-Rouleauxdruck. 2. Mitt. R. K. Smejda. (Melliand Textilber. **42.** 321—23. März 1961.) (Dt.) — 1. vgl. Melliand Textilber. **42.** [1961.] 210.

Nach einem Überblick über die verschiedenen Wege zum Vielfarbendruck (Trichromie-, Orbis-Verf.) wird das Vielfarbenaggregat besprochen, das eine Vielfarbenzufuhr zur Druckwalze gestattet. Am gebräuchlichsten ist die Zufuhr von 3—4 Farben pro Walze, jedoch sind Sondereffekte mit 30—40 Farben ohne weiteres möglich. An Hand von Abb. wird das Schema der Zufuhr in direktem Kontakt mit der Druckwalze gezeigt. Es wird geschlossen, daß der Vielfarbendruck mustermäßig neue Möglichkeiten bietet u. andererseits die Unkosten pro Farbe herabsetzt. L. Jentgen. 7022 □

Messung des pH-Wertes und des Redoxpotentials in der Textilindutrie. Guiseppe Prelini. (Fibre e Colori **11.** 311—18. Sept. 1961.) (Ital.)

Beschreibung der App. u. Ausführung der pH-Best. im Rohwasser, in Reinigungs-, Zurichtungs-, Färbe- u. Appreturbädern der verschiedenen natürlichen Textilfasern u. Gewebe. Anschließend behandelt Vf. die Bedeutung des Redoxwertes u. seine Best. im Färbereibetrieb. — 8 Abb., 5 Literaturhinweise. A. Sander. 7086 □

Ciba Soc. An., Schweiz, **Färben von organischen Produkten** mit Pigmentfarbstoffen der Anthrachinonreihe der Formel I (X = S oder —NH-). Aus Isothiazolanthron u. KOH wird das Diisothiazolanthron I (*X* = *S*) erhalten. 5 (g) davon u. 95 Dioctylphthalat werden zu einer Paste gemahlen, von der 0,8 (Teile) mit 13 Polyvinylchlorid, 7 Dioctylphthalat, 0,1 Cd-Stearat u. 1 TiO_2 5 Min. lang bei 140° zwischen 2 Zylinderwalzen gemahlen werden. Man erhält einen gelben lichtechten Farbstoff. — 40 Nitrocelluloselack, 2,375 TiO_2 u. 0,125 Dipyrazolanthron werden miteinander vermahlen. Davon werden 10 mit 100 Pyridin u. 10 Benzoylchlorid gemischt. Durch 1std. Kochen, Abkühlen auf 20°, Filtrieren u. Trocknen erhält man ein gelbes Pulver. Davon werden 32 mit 32 Acetylcellulose (54,5% gebundene Essigsäure), 32 NH_4Cl u. 80 Methylglykol gemahlen. Das Mahlprod. wird mit W. gewaschen u. das NH_4Cl entfernt. Das im Vakuum bei 85° getrocknete Prod. wird gemahlen. 1,33 des erhaltenen Pigments werden einer Acetatseide-Spinnlsg. aus 100 Acetylcellulose u. 376 Aceton zugesetzt, worauf 3 Std. lang gerührt wird. Der daraus hergestellte Seidenfaden ist von gelber Farbe, die sehr echt ist. (**F. P. 1 215 660** vom 29/9. 1958, ausg. 20/4. 1960. Schwz. Prior. 4/10. 1957.) M. F. Müller. 7021

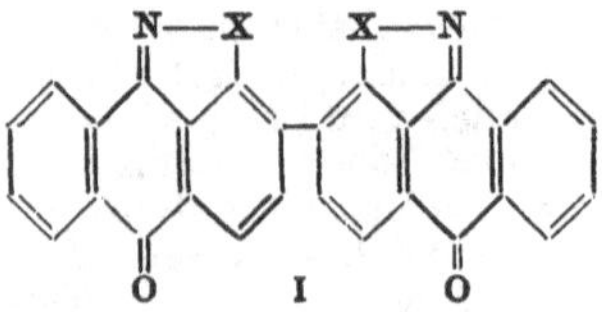

Ciba Soc. An., Schweiz, **Färben von polyhydroxylierten Stoffen,** bes. von *Textilstoffen* aus Cellulose oder Polyvinylalkohol, unter Verw. von Küpenfarbstoffen,

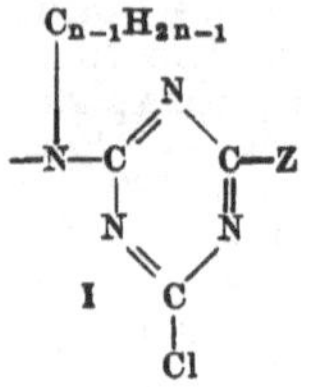

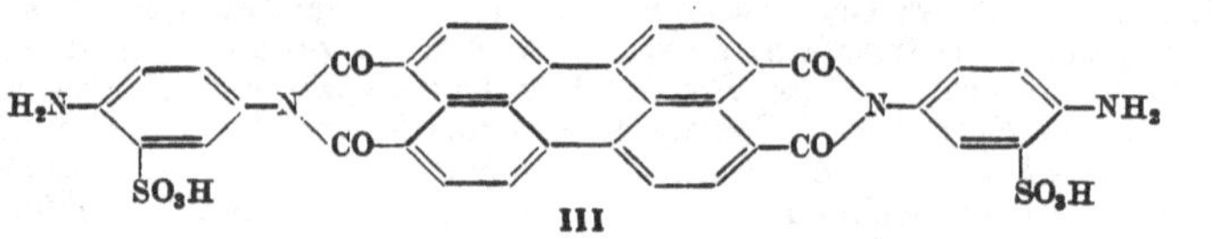

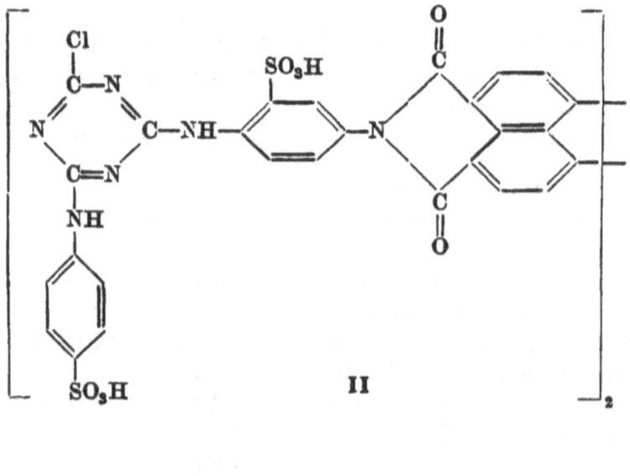

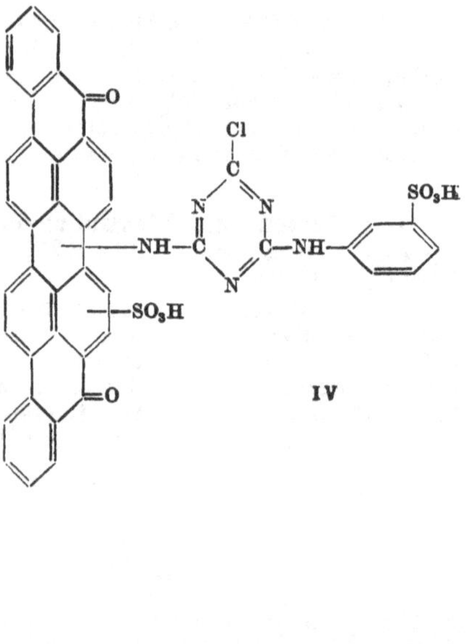

welche saure wasserlösl. machende Gruppen, ferner wenigstens eine hydrophile Gruppe u. wenigstens eine chem. reaktionsfähige Gruppe enthalten, z. B. Anthrachinonfarbstoffe, welche die Gruppe I enthalten (Z = Cl, eine ggf. substituierte NH_2-Gruppe oder eine OH-Gruppe, in der H substituiert ist; n $\leqq$ 5). — 2 (Teile) Farbstoff II werden in 2000 W. gelöst u. dazu werden 20 Na_3PO_4 u. 250 20%ig. NaCl-Lsg. gegeben. Mit dieser Lsg. wird Baumwollsatin 30 Min. lang bei 50—60° gefärbt u. nach Zusatz von 5 Na-Hydrosulfit 45 Min. lang weitergefärbt. Das Gewebe ist violettrot u. wird nach Behandlung mit H_2O_2 oder Na-Perborat rotblau. Als weitere Red.-Mittel können Glucose, NaSH u. Na_2S benutzt werden. II ist erhältlich durch Kondens. der Verb. III mit 2.4-Dichlor-6-phenylamino-1.3.5-triazin-4'-sulfonsäure in wss. Lsg. unter Zusatz von Na_2CO_3. — Bei Verw. des Farbstoffes IV wird Baumwollgewebe grau gefärbt bei guter Waschfestigkeit u. mit V violett. — Weitere Beispiele. — Vgl. Belg. P. 566 417; C. **1961**. 15573. (**F. P. 1 205 946** vom 17/4. 1958, ausg. 5/2. 1960. Schwz. Prior. 18/4. 1957.) M. F. Müller. 7021

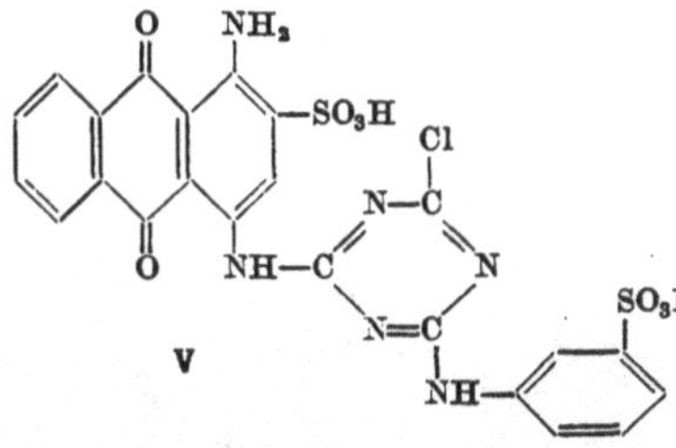

V

Ciba Akt.-Ges., Basel, Schweiz, **Färben von polyhydroxyliertem Material,** bes. von cellulosehaltigen Textilmaterialien nach dem Druck- oder Foulardier-Verf., wobei das zu färbende Textilstück mit der Farbstoff-Lsg. imprägniert oder bedruckt u. der aufgebrachte Farbstoff fixiert wird. Dabei werden Farbstofflsgg. oder Druckpasten verwendet, die wasserlösl. amidartige Verbb. mit bes. höchstens 4 C-Atomen u. einer H_2N–CO-Gruppierung, bes. wasserlösl. Amide aliphat. Carbonsäuren u. Harnstoffe, u. einen organ. Farbstoff enthalten, der auf den zu färbenden Stoffen unter Bldg. einer chem. Bindung fixierbar ist. Nach partieller Trocknung wird ggf. die zu färbende Ware der Einw. trockner Wärme ausgesetzt. Als Farbstoffe werden z. B. Anthrachinon- oder Azofarbstoffe verwendet, die einen Monochlor-1.3.5-triazinrest aufweisen, oder schwermetallhaltige Azofarbstoffe, die einen halogenierten Triazinrest, z. B. einen Mono- oder Dichlor-1.3.5-triazinrest aufweisen, ferner 1.2-Chrom- oder Co-Komplexverbb. von Azofarbstoffen, die einen Mono- oder Dichlor-1.3.5-triazinrest enthalten. — 3 (Teile) des Farbstoffes I u. 2 Na_2CO_3 werden mit 25 Acetamid in 75 W. gelöst; damit wird ein Baumwollgewebe gefärbt. Der bei 80° getrocknete Stoff wird einer trockenen Hitze von 100° während 5 Min. unterworfen, danach gespült u. bei Kochtemp. geseift. Man erhält eine gelbstichig rote kochechte Färbung. — 2 eines Farbstoffes II u. 2 Na_2CO_3 werden mit 10 Formamid in 75 W. gelöst, mit der Lsg. wird ein Baumwollgewebe getränkt, auf 75% abgequetscht u. bei 90—100° getrocknet. Danach wird das Gewebe 60 Sek. lang einer trockenen Hitze von 140° ausgesetzt, gespült u. geseift. Man erhält ein kräftiges Blau. — Weitere Beispiele. (**Oe. P. 202 549** vom 14/2. 1958, ausg. 10/3. 1959. Schwz. Prior. 15/2., 15/4. 1957 u. 20/1. 1958.) M. F. Müller. 7021

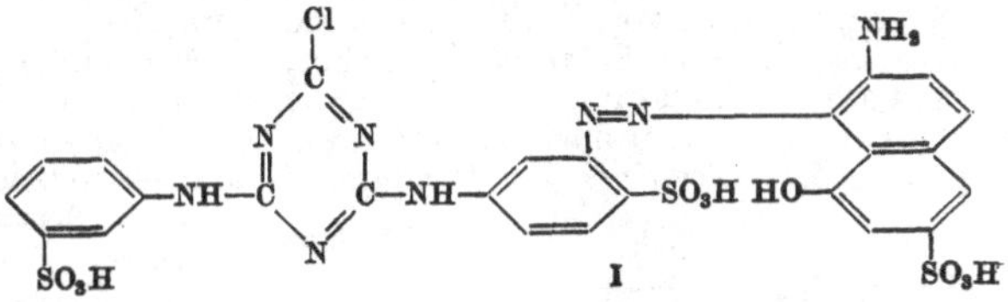

I

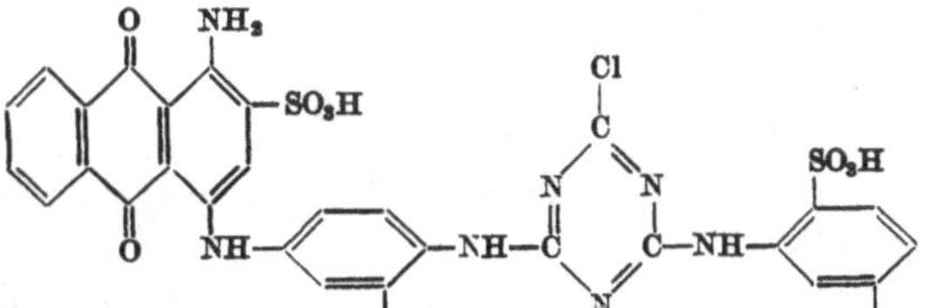

II

Ciba Soc. An., Schweiz, **Färben von stickstoffhaltigem Fasermaterial** mit sauren Farbstoffen, welche wenigstens 2 Sulfonsäuregruppen im Mol. enthalten u. befähigt sind, mit den Fasern eine chem. Bindung einzugehen, in Ggw. von Verbb., welche wenigstens ein bas. N-Atom im Mol. an einen Polyglykolätherrest gebunden enthalten, z. B. Verbb. I (R = KW-Stoffrest mit wenigstens 12, bes. 16—20 C-Atomen; p + q $\geqq$ 3, bes. 8—16). — 100 (Teile) Wolltrikot werden in ein 80° warmes Bad von 3000 W., 10 krist. Na_2SO_4, 6 40%ig. Essigsäure u. 0,5 des Additions-Prod. aus Oleylamin u. Äthylenoxid eingetaucht, dem 2 eines Farbstoffes III zugesetzt worden sind. Danach wird das Bad innerhalb 1/2 Std. zum Sieden gebracht, 1 Std. lang wird gekocht. Man erhält eine scharlachrote Färbung. Ohne den Zusatz des Äthylenoxid-Additions-Prod. wird nur eine schwache, unbrauchbare

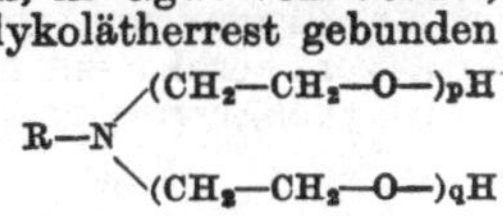

I

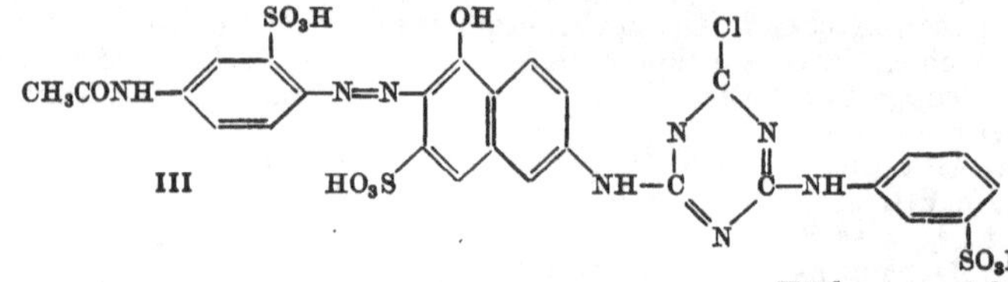

III

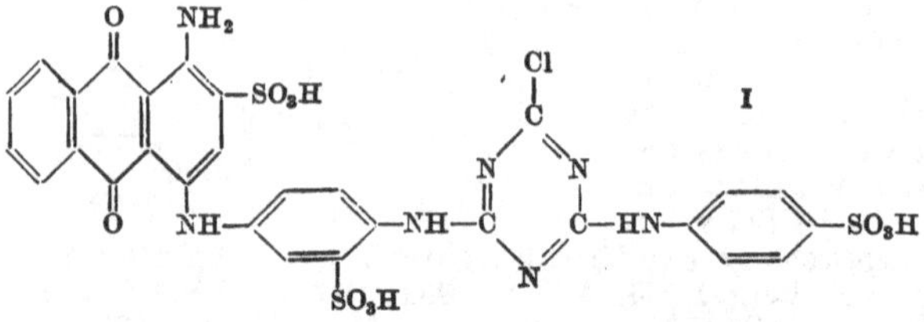

I

Färbung erzielt. — Analog wird mit dem Farbstoff **I** eine blaue Färbung erhalten. — Andere Äthylenoxid-Anlagerungs-Prodd. werden erhalten aus 1 Mol eines Amins u. 3—20 Mol eines Alkylenoxids, z. B. aus 1 Mol Dodecylamin u. 6 Mol Äthylenoxid oder aus 1 Mol Stearylamin u. 4, 8 oder 16 Mol Äthylenoxid. — Ebenso können Diamine, z. B. Monoalkylpropylendiamin, verwendet werden, deren Alkylrest geradkettig ist u. 16—18 C-Atome enthält. (**F. P. 1 221 286** vom 10/3. 1959, ausg. 1/6. 1960. Schwz. Prior. 11/3., 13/6., 4/7. u. 15/10. 1958.)

M. F. MÜLLER. 7021

Ciba Akt.-Ges., Basel, Schweiz, **Färben von stickstoffhaltigen, mit sauren Farbstoffen auffärbbaren Fasern** in wss. Medium mit mindestens 2 Sulfonsäuregruppen enthaltenden Farbstoffen, die mit den Fasern eine chem. Bindung einzugehen vermögen, in Ggw. von Verbb., die mindestens ein bas. N-Atom aufweisen, an welches mindestens ein eine Polyglykolätherkette enthaltender Rest gebunden ist. Das Mol. dieser Verbb. enthält mindestens 3 u. mindestens 4 nicht einer solchen Gruppe angehörend C-Atome. Bes. werden Farbstoffe verwendet, welche mindestens ein an einen Pyrimidinring oder 1.3.5-Triazinring gebundenes Chloratom enthalten. Zum Beispiel enthalten die Farbstoffe einen Monochlor- oder Dichlor-1.3.5-triazinrest. Zu den bas. N-Verb. mit Polyglykolätherkette gehören bes. Verbb. der Formel **I**, worin R = unverzweigter aliphat. KW-Stoffrest mit 16 bis 22 C-Atomen, m u. n = 1 oder 2, p, q u. r = ganze Zahlen, wobei p + q + (m — 1)(r — 1) mindestens = 3 u. höchstens = 20. Die Verbb. **I** werden erhalten durch Rk. von 1 Mol eines Amins mit mindestens 3 Mol z. B. 3—20 Mol Äthylenoxid (**II**). — 100 (Teile) Oleylamin werden mit 1 Na-Grieß auf 140° erhitzt, worauf bei 135—140° **II** eingeleitet wird. Nach Aufnahme von 113 **II** erhält man ein in W. lösl. Prod. (**III**). — 100 Wollstrickgarn, 3000 W., 10 Na_2SO_4, 6 40%ig. Essigsäure u. 0,5 **III** werden auf 80° erhitzt. Diesem Bad wird eine Lsg. aus 2 des Farbstoffs **IV** in wenig W. zugesetzt. Die Wolle wird damit scharlachrot in reinem Farbton gefärbt. — 7 weitere Beispiele. (**Oe. P. 206 860** vom 10/3. 1959, ausg. 28/12. 1959. Schwz. Prior. 11/3., 13/6., 4/7. u. 15/10. 1958.)

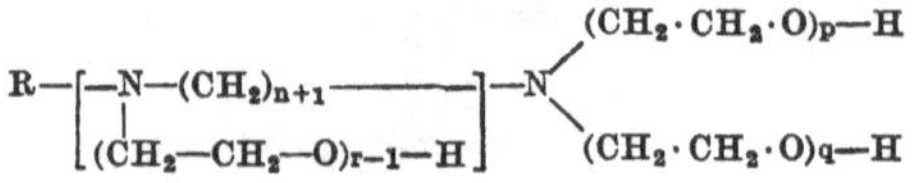

I

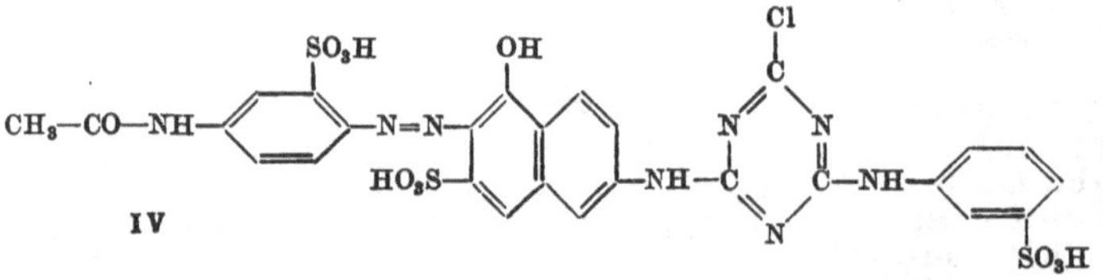

IV

M. F. MÜLLER. 7021

Ciba Akt.-Ges., Basel, Schweiz, **Färben von stickstoffhaltigen, mit sauren Farbstoffen anfärbbaren Fasern** in wss. Bade mit Farbstoffen, die im wesentlichen aus 1 : 2-Cr- oder Co-Komplex-Verbb. von Azofarbstoffen bestehen, welche im Mol. des Metallkomplexes mindestens 2 saure wasserlösl. machende Gruppen enthalten, in Ggw. von Verbb., die mindestens ein bas. N-Atom besitzen, an welches mindestens 1 Polyglykolätherrest gebunden ist. Man verwendet z. B. Farbstoffmetallkomplexe, welche mindestens 2 Sulfonsäuregruppen im Mol. enthalten. Die bas. N-Verbb. haben z. B. die allg. Formel **I** (R = unverzweigter aliphat. KW-Stoff-Rest mit 16—20 C-Atomen; m u. n ≦ 2; p, q u. r = ganze Zahlen, wobei die

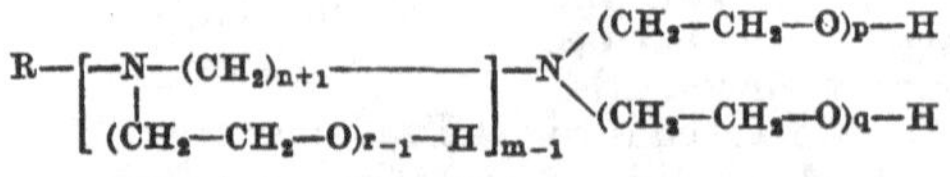

I

Summe p + q + (m — 1)(r — 1) mindestens = 3, bes. 8—20). — Beispiel: Zur Herst. eines Monoazofarbstoff-Cr-Komplexes (III) wird diazotierte 1-Amino-2-hydroxynaphthalin-4-sulfonsäure (II) mit 1-Hydroxynaphthalin gekuppelt u. mit Na-Cr-Salicylat-Lsg. umgesetzt. Daneben wird aus Oleylamin u. Äthylenoxid das Anlagerungs-Prod. (IV) hergestellt. In ein Färbebad werden in 3000 (Teile) W. 10 krist. Na_2SO_4, 6 40% ig. Essigsäure, 0,5 IV u. 2 III eingetragen. Damit wird Wollstrickgarn graublau gefärbt. — Eine etwas rotstichigere Färbung wird erhalten bei Verw. des Monoazofarbstoffes aus II u. 2-Hydroxynaphthalin. — 11 weitere Beispiele; Farbstofftabellen. (**Oe. P. 208 329** vom 29/4. 1959, ausg. 25/3. 1960. Schwz. Prior. 30/4. 1958.) M. F. Müller. 7021

Ciba Soc. An., Schweiz, **Färben von hochschmelzendem organischem Fasermaterial,** z. B. aus Superpolyamiden, Viscosen, Celluloseestern, Polyacrylonitrilen oder Polyäthylenterephthalaten, mit Farbstoffen, die bei höheren Temp., z. B. beim Schmelzen der Massen, beständig sind. Farbstoffe dieser Art entsprechen den Formeln I u. II (A_1 u. A_2 = Arylenreste, die frei von wasserlösl. machenden Gruppen sind; R = Arylreste gleicher Art). Die Farbstoffe I werden hergestellt durch Kondens. von Indigo oder seinen Derivv., z. B. Di-, Tetra- oder Hexachlorindigo oder die entsprechenden Bromverbb., 7.7-Dimethylindigo oder Naphthindigo, mit Arylessigsäurehalogeniden, z. B. Phenylessigsäurechlorid, oder Derivv. davon, welche Halogen-, Alkoxy-, NO_2- oder Acylaminogruppen enthalten, oder mit Pyrenylacetylchlorid. Die Farbstoffe II werden erhalten aus einem 2-Thionaphthen-2-indolindigo, der durch Halogene, Alkyl- oder Alkoxygruppen substituiert sein kann, durch Kondens. mit Arylessigsäurehalogeniden. — 99 (Teile) eines Polyamids aus Hexamethylendiamin u. Adipinsäure werden in Schnitzelform mit 1 eines feingepulverten Farbstoffs III oberflächlich überzogen u. danach bei 290—296° zu Fäden verarbeitet. Der erhaltene Faden ist farbecht rot gefärbt. — Außerdem werden Farbstoffe für orange u. violett gefärbte Fäden beschrieben. (**F. P. 1 220 860** vom 19/12. 1958, ausg. 30/5. 1960. Schwz. Prior. 24/12. 1957.) M. F. Müller. 7021

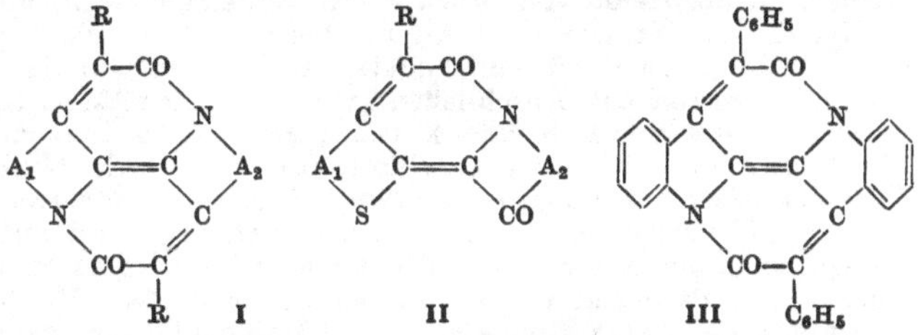

I II III

Magyar Állam (Erfinder: Franz Kádas, Eugen Gosztonyi und Martin Lang), Budapest, Ungarn, **Färben von cellulosehaltigen Textilien mit Anilinschwarz** erfolgt aus einer Farblsg. oder mittels einer Paste, welche neben dem Anilinsalz, Oxydationsmitteln, gelbem Blutlaugensalz noch 60—100 g Caramid, 8—12 g NH_4SCN u. 2—4 g p-Phenylendiamin auf 1 Liter der Färbelauge oder auf 1 kg der Farbpaste enthält. (**Ung. P. 143 868** vom 13/3. 1954, ausg. 30/11. 1957.) G. König. 7021

Imperial Chemical Industries Ltd., England, **Färben und Bedrucken von Cellulosetextilmaterial** mit Mono- u. Polyazofarbstoffen, welche wenigstens eine lösl. machende Gruppe u. mindestens eine 1.3.5-Triazinylamino- oder eine N-substituierte 1.3.5-Triazinylaminoverb. enthalten, die mindestens ein Halogenatom an einem C-Atom des Triazinringes besitzen. Vor dem Färben oder Bedrucken wird das Textilmaterial mit einer wss. Lsg. eines säurebindenden Mittels, z. B. NaOH, MgO, Na_2CO_3, $NaHCO_3$, Na_3PO_4, Na_2SiO_3, behandelt. Als Hilfsmittel werden dem Färbebade NaCl, Na_2SO_4, Na-Alginat, wasserlösl. Cellulosealkyläther, Harnstoff, zugesetzt. Bei der Herst. von Druckpasten werden dem Gemisch noch Verdickungsmittel zugesetzt, z. B. Methylcellulose, Stärke, Na-Alginat. Zur Erhöhung der Festigkeit der gefärbten Textilstoffe gegen Feuchtigkeit u. Abrieb wird das Material entfettet, z. B. durch Verw. einer sd. Seifenlsg. oder eines Reinigungsmittels. — Gebleichtes Baumwollgewebe wird bei gewöhnlicher Temp. mit 1% ig. NaOH geklotzt, bis auf 100% Wasseraufnahme abgequetscht u. bei 100° getrocknet. Danach wird das Gewebe mit einer 2% ig. roten Farbstofflsg. aus diazotierter Orthanilsäure u. 1-[4'.6'-Dichlor-symm.-triazinyl-(2')-amino]-naphthol-(8)-disulfonsäure-(3.6) geklotzt, dann bis auf 100% Gew.-Zunahme abgepreßt u. 1 Min. lang mit Wasserdampf von 100° behandelt. Nach dem Kochen mit einer schwachen Seifenlsg. wird das Gewebe gespült u. getrocknet. Es ist hellrot, waschfest u. lichtecht gefärbt. — Zur Herst. einer Druckpaste werden 3 (Teile) des vorst. roten Farbstoffs, 5 Harnstoff, 57 W. u. 35 wss. Na-Alginat-Lsg. verwendet. — Bei Verw. eines Farbstoffs aus diazotierter Naphthylamin-(2)-disulfonsäure-(4.8)- u. m-Toluidin u. Kondens. mit mol. Mengen Cyanurchlorid erhält man eine gelbe Druckpaste. — Ein Baumwollgewebe wird mit einer wss. Lsg., welche 2 (%) Na_2CO_3 u. 0,5 Na-Alginat enthält, foulardiert, abgepreßt u. getrocknet. Danach wird mit vorst. Druckpaste bedruckt. — Vgl. D. A. S. 1 052 945; C. **1959.** 11736. (**F. P. 71 480** vom 18/4. 1957, ausg. 5/1. 1960. E. Prior. 18/4. 1956 u. 10/4. 1957. **Zusatz zu F. P. 1 143 179; C. 1959. 16865.**) M. F. Müller. 7023

Imperial Chemical Industries Ltd., England, **Färben und Bedrucken von Cellulosetextilmaterial** unter Verw. von Anthrachinonfarbstoffen, welche wenigstens eine lösl. machende ionogene Gruppe, sowie eine 1.3.5-Triazinylaminogruppe, die wenigstens ein Halogenatom an einem C-Atom des Triazinringes gebunden enthält, besitzt. Das Textilmaterial wird mit einem säurebindenden Mittel in wss. Medium u. danach oder gleichzeitig mit der wss. Farbstofflsg. behandelt. Zum Beispiel wird das Material mit einer verd. wss. Lsg. eines säurebindenden Mittels foulardiert u. anschließend, ggf. nach dem Trocknen, mit einer wss. Lsg. des Anthrachinonfarbstoffs im Foulard behandelt. Als säurebindende Mittel werden Alkalihydroxide, Na_2CO_3 oder K_2CO_3 verwendet. Bei der Herst. von Druckpasten werden als Zusatz u. Dickungsmittel Harnstoff, Methylcellulose, Stärke u. Na-Alginat verwendet. — 100 (Teile) gebleichtes Baumwollgewebe wird mit einer 1%ig. Sodalsg. foulardiert, auf das doppelte Gew. abgepreßt u. bei 100° getrocknet. Anschließend wird mit einer 2%ig. Lsg. eines blauen Farbstoffs foulardiert, der durch Kondens. von 1-Amino-4-[4'-aminoanilino]-anthrachinon-2.3'.5-trisulfonsäure mit 1 Mol Cyanurchlorid erhalten wurde. Nach dem Abpressen zwischen Kalanderwalzen auf 200 Gew.-Teile wird 1 Min. lang mit Wasserdampf bei 100° behandelt. Nach dem Waschen mit W. u. verd. $NaHCO_3$-Lsg. wird mit verd. Seifenlsg. gekocht, gewaschen u. getrocknet. Man erhält ein grünblau gefärbtes Gewebe, wasch- u. lichtecht. — Ein Färbebad enthält in 3000 (Teilen) Lsg. 150 NaCl, 9 Na_3PO_4 u. 1 eines Farbstoffs, der durch Kondens. von 1-Amino-4-[4'-aminoanilino]-anthrachinon-2.3'-disulfonsäure mit der mol. Menge 2-Phenoxy-4.6-dichlor-symm.-triazin erhalten wurde. mit der Farblsg. werden 100 Viscoseseidefäden 1 Std. lang bei 85° gefärbt u. nach dem Waschen mit lauwarmem W. 5 Min. lang mit einer 0,2%ig. sd. wss. Lsg. eines Reinigungsmittels behandelt u. getrocknet. Das gefärbte Material ist hellblau, wasch- u. lichtecht. — Zahlreiche weitere Beispiele. — Vgl. D. A. S. 1 052 945; C. **1959.** 11736. (**F. P. 71 481** vom 18/4. 1957, ausg. 5/1. 1960. E. Prior. 18/4. 1956 u. 10/4. 1957. **Zusatz zu F. P. 1143 180; C. 1959. 16865.**) M. F. Müller. 7023

Imperial Chemical Industries Ltd., London, England, **Färben und Drucken von Cellulosetextilien,** z. B. Baumwolle, Viscoseseide, Celluloseacetatfasern u. Mischgeweben aus Cellulosefasern, unter Verw. eines wss. Mediums, das ein säurebindendes Mittel u. einen wasserlösl. Aminoazofarbstoff enthält, der ein Dihalogen-symm.-triazinrest in der Aminogruppe als Substituenten enthält. Beim Färben von Mischgeweben aus Cellulosefasern u. Wolle bleibt die Wolle prakt. ungefärbt, was zur Erzeugung von Reserveeffekten wertvoll ist. — Zum Färben von gebleichtem Baumwollgewebe bei Zimmertemp. wird ein aus diazotierter Orthanilsäure u. 1-[4'.6'-Dichlor-symm.-triazinyl-(2')-acylamino]-naphthol-(8)-disulfonsäure-(3.6) erhaltener roter Farbstoff verwendet. Das getrocknete, gespülte u. geseifte Gewebe wird wieder getrocknet. Es hat eine wasch- u. lichtechte hellrote Färbung. — Vgl. D. A. SS. 1 041 912; C. **1959.** 6301 u. 1 052 945; C. **1959.** 11736. (**Oe. P. 202 102** vom 18/4. 1957, ausg. 10/2. 1959. E. Prior. 18/4. 1956.) M. F. Müller. 7023

Farbenfabriken Bayer Akt.-Ges. (Erfinder: Karl Gustav Kleb), Leverkusen, **Färben bzw. Bedrucken Hydroxylgruppen enthaltender Materialien.** Auf die zu behandelnden Materialien werden sulfonsäure- u. carbonsäuregruppenfreie Farbstoffe, ggf. gleichzeitig mit einem säurebindenden Mittel aufgebracht. Die Farbstoffe enthalten im Mol. wenigstens einmal die Gruppierung $-SO_2-NH-R_1-O-A$, worin R_1 = KW-Stoffrest mit 2 oder 3 C-Atomen zwischen N u. O, A = Rest einer mehrbas. anorgan. Säure. Ggf. wird das zu färbende oder zu bedruckende Material vor oder nach dem Aufbringen des Farbstoffs mit einem säurebindenden Mittel bei erhöhter Temp. behandelt. Die Fixierung des Farbstoffs erfolgt in Ggw. von Harnstoff, wobei eine Nachbehandlung in neutraler oder alkal. wss. Flotte erfolgt. — Ni-Phthalocyanintetrasulfochlorid wird mit 2-Aminoäthanol in Ni-Phthalocyanintetrasulfonhydroxyäthylamid übergeführt u. dieses mit H_2SO_4 verestert. 4 (g) des so erhaltenen Farbstoffs werden in 100 ml einer Lsg. aufgelöst, die 3 NaOH, 5 Harnstoff u. 0,5 Türkischrotöl enthält. Dazu werden 5 6%ig. Tragant-Lsg. gegeben. Die erhaltene Farbstofflsg. wird im Foulard auf Baumwollpopeline aufgeklotzt, worauf 10 Min. lang auf 120° erhitzt wird. Nach dem Heißspülen wird 20 Min. lang kochend geseift. Das Gewebe ist waschecht grünstichigblau gefärbt. — In gleicher Weise wird Kupferzellwolle mit dem H_2SO_4-Ester-Farbstoff des Kupplungsprod. aus diazotiertem 1-Amino-4-methylbenzol-3-sulfonsäure-

β-hydroxyäthylamid u. 1-Phenyl-3-methylpyrazolon-(5) gelb gefärbt. — Beispiele u. Tabellen. (**Oe. P. 205 451** vom 5/7. 1958, ausg. 25/9. 1959. D. Prior. 15/7. 1957.)
M. F. MÜLLER. 7023

Ciba Akt.-Ges., Basel, Schweiz, **Verbesserung von Textilfärbungen**, welche auf Cellulosefasern mit Farbstoffen hergestellt worden sind, die mit den Textilien eine chem. Bindung einzugehen vermögen. Die gefärbten Textilien werden mit wss. Zubereitungen nachbehandelt, welche organ. Naßechtheitsverbesserungsmittel enthalten, die mindestens ein bas. N-Atom aufweisen, bes. nichtcycl. Naßechtheitsmittel mit Atomgruppierungen **II**,

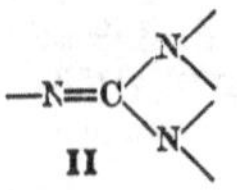
II

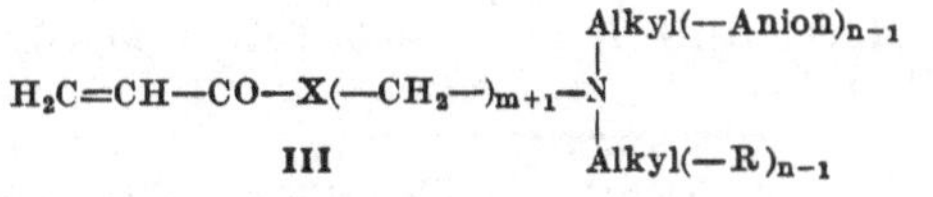
III

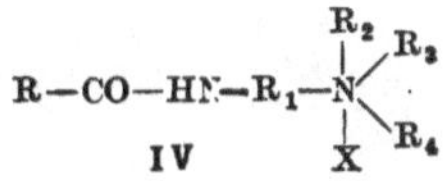
IV

ferner polymere Ester oder Amide von polymerisierbaren, äthylen. ungesätt. Carbonsäuren, welche im Ester- oder Amidteil ein bas. tert. oder quart. N-Atom enthalten, oder quart. Ammoniumsalze mit Affinität zu den Textilien u. mindestens einem, an das quart. N-Atom gebundenen Rest mit mehr als 5 C-Atomen, z. B. Umsetzungsprodd. aus Dicyandiamid, Monohydrochloriden niedrigmol. Alkylendiamine u. Formaldehyd, sowie Verbb. **III** (X = —O- oder —NH-Brücke; R = KW-Stoff-Rest; m u. n ≤ 2), oder quart. Verbb. **IV** (R = aliphat. KW-Stoff-Rest mit mindestens 7 C-Atomen; R_1 = Benzolrest; R_2, R_3 u. R_4 = niedrigmol. Alkylreste; X = Anion). Es werden bes. solche Textilien nachbehandelt, welche mit Farbstoffen ge-

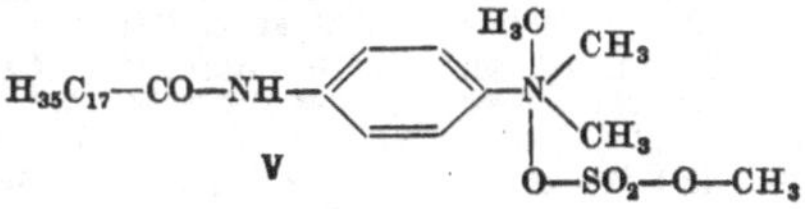
V

VI

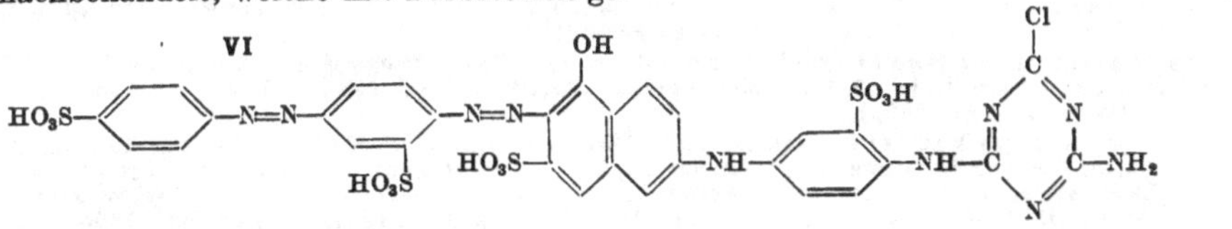

färbt worden sind, die mindestens ein reaktionsfähiges Halogen oder komplexgebundene Schwermetalle enthalten. Als quart. NH_4-Salze sind Cetyltrimethylammoniumbromid, Cetylpyridiniumbromid u. bes. die Verb. **V** genannt. — Beispiel: 2 (Teile) des Farbstoffs **VI** werden in 100 W. gelöst u. damit ein Baumwollgewebe imprägniert. Das getrocknete Gewebe wird dann mit einer Lsg. von 300 NaCl in 1000 W. imprägniert, abgequetscht, bei 100° gedämpft, gespült u. mit einer 0,2% ig. Lsg. der Verb. **I** bei Kochtemp. nachbehandelt. Die violette Färbung besitzt dann sehr gute Naßechtheit. — Weitere 11 Beispiele. (**Oe. P. 208 809** vom 3/3. 1959, ausg. 25/4. 1960. Schwz. Prior. 4/3. u. 7/5. 1958.)

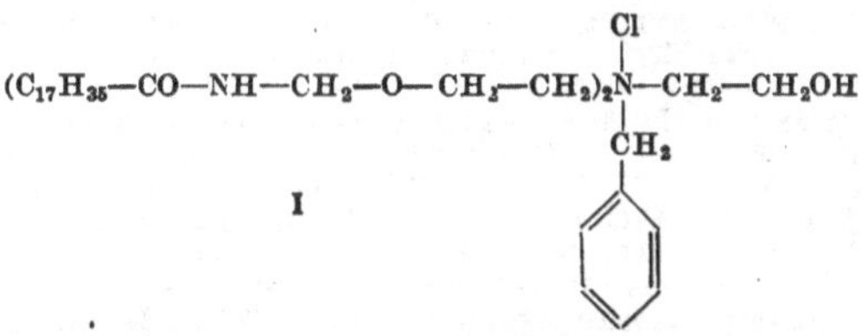
I

M. F. MÜLLER. 7029

Ciba Akt.-Ges., Basel (Erfinder: Henri Riat, Arlesheim), Schweiz, **Farbstoffe**, mit denen auf polyhydroxylierten, bes. cellulosehaltigen Stoffen, kräftige volle Färbungen u. Drucke von guten Naß- u. Lichtechtheiten erzeugt werden können, erhält man durch Rk. von organ. Farbstoffen, bes. sulfonsäuregruppenhaltigen Farbstoffen der Phthalocyanin-, Anthrachinon- oder Azofarbstoffreihe, die einen Dihalogentriazinrest aufweisen, mit Sulfiten. Man arbeitet zweckmäßig in wss. Medium bei Raumtemp. mit wasserlösl. Alkalisulfiten u. verwendet mindestens 1 Mol Sulfit pro Mol Farbstoff. — Zum Beispiel löst man 48,9 (Gew.-Teile) 1-Amino-4-[4'-aminophenylamino]-anthrachinon-2.3'-disulfonsäure in 1000 W. u. so viel Na_2CO_3, daß eine neutrale Lsg. entsteht, läßt diese Lsg. zu einer eiskalten wss. Suspension von 18,4 Cyanurchlorid laufen, neutralisiert die freiwerdende Mineralsäure mit ca. 100 n-NaOH, gibt eine Lsg. von 12,6 Na_2SO_3 (100% ig.) in 100 W. hinzu, rührt 1 Std. unter Eiskühlung u. 2—3 Std. lang bei Raumtemp., salzt aus, filtriert u. trocknet bei 40° im Vakuum. Der Farbstoff färbt Baumwolle gut wasch- u. lichtecht blau. — Färbebeispiel. (**Schwz. P. 354 875** vom 20/5. 1957, ausg. 31/7. 1961.)
O. ROICK. 7049

Imperial Chemical Industries Ltd., London (Erfinder: Colin George Tilley und Frederick Andrew Waite, Manchester), England, **Herstellung von Monoazofarbstoffen** der allg. Formel I (X = H oder Alkyl, Z = Halogen, bes. Cl u. Y = Alkyl oder Aryl). — 2-Methoxy-4.6-dichlor-symm.-triazin wird mit 2-Methylamino-5-hydroxynaphthalin-7-sulfonsäure kondensiert. Dann wird mit der Diazoverb. aus 4-Aminophenetol-3-sulfonsäure gekuppelt. Der Farbstoff *färbt Baumwolle u. Viscoseseide* scharlachrot u. gut waschecht. (**D. A. S. 1 113 050** Kl. 22a vom 26/3. 1959, ausg. 24/8. 1961. **F. P. 1 224 397** vom 26/3. 1959, ausg. 23/6. 1960. Beide E. Prior. 26/3. 1958 u. 9/3. 1959. **E. P. 859 989** vom 26/3. 1958, ausg. 25/1. 1961.) F. RATH. 7053

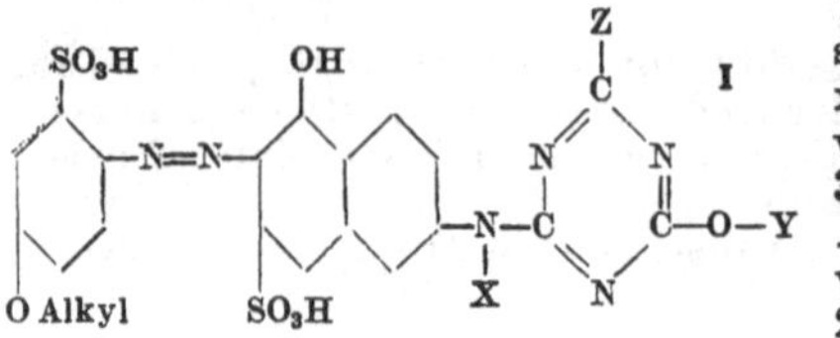

Badische Anilin- & Soda-Fabrik Akt.-Ges., Ludwigshafen/Rh. (Erfinder: **Dieter Leuchs** und **Hans Baumann**, Ludwigshafen/Rh., und **Wilhem Federkiel**, Frankenthal), *Heterocyclische Monoazofarbstoffe.* (**E. P. 864 280** vom 3/9. 1958, ausg. 29/3. 1961. D. Prior. 21/9. 1957. — C. **1959.** 12060 [D. A. S. 1 045 362].)

Badische Anilin- & Soda-Fabrik Akt.-Ges., Ludwigshafen/Rh. (Erfinder: **Günter Lange**, Ludwigshafen/Rh., **Friedrich Ebel**, Mannheim, **Rudolf Schrödel** und **Walter Hensel**, Ludwigshafen/Rh.), *Herstellung von Azofarbstoffen.* (**Oe. P. 214 547** vom 17/8. 1959, ausg. 10/4. 1961. D. Prior. 10/10. 1958. — C. **1962.** 660 [D. A. S. 1 107 356].)

Badische Anilin- & Soda-Fabrik Akt.-Ges., Ludwigshafen/Rh. (Erfinder: **Hans Baumann**, Ludwigshafen/Rh., und **Siegfried Huenig**, Marburg/Lahn), *Herstellung basischer Azofarbstoffe.* (**Schwz. P. 344 499** vom 8/6. 1956, ausg. 31/3. 1960. D. Prior. 14/6. 1955. — C. **1961.** 14472 [F. P. 1 151 304].)

Ciba Ltd., Basel, Schweiz (Erfinder: **Alfred Fasciati, Raymond Gunst, Henri Riat** und **Karl Seitz**), *Monoazofarbstoffe.* (**Aust. P. 225 163** vom 13/9. 1957, ausg. 3/12. 1959. Schwz. Prior. 14/9., 22/10. 1956, 10/1. u. 19/8. 1957. — C. **1960.** 17287 [Belg. P. 560 793].)

Ciba Ltd., Basel (Erfinder: **Christian Zickendraht**, Binningen), Schweiz, *Kobalt- und Chromkomplexe von Monoazofarbstoffen.* (**Can. P. 552 230** vom 20/4. 1954, ausg. 28/1. 1958. Schwz. Prior. 21/4. 1953 u. 29/3. 1954. — C. **1959.** 17490 [D. B. P. 959 394].)

Comp. Française de Matières Colorantes, Paris, übert. von: **René Eugène Marcel Gangneux**, Rouen, Frankreich, *Azofarbstoffe.* (**A. P. 2 977 354** vom 3/1. 1957, ausg. 28/3. 1961. F. Prior. 4/1. 1956. — C. **1958.** 11082 [F. P. 1 140 955].)

Comp. Française des Matières Colorantes, Paris (Erfinder: **Robert Frédéric Michel Sureau**, Enghien-les-Bains, **Georges Raymond Henry Mingasson**, Paris, **Gilbert Henri Victor Kremer**, Ermont, und **Jean Leon Adrien Rollet**, Eaubonne), Frankreich, *Herstellung von gemischten (1 : 2)-Chromkomplexfarbstoffen.* (**D. A. S. 1 112 596** Kl. 22a vom 8/11. 1957, ausg. 10/8. 1961. F. Prior. 9/11. 1956. — C. **1959.** 12061 [F. P. 1 160 503].)

Farbenfabriken Bayer Akt.-Ges., Leverkusen (Erfinder: **Herbert-Joachim Exner**, Köln, und **Rolf Pütter**, Düsseldorf), *Herstellung von Monoazofarbstoffen.* (**Schwz. P. 351 049** vom 3/8. 1956, ausg. 15/2. 1961. D. Prior. 19/8. u. 9/12. 1955. — C. **1961.** 11149 [F. P. 1 159 700].)

Farbenfabriken Bayer Akt.-Ges., Leverkusen (Erfinder: **Hermann Goebel**, Leverkusen, und **Gerd Müller**, Köln), *Herstellung von wasserunlöslichen Azofarbstoffen.* (**Schwz. P. 355 544** vom 5/1. 1957, ausg. 31/8. 1961. D. Prior. 20/1. 1956. — C. **1960.** 1682 [D. A. S. 1 020 748].)

J. R. Geigy Akt.-Ges. (Erfinder: **Walter Biedermann, Fabio Beffa** und **Guido Schetty**), Basel, Schweiz, *Herstellung von schwermetallhaltigen Azofarbstoffen.* (**D. A. S. 1 111 318** Kl. 22a vom 25/1. 1957, ausg. 20/7. 1961. Schwz. Prior. 26/1. 1956. — C. **1961.** 3823 [Schwz. P. 342 307].)

Farbwerke Hoechst Akt.-Ges., vormals Meister Lucius & Brüning, Frankfurt/M., *Erzeugung von Azofarbstoffen auf plastischen Massen.* (**Belg. P. 559 252** vom 15/7. 1957, ausg. 8/4. 1960. D. Prior. 14/7. 1956. — C. **1959.** 10401 [D. A. S. 1 051 241].)

General Aniline & Film Corp., New York (Erfinder: **Sigmund Charles Catino**, Castleton, **Albert Frederick Strobel**, Albany, und **William Wilson Williams**, New York), N.Y., V.St.A., *Herstellung von Azofarbstoffen.* (**Schwz. P. 355 237** vom 22/12. 1956, ausg. 15/8. 1961. A. Prior. 29/12. 1955. — C. **1961.** 14108 [F. P. 1 169 065].)

General Aniline & Film Corp., New York (Erfinder: **Albert Frederick Strobel**, Albany, und **Sigmund Charles Catino**, Castleton), N.Y., V.St.A., *Herstellung von chromhaltigen Monoazofarbstoffen.* (**Schwz. P. 355 543** vom 1/9. 1956, ausg. 31/8. 1961. — C. **1960.** 13202 [F. P. 1 160 764].)

General Aniline & Film Corp., New York (Erfinder: **Albert Frederick Strobel**, Albany, und **William Wilson Williams**, New York), N.Y., V.St.A., *Herstellung von kobalthaltigen Monoazofarbstoffen.* (**Schwz. P. 355 547** vom 1/9. 1956, ausg. 31/8. 1961. — C. **1960.** 13203 [F. P. 1 160 772].)

Sandoz Akt.-Ges., Basel (Erfinder: **Franz Frisch**, Porza/Tessin, und **Markus Kappeler**), Schweiz, *Herstellung saurer Monoazofarbstoffe.* (**Schwz. P. 354 873** vom 9/4. 1957, ausg. 31/7. 1961. — C. **1960.** 17625 [D. A. S. 1 083 457].)

Sandoz Soc. An., Basel, Schweiz, *Wasserunlösliche Monoazofarbstoffe.* (**F. P. 73 019** vom 23/7. 1957, ausg. 22/9. 1960. Schwz. Prior. 25/7. 1956 u. 19/6. 1957. Zusatz zu F. P. 1 167 704; C. 1961. 7406. — C. **1961.** 13365 [D. A. S. 1 069 313].)

Badische Anilin- & Soda-Fabrik Akt.-Ges., Ludwigshafen/Rh. (Erfinder: **Hermann Geeren**, Ludwigshafen/Rh., **Friedrich Ebel**, Mannheim, und **Willy Braun**, Heidelberg), *Imidazolfarbstoffe der Anthrachinonreihe.* (**E. P. 867 160** vom 7/8. 1959, ausg. 3/5. 1961. D. Prior. 8/8. 1958. — C. **1961.** 15210 [D. A. S. 1 100 209].)

Farbwerke Hoechst Akt.-Ges., vormals Meister Lucius & Brüning, Frankfurt/M., *Leukoschwefelsäureester von Farbstoffen der Benzanthron-Pyrazolanthronreihe.* (**E. P. 869 475** vom 11/8. 1958, ausg. 31/5. 1961. D. Prior. 9/8. 1957. — C. **1960.** 4034 [D. A. S. 1 067 153].)

General Anilline & Film Corp., New York, N.Y. (Erfinder: **David Irwin Randall**, New Vernon, und **Wilhelm Schmidt-Nickels**, Little York, N.J.), V.St.A., *Heterocyclische Küpenfarbstoffe*. (**Schwz. P. 354 877** vom 29/12. 1956, ausg. 31/7. 1961. A. Prior. 30/12. 1955. — C. **1961**. 13009 [F. P. 1 166 578].)

Badische Anilin- & Soda-Fabrik Akt.-Ges. (Erfinder: **Fritz Mühlbauer, Erwin Plankenhorn** und **Robert Zell**), Ludwigshafen/Rh., *Verfahren zur Herstellung einer gegen organische Lösungsmittel, wie aromatische Kohlenwasserstoffe, beständigen α- und γ-Form des metallfreien Phthalocyanins*. (**D. A. S. 1 114 963** Kl. 22e vom 25/2. 1954, ausg. 12/10. 1961. — C. **1959**. 5961 [E. P. 783 634].)

General Aniline & Film Corp., New York, N.Y., übert. von: **Robert E. Brouillard**, Westfield, N.J., V.St.A., *Metallphthalocyanine*. (**Can. P. 551 609** vom 11/10. 1951, ausg. 14/1. 1958. A. Prior. 19/10. 1950.— C. **1955**. 5664 [D. B. P. 913 217].)

XIa. Farben. Anstriche. Lacke. Naturharze

Vorherbestimmter Aufbau von Harzen. James Scott Long. (Off. Digest Federat. Soc. Paint Technol. **32**. 7—55. Jan.; Peintures. Pigments, Vernis **36**. 322—34. Juni; 397—404. Juli 1960.) (Engl.) — Vgl. C. **1961**. 669. R. SCHÄFF. 7096□

Untersuchungen über wärmepolymerisierte pflanzliche Öle. 1. Mitt. P. Capella, G. de Zotti, A. Apino, A. F. Valentini, G. S. Ricca und G. Jacini. (Chim. e Ind. [Milano] **43**. 1004—13. Sept. 1961. Milano, Staz. sperim. olii e grassi.) (Ital.)

Vff. beschreiben eine Meth. zur Fraktionierung von *Soja-Standöl* mittels Adsorption an Cellulosepulver. Aus dem Adsorbat ließen sich 5 Fraktionen eluieren, von denen die 1. aus gewöhnlichen, die folgenden aus höhermol. Triglyceriden („Polyglyceriden") bestanden. Ein chromatograph. Verf., das mit Hilfe von Kieselsäure eine Abtrennung der verschiedenen Fettsäuren des Standöls bzw. der in den 5 Fraktionen enthaltenen Gruppen von Fettsäuren unterschiedlicher Polarität ermöglicht, wird beschrieben. Trimere Säuren wurden nicht gefunden. Aus den Eigg. der verschiedenen Fraktionen schließen Vff., daß beim Verkochen des Öls im großtechn. Maßstab die nicht dimerisierbaren Anteile beträchtliche Mengen ungesätt. stereoisomerer Fettsäuren (trans-Säuren) liefern, aus denen sich „monomere" Glyceride bilden, deren Eigg. von denen des Ausgangsöls abweichen. Auch die Eigg. der nicht verseifbaren Fraktion des Standöls unterscheiden sich wesentlich von denen des Ausgangsöls. — 34 Literaturhinweise. A. SANDER. 7096□

Methoden zur Berechnung der inneren Spannungen in Polymeren- und Lackfarbenüberzügen. A. T. Ssansharowski. (Доклады Академии Наук СССР [Ber. Akad. Wiss. UdSSR] **135**. 58—60. 1/11. 1960. Inst. für physik. Chem. der Akad. der Wiss. der UdSSR.) (Russ.)

Die inneren Spannungen von Deckfarben aus Polymeren oder Lackfarben können durch Auftragen derselben auf einen dünnen elast. Film berechnet werden. Beim Trocknen verändert sich die Form des Doppelfilms durch Kontraktion des aufgetragenen u. deren Größe ist ein Maß für die inneren Spannungen. 4 Meth. zur Berechnung werden angegeben. J. v. SCHROEDER. 7158□

Ermittlung und Analyse von chlorsulfoniertem Polyäthylen. George G. Esposito (Off. Digest Federat. Soc. Paint Technol. **32**. 67—70. Jan. 1960. Aberdeen Proving Ground, Md., U.A. Army Ordn. Coat. & Chem. Labor.)

Eine Unters. der bestehenden Analysen-Meth. für chlorsulfoniertes Polyäthylen zur Bewertung ihrer Anwendbarkeit wurde durchgeführt u. eine neue Meth. zur qual. Ermittlung mittels 2-Fluorenamin in Pyridin entwickelt. Dabei werden S u. Cl durch K_2CO_3/NaO_2-Schmelze bestimmt. R. SCHÄFF. 7158□

Simone Bordier, Frankreich, **Gewinnung von Pigmentfarben** (bes. *Eisenoxyd*) aus dem Metalloxyde enthaltenden Schleif- u. Poliermaterial für die Glas- u. Spiegelfabrikation. Der anfallende Polierschlamm wird durch Dekantieren mit einer Fl. von den Begleitstoffen getrennt, die Metalloxyde werden getrocknet u. gepulvert. (**F. P. 1 190 823** vom 28/1. 1958, ausg. 15/10. 1959.) M. F. MÜLLER. 7093

Maurice Albert Boucard, Frankreich, **Wiedergewinnung der wertvollen Bestandteile aus Farbenabfällen.** Zunächst werden die festen Anteile u. W. entfernt. Die verbleibende Paste wird mit einem Lsgm. verrührt u. durch ein Sieb geleitet. Nach Zusatz von Pigmenten, Harzen u. Lsgm. wird die Masse in einem Mischer zu einer streichfertigen Masse verrührt. (**F. P. 1 169 461** vom 14/3. 1957, ausg. 29/12. 1958.) M. F. MÜLLER. 7093

Chimie et Bâtiment, Frankreich, **Herstellung einer Anstrichfarbe,** welche als Bindemittel ein öliges Glycerophthalatharz (I), Milchcasein u. W. enthält. — Zus. des Bindemittels: 1,359 (kg) Casein, 10,42 W., 0,458 Borax, 0,042 Na-Pentachlorphenolat, 10,42 I mit 60% Öl-Geh., 0,062 6%ig. Co-Naphthenat, 0,31 Zn-Naphthenat, 0,104

schweres Solventnaphtha, 0,104 Fettalkoholpolyäthoxyäther. Um eine weiße Anstrichfarbe zu erhalten werden diese 23 kg versetzt mit 0,134 Na-Hexametaphosphat, 0,179 Na-Pentachlorphenolat, 0,25 Alginat, 0,043 Netzmittel, 4,304 weißes Kaolinpulver, 22,226 natürlichem $CaCO_3$, 14,285 30%ig. Lithopone, 3,572 TiO_2-Rutil, 0,017 Blau (outre-mer) u. 32 H_2O. (**F. P. 1 188 139** vom 6/12. 1957, ausg. 18/9. 1959.)
M. F. Müller. 7107

Carbone-Lorraine, Frankreich, **Anstrichmittel** für Metall, Holz, Papier, Keramik, Kohle, Textilien u. dgl. mit fungiciden u. antiparasiticiden Eigg., welches einen undurchlässigen u. wärmewiderstandsfähigen Überzug liefert. Als Hauptbestandteil wird ein Gemisch aus 60 (%) Teer u. 40 Furfurol verwendet. Das Anstrichmittel enthält davon z. B. 70 (%), ferner 2 Butylalkohol, 8 Toluol u. 20 Al-Metallpulver. (**F. P. 1 175 521** vom 20/5. 1957, ausg. 27/3. 1959.) M. F. Müller. 7107

Carbone-Lorraine, Frankreich, **Farbüberzug**, welcher undurchlässig ist, mit antiparasitären, fungiciden u. wärmewiderstandsfähigen Eigg., beständig gegen Meerwasser u. Korrosion, aus den schweren KW-Stoff-Destillaten der Steinkohlen- oder Erdöl-Dest. u. Furfurolteer mit Zusätzen von Pigmenten, z. B. Al-Pulver. (**F. P. 72 475** vom 15/11. 1957, ausg. 14/4. 1960. **Zusatz zu F. P. 1 175 521; s. vorst. Referat.**) M. F. Müller. 7107

E. I. du Pont de Nemours & Co., übert. von: Martin E. Cupery, Wilmington, Del., V.St.A., **Wetterfeste Anstrichmittel,** enthaltend ein Polymerisat eines Alkoxyalkyl-α-alkylacrylats (I), bes. Methoxy- oder Äthoxyäthylmethacrylat, 2 bis 20 (%), bezogen auf I, eines monomeren Aldehyds (II) mit 2—18 C-Atomen, der frei von endständigen ungesätt. aliphat. C—C-Bindungen ist, u. nur C-, H- u. O-Atome enthält u. $>60^0$ siedet, bes. Benzaldehyd, u. 0,005—1 eines organ. Schwermetallsalzes, bes. Co-Naphthenat. Nach A. P. 2 876 211 enthält das Mittel an Stelle des Polymerisats von I u. des II ein Mischpolymerisat von I u. Acrolein. Anstriche mit Lsgg. der oben genannten Komponenten trocknen innerhalb von 8—12 Std. an der Luft zu Filmen, die in Dioxan unlösl. sind. Nach 1—2 Std. sind die Anstriche bereits klebfrei. (**A. PP. 2 876 211** u. **2 876 212** vom 18/5. 1955, ausg. 3/3. 1959.) C. Lüttgen. 7107

Farbwerke Hoechst Akt.-Ges., vormals Meister Lucius & Brüning (Erfinder: Paul Schlack), Frankfurt/M., **Herstellung von Formkörpern und Überzügen** aus Gemischen von Polyvinylalkohol (I) mit Polyglykolen (II) oder Polyäthylenoxyden (III), dad. gek., daß man wss. Mischungen aus filmbildenden I u. hochmol. wasserlösl. II oder III mit einem durchschnittlichen Molgew. von >3000, bes. >5000 u. bes. 10000—100000, evtl. unter Abtrennung einer sich abscheidenden dünnfl. wss. Phase, verformt oder auf geformten Stoffen eintrocknen läßt u. evtl. durch therm. Nachbehandlung z. B. durch Dämpfen unter Druck oder in Ggw. von $\alpha.\beta$-ungesätt. Dicarbonsäuren u./oder Vernetzungsmitteln für lineare Polyhydroxy-Verbb. härtet. (**D. A. S. 1 106 491** Kl. 39b vom 17/4. 1958, ausg. 10/5. 1961.) C. Lüttgen. 7107

Jean Albert René Lécole, Frankreich, **Überzugsmittel zum Auftragen von Zinkpulver auf Eisenmetall.** Man verwendet eine wss. Aufschwemmung von Zn-Pulver u. setzt eine wss. Emulsion eines harzartigen Bindemittels zu, ggf. mit einer geringen Menge eines oberflächenakt. Mittels. (**F. P. 1 178 299** vom 6/7. 1957, ausg. 5/5. 1959.)
M. F. Müller. 7107

Paul Marcel Alinot, Frankreich, **Licht und Wärme reflektierendes Überzugsgemisch** für Bildschirme, Signalflächen u. Flächen, die von einer Lichtquelle bestrahlt werden, aus 10 (Vol.) Graphitpulver, 5 Aluchrome-Pulver u. 3 Talkpulver. Zur Erzeugung eines haftfesten Überzugs werden 450 (ml) des Gemisches mit 330 Terpentinöl, 110 Leinöl u. 110 Sikkativ zusammengerührt. Darüber werden weitere Überzüge aus Gemischen von synthet. Harzen in organ. Lsgm. u. Zusatzstoffen aufgebracht. (**F. P. 1 180 096** vom 25/7. 1957, ausg. 1/6. 1959.) M. F. Müller. 7107

E. I. du Pont de Nemours & Co., V.St.A., **Herstellung eines pigmenthaltigen Überzugmittels.** Ein filmbildendes Ausgangsmaterial, bes. Polymere des Methacrylsäuremethylesters mit Molgew. 55000—105000, wird mit einem Lsgm. oder Verdünnungsmittel, z. B. einem aliphat., aromat. oder cycloaliphat. KW-Stoff, sowie mit Estern, Äthern, Ketonen oder Alkoholen, verrührt bei weiterem Zusatz eines Weichmachungsmittels, Benzyl- oder Butylphthalat, eines Pigments u. 0,5—8% eines Celluloseesters (Nitrat, Propionat, Butyrat, Acetobutyrat, Acetopropionat). — Beispiel: 14,5 (Teile) Phthalocyaninblaupigment, 8,3 Lackblaupigment, 8,8 TiO_2-Pigment, 5,9 Aluminiumblättchenpigment, 5,5 Rußpigment, 0,6 grünes Phthalocyaninpigment, 289,9 Polymethylmethacrylat, 319,6 Toluol, 120,7 Aceton, 97,8 Xylol, 128,4 Benzyl- u. Butylphthalat. (**F. P. 1 190 037** vom 5/11. 1957, ausg. 8/10. 1959.)
M. F. Müller. 7107

E. I. du Pont de Nemours & Co., Wilmington, Del., übert. von: James J. Sanderson, Landsdowne, Pa., V.St.A., **Überzüge.** Die im F. P. 1 105 357; C. **1957.** 7797 genannten Mischpolymeren können zum Überziehen bes. von Drähten, Gummiwaren u. Textilien verwendet werden. (**Can. P. 551 593** vom 4/7. 1957, ausg. 14/1. 1958. A. Prior. 23/7. 1953.) Eberhard Riedel. 7107

Jean Wallon, Frankreich, **Feuerschutzüberzugsmittel** aus einer Emulsion von natürlichen oder synthet. Harzen, nicht brennbarem Füllmaterial, Pigmenten u. Zusatzstoffen. Als Lsgm. mit Kp. 300—400° u. nicht entflammbare Weichmachungsmittel sind z. B. genannt: Chloriertes Diphenyl, chlorierte Paraffine, chlorierte Naphthaline, Trikresyl- u. Triphenylphosphate. Weitere Zusatzstoffe sind organ. Azofarbstoffe, die sich bei 120—160° unter Abspaltung von N_2 zersetzen. z. B. Porophore D.B. (C_6H_5—NH—N=N—C_6H_5) oder Porophore 254 (I; CN—C_6H_4—N=N—C_6H_4—CN). — Beispiel: Man verwendet 10 (kg) Polyvinylacetat in emulgierter Form, 2 Trikresylphosphat, 5 chloriertes Paraffin, 0,5 I, 2 Sb-Oxyd, 3 $CaCO_3$, 5 Vermiculit, 1 Farbstoff, 11,5 Wasser. (**F. P. 1 176 702** vom 12/6. 1957, ausg. 15/4. 1959.) M. F. Müller. 7107

Robert Pierre Maupoux, Frankreich, **Schreibpaste zum Beschriften von plastischen Massen** aus 40—60 (%) natürlichen oder synthet. Farben mineral. oder organ. Ursprungs, z. B. Preußischblau oder Chromgelb, u. 60—40 eines Weichmachungsmittels oder 5—10 Farbstoff, 30—50 Füllmittel, wie Talk, $CaCO_3$ oder Kaolin, u. 40 bis 60 eines wasserlösl. Stoffes. Die Beschriftung läßt sich mit W. leicht entfernen. (**F. P. 1 195 586** vom 3/5. 1958, ausg. 18/11. 1959.) M. F. Müller. 7107

Titangesellschaft m. b. H., Leverkusen, *Herstellung von Rutilpigmenten.* (**Holl. P. 98 386** vom 22/4. 1953, ausg. 17/7. 1961. A. Prior. 23/4. 1952. — C. **1959.** 15512 [Norw. P. 87 404].)

Olav Notevarp, Arnvid Roald und **Per Sletnes**, Trondheim, Norwegen, *Fraktionieren von ungesättigten Fettsäuren.* (**Norw. P. 91 409** vom 25/9. 1951, ausg. 14/4. 1958. — C. **1956.** 1167 [E. P. 719 513].)

A. Boake, Roberts & Co. Ltd., London (Erfinder: **Herbert Walter Chatfield**, Croydon, Surrey), England, *Verbesserung der Wirkung von Korrosionsschutzmitteln.* (**Schwz. P. 354 193** vom 19/3. 1957, ausg. 30/6. 1961. E. Prior. 19/3. 1956. — C. **1960.** 5655 [D. A. S. 1 068 408].)

Paul Lechler, Stuttgart, *Nichtabsetzende Schwarzlacke.* (**Norw. P. 91 505** vom 8/10. 1956, ausg. 21/4. 1958. — C. **1957.** 10628 [D. B. P. 952 202].)

Helge Erik Levring, Kopenhagen, Dänemark, *Lackieren von Gegenständen mit poröser Oberfläche.* (**Norw. P. 91 530** vom 10/11. 1955, ausg. 21/4. 1958. — C. **1960.** 14530 [Oe. P. 205 629].)

E. I. du Pont de Nemours & Co., Wilmington, Del., V.St.A., *Flüssiges Überzugspräparat.* (**Holl. P. 98 817** vom 1/2. 1957, ausg. 15/8. 1961. A. Prior. 7/2. 1956. — C. **1959.** 14266 [E. P. 801 337].)

Pittsburgh Plate Glass Co., Pittsburgh, Pa., V.St.A., *In der Hitze aushärtende Überzüge bildende Mittel.* (**Belg. P. 554 183** vom 15/1. 1957, ausg. 29/1. 1960. A. Prior. 19/1. 1956. — C. **1960.** 5655 [A. P. 2 870 116]; C. **1960.** 5987 [A. P. 2 870 117] u. C. **1961.** 10377 [A. P. 2 940 944].)

Ciba Ltd., Basel, Schweiz, *Herstellung neuer Polymerisationsprodukte.* (**Holl. P. 98 813** vom 22/12. 1956, ausg. 15/8. 1961. Schwz. Prior. 23/12. 1955. — C. **1960.** 4032 [Oe. P. 203 718].)

E. I. du Pont de Nemours & Co., Wilmington, Del., V.St.A., *Überzugsmischung.* (**Holl. P. 98 025** vom 30/11. 1957, ausg. 15/5. 1961. A. Prior. 20/12. 1956. — C. **1961.** 4176 [A. P. 2 868 760].)

Tee-Pak, Inc., Chicago, Ill., V.St.A., *Mit Überzug versehene Folien.* (**Holl. P. 98 385** vom 2/2. 1953, ausg. 17/7. 1961. — C. **1959.** 313 [Oe. P. 193 138].)

N. V. de Bataafsche Petroleum Mij., Den Haag, Holland, *Herstellung eines Mischpolymerisates.* (**Holl. P. 98 010** vom 4/9. 1957, ausg. 15/5. 1961. A. Prior. 4/9. 1956. — C. **1961.** 17399 [E. P. 844 406].)

Rohm & Haas Co., Philadelphia, Pa., V.St.A., *Überzugsmischungen.* (**Holl. P. 98 799** vom 21/9. 1956, ausg. 15/8. 1961. A. Prior. 26/9. 1955. — C. **1960.** 10076 [A. P. 2 865 877].)

General Electric Co. (Erfinder: **Moyer Marcley Safford**), Schenactady, N.Y., V.St.A., *Herstellung von Formkörpern aus einer zum Strangpressen geeigneten, Polyäthylen, Füllstoffe und gegebenenfalls Di-α-cumylperoxyd enthaltende Masse.* (**D. A. S. 1 101 754** Kl. 39b vom 5/12. 1956, ausg. 9/3. 1961. A. Prior. 5/12. 1955. — C. **1959.** 13950 [F. P. 1 165 566].)

Distillers Co. Ltd., Edinburgh (Erfinder: **Max Henry Dilke**, Great Burgh, Epsom, Surrey), England, *Herstellung transparenter Filme aus Polyäthylen.* (**D. A. S. 1 101 753** Kl. 39b vom 12/1. 1957, ausg. 9/3. 1961. E. Prior. 14/1. 1956. — C. **1960.** 11831 [F. P. 1 164 410].)

Ciba Akt.-Ges., Basel (Erfinder: **Paul Zuppinger**, Arlesheim, und **Gustav Widmer**, Basel), Schweiz, *Bei Raumtemperatur härtenden Masse.* (**D. A. S. 1 113 808** Kl. 39b vom 9/7. 1957, ausg. 14/9. 1961. Schwz. Prior. 16/7. 1956. — C. **1960.** 4365 [Jap. A. S. 3 542/1958].)

Canadien Industries Ltd., Montreal, Canada, *Überzugsmischung.* (**Holl. P. 98 052** vom 1/5. 1958, ausg. 15/5. 1961. Can. Prior. 1/5. 1957. — C. **1960.** 5013 [D. A. S. 1 066 685].)

Minnesota Mining & Mfg. Co., St. Paul, Minn., V.St.A., *Transparente gläserne Mikrokügelchen und reflektierende Überzugsmasse daraus.* (**Holl. P. 98 456** vom 11/4. 1956, ausg. 17/7. 1961. A. Prior. 25/4. 1955. — C. **1959.** 16487 [Oe. P. 200 040].)

XIb. Plaste (Kunstharze. Plastische Massen)

„In situ"-Epoxydierung der pflanzlichen Öle. P. J. Gorrindo. (Chim. et Ind. **85.** 907—12. Juni 1961. Badalona, Centre de Rech. Cros.) (Franz.)

Am Beispiel des Olivenöls werden die günstigsten Bedingungen für eine direkte Epoxydierung mittels Essigsäure, H_2O_2 u. verd. H_2SO_4 als Katalysator ermittelt u. an

Soja- u. Hanföl bestätigt. Die Epoxidverbb. können in der Kunststoffindustrie als Stabilisatoren u. Weichmacher Verw. finden. M. HAGEDORN. 7170□

Die Herstellung und Anwendung von Furanharzen aus Furfurylalkohol. Herbert Kaesmacher. (Kunststoff-Rdsch. **7.** 77—82. Febr.; Nr. 3. 117—21. März; Nr. 6. 265—68. Juni 1960. Köln, Raderthal, Spies, Kecker & Co., Forsch.-Labor.)

Die Kondens.- u. Polymerisations-Prodd. des Furfurylalkohols werden erörtert (theoret. Grundlagen der Harz-Bldg., Aushärtungs- bzw. Kombinationsmöglichkeiten der verschiedenen Harztypen, Rk.-Bedingungen für die Herst. von Harzen mit gleichmäßiger Molgröße, Unterss. über Konstit. u. Rk.-Verlauf der Harz-Bldg., Herst. von Lacken u. Gießharzen u. Einsatzmöglichkeiten). R. SCHÄFF. 7176□

Vergleichende Untersuchung über Verpackungsfolien mit besonderer Berücksichtigung von regenerierter Cellulose, Polyäthylen und Polypropylen. L. W. Turner und V. E. Yarsley. (Brit. Plastics **34.** 588—93. Nov. 1961. Chessington, Yartley Res. Labor. Ltd.) (Engl.)

Die Werte für Feuchtigkeits- u. O_2-Durchlässigkeit, Stoßfestigkeit, Bearbeitbarkeit u. Klarheit von Folien aus regenerierter Cellulose, Polyäthylen verschiedener Dichte u. Polypropylen werden (Zahlentafeln) angegeben. W. WESLY. 7198□

Neuartiges Prüfverfahren für Harz-Glasfaser-Schichtstoffe. K. J. Brookfield, D. Pickthall und R. S. Warburton. (Plastics **26.** Nr. 287. 149—53. Sept.; Nr. 288. 151—54. Okt. 1961. Fiberglass Ltd.) (Engl.)

Für glasfaserarmierte Kunststoff-Schichtstoffe wird ein neues Prüfverf. für die Wechselwrkg. zwischen Harz u. Glas u. dessen Anwendung zur Unters. des Einfl. der Glas-Zus. auf die Festigkeit der Schichtstoffe beschrieben. R. SCHÄFF. 7210□

Bestimmung des Erweichungspunktes durch Prüfung der Zugverformung in Abhängigkeit von der Temperatur. D. J. H. Sandiford und K. A. Buckingham. (Brit. Plastics **34.** 594—98. Nov. 1961. Welwyn, Imp. Chem. Ind., Plastics Div., Res. Dep.) (Engl.)

Zur Best. des Erweichungspunktes von Polymeren wird die eingespannte Probe in ein Ölbad getaucht u. auf Zug beansprucht, wobei die Bad-Temp. um 2°/Min. steigt u. die Stellung der oberen Spannklemme in Abhängigkeit von der Temp. als Dehnung registriert wird. Man erhält auf diese Weise für jede Zugbeanspruchung eine Kurve. W. WESLY. 7210□

Dow Chemical Co., Midland, Mich., V.St.A., **Reinigen von Polymerisaten,** bes. Polystyrol u. Polyvinyltoluol, von unerwünschten, verdampfbaren Bestandteilen, wie Monomeren, niedrigmol. Polymeren u. evtl. vorhandenen Gasen, dad. gek., daß man die Polymeren bei entsprechend hoher Temp. in eine Verdampfungskammer führt, in der sich eine Kondens.-Fläche befindet, die auf eine Temp. $>$Kp. der Monomeren, aber $<$Kondens.-Temp. der niedrigmol. Polymeren eingestellt ist, so daß reine Monomere als Dämpfe, die Niedrigpolymeren von der Kondens.-Fläche in fl. Zustand u. die gereinigten Hochpolymeren am Boden der Kammer abgezogen werden können. — Zeichnung. **(Ind. P. 62 255** vom 12/11. 1957, ausg. 12/2. 1960.) C. LÜTTGEN. 7173

Farbwerke Hoechst Akt.-Ges., vormals Meister Lucius & Brüning, Frankfurt/M. (Erfinder: Kurt Rust, Siegfried Sommer, Frankfurt/M., und Werner Bartsch, Hofheim), **Polymerisate und Mischpolymerisate von Olefinen** der allg. Formel $CH_2{=}CHR$ ($R = H$ oder KW-Stoff-Rest bis zu 8 C-Atomen) erhält man durch Polymerisation mit Katalysatoren, die man in der Weise herstellt oder während der Polymerisation entstehen läßt, daß man auf das Rk.-Prod. einer reduzierbaren Schwermetall-Verb. der 4.—6. Nebengruppe des Period. Syst., bes. des $TiCl_4$, mit einer Al-organ. Verb. Metallfluoride u. Al-Trialkyle oder Al-Triaryle mit einem KW-Stoff-Rest bis zu 6 C-Atomen einwirken läßt. Bes. verwendet man solche Katalysatoren, bei denen das Verhältnis von Al-Trialkyl : Metallfluorid : Al-Monoalkyldihalogenid, entstanden bei der Red. der Schwermetall-Verb., = 0,1 : 0,9 : 1 bis 0,9 : 0,1 : 1 ist. Als Metallfluorid ist NaF bes. geeignet. Man erhält so hochkristalline Polymerisate, bes. Polypropylen, mit über 95% an kristallinen Anteilen. **(D. A. S. 1 110 418** Kl. 39c vom 23/1. 1959, ausg. 6/7. 1961.) M. MAIERHAUSER. 7173

Farbwerke Hoechst Akt.-Ges., vormals Meister Lucius & Brüning, Frankfurt/M. (Erfinder: Siegfried Sommer und Kurt Rust, Frankfurt/M.), **Polymerisate und Mischpolymerisate von α-olefinisch ungesättigten Kohlenwasserstoffen** mit bis zu 8 C-Atomen, bes. von Äthylen, erhält man durch Polymerisation mittels $TiCl_3$, hergest. aus $TiCl_4$ durch Red. mit metallorgan. Verbb. oder mit Metallen in Ggw. von Alkylhalogeniden, u. einem Zusatz (I) kleiner Mengen an Oxyden der Metalle der 1.—8. Nebengruppe des Period. Systems. Man verwendet als **I** vor allem Oxyde der

Metalle in ihrer höchsten Wertigkeitsstufe, bes. Cr(6)-oxyd, Mo(6)-oxyd u. TiO_2. Die Polymerisation kann in Anwesenheit oder Abwesenheit eines Lsgm. bei Normaldruck oder geringem Überdruck u. bei Temp. von 20—100° durchgeführt werden. Man erspart bei diesem Verf. den sonst nötigen laufenden Zusatz von metallorgan. Verb. zum $TiCl_3$. (**D. A. S. 1 109 371** Kl. 39c vom 17/7. 1958, ausg. 22/6. 1961.) M. MAIERHAUSER. 7173

National Lead Co. (Erfinder: Daniel Francis Herman), **Polymerisation von Propylen, Butadien, Isopren oder Chloropren** unter Vermischen des KW-Stoffs mit einer Organo–Ti-Verb. der allg. Formel $R_nTiX_{(4-n)}$, in der R für eine Arylgruppe steht, X eine Alkoxygruppe oder ein Halogen bedeutet u. n = 1 oder 2 ist. Als Lsgm. verwendet man Hexan, Cyclohexan, Bzl., Toluol u. Heptan oder Xylol. — Beispiele: Phenyl-Ti-triisopropylat, Diphenyl-Ti-dibutylat. (**Aust. P. 226 952** vom 3/7. 1957, ausg. 17/3. 1960. A. Prior. 12/7. u. 5/10. 1956.) H. NEBELSIEK. 7173

Celanese Corp. of America (Erfinder: Burton Emory Cash), **Olefinpolymere.** Bei dem Verf. zur Herst. von festen Olefinpolymeren, z. B. aus Äthylen, durch Polymerisation des Olefins in einem Lsgm. in Ggw. eines Cr-Oxyd-Katalysators (**I**) centrifugiert man die Lsg. des Polymers (**II**) in dem **I** suspendiert ist, gewinnt eine Lsg. A des **II** mit einem geringeren **I**-Geh. u. eine Lsg. B, die eine größere **I**-Menge enthält, mischt dann A mit einer Filterhilfe, z. B. Diatomeenerde (0,01—0,1%, bezogen auf die Gesamtbeschickung), u. filtriert, um den Cr-Geh. noch weiter zu verringern. Das Verf. kann in mehreren hintereinandergeschalteten Centrifugen durchgeführt werden. Man erhält Polyolefine mit einem Geh. von nur 0,1—1,0 Teilen Cr per Million. (**Aust. P. 222 982** vom 30/1. 1958, ausg. 20/8. 1959. A. Prior. 22/11. 1957.) O. ROICK. 7173

Imperial Chemical Industries Ltd. (Erfinder: Arthur William Charles Taylor), **Polymerisieren von α-Olefinen zu festen hochmolekularen Polymerisaten** unter Verw. eines Materials, das hergestellt worden ist durch Rk. einer Organometall-Verb. eines Nichtübergangsmetalls der 1., 2. oder 3. Gruppe des Langperiod. Syst. mit einer Verb. eines Übergangsmetalls der 4., 5. oder 6. Gruppe. — Zum Beispiel wird Propylen in Ggw. von Tripropyl–Al u. $TiCl_3$ bei 60° u. 22 at polymerisiert u. Polypropylen mit 85% isotakt. Polymerisat erhalten. (**Aust. P. 223 847** vom 27/11. 1957, ausg. 1/10. 1959. E. Prior. 29/11. 1956.) K. DEMMLER. 7173

Imperial Chemical Industries Ltd. (Erfinder Gerald Scott und Leslie Seed), **Polymerisieren von Olefinen** mittels eines aus Ag-Hyponitrit u. wenigstens einem Halogenid einer Carbonsäure bestehenden Katalysators, wobei das Säurehalogenid die allg. Formel RCO Hal aufweist (R = H, Alkyl-, Cycloalkyl-, Aryl-, Alkylaryl- oder heterocycl., substituierter oder nichtsubstituierter Rest, Hal = bes. Cl). — Beispiel: Bei —50° u. 1000 at wird in Ggw. von Ag-Hyponitrit u. n-Octanoylchlorid aus Äthylen weißes Polyäthylen erhalten, das nach Reinigung eine Dichte von 0,968 g/cm³ aufweist. (**Aust. P. 223 850** vom 24/12. 1957, ausg. 1/10. 1959. E. Prior. 8/1. 1957.) K. DEMMLER. 7173

Simon Lyon Ruskin, **Polymerisieren von α-Olefinen mittels Katalysatoren,** die aus den Prodd. der stöchiometr. Rk. einer alkylierten Verb. des Na, Li, Al, Mg, Zn, Be, Sn, Hg, In oder Ga mit einer Halogen-Verb. des Ti, W, Ni, Co, Mn, Fe, Al, Hg, Sn, Bo, Th, U, Cr, Zr, Na, Mo, Ta, Zn, In oder Ga bestehen. Polymerisiert werden z. B. Äthylen, Propylen, Butylen mit dem Rk.-Prod. aus Triäthylaluminium oder Äthylnatrium oder Äthyllithium mit $TiCl_4$ in Hexan als Rk.-Medium. (**Aust. P. 223 906** vom 29/5. 1957, ausg. 8/10. 1959. A. Prior. 29/5. 1956.) K. DEMMLER. 7173

Imperial Chemical Industries Ldt. (Erfinder: Hugh Wilma Boulton Reed und Peter Smith), **Polymerisation von Olefinen** durch Verw. eines Rk.-Prod. aus einem Organometallhalogenid mit einem Halogenid eines Übergangsmetalls der Gruppen 4—6 des Period. Syst. (4:1). — Es werden z. B. 0,049 (Mol) $TiCl_4$ in 100 ml Hexan gelöst u. in einem 10 Liter-Kolben unter Rühren mit 0,049 Al-triäthyl, welches Al-Äthylsesquihalogenid enthält, in 50 ml Hexan versetzt. Es bildet sich eine braune Lsg. mit einem Nd., in die man anschließend 40 Liter/Std. Äthylen einleitet. Nach Fortschreiten der Polymerisation fügt man nach u. nach soviel Hexan zu, daß die Gesamtmenge 3 Liter beträgt. — Man unterbricht dann das Einleiten von Äthylen u. fügt A. zu, bis die Lsg. blau gefärbt ist u. das abgeschiedene Polymerisat rein weiß wird. Nach dem Filtrieren u. Waschen wird letzteres getrocknet. (**Aust. P. 226 618** vom 28/2. 1958, ausg. 25/2. 1960.) H. NEBELSIEK. 7173

Montecatini Soc. Gen. per l'Industria Mineraria e Chimica, Mailand, Italien, **Herstellung von linearem Polyäthylen** mit einem Molgew. < 10000, dad. gek., daß man C_2H_4 in Ggw. einer festen Fe-Verb. polymerisiert, die wenigstens auf ihrer Oberfläche Metallalkylverbindungen trägt. — Ein Autoklav wird mit 2 Stahlkugeln u. 5 g $FeCl_3$ (wasserfrei) beschickt u. evakuiert. Man leitet eine Lsg. von 11 g Li-Amyl in 130 cm^3 n-Heptan ein, erwärmt auf 80° u. führt bis zu einem Druck von 60 at C_2H_4 ein. (**It. P. 524 092** vom 5/11. 1954.) K. KOEBKE. 7173

Gelsenberg Benzin Akt.-Ges., Gelsenkirchen (Erfinder: Karl Peterlein, Gladbeck), **Äthylenpolymerisate** aus Äthylen oder äthylenhaltigen Gasen erhält man mittels $AlCl_3$ u. $TiCl_4$ in Ggw. von HCl-bindenden Metallen, bes. von Al-Pulver, u. ggf. weiterer Zusätze von FRIEDEL-CRAFTS-Katalysatoren durch Zugabe einer Lsg. des $AlCl_3$ in einem von gebundenem O-, N- u. S-freiem Lsgm. zum Rk.-Ansatz. Bes. geeignet hierfür sind aromat. KW-Stoffe oder Halogen-KW-Stoffe. Man erhält bei Raum-Temp. oder bei Temp. bis 80° eine Steigerung der Ausbeute an festem Polyäthylen. (**D. A. S. 1 109 372** Kl. 39 c vom 28/12. 1956, ausg. 22/6. 1961.) M. MAIERHAUSER. 7173

Farbwerke Hoechst Akt.-Ges., vormals Meister Lucius & Brüning, Frankfurt/M., **Stabilisierung von Niederdruckpolyäthylen.** Man setzt diesem vor oder während der Herst. 0,01—3, bes. 0,03—0,8 (%) anorgan. Salze von Elementen der 2. u./oder 4. Gruppe des Period. Syst., z. B. 0,5 $MgCO_3$, zu. (**Holl. P. 97 136** vom 4/4. 1956, ausg. 15/2. 1961. D. Prior. 4/4. 1955.) F. BÖHM. 7173

Olin Mathieson Chemical Corp., Va., übert. von: George H. Berthold, Guilford, und Anderson Pace jun., Hamden, Conn., V.St.A., **Bedruckbare Polyäthylenfolien** erhält man, wenn man eine Polyäthylenfolie unter schwachem Zng mit solcher Geschw. über eine mit Polyterephthalsäureglykolester überzogene, geerdete Metallwalze leitet, zu der in geringem Abstand eine schneidenartige Elektrode parallel liegt u. die mit einer Wechselspannungsquelle (3—22 kV u. 0,5—17,5, bes. 2,6—2,7 kHz) verbunden ist, daß die Folie $< 0,01$ s der sich ausbildenden Glimmentladung ausgesetzt ist. (**A. P. 2 935 418** vom 3/6. 1953, ausg. 3/5. 1960.) O. SCHÖN. 7173

Badische Anilin- & Soda-Fabrik Akt.-Ges. (Erfinder: Hans Lautenschlager), Ludwigshafen/Rh., **Isotaktisches Polypropylen** erhält man durch Polymerisieren von Propylen mittels Katalysatoren aus metallorgan. Verbb. der 1.—3. Hauptgruppe des Period. Syst. u. $TiCl_3$ in der Weise, daß man als Aktivatoren geringe Mengen Cu-halogenide oder -pseudohalogenide zugibt. Bes. eignen sich hierzu Cu(I)-halogenide, CuCN u. CuCNS. Bes. geeignete metallorgan. Komponenten sind Al-trialkyle u. -halogenalkyle. Die Aktivatoren werden in einer Menge von 1—200 Mol-%, bezogen auf die angewandte Menge an $TiCl_3$, zugesetzt. Dieser Zusatz erhöht bes. zu Beginn die Polymerisations-Geschw. u. mindert die nötige Menge an metallorgan. Verbindungen. (**D. A. S. 1 115 453** Kl. 39 c vom 5/12. 1958, ausg. 19/10. 1961.) M. MAIERHAUSER. 7173

Montecatini Soc. Gen. per l'Industria Mineraria e Chimica, Mailand, Italien, **Emulsionspolymerisation von Butadien** (I) mit Vinyl-Verbb. (Styrol, Acryl-, Methacrylester, Fumarsäureester, Vinylester, Vinyläther, Acryl-, Methacrylnitril). Gasförmiges I wird durch eine Emulsion der Vinyl-Verb. geleitet, die übliche Emulgatoren u. Polymerisationsbeschleuniger enthält. Man richtet die Temp. u. den Druck so ein, daß kein fl. I gebildet wird. (**It. P. 523 650** vom 22/10. 1957.) K. KOEBKE. 7173

Esso Research and Engineering Co., Del., übert. von: Francis P. Ford, Roselle, N.J., Gabriel E. Jasper, Bronxville, N.Y., Joseph F. Nelson, Westfield, und Lester M. Welch, Madison, N.J., V.St.A., **Plastische Massen** auf der Grundlage von Polyvinylchlorid (I) bestehend aus 100 (Teile) I, 10—45 Dioctylphthalat oder Trioctylphosphat u. 5—40 eines paraffin- u. asphaltfreien schweren Teer(öl)s (Siedebereich 600—780° F, n 1,56—1,65), der bzw. das als Dest.-Rückstand beim Cracken des Crackrückstandes von Gasölfraktionen erhalten wird. (**A. P. 2 948 695** vom 17/9. 1953, ausg. 9/8. 1960.) O. SCHÖN. 7173

Union Carbide Corp., übert. von: Theodore E. Mullen, South Charleston, W. Va., V.St.A., **Plastische Massen** auf der Grundlage von Vinylchlorid-Acrylnitril-Mischpolymerisaten (50:50 bis 75:25), gek. durch den Geh. an einem Weichmacher der allg. Formel $R \cdot OOC \cdot (CH_2)_n \cdot CO \cdot N(CH_2 \cdot CH_2 \cdot CN)_2$, in der R einen Alkyl-($C_1$—$C_8$)-Rest bedeutet, z. B. *Butyl-N.N-bis-(2-cyanäthyl)-succinamat* oder *-glutaramat*. Ferner werden als Weichmacher noch ungesätt. Esteramide angeführt, wie *Äthyl-N.N-bis-(2-cyanäthyl)-fumaramat, Allyl-N.N-bis-(2-cyanäthyl)-succinamat*. (**A. P. 2 938 878** vom 31/7. 1953, ausg. 31/5. 1960.) O. SCHÖN. 7173

Union Carbide Corp., New York, übert. von: Juel P. Schroeder, Springfield, N.J., V.St.A., **Herstellung schlagfester und nicht brennbarer Formmassen** aus 2 (Teilen) Polyvinylchlorid in 1 Polychloropren durch Mischfällen. Zur Stabilisation der Formmasse werden dem gemischten Latex vor der Koagulation noch Organozinnester oder Ca-, Cd- u. Pb-Seifen u. Antioxydationsmittel, wie Mono- u. Diheptyldiphenylamin,

Hydrochinonmonobenzyläther, Phenylnaphthyl-(β)-amin oder symm. Di-β-naphthyl-p-phenylendiamin zugegeben. (**A. P. 2 870 115** vom 14/10. 1953, ausg. 20/1. 1959.) O. SCHÖN. 7173

Myron A. Coler, Scarsdale, und Arnold S. Louis, Riverdale, N.Y., V.St.A., **Antistatische Massen** aus Polystyrol, Polyvinylchlorid, Polyäthylen oder Polymethylmethacrylat, gek. durch den Zusatz von 1—10% eines partiell hydroxyalkylierten Alkylendiamins der allg. Formel I, in der R einen C_2—C_6-Alkylenrest u. mindestens ein R_1, R_2 oder R_3 einen Hydroxyalkylrest mit 2—8 C-Atomen u. die übrigen H bedeuten, z. B. trihydroxypropyliertes, monohydroxyäthyliertes, monohydroxypropyliertes Äthylendiamin, di- u. trihydroxypropyliertes Butylendiamin, oder

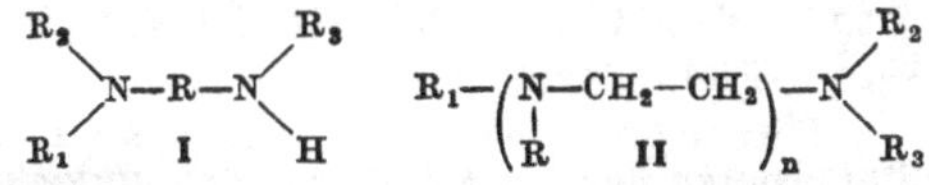

von 1—7% eines hydroxyalkylierten Polyäthylenpolyamins der allg. Formel **II**, in der R, R_1, R_2 u. R_3 eine C_2—C_8-Hydroxyalkylgruppe u. n 2,3 oder 4 bedeuten, oder dessen NH_4-Salze, z. B. Pentahydroxyäthyl-, -propyl-, -butyldiäthylentriamin, Hexahydroxyalkyltriäthylentetramin oder Heptahydroxyalkyltetraäthylenpentamin. (**A. PP. 2 891 029** u. **2 891 030** vom 30/3. 1956, ausg. 16/6. 1959.) C. LÜTTGEN. 7173

Myron A. Coler, Scarsdale, und Arnold S. Louis, Riverdale, N.Y., V.St.A., **Antistatische Massen** aus Polyvinylidenchlorid, Polyvinylchlorid, Polyäthylen, Polymethylmethacrylat oder Polystyrol–Butadienmischpolymerisaten, gek. durch den Zusatz von 1—7 (%) N.N.N'.N'-Tetrakis-(2-hydroxypropyl)-äthylendiamin, 1—5 N.N'-Di-(2-hydroxyäthyl)-äthylendiamin oder 0,5—7 Monohydroxyäthyltrihydroxypropyläthylendiamin. (**A. PP. 2 891 028, 2 891 031** u. **2 891 032** vom 30/3. 1956, ausg. 16/6. 1959.) C. LÜTTGEN. 7173

Allied Chemical & Dye Corp., New York, N.Y., übert. von: Rudolph D. Deanin, Florham Park, N.J., V.St.A., **PVC-Plaste.** Aus wss. Polyvinylchlorid-Suspensionen werden 20—40% des darin enthaltenen PVC durch Aceton extrahiert, das restliche PVC wird mit W. gewaschen, mit einem Weichmacher vermischt, geschmolzen u. zu *Filmen* ausgegossen. (**Can. P. 552 179** vom 13/12. 1954, ausg. 28/1. 1958. A. Prior. 31/3. 1954.) EBERHARD RIEDEL. 7173

Elastomer Chemical Corp., Newark, N.J., übert. von: Edmund H. Schwencke, N.Y., V.St.A., **Weichmacher** für *Polyvinylchlorid* u. seinen Copolymeren mit Vinylacetat bestehen aus einem zu 90% aromat. KW-Stoff-Öl (**A**), das vorwiegend Moll. aus 3 u. 4 Ringen mit 2—4 Alkylseitenketten enthält (D. > 1; krit. Lsg.-Temp. in Anilin 65—75° F; Kp. 580—760° F), u. ½—2% (bezogen auf **A**) eines in W. unlösl. Metallstearats, das in fl. Phase bei 150—250° F in **A** gelöst wird, wonach bei derselben Temp. bis zu 4% (bezogen auf **A**) Acetylen in die Mischung eingeleitet werden. — Vgl. A. P. 2 779 743; C. **1958**. **3462**. (**Can. P. 551 596** vom 5/3. 1953, ausg. 14/1. 1958.) EBERHARD RIEDEL. 7173

Union Carbide Corp., New York, N.Y., übert. von: Richard W. Quarles und William H. McKnight, Pittsburgh, Pa., V.St.A., **Filmbildende Vinylchlorid-(misch)polymerisat-Dispersionen,** dad. gek., daß die wss. Dispersionen als Verdickungsmittel bis zu 3% (bezogen auf Vinylchloridpolymerisat) eines in W. lösl. *N.N-Dialkyl* (C_1—C_3)-*acrylamid-Polymerisats* enthalten. Als Vinylchloridpolymerisate kommen in Betracht: Polyvinylchlorid, Vinylchlorid–Vinylacetat-Mischpolymerisate (> 85% Vinylchlorid enthaltend) u. Vinylchlorid–Vinylidenchlorid-Mischpolymerisate (>50% Vinylchlorid enthaltend). Die Dispersionen enthalten weiterhin noch Weichmacher, Stabilisatoren, Pigmente. — Nicht durchschlagende Gewebebeschichtungen u. Massen zur Tauchverformung, die bei 325—350° F. geliert werden. (**A. P. 2 914 498** vom 30/11. 1953, ausg. 24/11. 1959.) O. SCHÖN. 7173

J. R. Geigy Soc. An., Schweiz, **Stabilisieren von halogenierten makromolekularen Verbindungen** (*Polyvinylchlorid, Chlorkautschuk*) mit festen aromat. Polyepoxyden, die die Epoxydgruppe direkt an den Bzl.-Kern gebunden enthalten, z. B. *1.3-Di-[epoxyäthyl]-, 1.4-Di-[epoxyäthyl]-* oder *1.3.5-Tri-[epoxyäthyl]-benzol.* (**F. P. 1 191 507** vom 13/2. 1958, ausg. 20/10. 1959. Schwz. Prior. 14/2. 1957.) M. PANKOW. 7173

Armstrong Cork Co., übert. von: Lawrence Clark und Algirdas C. Poshkus, Lancaster, Pa., V.St.A., **Herstellung von Schaumkörpern aus Vinylchloridpolymerisaten** durch Vermischen mit einem Blähmittel u. Erhitzen auf 280—325° F, dad. gek., daß man dem Gemisch vor dem Erhitzen 0,5—7, bes. 0,8—3% $Al_2(NH_4)_2(SO_4)_4 \cdot 24\,H_2O$ zusetzt, wodurch Verfärbungen vermieden werden. (**A. P. 2 840 534** vom 30/1. 1956, ausg. 24/6. 1958.) C. LÜTTGEN. 7173

Dow Chemical Co. (Erfinder: Chancey Edward De Long, Wilson Westle Hunt und Samuel Guy Ludington), Midland, Mich., V.St.A., **Herstellung von**

feuersicherem zellförmigem Material aus aromatischen Polyvinylverbindungen. Die heiß plastizierten Polymeren mischt man mit dem flammensichermachenden Mittel (Tetrabromäthan) u. einem normalerweise gasförmigen Stoff unter Druck, bringt das bewegliche Gel auf 60—130°, preßt in einen Raum, bei dessen Druck sich das Gel aufbläht, zerschneidet die Schaummasse, preßt die Abfälle, erhitzt sie über ihren F. bei einem Druck, bei dem die flüchtigen Anteile abgetrennt werden, u. gibt das Abfallmaterial zusammen mit neuem Polymerem, Treibmittel u. feuersichermachendem Mittel wieder in den Prozeß zurück. — Zeichnung. (**Jap. A. S. 10 643/1959** vom 29/3. 1958, ausg. 10/12. 1959. **F. P. 1 204 428** vom 28/3. 1958, ausg. 26/1. 1960. Beide A. Prior. 29/3. 1957.) M. PANKOW. 7173

Dunlop Rubber Australia Ltd. (Erfinder: Wyndham Moberley), **Stabilisieren der Viscosität von Polyvinylchloridpasten** durch Zusatz von Estern einer organ. Säure u. eines dreiwertigen Alkohols, der mindestens eine OH-Gruppe, die mit einer C_2—C_5-Carbonsäure, u. eine OH-Gruppe aufweist, die mit einer Carbonsäure mit > 5 C-Atomen verestert ist, z. B. Glycerinmonooleatdiacetat, u. evtl. von Tetramethylen-, Dimethyltetramethylen-, Hexamethylenglykol oder dergleichen. (**Aust. P. 229 566** vom 18/12. 1957, ausg. 18/8. 1960.) C. LÜTTGEN. 7173

Kurashiki Rayon Co. Ltd., Kurashiki-shi, Japan, und Air Reduction Co., Inc., New York, N.Y., V.St.A., übert. von: Tetsuro Osugi, Kenichi Tanabe, und Yasuji Ohno, Kurashiki-shi, Japan, **Verbessern der mechanischen und färberischen Eigenschaften von geformten Gebilden aus Polyvinylalkohol,** dad. gek., daß man diese, nachdem sie heißverstreckt u. bei ca. 225° unlösl. gemacht wurden, in saurer, wss. Flotte mit Aminoaldehyden (I) oder deren Acetalen bei 30—70° behandelt, bis sie ca. 0,02—5, bes. 0,05—1% N enthalten. Die Flotte kann (zur Verminderung der Quellung der Gebilde) noch in W. lösl. Alkohole oder Salze (z. B. Na_2SO_4, $KAl(SO_4)_2$) enthalten. Zur Erhöhung der Beständigkeit gegen kochendes W. können die Gebilde mit CH_2O noch nachacetalisiert werden. Als I werden bes. genannt die Dimethylacetale von: β-(Cyclohexylamino)-butyraldehyd, β-Aminopropionaldehyd, N-Methylaminoacetaldehyd u. β-Aminobutyraldehyd. (**A. P. 2 960 384** vom 26/5. 1955, ausg. 15/11. 1960. Jap. Prior. 17/12. 1951.) O. SCHÖN. 7173

Röhm & Haas G. m. b. H. (Erfinder: Günther Schröder, Klaus Tessmar und Ullrich Baumann), Darmstadt, **Polymethacrylsäureimide und Mischpolymerisate aus Methacrylsäureimid und einem niederen Methacrylsäureester** von hoher Wärmeformbeständigkeit u. guter Lsgm.-Beständigkeit erhält man durch Erhitzen eines Mischpolymerisats (I), das zumindestens 10 Gew.-% aus Methacrylsäureamid u. zum übrigen Teil aus einem niederen Methacrylsäureester (C-Zahl im Alkoholrest = 1—6) u. ggf. bis zu 20 Gew.-% eines weiteren Monomeren besteht, in Ggw. von W. auf 110 bis 220°, bes. 130—160°. Die Imidisierung des I kann direkt mit dem in wss. Dispersion erzeugten I, auch in Ggw. eines starken Elektrolyten, vorgenommen werden. (**D. A. S. 1 113 308** Kl. 39c vom 9/4. 1960, ausg. 31/8. 1961.) M. MAIERHAUSER. 7173

Badische Anilin- & Soda-Fabrik Akt.-Ges. (Erfinder: Sigmund Stadelmann, Helmut Ohlinger und Helmut Mosthaf), Ludwigshafen/Rh., **Kontinuierliche Blockpolymerisation von Styrol** in 2 Polymerisationsstufen, dad. gek., daß man monomeres Styrol (I) in einem Vorpolymerisationsgefäß zunächst 4—10 Std. bei 100 bis 130° bis zu einem Umsatz von 45—60% polymerisiert, die erhaltene Lsg. von Polystyrol in I dann in einem Polymerisationsturm (II) bei von oben nach unten ansteigenden Temp. bei 140—200° im Verlauf von 3—10 Std. bis zu einem Umsatz von 92—98% auspolymerisiert, gleichzeitig am oberen Ende des II monomeres I gasförmig abzieht u. in das Vorpolymerisationsgefäß zurückführt, das Polymerisat am unteren Ende des II austrägt u. durch Entgasen im Vakuum von noch vorhandenem I befreit. Es wird eine Erhöhung des Durchsatzes um das 4—5fache erzielt. (**D. A. S. 1 112 631** Kl. 39c vom 26/8. 1959, ausg. 10/8. 1961.) M. MAIERHAUSER. 7173

Union Carbide Corp. (Erfinder: Keith Lewis Smith, Alfred Edwards Winslow und Edward Curry Seltzer), **Herstellung von harzähnlichen Stoffen** durch Mischen von 7—97 (Gew.-Teilen) eines organ. Polysäurepolymerisates, das wenigstens 10 Carbonylsäurereste u. wenigstens 1 Carbonylsäurerest für je 6-C-Atome des Polymerisates aufweist, mit 93—3 eines Polyäthers mit wenigstens 7 nichtcycl-aliphat. Ätherbindungen u. einem Verhältnis von Äther-O-Atomen zu C-Atomen von wenigstens 1:6. — Beispiel: 200 (g) Polyacrylsäure-Lsg., 200 Aceton u. 100 Polyäthylenoxyd-Lsg. werden bei normaler Temp. gemischt; nach Trocknen u. Erhitzen auf 150° wird ein klares, durchsichtiges in W. bei normaler Temp. unlösl. Prod. erhalten. (**Aust. P. 223 609** vom 26/3. 1958, ausg. 17/9. 1959.) K. DEMMLER. 7173

Farbenfabriken Bayer Akt.-Ges. (Erfinder: Gottfried Pampus und Heinz Gröne), Leverkusen, **Herstellung von Organocalciumverbindungen,** dad. gek., daß Organo-Ca-halogenide der allg. Formel R_1CaX mit Organoalkalimetall-Verbb. der allg. Formel MeR_2 umgesetzt werden, wobei in den Formeln R_1 u. R_2 niedere oder auch höhere Alkyl-, Cycloalkyl-, Aralkyl- oder Arylreste bedeuten u. die Reste R_1 u. R_2 hierbei gleich oder verschieden sein können u. Heteroatome, vorzugsweise O, N oder Halogen in Form von Substituenten, ggf. in Form von Ketten- oder Ringgliedern, tragen können u. wobei X ein Halogenatom u. Me ein Alkalimetall bedeutet. Insbesondere werden Phenylcalciumhalogenide mit LiR_2 umgesetzt. Bei den Rkk. tritt keine Abspaltung von Metallhalogeniden ein. Es werden vielmehr Komplex-Verbb. erhalten, die oft in organ. Lsgm., wie Aethern u. aromat. KW-Stoffen, besser lösl. sind als die Ausgangsstoffe. Vorteilhaft ist es oft, die Rk. in Ggw. von Alkali- oder Erdalkalimetallhalogeniden vorzunehmen, wodurch die Löslichkeit der Prodd. noch erhöht wird. — Zu einer Suspension von C_6H_5CaJ (erhalten durch Rk. von 4,8 Gew.-Teilen Ca-spänen in Ae. mit 16,3 C_6H_5J) gibt man 5,12 C_4H_9Li in Cyclohexan. Nach Abtreuen von überschüssigem Ca von der rotbraunen Lsg. wird nach Zugabe von Toluol bei Unterdruck Ae. u. die Hälfte Toluol abdest., worauf nach Zutropfen von Methylcyclohexan (I) der hellbraune Nd. abgesaugt, mit I gewaschen u. getrocknet wird. Man erhält 24 g einer hellgrauen Substanz der Zus. $Li[J\cdot Ca(C_4H_5)\cdot C_4H_9]$. — Weiter werden hergestellt: $Li[Ca(C_6H_5)_2J]$ (II) hellbraune Masse; $Li[J\cdot Ca(C_6H_5)_2]\cdot 2\,LiBr$ aus dem Filtrat von II durch Fällung mit I; $Li[J\cdot Ca\cdot (C_4H_9)_2]$ hellbraune Masse; $Li[J\cdot Ca(C_4H_9)(C_6H_4OCH_3)]$ aus n-C_4H_9CaJ u. o-Methoxyphenyllithium u. $Li[J\cdot Ca(C_6H_5)(C_{12}H_{25})]$ hellbraune Massen. — *Polymerisationskatalysatoren* für *olefin. Verbindungen.* (**D. A. S. 1 119 864** Kl. 12o vom 25/11. 1959, ausg. 21/12. 1961.) J. MÜHLEISEN. 7173

Ciba Ltd. (Erfinder: Hans Brueschweiler und Paul Zuppinger), **Härtbare Gemische** aus einer Epoxid-Verb. mit > 1 Epoxidgruppe pro Mol, Tetrahydrofuran (I) u. ein Metallfluorborat. — Man mischt 30 (g) fl. Epoxidharz mit einem Epoxid-Geh. von 5,2 Epoxid-Äquivalenzen pro kg, erhalten durch alkal. Kondens. von 4.4'-Dihydroxydiphenyldimethylmethan mit Epichlorhydrin, mit 10 I, in dem 0,4 Zn-fluorborat gelöst sind. Das fl. Gemisch kann 5 Tage bei Zimmer-Temp. aufbewahrt werden. Es erhärtet bei 120° in 2 Stunden. (**Aust. P. 229 708** vom 20/3. 1959, ausg. 25/8. 1960. Schwz. Prior. 5/2. 1959.) C. LÜTTGEN. 7177

Charles Coale Price, **Polymerisation von Alkylenoxiden.** Man hält diese, z. B. Propylenoxid, unter wasserfreien Bedingungen in Kontakt mit einem Katalysator, der aus einem Rk.-Prod. aus Al-isopropylat u. $ZnCl_2$ besteht. — Zum Beispiel fügt man zu 130 cm^3 Äthylenoxid 0,17 g $ZnCl_2$ u. 0,85 g Al-isopropylat. Nachdem man das CARIUS-rohr, in dem sich die Komponenten befinden, verschlossen hat, läßt man es bei normaler Temp. 6 Tage liegen u. erhält ein Polymerisat einer Viscosität von 2,25 bei 20°. (**Aust. P. 226 554** vom 7/3. 1958, ausg. 25/2. 1960. A. Prior. 8/4. 1957.) H. NEBELSIEK. 7177

Farbwerke Hoechst Akt.-Ges., vormals Meister Lucius & Brüning, Frankfurt/M. (Erfinder: Karl Horst, Hofheim, Heino Wellens und Ludwig Orthner, Frankfurt/M.), **Herstellung von härtbaren Kondensationsprodukten,** dad. gek., daß man Polyamine mit ≧ 3 reaktionsfähigen Aminogruppen in bekannter Weise mit zur Einführung von Harnstoffgruppen geeigneten Stoffen derart umsetzt, daß ≧ 2 der im Mol. vorhandenen bas. N-Atome durch Carbonamidgruppen substituiert werden, u. die erhaltenen Rk.-Prodd. mit langkettigen aliphat. Verbb. umsetzt, die in der Kette ≧ 10 C-Atome enthalten u. die eine zur Rk. mit Amino- oder Carbonamidgruppen befähigte funktionelle Gruppe besitzen, worauf man auf die erhaltenen Rk.-Prodd. in bekannter Weise 0,5—2 (Mol), bes. 1—1,5, Aldehyd pro in das Polyamin eingeführte Harnstoffgruppe einwirken läßt u. ggf. durch Erhitzen der Methylol-Verbb. mit überschüssigen Alkoholmengen die Methylolgruppen veräthert. — Beispiel: 103 (g) Diäthylentriamin u. 120 Harnstoff werden auf 130° erhitzt. Das bei 95—100° frei werdende NH_3 wird im N-Strom entfernt, bis 40 NH_3 abgespalten sind. 180 dieses Rk.-Prod. werden in 750 cm^3 W. gelöst u. bei 15—25° in 2 Std. 302 Stearoylchlorid u. so viel 20%ig. NaOH zugetropft, daß der pH-Wert bis 8 bleibt. Nach ½ std. Rühren bei 40° sinkt der pH-Wert auf 6—7. Der Nd. wird gewaschen u. bei 40—50° emulgiert. 6 weitere Beispiele. (**D. A. S. 1 117 307** Kl. 39c vom 26/7. 1956, ausg. 16/11. 1961.) W. OVERBECK. 7181

N. V. Onderzoekingsinstituut Research, Arnheim, Holland, **Herstellen von linearen Polykondensationsprodukten,** bestehend aus *Polyamiden,* bes. aus Diaminen u. Dicarboxylsäuren u./oder Polyestern. Ein fl. Gemisch, das eine oder mehrere Substanzen enthält, die Polykondensations-Prodd. bzw. deren Vorkondens. liefern, wird in Schichtform auf die Oberfläche eines lotrecht angeordneten Stahldrahtes, dessen Ø

< 1,0 mm beträgt, bei 275° u. relativer Viscosität von 1,6 in einer Dicke aufgetragen, die im Verhältnis zum Ø des Drahtes groß ist, ca. 8 mm beträgt, wobei N_2 über das Kondensat in entgegengesetzter Richtung zum Kondensatfluß geleitet wird. — Zeichnung. (**E. P. 840 212** vom 19/8. 1958, ausg. 6/7. 1960. Holl. Prior. 28/9. 1957.) W. SCHLITT. 7181

Badische Anilin- & Soda-Fabrik Akt.-Ges., Ludwigshafen/Rh. (Erfinder: Werner Scheuermann, Gert Frerker, Ludwigshafen/Rh., und Günther Uhl, Worms), **Als Emulgiermittel für härtbare aminoplastbildende Kunstharze,** die in organ. Lsgm. gelöst u. wasserunlösl. sind, verwendet man in zweiphasigen wss. Emulsionen Rk.-Prodd. von aliphat. Alkoholen mit mindestens 40 Mol Äthylenoxyd, die in Salze saurer Schwefelsäureester übergeführt sind. (**D. A. S. 1 120 685** Kl. 39b vom 14/7. 1959, ausg. 28/12. 1961.) E. DÖRFEL. 7181

Thiokol Chemical Corp., Bristol, Pa. (Erfinder: Riad Hilmy Gobran, Levittown, Pa., Arthur Victor Tobolsky, Princeton, N.J., und Paul Charles Colodny, Williamsburg, Va.), V.St.A., **Oxydativ härtbare NCO-Gruppen aufweisende Polyester- bzw. Polyätherurethane** erhält man durch Rk. der entsprechenden, freie NCO-Gruppen aufweisenden Polyester- bzw. Polyätherurethane mit wenigstens difunktionellen Mercapto-Verbb. oder Mercaptoaminen (Äthandithiol, Di-β-mercaptoäthylsulfid, Polythiopolymercaptane von Molgew. 500—700 u. Mercaptoäthylamin) u. Härten mit Peroxyden (Butylhydroperoxyd, Dibutylperoxyd + Bleiperoxyd). — Herst. von *Isolier-* u. *Imprägniermitteln* u. *Schutzüberzügen* hoher Zugfestigkeit u. guter Kaltfließeigenschaften. (**D. A. S. 1 117 874** Kl. 39c vom 5/5. 1959, ausg. 23/11. 1961. A. Prior. 16/6. 1958.) E. DÖRFEL. 7181

Houdry Process Corp., Philadelphia, Pa. (Erfinder: Milton Orchin, Cincinnati, Ohio), V.St.A., **Herstellung von dichten oder porösen Polyurethanen** aus organ.OH-Verbb. (linearen Polyestern oder langkettigen Glykol-Verbb. mit endständigen OH-Gruppen oder mehrwertigen Alkoholen) u. organ. Isocyanaten mit Triäthylendiamin (Diazabicyclo-[2.2.2]-octan) der Formel I als Katalysator:

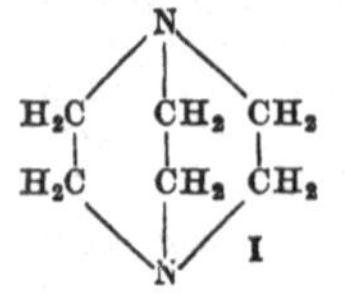

I

Elastomere bis sirupöse Fll., mit W. zumindest in der Kondens.-Endphase schaumartige Stoffe. — Man mischt 2 (Gew.-Teile) I, 5 W., 300 Polyester aus dimerer Linoleinsäure u. Diäthylenglykol (Molgew. ca. 2000) u. ggf. 15 Lecithin, setzt unter starkem Rühren 85 Toluol-2.4-diisocyanat zu, gießt in eine Form u. erhält ein feinschaumiges Produkt. (**F. P. 1 195 990** vom 19/5. 1958, ausg. 20/11. 1959. **Jap. A. S. 3544/1960** vom 16/5. 1958, ausg. 13/4. 1960. **D. A. S. 1 120 691** Kl. 39c vom 3/5. 1958, ausg. 28/12. 1961. **E. P. 858 031** vom 22/4. 1958, ausg. 4/1. 1961. **Belg. P. 567 937** vom 22/5. 1958, ausg. 12/8. 1960. Alle A. Prior. 23/5. 1957. **A. P. 2 939 851** vom 23/5. 1957, ausg. 7/6. 1960.) M. PANKOW. 7181

Minnesota Mining & Mfg. Co., St. Paul, Minn., übert. von: Francis J. Honn, Bloomfield, und Willard M. Sims, Hackensack, N.J., V.St.A., **Vernetzen von Fluor enthaltenden Elastomeren,** wie Vinylidenfluorid/Chlortrifluoräthylen-Mischpolymerisaten, durch Erhitzen (120—200°) mit einem NH_4- oder Alkalipolysulfid, bes. Oxyd eines 2-wert. Metalls (MgO, ZnO u. PbO) oder einem bis 50° beständigen organ. oder anorgan. Peroxyd(deriv.), wie Dibenzoylperoxyd. — Korrosionsfeste, zähe u. hitzebeständige Formkörper u. Überzüge (Isolatoren) sowie Beschichtungen für Gewebe aus Asbest-, Glas-, Synth.- u. Naturfasern. (**A. P. 2 965 619** vom 3/4. 1953, ausg. 20/12. 1960.) O. SCHÖN. 7189

Minnesota Mining & Mfg. Co., St. Paul, Minn., übert. von: Francis J. Honn, Westfield, N.J., V.St.A., **Herstellung von Mischpolymerisaten aus Fluordienen und Styrol.** Man polymerisiert eine Mischung aus 5—95% Styrol u. 95—5% eines fluorierten Diens, bes. 1.1.2.4.4-Pentafluorbutadien oder 1.1.2.4.4-Pentafluor-3-methylbutadien, in Ggw. eines freie Radikale bildenden Katalysators in Suspension, Emulsion oder im Block. Die Prodd. sind *thermoplast.*, bei 200—450° F formbar. Verw. als therm. u. chem. resistente *Überzugsmittel*. Die *Vulkanisate* sind *KW-Stoffen gegenüber beständig*. (**A. P. 2 962 484** vom 27/10. 1954, ausg. 29/11. 1960.) L. STADELMANN. 7189

Sun Steel Co., übert. von: Robert Kaplan, Chicago, und Edward N. Sienko, Clarendon Hills, Ill., V.St.A., **Kunststoff-Metall-Verbundfolien.** Man überzieht Metallfolien, z. B. aus nichtrostendem Stahl, Cu, Al, mit einer Schicht eines Elastomeren (I), bes. Vinylharz oder Polyäthylen von 0,001—0,0001 (in.), schmilzt kurz bei 350° F, kühlt, bringt erneut eine Schicht des I von 0,01—0,001 auf, erhitzt u. kühlt wie vorher, worauf gerade unterhalb der Schmelz-Temp. geprägt wird, ggf. nur die I-Schicht. Man erhält ohne Trennung kalt verformbares Verbundmaterial. — Mengenbeispiele, Zeichnung. (**A. P. 2 851 372** vom 14/8. 1956, ausg. 9/9. 1958.) E. WEISS. 7205

Owens-Corning Fiberglas Corp., Del., übert. von: Lawrence P. Biefeld, Granville, und Richard F. Shannon, Lancaster, Ohio, V.St.A., **Formkörper aus Formaldehydharz, Gips und Glasfasern.** Unterscheidet sich von A. P. 2770840; C. **1958.** 12544 dad., daß der pH-Wert der Mischung auf 4—5 eingestellt wird u. der Glasfaseranteil 1—20% beträgt. (**A. P. 2 966 473** vom 24/4. 1952, ausg. 27/12. 1960.)
F. KOCH. 7205

Allied Chemical & Dye Corp., New York, N.Y., übert. von: James W. Hyland jun., Toledo, Ohio, V.St.A., **Ungesättigte Polyester als Bindemittel enthaltende Preßmassen.** Zu A. P. 2 871 215; C. **1960.** 7703 ist nachzutragen, daß die Füllstoffmenge 50—5% der Preßmasse betragen u. zu 2—20% aus Metallbasen der 2. Gruppe des Perioden-Syst. mit einem Atom-Gew. von 10—220 bestehen soll. (**Can. P. 551 183** vom 1/8. 1952 u. 6/1. 1956, ausg. 7/1. 1958. A. Prior. 24/8. 1951. bzw. 12/1. 1955.)
EBERHARD RIEDEL. 7205

Hardman & Holden Ltd., Manchester, England, und Joseph William Ayers, Easton, Pa., V.St.A., **Masse zur Herstellung von Fußböden- und Wandverkleidungen,** bestehend aus einem thermoplast. Polyvinyl- oder Polyvinylidenharz, einem Alkoxy- oder Phenoxy-Al- oder -hydroxy-Al-acylat oder Oxo-Al-acylat u. Kondensations-Prodd. dieser Verbb., z. B. Polyvinylacetat (I) mit 5 (%) Isopropoxy-Al-oleat u. 15 Dicyclohexylphthalat, das mit TiO_2, Kreide u. Asbestfasern gefüllt wird. Anstatt I können auch Mischpolymerisate z. B. mit Acrylnitril, 2-Äthylhexylacrylat usw. verwendet werden. (**E. P. 824 339** vom 8/8. 1956, ausg. 25/11. 1959. A. Prior. 8/8. 1955.)
C. LÜTTGEN. 7205

Armstrong Cork Co., übert. von: John A. Parker, Lancaster, Pa., V.St.A., **Herstellung von Bodenbelägen.** Als Bindemittel für die Füllstoffe wird eine Masse verwendet, die zu 30—75 (%) aus einem mit Diisocyanat modifizierten Polyester (I) u. zu 70—25 aus Polyvinylchlorid (II) besteht. Man erhält den I durch Rk. von 0,6—9 (Äquivalent) eines organ. Diisocyanats mit 1 Polyester, der eine SZ. von 2—15 u. eine OH-Zahl von 20—55 aufweist u. aus einem Glykol mit 4 C-Atomen, einer gesätt. C_6—C_{10}-Carbonsäure u. einer ungesätt. Carbonsäure mit nur einer Doppelbindung u. $\leqq$ 8 C-Atomen erhältlich ist. — Beispiel: 265 (Teile) **I**, 265 **II**, 47 Trikresylphosphat, 353 Kalkmehl, 180 mineral. Faser, 132 Holzmehl, 4 Stearinsäure, 8 Ceresin, 6 Na_2HPO_4, 0,4 Mercaptobenzothiazol, 0,4 Cupridimethyldithiocarbamat, 6 S, 8 Alkylphenyldisulfid, 10 ZnO u. 100 TiO_2. (**A. P. 2 888 433** vom 26/9. 1955, ausg. 26/5. 1959.)
C. LÜTTGEN. 7205

Rohm & Haas Co., Philadelphia, Pa., V.St.A., *Modifizierung von Epoxyestern.* (**Holl. P. 98 745** vom 12/8. 1955, ausg. 15/8. 1961. A. Prior. 30/8. 1954. — C. **1957.** 11162 [D. A. S. 1 001 979].)

Otto Wichterle, Prag, und **Drahoslav Lim**, Senohreby, Tschechoslowakei, *Formkörper aus Acrylsäureestern.* (**A. P. 2 976 576** vom 24/4. 1956, ausg. 28/3. 1961. — C. **1959.** 10408 [F. P. 1 149 731].)

Dow Chemical Co., Midland, Mich., V.St.A., *Stabilisiertes Hochdruckpolyäthylen.* (**Holl. P. 98 793** vom 2/8. 1956, ausg. 15/8. 1961. A. Prior. 22/9. 1955. — C. **1960.** 1690 [F. P. 1 155 679].)

Montecatini Soc. Gen. per l'Industria Mineraria e Chimica, Mailand, Italien, und **Karl Ziegler**, Mülheim/Ruhr (Erfinder: **Giulio Natta, Giorgio Mazzanti** und **Paolo Longi**, Mailand, Italien), *Herstellung eines Katalysators für die Olefinpolymerisation.* (**Holl. P. 98 786** vom 11/7. 1956, ausg. 15/8. 1961. It. Prior. 15/7. 1955. — C. **1960.** 13538 [D. A. S. 1 055 243].)

Rohm & Haas Co., Philadelphia, Pa., V.St.A., *Herstellung eines zur Entfernung von Borationen aus Lösungen geeigneten Harzes.* (**Holl. P. 98 762** vom 27/1. 1956, ausg. 15/8. 1961. A. Prior. 7/2. 1955. — C. **1959.** 7307 [A. P. 2 813 838].)

N. V. Onderzoekingsinstituut Research, Arnhem, Holland, *Herstellung pigmentierter Polyester.* (**E. PP. 840 215** vom 26/9. 1958, ausg. 6/7. 1960. Holl. Prior. 19/10. 1957. — C. **1962.** 1412 [Holl. P. 96 407] u. **847 059** vom 25/9. 1958, ausg. 7/9. 1960. Holl. Prior. 19/10. 1957. — C. **1962.** 1815 [Holl. P. 96 716].)

Soc. des Usines Chimiques Rhône-Poulenc, Paris, Frankreich, *Katalysatoren für die Äthylenpolymerisation.* (**Holl. P. 98 046** vom 22/3. 1958, ausg. 15/5. 1961. F. Prior. 23/3. 1957. — C. **1960.** 14199 [E. P. 824 616].)

Phillips Petroleum Co. (Erfinder: **Robert Ralph Goins**), Bartlesville, Okla., V.St.A., *Kunststoffabscheidung.* (**Schwz. P. 356 277** vom 10/10. 1956, ausg. 29/9. 1961. A. Prior. 10/10. 1955. — C. **1961.** 4901 [Aust. P. 219 352].)

Consortium für elektrochemische Industrie G. m. b. H., München, *Herstellung von teilweise acyliertem Polyvinylalkohol.* (**Belg. P. 554 470** vom 24/1. 1957, ausg. 29/1. 1960. D. Prior. 25/1. 1956. — C. **1959.** 7646 [D. A. S. 1 038 281].)

Farbwerke Hoechst Akt.-Ges., vormals Meister Lucius & Brüning, Frankfurt/M., *Herstellung von leicht plastifizierbaren Polyvinylchloridsuspensionen.* (**Belg. P. 557 790** vom 24/5. 1957, ausg. 11/3. 1960. D. Prior. 24/5. 1956. — C. **1959.** 9744 [D. A. S. 1 021 165].)

Chemische Werke Hüls Akt.-Ges., Marl (Erfinder: **Helmut König**, Gelsenkirchen, **Walter Barczewski**, Recklinghausen, **Wilhelm Klein** und **Georg Wick**, Marl), *Stabilisieren von Vinylchloridpolymerisaten* (**Schwz. P. 346 696** vom 28/9. 1956, ausg. 15/7. 1960. D. Prior. 2/6. 1956. — C. **1959.** 13331 [F. P. 1 160 141].)

Pittsburgh Plate Glass Co., Pittsburgh, Pa., V.St.A., *Herstellung wärmehärtbarer, harzartiger Produkte.* (**E. P. 840 325** vom 21/1. 1957, ausg. 6/7. 1960. A. Prior. 31/1. 1956. — C. **1961.** 5981 [D. A. S. 1 083 548].)

Badische Anilin- & Soda-Fabrik Akt.-Ges., Ludwigshafen/Rh., *Herstellung schwer entflammbarer Styrolpolymerisate.* (**E. P. 825 611** vom 1/3. 1957, ausg. 16/12. 1959. **Belg. P. 555 618** vom 8/3. 1957, ausg. 12/2. 1960. Beide D. Prior. 10/3. 1956. — C. **1959.** 11418 [D. A. S. 1 046 313].)

Rohm & Haas Co., Philadelphia, übert. von: **Seymour S. Feuer**, Feasterville, Pa., V.St.A., *Vinylhalogenidpolymerisat enthaltende thermoplastische Massen.* (**A. P. 2 943 074** vom 4/6. 1956, ausg. 28/6. 1960. **E. P. 832 567** vom 31/5. 1957, ausg. 13/4. 1960. **Belg. P. 558 041** vom 3/6. 1957, ausg. 25/3. 1960. Beide A. Prior. 4/6. 1956. — C. **1960.** 15236 [Aust. P. 218 123].)

Soc. An. des Manufactures des Glaces et Produits Chimiques de Saint-Gobain, Chauny & Cirey, Paris, Frankreich, *Sproßpolymerisation von Polyvinylchlorid.* (**Belg. P. 556 649** vom 12/4. 1957, ausg. 26/2. 1960. F. Prior. 14/4. 1956. — C. **1959.** 8726 [F. P. 1 147 722].)

Farbenfabriken Bayer Akt.-Ges. (Erfinder: **Rudolf Stroh, Wilhelm Sutter** und **Hans Haberland**), Leverkusen, *Katalytische Polymerisation.* (**Holl. P. 98 002** vom 13/7. 1957, ausg. 15/5. 1961. D. Prior. 14/7. 1956. — C. **1960.** 8029 [D. A. S. 1 056 372].)

Soc. An. des Manufactures des Glaces et Produits Chimiques de Saint-Gobain, Chauny & Cirey, Paris, Frankreich, *Vermischen von Polyvinylchlorid mit anderen Polymerisaten.* (**Belg. P. 562 397** vom 14/11. 1957, ausg. 3/6. 1960. **E. P. 860 348** vom 8/11. 1957, ausg. 1/2. 1961. Beide F. Prior. 15/11. 1956. — C. **1960.** 13538 [F. P. 1 160 849].)

Montecatini Soc. Gen. per l'Industria Mineraria e Chimica, Mailand, Italien, und **Karl Ziegler**, Mülheim/Ruhr (Erfinder: **Domenico Maragliano** und **Ento Di Giulio**, Mailand, Italien), *Verbesserung der mechanischen und der Verarbeitungseigenschaften von isotaktischem Polypropylen.* (**D. A. S. 1 100 275** Kl. 39b vom 5/12. 1956, ausg. 23/2. 1961. It. Prior. 6/12. 1955. — C. **1959.** 318 [Oe. P. 197 079].)

Esso Research and Engineering Co., Elizabeth, N.J., V.St.A., *Herstellung selbsttragender Filme.* (**D. A. S. 1 100 274** Kl. 39b vom 22/12. 1956, ausg. 23/2. 1961. A. Prior. 29/12. 1955. — C. **1960.** 10426 [A. P. 2 845 399].)

Dow Chemical Co., Midland (Erfinder: **Gerald A. Clark**, Midland, und **Carl B. Havens**, Hope), Mich., V.St.A., *Gegen die Einwirkung von ultraviolettem Licht stabilisierte Formmassen aus Polyolefinen.* (**D. A. S. 1 106 954** Kl. 39b vom 21/8. 1956, ausg. 18/5. 1961. A. Prior. 27/9. 1955. — C. **1960.** 8027 [Aust. P. 214 955].)

Petrochemicals Ltd., London (Erfinder: **Robert Nobbs Haward**, Bowdon, Ceshire), England, *Thermoplastische Formmasse zum Gießen und Strangpressen aus Polyolefinen.* (**D. A. S. 1 105 608** Kl. 39b vom 19/12. 1957, ausg. 27/4. 1961. E. Prior. 21/12. 1956 u. 27/9. 1957. — C. **1961.** 13376 [Jap. A. S. 3083/1959].)

Rohm & Haas Co., Philadelphia, Pa., V.St.A., *Herstellung von Mischpolymerisaten des Methylmethacrylats.* (**Holl. P. 98 807** vom 14/11. 1956, ausg. 15/8. 1961. A. Prior. 15/11. 1955. — C. **1960.** 1346 [A. P. 2 857 360].)

Solvic Soc. An., Brüssel, Belgien, *Polymerisation von Vinylchlorid.* (**E. P. 864 137** vom 4/9. 1958, ausg. 29/3. 1961. Belg. Prior. 6/9. u. 16/11. 1957. — C. **1961.** 8494 [F. P. 1 201 943 u. Oe. P. 207 567].)

E. I. du Pont de Nemours & Co., Wilmington, Del., V.St.A., *Herstellen von Mischpolymerisaten des Tetrafluoräthylens.* (**E. P. 864 130** vom 12/6. 1958, ausg. 29/3. 1961. A. Prior. 12/6. 1957. — C. **1961.** 7418 [D. A. S. 1 086 895].)

Farbenfabriken Bayer Akt.-Ges., Leverkusen-Bayerwerk, *Polymerisation ungesättigter Verbindungen.* (**E. P. 865 322** vom 14/10. 1958, ausg. 12/4. 1961. D. Prior. 15/10. 1957. Zusatz zu E. P. 854 348; C. 1960. 10776. — C. **1961.** 1387 [D. A. S. 1 067 215].)

Montecatini Soc. Gen. per l'Industria Mineraria e Chimica, Mailand, Italien, und **Karl Ziegler**, Mülheim/Ruhr (Erfinder: **Giulio Natta, Ferdinando Danusso** und **Dario Sianesi**, Mailand, Italien), *Herstellung eines isotactischen Polystyrols.* (**Holl. P. 98 348** vom 18/2. 1957, ausg. 15/6. 1961. It. Prior. 24/2. 1956. — C. **1959.** 12068 [F. P. 1 166 893].)

Technoplast-Spindler Akt.-Ges., Buochs, Schweiz, *Herstellung von feinen Polyäthylenpulvern.* (**E. P. 860 993** vom 23/5. 1957, ausg. 15/2. 1961. D. Prior. 24/5. 1956. — C. **1961.** 6697 [Jap. A. S. 9485/1958].)

Chemstrand Corp., Decatur, Ala., V.St.A., *Stabilisieren von Acrylsäurenitrilpolymeren und -mischpolymeren.* (**E. PP. 859 506** vom 6/5. 1957, ausg. 25/1. 1961. A. Prior. 23/5., 17/12. 1956 u. 9/1. 1957, **859 507, 859 508, 859 509** vom 6/5. 1957, ausg. 25/1. 1961. A. Prior. 17/12. 1956 u. **859 510** vom 6/5. 1957, ausg. 25/1. 1961. A. Prior. 23/5. 1956. — C. **1961.** 8135 [F. P. 1 179 200].)

Farbwerke Hoechst Akt.-Ges., vormals Meister Lucius & Brüning, Frankfurt/M., *Formkörper aus Mischpolymerisaten.* (**E. P. 860 436** vom 4/3. 1957, ausg. 8/2. 1961. D. Prior. 2/3. 1956. — C. **1960.** 5333 [F. P. 1 168 833].)

Western Electric Co., Inc., New York, N.Y., V.St.A., *Stabilisierung gesättigter Alkylenpolymerer.* (**Holl. P. 98 871** vom 17/10. 1957, ausg. 15/8. 1961. A. Prior. 29/11. 1956. — C. **1960.** 3056 [Oe. P. 203 212].)

Western Electric Co., Inc., New York, N.Y., V.St.A., *Stabilisierung gesättigter Alkylenpolymerer.* (**Holl. P. 98 872** vom 22/10. 1957, ausg. 15/8. 1961. A. Prior. 29/11. 1956. — C. **1960.** 3056 [Oe. P. 203 210].)

Rohm & Haas Co., Philadelphia, Pa., V.St.A., *Mischung aus Vinylhalogenid- und Butadienpolymerisaten.* (**Holl. P. 98 833** vom 4/6. 1957, ausg. 15/8. 1961. A. Prior. 4/6. 1956. — C. **1960.** 15236 [Aust. P. 218 123].)

Chemstrand Corp., Decatur, Ala., V.St.A., *Herstellung linearer Polyester.* (**Holl. P. 98 703** vom 6/4. 1954, ausg. 15/8. 1961. A. Prior. 6/4. 1953. — C. **1957.** 8371 [F. P. 1 099 654].)

General Mills, Inc. (Erfinder: **Harold Wittcoff** und **John Gerhard Erickson**), Minneapolis, Minn., V.St.A., *Härtungsmittel für Epoxyharze.* (**E. P. 865 656** vom 6/3. 1959, ausg. 19/4. 1961. — C. **1961.** 7053 [D. A. S. 1 089 544].)

Adriaan Honig's Kunsthars-Industrie N. V., Zaandam, Holland, *Herstellung eines polymerisierbaren Gemisches, das einen Amin-Beschleuniger enthält.* (**Holl. P. 98 063** vom 19/7. 1958, ausg. 15/5. 1961. — C. **1961.** 13739 [D. A. S. 1 100 279].)

Albright & Wilson Ltd., Birmingham, England, *Flammwidrigmachen von Cellulosefasern.* (**Holl. P. 98 758** vom 22/4. 1953, ausg. 15/8. 1961. A. Prior. 22/4. 1952. — C. **1956.** 8768 [E. P. 740 269].)

Ciba Akt.-Ges., Basel, Schweiz, *Äther, die Epoxydgruppen enthalten.* (**E. P. 864 699** vom 16/7. 1958, ausg. 6/4. 1961. Schwz. Prior. 24/7. 1957. — C. **1961.** 9227 [Oe. P. 206 181].)

Ciba Ltd., Basel, Schweiz, *Härten von Polyepoxyden.* (**E. P. 864 357** vom 2/10. 1957, ausg. 6/4. 1961. Schwz. Prior. 2/10. 1956. — C. **1960.** 2710 [Oe. P. 201 859].)

Badische Anilin- & Soda-Fabrik Akt.-Ges., Ludwigshafen/Rh., *Herstellung von Polyamid-Formteilen.* (**E. P. 868 808** vom 18/7. 1958, ausg. 25/5. 1961. D. Prior. 20/7. 1957. — C. **1960.** 7703 [D. A. S. 1 067 587].)

Ciba Ltd., Basel, Schweiz, *Schnellhärtende Harzmischungen.* (**Holl. P. 98 864** vom 1/10. 1957, ausg. 15/8. 1961. Schwz. Prior. 2/10. 1956. — C. **1960.** 2710 [Oe. P. 201 859].)

General Electric Co., Schenectady, N.Y., V.St.A., *Herstellung von hydrolysierbaren Silylthioäthern.* (**E. P. 869 844** vom 8/4. 1959, ausg. 7/6. 1961. A. Prior. 13/5. 1958. — C. **1961.** 4540 [D. A. S. 1 084 264].)

British Industrial Plastics Ltd., England, *Heißhärtbare Aminoplastmassen.* (**F. P. 1 245 773** vom 15/10. 1959, ausg. 1/2. 1961. Schwz. Prior. 17/10. 1958 u. 9/10. 1959. — C. **1961.** 14486 [Oe. P. 212 017 u. D. A. S. 1 103 017].)

Imperial Chemical Industries Ltd., London (Erfinder: **Walter Fairbairn Smith**, Manchester), England, *Herstellung von Polyvinylchloridmassen.* (**Schwz. P. 350 465** vom 9/1. 1956, ausg. 14/1. 1961. E. Prior. 10/1. u. 21/12. 1955. — C. **1959.** 3665 [F. P. 1 140 075].)

Essener Steinkohlenbergwerke Akt.-Ges., Essen, *Verformbare Massen.* (**Holl. P. 98 847** vom 12/7. 1957, ausg. 15/8. 1961. D. Prior. 13/7., 7/8. 1956 u. 19/2. 1957. — C. **1960.** 12859 [Oe. P. 207 113].)

R. J. Ceresa, Block and graft copolymers. London: Butterworths. 1962. (XVI + 196 S. m. 4 Taf., Tab. u. Diagr.) 42 s.

John Delmonte, Metal-filled plastics. New York: Reinhold; London: Chapman & Hall. 1962. (IX + 240 S. m. Abb., Tab. u. Diagr.) 46 s.

C. R. Martens, Alkyd resins. New York: Reinhold; London: Chapman & Hall. 1962. (IX + 156 S. m. Abb., Tab. u. Diagr.) 48 s.

XII. Kautschuk

Bestrahlung und Naturkautschuklatex. T. C. Gregson, T. H. Rogers, L. B. Bangs und D. W. Peabody. (Rubber Age [New York] **89.** 81—87. April 1961. Akron, Ohio, Goodyear Tire & Rubber Co.) (Engl.)

Der Einfl. der energiereichen Bestrahlung (γ-Strahlen, 1—20 Megarad) auf Naturkautschuklatex wurde zum Studium der Anwendbarkeit der Bestrahlung in der Latextechnologie untersucht. Die Bestrahlung verbessert die Lagerbeständigkeit bes. bei NH_3-freiem Latex. Kautschukschaum aus bestrahltem Latex (1 Megarad) zeigt besseres Kompressions-Verh. bei noch tragbarer Änderung anderer Eigg. (Zugfestigkeit u. Dehnung, Vol.-Schrumpfung). Auch die Zugabe bestimmter Verbb., wie chlorhaltige Lsgm., Acrylnitril, Methacrylsäuremethylester u. Harzlatex mit hohem Styrol-Geh., vor der Bestrahlung des Naturkautschuklatex führt zu ähnlichem Ergebnis. Die rheolog. Eigg. von Kautschuk aus bestrahltem Latex beim Schneckenstrangpressen gleichen den von leicht verarbeitbar gemachtem (easy processing) Kautschuk. Die wirtschaftlichen u. prakt. Aspekte des Bestrahlungs-Verf. werden erörtert. R. SCHÄFF. 7222 □

Katalytische Polymerisation von Isopren mit Butyl-Lithium. A. S. Korotkov, N. N. Chesnokova und L. B. Truchmanova. (Rubber Chem. Technol. **33.** 610—22. Juli/Sept. 1960. Vysokomol. Soedineniya 1. Nr. 1. 46—57. 1959. Leningrad, Inst. Macromol. Compounds.) (Engl.)

Das Vorhandensein einer Induktionsperiode u. einer komplexen Abhängigkeit der Rk.-Geschw. von Katalysator- u. Monomer-Konzz. liefern eine Basis für die Betrachtung der Isoprenpolymerisation mit Butyl–Li als Kettenkatalyse. Die Kinetik dieser katalyt. Ketten-Rk. in Hexan-Lsg. wurde untersucht. Aktive Zentren werden aus Komplexen von metallorgan. Verbb. u. Monomer-Polymer-Moll. gebildet. Desaktivierung der wachsenden Ketten tritt als Folge der Rk. der akt. Zentren miteinander oder mit metallorgan. Verbb. ein. Damit bilden sich neue metallorgan. Verbb. mit hohem Molgew., die neue Polymerisationszentren werden können. Das Polymere zeigt nahezu GAUSSsche Verteilung; das Durchschnitts-Molgew. ist aber nach der Polymerisation umgekehrt proportional zur Katalysatorkonzentration. Die Polymerisations-Temp. u. die Katalysator- u. Monomer-Konz. beeinflussen nicht die Mikrostruktur des Polymerisats (den Anteil der 1.2- u. 3.4-Addition). R. SCHÄFF. 7224 □

Die Copolymerisation von Isopren und Butadien-(1.3) mittels Butyl-Lithium. G. V. Rakova und A. A. Korotkov. (Rubber Chem. Technol. **33.** 623—27. Juli/Sept. 1960. Doklady Akad. Nauk SSSR **119.** 982—85. 1958. Leningrad, Inst. High Mol. Compounds.) (Engl.) — Vgl. C. **1960.** 503.

Gewinnung und Grundeigenschaften der Pfropfcopolymeren von Styrol und Kautschuk. A. A. Berlin und I. A. Chanukajewa. (Каучук и Резина [Kautschuk u. Gummi] **19.** Nr. 6. 20—22. Juni 1960. Inst. für Chem. Physik der Akad. der Wiss. der UdSSR.) (Russ.)

Auf Latex aus *Butadienstyrol*-(I; SKS-30) u. *Butadiennitrilkautschuk* (SKN-18, 26 u. 40) wird *Styrol* (II) mit Ricinusseife (1—2%) als Emulgator u. $K_2S_2O_8$ als Initiator bei 90—95° innerhalb von 5—6 Std. aufpolymerisiert (95,5—99%ig. Umsatz des II). Verschiedene Kennzahlen (Viscosität, HUGGINS-Konst.) werden mit denen des Poly-II u. der Kautschuke verglichen. Es wird eine starke Verzweigung durch Destruierung der Kautschukkette festgestellt. Die Pfropfung erfolgt an der α-Methylengruppe. Die physikal.-mechan. Kennwerte verbessern sich mit steigendem Kautschuk-Geh. (0—33,3% untersucht). Im Gegensatz dazu werden bei Pfropfpolymerisation in Monomeren-Lsg. von II bereits ähnliche Kennzahlen bei 7—8% Kautschuk erhalten. Dabei wird im Schüttelautoklaven bei 95° (4—5 Std.) u. 170° (8—9 Std.) mit Benzoesäureperoxid als Initiator gearbeitet. O. KRAMM. 7224 □

Automation der Goodrich-Flexometer-Prüfung. A. F. Cody. (Rubber Age [New York] **89.** 88—91. April 1961. Linden, N.J., Enjay Labor.) (Engl.)

Eine automat. Registrierungs-Meth. für alle wichtigen Parameter des GOODRICH-Flexometers wird beschrieben. Pro Prüfung werden — unabhängig von der Dauer der Prüfung — nur 4 Min. Arbeitszeit des Prüfers benötigt, wogegen die Standard-Meth. eine laufende Überwachung des gesamten Meßvorgangs erforderte.

R. SCHÄFF. 7248 □

Polarographische Bestimmung der Beschleuniger in Gummi und in Gummihilfsstoffen. O. Rozací. (Plaste u. Kautschuk **6.** 386—89. Aug. 1959. Gottwaldov, Inst. für Gummi- u. Plasttechnol.) (Dt.)

In n-H_2SO_4 werden in Anwesenheit von CH_3OH u. Lsgm. durch anod. oder kathod. Polarisation die Beschleuniger der Thiazolgruppe, der Thiurame, der Dithiocarbaminsäuresalze u. ihre Mischungen polarograph. quant. bestimmt. Neben der Best. des wirksamen Geh. techn. Substanzen wird die Ermittlung des Geh. in Gummimischungen durch Polarographie des Acetonextraktes ermöglicht. Die Verfolgung des Vulkanisationsverlaufes durch den Verbrauch des Beschleunigers wird beschrieben.

D. WESSER. 7248 □

Goodyear Tire & Rubber Co., Akron, Ohio, V.St.A., **cis-1.4-Polyisopren** erhält man durch Polymerisation von Isopren bei 0—90° in Ggw. einer Katalysatormischung aus Al-alkyl u. $TiCl_4$ in einem inerten Lsgm. (Al:Ti = 0,8:1 bis 2,0:1), aus welcher Mischung 30—75% des gelösten Katalysatoranteils entfernt u. ggf. durch die gleiche Menge an frischem inerten Lsgm. ersetzt worden sind. — Hohe Rk.-Gesch., Ausbeute u. hohes Molgewicht. (**E. P. 858 620** vom 1/6. 1959, ausg. 11/1. 1961. A. Prior. 6/11. 1958.) L. STADELMANN. 7225

Goodyear Tire & Rubber Co. (Erfinder: William M. Saltman), Akron, Ohio, V.St.A., **Trans-1.4-Polyisopren** erhält man durch Polymerisation von Isopren in einem inerten Lsgm. bei 0—90° in Ggw. einer aus einem Al-alkyl, $TiCl_4$ u. $FeCl_3$ bestehenden Katalysatormischung, in der das Atomverhältnis Al:Ti:Fe = 6—10:1:1—7 ist. Die Polymerisate haben zu ca. 97% trans-1.4-Struktur. (**D. A. S. 1 118 972** Kl. 39c vom **25/11. 1960**, ausg. **7/12. 1961.**) L. STADELMANN. 7225

Goodyear Tire & Rubber Co., Akron, Ohio, V.St.A., **Herstellung von 1.4-trans-Polyisopren.** Durch Polymerisation des Monomeren in inertem Verdünnungsmittel, wie Pentan, Hexan, Heptan, Bzl. oder Toluol, bei 0—90°, bes. 50°, in Ggw. eines Mischkatalysators aus einem Al-Alkyl, $TiCl_4$ u. $FeCl_3$ in einem Molverhältnis von 10 Al:1 Ti:5 Fe. Nach einem Beispiel wird $FeCl_3$ (wasserfrei), Bzl., Al-Triisobutyl u. $TiCl_4$ in Heptan in Abwesenheit von W. u. Luft gemischt u. trocknes Isopren eingeführt. Das Endprod. zeigt die gleiche Struktur wie „Balata" u. ist wie dieses verwendbar. (**E .P. 840 165** vom 23/2. 1959, ausg. 6/7. 1960. A. Prior. 28/4. 1958.)

H. SCHINDLER. 7225

Farbenfabriken Bayer Akt.-Ges. (Erfinder: Karl Nützel, Kurt Falk und Rudolf Stroh), Leverkusen, **Verfahren zur Polymerisation von konjugierten Diolefinen** oder deren Gemischen mit monoolefin. Verbb., dad. gek., daß man Halogen-Verbb. von Mg (I) zusammen mit der braunen Modifikation von $TiCl_3$ verwendet. Man erhält im Falle von Butadien Polymere mit 60—70% 1,4-cis-Anteilen, im Falle von Isopren mit 95—97% 1,4-cis-Anteilen. Die Beispiele betr. die Polymerisation von Isopren in Ggw. von $MgBr/TiCl_3$. — *Kunstkautschuke.* (**D. A. S. 1 116 903** Kl. 39c vom 20/8. 1960, ausg. 9/11. 1961.) L. STADELMANN. 7225

E. I. du Pont de Nemours & Co., Wilmington (Erfinder: John Joseph Verbanc, August Henry Frazer, Wilmington, Del., und Joseph Clois Shivers, West Chester, Pa.), V.St.A., **Herstellung von Elastomeren.** Man läßt ein aromat. Diiso-

cyanat mit niederen Alkylgruppen in Nachbarstellung zu den C-Atomen, die die Isocyanatgruppen tragen, mit polyfunktionellen Polymeren mit akt. H-Atomen mit einem Molgew. von 700—8000 u. mit F. < 60° reagieren u. läßt ggf. das Rk.-Prod. mit einer Difunktionellen Verb. mit akt. H-Atomen (z. B. Hydrazin) reagieren. Solche Polymeren sind Polyalkylenglykole, Polyharnstoffe, -thioharnstoffe, Polyamide, Polysulfonamide, Polyester. — Man erhitzt Polyäthylenterephthalat unter H_2 auf 283° u. gibt zu der Schmelze 5,8 Gew.-% Durylendiisocyanat u. rührt 20 Min. unter N_2. Die Schmelze kann zu *Fäden* versponnen werden. — Man läßt Poly-[tetramethylenäther]-glykol (Molgew. 1000) mit Toluylen-2.4-diisocyanat im Mol-Verhältnis 2:1 reagieren u. 16,4 g dieses Dimeren mit 2 g 2.4.6-Trimethylphenylen-1.3-diisocyanat in 20 ml Xylol 2½ Std. in N_2 bei 125—130°, entfernt das Glykol, löst das Prod. in Dimethylacetamid, gibt dazu Hydrazinhydrat in Dimethylacetamid, entfernt das Lsgm. bei Unterdruck u. gießt aus der konz. Lsg. *Folien*. (**F. P. 1 173 432** vom 29/3. 1957, ausg. 25/2. 1959. **D. A. S. 1 104 697** Kl. 39c vom 29/3. 1957, ausg. 13/4. 1961. **E. P. 857 600** vom 29/3. 1957, ausg. 4/1. 1961. **Belg. P. 556 268** vom 29/3. 1957, ausg. 26/2. 1960. Alle A. Prior. 29/3. 1956.)
M. PANKOW. 7225

Imperial Chemical Industries Ltd. (Erfinder: Matthew Clasper und Bernard James Habgood), **Verbesserungen bei synthetischen Kautschukzusammensetzungen,** bes. bei linearen, kautschukartigen, konjugierten Dienpolymerisaten mit freien COOH-Gruppen, die mit der Polymerkette verbunden sind. Man bereitet eine wss., koll. Dispersion aus dem Dienpolymerisat u. einem wasserlösl. Metallborat oder -silicat, das in der wss. Phase der Dispersion gelöst ist, entfernt das W. u. hält die getrocknete Mischung bei normaler Temp., damit das Borat oder Silicat mit dem Polymerisat reagiert. Diese Rk. dauert mehrere Tage. Erhitzt man auf 100—130°, so ist die Rk. in ca. 90 Min. beendet. Ausgangsmaterial ist z. B. 2-Methylbutadien-(1.3). (**Aust. P. 226 634** vom 16/9. 1958, ausg. 25/2. 1960. E. Prior. 16/9. 1957.) H. NEBELSIEK. 7225

Dominion Rubber Co. Ltd., Montreal, Quebec, Canada, übert. von: Henry E. Haxo jun., Bloomfield, und Georg S. Mills, Pompton Plains, N.J., V.St.A., **Lignin-Kunstkautschukmischungen.** Zu E. P. 769 288; C. **1959.** 2305 ist zu ergänzen, daß die zuerst gewonnene, schwer filtrierbare, feinteilige Aufschlämmung mit 5—50 Teilen Öl je **100** Teile Synth.-Kautschuk, bes. Butadien-Styrol-Copolymeren, umgesetzt werden u. dann die restliche Kautschukdispersion zugesetzt wird. (**Can. P. 551 576** vom 28/5. 1955, ausg. 14/1. 1958. A. Prior. 28/7. 1954.) EBERHARD RIEDEL. 7227

Manufactures de Produits Chimiques du Nord, Établissements Kuhlmann, Paris, Frankreich, *Schutz für Elastomere gegen atmosphärische Einwirkung*. (**E. P. 830 914** vom 17/5. 1957, ausg. 23/3. 1960. F. Prior. 30/5. 1956. — C. **1960.** 4375 [F. P. 1 151 090].)

Hercules Powder Co. (Erfinder: Ralph Allen Bankert und Walter Shade Ropp), Wilmington, Del., V.St.A., *Vulkanisieren von Kautschuk*. (**D. A. S. 1 116 338** Kl. 39b vom 18/2. 1956, ausg. 2/11. 1961. A. Prior. 5/10. 1955. — C. **1959.** 11750 [E. P. 787 221].)

United States Rubber Co., New York, N.Y., V.St.A., *Herstellung von N-Alkyl- und N-Cycloalkyl-bis-[benzothiazolyl-(2)-sulfen]-amiden*. (**Holl. P. 98 032** vom 1/2. 1958, ausg. 15/5. 1961. A. Prior. 2/4. 1957. — C. **1960.** 17638 [A. P. 2 860 142].)

XV. Gärungsindustrie

Ein neuer Hefereinzuchtapparat. E. Helm und M. Meilgaard. (Brauwissenschaft **13.** 156. Mai 1960, Beilage zu: Brauwelt, Ausg. B) (Dt.)

Inhaltlich ident. mit der C. **1960.** 4378 referierten Arbeit. K.-U. RIEDEL. 7500□

Die Charakterisierung von Brauereihefen nach den gärungsphysiologischen Eigenschaften und die Beurteilung der Hefestämme nach dem „Gärwert". F. Weinfurtner, F. Wullinger und A. Piendl. (Brauwissenschaft **14.** 281—91. Mai/Juni 1961, Beil. zu: Brauwelt, Ausg. B. München-Weihenstephan, TH, Inst. für Gärungsphysiol. u. Techn. Mikrobiol.) (Dt.)

Mit einer neuentwickelten Kleingär-App. werden die Gär-Eigg. verschiedener Brauereihefen geprüft, indem Vergärungsgrad, pH, rH, schwebende u. sedimentierte Zellen laufend ermittelt u. in einem Diagramm zusammengefaßt werden. Daraus läßt sich der „Gärwert" einer Hefe für den prakt. Betrieb erkennen. S. ZAAKE. 7506

Die Ausscheidung von N-haltigen Produkten durch Brauereihefen. A. Delisle und H. J. Phaff. (Brewers Digest **36.** Nr. 1. 35—38. Jan. 1961. Davis, Calif., Univ., Dep. of Food Sci. and Technol.) (Engl.)

In einem allg. Überblick werden zahlreiche Unters.-Befunde über die N-haltigen Verbb., die die Brauereihefen unter den verschiedensten Bedingungen ausscheiden, wiedergegeben. Danach ist die Exkretion lebender Hefezellen eine normale physiolog. Erscheinung. — 24 Literaturangaben. W. KREIPE. 7506□

Fabrikation von Bäckerhefe durch fortlaufende Fermentation. 1. Mitt. **Fabrikanlage und Verfahren.** A. J. C. Olsen. (Chem. and. Ind. **1960.** 416—25. 16/4. Distillers Co. Ltd.) (Engl.)

Nach einem kurzen histor. Abriß über die Entw. der Backhefeerzeugung werden die notwendigen Einrichtungen zur fortlaufenden Fermentation, wie kontinuierliche Erzeugung der Nähr-Lsg. aus $(NH_4)_2SO_4$, Melasse, H_2SO_4 u. NH_3, an Hand von Zeichnungen u. Diagrammen erläutert. Die Arbeitsweise einer Fabrik mit Chargenfermentationen wird beschrieben u. ihr die Vorteile einer fortlaufenden Produktion, die bei vermindertem Aufwand höhere Leistungen zeigt, gegenübergestellt. Hierbei werden z. B. 6 Fermenter in Reihe hintereinander jeweils aus dem vorhergehenden beimpft u. unter Zusatz frischer Nähr-Lsg. bis zu einer Hefe-Konz. von 70 g/Liter gefahren (Startphase; 27 Std.), sodann 33 Std. in stationärem Zustand unter Hefegewinn gehalten u. schließlich in der Endphase (17 Std.) durch Weiterpumpen in den jeweils nächsten Fermenter wieder geleert. Während die letzten Fermenter noch in der Endphase befindlich sind, beginnt in den ersten Fermentern bereits die nächste Startphase. W. SCHÖNBORN. 7506☐

Fabrikation von Bäckerhefe durch fortlaufende Fermentation. 2. Mitt. **Kontrollinstrumente.** H. N. Sher. (Chem. and Ind. **1960.** 425—37. 16/4.) (Engl.) — 1. vgl. vorst. Referat.

Die fortlaufende Backhefeerzeugung wird durch automat. Kontrollinstrumente für folgende Vorgänge überwacht: Sterilisation u. Einstellung des spezif. Gew. der Melasse Temp.-Kontrolle, Phosphatdosierung, Wasserzusatz, Belüftung, Durchfluß, pH-Kontrolle, Melasse- u. Stickstoff-Dosierung, Schaumkontrolle sowie Konz.-Anzeige. Ferner wird ein automat. Gerät zur „Formol"-N-Best. u. ein App. zur kontinuierlichen Messung der Fermentaktivität der erzeugten Hefe neu beschrieben. W. SCHÖNBORN. 7506☐

Einfluß der Temperatur, des pH und der Rohstoffe auf die Beschaffenheit und die Ergiebigkeit von Backhefe. F. Simek. (Ind. aliment. agric. **78.** 619—22. Juni 1961. Budapest, Inst. de Rech. des Ind. de Fermentat.) (Franz.)

Zwischen dem Ertrag von Bäckerhefen, die bei pH 4,5—5 u. bei 5,5—6 gezüchtet worden sind, besteht kein Unterschied; jedoch zeigt eine bei pH 6 gezüchtete Hefe eine um 20% geringere Stabilität. Bei 30—35° tritt eine optimale Vermehrung der Hefe ein, wogegen eine Temp. von 25° den Ertrag bis zu 10% senkt. Bei unzureichender Art u. Menge der zugesetzten Nährsalze vermindert sich der Ertrag. Aus verschiedenen Melassen gewonnene Hefen zeigen keine nennenswerten Güteunterschiede.

W. WESLY. 7506☐

Die wilden Hefen. Ein Überblick. A. E. Wiles. (Brewers Digest **36.** Nr. 1. 40—46. Jan. 1961. Brewers' Guild **J. 47.** 249—60. Mai 1961. Sheffield, England, Exchange Brewery, Tennant Brothers Ltd.) (Engl.)

Der Begriff „wilde Hefen" wird definiert sowie auf die allg. Bedeutung, das Verh. wilder Hefen u. ihr Auftreten in Brauereien hingewiesen. Besonders behandelt werden die bierschädlichen Hefen, die in den verschiedenen Stadien des Brauprozesses eine Infektion darstellen können, u. die Schwierigkeiten ihrer Isolierung u. Identifizierung im Laboratorium. — 11 Literaturangaben. W. KREIPE. 7506☐

Produktion von extracellulärer und Gesamtinvertase durch Candida utilis, Saccharomyces cerevisiae und anderen Hefen. Robert G. Dworschack und Lynferd J. Wickerham. (Appl. Microbiol. **9.** 291—94. Juli 1961. Peoria, Ill., Northern Reg. Res. Labor.) (Engl.)

Einige Stämme von *Candida utilis* (I) produzieren außergewöhnlich große Mengen von extracellulärer u. Gesamtinvertase. Stamm Y-900 von I ergibt hohe Ausbeuten auf Saccharose, Glucose, Maltose oder Xylose als Kohlenstoffquelle. Die Ausbeuten liegen auf Milchsäure, Glycerin u. Äthylakohol noch höher. Annähernd 20—30% der Gesamtinvertase von I ist extracellulär. Stämme von *Saccharomyces cerevisiae* u. *Saccharomyces carlsbergensis* sind im allg. I in der Produktion von extracellulärer u. Gesamtinvertase unterlegen. Der Unterschied zeigt sich deutlich in Schüttelkulturen. Die industriellen Hefen sind im allg. den anderen untersuchten Hefen in der Invertaseproduktion überlegen. D. PÖHLAND. 7508☐

Untersuchung der kontinuierlichen Gärung mit stationärer Zellschicht zur Erzeugung von Alkohol und Futtermitteln. 1. Mitt. Agni Prevéz Valverde und Juan M. Navia de la Campa. (Inst. cubano Invest. tecnol., Ser. Estud. Trabajos Invest. Nr. **7.** 11—86. Juli 1959.) (Span.)

Verss. im Labor.- u. im halbtechn. Maßstab zeigen, daß eine Vergärung der Zucker von Honig zu A. über einer feststehenden Schicht (Kolonne) von Hefe kontinuierlich durchgeführt werden kann. Wenn die Hefe abgesätt. ist, wird nur noch Zucker in A. umgewandelt. Die erschöpfte Hefe ist zu Futterzwecken geeignet, sie ist reich an Proteinen u. an NH_4-Salzen; ihr Protein-Geh. beträgt 19,3%, sie enthält ferner 43 (mg%)

Thiamin u. 550 Methionin. Die Entw. unerwünschter Bakterien kann durch Zusätze verhindert werden, z. B. durch Antibiotica; als gut wirksam hat sich Polymyxin B-Sulfat erwiesen. Störende Stoffe können auch durch Vorerhitzen des Honigs beseitigt werden. CO_2 kann als Nebenprod. gewonnen werden. R. K. MÜLLER. 7510□

Die Herstellung von Extrakten. G. Hartmann. (Alkohol-Ind. **73.** 207—09. 16/4. 1960.) (Dt.)

Tabellar. Zusammenstellung der Gewinnung vieler Inhaltsstoffe von Drogen, die bei der Herst. von Likören Verw. finden; durch Mazeration (Kaltextraktion), Digestion (Warmextraktion) u. Perkolation (Durchlauf- oder Verdrängungsextraktion). W. WESLY. 7536□

Verbotene Drogen und ihr Ersatz. G. Hartmann. (Alkohol-Ind. **73.** 235—36. 1/5. 1960.) (Dt.)

Angaben über den Ersatz der bei der Spirituosen-Herst. verbotenen Drogen Quassiaholz durch Bitterklee, Chiretta- u. Tausendgüldenkraut; Rainfarn- u. Wurmkraut durch Alpenbeifuß, Ivakraut u. Schafgarbe; Sassafrasholz durch Anis, Fenchel u. Sternanis; Engelsüßwurzelstock durch Süßholz- u. Liebstockwurzel u. Liebstöckel. W. WESLY. 7536□

Branntweinschärfen. G. Hartmann. (Alkohol-Ind. **73.** 555—57. 16/10. 1960.) (Dt.)

Von den früher gebrauchten Schärfen wie Mineralsäuren, Oxalsäure, Ae., Salpetersäureester, Essigester, Fuselöl, Campher sowie auch Pfeffer, Senfsamen, Meerrettich, Sabadillsamen, die den Spirituosen einen „würzigen" Geschmack zu erteilen u. eine hochprozentige Ware vorzutäuschen hatten, sind heute Bertramwurzel, Enzianwurzel, Ingwerwurzel, Mauerpfeffer, Galgantwurzel, Paprika, Paradieskörner, Pfeffer erlaubt. L. MACHER. 7536□

Die Einwirkungen von Kaliumgibberellat auf die Erzeugung der Enzymaktivität von α- und β-Amylase und von Protease während des Mälzens von Weizen. James R. Fleming und John A. Johnson. (J. agric. Food Chem. **9.** 152—53. März/April 1961. Manhattan, Kans., Kansas, Agricult. Exp. Stat., Dep. of Flour and Feed Milling Ind.) (Engl.)

Durch Einweichen von Weizen vor oder während der Keimung in K-Gibberellat (I)-Lsg. wird die Aktivität von α-Amylase (II) um 10 g, von β-II um 86, von Protease um 48% gesteigert. Die I-Wrkg. hängt von der Varietät ab. Die wirksamste I-Konz. der Einweich-Fl. beträgt ca. 0,005%. Die behandelten Malze zeigen die gleiche Aktivität wie unbehandelte, schon 1—3 Tage keimende Proben. Das Besprühen keimender Malzproben mit I-Lsg. ist etwas weniger wirksam als das Einweichen in I-Lösung. W. WESLY. 7540□

Theoretische Voraussetzungen für die Herstellung von Grünmalz auf gekühlten Tennen. Mojmír Růžička. (Kvasný Průmysl **6.** 125—27. Juni 1960. Praha, pracoviště Brno, Projekční složka Sdruž. pivov. a sladov.) (Tschech.)

Durch theoret. Berechnungen wird die größere Wirtschaftlichkeit der Mälzung durch Tennenkühlung mit Weichwasser gegenüber der pneumat. Kühlung herausgestellt. E. L. SCHMELING. 7540□

Über Versuchsmälzen im Brauereilaboratorium. T. M. Enari und M. Linko. (Mallasjuomat **1960.** 332—42.) (Finn.)

Bericht über die Einrichtung u. die Tätigkeit der Vers.-Mälzerei eines finn. Brauereilaboratoriums. S. BECKMANN. 7540□

Über die Beeinflussung des Bitterstoffgehaltes der Hopfendolden durch mikroklimatische Faktoren. Friedrich Zattler. (Brauwelt, Ausg. B **100.** 1402—05. 1/9. 1960. Bayer. Landesanst. für Pflanzenbau u. Pflanzenschutz u. Dt. Gesellsch. für Hopfenforschung e. V.) (Dt.)

Während der Blüten- u. Dolden-Bldg. wurde von Hopfenpflanzen verschiedener Kultursorten u. Züchtungen eine Rebe in ein Gewächshaus, in dem eine hohe Temp. u. niedrige Luftfeuchtigkeit bestand, eingeleitet, während die Vgl.-Reben im Freien blieben. Bei den Kultursorten *Spalter*, *Hersbrucker Spät*, *Tettnanger* u. *Hallertauer* lagen der Gesamtharz-Geh., der Humulon- u. Lupulonanteil u. die Menge der Hartharze sowie die Bitterwerte bei den im Gewächshaus entwickelten Dolden jeweils höher als bei den im Freien verbliebenen Vgl.-Reben. K.-U. RIEDEL. 7540□

Metallderivate des Isohumulons. Zusatz: Herstellung von Isohumulon A. J. R. Hudson, A. D. Rudin und G. A. Howard. (J. Inst. Brewing **65.** ([N. S.] 56). 414—18. Sept./Okt. 1959. Nutfield, Surrey, Brewing Ind. Res. Found.) (Engl.)

Durch Behandlung von *Isohumulon A* (I) mit den entsprechenden Metallsalzen, meist Acetaten, wurden folgende Metall-Derivv. (Farbe u. F. in °C) hergestellt: Cd-(gelb

95—98°), Cr-(gelb, 90—100°), Co-(blaß-rot, 115—125°), Cu-(blau-grün, 125—130°), Fe-(rot-braun), La-(weiß, 105—108°), Pb-(gelb, 75—80°), Hg-(gelb, 120—127°), Mo-(braun), Ni-(grün, 125—135°), Ag-(weiß, 85—87°), Th-(gelb, 78—83°), Sn-(gelb), Ti-(weiß, 93—96°) u. U-(rot) I. Sie waren leicht lösl. in einfachen aliphat. Alkoholen, Ketonen u. Estern, in verschieden starkem Maße in aromat. KW-Stoffen u. fast unlösl. in gesättigten aliphat. KW-Stoffen u. Cyclohexan. Die Elementaranalysen zeigten, daß das Verhältnis von Metall zu I für Ag 1:1, Pb u. Ni 1:2 La 1:3 u. Th 1:4 betrug. Demnach scheinen die Verbb. entsprechend je Elektronenvalenz des betreffenden Metalls ein Mol. I zu enthalten. Die UV-Absorptionsspektren der verschiedenen Metall-Derivv. in A. waren einander ähnlich u. wiesen bei ca. 250 u. 280 mμ Maxima auf. Danach dürfte der I-Anteil in den Verbb. in der Enolform vorliegen. Ein Vgl. der IR-Spektren der Metallkomplexe mit denen von I ließ vermuten, daß für die Metallbindung die Triketo-methingruppe verantwortlich ist. W. KREIPE. 7540□

Das Brauwasser unter besonderer Berücksichtigung aktueller Problemstellungen. G. Franke. (Brauwelt, Ausg. B **100.** 917—19. 14/6. 1960. München, Wiss. Stat. für Brauerei u. Mälzerei.) (Dt.)

Diskussion der gesetzlichen Best. über die Brauwasseraufbereitung. Die Anwendung von Ionenaustauschern wird empfohlen. F. SEEMANN. 7544□

Die Handhabung der Gärung. Jean de Clerck. (Brewers Digest **36.** Nr. 1. 48—51. Jan. 1961. Louvain, Belgium, Univ. of Louvain.) (Engl.)

Im Rahmen eines Vortrags wird in allg. Ausführungen die Bedeutung der Gärführung für die Bier-Herst. behandelt u. bes. auf das Verh. u. den Einsatz der Hefen unter verschiedenen Gärbedingungen sowie die Würzebereitung, den Gärverlauf u. die Lagerung eingegangen. Abschließend wird kurz auf einige spezielle Gär-Meth. hingewiesen. W. KREIPE. 7544□

Über die wachstums- und gärungsbegrenzenden Faktoren bei der kontinuierlichen Gärung. T.-M. Enari und V. Mäkinen. (Brauwissenschaft **14.** 253—56. Mai/Juni 1961. Beil. zu: Brauwelt, Ausg. B. Helsinki, Panimolabortorio, Labor. für Brauerei.) (Dt.)

Vff. stellten im Labor. Bier durch kontinuierliche Gärung her. Gearbeitet wurde nach dem Prinzip des Chemostaten, bei dem durch einen wachstumsbegrenzten Faktor die Organismen-Konz. konst. gehalten wird. Der Luftsauerstoff erwies sich als geeigneter wachstumsbegrenzender Faktor für die Bierhefe. Durch Änderung der Konz. der zufließenden Würze konnte der A.-Geh. des ausfließenden Bieres reguliert werden, ohne die Hefe-Konz. zu verändern. S. ZAAKE. 7544□

Temperaturkontrollinstrumente. A. Lees. (Brewers' Guild J. **47.** 145—56. März 1961.) (Engl.)

Einige Temp.-Kontrollinstrumente für den Brauereigebrauch, mit hoher Anzeigegenauigkeit u. Funktionssicherheit, bei geringem techn. Aufwand, werden beschrieben. H. OPPERMANN. 7544□

Gibberellinsäure und Bier. A. Rahiala. (Mallasjuomat **1960.** 355—59.) (Finn.)

Unter Zusatz von 0,15 mg Gibberellinsäure/kg aus Braugerste der Sorte Balder hergestelltes Malz hat einen sehr hohen KOLBACH-Index (50,1 statt 35—37), einen relativ hohen Extrakt-Geh. u. eine ziemlich dunkle Farbe. Daraus hergestellte Würze u. Bier sind dunkler u. haben einen beträchtlich erhöhten N-Geh.; Vergärungsgrad u. Schaum-Bldg. des Bieres sind herabgesetzt; der Geschmack des Bieres ist nach einwöchentlicher Lagerung wesentlich schlechter als der eines Vgl-Bieres; nach 3 Wochen Lagerung sind die Geschmacksunterschiede ausgeglichen. S. BECKMANN. 7550□

Pyrokohlensäure-Diäthylester, ein neues Konservierungsmittel für Bier? G. Mönch. (Brauwissenschaft **14.** 257—63. Mai/Juni 1961. Beil. zu: Brauwelt, Ausg. B. München, Wiss. Stat. für Brauerei.) (Dt.)

Vf. untersuchte die Verw. von Pyrokohlensäurediäthylester (PD) in der Brauerei. PD zerfällt in Ggw. von W. in A. u. CO_2. Erst bei Anwendung von 1000 mg/Liter PD werden Bierhefen abgetötet, bierschädliche Milchsäurebakterien vertragen höhere Konzentrationen. Wenn auch die angewandten Mengen Schaum u. Eiweißstäbilität nicht veränderten, so traten bei Zusatz von 100 mg/Liter in Würze u. Bier bereits Geschmacksbeeinträchtigungen auf. Die Möglichkeit zur Konservierung von Malzauszügen, die zur Nachverzuckerung nicht jodnormaler Biere längere Zeit über aufbewahrt werden, besteht zwar, zumal bis zu Konzz. von 1000 mg/Liter die diastat. Kraft nicht geschädigt wird, ist aber wegen des Reinheitsgebotes in Deutschland nicht anwendbar. S. ZAAKE. 7550□

Die Abfüllung von Bier ohne Überschäumen. A. Maringe. (Brauwelt, Ausg. B **100.** 937—43. 17/21. Juni 1960. Nancy, Univ., Hochsch. für Brauerei, Inst. für angew. Techn.) (Dt.)

Die Ursachen des Überschäumens infolge fehlerhaft arbeitender Flaschenabfüllanlagen werden beschrieben. F. SEEMANN. 7550□

Die Anwendung von Ultraschall beim Abfüllen. H. Schilfarth. (Mschr. Brauerei **14.** 5—10. Jan. 1961. Beil. zu: Brauerei. Berlin, Versuchs- u. Lehrbrauerei, Brauereichem.-technolog. Abt.) (Dt.)

Zur Entfernung der Luft aus dem Flaschenhals wurden verschiedene Meth. verglichen u. die Ultrabeschallung als am besten geeignet befunden. — 20 Literaturangaben. F. SEEMANN. 7550□

Untersuchung der Biertrübungen. L. Chapon. (Rev. Fermentat. Ind. aliment. **16.** 47—55. 117. 1961. Nancy, École de Brasserie.) (Franz.)

Das zeitliche Auftreten von koll. Trübungen im Bier (gerechnet von seiner Abfüllung) wird bedingt durch die Ggw. von hydrophilen Makromolekülen u. von Micellen im Bier. Solange diese in stabiler koll. Lsg.-Form verbleiben, erscheint das Bier glanzklar. Sobald sie aber durch chem. Rkk. ihren polaren Charakter verlieren, erleidet ihre Löslichkeit Veränderungen. Die so auftretenden Trübungen bestehen aus Protein, Tannin (kondensierten Polyphenolen), Polysacchariden, Hopfenharzen, evtl. aus Metall-Eiweiß-Trübungen. Die Anteile an Protein u. Tannin können stark wechseln; Protein allein kann 20—70% der Trübung ausmachen. Man unterscheidet die reversible Kältetrübung (die bei Zimmer-Temp. wieder verschwindet) von der irreversiblen Oxydationstrübung, bei der die Hydrophilie der Makromoll. sich vermindert. Man kennt ferner die Pasteurisiertrübung, die beim Pasteurisieren nicht stabilisierter Biere auftritt. Um die koll. Stabilität der Biere zu erproben, werden Trübungen künstlich hervorgerufen, u. zwar durch Hitze- u. Kältebehandlung sowie durch Schütteln der Biere. Stabile Biere weisen trotz solcher robuster Behandlungs-Meth. keine Trübungen auf.
L. MACHER. 7550□

Untersuchungen über die Wirkung verschiedener Adsorptionsmittel auf die Eiweißstoffe von Bier. Karl Raible. (Brauwissenschaft **14.** 263—71. Mai/Juni 1961. Beil. zu: Brauwelt, Ausg. B. Hamburg, Bavaria- u. St. Pauli-Brauerei, Zentrallabor.) (Dt.)

Verschiedene *Kieselgele* (I) wurden hinsichtlich ihrer Eiweißadsorptions-Wrkg. in Bier untereinander u. mit *Bentoniten* (II) verglichen. I adsorbiert nur Eiweißstoffe der LUNDIN-Fraktion-A u. ein wenig von B; II auch N-Verbb. der C-Fraktion. Die Ammonsulfatfällungsgrenze (AFG) wird bei Verw. von I rascher erhöht als bei Verw. von II. Unterss. mit 30 verschiedenen Präpp. von I ergaben beträchtliche Unterschiede im Adsorptionsvermögen. Die Eiweißadsorption verlief mit der Erhöhung der AFG nicht parallel. Vf. nimmt daher an, daß entweder neben gleichen N-Verbb. auch andere Stoffe, die die AFG beeinflussen, adsorbiert werden oder die Adsorptions-Wrkg. von I auf hochmol. Eiweißstoffe unterschiedlich ist. S. ZAAKE. 7550□

Untersuchung über die Zuckerung von Most. P. Jaulmes, G. Hamelle und A. Bonnet. (Ann. Falsificat. Expertise chim. **54.** 124—25. März 1961. Montpellier, Fac. de Pharm., Stat. Oenol.) (Franz.) — Vgl. C. **1962.** 331.

Zur Stabilisierung von Most, der im Verdacht steht, gezuckert zu sein, erhitzt man 1 Liter Most (in einem Al-Gefäß) mit einigen Tropfen Allylsenföl u. 6 g $CaCO_3$ zum Kochen, kühlt nach 5 Min. langem Kochen an der Luft, dann in kaltem W. ab u. verteilt die Probe in 4 Flaschen, die halb gefüllt, mit Kork verschlossen u. mit Wachs versiegelt werden. W. WESLY. 7552□

Über die Verwendung von Aluminium und seinen Legierungen in der Wein- und Branntweinindustrie. 15. Mitt. **Über die Korrosion einiger Aluminiumlegierungen in trockenem, mit Ionenaustauschern behandeltem Weißwein.** Takuichi Morinaga, Shigeo Zaima und Motoo Kagami. (Light Metals [Tokyo] **10.** Nr. 2 (41). 51—55. März 1960. Tokyo, Inst. of Technol., u. Yamanashi Univ., Fac. of Engng. u. Res. Inst. of Fermentation.) (Jap.; Auszug: Engl.) — 14. vgl. C. **1961.** 689.

Unterss. über die Einw. von trockenem Weißwein auf die Legg. 1 S, 2 S, 3 S u. 52 S zeigen: Die die Korrosion beeinflussenden Weinbestandteile werden durch die Ionenaustauscher nicht verändert. Immerhin wird die Grübchen-Bldg. durch mit Ionenaustauschern behandelten Wein verzögert. Am korrosionsfestesten ist S 1. Geschmack u. Geruch des Weißweins werden durch Eintauchen in die Legg. verschlechtert, was durch Behandlung mit Ionenaustauschern verhindert wird, bes. bei Rotwein.
W. WESLY. 7554□

Über die Verwendung von Aluminium und seinen Legierungen in der Wein- und Branntweinindustrie. 16. Mitt. **Der Einfluß der Behandlung mit Ionenaustauschern auf die korrosionshemmende Wirkung von S 1 in Branntwein.** Takuichi Morinaga, Shigeo Zaima und Motoo Kagami. (Light Metals [Tokyo] **10.** Nr. 3 (42). 51—55. Mai 1960.) (Jap.; Auszug: Engl.) — 15. vgl. vorst. Referat.

Durch Behandlung mit Ionenaustauschern wird der Gew.-Verlust von S 1 mit 0,03 (%) Cu, 0,12 Fe, 0,16 Si, Rest Al in Branntwein nicht sonderlich vermindert, aber das Auftreten von Grübchen hinausgeschoben. Nachträgliche Zusätze von kondensierten Phosphaten haben keine deutliche Wirkung. Die Ionenaustauscher verbessern Geruch u. Geschmack des Branntweins. W. WESLY. 7554□

Acetaldehydbildung in Submerskulturen nichtfilmbildender Arten von Saccharomyces. C. S. Ough. (Appl. Microbiol. **9.** 316—19. Juli 1961. Davis, Calif., Univ. Dep. of Viticult. and Enology.))Engl.)

Drei verschiedene Hefen von *Saccharomyces cerevisiae* fermentieren Äthylalkohol aerob zu Acetaldehyd u. produzieren den „blumigen" Charakter in einem Weinmedium bei Submerskultur. D. PÖHLAND. 7554□

Über eine nichtspezifische Gärungsreaktion zur Untersuchung von Gärungsinhibitoren in Getränken. Armando Canuti. (Boll. Lab. chim. provinc. **10.** 145—51. April/Juni 1959. Frosinone, Labor. chim. provinc.) (Ital.)

Man verd. 50 ml des zu untersuchenden Getränkes (A) auf 100 ml mit dest. W., entgast unter Rühren (CO_2-Entw.), gibt einige Tropfen Indicator (B; 0,2% ig. alkohol. Lsg. von Phenolrot) zu, neutralisiert langsam mit 5% ig. Na_2CO_3-Lsg. auf pH 8,4. B wird für farblose, klare u. ein pH-Meter für gefärbte Fll. benutzt. Daneben bereitet man eine Hefesuspension (C) in W. u. stellt auf dasselbe pH ein. Man behandelt eine gleichzeitig hergestellte von Gärungsinhibitoren (GI) freie Vgl.-Probe (D) wie A, gibt zu A u. D 2 oder 3 ml C, vermischt, läßt bei 37° im Thermostaten stehen u. mißt in jeder Lsg. den pH-Wert, wobei ein konst. Wert die Ggw. von GI anzeigt. Für farblose Fll. genügt der Farbumschlag. Der qual. Nachw. u. die quant. Best. der antimikrob. Substanzen erfolgen mit Hilfe von chromatograph. u. spektrophotometr. Methoden. — 20 Literaturhinweise. G. PLATZER. 7592□

Eine Methode zur Feststellung der kältebeständigen Protease im Bier. Paul R. Glenister und Martin Burger. (Brewers Digest **36.** Nr. 1. 52—55. Jan. 1961. Chicago, Ill., J. E. Siebel Sons' Co., Inc.) (Engl.)

Eine einfache Meth. zum qual. Nachw. der kältebeständigen Protease (I) im Bier wird beschrieben. Man hängt ein oder zwei 2×2 cm große Stückchen eines normalen, photograph. Films, z. B. Kodak Verichrome Pan-120, in das zu untersuchende Bier u. temperiert bei 40°. Dabei wird in Ggw. von I die Gelatineemulsion des Filmmaterials digeriert. Die Digestion der Gelatine ist im allg. nach 30—60 Min. beendet. Es tritt eine weitgehende Entfärbung der Filmstücke bei Anwesenheit von I im Bier ein, während die Kontrollstücke dunkel bleiben. Da wss. I-Lsgg. diese Wrkg. nicht zeigten, scheinen im Bier I-aktivierende Substanzen vorhanden zu sein. Der Mechanismus dieser Erscheinung konnte bisher jedoch noch nicht geklärt werden, obgleich sich mit einer Cystein–Versene-Mischung das Filmmaterial in gleicher Weise wie durch Bier entfärben ließ. Für die Unters. von Malzinfusionen ist diese Meth. ebenfalls geeignet. An einer quant. Auswertung dieses Testes wird gearbeitet. — 18 Literaturangaben. W. KREIPE. 7594□

Anwendung der Gaschromatographie zur Analyse von alkoholischen Destillaten. Fulvio Cacace, Mohamed Ikram und Maria Luisa Stein. (Ann. Chimica **49.** 1383—90. Sept. 1959. Roma, Univ., Ist. di Chim. farm. e tossicolog.) (Ital.)

Durch Anwendung der gaschromatograph. Meth. unter Verw. von 2 hintereinandergeschalteten Säulen, von denen die 1. Didecylphthalat u. die 2. Polyäthylenglykol als stationäre Phasen enthalten, können Branntweine rasch analysiert u. darin unerwünschte Verunreinigungen (CH_3OH, Acetaldehydacetal u. Äthylacetat) bestimmt werden. Man behandelt die zu untersuchende Probe oder ein synthet. Gemisch mit wasserfreiem K_2CO_3 im Scheidetrichter, entfernt die gesätt. K_2CO_3-Schicht, läßt die alkohol. Phase 2 Tage über wasserfreiem $CuSO_4$ unter zeitweiligem Umschütteln stehen u. spritzt 0,05 ml der zentrifugierten Fl. in die Säule ein. Die wiedergegebenen Chromatogramme wurden bei einer Arbeits-Temp. von 85° aufgezeichnet. Die Veränderungen in der Menge der eingeführten Fl. beeinflussen in keiner Weise die erhaltenen Analysenwerte; es können so bis 0,05 ml CH_3OH in 100 ml A. mit einem Fehler von 2% bestimmt werden. G. PLATZER. 7596□

Vereinfachte Analysen: I. Chloride, II. Pasteurisation, III. Diacetyl. Joseph L. Owades, Jack Jakovac und Carl Vigilante. (Amer. Brewer **94.** Nr. 1. 23—25. Jan. 1961. Mount Vernon, N.Y., Schwartz Labor., Inc.) (Engl.)

Überblick über einfache Meth. zur Analyse von Bierbestandteilen, wie die titrimetr. Chlorid-Best., die photometr. Best. von Diacetyl- u. ähnlichen Diketonen u. der qual. Nachw. der Pasteurisation. — 13 Literaturangaben. F. SEEMANN. 7600□

Polarographische Bestimmung der furanogenen Stoffe im Bier. Jaroslav Hummel. (Kvasný Průmysl **6.** 123—24. Juni 1960. Praha, Pracoviště Plzeň, VUPS.) (Tschech.)

Zur Umgehung der bisher üblichen, langwierigen Dest.-Meth. wurden die furanogenen Stoffe in durch 12% ig. HCl hydrolysiertem Bier direkt polarograph. bestimmt u. eine Eichkurve aufgenommen. E. L. SCHMELING. 7600□

Komplexometrische Bestimmung des Calciumgehaltes in Weinen. Roberto Biffoli. (Boll. Lab. chim. provinc. **10.** 120—23. April/Juni 1959. Firenze, Labor. chim. provinc.) (Ital.)

Die komplexometr. Titration von in Weinen enthaltenem Ca oder in der Asche aus Wein mit Äthylendiamintetraacetat (EDTA) liefert der gravimetr. Standard-Meth. analoge Werte. Es wird ein abgewandeltes komplexometr. Verf. beschrieben. Best. von Ca in Wein; man fällt Ca-Oxalat (I) aus 50 ml der zu untersuchenden Weinprobe mit sd. gesätt. NH_4-Oxalat-Lsg. (II) u. wenigen Tropfen Oxalsäure, läßt 30 Min. auf dem Wasserbad unter Rühren stehen, filtriert den Nd. ab, löst I in 40 ml heißer 0,5n HCl-Lsg., versetzt mit 60 ml W., gibt Murexid-Indicator (0,2—0,3 g, gemischt mit 20 bis 30 g NaCl) zu, neutralisiert mit 10 ml 2n KOH-Lsg. bis zu einem pH-Wert $\geq$12 u. titriert rasch mit 0,01m EDTA bis zum vollständigen Farbumschlag von Lachsrot zu Violett. Best. von Ca in Asche: Man nimmt die in einem Pt-Tiegel erhaltene Asche aus 50 ml Wein mit wenig 1 ml konz. HCl enthaltendem W. auf, kocht, gibt noch W. bis zu 100 ml Vol. zu, dann einige Tropfen Methylorange (III) u. 10 ml sd. II-Lsg., fügt tropfenweise NH_4OH zu bis fast zum Umschlag von III, rührt um, läßt absetzen (Wasserbad) u. verfährt wie obenstehend. G. PLATZER. 7606□

Ergänzungen zum Nachweis von Hybridentraubensäften und -weinen. H. Tanner und H. Rentschler. (Mitt. Gebiete Lebensmittelunters. Hyg. [Bern] **51.** 130—31. 1960. Wädenswil, Eidg. Versuchsanst.) (Dt.)

Anschließend an frühere Unterss. (Mitt. Gebiete Lebensmittelunters. Hyg. [Bern] **50.** [1959.] 533) geben Vff. eine verbesserte Methodik zur Unters. von tiefroten zuckerfreien Weinen, Rotweinen u. alkoholfreien roten Traubensäften mittlerer Farbe (einschließlich zuckerhaltiger Weine) sowie farbstoffarmen Traubensäften u. -weinen zum Nachw. von Hybridentraubensäften u. -weinen an. K. KAPPELLER. 7606□

General Electric Co. Ltd., London, übert. von: **Brian Stephen Gossling**, Wembley, England, *Künstliche, vererbbare Variationen der Eigenschaften von Mikroorganismen.* (**A. P. 2 955 076** vom 4/10. 1956, ausg. 4/4. 1960. E. Prior. 5/10. 1955. — **C. 1960.** 1356 [D. A. S. 1 052 938].)

Vereinigte Mautner Markhof'sche Preßhefe-Fabriken, Wien, übert. von: **Ernst Kuestler**, Mauer, und **Karl Rokitansky**, Wien, Österreich, *Herstellung von Hefe mit erhöhter Trockensubstanz und verminderter Plastizität.* (**A. P. 2 947 668** vom 16/1. 1959, ausg. 2/8. 1960. Oe. Prior. 3/2. 1954. — **C. 1958.** 13121 [D. A. S. 1 010 482].)

Roland F. Beers jun., Baltimore, Md., V.St.A., *Submerse Züchtung von Micrococcus lysodeikticus.* (**E. P. 819 336** vom 1/11. 1957, ausg. 2/9. 1959. A. Prior. 21/11. 1956. **A. P. 2 966 445** vom 21/11. 1956, ausg. 27/12. 1960. — **C. 1960.** 1356 [D. A. S. 1 056 560].)

Corn Products Co., New York, N.Y. (Erfinder: **Ralph W. Kerr**, Riverside, Ill.), V.St.A., *Reinigen von Amyloglucosidase und Herstellung von Dextrose.* (**E. P. 849 509** vom 3/3. 1958, ausg. 28/9. 1960. A. Prior. 30/12. 1957. **A. P. 2 970 086** vom 30/12. 1957, ausg. 31/1. 1961. — **C. 1961.** 12299 [D. A. S. 1 087 550].)

Nagase & Co. Ltd., Osaka, übert. von: **Kazuo Okunuki**, Kawamo, Takarazuk, **Bunji Hagihara**, Higashi Amagasaki, und **Tomizo Ukita**, Fushimi-ku, Kyoto, Japan, *Reinigen von Proteasen.* (**A. P. 2 952 586** vom 25/11. 1958, ausg. 13/9. 1960. Jap. Prior. 23/2. 1955. — **C. 1959.** 9075 [D. A. S. 1 036 192].)

Chas. Pfizer & Co., Inc., New York (Erfinder: **Hsing T. Huang**, Fresh Meadows), N.Y., V.St.A., *Erzeugung von Lysinracemase und DL-Lysin.* (**E. P. 853 563** vom 1/7. 1958, ausg. 9/11. 1960. A. Prior. 30/7. 1957 u. 21/5. 1958. **A. P. 2 944 943** vom 21/5. 1958, ausg. 12/7. 1960. — **C. 1960.** 7368 [D. A. S. 1 069 102].)

National Drug Co., Philadelphia, Pa., V.St.A., *Stabiles proteolytisches Enzympräparat und seine Gewinnung.* (**Belg. P. 554 409** vom 23/1. 1957, ausg. 29/1. 1960. A. Prior. 23/1. 1956 u. 7/1. 1957. — **C. 1960.** 3404 [E. P. 802 069].)

Aktiebolaget Pripp & Lyckholm, Göteborg, Schweden, *Verhütung von Getränketrübungen.* (**Belg. P. 558 160** vom 6/6. 1957, ausg. 25/3. 1960. E. Prior. 8/6. 1956. — **C. 1960.** 15934 [E. P. 826 862].)

A/B Chematur, Stockholm, Schweden, *Gewinnung von Alkohol hoher Reinheit aus Gärlösungen.* (**Belg. P. 555 145** vom 19/2. 1957, ausg. 12/2. 1960. Schwed. Prior. 20/2. 1956. — **C. 1959.** 13965 [D. A. S. 1 052 344].)

Associated British Maltsters Ltd., übert. von: **Alan Macey** und **Keith C. Stowell**, Newark-on-Trent, England, *Malzerzeugung.* (**A. P. 2 960 409** vom 7/7. 1959, ausg. 15/11. 1960. **Belg. P. 551 282** vom 25/9. 1956, ausg. 18/12. 1959. Beide E. Prior. 26/9. 1955. — **C. 1959.** 5979 [E. P. 792 272].)

Ernst Komm, München, *Herstellung von Bier und anderen Gärungsgetränken.* (**E. P. 860 892** vom 24/5. 1957, ausg. 15/2. 1961. **A. P. 2 947 667** vom 21/5. 1957, ausg. 2/8. 1960. Beide D. Prior. 29/5. 1956. — **C. 1960.** 3067 [F. P. 1 176 998].)

P. P. Weiner, Luxemburg, Luxemburg, *Hopfenbehandlung.* (**Belg. P. 556 966** vom 25/4. 1957, ausg. 26/2. 1960. Luxemburg. Prior. 30/4. 1956 u. 4/2. 1957. — **C. 1960.** 12868 [D. A. S. 1 070 121].)

A. P. V. Co. Ltd., Grawley, übert. von: **Stanley William Thomas Paine**, Cuckfield, England, *Behandlung von Bierwürze.* (**Belg. P. 560 593** vom 5/9. 1957, ausg. 22/4. 1960. E. Prior. 7/9. 1956 u. 30/5. 1957. **A. P. 2 948 617** vom 3/9. 1957, ausg. 9/8. 1960. E. Prior. 7/9. 1956. — **C. 1961.** 12673 [D. A. S. 1 091 516].)

Heinr. Auer Mühlenwerke K. G. auf Aktien, Köln, *Biererzeugung*. (**Belg. P. 556 282** vom 30/3. 1957, ausg. 26/2. 1960. D. Prior. 7/4. 1956. — C. **1960.** 9749 [D. P. [DDR] 16 810].)

E. Barrey, Nanterre, Frankreich, *Biererzeugung*. (**Belg. P. 554 299** vom 18/1. 1957, ausg. 29/1. 1960. F. Prior. 27/1. 1956. — C. **1960.** 14546 [E. P. 816 251].)

Dominion Breweries Ltd., Auckland, Neuseeland, *Erzeugung von Bier und vergorenen Getränken*. (**Belg. P. 559 853** vom 5/8. 1957, ausg. 22/4. 1960. Neuseeländ. Prior. 6/8. u. 17/8. 1956, 29/1., 22/2. u. 22/3. 1957. — C. **1960.** 8039 [F. P. 1 180 878].)

G. Weber, Denain, Frankreich, *Künstliches Reifen von Bier*. (**Belg. P. 569 589** vom 19/7. 1958, ausg. 19/5. 1961. Schwz. Prior. 26/7. 1957. — C. **1961.** 12300 [D. A. S. 1 098 894].)

Alfred Jørgensen's Gaeringsfysiologiske Laboratorium, Kopenhagen, Dänemark, *Verhütung des Überschäumens von Bier und Verbesserung der Schaumbeständigkeit*. (**Belg. P. 557 492** vom 14/5. 1957, ausg. 11/3. 1960. Dän. Prior. 16/5. 1956. — C. **1960.** **6691** [A. P. 2 865 755].)

Miles Laboratories, Inc. (Erfinder: **Leonard Brudy Schweiger**), Elkhart, Ind., V.St.A., *Herstellung von Citronensäure durch submerse Schimmelpilzgärung*. (**D. B. P. 974 991** Kl. 6b vom 24/12. 1953, ausg. 29/6. 1961. Anmeldung bekanntgemacht 26/5. 1955. A. Prior. 5/1. 1953. — C. **1961.** 1758 [Schwz. P. 342 191].)

Mikuláš Burger, Karel Beran und **Zdeněk Fenel**, Prag, Tschechoslowakei, *Verwendung von Mycelabfällen aus der Citronensäuregärung zur Stärkeverzuckerung*. (**E. P. 847 935** vom 27/11. 1956, ausg. 14/9. 1960. **Belg. P. 553 034** vom 29/11. 1956, ausg. 15/1. 1960. Beide Tschech. Prior. 1/12. 1955. — C. **1960.** 5344 [D. A. S. 1 066 522].)

Kyowa Hakko Kogyo Kabushiki Kaisha, übert. von: **Kiniehiro Sakaguchi, Shigeo Abe** und **Teruhiko Beppu**, Tokyo, Japan, *Herstellung von allo-Isocitronensäure durch Gärung*. (**A. P. 2 949 404** vom 1/7. 1958, ausg. 16/8. 1960. — C. **1961.** 13386 [E. P. 852 486].)

Kyowa Hakko Kogyo Kabushiki Kaisha, Tokyo, Japan, *Erzeugung von l-Glutaminsäure durch Gärung*. (**Belg. P. 554 612** vom 30/1. 1957, ausg. 29/1. 1960. Jap. Prior. 17/5. 1956. — C. **1961.** 7781 [F.P. 1 170 889].)

XVI. Nahrungs-, Genuß- und Futtermittel

Überblick über die in der Lebensmittelindustrie angewandten Desinfektionsmittel. J. Babička. (Průmysl Potravin **6.** 412—14. 1955.) (Tschech.) E. Rotter. 7634

Verpackung von Nahrungsmitteln in Kunststoffolien. O. Wouters. (Plastica [Delft] **14.** 798—800. Sept. 1961. Utrecht, Centr. Inst. voor Voedingsonderz., T.N.O.) (Holl.)

Vortrag. Übersicht über geschichtliche Entw., Zweck u. Ausführung der Verpakkung von Nahrungsmitteln in Kunststoffolien u. die dazu verwendeten Kunststoffarten. — Diskussion. W. Wesly. 7634□

Chemische Aspekte und Nährwert der bestrahlten Nahrungsmittel. A. Mariani. (Boll. chim. farmac. **99.** 619—24. Sept. 1960. Rom, Ist. Naz. della Nutriz., Labor. di Chim. Biol.) (Ital.)

Übersicht über die Veränderungen, die in Nahrungsmitteln nach Bestrahlung zum Zweck der Konservierung eintreten, über die Auswrkg. auf den Nährwert u. den Einfl. der behandelten Nahrungsmittel auf die Gesundheit. — 8 Literaturangaben. K. Zingraf. 7634□

Gefrorene vorgekochte Soßen. Ruth Jordan. (J. Amer. dietet. Assoc. **39.** 590 bis 594. Dez. 1961. Lafayette, Indiana, Purdue Univ., Agric. Exp. Stat. u. School of Home Economics, Dep. of Foods and Nutr.) (Engl.)

Tiefgefrorene Soßen neigen, sofern sie mit Weizenmehl eingedickt sind, beim Auftauen oft zum Gerinnen. Vf. bereitete eine weiße Soße nach Hausfrauenart unter Verw. von Weizenmehl (**a**), wachsartiger Maisstärke (**b**), wachsartigem Reismehl (**c**) u. einem im Labor. hergestellten wachsartigem weißen Maismehl (**d**). Die Soßen, sowie auch mit derartigen Soßen zubereitete Hähnchen, wurden bis zu 12 Monate in gefrorenem Zustand aufbewahrt. Beim Tauen zeigte sich bei den mit **b, c** u. **d** hergestellten Soßen in keinem Fall eine Phasentrennung. Eine merkliche Synärese beim Tauen der mit **a** zubereiteten Soßen war ohne besondere Bedeutung, die Soßen hatten nach erneutem Erhitzen u. Rühren wieder ihre ursprüngliche Beschaffenheit. Die Hähnchen zeigten nach Erhitzen ebenfalls in allen Fällen einwandfreie Beschaffenheit. Unter den Versuchsbedingungen erwies sich also **a** als Dickungsmittel ebenso geeignet wie **b, c** u. **d**, sofern nach dem Auftauen erhitzt wurde. Hans Thiele. 7742□

Untersuchung der Reifung von Fleisch und einigen Nebenprodukten der Büffelschlachtung. A. M. Achmedow und O. I. Babachanow. (Вопросы Питания [Fragen d. Ernähr.] **18.** Nr. 6. 64—65. Nov./Dez. 1959. Kirowabad, Aserbaidshan. Landw. Inst.) (Russ.)

Die Menge an *Glucose* (**I**) im Fleisch 1. Sorte schwankt innerhalb von 119 Std. nach der Schlachtung von 212,6—251,4 mg% u. erreicht nach 551 Std. 348,8 mg%. Im Fleisch 2. Sorte beträgt der **I**-Geh. entsprechend 136,4—203,7—271,8 mg%. Der Geh. an *Milchsäure* steigt bei der Lagerung, ist aber im Fleisch 1. Sorte niedriger als in dem

2. Sorte. Der Fleischsaft läßt sich nach 119 Std. auspressen. Nach 5 Tagen hat das Fleisch eine weiche Konsistenz, ein spezif. Aroma u. sondert den Saft gut ab. Bei 0—4° reift das Büffelfleisch vollständig nach 5—6 Tagen. H. TREUMANN. 7750□

Einfluß der Knochen auf den Gehalt an ^{89}Sr und ^{45}Ca in Rinderbraten. M. C. Bell und R. G. Buescher. (J. Amer. dietet. Assoc. **39.** 567—68. Dez. 1961. Oak Ridge, Agric. Res. Labor., Atom. Energy Comm., Univ. of Tennessee.) (Engl.)

Vff. untersuchten Lendenbraten mit u. ohne Knochen von 16 Bullen, die per os ^{89}*Sr* u. ^{45}*Ca* erhalten hatten, auf den Geh. an ^{89}*Sr* u. ^{45}*Ca*. Nach dem Kochen enthielt das Fleisch der Braten mit Knochen mehr ^{89}*Sr*, ^{45}*Ca* u. stabiles *Ca* als die Braten ohne Knochen. Die Radioaktivität des Fleisches nahm mit zunehmender Entfernung vom Knochen ab. Tropfwasser von Braten mit Knochen enthielt ebenfalls mehr ^{89}*Sr* u. ^{45}*Ca* als Tropfwasser von knochenlosen Braten. HANS THIELE. 7750□

Untersuchungen über die Chemie von gepökeltem Fleisch im Hinblick auf das Verblassen der Fleischfarbe. H. N. Draudt und F. E. Deatherage. (Food Res. **21.** 122—32. Jan/Febr. 1956. Columbus, Ohio, Ohio State Univ., Dep. of Agric. Biochem.) (Engl.)

Unter Hinweis auf die Rolle von Licht, O_2 u. Dehydratation bei der Fleischverfärbung wird ihr Einfl. auf Stickoxid-Myoglobin untersucht. WARBURG-Verss. an vorher unter definierten Bedingungen zubereitetem Rindfleisch zeigen, daß unter O_2 bei dem Oxydationsvorgang ein Gas, wahrscheinlich CO_2, entsteht. Es wird weiterhin festgestellt, daß auch in Ggw. von Licht u. Luft wenigstens ein Teil des im denaturierten Globin-NO-Myohämochrom vorliegenden Stickoxids auf die Stufe des Nitrits bzw. Nitrats oxydiert wird. Die Abnahme der Farbe ist mit einer Zunahme von Nitrit u. Nitrat verbunden. Aus graph. Darst. ist zu ersehen, daß nach ca. 200 Min. ein Wechsel in bezug auf die Oxydation erkennbar wird, wonach Nitrat-Bldg. u. Farbverlust abnehmen, die CO_2-Bldg. hingegen ansteigt. Es wird weiter festgestellt, daß das Verblassen der Fleischfarbe bei Dunkelheit etwas langsamer fortschreitet. A. TÄUFEL. 7750□

Neue Verwertung von Tintenfischfleisch. 1. Mitt. Grundlegende Versuche. Fumiko Matsumoto, Fujiko Yoshimatsu, Setsuko Tada und Haruko Ochiai. (Natur. Sci. Rep. Ochanomizu Univ. **7.** 111—17. 1956.) (Jap.; Auszug: Engl.)

Kleingehacktes *Tintenfischfleisch* gibt in wss. Suspension leichtlösl. Eiweiß ab u. zeigt große Neigung zum Schäumen, die mit steigender Konz. von zugesetztem *NaCl* zunimmt unter gleichzeitiger Abnahme der Stabilität des Schaumes. Andere Salzzusätze wirken ähnlich, wobei die Wirksamkeit der Anionen der HOFMEISTER-Reihe entspricht. Die Stabilität des Schaumes wird bes. durch *Citrat* stark herabgesetzt. Steigendes pH, vom Neutralpunkt aus, verstärkt das Schäumen u. die Stabilität. Auf der sauren Seite dagegen zeigt das Schäumen ein Minimum bei pH 4,8, fällt bis gegen pH 4 ab u. steigt dann wieder etwas an. Die Stabilität ist am größten nahe pH 6. *Harnstoff* verstärkt das Schäumen u. die Stabilität, die Art der Blasen u. der Geschmack sind jedoch der Verwertbarkeit abträglich. *Fett* u. *Zucker* senken das Schäumvermögen, zusammen mit NaCl bilden sich dichte stabile Schäume. L. SCHULER. 7752□

Die auspreßbare Flüssigkeit von Fischfilets. 10. Mitt. Natrium- und Kaliumgehalt in gefrorenem und gekühltem Fisch. R. M. Love. (J. Sci. Food Agric. **12.** 439 bis 442. Juni 1961.) (Engl.) — 9. vgl. C. **1959.** 12081.

In der auspreßbaren Fl. von aufgetautem Fisch, der verschieden rasch eingefroren worden war, wurden Na^+ u. K^+ bestimmt. Der Na^+-Geh. in der Preßfl. änderte sich nicht, der K^+-Geh. verminderte sich in den ersten 4 Tagen u. stieg in den folgenden 14 Tagen wieder an. H. GOEBEL. 7752□

Die auspreßbare Flüssigkeit von Fischfilets. 11. Mitt. Eiskristallbildung und Zellzerstörung im Kabeljaumuskel nach Einfrieren vor der Totenstarre. R. M. Love und S. B. Haraldsson. (J. Sci. Food Agric. **12.** 442—49. Juni 1961.) (Engl.) — 10. vgl. vorst. Referat.

Kabeljau-Filets wurden verschieden rasch eingefroren u. zwar vor u. nach Eintritt der Totenstarre u. dann Eiskristallgröße u. die Zellzerstörung untersucht. Die Eiskristalle in vor der Starre gefrorenem Fisch waren kleiner als bei Einfrieren nach Eintritt der Starre. Die Zellzerstörung („Peack B", gemessen nach der Desoxyribonucleinsäure-Meth.) war in letzterem Falle nach 80 Min. Einfrieren gleich groß wie im ersten Falle nach 200 Minuten. Diskussion eines möglichen Mechanismus. H. GOEBEL. 7752□

Die Bedeutung der Staphylokokken in der Milchhygiene. G. Obiger. (Molkerei-Ztg., Welt d. Milch **14.** 1227—31. 30/9. 1960. Kiel, Bundesforschungsanst. für Milchwirtschaft. Inst. für Milchhygiene.) (Dt.)

Vortrag. — 32 Literaturangaben. M. WINIKER. 7756□

Zusammenhang zwischen Rohmilchqualität und Trinkmilchqualität. Torsten Storgårds. (Milchwissenschaft **16.** 113—19. März 1961.) (Dt.)

Es konnte festgestellt werden, daß zwischen dem Bakterien-Geh. der Rohmilch u. der aus letzterer hergestellten pasteurisierten Milch kein direkter Zusammenhang besteht. Auch der Geschmack u. die Haltbarkeit von bei 17° aufbewahrter pasteurisierter Milch korrelierten kaum mit dem Bakterien-Geh. der Rohmilch.

M. WINIKER. 7756□

Die Beziehung der Milchserumproteine und Milchsalze zu den Wirkungen der Hitzebehandlung auf die Labkoagulation. A. Kannan und Robert Jenness. (J. Dairy Sci. **44.** 808—22. Mai 1961. St. Paul, Minn., Univ. of Minnesota, Dep. of Agric. Biochem.) (Engl.)

Vff. untersuchten den Einfl. einer 30 Min. dauernden Erhitzung auf 85 oder 90° auf die Labkoagulierbarkeit von Magermilch u. künstlichen Syst. aus Caseinat (aus Magermilch abzentrifugiert), das in Milchdialysat mit u. ohne Zusatz von Milchserumproteinen dispergiert wurde. Diese Erhitzung bewirkte sofort eine Verlängerung der Koagulationszeit bei 35° u. eine weitere Verlängerung (Hysterese) nach 3 Std. bei 35°. Diese Wrkg. waren an den künstlichen Syst. nur zu beobachten, wenn *β-Lactoglobulin* (I) anwesend war. Darüber hinaus bewirkten 0,2% I eine Verstärkung dieser Effekte bei Magermilch. Dies spricht dafür, daß I unter der Hitze-Einw. verändert wird oder mit Casein einen Komplex bildet, der schwerer durch Lab koaguliert wird. Inkubation der Milch mit Lab bei 16° verlangsamte die Labkoagulation der Rohmilch bei 35° kaum, wohl aber die der erhitzten, da die temp.-induzierten Rkk. des I offenbar der primären (enzymat.) Wrkg. des Labs entgegenwirken. Erhitzung von Magermilch auf 85° für 30 Min. (8 Proben) bedingte im Mittel eine Überführung von 6 mg Ca^{2+} u. 4 mgP/100 ml von gelösten in den koll. Zustand. Kühlung macht diesen Effekt offenbar teilweise rückgängig. Dialyse erhitzter Milch gegen große Vol. Rohmilch erhöhte den Geh. an koll. Phosphat u. stellte die Labkoagulierbarkeit zum Teil wieder her. Die Zustandsänderung von Ca^{2+} u. P war von der I-Ggw. unabhängig. Die Hysterese dürfte auf einen Verlust von koll. Calciumphosphat aus den Caseinatpartikeln während der Inkubation bei 35° zurückzuführen sein.

HANS THIELE. 7756□

Über die enzymatische Dehydratation des Caseins bei Labeinwirkung. Otto Kirchmeier. (Milchwissenschaft **16.** 137—40. März 1961. Heiligenberg, Baden, Heiligenberg-Inst., Chem. Abt.) (Dt.)

Bei der Unters. der niedermol. N-freien Labspaltprodd. aus dialysierter Milch wurde festgestellt, daß bis zu 30% u. mehr des Trockengewichts dieser Substanzen aus Hydratwasser bestehen, das an Ca^{2-}-Ionen gebunden ist u. auch durch mehrstd. Erhitzen auf 105° nicht entfernt werden kann. Im Gegensatz zu dem starken Wasserbindungsvermögen der abgespaltenen Ca-Salze weist das Paracasein als Hauptprod. der Labgerinnung eine ausgesprochene Neigung auf, in den dehydratisierten Zustand überzugehen. Durch die enzymat. Abspaltung hydratisierter Ca^{2+}-Ionen, die über Hydroxysäuren an das Casein gebunden sind, büßt letzteres seine Hydrathülle u. damit die Voraussetzung für seine Löslichkeit ein.

M. WINIKER. 7756□

Über den Einfluß des Calciums auf die Formelastizität des Caseins und die Benützung der Labgerinnungszeit als Mittel zur Bestimmung von Struktureigenschaften. Otto Kirchmeier. (Milchwissenschaft **16.** 260—62. Mai 1961. Heiligenberg, Baden, Heiligenberg-Inst., Chem. Abt.) (Dt.)

Mittels eines Kreisprozesses wurde nachgewiesen, daß die Labgerinnungszeit von der Konstit. des *Caseins* (I) abhängt. Bei Verdünnungs- u. Eindampfungsoperationen wird Ca-armes I rasch deformiert, wobei spezif. Labangriffsstellen blockiert werden. Demgegenüber weist das durch Ca abgesätt. I von entrahmter Frischmilch eine ausgeprägte Formelastizität auf.

M. WINIKER. 7756□

Über die Lokalisierung von Lipase im Casein. J. D. Skean und W. W. Overcast. (J. Dairy Sci. **44.** 823—31. Mai 1961. Knoxville; Tennessee Agric. Exp. Stat., Dep. of Dairying.) (Engl.)

Bekanntlich ist die Haupt-*Lipase* (I)-Aktivität der Milch an den Casein-Komplex gebunden. Vff. zeigen, daß durch Zentrifugieren von H_2S-behandelter Milch bei 50000 U/Min. gewonnenes Casein ca. die doppelte I-Aktivität eines durch Ansäuern der gleichen Milch (mit 10% Milchsäure) gefällten Caseins aufweist. Die Verss. wurden mit Solen beider Casein-Arten in Boratpuffer von pH 9,0 durchgeführt. Diese Sole wurden nach Dialyse gegen Boratpuffer durch kontinuierliche Papier-Elektrophorese in 3 Fraktionen aufgetrennt (vermutlich α-, β- u. γ-Casein). Die von dem gezackten Papier nebeneinander abtropfenden Fraktionen wurden gesammelt u. auf ihre lipolyt. Aktivität gegenüber 4%ig. Milchfett getestet (Vers.-Dauer 72 Std. bei 38°). Der Anstieg des Geh. an freien

Fettsäuren wurde nach der Meth. von FRANKEL u. TARASSUK bestimmt. Die Gesamtkeimzahl sowie Psychrophilenzahl der Reaktionsansätze wurde nach dem Platten-Verf. ermittelt. Nach den erhaltenen Ergebnissen weist offenbar lediglich die am schnellsten wandernde Casein-Fraktion (α-Casein) lipolyt. Aktivität auf.

HANS THIELE. 7756 □

Charakteristika von handelsüblichem Magermilchpulver im Hinblick auf die Verwendung zur Quarkherstellung. H. E. Randolph und T. Kristoffersen. (J. Dairy Sci. **44.** 833—43. Mai 1961. Columbus, Ohio, Ohio State Univ., Dep. of Dairy Technol. and Ohio Agric. Exp. Stat.) (Engl.)

Vff. unterzogen 30 Proben handelsüblichen, bei niederen Temp. getrockneten Magermilchpulvers einer eingehenden bakteriolog., chem. u. physikal. Unters. zur Ermittlung von Qualitätsschwankungen. Aus 17 dieser Proben wurde Quark hergestellt. Folgende Unters.-Ergebnisse werden angegeben: Gesamtkeimzahl nach Platten-Verf. u. durch Direktzählung, Psychrophilenzahl, Colizahl; Geh. an titrierbarer Säure, Milchsäure, Asche, Ca^{2+}, N, Molkenprotein-N, Dispergierbarkeit u. Labbruchtension. Milchpulverproben von verschiedenen Herstellern zeigten beträchtliche Qualitätsschwankungen, während die vom jeweils gleichen Hersteller über 4 Monate relativ konst. Beschaffenheit aufwiesen. Ca. 90% der Proben enthielten die Milch ohne Säuerung zur Gerinnung bringende Organismen, die gegenüber 80° 10 Min. resistent waren. Beträchtliche Unterschiede zeigten sich in der Eignung für die Quark-Herst. aus der rekonstruierten Milch. Zwischen Bruchbeschaffenheit u. Erhitzungszeit bestand offenbar keine Beziehung, ebenso nicht zwischen bakteriolog., chem. u. physikal. Eigg. u. Bruchbereitungscharakteristika der Pulver. Durch Schneiden des Bruches bei geringeren Werten für die titrierbare Säure der Molke konnte die erforderliche Erhitzungszeit wesentlich gesenkt werden. Hierbei wurde die Bruchqualität von Magermilchpulvern relativ niedriger Geh. an Molkenprotein-N u. mit niedrigen Werten für die Labbruchtension nicht beeinträchtigt.

HANS THIELE. 7760 □

Der Einfluß peptidreicher Extrakte auf die Säureproduktion Hydroxytetracyclin- und penicillinresistenter Säurewecker. H. E. Kennedy. (J. Dairy Sci. **44.** 844—50. Mai 1961. Columbus, Ohio, Ohio State Univ., Dep. of Dairy Technol.) (Engl.)

Vf. untersuchte den Einfl. peptidreicher Extrakte wie Pankreas- u. Hefeextrakt, Leberfraktion L., Trypton, Tryptose, Neopepton, Caseinhydrolysat, Milchproteinhydrolysat u. peptonisierter Milch auf die Säure-Bldg. hydroxytetracyclinempfindlicher sowie resistenter Varianten von *Streptococcus lactis* (*10 D*) in Magermilch. Obgleich die resistenten Stämme durchweg vermindertes Säuerungsvermögen aufweisen, ließ sich die Säureproduktion innerhalb von 8 Std. u. in Ggw. des Antibioticums durch Zugabe von 0,5% jedes der oben angeführten Extrakte auf den für die nichtresistenten Stämme ermittelten Wert oder darüber hinaus steigern. Die empfindlichen Stämme säuern jedoch auch bei Zugabe der Extrakte in Ggw. des Antibioticums nicht. Entsprechende Ergebnisse wurden mit den penicillinresistenten u. nichtresistenten Varianten von *S. lactis*- bzw. *S. cremoris*-Stämmen bei Zusatz von Pankreasextrakt erzielt. Die resistenten Kulturen dieser Stämme wurden durch Pankreasextrakt nicht befähigt, in Ggw. von Penicillin-Konzz. normal zu säuern, die den Toleranzwert übersteigen.

HANS THIELE. 7760 □

Die selektive Abweidung trockenen Graslandes durch Schafe nach einer Sprühbehandlung mit Harnstoff, Melasse oder beiden. W. M. Willoughby und A. Axelsen. (Austral. J. agric. Res. **2.** 827—35. Sept. 1960. Canberra, C.S.J.R.O., Div. of Plant Ind.) (Engl.)

Auf einer Weide mit einem reifen, sommertrockenen Bestand von Phalaris tuberosa, Trifolium subterraneum u. einjährigen Bromusarten wurden Parzellen angelegt, die unbehandelt blieben, bzw. mit 52 lbs./acre *Harnstoff* (I), 34 gal./acre *Melasse* (II) oder I + II besprüht wurden. Die Behandlung wurde während der ersten Weideperiode u. kurz vor der zweiten mit der halben Menge wiederholt. Der auf den unbehandelten Parzellen auftretende Gewichtsverlust der weidenden Schafe während der Sommertrockenheit wurde infolge der größeren Freßlust der Tiere auf der I-Parzelle etwas, auf der II-Parzelle stärker u. auf der I + II-Parzelle am stärksten vermindert. Die Abnahme von Klee, Gräsern, Phalarisblättern u. -stengeln im Weidebestand zeigte während der 20—30tägigen Portionsbeweidung mit 62 Schafen/acre — der Normalbesatz betrug 5 Schafe/acre — einen charakterist. Verlauf. Bes. die wertvollen Bestandteile wurden rasch red., so daß die Futterqualität abnahm.

WILFRIED WERNER. 7782 □

Die Luzerne als wertvollstes Eiweißfutter. Miloslav Schmied. (Za Socialist. Zemědělství **10.** 232—44. 7/3. 1960. Troubsko u Brna, ČSAZV, Výzk. úst. krmivářský.) (Tschech.)

In umfangreichen Unterss. (5 Tabellen, 7 Abb.) wird Heu von *Luzerne, rotem Klee, Wiesenheu, Mischsaat, Mais, Futterrübe, Zuckerrübe, Hafer* u. *Bohne* einander gegenübergestellt u. der Hektarertrag auf verdaubares Eiweiß u. übrige N-Verbb. bezogen. E. Rotter. 7782 □

Von der Molke zu hochwertigen Futtermitteln. K. R. Dietrich. (Molkerei-Ztg., Welt der Milch **15.** 916—18. 21/7. 1961.) (Dt.)

Vf. behandelt die Möglichkeiten einer Gewinnung von *APF-Beifuttermitteln* durch Vergärung von *Molke*. M. Winiker. 7786 □

Buchweizen als Ergänzung zu einem vollpflanzlichen Eiweißfutter. M. K. Wyld, Robert L. Squibb und Nevin S. Scrimshaw. (Food Res. **23.** 407—10. Juli/Aug. 1958. Guatemala, C.A. Serv. Coop. Interam. de Agricult.) (Engl.)

Gemahlener Buchweizen (Fagopyrum esculentum) ist als Zusatz in Kükenfutter mit Sesam- u. Baumwollsaatmehlen als Haupteiweißquelle dem Mais u. der Hirse überlegen. Das beobachtete bessere Wachstum der Tiere rührt von dem damit erreichten zusätzlichen Lysin-Geh. her. Ph. Fresenius. 7786 □

Ergebnisse bei der Verfütterung einer pflanzlichen eiweißreichen Paste als Vollmilchersatz bei der Kälberaufzucht. Štefan Kočí. (Pol'nohospodárstvo **5.** 392—403. 1958. Vígl'aš, Výzk. úst. zivoč, výr. Slov. akd. vied., oddel výz. a kírmenia hosp. zvierat.) (Slowak.)

Eine Paste, die durch Mahlen u. Auspressen der grünen Anteile von Wintermischfutter, anschließende Wärmekoagulation der Eiweißfraktion des gewonnenen Saftes u. Konservierung mit 7% Melasse erzeugt wird, eignet sich als Vollmilchersatz bei der Aufzucht von 2monatigen Kälbern nicht. Sie kann aber wegen des Carotin-Geh. in Mengen von 0,25 kg/Tier als Beifutter empfohlen werden. E. Rotter. 7786 □

Zur Bestimmung von Aldehyden und Ketonen in Lebensmitteln. 2. Mitt. Über eine titrimetrische Mikrobestimmung ungesättigter Aldehyde, Ketone und anderer ungesättigter Verbindungen mittels Bromid–Bromat-Lösung. Volker Hamann und Alfred Herrmann. (Mikrochim. Acta [Wien] **1961.** 105—28.) (Dt.) — 1. vgl. C. **1961.** 4549.

Vff. beschreiben eine Mikro-Best. ungesätt. Verbb. mittels Bromid-Bromat-Lsg. u. jodometr. Rücktitration des Bromüberschusses. Angaben zur Best. von Citral, Citronellal, Mesityloxid, Furfurol, 1-Ascorbinsäure, Zimtaldehyd, Allylalkohol, verschiedener Alkene, Limonen, verschiedener ungesätt. Fettsäuren, sowie zur Best. der Jodzahl werden gemacht. Ein Verf. zur quant. Abtrennung leicht flüchtiger Aromastoffe durch Dest. u. mehrmalige Mikrotitration im Destillat wird angegeben. E. Wiehr. 7788 □

Gesamtstickstoff des Weizens. Untersuchung der Abweichungen der analytischen Ergebnisse. Pierre Navellier und Jeaninne Alegre. (Ann. Falsificat. Expertise chim. **53.** 542—51. Nov. 1960. Paris, Labor. Municipal.) (Franz.)

Vff. untersuchten die Gründe für die in verschiedenen Labor. beobachteten Abweichungen der Ergebnisse von Gesamtstickstoff-Best. in Weizenkörnern nach der Meth. von Kjeldahl. C. Gottfried. 7796

Feststellung einer „Melloene"-Behandlung von Kuchenmehlen. D. M. Freeland. (J. Sci. Food Agric. **12.** 817—22. Dez. 1961. Isleworth, Middlesex, Macfarlane, Lang u. Co., Imperial Biscuit Works.) (Engl.)

Die Empfindlichkeit des Farbstoffes *Astrazon-Rosa FG* (Bayer) gegen SO_2 wird zum Schnellnachw. einer erfolgten *„Melloene"*-(SO_2-Dampf-) Behandlung ausgenutzt. Eine halbquant. Analyse des Ausmaßes der Behandlung ist auf colorimetr. Weg bei schwachen Kuchenmehlen möglich. Die stärkeren, zur Brotbereitung dienenden Mehle sprechen auf den Test nicht an, auch wenn sie eine deutliche Kleberschwächung zeigen, die sich durch physikal. Teigprüfung mittels des Extensometers feststellen läßt. Die Beziehungen zwischen chem. u. extensometr. Test. werden behandelt. M. W. Rothe. 7798 □

Der Roggenbackversuch im Mühlenlabor. Heinz Korth. (Mühle **98.** 653. 14/12. 1961.) (Dt.)

Beschreibung einer Kurzsauerführung als Backprobe u. Hinweise für die Auswertung. M. W. Rothe. 7798 □

Ausrüstung und Methoden eines Backlaboratoriums. R. H. Kilborn und T. R. Aitken. (Cereal Sci. today **6.** 253—59. Okt. 1961. Winnipeg, Canada, Grain Res. Labor.) (Engl.)

Zweckmäßige apparative u. räumliche Einrichtung eines Labor. für routinemäßige Mehl-, Teig- u. Gebäckprüfungen zur Qualitätskontrolle. M. W. Rothe. 7800 □

Nachweis und Schnellbestimmung von Rückständen chlorhaltiger Schädlingsbekämpfungsmittel in Kulturpflanzen durch Gas–Flüssigkeits-Chromatographie. E. S. Goodwin, R. Goulden und J. G. Reynolds. (Analyst **86.** 697—709. Nov. 1961. Sittingbourne, Kent, Shell Res. Ltd., Woodstock Agricult. Res. Centre.) (Engl.)

Es wurde ein Schnell-Verf. zum Nachw. von Schädlingsbekämpfungsmittel-Rückständen in Getreide, Gemüse u. Früchten durch Gas–Fl.-Chromatographie ausgearbeitet: Das Pflanzenmaterial wird einige Min. in Aceton eingeweicht u. der abfiltrierte, verd. Extrakt nach Zusatz des doppelten Vol. n-Hexan mit dem 17fachen Vol. wss. 2%ig. Na_2SO_4-Lsg. geschüttelt. Als Füllung für die Chromatographiersäule dient Kieselgur, imprägniert mit 2,5 Gew.-% E 301 Silicon-Elastomer u. 0,25% Epikote 1001 als stationärer Phase. Die Chromatographie wird mit 5 μl des Hexan-Extraktes bei 163° unter Verw. von N_2 als Trägergas durchgeführt, dabei wird ein Ionisations-Detektor mit Ra–D-Quelle benutzt. Folgende Insekticide konnten nachgewiesen werden: Lindan, Heptachlor, Aldrin (Nachw.-Grenze 0,1 ppm), Telodrin, Dieldrin, Endrin (0,2–0,25 ppm), DDT (1,0 ppm) u. etwas größere Mengen Chlordan, Toxaphen u. Methoxychlor. — Das Verf. konnte zur quant. Meth. ausgebaut werden wobei die Fehler bei Insekticid-Konzz. von 0,5–20 ppm 10–20% betrugen. W. BETCKE. 7810□

Über die Beurteilung einiger Qualitätsfaktoren alkoholfreier Fruchtsäfte. Hans Lüthi. (Schweiz. Z. Obst- u. Weinbau **69.** 390–95. 20/8. 407–12. 3/9. 1960.) (Dt.) — C. **1962.** 689. M. WINIKER. 7818□

Über Capsaicin, den scharfen Geschmacksstoff von Paprika. Frant. Valentín. (Průmysl Potravin **6.** 383–87. 1955. Bratislava, Výsk. úst. potrav. priemyslu.) (Slowak.)

Capsaicin (I) kommt in allen Paprika-Arten in Drüsen der Epidermis vor. Die Best. erfolgt colorimetr. mit VCl_3. Der I-Geh. von 17 ungar. u. ausländ. Sorten lag zwischen 0,128 u. 0,902%. E. ROTTER. 7826□

Bemerkung über die derzeitige Zusammensetzung von Bouillon. Anne Marie Le Clerc und Jacqueline Siffert. (Ann. Falsificat. Expertise chim. **53.** 506–11. Nov. 1960. Paris, Labor. Central des Substances.) (Franz.)

Vff. bestimmen in Bouillonwürfeln, in der aus ihnen dargestellten Bouillon sowie in Rindfleischbrühen den Geh. an Gesamt- u. NH_3-N, den Geh. an Aminosäuren, die Aminosäuren selbst, den Geh. an Kreatin u. Kreatinin sowie speziell die Geh. an Glutaminsäure. Die Vers.-Ergebnisse sind tabellar. angegeben u. werden bes. hinsichtlich möglicher Verfälschungen diskutiert. C. GOTTFRIED. 7838

Objektive Prüfungen auf Garheit von Fleischprodukten. Igor Hypr. (Průmysl Potravin **6.** 379–82. 1955. Brno, Výzk. úst. pro maso a ryby.) (Tschech.)

Der Vgl. verschiedener Meth. zur Prüfung auf die Garheit von Fleisch- u. Räucherwaren zeigt, daß eine objektive Feststellung dieses Zustandes nach der Meth. des Vf. möglich ist. Dieselbe nützt die Eiweißkoagulation eines wss. Auszuges, der auf die Kochtemp. der Fleischware (z. B. 70°) erhitzt wird, aus. Bei Garheit bleibt der wss. Auszug klar. E. ROTTER. 7850□

Die Zellzahlbestimmung in der Milch nach Prescott und Breed und ihre Fehlermöglichkeiten. Werner Leidl, Oscar William Schalm und Peter Lüps. (Milchwissenschaft **16.** 557–65. Nov. 1961. München, Univ., Gynäkol. u. Ambulator. Tierklinik.) (Dt.)

Eine krit. Überprüfung der Zellzahl-Best. in Milch nach PRESCOTT u. BREED [1910] ergab, daß bei dieser Meth. die Fehlergrenze mit zunehmendem Zell-Geh. zunimmt. Dessen ungeachtet kann die Meth. für Vgl.-Unterss. u. zur Beurteilung der Milch benutzt werden. M. WINIKER. 7856□

Die Anwendung der Nitratreduktion zur Qualitätskontrolle der Rohmilch. Otto Kandler. (Dtsch. Molkerei-Ztg. **82.** 1283–85. 7/9. 1961. Weihenstephan, Südd. Vers.- u. Forschungsanst. für Milchwirtschaft, Bakteriolog. Inst.) (Dt.)

Den Erfahrungen des Vf. zufolge ist die Nitrat-Red.-Probe zur Best. der Aktivität der Nichtmilchsäurebakterien in Milch geeignet. Vf. vertritt die Ansicht, daß für die Ermittlung der bakteriolog. Qualität von Milchproben, die sich als nicht ansauer erwiesen haben, dieses Merkmal wichtiger ist als das der Farbstoff-Red., die bes. gut von Milchsäurebakterien bewirkt wird u. die keine Unterscheidung von Milchsäure- u. Schmutzbakterien gestattet. Bei keimreichen Milchproben ergeben beide Proben in 80–90% der Fälle übereinstimmende Resultate. M. WINIKER. 7856□

Die Genauigkeit der Plastikperlenmethode zur Bestimmung der fettfreien Trockenmasse von Milch unter Feldbedingungen. R. C. Lamb, L. D. McGilliard und J. R. Brunner. (J. Dairy Sci. **44.** 856–61. Mai 1961. East Lansing, Mich., Michigan State Univ., Dep. of Dairy and Food Sci.) (Engl.)

Die Plastikperlen-Meth. nach GOLDING (C. **1962.** 3302) zur Best. des Geh. der Milch an fettfreierTrockenmasse eignet sich als einfache u. billige Meth. bes. für Überwachungszwecke unter feldmäßigen Bedingungen, zumal sie hier prakt. ebenso exakte Werte liefert wie im Laboratorium. Die mittlere Differenz zwischen Doppelbest. im Labor., unter Feldbedingungen sowie zwischen Best. im Labor. unter Feldbedingungen betrugen 0,07, 0,14 u. 0,16% fettfreie Trockenmasse. Die gegenüber der Lactometer-Meth. etwas geringere Genauigkeit ist für die Bedingungen der Praxis bedeutungslos.

HANS THIELE. 7856 □

Reinigung und Charakterisierung von Labpräparaten durch Säulenchromatographie an Carboxymethyl-Cellulose und durch Papierelektrophorese. Richard Schober, Norbert Heimburger und Inge Prinz. (Milchwissenschaft **15.** 506—11. Okt. 1960. Wangen im Allgäu, Staatl. Milchwirtschaftl. Lehr- u. Forschungsanst.) (Dt.)

Beschreibung der Methode. M. WINIKER. 7860 □

XVII. Fette. Seifen. Wasch- u. Reinigungsmittel. Wachse. Bohnermassen usw.

Der Einfluß des Bratens von Lebensmitteln auf die Veränderung der Eigenschaften, des angewandten Fettes. G. Jāniček, J. Pokorný und J. Šupová. (Вопросы Питания [Fragen d. Ernähr.] **20.** Nr. 6. 12—17. Nov./Dez. 1961. Prag, Chem.-Technolog. Inst.; Fakultät für Technol. der Lebensmittel; Lehrstuhl für Chemie u. Erforschung der Lebensmittelprodd.) (Russ.; Auszug: Engl.)

Die Veränderung der Eigg. des Fettes während des Bratens von Fleischschnitzeln wurde untersucht; die Oxydation des auf der Pfanne verbleibenden Fettes erwies sich als bes. intensiv. Das Braten erhöht den Geh. des Fettes an Peroxiden u. freien Säuren nur unbedeutend. Eine Zugabe von frischer Butter während des Bratens hemmt die Oxydation des Fettes nur in geringem Maße. Als natürliches Antioxydan hat sich die zerkleinerte Mohrrübe gut bewährt. Hydrierte Pflanzenfette u. ihre Gemische mit Talg erwiesen sich als stabiler als die leicht oxydierbaren Pflanzenöle.

S. BARYSCHNIKOW. 7878

Über den Nachweis alkalischer Verunreinigungen in Olivenölen. Eine neue Methode zur Erkennung von Jungfernolivenölen. Adolfo Romeo, Roberto Cuzzocrea und Elvia Foti. (Boll. Lab. chim. provinc. **11.** 536—45. April 1960. Reggio Calabria, Labor. chim. Provinciale.) (Ital.)

Inhaltlich ident. mit der C. **1961.** 14136 referierten Arbeit. H. P. FIEDLER. 7894 □

Über die Stabilität der Getreidekeimöle und ihre antioxydative Wirksamkeit. C. Paquot und J. Mercier. (Rev. franç. Corps gras **8.** 487—90. Aug./Sept. 1961. Bellevue, Labor. de Lipochimie du C.N.R.S.) (Franz.)

Unter Hinweis auf den diätet. bedeutsamen Geh. der Getreidekeimöle an der essentiellen Linolensäure (ca. 50%), an Tocopherol (2—3 mg/1 g Öl) sowie an Vitamin-B-Komplex werden an 6 Proben verschiedener Herkunft von durch Pressung gewonnenen nichtraffinierten Keimölen systemat. Verss. unter Heranziehung der üblichen präparativen u. analyt. Verff. (Peroxidzahl, JZ., SZ., Geh. an Tocopherol) durchgeführt. Die tabellar. u. graph. mitgeteilten Ergebnisse lehren, daß die geprüften Öle mit ihrem hohen Geh. an polyolefin. Fettsäuren stark oxydationsanfällig sind, womit der rasche Abfall im Geh. an Tocopherol erklärlich ist. Schweineschmalz erster Qualität ist gegenüber der Autoxydation recht stabil; Zusatz von Getreidekeimöl führt nicht zu einer verstärkten Stabilisierung, sondern im Gegenteil zu einer beschleunigten Autoxydation.

K. TÄUFEL. 7894 □

Ultraviolettspektrophotometrie von Olivenöl. Bartolomeo Doro und Vittorio Sadini. (Boll. Lab. chim. provinc. **10.** 124—44. April/Juni 1959. Trieste, Labor. chim. provinc.) (Ital.)

Die UV-Absorptionsspektren von reinen (frisch gepreßten), rektifizierten u. verfälschten Olivenölen sind wiedergegeben. Sie sind bes. geeignet zum Nachw. der Reinheit, des Alters u. der Regeneration von Olivenöl. Reine (frisch gepreßte) Öle haben spezif. Extinktions-Koeff. (K) mit Werten von K_{232} 1,61—2,83 u. K_{270} 0,12—0,24 u. einen Verhältniswert R (K_{232}/K_{270}) 10—15. Beim Ranzigwerden nimmt K_{270} bis 0,44 zu u. R fällt auf 7 ab gemäß dem Veränderungsgrad der untersuchten Öle. Für feine Olivenöle vom klass. Tyo (A-Rektifikate) rangieren K_{232} von 2,0—2,7, K_{270} von 0,5—1,0 u. R von 2,8—4,2. Für sog. B-Rektifikate, die entweder mit NaOH neutralisiert oder durch direkte Synth. regeneriert oder mit dest. Fettsäuren verestert sind, reichen K_{232} von 4,5—8,4, K_{270} von 1,3—3,4 u. R von 1,8—4,2. Der durch die Raffination auf reine (frisch gepreßte) Olivenöle ausgeübte Einfl. wird kontrolliert u. gefunden, daß beim Erhitzen mit Entfärbungserde bzw. im Vakuum K_{270} abnimmt u. R zunimmt. Die empfindliche u. spezif. Kontroll-Meth. mit Hilfe der UV-Spektrophotometrie fördert die Erzeugung u. Konservierungstechnik von Olivenölen u. ist als Standard-Meth. zur Kontrolle zu empfehlen. — 18 Literaturangaben. G. PLATZER. 7932 □

Beobachtungen über die Bestimmung von Squalen in Ölen. Anna C. Candela und P. Capella. (Riv. ital. Sostanze grasse 38. 359—60. Aug. 1961. Milano, Staz. Speriment. Olii e Grassi.) (Ital.)

Um zu prüfen, inwieweit die von der AOAC vorgeschlagene Meth. zur Best. von *Squalen* (**I**; Abtrennung des **I** aus dem Unverseifbaren durch Chromatographie an SiO_2 u. nachfolgende JZ.-Best.) allg. anwendbar ist, wurden verschiedene Verss. mit einem aus Fischleberöl gewonnenen u. durch Chromatographie gereinigten **I**, n_D^{20} 1,4967, JZ. 380,7, durchgeführt. Es kann durch Überprüfung des IR-Spektrums gezeigt werden, daß die Art der Verseifung u. der Chromatographie keinen Einfl. auf die Höhe der zu bestimmenden Kennzahlen nehmen. Lediglich die JZ. sollte nach der WIJS-Meth., welche die zuverlässigsten Werte liefert, vorgenommen werden.

H. P. FIEDLER. 7932 □

Zum qualitativen Nachweis von Antioxydantien in Fetten und fetthaltigen Lebensmitteln. H. Meyer. (Dtsch. Lebensmittel-Rdsch. 57. 170—75. Juli 1961. Vevey, Nestlé AG, Kontroll-Labor.) (Dt.)

Einige Meth., bes. chromatograph. Art, u. ihre Ausführung unter Berücksichtigung möglicher Störungen zum qual. Nachw. der am häufigsten anzutreffenden Antioxydantien (Butylhydroxyanisol u. -toluol, Gallate, Nordihydroguajaretsäure, Guajacol, Eugenol, Vanillin u. Thymol) werden beschrieben. Die chromatograph. Nachw. gestatten, noch 0,002% u. darunter an Antioxydantien sicher zu erfassen. H.-P. RETTIG. 7932 □

Gaschromatographische Untersuchung einiger Speisefette. Fosco Provvedi und Guido Ciallella. (Riv. ital. Sostanze grasse 38. 361—66. Aug. 1961. Bergamo, Labor. Chim. Provinciale.) (Ital.)

Die Gaschromatographie der Fettsäuremethylester der zu untersuchenden Speisefette kann bei dem Stande der Technik bereits als eine Routine-Meth. zur Reinheitsprüfung herangezogen werden. Es werden die Gaschromatogramme der Fettsäuremethylester verschiedener Kakaobuttersorten, von Cocos-, Mandel-, Palm-, Haselnuß- u. Walnußöl, Talg, Schmalz u. Pferdefett wiedergegeben u. diskutiert.

H. P. FIEDLER. 7934 □

Die Isolierung und Charakterisierung von trans-Octadecen-(16)-säure aus dem Butterfett. R. P. Hansen und N. June Cooke. (Biochem. J. 81. 233—37. Nov. 1961. Wellington, New Zealand, Dep. of Sci. and Ind. Res., Fats Res. Labor.) (Engl.)

Vff. führten Verss. zum direkten Nachw. der *trans-Octadecen-(16)-säure* (**I**) in Sommerbutterfett durch. Nach den von HANSEN u. Mitarbeitern entwickelten Analysen-Verff. zur Erfassung der in geringer Menge bzw. nur in Spuren in Fetten auftretenden Fettsäuren (fraktionierte Dest. im Vakuum, fraktionierte Tieftemp.-Kristallisation, Reinigung u. Differenzierung der Fraktionen durch Säulenchromatographie an aktivierter SiO_2, gaschromatograph. Differenzierung u. Best., Röntgenstrahlenbrechung, F., IR-Spektrophotometrie, Festlegung des Ortes der Lückenbindung, Oxydation der **I** mit $KMnO_4$/Eisessig, Elementaranalyse) wird an Hand der tabellar. mitgeteilten Befunde abgeleitet, daß in den Gesamtfettsäuren von Butterfett ca. 0,2% der **I**, F. 65,3—66,1°, in trans-Form auftreten. Die Lage der Lückenbindung bei C_{16} wird durch Oxydation der **I** zur Hexadecandicarbonsäure (*Thapsiasäure*) sichergestellt. Das Auftreten der **I** in Butterfett ist damit erstmals unmittelbar erwiesen worden. — 35 Literaturangaben.

K. TÄUFEL. 7934 □

American Cyanamid Co., New York, N.Y., übert. von: Ralph J. Chamberlain, Stamford, Conn., V.St.A., **Reinigungsverstärker für die Chemisch-Reinigung,** bestehend aus Guanidinseife von 30—60 (%) Ölsäure, 30—60 Linolsäure u. $\leqq$ 15 gesätt. Fettsäuren. (**A. P. 2978415** vom 17/4. 1957, ausg. 4/4. 1961.) C. LÜTTGEN. 7915

N.V. de Bataafsche Petroleum Mij., Den Haag (Erfinder: Cornelis Kortland, Pieter Leendert Kooijman und Petrus Wilhelmus Slokker, Amsterdam), Holland, **Netz-, Schaum- und Reinigungsmittel** auf der Basis von Alkylarylsulfonaten (**I**) u. sek. Alkylsulfaten (**II**), dad. gek., daß sie 20—60 (%) **I** mit 8 u./oder 9 C-Atomen in den Alkylgruppen, bes. im Gemisch mit **I**, die 11—13 C-Atome in den Alkylgruppen aufweisen, u. 80—40 **II** mit 8 oder 9—18 C-Atomen im Mol. enthalten, wobei kein **I** mit < 8 oder > 13 C-Atomen im Alkylrest anwesend sein darf. Gemische dieser Art zeigen einen bes. niederen Trübungspunkt. (**D. A. S. 1109304** Kl. 23e vom 14/9. 1956, ausg. 22/6. 1961. Holl. Prior. 16/9. 1955 u. 26/7. 1956.) C. LÜTTGEN. 7917

Montecatini Soc. Gen. per l'Industria Mineraria e Chimica, Mailand, Italien, *Reinigung und Entfärbung von aus Ölkuchen extrahierten pflanzlichen Ölen.* (**It. P. 536559** vom 24/12. 1953. — **C. 1960.** 11508 [F. P. 1 115 293].)

Chemische Fabrik Pfersee G. m. b. H., Augsburg, *Herstellung von konzentrierten wässerigen Emulsionen von Wachsen, Fetten, Ölen und wasserunlöslichen Stoffen.* (**Belg. P. 559 415** vom 22/7. 1957, ausg. 8/4. 1960. Oe. Prior. 22/8. 1956. — C. **1959.** 13663 [Oe. P. 195 896].)

British Petroleum Co. Ltd., London, England, *Herstellung von harten und flexiblen Wachsen.* (**Belg. P. 560 053** vom 13/8. 1957, ausg. 22/4. 1960. E. Prior. 16/8. 1956. — C. **1959.** 13348 [D. A. S. 1 049 033].)

Farbwerke Hoechst Akt.-Ges., vormals Meister Lucius & Brüning, Deutschland, *Herstellung von harten Wachsestern.* (**F. P. 1 202 152** vom 7/2. 1958, ausg. 8/1. 1960. D. Prior. 7/2. 1957. — C. **1959.** 9763 [D. A. S. 1 042 564].)

Farbwerke Hoechst Akt.-Ges., vormals Meister Lucius & Brüning, Frankfurt/M., *Herstellung von Fluorkohlenstoff-Wachsen.* (**E. P. 864 101** vom 14/5. 1958, ausg. 29/3. 1961. D. Prior. 14/5. 1957. — C. **1960.** 1365 [D. A. S. 1 049 099].)

Sidol-Werke Siegel & Co., Deutschland, *Bohnerwachs in flüssiger Form.* (**F. P. 1 203 284** vom 12/9. 1958, ausg. 18/1. 1960. D. Prior. 22/10. 1957. — C. **1961.** 6722 [Oe. P. 208 480].)

XVIIIa. Holz. Cellulose. Zellstoff. Papier. Papierdruck. Celluloid. Linoleum

Die Verteilung des Cellulosegehaltes im Stamm. Untersuchungen über eine Methode der züchterischen Probenahme an 30jährigen Murraykiefern. Peter Schütt und Hans Augustin. (Papier **15.** 661—65. 5/11. 1961. Inst. für Forstgenetik u. Forstpflanzenzüchtung u. dem Inst. für Holzchemie u. chem. Technol. des Holzes der Bundesforschungsanstalt für Forst- u. Holzwirtschaft in Reinbek.) (Dt.) P. ECKERT. 7952 □

Bestimmung der Wirksamkeit von Holzschutzmitteln gegenüber Moderfäulepilzen durch ein Erd-Eingrabe-Verfahren. Gerda Theden. (Holz Roh- u. Werkstoff **19.** 352—57. Sept. 1961. Berlin-Dahlem, Bundesanst. für Materialprüfung.) (Dt.)

Bei dem auf die Bekämpfung der *Moderfäule* bei Holz abgestellten Prüf-Verf. werden Holzklötzchen mit den Holzschutzmitteln (I) nach DIN 52176 getränkt, einige auch ausgewaschen u. in Blumentöpfen in vier verschiedenen Erdsorten bei 30° u. gesätt. Luftfeuchtigkeit gelagert. Der Gew.-Verlust der Klötzchen dient, neben offenkundigen Beschädigungen, als Grundlage für die Best. der Grenzwerte für **I.** Es werden wasserlösl. **I** in ihrer Schutz-Wrkg. gegen Moderfäule auf Holz von Fagus silvatica L. untersucht. Das vorläufige Resultat ist, wie ausdrücklich betont wird, mit Zurückhaltung aufzunehmen, weil es einem kleinen Ausschnitt aus der Gesamtschutzfrage entstammt. Wenig oder gar nicht schützen NaF, K_3AsO_4 u. B_2O_3, wenig Dinitrophenol; deutlicher Schutz bei $CuSO_4$, guter Schutz durch Na-Pentachlorphenolat. Unter den Cr-Verbb. haben Cu-haltige Gemische die niedrigsten Grenzwerte; saures F–Cr-Gemisch schützt noch etwas, As–Cr-Gemisch prakt. gar nicht. M. HAGEDORN. 7952 □

Über die Teerölimprägnierung von Buchen- und Eichenschwellen bei Temperaturen von 100° C und 130° C. 1. Mitt. Mikrotechnologische Untersuchungen der Gefüge- und Feuchtigkeitsveränderungen in den imprägnierten Schwellenhölzern. Hans Heinrich Bosshard. (Holz Roh- u. Werkstoff **19.** 357—70. Sept. 1961. Zürich, ETH, Labor. für mikrotechn. Holzforschung.) (Dt.)

Die Buchen (B)- u. Eichen (E)--Holzeisenbahnschwellen werden in der Schweiz nach einem Standarddruck-Verf. bei 100° mit Steinkohlenteeröl (I) imprägniert. Der Einfl. eines Imprägnierens mit **I** bei höherer Temp. auf die mechan. Eigg. u. den für den elektr. Betrieb der Eisenbahnen wichtigen Wasser-Geh. des Holzes wird untersucht. Der Befund im Fluorescenzmikroskop ergibt, daß schon bei 100°, viel deutlicher aber bei 130°, in feuchtem B-Holz, bes. aber in E, Gewebeveränderungen, wahrscheinlich Ligninveränderungen, in Form von Membranbräunungen, auftreten. In feuchtem, nicht in trockenem B, sind auch Membranquellungen festzustellen, in trockenem E bei 130° bereits Zellwandzerstörungen. Die Verteilung von **I** im Holz war befriedigend gleichmäßig; die Tüpfel vermitteln den Übergang von **I** von Zelle zu Zelle. **I** dringt nicht in voller unveränderter Gemisch-Zus. in die Zellmembranen ein; ob einzelne Fraktionen es tun, steht noch dahin. Hohe Wasserdampfsättigung der Zellhohlräume ist dem Eindringen von **I** hinderlich; daher hätten Imprägnierungen bei Temp. $> 100°$ nur bei sehr gut abgelagertem Holz Interesse. Der Wasser-Geh. der Schwellen wird durch Imprägnieren bei 130° verhältnismäßig wenig verändert. Imprägniertechn. bringt das 100°-Standard-Verf. vorläufig optimale Ergebnisse. M. HAGEDORN. 7952 □

Die Reaktionsfähigkeit enzymatisch abgebauter Zellstoffe. Fritz Opderbeck und Günther Wörner. (Papier **16.** 1—9. 5/1. 1962. Forschungslabor. der Phrix-Werke AG, Zweigniederlassung Okriftel.) (Dt.)

Der enzymat. Abbau eines Zellstoffs ist stark von der Biostruktur abhängig. Durch nasse Mahlung oder Alkalisierung mit Laugen von über 7 Gew.-% NaOH wird die Biostruktur für das Enzym Cellulase geöffnet. Trocknung vermindert die Aktivität. Wird vor der Trocknung das W. durch Methanol u. dann durch hydrophobe Lsgm. verdrängt, bewirkt eine Trocknung weniger starke Inaktivierung der Zellstoffe. Die Rk.-Fähigkeit der nicht abgebauten, der alkal. oxydativ u. der enzymat. abgebauten Stoffe wurde nach der Meth. von AVISIERS u. HESS sowie nach BARTUNEK bestimmt. Dabei erwies sich bei allen untersuchten Stoffen der nichtabgebaute Zellstoff am reaktionsträgesten, gefolgt von dem alkal. oxydativ abgebauten, während der enzymat. abgebaute Zellstoff die beste Rk.-Fähigkeit zeigt. Bei der Ermittlung der Filterverstopfungs-Konst. ergibt der enzymat. abgebaute Stoff nur dann befriedigende Werte, wenn die Abbau-Geschw. optimal gewählt wird. Wie Unterss. zeigen, ist hierfür nicht ein erhöhter Carbonylgruppen-Geh. verantwortlich zu machen. Andere Möglichkeiten für eine Erklärung dieser Beobachtungen werden besprochen. — 37 Literaturnachweise. P. ECKERT. 7956 □

Untersuchung der Möglichkeiten, mit radioaktiven Spurenelementen das Eindringen von Kochlaugen in Holz zu verfolgen. Waldemar Jensen, B. C. Fogelberg und Monica Johanson. (Paperi ja Puu **42.** 393—400. 31/7. 1960. Helsinki, Finn Pulp and Paper Res. Inst.) (Engl.)

Die bisher bekannten Meth. werden besprochen, um beim Holzaufschluß das Eindringen der Kochlauge unter dem Einfl. des Druck- u. Konz.-Gradienten zu beobachten. Für diesen Zweck können auch radio-akt. Spurenelemente verwendet werden. Material aus nach Zeit, Druck u. Temp. variierten Kochungen von Fichtensplintholzklötzchen mit ^{45}Ca-Bisulfitlauge wird in Mikrotomschnitten autoradiograph. u. anschließend photometr. ausgewertet. Man gelangt dadurch zu genauen Auskünften über den Prozeß des Eindringens der Kochlauge in das Holz unter dem Kochdruck. Messungen mit dem GEIGER-Zähler führen zu Werten für die Gesamtaufnahme in jedem Teil des Holzes. M. HAGEDORN. 7962 □

Zeitungsdruckpapier aus einheimischen Bambus-phyllostachys bambusoides. T. R. Naffziger, T. F. Clark und I. A. Wolff. (Tappi **44** 472—75. Juli 1961. Peoria, Ill., Northern Regional Res. Labor.) (Engl.)

Die Vff. stelten aus *Phyllostachys bambusoides* Zellstoffe, Halbzellstoffe u. Schliffe her u. untersuchten diese auf ihre Verwendbarkeit bei der Herst. von Zeitungsdruckpapier. Nach dem Kaltnatron-Verf. wurden Ausbeuten von 82%, bei der Neutralsulfitkochung von 62% erhalten. Die Eigg. eines Zeitungspapiers aus 80% Kaltnatron- u. 20% Neutralsulfitbambuszellstoff (+ 1% Alaun, 0,5% Harzleim, 7% Füllstoff) waren einem Papier aus 80% Pappelschliff u. 20% Nadelholzsulfitzellstoff etwa vergleichbar. Mischungen von Bambus- u. Holzzellstoffen gaben in jedem Fall Papiere mit schlechteren Festigkeitswerten. F. LANG. 7974 □

Wasserkonservierung durch äußere Wiederverwendung. L. L. Klinger. (Tappi **43.** 669—72. Juli 1960. Whippany, N.J., Whippany Paper Board Co.) (Engl.)

Es werden Praxis-Verff. zur Behandlung von Abwasser mit dem Ziel der Wiederverw. in der Papier- u. Pappenfabrik besprochen: Primärbehandlung durch Absetzen, Koagulieren oder Flotieren; Sekundärbehandlung zur Entfernung der organ. Bestandteile auf biolog. Wege in Stabilisierungsbecken, nach dem Aktivschlamm-Verf., in Tropffiltern; Schlammverwertung. — Zwei Beispiele. M. HAGEDORN. 7974 □

Über die kolloidchemischen Vorgänge beim Reifen von Melaminharzlösungen und die Sorption der Harzkolloide auf native, künstliche und synthetische Faserstoffe der Papierfabrikation. B. Marek, E. Lerch und J. Gneiß. (Papier **15.** 655—60. 5/11. 1961. Emmenbrücke, Versuchsabt. der Soc. de la Viscose Suisse.) (Dt.)

Der Reifemechanismus von salzsauren u. ameisensauren Melaminharz-Lsgg. wurde an Hand von Messungen der Viscosität, des pH-Wertes u. des CH_2O-Geh. bis zu 24 Std. Reifedauer verfolgt. Die aus konz. ameisensauren Harz-Lsgg. infolge bes. Puffer-Eigg. des Syst. ausfallenden — in bezug auf Naßfestigkeit von Papier inakt. — Ndd. erlangen durch Auflösen in HCl ihren kationakt. Charakter wieder u. ergeben hohe Naßfestigkeiten. Die Vorgänge bei der Polymerisation des Harzes in Lsg. werden diskutiert. Das Zustandekommen der Naßfestigkeit im Papier ist vorwiegend durch Ausbildung eines hydrophoben Harzfilms um die Bindungsstellen der Fasern im Papiergefüge bestimmt. Chem. Bindungen zwischen Harz u. Cellulose scheinen von untergeordneter Bedeutung zu sein. Die Sorption der in der Masse zugesetzten Melaminharze auf nichtfibrillierbare u. fibrillierbare Cellulosekunstfasern u. Polyamidfasern wird der Sorption auf Holz- u. Haderncellulose als klass. Papierrohstoffe gegenübergestellt. — 16 Literaturnachweise. P. ECKERT. 7978 □

Isolierte Sojaproteine vom Standpunkt des Verarbeiters. H. C. Schwalbe. (Tappi Monogr. Ser. Nr. **22.** 167—205. 1961. Chillicote, Ohio, Mead Corp.) (Engl.)

Beurteilung der Sojaproteine (**I**) im Hinblick auf die Verarbeitung als farbige Papierbeschichtungen. Es werden besprochen: die Eigg. der heute in der chem. Industrie hergestellten **I**, bes. die mit der Viscosität zusammenhängenden Fragen; die Herst. der Farbansätze für die Beschichtung, die Pigmentierung, der Einfl. verschiedener Dispergier-

Verff., der Einfl. der Proteinviscosität u. der Temp. bei hohem Farb-Geh., Bewertung der Farbansätze bei niedrigem Geh. an Farbstoffen; Verw. von Entschäumern, Gleitmitteln, Konservierungsmitteln, Zusätzen zur Erhöhung der Wasserfestigkeit; der Beschichtungsvorgang. M. HAGEDORN. 7982 □

Casein bei der Papierbeschichtung. H. K. Salzberg, L. E. Georgevits und R. M. Karapetoff Cobb. (Tappi Monogr. Ser. Nr. **22.** 103—66. 1961. Bainbridge, N.Y., Borden Chem. Co.; Ridgefield, N.J., Lowe Paper Co.) (Engl.)

Ausführliche Zusammenstellung. — 103 Literaturangaben. M. HAGEDORN. 7982

Moderne Bindemittel für die Oberflächenveredelung von Papieren. František Dvořák und Václav Tydlitat. (Papír a Celulosa **16.** 184—88. Aug. 1961. Praha, Výzk. úst. papíru a celulosy.) (Tschech.)

Es werden Eigg. u. Anwendung wss. Dispersionen folgender Plaste besprochen: Mischpolymere von Acrylsäureestern (Rhoplex AC-33, B-60 A, B-15; Acronal 500 D u. 350 D); Latex aus a) synthet. Kautschuken Butadien–Styrol (Dow 512 R u. L; Latex SB 2 u. 3); b) Acrylnitril, Methylmethacrylat; c) PVC; d) Polyvinylacetat u. Copolymeren. Diese Bindemittel werden allein oder mit anderen (Stärke, Casein, Sojaeiweiß, Leim, Carboxymethylcellulose, Alginaten, Wachs- u. Paraffinemulsionen, Harnstoff–Formaldehyd-Harzen) ungefärbt, gefärbt mit Anilinfarbstoffen oder Pigmenten verwendet, wofür Rezepte angegeben werden, die das Verf. der Beschichtung berücksichtigen. H. DEMUS. 7982 □

Der Einfluß der Faserform auf die Papiereigenschaften. 1. Mitt. Die Faserlänge. A. J. Watson und H. E. Dadswell. (APPITA — J. Austral. Pulp Paper Ind. **14.** 168—78. März 1961.) (Engl.)

Langfaserige *Araucaria Klinkii*-Späne werden mittels Chlorit vom Lignin befreit, auf 1—7 mm Länge geschnitten u. mit verd. NaOH in Fasern aufgeteilt. Sowohl beim gemahlenen als auch beim ungemahlenen Zellstoff wird eine lineare Beziehung zwischen Faserlänge u. Reißfestigkeit festgestellt. Sulfatzellstoff, direkt aus *Araucaria Klinkii* hergestellt u. dann in verschiedene Längen in Längsrichtung geschnitten, zeigt dasselbe Verhalten. Aus *Pinus radiata*-Sulfatzellstoff hergestellte Bogen werden in 2-cm-Streifen geschnitten u. dann wieder zu Bogen verarbeitet. Hierbei werden alle Längen-Eigg. verschlechtert; die Reißfestigkeit wird jedoch am meisten beeinflußt. Der Einfl. der Faserlänge wird auch durch Vgl. von Zellstoff aus inneren u. äußeren Schichten von *P. radiata* u. *Eucalyptus regnans* untersucht. Obwohl diese Fasern sowohl in der Form als auch chem. verschieden sind, wird die Reißfestigkeit am meisten durch die Faserlänge beeinflußt. R. BAMBERGER. 7984 □

Über die Wirkung von Füllstoffen im Hinblick auf die Bedruckbarkeit von Papieren. F. Wultsch und K. Schubert. (Österr. Papier-Ztg. **66.** Nr. 7. 15—18. Juli 1960.) (Dt.)

Nach allg. Ausführungen über die Bedruckbarkeit von Papier werden Unters.-Ergebnisse mit dem FOGRA-Probedruckgerät an mittelfeinen Papieren mit wechselndem Geh. an einer Kaolin- u. Talkumsorte mitgeteilt. Die Änderungen der Glätte, Weichheit, Benetzbarkeit, Saugfähigkeit u. der Affinität des Papiers zur Farbe werden gemessen; an Labor.-Blättern werden weitere Kriterien, wie z. B. Durchschlagsresistenz u. Rauheit, untersucht. Im allg. wird die Bedruckbarkeit von Papier durch Füllstoffe verbessert; sie nimmt mit steigendem Füller-Geh., aber nicht linear, zu. Kaolin ist wirksamer als Talkum. M. HAGEDORN. 7984 □

Beitrag zur Untersuchung des isoelektrischen Punktes der Cellulose. Duhem. Papeterie **83.** 858—61. Nov. 1961.) (Franz.)

Da die elektr. Ladung der Papierfasern für die Bindung von Füllstoffen, Farbstoffen, Leim usw. eine wichtige Größe ist, wurden an verschiedenen Zellstoffen Unterss. über das Leitfähigkeits-Verh. der Fasern angestellt. Der Vf. kommt zu dem Schluß, daß es einen isoelektr. Punkt der Cellulose zwar gibt, daß er aber je nach Art der Probe u. ihrer Vorbehandlung unterschiedliche Zahlenwerte hat. F. LANG. 7984 □

Dimensionsstabilisierung von Papier durch Acetylierung. Alfred J. Stamm und Jerry N. Beasley. (Tappi **44.** 271—75. April 1961. Raleigh, N.C., North Carolina State Coll., School of Forestry; Chillicothe, Ohio, Meade Corp.) (Engl.)

Ungebleichtes u. gebleichtes Kraftpapier wird während 10 Min. bis 3 Std. bei 100° u. 120° mit Essigsäureanhydrid unter Verw. von vier verschiedenen Katalysatoren acetyliert. Folgende Veränderungen wurden festgestellt: Verminderung der Wasserquellung des Papiers um 48—89%; bei ungebleichten Papieren keine wesentliche Red. der wichtigsten Trockenfestigkeitswerte, wenn die Acetylierung bis zu einer 60% ig. Verminderung der Quellfähigkeit geführt wird; bei gebleichten Papieren ist die Festigkeitsabnahme deutlicher. Die Naßfestigkeit wird bei beiden Papierarten durch Acetylierung u. Quellverminderung erheblich verbessert. Nur in der Verbesserung der Falzbarkeit wird die Acetylierung durch eine Wärmestabilisierung mit 0,1% NaOH übertroffen. Die Acetylierung — am besten mit 0,5% $ZnCl_2$ (vom Papier-Gew.) als Katalysator — ist für die Dimensionsstabilisierung von Kraftpapier sehr geeignet u. erfordert wenig Zeit; es ist aber der Preis zu berücksichtigen. M. HAGEDORN. 7986 □

Der Wassergehalt und die Stabilität von Bleichpulver. You-Chi Tang, Hua Tung-Wen, Kuei-Fen Liau, Fahg-Chieh Chin und Sze-Huang Lin. (Acta chim. sinica **23**. 52—67. 1957. Peking, Univ.) (Chin.; Auszug: Engl.)

Vff. untersuchten den Einfl des Wasser-Geh. auf die Stabilität von Bleichpulver. Der Geh. an freiem Cl_2 wurde bei verschiedenen Proben jeweils vor u. nach 8std. Erwärmen auf 90° in einem verschlossenen Glasröhrchen geprüft. Das Verhältnis des Rest-Geh. an freiem Cl_2 zum Anfangs-Geh. in Prozent wird als Index der Stabilität angesehen. Die untersuchten Proben von Bleichpulvern u. ungereinigtem $Ca(OCl)_2$ bestanden im wesentlichen aus folgenden Bestandteilen: $Ca(OCl)_2$, $Ca(OCl)_2 \cdot 3\,H_2O$, $CaCl_2 \cdot 6\,H_2O$ u. $CaCl_2 \cdot Ca(OH)_2 \cdot H_2O$. Werden die Proben bei 25° unter 0,1 mm Hg getrocknet, so entwässern zwei Komponenten, nämlich $Ca(OCl)_2 \cdot 3\,H_2O$ bei 5 mm Hg völlig u. $CaCl_2 \cdot 6\,H_2O$ bei 1,0 mm Hg zu $CaCl_2 \cdot H_2O + 5\,H_2O$. Der erreichte Stabilitätsindex beträgt dann 100%. Wenn man die Menge dieses unter obigen Bedingungen „entfernbaren W." dosiert, kann man den Stabilitätsindex zwischen 0 u. 100% variieren. Beim Erwärmen der Proben von 25 auf 90° in einer geschlossenen Flasche wird das „entfernbare W." nach der folgenden Formel wieder verteilt: $x\,Ca(OCl)_2 + y\,Ca(OCl)_2 \cdot 3\,H_2O + z\,CaCl_2 \cdot 6\,H_2O$ bei 25° zu $(x - 5\,z/3)Ca(OCl)_2 + (y + 5\,z/3)Ca(OCl)_2 \cdot 3\,H_2O + z\,CaCl_2 \cdot H_2O$ bei 90°. Da sorgfältig getrocknete Proben sich auch bei 90° kaum zersetzen, scheint die Zers. des OCl^- fast ausschließlich in der Phase $Ca(OCl)_2 \cdot 3\,H_2O$ vor sich zu gehen. Die lineare Beziehung der Zers.-Geschw. in %/Std. zur Menge „entfernbaren W." in Prozent deutet darauf hin, daß die Zers.-Geschw. linear vom Anteil des bei 90° vorhandenen $Ca(OCl)_2 \cdot 3\,H_2O$ abhängt. Hiernach erklären Vff. die Zers. von Bleichpulver bei der Lagerung.

B. FIEDLER. 8002 □

Untersuchungen zur Gas- und Wasserdampfdurchlässigkeit von Kunststoffolien und beschichteten Papieren. 6. Mitt. Die Wasserdampfdurchlässigkeit. A. W. Myers, J. A. Meyer, C. E. Rogers, V. Stannett und M. Szwarc. (Tappi **44**. 58—64. Jan. 1961. Syracuse, N.Y., State Univ.) (Engl.) — 5. vgl. C. **1959**. 15217.

Die Wasserdampfdurchlässigkeit einiger Kunststoffolien wird in Abhängigkeit von Temp. u. Druck untersucht. Bei einer Stoffgruppe ist die Durchlässigkeits-Konst. abhängig vom Druck, bei anderen ist sie druckunabhängig. Bei den druckabhängigen Stoffen (Polyäthylen, Polyäthylenglykolterephthalat u. Polypropylen) nimmt die Durchlässigkeits-Konst. bei sinkender Temp. zu. Die Messungen der oft sehr kleinen Mengen W. werden mit einer Quarzwaage oder unter Verw. von D_2O durchgeführt. Die Wasseraufnahme folgt dem HENRYschen Gesetz. Die Diffusions-Konst. werden aus den Löslichkeits- u. Durchlässigkeits-Konst. berechnet, die etwa die gleiche Größe haben wie die Diffusions-Konst. des ungefähr gleichgroßen O_2-Moleküls. H. MEYER. 8010 □

Bestimmung des Prozentgehalts an Birkenfasern in gemischten Zellstoffen. Yrjö Hentola und Hannes Sihtola. (Paperi ja Puu **40**. 569—70. 28/11. 1958. Oy Kaskuslaboratorio-Centrallaboratorium Ab.) (Engl.)

Zollfragen u. Sortenumstellung in der Zellstoffabrik machen die Best. von Hartholzfasern in Mischzellstoffen wichtig. Mit dem BAUER-Me Nett Fibre Classifier ist es bei Verw. von Drahtnetzen geeigneter Maschenzahl möglich, den %-Geh. an Birkenholzfasern in Mischzellstoffen mit Tanne oder Kiefer rechner. genügend genau zu ermitteln. Grundlagen dafür sind Fraktionierungsergebnisse von reinen u. in bekannter Mischung vorliegenden Zellstoffen, Voraussetzung ist ein kleiner Geh. an Birkenfasern.

M. HAGEDORN. 8016 □

E. I. du Pont de Nemours & Co., Wilmington, Del., V.St.A., **Verpackungsfolien aus Cellulosehydrat** sind mit einem (Misch-)Polymeren aus bis zu 70 (Gew.-%), bes. 40—70, Vinylidenchlorid (I) u. 100—30, bes. 60—30, eines Alkylacrylats (mit wenigstens 2 C-Atomen im Alkylrest) als Unterschicht, ggf. unter Zusatz von 0,5—3 einer ungesätt. aliphat. Säure, bes. (Meth)acryl- oder Itaconsäure, überzogen. Die Deckschicht besteht aus einem Mischpolymeren von 80—97, bes. 90—97, I u. 20—3, bes. 10—3, wenigstens eines polymerisierbaren monomeren Olefin-Deriv., bes. einem Alkylacrylat oder Acrylnitril. — Mengenbeispiele. (**E. P. 803 191** vom 22/11. 1955, ausg. 22/10. 1958. A. Prior. 22/11. 1954.) E. WEISS. 7971

William T. Maloney, Clinton, N.Y., V.St.A., **Aufbereitung von Ton.** Der bei der Herst. von *Papier* verwendete Ton wird in wss. Suspension zur Red. u. Entfernung von farbigen Verunreinigungen mit $H_2Zn(SO_3)_2$ gerührt, anschließend mit einem Erdalkalihydroxid ein pH-Wert zwischen 7—7,8 eingestellt u. schließlich völlig oder z. T. entwässert. (**A. P. 2 955 051** vom 27/8. 1956, ausg. 4/10. 1960.) G. FRIKELL. 7979

W. S. Hodgkinson & Co. Ltd. (Erfinder: Paul Quinn), **Herstellung von mit synthetischem Harz gefülltem verschleißfestem Papier.** Man versetzt die Papierfaseraufschlämmung mit einem wasserunlösl. Melaminmonomeren, bedruckt die daraus hergestellte glatte Papierbahn u. behandelt die bedruckte Bahn mit HCHO oder Hexamethylentetramin zwecks Bldg. von teilweise kondensiertem Melamin–Formaldehyd-Harz, wobei man so viel Melamin verwendet, daß wenigstens 25 Gew.-% des erhaltenen Prod. aus Melamin bestehen. (**Aust. P. 228 027** vom 2/4. 1958, ausg. 26/5. 1960. E. Prior. 2/4. u. 13/9. 1957.) K. DEMMLER. 7987

American Cyanamid Co., V.St.A. (Erfinder: Tzeng Jiueq Suen), **Herstellung von wasserfestem und mechanisch widerstandsfähigem Papier** durch Imprägnieren von porösem Papier mit einer wss. Lsg. oder Emulsion bzw. Dispersion eines monomeren niedermol. Alkylacrylats, z. B. Äthyl-, Propyl- oder Butylacrylat, in Ggw. eines Cersalzes als Polymerisationskatalysator u. von 0,01—1% eines Netzmittels, z. B. einer monomeren Verb. einer Divinyliden-Verb., welche wenigstens 2 Äthylenbindungen enthält, die mit anderen ungesätt., nichtäthylen. Bindungen konjugiert sind. Diese Verbb. entstehen z. B. bei der vollständigen Veresterung von Äthylenglykol, Propandiol-(1.3) oder Butandiol-(1.4) mit Acrylsäure oder Methacrylsäure unter Bldg. von Äthylendiacrylat, Propylen- bzw. Butylendiacrylat bzw. -dimethacrylat. — 125 Gew.-Teile Gemisch aus monomerem n-Butylacrylat u. Äthylendimethacrylat u. 1,425 Octadecyltrimethylammoniumchlorid werden mit 2250 W. zu einer Emulsion verrührt, der 125 einer 0,1 Mol NH_4-Cernitrat u. 1 Mol HNO_3 enthaltenden Lsg. zugesetzt werden. Mit der Lsg. wird z. B. Filtrierpapier bei 25° getränkt, danach mit W. gewaschen u. bei 104° getrocknet. Das imprägnierte Papier hat dabei eine Gewichtszunahme von 100% erhalten. (**F. P. 1 221 546** vom 16/4. 1959, ausg. 2/6. 1960. A. Prior. 23/4. 1958.) M. F. MÜLLER. 7987

Soc. del Linoleum S. p. A., Mailand, Italien, **Tapete** aus einer mit wärmehärtendem Kunststoff imprägnierten Papierschicht, dad. gek., daß sie eine Grundschicht aus thermoplast. Kunststoff, wie Polyvinylchlorid, aufweist. Die Tapeten lassen sich bes. leicht zuschneiden u. auf beliebig geformte Flächen aufbringen. (**It. P. 524 091** vom 15/11. 1954.) K. KOEBKE. 7987

A. Merati, Mailand, Italien, **Bitumen oder Goudron enthaltende Papiere oder Pappen,** dad. gek., daß die Imprägniermittel schon dem wss. Stoff zugesetzt u. auf den Papierfasern fixiert sind. — Beispiel: Der wss. Stoff wird in einer Mischbütte mit einer stabilen wss. Bitumenemulsion (15—85% Bitumen, auf Trockenfaser bezogen) gemischt, das Rühren noch mindestens 3 Std. fortgesetzt, das Bitumen mit Säure (HCl, H_2SO_4, HNO_3 usw.) auf den Fasern ausgefällt, mindestens 1 Std. weitergerührt, das überschüssige, auf dem W. schwimmende Bitumen entfernt, eine Papierbahn gebildet u. bei 160—170° getrocknet. (**Belg. P. 548 053** vom 24/5. 1956, ausg. 6/11. 1959. It. Prior. 11/6. 1955.) G. VOGEL. 7993

Rudolf Garstenauer, Österreich, **Dachpappe** zum Überziehen von Dächern aus Zement, Beton, Holz, Metall aus geteerter Pappe mit einer Überzugsoberschicht aus Metall, z. B. Al von 0,01—0,2 mm Dicke, oder synthet. Material. Als Klebe- u. Bindemittel Na_2SiO_3 u. eine Metallseife, z. B. Metallstearat. (**F. P. 1 219 920** vom 14/4. 1959, ausg. 20/5. 1960. Oe. Prior. 27/6. 1958.) M. F. MÜLLER. 7993

Heinrich Gültig, Heilbronn/Neckar, **Behandeln von Flaschenkorken,** die in einer Fl. eingeweicht u. mit Hilfe eines in die Poren des Korkens einzubringenden chem. Mittels, wie H_2SO_3 oder SO_2, konserviert sowie ggf. teilweise von ihrem Feuchtigkeits-Geh. befreit sind, dad. gek., daß die so behandelten Korken in so feuchtem Zustand in luftdicht zu verschließende Verpackungsbeutel eingebracht werden, daß die Korken im Entnahmezustand zum Verkorken von Flaschen verwendungsfähig sind. Das Konservierungsmittel kann in Form eines Gases in den Verpackungsbeutel eingeleitet werden. (**D. A. S. 1 113 298** Kl. 38h vom 1/10. 1959, ausg. 31/8. 1961.) F. LAASS. 7999

Rütgerswerke Akt.-Ges., Frankfurt/M., *Behandlung von Holz mit Imprägnieröl.* (**E. P. 865 746** vom 30/6. 1959, ausg. 19/4. 1961. D. Prior. 25/7. 1958. — C. **1959.** 15869 [D. A. S. 1 055 223].)

Hakle-Werke (Erfinder: **Josef Ziegler**), Mainz, *Herstellung von desodorierende, desinfizierende und/oder bakterizide Stoffe enthaltenden Papierbahnen.* (**Schwz. P. 354 322** vom 5/3. 1954, ausg. 30/6. 1961. D. Prior. 22/1. 1954. — C. **1958.** 6422 [Belg. P. 529 039].)

South African Council for Scientific & Industrial Research, Pretoria (Erfinder: **Brian Alfred Cooke, Thomas David Morgan** und **Hildegard Emilie Luise Gertrud Schweigart**, Pretoria), Südafrika, *Hochselektive Membranen.* (**A. P. 2 977 298** vom 5/11. 1957, ausg. 28/3. 1961. Südafrikan. Prior. 9/11. 1956. — C. **1960.** 16632 [D. A. S. 1 055 941].)

Pneumatiques & Caoutchouc Manufacturé Kleber-Colombes, Seine, Frankreich (Erfinder: **René Dioly**). *Belagstoff.* (**F. P. 1 186 190** vom 20/2. 1957, ausg. 17/8. 1959. — **C. 1961.** 18181 [D. A. S. 1 103 285].)

N. V. Onderzoekingsinstituut Research, Holland, *Herstellung von Kunstschwämmen aus Regeneratcellulose.* (**F. P. 1 200 663** vom 28/7. 1958, ausg. 23/12. 1959. Holl. Prior. 16/8. 1957. — **C. 1960.** 6704 [Oe. P. 205 749].)

XVIIIb. Textilfasern

Eine Carbamat-Ausrüstung für knitterfeste und „Wash-and-Wear"-Baumwollartikel. Richard L. Arceneaux, J. G. Frick jun., J. David Reid und Gloria a Gautreaux. (Amer. Dyestuff Reporter **50.** P 849. 30/10. 1961. Southern Regional Res. Labor., New Orleans, La.) (Engl.)

N.N-Dimethylolcarbaminsäureäthylester, der durch Rk. von Carbaminsäureäthylester mit HCHO entsteht, erweist sich als bes. geeignet für die Knitterfest- u. „Wash-and-Wear"-Ausrüstung von Baumwollerzeugnissen. Im Gegensatz zu der mit anderen N-haltigen Harzen ist diese Ausrüstung beständig gegen saure Wäsche u. zeigt auch keine Cl-Retention. G.-D. GOLLNISCH. 8032□

Die „Kompactor"-Ausrüstung, ein neues Krumpf- und Veredlungs-Verfahren. A. Monforts. (SVF Fachorg. Textilvered. **16.** 681—83. Okt. 1961. M.-Gladbach, Maschinenfabrik Monforts.) (Dt.)

Nach dem Kompactor-Verf. können Gewebe u. Gewirke aller Art (außer Kunstseide) mit einer Dicke über 0,25 mm völlig krumpffrei ausgerüstet werden.
G.-D. GOLLNISCH. 8032□

Das Festigkeitsverhalten einiger Viscosereyonfasern in Natriumcupratlösungen. B. Farrow. (J. Textile Inst., Trans. **52.** T554—T56. Dez. 1961. Manchester, England, Shirley Inst., Cotton, Silk and Man-made Fibres Res. Assoc.) (Engl.)

Die vorliegenden Unterss. haben gezeigt, daß sich Reyonfasern, die in Na-Cuprat-Lsgg. (4n NaOH + 0,23 bzw. 0,37 g Cu/Liter) bei 20° bis zu 48 Std. eingelegt werden, mit zunehmender Cu-Aufnahme schwerer dehnen lassen, wie aus dem Zug-Dehnungs-Verh. hervorgeht. Dieser Befund wird auf die Bldg. intermol. Quervernetzungen innerhalb der Cellulose durch Cu zurückgeführt. — 2 Figuren, 5 Literaturzitate.
H. G. FRÖHLICH. 8074□

Modifizierte Viscosereyonfasern. J. D. Griffiths. (J. Textile Inst. Proc. **52.** P 575—P 593. Okt. 1961. Coventry, England, Courtaulds Ltd.) (Engl.)

Feinstruktur u. physikal.-technolog. Eigg. einerseits, sowie Spinnen u. Verarbeitung zu Garnen u. Geweben einschließlich Bleichen, Färben u. Ausrüsten andererseits von Durafil (I) u. SC 28 (II), neuer engl. Cellulosehydratfasern, wird beschrieben. Während es sich bei **II** um eine hochkristalline, hochorientierte Faser handelt, stellt **I** eine Ganzmantelfaser dar, die durch Modifierzusatz zur Viscose erhalten wird. Die technolog. Eigg. von **I** u. **II** in Faser- u. Gewebeform werden mit denen von Baumwolle u. normaler Reyonfaser (Fibro) verglichen. — 8 Figuren, 5 Tabellen, 6 Mikrophotos.
H. G. FRÖHLICH. 8074□

Darstellung von teilweise acetoacetyliertem Viscosereyon, das mit aromatischen Diazoniumverbindungen leicht reagiert. Hirotada Iida und Kôzô Konishi. (J. chem. Soc. Japan, ind. Chem. Sect. [Kogyo Kagaku Zasshi] **63.** 860—62. Mai 1960. Tôkyô-Sibuya, Tôkyô-Kôgyô-Sikenzyo.) (Jap.; Auszug: Engl. S. A 44.)

Gewebe aus Vicsosereyon werden mit einer 2m Na-Acetat-Lsg. behandelt, 1 Tag lang bei Raum-Temp. an der Luft getrocknet u. 2 Min. lang mit einer 10%ig. Lsg. von Diketen (I) bei 60° behandelt, wobei teilweise acetoacetylierte Prodd., in denen I zu 2—5 Gew.-% gebunden ist, erhalten werden. E. MAEKAWA. 8074□

Das Verhalten hydrophiler Gelfilme aus Cellulosehydrat beim Trocknen. Paul Görling. (Papier **16.** 9—18. 5/1. 1962. München, Inst. für Lebensmitteltechnol. u. Verpackung.) (Dt.) P. ECKERT. 8074□

Die Identifizierung von Fasern durch Anfärbung mittels Shirlastain A, D u. E. J. E. Ford und J. O. Warwicker. (J. Textile Inst., Proc. **52.** P 617—P 619. Nov. 1961. Manchester, England, Shirley Dev. Ltd.) (Engl.)

An Hand einer Farbtafel wird der Nachw. natürlicher u. synthet. Fasern durch Anfärben mit Shirlastain A (während 1 Min. bei Zimmer-Temp. färben u. mit kaltem W. spülen) für nicht thermoplast. Fasern u. Shirlastain E oder A-D für thermoplast. Fasern beschrieben. Letztere werden 2 Min. bei Siede-Temp. gefärbt, mit 50° warmem W. ausgewaschen u. dann mit der Farbtafel verglichen. Vor der Anfärbe-Rk. werden die Fasern vorteilhaft von Schlichten u. Ausrüstungen befreit. H. G. FRÖHLICH. 8100□

Zur Naßfestigkeit der Stengel-, Blatt- und Fruchtfasern. Wolfgang Bobeth und Heino Martin. (Faserforsch. u. Textiltechn. **12.** 587—93. Dez. 1961. Dtsch. Akad. der Wiss. zu Berlin.) (Dt.)

Die aus der Fachliteratur bekannten Werte wurden nachgeprüft. Die angewandten Prüfmeth. werden beschrieben. — 8 Literaturnachweise. P. ECKERT. 8104□

Analytische Untersuchungen zur Trennung von Gemischen monomerer Vinylderivate. 1. Mitt. **Zur Analytik der Polyacrylnitrilfasern.** Burkart Philipp, Ursula Bartels und Horst Hoyme. (Faserforsch. u. Textiltechn. **12.** 581—87. Dez. 1961. Dtsch. Akad. der Wiss. zu Berlin, Inst. für Faserstoff-Forsch. in Teltow-Seehof, Analyt. Abt.) (Dt.)

Verschiedene Meth. zur Titration von C=C-Doppelbindungen werden hinsichtlich ihrer Brauchbarkeit für verschiedene Vinyl-Derivv. (Acrylnitril, Acrylsäureester, Vinylcarbonsäuren, Vinylacetat, Vinylpyridin) verglichen, wobei sich für die meisten der untersuchten Verbb. eine Anlagerung von Sulfitionen mit anschließender Titration der freigesetzten OH-Ionen bewährte. Zur Anlayse verschiedener Gemische monomerer Vinyliden-Derivv. in Dimethylformamid-Lsg. werden Arbeitsvorschriften angegeben, die auf der Kombination einer Dopplbindungstitration mit alkalimetr. Meth. beruhen. — 14 Literaturnachweise. P. ECKERT. 8116□

Tootal Broadhurst Lee Co. Ltd., England, *Textilausrüstung.* (**F. P. 1 162 112** vom 10/9. 1951, ausg. 9/9. 1958. — C. **1956.** 5995 [E. P. 727 888].)

Ciba Ltd. (Erfinder: **Max Duennenberger** und **Adolf-Emil Siegrist**), *Di-[benzimidazyl-(2)]-äthylenverbindungen als optische Aufheller.* (**Aust. P. 229 959** vom 14/8. 1958, ausg. 15/9. 1960. Schwz. Prior. 2/9. 1957. — C. **1961.** 9252 [D. A. S. 1 090 167].)

Institut für Silikon- und Fluorkarbon-Chemie, Radebeul, *Imprägniermittel für Textilfasern.* (**Ung. P. 143 929** vom 30/3. 1956, ausg. 1/7. 1958. — C. **1958.** 3484 [D. A. S. 1 011 421].)

Albright & Wilson Ltd., England (Erfinder: **Leon Chance, George Drake** und **Wilson Reeves**), *Herstellung phosphorhaltiger Polymerer.* (**F. P. 1 177 158** vom 4/6. 1957, ausg. 21/4. 1959. A. Prior. 5/6. 1956. — C. **1961.** 3524 [A. P. 2 886 538]; C. **1961.** 4207 [A. P. 2 901 444] u. C. **1961.** 7084 [A. P. 2 911 325].)

Algemeene Kunstzijde Unie N. V., Holland (Erfinder: **Charles Leroy Henry** und **Gilbert Ivo Thurmond**), *Herstellung von Filmen und Fäden aus Viscose.* (**F. P. 1 182 556** vom 10/9. 1957, ausg. 26/6. 1959. A. Prior. 14/9. 1956. — C. **1960.** 12208 [Oe. P. 202 264].)

Algemeene Kunstzijde Unie N. V., Arnhem, Holland, *Herstellung von Fäden, Fasern und Filmen aus Viscose.* (**Oe. P. 205 651** vom 23/10. 1958, ausg. 10/10. 1959. A. Prior. 29/11. 1957. — C. **1960.** 11865 [D. A. S. 1 071 276].)

American Viscose Corp., Philadelphia, Pa., V.St.A., *Herstellung von Formgebilden aus regenerierter Cellulose.* (**Oe. P. 213 549** vom 22/10. 1957, ausg. 27/2. 1961. **F. P. 1 184 821** vom 18/10. 1957, ausg. 27/7. 1959. Beide A. Prior. 22/10. 1956. — C. **1961.** 10798 [Aust. P. 218 500].)

Imperial Chemical Industries Ltd., London, England, *Entfetten und Entschlichten von Kunstseide.* (**Belg. P. 564 779** vom 13/2. 1958, ausg. 15/7. 1960. E. Prior. 13/2. 1957 u. 24/1. 1958. — C. **1961.** 12695 [Oe. P. 206 854].)

N. V. Onderzoekingsinstituut Research, Holland, *Herstellung von makromolekularen Polycarbonaten.* (**F. P. 1 195 767** vom 9/5. 1958, ausg. 19/11. 1959. Holl. Prior. 16/5. 1957. — C. **1961.** 5658 [Holl. P. 94 031].)

Farbwerke Hoechst Akt.-Ges., vormals Meister Lucius & Brüning, Frankfurt/M.-Hoechst, *Verbesserung der Haftfestigkeit von geformten Gebilden aus Polyestern.* (**Oe. P. 213 366** vom 4/6. 1959, ausg. 10/2. 1961. D. Prior. 6/6. 1958. — C. **1961.** 6008 [D. A. S. 1 093 322].)

XIX. Brennstoffe. Erdöl. Mineralöle

Eine neue Interpretierung saurer und basischer Strukturen in Kohlen. 1. Mitt. **Lactongruppen von normalem und Fluorescein-Typ in Kohlen.** V. A. Garten, D. E. Weiss und J. B. Willis. (Austral. J. Chem. **10.** 295—308. Aug. 1957. Melbourne, Div. of Ind. Chem., C.S.I.R.O.) (Engl.)

Durch Unters. der Alkaliabsorption u. Diazomethan-Methylierbarkeit von Aktivkohlen (A) werden in den A *freie HO-Gruppen* (**I**), *normale Lacton-* (**II**) u. *Phenollactongruppen* (**III**) vom Fluorescein-Typ nachgewiesen. Nur **I** u. **III** lassen sich methylieren; **III** verhalten sich bei der Titration schwächer sauer als normale COOH-Gruppen. Die Bldg. von **II** nimmt mit steigender Aktivierungs-Temp. von A zu. Die Ergebnisse sind IR-spektroskop. sowie durch Messung der magnet. Susceptibilitäten gestützt. L. LAMZA. 8122

Eine neue Interpretierung saurer und basischer Strukturen in Kohlen. 2. Mitt. **Das Chromen/Carbonium-System in Kohlen.** V. A. Garten und D. E. Weiss. (Austral. J. Chem. **10.** 309—28. Aug. 1957.) (Engl.) — 1. vgl. vorst. Referat.

Bei 800° aktivierte Zuckerkohle (Z) u. einige Rußarten enthalten das *Chromen-Syst.*, das bei Raum-Temp. in Ggw. von Säuren, unter Adsorption des Säureanions, u. Bldg. von H_2O_2 in das *Benzpyrylium-Syst.* (Carbonium-Syst.) übergeht. Durch diese Rk. wird die Abhängigkeit des O_2-Partialdruckes in verd. Lsgg. von der durch Z absorbierten Säuremenge, die Bldg. von Peroxiden aus Z u. Säuren u. die lineare Beziehung zwischen dem Potential einer H/Kohle-Elektrode u. pH erklärt. Die theoret. Interpretierung des elektrochem. Verh. des Chromen/Carbonium-Syst. stimmt quant. mit dem Verh. einer kathod. polarisierten Kohleelektrode in saurer Lsg. überein. Ebenso kann die Fähigkeit von Z, die Oxydation von Fe''-Ionen durch O_2 zu katalysieren, erklärt werden.

L. LAMZA. 8122

Die Oxydation von Steinkohlen bei der Lagerung und Maßnahmen zu ihrer Bekämpfung. W. Radmacher und A. Hoverath. (Brennstoff-Chem. **42.** 97—108. April 1961. Essen, Ruhrkohlen-Beratung GmbH, Brennstoffchem. Inst.) (Dt.)

Durch Labor.-Verss. mit Steinkohlen (I) unterschiedlicher Inkohlungsgrade kann die Abhängigkeit der Oxydation von I von ihrem O-Geh., von der Temp., Oxydationsdauer, Korngröße u. Schütthöhe, sowie von der O_2-Konz. der Lageratmosphäre nachgewiesen werden. Die O_2-Aufnahme frisch geförderter I ist in den ersten Wochen am größten u. klingt dann allmählich ab. Mit steigender Temp. wächst die Oxydations-Geschw. u. damit die freiwerdende Wärme. Je kleiner das Kohlekorn, desto größer die O_2-Aufnahme, desto schlechter die Wärmeabfuhr aus der Lagerstätte. Die Folge ist ein Temp.-Anstieg in der Lagerstätte. Verhinderung von übergroßem Erhitzen u. möglichem Selbstentzünden kann entweder durch gute Belüftung der Halden oder durch völligen Ausschluß des Luft-O_2 (Haldenverdichtung, Besprühen der Haldenböschungen mit Kunststoffdispersionen) erreicht werden. M. FINKE. 8126□

Furfurol in den Produkten der Holzpyrolyse. B. N. Filippow. (Гидролизная и Лесохимическая Промышленность [Hydrolysen- u. holzchem. Ind.] **11.** Nr. 8. 22a. 1958.) (Russ.)

Die fl. Rohprodd. der Holzpyrolyse enthalten 0,95—1,00% *Furfurol* (I). Die Abscheidung von I ist zweckmäßig, da man den technolog. Prozeß der Rohprod.-Aufarbeitung verbessern kann u. gleichzeitig ein wertvolles Ausgangsprod. für die Plastindustrie gewinnt: die Verharzung der Dest.-App. wird vermieden, die Veresterung der Essigsäure verläuft glatter. 1 m^3 Holz liefert ca. 1,6 kg I. H. NESTLER. 8140□

Der Chemismus der Verkokung, untersucht an polymeren Steinkohle-Modellstoffen. 6. Mitt. **Das plastische Verhalten während der Verkokung.** P. M. J. Wolfs, H. I. Waterman und D. W. van Krevelen. (Brennstoff-Chem. **40.** 342—46. 25/11. 1959. Delft, TH, Labor. für Chem. Technol.; Geleen, Zentrallabor. der Staatsmijnen in Limburg.) (Dt.) — 5. vgl. C. **1961.** 13050.

Der Dilatometer-Vers. von ARNU-AUDIBERT, der Penetrometer-Vers. u. die visuelle Beurteilung des Verkokungsrückstandsprofils führen bei der Unters. des plast. Verh. der Modellstoffe zu aufschlußreichen Ergebnissen. Unter Berücksichtigung der während des Verkokungsvorganges auftretenden Änderung in der Brückenzahl b^x (b^x bedeutet die Polymerisationsintensität = Brückenzahl je Struktureinheit) je Vielkern werden 2 extreme Möglichkeiten in Betracht gezogen. Die 1. Möglichkeit besteht darin, daß b^x während der Primärverkokung durch Depolymerisieren intermediär zurückgeht. Auf diesen Rückgang folgt nachher eine Zunahme, weil einerseits die beim Depolymerisieren frei werdenden Monomereinheiten als Teer verdampfen u. andererseits die zurückbleibenden Monomereinheiten in ein neues Aromatskelett eingebaut werden, wobei es zu neuen Bindungen kommt. Lineare Polymere u. Polykondensate mit einer nicht allzu komplizierten Netzstruktur ($1 < b^x < 1{,}3$) sind Dank der intermediären Vereinigung von b^x mit oder ohne Zers. schmelzbar. Zu dieser Art von Stoffen gehören die nichtfunktionellen Modellstoffe u. gleichfalls die Polykondens.-Prodd. von *Phenetol* u. *2-Methylnaphthalin* mit HCHO. Die 2. Möglichkeit besteht darin, daß die Umgestaltung des Aromatskeletts bereits unmittelbar am Anfang der Verkokung einsetzt, weil zuerst die funktionellen Gruppen abgespalten werden. Zu dieser Art von Stoffen gehören die *Phenol-* u. die *p-Bromphenol-Novolake*. Diese Stoffe sind nur schmelzbar, wenn die Polymerisationsintensität niedriger ist als im 1. Falle. Im Anfang der Verkokung tritt sofort eine Erstarrung auf; das Verh. dieser Art Stoffe ist dem der Stoffe der erstgenannten Art gerade entgegengesetzt. Jede dieser 2 Möglichkeiten ist schemat. in einem Diagramm dargestellt, in dem b^x gegen die Temp. aufgetragen ist. Das plast. Verh. während des Erhitzens läßt sich auf einfache Weise aus der Lage der Zers.-Kurve in bezug auf die Erweichungskurve erklären. Das ganze bei Steinkohle gefundene Spektrum von Dilatationskurven u. Profilen von Verkokungsrückständen kann auch bei den Modellstoffen durch wohlüberlegte Änderungen in der Art der Monomereinheit u. der Polymerisationsintensität erhalten werden. H. SCHÖBERL. 8142□

Mechanismus der Kohlenpyrolyse. 4. Mitt. **Veränderung der diamagnetischen Massensusceptibilität und der Konzentration der freien Radikale mit der Verkohlungstemperatur.** N. Berkowitz, Patricia A. Cavell und R. M. Elofson. (Fuel **40.** 279—87. Juli 1961. Edmonton, Alberta, Res. Council of Alberta.) (Engl.) — 3. vgl. C. **1961.** 11192.

Kohle II (eine bituminöse Kohle mit 87% C u. 5,1% H) [vgl. 3. Mitt. (l. c.)] wird untersucht. Bestimmt werden die diamagnet. Komponente der Massensusceptibilität aus der Differenz der vollen Massensusceptibilität, gemessen in einer modifizierten App. nach BOUY, u. der paramagnet. Massensusceptibilität sowie aus diesen Ergebnissen u. aus den Elektronen–Spin-Resonanzspektrogrammen (E.Sp.-R-S) die Konz. der freien Radikale an einer Reihe von vorbehandelten Kohlenproben, die Temp. von 200—950° ausgesetzt werden. Es zeigt sich ein Abfall der Werte im Bereich zwischen 700—750°. Dieser wird auf die Entw. von Elektronen-Triplet-Zuständen, die nicht durch E.Sp.-R.-S nachgewiesen werden können, sowie möglicherweise auf chem. Rkk., die zu Bindungslokalisierung führen, zurückgeführt. H. NENTWIG. 8142□

Zur Frage der Verbesserung des Schachtofenkokses. M. W. Goftman und W. I. Butorin. (Литейное Производство [Giesserei-Betr.] **1956.** Nr. 11. 5—7. Nov.) (Russ.)

Die Eigg. des Kokses können durch Zusatz von Anthrazit bereits bei der Verkokung verbessert werden; optimal wirken 10—15%. J. TŮMOVÁ. 8144□

Versuche zur Verkokung von Kohlengemischen aus bulgarischer Glanzbraunkohle und Balkan-Braunkohle. G. Angelowa. (Известия на Химическая Институт при БАН [Bull. Inst. chim., Acad. bulg. Sci.] **4.** 53—78. 1956.) (Bulg.; Auszug: Dt.)

Bei der Verkokung von Gemischen aus Glanzbraunkohle (oder deren Halbkoks) u. Balkan-Steinkohle zeigte es sich bei Labor.-Verss., daß bei allmählicher Erhöhung des Anteils der ersteren die Braunkohle u. der Halbkoks sich bei der Verkokung wie ein Magerzusatz verhalten. Bei der Unters. der Backfähigkeit zeigte es sich, daß sich die Stärke der plast. Zone des verkokenden Gemisches bei der Erhöhung der Zusatzmenge verringert u. der Schwund u. die Viscosität der plast. Masse erhöht. Gemische mit Zusätzen von 30—40% bilden eine plast. Masse, die die Gas-Entw. hemmt u. einen normalen Koks liefert. Bei 50—60% gibt es einen fast völlig gesinterten dichten Koks. Der Zusatz von Halbkoks statt Braunkohle bietet außer anderen Vorteilen die Möglichkeit, für die Koksgewinnung fast die doppelte Menge Braunkohle bei gleichbleibenden Koks-Eigg. zu verwerten. E. HEINEMANN. 8144

Die Entschwefelung von Erdölprodukten mit Hilfe des „Autofining"-Verfahrens. Etienne Dallemagne. (J. Ind. Gaz **85.** 537—39. Dez. 1961. Usine de Lacq. [S.N.P.A.].) (Franz.)

Kurze Charakteristik des Verf., Angaben über Beschleuniger, die sich abspielenden Rkk. u. Wiederbelebung des Beschleunigers, Verf.-Bedingungen, Ergebnisse, Wirtschaftlichkeit, benötigte Werkstoffe für die Apparaturen. F. ROSENDAHL. 8172□

Synergistische und antagonistische Wirkungen von Antioxydantien in Kohlenwasserstoffölen. K. U. Ingold. (J. Inst. Petroleum **47.** 375—82. Dez. 1961. Ottawa, Canada, Nat. Res. Council, Div. of Appl. Chem.) (Engl.)

Die Verss. werden mit einem Weißöl in der Induktionsperiode unter Zusatz von Inhibitoren (I) — aromat. Amine u. Phenole —, die die während der Oxydation entstehenden Hydroperoxide des Öles zersetzen, vorgenommen, wenngleich der Grad der Zers. mit den einzelnen **I** stark schwankt. Kombinationen von 2 **I** rufen synerget. oder antagonist. Effekte hervor; einige antagonist. Kombinationen zeigen additive oder synerget. Effekte, wenn in bezug auf die Kinetik des **I**-Prozesses gewisse Zugeständnisse gemacht werden. Nach Ansicht des Vf. sind synerget. Effekte der **I**, die sich als Zers. von Peroxiden zeigen, u. ebenso die Beziehungen zwischen der Größe des synerget. Effekts u. dem Grad der Zers. der Peroxide sehr gering. Antagonismen müssen auf verschiedene Ursachen zurückgeführt werden, wobei eine wechselseitige Rk. zwischen **I**-Molekülen wahrscheinlich von großer Wichtigkeit ist. Ebenso muß die Bldg. von Assoziationskomplexen mit geringerer Rk.-Fähigkeit gegenüber Peroxiden in einem Teil solcher Gemische angenommen werden. — 26 Literaturzitate. F. ROSENDAHL. 8188□

Die Wirkung aktivierter Holzkohle auf den Trübungspunkt, Fließpunkt und Schwefelgehalt von Gasöl. F. A. Inkley und A. E. Standage. (J. Inst. Petroleum **47.** 120—27. April 1961. Sunbury-on-Thames, Middlesex, Brit. Petroleum Co. Ltd., BP Res. Centre.) (Engl.)

Aktivierte Holzkohle adsorbiert selektiv gewisse KW-Stoff-Typen aus dem Gasöl. Bei einem Gasöl mit einem merklichen Geh. an Aromaten wird der Trübungs- u. Fließpunkt erhöht, wenn das Gasöl durch eine Kolonne mit aktivierter Holzkohle gegeben wird. Dagegen tritt bei dem gleichen Vorgang eine Erniedrigung der Trübungs- u. Fließpunkte ein, wenn der Aromaten-Geh. niedrig oder vernachlässigbar ist. Red. des Gesamt- u. Mercaptan-S wird bes. dadurch erreicht, daß das Gasöl mit Druckluft durch aktivierte Holzkohle getrieben wird. E. IGNEY. 8212□

Die Verwendung von zündungsfördernden Additiven in Gasölen. Einfluß auf die Zündfähigkeit und die Zusammensetzung der Abgase. C. Padovani, C. Paleari und

F. Renzanigo. (Riv. Combustibili **14.** 193—204. März 1960. Mailand, Politecnico, Staz. Sperim. per Combustibili.) (Ital.)

Der Einfl. einer Reihe von Nitro-Verbb. u. organ. Salpetersäureestern auf Dieselöle wird geprüft. Die Cetanzahl wird stärker in paraffinreichen Ölen erhöht. Weiterhin werden CO- u. NO_2-Geh. der Abgase ermittelt. Die Vers.-Bedingungen u. Ergebnisse sind bereits in einer früheren Arbeit (Riv. Combustibili **13.** [1959.] 415) veröffentlicht. W. HOLLAND. 8212□

Trennung, Untersuchung und Raffination von gemischten Rohölen aus der VAR. 1. Mitt. **Verbesserung von Schmierölen aus den Rohölen der VAR.** M. A. Borham und A. Mustafa. (J. Inst. Petroleum **47.** 383—88. Dez. 1961. Kairo, Univ., Chem. Dep.) (Engl.)

Die untersuchten Öle enthalten paraffin. Naphthene u. leichte aromat. KW-Stoffe mit einem hohen Viscositätsindex, so daß sie für die Herst. von Schmierölen bestens geeignet sind. Das Öl von Rudeis ist vorzuziehen, da sein Geh. an S u. Harzen gering ist u. der Geh. an höheren KW-Stoffen (C_6) im Vgl. zu anderen prozentual sehr hoch liegt. F. ROSENDAHL. 8220□

Die Messung der Bildung von Ölfilmen zwischen hypoiden Getriebezähnen unter Verwendung einer Kontakt-Widerstand-Meßeinrichtung. R. B. Campbell und D. Macdonald. (J. Inst. Petroleum **47.** 365—74. Dez. 1961. Thornton Hall, Glasgow, Nat. Engng. Labor., Lubricat. and Wear Div.) (Engl.)

Die für Messungen benötigte App. wird beschrieben. Ein Ölfilm ist im letzten Teil des Zusammentreffens der Zähne deutlich erkennbar, wenn Geschw., Gew. u. Temp. mit dem jeweiligen Vollastbetrieb übereinstimmen, mit Ausnahme sehr geringer Geschw. u. sehr hoher Belastung. Der Ölfilm ist sehr dünn oder nicht vorhanden, wenn die Reibung u. demgemäß auch die Temp. der Getriebeoberfläche sehr hoch ist. Die Verss. zeigen, daß die Dicke des Ölfilms nicht überall gleich ist. Die Wirksamkeit der Additive ist deutlich zu erkennen. F. ROSENDAHL. 8220□

Bindungsprobleme und Verstärkungen bei Bitumen oder Asphalten. Bruno Waeser. (Bitumen, Teere, Asphalte, Peche verwandte Stoffe **12.** 187—90. Mai 1961.) (Dt.)

An Hand zahlreicher Literaturhinweise wird eine zusammenfassende Darst. zum Problem Abbindungsunterschiede bei Bitumen/Asphalt auf verschiedenem Untergrund (**I**) gegeben, wobei die Möglichkeiten einer Verbesserung aufgezeigt werden, die sich durch eine Vorbehandlung von **I**, wie auch durch Einsatz verschiedener Bitumen- u. Asphaltarten (**II**) (geblasene, polymerisierte, mit Zusätzen versehene, Schaum-**II**) ergeben. Außerdem wird über neue Einsatzgebiete berichtet. R. EIDNER. 8236□

Die Radioisotopen bei der Untersuchung von Brennstoffen und Schmierölen. N. J. Furey und P. F. Kunc. (Riv. Combustibili **14.** 205—27. März 1960. Esso Standard Ital.) (Ital.)

Übersicht über die Verw. von Radioisotopen zur Unters. von Abrieb, Oberflächenaustausch, Ölverbrauch, Mechanismus der Additiv-Wrkg., Krusten-Bldg., Flammen-Temp. u. chem. Reaktionen. — 102 Literaturhinweise. W. HOLLAND. 8242□

Die anorganischen Bestandteile australischer Kohlen. 3. Mitt. **Morwell- und Yallourn-Braunkohlen.** R. A. Durie. (Fuel **40.** 407—22. Sept. 1961. Chatswood, Australia, New South Wales, Commonwealth Sci. and Ind. Res. Org., Div. of Coal Res.) (Engl.) — 2. vgl. C. **1961.** 7457.

Die Aschen von *Morwell*- u. *Yallourn*-Braunkohlen sind reich an Ca, Mg, Fe, Na u. Sulfaten, während ihr Geh. an Si u. Al gering sind. Die meisten dieser anorgan. Elemente kommen in der Rohkohle als Kationen in Verbindung mit Carboxygruppen vor, welche einen Teil der Kohlestruktur bilden. In der *Morwell*-Kohle scheinen Mg, der Hauptteil von Ca u. etwa die Hälfte von Na als Ionen an die Kohle gebunden zu sein, während in der *Yallourn*-Kohle alles Mg, Ca u. Na u. etwa die Hälfte von Fe auf diese Art gebunden sind. Die „organ.“ Herkunft der meisten aschebildenden Bestandteile wirft viele Probleme im Hinblick auf die wissenschaftliche Unters. dieser Kohlen auf. Zum Beispiel läßt das Auftreten örtlich begrenzter Zündeffekte bei Temp. sogar bei $<200^0$, die durch die als Ionen an die Kohle gebundenen Kationen erklärt werden können, gewisse Zweifel an der Bedeutung der für die Veraschungs-Meth. angewandten Temp. aufkommen. Ferner werden die Ascheausbeuten durch das Schmelzen in Quarztiegeln beeinflußt. Na u. Cl werden durch Schmelzen u. Verflüchtigen am wenigsten betroffen. Die Aschen von *Morwell*- u. *Yallourn*-Kohlen sind im wesentlichen Rückstände von der Oxydation organ. Salze. Die Analysenergebnisse dieser Kohlen sollen auf Trockenkohlenbasis bezogen werden. Obgleich in keiner Kohle wenig oder kein Sulfat-S vorkommt, machen die Sulfatgruppen etwa ein Drittel der Asche aus. S ist in der Asche an Na u. Ca gebunden, jedoch scheint die Menge durch den Geh. an organ. S begrenzt zu sein. Während fast alles Na gebunden vorliegt, ist es beim Ca nur ein Teil, wobei der Rest als Oxid verbleibt, das durch eine Sulfatschicht umgeben ist. H. SCHÖBERL. 8246 □

Untersuchung über die Bedingungen der Hydratbildung in Naturgasen. R. Fagegaltier. (Rev. Inst. franç. Pétrole Ann. Combustibles liquides **10.** 751—54. Juli 1955.) (Franz.)

Eine App. zur exakten Best. der Bedingungen der Hydrat-Bldg. in stark H_2S-haltigen Naturgasen wird entwickelt. Die App. besteht im wesentlichen aus einer mit Teflon ausgekleideten 150 cm^3 großen Stahlzelle, die mit 2 gegenüberliegenden Glasfenstern ausgestattet ist. Die Zelle ist für einen Maximaldruck von 150 at gebaut. Die Resultate zeigen, daß die nach den bekannten rechner. Verff. ermittelten Werte wesentlich von den gemessenen abweichen. H. SYDOW. 8250 □

Eine Untersuchung über die elektronenparamagnetische Resonanz von Vanadin in Petroleumölen. A. J. Saraceno, D. T. Fanale und N. D. Coggeshall. (Analytic. Chem. **33.** 500—05. April 1961. Pittsburgh, Pa., Gulf Res. and Dev. Co.) (Engl.)

Mit Hilfe der elektronenparamagnet. Resonanz (EPR) untersuchen Vff., ob V in Petroleumölen nur in einer einzigen Oxydationsstufe vorliegt u. entwickeln eine Meth. zur Schnellbest. von V in diesen Ölen. EPR-Spektren von Petroleumölen, die V enthalten, zeigen das Vorhandensein einer Hyperfeinaufspaltung, mit deren Hilfe ein Teil der Resonanz als die des V-Porphyrin-Komplexes identifiziert werden kann. Unter Verw. des Vanadylätioporphyrin (I)-Komplexes als Standard wurden V-Best. mit Hilfe der EPR an einer Reihe von Destillaten, Rückständen u. Rohölen vorgenommen, bei denen der Gesamt-V-Geh. im Bereich von 0,1—200 ppm lag. Ein Vgl. der erhaltenen Ergebnisse mit denen chem. Verff. zeigte gute Übereinstimmung. Ggw. von leichten Fraktionen in Rohölen verändert die Linienform der Vanadylresonanz im Vgl. zu viscosen Medien u. erfordert die Verw. von verschiedenen Standardsubstanzen oder die Entfernung der leichteren Fraktionen durch Destillation. Aus den Unterss. folgt, daß mit sehr wenigen Ausnahmen V in Destillaten, Rückständen u. Rohölen nur in der Oxydationsstufe +4 vorliegt u. daß das Kristallfeld um das V-Atom in Petroleumölen gleich ist. Mit Hilfe der EPR-Spektroskopie lassen sich quant. V-Best. in Öldestillaten im Konz.-Bereich von 0,1 ppm V u. höher durchführen. GERHARD SCHULZE. 8252 □

Bestimmung von Nickel- und Vanadinspuren in Petroleumdestillaten. Eine röntgenemissionsspektrographische Methode auf der Grundlage eines neuen Schnellveraschungsverfahrens. John E. Shott jun., Thomas J. Garland und Ralph O. Clark. (Analytic. Chem. **33.** 506—10. April 1961. Pittsburgh, Pa., Gulf Res. and Dev. Co.) (Engl.)

Vff. entwickeln eine neue Meth. zur Schnell-Best. von Ni u. V in Petroleum u. ähnlichen Produkten. Durch Verbrennung der Probe in Ggw. von Benzolsulfonsäure werden die Metalle in einer ebenso geeigneten Form wie beim Verkohlen mit H_2SO_4 erhalten; das Veraschen erfolgt jedoch in einem Bruchteil der sonst erforderlichen Zeit. Die Intensitäten der Röntgenlinien der Metalle werden dann direkt an der Asche gemessen. Vor dem Veraschen wird Co als innerer Standard dem Öl zugesetzt. Um die Asche in einer für die Röntgenintensitätsmessungen geeigneten Form zu erhalten, wird sie mit Isooctan auf die Oberfläche eines Filtertiegels gewaschen. Die vollständige Analyse dauert weniger als 1½ Stunden. Das neue Verf. ist bes. im Konz.-Bereich $<$2ppm anwendbar, doch lassen sich auch Mengen bis zu mehreren Hundert ppm bestimmen. GERHARD SCHULZE. 8252 □

Texaco Development Corp., Wilmington, Del., übert. von: du Bois Eastman, Whittier, Calif., V.St.A., **Herstellung von CO** aus S-haltigen festen KW-Stoffen durch Vermischen mit Kalk u. W. u. Rk. in einer Rk.-Zone bei $>$100 lbs./sq.in. u. $>$2000° F oberhalb des Verflüssigungspunktes des Rk.-Gemisches mit einem O-haltigen Gas, wobei ein H_2S-haltiges CO-Rk.-Gas entsteht, das abgeleitet wird. Die zurückbleibende Kalkbrühe wird entspannt, von H_2S befreit u. dient zur Abtrennung von H_2S aus dem CO-Rk.-Gas. — Verf.-Schema. (**Can. P. 552 095** vom 4/4. 1955, ausg. 21/1. 1958. A. Prior. 29/4. 1954.) EBERHARD RIEDEL. 8149

Henri M. Guinot, Versailles, Seine-et-Oise, und Soc. pour l'Équipement des Industries Chimiques S.P.E.I.C.H.I.M.-Réunion des Anciens Établissements Barbet, Egrot & Grangé, Pingris & Mollet-Fontaine (Erfinder: Philippe A. Le Henaff), Paris, Frankreich, **Abtrennung von CO_2 aus Gasgemischen.** Die CO_2-haltigen Gasgemische werden durch eine Adsorptions-Lsg., bestehend aus einer wss. Lsg. von Na-, K-, Mono- oder Di- oder Triäthylammoniumchromat, -arsenaten, -arsenit, -chlorphenolat, -sulfit, -selenit, -phosphit, -hypochlorit, -maleat, -malat, -succinat, -citrat, -kakodylat oder -sek.-phosphat, die ferner 5—10% eines Aktivators, wie Mono- oder Diäthylenglykolmonoäthyläther, enthält, bei normaler Temp. geleitet, wobei CO_2 als Hydrogencarbonat absorbiert wird. Die Regenerierung der Adsorptions-Lsg. erfolgt in einer 2. Stufe bei vermindertem Druck u. normaler Temp. unter Durchleiten eines CO_2-freien Inertgases. (**Can. P. 551 793** vom 27/4. 1956, ausg. 14/1. 1958. F. Prior. 28/4. u. 20/10. 1955.) Eberhard Riedel. 8165

Bergwerksverband G. m. b. H., Essen (Erfinder: Wolfgang Michael Gietl, Göppingen/Württ., und Georg Huck, Dortmund), **Herstellung einer wässerigen Ammoniumpolysulfidlösung mit hohem Schwefelgehalt zur Auswaschung von Cyanwasserstoff aus Koksofengasen.** Grobstückiger Schwefel wird in eine NH_4-Sulfid-Lsg. naß aufgemahlen. (**D. A. S. 1 115 882** Kl. 26d vom 1/10. 1959, ausg. 26/10. 1961.) G. Fritsch. 8173

General Aniline & Film Corp., New York, N.Y., übert. von: John P. G. Beiswanger, Easton, und John W. Burnard, East Bangor, Pa., V.St.A., **Herstellung von Korrosionsschutzmitteln.** Als korrosionsvermindernder *Zusatz zu Mineralölen* wird ein Gemisch aus 1 (Teil) eines Dimeren oder Trimeren einer höhermol. Fettsäure, mit 30—60 C-Atomen, bes. Leinölsäure, u. 4 (Teilen) eines Rk.-Prod. (**I**) eines Alkylenpolyamins (**II**) mit einer ungesätt. Fettsäure (**III**) in mol. Mengenverhältnissen von 1:2 verwendet, das mit Alkylenoxid soweit umgesetzt ist, daß alle an den NH_2-Gruppen befindlichen H-Atome zumindest alkacyliert sind. Als **II** wird bes. Diäthylentriamin verwendet, außerdem sind brauchbar: Triäthylentetramin, Tetraäthylenpentamin, Pentaäthylenhexamin, Gemische davon, sowie das „rohe" Amingemisch, das als Rk.-Prod. von NH_3 u. $ClCH_2CH_2Cl$ entsteht. — Beispiele für **III**: Öl-, Leinöl-, Ricinusöl- u. ähnliche ungesätt. Fettsäuren, ferner gemischte Natur-Prodd. wie Soja-, Sesam-, Sonnenblumen-, Tung-, Baumwollsaat-, Cocos-, Raps- u. Fischöl, sowie Hammel- oder Rindertalg, ebenso können Ester dieser Säuren mit niedrigmol. Alkoholen verwendet werden, soweit sie <23 C-Atome enthalten. Die Rkk. zwischen **II** u. **III** werden bei Temp. zwischen 130 u. 200°, bes. zwischen 130 u. 140°, ausgeführt. Die Rk. von **I** mit

$$ROC{-}N[(CH_2{-}CHR_2O)_nH]{-}CH_2{-}CH_2{-}N(COR){-}CH_2{-}CH_2{-}N{=}[(CH_2CHR_2O)_nH]_2 \qquad (I)$$

4—20 Mol. Alkylenoxid wird in geschlossenem Gefäß bei 80—180°, bes. 110—140°, durchgeführt, das bei der Rk. zwischen **II** u. **III** als Nebenprod. entstandene Glycerin braucht vorher nicht entfernt zu werden; zweckmäßig wird als Katalysator etwas NaOH oder KOH zugesetzt. Die Endprodd. haben die allg. Formel **I**. Hierin bedeutet R einen ungesätt. KW-Stoff-Rest mit 7—21 C-Atomen, R_2 ein H-Atom oder einen niedrigmol. Alkylrest, n ist mindestens 1 u. die Summe aller n = 4 bis 20. (**A. P. 2 883 277** vom 12/10. 1956, ausg. 21/4. 1959.) A. Kalix. 8189

Universal Oil Products Co., Des Plaines (Erfinder: Joseph Albert, Chenicek, Prairie View, und Robert Henry Rosenwald, Western Springs), Ill., V.St.A., **Stabilisierung von Erdölkohlenwasserstoffen,** die normalerweise oxydative Zers. in trockenem Zustande oder in Berührung mit neutralen oder alkal. wss. Medien unterliegen, erfolgt durch Einbringen von 0,0001—5 Gew.-% (bezogen auf den KW-Stoff) N.N'-Bis-[5-methylheptyl-(3)]-p-phenylendiamin oder N.N'-Bis-[octyl-(2)]-p-phenylendiamin. (**D. A. S. 1 114 970** Kl. 23b vom 20/1. 1960, ausg. 12/10. 1961.) P. Unger. 8195

Esso Research and Engineering Co., Elizabeth (Erfinder: Harold A. Ricards, Zigmond W. Wilchinsky, Westfield, N.J., und Howard W. Anderson, Berkeley, Calif.), V.St.A., **Selektive Abscheidung von Kohlenwasserstoffen einer Molekülgattung zum Beispiel von n-Paraffinen aus Gemischen mit Kohlenwasserstoffen anderer Molekülgattungen mit Hilfe von Molekülsieb-Adsorptionsmitteln** durch Behandeln des dampfförmigen KW-Stoff-Gemisches mit einem Molekularsiebadsorbens zur selektiven Adsorption der n-Paraffine. Die Adsorption wird in weniger als 4 Min. durchgeführt, wobei das Adsorbens nur bis zu 75—90% gesätt. wird. Die Adsorptionsperiode wird dann unterbrochen u. innerhalb von 2 Min. mit der Desorption begonnen. — Zeichnungen. (**D. A. S. 1 115 392** Kl. 23b vom 16/4. 1958, ausg. 19/10. 1961. A. Prior. 26/4. 1957.) P. Unger. 8195

Badische Anilin- & Soda-Fabrik Akt.-Ges. (Erfinder: Günther Nottes), Ludwigshafen/Rh., **Entfernung von Metallverbindungen aus Kohlenwasserstoffen,** durch Behandlung mit Schiffschen Basen von Salicylaldehyd, bes. mit solchen Basen, die ein oder mehrere Brücken-N-Atome im Mol. enthalten, wobei die Metall-Verbb. in Chelate übergeführt werden. Anschließend werden die Chelate mit Carbamaten des Äthylens, Propylens, Butylens aus den KW-Stoffen extrahiert. (**D. A. S. 1 117 805** Kl. 23b vom 16/4. 1960, ausg. 23/11. 1961.) P. Unger. 8195

Universal Oil Products Co. (Erfinder: William Karl Theodore Gleim und Peter Urban), **Regenerieren von alkalischen Lösungen, die zum Süßen von Kohlenwasserstoffgemischen verwendet wurden,** bes. NaOH, durch Behandeln mit oxydierenden Mitteln, bes. Luft, dad. gek., daß in Ggw. eines Phthalocyaninkatalysators gearbeitet wird, z. B. von Co-, V-, Fe- oder Cu-Phthalocyanincarboxylat- oder sulfonat, bes. Co-Phthalocyanindisulfonat. (**Aust. P. 229 581** vom 29/9. 1958, ausg. 18/8. 1960.) C. LÜTTGEN. 8195

Esso Research and Engineering Co., übert. von: Edward D. Boston, Westfield, N.J., V.St.A., **Umwandlung von schweren Kohlenwasserstoffölen,** wobei Feststoffe durch eine langgestreckte Zone geführt werden u. die Öle unter Koksablagerung auf den Feststoffteilchen gespalten werden. Das KW-Stoff-Öl wird bei 1000—1200°F mit den Feststoff gemischt u. in der Verdampfungszone nach oben geführt. Am Ende der Verdampfungszone werden die Feststoffteilchen u. die KW-Stoff-Dämpfe durch ein Zellenrad in Rotation versetzt, wobei deren Geschw. 15—100 ft./Sek. beträgt. Hierdurch werden die Feststoffteilchen nach außen geschleudert u. oben aus der Crackzone seitlich abgeführt. Dem zentralen Teil der Crackzone werden heißere Feststoffteilchen zusätzlich zugeführt, wodurch die Temp. in der Crackzone auf 1250—1800°F gehalten wird. Die Verweilzeit der KW-Stoff-Dämpfe beträgt 0,01—1 Sekunden. Am Crackauslaß werden die Feststoffe von den Dämpfen getrennt u. in die abziehenden Dämpfe eine Abschreck-Fl. zur raschen Abkühlung unterhalb 1000°F eingebracht. — Zeichnungen. (**A. P. 2 906 695** vom 7/8. 1956, ausg. 29/9. 1959.) E. KAHLES. 8197

Esso Research and Engineering Co., Elizabeth, N.J., übert. von: Donald D. Dunlop, Cranford, N.J., und William B. Segraves, Baton Rouge, La., V.St.A., **Pyrolytische Spaltung** von schweren KW-Stoff-Ölen durch Einleiten in eine Rk.-Kammer (**A**), die feinteilige, hocherhitzte Festteilchen enthält, welche in kontinuierlichem Kreislauf mit den KW-Stoffölen einer äußeren Erhitzungszone zugeführt, in einem Separator von den gasförmigen Crackölen abgetrennt u. in **A** zurückgeleitet werden. — Apparatur. (**Can. P. 551 943** vom 18/1. 1955, ausg. 21/1. 1958. A. Prior. 3/2. 1954.) EBERHARD RIEDEL. 8197

Union Oil Co. of California, Los Angeles, übert. von: Clyde H. O. Berg, Long Beach, Calif., V.St.A., **Umwandlung von Kohlenwasserstoffen.** Körniger Katalysator wird in mehrere Ströme aufgeteilt: Der 1. Strom wird als Fließbett durch eine 1. Rk.-Zone geführt, die auf niedriger Temp. gehalten wird, wobei die Umwandlungs-Prodd. mit dem Katalysator in direkten Kontakt kommen. Dann fließen die Katalysatorteilchen in indirektem Wärmeaustausch durch eine 2. Rk.-Zone mit hoher Temperatur. Ein 2. Strom von Katalysatorteilchen wird als Fließbett u. im indirekten Wärmeaustausch durch eine Zone geführt, wobei die Katalysatorteilchen des 1. Stromes die Teilchen erwärmen. Die beiden Katalysatorströme werden vereinigt u. durch eine 3. Kontakt- u. Abstufzone geführt u. dort mit einem Abstreifgas abgestreift. Die abgestreiften Katalysatorteilchen werden in einer Regenerierzone regeneriert u. nach Vorbehandlung mit einem Gas zur Rk.-Zone zurückgeführt. Die höhersd. Prodd. werden in die Rk.-Zone mit niedriger Temp. eingebracht, während die niedriger sd. KW-Stoffe durch die Zone mit höherer Temp. geführt werden. — Vorr., Zeichnungen. (**A. P. 2 893 942** vom 22/3. 1954, ausg. 7/7. 1959.) E. KAHLES. 8197

Esso Research and Engineering Co., Elizabeth, N.J., übert. von: William R. Edwards, Bayton, Tex., und Harry G. Boynton, Berkeley Heights, N.J., V.St.A., **Alkylieren von Benzolkohlenwasserstoffen.** Diese werden in fl. Phase mit CH_3Cl oder C_2H_5Cl in Ggw. eines emulgierten Katalysators aus $AlCl_3$ u. HCl in Kontakt gebracht. Die Katalysatoremulsion wird hergestellt, indem HCl in das Gemisch aus Benzol-KW-Stoffen u. $AlCl_3$ eingeleitet wird, wobei 2 Mol KW-Stoff je Mol $AlCl_3$ darin enthalten sind. Das mol. Verhältnis der 3 Emulsionskomponenten beträgt 1:1:2. — Zeichnungen. (**A. P. 2 976 335** vom 3/12. 1958, ausg. 21/3. 1961.) E. KAHLES. 8201

Standard Oil Co., Cleveland, übert. von: James L. Callahan, Bedford, Ohio, V.St.A., **Herstellung von spheroiden Kohlenwasserstoffumwandlungskatalysatoren.** Aus dem fl. Brei der Katalysatorbestandteile werden Kügelchen geformt, die in einer inerten Fl. durch ihr Gew. nach unten sinken. Als inerte Fl. dient ein Mineralöl. Aus der inerten Fl.-Schicht gelangen die Kügelchen in eine Fl. von NH_3 in Anilin, die sich unterhalb der Mineralölschicht befindet. — Zeichnung. (**A. P. 2 974 110** vom 30/12. 1958, ausg. 7/3. 1961.) E. KAHLES. 8201

Socony Mobil Oil Co., Inc., übert. von: Vernon O. Bowles, Rye, N.Y., V.St.A., **Reformieren von Schwerbenzin.** In Ggw. von H_2 u. einem Hydrierungskatalysator wird das Schwerbenzin in einer Zone vorbehandelt u. anschließend unter Reformierungsbedingungen in einer Reformierungszone katalyt. reformiert.

mierungszone katalyt. reformiert. Bei der Reformierung anfallender H_2 dient zur Vorbehandlung des Schwerbenzins. Das fl. Reformat wird vom Gas abgetrennt u. letzteres unter Druck der Vorbehandlungszone zugeleitet, wobei der Druck dauernd kontrolliert wird. — Zeichnungen. (**A. P. 2 903 415** vom 27/11. 1956, ausg. 8/9. 1959.)
E. KAHLES. 8201

Badische Anilin- & Soda-Fabrik Akt.-Ges. (Erfinder: Günther Nottes und Wilhelm Münster), Ludwigshafen/Rh., **Zusatzmittel für Ottomotoren-Treibstoffe,** bestehend aus einem Gemisch von als Vergasertreibstoffzusätze jeweils einzeln bekannten Glykolen mit Pyrrolidon u./oder Piperidin bzw. deren Derivaten. — Zeichnung. (**D. A. S. 1 115 519** Kl. $46a^6$ vom 19/8. 1960, ausg. 19/10. 1961.)
E. KAHLES. 8205

Ethyl Corp., New York, N.Y., übert. von: Thomas H. Coffield, Birmingham, und Margaret E. Griffing, Detroit, Mich., V.St.A., **4-Nitro-2.6-dialkylphenole,** deren Alkylgruppen am α-C-Atom verzweigt sind, werden durch Nitrieren der entsprechenden 2.6-Dialkylphenole mit 30—70%ig. HNO_3 bei 0—40° in einem inerten fl. KW-Stoff erhalten. Zu einer Lsg. von 103 (Gew.-Teilen) 2.6-Di-tert.-butylphenol in 350 Isooctan werden innerhalb von 11 Min. bei 20° 63 50%ig. HNO_3 gegeben, gerührt, bis die ggf. auf 30° gestiegene Temp. zu sinken beginnt, der krist. Nd. abfiltriert, mit W. gewaschen u. getrocknet. Es werden 62,4 *4-Nitro-2.6-di-tert.-butylphenol* (**I**) erhalten, F. 155,5—156° (Isooctan), Nadeln. Analog werden *4-Nitro-2-isopropyl-6-tert.-butylphenol*, *4-Nitro-2-[decyl-(2')]-6-tert.-amylphenol* u. *4-Nitro-2.6-diisopropylphenyl*, F. 117—118°, Nadeln, hergestellt. Die Prodd. werden durch Red. in die entsprechenden *4-Amino-Derivv.* (**II**) übergeführt, z. B. **I** in *4-Amino-2.6-di-tert.-butylphenol*, F. 105—107°, rosafarbene Nadeln. **II** dienen als *Hitzestabilisatoren* für *Düsentreibstoffe*. (**A. P. 2 868 844** vom 22/1. 1957, ausg. 13/1. 1959.)
A. MOHR. 8205

Esso Research and Engineering Co., Elizabeth, N.J., V.St.A., (Erfinder: Peter Joseph Vermont James Agius, Joan Daphne Bryan und Thomas Arnold Garbett), **Mineralschmieröle** enthalten öllösl. Mischpolymere aus 1—10 (Gew.-Teilen) Maleinsäureanhydrid, 10—30 Ester aus Vinylalkohol u. C_{2-12}-Monocarbonsäuren u. 50—90 Ester der Fumarsäure mit C_{8-18}-Alkoholen. — Beispiel: Mischpolymeres aus 75 Laurylfumarat, 19 Vinylacetat, 4 Maleinsäureanhydrid. (**E. P. 807 737** vom 27/7. 1956, ausg. 21/1. 1959.)
E. DREWS. 8221

Esso Research and Engineering Co., Elizabeth, N.J., V.St.A. (Erfinder: Peter Joseph Vermont James Agius, Joan Daphne Bryan und Thomas Arnold Garbett), **Schmier- und Dieselölzusätze,** bestehend aus einem Mischpolymerisat eines N-Vinylbutyrolactams, bes. N-Vinylpyrrolidon, u. einer ungesätt. Verb., bes. Ester von ungesätt. C_8—$_{18}$C-Säuren, wie Fumar-, Malein-, Acrylsäure, mit aliphat. Alkoholen, bes. Cetyl-, Stearyl- oder Isooctylalkohol oder eines Esters eines ungesätt. Alkohols, bes. Vinylalkohol, z. B. Vinylacetat. (**E. P. 808 665** vom 23/3. 1956, ausg. 11/2. 1959.)
C. LÜTTGEN. 8221

Esso Research and Engineering Co., Elizabeth, N.J., V.St.A. (Erfinder: Alan Michael Dominey und Alfred George Meredith), **Schmieröle** enthalten 2 verschiedene Polybutene oder Mischpolymere von Buten mit 10 Gew.-% C_{2-7}-Mono- oder Diolefinen. Die Polymere bzw. Mischpolymere haben Molgew. von a) 64000 bis 81000 Staudinger u. b) von 99000—120000 Staudinger. (**E. P. 812 213** vom 14/12. 1956, ausg. 22/4. 1959.)
E. DREWS. 8221

Esso Research and Engineering Co., Elizabeth, N.J., V.St.A. (Erfinder: Elmer Benjamin Cyphers), **Schmieröle** enthalten als „Detergent"-Zusätze Gemische von öllösl. Zn- u. Mg-Sulfonaten in solchen Mengen, daß das Verhätlnis ZnO/MgO in der Asche 0,75:1 bis 8:1 ist. (**E. P. 818 789** vom 31/3. 1958, ausg. 26/8. 1959.)
E. DREWS. 8221

Esso Research and Engineering Co., Elizabeth, N.J., V.St.A., **Schmieröle** enthalten als Zusätze Verbb. der allg. Formel **I**, in der R^1—R^6 = H oder Alkylreste, Y^1 u. Y^2 = O oder S, a Null bis 1, Z = H oder ein Cycloalkyl-, Aryl-, Aralkyl-, Alkoxyalkyl-, Cyanalkyl- oder Alkylrest ist. — Beispiel: saurer Dithiophosphorsäureester von Neopentylglykol, hergestellt aus 936 (g) Neopentylglykol u. 999 P_2S_5 in Benzol. (**E. P. 823 086** vom 31/7. 1956, ausg. 4/11. 1959. A. Prior. 12/8. 1955.) E. DREWS. 8221

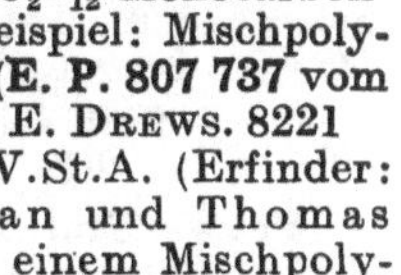

I

Esso Research and Engineering Co., Elizabeth, N.J., V.St.A. (Erfinder: Stanley Thomas Polley), **Mineralschmieröle** mit korrosionsschützender Wrkg. gegen Metalle enthalten Cyclohexylaminsalze (**I**) von C_{8-24}-Fettsäuren u. 0,1—10 Gew.-Teile von **I** der Ricinolsäure. (**E. P. 824 405** vom 19/3. 1957, ausg. 2/12. 1959.)
E. DREWS. 8221

Esso Research and Engineering Co., Elizabeth, N.J., V.St.A. (Erfinder: Peter Joseph Vermont James Agius und Alan Michael Dominey), **Schmierölzusätze** sind Phosphorsulfurierungs-Prodd. von teildepolymerisiertem Butylkautschuk, die mit Alkali, Metallsalzen öllösl. Sulfonate oder alkal. Sulfonaten bei Temp. $> 240^0$ hergestellt werden, wodurch gelfreie Prodd. erhalten werden. (**E. P. 824 393** vom 5/2. 1957, ausg. 25/11. 1959.) E. DREWS. 8221

Esso Research and Engineering Co., Del., übert. von: Arnold J. Morway, Clark, N.J., V.St.A., **Herstellung von Schmiermitteln.** C_{1-3}-Carbonsäuren (I), C_{12-30}-Carbonsäuren (II) u. C_{6-9}-Arylsulfonsäuren (III) werden in mol. Mengen I:III = 8:1—20:1 u. III:II = 1:1—3:1 mit zur Neutralisierung genügenden Mengen Erdalkalibasen in Schmieröl dispergiert, auf 450—550°F erhitzt u. abgekühlt. — Beispiel: Fett aus 12 (Gew.-%) Eisessig, 3 Stearinsäure, 3,4 Ca-Xylylsulfonat, 8,7 $Ca(OH)_2$, 72,4 Mineralöl, 0,5 Phenyl-α-naphthylamin. (**A. P. 2 856 362** vom 24/4. 1956, ausg. 14/10. 1958.) E. DREWS. 8223

Socony Mobil Oil Co., Inc. (Erfinder: Eldon Lester Armstrong, George Washington Murray, Henry Raich und William Robert Marshall jun.), **Herstellung von Schmierfett** durch Versprühen eines Gemisches aus einem öligen Trägerstoff u. seifebildenden Stoffen, die in situ im Öl die Seife bilden. Beispiel: Ein Gemisch aus 0,53 (Teilen) Palmitinsäure, 6,75 Stearinsäure, 0,22 Ölsäure, 0,908 $LiOH \cdot H_2O$, 0,395 Kalkmehl, 0,2 Antioxydans (Gemisch aus Mono- u. Diheptyldiphenylaminen), 90,997 naphthen. Mineralöl, 1,0 W. wird bei 292°F u. 51 lbs./sq.in. verseift u. in 2 Stufen bei 600—1300 lbs./sq.in. atomisiert. — Zeichnungen. (**Aust. P. 223 848** vom 18/12. 1957, ausg. 1/10. 1959. A. Prior. 13/9. 1957.) K. DEMMLER. 8223

Texas Co., New York, N.Y., übert. von: Roy F. Nelson, Richard C. Givens, und Herbert J. Pitman, Port Arthur, Tex., V.St.A., **Schmierfettherstellung.** Ein geschmolzenes homogenes Gemisch (I) aus Öl u. hydroxyfettsauren Li-Seifen (II) bei Temp. oberhalb des F. von II wird hergestellt u. die Kristallisation der Seife beim Abkühlen dadurch kontrolliert, daß während der Kühlperiode ein kleiner Strom von I abgezogen, dieser auf Temp. unterhalb der Gelier-Temp. abgekühlt u. hierauf der Hauptmenge I wieder zugegeben wird. — Diagramm u. Rk.-Schema. (**A. P. 2 830 022** vom 30/6. 1953, ausg. 8/4. 1958.) E. DREWS. 8223

Texas Co., New York, übert. von: John P. Dilworth, Fishkill, Karl Uhrig, Beacon, und Harry C. Becker, Fishkill, N.Y., V.St.A., **Calciumseifenschmierfette,** die mit Ca-Seifen unsubstituierter C_{12-24}-Fettsäuren gedickt sind, enthalten als Stabilisatoren 0,5—3 Gew.-% Estolide (I) vom Molgew. 500—3500 von C_{12-24}-Hydroxyfettsäuren, deren Ca-Salze oder die Säure/Salz-Gemische. Diese Fette werden bei der Herst. rasch von 190°F auf 100°F gekühlt. I sind Verbb. der allg. Formel $HO[C(O)(CH_2)_xC(RH)O]_nH$, wobei R ein C_{1-21}-Alkylrest, x = 1—21 u. n = 2—12 ist. (**A. P. 2 877 181** vom 2/5. 1956, ausg. 10/3. 1959.) E. DREWS. 8223

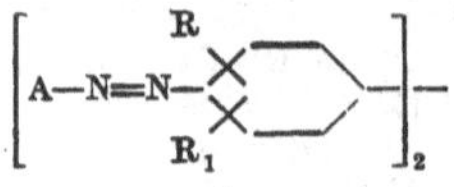

I

Texas Co., New York, übert. von: Joseph F. Lyons, Wappingers Falls, Paul R. Thomas, Beacon, und Norman R. Odell, Fishkill, N.Y., V.St.A., **Schmierfette** auf der Basis von Mineral-, Ester- oder Siliconölen enthalten als Verdicker Benzidin-Diazo-Verbb. der allg. Formel **I**, in der A eine substituierte oder unsubstituierte Acylacetarylamid- oder N-Arylpyrazolgruppe, R = H, Cl, CH_3 oder CH_3O ist. — Beispiel: Bis-[acetyl-N-phenylcarbamylmethyl]-4.4'-diazo-3.3'-dichlordiphenyl. (**A. P. 2 880 177** vom 28/12. 1956, ausg. 31/3. 1959.) E. DREWS. 8223

Texaco, Inc., Del., übert. von: Joseph F. Lyons, Wappingers Falls, und Norman R. Odell, Fishkill, N.Y., V.St.A., **Schmierfette** auf Schmierölbasis enthalten als Verdicker 5—45 Gew.-% fein verteiltes Ultramarinblau einer Teilchengröße von 0,05—3 μ. (**A. P. 2 892 776** vom 13/8. 1957, ausg. 30/6. 1959.) E. DREWS. 8223

Pure Oil Co., Chicago, übert. von: Thomas W. Martinek, Crystal Lake, Ill., V.St.A., **Stabilisierung von Schmierfetten** gegen Oxydation, zur Erzielung eines hohen Tropfpunktes wie zur Vermeidung der Entmischung. Als Stabilisierungsmittel werden Metall-Derivv. von N-substituierten Carbaminsäureestern der Formel $(RR'N{-}CO_2)_xM$ verwendet (R u. R' = H oder KW-Stoff-Rest mit 1—30 C-Atomen, M-Alkali- oder Erdalkalimetall, Al, Pb, Sn, x = Wertigkeit von M). Die Stabilisierungsmittel werden in Mengen von 5—30% verwendet. (**A. P. 2 957 826** vom 22/9. 1958, ausg. 25/10. 1960.) A. DANDL. 8223

Soc. des Usines Chimiques Rhône-Poulenc, Paris, Frankreich, *Bekämpfung übler Gerüche.* (**Finn. P. 29 615** vom 1/3. 1955, ausg. 29/11. 1958. — C. **1959.** 17577 [Holl. P. 89 968].)

N. V. de Bataafsche Petroleum Mij. (Erfinder: **Richard Smith Treseder** und **Hulb de Roos**), *Bekämpfung der Korrosion der Innenwände von Tanks in Tankschiffen.* (**Aust. P. 225 481** vom 1/9. 1958, ausg. 10/12. 1959. Holl. Prior. 3/9. 1957. — C. **1961.** 712 [Holl. P. 93 238].)

Universal Oil Products Co. (Erfinder: **Charles Henry Watkins** und **Armand John de Rosset**), *Raffination koksbildender Kohlenwasserstoffdestillate.* (**Aust. P. 225 173** vom 17/10. 1957, ausg. 3/12. 1959. A. Prior. 17/10. 1956. — C. **1961.** 8534 [E. P. 826 305].)

Soc. Belge de l'Azote et des Produits Chimiques du Marly Soc. An. (Erfinder: **Frederic François Albert Braconier**), *Abschrecken heißer Gase, die bei der Wärmespaltung von KW-Stoffen gebildet werden.* (**Aust. P. 225 229** vom 29/5. 1958, ausg. 3/12. 1959. Oe. Prior. 7/6. 1957. — C. **1961.** 8170 [Oe. P. 201 574].)

Sun Oil Co., Philadelphia, übert. von: **Robert M. Kennedy**, Newton Square, **Alfred E. Hirschler** und **Conrad K. Donnell**, Springfield, Pa., V.St.A., *Katalytische Umwandlung. Umsetzung von Kohlenwasserstoffen.* (**Can. P. 552 089** vom 12/3. 1942, ausg. 21/1. 1958. A. Prior. 2/9. 1953. — C. **1960.** 350 [A. P. 2 858 267].)

Universal Oil Products Co. (Erfinder: **James Edward Gantt**), *Alkylierung von Paraffinkohlenwasserstoffen.* (**Aust. P. 225 304** vom 31/10. 1957, ausg. 3/12. 1959. — C. **1960.** 13575 [Oe. P. 206 091].)

E. I. du Pont de Nemours & Co., Wilmington, Del., V.St.A., *Heizöl- und Kraftstoffzusätze.* (**E. P. 866 364** vom 6/2. 1958, ausg. 26/4. 1961. A. Prior. 18/2. 1957. — C. **1961.** 14891 [D. A. S. 1 099 259].)

N. V. de Bataafsche Petroleum Mij. (Erfinder: **Charles Edwin Francis** und **John J. Weaver**), *Schmiermittel und hydraulische Flüssigkeit.* (**Aust. P. 225 579** vom 10/7. 1958, ausg. 17/12. 1959. A. Prior. 12/7. 1957. — C. **1960.** 9084 [Oe. P. 205 635].)

„Shell" Research Ltd., London, England (Erfinder: **Vernon Warner David** und **Vivian Alexander Moffatt**), *Hochdruckschmiermittel.* (**F. P. 1 149 848** vom 23/5. 1956, ausg. 2/1. 1958. E. Prior. 25/5. 1955 u. 7/3. 1956. **E. P. 785 153** vom 25/5. 1955, ausg. 23/10. 1957. — C. **1960.** 3750 [Aust. P. 209 964].)

Monsanto Chemical Co., übert. von: **Harry W. Faust**, St. Louis, Mo., V.St.A., *Zusätze zu Schmier- und Heizölen.* (**Can. P. 552 360** vom 5/11. 1951, ausg. 28/1. 1958. A. Prior. 28/12. 1950. — C. **1957.** 6936 [E. P. 732 781].)

„Shell" Research Ltd. (Erfinder: **James Hartley** und **John Douglas Downer**), *Ester von polymeren Hydroxylverbindungen und Borsäure.* (**Aust. P. 225 200** vom 30/1. 1958, ausg. 3/12. 1959. E. Prior. 1/2. 1957. — C. **1961.** 10041 [E. P. 829 634].)

„Straba" Handels-Akt.-Ges., Schweiz (Erfinder: **Albert Sommer**), *Herstellung einer bituminösen Straßenbaumasse.* (**F. P. 1 156 348** vom 13/7. 1956, ausg. 14/5. 1958. D. Prior. 22/11. 1955. — C. **1961.** 18571 [Schwz. P. 350 597].)

„Straba" Handels-Akt.-Ges., Zürich (Erfinder: **Albert Sommer**, Montagnola, Tessin), Schweiz, *Herstellung von Mischungen aus zerkleinertem Gestein und Bitumen.* (**Schwz. P. 355 074** vom 6/4. 1957, ausg. 31/7. 1961. A. Prior. 9/4. 1956. — C. **1960.** 12894 [A. P. 2 876 126].)

XX. Schieß- und Sprengstoffe. Zündmittel

Aerojet-General Corp., Azusa, übert. von: Milton B. Frankel, Pasadena, Calif., V.St.A., **Polynitrocarbaminate** der Formel (R)—C(NO_2)$_2$—A—N(H)—C(O)—O—A'—C(NO_2)$_2$—R' (**I**), werden bei der Kondens. von Nitroisocyanaten mit Nitroalkanolen, ggf. bei Rückfluß-Temp. u. vorteilhaft in Ggw. eines Kondens.-Katalysators, wie Fe(III)-Acetylacetat, u. eines inerten Lsgm., wie Chlf., erhalten. — In **I** bedeuten R u. R' Nitro-, Alkyl- oder Nitroalkylgruppen, mindestens ein R soll eine Alkyl- oder Nitroalkylgruppe sein. A u. A' sollen Alkylenradikale darstellen. — Redest. 3.3.3-Trinitropropylisocyanat u. Trinitroäthanol in trocknem Chlf. werden gekocht u. im Vakuum konzentriert. Es wird *N-[3.3.3-Trinitropropyl]-2.2.2-trinitroäthylcarbaminat*, $C_6H_7N_7O_{14}$, F. 91—92° (CCl_4), erhalten. Es werden ferner hergestellt: *N-[3.3.3-Trinitropropyl]-2.2-dinitropropyl-*, $C_7H_{10}N_6O_{12}$, F. 103—104° (Chlf.), *N-[3.3-Dinitrobutyl]-2.2-dinitropropyl-,N [3.3-Dinitrobutyl]-2.2.2-trinitroäthyl-,N-[4.4.4-Trinitrobutyl]-2.2-dinitropropyl-, N-[3.3.5.5-Tetranitrohexyl]-2.2-dinitropropyl-* u. *N-[3.3.3-Trinitropropyl]-3.3.5.5-tetranitrohexylcarbaminat.* — Hochexplosive *Sprengstoffe.* (**A. P. 2 978 491** vom 17/1. 1955, ausg. 4/4. 1961.) G. König. 8305

Aerojet-General Corp., Azusa, übert. von: Milton B. Frankel, Pasadena, Calif., V.St.A., **Nitrocarbaminate** werden bei der Kondens. von Isocyanaten mit Nitroalkoholen bei Rückfluß-Temp. u. vorteilhaft in Ggw. von Kondens.-Katalysatoren, wie Fe(III)-Acetylacetonat, u. eines inerten organ. Lsgm., wie Chlf., erhalten. — Äquivalente Mengen Methylisocyanat u. 2.2.2-Trinitroäthylalkohol geben in Ggw. des Kondens.-Katalysators *N-Methyl-2.2.2-trinitroäthylcarbaminat.* Es werden ferner hergestellt: *N-Äthyl-2.2.2-trinitroäthyl-, N-Methyl-2.2-dinitropropyl-, N-Methyl-2.2.4.4-tetranitropentyl-* u. *N-Isopropyl-3.3.3-trinitropropylcarbaminat.* — Hochexplosiver *Sprengstoff.* (**A. P. 2 978 492** vom 17/1. 1955, ausg. 4/4. 1961.) G. König. 8305

Aerojet-General Corp., Azusa, übert. von: Milton B. Frankel, Pasadena, Calif., V.St.A., **N-Nitrocarbaminate** der Formel R—(NO_2)N—A—CO(OR_1) (**I**) werden bei der Einw. von HNO_3, rauchender HNO_3 oder eines H_2SO_4/HNO_3-Gemisches auf Polynitrocarbamate der Formel R—N(NO_2)—A—N(H)—CO(OR') (**II**), bei ca. 0—15°, vorteilhaft in Ggw. eines dehydratisierenden Stoffes, wie aliphat. Carbonsäureanhydride, gewonnen — N-[2-Nitraza-4.4-dinitropentyl]-2.2.2-trinitroäthylcarbaminat, gelöst in Essigsäureanhydrid, wird tropfenweise mit konz. HNO_3 versetzt u. bei 5—10° 20 Min. lang gerührt, auf Eis gegossen u. mit W. gewaschen: *N-Nitro-N-[2-nitraza-4.4-dinitropentyl]-2.2.2-trinitroäthylcarbaminat*, $C_7H_9N_9O_{16}$, F. 140—141° ($ClCH_2CH_2Cl$). — Es werden ferner folgende Carbaminate hergestellt: *N-Nitro-N-[3-nitrazabutyl]-2.2.2-trinitroäthyl-*, $C_6H_9 \cdot N_7O_{12}$, F. 103—104° (Chlf.), *N-Nitro-N-[2-nitraza-4.4-dinitropentyl]-methyl-*, $C_6H_{10}N_6O_{10}$, F. 105—106° (Isopropylalkohol), *N-Nitro-N-[3-nitrazabutyl]-methyl-*, $C_5H_{10}N_4O_6$. — *Sprengstoffe*. (**A. P. 2 978 493** vom 9/6. 1955, ausg. 4/4. 1961.) G. König. 8305

United States of America, Secretary of Navy, übert. von: Frank H. Westheimer, Chicago, Ill., und John W. Dawson, Philadelphia, Pa., V.St.A., **Gießbarer Sprengstoff,** bestehend aus 82 (%) eines Sprengstoffes (40 davon TNT, Rest z. B. NH_4NO_3 u./oder Cyclotrimethylentrinitroamin), ca. 18 Al-Pulver, 0,2—4 hydrophiles $Mg(NO_3)_2$ u. 0,05—5 Stearoxyessigsäure, Stearin-, Palmitin- oder Ölsäure. (**A. P. 2 942 965** vom 6/6. 1947, ausg. 28/6. 1960.) A. Gradl. 8305

Aerojet-General Corp., Azusa, übert. von: Ralph W. Lawrence, Glendora, Calif., V.St.A., **Feststofftreibsatz,** bestehend aus 45—90% eines nichtmetall., anorgan. oxydierenden Salzes (bes. NH_4ClO_4), 0,1—4% eines Beschleunigungskatalysators (NH_4-Tri- u./oder -Tetrachromat) u. 10—55% eines ungesätt. Polyesterharzes, bestehend aus dem Kondens.-Prod. eines gesätt. Polyalkohols u. einer Polycarbonsäure, heteropolymerisiert mit einer ungesätt. Verbindung. (**A. P. 2 978 305** vom 10/5. 1954, ausg. 4/4. 1961.) A. Gradl. 8311

Olin Mathieson Chemical Corp., Va., übert. von: John J. O'Neill jun., Roxana, Ill., V.St.A., **Modifiziertes Treibmittelpulver** durch Einarbeiten von Modifizierungsmitteln, wie Kohlepulver, Na_2SO_4 oder Cyclotrimethylentrinitroamin, wobei das Einarbeiten während der Suspendierung u. Härtung des Pulverkorns in einer Träger-Fl. u. in Ggw. eines Lsgm. sowie eines Schutz-Koll. erfolgt. Das Modifizierungsmittel wird vor seiner Zugabe mit einem Lsgm. (mit niedrigem Kp.) für die Pulvergrundlage benetzt. (**A. P. 2 945 751** vom 24/2. 1951, ausg. 19/7. 1960.) A. Gradl. 8311

Standard Oil Co., Chicago, Ill., übert. von: Paul O. Marti jun., Hammond, Ind., V.St.A., **Feststofftreibsatz,** bestehend aus 73—88 (%) NH_4NO_3, 1—5 Preußisch Blau u. $(NH_4)_2Cr_2O_7$ (Verbrennungskatalysator) u. 10—25 eines Bindemittels, das seinerseits aus 15—35 Polyvinylchlorid u. 65—85 eines Weichmachers besteht, dad. gek., daß der Weichmacher zu 60—100% aus einer Dinitrobenzol-Verb. der Formel $(NO_2)_2 \cdot C_6H_3 \cdot R$ (R = H, CH_3, C_6H_5, Nitrophenyl, Phenoxy, Mononitrophenoxy, 2 Propenoxy u. Alkoxy mit 1—3 C-Atomen) u. zu 0—40% aus Dialkylphthalat, Dipropyldiglykolat oder Polypropylenglykoldibenzoat besteht. (**A. P. 2 946 672** vom 26/4. 1955, ausg. 26/7. 1960.) A. Gradl. 8311

Arthur E. Wharton jun., San Antonio, Tex., V.St.A., **Mono-Treibstoff,** bestehend aus Propyl-, Isopropyl-, Amylalkohol, Amylacetat, Bzn., Ae., A., CH_3OH, Aceton, Essigester oder Ölsäure als Brennstoff sowie $HClO_4$ als Oxydans u. H_3PO_4 als Stabilisator. — Beispiel: 10 (g) Aceton, 45 $HClO_4$, 0,5 H_3PO_4. (**A. P. 2 968 539** vom 31/8. 1950, ausg. 17/1. 1961.) A. Gradl. 8311

XXIV. Photographie

Über die Entwickelbarkeit des durch γ-Strahlung hervorgerufenen latenten photographischen Bildes. Yoshitada Tomoda und Takaaki Ohtsu. (Rep. Government chem. ind. Res. Inst., Tokyo **55.** 235—40. Juli 1960.) (Jap.; Auszug: Engl. S. 26.)

Vff. untersuchten die Entwickelbarkeit von Positivfilm, der mit ^{60}Co belichtet wurde. Es zeigte sich, daß bei Entw. mit einem kräftig arbeitenden Metol–Hydrochinon-Entwickler die Entw.-Geschw. bei Belichtung mit γ-Strahlen niedriger liegt als bei Belichtung mit normalem Licht, eine Feststellung, die durch den Cabannes-Hoffmann-Effekt erklärt werden kann, da die Entw.-Geschw. von der Intensität der Belichtung abhängig ist. Bei der Entw. des latenten Innenkornbildes bestehen keine Unterschiede zwischen Belichtung mit γ-Strahlung u. sichtbarem Licht. Die Temp.-Koeff. der Entw. deuten darauf hin, daß die Aktivierungsenergie der Oberflächen-Entw. für die Belichtung mit γ-Strahlung u. mit normalem Licht als gleich angesehen werden muß, daß sie sich jedoch ändert mit der Zus. der Entwicklerlösung. — 5 Literaturhinweise. W. Günther. 8594 □

Beitrag zur Theorie einiger photographischer Effekte. Ladislav Zachoval. (Českoslov. Časopis Fysiku **8.** 15—18. 1958. Praha, Karl.univ., Fysik. ústav.) (Tschech.)

Vf. erörtert die Erhöhung der Empfindlichkeit der photograph. Schicht durch Vorbelichtung. Die Erscheinungen von Clayden u. Viliard werden als Sonderfälle des Einfl. einer mehrfachen Exposition auf die Empfindlichkeit der Schicht erklärt. Es wird eine Theorie der Intermittenzerscheinungen entwickelt, die auf der Annahme einer Trägheit der Elektronenaktivitäten in AgBr-Kristallen beruht. R. K. Müller. 8598 □

Bemerkung zur Zerstörung des latenten Bildes desensibilisierter photographischer Schichten durch weißes Licht. Arnošt Libický. (Českoslov. Časopis Fysiku 8. 89—92. 1958. Praha, Karl. univ., Mat.-fysik. Fak.) (Tschech.)

Bei Einw. von weißem Licht auf das latente Bild einer desensibilisierten photograph. Schicht ändert sich die Dichte des vor der Desensibilisierung belichteten Schichtteils. Vf. untersucht die Abhängigkeit der Änderung der Dichte von der Größe der Belichtung vor u. nach der Belichtung, von der spektralen Zus. der Belichtung nach der Desensibilisierung u. von den Bedingungen der Desensibilisierung. R. K. Müller. 8598 □

Ein neues Verfahren für die Farbkinematographie, das über einen Zwischenfarbpositiv- und einen Zwischenfarbnegativfilm führt. H. J. Bello jun., N. H. Groet, W. T. Hanson jun., C. E. Osborne und D. M. Zwick. (J. SMPTE [Soc. Motion Picture Televis. Engr.] 66. 205—09. April 1957. Rochester, Eastman Kodak Co., Res. Labor.) (Engl.)

Es wird ein neuer Farbfilm der Eastman Kodak Co. beschrieben, Typ 5253 (35 mm) u. 7253 (16 mm), der sich dafür eignet, Zwischenfarbpositive u. Duplikatfarbnegative von Eastman-Farbnegativen herzustellen. Es werden Angaben für die Verarbeitung u. die sensitometr. Kontrolle der beiden Filmsorten gemacht. Ferner wird eine Meth. zur Vermeidung von Newtonschen Ringen angegeben. — 5 Literaturhinweise.
W. Günther. 8630 □

Einige Bemerkungen über Störfaktoren bei der Bestimmung des Detailgehaltes photographischer Schichten. K. Dietzel und A. Schulze. (Z. wiss. Photogr., Photophysik Photochem. 55. 234—40. Okt. 1961. Neu-Isenburg, Adox-Fotowerke.) (Dt.)

Die Kontrastübertragungsfunktion muß noch mit einem Störfaktor ζ multipliziert werden: $\text{Küf}_{\text{Objektiv}} \cdot \text{Küf}_{\text{Film}} \cdot \zeta \cdot c = \text{Küf}_{\text{Gesamt}}$, weil das photograph. Material eine nicht zu vernachlässigende Schichtdicke hat. ζ ist normalerweise kleiner als 1, es erhält im Grenzfall einer sehr kleinen relativen Öffnung oder einer sehr kleinen Schichtdicke des Films den Wert 1. ζ ist eine Funktion des durch die relative Öffnung des Objektivs gegebenen Strahlenbüschels in Verbindung mit der Schichtdicke u. nimmt um so stärker ab, je mehr die Öffnung oder die Schichtdicke zunehmen. Es wird auf die Schwierigkeiten hingewiesen, den durch den photograph. Prozeß wiedergegebenen Detail-Geh. objektiv anzugeben. W. Günther. 8660 □

Tabellen und Diagramme zur Löslichkeit von Silberbromid. H. Ammann-Brass. (Z. wiss. Photogr., Photophysik Photochem. 55. 103—13. Okt. 1961. Fribourg, Labor. für Photo-chem. Technol.) (Dt.)

Vf. überprüft rechner. die Löslichkeitsverhältnisse in relativ einfachen AgBr-Systemen. — Die Löslichkeit ist stark temperaturabhängig (Tabelle für Temp. von 5—55°). Das Löslichkeits-Prod. beträgt bei 25° $L_{AgBr} = 5 \cdot 10^{-13}$. In Abwesenheit von Überschüssen der Fällungskomponenten ist $[Ag^+] = [Br^-] = 7{,}07 \cdot 10^{-7}$n. Wichtig ist, die Löslichkeit von AgBr in Ggw. eines Bromidüberschusses zu kennen. Mit zunehmendem Bromidüberschuß wäre auf Grund des Massen-Wrkg.-Gesetzes eine Abnahme der AgBr-Löslichkeit zu erwarten. Diese tritt bei sehr kleinen Überschüssen tatsächlich ein. In KBr-Lsgg. der Konz. 10^{-4} bis 10^{-3}n besitzt AgBr ein Löslichkeitsminimum, das Mees für 50° bei $1 \cdot 10^{-7}$ Mol/Liter annimmt, während die entsprechende Löslichkeit in Abwesenheit von Br^--Überschuß bei $25 \cdot 10^{-7}$ liegt. Dagegen finden Chateau u. Pouradier für die Minimallöslichkeit bei 50° eine Br^--Überschuß-Konz. von $1{,}56 \cdot 10^{-3}$n. Wird die Bromidüberschuß-Konz. in der gesätt. Lsg. über 10^{-3}n hinaus noch weiter erhöht, so nimmt die Löslichkeit wieder zu. — Die Gesamtlöslichkeit des AgBr sowie die Konz. aller am Lsg.-Gleichgewicht beteiligten Ionen wurden berechnet. In einer Tabelle u. einem Diagramm wird die Löslichkeit von AgBr in Mol/Liter im Lsg.-Gleichgewicht mit der Konz. der Ag^+-, Br^--, $(AgBr_3)^{2-}$- u. $(AgBr_5)^{4-}$-Ionen in Abhängigkeit vom p-Ag u. p-Br dargestellt. Eine weitere Tabelle orientiert über den Zusammenhang zwischen p-Ag u. p-Br. — Enthält die mit dem AgBr-Bodenkörper im Gleichgewicht befindliche Lsg. neben Bromidüberschuß außerdem noch NH_3, so ändern sich die Löslichkeitsverhältnisse durch das Hinzukommen von $[Ag(NH_3)_2]^+$. Mit Hilfe der Dissoziations-Konst. des Diamminsilberkomplexes läßt sich die Löslichkeit des AgBr in Ggw. von NH_3 u. Bromidüberschuß in Abhängigkeit von der Br^--Konz. berechnen (Tabellen u. Diagramm). — Da Ag-Ionen auch mit Gelatine reagieren, ergibt sich die Notwendigkeit, die Menge des an Gelatine gebundenen $AgNO_3$ zu kennen. Auch hierfür wird nach Caroll u. Hubbard eine graph. Darst. gegeben, die die Silberkapazität von Gelatine in Mol Ag/g Gelatine bei 30° in Abhängigkeit vom pH im Bereich von pH 3—9 wiedergibt. — Das gefundene Löslichkeitsminimum für AgBr bei einer Br^--Überschuß-Konz. von annähernd 10^{-3}n steht mit Vers.-Ergebnissen des Vf. in gutem Einklang. Dagegen fehlt die Übereinstimmung zwischen Angaben von Mees u. von Abribat über die abs. Löslichkeit von AgBr im Löslichkeitsminimum. Sie liegt bei Mees rund 10—30mal höher als bei ABRIBAT, der sie aus den Gleichgewichts-Konst. berechnet hat. Es wird die Meinung vertreten, daß die in der Nähe des Minimums berechneten Löslichkeitswerte einer Korrektur bedürfen. Die Löslichkeit von AgBr in NH_3 steigt mit abnehmender Br^--Überschuß-Konz. an u. fällt bei sehr hoher Überschuß-Konz. mit derjenigen in NH_3-freien Syst. zusammen. — 13 Literaturhinweise. W. GÜNTHER. 8662 □

Ilford Ltd., Ilford, England (Erfinder: Henry Walter Wood), **Herstellung von Halogensilberschichten.** An Stelle von Gelatine werden als Schutz-Koll. wasserlösl. synthet. Polypeptide verwendet, die man durch Polymerisation von reinen N-Carboxy-α-aminosäureanhydriden nach BLOUT (J. Amer. chem. Soc. **76.** [1954.] 4492) erhält. Bevorzugt verwendet wird das Mischpolymerisat von γ-Methylglutaminsäureanhydrid u. N-Carbobenzyloxylysin. In einer ca. 0,2% ig. wss. Lsg. davon wird das Halogensilber (**I**) in der üblichen Weise ausgefällt u. gereift, dann durch Zentrifugieren davon getrennt u. ausgewaschen. Es hat die gleiche flache Kristallform u. Empfindlichkeit wie ein in Gelatine-Lsg. ausgefälltes **I**. Zum Vergießen zu einer lichtempfindlichen Schicht wird es im gleichen Polypeptid wieder dispergiert, in einem Gemisch aus demselben u. Gelatine oder in reiner Gelatine. (**E. P. 822 192** vom 29/8. 1956, ausg. 21/10. 1959.) A. KALIX. 8601

G. Massiot & Co., Courbevoie, übert. von: André Allisy, Paris, Frankreich, **Röntgenfilmkombination für dosimetrische Zwecke.** Auf der Rückseite eines hochempfindlichen Röntgenfilms (**I**) sind hintereinander Folien aus Ta, Cu u. nochmals Ta angeordnet, dahinter ein zweiter, weniger empfindlicher Röntgenfilm, u. auf dessen Rückseite wieder eine Ta-Folie. Bei Einw. von Röntgenstrahlen, die durch **I** hindurchgegangen sind, soll die Kombination eine bis auf 20% genaue Dosierung von Strahlungen von 20—160 kV gestatten. (**A. P. 2 928 946** vom 4/11. 1955, ausg. 15/3. 1960. F. Prior. 8/11. 1954.) A. KALIX. 8601

Eastman Kodak Co., übert. von: Ralph H. Talbot und William J. Priest, Rochester, N.Y., V.St.A., **Schichtbildende Gemische für Halogensilberdispersionen.** Schichtbildner (**I**), die keine Gelierfähigkeit besitzen, erhalten dieselbe durch Zusatz von 1 (Teil) eines wasserlösl. Salzes von Äthylcellulosechlorphthalat (**II**). — Beispiele für **I**: Polyvinylalkohole u. -pyrrolidone, wasserlösl. Celluloseäther u. -ester, Polymethylvinyläther, Polyäthylenoxyde, wasserlösl. Polyamide u. Stärke-Derivv., Polyacrylamide, Casein, Dextran, Dextrin u. Gummi arabicum. — **II** wird in Form von wss. Lsgg. neutraler Alkali- u. NH_4-Salze verwendet. Herst. von **II** durch Rk. zwischen Äthylcellulose u. Chlorphthalsäureanhydrid in Eisessig mit Na-Acetat als Katalysator. Die Schichten können auch vollständig aus **II** bestehen. (**A. P. 2 964 405** vom 8/8. 1958, ausg. 13/2. 1960.) A. KALIX. 8603

Eastman Kodak Co., übert. von: William H. Griggs und Henry G. Curme, Rochester, N.Y., V.St.A., **Barytage für Photopapier.** Als Bindemittel für den Baryt wird in Mengen von mindestens 25% seines Gew. ein Styrol–Butadien-Harz verwendet, das durch Emulsionspolymerisation der Monomeren, 60 (%) Styrol u. 40 Butadien hergestellt ist. Nach dem Trocknen wird die Schicht ca. 15 Sek. auf 275—375° F erhitzt. (**A. P. 2 875 054** vom 24/5. 1956, ausg. 24/2. 1959.) A. KALIX. 8603

Sperry Rand Corp., New York, N.Y., übert. von: George de Stevens, Portland, Conn., V.St.A., **Cyaninfarbstoffe,** die ein- oder zweimal einen 5.6.7.8-Tetrahydro-4-cycloheptathianol-kern enthalten, werden aus Quartärsalzen der Formel **I** (R = Methyl, Äthyl oder n-Propyl; R' = Alkyl oder Aralkyl; X = Anion) nach üblichen Meth. erhalten. — Man erhitzt 10 g α-Chlorcycloheptan mit 6 g Thioacetamid auf 85°, hält die Temp. 10 Min. bei 125°, erhitzt 1½ Std. auf dem Dampfbad, versetzt mit 100 cm³ 10% ig. HBr, macht nach Extraktion mit Ae. mit NH_4OH alkal., extrahiert mit Ae. u. dest. den Ae.-Rückstand im Vakuum. Das *2-Methyl-5.6.7.8-tetrahydro-4-cycloheptathiazol,* Kp.$_{16}$ 115—116°, wird in das *Äthojodid* (**II**) übergeführt. — *3.3'-Diäthyl-5.6.7.8.5'.6'.7'.8'-oktahydro-4.4'-dicycloheptathiazolocarbocyaninjodid,* aus **II** u. Diäthoxymethylacetat, F. 208—210°; Absorptionsmaximum (Am) in CH_3OH 566 mμ. — *3.3'-Diäthyl-5'.6'.7'.8'-tetrahydro-4'-cycloheptaoxathiazolocarbocyaninjodid,* aus **II** u. 2-[β-Acetanilidovinyl]-benzoxazoläthojodid, F. 236—238°; Am 516 mμ. — *3-Äthyl-5-[(3-äthyl-(2.3)-5.6.7.8-tetrahydro-4-cycloheptathiazolyliden)-äthyliden]-rhodanin,* aus **II** u. 5-[Acetanilidomethylen]-3-äthylrhodanin, F. 190—192°; Am 550 mμ. — *1'.3'-Diäthyl-5.6.7.8-tetrahydro-4-cycloheptathiazol-2'-cyaninjodid,* aus **II** u. 2-Halogen- oder 2-Alkylmercaptochinolinäthojodid, F. 263—265°; Am 476 mμ. — *2-[p-Dimethylaminostyryl]-5.6.7.8-tetrahydro-4-cycloheptathiazoläthojodid,* aus **II** u. p-Dimethylaminobenzaldehyd, F. 238—240°; Am 476 mμ. (**A. P. 2 916 487** vom 22/8. 1955, ausg. 8/12. 1959.) G. HOPPE. 8605

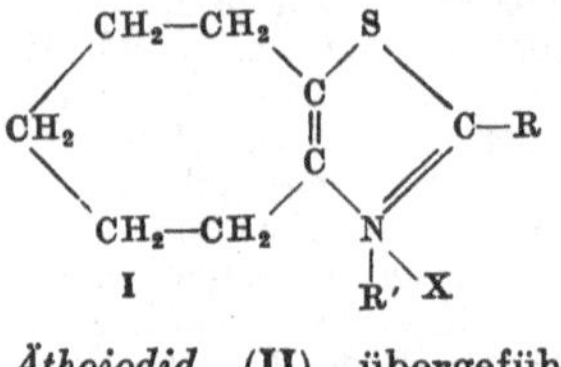

I

Sperry Rand Corp., New York, N.Y., übert. von: George de Stevens, Portland, Conn., V.St.A., **Sensibilisierende Cyaninfarbstoffe,** die ein- oder zweimal einen Spiro-(4.4)-nonano-[1.2:d]-thiazolkern enthalten, werden aus Quartärsalzen der Formel I (R = Methyl, Äthyl oder n-Propyl; R′ = Alkyl oder Aralkyl; X = Anion) nach üblichen Meth. erhalten. — Zu 21 g Spiro-(4.4)-nonanon-(1) in 60 cm³ Eisessig gibt man tropfenweise 27 g Br_2, setzt 300 cm³ Pentan zu, dampft nach Trocknen über K_2CO_3 auf 150 cm³ ein u. kühlt auf —50° ab. Das *2-Bromspiro-(4.4)-nonanon-(1)*, F. 39—40°, wird durch Rk. mit Thioacetamid in *2-Methylspiro-(4.4)-nonano-[1.2:d]-thiazol* (II), Kp.$_{0,5}$ 90—95°, übergeführt. II-*Äthojodid* (III), F. 178—180°. II-*Methojodid* (IV), F. 220—222°. — *1.1′-Diäthyl-bis-spiro-(4.4)-nonano-[1.2:d]-thiazolocarbocyaninjodid,* aus III u. Diäthoxymethylacetat, F. 178—179°; Absorptionsmaximum (Am) in CH_3OH 580 mμ. — *3-Äthyl-1′-methyloxaspiro-(4.4)-nonano-[1.2:d]-thiazolocarbocyaninjodid,* aus IV u. 2-[β-Acetanilidovinyl]-benzoxazoläthojodid, F. 190—191°; Am 526 mμ. — *1.1′-Diäthylspiro-(4.4)-nonano-[1.2:d]-thiazolo-2′-cyaninjodid,* aus III u. 2-Jodchinolinäthojodid, F. 268—270°; Am 486 mμ. — *3-Äthyl-5-[(1-methylspiro-4.4)-nonano-[1.2:d]-1.(2)-thiazolyliden)-äthyliden]-rhodanin,* aus IV u. 5-Acetanilidomethylen-3-äthylrhodanin, F. 216 bis 218°; Am 556 mμ. — *2-[p-Dimethylaminostyryl]-spiro-(4.4)-nonano-[1.2:d]-thiazoläthojodid,* aus III u. p-Dimethylaminobenzaldehyd, F. 145—147°; Am 490 mμ. (**A. P. 2 916 488** vom 27/6. 1956, ausg. 8/12. 1959.) G. HOPPE. 8605

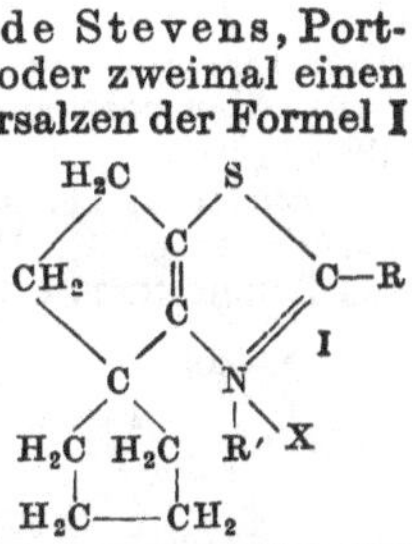

Eastman Kodak Co. (Erfinder: John Carleton Barnes, Vernon Leon Bissonette und Paul Brewster Gilman jun.), Rochester, N.Y., V.St.A., **Farbphotographisches Diffusionsübertragungsverfahren und zugehöriges photographisches Material.** Das lichtempfindliche Halogensilbermaterial, das mit der Bildempfangsschicht nachher in Kontakt gebracht wird, wird belichtet u. mit einer alkal. Lsg. behandelt. Es enthält eng verbunden mit dem Halogensilber, d. h. in oder benachbart zu jeder Emulsionsschicht, eine Entwicklersubstanz u. einen Farbkuppler, der entweder in kuppelnder Stellung durch einen vorgebildeten Farbstoff- oder einen Kupplerteil u. in mindestens einer nichtkuppelnden Stellung durch eine diffusionsfestmachende Gruppe oder in kuppelnder Stellung durch eine diffusionsfestmachende Gruppe u. in mindestens einer nichtkuppelnden Stellung durch eine lösl. machende Gruppe substituiert ist. Wenigstens ein Teil des diffundierbaren Bildfarbstoffes, der sich bei der Behandlung eines solchen belichteten Photomaterials mit einer alkal. Lsg. in den Emulsionsschichten gebildet hat, wird auf die Bildempfangsschicht übertragen, wenn es sich um eine ggf. lösl. machende Gruppen enthaltende Farbentwicklersubstanz handelt. Die Übertragung kann auch so erfolgen, daß man eine Schwarzweiß-Entwicklersubstanz in die Emulsionsschichten einbettet u. daß man dann das nach der alkal. Behandlung verbliebene Halogensilber in den entwickelbaren Zustand überführt u. die Entw. mittels eines ggf. lösl. machende Gruppen enthaltenden Farbentwicklersubstanz vornimmt. Man kann auch ein entsprechendes Material verwenden, dessen diffusionsfeste Kupplersubstanz eine beliebige Struktur hat, u. dieses in der gleichen Weise behandeln, wobei jedoch die Farbentwicklersubstanz, die in der Emulsionsschichten enthalten ist oder die zur Entw. des entwickelbar gemachten restlichen Halogensilbers verwendet wird, mindestens eine lösl. machende Gruppe enthalten muß. Die im Photomaterial enthaltene Kupplersubstanz kann folgende Struktur haben: Fb—Y—Cp—D—R, worin R eine durch eine stabile Bindung D an eine nichtkuppelnde Stellung des Kupplerteils Cp gebundene diffusionsfestmachende Gruppe u. Fb einen diffundierbaren Farbstoff- oder Kupplerteil bedeutet u. Y für folgende Bindungen steht: —N=N—, —O—, —Hg—, —CH— oder =CH—, —S—, —S—S— u. I. Hierin ist Z die zur Vervollständigung eines Ringes erforderliche Atomgruppierung. (**D. A. S. 1 101 954** Kl. 57b vom 17/8. 1959, ausg. 9/3. 1961. A. Prior. 22/8. 1958.) E. FUCHS. 8631

I
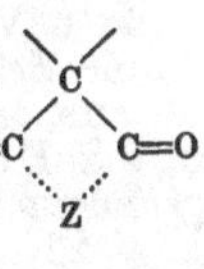

Adox Fotowerke Dr. C. Schleussner G.m.b.H., Frankfurt/M. (Erfinder: Alois Klein, Friedberg/Hessen), **Herstellung ein- oder mehrfarbiger Bilder durch chromogene Entwicklung.** Als Farbkuppler für Purpur mit günstigem Steilabfall der Absorptionskurve des Purpurfarbstoffes nach dem langwelligen Gebiet u. ganz geringer Nebenabsorption im kurzwelligen Gebiet werden Pyrazolon-Derivv. der allg. Formel I verwendet, worin X ein ggf. beliebig substituierter aromat. Rest u. R ein ggf. substituierter Arylrest ist. Geeignet sind z. B. 1-Phenyl-3-(1′-σ-sulfostearamino)-benzolsulfenylamino-5-pyrazolon, 1-(2.4.6-Trichlor-

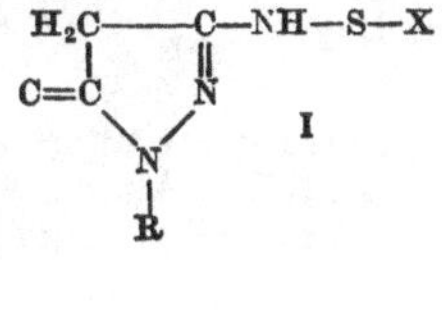

I

phenyl)-3-(3'-stearoylamino)-benzolsulfenylamino-5-pyrazolon u. 1-Phenyl-3-(4'-benzoylamino)-benzolsulfenylamino-5-pyrazolon. Letzterer Farbkuppler kann mit Vorteil im Entwickler verwendet werden. (**D. A. S. 1 103 761** Kl. 57b vom 1/9. 1960, ausg. 30/3. 1961.) E. Fuchs. 8631

Kalle Akt.-Ges. (Erfinder: Oskar Süs, Johannes Munder und Hartmut Steppan), Wiesbaden, **Kopiermaterial für die photomechanische Herstellung von Druckformen,** bei dem die Kopierschicht aus Iminochinondiaziden besteht oder solche enthält, dad. gek., daß die Iminochinondiazide der Kopierschicht der Formel I entsprechen. Darin bedeutet R einen ggf. substituierten Arylrest, X = H oder Alkyl, Y = Alkyl, Aryl, substituiertes Aryl oder einen heterocycl. Rest oder X u. Y C-Atome, die ebenso wie das mit ihnen verbundene N-Atom Glieder ein u. desselben Ringes sind; R' = H, Halogen, Alkyl- oder Alkoxyrest. — Beispiel: I (R = 4-Methylphenyl; R' = H; Y = H; X = 2.5-Dimethylphenyl), F. 175°. — Vgl. D. B. P. 901 500; C. **1954.** 4996. (**D. A. S. 1 104 824** Kl. 57d vom 1/9. 1959, ausg. 13/4. 1961.) K. Kittler. 8645

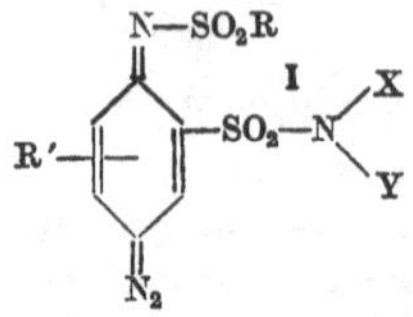

Plastic Coating Corp., Holyoke (Erfinder: Victor Brodo, Belchertown), Mass., V.St.A., **Photoleitfähiges Material.** Auf einem dünnen Kunststoffilm befindet sich eine durch Kathodenzerstäubung oder Vakuumverdampfung aufgetragene Schicht aus Al, Zn, Cd, Ni, Cr, W, Mo, Ag, Au oder Pt u. darüber eine vorzugsweise aus ZnO oder PbO bestehende photoleitfähige Schicht, die als isolierendes Bindemittel Silicon-, Polyvinylchlorid-, Polyäthylen-, Polystyrol-, Polyester-, Alkyd-, Methacrylat- oder Phenolharze enthält. Der Trägerfilm besteht z. B. aus Mischpolymerisaten von Polyvinylchlorid + Polyvinylacetat, Polyäthylen, Polytetrafluoräthylen, Polyäthylenterephthalat oder Polyvinylchlorid. Nach der Entw. u. Fixierung des aus einem Harz-Pigment-Pulver bestehenden Bildes kann der Film als Flachdruckfolie benutzt werden, indem man seine bildfreien Bereiche durch Einw. von saurer Ferrocyanid-Lsg. hydrophil macht. (**D. A. S. 1 105 276** Kl. 57b vom 21/3. 1959, ausg. 20/4. 1961. **Oe. P. 212153** vom 19/3. 1959, ausg. 25/11. 1960. Beide A. Prior. 10/4. 1958.) A. Kalix. 8645

Kodak Ltd., London, England, übert. von: Kodak Pathé, Paris, Frankreich, **Photopolymerisierbare Schichten für die Herstellung von Flachdruckformen.** Die Schichten enthalten ein aromat. Azid (I) u. ein Mischpolymerisat (II), das 40—100% Acrylnitril u. Acrylsäuregruppen enthält, außerdem als 2. Komponente eine beliebige polymerisierbare Verb., z. B. Methylacrylat, Vinylacetat, Styrol, Allylamin, Acrylamid oder Vinylalkohol. II soll hydrophobe u. hydrophile Gruppen in einem Mengenverhältnis von 2,5—0,8 : 1 enthalten. Die Schichten werden aus einer wss. Lsg. mit einem pH-Wert von 5 vergossen, die 0,5—5,0%, vorzugsweise 2% II enthält u. 1% (berechnet auf das Gew. von II) an I. — Beispiele für I: 4.4'-Diazidostilben-2.2'-disulfonsäure, sowie Azidostyrylketone u. Azidostyrylarylazide, wie 3'-Azido-4-azidobenzalacetophenonsulfonsäure, 4.4'-Diazidostilben-α-carbonsäure, 4-Azidobenzolpyruvinsäure u. 4.4'-Diazido-1.1'-dinaphthylmethan-3.3'-disulfonsäure. (**E. P. 824 282** vom 2/2. 1956, ausg. 25/11. 1959.) A. Kalix. 8645

Kodak Ltd., London, England (Erfinder: Orson Warren Lake und Charles Frank Amering), **Photomechanische Herstellung von Flachdruckplatten und Folien.** Eine Halogensilberemulsionsschicht wird unter einer Vorlage belichtet u. härtend entwickelt. Von den nichtgehärteten Bildteilen wird dann in Ggw. von warmem W. eine dünne Schicht auf eine hydrophile Kunststoffplatte oder Folie oder ein Papierblatt übertragen u. dort mit einer wss. Lsg. gehärtet, die 4 (%) Gerbsäure, 4 Thioharnstoff u. 4 $NaHSO_3$ enthält. Die übertragenen Bildteile sind dann stark oleophil u. der Untergrund nach Einw. einer schwach alkal. Lsg. gut hydrophil. (**E. P. 825 866** vom 23/10. 1956, ausg. 23/12. 1959. A. Prior. 25/10. 1955.) A. Kalix. 8645

Agfa Akt.-Ges. (Erfinder: Gustav Schaum, Hildegard Haydn, Anita von König und Heinrich Seibert), Leverkusen, **Photoleitfähige Schichten** sind Kondens.-Prodd. aus aromat. Aldehyden u. Salzen von Chinaldin, Benzochinaldin u. von Methylpyridiniumbasen. Sie besitzen die allg. Formel I. In dieser bildet Y die Glieder eines heterocycl. Sechsringes, dem ein weiterer Benzol- oder Naphthalinring angegliedert sein kann, der ggf. mit Halogenatomen, Alkyl-, Aryl-, Hydroxyalkyl-, Alkylamino- oder Arylaminogruppen substituiert ist; X ist ein Anion, R stellt ein oder mehrere Halogenatome, OH-, NO_2-, NH_2-, Alkyl-, Aryl-, Alkylamino-, Arylamino-, Alkoxy- oder Aryloxygruppen dar, R' ist ein Alkyl- oder Aralkylrest. Herst. nach J. Amer. chem. Soc. **77.** [1955.] 1687—90.

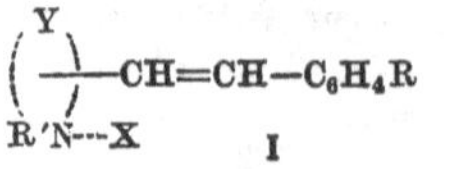

I

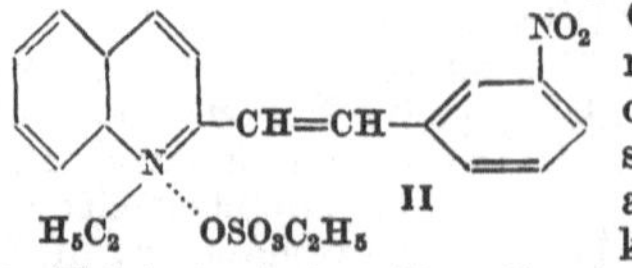

II

Die Verbb. zeichnen sich durch eine sehr geringe Dunkelleitfähigkeit aus u. lassen sich gleich gut positiv oder negativ aufladen. — Beispiel: **II**; 11 weitere, nur durch Strukturformeln gek. Beispiele. (**D. A. S. 1 104 823** Kl. 57b vom 14/11. 1956, ausg. 13/4. 1961.) A. KALIX. 8647

Kalle Akt.-Ges. (Erfinder: Heinz Schlesinger), Wiesbaden, **Lichtleitfähige Stoffe,** die für die *elektrophotograph.* Reproduktion geeignet sind, sind 1,2,4-Triazin-Derivv. der allg. Formel I, in der R_1, R_2 u. R_3 (ggf. substituierte) Aryl- oder heterocycl. Reste darstellen, die gleich oder voneinander verschieden sein können. Herst. nach Tetrahedron **1.** 103. Die Verbb. sind gelb bis schwachgelb gefärbt, besitzen sehr gute Licht- u. sehr geringe Dunkelleitfähigkeit; sie können auch zusammen mit anderen lichtleitfähigen Stoffen, mit Lackkunstharzen u. opt. Sensibilisatoren zur Schicht-Bldg. verwendet werden. Nach der Bild-Entw. können die noch freiliegenden Teile der Schicht mit einem Lsgm. entfernt u. die Schicht, wenn sie sich auf einem hydrophilen oder leicht hydrophilierbaren Träger befindet, als Flachdruckformen verwendet werden. Bevorzugt verwendet werden folgende *1.2.4-Triazine*: *3-(4'-Dimethylaminophenyl)-5.6-di-(4''-methoxyphenyl)-*; *3-(4'-Dimethylaminophenyl)-5.6-dipyridyl-(2'')-*; *3-(4'-Aminophenyl)-5.6-diphenyl-*; *3-(4'-Dimethylaminophenyl)-5-(4''-methoxyphenyl)-6-phenyl-*; *3-(4'-Dimethylaminophenyl)-5-phenyl-6-(4''-methoxyphenyl)-*; *3-Pyridyl-(4')-5-(4''-dimethylaminophenyl)-6-phenyl-*; *3-Pyridyl-(4')-5-phenyl-6-(4''-dimethylaminophenyl)-*; *3-(4'-Aminophenyl)-5.6-diphenyl-*. — 36 Strukturformeln. (**D. A. S. 1 099 846** Kl. 57b vom 7/1. 1959, ausg. 16/2. 1961.) A. KALIX. 8647

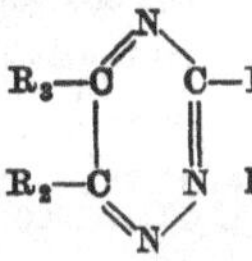
I

Agfa Akt.-Ges., Leverkusen, *Thermophotographisches Verfahren.* (**E. P. 860 590** vom 15/5. 1957, ausg. 8/2. 1961. D. Prior. 15/5. 1956. — C. **1959.** 9108 [D. A. S. 1 047 013].)

Gevaert Photo-Producten N.V., Mortsel, Belgien, *Herstellung photographischer Filme.* (**Holl. P. 98 736** vom 18/5. 1955, ausg. 15/8. 1961. E. Prior. 4/2. 1955. — C. **1959.** 673 [F. P. 1 124 390].)

Gevaert Photo-Producten N. V., Mortsel, Belgien (Erfinder: **Alfons Jozef de Pauw**), *Herstellung photographischer Emulsionen.* (**E. P. 861 984** vom 10/10. 1956, ausg. 1/3. 1961. Zusatz zu E. P. 819 039; C. 1959. 11119. — C. **1959.** 17591 [D. A. S. 1 053 308].)

Gevaert Photo-Producten N. V., Mortsel, übert. von: **Alfons Jozef de Pauw**, Wilrijk, und **René Camille Gerbeaux**, Edeghem, Belgien, *Halogensilberemulsionen.* (**A. P. 2 956 883** vom 6/6. 1957, ausg. 18/10. 1960. E. Prior. 7/6. 1956. — C. **1959.** 1119 [D. A. S. 1 045 228].)

Minnesota Mining & Mfg. Co., St. Paul (Erfinder: **Edgar G. Johnson**, St. Paul, Minn., und **Byron W. Neher**, Hudson, Wis.), V.St.A., *Elektrophotographisches Verfahren mit elektrolytischer Bildentwicklung.* (**D. A. S. 1 118 004** Kl. 57b vom 29/3. 1957, ausg. 23/11. 1961. A. Prior. 30/3. 1956. — C. **1960.** 15280 [Aust. P. 215 754].)

North American Philips Co., Inc., New York, N.Y., V.St.A., übert. von: **Hendrik Jonker, Roelof Jan Hendrik Alink** und **Tijs Willem van Rijssel**, Eindhoven, Holland, *Photographisches Verfahren.* (**A. P. 2 952 538** vom 15/2. 1956, ausg. 13/9. 1960. Holl. Prior. 25/7. 1950. — C. **1954.** 5216 [D. B. P. 892 553].)

Gevaert Photo-Producten N.V., Mortsel bei Antwerpen (Erfinder: **Willem Karel Koerber** und **Ferdinand Leonard Schouteden**, Wilrijk bei Antwerpen), Belgien, *Aufhellung von Photopapier.* (**D. A. S. 1 108 560** Kl. 57b vom 6/6. 1958, ausg. 8/6. 1961. Holl. Prior. 6/6. 1957. — C. **1960.** 11172 [Holl. P. 92774].)

Gevaert Photo-Producten N. V., Mortsel, Belgien, *Optische Sensibilisierung photographischer Emulsionen.* (**Belg. P. 569 130** vom 4/7. 1958, ausg. 24/3. 1961. E. Prior. 5/7. 1957. — C. **1961.** 6368 [D. A. S. 1 081 311].)

Kodak-Pathé, Frankreich (Erfinder: **Leslie George Scott Brooker** und **Donald Warren Heseltine**), *Sensibilisatoren.* (**F. P. 1 192 173** vom 15/5. 1957, ausg. 23/10. 1959. A. Prior. 21/5. 1956. — C. **1960.** 17006 [A. P. 2 882 158].)

Kodak Soc. An., Brüssel, Belgien (Erfinder: **E. B. Knott**), *Merocyanine.* (**Belg. P. 550 650** vom 28/8. 1956, ausg. 18/12. 1959. A. Prior. 30/8. 1955. — C. **1961.** 6370 [A. P. 2 839 403].)

International Polaroid Corp., Jersey City, N.J., V.St.A., *Nachbehandlung von Bildern, die nach dem Silberdiffusionsverfahren hergestellt wurden.* (**It. P. 517 638** vom 21/5. 1954. A. Prior. 3/6. 1953. — C. **1958.** 1475 [D. B. P. 957 620].)

Agfa Akt.-Ges., Leverkusen (Erfinder: **H. Klockgether** und **A. Ossenbrunner**), *Haftschicht für photographische Filme.* (**Belg. P. 569 823** vom 28/7. 1958, ausg. 30/6. 1961. D. Prior. 29/7. 1957. — C. **1961.** 2857 [D. A. S. 1 081 754].)

Agfa Akt.-Ges., Leverkusen, *Photographischer Entwickler.* (**E. P. 871 684** vom 8/5. 1959, ausg. 28/6. 1961. D. Prior. 10/5. 1958. — C. **1961.** 1437 [D. A. S. 1 079 455].)

Kalle & Co. Akt.-Ges., Wiesbaden, *Thermoreaktive Kopierschichten.* (**Holl. P. 98 320** vom 6/3. 1959, ausg. 15/6. 1961. D. Prior. 8/3. 1958. — C. **1961.** 16347 [D. A. S. 1 100 464].)

Kodak Ltd., London, England (Erfinder: **Edward Carl Yackel** und **Thomas Irving Abbott**), *Herstellung photographischer Emulsionen.* (**E. P. 863 120** vom 7/5. 1957, ausg. 15/3. 1961. A. Prior. 7/5. 1956. — C. **1961.** 1791 [F. P. 1 174 787].)

Kodak Soc. An., Brüssel, Belgien, *Farbenphotographisches Verfahren.* (**Belg. P. 570 272** vom 11/8. 1958, ausg. 25/8. 1961. A. Prior. 7/3. 1956 u. 9/5. 1958. F. Prior. 11/9. 1956. — C. **1961.** 15267 [D. A. S. 1 095 115].)

Gevaert Photo-Producten N. V., Mortsel (Erfinder: **Maurice Antoine de Ramaix**, Hove-Antwerpen, und **Valère Frans Danckaert**, Mortsel-Antwerpen), Belgien, *Farbkorrektur bei der Herstellung von Farbbildern.* (**E. P. 863 340** vom 2/12. 1958, ausg. 22/3. 1961. D. Prior. 2/12. 1957. Belg. Prior. 28/3. 1958. — C. **1960.** 1051 [D. A. S. 1 058 839].)

Gevaert Photo-Producten N. V., Mortsel bei Antwerpen, Belgien, *Diffusionsfeste Farbkuppler.* (**Belg. P. 565 400** vom 5/3. 1958, ausg. 15/7. 1960. Holl. Prior. 8/3. 1957. — C. **1960.** 9731 [Holl. P. 92 192].)

Imperial Chemical Industries Ltd., London, übert. von: **John Mathers Woolley**, Blackley, England, *Farbkuppler.* (**A. P. 2 872 317** vom 16/3. 1953, ausg. 3/2. 1959. E. Prior. 21/3. 1952. — C. **1960.** 14248 [Schwz. P. 320 355].)

Gevaert Photo-Producten N. V., Mortsel, Belgien, *Gerbentwicklung.* (**F. P. 1 202 502** vom 4/9. 1958, ausg. 11/1. 1960. Holl. Prior. 5/9. 1957. — C. **1959.** 16834 [D. A. S. 1 060 715].)

Gevaert Photo-Producten N. V., Mortsel bei Antwerpen, Belgien, *Kopieren von Mehrfarbenbildern.* (**Belg. P. 563 175** vom 13/12. 1957, ausg. 3/6. 1960. — C. **1959.** 16209 [D A. S. 1 057 874].)

International Polaroid Corp., Jersey City, N.J., V.St.A., *Erzeugung von Abbildungen.* (**Holl. P. 95 865** vom 6/8. 1954, ausg. 15/11. 1960. A. Prior. 4/9. 1953. — C. **1958.** 7939 [D. A. S. 1 012 176].)

Eastman Kodak Co., übert. von: **Louis Morton Minsk**, Rochester, N.Y., V.St.A., *Basische Beizen für saure photographische Farbstoffe.* (**A. P. 2 882 156** vom 19/12. 1955, ausg. 14/4. 1959. — C. **1961.** 2158 [F. P. 1 168 210].)

Agfa Akt.-Ges. (Erfinder: **Edith Weyde**), Leverkusen, *Herstellung mehrerer Positive von einem Negativ nach dem Silbersalzdiffusionsverfahren.* (**Schwz. P. 355 688** vom 29/4. 1959, ausg. 31/8. 1961. D. Prior. 3/5. u. 18/11. 1958. Zusatz zu Schwz. P. 341 067; C. 1960. 14930. — C. **1960.** 14930 [D. A. S. 1 067 688 u. 1 066 869].)

Emimeta-Fabrikationsanstalt, Vaduz, Liechtenstein, *Farbraster.* (**E. P. 809 072** vom 23/8. 1955, ausg. 18/2. 1959. D. Prior. 24/8., 8/11. u. 30/12. 1954 u. 18/1. 1955. — C. **1958.** 7644 [D. B. P. 962 665].)

International Polaroid Corp., Jersey City, N.J. (Erfinder: **Howard Gardner Rogers**, Weston, und **Edwin Herbert Land**, Cambridge, Mass.), V.St.A., *Herstellung mehrfarbiger photographischer Bilder.* (**Schwz. P. 356 356** vom 9/3. 1955, ausg. 29/9. 1961. A. Prior. 9/3. 1954. — C. **1960.** 4084 [D. A. S. 1 066 092].)

Agfa Akt.-Ges., Leverkusen, *Photomechanische Herstellung von Flachdruckformen.* (**E. P. 847 436** vom 28/4. 1958, ausg. 7/9. 1960. D. Prior. 26/4. 1957 u. 16/8. 1957. — C. **1959.** 16836 [D. A. S. 1 058 844].)

Kalle & Co. Akt.-Ges., Wiesbaden, *Diazosulfonatschichten für die photomechanische Herstellung von Druckformen.* (**Belg. P. 539 017** vom 15/6. 1955, ausg. 17/7. 1959. D. Prior. 19/6. 1954. — C. **1958.** 6140 D. B. P. 955 928].)

Kalle & Co. Akt.-Ges., Wiesbaden, *Herstellung von Druckplatten.* (**Holl. P. 96 545** vom 21/2. 1955, ausg. 16/1. 1961. D. Prior. 12/3. 1954. — C. **1958.** 2940 [D. B. P. 947 852].)

Kodak Soc. An., Brüssel, Belgien (Erfinder: **K. E. Whitmore** und **J. Williams**), *Farbenphotographisches Reproduktionsverfahren.* (**Belg. P. 569 282** vom 9/7. 1958, ausg. 7/4. 1961. A. Prior. 10/7. 1957. — C. **1960.** 3879 [D. A. S. 1 089 636].)

REDAKTIONSSCHLUSS: 19. April 1962

Herausgeber: Prof. Dr. Heinrich Bertsch, Berlin, u. Prof. Dr. Dr. h. c. Wilhelm Klemm, Münster. Chefredakteure und verantwortlich für den Inhalt: Dr. Eugen Klever, Berlin W 30, Geisbergstraße 39, Fernsprecher: 249541, u. Dr. Willi Barz, Berlin N 4, Schiffbauerdamm 19, Fernsprecher: 425571.

Verlag: Akademie-Verlag GmbH, Berlin W 8, Leipziger Str. 3—4 (Fernsprecher: 220441, Telex-Nr. 011773, Postscheckkonto Berlin 35021), und Verlag Chemie, GmbH, Weinheim/Bergstr. (Fernsprecher: Weinheim 3635 [Sammelnummer]; Fernschreiber: 0465516 chemieverlwnh; Postscheckkonten: Frankfurt/M. 145314 u. Berlin [West] 7430). Bestellnummer: 1007/133. Das Chemische Zentralblatt erscheint wöchentlich. Preis des Jahrganges einschl. Autoren-, Patent-, Sach- u. Formelregister: DM 1200,—; einseitig bedruckte Ausgabe: DM 1350,—. Abgabe der Zeitschrift nur mit sämtlichen Registern. Abbestellungen nur bis spätestens 6 Wochen vor Ablauf des Kalenderjahres.

Satz u. Druck: VEB Leipziger Druckhaus, Leipzig, III/18/203. VII. 62.
Veröffentlicht unter der Lizenznummer ZLN 5002 des Ministeriums für Kultur, Hauptverwaltung Verlagswesen.
Printed in Germany.

FSC
www.fsc.org
MIX
Papier | Fördert gute Waldnutzung
FSC® C083411

Kolibri 360 GmbH
Ferdinand-Jühlke-Straße 7
99095 Erfurt, Deutschland
produktsicherheit@kolibri360.de